▲1957 年初,杨士莪授中尉军衔留念

▲1982 年 4 月,“文革”后第一届水声专业组会议(左二为中科院院士朱物华、左三为组长刘柏罗、右二为副组长汪德昭、右一为杨士莪)

▲1991 年杨院士参加马忠成研究生答辩

▲1994 年杨院士南海考察留念

▲1997 年郭圣明、朴胜春和杨院士在信道水池

▲1998 年莫喜平博士答辩与导师杨院士合影

▲2002 年 5 月，杨院士主持并参加南海实验

▲2002 年 6 月 0206 南海实验

▲2003 年杨院士与俄罗斯科学院远东分院太平洋海洋研究所所长签订合作协议

▲2004 年水声技术重点实验室学术委员会合影

▲2005 年第四届声学工程与技术国际研讨会上杨院士与俄罗斯及美国专家合影

▲2006 年 6 月，杨院士参加在韩国首尔召开的第一届西太平洋国际会议（右一为马远良院士、右二为俄罗斯 VictoA. Akulichev 院士、右三为杨士莪院士、右四为张仁和院士）

▲2008 年 6 月，杨院士到舟山海上实验船指导工作

▲2010 年 8 月,杨院士八十寿辰学术报告会合影

▲2010 年 8 月,杨院士和学生们合影

▲2011 年哈军工 61－341 班学员返校与师生留影

▲2012 年杨院士参加大连海上实验

▲2013 年哈尔滨工程大学 60 周年校庆水声学院特聘教授合影

▲2015 年杨院士与郭圣明、栾经德、朴胜春合影

▲2015 年教师节杨院士与学生们合影

▲2015 年杨院士青岛海上实验指导

▲2015 年杨院士指导师生开展小尺度矢量阵研究

▲2015 年杨院士在青岛海域

▲2019 年“黑龙江省 70 年 70 人模范人物发布仪式”上杨院士与团队合影

▲2019 年“黑龙江省 70 年 70 人模范人物发布仪式”上杨士莪院士与杨德森院士合影

▲2019 年杨院士被评为“龙江最美科技工作者”

◀2020 年 1 月,国产航母副总设计师孙光甦与导师杨院士合影

# 我与水声七十年

## ——杨士莪院士九十华诞纪念文集

## （上）

哈尔滨工程大学水声工程学院　编

哈尔滨工程大学出版社
Harbin Engineering University Press

## 内容简介

杨士莪院士从军从教近七十年，创建了中国首个理工结合、配套完整的水声工程专业，领导了国内最早的水声定位系统研制，积极推动并指挥了中国首次独立大型海上考察，设计并建造了中国首个重力式低噪声水洞，引领了矢量水听器在国内的研制和推广应用，提出了探雷声呐目标识别的新途径，主持完成了中国国内借助地声手段对水中目标进行探测的研究，等等，开创了国内多个水声研究领域的第一。本书收录了杨士莪先生本人和学生们发表的文章，包括参与重要科研项目产生的文章，共130余篇，分成七个部分，集中体现了杨士莪先生在水声领域的成果和贡献。

本书可供从事水声理论研究的科技人员、研究生阅读，也可供声呐设计工程师参考。

**图书在版编目(CIP)数据**

我与水声七十年：杨士莪院士九十华诞纪念文集/哈尔滨工程大学水声工程学院编. —哈尔滨：哈尔滨工程大学出版社，2020.8
ISBN 978-7-5661-2733-4

Ⅰ. ①我… Ⅱ. ①哈… Ⅲ. ①水声工程-文集 Ⅳ. ①TB56-53

中国版本图书馆CIP数据核字(2020)第132050号

选题策划 张 玲
责任编辑 张 彦
封面设计 李海波

出版发行 哈尔滨工程大学出版社
社　　址 哈尔滨市南岗区南通大街145号
邮政编码 150001
发行电话 0451-82519328
传　　真 0451-82519699
经　　销 新华书店
印　　刷 哈尔滨市石桥印务有限公司
开　　本 787 mm×1 092 mm 1/16
印　　张 77.75
插　　页 8
字　　数 2014千字
版　　次 2020年8月第1版
印　　次 2020年8月第1次印刷
定　　价 900.00元(全2册)
http://www.hrbeupress.com
E-mail:heupress@hrbeu.edu.cn

# 《我与水声七十年》

——杨士莪院士九十华诞纪念文集编委会

**主　编：** 乔　钢

**副主编：** 朴胜春　范　军　张海刚

**委　员：** 李　琪　郭圣明　栾经德　莫喜平

吴金荣　冯　炬　孙　超　李秀坤

陈洪娟　黄益旺　蓝　宇　龚李佳

# 序　言

2020 年 8 月 9 日是我国水声事业奠基人之一，中国工程院院士杨士莪先生的九十寿辰。为此，我们收集了过去几十年里杨士莪先生本人和学生们发表的文章，以及参与重要科研项目产生的科研成果，并汇编成册，作为杨士莪先生参与我国水声研究近七十年的工作总结，也是对杨士莪先生九十华诞的祝贺。

杨士莪先生是国际著名的水声学家，也是我国水声学事业的开创者。七十年来，杨士莪先生一直坚持工作在科研第一线，创造了一个又一个伟大成就，培养了一代又一代为我国水声事业做出贡献的卓越人才。

20 世纪 50 年代，杨士莪先生作为我国海军的唯一代表赴苏联科学院声学研究所进修，多次为中国水声考察团和苏联科学院声学研究所之间的双边交流互访担任翻译、陪同考察，为中苏水声学交流奠定了坚实的基础。

20 世纪 60 年代初期，杨士莪先生任中苏联合南海水声考察中方副队长，完成了中国第一批水声学报告。这份沉甸甸的报告是中国水声科研人员取得的第一项科研成果，有着无法替代的历史意义。

20 世纪 70 年代，杨士莪先生受钱学森先生指派为“东风五号”洲际弹道导弹全程飞行试验成功研制“海上落点水声定位系统”，为中国的国防事业做出了重要贡献。

20 世纪 80 年代，杨士莪先生主持设计建造了中国首个重力式低噪声水洞，为流噪声的试验研究提供了新的手段，该项成果对潜艇声隐身技术的进步具有重要意义。

20 世纪 90 年代，杨士莪先生作为南海水声综合考察队队长和首席科学家，组织开展中国首次独立进行的大型深海水声综合考察，指明了我国海洋环境声学调查的研究方向。他主张引进矢量水听器技术，指导科研团队采取引进、消化、吸收、再创模式开展对矢量水听器及其应用技术的研究，获得了一系列的技术创新与突破。

进入 21 世纪，杨士莪先生即便年逾古稀，仍然笔耕不辍、创新不断：开启了水中目标地声探测新方向，并取得了重大的突破性成果；提出的应用矢量差分波束形成原理的“多极子矢量阵技术”，为解决矢量传感器平面基阵小型化的关键问题，带来了巨大的创新性突破。

杨士莪先生引领着水声行业科研人员们一路披荆斩棘，还指导着无数对水声学求知若渴的莘莘学子们。是他带头在哈军工建立了中国首个水声专业，为中国的国防事业源源不断输送人才。他撰写的《声学原理》和《水声原理》，是新中国最早的水声学理论著作，为中国水声理论和现代声学发展做出了无法替代的贡献。他编写的水声领域前沿论著《水声传播原理》，是中国水声学学者的“引路灯”。

多年来，杨士莪先生担任过黑龙江省人大代表、中国声学学会理事、水声科学会主任委员、国务院学位委员会学科评议组成员、黑龙江省地震学会理事长等职务，为中国水声学领域的发展不遗余力地工作，为我国现代化建设事业献计献策。

作为中国水声事业发展的亲历者和见证者，杨士莪先生战乱中求学，在战斗中成长，把发展科学事业当成自己的目标，把民族的整体崛起看作是个人幸福的基础。杨士莪先生崇文重教、一心向学，七十年来呕心沥血服务于我国国防事业，披荆斩棘挑战科学难题，终成学界泰斗。他的人生经历，展现了“谋海济国”的使命担当和执着坚守。

今天我们庆祝杨士莪先生九十寿辰，不但要继承和发扬他实事求是、严谨治学的科研态度，更要学习他七十年如一日，时刻不曾放松坚持为祖国水声学事业与国防事业做贡献的崇高精神。我们应弘扬水声先驱的卓越功勋，共谋水声事业未来发展，促进全行业的协同和创新，迎接新时期水声发展的机遇和挑战，使我国的水声学事业迈向更高的台阶！

哈尔滨工程大学水声工程学院院长

乔钢

2020年8月8日

# 自　叙

水声研究的发展，是基于人类对海洋探测与海洋开发的需要。我国正式的水声科研、生产工作从1959年才开始，在此之前仅在个别军事院校设有声呐专业，只有几个讲授水声学的教员。1962年我国成立了规划全国水声科研、生产、教育的水声专业组，但由于经验缺乏、费用不足，以及受“左”倾思潮干扰，长期发展缓慢，只不过是跟在国外先进技术的后面亦步亦趋，许多进行的工作也缺乏完整配套，难以形成真正的效益。改革开放以来，随着经济形势的好转，以及国家对海洋事业的重视，近年更迎来全民关心水声事业的良好发展前景；在水声工作的各个不同领域，都出现了不少年轻的人才和创造性的成果。本论文集选用了哈尔滨工程大学教师、历届毕业学生在国内刊物上发表的部分论文以及少数新作，只能算作挂一漏万吧。

既然是利用声信号来引导实现水下探测与开发，当然首先要实现水下声信号的发射和接收。但由于对象和目的不同，所使用的声信号频率也不一样，最低的频率用于海洋环境噪声和舰船噪声观测，甚至需要低到一至几赫兹；最高的频率用于制造专用图像声呐，一般要高到一至几兆赫兹。不同用途的发射接收传感器的设计和使用的有源材料与无源材料不同，检测、校准方法也各异。从最初的朗之万换能器，到压电和磁致伸缩换能器，以及晶体和陶瓷材料、环氧和橡胶等，如何不断地探索性能更好的传感器材料，改进设计方法，拓宽单一传感器功能领域，创新校准方法，提高校准精度，始终是水声传感器领域工作者奋斗的方向。海洋是一种时变、空变介质，上有波涛汹涌的海浪，下有起伏变化的海底，海流更引发湍流、峰面、涡漩、内波等不同现象，海水中不同点处声速不仅存在垂直梯度，还存在水平梯度，更存在大量的冷水团和热水团，因而声波在海水介质中传播时，不仅发生扩散、吸收，还将出现折射、多途、频散、起伏等效应，甚至可能出现汇聚区和影区现象。虽然从理论上来说，分析声信号在不同环境条件下的传播规律，只不过是解算在一定边界条件下的变参数波动方程式而已，但实际上数学家都未能给出一般的解算方法，仅华罗庚先生给出过在无限介质中二维抛物形方程用泛函表示的解。为了满足实际工作需要，声学工作者开发了多种在确定性环境条件下，各自有效应用范围不同的近似解法，但对随机环境下声场的变化规律，至今已发表的成果还不多。只有充分掌握了声在海洋中的传播规律，以及矢量阵的波束形成方法，才能更好地实现水下目标的定位跟踪。

为了在强干扰背景下进行目标检测，经典的方法是综合采用空、时、频滤波以提高信噪比。其中利用矢量传感器可大幅度减小低频空间滤波基阵尺度，利用平面波声压和质点振速的时间相关积分，可有效降低空间弥散干扰，当目标信号中存在线谱时，采用窄带滤波也能有效提高信噪比。但在水声领域许多实际工作中，从传感器所接收到的声波中信噪比往往很低,仅仅依靠经典信号处理方法,远不能获得足够的信噪比增益,而且许多传统的信号处理方法仅对平稳高斯白噪声干扰有效,而水声工作中经常遇到的信号和干扰,绝大多数都属于非平稳、非高斯类型。经验表明,只有使用某些特殊的盲处理技术或非线性动力学建模方法,才能获得所需要的抗干扰效果。

水下目标识别,在今天依然是水声工程领域的一个热点和难点。对陆上目标的辨识,往往可以采用多种信息,如形状、颜色、气味、运动状态等,而且很容易获得较大数量的比较信息。但对水下目标来说,往往只能依靠一段有限时间、有限频段的声信号,且可供比较的信息数据也十分有限。对距离较近的目标,可以利用多波束图像声呐来观察分析;对沉底和掩埋雷,可利用其反射信号和谐振性能来进行识别;但对于距离较远的船舶的识别,目前虽然有若干尝试性的识别方法,但仍不够成熟,还需继续努力设法改善。

对水下通信来说,实现双工通信、在数千米距离内进行图像传输等,早已解决;但要实现超远距离通信,虽然低频声波可以在水下传播到很远处,但其能实现的数据率很低,传输过程也不够稳定,无法满足复杂通信的需要。创新编码的形式,也仅能有限地提高数据率。为实现全球水下通信,有人试图进行空、天、海接力方式,也仅停留在试验设想阶段,尚需假以时日才能判断其可行性。

水声工程,是一项边缘学科,涉及物理学(包括声学)、地理学(包括海洋学)、材料学、电子技术、机械工程、生物工程(包括仿生学)等。抓住大好时机,进一步团结全国有关力量通力合作,为完成祖国海洋开发、海疆保卫大业而共同奋斗,将是我们这一代人不可推卸的责任。

杨士莪

2020.8.8.

# 目　　录

## 第一篇　倾听大海的声音



## 第二篇　水 声 物 理

## 第三篇　海洋信息获取与适应性处理

## 第四篇　水中目标特性

# 第一篇

# 倾听大海的声音

# 声波在随机起伏界面上的反射

杨士莪

设在声速为 $C_0$ 的半无限均匀介质中 $(0,0,h)$ 处，有一点声源以角频率 $\omega_0$ 进行连续辐射，而上界面的方程式为：

$$z = \zeta(x,y,t),\ \overline{\zeta(x,y,t)} = 0 \tag{1}$$

如界面足够平滑，其法线方向可近似认为即 $z$ 轴方向，按广义 Green 公式[1]，取 Kirchhoff 近似，并忽略含 $\zeta^2$ 及更高阶的小量，得反射波势函数 $\phi_r(\mathbf{r},t)$ 的表示式为：

$$\phi_r(\mathbf{r},t) = \phi_0(\mathbf{r},t) + \phi_1(\mathbf{r},t) \tag{2}$$

其中

$$\phi_0(\mathbf{r},t) = \frac{\mathrm{i}k_0}{4\pi}\iint_{-\infty}^{\infty}\left(\frac{h}{R_0}+\frac{z}{R_1}\right)\frac{\mathrm{e}^{\mathrm{i}[k_0(R_0+R_1)-\omega_0 t]}}{R_0R_1}\mathrm{d}x'\mathrm{d}y' \tag{3 甲}$$

$$\begin{aligned}\phi_1(\mathbf{r},t) = \frac{1}{4\pi}\iint_{-\infty}^{\infty}\Bigg[&k_0^2\left(\frac{h}{R_0}+\frac{z}{R_1}\right)^2\zeta\left(x',y',t-\frac{R_1}{C_0}\right)+\\&\frac{2\mathrm{i}k_0z}{C_0R_1}\left(\frac{h}{R_0}+\frac{z}{R_1}\right)\zeta_t\left(x',y',t-\frac{R_1}{C_0}\right)-\\&\frac{z^2}{C_0^2R_1^2}\zeta_{tt}\left(x',y',t-\frac{R_1}{C_0}\right)\Bigg]\frac{\mathrm{e}^{\mathrm{i}[k_0(R_0+R_1)-\omega_0 t]}}{R_0R_1}\mathrm{d}x'\mathrm{d}y'\end{aligned} \tag{3 乙}$$

$\phi_0(\mathbf{r},t)$ 为界面无起伏时有规反射声波势函数，$\phi_1(\mathbf{r},t)$ 为界面起伏所引起反射波势函数起伏值。$R_0$、$R_1$ 分别表示界面上点至发射点与接收点距离，足标 $t$ 表示对 $t$ 的偏导数。计算中采取 $\frac{kh^2}{R}$、$\frac{kz^2}{R}\gg 1$ 的近似，如界面起伏具有如下形式的相关函数：

$$\begin{aligned}\overline{\zeta(x,y,t)\zeta(x',y',t+\tau)} &= \overline{\zeta_0^2}F(x-x',y-y',\tau)\\&= \overline{\zeta_0^2}\int_{-\infty}^{\infty}f(x-x',y-y',\gamma)\mathrm{e}^{\mathrm{i}\gamma\tau}\mathrm{d}\gamma\end{aligned} \tag{4}$$

由式(3 乙)不难得到振幅相对起伏与相位起伏的均方值 $\overline{B^2}$、$\overline{S^2}$ 分别为：

$$\overline{B^2} = I_1 + I_2,\ \overline{S^2} = I_1 - I_2 \tag{5}$$

其中

$$\begin{aligned}I_1 = \frac{R^2}{32\pi^2}\iiiint\!\!\int_{-\infty}^{\infty}&\left[\left(k_0+\frac{\gamma}{C_0}\right)\frac{z}{R_1}+k_0\frac{h}{R_0}\right]^2\left[\left(k_0+\frac{\gamma}{C_0}\right)\frac{z}{R'_1}+k_0\frac{h}{R'_0}\right]^2\times\\&f(x-x',y-y',\gamma)\frac{\cos\left[k_0(R_0-R'_0)+\left(k_0+\frac{\gamma}{C_0}\right)(R_1-R'_1)\right]}{R_0R'_0R_1R'_1}\times\\&\mathrm{d}x'\mathrm{d}x''\mathrm{d}y'\mathrm{d}y''\mathrm{d}\gamma\end{aligned} \tag{6 甲}$$

$$I_2 = \frac{R^2}{32\pi^2}\iiiint\!\!\int_{-\infty}^{\infty}\left[\left(k_0+\frac{\gamma}{C_0}\right)\frac{z}{R_1}+k_0\cdot\frac{h}{R_0}\right]^2\left[\left(k_0-\frac{\gamma}{C_0}\right)\frac{z}{R'_1}+k_0\frac{h}{R'_0}\right]^2\times$$
$$f(x-x',y-y',\gamma)\frac{\cos\left[k_0(R_0+R'_0+R_1+R'_1-2R)+\frac{\gamma}{C_0}(R_1-R'_1)\right]}{R_0R'_0R_1R'_1}\times$$
$$\mathrm{d}x'\mathrm{d}x''\mathrm{d}y'\mathrm{d}y''\mathrm{d}\gamma \qquad (6乙)$$

$R$ 表示发射与接收点间距离。容易证明通常 $I_2 \ll I_1$，故 $\overline{B^2}\approx\overline{S^2}\approx I_1$. 如界面起伏具有准周期性，相关函数可表为某一单调递减函数与另一周期或概周期函数之积，根据相关函数的正定性质及概周期函数近似定理[2]，可不失一般性的取 $F(\xi)$ 为 $e^{-\alpha^2\xi^2}\cos\beta\xi$，$\alpha$、$\beta$ 为常数。代入(6甲)利用多变量函数渐近积分关系[3]，讨论 $I_1$ 中被积函数取极大值的位置，容易证明：

1. 当界面起伏具有明显的时间振荡成分时，起主要反射作用地区分裂为二，其具体位置分别对应于按声波在振动平面反射中二邻近附加反射方向所求得反射地区，并随界面振动频率增大而逐渐向发射及接收点上方趋近。

2. 当界面 $x$、$y$ 方向起伏具有明显的波列成分时，两方向上起主要反射作用地区各分裂为二，其具体位置分别对应于按声波在周期表面反射中二邻近附加反射方向所求得反射地区，并随界面起伏空间相关半径缩短而逐渐向发射及接收点上方趋近。

3. 当界面空间起伏不具有明显波列成分时(圆波)，起主要反射地区为一椭圆线，其长短轴端点与具有相同空间相关半径的波列情况下起主要反射作用地区重合。

4. 当界面起伏不具有准周期性时，起主要反射作用地区即为按正常反射条件所得地区。

设界面起伏的空间波长为 $L$，时间周期为 $T$，则起主要反射作用地区与按正常反射条件所得地区间距离，可近似由下式求得：

$$\Delta x \approx \frac{hzR^3}{(h+z)^4}\left(\frac{2\pi}{k_0L}\pm\frac{2\pi}{\omega_0T}\right),\ \Delta y \approx \frac{hzR}{(h+z)^2}\cdot\frac{2\pi}{k_0L} \qquad (7)$$

其中 $x$ 方向取作为发射至接收方向。根据水波波长与周期的关系，可知通常因空间波列而引起的起主要反射作用地区的偏移，比由时间振荡所引起的偏移，约大数百至数千倍。

在水池中利用 5 kHz 及 10 kHz 声波进行了实验，观察到起主要反射地区分裂为二的现象，但因水平距离太短，未能得到准确的定量结果。

## 参 考 文 献

[1] 犬井铁郎，应用偏微分方程式论.
[2] B. M. Левитан. Почи лериодические функпии (1953).
[3] 徐利治. 渐近积分和积分逼近(1958).

# 海底基阵三度空间相对位置测定的一种方法

杨士莪

当使用固定于海底的基阵进行目标测量时,为了保证所需的测量精度,首先需要准确知道基阵的相对位置,有时甚至还要准确知道基阵的绝对位置,而所要求的精度在许多时候是工程实践所难以保证的,因而有必要对已经布设的基阵进行标校。这种标校工作可以利用设备硬件功能来进行,也可以主要利用软件来解决,而对设备硬件功能只提出简单的要求。作为后者的一个极端例子,所谓基阵可以只是海底几块具有一定反射本领的巨石,利用盲目投弹,测定各巨石回波到达时刻,最终解算各巨石相对位置。

但主要利用软件进行基阵三度空间相对位置标校,通常需考虑三个问题:

(一)根据声在海中传播的研究,确定声源位置$\xi_k(\xi_k,\eta_k,\zeta_k)$,接收点位置$x_i(x_i,y_i,z_i)$以及声信号由声源至接收点的“传播时间”$T$,或到达两个不同接收点的“时间差”$\tau$的关系,也就是说:确定函数

$$f(\xi_k,x_i,T_{ik})=0 \quad (\text{脉冲应答情况})$$

或

$$g(\xi_k,x_i,x_j,\tau_{ijk})=0 \quad (\text{相位差测量情况})$$

的具体形式。由于声波在海中的折射和反射,通常直接得到的函数形式是极为复杂的,不便于进一步的解决,需要根据实际精度要求,加以简化,获得便于实用的关系式。

(二)设计合适的标校方案,保证获得对全部未知量“完备”的矛盾方程组,并力争各直接测量量的误差,对各间接测量值精度的影响最小。

(三)选择适当的数学解算方法,并设法求得各未知量具有一定精度的初值,以保证能较快的获得收敛的结果。

作为例子,下面讨论主要利用软件,测定由应答器组成的基阵相对位置的一种方法。

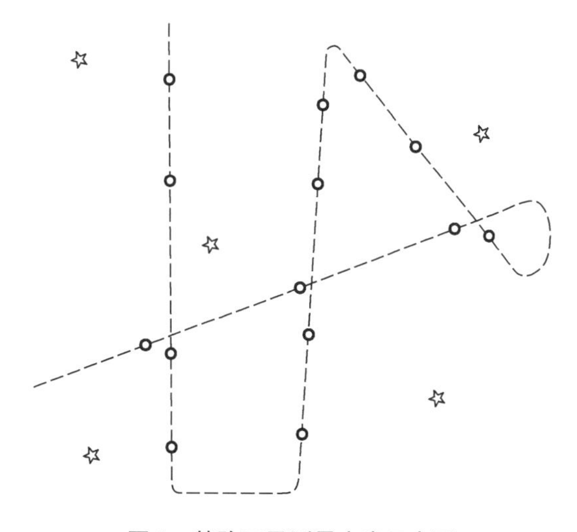

图1　基阵区及测量方案示意图

如图1所示,设有$m$个固定布设于海底的应答器,其在海面上的垂直投影位置为图中星号所示,令舰船在阵区内沿不同航线巡迴航行,其航线如图中虚线所示,在航行过程中利用固定安装在船上的声呐与各应答器进行应答。若规定船只在航线的各直线段内基本保持匀速直线航行,其航速为$u_i(u_i,v_j)$,船上安装的应答器发射换能器与接收换能器间距为$l$,自发射换能器至接收换能器的连线方位角为$\theta_j$,当船只航行到$(\xi_k,\eta_k)$处发出询问信号,经$\tau_{ik}$时刻后收到第$i$个基阵单元的回答信号,在保证一定精度的前提下,采取水平距离的平方为

传播时间二次函数的近似关系[1]，可得各量间所满足的方程式为：

$$(x_i - \xi_k)^2 + (y_i - \eta_k)^2 = A_i + B_i t_{ik} + C_i t_{ik}^2 \tag{1a}$$

$$(x_0 - \xi_k - u_j\tau_{ik} - l\cos\theta_j)^2 + (y_i - \eta_k - V_j\tau_{ij} - l\sin\theta_j)^2 = A_i + B_i(\tau_{ik} - t_{ik}) + C_i(\tau_{ik} - t_{ik})^2 \tag{1b}$$

式中 $t_{ik}$ 为中间运算量，其数值等于声信号由船只到达基阵单元的单程传播时间，$A_i$、$B_i$、$C_i$ 为“声速系数”，其数值与海中声速及其分布，以及基阵单元所在深度 $z_i$ 有关。在保证一定精度，且 $z_i$ 偏离初值不太大（一般不超过 50 ~ 60 m）时，可近似为：

$$A_i = A_{0i} + \alpha_i(z_i - z_{0i}) + a_i(z_i - z_{0i})^2 \tag{2a}$$

$$B_i = B_{0i} + \beta_i(z_i - z_{0i}) + b_i(z_i - z_{0i})^2 \tag{2b}$$

$$C_i = C_{0i} + \gamma_i(z_i - z_{0i}) + c_i(z_i - z_{0i})^2 \tag{2c}$$

为书写方便记：

$$X_{ik} = x_i - \xi_k, \quad p_{ijk} = u_j t_{ik} + l\cos\theta_j \tag{3a}$$

$$Y_{ik} = y_i - \eta_k, \quad q_{ijk} = V_j t_{ik} + l\sin\theta_j \tag{3b}$$

$$P_{ik} = \{B_i^2 + 4C_i(X_{ik}^2 + Y_{ik}^2 - A_i)\}^{1/2} \tag{3c}$$

经过简单运算忽略高阶小量，可足够精确的将(1)式改写为：

$$\tau_{ik} + \frac{B_i - P_{ik}}{C_i} + \frac{2p_{ijk}X_{ik} + 2q_{ijk}Y_{ik}}{P_{ik}} = 0 \tag{4}$$

(4)式中的 $t_{ik}$ 均可用 $(P_{ik} - B_i)/2C_i$ 代入，故(4)式将具有 $\tau - f(\xi, x) = 0$ 的形式。

(4)式即为问题解算中所使用的基本方程式，原则上每进行一次应答，即可写出一个方程式，其中 $\tau$ 为实测量，其他为未知数。但这样方程式和未知数太多，且要形成“完备的”矛盾方程组，要求在同一次巡迴时能收到回答信号的基阵单元个数也必须超过 5 个，不利于实际使用。考虑到式中 $u_j$、$V_j$、$\theta_j$ 的影响不大，且在实际工作中可以获得各量概略的估计值，故我们仅选取 $u_j$、$V_j$、$\theta_j$ 对测量影响较小的情况，而以其估计值作为已知量代入计算。可以证明[2]，当船只经过相邻两基阵单元附近，与两基阵单元应答时间的和 $\tau_{ik} + \tau_{i'k}$ 为最小时，$u_j$、$V_j$、$\theta_j$ 的误差对测量结果影响较小，所以我们仅选取船只经过各相邻基阵单元连线的水平投影附近，对应基阵单元应答时间的和为最小的各点处测量结果，作为实测值代入方程式进行解算。这些测量点的示意位置，在图 1 中用航线上的“。”来表示。

因为这样最终获得的是各未知量的“完备的”矛盾方程组，所以最终解算未知量时，可利用非线性最优化方法，解算依最小二乘法所写出的价值函数：

$$U = \sum_{i,k}[\tau_{ik} - f(\xi_k, x_i)]^2 \tag{5}$$

这时各未知量初值的确定，可首先依照测深仪给出的基阵区海深数值选定 $z_{0i}$，再利用各测量点位于相邻基阵单元连线的水平投影附近，对应基阵单元应答时间和为最小的条件，求出对应基阵单元间水平投影距离的初值，从而求得各基阵单元 $x_i$、$y_i$ 坐标初值。最后根据这样求得的基阵单元坐标初值，利用一次询问和三个（或三个以上）基阵单元应答时间的测量值，解算各测量点坐标初值。

容易证明，若船只以固定周期在航行中连续对 $i$、$i'$ 两基阵单元进行应答，当其在 $(\xi_k, \eta_k)$ 处发出询问信号后收到的两个回答信号传播时间和 $\tau_{ik} + \tau_{i'k}$ 为最小，则近似有：

$$\left(\frac{X_{ik}}{P_{ik}} + \frac{X_{i'k}}{P_{i'k}}\right)u_j + \left(\frac{Y_{ik}}{P_{ik}} + \frac{Y_{i'k}}{P_{i'k}}\right)V_i \approx 0 \tag{6}$$

若两基阵单元间水平投影距离为 $D_{ij}$，此时测量点到两基阵单元距离的水平投影长度分别为 $R_{ik}$、$R_{i'k}$，而测量点至基阵单元连线垂足间水平投影距离为 $v_{ii'k}$，考虑到通常

$$v_{ii'k} \ll R_{ik}, \quad v_{ii'k} \ll R_{i'k}$$

根据几何关系容易得到

$$D_{ii'} \approx (R_{ik} + R_{i'k}) \Big/ \left[1 + \frac{v_{ii'k}^2}{2R_{ik}R_{i'k}}\right] \tag{7}$$

其中 $R_{ik}$、$R_{i'k}$的数值，可取应答时间测量值的一半近似作为单程传播时间，由(1a)式按初值 $z_{0i}$求得。故只要知道 $v_{ii'k}$的近似值，即可由(7)式得到 $D_{ii'}$。注意到(6)式表征有关各量间的物理关系，当转换坐标时，各有关量的数值相应变化，但其间关系式的形式不变。因此转换坐标令 $x$ 轴与基阵单元连线水平投影重合，且原点位于其中一个基阵单元的垂直投影位置，这时 $Y_{ik}$、$Y_{i'k}$均等于 $v_{ii'k}$、$X_{ik}$、$X_{i'k}$分别等于 $R_{ik}$，$-R_{i'k}$故得到：

$$v_{ii'k} \approx \left(\frac{u_j'}{V_j'}\right) \frac{R_{ik}P_{i'k} - R_{i'k}P_{ik}}{P_{ik} + P_{i'k}} \tag{8}$$

其中 $P_{ik}$、$P_{i'k}$不难利用 $R_{ik}$、$R_{i'k}$的初值由(3c)式求得。(8)式中 $u_j'/V_j'$为船相对于两基阵单元连线水平投影的切向分速度与法向分速度之比，在实际工作中可根据航行情况取一个粗略的估值，也可以任意选取 0.6～1.7 的某一个值作为平均估计，对计算结果都不会有太大影响。

已知各基阵单元间水平投影距离后，可根据简单几何关系求得各基元坐标初值 $x_{i_0}$、$y_{i_0}$。根据这样求得的基元坐标初值，利用各测量点一次询问和三个基元应答的方程式：

$$(\xi_k - x_{i_0})^2 + (\eta_k - y_{i_0})^2 = A_i + B_i t_{ik} + C_i t_{ik}^2 \tag{9a}$$

$$(\xi_k - x_{i'_0})^2 + (\eta_k - y_{i'_0})^2 = A_{i'} + B_{i'} t_{i'k} + C_{i'} t_{i'k}^2 \tag{9b}$$

$$(\xi_k - x_{i''0})^2 + (\eta_k - y_{i''0})^2 = A_{i''} + B_{i''} t_{i''k} + C_{i''} t_{i''k}^2 \tag{9c}$$

取各往返应答时间的一半作为 $t_{ik}$、$t_{i'k}$、$t_{i''k}$的近似值代入计算，即可求得测量点坐标初值。这里取三个方程联立求解的原因，主要是便于进行双解的判别，采用三个方程式然后消去未知量二次项的解法，所得到的结果是此矛盾方程组的最可几值，也在一定程度上保障了所求得初值的近似程度。

综上所述，在求得各未知量初值后考虑到方程式(5)具有最小二乘法形式，通常可利用阻尼牛顿法进行最优化计算，为了改善初值不准情况有时会出现的收敛上的困难，可限制最初几次迭代时每次修正量 $\lambda\Delta x_i$，$\lambda\Delta\xi_k$ 的绝对值不超过一定限制数。

对于 5 个基元组成的阵曾在 709 机上进行过试算，为了估计测量误差的影响取测时误差 $\Delta\tau$ 不超过 ±3.5 ms，水深误差不超过 ±20 m，航向误差不超过 ±20°，船速误差不超过 ±2 kn，航向摆动不超过 ±5°，取 18～21 个测量点最后得到的基阵三度空间相对坐标误差不超过 1～2 m。最后结果的误差，根据已知量误差和未知量误差间关系分析，可以证明，在很大程度上决定于近似关系式(1)式的精度。

## 参 考 文 献

[1] 刘伯胜：分层介质中声波传播时间和传播距离间的一个近似公式，(船工科技七七年第四期)．
[2] “基阵测定精确分析”(待出版)．

# 海底混响场的分析

杨士莪

**摘要**　通常在计算海底混响时,假设在海床上分布具有一定方向特性的次声源。但当发射器和接收器位于不同深度时,这样获得的结果可能不符合互易原理。文中将海底作为具有随机阻抗的平面边界,由波动理论给出满足互易原理的点声源混响场。并讨论了负梯度浅海情况下的具体结果。

## 1　导言

声波在海底产生散射的原因,是由于海底介质结构的不均匀,以及海底界面的不平整。因此在线性声学范围内海底散射声场应满足互易原理。但当声源和接收点位于不同深度时,利用一般二次源辐射假设来计算散射声场,所得结果有时可能不满足互易原理[1]。因而有必要进一步修改海底散射声场的分析方法。

考虑到一般声学基础书籍中,对声场互易原理的叙述多仅限于流体介质条件[2,3]。因此将首先给出当同时存在有流体介质和弹性介质时,脉冲声场互易原理的简单证明,然后讨论浅海海底散射声场的计算方法,并给出负梯度液态海底浅海条件下海底混响的具体计算结果。

考虑位于流体介质中矢径分别为$\vec{r_1}$、$\vec{r_2}$处的两个点声源所形成的声场。我们可不失一般性的假设流体介质中各点处的声速 $c=c(\vec{r})$ 和介质密 $\rho=\rho(\vec{r})$ 为空间坐标的连续可微函数。并设此流体介质空间的界面由三部分所组成,即 $\sigma_1$——无穷远界面,$\sigma_2$——具有常数阻抗的界面(包括理想反射界面),$\sigma_3$——流体介质与弹性介质间的界面。其中 $\sigma_2$、$\sigma_3$ 均可以是有限个或可数无穷多个光滑曲面的总和。假设弹性介质在空间任意点处的微小体积元都是局部均匀各向同性,但其密度 $\rho_s=\rho_s(\vec{r})$ 与弹性模量 $\lambda=\lambda(\vec{r})$、$\mu=\mu(\vec{r})$ 从总体来说可以是空间坐标的连续可微函数。显然这些假设对于所讨论的海洋介质来说,均可认为成立。

由于任意脉冲波均可分解为不同频率简谐波的线性叠加,故讨论脉冲声场的互易原理时,可以只讨论简谐波声场的互易原理。对于两个点源在流体介质中所形成的声场来说,其势函数 $\phi_1$、$\phi_2$ 应分别满足[4]:

$$\left.\begin{aligned}\nabla^2\phi_1+k^2\phi_1&=-4\pi\delta(\vec{r}-\vec{r_1})\\ \nabla^2\phi_2+k^2\phi_2&=-4\pi\delta(\vec{r}-\vec{r_2})\end{aligned}\right\}\tag{1}$$

其中 $\phi=\dfrac{p}{\sqrt{p}}$,$k^2=\dfrac{\omega^2}{c^2}+\dfrac{1}{2p}\nabla^2 p-\dfrac{3}{4}\left(\dfrac{1}{p}\nabla p\right)^2$,$p$ 为声压,$\omega$ 为角频率,$\delta(\vec{r})$ 为三维空间的 $\delta$ 函数。$\phi_1$、$\phi_2$ 同时还应该各自满足相应的边界条件和无穷远辐射条件。若此二点源所激发的声场各自引起弹性介质中质点产生的位移为$\vec{\xi_1}$、$\vec{\xi_2}$,则应有[5]:

$$-\omega^2 p_s\vec{\xi_1}=\boldsymbol{\Delta}\cdot\boldsymbol{T}_1,\quad \omega^2 p_s\vec{\xi_2}=\boldsymbol{\Delta}\cdot\boldsymbol{T}_2\tag{2}$$

其中 $\boldsymbol{T}$ 为弹性介质中的应力张量,它与位移矢量及介质弹性模量间的关系为:

$$\boldsymbol{T} = \lambda \boldsymbol{I}\mathrm{div}\,\vec{\xi} + \mu\Delta\vec{\xi} + \mu\vec{\xi}\Delta \tag{3}$$

$\boldsymbol{I}$ 为单位矩阵。任一点源在流体介质中激发的声场势函数,与其在弹性介质中引起的质点位移矢量,在两种介质交界面处应满足以下边界条件:

$$\left.\begin{aligned} &[\omega^2\vec{\xi}\cdot\vec{n}]_{\sigma_3} = \left[\frac{1}{\sqrt{\rho}}\frac{\partial\phi}{\partial n} - \phi\frac{\partial}{\partial n}\left(\frac{1}{\sqrt{\rho}}\right)\right]_{\sigma_3} \\ &[\sqrt{\rho}\phi]_{\sigma_3} = [-\vec{n}\cdot\boldsymbol{T}\cdot\vec{n}]_{\sigma_3} \\ &[\vec{n}\times(\boldsymbol{T}\cdot\vec{n})]_{\sigma_3} = 0 \end{aligned}\right\} \tag{4}$$

$\vec{n}$ 为界面法线方向的单位矢量。上式中第三个条件表明在弹性介质与流体介质交界面处,弹性介质中应力应垂直于界面方向。若弹性介质空间同样包括有无穷远界面和常数阻抗界面(包括理想反射界面),则 $\overrightarrow{\xi_1}$、$\overrightarrow{\xi_2}$ 亦必须满足相应的无穷远辐射条件与阻抗边界条件。

对(1)式应用 Green 公式,若流体介质空间为 $V$,则有:

$$\begin{aligned} 4\pi[\phi_2(\overrightarrow{r_1}) - \phi_1(\overrightarrow{r_2})] &= \iiint_V(\phi_1\nabla^2\phi_2 - \phi_2\nabla^2\phi_1)\mathrm{d}V \\ &= \iint_{\sigma_3}\left(\phi_1\frac{\partial\phi_2}{\partial n} - \phi_2\frac{\partial\phi_1}{\partial n}\right)\mathrm{d}\sigma_3 \end{aligned} \tag{5}$$

因为沿 $\sigma_1$、$\sigma_2$ 的面积分可根据 $\phi_1$、$\phi_2$ 所应满足的无穷远辐射条件与阻抗边界条件,容易地证明其等于零。将(4)式给出的边界条件代入(5)式的面积分的被积函数中,再一次应用 Green 公式,并考虑到沿弹性介质无穷远界面和常数阻抗界面的面积分,可容易地由相应的边界条件或无穷远辐射条件证明其为零,因此若用 $V_s$ 表示弹性介质空间区域,则最后可得:

$$\begin{aligned} 4\pi[\phi_2(\overrightarrow{r_1}) - \phi_1(\overrightarrow{r_2})] &= \iint_{\sigma_3}\omega^2[\overrightarrow{\xi_1}\cdot\boldsymbol{T}_2 - \overrightarrow{\xi_2}\cdot\boldsymbol{T}_1]\cdot\vec{n}\mathrm{d}\sigma_3 \\ &= \iiint_{V_s}\omega^2 div[\overrightarrow{\xi_2}\cdot\boldsymbol{T}_1 - \overrightarrow{\xi_1}\cdot\boldsymbol{T}_2]\mathrm{d}V_s \end{aligned} \tag{6}$$

但注意到

$$\begin{aligned} \mathrm{div}(\overrightarrow{\xi_2}\cdot\boldsymbol{T}_1) &= \mathrm{Spur}[(\nabla\overrightarrow{\xi_2})\boldsymbol{T}_1] + \overrightarrow{\xi_2}\cdot(\mathrm{div}\cdot\boldsymbol{T}_1) \\ &= \mathrm{Spur}[(\nabla\overrightarrow{\xi_1})\boldsymbol{T}_2] + \overrightarrow{\xi_1}\cdot(\mathrm{div}\cdot\boldsymbol{T}_2) \\ &= \mathrm{div}\cdot(\overrightarrow{\xi_1}\cdot\boldsymbol{T}_2) \end{aligned}$$

其中 $\mathrm{Spur}[(\nabla\overrightarrow{\xi_1})\boldsymbol{T}]$ 表示 $\nabla\vec{\xi}$ 与 $\boldsymbol{T}$ 两个张量矩阵的乘积的迹。将此结果代入(6)式遂得:

$$\phi_1(\overrightarrow{r_2}) = \phi_2(\overrightarrow{r_1}) \tag{7}$$

这正表述了所要证明的声场互易原理。如果 $\rho(\overrightarrow{r_1})$、$\rho(\overrightarrow{r_2})$ 相等,则可进一步得到 $p_1(\overrightarrow{r_2})$、$p_2(\overrightarrow{r_1})$ 相等。这就是通常对声场互易原理的表述形式。

## 2　分层介质中海底散射声场的形式解

讨论浅海情况下的海底散射声场。如图 1 所示,取 $z=0$ 平面为海面。虽然实际海底是不平整的,而且这一不平整性是造成声波在海底散射的重要原因之一,但仍可取接近海底的 $z=H$ 平面作为下边面。无论是海底的不平整,抑或是海底介质的不均匀,均可以统一地利用声波在 $z=H$ 平面上阻抗的不均匀来进行描述。Heaps[6] 曾证明,当平面声波在阻抗不均匀表面上反射时,若反射表面上声压近似为零,则散射辐射服从 Lambert 定律,若表面的性质近似于刚性,则形成全漫散射。

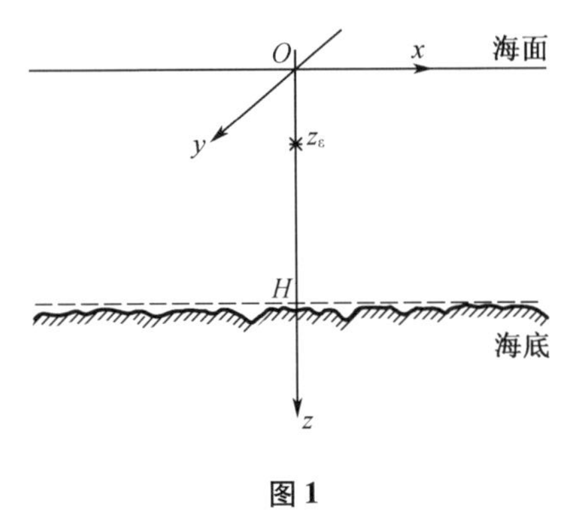


图 1

考虑在密度均匀的介质中(不考虑体积散射),位于$\overrightarrow{r_s}$处的脉冲点源所形成的声场。取海水介质为分层介质,若发射脉冲波形与时间的关系可用$f(t)$来描述,相应的声场势函数为$\phi(\vec{r},\overrightarrow{r_s},t)$,且两者的 Fourier 变换分别为:

$$\left.\begin{aligned} F(\omega) &= \frac{1}{\sqrt{2\pi}}\int_{-\infty}^{\infty} f(t)\,\mathrm{e}^{\mathrm{i}\omega t}\mathrm{d}t \\ \Phi(\vec{r},\overrightarrow{r_s},\omega) &= \frac{1}{\sqrt{2\pi}}\int_{-\infty}^{\infty} \phi(\vec{r},\overrightarrow{r_s},t)\,\mathrm{e}^{\mathrm{i}\omega t}\mathrm{d}t \end{aligned}\right\} \tag{8}$$

则 $\Phi(\vec{r},\overrightarrow{r_s},\omega)$应满足下列波动方程式及边界条件,

$$\left.\begin{aligned} &\nabla^2\Phi + k^2\Phi = -4\pi\delta(\vec{r}-\overrightarrow{r_s})F(\omega) \\ &[\Phi]_{z=0} = 0,\quad \left[\Phi + \zeta\frac{\partial\Phi}{\partial z}\right]_{z=H} = 0 \end{aligned}\right\} \tag{9}$$

并应满足无穷远辐射条件。上式边界条件中 $\zeta$ 为在 $z=H$ 界面处的声阻抗,它一般可表示为有规部分 $\zeta'$ 与随机部分 $\zeta''$的和。相应地,我们将把 $\Phi$ 中同样分解为有规声场 $\Phi'$与散射声场 $\Phi''$的和,即

$$\Phi(\vec{r},\overrightarrow{r_s},\omega) = \Phi'(\vec{r},\overrightarrow{r_s},\omega) + \Phi''(\vec{r},\overrightarrow{r_s},\omega) \tag{10}$$

而规定 $\Phi'$与 $\Phi''$分别满足下列有源与无源波动方程式,以及有规与随机边界条件:

$$\left.\begin{aligned} &(\nabla^2 + k^2)\Phi'(\vec{r},\overrightarrow{r_s},\omega) = -4\pi\delta(\vec{r}-\overrightarrow{r_s})F(\omega) \\ &[\Phi']_{z=0} = 0,\quad \left[\Phi' + \zeta'\frac{\partial\Phi'}{\partial z}\right]_{z=H} = 0 \end{aligned}\right\} \tag{11}$$

$$\left.\begin{aligned} &(\nabla^2 + k^2)\Phi''(\vec{r},\overrightarrow{r_s},\omega) = 0 \\ &[\Phi'']_{z=0} = 0,\quad \left[\Phi'' + (\zeta' + \zeta'')\frac{\partial\Phi''}{\partial z} + \zeta''\frac{\partial\Phi'}{\partial z} = 0\right]_{z=H} = 0 \end{aligned}\right\} \tag{12}$$

显然 $\Phi'$与 $\Phi''$也均应该满足无穷远辐射条件。容易知道(11)、(12)式的解与(9)式的解相符合。在分层介质的情况下,有规声场部分可以写为简正波的和

$$\Phi'(\vec{r},\overrightarrow{r_s},\omega) = \sum^{n} Z(z,\nu_n)Z(z_s,\nu_n)H_o^{(1)}(\nu_n|\vec{r}-\overrightarrow{r_s}|_\perp)F(\omega) = \sum_n \Phi'_n \tag{13}$$

其中$|\vec{r}-\overrightarrow{r_s}|_\perp$为矢量$\vec{r}-\overrightarrow{r_s}$的水平投影长度,即

$$|\vec{r}-\vec{r_s}|_{\perp}=\sqrt{(x-x_s)^2+(y-y_s)^2}$$

$\nu_n$ 为相应分层介质情况下一维波动方程的本征值,$Z(z,\nu_n)$为对应于单位体积速度点源的本征函数。当一维波动方程具有连续的本征值时,(13)式中的求和变为积分。由于各不同阶简正波可理解为不同投射角上行和下行的波的组合。因而在高频近似情况下,对应于各不同阶简正波的海底界面处声阻抗有规分量 $\zeta'_n$,将等于具有相同投射角的平面波在界面上反射时的阻抗值。因此 $\zeta'_n$将仅只是 $\nu_n$ 的函数,而与反射点坐标无关。记第 $n$ 阶简正波的势函数为 $\Phi'_n(\vec{r},\vec{r_s},\omega)$则其所应满足的边界条件可写为:

$$[\Phi'_n]_{z=0}=0,\quad \left[\Phi'_n+\zeta'_n\frac{\partial\Phi'_n}{\partial z}\right]_{z=H}=0 \tag{14}$$

若第 $n$ 阶简正波单独形成的海底散射声场势函数为 $\Phi''_n(\vec{r},\vec{r_s},\omega)$,则总的海底散射声场将为:

$$\Phi''(\vec{r},\vec{r_s},\omega)=\sum_n\Phi''_n(\vec{r},\vec{r_s},\omega) \tag{15}$$

且 $\Phi''_n(\vec{r},\vec{r_s},\omega)$将满足下列波动方程式与边界条件以及无穷远辐射条件:

$$\left.\begin{aligned}&(\nabla^2+k^2)\Phi''_n(\vec{r},\vec{r_s},\omega)=0\\&[\Phi''_n]_{n=0}=0,\ \left[\Phi''_n+(\zeta'_n+\zeta''_n)\frac{\partial\Phi''_n}{\partial z}+\zeta''_n\frac{\partial\Phi''_n}{\partial z}\right]_{z=H}=0\end{aligned}\right\} \tag{16}$$

对于 $\Phi'(\vec{r},\vec{r_s},\omega)$及 $\Phi''_n(\vec{r},\vec{r_s},\omega)$应用 Green 公式,由(11)、(16)两式及两函数均满足无穷远辐射条件的规定,经过简单计算容易证明:

$$\begin{aligned}4\pi F(\omega)\Phi''_m(\vec{r},\vec{r_s},\omega)=&\iint_{-\infty}^{\infty}\frac{\zeta''_n}{\zeta'_n(\zeta'_n+\zeta''_n)}\Phi'(\vec{\xi},\vec{r},\omega)\Phi'_n(\vec{\xi},\vec{r_s},\omega)\mathrm{d}S_{\zeta}-\\&\iint_{-\infty}^{\infty}\left\{\left[\frac{1}{\zeta'_n}-\frac{\zeta''_n}{\zeta'_n(\zeta'_n+\zeta''_n)}\right]\Phi'(\vec{\xi},\vec{r},\omega)+\frac{\partial\Phi'(\vec{\xi},\vec{r},\omega)}{\partial z}\right\}\Phi''_n(\vec{\xi},\vec{r},\omega)\mathrm{d}S_{\xi}\end{aligned} \tag{17}$$

其中 $\vec{\xi}$ 代表 $z=H$ 平面上点的矢径。上式实际上是 $\Phi''_n(\vec{r},\vec{r_s},\omega)$所应满足的第二类 Fredholm 积分方程式。虽然积分是在无限平面区间进行,且当 $\vec{r}$ 也取 $z=H$ 平面上的某一点 $\vec{\eta}$ 时,当 $\vec{\xi}$ 无限趋近 $\vec{\eta}$,积分方程式的核将具有以下性质的奇异点:

$$\frac{E(\vec{\xi},\vec{\eta})}{|\vec{\xi}-\vec{\eta}|}$$

其中 $E(\vec{\xi},\vec{\eta})$为全平面上有界的函数。但可以证明,此积分方程式的解仍可利用予解式给出[7-8]。记

$$\alpha_n(\vec{\xi})=\frac{\zeta''_n(\vec{\xi})}{\zeta'_n+\zeta''_n(\vec{\xi})} \tag{18}$$

当$|\alpha_n(\vec{\xi})|$很小时利用微扰法求解(17)式,记

$$\Phi''_n(\vec{r},\vec{r_s},\omega)=\sum_{j=1}^{\infty}\Phi''^{(j)}_n(\vec{r},\vec{r_s},\omega) \tag{19}$$

其中

$$4\pi F(\omega)\Phi''^{(1)}_n(\vec{r},\vec{r_s},\omega)=\iint_{-\infty}^{\infty}\frac{\alpha_n(\vec{\xi})}{\zeta'_n}\Phi'(\vec{\xi},\vec{r},\omega)\Phi'_n(\vec{\xi},\vec{r_s},\omega)\mathrm{d}S_{\zeta}-$$

$$\iint_{-\infty}^{\infty}\left[\frac{1}{\zeta'_n}\Phi'(\vec{\xi},\vec{r},\omega)+\frac{\partial\Phi'(\vec{\xi},\vec{r},\omega)}{\partial z}\right]\Phi''^{(1)}_n(\vec{\xi},\vec{r_s},\omega)\,\mathrm{d}S_\zeta \quad (20\text{甲})$$

$$4\pi F(\omega)\Phi''^{(j+1)}_n(\vec{r},\vec{r_s},\omega)=\iint_{-\infty}^{\infty}\frac{\alpha_n(\vec{\xi})}{\zeta'_n}\Phi'(\vec{\xi},\vec{r},\omega)\Phi''^{(j)}_n(\vec{\xi},\vec{r_s},\omega)\,\mathrm{d}S_\zeta-$$
$$\iint_{-\infty}^{\infty}\left[\frac{1}{\zeta'_n}\Phi'(\vec{\xi},\vec{r},\omega)+\frac{\partial\Phi'(\vec{\xi},\vec{r},\omega)}{\partial z}\right]\Phi''^{(j+1)}_n(\vec{\xi},\vec{r_s},\omega)\,\mathrm{d}S_\zeta \quad (20\text{乙})$$

我们将在附录中给出(19)式求和收敛的条件。但一般$|\alpha_n(\vec{\xi})|\ll 1$时,可忽略高阶项而取

$$\Phi''_n(\vec{r},\vec{r_s},\omega)\approx\Phi''^{(1)}_n(\vec{r},\vec{r_s},\omega)$$

下面的讨论也将仅限于取第一项。

利用 Fourier 变换解积分方程式(20 甲),为了书写简便记

$$\left.\begin{aligned}g_n(\vec{\eta})&=\iint_{-\infty}^{\infty}\frac{\alpha_n(\vec{\xi})}{\zeta'_n}\Phi'(\vec{\xi},\vec{\eta},\omega)\Phi'_n(\vec{\xi},\vec{r_s},\omega)\,\mathrm{d}S_\zeta\\G_n(\vec{\mu})&=\frac{1}{2\pi}=\iint_{-\infty}^{\infty}g_n(\vec{\eta})\mathrm{e}^{\mathrm{i}\vec{\mu}\cdot\vec{\eta}}\mathrm{d}S_\eta\\\psi''_n(\vec{\mu})&=\frac{1}{2\pi}\iint_{-\infty}^{\infty}\Phi''^{(1)}_n(\vec{\eta},\vec{r_s},\omega)\mathrm{e}^{\mathrm{i}\vec{\mu}\cdot\vec{\eta}}\mathrm{d}S_\eta\end{aligned}\right\}\quad(21)$$

首先取$\vec{r}=\vec{\eta}$为$z=H$平面上的某一点,然后对(20 甲)等号两边作 Fourier 变换,利用(21)式所给出的表示,经过若干计算,可以得到

$$4F(\omega)=\psi''_n(\vec{\mu})=\frac{G(\vec{\mu})}{\pi\sum_l\left(\frac{1}{\zeta'_n}-\frac{1}{\zeta'_l}\right)\frac{\mathrm{i}Z^2(H,v_l)}{v_l^2-|\vec{\mu}|^2}}\quad(22)$$

对(22)式进行 Fourier 逆变换,代入(20 甲)等号右边第二个面积分中,并利用关系式

$$\sum_l Z(H,v_l)Z(z,v_l)H_0^{(1)}[v_l|\vec{\eta}-\vec{r}|_\perp]=\frac{1}{\pi}\int_{-\infty}^{\infty}\sum_l\frac{\mathrm{i}Z(H,\nu_l)Z(z,\nu_l)}{\nu_i^2-\mu^2}H_o^{(1)}(\mu|\vec{\eta}-\vec{r}|_\perp)\mu\mathrm{d}\mu$$

$$\sum_l\frac{Z(H,\nu_l)Z(z,\nu_l)}{\nu_l^2-\mu^2}\cdot\sum_l\frac{1}{\zeta'_l}\frac{Z(H,\nu_l)Z(H,\nu_l)}{\nu_l^2-\mu^2}=\sum_l\frac{Z(H,\nu_l)Z(H,\nu_l)}{\nu_l^2-\mu^2}\sum_l\frac{1}{\zeta'_1}\frac{Z(H,\nu_l)Z(z,\nu_l)}{\nu_l^2-\mu^2}$$

合并(20 甲)等号右边的两项面积分,经过若干计算,最后可以得到第 $n$ 阶简正波所引起的海底散射场在介质空间任意点处的势函数:

$$4\pi\Phi''^{(1)}_n(\vec{r},\vec{r_s},\omega)=\iint_{-\infty}^{\infty}\frac{\alpha_n(\vec{\xi})}{\zeta'_n}\Phi'_n(\vec{\xi},\vec{r},\omega)\cdot\int_{-\infty}^{\infty}\frac{i}{D(\mu)}\cdot$$
$$\sum_l\frac{Z(H,v_l)Z(z,v_l)}{v_l^2-\mu^2}H_o^{(1)}(\mu|\vec{\xi}-\vec{r}|_{\check{u}})\cdot\mu\mathrm{d}\mu\mathrm{d}S_\zeta\quad(23)$$

其中

$$D(\mu)=\pi+\sum_l\left(\frac{1}{\zeta'_n}-\frac{1}{\zeta'_l}\right)\frac{iZ^2(H,v_l)}{v_l^2-\mu^2}\quad(24)$$

当水文条件和海底性质已知时,(23)式等号右边积分号下将仅包括已知函数。故该式

即可用作为海底散射声场的形式解，并由(15)式求得总的海底散射声场。在下面我们将从(23)式出发，略去 $\Phi''_n$ 肩标(1)，就负梯度浅海的具体条件，讨论混响场的性质。

## 3　负梯度浅海的海底混响

对于负梯度分层介质的情况，若已给定海底反射系数(有规部分)为 $V = V(v)$，利用 W. K. B. 近似，记

$$u = \int_h^z \sqrt{k^2(z) - \nu^2}\,dz \quad k(h) = \nu \tag{25}$$

即 $h$ 为对应的反转深度。这时一维波动方程的两个线性独立的解可取为[9]

$$Z_1(z,\nu) = \left(\frac{\mu}{\sqrt{k^2 - \nu^2}}\right)^{\frac{1}{2}} H^{(1)}_{\frac{1}{3}}(u),\ Z_2(z,\nu) = \left(\frac{u}{\sqrt{k^2 - \nu^2}}\right)^{\frac{1}{2}} H^{(2)}_{\frac{1}{3}}(u) \tag{26}$$

而简正波的频散方程式为[10]：

$$V(\nu) = -\frac{H^{(1)}_{\frac{1}{3}}(u_o)H^{(2)}_{\frac{1}{3}}(u_H)}{H^{(2)}_{\frac{1}{3}}(u_o)H^{(1)}_{\frac{1}{3}}(u_H)} \tag{27}$$

且有

$$\zeta'_l = -\frac{Z_1(H,\nu_l)Z_2(o,\nu_l) - Z_2(H,\nu_l)Z_1(o,\nu_l)}{\dot{Z}_1(H,\nu_l)Z_2(o,\nu_l) - \dot{Z}_2(H,\nu_l)Z_1(o,\nu_l)} \tag{28}$$

$$\begin{aligned} Z(z,\nu_1) = {} & \frac{\pi v_l^{1/2}}{\sqrt{2}}[Z_1(z,\nu_l)Z_2(o,\nu_l) - Z_2(z,v_l)Z_1(o,\nu_l)] \\ & \left\{-\frac{4i}{\pi}\left[\frac{1}{\sqrt{k_n^2 - \nu_l^2}}\frac{Z_1(o,\nu_2)Z_2(o,\nu_l)}{Z_1(H,\nu_l)Z_2(H,\nu_l)}\frac{\partial u_H}{\partial \nu_l} - \frac{1}{\sqrt{k_0^2 - \nu_l^2}}\frac{\partial u_0}{\partial \nu_1}\right] - \right. \\ & \left. Z_1(o,\nu_l)Z_2(o,\nu_l)\frac{\partial \ln V(\nu_l)}{\partial \nu_l}\right\}^{1/2} \end{aligned} \tag{29}$$

利用以上诸关系可将(23)式改写为：

$$\begin{aligned} 4\pi\Phi''_n(\vec{r},\vec{r_s},\omega) = {} & \iint_{-\infty}^{\infty} \frac{\alpha_n(\vec{\xi})}{\zeta'_n}\Phi'_n(\vec{\xi},\vec{r_s},\omega) \\ & \int_{-\infty}^{\infty} \frac{Z_1(z,\mu)Z_2(o,\mu) - Z_1(o,\mu)Z_2(z,\mu)}{[Z_1(H,\mu)Z_2(o,\mu) - Z_1(o,\mu)Z_2(H,\mu)]\left[\frac{1}{\zeta'(\nu_n)} - \frac{1}{\zeta'(\mu)}\right]} \cdot \\ & H_o^{(1)}(\mu|\vec{\xi} - \vec{r}|_\perp)\mu d\mu dS_\zeta \end{aligned} \tag{30}$$

上式等号右边最里面的一层对 $\mu$ 积分的被积函数，在 $\mu$ 的复平面上的极点将由方程式

$$\zeta'(\mu) = \zeta'(\nu_n) \tag{31}$$

给出。也就是说被积函数在 $\mu$ 的复平面上仅只有 $\mu = \nu_n$ 一个极点。采用 $\mu$ 复平面上环路积分方法计算对 $\mu$ 的积分，对远程混响来说忽略沿割线两岸的积分，由(23)式遂得：

$$4\Phi''_n(\vec{r},\vec{r_s},\omega) = \iint_{-\infty}^{\infty} \frac{a_n(\vec{\xi})}{\zeta'_n D(\nu_n)}\Phi'_n(\vec{\xi},\vec{r_s},\omega)Z(H,\nu_n)Z(z,\nu_n) \cdot H_o^{(1)}(\nu_n|\vec{\xi} - \vec{r}|_\perp)dS_\zeta \tag{32}$$

注意到上式所给出的海底散射场对于 $\vec{r}$、$\vec{r_s}$ 是明显对称的。而对 $\mu$ 积分的被积函数在 $\mu$ 复平面上只有一个极点 $\mu = \nu_n$ 的情况，从物理上来说相当于表示某一阶简正波在海底随机阻抗界面上散射时，所形成的散射场仍具有同一阶简正波的形式。

由(24)式并利用(27)(29)诸关系式,在负梯度浅海的条件下,可近似得到:

$$D(\nu_n) = \pi\left\{1 - \frac{\mathrm{i}\nu_n[1 - V(\nu_n)]^2}{2(k_H^2 - \nu_n^2)S_n V(\nu_n)}\right\} \tag{33}$$

其中

$$S_n \approx \int_h^H \frac{2\nu_n \mathrm{d}z}{\sqrt{k^2(z) - \nu_n}} \tag{34}$$

称为第 $n$ 阶简正波在水层中传播的跨度。从(32)式出发,由(15)式,可得总的海底散射声场为:

$$4F(\omega)\Phi''(\vec{r},\overrightarrow{r_s},\omega) = \iint\limits_{-\infty}^{\infty}\sum_n \frac{\alpha_n(\vec{\xi})}{\zeta'_n D(\nu_n)}\Phi'_n(\vec{\xi},\overrightarrow{r_s},\omega)\Phi'_n(\vec{\xi},\vec{r},\omega)\mathrm{d}S_\zeta \tag{35}$$

对(35)式进行 Fourier 逆变换,即可求得脉冲声的海底散射场。虽然式中系对所有简正波求和,但在考虑远场散射时,可以仅只考虑有限个数具有较小水平传播衰减的简正波。利用(35)式计算脉冲声的海底混响,注意到(8)式所给出的关系,这时有:

$$\begin{aligned}&E\{\phi''(\overrightarrow{r_1},\overrightarrow{r_s},t_1)\phi''(\overrightarrow{r_2}\,\overrightarrow{r_s},t_2)\}\\&= \frac{1}{2\pi}\iint\limits_{-\infty}^{\infty}\iint\limits_{-\infty}^{\infty}\iint\limits_{-\infty}^{\infty}\frac{1}{16}\sum_l\sum_n\frac{E\{\alpha_l(\vec{\xi})\alpha_n(\vec{\eta})\}}{\zeta'_l\zeta'_n}\cdot\frac{\Phi'_l(\vec{\xi},\overrightarrow{r_s},\omega_1)\Phi'_l(\vec{\xi},\overrightarrow{r_1},\omega_1)}{D(\nu_1)F(w_1)}\cdot\\&\quad\frac{\Phi'_n(\vec{\eta},\overrightarrow{r_s},\omega_2)\Phi'_n(\vec{\eta},\overrightarrow{r_2},\omega_2)}{D(\nu_n)F(\omega_2)}\mathrm{e}^{-\mathrm{i}(\omega_1 t_1+\omega_2 t_2)}\mathrm{d}S_\zeta\mathrm{d}S_\eta\mathrm{d}\omega_1\omega_2\end{aligned} \tag{36}$$

其中 $E\{\ \}$ 表示对花括弧内的量的系综平均。若取

$$E\{\alpha_l(\vec{\xi})\alpha_n(\vec{\eta})\} = \beta_m^2\left(\frac{\nu_l}{k_H}\right)^m\left(\frac{\nu_n}{k_H}\right)^m\exp\left\{-\frac{|\vec{\xi}-\vec{\eta}|^2}{\delta^2}\right\} \tag{37}$$

当 $m=0$ 时相当于 Lommel 散射,$m=1$ 时相当于 Lambert 散射。通常 $\delta$ 是一个远小于波长的小量。将(37)代入(36)注意到被积函数的两重求和实际上可改写为分别对足标 $l$ 和 $n$ 的两个和的乘积,这两个和在高频近似情况下可以利用广义射线积分表示,即取

$$P(\vec{\xi},\vec{r},\omega) = \frac{1}{4}\sum_l\left(\frac{\nu_1}{k_H}\right)^m\frac{\Phi'_l(\vec{\eta},\overrightarrow{r_s},\omega)\Phi'_l(\vec{\xi},\vec{r},\omega)}{\zeta'_l D(\nu_l)F^2(\omega)} \tag{38}$$

则有

$$\begin{aligned}P(\vec{\xi},\vec{r},\omega) \approx &\frac{1}{\sqrt{RR_s}}\int_{(c)}\frac{\nu^{m+1}[V^2(\nu)-1]\mathrm{e}^{\mathrm{i}\nu(R+R_s)}}{4k_H^m[(k^2-\nu^2)(k_s^2-\nu^2)]^{1/4}S(\nu)D(\nu)V(\nu)}\times\\&\left\{V(\nu)\mathrm{e}^{\mathrm{i}[\int_z^H\sqrt{k^2-\nu^2}\mathrm{d}z+\int_{zs}^H\sqrt{k^2-\nu^2}\mathrm{d}z]}+\mathrm{e}^{\mathrm{i}\int_{zs}^z\sqrt{k^2-\nu^2}}+\right.\\&\left.\mathrm{e}^{-\mathrm{i}\int_{zs}^z\sqrt{k^2-\nu^2}\mathrm{d}z}+\frac{1}{V(\nu)}\mathrm{e}^{-\mathrm{i}[\int_z\sqrt{k^2-\nu^2}\mathrm{d}z+\int_{zs}^H\sqrt{k^2-\nu^2}\mathrm{d}z]}\right\}\mathrm{d}\nu\end{aligned}$$

$$R = |\vec{\xi}-\vec{r}|_\perp,\quad R_s = |\vec{\xi}-\overrightarrow{r_s}|_\perp$$

$(C)$为本征值各点在 $\nu$ 复平面上连结所成的曲线。此积分可利用稳相法近似求得。所得到的结果相当于沿四类不同途径声线,自发射点经海底散射再到达接收点的声波相互叠加的和。此四类声线各在发射点和接收点具有不同的向上或向下走向。在图二中分别给出这四类声线在发射点和接收点走向的示意图,并在(39)式中给出各自相应的声线方程。一般每一类声线不止一条,相当于(39)式中 $N$ 取不同的正整数。但通常情况下起主要作用的是跨度最大的少数几条。

$$\left.\begin{aligned}
&R+R_s-N_1S(\nu)-\int_z^H\frac{\nu\mathrm{d}z}{\sqrt{k^2-\nu^2}}-\int_{zs}^H\frac{\nu\mathrm{d}z}{\sqrt{k^2-\nu^2}}=0\\
&R+R_s-N_2S(\nu)+\int_z^H\frac{\nu\mathrm{d}z}{\sqrt{k^2-\nu^2}}-\int_{zs}^H\frac{\nu\mathrm{d}z}{\sqrt{k^2-\nu^2}}=0\\
&R+R_s-N_3S(\nu)-\int_z^H\frac{\nu\mathrm{d}z}{\sqrt{k^2-\nu^2}}+\int_{zs}^H\frac{\nu\mathrm{d}z}{\sqrt{k^2-\nu^2}}=0\\
&R+R_s-N_4S(\nu)+\int_z^H\frac{\nu\mathrm{d}z}{\sqrt{k^2-\nu^2}}+\int_{zs}^H\frac{\nu\mathrm{d}z}{\sqrt{k^2-\nu^2}}=0
\end{aligned}\right\}\tag{39}$$

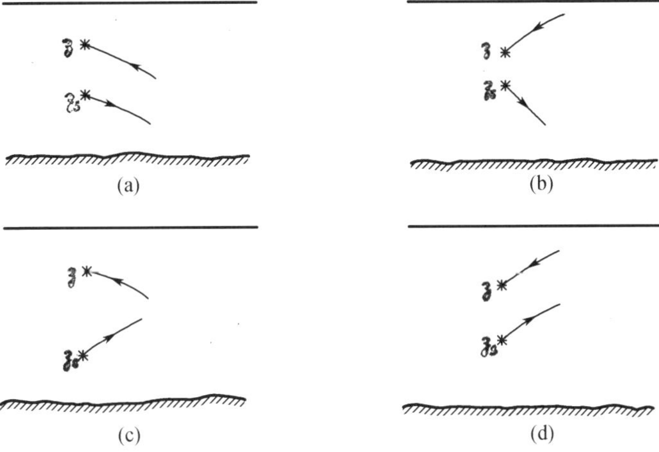


**图 2**

综合上述讨论，经过简单计算，最后可将 $P(\vec{\xi},\vec{r},\omega)$ 写为相应射线表示的和，仿照通常射线的写法，记

$$P(\vec{\xi},\vec{r},\omega)\approx\sum_i\frac{B(\theta_i)}{\sqrt{RR_s}A(\theta_i)}\exp(\mathrm{i}\omega\cdot\gamma_j(\vec{\xi},\vec{r})\}\tag{40}$$

这里将由(39)式所得 $\nu$ 的稳相点数值用 $k_s\cos\theta$ 表示，且有

$$\left.\begin{aligned}
&\omega\cdot\gamma(\vec{\xi},\vec{r})\approx k_s\cos\theta(R+R_s)\pm\int_s^H\sqrt{k^2-k_s^2\cos^2\theta}\mathrm{d}z\pm\int_{zs}^H\sqrt{k^2-k_s^2\cos^2\theta}\mathrm{d}z+\frac{\pi}{4}\\
&B(\theta_i)=\left(\frac{k_s\cos\theta}{k_H}\right)^{m-1}\frac{V^2(k_s\cos\theta)-1}{k_HS(k_s\cos\theta)D(k_s\cos\theta)V(k_s\cos\theta)}\\
&A(\theta_j)=\sqrt{\frac{8}{\pi}}\cdot\frac{\left[\dfrac{\partial(R+R_s)}{\partial\theta}\right]^{\frac{1}{2}}[k^2-k_s^2\cos^2\theta]^{1/4}}{k_s^2\cos^2\theta}[V(k_s\cos\theta)]^{-N+s}
\end{aligned}\right\}\tag{41}$$

$\varepsilon$ 根据所考虑声线是四类中的那一类，分别取 -1，0 或 1。此时(36)式可改写为：

$$E\{\Phi''(\overrightarrow{r_i},\overrightarrow{r_s},t_1)\Phi''(\overrightarrow{r_2},\overrightarrow{r_s},t_2)\}=\frac{1}{2\pi}\cdot\iiint_{-\infty}^{\infty}B_m^z\exp\left\{-\frac{|\vec{\xi}-\vec{\eta}|^2}{\delta^2}\right\}$$
$$P(\vec{\xi},\overrightarrow{r_1},\omega_1)P(\vec{\eta},\overrightarrow{r_2},\omega_2)\cdot$$

$$e^{-i(\omega_1 t_1+\omega_2 t_2)} \cdot F(\omega_1)F(\omega_2)\mathrm{d}S_\zeta \mathrm{d}S_\eta \mathrm{d}\omega_1 \mathrm{d}\omega_2 \quad (42)$$

通常 $B(\theta_j)$ 基本上与频率无关,其值仅决定于具体水文条件及有关的一些坐标量。如果用二次声源的概念来描述海底散射时,则 $B(\theta_j)$ 近似相应于散射源强度的修正因子。对(42)式进行积分,注意到对 $\omega_1$ 与 $\omega_2$ 的积分可分别进行,当 $\beta_m^2$ 与频率的关系不明显时,依(8)式所给出的关系,积分结果将近似得到原脉冲波形。进一步对 $\vec{\xi}$、$\vec{\eta}$ 的积分将仅在脉冲取有限值的较窄环形域中才有实际意义。如果发射脉冲足够窄,沿不同声线的脉冲彼此不重叠,考虑到由(37)式所给出的海底界面随机阻抗的相关特性,并取 $\vec{r_1}=\vec{r_2}$, $t_1=t_2$,即可近似得到海底混响强度的表示式:

$$E\{\Phi''^2(\vec{r},\vec{r_s},t)\} \simeq 2\pi^{\frac{3}{2}}\beta_m\delta\frac{\tau}{t}\sum_l\left\{\frac{B(\theta_j)}{A(\theta_j)}f\left[t-\gamma_i\left(\frac{c_o t}{2},\vec{r}\right)\right]\right\}^2 \quad (43)$$

其中 $\tau$ 为脉冲宽度。虽然为了书写的简便,在(43)式等号右边没有明显写出和声源坐标 $\vec{r_s}$ 的关系。但从前面的讨论可以知道,所得海底混响强度关系对发射和接收点坐标是对称的。也就是说结果满足互易原理。

## 4 几点结论

(1)(43)式所给出的混响强度随时间及脉冲宽度变化的规律,和通常按二次声源假设所求得的结果是一致的。

(2)(43)式给出的海底混响强度表示满足互易原理。用通常的二次声源假设计算海底混响强度所以有时候得到的结果不满足互易原理的原因,就在于通常先验性的假设二次声源不论激发情况如何,总散射出所有各阶正常简正波。但从(16)式明显看出,对于散射声场来说,它所满足的边界条件与正常简正波并不一样。在本文中证明了一定阶次的简正波,由于海底随机阻抗引起的散射声场,将只具有同一阶次简正波的形式。

(3)利用稳相法计算混响强度时,所得到的广义射线近似虽然在距声源 $\frac{1}{2}c_o t$ 处并不一定恰好到达海底,但如果考虑到这种近似主要反映了传播过程中的相位变化关系,而从波动观点来说,实际上简正波在介质内部处处都受到海底特性的影响,因此结果并不难以理解。

(4)实际海底混响的强度,不仅受到反映海底特性的 $\beta_m^2\delta$ 量的影响,同时也受到和水文条件有关的 $B(\theta_j)$ 量的影响。因此对于同一海域,即海底特性保持不变时,在水文条件不同的情况下,修正传播衰减后按经典的二次声源假设所求得的海底散射系数仍将不一样。过去实验得到的相同海底在不同水文条件下测得的海底散射系数不同的结果,有必要根据本文所得出的关系式重新修正检验。

(5)本文虽然仅对负梯度水文情况及海底阻抗起伏的空间相关半经很小的情况,进行了具体的讨论,但(23)式的结果可用于更一般的情况。

作者对戴遗山教授所提供的有益帮助表示感谢。

## 参考文献


[1] 李秉春:浅海负跃层的混响强度的理论分析."第二届全国声学学术会议论文摘要"第20页 1979年.

[2] E. Skudrzyk:Die Grundlagen der Akustik 1954.

[3] P. M. Morse, K. U. Ingard: Theoretical acoustics 1968.

[4] Л. М. Бреховских: Волны в слоистых средах 1957.

[5] M. Morse, H. Feshbach:Methods of theoretical physics part I , 1953.

[6] H. S. Heaps: Reflection of plane sound wave on surface of non-uniform impedance J. A. S. A. vol 28 p. 666 1956.

[7] В. И. Смдрнов: Курс высшей математики Т. IV. Т. V 1957г.

[8] F. Riesz; B. SZ - Nagy: Functional analysis. 1956.

[9] 惠俊英:传播原理 1964年.

[10] 张仁和: 负梯度浅海中的简正波声场 声学学报 第2卷 第1期 24-28页 ,1965年.

[11] И. М. Рыжик, И. С. Градштейн Таьлиды интегралов, сумм, рядов и произведений 1951г.


### 附录

如文中所指出,利用分层介质中的简正波表示,(20)式经过若干运算,可依(32)式改写为:

$$4\Phi_n''^{(1)}(\vec{r},\overrightarrow{r_s},\omega) = \iint_{-\infty}^{\infty} \frac{\alpha_n(\vec{\xi})}{\zeta_n' D(r_n)} \Phi_n'(\vec{\xi},\overrightarrow{r_s},\omega) Z(H,\nu_n) Z(z,\nu_n) H_o^{(1)}(\nu_n |\vec{\xi}-\vec{r}|_{\perp}) \mathrm{d}S_\zeta \tag{44 甲}$$

$$4\Phi_n''^{(j+1)}(\vec{r},\overrightarrow{r_s},\omega) = \iint_{-\infty}^{\infty} \frac{\alpha_n(\vec{\xi})}{\zeta_n' D(r_n)} \Phi_n''^{(j)}(\vec{\xi},\overrightarrow{r_s},\omega) Z(H,\nu_n) Z(z,\nu_n) H_o^{(1)}(\nu_n |\vec{\xi}-\vec{r}|_{\perp}) \mathrm{d}S_\zeta \tag{44 乙}$$

若已知 $|\Phi_n'(\vec{\xi},\overrightarrow{r_s},\omega)|$ 与 $|\alpha_n(\vec{\xi})|$ 的上限分别为 $M,\sigma$,则由(44 甲)容易得到

$$4|\Phi_n''^{(1)}(\vec{r},\overrightarrow{r_s},\omega)| < M\sigma \left| \frac{Z(H,\nu_n)Z(z,\nu_n)}{\zeta_n' D(r_n)} \right| \cdot \iint_{-\infty}^{\infty} |H_o^{(1)}(\nu_n |\vec{\xi}-\vec{r}|_{\perp})| \mathrm{d}S_\zeta$$

在通常介质有吸收时 $\nu_n$ 为具有正虚部的复数,故上式中最后一项对 Hankel 函数绝对值的积分收敛,令其值为 $K_n$。记

$$\varepsilon = \frac{K_n\sigma}{4} \left| \frac{Z(H,\nu_n)Z(z,\nu_n)}{\zeta_n' D(\nu_n)} \right|, \ \varepsilon' = \frac{K_n\sigma}{4} \left| \frac{Z(H,\nu_n)Z(H,\nu_n)}{\zeta_n' D(\nu_n)} \right| \tag{45}$$

则有

$$|\Phi_n''^{(1)}(\vec{r},\overrightarrow{r_s},\omega)| < M\varepsilon, \ |\Phi_n''^{(1)}(\vec{\xi},\overrightarrow{r_s},\omega)| M\varepsilon' \tag{46}$$

将(46)的第二式代入(44 乙),依照相同的方法,依次可得:

$$\left|\Phi_n''^{(2)}(\vec{r},\vec{r_s},\omega)\right| < M\varepsilon'\varepsilon,\ \left|\Phi_n''^{(2)}(\vec{\xi},\vec{r_s},\omega)\right| < M\varepsilon'^2$$

......................................

$$\left|\Phi_n''^{(j+1)}(\vec{r},\vec{r_s},\omega)\right| < M\varepsilon'^j\varepsilon,\ \left|\Phi_n''^{(j+1)}(\vec{\xi},\vec{r_s},\omega)\right| < M\varepsilon^{j+1}$$

......................................

由此可见当 $\varepsilon' < 1$ 时,按(44)式逐次迭代的结果一致收敛。故得在分层介质情况下微扰法收敛的条件为:

$$\left|2S(\nu_n) - \frac{\nu_n\zeta_n'[1 - V(\nu_n)]^2}{\sqrt{k_H^2 - \nu_n^2}V(\nu_n)}\right| > \sigma\left|\frac{\nu_n[1 - V^2(\nu_n)]}{V(\nu_n)}\right| \cdot \iint_{-\infty}^{\infty}\left|H_0^{(1)}(\nu_n r)\right|\mathrm{d}S \qquad (47)$$

# 条带测深仪接收信号分析

杨士莪

**摘要**　文中分析了在方向性发射和接收情况下，条带测深仪接收海底反向散射信号的包络波形。理论分析结果表明：条带测深仪信号脉冲宽度不能过窄，接收基阵最好倾斜安装。应使用恰当的时间增益控制以保证测量精度。

**关键词**　条带测深仪；反向散射

为了开发海洋资源，首先需要进行海底地貌测量，绘制精确的海图，搞清大陆架、海盆、海底山脉等的具体情况。长时间以来，人们利用单波束发射、接收的测深仪，根据由海底直接反射的声脉冲传播时间，测定海区深度。在绝大多数情况下，这时反射声信号具有较规则的脉冲形状和陡峭的脉冲前沿，因而容易取得必要的测量精度。但这种设备只能测得沿测量船航线处的海深，要进行较大面积海域地貌测量，必需利用多艘测量船编队航行工作，或单船在给定海域按平行航线多次往返航行测量，因而耗资较大，工作效率不高。为了提高海底地貌测量工作的效率，以适应海洋开发任务的需要，自 20 世纪 80 年代以来，国外发展应用了条带测深仪。该设备声发射和接收基阵仍均安装在测量船船底。其发射阵为沿船艏艉线方向安装的条形换能器，发射信号在测量船横断面方向无明显方向性，而在艏艉方向有较尖锐方向性，除利用发射聚集系数以增加信号强度外，更主要的是限定有效散射地区以提高测量精度。接收阵则通常采用多基元的线列阵，沿测量船横向安装，通过对各阵元接收信号的不同相位加权，在测量船横断面方向形成若干不同主瓣方向的窄波束。由于接收基阵阵元宽度有限，它在艏艉方向的方向性则不尖锐。在进行海底地貌测量工作时，发射阵发射声脉冲，利用多波束接收阵接收不同方向的海底反向散射声，并根据不同方向声脉冲的往返时间，计算自测量船沿各该方向至海底的斜距，并最后换算求出相应散射点处的海深。

由于条带测深仪采用多波束同时接收来自不同方向的海底反向散射声信号，故在测量船一次航行测量过程中即可测得船左右两侧一定宽度范围内地区的海深。以美国 2000 型多波束测深仪来说，其波束的最大斜角为 45°，故当海深为 1 000 m 时，其一次航行过程中可以测量 2 000 m 宽地区的海深。但虽然有一些资料介绍国外条带测深仪的主要技术参数与电路框图，却都回避讨论设计计算方法与必须考虑解决的一些关键水声问题。而这种测深仪接收的海底反向散射声，根据声波投射角及海底性质的不同，将具有复杂的方向特性和相位特性。因此一般来讲此时接收信号将不存在陡峭的前沿，其接收方向性的计算也不同于通常采用的平面波接收计算方法。不同的参数选择与不同的检测方案，将直接影响到最终的测量精度。为了阐明上述情况，并分析可能采取的提高设备性能的措施，将就如下的典型情况进行计算和讨论。

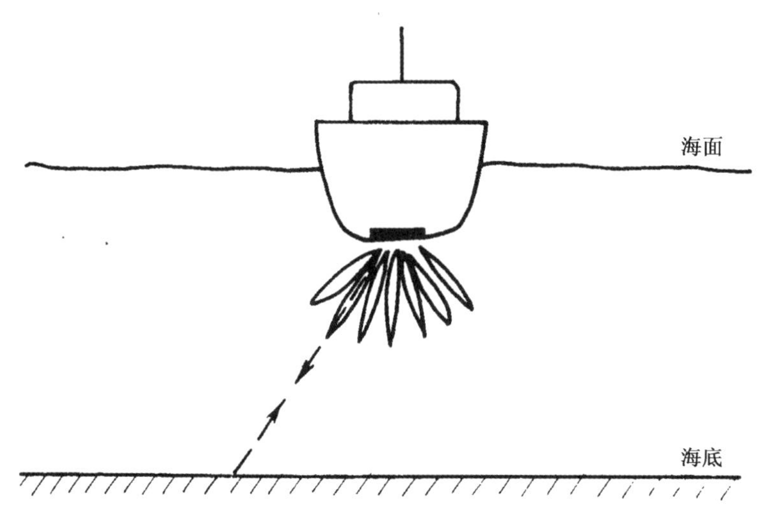


图 1　条带测深仪原理示意图

## 1　条带测深仪基元的接收信号

考虑简单的理想情况。设海水介质为声速等于 $c$ 的均匀介质，条带测深仪发射阵为长度等于 $L$ 的条形阵，在船底平面上沿艏艉方向安装（参见图 2，发射阵沿 $x$ 轴安装）。若发射信号为脉宽等于 $\tau$，角频率等于 $\omega$ 的矩阵正弦填冲信号，即发射脉冲 $f(t)$ 可由下式给出：

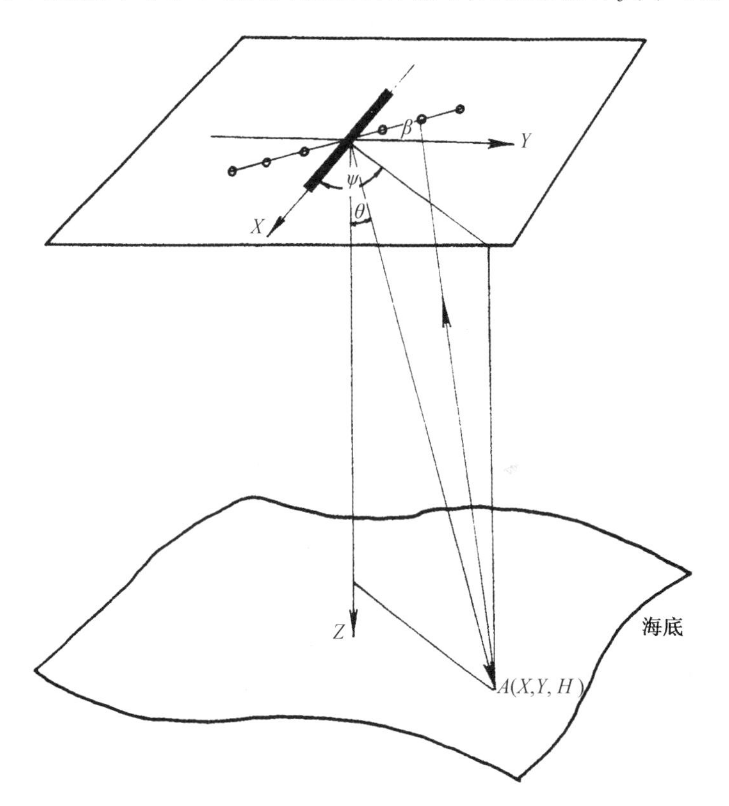


图 2　基阵与散射点的相对几何位置

$$f(t)=\begin{cases}e^{-i\omega t} & 0\leqslant t<\tau\\ 0 & 0>t,t>\tau\end{cases}\tag{1}$$

取坐标原点在基阵中心，这时发射信号的空间方向性为：

$$D_1(\theta,\psi)=\frac{\sin\left(\frac{kL}{2}\sin\theta\cos\psi\right)}{\frac{kL}{2}\sin\theta\cos\psi}\tag{2}$$

$k$ 为波数，$\theta$、$\psi$ 如图 2 中所示分别为所考虑的射出声线方向与 $z$ 轴交角，及该声线的方位角。按照(2)式给出的结果，沿最强的副瓣方向的声强级将比主瓣极大值弱 13.5 dB，因而在以后的计算中，一般可以不考虑发射副瓣的影响。

设接收基阵由 $2M+1$ 个阵元组成，安装在 $YZ$ 垂直面内并与水平成 $\beta$ 角，其中心阵元位于坐标原点与发射阵中心相重合，并设各相邻阵元间间隔为 $l$。这时第 $n$ 个阵元所在位置的坐标将为$(0,nl\cos\beta,-nl\sin\beta)$。若各接收阵元宽度为 $b$，则接收方向性在艏艉方向的乘数将为：

$$D_2(\theta,\psi)=\frac{\sin\left(\frac{kb}{2}\sin\theta\cos\psi\right)}{\frac{kb}{2}\sin\theta\cos\psi}\tag{3}$$

$D_1(\theta,\psi)$和 $D_2(\theta,\psi)$联合的效应，使得只有 $x=0$ 附近地区的海底，对形成接收信号有作用。当然严格来说，由于接收信号是海底反向散射声，根据信号相位的随机性，(3)式是不精确的。但只要接收阵元宽度不大，为计算简便，仍可近似使用该式。

进一步考虑接收阵第 $n$ 个阵元所接收到的海底上 $A$ 点处反向散射声(参见图 2)。若 $A$ 点坐标为 $(X,Y,H)$，声波自发射阵中心至 $A$ 点的传播时间为$\frac{T}{2}$。则由于发射信号的方向性限制使反向散射的地区仅为 $x=0$ 附近的带状区域，利用二项式定理，不难求得接收阵第 $n$ 个阵元收到 $A$ 点处反向散射声的时刻为 $T_n<t<T_n+\tau$，其中近似有：

$$T_n=T+\frac{nl}{c}(\cos\theta\sin\beta-\sin\theta\cos\beta\sin\psi)\tag{4}$$

由(4)式看出，接收阵不同号数阵元，因其所在空间位置的不同，收到海底同一点的反向散射声时刻也不同。但海底反向散射声的产生是由于海底介质的随机不均匀，因而海底不同点的反向散射声具有不同的随机幅值与相位。如果要求对接收阵不同阵元附加适当的相位修正以形成一定接收方向性，则只有当不同阵元所接收的声波均来自海底同一位置才成。海底不同位置反向散射声在接收点彼此按能量叠加形成海底混响，而不会遵循预置相位规律形成所要求的接收方向性。既然各接收阵元收到海底同一点反向散射声的时刻不同，从(4)式可知，若发射脉冲宽度为 $t$，则各接收阵元均能收到海底同一点反向散射声的时间段长度将仅为

$$\tau-\frac{2Ml}{c}\left|\cos\theta\sin\beta-\sin\theta\cos\beta\sin\psi\right|$$

其余时间仅部分基元能收到该点散射信号，形不成完整的方向性。而可视作为混响干扰。若考虑到当接收基阵中仅少数基元收不到信号时仍可形成适当的方向性，并计及主瓣方向各基元信号相干叠加的效应，可得到理论上能量信混比与发射信号脉宽的关系为：

$$\left(\frac{S}{N}\right)^2 = \frac{M \cdot \left\{\tau - \frac{\kappa Ml}{c}\left|\cos\theta\sin\beta - \sin\theta\cos\beta\sin\psi\right|\right\}}{\frac{\kappa Ml}{c}\left|\cos\theta\sin\beta - \sin\theta\cos\beta\sin\psi\right|} \tag{5}$$

$\kappa$ 根据任务性质要求,可取小于 2 大于 1 的适当数值。

## 2　基阵接收信号的近似计算

为保证基阵在 $YZ$ 平面内与 $Z$ 轴夹角为 $\gamma$ 的方向上形成接收主波束,需对各阵元接收信号附加相位修正因子 $e^{ikn/\sin(\gamma-\beta)}$,因而接收基阵接收海底不同方向传来的信号其指向性函数将为

$$\begin{aligned} D_3(\theta,\psi) &= \frac{1}{2M+1}\sum_{n=-M}^{M} e^{ink[\cos\theta\sin\beta - \sin\theta\cos\beta\sin\psi + \sin(\gamma-\beta)]} \\ &= \frac{\sin\frac{2M+1}{2}kl[\cos\theta\sin\beta - \sin\theta\cos\beta\sin\psi + \sin(\gamma-\beta)]}{(2M+1)\sin\frac{kl}{2}[\cos\theta\sin\beta - \sin\theta\cos\beta\sin\psi + \sin(\gamma-\beta)]} \end{aligned} \tag{6}$$

接收基阵各阵元在任一瞬刻 $t$ 所接收到的总的声信号,应该是海底不同地区能在该瞬刻到达所考虑阵元的反向散射信号的总和。按照一般海底混响的计算方法,注意到海底不同点的散射波相位是随机的,彼此只能按能量相加,并且计入声往返传播损失与海底散射的方向因子,可写出基阵接收信号强度的形式表示如下:

$$\begin{aligned} |\varphi|^2 \propto & \int_0^{2\pi}\int_{t+\frac{kMl}{2c}(\cos\theta\sin\beta-\sin\theta\cos\beta\sin\psi)}^{t+\tau-\frac{kMl}{2c}(\cos\theta\sin\beta-\sin\theta\cos\beta\sin\psi)} \frac{16\sigma}{c^4T^4}q(\theta,\psi)D_1^2(\theta,\psi)D_2^2(\theta,\psi)\cdot \\ & D_3^2(\theta,\psi)\cos\theta'\left|\frac{\partial(X,Y)}{\partial(T,\psi)}\right|\mathrm{d}T\mathrm{d}\psi + |\varphi_n|^2 \end{aligned} \tag{7}$$

式中 $\sigma$ 为海底散射系数。$q(\theta,\psi)$ 为反向散射的方向性因子,若反向散射方向与 $Z$ 轴负方向成 $\theta'$ 角(当海底不平整时,$\theta'$ 一般不等于 $\theta$),则近似可将函数 $q(\theta,\psi)$ 写为 $\cos^a\theta'$,$a$ 为介乎 0 与 2 之间的常数。当 $a=0$ 时即所谓 Lommel 散射,$a=1$ 时即所谓 Lambert 散射。也有将 $q(\theta,\psi)$ 按实验测得结果写为更复杂形式的情况,详细讨论超过本文范围,在此将不详述。因为通常海底散射系数均按海底界面单位面积散射能量流比例计算,(7)式积分按理应该在 $XY$ 面上进行,本文为计算方便将积分变量换为 $T,\psi$,故积分式中包括相应的 Jacobian 行列式值 $\left|\frac{\partial(X,Y)}{\partial(T,\psi)}\right|$,式中行列式前面的余弦因子 $\cos\theta'$ 是考虑到当声波倾斜入射到海底界面时,计算入射声强所应附加的投影修正。

(7)式中 $|\phi_n|^2$ 为混响干扰。这时所接收到的总声信号中既包括接收阵各阵元能同时收到的海底同一点反向散射信号,因而可形成必要的接收方向性,并被视作为有用信号,即(7)式中积分所给出的部分;在总信号中也包括仅接收阵部分阵元能同时收到的海底某点反向散射,因而形不成必要的接收方向性,实际上相当于干扰部分的混响。利用图 2 中给出的 $X,Y$ 与 $T,\psi$ 的空间几何关系,容易看出:

$$\left.\begin{aligned} \sqrt{X^2+Y^2+H^2} &= \frac{1}{2}cT \\ \tan\psi &= \frac{Y}{X} \end{aligned}\right\} \tag{8}$$

再由微分关系容易证明

$$\left|\frac{\partial(X,Y)}{\partial(T,\psi)}\right| = \frac{1}{4}c^2T \tag{9}$$

且注意到

$$\cos\theta = \frac{2H}{cT} \tag{10}$$

因而(7)式中所有 $\theta$ 的函数实际上可简单的视作为 $T$ 的函数。(7)式严格积分十分困难,但只要条带测深仪所选取信号脉冲宽度不大,通常不超过 2 ms,此时 $t \gg \tau$。只要基阵方向性主瓣宽度、水深与工作脉宽选定三者相适应,因而同一瞬刻到达接收阵各阵元的信号,均可视作为来自某一 $\theta$ 角的甚小邻域内,且在此角度范围内方向性因子变化不大可以不予考虑,则(7)式积分可近似写为:

$$|\varphi|^2 \propto \begin{cases} \dfrac{\pi c\sigma}{H_0^3}\left\{\dfrac{\sin\left(\dfrac{2M+1}{2}kl\sin\beta\right)}{(2M+1)\sin\left(\dfrac{kl}{2}\sin\beta\right)}\right\}^2\left(\tau - \dfrac{kMl}{c}\sin\beta\right) + |\varphi_n|^2 \quad (\theta \sim 0) & \text{(11 甲)} \\ \dfrac{2.78c\sigma}{H^3}\cdot\dfrac{\cos^{a+3}\theta}{kL\tan\theta}\left\{\dfrac{\sin\left[(2M+1)kl\cos\left(\beta-\dfrac{\theta+\gamma}{2}\right)\sin\dfrac{\gamma-\theta}{2}\right]}{(2M+1)\sin\left[kl\cos\left(\beta-\dfrac{\theta+\gamma}{2}\right)\sin\dfrac{\gamma-\theta}{2}\right]}\right\}^2 \\ \quad\cdot\left[\tau - \dfrac{kMl}{c}\sin(\beta-\theta)\right] + |\varphi_n|^2 \quad (\theta > 0) & \text{(11 乙)} \end{cases}$$

上式中,$H_0$、$H$ 分别为 $\theta$ 角所对应海底反向散射区水深。系数 2.78 系考虑发射阵方向性引入的 $X$ 方向起作用散射区宽度而产生。实际上当方向性函数具有 $\sin A/A$ 的形式时,若考虑 3 dB 点的角度则应有 $A = 1.39$ rad。

(11)式可用做为条带测深仪接收信号分析的基础。从式中可以看出,由于 $\cos^{a+3}\theta$ 因子的存在,脉冲峰值并不在 $\theta=\gamma$ 时出现,而在时间上略微提前,在峰值点 $\theta_1<\gamma$,且 $\theta$ 愈大,峰值出现时间提前得愈多。(11)式是将 $\theta$ 近似作为 $\theta'$ 得出,当海底不平整时,或反向散射系数随 $\theta'$ 有更复杂变化形式时,所得结果更复杂。一般在扫向渐深海域时,$\theta'>\theta$,脉冲峰值出现更为提前。为提高测试精度,可借助(11)式分析各设计参数取值的影响,以及可以采取的修正措施。

## 3　接收信号的分析与结论

图 3 给出按照(11)式所求得接收信号包络形状的示意图。其中为方便起见横坐标采用 $\theta$ 角作为变量,显然 $\theta$ 随时间增长,但两者并不呈线性关系。图中有两个相对较强的信号区,一个在 $\theta=0$ 附近,因此时距离较近,信号又是正投射,反向散射强。通常在散射系数 $\sigma$ 中不计入反射波,而仅考虑界面不平整、不均匀引起的散射,但在 $\theta=0$ 附近,实际工作中需计入正常反射波的效应,此时反射信号强度可比散射信号大将近 20 dB。

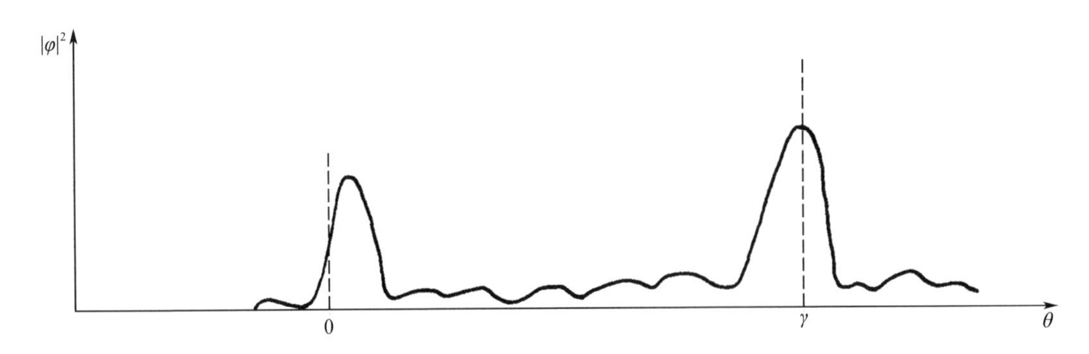


**图3　接收信号包络形状示意图**

图中第二个较强信号区出现在 $\theta=\gamma$ 附近，但由于 $\cos^{a+3}\theta$ 因子的存在，包络峰值并不正好出现在 $\theta=\gamma$ 处，而将提前一些。数值计算表明，若接收基阵主瓣半功率点张角近 2°时，若取 $a$ 介于 0.5 ~ 1.5，则峰值位置一般提前 0.2° ~ 0.8°。因此若不加修正的利用峰值出现时刻测定海深，将严重影响测量精度。最简便易行的方法是采用时间增益补偿，以消除 $\cos^{a+3}\theta/\tan\theta$ 因子的影响，使峰值位置正好出现在 $\theta=\gamma$ 处。但不同海域 $a$ 的等效数值不同，因而时间增益补偿参数应在一定范围内可调，以适应不同海域情况。

由(5)式可知，为保证一定的信噪比脉冲宽度 $\tau$ 不宜取得过短。这不仅由于 $\tau$ 值过小将影响基阵方向性的形成，而且混响强度也与 $t$ 值近似成正比。但 $\tau$ 的大小对峰值位置基本无关。根据混响统计特性研究的结果，混响起伏的时间相关半径略小于脉冲宽度，为减小混响起伏对峰值出现时刻测定精度的影响，$\tau$ 的选取应不小于对应的因接收阵方向性形成的峰值宽度。

从(11)式可以看出，接收阵安装倾角 $\beta$ 适当增加，可改善接收方向性从而增大峰值的尖锐程度。因而在充分顾及基阵在船底安装的方便，以及合理限制水动力干扰的条件下，选取较大 $\beta$ 角有利于提高测量精度，扩大测量区域。

条带测深仪基阵长度，基元数目与工作频率选择与最大测深范围、测量船吨位等也有关系。为保证必要的接收方向性以提高测量精度，原则上可选取略大一些。

## 参考文献


[1] Ю. Ц. Сухаревсхи1. Морская реверверация прп направленные излучение и звука. DAHCCCP, 1947, 53(1): 61 - 64.

[2] 周纪寻，关定华，尚尔昌，等. 浅海远程混响与海底散射强度. 声学学报，1982，7(2):281 - 289.

[3] В. В. Ольшевсгий. Статистические Методы в Гидролокации, Судостроеиие. 1977.

# 弹性目标散射特性

杨士莪

**摘要**　文中综述了弹性体散射正问题的解析分析方法与主要的一般特征,以及逆问题的解析分析方法与目标识别的指导原则。在小波数和大波数情况下解算散射问题,各分别采用有限元方法及Kirchhoff公式较为有效,对逆问题来说,复杂环境条件下传播效应的补偿可利用信道脉冲响应函数及解卷积方法。利用散射脉冲的时频分析可较好的对具有简单几何形状弹性体进行识别。

声波在物体上的衍射属于声学领域的经典问题,早期的声学研究工作中即有详细的论述。但由于在超声和水声的许多应用领域,声波具有较强的介质穿透能力,可以有效地利用来探测介质内部的异常结构,解决其他手段难以处理的问题,因而一直受到声学工作者的重视,且随着应用需求的不断深化,以及研究手段的提高改善,持续涌现新的研究成果报道。当前目标声散射研究的目的,首先在于探求根据目标散射特性,进一步判识其形状、尺度和材质的方法。从研究的途径来分,可基本归结为目标散射正问题的研究,与目标散射逆问题的研究两大类。

仅最近几年有关期刊、会议论文集等刊物上发表的涉及目标散射的论文即浩若烟海,不可能在有限篇幅、精力的条件下,进行较全面的综述。因此在本文中将仅就浸没在流体介质中的弹性物体声散射问题,特别是涉及到目标识别的物理研究,介绍若干可能会有一定应用前景的成果。当然这样也难免会存在某些重要的遗漏。

对于弹性体目标散射正问题的研究来说,首先的一项内容应该仍然是目标散射声场解析计算方法的研究。通常在光的世界里,人们已经习惯于通过目标物的几何形象、颜色特征与运动状态等因素来进行辨识,因而自然会希望在使用声波进行探测时,也能依据相似的办法来辨识。但虽然声源往往本质上是相干的,原则上应该可藉助以获得物体的全息图像;但由于现有的声场检测记录手段分辨能力的局限,许多情况下难以获得具有必要清晰度的物体图像(例如在水声工作中对远处舰船的探测),因而还不得不依靠对物体声散射的时、频特性与空间方向特性的分析来进行辨识。为此,深入了解不同形状和材料的物体在声波照射下的散射规律,将是首先需要解决的问题。

实际工作中所遇到的物体形状各异,绝大部分都无法求得其散射问题的严格解。虽然有限元、边界元已发展得相当成熟,并有标准的程序软件出售,利用这些方法或以其为基础结合积分方程方法抑或特征波函数展开,已有许多作者计算过不同形状物体的散射,国内鲍小琪、张敬东、蒋廷华、徐海亭、俞孟萨等也各自在其学位论文或内部研究报告中采用此类方法进行过有关问题解算。但至今为止,由于计算机条件的限制,这类方法只能应用于物体尺度比波长大得不太多的情况下。也有人提出过人工透射边界方法[3,4],该方法实际上不过是把边界元换为人工透射边界条件,因此也只能用于计算低波数情况下的散射问题。

$T$矩阵方法[5-7]及多极子展开[10,11]虽可用于较高波数情况下物体散射问题的计算,但要保证计算过程有较好的收敛特性，对所考虑物体及物体所在空间的几何形状、界面情况均有限制。例如 $T$ 矩阵方法对细长物体就不太合用。虽然有人建议对细长型物体在使用 $T$ 矩阵方法解算有关散射问题时，用椭球函数代替球函数[8]；或先计算具有相同波数，但直径与长度之比并不太小的物体的散射，再用物体表面势函数点匹配法迭代改进，最终逼近细长型物体散射结果[9]；但这些做法计算冗长。因此 $T$ 矩阵与多极子展开方法，也只适用于中等大小波数，及几何条件合适问题。

对于高波数的情况，较方便的办法是首先利用 Kirchhoff 公式写出未知函数的积分方程，再根据问题的特点，寻求解算此积分方程的近似办法。若物体具有光滑的表面，利用表面局部准平面波近似求得相应的反射系数，即可根据稳相法计算回波声场[12,13]。但如果物体表面阻抗不连续，或存在棱角等曲率不连续情况[15,16]，则需要对不连续部分单独分析。也可以根据几何衍射理论，求得相应的棱角或边缘衍射，叠加到其他光滑表面的散射声场上，形成完整的物体散射问题解。应该指出的是：这种解算方法在对付工程性应用问题上虽然有方便之处，但有时会影响物体散射机理的深入探究，而且在低波数的情况下也会引入较大误差，因而仍有必要继续开发更有效物体散射声场解析计算方法。

弹性物体在受到声波照射后，会引发自身的受激振动和再辐射。其振动和再辐射情况和入射声波频率、物体固有振动频率、声波照射激发情况等多种因素有关。因此弹性体的散射除与物体的几何形状有关外，也与其弹性性质有密切关系。王朔中在其论文中对物体几何形状所引起的回波构成有详细的分析[17]。在高波数情况下物体几何形状所决定的回波包括：物体镜反射区形成的回波，棱角波与物体上不同材质边界线处回波，以及对具有光滑凸表面物体在合适入射角情况下存在的绕行波。当环境介质空间存在不同介质界面时，例如考虑波导中物体的散射，由于声波在界面上的反射，实际声场将是多种途径散射波干涉叠加的综合效果，因而与单个物体在无限均匀介质空间的散射声场有重大差异。图 1 给出绝对硬球在具有细砂底的 100 m 深等声速水层中散射声场方向性的理论计算结果，计算中声波频率为 100 Hz，球的大小为 $ka=5$，声源及目标深度均为 50 m[19]。为便于比较，在图1(b)中给出同一目标在无限均匀介质中散射声场方向性。从图中可以看出，在较近距离处，当有多阶简正波起作用，且将各阶简正波看作一对上行和下行准平面波之和时，目标散射场方向性与无限介质空间情况差异显著。当声源与目标距离很大，因而实际上只有第一阶简正波起作用时，散射场方向性逐渐趋向无限介质空间情况。

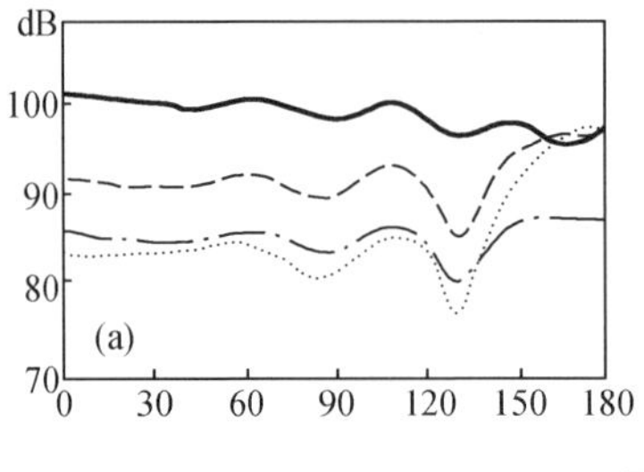


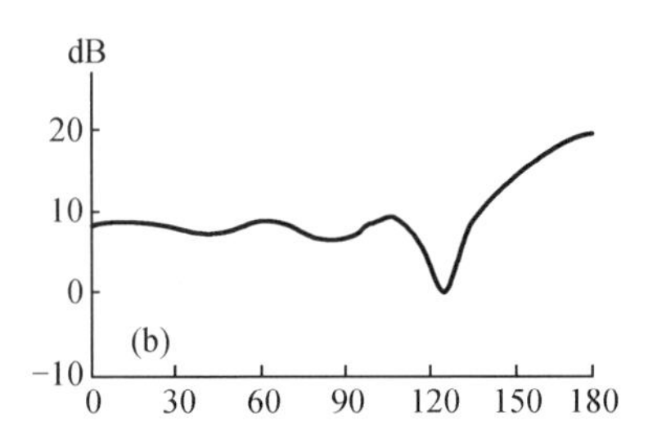


**图 1**

图 2 给出钢球在水与煤油界面上、下不同位置时，其反向散射强度变化的实验结果。实验中选用的频率及球体大小相当于 $ka=39$[30]。从图中可以看出由于界面反射引起的干涉效应，目标反向散射强度随球心与界面距离 $H$ 的变化而存在明显的强弱变化。其他实验与

理论计算也都得出相同规律的结果，但由于计算方法上的困难，不少仍限于讨论界面对理想反射体散射声场的影响。

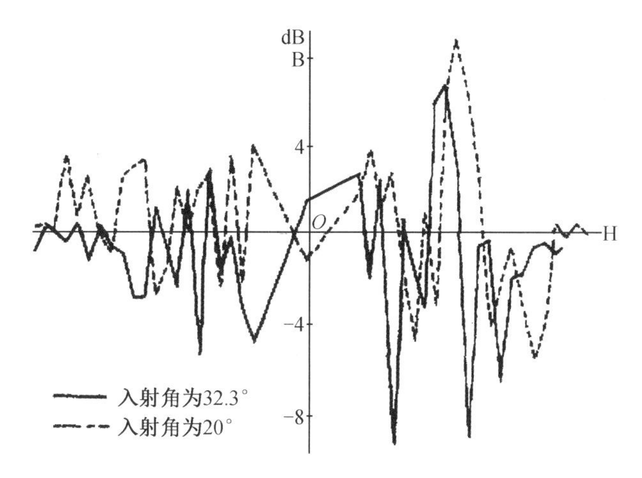


**图 2　钢球在煤油与水界面附近反射信号随球心与液体界面距离变化的规律**[20]

不同材料弹性体由于其纵波波速与横波波速相对值的不同，即使外形完全一样，在低波数范围其散射的频率特性差异明显，图 3 举例给出三种不同材料弹性球归一化的散射强度。但在高波数范围，各类弹性体都具有多种不同形态的振动方式。虽然对每种振动形态来说，不同阶的谐振频率近似等间隔分布，但总和的结果十分复杂。仅仅依靠谐振谱，难以对物体材质、形状作出判断。更何况由于激发状况的不同，以及当环境介质有界面存在。位于不同方位接收时多途干涉叠加情况不同，有的振动形态可能不被激发或受到干涉抵消，另一些谐振频率又获得加强，问题就更复杂化了。

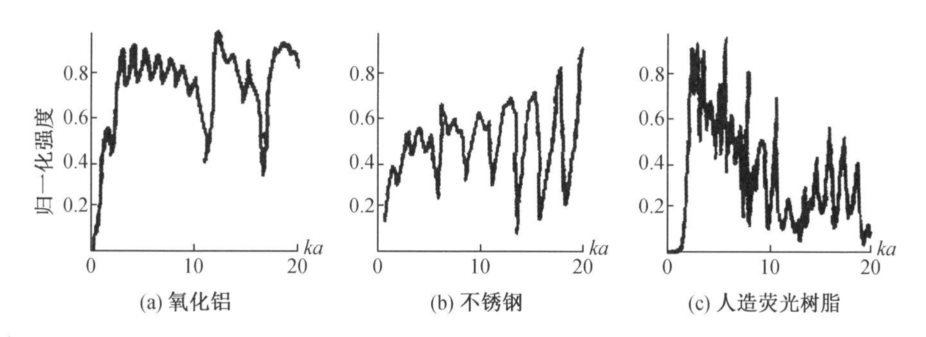


**图 3　不同材料弹性球散射强度与频率的关系**[22]

对弹性壳体来说，如图 4 所示，在一定频段，即当相对壳体厚度（内、外曲径半径差与曲率半径之比）与 $ka$ 值乘积接近于 1 也即是在吻合频率附近时，其反对称振动模态与厚度振动耦合，因而出现强烈的共振谱。图中在高波数区近似等间隔分布的谐振峰系对称振动模态的高阶共振频率。

应该指出的是：当使用高频窄脉冲照射到弹性体上时，由于弹性体的共振散射，这时除按射线声学，根据物体的几何形状可得到各类几何亮点回波外，还存在弹性类“亮点”回波。图 5 给出平面波入射到平头圆铝柱上时，第三个棱角波相对幅度变化的实验结果。实线为理论值，△与0点为空气中实验结果，此时铝柱可近似作为刚体，故实验值与理论值符合较好。黑点为水中实验值，此时不能忽略铝的弹性性质，在“临界角”附近回波幅值与理论值偏差甚大，这是由于沿母线传播的弹性波共振散射引起。对于不同形状的物体，弹性类“亮点”位置不一定与几何亮点位置相同。对规则形状物体可用 Watson-Sommerfield 变换分析，对不规则形状物体可用计及弹性波的几何统射理论分析。

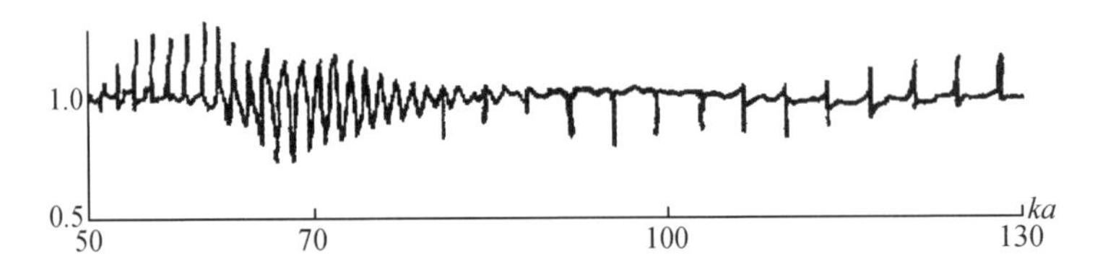


**图 4　铁圆柱壳的共振散射**[23]

为了深入分析弹性体散射机理，许多文献从波动方程出发，详细计算了不同形状弹性体散射函数极点分布规律，或给出各类散射波的物理本性，如 Rayleigh 波、Whispering-gallery 波等。这些研究虽然能对某些特定的散射现象给出确切解释。但究竟弹性体的形状、材质是各式各样的，散射函数极点分布规律彼此互异，散射波具体形式多种多样，很难综合获得带有普遍意义的结果，对解决未知目标探测、判识来说，也存在相当距离。在此即不赘述。

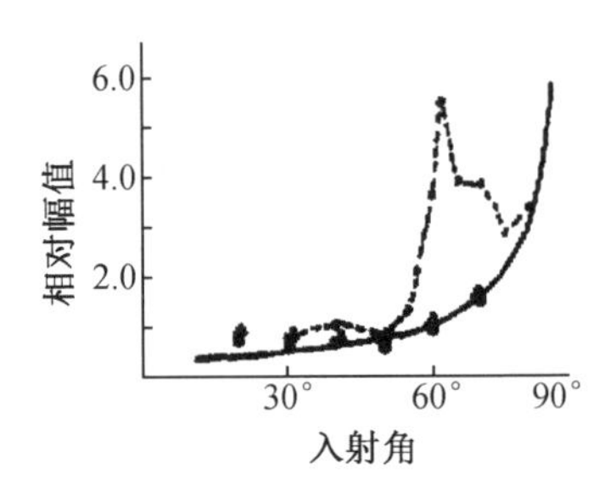


**图 5　有限长铝柱楼角波相对幅值与入射角关系**[27]

——理论值；……水中实验值

○○○○和△△△△两种不同直径柱

空气中实验值

目标散射逆问题的研究，概括起来可归纳为散射逆问题解析分析，以及目标特征提取与分类识别方法。为了不过多的涉及专门的信号处理方法讨论，后者将仅限于和目标散射特征提取关系密切的少数方法。

目标散射逆问题的解析分析方法研究的必要性，在于如前所述当环境介质空间是不均匀的或有界的时候，目标散射场将受到介质空间环境影响而产生畸变，因而不同于该目标在无限均匀介质中时的散射场。不剔除环境介质空间效应，将不能获得目标散射原本的形态函数，从而推断目标的形状、尺度和材质。但波动方程逆问题的解，从数学上来说通常未必满足唯一性定理。Colton[28] 等人曾经证明，即使对绝对硬或绝对软的目标来说，要能通过逆问题解算唯一地确定目标形状，必须知道一定有限数量入射方向时目标散射的方向性函数，或当入射波数取一定有限区间实数值时，目标在任意方向上的散射截面。在一维或轴对称波导的情况下，可通过对一定频率范围内入射波所形成散射场在波导截面上的值，通过反演求得散射体尺度，或已知散射体形状时判识散射体材质特性[29,30,33]。

但在许多实际工程应用条件下，不可能实现在包围散射体的各不同方向上接收测量目标散射信号，甚至于只能接收目标的反向回波，或仅能在极其有限的特定方向上接收目标散射信号。这时虽然难以实现散射体物象重建，却依然希望能利用目标反向散射信号的时频特征，进行目标的分类识别。

应该指出，在最后所述的这种情况下，环境介质情况影响的消除，将变得相对简便易行。

因为在信道传输条件下，若已知信道脉冲响应函数的具体表示，且目标尺度相对于信道来说可近似为具有一定反向散射特性的点目标时，则考虑到信道效应，接收信号将等于原信号与信道脉冲响应函数的卷极，因而可利用 Fourier 变换实现解卷积运算，最终消除信道效应影响，获得相当于无限均匀介质环境下目标反向散射的时频特性。

利用频域特征实现被测物质识别是物理学中一种早已采用的有效方法。为有效地分离弹性体散射信号中强迫振动谱与共振谱，20 世纪 80 年代初期提出了 MIIR 法以后且经过若干完善改进[34,35]。该方法通常又分为准谐波法与窄脉冲法。前者使用较长的正弦填充脉冲在目标上建立稳态振动，然后进行频率扫描。后者使用窄脉冲，并对接收信号进行谱分析。当利用时间门在强迫振动区段进行数据采集和谱分析时，即得到目标的反向散射谱，若利用时间门在接收信号后段目标弹性再辐射部分进行数据采集和谱分析时，即得到目标的共振谱。比较实验结果与已知各类弹性目标共振谱，可获得目标分类及材质参数知识。研究工作也还发现，使用共振谱进行识别，只有当目标材料黏滞很小时才比较有效。对于具有大黏滞的材料来说，应用散射信号虚部与实部之比随频率变化的关系效果更好。

但上述方法只有信噪比很高，且目标形状、材料与已知共振谱的材料、形状相同才能得到可靠结果。甚至于声波入射方向也需符合一定规律。虽然共振模式所对应的复平面上极点位置与激励方式无关，但在低信噪比情况下由共振峰位置及宽度所求得极点位置，存在相当大的不确定范围，难以作为识别的特征量。

另一种目标判识方法是同时考虑反向散射信号的时域与频域特征。为了有效地提取亮点和谐振频率可使用 Wigner-Ville 变换，也可选择合适的窗函数并利用子波变换进行[37]。将变换后的信号通过人工神经元网络进行判识，求得最终所需结果。只不过这时对所要求判识的目标及最初对人工神经元网络进行训练所选取的样本要注意相互适当，否则有时也会出现意外的结果。例如文献[37]中使用具有一个峰值与具有两个峰值的两种样本进行训练，但由于两种样本原始信噪比不同，最后获得人工神经元网络按信噪比判识，而不按峰值数判识的意外结果。

目标识别是信号处理领域的一个重要专题。有关文献极为丰富，实际工作中选用的目标特征量也往往不只一、两种，有些特征量对应的物理机理也尚未能被彻底阐明。由于有关问题的综述超出本文范围，有兴趣者可自行选择合适文献进行了解，在此将不更多涉及。

## 参考文献


[1] Brebbia, C. A. , vol. 1, Pentech Press, London, 1981.

[2] E. Д. Шендеров, Судостроение Ленинград, 1989.

[3] Z. P. Liao, et al, Scientia Sinica, Serics A 27 (1984) 1063.

[4] Z. P. Liao, et al, WESTPAC I, Shanghai (1988) 345.

[5] Waterman P. C. , J. A. S. A. 45 (1969) 1417.

[6] Su J. H. , Varadan V. V. , Varadan V. K. , J. A. S. A. 68 (1980) 686.

[7] Numrick S. K. ,Varadan V. V. ,Varadan V. V. ,J. A. S. A. 76 (1981) 1407.

[8] Hackman R. H. , J. A. S. A. 75 (1984) 35.

[9] Lekhtakia A. , Varadan V. K. , Varadan V. V. , J. A. S. A. 76 (1984) 906.

[10] Yang Shi - e, WESTPAC I,Shanghai (1988) 57.

[11] Matthias G. I. , J. A. S. A. 97 (1995) 754.

[12] 汤渭霖,声学学报,18(1993)45.
[13] 杨士莪,中国学术期刊文摘,1(1995)95020042.
[14] M. A. Sumbatyan, N. V. Boyev, J. A. S. A. , 35 (1994) 2346.
[15] Э. л. ьабайлов Акуст. жур. 28 (1982) 441.
[16] N. N. Bojarski, J. A. S. A. 74 (1983) 1880.
[17] Wan Shuozhoug, Chinese J. of Acous. 2 (1980) 167.
[18] A. Bostrom, Wave Motion, 2 (1987) 167.
[19] F. Ingenito, J. A. S. A. 82 (1987) 2051.
[20] Yang Shi - e, Ji Xiang, Luan Jing - de, Proc. 14th ICA, Beijing, (1992) B8 - 1.
[21] G. C. Gaunard, H. Huang, J. A. S. A. 96 (1994) 2526.
[22] N. Yen, L. R. Dragonette, S. K. Numrich, J. A. S. A. 87 (1990) 943.
[23] N. D. Veksler, V. M. Korsunskii, J. A. S. A. 87 (1990) 943.
[24] G. C. Gaunaurd, M. F. Werby, J. A. S. A. 89 (1991) 1656.
[25] H. Uberall, H. Huang, Physical Acoustics, Academic Press, New York, (1976) 217.
[26] L. Flax, G. C. Gaunard, H. Uberall, Physical Acousties, Academic Press, New York, (1981)191.
[27] 汤渭霖,陈德智,声学学报 13(1988)29.
[28] D. Colton, B. D. Sleeman, IMA J. of Appl. Math. 31 (1983) 253.
[29] R. A. Teneubaum, M. Zindeluk, J. A. S. A. 92 (1992) 3371.
[30] T. C. Yang, T. W. Yates, J. A. S. A. 96 (1994) 1020.
[31] Г. A Ерохин, B. P. Конержевский, Ралио. и элек. 19 (1974) 30.
[32] G. C. Gaunaurd, IEEE J. of Oce. Eng. , OE - 12 (1987) 419.
[33] H. Batard, G. Quentin, J. A. S. A. 91 (1992) 581.
[34] G. Maze. J. A. S. A. 89 (1991) 2559.
[35] P. Rembert and the others, J. A. S. A. 92 (1992) 3271.
[36] D. M. Drumheller and the others, J. A. S. A. 97 (1995) 3649.
[37] W. Chang, B. Bosworth, G. C. Carter, J. A. S. A. 94 (1993) 1404.

# 准分层介质声场的近似算法

杨士莪

**摘要**　给出了近似解算准分层介质声场的小参数展开法，该方法物理图像清晰、计算简便。由于实际海洋环境条件中，介质特性的水平变化率常比其垂直变化率小好几个数量数级。因此可仅考虑按此方法取一至二阶修正，这时计算工作量将小于现有的其他方法。在较单纯的环境变化情况下，甚至可获得近似的声场解析表达式。文中还以一种变化海底海域为例，给出相应情况下声场解算的结果。

**关键词**　准分层介质；声场分析；小参数展开法

## 0　引言

在浅海中，通常环境条件存在着三维空间变化，且海底的形状与介质物理特性对声传播特性有强烈影响。水声实际工作要求能给出一种具有适当精度和清晰物理图像的简易声场分析方法。而现有的方法中简正波及 FFM 方法仅适用于分层介质情况。耦合简正波法虽能适用于环境有水平变化的情况，但就不同具体环境条件计算各阶简正波耦合系数的工作相当复杂，最后得到的联立微分方程组也不易解算。绝热简正波法则仅能给出一种粗糙的近似，当考虑较大传播距离上声场的变化时，所得结果将与实际情况存在很大误差。射线声学方法无法分析影区和会聚区的声场。抛物近似方程法在高频情况下计算工作量过大，而且该方法只能得出给定条件下的数值解，难以获得有关的解析规律。水平射线垂直简正波方法在考虑具有介质不连续特性的海底时，在解算上存在困难；而浅海传播研究，以及海底对声波传播的影响又是近年来水声传播研究的热点之一。

为了分析计算的简单，考虑到通常海底介质的声吸收系数很大，且其相应的切变波传播速度很低，对很多实际水声工作来说，只有海底表层不太深范围内海底介质的特性对声场分布有较大影响。因而在讨论声场分析的近似方法时作为一阶近似，可以将海底当成为半无限流体介质，其性质由实际表层海底介质特性决定。在文中第一部分将给出一般情况下声场的近似计算方法，第二部分将就特例分析计算结果。

## 1　声场计算的小参数展开法

考虑环境参数具有水平变化的一般浅海情况。对 $z=0$ 的平面为绝对软的海平面，并取 $z$ 坐标向下。设 $z=H(x,y)$ 曲面为海底界面，海底为半无限流体介质。设海水及海底介质的密度和声速分别为 $\rho_w, c_w(r)$ 以及 $\rho_b(r), c_b(r)$。为了计入海水和海底介质的声吸收效应，考虑时间因子为 $e^{-i\omega t}$ 的简谐波情况，此时 $C_w$ 与 $c_b$ 均为具有负虚部的复数。设点声源位于 $(O, O, z_s)$ 处，若声场中各点处声压为 $p(r)$，为简化波动方程式形式，并回避直接引用点源条件的困难，令

$$p(\bar{r}) = \sqrt{\frac{\rho}{r}}\varphi(r), \quad r = \sqrt{x^2 + y^2} \tag{1}$$

$r$ 为声源至接收点的水平距离。此时 $\varphi(r)$ 所应满足的微分方程式将是：

$$\nabla^2\varphi - \nabla\varphi \circ \frac{\nabla r}{r} + \left(K^2 + \frac{1}{4r^2}\right)\varphi = 0 \tag{2}$$

$$K^2 = \frac{\omega^2}{C^2} + \frac{\nabla^2\rho}{2\rho} - \frac{3}{4}\left(\frac{\nabla\rho}{\rho}\right)^2$$

而 $\varphi$ 所应满足的边界条件则为：

$$\begin{cases} \{\varphi_w\}_{z=0} = 0 \\ \{\sqrt{\rho_w}\,\varphi_w - \sqrt{\rho_b}\,\varphi_b\}_{z=H} = 0 \\ \left\{\left[\frac{1}{\rho_w}\right]\varphi_w\right\}_{z=0} \end{cases} \tag{3}$$

式中有关各量的脚标 $w$、$b$ 分别表示该量取海水或海底介质中的值。为书写简便，这种利用脚标区分海水及海底介质中有关物理量的方法，将继续在本文以后的各公式中沿用。$\boldsymbol{n}$ 为海底界面的法线矢量。

采用小参数展开法。根据准分层介质假设，引入新坐标系变量

$$X = \varepsilon x,\ Y = \varepsilon y,\ Z = z,\ R = \varepsilon r \tag{4}$$

使在新坐标系中，各环境参数随 $X$、$Y$、$Z$ 的变化率大致相当 。再设

$$\begin{cases} \varphi(\boldsymbol{r}) = \mathrm{e}^{\frac{i}{\varepsilon}S(\bar{r})}A(r) \\ S(\boldsymbol{r}) = S_0(X,Y) + \varepsilon^2 S_2(X,Y,Z) + \varepsilon^4 S_4(X,Y,Z) + \cdots \\ A(\boldsymbol{r}) = A_0(X,Y) + \varepsilon^2 A_2(X,Y,Z) + \varepsilon^4 A_4(X,Y,Z) + \cdots \end{cases} \tag{5}$$

将式(5)代入 $\varphi(\boldsymbol{r})$ 所应满足的微分方程式及边界条件，依次选取 $\varepsilon$ 幂次相等各项，可以得到如下的逐次近似方程组和各 $\varepsilon$ 幂次项所应满足的边界条件。即

$$\begin{cases} -A_0\left(\left(\frac{\partial S_0}{\partial X}\right)^2 + \left(\frac{\partial S_0}{\partial Y}\right)^2\right) + \frac{\partial^2 A_0}{\partial Z^2} + K^2 A_0 = 0 \\ \frac{\partial}{\partial X}\left(\frac{A_0^2}{R}\frac{\partial S_0}{\partial X}\right) + \frac{\partial}{\partial Y}\left(\frac{A_0^2}{R}\frac{\partial S_0}{\partial Y}\right) + \frac{\partial}{\partial Z}\left(\frac{A_0^2}{R}\frac{\partial S_0}{\partial Z}\right) = 0 \end{cases} \tag{6}$$

其中

$$\begin{cases} -A_{2n}\left(\left(\frac{\partial S_2}{\partial X}\right)^2 + \left(\frac{\partial S_0}{\partial Y}\right)^2\right) + \frac{\partial^2 A_{2\pi}}{\partial Z^2} + K^2 A_{2n} = -\frac{A_{2n-2}}{4R^2} - \\ R\left(\frac{\partial}{\partial X}\left(\frac{1}{R}\frac{\partial A_{2n-2}}{\partial X}\right) + \frac{\partial}{\partial Y}\left(\frac{1}{R}\frac{\partial A_{2n-2}}{\partial Y}\right)\right) + \\ \frac{E\left(\frac{n+1}{2}\right)}{N=1}\left\{A_{2n-4m}\left(\left(\frac{\partial S_{2m}}{\partial X}\right)^2 + \left(\frac{\partial S_{2m}}{\partial Y}\right)^2\right) + A_{2n-4m+2}\left(\frac{\partial S_{2m}}{\partial Z}\right)^2\right\} \\ \frac{\partial}{\partial X}\left(\frac{A_0^2}{R}\frac{\partial S_{2n}}{\partial X}\right) + \frac{\partial}{\partial Y}\left(\frac{A_0^2}{R}\frac{\partial S_{2n}}{\partial Y}\right) + \frac{\partial}{\partial Z}\left(\frac{A_0^2}{R}\frac{\partial S_{2n+2}}{\partial Z}\right) = \\ -\sum_{m=1}^{n}\frac{A_0}{A_{2m}}\left\{\frac{\partial}{\partial X}\left(\frac{A_{2m}^2}{R}\frac{\partial S_{2n-2m}}{\partial X}\right) + \frac{\partial}{\partial Y}\left(\frac{A_{2m}^2}{R}\frac{\partial S_{2n-2m}}{\partial Y}\right) + \frac{\partial}{\partial Z}\left(\frac{A_{2m}^2}{R}\frac{\partial S_{2n-2m+2}}{\partial Z}\right)\right\} \end{cases} \tag{7}$$

以及对应的边界条件如下：

$$\begin{cases}\{A_w\}_{Z=0}=0\\ \{S_w-S_b\}_{Z=H}=0\\ \{\sqrt{\rho_w}A_w-\sqrt{\rho_b}A_b\}_{Z=H}=0\\ \left\{\sqrt{\rho_w}\dfrac{\partial S_{w2n}}{\partial Z}-\dfrac{1}{\rho_b}\dfrac{\partial S_{b2n}}{\partial Z}\right\}_{Z=H}=\left\{\nabla H\cdot\left[\dfrac{\nabla S_{w2n-2}}{\rho_w}-\dfrac{\nabla S_{b2n-2}}{\rho_w}\right]\right\}_{Z=H}\\ \left\{\dfrac{1}{\rho_w}\dfrac{\partial}{\partial Z}(\sqrt{\rho_w}A_{w0})-\dfrac{1}{\rho_b}\dfrac{\partial}{\partial Z}(\sqrt{\rho_b}A_{b0})\right\}_{Z=H}=0\\ \vdots\\ \left\{\dfrac{1}{\rho_w}\dfrac{\partial}{\partial Z}(\sqrt{\rho_w}\ A_{w2n})_r-\dfrac{1}{\rho_b}\dfrac{\partial}{\partial Z}(\sqrt{\rho_b}\ A_{b2n})\right|_{Z=H}=\\ \left\{\nabla H\cdot\left[\dfrac{\nabla A_{w2n-2}}{\sqrt{\rho_w}}-r\dfrac{\nabla A_{b2n-2}}{\sqrt{\rho_b}}-\dfrac{A_{b2n-2}}{2\sqrt{\rho_b}}\left(\dfrac{\nabla\rho_b}{\rho_b}+\dfrac{\rho_b-\rho_w}{\rho_w}\cdot\dfrac{\nabla R}{R}\right)\right]\right\}_{Z=H}\end{cases}\tag{8}$$

在实验解算时考虑到海底介质的声吸收效应，还应该保证当 $Z$ 趋向于无限大时，声场势函数需满足无穷远熄灭条件，也就是说

$$\lim_{Z\to\infty}A_b=0,\ \lim_{Z\to\infty}A_{b0}\frac{\partial S_b}{\partial Z}=0\tag{9}$$

需要指出的是，在式(5) $S$ 与 $A$ 两函数的小参量展开式中，各自应只有小参量的偶次幂项，而不包含 $\varepsilon$ 的奇次幂项，否则将出现待求函数个数大于方程式个数的不确定情况。

具体解算以上方程组最简便的方法是：首先利用垂直局部简正波与准水平射线求得函数 $A$ 的零阶近似与函数 $S$ 的头两阶近似，再根据计算精度的要求，依次计算函数 $A$ 和 $S$ 的各高阶项。

当声波频率并不太低时，可利用修正的 W. K. B 方法，依水平射线及垂直简正波方法，写出 $A_{w0}$，$A_{b0}$的一般表示。若记

$$\begin{cases}Q=\sqrt{K^2{}_w-\zeta^2},\quad P=\sqrt{\zeta^2-K^2{}_b}\\ u=\int^Z Q\mathrm{d}Z,\qquad \nu=\int ZP\mathrm{d}Z\end{cases}\tag{10}$$

并为书写简便计，令

$$\begin{cases}F_{\mu\nu}(Z,0)\equiv H_\mu^{(1)}(u)\ H_\nu^{(2)}(u_0)-H_\mu^{(1)}(u_0)\ H_\nu^{(2)}(u)\\ m=\dfrac{\rho_{wH}}{\rho_{bH}},\quad \sigma=\dfrac{u_H P_H}{Q_H\nu_H^{\partial}}\end{cases}\tag{11}$$

其中各量的脚标 0 或 $H$ 表示取该量在 $Z=0$ 或 $Z=H$ 处的值。这时写出 $A_{w0}$、$A_{b0}$的形式解为

$$\begin{cases}A_{w0}=B\left[\dfrac{u}{Q}^{\frac{1}{2}}F_{1/3,1/3}(Z,0)\right]\\ A_{b0}={}^nB\ (m\sigma)^{1/2}\dfrac{F_{1/3,1/3}(H,0)}{K_{1/3}(\nu_H)}\left[\dfrac{\nu}{p}^{\frac{1}{2}}K_{1/3}(\nu)\right]\end{cases}\tag{12}$$

其中 $B$ 为仅与 $X$、$Y$ 有关的函数系数，其值可通过在点声源附近按当地环境参数随深度的变化规律，依分层介质简正波方法所求得的解，与在给定情况下所求得的 $A_0$、$S_0$表达式进行逐项比较而获得。也就是说，$B(X,Y)$ 对应于点声源依据其所在位置的不同，而激发的各阶局

部简正波的初始幅度。

要计算 $\zeta(X,Y)$ 与 $S_0(X,Y)$ 的具体表示，可首先由式(8)第三及第五式获得 $\zeta(X,Y)$ 所应满足的频散方程式。将式(12)所给出的 $A_{w0}$、$A_{b0}$ 形式解代入对应边界条件，利用柱函数的对应微分关系，经过并不复杂的运算，可得到频散方程的形式表示为

$$\frac{1}{6}\left[\frac{W_H}{m\,u_H}-\frac{P_H}{V_H}\right]-\frac{1}{2}\left[\frac{\dot{Q}_H}{m\,Q_H}-\frac{\dot{P}_H}{P_H}-\frac{\dot{\rho}_{bH}}{\rho_{bH}}+\frac{Q_N}{m}\frac{F_{-2/3,1/3}(H,0)}{F_{1/3,1/3}(H,0)}+P_H\frac{K_{-2/3}(\nu_H)}{K_{1/3}(\nu_H)}\right]=0 \quad (13)$$

在推导上式中假设了海水介质密度是常数不变，这在实际上往往近似成立，否则将在上式中增加 $\dot{\rho}_{wH}/\rho_{wH}$ 项。有关各量的顶标·表示该量对 $Z$ 的偏导数。在一般情况下，上式中头两个括号项比后两项要小得多，在求 $\zeta(X,Y)$ 的近似解时可忽略式(13)中前两个括号项，并将其他各柱函数按照宗量所在位置的幅角范围，取相应的渐近展开式表示，并最终化简为按照自行一致条件所写得的频散方程近似形式。由于海域中声速随深度变化规律的不同，可能存在的简正波类型也各式各样，但若仅限于考虑对远距离传播有较大影响，$\zeta$ 的虚部较小的低阶简正波，则终归可表示为以下形式：

$$\int_{Z_b}^{Z_b}\sqrt{K_w^2-\zeta^2}\,\mathrm{d}Z = n\pi-\psi_n(x,Y) \quad (14)$$

其中 $Z_a$、$Z_b$ 根据简正波类型的不同，可能是其上反转点或下反转点坐标，也可能是海面或海底的 $Z$ 坐标。$\psi_n(X,Y)$ 则反映简正波在反转或反射时的相位变化。若简正波系在海面和海底反射时，可以证明 $\psi_n$ 将等于 $\arctan\left[\frac{1}{m}\left(\frac{K^2_{wH}-\zeta^2}{\zeta^2-K_{bH}^2}\right)^{1/2}\right]$。类似的结果可参阅水声传播原理一书中的有关章节，在此即不赘述。

在求得 $\zeta(X,Y)$ 以后，再根据 Cauchy 特微曲面方法或 Lagrange-Cherpit 全积分方法求解 $S_0(X,Y)$。此时 $S_0$ 为局部简正波所对应的水平声线的声程函数，且应有初始条件 $S_0(0,0)=0$。在解算 $S_0$ 微分方程式中出现的任意常数，对应于自点声源发出的水平射线方位角。

利用所求得的 $S_0$ 函数，可根据式(6)中第二式计算函数 $S_2$。该式实际上表示声能量流守恒关系。在准分层介质条件下，$S_0$、$A_0$ 联合给出按绝热简正波所求得的声场近似值。但在声波传播过程中，实际上各阶局部简正波形状在不断变化，相互之间存在着明显的耦合效应与能量交换，声能量流的方向并非局限于水平方向，在沿 $Z$ 轴方向也存在能量流分量。这时虽然在各简正波节处因相应的声压幅值较小，为保证一定大小沿 $Z$ 方向的能量流，$S_2$ 与 $\frac{\partial S_2}{\partial Z}$ 均将取甚大值。但当根据介质实际存在的声吸收效应，将声速取为复值时，所有的 $\zeta$ 值也均为复值，$S$ 与 $\frac{\partial S_2}{\partial Z}$ 均将保持有限值而并不趋于无限大。且 $S_2$ 主要是实数部分较大，这对应于声波相位变化，当相位变化 $2\pi$ 的整倍数时，在测量中将难以区分。当然这在数学表达式上来说仍属一种不足，反映出用局部简正波方法来描述这种情况下的声场并非十分恰当，我们仍然保留这种算法只不过是为了解算的方便，且可利用声传播计算中现已开发出的一些知识。而在 Desaubies 与 Dythe 的文章中[2]为了回避 $S_2$ 在局部简正波节点处数值的异常，引入了在局部简正波节点处附加的约束条件，该附加条件的引入缺乏必要的物理依据，也是实际上不必要的。对于准分层介质来说，参数值 $\varepsilon$ 往往很小，由于 $\varepsilon$ 的关系，高阶项 $S_{2n}$ 的影响将迅速减小到可忽略不计。

## 2 声场计算举例

为了进一步说明小参数展开法的应用,并同时分析海区环境条件变化可能带来的声场分布变化,以下将就简单情况进行实例说明。由于已有大量文献讨论海深变化,或海水介质水平方向声速剖面变化对声场的影响,而小参数展开法在低阶近似时与他们的结果基本一样。因而试考虑当海底介质特性变化时对声传播的可能影响。在我国近海地区不少地带随距岸远近的不同,海洋沉积物的组成存在着明显的变化。

设海水为均匀介质,海深亦为常数,但海底介质密度与声速随 $x$ 坐标而缓慢变化,具体规律如下

$$\begin{cases}\rho_b = \rho_0(a + \tan h\varepsilon x') \\ c_b = c_0(b + \tan h\varepsilon x') \qquad x' = x - x_0\end{cases} \tag{15}$$

可知此时若记 $X' = \varepsilon x'$ 则有

$$K_b^2 = \frac{\omega^2}{c_b^2} - \frac{\varepsilon^2}{\mathrm{ch}^2 X'(a\mathrm{ch}\, X' + \mathrm{sh}\, X')}\left[hX' + \frac{3}{4(a\mathrm{ch}\, X' + \mathrm{sh}\, X')}\right] \tag{16}$$

注意到 $K_b^2$ 实际上与 Z 坐标无关,因而有

$$A_0(X,Y,Z) = \begin{cases}B(X,Y)\sin\beta_{wZ} & 0 < Z < H \\ B(X,Y)\dfrac{\sin\beta_w H}{\sigma^{1/2}}\mathrm{e}^{\mathrm{i}\beta_b(Z-H)} & Z > H\end{cases} \tag{17}$$

其中

$$\begin{cases}\beta_2 = \sqrt{K_b^2 - \zeta^2} \qquad \beta_b^f = \sqrt{K_b^2 - \zeta^2} \\ \sigma = \rho_b / \rho_w \\ B(X,Y) \approx \sqrt{\dfrac{8\pi}{\zeta}}\mathrm{e}^{\mathrm{i}\frac{\pi}{4}}\dfrac{\beta_w \sin\beta_w Z_s}{\beta_w H - \sin\beta_w H\cos\beta_w H - \dfrac{1}{\sigma^2}\tan\beta_w H\sin^2\beta_w H}\end{cases} \tag{18}$$

在写出式(17)中 $A_{w0}$、$A_{b0}$ 表示式时,边界条件(8)中第一、第三两式已自动满足。由式(8)中第五式可获得求解 $\zeta\ (X,Y)$ 的频散方程式为

$$\beta_w H = n\pi - \tan^{-1}\left[\sigma\sqrt{\frac{K_b^2 - \zeta^2}{\zeta^2 - K_b^2}}\right] \tag{19}$$

利用式(19)所给出的频散方程,试考虑如下特例:

水深 $H = 50$ m;海水密度 $\rho_w = 1\ \mathrm{g/cm^3}$;海底密度 $\rho_b = 0.4(5 + \mathrm{th}\ X')\ \mathrm{g/cm^3}$;海水声速 $c_w = 1\ 500 \times \mathrm{e}^{-\mathrm{i}1.5\times10^{-5}}$ m/s;海底声速 $c_b = 2\ 000 \times \mathrm{e}^{-\mathrm{i}0.009\,4}(9 + \mathrm{th}\ X')$ m/s;$\varepsilon = 0.01$。

表 1 给出 $X'$ 取不同值时第一和第二阶本征值的绝对值和相位角。由于当 $|X'| > 5$ 以后各本征值变化很小,故不再列出 $|X'| > 5$ 以后的有关数值。

**表 1　不同 $X'$ 值时第一和第二阶本征值**

| $X'$ | $\lvert\zeta_1\rvert$ | $\mathrm{arc}(\zeta_1)\times 105$ | $\lvert\zeta_2\rvert$ | $\mathrm{arc}(\zeta_2)\times 10^5$ |
|---|---|---|---|---|
| -5 | 2.093 470 3 | 1.490 25 | 2.090 693 5 | 1.460 97 |
| -2 | 2.093 470 6 | 1.490 05 | 2.090 694 6 | 1.460 15 |
| -1.5 | 2.093 471 0 | 1.489 70 | 2.090 696 4 | 1.458 78 |
| -1 | 2.093 472 2 | 1.488 83 | 2.090 700 8 | 1.455 30 |
| -0.5 | 2.093 474 6 | 1.486 83 | 2.090 710 7 | 1.447 32 |
| 0 | 2.093 278 8 | 1.483 18 | 2.090 727 5 | 1.432 81 |
| 0.5 | 2.093 483 6 | 1.478 68 | 2.090 746 4 | 1.414 99 |
| 1 | 2.093 487 0 | 1.475 18 | 2.090 759 9 | 1.401 20 |
| 1.5 | 2.093 488 7 | 1.473 31 | 2.090 766 7 | 1.393 85 |
| 2 | 2.093 489 4 | 1.472 50 | 2.090 769 6 | 1.390 68 |
| 5 | 2.093 489 9 | 1.472 00 | 2.090 771 4 | 1.388 71 |

依 Lagrange-Cherpit 方法求解 $S_0(X,Y)$ 的具体形式。考虑到在声源处 $S(0,0)$，因而若取

$$\frac{\partial S_0}{\partial Y}=\zeta_0\sin\psi$$

其中 $\zeta_0$ 为 $\zeta$ 在声源处的值，$\psi$ 对应于所讨论的水平射线在声源处射出方向与 $X$ 轴夹角，可得到 $S_0$ 的近似表示

$$\begin{aligned}S_0(X,Y)=&\frac{M}{2\sqrt{M+T}}\ln\frac{\sqrt{M+T}+\sqrt{\zeta_0^2\cos^2\psi+2\zeta_0\zeta}}{\sqrt{M+T}-\sqrt{\zeta_0^2\cos^2\psi+2\zeta_0\zeta}}\cdot\frac{\sqrt{M+T}-\zeta_0\cos\psi}{\sqrt{M+T}+\zeta_0\cos\psi}-\\&\frac{N}{2\sqrt{N+T}}\ln\frac{\sqrt{N+T}+\sqrt{\zeta_0^2\cos^2\psi+2\zeta_0\zeta}}{\sqrt{N+T}-\sqrt{\zeta_0^2\cos^2\psi+2\zeta_0\zeta}}\cdot\frac{\sqrt{N+T}-\zeta_0\cos\psi}{\sqrt{N+T}+\zeta_0\cos\psi}+\\&\zeta_0\sin\psi\cdot Y\end{aligned}\tag{20}$$

其中

$$\left.\begin{aligned}M&=\zeta_0^2\cos^2\psi+2\zeta_0\zeta\\N&=\zeta_0^2\cos^2\psi-2\zeta_0\zeta\\\zeta T&=2\zeta_0\zeta\,\mathrm{th}(X_0+\mu)\end{aligned}\right\}\tag{21}$$

$\zeta$ 为接收点处本征值与发射点处本征值之差。$\zeta_0$ 为在所考虑海域 $\zeta$ 变化的最大幅值。这时水平射线方程式将为

$$\begin{aligned}Y&=\int_0^x\frac{\zeta_0\sin\psi\,\mathrm{d}X}{\sqrt{\zeta_0^2\cos^2\psi+2\zeta_0\zeta_u(X)}}\\&=\frac{\zeta_0\sin\psi}{2\sqrt{M+T}}\ln\frac{\sqrt{M+T}+\sqrt{\zeta_0^2\cos^2\psi+2\zeta_0\zeta_u}}{\sqrt{M+T}-\sqrt{\zeta_0^2\cos^2\psi+2\zeta_0\zeta_u}}\cdot\frac{\sqrt{M+T}-\zeta_0\cos\psi}{\sqrt{M+T}+\zeta_0\cos\psi}-\\&\quad\frac{\zeta_0\sin\psi}{2\sqrt{N+T}}\ln\frac{\sqrt{N+T}+\sqrt{\zeta_0^2\cos^2\psi+2\zeta_0\zeta_u}}{\sqrt{N+T}-\sqrt{\zeta_0^2\cos^2\psi+2\zeta_0\zeta_u}}\cdot\frac{\sqrt{N+T}-\zeta_0\cos\psi}{\sqrt{N+T}+\zeta_0\cos\psi}\end{aligned}\tag{22}$$

只不过在式(22)中 $\zeta_0$、$\zeta$ 应只取其实部。图 1 给出夸大了的水平射线折射弯曲的示意图，其中(a)图表示声源在较高声速海底区，(b)图表示声源在较低声速海底区的情况。从式(16)容易看出，这时等效的水平声速变化很小，水平射线折射弯曲也很小，仅在 $\psi$ 接近 $\pm\pi/2$ 时才有较大弯曲，为了明显地说明折射趋势，所以采取夸大了的示意图形式。从给定情况下各 $\zeta$ 的数值，依据式(22)可知当 $\psi=\frac{\pi}{2}$，亦即水平射线折射弯曲最大时，其在不同距离 $Y$ 处的方向偏转将如表 2 所示。

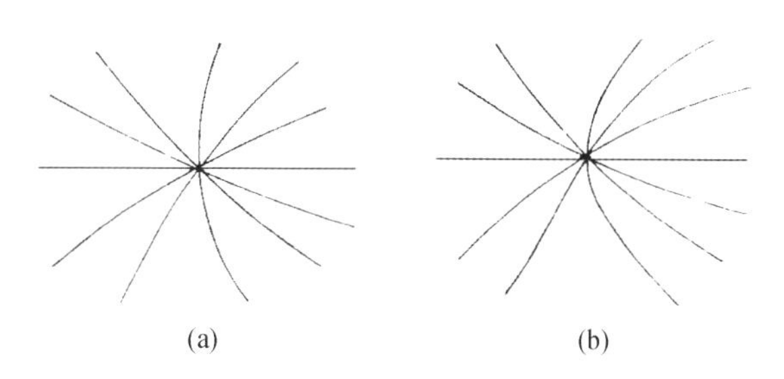


**图 1　水平射线折射弯曲示意图**

从表 2 中看出，在给定海区环境条件下，即使对于折射弯曲最大的情况，其水平射线的偏转角在几十千米距离内也仅属角秒的量级，对实际工作不会发生影响，可以忽略不计。

$$
\begin{aligned}
S_{w2} \approx\ & \frac{1}{2}\sqrt{\zeta_0^2\cos^2\psi+2\zeta_0\zeta_u(X)}\,Z(\beta_w Z+\cot\beta_w Z)\frac{\partial}{\partial X}\left(\frac{1}{\beta_w}\right)+ \\
& \frac{Z}{\beta_w}\cot\beta_w Z\left\{\sqrt{\zeta_0^2\cos^2\psi+2\zeta_0\zeta_u(X)}\frac{\partial \ln B}{\partial X}+\frac{\zeta_0\zeta}{\sqrt{\zeta_0^2\cos^2\psi+2\zeta_0\zeta_u(X)}}\frac{\partial u}{\partial X}-\right. \\
& \left.\frac{X\sqrt{\zeta_0^2\cos^2\psi+2\zeta_0\zeta_u(X)}+Y\zeta_0\sin\psi}{2R^2}\right\}-\frac{R}{B^2}F(X,Y)\cdot\frac{1}{\beta_w}\cot\beta_w Z- \\
& \frac{1}{2}\zeta_0\cos\psi\cdot(\beta_w Z_s^2+Z_s\cot\beta_w Z_s)\left[\frac{\partial}{\partial X}\left[\frac{1}{\beta_w}\zeta\right]_{x=0}-\frac{Z_s}{\beta_w}\cot\beta_w Z_s\right]\times \\
& \left[\zeta_0\cos\psi\left[\frac{\partial \ln B}{\partial X}\right]_{x=0}+\frac{\zeta_0\zeta}{\sqrt{\zeta_0^2\cos^2\psi+2\zeta_0\zeta_u(X)}}\left[\frac{\partial u}{\partial X}\right]_{x=0}-T\frac{\zeta_0}{2R}\right]+ \\
& \frac{R}{B^2}F(X,0)\cdot\frac{1}{\beta_w}\cot\beta_w Z_s
\end{aligned}
\tag{23}
$$

**表 2　不同传播距离的射线偏转角**

| $X_0$ | $Y$ | $\Delta\varphi/('')$ | | | |
|---|---|---|---|---|---|
| | | Ⅰ | Ⅱ | Ⅰ | Ⅱ |
| −3 | 100 | 1.2 | 4.9 | 0.7 | 3.0 |
| | 300 | 3.7 | 14.6 | 2.2 | 9.0 |
| 3 | 500 | 6.2 | 24.6 | 3.7 | 14.7 |
| | 1 000 | 12.3 | 48.4 | 7.5 | 29.9 |

式(23)给出的 $S_{w2}$ 表示式在声源处为奇异点，这不仅是由于点声源本身的特点，也由于

在本方法中所采用的式(1)表示，在近声源处实际上与声场随 $r$ 的变化相去较远。但只要距声源不太近，则式(23)可足够近似地给出声场变化规律。

对第一阶局部简正波，在全海深范围内设有节点，$S_w$ 对 $Z$ 的变化不会出现甚大值。对第二阶简正波，当 $\sin \beta_w Z$ 甚小时，可能出现较大值。

根据给定条件此值出现在 $Z = 25.3$ m 左右，表 3 给出 $Z = 20$ m，$X_0 = 3$ 时，不同 $\psi$ 和 $R$ 值情况下对第二阶简正波 $\varepsilon^2 S_{w2}$ 的绝对值，从表中可知，此时改正项相对值并不太大，在计算中不会引起太多困难。

**表 3　第二阶简正波 $\varepsilon^2 S_{w2}$ 的绝对值**

| $\psi$ | $\varepsilon^2 S_{w2}$ | |
|---|---|---|
| | $R = 100$ | $R = 1\,000$ |
| 0 | −0.016 85 | −0.017 06 |
| $\frac{\pi}{6}$ | −0.014 56 | −0.014 77 |
| $\frac{\pi}{3}$ | −0.008 31 | −0.008 52 |

同样的方法也可以计算 $S_{b2}$，但由于主要是举例说明此计算方法，所以不再具体写出有关表达式。

## 3　结束语

文中给出的小参数展开法可应用于海区水平变化速率远小于垂直变化速率的准分层介质情况。此时考虑到环境介质的声吸收效应，将有关波数取为复数，声场中除点声源的奇异点外，在远场处不产生其他奇异值。

根据所举的例子获得的计算结果，结合大量对倾斜海底情况已有的文献资料，以及海水介质水平声速梯度的通常数值，可以知道：除海洋中存在强烈锋面的特殊区域外，一般海底倾斜引起的声场分布变化最大，海底底质变化的影响次之，海水声速水平变化的影响相对较小，只是在远距离传播过程中由于累积效应的结果，才会引起较大变化，详细的比较分析，超出本文范围，即不在此赘述。

## 参 考 文 献


[1] Keller J B, Papadakis J S. Wave propagation and underw ater acoustics. Springe-Verlag, 1977.

[2] Desaubise Y, Dy sthe K. N ormal-mode propagation in slowly varying ocean waveguides. JASA, 1995, 97(2).

[3] 杨士莪. 水声传播原理. 哈尔滨：哈尔滨工程大学出版社, 1994.

[4] Etter P C. U nderw ater acoustic modeling. Elsevier Applied Science, 1991.

[5] Pierce A D. Ex tension of the method of normal modes to sound propaga tio n in analmost stratified medum. JASA, 1965, 37(1).

# 水声技术及在我国的发展

杨士莪

声波是海水内部唯一有效进行远距离信息传递的载体。对 1 kHz 频率的声波来说,在海水中每传播 1 km 吸收衰减仅约为 0.067 dB。但海水对电磁波的吸收则非常强。即使对蓝绿光虽属透射窗,每传播 1 km 其吸收衰减也远超过 100 dB。因此在自然界中依靠光合作用延续生命的植物,在海洋中包括最低级的浮游植物在内都只能生活在水下 100 m 以内的深度。这是由于照射到海面的日光,在穿透开始的 100 m 水层过程中,其能量的99%以上都已被海水吸收,所余不足再支持更大深度处植物进行光合作用的缘故。

由于海洋覆盖了地球表面的72%,是人类获取食物、能源、矿产的最后领地,海洋与大气圈的热交换,又是影响地球上气象变化的重要原因;更由于海洋对交通运输和国防的重大意义,隐藏于海洋深处的导弹核潜艇,已成为重要的第二次核打击力量;因而研究海洋、开发海洋日益迫切。水声技术作为实现这一目的的强有力手段,当然地受到极大重视和迅速发展。

我国海疆面积约300余万平方千米。但新中国成立前没有水声研究工作,20 世纪 50 年代初期也极为薄弱。到 50 年代末才建立了专门的水声科研机构、生产工厂与院校专业。经过 40 年的发展,到今天已形成一支基本覆盖水声各主要领域的科技队伍,并在许多方面做出了重要贡献,获得国际上的重视。

## 1　海洋水声环境与声信道

海洋水声环境参数复杂多变,上有波涛汹涌的海表面,下有凸凹不平、底质各异的海底。位于不同深度处的海水,由于其温度、含盐度及所受压力的不同,介质声速也不一样。声波在海中传播将发生折射和界面上的反射,从而带来复杂的多途结构与声场的空间不均匀分布。深入的分析还必须考虑到海洋中存在的涡旋、锋面、内波、湍流、随机不均匀的冷热水团等,以及海水介质声速的水平变化,气象条件引起的近表面层水温周日或周年的变化。因而海洋声信道具有复杂的空变、时变特性,声在海中传播有强烈的振幅和相位起伏。

迄今为止,人们已就各种海洋环境因素对声传播的影响进行过大量研究。美、俄等国更由于战略的需要,组建专门的船队,对遍及全球各主要海域进行了系统的水声考察,建立了相对完整的数据库,归纳阐明了声传播的一些主要模式,开发了不同的声场解析分析和数字计算方法。并利用层析术实现了根据水声传播实验数据,反演海洋介质环境参数的方法。但对于海底介质的声学特性,具有强烈起伏海底地区声场分布解算方法,以及强起伏条件下声信号的统计特性等许多方面,仍有大量问题有待深入研究。

我国周边海域有广袤的大陆架浅海地区,国内水声传播的研究也大量集中在浅海地区。我国水声科技人员通过研究工作发现了在一定条件下海底反射反转区附近也会存在声能会聚现象,有利于进行远程信息检测。开发了不深入探讨海底介质特性,只利用不同投射角条件下海底反射系数及波束沿海底界面的位移,分析计算海水介质中声场分布规律的方法。提出了物理概念清晰,适用于分层介质条件的 WKBZ 快速声场解算方法。测定了浅海强负跃层条件下短周期内波的存在。并对热带岛礁地区水声环境特点，利用水平柔性阵进行深海、大尺度信号水平空间相关实验研究，以及更方便实用的小基阵目标定位、声速反演，非分层介质声场快速解算等方面，进行了探索性工作。

声波在海水中的传播速度远低于电磁波在大气中的传播速度，且高频声波在海水中的吸收衰减随频率升高而迅速增大，即使用于近距离观测的水声设备，其所用工作频率也均不超过1 MHz。因而水声设备信息容量小，数据率低，再加上实际不可避免的海洋环境噪声和其他各类背景干扰，因而海洋声信道情况复杂、性能有限。只有充分掌握并有效利用它的各种特性，才能较好地满足实际任务需要。

当前国际上有关领域的研究热点有：海底底质结构模型及声波在其中的传播形式；利用水声系统进行区域海洋环境参数监测与反演；具有较强时变、空变环境条件下声场分析方法及其特性。对海底散射与混响，目标三维定位方法和海洋环境噪声等领域也有广泛的研究工作。

我国许多重要海域都有特殊复杂的水文和环境条件，深入研究有关海域声传播特性，解决现场快速声传播计算方法，有重大的理论和应用价值。随着今后国民经济和海洋事业的发展，更需要一方面逐步扩大实验海域，不断探索水声遥感、遥测的新原理、新方法；另一方面逐步深入开展沿海环境保护、渔业生产、海上采油的有关课题，为提高改善有关水声设备功能，做好基础准备。

## 2　水声设备与声信号处理技术

由于水声设备是唯一可用以在海水内部进行远距离信息传递的手段，因而可以说在陆地上有多少种利用电磁波实现的观通设备，在海洋领域就有多少种类似的、适用于不同目的的水声设备。我国大体上经过仿制、自行研制、提高设计等诸阶段，到今天已基本完备各类水声设备生产供应，其中部分性能指标达到国际水平。

今天国际上水声设备已广泛应用于海洋勘探、航海保障、渔业生产、环境监测、水下通讯、控制，以及国防领域的各类需要。不同的水声设备，根据使用要求，有的安装于船舶、水中运动物体或飞机上，有的漂浮于海面或放置于海底。目前用于远程探测的，可发现数百海里外对方舰船的活动；用于近距观察的，可分辨数十米内目标物的轮廓。用于远程信息传送的，借助深海声道效应，可在上万千米距离上传送编码信息；用于图像传输的，在10 km距离左右，传输率可超过每秒1万比特。水声设备中体积最大的当属固定于海底，用作近海警戒的岸用声呐站，其水下基阵直径可达数十米；最小的当属安装于鱼鳍部位，追踪鱼回游路线的声应答器，其总质量往往不超过4 g。

水声设备的设计、制造涉及多个学科和技术领域，属高技术产业。有利的因素是水声设备数据率和频率范围较低，根据电子技术和计算技术当前发展水平，可大量采用数字化处理技术，从而简化硬件的生产。但水声设备的使用环境比一般陆用设备严酷得多，因而也带来其设计制造上许多特殊的要求。

水声设备大量的研究工作集中于信号处理领域。由于海洋声信道的复杂性，以及各类主要干扰的非平稳、非高斯特性，许多在无线电、雷达领域行之有效的信号处理方法，对水声来说往往效果甚微。虽然大规模数字信号处理芯片的发展和并行算法的开发，提供了功能强大的工具，但必须结合水声问题自身物理规律的剖析，才能找到合适的处理途径。目前应用比较多的是匹配场处理技术、自适应技术和人工神经元网络分析等。随着非线性技术的发展，人们发现舰船噪声、海洋混响等都具有混沌的本质，可以较低维数动力系统进行建模，并试图据此寻找新的更有效的检测、识别途径。

为增强目标分辨率,在雷达领域较早就应用了综合孔径技术。但由于作为水声设备载体的平台,在水中运动时姿态的稳定性差得多,严重影响最终成像的质量,图像恢复困难很大。近年来人们试用相关分析和采样平均残差,处理没有特殊目标耀斑情况时的实际数据,获得一些有希望的结果。海上试验表明,在 30 km 距离处,可达到 1 m 左右的分辨力。

水声设备市场需求数量小,规格品种复杂。我国研制的浅地层剖面仪,克服了换能器余振效应,可工作于 25 cm 深的极浅水域,声学水位计克服波浪影响,采用自动校准和温度补偿,测量准确度达到 ±1 cm;主动式同步定位系统克服距离模糊,在 6 km 测距范围内可保证 0.4 s 的采样间隔,并可同时对 5 个目标定位;这些都达到了国际先进指标,但要形成商品化的经济效果,仍需在市场开拓上采取有力措施。

迄今为止,人类虽然开发了多种多样的水声设备,但仍远不足以保证国防和国民经济建设的需要。现有水声设备的功能,在许多方面也远低于海豚等生物的本领。更进一步来说,人在弥散光的空间可以辨识空间中的各类物体,而海洋环境噪声属于海水介质中的弥散声场,虽然声场的分布也会由于介质空间中其他物体的存在而产生衍射和散射,但实际上目前海洋环境噪声仍多仅被作为一种干扰,尚难以利用来探测海水中隐藏的不发声物体。在未来的日子里水声设备领域的突破,除集成化、模块化等一些电子技术硬件必须发展的方向外,更需要在信号的检测与识别领域,针对水声实际特点,走出新的路子。

相信随着海洋开发事业的发展,水声设备的需求市场,将会不断扩大。

## 3　水声换能器与声基阵

水声设备与一般电子设备的不同、一方面在于因环境与对象的不同,所带来的在总体方案和信号处理技术上的不同;另一方面就在于为实现特定要求的声发射与接收功能,而采用专门的换能器与基阵设计和生产工艺。水声换能器与声基阵的设计、制作,是一项涉及学科领域面极宽的工作。从第一次世界大战期间发明的由压电晶体和金属质量块合成的朗之万型换能器开始,几十年来,换能器所采用的有源材料与无源材料已经历过多次换代。在今天经常使用的有源材料中压电材料主要有 PZT 类压电陶瓷、高分子压电薄膜和复合型压电材料等,磁致伸缩材料主要是超磁致伸缩稀土合金。尚在研究开发的有磁流体换能器、光纤水听器等,后者已有少量开始被实际使用。在吸声、透声、反声、去耦等无源材料方面也根据实际需要,开发了多种新产品。

在换能器设计理论与设计方法上,已从早期采用集总参数系统近似,到作为分布参数系统采用有限元和边界元进行更准确深入的分析,并已出现换能器设计专家系统。由于新材料、新结构形式、新制作工艺的作用,现代水声换能器与早期产品相比,在工作频带宽度、电声转换效率、接收灵敏度、形状尺寸的灵活性等方面均有很大提高。

为了保证在声发射或接收时有一定必要的空间方向性增益,也为了在进行声发射时能克服空化阈限制达到一定的总声功率,在实际水声设备中往往不是采用单个的发射换能器与单个的接收水听器,而是由多个发射或接收基元,根据需要按一定规则进行空间排列组成基阵,并将整个基阵放置于由透声材料构成,设计上满足一定流体力学性能与隔振要求,具有一定结构强度的导流罩内。由于声换能器的工作性能不仅决定于换能器自身的结构与材料,同时也要受到周围环境条件的影响,所以基阵和导流罩的设计也是一项复杂的声学设计,其生产更涉及一些专门工艺。至于基阵处理的空间增益,在今天则与相应的发射或接收电路相结合。统一处理后获取。

对接收换能器来说，除通常使用的声压接收器外，还有拾振器以及一维、二维和三维振速接收器，可用于声能量流的测量和其他一些专门目的。振速接收器在低频段工作与通常低频基阵相比，可以小得多的空间尺度获得良好的指向性功能，当干扰场是各向同性时，也可以获得很高的信噪比增益。

我国对压电陶瓷换能器与声基阵的设计生产已有多年成熟的经验，并有稳定的生产点，可以满足国内水声设备配套需要。近年来更开始逐步推广压电薄膜与稀土超磁致伸缩换能器的试制和使用。对光纤水听器等新型材料换能器的研制，也获得良好的进展。建立了水声一级计量站与相应各项国家标准，但水声换能器与声基阵的设计生产涉及学科技术面广、投资要求大、社会需求批量有限，因而总体水平与国际先进相比，仍有一定差距。

随着要求水声设备能探测到愈来愈远的弱信号，而声基阵体积又由于客观条件限制不能过分增大。因此不断研究开发电声转换新机理，性能更优异的不同有源和无源声学材料。以及声基阵设计新概念，结合速控技术及电控一体化设计，以取得指标性能的较大突破，将是今后换能器与声基阵研究的长期任务。

## 4 目标的声学特性

利用主动式水声设备进行水下目标探测与识别是借助于目标的声反射或散射特性，而利用被动式水声设备进行目标探测与识别则是借助于其辐射声的特性。因此深入了解各类目标的声散射与辐射特性，也是水声研究的重要领域。

几十年来人类对于海洋生物群体与个体的目标特性已有系统的研究，近年来对于海底底质类型的识别方法研究，也取得良好成果。这些目标的识别一般都需要使用非常宽的频率范围，例如鲸可以发出 20 Hz 的规律性脉冲，虾所产生的噪声可高达 30 kHz。对海底底质类型的识别有时需要用从数十千赫至 100 kHz 的宽带信号。

更多的时候是使用水声设备探测水下人造物体，如军事方面的潜艇、舰船和鱼、水雷，海洋采油方面的水下管线和其他结构物。对潜艇、舰船和鱼雷可采用被动探测方式也可采用主动探测方式，而对其他不发声物体，则只能采用主动探测。在许多情况下，关键的问题在于对目标的识别。由于声波发射和接收时的有限波束宽度，使用主动方式探测目标时，一般难以准确获得目标的轮廓信息，只能利用窄脉冲获得目标回波的时序结构和部分频响特性，其中混叠着目标几何形状与材料弹性性质的信息，并往往更因为声信道的多途效应与起伏影响而极大的复杂化。也许使用高频猎雷声呐利用阴影法进行目标识别，以及利用合成孔径声呐探测近距离处水下管线，算是利用主动方式近似获取目标轮廓信息的最好成就。因此不同类型目标反射信号的时频特性，依然是今天目标特性研究的重点之一。

利用被动方式进行目标标测时，虽然也有学者对不同类型目标辐射噪声谱连续谱的差异进行分析并获得一些成果，但更能反映目标特性的往往是其辐射噪声中的线谱成分及瞬态信号特征。其中线谱主要出现在几百赫以下的低频段，其强度比连续谱高几分贝至十几分贝，更有利于被用来探测和识别。研究表明：利用较高频段辐射噪声调制谱，也可以推断目标动力类型，但要获得可靠结果，所需信杂比较高，许多情况下难以保证。

对目标声学特性的研究，其目的不仅在于进行探测和识别，军事上更重视目标声隐身的研究。由于涉及国防机密，虽然各主要国家在这方面均有一些重要成果，但公开报导很少，我国在这领域也有所努力，有所进步，具体即不赘述。

# 单矢量传感器多目标分辨的一种方法

杨士莪

**摘要**　利用矢量传感器进行目标声能流测量，可有效抑制各向同性干扰，并利用低频信号进行目标被动定向。但若存在多个目标时，由于能量流的矢量特性，利用单矢量传感器，难以借助空间分隔来进行目标分辨。当信噪比较高，又不确知各目标线谱特征时，可借助宽带声压与振速的偶次阶矩所组成的联立方程组，求解得到各目标强度与方位。文中给出解算公式及一般解算方法讨论，并就双目标的简单情况给出解算精度仿真结果。

**关键词**　矢量传感器；多目标分辨；被动定向

## 引言

矢量传感器的应用，提供了同时、同点测量声场声压与质点振速的可能，从而大大提高了对目标的检测能力。特别在准均匀各向同性的干扰背景场中，由于质点振速的矢量特性，各不同方向传来的噪声干扰对应的质点振速将部分相互抵消。实验表明，依声能量流测得的目标信号，其信噪比较之单由声压水听器测得的结果，一般可高 10 ~15 dB[1]。但在实际工作中，许多时候在测量范围内往往存在多个相互独立的信号源。这时最有效的方法是使用多个矢量传感器按一定规则形成空间多波束接收基阵。应该说明的是为了充分发挥矢量传感器的有利特点，矢量传感器基阵的成阵技术与声压水听器阵的成阵技术有重大差异，有关问题将在以后另行介绍，本文将不予涉及。但若由于某种原因，在实际有多个目标存在时只允许使用单个矢量传感器进行测量，这时测得的将是各信号源所传来声能流的矢量和。除非已经确知各不同声源信号有不同的线谱结构，可利用窄带滤波分别测定各声源方位；否则既难以由接收结果知道声源的个数，也无法单独测定某个声源的方位。有作者曾经证明利用单个矢量传感器最多能分辨 2 个相干声源[2]。下面介绍一种利用单个矢量传感器所接收到的声压与质点振速信号的偶次矩所形成的方程组进行多个非相干声源分辨的方法。

## 1　方法的基本原理

若海洋环境条件可认为属于准分层介质，自声源发出的声波在传播过程中虽然存在多途效应，但其水平方位角偏转很小，可以忽略不计。这时利用二维矢量传感器进行接收，对较远距离的目标来说，沿不同途径到达接收点信号的合成，可近似认为是来自目标所在水平方位的平面波，其声压与质点振速同相，两者的互相关，即等于该目标发射到达接收点的声能流在质点振速测量方向上的分量。相互独立的信号源间声压或质点振速的互相关将等于零。

设由若干相互独立的噪声目标发出到达接收点处的信号强度分别为 $I_1,I_2,I_3,\cdots$，各目标信号在接收点处的水平方位角分别为 $\theta_1,\theta_2,\theta_3,\cdots$为书写方便，略去介质阻抗而将接收点处所收到的声压与方向的水平质点振速分别写作

$$\begin{cases} P = \sum A_i(t) + n_p(t) \\ V_x = \sum A_i(t)\cos\theta_i + n_x(t) \\ V_y = \sum A_i(t)\sin\theta_i + n_y(t) \end{cases} \tag{1}$$

式中:$A_i$ 为各目标信号声压振幅,$n_p$、$n_x$、$n_y$分别为对应的背景干扰振幅。以上的写法相当于在测量记录中对声压与质点振速选取相应的计量单位。虽然严格来说,由于海洋中声波传播时的折射效应,自目标发出到达接收点的声波在接收点处并非水平传播而存在一定的俯仰角,因而 $V_x$、$V_y$ 与 $p$ 的差异,还应该多一个俯仰角余弦的乘子 $\cos\phi_i$,但当声源与接收点间距离较远时,此俯仰角不大,其余弦值可近似为1。计算各测量量的二阶矩及四阶矩,注意到各噪声源相互独立,依次可得:

$$\langle pp^* \rangle = \sum I_i + N_{pp} \tag{2}$$

$$\langle pV_x^* \rangle = \sum I_i\cos\theta_i + N_{px} \tag{3}$$

$$\langle pV_y^* \rangle = \sum I_i\sin\theta_i + N_{py} \tag{4}$$

$$\langle V_xV_y^* \rangle = \sum I_i\sin\theta_i\cos\theta_i + N_{xy} \tag{5}$$

$$\langle V_yV_y^* \rangle = \sum I_i\sin^2\theta_i + N_{yy} \tag{6}$$

$$\langle \sum p_i^2p_i^{*2} \rangle = \frac{1}{2}\{3\langle pp^* \rangle^2 - \langle p^2p^{*2} \rangle\} \sum I_i^2 + N_{pppp} \tag{7}$$

$$\langle \sum p_i^2p_i^* V_{xi}^* \rangle = \frac{1}{2}\{3\langle pp^* \rangle\langle pV_x^* \rangle - \langle p^2p^* V_x^* \rangle\} = \sum I_i^2\cos\theta_i + N_{pppx} \tag{8}$$

$$\langle \sum p_i^2p_i^* V_{yi}^* \rangle = \frac{1}{2}\{3\langle pp^* \rangle\langle pV_y^* \rangle - \langle p^2p^* V_y^* \rangle\} = \sum I_i^2\sin\theta_i + N_{pppy} \tag{9}$$

$$\begin{aligned} \langle \sum p_i^2 V_{xi}^* V_{yi}^* \rangle &= \frac{1}{2}\{2\langle pV_x^* \rangle\langle pV_y^* \rangle + \langle pp^* \rangle\langle V_xV_y^* \rangle - \langle p^2V_x^*V_y^* \rangle\} \\ &= \sum I_i^2\sin\theta_i\cos\theta_i + N_{ppxy} \end{aligned} \tag{10}$$

$$\langle \sum p_i^2 V_{yi}^{*2} \rangle = \frac{1}{2}\{2\langle pV_{y'}^* \rangle + \langle pp^* \rangle\langle V_yV_y^* \rangle - \langle p^2V_y^{*2} \rangle\} = \sum I_i^2\sin^2\theta_i + N_{ppyy} \tag{11}$$

$$\begin{aligned} \langle \sum p_i V_{xi}^{*2} V_{yi} \rangle &= \frac{1}{2}\langle pV_y^* \rangle\langle V_xV_x^* \rangle + 2\langle pV_x^* \rangle\langle V_xV_y^* \rangle - \langle pV_x^{*2}V_y \rangle \\ &= \sum I_i^2\sin\theta_i\cos^2\theta_i + N_{pxxy} \end{aligned} \tag{12}$$

$$\begin{aligned} \langle \sum p_i V_{xi} V_{yi}^{*2} \rangle &= \frac{1}{2}\{\langle pV_x^* \rangle\langle V_yV_y^* \rangle + 2\langle pV_y^* \rangle\langle V_xV_y^* \rangle - \langle pV_xV_y^{*2} \rangle\} \\ &= \sum I_i^2\sin^2\theta_i\cos\theta_i + N_{pxyy} \end{aligned} \tag{13}$$

$$\begin{aligned} \langle \sum V_{xi}^2 V_{xi}^* V_{yi}^* \rangle &= \frac{1}{2}\{3\langle V_xV_x^* \rangle\langle V_xV_y^* \rangle - \langle V_x^2V_x^*V_y^* \rangle\} \\ &= \sum I_i^2\sin\theta_i\cos^3\theta_i + N_{xxxy} \end{aligned} \tag{14}$$

$$\begin{aligned} \langle \sum V_{xi}^2 V_{yi}^{*2} \rangle &= \frac{1}{2}\{2\langle V_xV_y^* \rangle^2 + \langle V_xV_x^* \rangle\langle V_yV_y^* \rangle - \langle V_x^2V_y^{*2} \rangle\} \\ &= \sum I_i^2\sin^2\theta_i\cos^2\theta_i + N_{xxyy} \end{aligned} \tag{15}$$

虽然按照排列组合,也还可以写出其他形式的方程式,但不难证明,只可能有 14 个相互独立的方程式。各式中符号 $N$ 的项为干扰项,将对解算结果带来误差。为了保证必要的解算精度,应用 $\sum I_i \gg N_{pp}$ 本方程组解算各声源强度和方位时,应要求,即总信噪比为正,具体的分析将在本文第三段中给出。

由于每个声源有 2 个未知数即 $I$ 和 $\theta$。上述共 14 个独立方程式,若被测目标个数不超过 7 个,解上述联立方程组即可求得各目标声场强度与水平方位角。

## 2 方法应用的讨论

前面介绍了 14 个方程所形成的联立方程组,对于每个均具有 $I$ 和 $\theta$ 这 2 个未知量的声源来说,最多可用以解算不超过 7 个目标的情况。虽然从理论上来说,似乎还可以考虑声压与质点振速间各类不同的更高阶偶次矩,从而获得更多的独立方程式以便于进行更多相互独立噪声源的分辨。但在实际上采用更高阶偶次矩的方程式并不可行。这一方面由于方程组系非线性方程,而各声源在接收点处声场强度并不相同,使用更高阶矩时强者数值愈大,弱者数值愈小,未知量大小相差过甚,不仅增加了解算的困难,更将降低弱信号测定的可信度 。另一方面由于实际工作中不可避免地存在误差干扰项 $N$,对于阶次愈高的矩,误差干扰项所引入的解算误差也愈大。

从原则上来讲,使用单个矢量传感器进行目标被动监测,只宜选择在舰船较稀疏的开阔海域。而在交通繁忙海域仍应利用多波束矢量传感器阵。但若由于某种原因必须利用单个矢量传感器进行较多目标的分辨,或为了增加方程式个数,减少未知量个数以提高测定精度时,可采用以下两类途径:

(1)注意到前述方程组中对各测量并无频率选择的限制。也就是说既可以选用宽带信号, 也可以选用窄带信号。在实际工作中许多舰船的噪声都有明显的线谱结构。不同的舰船由于动力系统、螺旋桨设计、实际工况等种种方面的不同,其线谱位置也不一致。若针对接收信号不同的突出线谱采取窄带滤波,此时所得到的结果将主要是具有该线谱的目标的各有关量, 因而可以按照一般最大似然比方法求得该目标所在水平方位[3],从而减少一个未知量。如果可以选择测得多个目标不同的线谱,分别依上述方法处理获得各相应目标的水平方位, 将可有效地减少待求未知量个数,简化方程组的解算方法,提高各未知量的测定精度,甚或增加被测目标的个数。

(2)研究表明,不同类型船只的平均功率谱由于某些原因实际并不相同[4]。因而在不同频段其相对声源强度也不一样。这时可以选择 2 个不同的频段,从而形成 2 套不同的方程组,方程式总个数将增加一倍。对这 2 个不同频段来说,各目标信号强度将不相同,但其水平方位角保持不变,因而对应于每个目标来说,将有 3 个未知量。但方程式个数增加了一倍,而未知数个数仅增加了半倍。采用冗余方程组最优化解算方法,可进一步提高解算结果的精度,也可以适当地增加待分辨的最大目标数。但由于不同类型船只平均功率谱的差异有限,这样做时所选取的频段数不宜超过 2 个,且 2 个频段也不宜过于靠近,否则所获得的方程组差异不大,对解算精度并无好处,甚至解算过程中遇到的矩阵可能出现病态。

前面已经提到过,由于声能量流的矢量特性,依声能量流测得的目标信号,其信噪比将远高于仅依声压水听器测得的结果。因而方程式(2)~(15)精度并不相同,也就是说它们是不等权的。为了改善解算结果的精度,在使用冗余方程组依最优化方法解算时,可分别对不同方程式赋予不同的权值。根据实验的一般结果和简单分析可以得知,对于二阶矩的方程组来说式(3)、(4)、(5)精度最高,式(2)、(6)精度较低。对于四阶矩的方程组来说式(8)、(9)、(10)、(12)、(13)、(14)精度较高,式( 15)精度次之,式(7)、(11) 精度较低。但不同海域条件下各背景干扰项 $N$ 的相对大小也不一样,很难明确给定一组有广泛适用价值的参考权数。需要在实际工作中结合具体条件分析确定。

使用方程组进行多目标分辨将会首先遇到的困难是必须事先设定目标的个数,而这在许多时候实际上难以做到。但考虑到海洋环境噪声其实也不过是大量远距离处或微弱声源到达接收点处信号的总和,所以可以认为实际情况下的目标声源个数都是极大的,只不过将其中所关心的较强的声源作为目标,而其他的总和起来作为干扰而已。实践表明:如果原始设定的目标数大于实际待测的目标数时,只要在最后解算结果中舍去强度很小的目标,则解算所得各强度较大目标的强弱与水平方位角基本可信。但如果原始设定的目标数小于实际存在且需加以分辨的目标数时,则将对解算结果带来很大误差,甚至完全不可相信。一般当实际待测目标数不超过 3 ~4 个时,利用方程组解算所得结果比较可靠。

以上给出的非线性方程组实际解算起来并不容易,只有当目标数仅为 2 个,或虽有 3 个目标但至少其中 1 个目标的水平方位角可利用该目标线谱单独测定,因而未知数个数较少时,可试用解算联立方程组的方法求解,并利用冗余方程式以排除伪根。从工程实用角度来说,一般不妨利用单纯形加遗传算法求解最可能值。但需要注意这时价值函数在高维空间中存在多个极值点,例如仅有 2 个声强与水平方位角分别为 $I_1$、$\theta_1$ 与 $I_2$、$\theta_2$ 的目标时,在四维搜索空间中$(I_1,I_2,\theta_1,\theta_2)$与$(I_2,I_1,\theta_2,\theta_1)$两点均为极值点。为减少混淆需要对搜索空间赋予一定限制。

## 3　精度分析仿真

前述方法在目标数不超过 3 个的海试实验中得到过应用验证。但对不同情况下解算结果精度的一般分析十分复杂 。以下仅给出 2 个目标条件下,且仅利用方程式(2) ~( 6)进行求解时,解算结果精度的仿真计算结果。

从方程组(2) ~(6)容易看出,解算结果的精度与总信噪比基本上满足线性关系,总信噪比愈高,解算结果相对误差愈小。需要说明的是这里指的是总信噪比,但对其中较弱的目标来讲,其信噪比可以等于 0 dB 甚或负分贝数 。例如 2 个目标其信号强度及水平方位角分别为 10、0°及 1、30°时,若总信噪比为 10 dB,则各被测量量的均方根误差将分别为:1. 0、1. 1°及 0. 009、3. 9°。

但此结果并不表示 2 个目标强弱相差 10 dB,夹角为 30°时,若总信噪比为 10 dB,解算结果的均方误差均为以上数值。实际上当两者水平方位并非分别等于 0°及 30°时,解算结果的误差随两者各自所在水平方位将有所变化,在某些特殊位置甚至可能达到相当大的数值。这正是由于方程组的非线性特点所决定。一般来说,对强弱相差 10 dB 的两个信号,若总信噪比为 10 dB,则解算结果的误差与两者间夹角的关系如图 1 所示:取较强的目标强度 $I_1=10$,从图中不难看出,对较强的信号来说,其解算结果的信号强度误差 $\Delta I_1$ 与水平方位角误差 $\Delta\theta_1$ 都在可容忍范围内。但对较弱的目标来说,其信噪比实际上已在 0 dB 以下,若与强信号所在方位夹角小于 90°时,解算结果误差极大,完全不可信。仅当两目标所在方位夹角大于 90°后,较弱的目标才可能较可信的被测定。

选取两目标的水平方位夹角为 60°,从图 1 可知,此时一般来说解算结果的均方误差较大。若总信噪比仍取 10 dB,图 2 给出两目标不同相对强度时各自解算结果的均方误差,图

中横坐标为 $I_2/I_1$ 其中 $I_1$ 值仍取为 10。由于总信噪比取为定值，故两目标相对强度减小时，实际噪声干扰水平也相应下降。但从图中不难看出，相对强度减小时，强信号解算结果精度上升，弱信号解算结果精度下降。若要保证解算的精度，除提高总信噪比外，实际上由于方程组的非线性特点，若式(6)取 $\langle V_y V_y^* \rangle$ 则应将目标置于接近 $x$ 轴方向，否则将式(6)改取 $\langle V_x V_x^* \rangle$ 时，则应将目标置于接近 $y$ 轴方向，或取 $\langle V_x V_x^* \rangle$ 代替(2)式。涉及对更多目标解算时提高解算精度的方法，将在另处讨论。

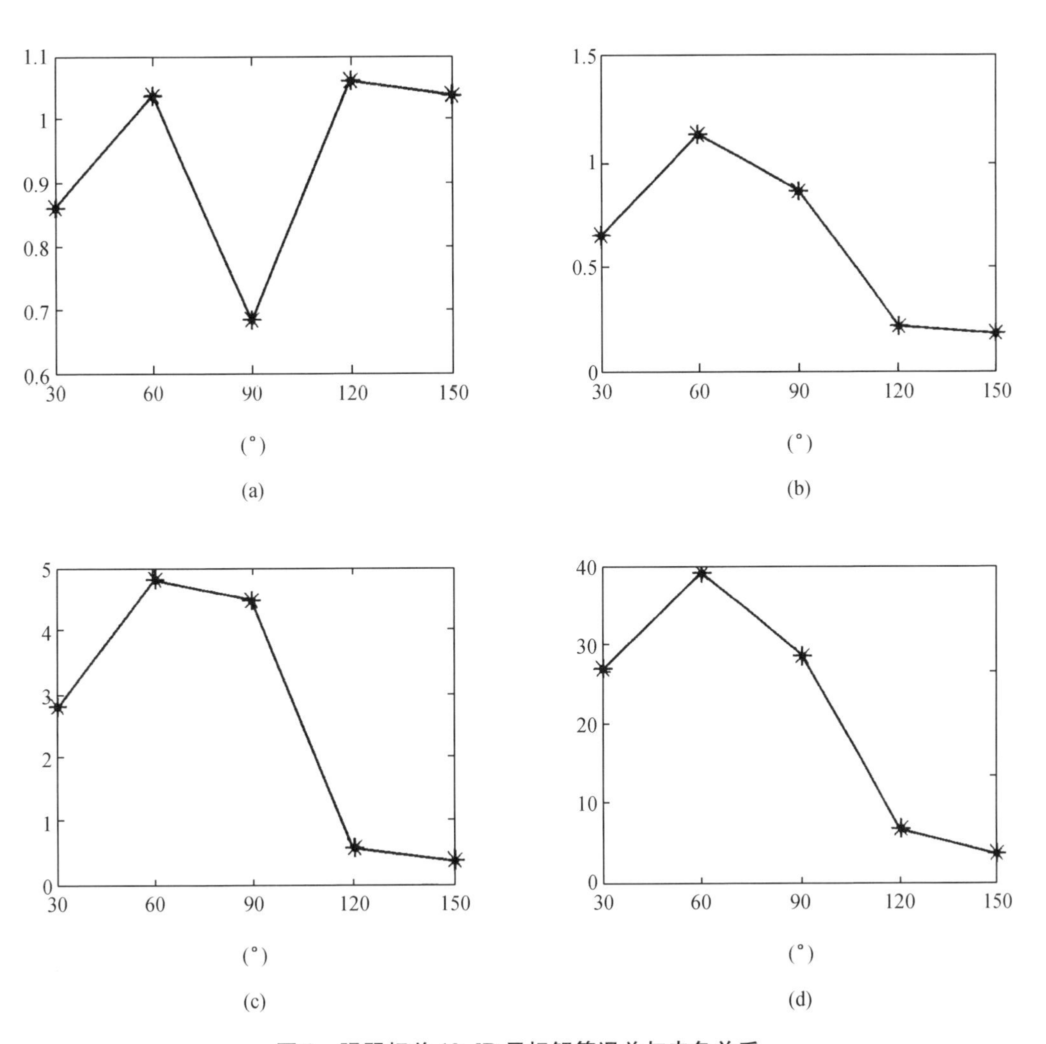


**图 1 强弱相差 10 dB 目标解算误差与夹角关系**

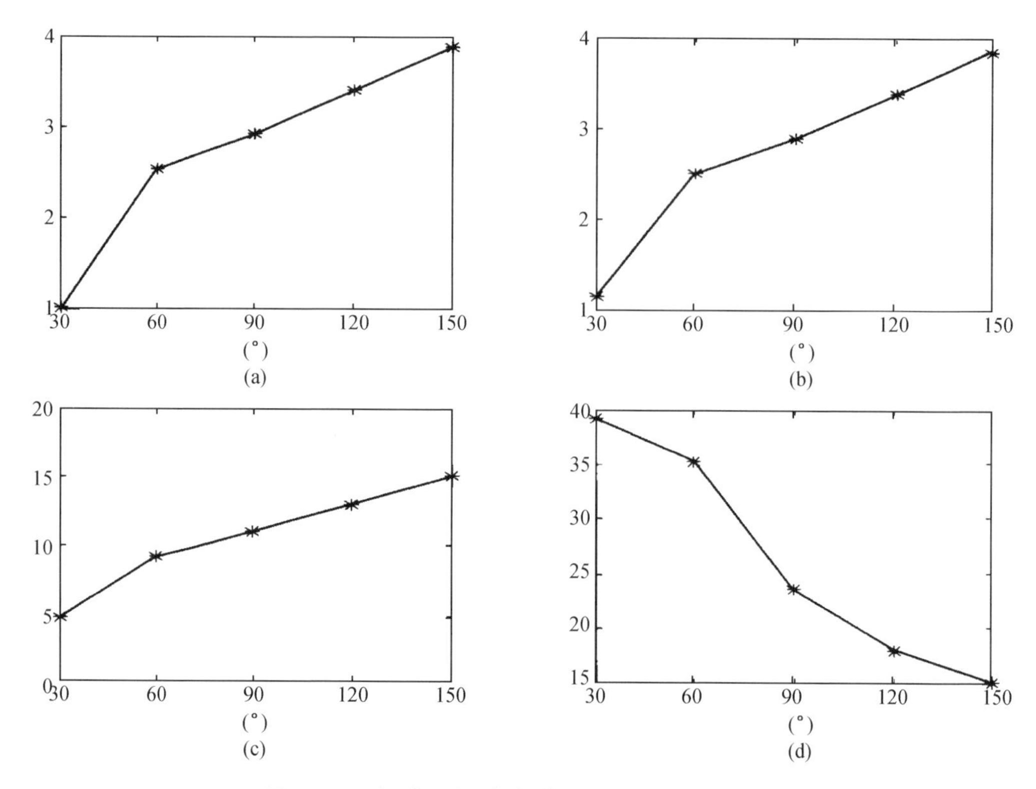


**图 2　不同相对强度目标解算误差与相对强度关系**

## 参 考 文 献


[1] SHCHUROV V A, SHCHUROV A V, et al. Peculiarities of forming of underwater combined acoustic receiver noise immunity [A]. Proc of Inter Workshop on Underwater Acous Eng and Tech[C]. Harbin, 1997.

[2] HOCHWARD B, NEHORAI A. Identifiability in array processing models with vector-sensor applications [J]. IEEE Trans on Sign Proc, 1996(1) :83 – 95.

[3] 孙贵青,杨德森,张揽月. 基于矢量水听器的水下目标低频辐射噪声测量方法研究[J]. 声学学报,2002,27(5) :429 – 434.

[4] 陶笃纯. 按辐射噪声平均功率谱形状识别船舶目标[J]. 声学学报,1981(4):52 – 56.

# 关于水声学的若干问题

杨士莪

声波是海水中唯一有效进行远程信息传递的载体。由于海洋勘探、海洋开发和海疆保卫的需要,因而水声学受到各主要海洋国家的重视。现代水声学研究的发展,迄今已有近百年的历史,我国大规模的水声学研究,也已进行了五十多年。但由于种种原因,在我国对水声物理领域的研究,多年来仅限于少数单位有限的人员。虽然我国研究人员在浅海水声传播方面,也做出了若干受到国际上重视的成果。但总的说来,在研究的深度和广度上,与国际上仍有相当差距。只是在最近几年,水声物理的研究,才逐渐受到较多人员的重视,并得到国家较大的支持。国际上以美国和苏联对水声学的研究最为广泛深入,现以美国的水声学研究为例:2007 年 11 月美国声学学会年会论文择要集中,涉及水声领域的论文,共计 133 篇,超过全部论文篇数的四分之一,共分为 18 场分组会。其中包括声传播建模 6 篇,海底介质特性及其反演 14 篇,界面散射 11 篇,地层探测 13 篇,海洋环境监测 9 篇,内波及其声传播效应 9 篇 ,海洋混响 23 篇,目标散射 5 篇,声呐及声呐信号处理(包括向 Leon H. Sibul 博士致意的专场)29 篇,水声传感器 6 篇,其他内容如风暴潮效应等 8 篇。当然仅就一次会议论文篇数分布情况,不可能得出什么准确结论,因为实际上在每次学会年会时,各类论文篇数分布情况,都会有所不同。但从以上情况可以看出其研究涉及领域的广泛,而且从给出的统计数字,仍可以大致看出以下几点:

(1)美国水声界早在 20 世纪 80 年代就已提出,需要将水声学研究的重点,逐步转移到浅海方向。因此一直到目前为止,在水声研究领域,都非常重视对海底特性的研究。实际上除掉深海声道传播的情况外,海底对声传播的影响都是不可忽略的。像在太平洋热带和亚热带海域,由于深海声道轴所在深度达 1 000 ~ 1 200 m,哪怕在水深三千多米的海域,声远程传播依然要依赖于多次的海底反射。然而海底介质各项声学特性的测定,又非常困难。既不可能利用海底底质采样,在实验室条件下,可靠的测得该样品在海底时的各项参数数值;而不同的在位测量方法,有的实际上已破坏了海底底质结构,因而改变了海底各项参数的真实数据;有的结构复杂笨重,代价昂贵,操作困难,不可能大面积推广使用。迄今为止,最常用的海底底质测定方法,仍然是各类不同的反演方法。但反演结果的可信度,首先依赖于海底地层结构假设的准确性,同时也还需要有相应的,对测定结果的检验验证方法。这些问题,在今天仍属于水声学领域未能完全解决,而亟待深入研究的热门问题。更为困难的问题是;实际的海底虽然具有准分层的性质,但其各层的分界面,往往并非平面或什么光滑曲面,而都具有或强或弱的随机起伏。各层间分界面的随机起伏,将会对观测数据带来偏差,但只有有规的反射信号部分,才可以有效地用来进行环境参数反演。因此,如何利用信号的相干性或其他特征,来区分开界面上有规的反射信号,以及由于界面起伏产生的散射声信号,也仍是应该研究的问题 。关于海底两相介质的模型,目前仍只有 Hamilton 模型,Biot 模型和 Berkingham 模型三种,已发表的有关的研究工作不多;对 Biot 模型所提出的慢纵波究竟是否存在的争议,至今也尚无结论。

（2）从这次美国声学学会年会论文集来看，从事声在随机介质中传播和在起伏界面散射研究的论文比重不小。国内由于海上试验的困难，至今在此方向上的研究工作尚十分有限，因而也还难以准确理解这些研究的真实应用目的。仅从表面上看来，在这些论文中，有相当比例都是在讨论海洋环境中海水介质分层界面起伏，对声波在这些起伏界面上反射和折射时，所引起的信号畸变，以及由此所带来对目标检测的可能影响。从原则上来说，对于波浪起伏的海面，声波在海面反射时将存在 Doppler 效应，而对分层海底的情况，声波在不同深度分层界面上的散射和反射，将带来信号频率成分的变化。但这些效应究竟有多大多小，对声的目标检测和识别来说，其影响是强是弱，尚难以准确判断。当然，由于界面随机起伏，将带来声在界面上反射时的散射效应，从而对于利用声信号反演海底介质参数带来误差，要知道反演结果的可能精度，也需要了解界面起伏对声波散射的效应。从本质上来说，海洋内波也属于介质分层界面上随机起伏的波，而孤立子波更不仅对声波传播将产生重大影响，也会影响到潜艇活动和海洋平台的安全；甚至于海底界面的随机起伏，也可以理解为系由海水中底层流冲刷作用所形成。这次美国声学学会年会中有一定比例的文章，从信号处理的角度，来讨论内波和随机起伏界面对声传播的影响，以及对在介质分界面上散射声的描述方法。从流体力学的研究结果可以知道，不同流体介质分界面受到扰动后，在重力作为恢复力作用下的随机起伏，属于混沌类型；并可以利用非线性动力学建模来加以描述。因而海面和海底散射信号的统计特性，内波引起的声信号起伏，也都将具有混沌性质。过去已有实验表明，海面和海底混响的统计特性，不满足 Gauss 规律；也有研究证明了海底混响的混沌特性，并利用低维相空间非线性动力系统建模，实现了海底混响信号的重构工作。虽然海面混响并非仅由起伏海面声散射所造成，在许多情况下，海表面层中气泡和湍流脉动的散射效应可能更重要，但这并不排除声在起伏海面上散射的影响。理论和实验均表明，海底界面起伏实际上有助于探测海底介质中浅掩埋目标。如果海底界面系光滑平面的话，当入射波以小于临界角入射到平面界面上时，透入海底介质中的声能很少，并随着透入深度的增加，声强依指数律迅速减弱。但若海底界面并不平整时，则由于不平整界面的散射效应，透入海底介质的声能将可能成百倍的有所增强。本次美国声学学会年会论文中，也有论述到借助对海底介质参数反演的实验结果，来发现海底浅掩埋目标的研究报告。

（3）年会论文集中关于海洋混响研究也有多篇报告，并专门安排了两场分组会。这是由于使用主动声呐来探测隐身潜艇的情况越来越多，且随着主动声呐工作频率的日益降低，其作用距离的日益提高，以及多基地声呐的应用；因而关于远程海洋混响建模问题，收发分置情况下，海洋混响的各项特性研究等，当今受到国外极大的重视。但目前绝大多数有关海洋混响远程传播衰减规律的研究工作，其所依据的基本假设依然是：混响信号可认为系由随机分布的二次声源，所发出的散射声信号集合所形成。这一假设虽然可带来计算上的极大方便，并可根据不同情况，假设散射声具有所需要的不同方向特性。但利用这一假设所得到的结果，特别在收发分置的情况下，有时候会违反声场的互易原理，因而是有缺点的。实际上所谓的海洋混响，不过是入射声波在海水中不均匀体，或随机起伏界面上散射信号在接收点的总和；只要能够知道海水中不均匀体的分布，和界面随机起伏的规律，就可以直接从声波的散射结果，获得关于混响强度及其他有关特性的分析。现以浅海中居主要成分的海底混响为例：设前海海深 $H$ 为：

$$H = H_0(x,y) + \zeta(x,y) \tag{1}$$

其中 $H_0$ 为海深变化的有规部分，$\zeta$ 为海底界面的随机起伏部分，且有 $\langle\zeta(x,y)\rangle = 0$，符号

〈〉表示所标示量的统计平均值。为简便计,仅讨论液态海底的情况,且首先考虑单频声信号的传播和散射。根据不均匀介质中声场的波动方程式理论,对单频声波来说,这时即或海水及海底介质均具有一定的空间变化,只要选用适当形式的声场势函数,则波动方程式仍将具有通常常用形式,仅只需要对相应的波数加以必要的修正。为此,可假设海水及海底介质中经修正后的等效波数分别为 $k_1(\vec{r})$、$k_2(\vec{r})$,两者间在界面处介质密度的比为 $b(x,y)$,根据耦合简正波方法,将等效场势函数 $\varphi$ 表示为:

$$\varphi(\vec{r}) = \sum_n \psi_n(x,y) Z_n(\vec{r},H,\xi_n) \tag{2}$$

其中 $Z_n$ 为第 $n$ 阶局地简正波,$\xi_n$ 为该阶简正波的本征值,显然 $\xi_n$ 也将是 $H$ 的函数。在给定情况下频散方程式可依自行一致条件写为:

$$\int_0^H \sqrt{k^2 - \xi_n}\,\mathrm{d}z + \left[\tan^{-1} \frac{b\sqrt{k_2^2 - \xi_n}}{\sqrt{k_1^2 - \xi_n}}\right]_{z=H} = \left(n - \frac{1}{2}\right)\pi \tag{3}$$

利用频散方程式,将 $\xi_n$ 展开为 $\zeta$ 的幂级数,考虑到通常 $\zeta$ 很小,仅保留其一阶量,因而有:

$$\xi_n = \xi_{0n}(x,y,H_0) + \zeta \left.\frac{\partial \xi_n}{\partial H}\right|_{H=H_0} = \xi_{0n} + G_n(x,y)\zeta$$

$$G_n(x,y) = \left.\frac{\partial \xi_n}{\partial H}\right|_{H=H_0} \tag{4}$$

同理可有:

$$Z_n = Z_{0n}(\vec{r},H_0) + \zeta \left.\frac{\partial Z_n}{\partial H}\right|_{H=H_0} = Z_{0n} + F_n(x,y)\zeta$$

$$F_n(x,y) = \left.\frac{\partial Z_n}{\partial H}\right|_{H=H_0} \tag{5}$$

(4)(5)式中 $G_n$、$F_n$ 系为书写简便而引入的,两者均属于给定的已知函数。这时 $\psi_n$ 所应满足的微分方程式将为:

$$\frac{\partial^2 \psi_n}{\partial x^2} + \frac{\partial^2 \psi_n}{\partial y^2} + \xi_n^2 \psi_n = -\sum_m \psi_m \int_0^\infty Z_n\left(\frac{\partial^2 Z_m}{\partial x^2} + \frac{\partial^2 Z_m}{\partial y^2}\right)\mathrm{d}z - 2\sum_m \int_0^\infty Z_n\left(\frac{\partial \psi_m}{\partial x}\frac{\partial Z_m}{\partial x} + \frac{\partial \psi_m}{\partial y}\frac{\partial Z_m}{\partial y}\right)\mathrm{d}z \tag{6}$$

在多数情况下,当海底地形变化不太复杂时,上式等号右边的第一项远小于第二项,在声场计算中可以忽略。若海底界面没有起伏,即 $H = H_0$,因而也不存在海底混响时,第 $n$ 阶局地简正波所对应的水平声场势函数 $\psi_{0n}$ 应近似满足下列偏微分方程式:

$$\frac{\partial^2 \psi_{0n}}{\partial x^2} + \frac{\partial^2 \psi_{0n}}{\partial y^2} + \xi_{0n}^2 \psi_{0n} \approx -2\sum_m \int_0^\infty Z_{0n}\left(\frac{\partial \psi_{0m}}{\partial x}\frac{\partial Z_{0m}}{\partial x} + \frac{\partial \psi_{0m}}{\partial y}\frac{\partial Z_{0m}}{\partial y}\right)\mathrm{d}z \tag{7}$$

此微分方程式可仿文献[3],利用耦合简正波—抛物近似方法求解。当存在海底界面的不平正时,利用(4),(5)的表示,忽略含 $\zeta^2$ 的二阶小量,以及声波的二次散射效应,因而可以近似有:

$$\begin{aligned}\frac{\partial^2 \psi_n}{\partial x^2} + \frac{\partial^2 \psi_n}{\partial y^2} + \xi_{0n}^2 \psi_n \approx & -2\sum_m \int_0^\infty Z_{0n}\left(\frac{\partial \psi_n}{\partial x}\frac{\partial Z_{0m}}{\partial x} + \frac{\partial \psi_n}{\partial y}\frac{\partial Z_{0m}}{\partial y}\right)\mathrm{d}z - 2\xi_{0n} G_n \zeta \psi_{0n} - \\ & 2\sum_m \int_0^\infty \left\{\zeta F_n\left(\frac{\partial \psi_{0m}}{\partial x}\frac{\partial Z_{0m}}{\partial x} + \frac{\partial \psi_{0m}}{\partial y}\frac{\partial Z_{0m}}{\partial y}\right) + \right. \\ & \left. Z_{0n}\left[\frac{\partial \psi_{0m}}{\partial x}\frac{\partial(\zeta F_m)}{\partial x} + \frac{\partial \psi_{0m}}{\partial y}\frac{\partial(\zeta F_m)}{\partial y}\right]\right\}\mathrm{d}z\end{aligned} \tag{8}$$

注意到(8)式中第一行和(7)式中完全相同,而式中第二和第三行将包含有 $\zeta$、$\frac{\partial\zeta}{\partial x}$、$\frac{\partial\zeta}{\partial y}$,因而对应当海底界面有欺负时所产生的散射声场。但该两行的存在,也对应于微分方程式的特解,可知此特解也就是给定环境条件下的混响场表示式。由于(7),(8)式的复杂形势,除极少数简单环境情况外,一般很难给出解的解析表示式。但从式中不难看出,海底混响强度将不仅和其起伏大小 $\zeta$ 有关,也与其起伏坡度$\frac{\partial\zeta}{\partial x}$、$\frac{\partial\zeta}{\partial y}$有关。

当计算脉冲声所引起的混响时,可对单频结果再进行一次 Fourier 积分。将被积函数分解为各变量的幂次函数与指数函数的乘积,依稳相法进行近似计算,所得结果表明,当某阶简正波在海底散射产生同阶简正波时,同时到达接收点的散射信号,将来自以发射和接收点为焦点的椭圆带;但当某阶简正波在海底散射产生不同阶简正波时,同时到达接收点的散射信号,将并非来自以发射和接收点为焦点的椭圆带,而系来自某种卵形环带,这是由于不同阶的局地简正波,其水平传播的群速度也不一样的缘故。

若还希望计算方向性换能器发射和接收时,可将换能器方向性图形按球函数展开,换算成等效的多极子组合,然后对前面所得结果,依多极子组合形式进行相应的对坐标求导,从而最终获得所需结果。

(4)本次年会中关于传播建模和目标散射方面的报告都不多,传播建模领域主要涉及浅海与弹性海底情况的分析,目标散射主要涉及有充填物的弹性壳体散射。但不能认为这些方面的问题不重要,或者是都已经获得解决。实际上可能是由于有关问题理论上难度很大,不易得到有价值的研究结果。从传播建模来说,迄今为止,数学家也只解决了二维变参数线性偏微分方程的解算方法,而且在许多时候所得到的解也只能用泛函的形式来给出。耦合简正波方法,算是理论上比较严谨的三维情况下波动方程式的解算方法,并常被用来给出标准问题的解作为对其他波动方程式近似解算方法准确性的检验。但从数学上来讲,在波导环境下,对声场而言,简正波并不形成完整的正交函数系,而且耦合简正波方法最后给出的无穷项联立微分方程组,实际解算也十分困难。怎样能获得既简便、快捷,又足够准确的声场计算方法,始终是声场建模研究人员追寻的目标。而从保证声信号处理需要的角度来说,不仅要能求得单频信号在三维海洋环境条件下点声源声场分布的情况,还需要能够给出此时声信道对声压脉冲,以及对质点振速脉冲的脉冲响应函数,而这两种脉冲响应函数,在空间分布上是不一样的。

从目标散射方面来说,当目标位于不同介质界面附近时,或弹性壳体内部有不同充填物时,以及当目标具有不规则形状时其散射声场的变异,也是仍然需要深入研究的问题。这时由于不同介质界面的反射或折射效应,或由于弹性壳体内部充填物形状和性质的不同,或目标本身形状的不规则,当声波入射到目标上时,不仅目标的散射强度会发生变化,其散射声场的时、频结构和空间方向性分布,都将发生巨大的变化。从对目标的主动探测、识别角度来说,认真分析在不同环境条件下,各类目标反射声的特点,探寻在有目标时和没有目标时散射声信号的差异,提供给信号处理人员以便进行研究,在进行主动目标探测时,所应使用的最佳信号工作频率、波形;和设计最佳接收处理软件,将是水声物理研究人员不可推卸的责任。同时应该附带指出的是:从原则上来说,弹性壳体目标反射问题的解算,一般将归结为某种形式的积分一微分方程式的求解此类方程式并没有通用的有效解法,如何能找出有效的近似解算方法,也是理论研究人员值得努力研究的方向。

(5)年会中有关传感器和声基阵方面的文章不太多,涉及的内容也比较分散。有的是研究弯张换能器;有的是研究丙烯酸板的透声效应,这可能是为了用作为透声板;也有的研究矢量传感器结构的抗冲击响应或利用点源分析,来讨论如何提高矢量传感器测量性能;其他有些关于基阵空间信号处理方面的报告,年会分类中将其放在信号处理分组会场。但仅仅从择要中很难了解各报告的主要贡献,也无法作认真介绍。奇怪的是:在年会有关传感器的报告中,未发现更多关于新型换能材料的报告,不知道这是因为属于工业机密方面的原因,抑或材料本身的研究,根本不属于水声学的范畴。

关于矢量传感器方面,从我国最初引进矢量传感器设计和生产技术算起,至今已有十年。在此期间,国内不但已经通过多次的改进设计,以及采用新的工艺手段,研制开发了好几代性能更高、尺寸更小的新型矢量传感器;进行了若干有关矢量传感器信号处理技术方面的开发研究;并且也已在有些型号研制工作中,矢量传感器得到了正式应用。但到目前为止,在我国大部分有关矢量传感器信号处理技术方面的研究,仍系沿用声压水听器信号处理技术的思路,真正突破性的工作不多,可以认为,矢量传感器相对于声压水听器的有利因素,尚未得到充分发挥。例如矢量传感器在低频和次声频段的应用,矢量传感器基阵的小型甚至于微型化,以及综合利用声压与质点振动信息提高目标信噪比的方法等,仍有不少方面有待进一步的开发研究。

(6)海洋环境参数的时变、空变特性,严重的影响声呐的工作性能。因此发达的海洋国家无不以极大的力量,进行不间断的海洋环境参数监测和预报。国外对海洋环境的监测工作,虽然也同时依靠海洋环境卫星等多种途径来进行,但深层海水中各项环境参数的测定,仅仅依靠海表层参数的数值,以及海洋学热动力模式的推演,是不够准确可靠的,也还需要水下的直接测量结果。此次年会中也有不少报告涉及海洋环境监测领域,从年会报告择要中可以看出,国外在水声工作领域对海洋环境参数的监测,大部分均系利用水下的监测网来实现。可以想象,这些监测网在战争时期,应该是能够很容易的改造成对水下目标的监测网,或利用来进行多基地水下目标探测。网络技术当然是扩展水声设备功能的一项重要技术,并且在陆地上无线电领域,早已有成熟的应用。但考虑到我国实际国情,在我国近海海域,由于大量拖网渔船的活动,任何海底布设的设备,其长期工作的安全可靠性,都值得怀疑。因此在水声工作领域,需要采取哪些更能适合我国条件的措施,仍然是应该认真分析考虑的。也许对我国广大的大陆架浅海海域,更多地依靠海面浮标系统,辅以少数坐底声呐,将能更为适用一些。

年会中关于声呐和声信息处理方面的报告约占报告总数的五分之一强 ,也有若干专门研究时反信息处理技术的报告。但这方面国内的专家很多,也做出过不少有意义的研究工作,而本人在此领域只不过属于一知半解之列,因此不适合在此进行详细讨论,有兴趣者,不妨在会下向各位有关专家专门请教。

## 参考文献


[1] $154^{th}$ Meeting Acoustical Society of America:J. A. S. A. ,2017;122(5Pt2).

[2] Harrison C. H. , Nielsen P. L. :Separability of seabed reflection and scattering properies in reverberation inversion. J. A. S. A. ,2007;121(1):108 - 119.

[3] 蔡志明,郑兆宁,杨士莪. 水中混响的混沌属性分析. 声学学报,2002;27(6);497 - 501.

[4] 彭朝晖,张仁和,李凤华. 耦合简正波—抛物方程混合方法. 中国科学(A)2001;31(2).

[5] 余本立. 线性偏微分方程崭新解法. 北京农业大学出版社,1993.

[6] 杨士莪. 水声传播原理. 哈尔滨工程大学出版社,1994.

# 研究海洋　开发海洋

## ——海洋环境及海洋资源调查、监测技术概述

杨士莪

**摘要**　论述了研究与开发海洋的重要意义，介绍了当今国际上进行海洋监测的主要方法，指出我国已有的相关技术条件，以及尚需进一步努力解决的问题。

**关键词**　海洋监测卫星；深海潜器；海洋层析术；海洋监测网

## 引言

地球表面约有四分之三的面积系被海洋所覆盖，海洋为人类提供了舟楫之便。即使在世界经济全球化的今天，航运依然是大宗物资交流运输的最经济途径。由于海水的热容量极大，海洋和大气之间的热交换，严重影响着地球上的气象环境。所谓的厄尔尼诺火拉尼娜现象，其最初的起因不过是东南太平洋海域一定面积的海区，海水的平均温度升高或降低了超过半度而已。海洋中还蕴藏着丰富的生物、能源和矿场资源；渔业生产、海上油气资源的开发，在今天已是沿海国家国名经济的重要组成部分，各主要海洋国家都纷纷热衷于对海底锰结核、钴壳等矿产资源和甲醇水合物的勘探，并积极进行不同的开发途径研究。

我国专属的海洋经济区面积约为陆地国土面积的三分之一，既包括广袤的大陆架浅海海域，也包括大面积的深海海盆地区。在这片海域中同样有着丰富的渔业、能源和矿产蕴藏，但海域情况复杂。台湾周边的海域，由于强大的黑潮流经，和西太平洋百慕大地区同属于世界上海情最复杂的 2 个海域，常年存在着中尺度涡旋、内波和锋面等非定常海洋现象。浙江、福建沿海地区不仅潮差很大，还年年受台风侵袭。而历史上由于种种原因，我国海洋开发事业相对发展缓慢，海疆面积不断受到周边国家的严重蚕食，存在着大量有待解决的疆界争议。如何更好地了解我国海域资源环境情况，及时掌握海区海情条件，为保障我国海上交通运输、渔业捕捞、能源和矿产采集等各项活动的安全，以及更好地维护应有的海洋权益，将是我国人民当前急需解决的重要任务。

## 1　早期海洋环境和资源的调查方法及海洋监测卫星

早些年人类对海洋环境情况及海洋资源的调查方法，是派出海洋调查船，利用不同种类的专用海洋调查设备，沿设计的一定的海上测线方向，进行逐点的采样观测，或利用大型锚定的海上浮标，进行个别地区定点测量。这种方法不仅效率很低，需要花费大量的人力、物力和时间，而且也难以获得大面积同步观测的结果，以便用来分析掌握广阔海域宏观发展变化的规律，对各种可能出现的海洋灾害进行预测、预报；并且同时查知在一定范围区域的海水中或地层深处可能存在的各类资源状况。当前国际上随着科学技术的发展，以及对海洋权益的争夺，发达国家已开发了多种对大面积海域的高效监测方法，我们不仅需要及时跟踪了解，更需要创新开发适合我国国情的大面积海域快速勘测方法。在这些方法中，首先可以

提到的是:利用人造卫星对海洋表层环境情况的监测。我国已有海洋监测卫星开始投入使用,今后必将随着国内科技水平的发展,会有性能更高、数量更多的海洋监测卫星进行工作。但是使用人造卫星进行海域监测的方法 ,虽然可以快速对大面积海域进行观测,获得海水表层温度以及海色和微波高度计的数值,甚至于还能发现较强内波的存在。但要想知道深层海水中的温度、盐度和浮游生物的分布变化,要定量估计内波的周期、幅度,以及海水中不同深度处其他各类物质成分的含量,还需要利用已有的经验或一定的理论模式,并结合各种周边环境条件,进行复杂的分析、推演,而且这些经验和理论模式,对于不同的海域也彼此不尽相同,理论模式中各项参数及模式本身有效性的验证,也最终还得依靠大量的海上实测试验。例如,美国虽然拥有可专门监测海洋环境的人造卫星,但为了掌握我国海区的声速梯度分布及其变化,每年还在我国海域内投放大量的自动温度-深度测量仪,以取得必要的实测数据;而在波罗的海海域,由于沿海工业企业排污的结果,在深层海水中含有大量有毒的化学成分,造成了生物灭绝的死亡水层。

## 2 有人/无人潜器海洋作业

如果要想不仅限于一点,而能够在一定海域范围内到达深层海水内部,观察当地有关情况,采集必要样品,或进行某些操作活动,更为有效的方法,往往需要借助各种不同的有人或无人潜器。我国已开发有多种水下机器人,虽然目前其功能多数还比较单一,而且不少水下机器人所能达到的下潜工作深度,和连续工作时间都尚有限,在实际应用方面也不够普遍。但可以预计随着科技事业的进步,以及国民经济条件的改善,在不远的未来,我国自主开发研制的水下机器人,其各项性能将会有很大提高,并逐步获得更为广泛的应用。需要指出的是,对于有些水下任务来说,仅只有无人的水下自主机器人是很不够的,例如执行水下救援、水下焊接和深水科学考察等各项工作,都还需要依赖相关专业人员的经验和操作,来恰当处理许多难以预测的复杂情况,观察研究一些不明现象。载人深潜器的开发,其各项有关技术将涉及诸多高科技领域,无论是高强度耐压壳体所需使用的材料和制造工艺,多推进器的自动控制技术与高比能量的能源装备,远距离观察、通信与导航手段,长时间的生命保障系统,母船对潜器的发送、回收装置,以及载人潜水钟的脐带设备等,都远比陆上相应技术或设备要复杂得多。在我国目前虽然对其中部分项目已有一定技术储备,但仍有许多方面需待进一步研究以获得改进、提高。

## 3 海洋层析术

利用水下载人或无人潜器,虽然可以更准确地获 得对水下实际情况的了解,但这依然仅限于对潜器所能到达的区域。若需要掌握较大海域范围内各不同点处的水下实际情况,就需要进行逐片海域的观测。这不仅也还需要花费大量的人力、物力,甚至对于一些紧迫性的任务来说,更可能是时间条件所不允许的。若仅限于对海水内部不同深度处海水介质流速和声速分布的调查,以及对海底表层介质类型,以及声速和介质声吸收系数的测定,则具有更高效率的方法是利用海洋层析术来进行。利用这种方法,可以一次性的获得一定范围海域内各点处,各不同深度上海水介质流速和声速的分布情况,以及海底介质类型与海底介质表层声速和声吸收系数的数值。国际上对海洋层析术的实验研究,最早的工作可算是赫德岛试验。当时在南印度洋赫德岛放置了一个低频水声发射换能器,该换能器按一定时间程序发射水声信号 ,并在全球海洋不同地区进行接收。实验结果表明,最远可在

16 000 n mile距离上清晰地收到发射声信号，并可利用所接受声信号的传播时间，反演沿途各点处海水介质声速的数值。现在国际上已成熟地利用海洋层析术，来监测大面积海域海水平均温度的变化，以准确预报厄尔尼诺现象和拉尼娜现象的出现。我国也曾通过海上试验，验证了即或在复杂海底地形区，也能有效的利用海洋层析术，对大面积区域海水声速剖面进行测定，并获得测量误差不大于千分之二的结果。实验时利用了布设于待测海域四角处的浮标，接收在待测海域内不同地点投放的声爆炸信号，根据不同换能器接收信号到达时间的不同，以及各接收换能器所在位置和深度，经过一定计算，获得最终所要的结果，并与当时利用深度－声速计所测得的数据进行比较，验证了按照层析术反演所得结果的精度。这类实验可以利用适当的船只进行，也可以利用飞机来投放浮标和声弹进行试验，这样可以更迅速地完成一定海域面积范围内所需各项数据的测量工作。

要获得海底底质类型的分辨结果，通常系利用宽带声信号在海底反射后信号频谱的变化来进行识别。虽然由于海底介质的声反射特性不仅与海底介质类型有关，而且与海底介质的内部结构形式有关，因此利用声信号来进行海底类型识别，不可能像通常海洋调查的情况一样。在海洋调查中一般系直接对海底介质进行采样，然后再对所采样品进行分析，将海底介质类型细分为11 种 。而利用声波在海底界面上反射信号频谱的变化，只能大致地将海底介质粗分为5 种类型，即泥底、泥沙底、沙底、砾石底和岩石底。但这样所得到的结果，也能够满足大多数水声和航海工作的需要，而且检测的效率也要比逐点海底采样方法高得多，所需经济代价也小得多。

由于只有海底表层有限深度范围的介质，才对声信号远程传播有重要作用，因此前面所说的对大面积海域利用层析术方法，进行海底底质反演，只可能获得海底表层介质声速和对声的吸收系数数值。对绝大多数海域的海底来说，其表层介质一般均属于沉积层类型；介质的切变弹性模量很小，其横波速度很低，横波的传播衰减系数很大，在一般讨论声波传播衰减规律时，可近似被当作液态介质来处理，即完全忽略海底介质中横波的存在。在航海事业中，甚至于在有些淤泥沉淀很严重的港湾地区，船长们都把介质密度小于1.3 g/cm$^3$ 的海底介质范围，视作为水深范围。因为在这个深度范围内，船只依然可以滑行，而不会发生搁浅事件。要了解深层海底的地质结构情况，则需要利用低频声信号，并借助长拖曳线列阵接收深层海底的反射声，用来反演海底深层结构。这时的做法和通常地震勘探的方法基本上一样，只不过在地震勘探时，脉冲声的发射和接收都是在地面上进行，而在海洋上对深层海底地层结构进行调查时，脉冲声的发射和接收，都是在近海表面层不大的深度上进行而已。

要监测海流的情况时，通常只需要监测海中两点处声波往返的传播速度，其往返传播速度的差，即为两点连线方向上海水介质流速的平均值。当然，如果要求测得海中各不同点处海水介质流速的方向和大小，就需要进行多点间声传播时间的测量，然后依照一定程序进行联合解算。至于反演不同深度处海水流速的数值，则可以利用声信号在海中传播时的多途效应，由接收声脉冲串的不同到达时间，分别按照各接收脉冲不同的传播途径计算得到。需要说明的是，当利用海洋层析术进行工作时，若只需要监测海中各点处声速梯度分布情况，则最佳的浮标布设和声弹投放设计应该是浮标位于待测海域四角，投弹点分布于海域内不同地区，使得自投弹点至各浮标的声传播途径组成覆盖待测海域的路线网；若需要同时监测海中各点处声速梯度和海水介质流速分布，则浮标虽然仍可以布设在待测海域四角，但投弹点应不仅有海域内部的点，同时也有环待测海域的点。在2 种情况下，由于爆炸声信号系宽带信号，因此都可以同时反演得到海底类型分辨和海底表层纵波声速等数值测量的结果。

海洋层析术属于快速进行海域监测的方法,根据今天的技术能力,完成$(100 \times 100)$ $km^2$海域的监测工作,所需浮标不超过4个,且可回收后重复使用,全部解算所需时间为3～4 h。

## 4　海洋环境监测网

为了进行海域环境条件的长时间连续监测,国外也还使用多个专门设计的潜标系统布设于海底适当地区,组成一定区域的海洋环境监测网,这些潜标可各自按照预定程序,定时记录所在位置处需要进行测定的各项海洋环境参数,并暂存于系统硬盘中,然后定期由水下机器人与潜标对接,取出各项记录数据;也可以借助水下高速通信设备,将所测得的各项数据,发送到中继浮标处,再由中继浮标借助无线电通信系统,将各项数据发送回基地。目前北大西洋公约组织,就在地中海海域布置了若干这种潜标。但对我国来说,在浅海大陆架海域,由于拖网渔船活动范围广泛,且许多时候渔网的拖曳深度很大,这类潜标的使用,其安全性是值得担心的。针对我国国情,是否可以找出既安全、又能进行长期自动定点检测海情的方法,仍是今后有待解决的问题。

## 5　结语

由于海底地形变化情况的复杂和极不规则,截至目前,各海域海深情况仍只能依靠直接测量获得。但借助于条带测深仪的推广使用,无论是海深测量的精度,抑或是测量的效率,在今天都已有极大的提高。而且除了江河出口附近,由于泥沙沉积的影响,水深会有较快变化外,在远离河口的开阔海域,海深的变化极为缓慢或基本不变,只要进行了一次精确的测量,就可以在相当长的时期内可靠使用。

目前,我国已初步建立了汇集各项有关海洋信息的网站,并正在积极努力扩展服务范围、提高信息多维可视化水平,争取进一步由屏幕可视化技术,过渡到实现海洋数据分析用的虚拟沉浸技术。在海洋学研究方面,也在针对海洋环境条件的时变特点,试图探索对重点海域海洋环境条件实现短期预报的可能性,以及逐步落实为此尚需采取的措施,争取在未来做到透明的海洋,保证各项海洋活动的顺利进行。

## 参考文献

[1] CHIU Ching-sang, Lynch J F. Acoustic tomography in shallow water: issues, method and experimental results [R]. Shallow - water Acoustics [C]. 465 - 470, China Ocean Press, 1997.

[2] Baggeroer AB. Distributed remote surveillance systems: An overview of the Naval Studies Board panel report[J]. J. A. S. A., 2007, 122(5): 2997 - 2998.

[3] В. А. Акуличев, В. В. Безответных, С. И. Каменев, Е. В. Кузьмин, Ю. Н. Моргунов, А. В. Нужденко: Акутическая томография динамических проессов в шельфовой зоне моря с использовзованием слжных сигвалов. Акут. Журн. том. 48 вып. 1 стр. 5 - 11, 2002.

# Distant Bottom Reverberation in Shallow Water

Shi-e Yang

**Abstract** The method of coupled mode is introduced for investigation of bi – static distant bottom reverberation of impulsive source in shallow water, which will not contradict with principle of reciprocity in all cases. And the method of multi – pole for directional source is also introduced. It shows that in case of layered medium, intensity of bi – static bottom reverberation will decease according to the cubic power of receiving time t, and the transverse spatial correlation of bottom reverberation is a little greater than longitudinal correlation for equal separation of receivers, and both vary in form with the receiving time.

**Keywords** shallow water; bi – static bottom reverberation; spatial correlation of reverberation

## 1 Introduction

The channel effect of bottom reverberation had been investigated by many authors (Bucker and Morris, 1968; Holland, 2006; Mackenzie, 1962; Zhou and Zhang, 1977), but in most of these researches, bottom reverberation had been described as the sound field formed by distributed secondary sources on boundary, and results obtained in such way sometimes will contradict with principle of reciprocity in bi – static cases (Wang and Shang, 1981). It is desirable to give a method for computation of reverberation, which directly using the scattering effect of stochastic characteristics of water channel and can give results obeying the principle of reciprocity in any case. In this paper, the method of coupled mode is used for evaluation of bottom reverberation field caused by roughness of bottom interface, and multi – pole method is introduced for consideration of directional source.

## 2 Description of the problem under consideration

In this paper the bottom reverberation of an almost two layered medium with plane sea surface at $z=0$, and rough bottom boundary with depth $H = H_0 + \zeta(x,y)$ ($\zeta \ll H_0$) had been considered, and $\rho_0, c_0$ and $\rho_1, c_1$ are the density and sound speed of upper and lower medium respectively. Assume the source transmits sound impulse described by

$$f(t) = \begin{cases} e^{-i\omega_0 t} & |t| \leqslant \tau \\ 0 & |t| > \tau \end{cases} \tag{1}$$

We can find the required solution from field of harmonic source by means of Fourier transform. Moreover, when wave solution of directional source should be considered, we could find the solution for point source at first, and then by means of differential calculation to get the required solution. For example, if the source is located at $(0,0,z_s)$ with principle axis in x – direction and directional pattern as shown in Fig. 1, which can also be described by series of Legendre function as follows:

$$D(\vartheta) = a_0P_0(\cos\vartheta) + a_1P_1(\cos\vartheta) + a_2P_2(\cos\vartheta) + a_3P_3(\cos\vartheta) \tag{2}$$

Where $a_0 = -2.516\,2$, $a_1 = 5.753\,1$, $a_2 = -4.775\,7$, $a_3 = 2.352\,5$.

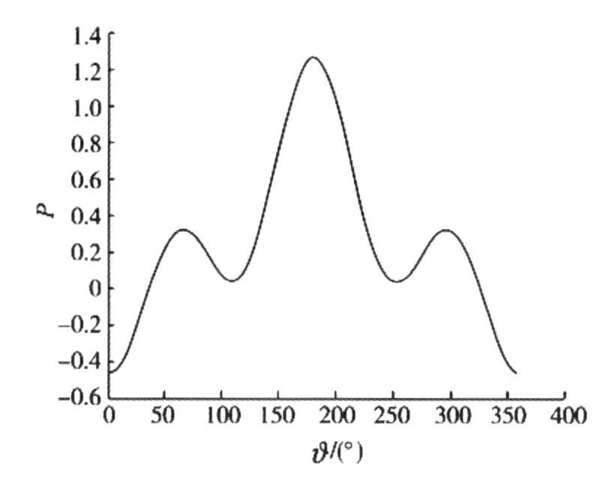


**Fig. 1　The directional pattern of transmitter described by Eq. (2)**

As each Legendre function corresponds to directional pattern of sound field for some multi-pole system (Yang, 1994), the required solution for given directional source can be obtained when the following differential operator on point source solution of sound field had been applied:

$$F(\psi) = \left\{a_0 + a_1\frac{\partial}{\partial x} + a_2\left[\frac{\partial^2}{\partial x^2} - \frac{1}{2}\left(\frac{\partial^2}{\partial y^2} + \frac{\partial^2}{\partial z^2}\right)\right] + a_3\left[\frac{\partial^2}{\partial x^2} - \frac{3}{2}\left(\frac{\partial^2}{\partial y^2} + \frac{\partial^2}{\partial z^2}\right)\right]\right\}\psi \tag{3}$$

## 3　Formal solution of bottom reverberation for point harmonic source

The potential function of sound field for point harmonic source is written in given case by method of coupled mode:

$$\varphi(r) = \sum_n \psi_n(x,y)Z_n(z,\zeta) \tag{4}$$

Then

$$Z_n(z,\zeta) = \begin{cases} A_n\sin\beta_{0n}z & 0 \leqslant z < H \\ A_nb\sin\beta_{0n}He^{i\beta_{1n}(z-H)} & H < z \end{cases} \tag{5}$$

In Eq. (5)

$$\begin{cases} b = \dfrac{\rho_0}{\rho_1} \\ \beta_{0n} = \sqrt{k_0^2 - \xi_n^2} \\ \beta_{1n} = \sqrt{k_1^2 - \xi_n^2} \end{cases} \tag{6}$$

$$A_n = \frac{2\pi i\sin\beta_{0n}z_s}{H + \dfrac{k_0^2 - k_1^2}{2\beta_{0n}\beta_{1n}^2}\sin 2\beta_{0n}H} = \frac{2\pi i\sin\beta_{0n}z_s}{B_n} \tag{7}$$

and $\xi_n$ is the $n$th root of the following dispersion equation.

$$\beta_0 \cos \beta_0 H - \mathrm{i} b \beta_1 \sin \beta_0 H = 0 \tag{8}$$

$$\begin{cases} B_n \xi_n \dfrac{\mathrm{d}\xi_n}{\mathrm{d}H} = \beta_{0n}^2 \\ \dfrac{\mathrm{d}\xi_n}{\mathrm{d}\omega} \approx \dfrac{k_0}{\xi_n c_0} \end{cases} \tag{9}$$

$$\int_0^\infty Z_n^2(z)\,\mathrm{d}z = \frac{1}{2} A_n^2 \left\{ B_n + \frac{(b-1)\beta_{0n}}{2\beta_{1n}^2} \sin 2\beta_{0n} H \right\} = \Gamma_n(x,y) \tag{10}$$

In deriving the second formula of Eq. (9), $\dfrac{c_0^2}{c_1^2} \approx 1$ had been used for simplification. When the terms with $\left(\dfrac{\partial^2}{\partial \partial x^2} + \dfrac{\partial^2}{\partial \partial y^2}\right) Z_m$ be omitted as small quantity of second order, the differential equation of $\psi_n(x,y)$ can be written approximately as:

$$\left[\frac{\partial^2}{\partial x^2} + \frac{\partial^2}{\partial y^2} + \xi_n^2(x,y)\right]\psi_n \approx -\frac{1}{\Gamma_n} \sum_m \left(\frac{\partial \psi_m}{\partial x}\frac{\partial \zeta}{\partial x} + \frac{\partial \psi_m}{\partial y}\frac{\partial \zeta}{\partial y}\right) \int_0^\infty Z_n \frac{\partial Z_m}{\partial H}\mathrm{d}z \tag{11}$$

Notice that for plane bottom boundary:

$$\begin{cases} \psi_n^{(0)}(x,y) = H_0^{(1)}(\xi_n^{(0)} r) \\ r = \sqrt{x^2 + y^2} \end{cases} \tag{12}$$

and write for simplicity:

$$G_{mn} = \int_0^\infty Z_n \frac{\partial Z_m}{\partial H} \mathrm{d}z \tag{13}$$

Since the first order perturbation factor in Eq. (11) will correspond to the bottom reverberation caused by rough interface, the horizontal potential function of bottom reverberation for $n$th mode $\psi_{rn}$ can be written approximately as:

$$\left[\frac{\partial^2}{\partial x^2} + \frac{\partial^2}{\partial y^2} + \xi_n^2\right]\psi_{rn} \approx -\frac{2\beta_{0n}^2}{B_n} H_0^{(1)}(\xi_n r)\zeta + \sum_m \frac{\xi_m}{\Gamma_n} G_{mn} H_1^{(1)}(\xi_m r)\left(\frac{x}{r}\frac{\partial \zeta}{\partial x} + \frac{y}{r}\frac{\partial \zeta}{\partial y}\right) \tag{14}$$

where all the values of $\xi_m$ are actually be $\xi_m^{(0)}$, and $G_{mn}$ are independent of $r$. For the sake of simplicity, in the following expressions the shoulder index $\xi_m^{(0)}$ will be omitted everywhere, which obviously will not cause any confusion; and the required horizontal potential function $\psi_{rm}$ of bottom reverberation will be the particular solution of above equation, or

$$\psi_{rn}(x,y) \approx \frac{\mathrm{i}}{4} \iint \left[ -\frac{2\beta_{0n}^2}{B_n} H_0^{(1)}(\xi_n r')\zeta + \sum_m \frac{\xi_m}{\Gamma_n} G_{mn} H_1^{(1)}(\xi_m r')\left(\frac{\partial \zeta}{\partial x'} + \frac{\partial \zeta}{\partial y'}\right)\right] \times H_0^{(1)}\left(\xi_n \sqrt{(x-x')^2 + (y-y')^2}\right) \mathrm{d}x'\mathrm{d}y' \tag{15}$$

## 4 Bottom reverberation for impulsive point source

For impulsive source given by Eq. (1), the horizontal potential function $\Psi_{rn}$ of bottom reverberation will be written as:

$$\begin{cases} \Psi_m(x,y) \approx \dfrac{\mathrm{i}\tau}{4\pi}\displaystyle\int_{-\infty}^{\infty}\mathrm{d}\omega\iint\Big[-\dfrac{2\beta_{0n}^2}{B_n}H_0^{(1)}(\xi_n r')\zeta + \sum_m \dfrac{\xi_m}{\Gamma_n}G_{mn}H_1^{(1)}(\xi_m r')\Big(\dfrac{x'}{r'}\dfrac{\partial\zeta}{\partial x'} + \dfrac{y'}{r'}\dfrac{\partial\zeta}{\partial y'}\Big)\Big]\times \\ \qquad \dfrac{\sin(\omega-\omega_0)\tau}{(\omega-\omega_0)\tau}H_0^{(1)}(\xi_n R)\mathrm{e}^{-\mathrm{i}\omega t}\mathrm{d}x'\mathrm{d}y' \\ R = \sqrt{(x-x')^2+(y-y')^2} \end{cases} \tag{16}$$

Using asymptotic expressions of Hankel function, and calculate at first the corresponding Fourier transform by means of the method of stationary phase. Since the stochastic quantities $\zeta,\dfrac{\partial\zeta}{\partial x},\dfrac{\partial\zeta}{\partial y}$ are all independent with ω, the first part of integral in Eq. (16) can be written as:

$$I_{1n} \approx \frac{-\tau\zeta}{\pi^2 B_n\sqrt{r'R}}\int_{-\infty}^{\infty}\frac{\beta_{0n}^2}{\xi_n}\frac{\sin(\omega-\omega_0)\tau}{(\omega-\omega_0)\tau}\exp\{[\xi_n(r'+R)-\omega t]\}\mathrm{d}\omega$$

The stationary point is determined by:

$$\begin{cases} \dfrac{\mathrm{d}\xi_n}{\mathrm{d}\omega}(r'_n+R_n)-(t\pm\tau) \approx \dfrac{k_0}{\xi_n c_0}(r'_n+R_n)-(t\pm\tau) = 0 \\ \omega = \omega_s \end{cases} \tag{17}$$

When the frequency band of sound impulse is not too wide, $I_{1n}$ will have finite value only near the point $\omega_s \approx \omega_0$, therefore Eq. (17) expresses the relationship of $R_n, r'_n$ for given values of $x, y, t$ and $\tau$. For the sake of simplicity write:

$$T_{n\pm} = \frac{\xi_n c_0}{k_0}(t\pm\tau) \tag{18}$$

For two receiving points $(r+L, D)$, $(r-L, -D)$ the corresponding scattering position on bottom boundary $(r'\cos\alpha, r'\sin\alpha)$ will be:

$$r'_{n\pm} = \frac{T_{n\pm}^2-(r\pm L)^2-D^2}{2[T_{n\pm}-(r\pm L)\cos\alpha\mp D\sin\alpha]} \tag{19}$$

$$R_{n\pm} = \frac{T_{n\pm}^2-2T_{n\pm}[(r\pm L)\cos\alpha\pm D\sin\alpha]+(r\pm L)^2+D^2}{2[T_{n\pm}-(r\pm L)\cos\alpha\mp D\sin\alpha]} \tag{20}$$

Also if $c_0 t \gg r$, $\tau \ll t$ and $\tau$ is sufficiently small:

$$\mathrm{d}r'_n = r'_{n+}-r'_{n-} \approx \frac{2\xi_n c_0\tau R_n}{k_0[T_n-(r\pm L)\cos\alpha\mp D\sin\alpha]} \tag{21}$$

Eqs. (17) and (21) indicate that the scattering sound, received at certain moment by receiver, are coming from a region having the form of elliptical band with focuses at source and receiver, where the band width is proportional to $\tau$. Using

$$\frac{\mathrm{d}^2\xi_n}{\mathrm{d}\omega^2}(r'_n+R_n) \approx -\frac{\beta_{0n}^2 t}{\xi_n^2 c_0 k_0}$$

Then

$$I_{1n} \approx \frac{-\tau\beta_{0n}}{\pi^{3/2}B_n}\sqrt{\frac{2\omega_s}{t}}\mathrm{e}^{-\mathrm{i}[\omega t+\frac{\pi}{4}]}\iint_\Omega \frac{\zeta(r'_n)}{\sqrt{r'_n R_n}}\mathrm{e}^{\mathrm{i}\xi_n(r'_n+R_n)}\mathrm{d}x'\mathrm{d}y' \tag{22}$$

Where $\Omega$ is the effective region for scattering sound.

Similarly for the second part of integral in Eq. (16), the stationary point for the integration with respect to $\omega$ is determined by:

$$\frac{\xi_n}{\xi_m} r'_{nm} + R_{nm} = T_{n\pm} \tag{23}$$

Write $\varepsilon_{nm} = \frac{\xi_n}{\xi_m}$, since it can be proved that: in given case only local modes with neighboring orders will have noticeable value of coupling coefficient, therefore it will be reasonable to take $\varepsilon_{nm} \approx 1$, and omit terms with higher power of $(\varepsilon_{nm} - 1)$ in future calculation.

$$r'_{nm} \approx \frac{T_{n\pm}^2 - \varepsilon_{nm}[(r \pm L)^2 + D^2] - \frac{\varepsilon_{nm} - 1}{2}(2T_{n\pm} r\cos\alpha - r^2\sin^2\alpha)}{(\varepsilon_{nm} + 1)[T_{n\pm} - \varepsilon_{nm}(r \pm L)\cos\alpha \mp \varepsilon_{nm} D\sin\alpha]} \tag{24}$$

$$R_{nm} \approx \frac{T_{n\pm}^2 - 2T_{n\pm}[(\tilde{r} \pm \tilde{L})\cos\alpha \pm \tilde{D}\sin\alpha] + (\tilde{r} \pm \tilde{L}^2 + \tilde{D}^2 - \hat{\varepsilon}_{nm}\tilde{r}^2\sin^2\alpha)}{(\varepsilon_{nm} + 1)[T_{n\pm} - (\tilde{r} \pm \tilde{L})\cos\alpha \mp \tilde{D}\sin\alpha]} \tag{25}$$

where $\tilde{r} = \varepsilon_{nm} r, \tilde{L} = \varepsilon_{nm} L, \tilde{D} = \varepsilon_{nm} D, \hat{\varepsilon}_{nm} = \frac{\varepsilon_{nm} - 1}{2\varepsilon_{nm}}$.

Also:

$$\mathrm{d}r'_{nm} = r'_{nm} - r'_{nm} \approx \frac{2\xi_n c_0 \tau R_{nm}}{k_0[T_n - (\tilde{r} \pm \tilde{L})\cos\alpha \mp \tilde{D}\sin\alpha]} \tag{26}$$

Using the approximation

$$\begin{cases} \frac{\mathrm{d}^2\xi_m}{\mathrm{d}\omega^2} r'_{nm} + \frac{\mathrm{d}^2\xi_n}{\mathrm{d}\omega^2} R_{nm} \approx \frac{t}{k_0 c_0}\left[1 - k_0^2\left(\frac{1}{\xi_n^2} + \frac{1}{\xi_m^2} - \frac{1}{\xi_n \xi_m}\right)\right] \\ I_{2nm} \approx \frac{\tau G_{nm}}{\pi^2 \Gamma_n \sqrt{2t}} \mathrm{e}^{-\mathrm{i}(\omega t + \frac{\pi}{2})} \sqrt{\frac{\omega \xi_n \xi_m \pi}{\beta_{0n}^2 + (\varepsilon_{nm}^2 - \varepsilon_{nm}) k_0^2}} \times \iint_{\Omega'} \left(\frac{\partial \zeta}{\partial x'} + \frac{\partial \zeta}{\partial y'}\right) \frac{\mathrm{e}^{\mathrm{i}(\xi_m r'_{nm} + \zeta_n R_{nm})}}{\sqrt{r'_{nm} R_{nm}}} \mathrm{d}x' \mathrm{d}y' \end{cases} \tag{27}$$

From Eq. (23) it can be shown that $\Omega'$ is a region having the form of some oval band, with band width proportional to $\tau$, and origin at the center of transmitter and receiver.

## 5 Approximate analytic expression of intensity and spatial correlation of bi-static bottom reverberation

Assume all the random quantities $\zeta, \frac{\partial \zeta}{\partial x}, \frac{\partial \zeta}{\partial y}$ are mutually independent with mean values equal to zero, and having respectively the following 2 – D spatial correlation function:

$$\langle \zeta(x_1, y_1)\zeta(x_2, y_2)\rangle = \zeta_0^2 \exp\left\{-\frac{(x_1 - x_2)^2 + 2\gamma_0(x_1 - x_2)(y_1 - y_2) + (y_1 - y_2)^2}{\sigma_0^2}\right\}$$

$$\left\langle \frac{\partial \zeta(x_1, y_1)}{\partial x} \frac{\partial \zeta(x_2, y_2)}{\partial x}\right\rangle = \zeta_x^2 \exp\left\{-\frac{(x_1 - x_2)^2 + 2\gamma_x(x_1 - x_2)(y_1 - y_2) + (y_1 - y_2)^2}{\sigma_x^2}\right\}$$

$$\left\langle \frac{\partial \zeta(x_1, y_1)}{\partial y} \frac{\partial \zeta(x_2, y_2)}{\partial y}\right\rangle = \zeta_y^2 \exp\left\{-\frac{(x_1 - x_2)^2 + 2\gamma_y(x_1 - x_2)(y_1 - y_2) + (y_1 - y_2)^2}{\sigma_y^2}\right\}$$

Then the statistical mean $\langle \Psi_{rn} \rangle$ would also be zero, and the spatial correlation function of bottom reverberation can be computed from

$$\langle \Psi_r(r_1)\Psi_r^*(r_2)\rangle = \langle \sum_n \Psi_{rn}(r_1)Z_n(z_1)\sum_{n'}\Psi_{rn'}^*(r_2)Z_{n'}^*(z_2)\rangle \tag{28}$$

Above expression contains terms of two kinds, one forn $n=n'$, which gives the main value of correlation; the other for $n=n'$, which gives value vibrating around the mean value of correlation due to interference between different order modes and would be neglected, when only the average value of correlation has been taken into consideration. Also, though $Z_n$ are functions having random part, but the random parts are only about the order $\frac{\zeta_0}{H}$, therefore when only first order effects of boundary roughness are taken into consideration one could have

$$\begin{aligned}\langle \Psi_r(r_1)\Psi_r^*(r_2)\rangle &\approx \sum_n \langle \Psi_{rn}(r_1)\Psi_{rn}^*(r_2)Z_n(z_1)Z_n^*(z_2)\rangle \\ &= \sum_n [\langle I_{1n}(r_1)I_{1n}^*(r_2)\rangle + \sum_m \langle I_{2nm}(r_1)I_{2nm}^*(r_2)\rangle]Z_n(z_1)Z_n^*(z_2)\end{aligned} \tag{29}$$

1) Intensity of bi-static bottom reverberation.

Using Eqs. (21), (22), (26), (27) and compute the integral by common method, finally we get successively:

$$\begin{aligned}\langle I_{1n}(r)I_{1n}^*(r)\rangle &\approx \left(\frac{\sigma_0\zeta_0\beta_{0n}c_0\tau}{\pi B_n}\right)^2 \frac{2\xi_n\tau}{t\sqrt{1-\gamma_0^2}}\int_0^{2\pi}\frac{d\alpha}{T_n - r\cos\alpha} \\ &= \left(\frac{\sigma_0\zeta_0\beta_{0n}c_0\tau}{\pi B_n}\right)^2 \frac{4\pi\xi_n\tau}{t\sqrt{1-\gamma_0^2}\sqrt{T_n^2-r^2}}\end{aligned} \tag{30}$$

$$\begin{aligned}\langle I_{2nm}(r)I_{2nm}^*(r)\rangle &\approx S_{nm}\int_0^{2\pi}\left(\frac{\sigma_x^2\zeta_x^2\cos^2\alpha}{\sqrt{1-\gamma_x^2}} + \frac{\sigma_y^2\zeta_y^2\sin^2\alpha}{\sqrt{1-\gamma_y^2}}\right)\frac{d\alpha}{T_n - \tilde{r}\cos\alpha} \\ &= S_{nm}\left\{\frac{\sigma_x^2\zeta_x^2}{\sqrt{1-\gamma_x^2}}\frac{T_n}{\sqrt{T_n^2-\tilde{r}^2}} + \frac{\sigma_y^2\zeta_y^2}{\sqrt{1-\gamma_y^2}}\right\}\frac{T_n - \sqrt{T_n^2-\tilde{r}^2}}{\tilde{r}^2}\end{aligned} \tag{31}$$

where

$$S_{nm} \approx \left(\frac{G_{nm}\xi_n c_0\tau}{\pi\Gamma_n}\right)^2 \frac{\xi_m\tau}{[\beta_{0n}^2 + (\varepsilon_{nm}^2 - \varepsilon_{nm})k_0^2]t} \tag{32}$$

Notice that for $T_n \gg \tilde{r}$, $\frac{T_n - \sqrt{T_n^2-\tilde{r}^2}}{\tilde{r}^2} \approx \frac{1}{2T_n}$ Eqs. (30) ~ (31) show that the intensity of bottom reverberation for each normal mode will be proportional to the length of sound pulse τ and inversely proportional to the square of time t. But since intensity of normal modes with complex eigen value decreases with propagating distance, when the sum of reverberation for all normal modes are taken into account, the intensity of bottom reverberation will be inversely proportional to the cube of t, just like the case of sound transmission loss in shallow water channel (Yang, 1994).

2) Spatial correlation of bi-static bottom reverberation.

When spatial correlation functions of different mode $Q_n^{(1)}$, $Q_{nm}^{(2)}$ are considered, the intensity factor of bottom reverberation can be omitted, and the scattering signal should come from the same point $(r', a)$ of bottom boundary. Therefore:

$$2\pi Q_n^{(1)} \approx Re\int_0^{2\pi} e^{i\xi_n(R_{n+}-R_{n-})}da$$

$$\approx$$

$$\int_0^{2\pi}\left\{1-\frac{\xi_n^2}{2}\left[\left(1-\frac{r^2\sin^2 a}{(T_n-r\cos a)^2}\right)(L\cos a+D\sin a)-\frac{2r\sin a}{T_n-r\cos a}(L\sin a-D\cos a)\right]^2\right\}da$$

$$=2\pi\left\{1-\frac{\xi_n^2}{4}\left[L^2\left(\frac{T_n}{\sqrt{T_n^2-r^2}}\right)^3+D^2\left(1+\frac{T_n}{\sqrt{T_n^2-r^2}}\right)\frac{T_n(T_n-\sqrt{T_n^2-r^2})}{r^2}\right]\right\} \quad (33)$$

$$2\pi Q_{nm}^{(2)} \approx Re\int_0^{2\pi} e^{i\xi_n(R_{nm+}-R_{nm-})}da$$

$$\approx\int_0^{2\pi}\left\{1-\frac{\xi_n^2}{2}\left[\left(1-\frac{\kappa\tilde{r}^2\sin^2 a}{(T_n-\tilde{r}\cos a)^2}\right)(\tilde{L}\cos a+\tilde{D}\sin a)-\right.\right.$$

$$\left.\left.\frac{2\tilde{r}\sin a}{T_n-\tilde{r}\cos a}(\tilde{L}\sin a-\tilde{D}\cos a)\right]^2\right\}da$$

$$=2\pi\left\{1-\frac{\xi_n^2\tilde{L}^2}{4}\left[(7-3\kappa)(\kappa-1)+4(\kappa-1)\left(3\kappa-4-\frac{2\kappa T_n(T_n-\sqrt{T_n^2-\tilde{r}^2})}{\tilde{r}^2}\right)\right.\right.$$

$$\left.\frac{T_n}{\sqrt{T_n^2-\tilde{r}^2}}+\kappa^2\left(\frac{T_n}{\sqrt{T_n^2-\tilde{r}^2}}\right)^3\right]-\frac{\xi_n^2\tilde{D}^2}{4}\left[5\kappa^2-6\kappa+1-\right.$$

$$\left.\left.\left(15\kappa^2-24\kappa+8-\frac{(10\kappa^2-12\kappa+8)T_n}{\sqrt{T_n^2-\tilde{r}^2}}\right)\times\frac{T_n(T_n-\sqrt{T_n^2-\tilde{r}^2})}{\tilde{r}^2}\right]\right\} \quad (34)$$

Where $\kappa=\frac{\varepsilon_{nm}-1}{2\varepsilon_{nm}}$.

Since only the first order approximation of exponential function had been used in deriving Eqs. (33) ~ (34), the expressions are valid only if $(\xi_n L, \xi_n D)\ll 1$. But from these approximate expressions it still can be seen that: usually for spatial correlation in bi-static reverberation case, the transverse correlation will be greater than the longitudinal correlation, and the radius of spatial correlation will be gradually increase with receiving time. More detailed discussion will be published hereafter.

## 6 Conclusions

When using coupled mode method to estimate reverberation in ocean, which caused by the scattering effect of inhomogeneities of medium and roughness of boundaries, one can get results which never contradict with principle of reciprocity. Though the result of given example in this paper is only a special case, and very different result may be obtained when environment condition will be quite different. But it always will be the truth that not only boundary roughness but also the slope of deepness variation cause influence on intensity of reverberation.

## References

[1] Bucker HP, Morris HE (1968). Normal-mode reverberation in channels or ducts. The Journal of the Acoustical Society of America, 44, 827 - 828.

[2] Holland CW (2006). Constrained comparison of ocean waveguide reverberation theory and observation. The Journal of the Acoustical Society of America, 120, 1922 – 1931.

[3] Mackenzie KV (1962). Long – range shallow water bottom reverberation. The Journal of the Acoustical Society of America, 34, 62 – 66.

[4] Wang Dezhao, Shang Erchang (1981). Principles of Underwater Sound. Science Press, Beijing.

[5] Yang shie (1994). Principles of Underwater Acoustics propagation. Harbin Engineering University Press, Harbin.

[6] Zhou Jixun, Zhang Xuezhen (1977). Shallow water reverberation and small angle bottom scattering. Conference on Shallow Water Acoustics, Beijing, 315 – 322.

# 声在随机介质波导中的传播

杨士莪

**摘要**　提出一种利用逐次近似法，分析点源声波在 Pekeris 理想波导中当介质有微弱起伏时，声信号起伏规律的方法。获得的问题近似解析解，表明在给定情况下，即或介质起伏服从高斯规律，信号起伏也不服从高斯规律，且在发射和接收不同相对位置处，所得到的信号起伏率与各项空间相关函数也会有不同。

**关键词**　逐次近似法；声；随机介质波导；传播起伏

迄今为止，对于声在随机介质中传播起伏问题的研究，绝大部分仅限于无限介质的环境条件，很少有人讨论波导传播所可能附加的效应。而且除 Rytov 方法以外，所利用的数学工具，如 Feynman 所提出的路径积分等方法，多数工程技术人员也都很不熟悉[1-3]。为此，采用逐次近似方法讨论在波导条件下，声传播起伏的某些特点，将是有实际参考意义的。为了数学上的简便，文中将仅限于讨论点源声波在具有绝对软上边界，和半无限流体介质下边界的平面平行波导中的传播，且波导和下半空间中的介质总体均匀，其平均声速和密度分别为：$c_0$、$\rho_0$、$c_1$、$\rho_1$，但上、下方介质中均具有随机的微弱不均匀起伏，这样将仍能反映出介质起伏对声信号传播的主要影响规律。

## 1　声场基本方程式

取直角坐标，令波导深度为 $H$，声源位于 $z$ 轴上深度为 $z_s$ 处，这时波导中及下方介质中声场势函数 $\varphi^{(0)}(\boldsymbol{r})$、$\varphi^{(1)}(\boldsymbol{r})$ 应满足的微分方程式可分别写为

$$\nabla^2\varphi^{(1)} + [k_0^2 + \varepsilon\mu_0(\boldsymbol{r})]\varphi^{(0)} = -4\pi\delta(r, z - z_s) \tag{1}$$

$$\nabla^2\varphi^{(1)} + [k_1^2 + \varepsilon\mu_0(\boldsymbol{r})]\varphi^{(1)} = 0 \tag{2}$$

式中：$k_0^2$、$k_1^2$均为常数；$\varepsilon$ 为大于零的小数；$\mu_0(x,y,z)$、$\mu_1(x,y,z)$ 为均值等于零的、表征空间介质密度与声速随机起伏的等效波数。而声场势函数所应满足的边界条件将为

$$\varphi^{(0)}\Big|_{z=0} \tag{3}$$

$$[\varphi^{(0)} - b\varphi^{(1)}]\Big|_{z=H} \tag{4}$$

$$\left[\frac{\partial\varphi^{(0)}}{\partial z} - \frac{\partial\varphi^{(1)}}{\partial z}\right] \tag{5}$$

式中：$b = \dfrac{\rho_1}{\rho_0}$。利用耦合简正波方法，考虑距离点声源一定距离以外的声场，忽略仅在点源邻域才有明显效应的旁侧波，设声场势函数可表示为

$$\varphi(\boldsymbol{r}) = \Sigma\,\psi_n(x,y)\,Z_n(z,x,y) \tag{6}$$

式中，$Z_n(z,x,y)$ 为第 $n$ 阶局地简正波，并应满足下列方程式与边界条件：

$$\frac{\partial^2 Z_n}{\partial z^2} + [k^2 + \varepsilon\mu(\boldsymbol{r}) - \xi_n^2] Z_n = 0 \tag{7}$$

$$Z_n^{(0)}\Big|_{z=0} = [Z_n^{(0)} - bZ_n^{(1)}]\Big|_{z=H} = \left[\frac{\partial Z_n^{(0)}}{\partial z} - \frac{\partial Z_n^{(1)}}{\partial z}\right]\Big|_{z=H} = 0 \tag{8}$$

将 $Z_n$ 写为 $\varepsilon$ 的幂级数，即

$$Z_n = \sum_{m=0} \varepsilon^m Z_{nm}(z,x,y) \tag{9}$$

将此表示代入式(4)，按照 $\varepsilon$ 的同幂次项进行整理后，可分别得到：

$$\frac{\partial^2 Z_{n0}}{\partial z^2} + (k^2 - \xi_n^2) Z_{n0} = 0 \tag{10}$$

$$Z_{n0}^{(0)}\Big|_{z=0} = [Z_{n0}^{(0)} - bZ_{n0}^{(1)}]\Big|_{z=H} = \left[\frac{\partial Z_{n0}^{(0)}}{\partial z} - \frac{\partial Z_{n0}^{(1)}}{\partial z}\right]\Big|_{z=H} = 0 \tag{11}$$

$$\frac{\partial^2 Z_{n1}}{\partial z^2} + (k^2 - \xi_n^2) Z_{n1} = -\mu(x,y,z) Z_{n0} \tag{12}$$

$$[Z_{n1}^{(0)} - bZ_{n1}^{(0)}]\Big|_{z=H}\left[\frac{\partial Z_{N1}^{(0)}}{\partial z} - \frac{\partial Z_{n1}^{(1)}}{\partial z}\right]\Big|_{z=H} = 0 \tag{13}$$

上述公式及今后为了书写简便起见，对 $\varphi$、$\psi$、$Z$ 等函数，当其有关公式基本相同时，即省略各函数的肩标，而不再分别列出。已知对两层均匀介质的 Pekeris 波导有：

$$Z_{n0} = \begin{cases} \dfrac{2\pi \mathrm{i}\sin\beta_n^{(0)} z\sin\beta_n^{(0)} Z_s[b\beta_n^{(0)}\sin(\beta_n^{(0)}H) + \mathrm{i}\beta_n^{(1)}\beta\cos(\beta_n^{(0)}H)]}{[\mathrm{i}\beta_n^{(1)}H - b]\cos(\beta_n^{(0)}H) + \left[b\beta_n^{(0)}H + \dfrac{\mathrm{i}\beta_n^{(0)}}{\beta_n^{(1)}}\right]\sin(\beta_n^{(0)}H)}, & 0 \leqslant z < H \\ \dfrac{2\pi \mathrm{i}\beta_n^{(0)}\sin(\beta_n^{(0)}z_s)\exp[\mathrm{i}\beta_n^{(1)}(z-H)]}{[\mathrm{i}\beta_n^{(1)}H - b]\cos\beta_n^{(0)}H + \left[b\beta_n^{(0)}H + \dfrac{\mathrm{i}\beta_n^{(0)}}{\beta_n^{(1)}\beta}\right]\sin\beta_n^{(0)}H}, & H < z \end{cases} \tag{14}$$

式中，$\beta_n^{(0)} = \sqrt{k_0^2 - \xi_n^2}$，$\beta_n^{(1)} = \sqrt{k_1^2 - \xi_n^2}$，而 $\xi_n$ 为下列方程式的第 $n$ 个根：

$$b\sqrt{k_0^2 - \xi^2}\cos(\sqrt{k_0^2 - \xi^2}H) - \mathrm{i}\sqrt{k_1^2 - \xi^2}\sin(\sqrt{k_0^2 - \xi^2}H) = 0 \tag{15}$$

根据式(12)(13)求解声场的一次近似时，可选用以下函数作为微分方程的 2 个线性独立解：

$$G_{n1} = \begin{cases} [b\beta_n^{(0)}\sin(\beta_n^{(0)}H) + \mathrm{i}\beta_n^{(1)}\cos(\beta_n^{(0)}H)]\sin\beta_n^{(0)}, & 0 \leqslant z < H \\ \mathrm{e}^{\mathrm{i}\beta_n^{(1)}(H-z)}, & H < z \end{cases} \tag{16}$$

$$G_{n2} = \begin{cases} b\beta_n^{(0)}\cos\beta_n^{(0)}(H-z) + \mathrm{i}\beta_n^{(1)}\sin\beta_n^{(0)}(H-z), & 0 \leqslant z < H \\ \beta_n^{(0)}\mathrm{e}^{\mathrm{i}\beta_n^{(1)}(H-z)}, & H < z \end{cases} \tag{17}$$

依照二阶微分方程求特解的方法，最后可得

$$Z_{n1} = \frac{1}{\Delta_n}\int\mu(r,\zeta)Z_{n0}(\zeta)\{G_{n1}(z)G_{n2}(\zeta) - G_{n1}(\zeta)G_{n2}(\zeta)\}\mathrm{d}\zeta = \int\mu(x,y,\zeta)\Lambda_n(z,\zeta)\mathrm{d}\zeta \tag{18}$$

其中：

$$\Lambda_n = \frac{Z_{n0}(\zeta)}{\Delta_n}[G_{n1}(z)G_{n2}(\zeta) - G_{n1}(\zeta)G_{n2}(z)] \tag{19}$$

$$\Delta_n = \begin{cases} \mathrm{i}b\,\beta_n^{(0)}\beta_n^{(1)} + [b^2(\beta_n^{(0)})^2 - (\beta_n^{(1)})^2] \\ \sin(\beta_n^{(0)}H)\cos(\beta_n^{(0)}H), & 0 \leqslant z < H \\ 2\mathrm{i}\beta_n^{(0)}\beta_n^{(1)}, & H < z \end{cases} \tag{20}$$

$\Lambda_n$、$\Delta_n$均为与随机量无关的确定性函数。由于原所选取的 $G_1$、$G_2$均满足边界条件(11),故可知上式给出的 $Z_{n1}$的解,也必然满足给定的边界条件。按照以上方法,可依次求得更高阶的近似,可以看出 $Z_n$的各高阶近似,将相应的含有$\mu(x,y,z)$的高幂次项。为简便,在此将仅考虑 $Z_n$的一阶近似。

## 2　信号起伏的时空相关函数

首先计算各$\psi_n$的近似值。根据耦合简正波方法,利用各阶简正波的正交性,忽略局地简正波空间变化的二阶小量,可得:

$$\frac{\partial^2\psi_n}{\partial x^2} + \frac{\partial^2\psi_n}{\partial y^2} + \xi_n^2\psi_n = -2\sum_m\int_0^\infty Z_n\left(\frac{\partial\psi_m}{\partial x}\frac{\partial Z_m}{\partial x} + \frac{\partial\psi_m}{\partial y}\frac{\partial Z_m}{\partial y}\right)\mathrm{d}z \tag{21}$$

对于不存在随机不均匀体的两层液态介质波导来说,作为 0 阶近似有 $\psi_{n0} = H_0^{(1)}(\xi_n r)$。其中 $r = \sqrt{x^2 + y^2}$并满足上式右端为 0 的微分方程式。注意到$\frac{\partial Z_{m0}}{\partial x} = \frac{\partial Z_{n0}}{\partial y} = 0$,故上式等号右边的项可视为当波导中存在随机不均匀体时,引发声场水平势函数分量修正值的二次声源。同样将 $\psi_n$展开写成 $\varepsilon$ 的幂级数:

$$\psi_n(x,y) = \sum_m \varepsilon^m\psi_{nm}(x,y) \tag{22}$$

若仅考虑一阶近似,可得:

$$\begin{aligned}\psi_{n1} &\approx \sum_m \xi_m\iiint_0^\infty\left(\frac{x'}{r'}\frac{\partial Z_{m1}}{\partial x'} + \frac{y'}{r'}\frac{\partial Z_{m1}}{\partial y'}\right)H_1^{(1)}(\xi_m r')H_0^{(1)}\cdot(\xi_n|r - r'|)dx'dy'dz' \\ &= \sum_m \frac{\mathrm{i}\xi_m}{1}\int_0^\infty Z_{n0}\iiint_0^\infty\left(\frac{x'}{r'}\frac{\partial\mu}{\partial x'} + \frac{y'}{r'}\frac{\partial\mu}{\partial y'}\right)\cdot\Lambda_m(z,\zeta)H_1^{(1)}(\xi_m r')H_0^{(1)}(\xi_n|r - r'|)\mathrm{d}x'\mathrm{d}y'\mathrm{d}\zeta\end{aligned} \tag{23}$$

若需要计算$\psi_n$的更高阶近似,可依前述利用逐次近似法进行。当仅考虑一阶近似时,可得到波导中信号起伏值为

$$\varphi_1 = \sum_n(\psi_{n0}Z_{n1} + \psi_{n1}Z_{n0}) \tag{24}$$

从上式中可以看出,由于波导中存在随机起伏的不均匀体,不仅各阶局地简正波有变化,且各阶势函数水平分量也有变化。需要注意的是:这时 $\psi_n$与 $Z_n$均不是$\mu(x,y,z)$的线性函数,因此即$\mu(x,y,z)$服从 0 均值的 Gauss 分布规律,波导中信号起伏一般也不遵从 Gauss 规律,仅在一级近似条件下,可以近似的认为服从 Gauss 规律。利用式(15)计算信号起伏的水平和垂直相关函数时,考虑到各不同阶简正波相互干涉,其空间平均值近似为0,因而可以仅计算相同阶简正波的结果;同时还可以考虑到,声场势函数水平分量的起伏,和介质起伏的空间梯度有关,而简正波的起伏则与介质起伏直接相关,因而可认为 $\psi_{n1}$与 $Z_{n1}$相互独立,其统计平均值也可以忽略。从而得到如下公式:

$$\begin{aligned}\varphi_1(\boldsymbol{r}_1)\varphi_1^*(\boldsymbol{r}_2) &= \sum_n \{\psi_{n0}(\boldsymbol{r}_1)Z_{n1}(Z_1) + \psi_{n1}(\boldsymbol{r}_1)Z_{n0}(z_1)\} \\ &\quad \sum_n \{\psi_{n0}^*(\boldsymbol{r}_2)Z_{n1}^*(z_2) + \psi_{n1}^*(\boldsymbol{r}_2)Z_{n0}^*(z_2)\} \\ &\approx \sum_n \{\psi_{n0}(\boldsymbol{r}_1)\psi_{n0}^*(\boldsymbol{r}_2)[Z_{n1}(z_1)Z_{n1}^*(z_2)] + \\ &\quad [\psi_{n1}(\boldsymbol{r}_1)\psi_{n1}^*(\boldsymbol{r}_1)]Z_{n0}(z_1)Z_{n0}^*(z_2)\}\end{aligned} \tag{25}$$

设介质起伏的空间相关函数为

$$[\mu(x_1,y_1,z_1),\mu(x_2,y_2,z_2)] = \mu_0^2\exp\left[\frac{(x_1-x_2)^2+(y_1-y_2)^2}{\sigma_1^2}+\frac{(z_1-z_2)^2}{\sigma_2^2}\right] \tag{26}$$

经过若干计算后可得：

(1)波导中信号起伏的均方值：

$$[\varphi(r)\varphi^*(r)] \approx \sum_n \left\{\frac{2}{\pi|\xi_n|r}\Phi_{nv}(0) + |A_1\sin(\beta_n^{(0)}z)|^2\Phi_{n2}(0,0)\right\} = B^2 \tag{27}$$

(2)波导中信号起伏的垂向相关系数：

$$[\varphi(r,z_1)\ \varphi^*(r,z_2)] \approx \frac{1}{B^2}\sum_n\left[\frac{2}{\pi|\xi_n|r}\Phi_{nv}(\Delta z) + |A_1 A_1^*\sin\beta_n^{(0)}z_1\sin\beta_n^{(0)*}z_2|\Phi_{n2}(0,0)\right] \tag{28}$$

(3)波导中信号起伏的纵向相关系数：

$$[\varphi(R_1,\vartheta,z)\ \varphi^*(R_2,\vartheta,z)] \approx \frac{1}{B^2}\sum_n\left[\frac{2}{\pi|\xi_n|r}\Phi_{nv}(0) + |A_1\sin(\beta_n^{(0)}z)|^2\Phi_{n2}(\Delta R,0)\right] \tag{29}$$

(4)波导中信号起伏的横向相关系数：

$$[\varphi(R,\vartheta_1,z)\ \varphi^*(R,\vartheta_2,z)] \approx \frac{1}{B^2}\sum_n\left[\frac{2}{\pi|\xi_n|r}\Phi_{nv}(0) + |A_1\sin(\beta_n^{(0)}z)|^2\Phi_{n2}(0,\Delta\vartheta)\right] \tag{30}$$

其中：

$$\Phi_{nv}(\Delta z) \approx \frac{\mu_{10}^2|A_1K_1^2|^2}{2|\Delta_n|^2}e^{-\frac{\Delta_z^2}{\sigma^2}} \times \left[\frac{\sin(\beta_n^{(0)}H)}{\beta_n^{(0)}}\cos[\beta_n^{(0)}(z_1-H)] - H\cos(\beta_n^{(0)}z_1)\right]\times \left[\frac{\sin(\beta_n^{(0)}H)}{\beta_n^{(0)}}\cos[\beta_n^{(0)}(z_2-H)] - H\cos(\beta_n^{(0)}z_2)\right]$$

$$\Phi_2(\Delta R,\Delta\vartheta) \approx \sum_m \mu_0^2 W_{nm}|A_1K_1|^4\frac{\xi_m}{\xi_n}\int_0^R\int_0^{2\pi}\frac{\mathrm{d}r\mathrm{d}\vartheta}{\sqrt{[R_1^2+r^2-2rR_1\cos(\vartheta+\Delta\vartheta)][R_2^2+r^2-2rR_2\cos(\vartheta+\Delta\vartheta)]}}$$

$$W_{nm}^{(0)} = \begin{cases}\dfrac{1}{4\beta(0)_m}\{g_1\bar{\omega}_1 + g_2\bar{\omega}_2\}, & n\neq m \\ \dfrac{-g_1}{4}\left\{\dfrac{\sin\beta_m^{(0)}H}{2\beta_n^{(0)}}\right\}^2, & n = m\end{cases} \qquad W_{nm}^{(1)} = 0$$

$$\bar{\omega}_1 = \frac{\sin^2\left(\dfrac{\beta_n^{(0)}+\beta_m^{(0)}}{2}H\right)}{\beta_n^{(0)}+\beta_m^{(0)}} + \frac{\sin^2\left(\dfrac{\beta_n^{(0)}-\beta_m^{(0)}}{2}H\right)}{\beta_n^{(0)}-\beta_m^{(0)}}$$

$$\bar{\omega}_2 = \frac{\sin[(\beta_n^{(0)} + \beta_m^{(0)})H]}{\beta_n^{(0)} - \beta_m^{(0)}} - \frac{\sin[(\beta_n^{(0)} + \beta_m^{(0)})H]}{\beta_n^{(0)} + \beta_m^{(0)}}$$

从上述各表达式可以看出,无论是波导中信号起伏的均方值,抑或是信号起伏的各项空间相关函数,都将和接收点与声源的相对位置有关。由于具体公式的复杂性,很难直接从解析公式中看出应有的规律,而需要利用数值计算进行分析讨论。由于篇幅的限制,具体的仿真计算结果,以及试验验证情况,将在后续文章中给出。

## 3　结论

文中介绍了一种利用逐次近似法,分析当介质环境存在微小扰动时,声在波导中远距离传播情况下的起伏方法。从有关计算过程中可以看出,由于波导中存在随机起伏的不均匀体,在声波传播过程中,不仅各阶局地简正波有变化,且各阶势函数水平分量也有变化。需要注意的是:这时 $\psi_n$ 与 $Z_n$ 均不是 $\mu(x,y,z)$ 的线性函数,因此即或 $\mu(x,y,z)$ 服从 0 均值的 Gauss 分布规律,波导中信号起伏一般也不遵从 Gauss 规律,仅在介质起伏率甚小的一级近似条件下,可以近似的认为服从 Gauss 规律。随着传播距离的增加,高阶简正波逐渐衰减,信号起伏的空间相关将会逐渐增大,但具体的规律十分复杂,将在后继工作中借助数值分析进行讨论。

## 参考文献

[1] YANG Shie. Theory of underwater sound propagation[M]. 哈尔滨:哈尔滨工程大学出版社,2009.

[2] FLATTE S M. Sound transmission through a fluctuating ocean[M]. Cambridge: Cambridge University Press,1979.

[3] Ярощук И О, Гулин О Э. Метод статистичекого моделирования в зачах гидроакутики. Владивосток Дальнаука,2002.

[4] BERTSATOS I. General second – order covariance of Gaussian maximum likelihood estimates applied to passive source localization in fluctuating waveguides[J]. The Journal of Acoustical Society of America. 2010,128 (5):26352651.

# Directional Pattern of a Cross Vector Sensor Array

Shi-e Yang

**Abstract** The directional pattern of cross vector sensor array had been investigated which has small dimension and can be used for sufficiently low frequency sound. Two methods for directional pattern design had been given.

**Keywords** Directional pattern; vector sensor array

## 1 Introduction

Nowadays, sufficiently low frequency sound had been used in many cases for underwater acoustic engineering work. Usually, in such cases array with great dimension had been used to obtain required spatial increment in S/N ratio, but it caused much inconvenience in engineering work. With the help of array consists of vector sensors, reasonable spatial directivity can be obtained with sufficiently small dimension.

## 2 Theory

Consider the following 2-dimensional vector sensor array as shown in Fig. 1a, where four 2-dimensional vector sensors, each located at different vertex of a cross with radius $a$, with $ka < 1$. Theoretically speaking, an ideal vector transducer will have directional pattern like the figure "8", but actually manufactured vector transducer can only have directional pattern as shown in Fig. 1b, with sunken point equals $-25 \sim -30$ dB.

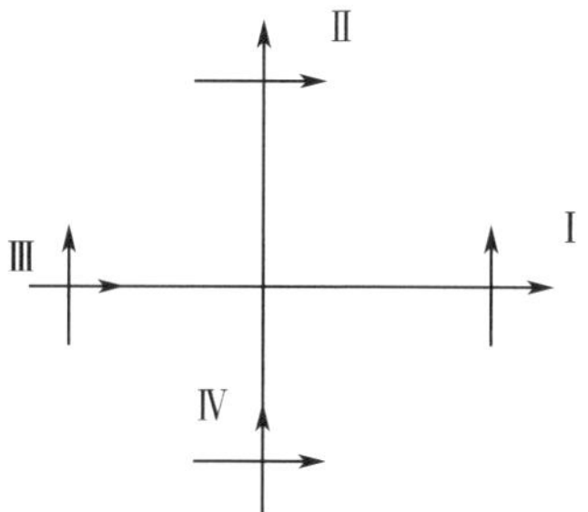


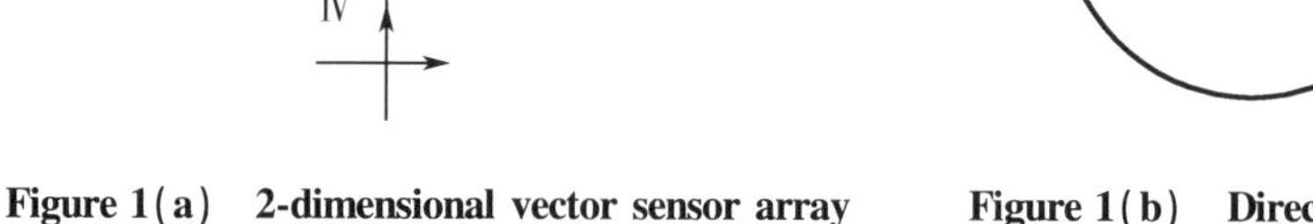

Figure 1(a) 2-dimensional vector sensor array　　Figure 1(b) Directional pattern of vector sensor

If the width of common part of the two circles with unit radius will be $2\varepsilon$, then the directional pattern of vector sensor located along $X$ and $Y$ axis can be expressed respectively as following:

$$D_x(\vartheta) = \begin{cases} \dfrac{1}{1+\gamma}(\gamma\cos\vartheta + \sqrt{1-\gamma^2\sin^2\vartheta}) & -\dfrac{\pi}{2} \leqslant \vartheta \leqslant \dfrac{\pi}{2} \\ \dfrac{1}{1+\gamma}(\gamma\cos\vartheta - \sqrt{1-\gamma^2\sin^2\vartheta}) & \dfrac{\pi}{2} < \vartheta < \dfrac{3\pi}{2} \end{cases} \tag{1a}$$

$$D_y(\vartheta) = \begin{cases} \dfrac{1}{1+\gamma}(\gamma\sin\vartheta + \sqrt{1-\gamma^2\cos^2\vartheta}) & 0 \leqslant \vartheta \leqslant \pi \\ \dfrac{1}{1+\gamma}(\gamma\sin\vartheta - \sqrt{1-\gamma^2\cos^2\vartheta}) & \pi < \vartheta < 2\pi \end{cases} \tag{1b}$$

Where for simplicity denote $\gamma = 1 - \varepsilon$. When incident signal is coming from azimuth angle $\beta$, the receiving signal would have maximum S/N ratio, if weighting factors $g_u$ had been multiplied to each element of vector sensors, such that the following function possesses maximum:

$$G(\beta,g) = \frac{\left|\sum_{n=1}^{4} g_n D_x(\beta)\mathrm{e}^{-ika\sin(n\frac{\pi}{2}-\beta)} + \sum_{n=5}^{8} g_n D_y(\beta)\mathrm{e}^{-ika\sin(n\frac{\pi}{2}-\beta)}\right|}{N\left|\sum_{n=1}^{8} g_n g_n^{\cdot}\right|^{\frac{1}{2}}} = \frac{\left|\sum_{n=1}^{8} A_n g_n\right|}{N\sqrt{\sum_{n=1}^{8} g_n g_n^{\cdot}}} \tag{2}$$

Where $N$ denoted the root mean square value of receiving noise by each element of vector array and the directional pattern of vector sensor array will be:

$$D_x(\vartheta)\left\{\frac{B}{A_1}\mathrm{e}^{-ika\cos\vartheta} + A_2^{\cdot}\mathrm{e}^{-ika\sin\vartheta} + A_3^{\cdot}\mathrm{e}^{ika\cos\vartheta} + A_4^{\cdot}\mathrm{e}^{ika\sin\vartheta}\right\} + D_y(\vartheta)\{A_5^{\cdot}\mathrm{e}^{-ika\cos\vartheta} +$$
$$A_6^{\cdot}\mathrm{e}^{-ika\sin\vartheta} + A_7^{\cdot}\mathrm{e}^{ika\cos\vartheta} + A_8^{\cdot}\mathrm{e}^{ika\sin\vartheta}\}B = \sum_{n=1}^{8} A_n A_n^{\cdot} \tag{3}$$

Fig. 2 shows that even a small dimensional vector array of given parameters can be used for receiving of low frequency signal, and having reasonable sharpness for main lobe of directional pattern.

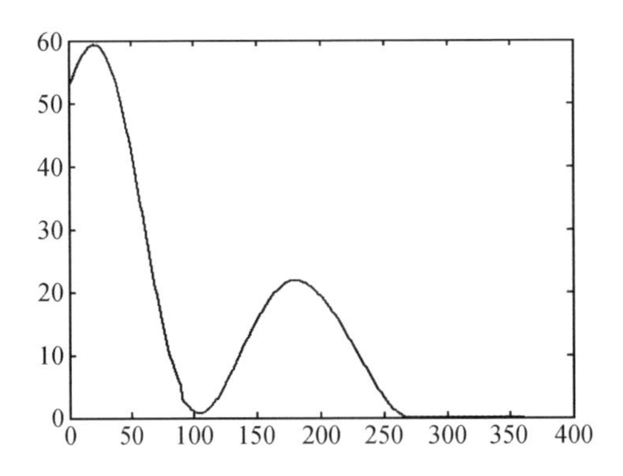


**Figure 2　Directional pattern of vector array for $\gamma = 0.996\,83$, $\beta = \frac{\pi}{5}$, $ka = \frac{\pi}{4}$**

An alternative consideration can be given as following: Since for receiving array, any complicate directional pattern $G(\vartheta)$ used as a kind of spatial filter for signal processing, can be formed by an assembly of multi-poles, the cross vector array shown in Fig. 1(a) can also be used to form approximately quadri-poles and octo-poles by combinations of elements as following, provided $ka < 1$. From elements Ⅰ and Ⅲ:

$$D'_x(\vartheta) = D_x(\vartheta)\frac{\sin(ka\cos\vartheta)}{\sin(ka)} \approx D_x(\vartheta)\cos\vartheta \tag{4a}$$

$$D'_y(\vartheta) = D_y(\vartheta)\frac{\sin(ka\cos\vartheta)}{\sin(ka)} \approx D_y(\vartheta)\cos\vartheta \tag{4b}$$

From elements Ⅱ and Ⅳ:

$$D''_x(\vartheta) = D_x(\vartheta)\frac{\sin(ka\sin\vartheta)}{\sin(ka)} \approx D_x(\vartheta)\sin\vartheta \tag{4c}$$

$$D''_y(\vartheta) = D_y(\vartheta)\frac{\sin(ka\sin\vartheta)}{\sin(ka)} \approx D_y(\vartheta)\sin\vartheta \tag{4d}$$

From 4 elements ( Ⅰ - Ⅱ ) - ( Ⅳ - Ⅲ )

$$D'''_x(\vartheta) = -2D_x(\vartheta)\frac{\sin\left[\sqrt{2}ka\sin\left(\vartheta-\frac{\pi}{4}\right)\right]}{\sin\sqrt{2}\mathrm{ka}}\frac{\sin\left[\sqrt{2}ka\cos\left(\vartheta-\frac{\pi}{4}\right)\right]}{\sin\sqrt{2}ka}$$

$$\approx -2D_x(\vartheta)\sin\left(\vartheta-\frac{\pi}{4}\right)\cos\left(\vartheta-\frac{\pi}{4}\right) = D_x(\vartheta)\cos 2\vartheta \tag{4e}$$

$$D'''_y(\vartheta) = D_y(\vartheta)\cos 2\vartheta \tag{4f}$$

From 4 elements ( Ⅰ - Ⅲ ) × ( Ⅳ - Ⅱ )

$$D^{IV}_{xy}(\vartheta) = 2D_x(\vartheta)D_y(\vartheta)\frac{\sin(ka\cos\vartheta)}{\sin(ka)}\frac{\sin(ka\sin\vartheta)}{\sin(ka)} \approx D_x(\vartheta)D_y(\vartheta)\sin 2\vartheta \tag{4g}$$

If more complicate vector array is used, even higher order multi-poles can be combined with different elements, and suitable directional pattern $G(\vartheta)$ can be constructed with properly chosen weighting factors, to concentrate on the seeking object, and to minimize all hindrance from around circumference. As an example, for given cross vector sensor array, a virtual directional pattern directed to azimuth angle $\beta$, using only the first three order multi-poles, can be formed as:

$$G(\vartheta,\beta) = E + \sum_{n=1}^{3} a^n \cos n(\vartheta - \beta) \tag{5}$$

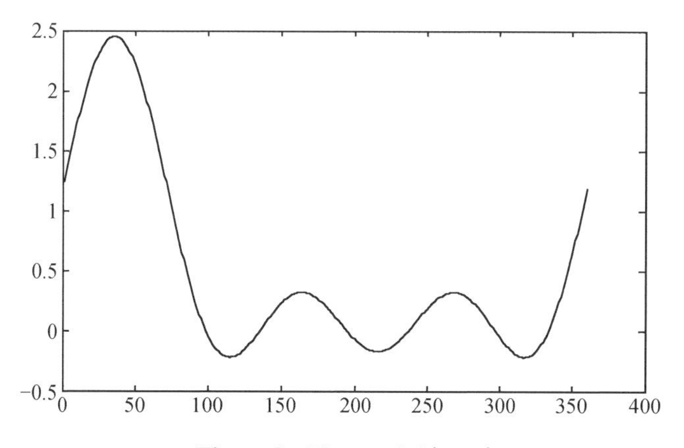


**Figure 3　Figure of $G(\vartheta,\beta)$**

Where constant $E$ corresponds to the r. m. s. of environmental noise. Fig. 3 gives the directional pattern $G(\vartheta,\beta)$ for $a = 0.8$, $\beta = \frac{\pi}{3}$, $E = 0.5$.

## References and links

[1] D. Li, K. Wong, Y. H. Hu, and A. Sayeed, "Detection, classification and tracking of targets in distributed sensor networks," IEEE signal processing magazine 19, 17 – 29 (2002).

[2] K. T. Wong and M. D. Zoltowski, "Root – MUSIC – based azimuth – elevation angle – of – arrival estimation with uniformly spaced but arbitrarily oriented velocity hydrophones," IEEE Trans. on Signal Processing 47, 3250 – 3260 (1999).

[3] Y. Yardimci, A. E. Cetin, and J. A. Cadzow, "Robust direction-of-arrival estimation in non-Gaussian noise," IEEE Trans. on Signal Processing 46, 1443 – 1451 (1998).

[4] P. S. Naidu, Sensor array signal processing. Florida, CRC Press(2001).

[5] D. H. Johnson, and D. E. Dudgeon, Array signal processing: Concepts and techniques, Prentice – Hall, Englewood cliffs, New Jersey(1993).

[6] P. M. Clarkson, Optimal and adaptive signal processing, Coca Raton, CRC Press, Fla. (1993).

[7] W. F. Gabriel, "Spectral analysis and adaptive array super – resolution techniques," Proc. of IEEE 68, 654 – 666 (1980).

**Appendix**: The derivation of weighting factors.

Write

$$G(\beta) = \frac{(\sum_{n=1}^{8} A_n g_n)(\sum_{n=1}^{8} A_n^{\cdot} g_n^{\cdot})}{N \sum_{n=1}^{8} g_n g_n^{\cdot}}$$

$$\therefore \frac{\partial G}{\partial g_v} = \frac{A_v \sum_{n=1}^{8} A_n^{\cdot} g_n^{\cdot} \sum_{n=1}^{8} g_n g^{\cdot}{}_n - g_v^{*} \sum_{n=1}^{8} A_n g_n \sum_{n=1}^{8} A_n^{\cdot} g_n^{\cdot}}{N(\sum_{n=1}^{8} g_n g_n^{\cdot})^2}$$

$$\therefore A_v \sum_{n=1}^{8} g_n g_n^{\cdot} = g_v^{\cdot} \sum_{n=1}^{8} A_n g_n \Rightarrow (\sum_{n=1}^{8} A_n A_n^{\cdot}) \cdot (\sum_{n=1}^{8} g_n g_n^{\cdot}) = (\sum_{n=1}^{8} A_n g_n)(\sum_{n=1}^{8} A_n^{\cdot} g_n^{\cdot})$$

$$\frac{A_v}{\sum_{n=1}^{8} A_n A_n^{\cdot}} \sum_{n=1}^{8} A_n^{\cdot} g_n^{\cdot} = g_v^{\cdot}$$

For:

$$B = \sum_{n=1}^{8} A_n A_n^{\cdot} \Rightarrow \sum_{n=1}^{8} A_n g_n - \frac{B}{A_v^{\cdot}} g_v = 0$$

Introduce new unknowns $\kappa_v = \frac{g_v}{g_1}, v = 2 \sim 8$. The determinant of coefficients of system equations for solving $\kappa_v$ equals:

$$\begin{vmatrix} A_2-\frac{B}{\dot{A_2}} & A_2 & A_2 & A_2 & A_2 & A_2 & A_2 \\ A_3 & A_3-\frac{B}{\dot{A_3}} & A_3 & A_3 & A_3 & A_3 & A_3 \\ A_4 & A_4 & A_4-\frac{B}{\dot{A_4}} & A_4 & A_4 & A_4 & A_4 \\ A_5 & A_5 & A_5 & A_5-\frac{B}{\dot{A_5}} & A_5 & A_5 & A_5 \\ A_6 & A_6 & A_6 & A_6 & A_6-\frac{B}{\dot{A_6}} & A_6 & A_6 \\ A_7 & A_7 & A_7 & A_7 & A_7 & A_7-\frac{B}{\dot{A_7}} & A_7 \\ A_8 & A_8 & A_8 & A_8 & A_8 & A_8 & A_8-\frac{B}{\dot{A_8}} \end{vmatrix} = -\frac{B^7}{\prod_{n=2}^{8} \dot{A_n}}$$

$$\therefore \kappa_v = \frac{\dot{A_v} A_1}{B}$$

# 小型矢量阵深海被动定位方法

杨士莪

**摘要**　文中提出一种适用于深海条件下并已知各项有关环境参数时,利用七元小型矢量立体阵,借助测定目标辐射噪声由不同途径自声源到达接收点的天顶角及方位角的结果,依据射线声学方法求得目标方位、距离和所在深度的被动定位方法。给出了矢量阵依多极子原理进行波束形成的计算公式,并就一种简单水文模型,给出解析计算公式。

**关键词**　矢量立体阵;深海被动定位;射线声学

在深海环境下,许多浅海目标被动定位方法如匹配场定位[1]、利用波导不变量[2]等方法不再有效;而在太平洋亚热带海域,深海声道轴更可能深达1 000 m左右,其第一个汇聚区与声源的距离也有50 km左右,超过通常被动声呐对低噪声目标的有效检测距离,而一般潜艇的活动深度也大多在声道轴以上。目前已有的深海目标检测方法多借助大型声呐或复杂的海底监测系统,不仅耗资巨大且易于暴露,用于对付今天覆盖有消声瓦的低噪声潜艇,其功效也十分有限。为此有必要开发新的有效方法,实现目标的低频被动定位。

若仅限于探测位于第一影区内的低噪声目标,对投放于海底的坐底声呐来说,目标噪声一般可沿两条不同途径到达接收位置:一条为自声源发出向下直接到达海底,另一条为自声源向上发出,经海面反射后到达接收点。对巡航于深水跃变层的无人潜器(UUV)来说,目标噪声到达接收器的途径,除可能包括有海面反射声与海底反射声以外,并根据目标及UUV间距离与两者所在的相对深度,也可能还会有在上层海水中反转或未经在上层海水中反转而直接到达接收点的声途径。所有自声源沿不同途径到达接收器的信号,一般在接收点测得的其水平方位角都相同,但测得的其空间天顶角与沿不同途径的传播时间长短则不相同,因而可利用基阵的空间定向功能,区分其不同传播途径,并利用信号互相关序列的峰值间隔,度量其沿不同途径传播时间的差异。只要海区相关环境条件已知,不难利用射线声学方法,求得目标所在方位、距离和深度。

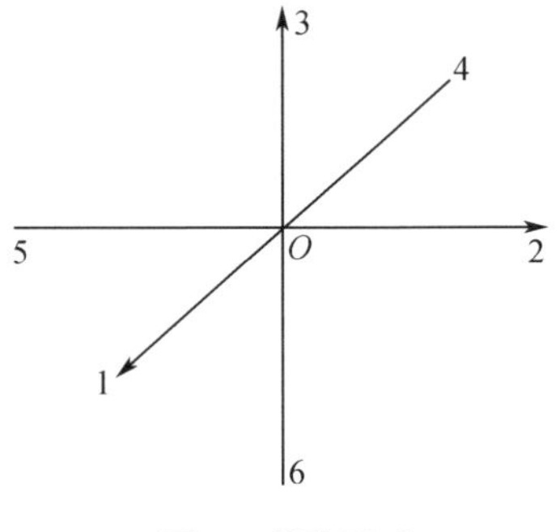

为测定目标所在方位及沿不同途径到达接收点处声线的天顶角,可采用如图1所示的七元矢量传感器阵,各传感器均包括$x$、$y$、$z$三个方向的加速度计,各阵元间距根据所接收信号的高端频率,一般可取为0.1~0.2 m,以减小基阵总体积。设所接收噪声的波数为$k$,各阵元间距等于$a$,对来自空间($\vartheta_s$,$\alpha_s$)方向的信号,若取0号单元收到的信号幅值为1,相位为0(即取为基准值),则各号阵元所接收到的信号幅值与相位将分别为



图1　基阵形式

$$0\text{号阵元}:\quad 1 \tag{1}$$

$$1\text{号阵元}:\quad e^{ika\sin\vartheta_s\cos\alpha_s} \tag{2}$$

$$2\text{ 号阵元:}\qquad e^{ika\sin\vartheta_s\sin\alpha_s} \tag{3}$$

$$3\text{ 号阵元:}\qquad e^{ika\cos\vartheta_s} \tag{4}$$

$$4\text{ 号阵元:}\qquad e^{-ika\sin\vartheta_s\cos\alpha_s} \tag{5}$$

$$5\text{ 号阵元:}\qquad e^{-ika\sin\vartheta_s\sin\alpha_s} \tag{6}$$

$$6\text{ 号阵元:}\qquad e^{-ika\cos\vartheta_s} \tag{7}$$

而各加速度计所接收到的信号还须依 $x$、$y$、$z$ 方向,分别乘以方向性因子 $\sin\vartheta\cos\alpha$、$\sin\vartheta\sin\alpha$、$\cos\vartheta$。为测定目标的三维方向性,可采取两步走方法:第一步先利用 $0_{x,y}$,$1_{x,y}$,$2_{x,y}$,$4_{x,y}$,$5_{x,y}$ 五元阵测定目标方位角 $\alpha_s$;第二步再根据所测得的方位角 $\alpha_s$,利用 $1_{x,z}$,$2_{y,z}$ 与 $4_{x,z}$,$5_{y,z}$ 号基元,按下列公式组成已知方位平面上的虚拟阵元 $1'_{x',z'}$ 与 $4'_{x',z'}$,再与 0 号、3 号、6 号阵元联合形成已知方位角方向上的另一个竖向的五元阵,其中 0 号、3 号、6 号阵元的 $x$、$y$ 方向以加速度计,亦须按下述相应公式,组成目标方位角 $x'$ 方向的虚拟加速度计 $0_{x'}$,$3_{x'}$,$6_{x'}$。最终利用此竖向五元阵测定目标的天顶角。若 $\alpha_s$ 以角度的度数值表示,则具体修正程序如下:

$$1'_{x'} = 1_x\cos\alpha_s + 2_y\sin\alpha_s,\quad 1'_{z'} = 1_z\left(1-\frac{\alpha_s}{90}\right) + 2_z\frac{\alpha_s}{90} \tag{8}$$

$$4'_{x'} = 4_x\cos\alpha_s + 5y\sin\alpha_s,\quad 4'_{z'} = 4_z\left(1-\frac{\alpha_s}{90}\right) + 5_z\frac{\alpha_s}{90} \tag{9}$$

$$0_{x'} = 0_x\cos\alpha_s + 0_y\sin\alpha_s,\quad 3_{x'} = 3_x\cos\alpha_s + 3_y\sin\alpha_s,\quad 6_{x'} = 6_x\cos\alpha_s + 6_y\sin\alpha_s \tag{10}$$

为提高方向测定的精度,可采用多极子波束形成方法,但在进行第一步目标方位角测定时,因各加速度计都包含有方向性因子 $\sin\vartheta$,故作为测定目标方位时的初始近似,可利用 $\cos^2\alpha+\sin^2\alpha=1$ 的关系,求得 $\vartheta$ 的初始值 $\vartheta_0$,因而有

$$\sin^2\vartheta_0 \approx \frac{1}{5}(|0_x|^2+|0_y|^2+|1_x|^2+|1_y|^2+|2_x|^2+|2_y|^2+ |4_x|^2+|4_y|^2+|5_x|^2+|5_y|^2) \tag{11}$$

同时可得

$$\cos\alpha \approx \frac{1}{5\sin\vartheta_0}(0_x + 1_x e^{-i\sigma_0\cos\alpha} + 2_x e^{-i\sigma_0\sin\alpha} + 4_x e^{i\sigma_0\cos\alpha} + 5_x e^{i\sigma_0\sin\alpha}) \tag{12}$$

$$\sin\alpha \approx \frac{1}{5\sin\vartheta_0}(0_y + 1_y e^{-i\sigma_0\cos\alpha} + 2_y e^{-i\sigma_0\sin\alpha} + 4_y e^{i\sigma_0\cos\alpha} + 5_y e^{i\sigma_0\sin\alpha}) \tag{13}$$

为书写简便,以下记 $\alpha_0 = ka\sin\vartheta_0$。若使用多极子技术以提高定向精度,当进行方向扫描而基阵波束峰值指向 $\alpha_0$ 方位时,基阵各阵元导向性因子需改写为如下形式[4-5]:

$$0_x\text{ 阵元}:0.1+\cos\alpha\times\left(0.4\sin\vartheta_0\cos\alpha_0 - \frac{8}{\sigma_0^2}\cos 3\alpha_0\right) \tag{14}$$

$$0_y\text{ 阵元}:0.1+\sin\alpha\times\left(0.4\sin\vartheta_0\cos\alpha_0 + \frac{8}{\sigma_0^2}\sin 3\alpha_0\right) \tag{15}$$

$$1_x\text{ 阵元}:0.1+\cos\alpha\left[0.4\sin\vartheta_0\cos\alpha_0 - \left(i\frac{\cos 2\alpha_0}{\sigma_0} + \frac{2\cos 3\alpha_0}{\sigma_0^2}\right)e^{i\sigma_0\cos\alpha}\right] \tag{16}$$

$$1_y\text{ 阵元}:0.1+\sin\alpha\left[0.4\sin\vartheta_0\sin\alpha_0 - \left(i\frac{\sin 2\alpha_0}{\sigma_0} + \frac{6\sin 3\alpha_0}{\sigma_0^2}\right)e^{i\sigma_0\cos\alpha}\right] \tag{17}$$

$$2_x\text{ 阵元}:0.1+\cos\alpha\left[0.4\sin\vartheta_0\cos\alpha_0 - \left(i\frac{\sin 2\alpha_0}{\sigma_0} - \frac{6\cos 3\alpha_0}{\sigma_0^2}\right)e^{i\sigma_0\sin\alpha}\right] \tag{18}$$

$$2_y \text{ 阵元}:0.1+\sin\alpha\left[0.4\sin\vartheta_0\sin\alpha_0+\left(\mathrm{i}\frac{\cos 2\alpha_0}{\sigma_0}+\frac{2\sin 3\alpha_0}{\sigma_0^2}\right)\mathrm{e}^{\mathrm{i}\sigma_0\sin\alpha}\right] \tag{19}$$

$$4_x \text{ 阵元}:0.1+\cos\alpha\left[0.4\sin\vartheta_0\cos\alpha_0+\left(\mathrm{i}\frac{\cos 2\alpha_0}{\sigma_0}-\frac{2\cos 3\alpha_0}{\sigma_0^2}\right)\mathrm{e}^{-\mathrm{i}\sigma_0\cos\alpha}\right] \tag{20}$$

$$4_y \text{ 阵元}:0.1+\sin\alpha\left[0.4\sin\vartheta_0\sin\alpha_0+\left(\mathrm{i}\frac{\sin 2\alpha_0}{\sigma_0}-\frac{6\sin 3\alpha_0}{\sigma_0^2}\right)\mathrm{e}^{-\mathrm{i}\sigma_0\cos\alpha}\right] \tag{21}$$

$$5_x \text{ 阵元}:0.1+\cos\alpha\left[0.4\sin\vartheta_0\cos\alpha_0+\left(\mathrm{i}\frac{\sin 2\alpha_0}{\sigma_0}+\frac{6\cos 3\alpha_0}{\sigma_0^2}\right)\mathrm{e}^{-\mathrm{i}\sigma_0\sin\alpha}\right] \tag{22}$$

$$5_y \text{ 阵元}:0.1+\sin\alpha\left[0.4\sin\vartheta_0\sin\alpha_0-\left(\mathrm{i}\frac{\cos 2\alpha_0}{\sigma_0}-\frac{2\sin 3\alpha_0}{\sigma_0^2}\right)\mathrm{e}^{-\mathrm{i}\sigma_0\sin\alpha}\right] \tag{23}$$

为克服环境噪声干扰,还可以同时采用 MVDR 或 MUSIC 等优化算法。当海上周边目标较多时,也可以利用压缩感知波束形成技术[6-7],这时各阵元所接收到的信号仍需添加阵元方向性因子,并依以下公式求取函数极值:

$$\hat{x}_{l_1}(\mu)=\underset{x\in C^N}{\arg\min}\|\boldsymbol{y}-\boldsymbol{Ax}\|_2^2+\mu\|x_1 \tag{24}$$

其中,双杠$\|\ \ \|_p$表示该数组的 $p$ 次范数,$\boldsymbol{x}$ 为目标信号矢量,$\boldsymbol{A}$ 为导向矢量,$\boldsymbol{y}$ 为各阵元接收到的信号矢量,$\mu$ 为一般根据实际情况所选取的小于 1 的数值。式(24)所得解即为目标方位值。根据上述方法测得目标方位角 $\alpha_s$后,再依式(8)、式(9)、式(10)诸式合成在目标方位角方向的虚拟阵元 $1'_{x'}$,$1'_{z'}$,$4'_{x'}$,$4'_{z'}$,$0_{x'}$,$3_{x'}$,$6_{x'}$,与 0 号、3 号、6 号单元 $z$ 方向的加速度计,组成竖向的五元阵。然后利用新的竖向五元平面阵,0,1′,3,4′,6;仿照第一步中的相应做法,测定不同途径传来的信号的天顶角;只不过须注意到这时 $\cos(\alpha-\alpha_0)=1$,且 $y$ 方向加速度计不再参与工作,仅 $x'$和 $z$ 方向加速度计参与天顶角测定,这时所测出的角度即为所要的 $\vartheta$ 值。因有关公式与算法和第一步中相仿,在此即不再重复给出。

通常自声源到达接收点的本征声线不止一条,既可能包括直达声线,也会有海面反射声线以及海底反射声线,所以当不要求十分精确的解时,可根据互易原理,由接收点出发,依所测得的沿不同传播途径到达信号的天顶角,借助 HARPO 程序,直接画出声线,求取不同声线的交汇点,最终确定目标位置。也可以根据已知的海区垂直声速剖面,利用有关的实测数据,计算目标所在位置的距离和深度。为说明这点,以下通过一个简单水文模型,给出相应计算公式。设海区垂直声速剖面可用一条倾斜的抛物线表示,即声速 $c$ 与水深 $z$ 的关系可写为下式:

$$c=-\alpha sz+\sqrt{c_0^2+s^2z^2} \tag{25}$$

若海面处声速为 1 500 m/s,声道轴所在深度为 1 000 m,在大深度处,当声速仅随海深变化时,其声速梯度等于$\frac{1}{61}$/s,则式(6)中各系数值将为 $c_0=1\,500$ m/s,$\alpha=0.999\,8$,$s=68.600\,3$。

设声源与接收器均位于声道轴以上深水跃变层区间,两者所在深度分别为 $z_s$与 $z_r$,且两者相距为 $r$。由于只知道在接收点测量所得的声源发出到达接收点声线的天顶角,所以可根据声学互易原理,计算自接收点以该天顶角发出的声波到达声源的距离,若接收点深度处声速为 $c_r$,在接收点收到的该声线天顶角为 $\vartheta_r$,可知:

(1)若 $\vartheta_r<\pi/2$,且 $\sin\vartheta_r<c_r/c_0$,则该声线系自声源发出后,经过在上层海水中反转而后到达接收点;

(2)若 $\vartheta_r<\pi/2$,且 $\sin\vartheta_r>c_r/c_0$,则该声线系自声源发出后,经在海面反射后到达接

收点；

(3)若 $\vartheta_r > \pi/2$,则该声线系自声源发出后直接到达接收点,或系经海底反射后到达接收点。若系经海底反射后到达接收点,则 $\vartheta r$ 要更大些,信号传播时间也要更长一些。因为所有的计算都类似且并不难,作为例子,下面将仅给出第一种情况的计算公式。此时声线反转点的深度 $z_f$可由下式给出：

$$(-\alpha s z_f + \sqrt{c_0^2 + s^2 z_f^2})\sin\vartheta_r = -\alpha s z_r + \sqrt{c_0^2 + s^2 z_r^2} \tag{26}$$

为避免被积函数出现奇异点,可将积分区分为 $z_r$至 $z_f$与 $z_f$至 $z_1$两段进行,详细推导过程可参阅附录 A,有兴趣者还可以自行将数字代入各公式,获得相应数值解。

根据测定的自声源到达接收点的两条不同声线天顶角 $\vartheta_1$、$\vartheta_2$,分别计算声线水平传播距离 $r(\vartheta_1)$、$r(\vartheta_2)$,由 $r(\vartheta_1)=r(\vartheta_2)$ 即可求得声源深度 $z_s$,并由求得的 $z_s$值最终计算得到 $r$ 值。如果为了提高解算精度,还可以利用信号相关技术,测定沿不同声线传播所需的时间差,并根据射线声学计算沿不同声线传播的声程差,一并参加计算,在此不再赘述。

## 参考文献

[1] Tolstoy A. Matched field processing for underwater acous-tics [M]. Singapore: World Scientific Publising Co. ,1993.

[2] Cho C, Song H C, Hodgkiss W S. Robust source-rangeestimation using array/waveguide invariant and a verti-cal array[J]. Journal of the Acoustical Society of America,2016,139(1): 63 -69.

[3] 李启虎. 水下目标测距的一种新方法: 利用波导不变量提取目标距离信息 [J]. 声学学报,2015,40(2): 138 - 143. Li Qihu. A new method of passive ranging for underwa-ter target: distance information extraction based on waveguide invariant [J]. Acta Acustica, 2015,40(2): 138 -143.

[4] Yang Shie. Directional pattern of a cross vector sensor array[C]. Acoustics 2012,Hong Kong, 2012.

[5] 郭俊媛,杨士莪,朴胜春,等. 基于超指向性多极子矢量阵的水下低频声源方位估计方法研究 [J]. 物理学报,2016,65(13):181 -194. Guo Junyuan,Yang Shie,Piao Shengchun,et al. Direction-of-arrival estimation based on sup erdirective multi-pole vector sensor array for low-frequency underwa-ter sound sources[J]. Acta Physica Sinica,2016,65(13):181 -194.

[6] Gerstoft P,Xenaki A,Mecklenbräuker C F. Multipleand single snapshot compressive beamforming [J]. Jour-nal of the Acoustical Society of America,2015,138(4):2003 -2014.

[7] Xenaki A,Gerstoft P,Mosegaard K. Compressive beam-forming[J]. Journal of the Acoustical Society of America,2014,136(1): 260 -271.

[8] И. М. Рыжик,И. С. Градштеж н,Таблицы интегралов сумм рядов и произведениж [J]. ГИТТЛ москва,1951.

[9] Byrd P,Friedman M D. Mathematischen Wissenschaftenband LX V I [M]. Berlin: Springer-Verlag,1854.

## 附录 A

当在接收点测得的到达声线天顶角为 $\vartheta_r$ 时，按照射线声学，由声源至接收点的水平距离可由式（A－1）给出：

$$r = \int_{z_r}^{zf} \cot\vartheta \mathrm{d}z + \int_{zf}^{zs} \cot\vartheta \mathrm{d}z = \Gamma_1 + \Gamma_2 \qquad (\mathrm{A}-1)$$

首先计算 $\Gamma_2$：

$$\Gamma_2 = \int_{zf}^{zs} \frac{\sqrt{c_f^2 - c^2}}{c}\mathrm{d}z = \int_{zf}^{zs} \frac{\sqrt{c_f^2 - (-\alpha sz + \sqrt{c_0^2 + s^2z^2})^2}}{-\alpha sz + \sqrt{c_0^2 + s^2z^2}}\mathrm{d}z$$

作变量替换，令 $c = -\alpha sz + \sqrt{c_0^2 + s^2z^2}$，$sz = \frac{1}{1-\alpha^2}\{\alpha c + \sqrt{c^2 - c_0^2(1-\alpha^2)}\}$

$$\because s\frac{\mathrm{d}z}{\mathrm{d}c} = \frac{1}{1-\alpha^2}\left\{\alpha + \frac{c}{\sqrt{c^2 - c_0^2(1-\alpha^2)}}\right\}$$

$$\therefore \Gamma_2 = \frac{1}{s(1-\alpha^2)}\int_{c_f}^{c_s}\left\{\frac{\alpha\sqrt{c_f^2 - c^2}}{c} + \sqrt{\frac{c_f^2 - c^2}{c^2 - c_0^2(1-\alpha^2)}}\right\}\mathrm{d}c = \frac{1}{s(1-\alpha^2)}(\Gamma_{21} + \Gamma_{22})$$

其中第一项积分结果为[8]

$$\Gamma_{21} = \alpha\left(\sqrt{c_f^2 - c_s^2} + c_f\,\mathrm{ch}^{-1}\frac{c_f}{c_s}\right) \qquad (\mathrm{A}-2\mathrm{a})$$

第二项积分结果为[9]

$$\Gamma_{22} = -\frac{c_f^2 - c_0^2(1-\alpha^2)}{c_f}\int_0^{us}\mathrm{sn}^2(u)\mathrm{d}u = -c_f[u_s - \mathrm{E}(\phi_s, \kappa)] \qquad (\mathrm{A}-2\mathrm{b})$$

其中，$\mathrm{sn}(u_s) = \sin\phi_s$，$\phi_s = \mathrm{am}(u_s) = \sin^{-1}\sqrt{\frac{c_f^2 - c_s^2}{c_f^2 - c_0^2(1-\alpha^2)}}$，$\kappa^2 = \frac{c_f^2 - c_0^2(1-\alpha^2)}{c_f^2}$，sn、am、$\mathrm{E}(\phi, \kappa)$ 各为相应定义的椭圆函数，仿照上述方法，因 $\cos\vartheta_r$ 是已知常量，且 $\frac{c_r}{\cos\vartheta_r} = c_f$，只不过 $\Gamma_1$ 是从 $z_r$ 积到 $z_f$，而 $\Gamma_2$ 是从 $z_f$ 积到 $z_1$ 而已，因此可直接写出

$$\begin{aligned}\Gamma_1 &= \int_{z_r}^{zf}\frac{c\cos\vartheta_r}{\sqrt{c_r^2 - c^2\cos^2\vartheta_r}}\mathrm{d}z = \int_{z_r}^{zf}\frac{c\mathrm{d}z}{\sqrt{c_f^2 - c^2}} = \frac{1}{s(1-\alpha^2)}(\Gamma_{11} + \Gamma_{12}) \\ &= \alpha\left(\sqrt{c_f^2 - c_r^2} + c_f\mathrm{ch}^{-1}\frac{c_f}{c_r}\right) + c_f[u_r - \mathrm{E}(\phi_r, \kappa)] \qquad (\mathrm{A}-3)\end{aligned}$$

其中，$\mathrm{sn}(u_r) = \sin\phi_r$，$\phi_s = \mathrm{am}(u_r) = \sin^{-1}\sqrt{\frac{c_f^2 - c_r^2}{c_f^2 - c_0^2(1-\alpha^2)}}$。

# 利用逐次近似法对三维非规则弹性海底条件下声传播特点的分析

杨士莪

**摘要**　针对三维非规则弹性海底条件下声传播问题,提出了采用逐次近似法的求解计算方法,并就一个特例给出相应的解析解。结果表明在倾斜海底条件下声传播的水平折射效应,和沿海底界面传播的界面波特点。

**关键词**　逐次近似;三维;弹性海底;倾斜海底;水平折射;界面波;声传播;波动方程

海区环境条件对声波在海中的传播规律有决定性影响,但复杂环境下声场所应满足的波动方程式很难求得相应的解析解,对于倾斜弹性海底的情况更为困难,不便于进行理论分析,利用抛物近似等数值方法,又仅能适用于极为有限的条件[1-2],因而探索一种波动方程式近似解析解的方法,有实际的学术和应用意义。本文探讨利用逐次近似法,求取在复杂环境条件下波动方程式的近似解析解。

## 1　基本思路与公式

设在流体及弹性海底介质中的密度、纵波声速和弹性模量分别为$\rho_1$、$\rho_2$、$c_1$、$c_2$、$\lambda$、$\mu$,并设水域中点声源位于$(0,0,z_s)$处所发出声波,在流体和弹性海底介质中的声场势函数分别为$\varphi_1$、$\varphi_2$、$\vec{\psi}$,若取声场的时间因子为$\exp(-\mathrm{i}\omega t)$,此时各类介质中声场所应满足的方程式将分别为:

$$\nabla^2\varphi_1 + k_1^2\varphi_1 = -4\pi\delta(0,0,z-z_s) \tag{1}$$

$$\nabla^2\varphi_2 + k_2^2\varphi_2 = 0 \tag{2}$$

$$\nabla\times\nabla\times\psi - \chi^2\psi = 0 \tag{3}$$

$$\nabla\cdot\psi = 0 \tag{4}$$

其中$k_1$、$k_2$、$\chi$分别为液态及海底介质中的纵波波数与弹性海底介质中的横波波数,并均可为空间坐标$(x,y,z)$的某种函数。此时海底弹性介质中质点位移$\boldsymbol{s}$将为$-\mathrm{i}\omega\boldsymbol{s} = \nabla\varphi_2 + \nabla\times\psi$,其应力张量为:

$$\frac{\boldsymbol{T}}{-\mathrm{i}\omega} = \begin{bmatrix} \tau_{xx} & \tau_{xy} & \tau_{xz} \\ \tau_{yx} & \tau_{yy} & \tau_{yz} \\ \tau_{zx} & \tau_{zy} & \tau_{zz} \end{bmatrix} \tag{5}$$

为了书写简便计,以下记:

$$\left.\begin{aligned}M_1 &= \frac{\partial\varphi_2}{\partial x}+\frac{\partial\psi_z}{\partial y}-\frac{\partial\psi_y}{\partial z}\\M_2 &= \frac{\partial\varphi_2}{\partial y}+\frac{\partial\psi_x}{\partial z}-\frac{\partial\psi_z}{\partial x}\\M_3 &= \frac{\partial\varphi_2}{\partial z}+\frac{\partial\psi_y}{\partial x}-\frac{\partial\psi_x}{\partial y}\end{aligned}\right\}\tag{6}$$

则式(6)中个分量可以表示为:

$$\left.\begin{aligned}\tau_{xx} &= -\lambda k_2^2\varphi_2+2\mu\frac{\partial M_1}{\partial x}\\\tau_{yy} &= -\lambda k_2^2\varphi_2+2\mu\frac{\partial M_2}{\partial y}\\\tau_{zz} &= -\lambda k_2^2\varphi_2+2\mu\frac{\partial M_3}{\partial z}\\\tau_{yx} &= \tau_{xy}=\mu\left\{\frac{\partial M_1}{\partial x}+\frac{\partial M_2}{\partial y}\right\}\\\tau_{zy} &= \tau_{yz}=\mu\left\{\frac{\partial M_2}{\partial y}+\frac{\partial M_3}{\partial z}\right\}\\\tau_{zx} &= \tau_{xz}=\mu\left\{\frac{\partial M_3}{\partial z}+\frac{\partial M_1}{\partial x}\right\}\end{aligned}\right\}\tag{7}$$

依照逐次近似法,选取合适的小量 $\varepsilon$,将各坐标量改为:

$$X=\varepsilon x, Y=\varepsilon y, Z=z\tag{8}$$

并将各声场势函数分别表示为以下 $\varepsilon$ 的幂级数的形式:

$$\left.\begin{aligned}\varphi_1 &= \mathrm{e}^{\mathrm{i}\frac{W(X,Y)}{\varepsilon}}\sum_{m=0}^{\infty}A_m(X,Y,Z)(\mathrm{i}\varepsilon)^m\\\varphi_2 &= \mathrm{e}^{\mathrm{i}\frac{W(X,Y)}{\varepsilon}}\sum_{m=0}^{\infty}B_m(X,Y,Z)(\mathrm{i}\varepsilon)^m\\\vec{\psi} &= \mathrm{e}^{\mathrm{i}\frac{W(X,Y)}{\varepsilon}}\sum_{m=0}^{\infty}C_m(X,Y,Z)(\mathrm{i}\varepsilon)^m\end{aligned}\right\}\tag{9}$$

其中 $W$ 为各势函数的水平相位项,$A_m$、$B_m$、$C_m$ 为各势函数不同阶垂直简正波的幅度项,由于考虑的是垂直简正波的水平相位,因而在初步近似中对不同类型势函数其水平相位相同[1]。

为书写简便计,以下记:

$$\left.\begin{aligned}f_x &= \frac{\partial f}{\partial x}, f_y=\frac{\partial f}{\partial y}\\\sigma &= (1+f_x^2+f_y^2)^{\frac{1}{2}}\\w_x &= \frac{\partial W}{\partial X}, w_y=\frac{\partial W}{\partial Y}\end{aligned}\right\}\tag{10}$$

函数 $W$ 应满足一阶偏微分方程式:

$$(w_x)^2+(w_y)^2=\xi^2\tag{11}$$

该方程式不难利用一阶偏微分方程的全积分方法解出[2]。将式(4)代入各自对应的波动方程式,并分别写出各阶 $\varepsilon$ 的同幂次项,最后依次可得:

$$
\begin{aligned}
-\xi^2 A_0 + A_{0zz} + k_1^2 A_0 &= -4\pi\delta(0,0,Z-Z_s) \\
-\xi^2 A_1 + A_{1zz} + k_1^2 A_1 &= -\xi^2 A_0 - 2(w_x A_{0x} + w_y A_{0y}) \\
&\cdots\cdots
\end{aligned} \tag{12}
$$

$$
\begin{aligned}
-\xi^2 B_0 + B_{0zz} + k_2^2 B_0 &= 0 \\
-\xi^2 B_1 + B_{1zz} + k_2^2 B_1 &= -\xi^2 B_0 - 2(w_x B_{0x} + w_y B_{0y}) \\
&\cdots\cdots
\end{aligned} \tag{13}
$$

$$
\begin{aligned}
-\xi^2 C_0 + C_{0zz} + \chi^2 C_0 &= 0 \\
-\xi^2 C_1 + C_{1zz} + \chi^2 C_1 &= -\xi^2 C_0 - 2(w_x C_{0x} + w_y C_{0y}) \\
&\cdots\cdots
\end{aligned} \tag{14}
$$

$$
\begin{aligned}
w_x C_{x0} + w_z C_{y0} + C_{z0z} &= 0 \\
&\cdots\cdots
\end{aligned} \tag{15}
$$

取海底界面为 $z=f(x,y)$ 曲面，记 $\boldsymbol{n}$ 为海底界面上任意点指向海水方向的单位法线矢量，则有：

$$
\boldsymbol{n} = \frac{(f_x \mathrm{i} + f_y \mathrm{j} - \mathrm{k})}{\sigma} \tag{16}
$$

而声场在海底界面处所应满足的边界条件将分别为[3]：

$$
\nabla\varphi_1 \cdot \boldsymbol{n} = (\nabla\varphi_2 + \nabla\times\psi)\cdot\boldsymbol{n} \tag{17}
$$

$$
\mathrm{i}\omega\rho_1\varphi_1 = (\boldsymbol{T}\cdot\boldsymbol{n})\cdot\boldsymbol{n} \tag{18}
$$

$$
(\boldsymbol{T}\cdot\boldsymbol{n})\times\boldsymbol{n} = 0 \tag{19}
$$

由各势函数所应满足的波动方程式，借助修正的 W. K. B. 方法，不难写出其零阶近似解（见附录），只不过对 $\varphi_1$ 的解则不仅应该满足点源条件，还应满足在海面处其值为零的边界条件。而此时沿海底弹性界面传播的界面波将具有柱面波衰减规律。注意到当考虑海区有不完整水下声道时，若声速梯度函数形式在声道轴上、下不同，则 $\varphi_1$ 在声道轴上、下的具体表示也将有所不同，取声道轴所在深度为 $h$，此时各零阶垂直简正波的解可写出如下[6]：

$$
A_0 = \begin{cases}
D S_0 V_0^{\frac{1}{3}} N_0 & 0 \leqslant Z < Z_s \\
D S_0 V_0^{\frac{1}{3}} N_0 + P(V_0) & Z_s < Z < h \\
\widehat{D}\widehat{S}_0 \widehat{V}_0^{\frac{1}{3}} \widehat{N}_0 + \widehat{P}(\widehat{V}_0) & h < Z < f
\end{cases} \tag{20}
$$

其中：

$$
\widehat{D} = D\mathrm{e}^{\mathrm{i}(v_{0h} - v_{1h})}
$$

$$
N_0 = H_{\frac{1}{3}}^{(1)}(V_0) H_{\frac{1}{3}}^{(2)}(V_{00}) - H_{\frac{1}{3}}^{(1)}(V_{00}) H_{\frac{1}{3}}^{(2)}(V_0)
$$

$$
\widehat{N}_0 = H_{\frac{1}{3}}^{(1)}(\widehat{V}_0) H_{\frac{1}{3}}^{(2)}(V_{00}) - H_{\frac{1}{3}}^{(1)}(V_{00}) H_{\frac{1}{3}}^{(2)}(\widehat{V}_0)
$$

$$
\begin{cases}
P(V_0) = \dfrac{\pi\mathrm{i}}{2}\left(\dfrac{V_0 V_{0s}}{Q_0 Q_{0s}}\right)^{\frac{1}{2}} N_{0s} \\
\widehat{P}(\widehat{V}_0) = \dfrac{\pi\mathrm{i}}{2}\mathrm{e}^{\mathrm{i}(v_{0h} - v_{1h})}\left(\dfrac{\widehat{V}_0 V_{0s}}{\widehat{Q}_0 Q_{0s}}\right)^{\frac{1}{2}} \widehat{N}_{0s}
\end{cases} \tag{21}
$$

$$S_0 = \frac{V_0^{\frac{1}{6}}}{Q_0^{\frac{1}{2}}}, \hat{S}_0 = \frac{\hat{V}_0^{\frac{1}{6}}}{\hat{Q}_0^{\frac{1}{2}}} \tag{22}$$

$$Q_0 = \sqrt{k_1^2 - \xi^2}, \hat{Q}_0 = \sqrt{\hat{k}_1^2 - \xi^2} \tag{23}$$

$$\begin{cases} V_0(Z) = \int Q_0(Z)\mathrm{d}Z \\ \hat{V}_0(Z) = \int \hat{\hat{Q}}_0(Z)\mathrm{d}Z \end{cases} \tag{24}$$

并解出：

$$B_0 = FS'_0 V'^{\frac{1}{3}}_0 H^{(1)}_{\frac{1}{3}}(V'_0), S'_0 = \frac{V'^{\frac{1}{6}}_0}{Q'^{\frac{1}{2}}_0} \tag{25}$$

$$Q'_0 = \sqrt{k_2^2 - \xi^2}, V'_0 = \int Q'_0 \mathrm{d}Z \tag{26}$$

$$\vec{C}_0 = \vec{G} S''_0 V''^{\frac{1}{3}}_0 H^{(1)}_{\frac{1}{3}}(V''_0), S''_0 = \frac{V''^{\frac{1}{6}}_0}{Q''^{\frac{1}{2}}_0} \tag{27}$$

$$Q''_0 = \sqrt{\chi^2 - \xi^2}, V''_0 = \int Q''_0 \mathrm{d}Z \tag{28}$$

$$w_x G_{x0} + w_y G_{y0} + Q''_0 G_{z0} = 0 \tag{29}$$

函数 $W$ 应满足一阶偏微分方程式：

$$\left(\frac{\partial W}{\partial X}\right)^2 + \left(\frac{\partial W}{\partial Y}\right)^2 = \xi^2 \tag{30}$$

该方程式不难利用一阶偏微分方程全积分方法解出[5]。将式(10)～(14)所给出的零阶解代入边界条件各式后，可得求解常数 $\hat{D}$、$F$、$\boldsymbol{G}$ 及 $\xi$ 的方程组，其中 $\xi$ 为边界条件矩阵系数行列式为零时的根。通常海水声速的水平梯度远小于其垂直声速梯度，故 $\varepsilon$ 不过是 $10^{-3} \sim 10^{-2}$ 量级，仅利用各势函数的零阶近似表达，即可以获得对声场分布有一定参考价值的结果。在不过分影响所得规律的准确性条件下，为书写简便计，忽略含有 $S$ 对 $z$ 求偏导的各 $\dot{S}$ 项，且 Hankel 函数均用其渐近展开式表示，并利用 $G_z = -\frac{G_x w_x + G_y w_y}{Q''}$ 消去 $G_z$，可写出弹性介质中各应力张量表示，及由边界条件形成的矩阵 $\boldsymbol{R}$ 的各项如下（忽略 $-\mathrm{i}\omega$ 因子）：

$$\tau_{xx} = FU_x - 2\mu \frac{w_x}{Q''} P_y \tag{31}$$

$$\tau_{yy} = FU_y + 2\mu \frac{w_y}{Q''} P_x \tag{32}$$

$$\tau_{zz} = F(\lambda k_2^2 + 2\mu Q'^2) - 2\mu Q'' \kappa \tag{33}$$

$$\tau_{xy} = \mu F \xi^2 + \mu Q'' \kappa \tag{34}$$

$$\tau_{yz} = \mu F u_y + \mu \frac{w_x}{Q''} P_y \tag{35}$$

$$\tau_{zx} = \mu F u_x - \mu \frac{w_y}{Q''} P_x \tag{36}$$

其中：

$$\begin{cases} U_x = \lambda k_2^2 + 2\mu w_x^2, U_y = \lambda k_2^2 + 2\mu w_y^2, \\ u_x = Q'^2 + w_x^2, u_y = Q'^2 + w_y^2, \\ P_x = G_y w_x w_y + G_x(Q''^2 + w_x^2), \\ P_y = G_x w_x w_y + G_y(Q''^2 + w_y^2), \\ \kappa = G_x w_y - G_y w_x \end{cases} \tag{37}$$

$$\boldsymbol{R}_{11} = \Omega\sin(v - v_0) - Q_{0f}\cos(v - v_0) \tag{38}$$

$$\boldsymbol{R}_{12} = (f_x w_x + f_y w_y - Q'_{0f}) \tag{39}$$

$$\boldsymbol{R}_{13} = -\frac{1}{Q''}(\widehat{\Omega}_2 - \bar{\omega}_2) \tag{40}$$

$$\boldsymbol{R}_{14} = -\frac{1}{Q''}(\widehat{\Omega}_1 - \bar{\omega}_1) \tag{41}$$

$$\boldsymbol{R}_{21} = \omega^2 \rho_1 \sin(v - v_0) \tag{42}$$

$$\boldsymbol{R}_{22} = \lambda k_2^2 \sigma^2 + 2\mu\zeta_- \Omega' \tag{43}$$

$$\boldsymbol{R}_{23} = -\frac{2\mu w_y \zeta_-}{Q''}(\Omega''_1 - \bar{\omega}'_1) \tag{44}$$

$$\boldsymbol{R}_{24} = -\frac{2\mu w_x \zeta_+}{Q''}(\Omega''_2 - \bar{\omega}'_2) \tag{45}$$

$$\boldsymbol{R}_{31} = 0 \tag{46}$$

$$\boldsymbol{R}_{32} = \mu(\zeta_- \vartheta' + F_x \vartheta'_1) \tag{47}$$

$$\boldsymbol{R}_{33} = -\frac{\mu w_y}{Q''}\{\gamma_1 Q''^2 + \zeta_1 w_x^2\} \tag{48}$$

$$\boldsymbol{R}_{33} = -\frac{\mu w_y}{Q''}\{\gamma_1 Q''^2 + \zeta_1 w_y^2\} \tag{49}$$

$$\boldsymbol{R}_{41} = 0 \tag{50}$$

$$\boldsymbol{R}_{42} = \mu\{\zeta_- \vartheta'' + F_y \vartheta''_1\} \tag{51}$$

$$\boldsymbol{R}_{43} = -\frac{\mu w_y}{Q''}\{\gamma_3 Q''^2 - (f_y\zeta_- - F_y) w_x^2\} \tag{52}$$

$$\boldsymbol{R}_{44} = \frac{\mu w_x}{Q''}\{\gamma_4 Q''^2 + \zeta_2 w_y^2\} \tag{53}$$

其中：

$$\Omega = f_x w_x + f_y w_y, \Omega' = f_x w_x^2 + f_y w_y^2 - Q'^2$$

$$\widehat{\Omega}_1 = w_x(f_y w_y - Q''), \widehat{\Omega}_2 = w_y(f_x w_x - Q'')$$

$$\Omega''_1 = (f_x - f_y) w_x^2, \Omega''_2 = (f_x - f_y) w_y^2$$

$$\bar{\omega}_1 = f_x(Q''^2 + w_y^2), \bar{\omega}_2 = f_y(Q''^2 + w_x^2)$$

$$\bar{\omega}'_1 = (f_x - 1) Q''^2, \bar{\omega}'_2 = (f_y + 1) Q''^2$$

$$\vartheta' = f_x Q'^2 + w_x^2, \vartheta'_1 = f_x w_x^2 + f_y w_y^2 - Q'^2$$

$$\vartheta'' = f_y Q''^2 + w_y^2, \vartheta''_1 = f_x w_x^2 + f_y w_y^2 - Q''^2$$

$$\gamma_1 = f_x^2 - f_x - \zeta_+, \gamma_2 = 4f_x + f_y - f_x f_y$$

$$\gamma_3 = f_x f_y - f_x - 4f_y, \gamma_4 = f_y^2 - f_y - \zeta_+$$

$$\zeta_1 = f_x^2 + 2f_x - f_x f_y - 1$$
$$\zeta_2 = f_y^2 + 2f_y - f_x f_y - 1$$

## 2　仿真算例

为进一步描述在不规则海区可能出现的声场分布特点,试考虑给定的如下海区环境条件:令 $\varepsilon = 0.01$,$\omega = 200\pi$,取 $z$ 坐标垂直向下,海面为 $Z = 0$ 平面,声源深度 $Z_s = 300$ m,声道轴所在深度 $h = 1\ 000$ m,海水密度为 $\rho_1 = 1$ g/cm$^3$,水中声速随深度的变化规律如下:

海水声速:

$$c_1 = \begin{cases} \dfrac{1\ 500}{c_{11}} & 0 \leqslant Z < 1\ 000m \\ \dfrac{1\ 500}{\sqrt{1.1}} c_{12} & 1\ 000m < Z \end{cases} \tag{54}$$

其中:

$$c_{11}(Z) = \sqrt{1 + 10^{-4} Z[1 + 10\alpha(1\ 000 - Z)]}$$
$$\alpha = \sin \frac{30}{1 + (X-1)^2 (Y-2)^2 / 10^4}$$
$$c12(Z) = [1 + 0.4 \times 10^{-4}(Z - 1\ 000)]$$

海底界面方程:

$$Z = 1\ 200 + 1\ 000\ \tanh(X/100 + Y/70) \tag{55}$$

弹性介质密度:

$$\rho_2 = 1.5(1 + 0.000\ 5Z) \tag{56}$$

弹性模量:

$$\lambda = 2 \times 10^4 (1 + 10^{-5} X + 10^{-5} Y),\ \mu = 3 \times 10^6 (1 + 10^{-5} X - 10^{-6} Y) \tag{57}$$

按海区环境条件,可直接写出各简正波的零阶近似如下,对水中声场:

$Z < 1\ 000$,

$$V_0 = \int \sqrt{\left(\frac{\pi}{7.5}\right)^2 c_{11} - \xi^2}\, dZ = \int \sqrt{a + bZ + cZ^2}\, dZ$$

$$= \frac{(2cZ + b)}{4c} \sqrt{a + bZ + cZ^2} + \begin{cases} -\dfrac{4ac - b^2}{(2\sqrt{-c})^3} \arcsin \dfrac{2cZ + b}{\sqrt{b^2 - 4ac}} & c < 0 \\ \dfrac{4ac - b^2}{(2\sqrt{c})^3} \ln(2\sqrt{cR} + 2cZ + b) & c > 0 \end{cases} \tag{58a}$$

其中:

$$a = \left(\frac{\pi}{7.5}\right)^2 - \xi^2,\ b = \left(\frac{\pi}{7.5}\right)^2 (10^{-4} + \alpha),\ c = -\left(\frac{\pi}{7.5}\right)^2 \times 10^{-3} \alpha$$

$Z > 1\ 000$,令 $u = 0.96 + 0.4 \times 10^{-4} Z$

$$\hat{V}_0 = \int \sqrt{\frac{0.193\ 0}{(0.96 + 0.4 \times 10^{-4} Z)^2} - \xi^2}\, dZ = 2.5 \times 10^4 \int \frac{u du}{\sqrt{0.193\ 0 - \xi^2 u^2}}$$

$$= -\frac{2.5 \times 10^4}{\xi^2} \sqrt{0.193\ 0 - \xi^2 (0.96 + 0.4 \times 10^{-4} Z)^2} \tag{58b}$$

对海底介质中声场,因海底介质密度随深度依线性变化,故有:

$$k_2^2 = \frac{\rho_2\omega^2}{\lambda + 2\mu} - \frac{3}{4}\left(\frac{\partial\rho_2}{\partial z}\Big/\rho_2\right)^2 = \frac{0.098\,4(1 + 5 \times 10^{-4}Z)}{1 + 10^{-2}X - 10^{-3}Y} - \frac{1.875 \times 10^{-7}}{(1 + 0.000\,5Z)^2} \tag{59}$$

$$\chi^2 = \frac{\rho_2\omega^2}{\mu} - \frac{3}{4}\left(\frac{\partial\rho_2}{\partial z}\Big/\rho_2\right)^2 = \frac{0.197\,4(1 + 5 \times 10^{-4}Z)}{1 + 10^{-2}X - 10^{-3}Y} - \frac{1.875 \times 10^{-7}}{(1 + 0.000\,5Z)^2} \tag{60}$$

记：

$$\beta = \frac{0.098\,4}{1 + 10^{-2}X - 10^{3}Y}$$

$$\eta = \frac{0.197\,4}{1 + 10^{-2}X - 10^{-3}Y}$$

$$u' = 1 + 5 \times 10^{-4}Z$$

$$\begin{aligned} V_0' &= 2\,000\int \sqrt{\beta u'^3 - \xi^2 u'^2 - 1.875 \times 10^{-7}}\,\frac{\mathrm{d}u'}{u'} \\ &\approx 2\,000\int\left\{\sqrt{\beta u'^3 - \xi^2 u'^2} - \frac{0.938 \times 10^{-7}}{\sqrt{\beta^2 u'^3 - \xi^2 u'^2}}\right\}\frac{\mathrm{d}u'}{u'} \\ &= \frac{4\,000}{3\beta}(\beta u' - \xi^2)^{\frac{3}{2}} + \frac{1.875 \times 10^{-4}\sqrt{\beta u' - \xi^2}}{\xi^2 u'} + \\ &\quad \frac{1.875 \times 10^{-4}\beta}{\xi^3}\arctan\frac{\sqrt{\beta u' - \xi^2}}{\xi} \end{aligned} \tag{61}$$

同理：

$$\begin{aligned} V_0'' &= \frac{4\,000}{3\eta}(\eta u - \xi^2)^{\frac{3}{2}} + \frac{1.875 \times 10^{-4}\sqrt{\eta u' - \xi^2}}{\xi^2 u'} + \\ &\quad \frac{1.875 \times 10^{-4}\eta}{\xi^3}\arctan\frac{\sqrt{\eta u' - \xi^2}}{\xi} \end{aligned} \tag{62}$$

由于仿真算例所给定的环境条件比较复杂，利用边界条件所建立的联立方程组直接解算 $\xi$ 将十分困难，为简便计，以下将利用数值计算求得近似解，为了能保证必要的解算结果的准确度，将对不同的 $X$、$Y$ 坐标值，依次进行逐段近似。

对 $W$ 取二次函数近似，设

$$W = a_1X + a_2Y + a_3X^2 + a_4Y^2$$

则有：

$$w_x = a_1 + 2a_3X$$

$$w_y = a_2 + 2a_4Y$$

$$\xi^2 = (a_1 + 2a_3X)^2 + (a_2 + 2a_4Y)^2$$

利用数值计算近似可得 $X = Y = 0$ 时，$a_1 \approx 0.24$，$a_2 \approx 0.23$；若取 $X = Y = 5$，则求得 $a_1 \approx 0.115$，$a_2 \approx 0.225$，$a_3 \approx 0.001$，$a_4 \approx 0.002$ 即此时由于海底系大陆坡，故声传播开始向 $y$ 方向偏转；若要求得更大范围声场的形式，则需要进行更多的数值计算。本文只满足于提出一种对复杂海区环境可用的分析方法，为保证文章篇幅的有限，将不再做更多的声场计算结果描述。

## 参考文献

[1] M. D. Collins, W. L. Siegmann. Treatment of a sloping fluid-solid interface and sediment layering with the seismo-acoustic parabolic equation[J]. J. Acoust. Soc. Am. 2015, 137(1): 492 - 497.

[2] Chuan-Xiu Xu, Jun Tang, Sheng-Chun Piao, etc. Developments of parabolic equation method in the period of 2000 - 2016[J]. Chinese Physics B. 2016, 25(12): 124315.

[3] 杨士莪. 准分层介质声场的近似算法[J]. 哈尔滨工程大学学报, 1997, Vol. 18 No. 1.

[4] 杨士莪. Theory of Underwater Sound Propagation[M]. 哈尔滨工程大学出版社, 2009.

[5] L. M. Brekhovskikh. Waves in Layered Media [M]. Second Edition. Academic Press INC, 1980.

[6] J. B. Keller, J. S. Papadakis. Wave Propagation and Underwater Acoustics[J]. Lecture Notes in Physics, 1977, 70: 1 - 13.

[7] I. S. Gradsbteyn, L. M. Ryzbik. Table of Integrals, Series, and Products[M]. Sixth Edition. Elsevier Pte Ltd, 2004.

### 附录：不规则半声道海域声场分析

设声源位于$(0,0,z_s)$处，声道轴深度为$z=h$，声道轴以上海水声速为$c_0$，声道轴以下海水声速为$c_1$，海面为绝对软界面，$c_0$，$c_1$均为$x,y,z$的函数。依修正的 W. K. B. 方法由逐次近似法，取声场势函数如下：

$$\varphi_1 = \mathrm{e}^{\mathrm{i}\frac{W(x,y)}{\varepsilon}} \sum_{m=0}^{\infty} A_m(x,y,z)(\mathrm{i}\varepsilon)^m \tag{A1}$$

$A_m$为不同阶局地简正波。不难直接写出其零阶形式解为：

$$A = \begin{cases} C_0\left(\dfrac{v_0}{Q_0}\right)^{\frac{1}{2}} l_0 & 0 \leqslant z < z_s \\ \left(\dfrac{v_0}{Q_0}\right)^{\frac{1}{2}} E_1 & z_s < z < h \\ \left(\dfrac{v_1}{Q_1}\right)^{\frac{1}{2}} E_2 & h < z \end{cases} \tag{A2}$$

其中：

$$\begin{cases} Q_j = \sqrt{k_j^2 - \xi^2},\ v_j = \int Q_j \mathrm{d}z, S_j = \dfrac{v_j^{\frac{1}{6}}}{Q_j^{\frac{1}{2}}},\ j = 0,1 \\ l_0 = H_{\frac{1}{3}}^{(1)}(v_0) H_{\frac{1}{3}}^{(2)}(v_{00}) - H_{\frac{1}{3}}^{(1)}(v_{0\ 0}) H_{\frac{1}{3}}^{(2)}(v_0) \\ E_1 = C_1 H_{\frac{1}{3}}^{(1)}(v_0) + C_2 H_{\frac{1}{3}}^{(2)}(v_0) \\ E_2 = C_3 H_{\frac{1}{3}}^{(1)}(v_0) + C_4 H_{\frac{1}{3}}^{(2)}(v_0) \end{cases} \tag{A3}$$

由点源条件可得：

$$C_0\{H_{\frac{1}{3}}^{(1)}(v_{0s})H_{\frac{1}{3}}^{(2)}(v_{00})-H_{\frac{1}{3}}^{(1)}(v_{00})H_{\frac{1}{3}}^{(2)}(v_{0s})\}=C_1H_{\frac{1}{3}}^{(1)}(v_{0s})+C_2H_{\frac{1}{3}}^{(2)}(v_{0s})\tag{A4}$$

$$C_0\{H_{-\frac{2}{3}}^{(1)}(v_{0s})H_{\frac{1}{3}}^{(2)}(v_{00})-H_{\frac{1}{3}}^{(1)}(v_{00})H_{-\frac{2}{3}}^{(2)}(v_{0s})\}-\{C_1H_{-\frac{2}{3}}^{(1)}(v_{0s})+C_2H_{-\frac{2}{3}}^{(2)}(v_{0s})\}=2\tag{A5}$$

由声道轴处声压与振速连续条件：

$$S_{0h}v_{0h}^{\frac{1}{3}}\{C_1H_{\frac{1}{3}}^{(1)}(v_{0h})+C_2H_{\frac{1}{3}}^{(2)}(v_{0h})\}=S_{1h}v_{1h}^{\frac{1}{3}}\{C_3H_{\frac{1}{3}}^{(1)}(v_{1h})+C_4H_{\frac{1}{3}}^{(2)}(v_{1h})\}\tag{A6}$$

$$(Q_{0h}v_{0h})^{\frac{1}{2}}\{C_1H_{-\frac{2}{3}}^{(1)}(v_{0h})+C_2H_{-\frac{2}{3}}^{(2)}(v_{0h})\}=(Q_{1h}v_{1h})^{\frac{1}{2}}\{C_3H_{-\frac{2}{3}}^{(1)}(v_{1h})+C_4H_{-\frac{2}{3}}^{(2)}(v_{1h})\}\tag{A7}$$

因 $\dot{S}_{0s}$、$\dot{S}_{0h}$、$\dot{S}_{1h}$均远小于 1 上式中一律忽略不计[#4]，(A4)式乘以 $H_{-\frac{2}{3}}^{(2)}(v_{0s})$ 减去(A5)乘 $H_{\frac{1}{3}}^{(2)}(v_{0s})$，可得到：

$$\{C_0H_{\frac{1}{3}}^{(2)}(v_{00})-C_1\}L_{0s}=-2(Q_{0s}v_{0s})^{-\frac{1}{2}}H_{\frac{1}{3}}^{(2)}(v_{0s})$$

$$L_{0s}=H_{\frac{1}{3}}^{(1)}(v_{0s})H_{-\frac{2}{3}}^{(2)}(v_{0s})-H_{-\frac{2}{3}}^{(1)}(v_{0s})H_{\frac{1}{3}}^{(2)}(v_{0s})$$

$$C_0H_{\frac{1}{3}}^{(2)}(v_{00})=C_1-\frac{\pi i}{2}\left(\frac{v_{0s}}{Q_{0s}}\right)^{\frac{1}{2}}H_{\frac{1}{3}}^{(2)}(v_{0s})\tag{A8}$$

(A4)式乘以 $H_{-\frac{2}{3}}^{(1)}(v_{0s})$ 减去(A5)乘 $H_{\frac{1}{3}}^{(1)}(v_{0s})$，可得到：

$$\{C_0H_{\frac{1}{3}}^{(1)}(v_{00})-C_2\}L_{0s}=2(Q_{0s}v_{0s})^{-\frac{1}{2}}H_{\frac{1}{3}}^{(1)}(v_{0s})$$

$$C_0H_{\frac{1}{3}}^{(1)}(v_{00})=C_2+\frac{\pi i}{2}\left(\frac{v_{0s}}{Q_{0s}}\right)^{\frac{1}{2}}H_{\frac{1}{3}}^{(1)}(v_{0s})\tag{A9}$$

同理利用 $Q_{0h}=Q_{1h}$，由声道轴上、下声场与法线振速连续条件可得：

$$C_0\left(\frac{v_{0h}}{Q_{0h}}\right)^{\frac{1}{2}}l_{0h}+\frac{\pi i}{2}\left(\frac{v_{0h}v_{0s}}{Q_{0h}Q_{0s}}\right)^{\frac{1}{2}}l_{0hs}=\left(\frac{v_{1h}}{Q_{1h}}\right)^{\frac{1}{2}}E_{2h}\tag{A10}$$

$$C_0(Q_{0h}v_{0h})^{\frac{1}{2}}L_{0h}+\frac{\pi i}{2}\left(\frac{Q_{0h}v_{0h}v_{0s}}{Q_{0s}}\right)^{\frac{1}{2}}L_{0hs}=(Q_{1h}v_{1h})^{\frac{1}{2}}E_{41h}\tag{A11}$$

式中：

$$l_{0hs}=H_{\frac{1}{3}}^{(1)}(v_{0h})H_{\frac{1}{3}}^{(2)}(v_{0s})-H_{\frac{1}{3}}^{(1)}(v_{0s})H_{\frac{1}{3}}^{(2)}(v_{0h})$$

$$L_{0h}=H_{-\frac{2}{3}}^{(1)}(v_{0h})H_{\frac{1}{3}}^{(2)}(v_{00})-H_{\frac{1}{3}}^{(1)}(v_{00})H_{-\frac{2}{3}}^{(2)}(v_{0h})$$

$$L_{0hs}=H_{-\frac{2}{3}}^{(1)}(v_{0h})H_{\frac{1}{3}}^{(2)}(v_{0s})-H_{\frac{1}{3}}^{(1)}(v_{0s})H_{-\frac{2}{3}}^{(2)}(v_{0h})$$

$$E_{41h}=C_3H_{-\frac{2}{3}}^{(1)}(v_{1h})+C_4H_{-\frac{2}{3}}^{(2)}(v_{1h})$$

利用 $Q_{0h}=Q_{1h}$，联合(A10)和(A11)式可得：

$$\begin{aligned}&\left\{C_0H_{\frac{1}{3}}^{(2)}(v_{00})+\frac{\pi i}{2}H_{\frac{1}{3}}^{(2)}(v_{0s})\left(\frac{v_{0s}}{Q_{0s}}\right)^{\frac{1}{2}}\right\}\\&\{H_{\frac{1}{3}}^{(1)}(v_{0h})H_{-\frac{2}{3}}^{(2)}(v_{1h})-H_{-\frac{2}{3}}^{(1)}(v_{0h})H_{\frac{1}{3}}^{(2)}(v_{1h})\}=C_3\frac{-4i}{\pi\sqrt{v_{0h}v_{1h}}}\end{aligned}\tag{A12}$$

可得:

$$C_3 \approx \left\{ C_0 H_{\frac{1}{3}}^{(2)}(v_{00}) + \frac{\pi i}{2} H_{\frac{1}{3}}^{(2)}(v_{0s}) \sqrt{\frac{v_{0s}}{Q_{0s}}} \right\} e^{i(v_{0h} - v_{1h})}$$

同理

$$C_4 \approx -\left\{ C_0 H_{\frac{1}{3}}^{(1)}(v_{00}) - \frac{\pi i}{2} H_{\frac{1}{3}}^{(1)}(v_{0s}) \sqrt{\frac{v_{0s}}{Q_{0s}}} \right\} e^{i(v_{0h} - v_{1h})}$$

# 第二篇

# 水 声 物 理

# 浅海孤立子内波对海洋声传播损失与声源定位的影响研究

马树青 杨士莪 朴胜春 李婷婷

**摘要** 孤立子内波是浅海大陆架海域普遍存在的水文现象,它的存在将改变海水稳定分层的声速、密度剖面,引起声场结构的改变。应用抛物方程方法研究二维与三维情况下浅海孤立子内波对声传播损失的影响,并研究孤立子内波的存在对水平阵波束形成定位的影响。通过仿真结果,对常规波束形成、MVDR 及 MUSIC 等波束形成方法进行比较。

**关键词** 孤立子内波;抛物方程;波束形成

孤立子内波是浅海大陆架海域普遍存在的水文现象,通常由内潮波在传播过程中激发[1]。它的存在会改变原本稳定分层的声速、密度剖面,引起声速、密度剖面沿深度方向与水平方向的剧烈变化,这种变化会极大改变原本的声场结构,因此有必要研究孤立子内波存在时声场的特性与规律。同时,孤立子内波会影响声场声压的幅值和相位,因此会对我们利用水平阵进行波束形成产生影响。

为了研究声场特性与规律,通常可采用波动理论、射线理论、简正波理论及抛物方程方法等声场分析方法。抛物方程方法采用步进算法计算声场,因此有利于计算环境参数随水平方向变化的声场[2]。所以在研究内波对声传播的影响时,使用抛物方程方法具有一定的优势。首次使用抛物方程方法模拟内波对声传播影响的研究是 1975 年 Stanley M. Flatté 和 Frederick D. Tappert[3] 所做的工作。随着抛物方程方法的发展,尤其在 IFD(隐式有限差分)算法等被应用于抛物方程方法后,使其适用范围大大增加,此时利用它来研究内波对声传播影响的工作也逐渐增多。尤其需要提及的是 Steven Finette[4]、Ji - xun Zhou[5] 等人的工作,为以后的研究提供了较好的参考资料。

1991 年,Ji - xun Zhou 等人利用抛物方程方法研究了孤立子内波与声波的共鸣现象,指出一定频率的孤立子内波会对一定频率的声波产生较大的影响,并提出可以利用这种共鸣现象来检测内波。2002 年,Roger Oba 和 Steven Finette 利用计算机编制成的 PE 代码仿真了各向异性浅海海洋环境下的声传播,为三维情况下的内波研究做了相关的探索工作。然而对于孤立子内波对声传播的影响,仍然需要进一步的研究。

本文应用抛物方程方法 FOR3D 程序[6],根据建立的孤立子内波模型,分别研究二维与三维不同情况下浅海孤立子内波对声传播的影响。之后根据三维情况仿真结果,进行水平阵波束形成仿真研究。

## 1 声场的抛物方程计算方法与波束形成算法

理想流体波动方程可由质量守恒方程、尤拉方程和绝热状态方程导出[7]:

$$\begin{cases}\dfrac{\partial\rho}{\partial t}=-\nabla\cdot(\rho\vec{U})\\ \dfrac{\partial\vec{U}}{\partial t}=-\dfrac{1}{\rho}\nabla p\\ \mathrm{d}p=c^2\mathrm{d}\rho\end{cases}\Rightarrow\nabla^2p-c^{-2}\frac{\partial^2p}{\partial t^2}=0\tag{1}$$

其中$\rho$为介质密度,$\vec{U}$为质点振速,$c$为声速,$p$为声压。利用时－频傅里叶变换可得频域波动方程即 Helmholtz 方程:

$$[\nabla^2+k^2]p(r,\omega)=0\tag{2}$$

其中$k(r)=\omega/c$。不同的声场计算方法对方程(2)有不同求解方法。在三维柱坐标系$(r,\theta,z)$平面内,抛物方程方法解为:

$$p(r,\theta,z)=u(r,\theta,z)H_0^{(1)}(k_0r)\tag{3}$$

其中$u(r,\theta,z)$满足抛物型波动方程:

$$u_{rr}+2ik_0u_r+u_{zz}+\frac{1}{r^2}u_{\theta\theta}+k_0^2(n^2(r,\theta,z)-1)u=0\tag{4}$$

使用抛物方程方法求解声矢量场,需首先得到(4)式中的$u(r,\theta,z)$值。在 FOR3D 程序中 D. Lee 和 McDaniel 利用算子分裂方法求解三维抛物型波动方程(4),可得到一个有限差分表示的步进算法:

$$u^{j+1}=\left[1+\left(\frac{1}{4}-\frac{\delta}{4}\right)X\right]^{-1}\left[1+\left(\frac{1}{4}+\frac{\delta}{4}\right)X\right]\cdot\left(1-\frac{\delta}{4}Y\right)^{-1}\left(1+\frac{\delta}{4}Y\right)u^j\tag{5}$$

其中:

$$X=[n^2(r,\theta,z)-1]+(1/k_0^2)\cdot(\partial^2/\partial z^2)$$
$$Y=(1/k_0^2r^2)\cdot(\partial^2/\partial\theta^2)$$

对于(5)式所表示的步进算法,需要在 FOR3D 程序中设定初始场,然后通过步进得出整个声场的$u$值。初始场的设置可采用简正波初始条件、PE 自初始条件、高斯声源、格林声源等。本文采用高斯点声源作为抛物方程初始场条件。

在环境参数设定后,可以利用 FOR3D 程序中得出声场$u$值,进而利用(4)式计算声场声压。则声压传播损失为:

$$TL_{PE}=-20\log|u|+10\log r\tag{6}$$

需要指出,由于孤立子内波的存在,会导致声速、密度剖面随水平变化,即改变了方程(4)中的$n^2(r,\theta,z)$项。方程中$n=c_0/c_i$,其中$c_0$为参考声速,$c_i$为所求位置的声速。FOR3D 程序中采用近似:

$$n^2\approx(c_0/c_i)^2+i(c_0/c_i)^2\times\beta/27.287\,527$$

$\beta$为海水吸收系数(dB/波长)。

当声波在传播过程中遇到内波扰动时,在程序中即体现在步进过程中声速与密度剖面产生改变。这时,需要调用子程序,重新设定每个距离处的声速与密度剖面,从而加入孤立子内波所产生的扰动。

我们通过(3)式得到的声压值为数值求解频域波动方程即 Helmholtz 方程得到。是通过时频傅里叶变换转化所得。通常我们考虑简谐波:

$$p(r,z,t)=P(r,z)\cdot e^{-j\omega t}$$

因此,若考虑简谐波产生的稳态场,我们只需将通过抛物方程所求得的频域声压值乘以

$e^{-j\omega t}$,即可得到时域声压值。由于波束形成是对各阵元输出进行求和,并取出其幅度值,实际上是对 $e^{-j\omega t}$ 以外的幅度与相位进行求和。因此我们可以利用抛物方程求得的声压值来进行声源方位的波束形成。

对于三维情况下的抛物方程方法计算所得声场,由于波的传播为柱面波,则在同一深度、同一距离水平面的接收点,传播时间应当一样,相位一致。若把弧线转化为直线,相当于平面波入射,若对其进行波束形成,所估计的声源方位应当为0°。

假设 $N$ 个远场的窄带信号入射到空间某阵列上,其中阵列天线由 $M$ 个阵元组成。设接收信号的形式为[8]:

$$\boldsymbol{X}(t) = \boldsymbol{A}\cdot\boldsymbol{S}(t) + \boldsymbol{N}(t) \tag{7}$$

式中:$\boldsymbol{X}(t)$ 为阵列的 $M\times1$ 维快拍数据矢量,$\boldsymbol{N}(t)$ 为阵列的 $M\times1$ 维噪声数据矢量,$\boldsymbol{S}(t)$ 为信号空间的 $N\times1$ 维矢量,$\boldsymbol{A}$ 为空间阵列的 $M\times N$ 阵列流型矩阵,且 $\boldsymbol{A}=[\boldsymbol{a}_1(\Omega_0)\boldsymbol{a}_2(\Omega_0)\cdots\boldsymbol{a}_N(\Omega_0)]$,式中,$\Omega_0=2\pi f$。其中,导向矢量 $\boldsymbol{a}_i(\Omega_0)$ 为:

$$\boldsymbol{a}_i(\Omega_0) = \begin{bmatrix} \exp(-j\Omega_0\tau_{1i}) \\ \exp(-j\Omega_0\tau_{2i}) \\ \vdots \\ \exp(-j\Omega_0\tau_{Mi}) \end{bmatrix} \quad i = 1,2,\cdots,N$$

则整个阵列输出的平均功率为:

$$P(\omega) = \omega^{\mathrm{H}} R\omega$$

其中:$\omega$ 是加在各基元上的权值,$R=E\{\boldsymbol{X}(t)\boldsymbol{X}^{\mathrm{H}}(t)\}$。

若 $\omega=\boldsymbol{a}(\theta)$,$\boldsymbol{a}$ 为导向矢量,$\theta$ 为目标方位,则为常规波束形成算法,即:

$$P_{\mathrm{CBF}}(\theta) = \boldsymbol{a}^{\mathrm{H}}(\theta)R\boldsymbol{a}(\theta) \tag{8}$$

若 $\boldsymbol{\omega}$ 为最优权矢量,$\boldsymbol{\omega}=\dfrac{R^{-1}\boldsymbol{a}(\theta_d)}{\boldsymbol{a}^{\mathrm{H}}(\theta_d)R^{-1}\boldsymbol{a}(\theta_d)}$,则为 MVDR 波束形成算法[9]:

$$P_{\mathrm{MVDR}}(\theta) = \frac{1}{\boldsymbol{a}^{\mathrm{H}}(\theta)R^{-1}\boldsymbol{a}(\theta)} \tag{9}$$

若对 $R$ 进行特征分解有

$$R = U_S\Sigma_S U_S^{\mathrm{H}} + U_N\Sigma_N U_N^{\mathrm{H}}$$

式中 $U_S$ 是由大特征值对应的特征矢量张成的信号子空间,而 $U_N$ 是由小特征值对应的特征矢量张成的噪声子空间。理想条件下数据空间中的信号子空间与噪声子空间是相互正交的,即信号子空间的中的导向矢量也与噪声子空间正交,即:

$$\boldsymbol{a}^{\mathrm{H}}(\theta)U_N = 0$$

则有 MUSIC 算法[10]:

$$P_{\mathrm{MUSIC}} = \frac{1}{\boldsymbol{a}^{\mathrm{H}}(\theta)\hat{U}_N\hat{U}_N^{\mathrm{H}}\boldsymbol{a}(\theta)} \tag{10}$$

之后的仿真过程采用(8)(9)(10)式进行波束形成仿真。

## 2　孤立子内波对二维声场的影响

孤立子内波一般使用 KdV 方程描述[11],对于单个孤立子波包,垂直位移可表示为:

$$\eta(r,z,t) = W(k_h,j)\sum_{m=1}^{k}\Lambda_m \operatorname{sech}^2\left(\frac{r_m - V_m t}{\Delta_m}\right) \tag{11}$$

其中,$W(k_h,j)$代表上式中的本征函数,$V_m$ 代表孤立子内波的速度,$\Delta_m$ 代表孤立子内波的特征宽度,$\Lambda_m$ 为孤立子内波的振幅,即内波可用函数 $\mathrm{sech}^2$ 的形式来描述。如图 1 所示为黄海某地 2008 年 8 月 16 日下午所测温度链图,在 17 时 16 分左右出现明显孤立子内波形式,可以看出其形式与 $\mathrm{sech}^2$ 形式类似。

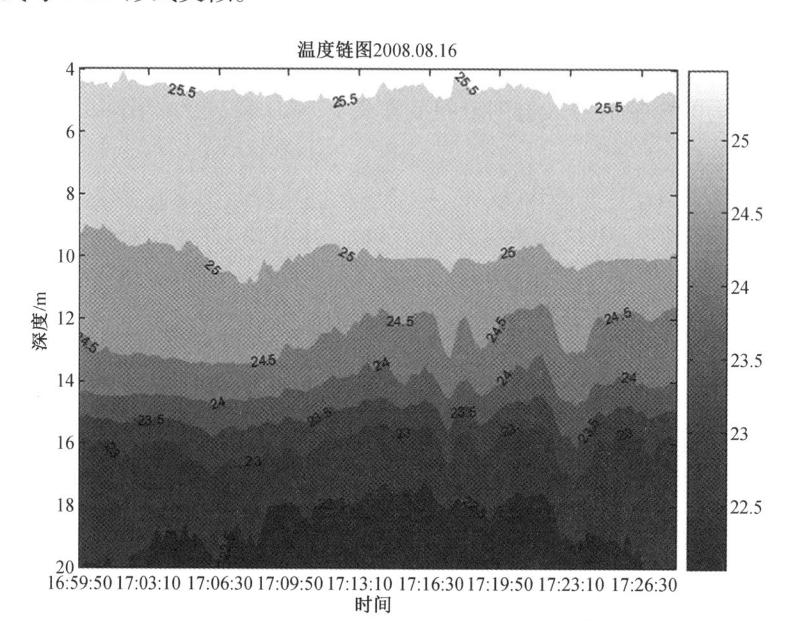


**图 1　实测孤立子内波示意图**

取孤立子内波的前 4 阶模态,且设 $W(k_h,j)$ 与 $t$ 为 1,若设其中 $\Delta_m$ 对每阶均为 70 m,$r_m$ 为 2. 5 km、3. 3 km、4. 1 km、4. 9 km,$\Lambda_m$ 为 20 m、17 m、14 m、11 m,孤立子内波位于两层界面的海洋跃层中,其中海深为 100 m,跃层处于 20 m,跃层上海水声速为 1 600 m/s,跃层之下海水声速为 1 500 m/s,海水密度为 1 000 kg/m$^3$,液态海底声速 1 700 m/s,密度为 1 000 kg/m$^3$,吸收系数为 1 dB/λ,此时环境参数示意图如图 2 所示,我们使用此模型进行仿真计算。

内波的存在会改变声场结构,如图 3 与图 4 所示,图中可以看出内波会使声场能量分布产生改变。这是由于当孤立子内波存在时,声速剖面产生变化,导致声波在传播过程中产生折射。

本文分两种情况讨论二维情况下孤立子内波对声传播的不同影响,分别为:不同频率声源;不同声源深度与不同接收器深度。

## 2.1　不同频率声源时内波对声传播的影响

首先讨论采用不同频率声源时,模型中的孤立子内波会对声传播产生怎样的影响,如图 6 与图 7 所示,为声源频率由 40 Hz 至 1 130 Hz 变化,间隔为 10 Hz 时,有内波与无内波情况下的声压传输损失伪色彩图。可以看出,当声源频率在 180 Hz 以下时,内波对声传播的影响较小,对于 100 Hz 以下声波,其影响可以忽略不计。说明孤立子内波对低频声波影响较小,这是由于低频声波会对孤立子内波产生绕射作用,并且产生的模式耦合作用较小。在声源频率为 200 ~ 600 Hz 与 800 ~ 1 130 Hz 时,内波对声传播影响较大,在某些频率的影响尤其剧烈,这与我们选择的内波形式有关,图 8 为不同频率下声压传播损失求和后的差值,可以看出在 350 Hz 时,孤立子内波对声传播的影响达到最大值,属于内波与声源频率的共鸣现象。在 600 ~800 Hz 间,内波的影响略小。

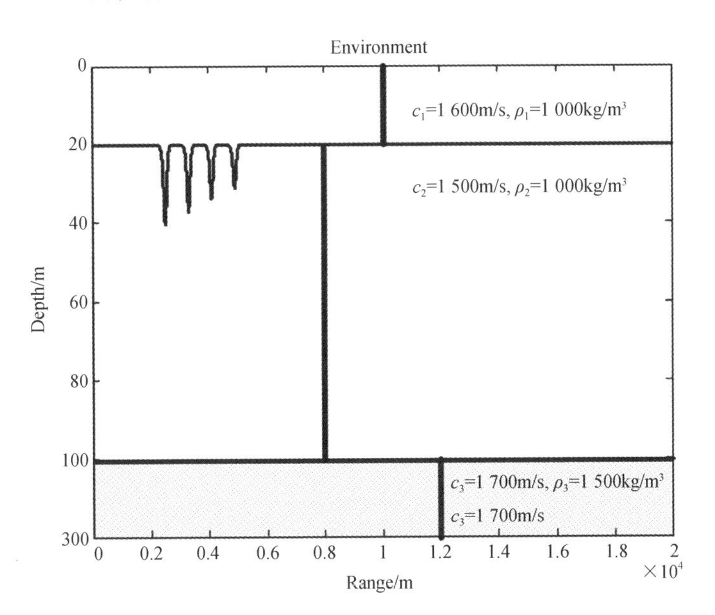


**图 2　环境参数示意图**

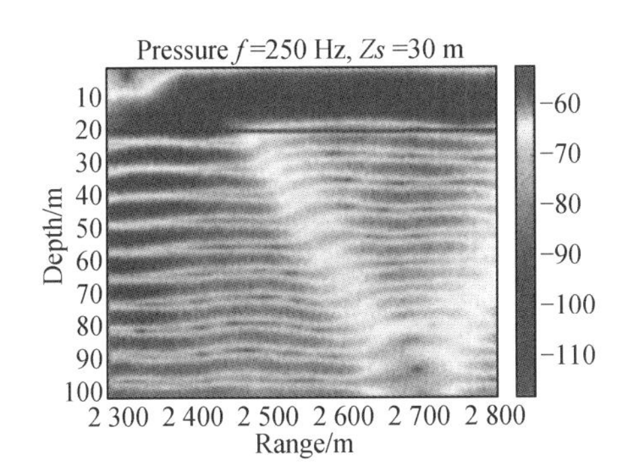


**图 3　无内波情况声压传播损失伪色彩图**

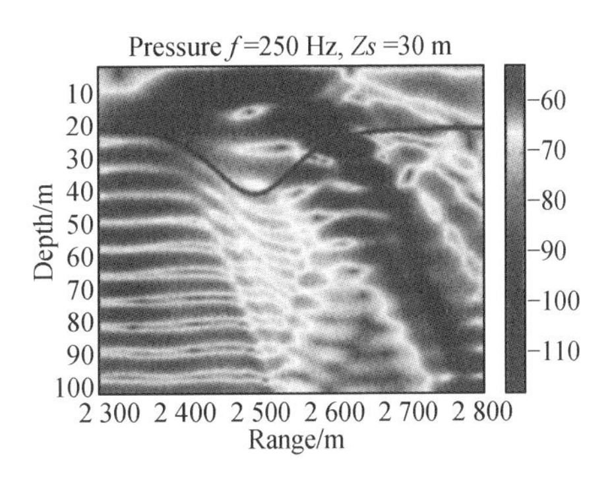


**图 4　有内波情况声压传播损失伪色彩图**

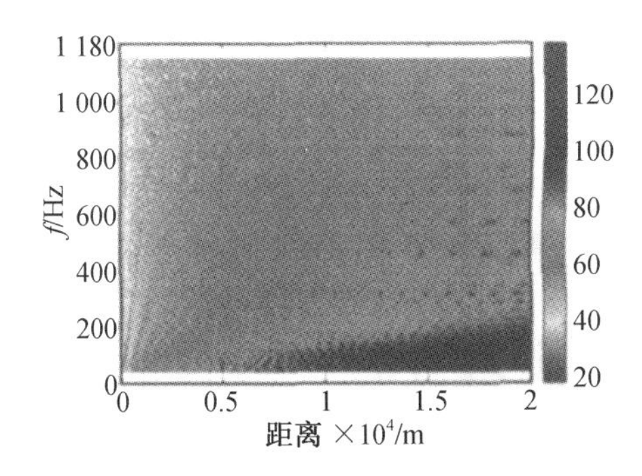


**图 5　无内波情况不同频率声压传播损失**

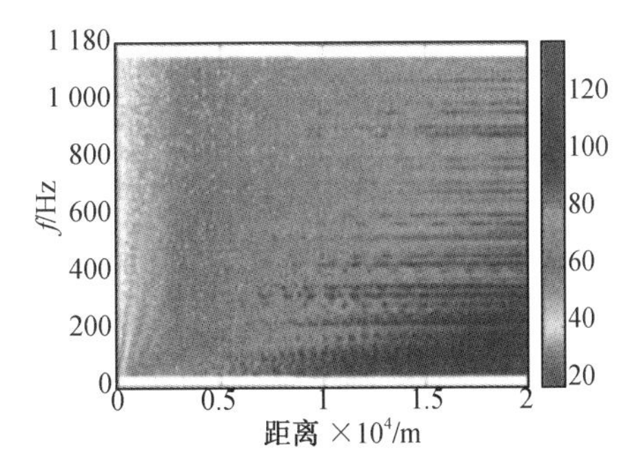


**图 6　有内波情况不同频率声压传播损失**

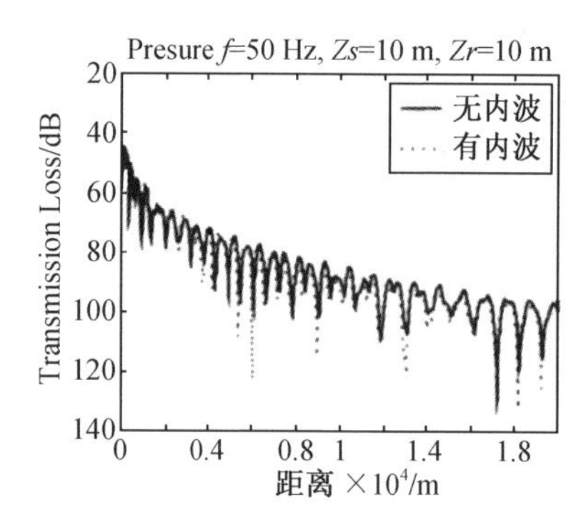


图 7　声源频率 **50 Hz** 时声压传播损失

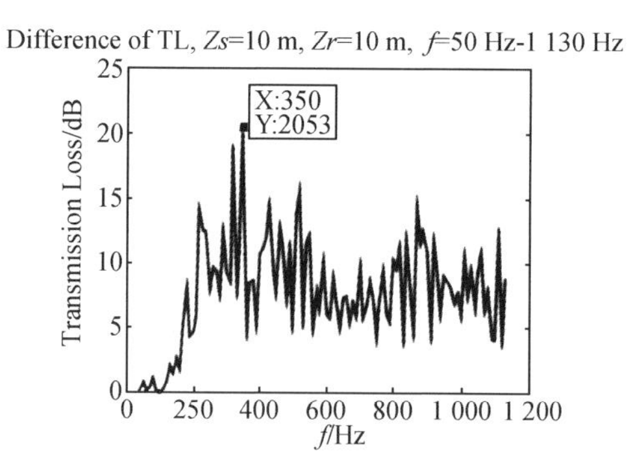


图 8　有无内波情况不同频率声压传播损失差值

选出其中的典型值来画出传播损失曲线，取声源频率为 50 Hz、350 Hz，如图 7 与图 9 中 A 图所示，可以看出孤立子内波对 50 Hz 声波产生的微小影响及对 350 Hz 声波产生的剧烈影响。

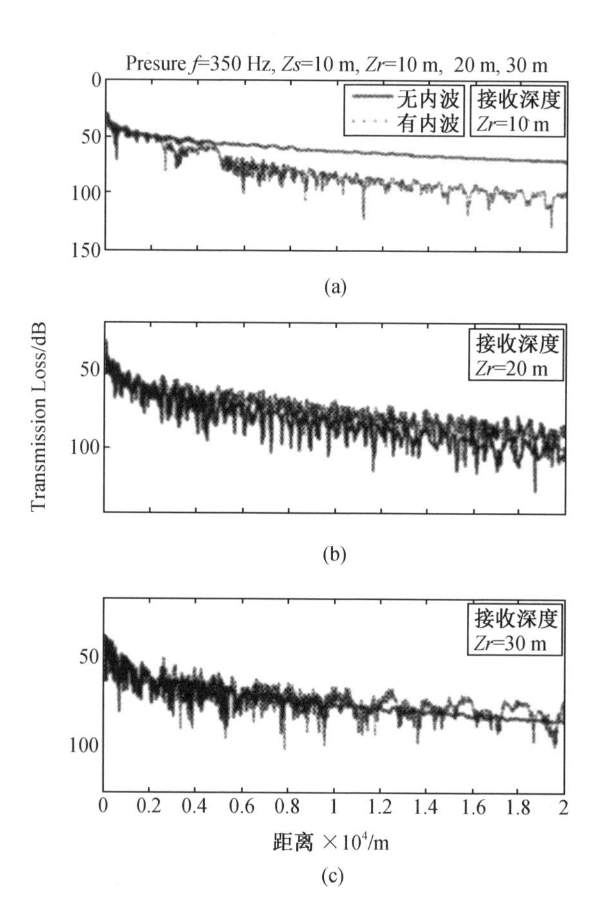


图 9　声源深度 **10 m** 时声压传播损失对比图

## 2.2 不同声源深度与接收深度时内波对声传播的影响

改变声源深度与接收深度,令声源位于跃层或跃层上、下,同时接收位于跃层或跃层上、下,如图9~图11所示,我们可以看出,声源深度不同,内波影响不同,接收位置不同,内波影响也不相同。可以得出在当前环境参数下有如下规律:

(1)声源位于跃层上时,使跃层上传播损失增加,跃层下传播损失减小;

(2)声源位于跃层下时,跃层上传播损失减小,跃层下传播损失增加;

(3)声源位于跃层或者接收位于跃层时,对传播损失幅值影响略小,主要改变声场干涉结构,从而改变传输损失起伏位置。

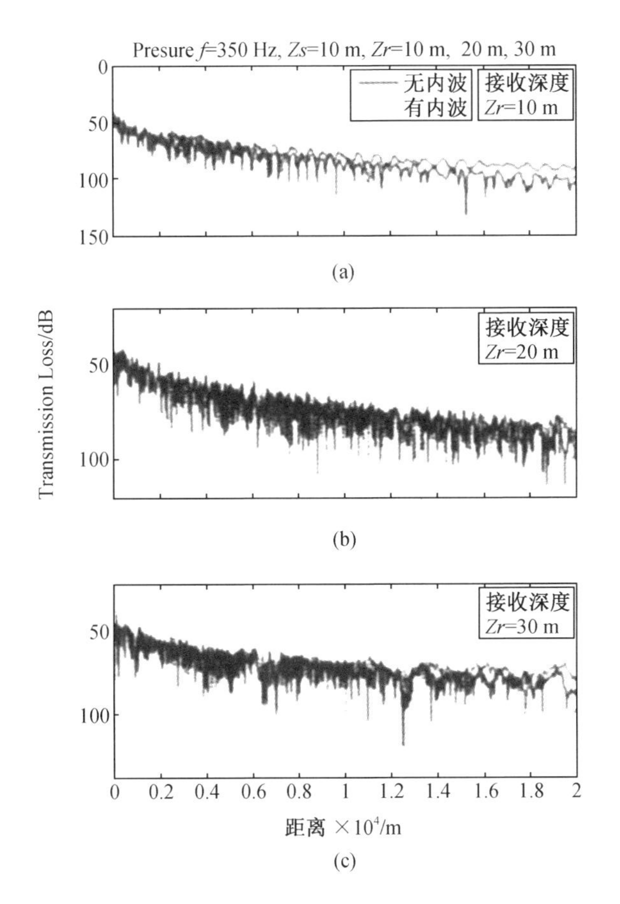


**图10 声源深度20 m时声压传播损失对比图**

这是由于内波的存在使声波产生折射,改变了声场的干涉结构,从而改变声场的能量分布,结果将会使声场的能量分布更为平均,因此在原先传播损失较大的地方,传播损失将会减小,原先传播损失较小的地方,传播损失将会增加。

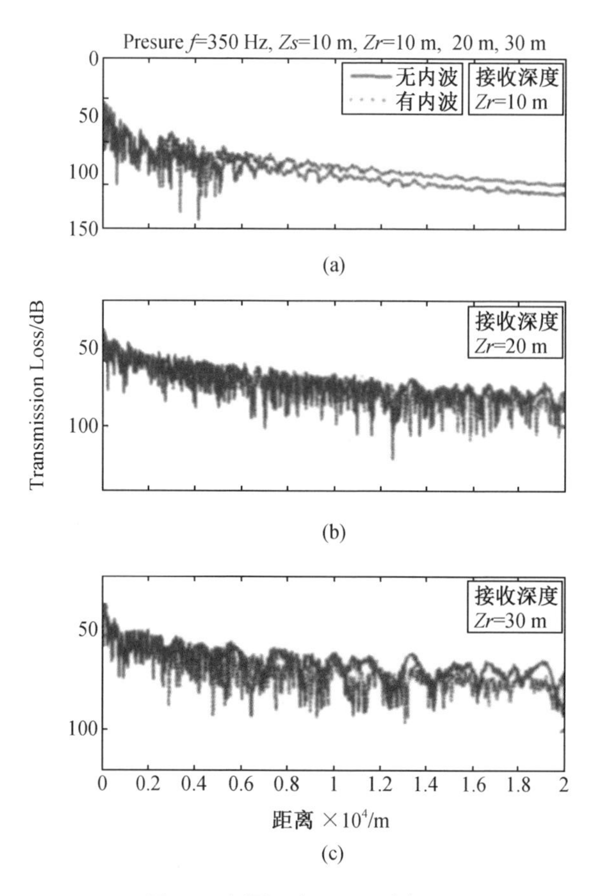


**图 11　声源深度 30 m 时声压传播损失对比图**

## 3　孤立子内波对三维声场的影响与对水平阵波束形成的影响

使用抛物方程方法可以快速计算三维声场情况，如图 12 与图 13 所示为有内波与无内波情况下，声源在水平 $\theta$ 方向具有 40°开角范围内，三维声场的伪彩色图。左图为俯视图，右图为距离声源 20 km 处，声压场在深度方向切面图。从俯视图可以看出，在内波存在区域与内波存在边缘区域，声场干涉结构产生较大改变。从切面图可以看出，在某些深度上，内波对声场影响尤为剧烈，而在跃层附近，则影响较小，这与我们在二维情况下得到的结论相同。

从切面图也可以看出，若采用水平阵接收信号，在孤立子内波可以影响较大的区域与影响较小区域，接收到的信号将会有很大不同。这种影响既是幅值上的，也是相位上的。因此，孤立子内波的存在必然会影响我们使用波束形成方法对声源进行定位。

如图 14 为声压相位图，孤立子内波存在区域为 25°～30°，声源与接收均位于深度 20 m 处，声源频率为 250 Hz，接收距离声源 17 189 m。这时，接收间隔为 0. 01°，相邻接收器距离 $d=3\ \mathrm{m}=\lambda/2$。选出典型位置进行波束形成，图 15 选择接收水听器位于 12. 00°～12. 20°间，共计 20 个水听器，这里内波对声场影响较小，图 16 选择接收水听器位于 24. 90°～25. 10°间，由于内波存在于 25°～30°之间，所以我们选择在 24. 90°～25. 10°之间，为内波影响的边缘位置。图中可以看出，孤立子内波的存在对常规波束形成影响较小，但是会降低

MVDR 与 MUSIC 等高分辨率波束形成方法的分辨力。而在内波影响较小区域,这种影响是可以忽略的。而在内波影响较大区域,可以看出三种方法所得到的方位估计,均产生 1 误差,同时,MVDR 与 MUSIC 方法的分辨力大为降低。若加入噪声,其影响将更为剧烈。

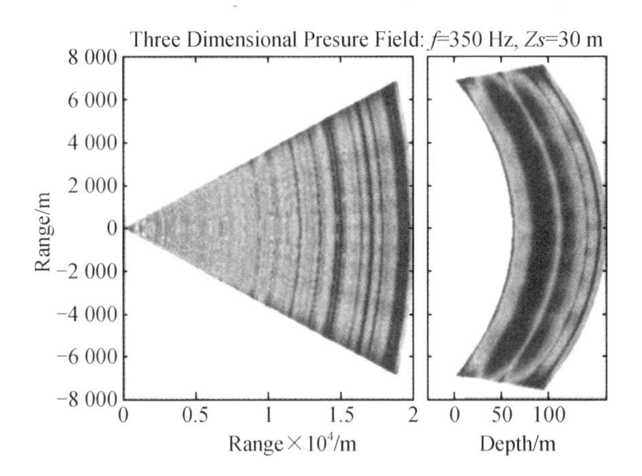


图 12　无内波情况三维声压场俯视图与切面图

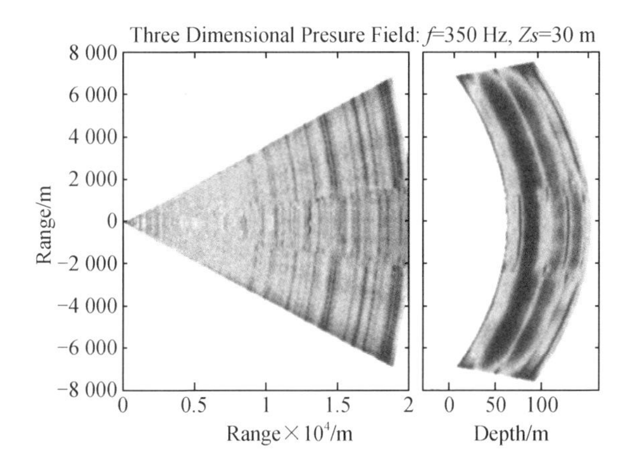


图 13　有内波情况三维声压场俯视图与切面图

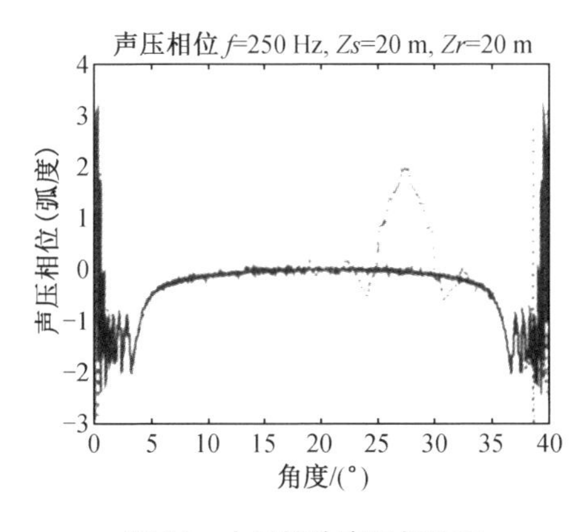


图 14　水平接收声压相位图

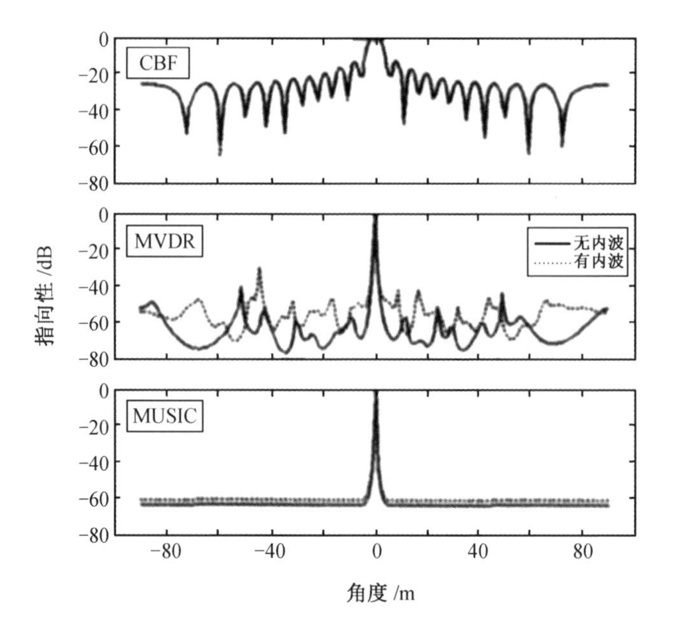


**图 15　12.00°～12.20°间水平阵波束形成图**

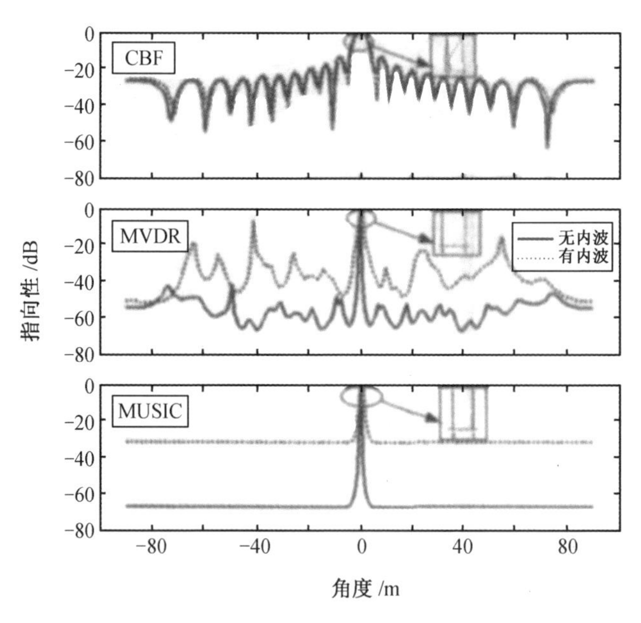


**图 16　24.90°～25.10°间水平阵波束形成图**

## 4　结论

本文应用抛物方程计算方法对孤立子内波存在情况下的声场进行了分析,并分析了孤立子内波对水平阵波束形成的影响,可以得到以下结论:

(1)孤立子内波的存在会使声波在传播过程中产生折射,从而改变声场结构,引起声传播损失的改变,并同时改变声压的幅值与相位。

(2)孤立子内波对声波的影响具有频率依存性,对于 180 Hz 以下的低频声波影响较小,而对 180 Hz 以上声波影响较大,同时,对于特定形式的孤立子内波,会对某一频率声波产生的影响达到最大值,属于孤立子内波与声波产生的共鸣现象。

(3)声源与接收位于不同位置,孤立子内波产生的影响不同,若声源或者接收器位于跃层上,可以减小这种影响。孤立子内波的存在会使声场的能量分布更为平均,原先传播损失较大的地方,传播损失将会减小,原先传播损失较小的地方,传播损失将会加大。

(4)孤立子内波的存在将影响水平阵波束形成的结果,当声源与接收阵间存在孤立子内波时,这种影响将不可忽略。同时可以看出,它对 MVDR 与 MUSIC 算法的影响要比常规波束形成更大。

## 参考文献

[1] 蔡树群,甘子钧. 南海北部孤立子内波的研究进展[J]. 地球科学进展,2001,16(2):215 -219. Cai Shuqun, Gan Zijun. Progress in the study of the internal solition in the northern south CHINA sea[J]. Advance In Earth Sciences,2001,16(2):215 -219.

[2] F. D. Tappert. The parabolic approximation method, in: Wave Propagation and Underwater Acoustics [M],Lecture Notes in Physics, Vol. 70, edited by J. B. Keller and J. S. Papadakis, New York :Springer-Verlag, Heidelberg,1977),Chap. V:224 -287.

[3] S. M. Flatte, F. D. Tappert, Calculation of the effect of internal waves on oceanic sound transmission. J. Acoust. Soc. Amer. ,1975. 58(1).

[4] Roger Oba and Steven Finette. Acoustic propagation through anisotropic internal wave fields: Transmission loss, cross-range, coherence, and horizontal refraction. J. Acoust. Soc. Amer. , Feb 2002. 111(2).

[5] Ji-Xun zhou and Xue-Zhen zhang. Resonant interaction of sound wave with internal solitons in the coastal zone. J. Acoust. Soc. Amer. ,October 1991. 90(4).

[6] D. Lee, Martin H. Schultz. Numerical ocean acoustic propagation in three dimensions[M]. Singapore, World Scientific Publishing,1995.

[7] 何祚镛,赵玉芳. 声学理论基础[M]. 国防工业出版社,1981.

[8] 王永良,陈辉. 空间谱估计理论与算法[M]. 清华大学出版社,2004.

[9] J. Capon, High-Resolution Frequency-Wavenumber Spec-trum Analysis, Proc. of IEEE, vol. 57, pp. 1408 -1418, Aug. 1969.

[10] R. O. Schimidt, Multiple Emitter Location and Signal Parameter Estimation, Proc. RADC Spectral Estimation Workshop, Griffiss AFBS, NY,1979.

[11] Korteweg D J,de Vries G. On the change of form of long waves advancing in a rectangle canal, and on a new type of long stationary waves[J]. Philos Mag Ser,1895,39 (5) : 422 -443.

# 水中甚低频声源激发海底地震波的传播

张海刚　朴胜春　杨士莪

**摘要**　目前关于海底地震波的理论分析仅局限于水平分层的弹性海底,该文对倾斜弹性海底的地震波传播规律进行研究.研究了浅海海底地震波的激发机理,当海底为弹性海底,且海底切变波速度大于水中声速时,水中声源能激发出水中的波导简正波和Scholte波、弹性海底的次表面波和Scholte波建立预报海底地震波场的抛物方程方法模型,研究了海底地震波的传播规律:甚低频声波在具有倾斜弹性海底的海洋环境中传播时,水中波导简正波和海底的次表面波会随着海水深度的减小出现能量泄漏现象。

**关键词**　地震波;甚低频声波;弹性抛物方程近似

舰船地震波场作为一种新的舰船物理场,具有广泛的应用前景[1]。舰船地震波属于表面波,在地球物理学的其他领域,如海洋地震测量中,在流体－固体界面传播的波即为Scholte波。20世纪40年代,Worzel和Ewing首次进行了海底地震波接收的浅海爆炸声传播实验,实验的接收装置为一个垂直轴的地震波检波器和一个水听器。Urick指出了浅海海域利用舰船地震波进行探测和跟踪舰船的可能性,并利用三轴地震检波器进行实验。Mcleroy利用九元地震波拾振器阵开展浅海中的爆炸声实验[1]。1978年,Dieter Rauch[2]利用海底地震波拾振器(OBS:Ocean-Bottom Seismometers:由三个正交的水听器和一个水听器组成)进行了爆炸声的海底地震波接收的海上实验,得到了地震波的时间/距离信号、频散分析图、衰减曲线和质点运动轨迹;Dieter Rauch总结了Scholte表面波的特性:Scholte表面波沿着海底界面传播,在两层介质中其幅度随离开界面的距离呈指数衰减;质点运动轨迹在深度－距离平面内为逆进的椭圆;在界面上垂直位移连续,水平位移不连续;没有截止频率,其传播速度接近于剪切波的传播速度。

1995年Dorman等人在岸上和海底分别布放了24元的地震波拾振器阵列和4套OBS接收系统来接收信号,观察Scholte波和Rayleigh波的频散特性[3]。Sutton对海上安放在海底的水听器、拾振器与掩埋于海底地层中地声传感器接收的甚低频海底地震波和水声信号进行深入分析和研究[4]。通过对实验数据的分析来确定海底地层结构、声波在海底中的传播模式和传播损失、声场的空间相关性。Brocher等对海水中不同深度处地震仪和水听器的接收信噪比做了比较[5]。美国应用物理实验室主任D Spain和海洋物理实验室Hodgkiss教授对接收甚低频段声波的基阵成阵技术进行深入的研究,并对海上浮标与海底拾振器接收的甚低频段信号做了比较[6]。TenCate等人基于海底地震波的特性研究地听器(Geophone)阵列的波束形成技术,并取得了一定的结果[7]。

俄罗斯学者通过设在海岸边的高灵敏度激光应变计实现了对太平洋潮汐运动引起的地壳应变的测量;并对通过激光应变计进行地震波测量实现探测水中目标进行了系统的研究,他们在湖上和海上利用高灵敏度激光应变计做了低频水下声源激励地震波信号的实验研究;目前正在深入研究通过地震波测量监测海洋动力学现象的可行性[8-11]。

国内对浅海海底舰船地震波的研究相对较晚，主要有海军工程大学和大连测控技术研究院等单位正在开展这方面的研究。他们对舰船海底地震波的形成机理进行理论分析，在浅海低频点声源作用下海底地震波场进行数值模拟，利用三分量高分辨微幅地震波检测仪进行了地震波接收的实验研究[1,12-14]。

目前国内外已有的对海底地震波的理论分析仅局限于水平分层的弹性海底。对于海底形状为不规则时地震波的传播还鲜有文献报道。本文首先研究水中声源激发海底地震波机理，海底为弹性时海底和海水中存在 Scholte 表面波，海底为硬海底时，海水中存在波导简正波和 Scholte 表面波，弹性海底存在 Scholte 波和次表面波；其次进行了地震波场的数值计算，基于 Collins 发展的弹性抛物方程，运用反转算子方法实现具有不规则弹性海底的海洋环境中地震波场的预报，并进一步研究了水中声源激发的海底地震波的传播规律。

## 1 海底地震波激发机理

以文献[15]中的理论为基础，研究如图 1 所示的海洋环境中海水中声场和海底地震波场的分布。采用柱坐标系，并考虑柱对称的情况，流体中声场由位移势函数 $\phi_1$ 表示，弹性海底声场由标量势函数 $\phi_2$ 和矢量势函数 $\psi$ 表示，在轴对称情况下矢量势函数 $\psi$ 中只有一个分量 $\psi_\theta$。文献由波动方程、点源条件和边界条件得出了各势函数的积分表达式。

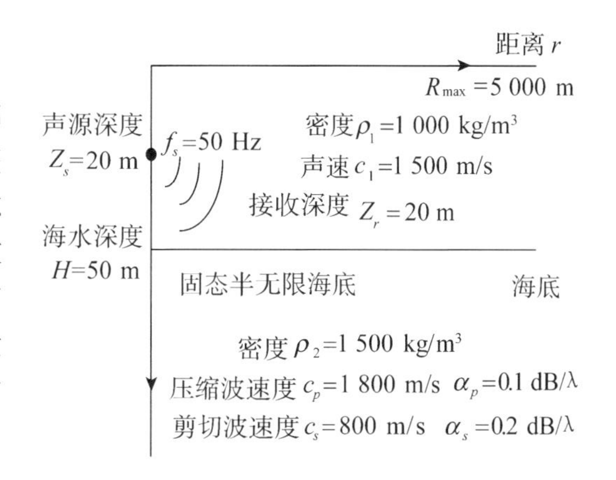


**图 1 具有弹性海底的 Pekeris 波导中环境参数示意图**

弹性介质中，位移和位移势函数关系是：

$$S = \nabla\phi_2 + \nabla\times(0,\psi_\theta,0) \tag{1}$$

则弹性介质中水平位移分量 $u$ 和垂直位移分量 $v$ 分别为：

$$u = \int_0^\infty(-D\xi e^{i\beta_2 z} - i\gamma M e^{i\gamma z})J_1(\xi r)\xi d\xi \tag{2}$$

$$v = \int_0^\infty(i\beta_2 D e^{i\beta_2 z} + M\xi e^{i\gamma z})J_0(\xi r)\xi d\xi \tag{3}$$

式中：$\xi$ 为水平波数；$\gamma$ 为水平距离；$D$、$M$、$\beta_2$、$\gamma$ 等参数的具体表示式参见文献[15]。

对积分式(2)和(3)的求解可用两种方法：一种利用简正波理论，把积分区间扩展到整个复平面上，利用留数定理，将积分运算转化为各奇点留数的和，一个奇点对应一阶简正波，利用该方法可以观察出声场的组成结构；另一种是数值计算，采用 *FFT* 进行积分运算。

特征方程对应于 $D$、$M$ 等表达式的分母部分，经过整理得到特征方程为：

$$\begin{aligned}&(2-c^2/c_s^2)^2 - 4\sqrt{1-(c^2/c_p^2)}\sqrt{1-(c^2/c_s^2)} + \\ &\tanh\left(\frac{\omega}{c}\sqrt{1-(c^2/c_1^2)}H\right)\frac{\rho_1\sqrt{1-(c^2/c_p^2)}}{\rho_2\sqrt{1-(c^2/c_1^2)}}\frac{c^4}{c_s^4} = 0\end{aligned} \tag{4}$$

这里：$c=\omega/\xi$。

特征方程为超越方程，可以利用二分法或微扰法求特征方程的实数根，特征方程复数根的求解相对复杂一些。当波速 $c<\min(c_1,c_s,c_p)$ 时,特征方程为实数方程,方程存在实数根 $c_{sch}$,即为 Scholte 波波速,$c_{sch}$ 的大小与频率有关,因此 Scholte 波与 Rayleigh 表面波和 Stoneley 表面波不同,它具有频散特性,但如果上层流体为无限介质,则 Scholte 波无频散效应。波速 $c<\min(c_1,c_s,c_p)$ 时:

(1) $H/\lambda\to 0$ 时,$\tanh\left(\frac{\omega}{c}\sqrt{1-(c^2/c_1^2)}H\right)\to 0$

特征方程就退化为:

$$(2-c^2/c_s^2)^2-4\sqrt{1-(c^2/c_p^2)}\sqrt{1-(c^2/c_s^2)}=0 \tag{5}$$

这就是著名的 Rayleigh 方程,方程的根 $c_R$ 为 Rayleigh 波速,它与频率 $\omega$ 无关,所以 Rayleigh 波无频散特性。式(5)表明,当海水深度比较浅或频率比较低时,Scholte 波速接近于 Rayleigh 波速,表面波接近于 Rayleigh 波。

(2) $H/\lambda\to\infty$ 时,$\tanh\left(\frac{\omega}{c}\sqrt{1-(c^2/c_1^2)}H\right)\to 1$

特征方程变为:

$$(2-c^2/c_s^2)^2-4\sqrt{1-(c^2/c_p^2)}\sqrt{1-(c^2/c_s^2)}+\frac{c^4}{c_s^4}\rho_1\sqrt{1-(c^2/c_p^2)}/\rho_2\sqrt{1-(c^2/c_1^2)}=0 \tag{6}$$

方程的根 $c_{st}$ 也与频率 $\omega$ 无关。即当海水深度比较深或频率比较高时,Scholte 波速无频散特性,表面波接近于 Stonely 波传播。

当海底特性不同时,对特征方程根的分布也有影响。

(a)海底为硬海底($c_1<c_s$)时

当 $c<c_1<c_s$ 时,如上讨论,方程存在实根 $c_{sch}$,对应于流体中和弹性海底的表面波 - Scholte 波波速;当 $c_1<c<c_s$ 时,特征方程仍为实方程,这个区间也可能有实数根存在,对应的声波在海水中是以波导简正波方式存在的,而在弹性海底中以表面波形式存在,因此弹性海底中存在着另外类型的表面波,被称为次表面波;当 $c_s<c<c_p$ 或 $c>c_p$ 时,特征方程均为复方程,只有复数根存在,在海水中对应着衰减的简正波,在弹性海底中的波也是随着距离衰减。

(b)海底为软海底($c_s<c_1$)时

当 $c<c_s<c_1$ 时,方程存在实根 $c_{sch}$,也称为 Scholte 表面波;当 $c$ 在其他区间时,特征方程变成了复方程,只会有复数根存在,在海水中对应着衰减的简正波,在弹性海底中的波也是随着距离衰减。因此当海底为软海底时,海水中几乎无波导简正波。特别是当 $c_s\ll c_1$ 时,零阶的简正波(表面波)会变的很小,可以被忽略。

图 2 给出了硬海底情况下特征方程根的位置分布,其中压缩波声速和剪切波声速分别为 3 800 m/s 和 1 800 m/s;图 3 给出了软海底情况下特征方程根的位置分布,其中压缩波声速和剪切波声速分别为 1 800 m/s 和 800 m/s。两图中根的位置用“×”表示。图中根的分布与前面分析相对应。

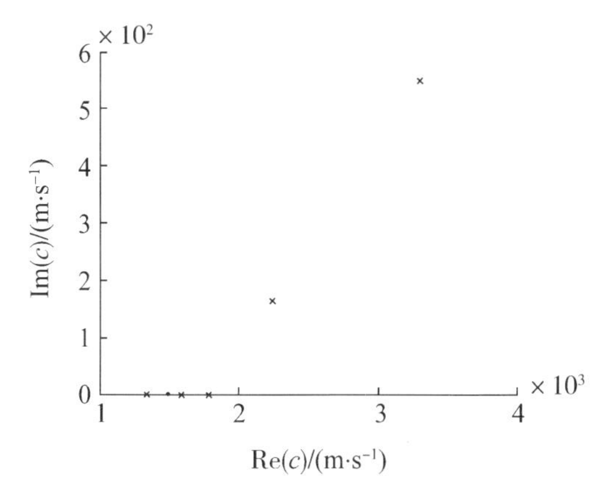


图 2　硬海底情况下特征方程根的位置

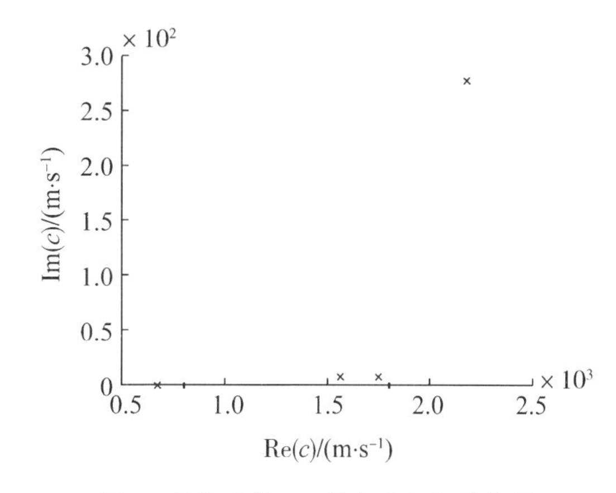


图 3　软海底情况下特征方程根的位置

图 4 给出硬海底情况下的特征方程的频散关系；图 5 和图 6 分别给出第一阶和第二阶简正波的位移幅度随深度的变化关系，在海水中这两阶波是以波导简正波方式存在，在海底均以次表面波的形式存在，水平位移幅值先以指数规律减小至零，然后反向增大到极大值后呈指数规律衰减，垂直位移幅值先增大然后呈指数规律衰减。

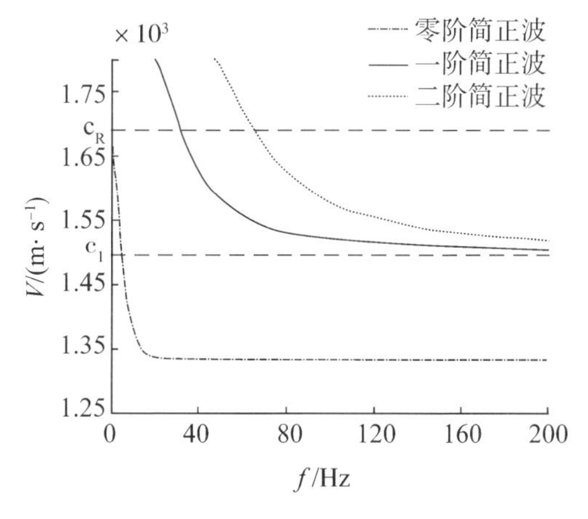


图 4　频散关系

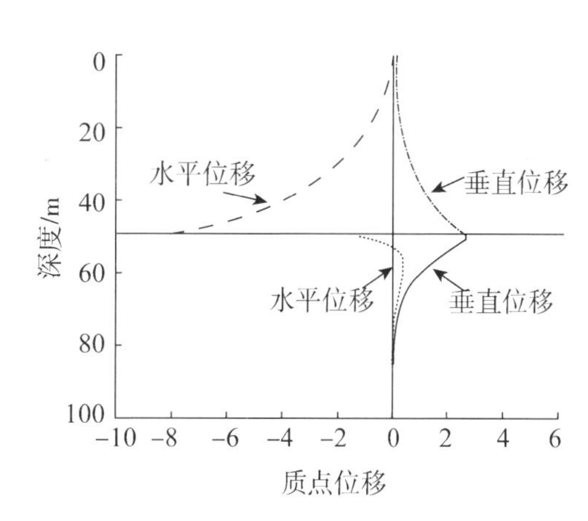


图 5　Scholte 波位移分布

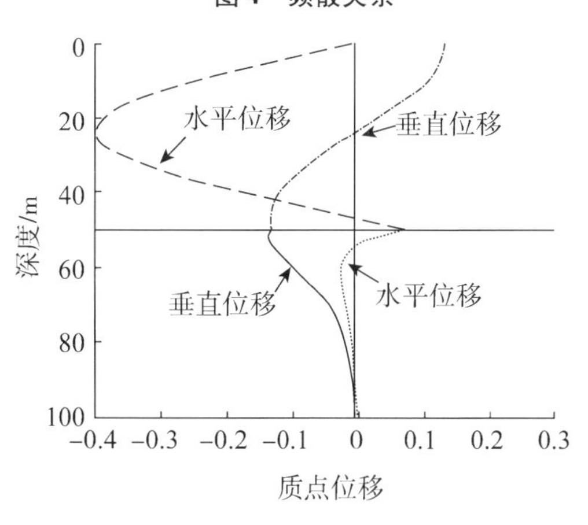


图 6　第一阶简正波位移分布

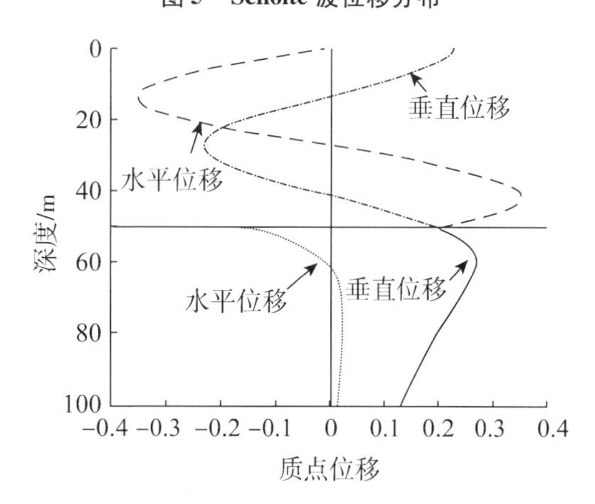


图 7　第二阶简正波位移分布

## 2 水中声源激发海底地震波场的预报

### 2.1 弹性抛物方程

Collins 得到($u_r$,$w$)格式的弹性抛物方程近似形式[16]：

$$\frac{\partial}{\partial r}\begin{pmatrix} u_r \\ w \end{pmatrix} = \mathrm{i}k_0\sqrt{1+X}\begin{pmatrix} u_r \\ w \end{pmatrix} \tag{7}$$

指数算子可以用 $n$ 阶的 Pade 级数来近似，得到声场的步进求解格式：

$$\left.\begin{pmatrix} u_r \\ w \end{pmatrix}\right|_{r+\Delta r} = \mathrm{e}^{\mathrm{i}k_0\Delta r}\prod_{j=1}^{n}\frac{1+\alpha_{j,n}X}{1+\beta_{j,n}X}\left.\begin{pmatrix} u_r \\ w \end{pmatrix}\right|_{r} \tag{8}$$

点声源位于上层流体层中，自初始场可用 $\delta$ 函数来表示，同时垂直位移为零[17]，即：

$$\begin{pmatrix} u_r \\ w \end{pmatrix} = \sqrt{\frac{2\pi\mathrm{i}}{k_0 r_0}}\,(1+X)^{-1/4}\,(1-vX)^2\mathrm{e}^{\mathrm{i}k_0 r_0\sqrt{1+X}}\xi(z) \tag{9}$$

这里 $\xi(z)$ 和 $X$ 具体表示式可参见文献[16]。

不规则流体弹性边界的处理可选用坐标映射方法，它是通过映射关系将倾斜的弹性海底边界转化成水平海底，而此时海面为倾斜界面。水平分层的流体/弹性界面的边界处理不太复杂，海面的边界条件一般被当作压力释放边界(压力为零)，因此，即使倾斜的海面，其边界处理比较简单[18]。所以，坐标映射方法简化了对不规则流体/弹性边界条件的处理。

海底界面用函数 $z(r)=d(r)$ 表示，代表海水深度是距离 $r$ 的函数，一般假定海水深度随距离是缓慢变化的，即海底倾斜角较小($d'(r)\ll 1$)。映射前后各个变量之间的关系可以用下式来表示：

$$\begin{pmatrix} \tilde{r} \\ \tilde{z} \end{pmatrix} = \begin{pmatrix} r \\ z-d(r) \end{pmatrix} \tag{10}$$

其中，$\tilde{r}$、$\tilde{z}$ 是映射之后的坐标系变量。

在新坐标系得到弹性抛物方程近似形式和原坐标系下弹性抛物方程近似形式完全相同：

$$\frac{\partial}{\partial \tilde{r}}\begin{pmatrix} u_{\tilde{r}} \\ w \end{pmatrix} = \mathrm{i}k_0\sqrt{1+X}\begin{pmatrix} u_{\tilde{r}} \\ w \end{pmatrix} \tag{11}$$

其中，算子 $X$ 与原坐标系下表示式相同。

### 2.2 反转算子方法实现海底地震波场的计算

完成海底地震波场预报还需要计算水平位移分量 $u$。将(11)式等号两边对 $\tilde{r}$ 求积分，得到：

$$\begin{pmatrix} u_{\tilde{r}} \\ w \end{pmatrix} = \mathrm{i}k_0\sqrt{1+X}\begin{pmatrix} u \\ \int w \end{pmatrix} \tag{12}$$

经过变换得到：

$$\begin{pmatrix} u \\ \int w \end{pmatrix} = \frac{-\mathrm{i}}{k_0}(1+X)^{-1/2}\begin{pmatrix} u_{\tilde{r}} \\ w \end{pmatrix} \tag{13}$$

利用反转算子得到$(\bar{r},\bar{z})$坐标系下的位移场，利用坐标映射关系，可得到原坐标系下的位移场。

## 3　海底地震波传播规律

### 3.1 理论模型检验

对上节的抛物方程方法进行检验，环境参数见图1，其中半无限弹性海底参数：密度为1 500 kg/m$^3$，压缩波声速和剪切波声速分别为1 800 m/s和800 m/s。选取的参考程序有能处理弹性海底的KrakenC程序、SAFARI和快速场。其中KrakenC和SAFARI分别是简正波模型和波速积分模型，用它们只能得到声压传播损失，快速场程序是根据本文第1节的推导结果，利用FFT技术实现了积分的数值运算，能得到水中声压传播损失，也可以得到流体和弹性海底的位移传播损失。

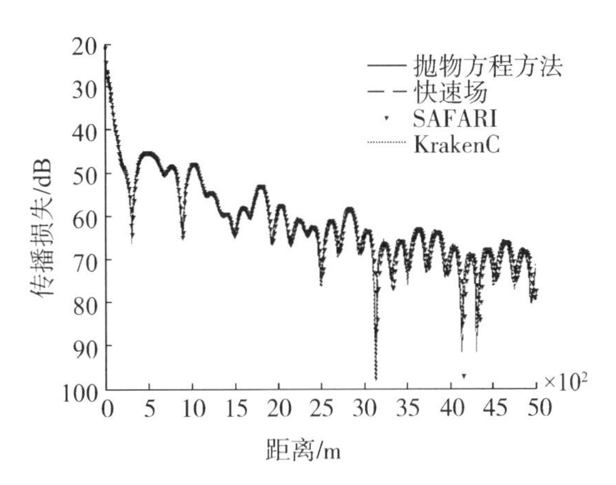

图8　声压传播损失对比

图8给出这几种程序计算得到的声压传播损。图9和图10分别给出抛物方程方法和快速场方法计算得到的流体和弹性海底中的位移传播损失。由计算结果表明弹性抛物方程方法能准确地进行具有弹性海底的海洋环境下，流体中声矢量场和弹性海底地震波场的预报。

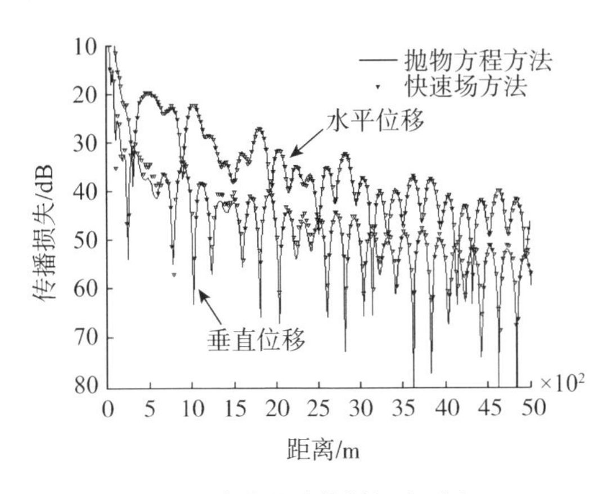

图9　水中位移传播损失对比

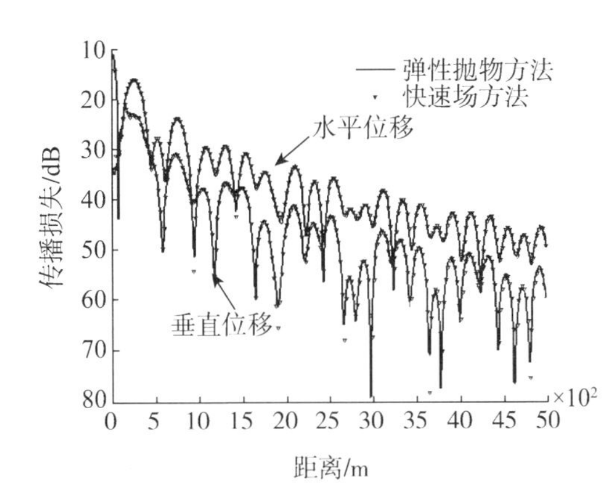

图10　弹性海底位移传播损失对比

### 3.2　海底地震波传播规律

水中甚低频声波会激发起海底表面波和次表面波，这些表面波能传播到岸上以Rayleigh表面波的形式传播，因此，岸上布放接收设备就能接收到这些表面波信号，进而可以对海洋动力学现象进行探测。本节利用前面的海底地震波预报模型研究海底地震波的传播规律，并考虑声源深度和声源频率对海底地震波的影响。

建立如图 11 所示的具有弹性海底的海洋环境模型，声源位于$(0, Z_s)$处，海底在距声源水平距离为 5 km 内海底深度恒定为 $H$，水平距离由 5 km 到 10 km 内，海水深度由 $H$ 均匀变化到 0 m，然后水平距离 10 km 至 15 km 时，岸的高度由 0 m 均匀变化到 50 m。海水中的声速和密度为均匀分布，海底为半无限的各向同性弹性介质，声源频率为 $f_s$。

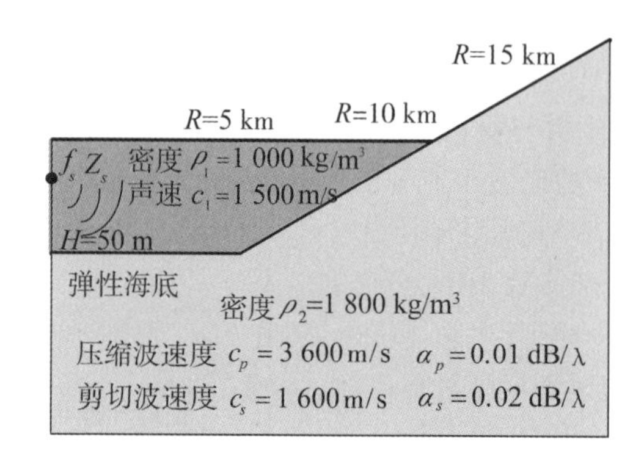


**图 11　具有不规则弹性海底的海洋环境参数示意图**

图 12 ~ 图 13 分别给出声源频率为 50 Hz，声源深度为 10 m(接近海面)和 40 m(接近海底)时的压缩波能量分布、水平位移传播损失和垂直位移传播损失。图 14 给出不同声源深度激发起的弹性海底界面处水平位移传播损失曲线。

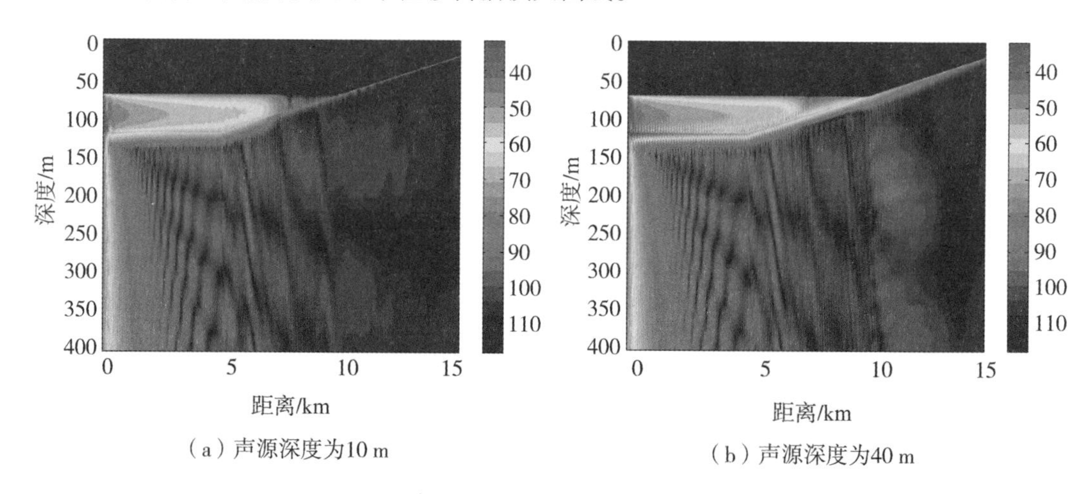


**图 12　声源深度不同时压缩波能量分布图**

计算结果表明：岸上压缩波能量随着声源深度的增加而增加，海底地震波位移幅值(水平位移和垂直位移)也随着声源深度增加而增加。

由本文第 1 节理论可知，海底为硬海底时，水中甚低频声源能激发出水中波导简正波和 Schlolte 表面波，并能激发出弹性海底的次表面波和 Scholte 表面波。波导简正波能量发生泄漏时，由于海水深度的减小，该阶波导简正波对应的特征方程的根由实数变为复数，能量则在距离方向上衰减；而该特征方程的根对应于弹性海底的次表面波，特征根变成了复数，则次表面波能量也随着距离而衰减，其能量将由弹性海底界面向海底泄漏。图 15 给出的弹性海底界面处位移传播损失曲线证实了这一现象。

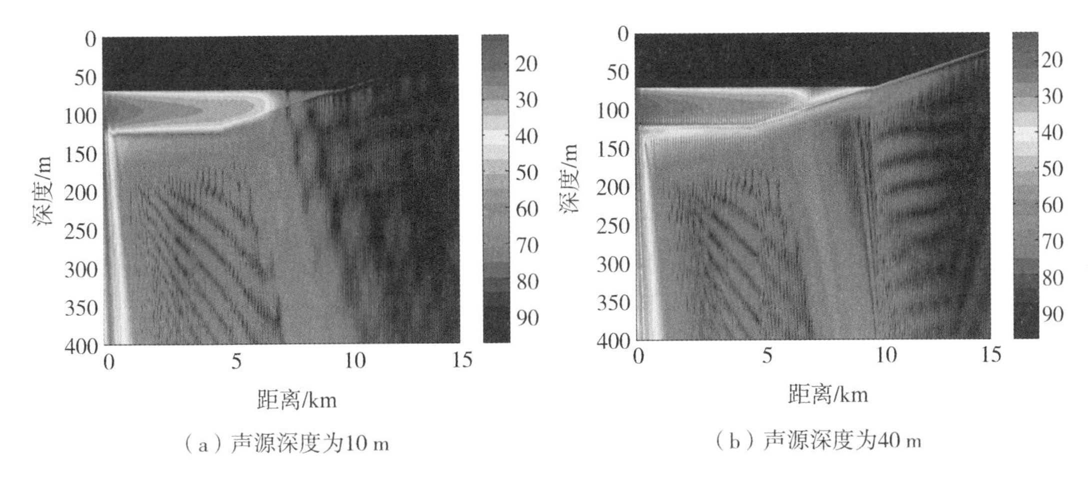


（a）声源深度为10 m　（b）声源深度为40 m

**图13　声源深度不同时水平位移传播损失**

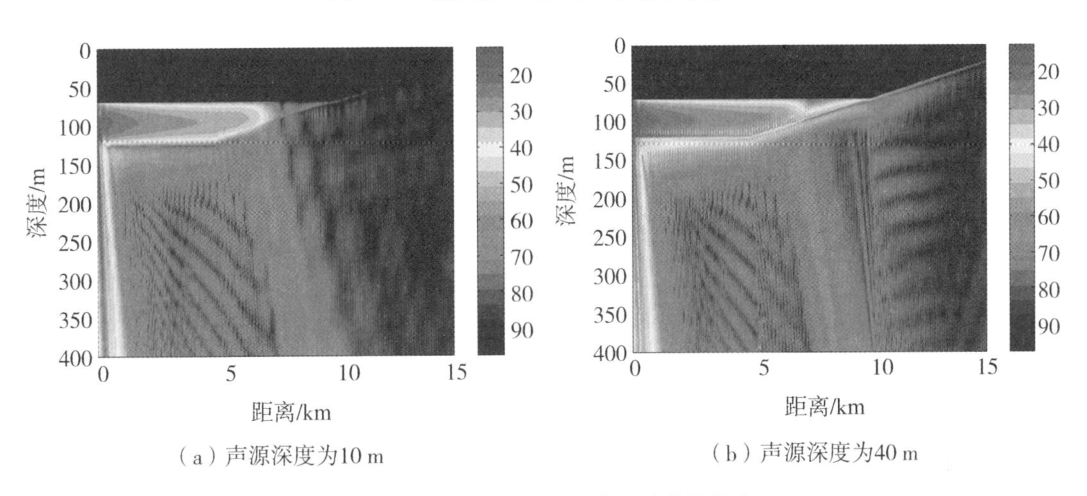


（a）声源深度为10 m　（b）声源深度为40 m

**图14　声源深度不同时垂直位移传播损失**

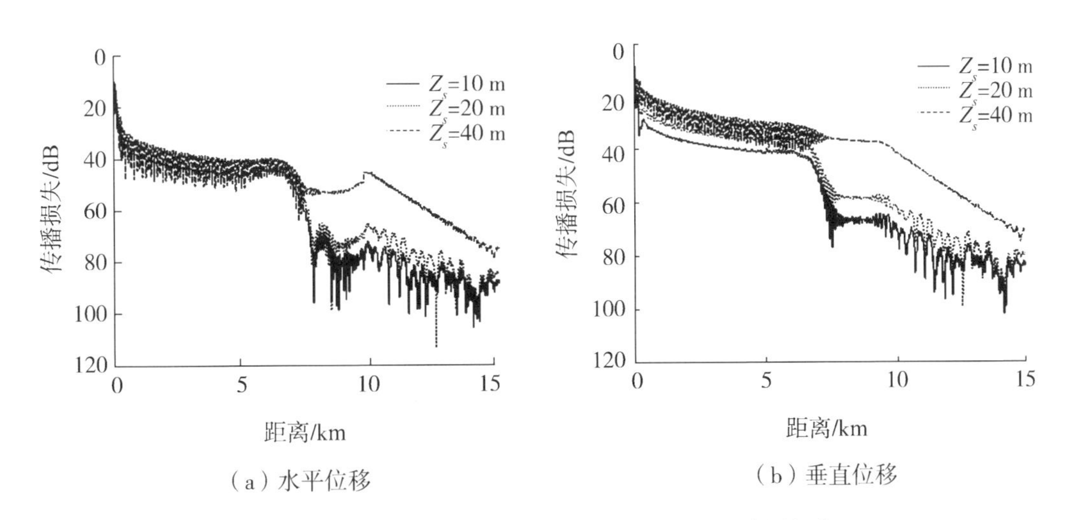


（a）水平位移　（b）垂直位移

**图15　声源频率为50 Hz时弹性海底界面处位移传播损失**

由图 15 可以看出，声源深度为 10 m 和 20 m 时，弹性界面处的水平位移和垂直位移在 7 km左右地方出现了很大的衰减，水平位移幅度衰减接近 20 dB，垂直位移幅度衰减接近 30 dB；而声源深度为 40 m，比较接近海底时，此处位移幅度衰减不大。位移幅度出现较大衰减处对应着水中波导简正波发生截止的地方，能量由水中向海底泄漏（或转化），应该要造成海底能量的增大，也就是位移幅值的增大，而此处弹性海底界面处位移幅值出现了很大的衰减，表明此处在海底界面也有能量向海底泄漏，这就对应于次表面波的能量泄漏，次表面波的能量由弹性界面处向海底泄漏。过一段距离后水中和弹性海底只存在 Scholte 表面波，传到岸上时只存在由 Scholte 波转化来的 Rayleigh 波。

海水中声源深度对 Scholte 表面波幅度有很大影响，声源越接近海底，激发起 Scholte 表面波的能量越大。因此声源深度为 40 m 的声源激发出的 Scholte 表面波能量比声源深度为 10 m、20 m 激发起的表面波能量强，次表面波能量要弱，因此声源深度为 10 m、20 m 激发的表面波的位移在 7 km 处有很大的衰减。

声源深度对岸上地震波的影响还应该与声源频率有关。图 16 和图 17 给出了声源频率分别为 20 Hz 和 90 Hz 时，声源深度分别为 10 m、20 m、40 m 时，弹性海底界面处位移的传播损失曲线。

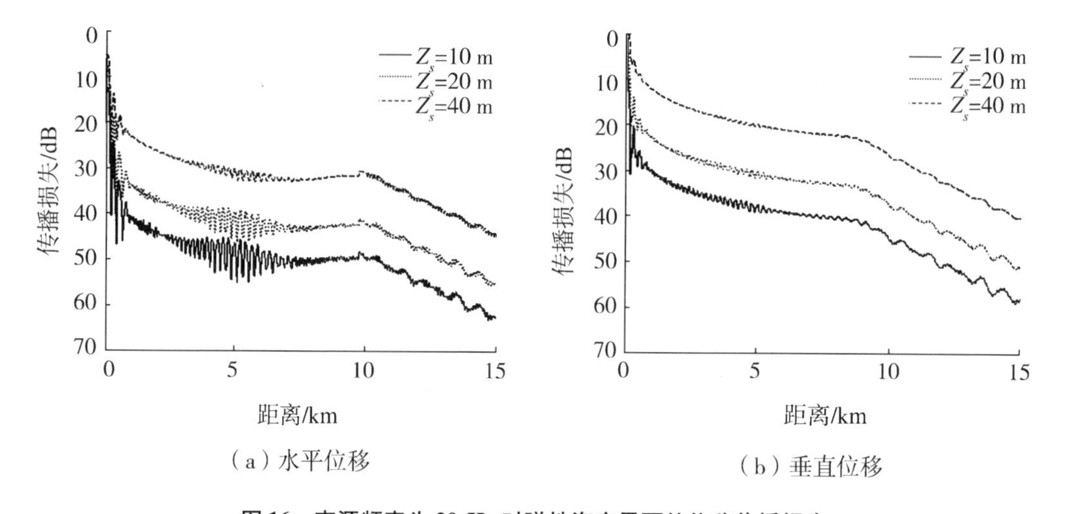

（a）水平位移　　（b）垂直位移

**图 16　声源频率为 20 Hz 时弹性海底界面处位移传播损失**

图 16 可以看出，声源深度不同对弹性界面表面波的位移影响很大，由图 4 可知，声源为 20 Hz 时，海水和弹性海底中只存在 Scholte 表面波。在距声源水平距离 5km 内，即海底为水平海底部分，弹性海底界面处的位移随着声源深度的增加而增加，和前面分析相对应，声源深度对 Scholte 表面波影响很大；在 5 km 至 10 km 时，海水深度在逐渐减小，而弹性海底界面位移幅度没有太大的衰减，水中有部分能量转化为海底表面波能量；在 10 km 至 15 km 时，岸的高度越来越大，Scholte 表面波转化为 Rayleigh 表面波，并且沿着倾斜的弹性界面向上传播，此时表面波位移幅值随距离均有较大衰减。

而在声源频率为 90 Hz 时，出现不一样的结果。由图 4 可知，水深为 50 m 时，海水中存在 2 阶简正波和 Scholte 表面波，弹性海底存在 2 阶次表面波和 Scholte 表面波，而一般次表面波能量比 Scholte 表面波大。因此在海底界面为水平界面时，弹性界面处的位移幅度随声源深度变化不大；在 5 km 至 10 km 的变化过程中，由于声源深度的不同，激发出各阶振动幅值不同,因此位移幅值衰减规律不同;表面波到岸上 15 km 后,可以发现不同深度的声源激发起的地震波位移差别不大。

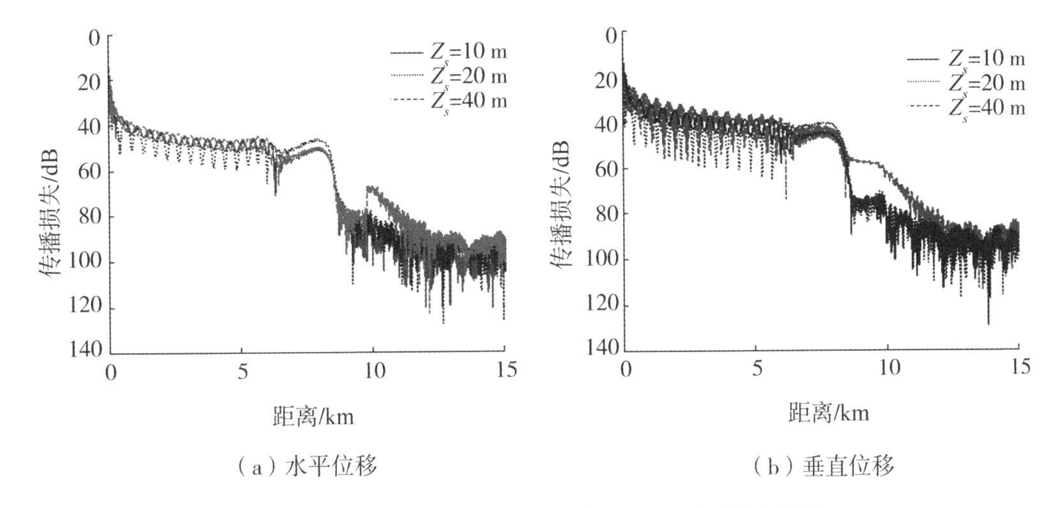


(a) 水平位移　　(b) 垂直位移

**图 17　声源频率为 90Hz 时弹性海底界面处位移传播损失**

综上所述,甚低频声波在从海水中向岸上传播的过程中,海水中简正波出现截止现象,其能量向海底泄漏,而弹性海底中的次表面波也发生能量泄漏,其能量由弹性表面向海底泄漏,到岸上时,弹性界面只存在由 Scholte 表面波转化来的 Rayleigh 表面波;岸上地震波幅度会随着海水中声源深度的变化而变化,声源频率越低,声源深度对岸上地震波的幅值影响也越大,其实也可以得出声源频率对岸上地震波传播的影响,随着声源频率的升高,岸上地震波的位移幅值在减小。

## 4　结论

本文研究了海底地震波的激发机理,并利用弹性抛物方程方法结合反转算子方法建立能处理弹性不规则海底的地震波场预报方法,研究了海底地震波的传播规律,得到如下结论:

(1)水中甚低频声源能激发出 Scholte 表面波,当海底为弹性硬海底时,能激发出水中波导简正波和 Scholte 波,并能激发出弹性海底的次表面波和 Scholte 波。Scholte 波具有频散特性,但它没有截止频率和截止深度;次表面波具有频散特性声源频率和海水深度会影响次表面波的激发。

(2)甚低频声波在从海洋环境中向岸上传播的过程中,海水中简正波出现截止现象,其能量向海底泄漏,而弹性海底中的次表面波也发生能量泄漏,其能量由弹性表面向海底泄漏;到岸上时,弹性界面只存在由 Scholte 表面波转化来的 Rayleigh 表面波。

(3)岸上地震波位移幅度会随着海水中声源深度的增加而增大,并且声源频率较低时,声源深度对岸上地震波的幅值影响更为显著。

## 参考文献


[1] 陈云飞,吕俊军,于沨. 航行舰船地震波及其在水中目标探测中的应用[J]. 舰船科学与技术,2005,27(3):62-66.

[2] RAUCH D. Seismic interface waves in coastal waters: A review. SACLANTCEN Report SR – 42 [R]. La Spezia:NATO SACLANT Undersea Research Centre,1980.

[3] DORMAN L M, A. W. Sauter, etc. Short – range seismoacoustic propagation on and off the beach[J]. Journal of the Acoustical Society of America. 1995, 98(5):2971.

[4] SUTTON G H. ULF/VLF ocean bottom seismo – acoustics. AD – A218 810/0/XAB [R]. [s. l.] ,1990:30.

[5] Brocher T M, etc. Comparison of the S/N ratios of low – frequency hydrophones and geophones as a function of ocean depth[J]. Bulletin of the Seismological Society of America. 1981,71(5):1649 – 1659.

[6] Spain D, Hodgkiss W S. Comparison of swallow float, ocean bottom seismometer, sonobuoy data in the VLF (very low frequency) band. Technical memo. AD – A201 977/6/XAB; MPL – TM – 404, MPL – U – 32/88. [R]. [s. l. ],1988: 561.

[7] TenCate J A. Beamforming on seismic interface waves with an array of geophones on the shallow sea floor[J]. IEEE Journal of oceanic engineering. 1995,20(4): 300 – 310.

[8] DOLGIKH G I. Experimental investigations of seismoacoustic signals excited by a low – frequency hydroacoustic source[J]. Acoustical Physics. 1998,44(3): 301 – 304.

[9] AVERBAKH V S, BOGOLYUBOV B N. Application of hydroacoustic radiators for the generation of seismic waves[J]. Acoustical Physics. 2002,48(2):149 – 155.

[10] DOLGIKH G I, VALENTIN D I, DOLGIKH S G, et al. Application of horizontally and vertically oriented strainmeters in geophysical studies of transitional zones[J]. Izvestiya Physics of the Solid Earth,2002,38(8):686 – 689.

[11] DAVYDOV A V,. DOLGIKH G I. Acoustic monitoring of the ocean land transition zone using the laser deformograph[J]. AKUSTICHESKIJ ZHURNAL. 1994,40(3):466 – 467.

[12] 卢再华,张志宏,顾建俊. 浅海低频点声源作用下海底地震波的数值模拟[J]. 武汉理工大学学报,2007,32(4): 607 – 610.

[13] 卢再华,张志宏,顾建俊. 舰船海底地震波形成机理的理论分析[J]. 应用力学学报,2007,24(1): 54 – 57.

[14] 李响,颜冰. 舰船地震波场分析[J]. 噪声与振动控制,2007,27(4):120 – 122.

[15] 杨士莪. Theory of Underwater Sound Propagation[M]. 哈尔滨工程大学出版社,2009:24 – 27.

[16] OUTING D A. Parabolic equation methods for range dependent layered elastic media[D]. Troy : Rensselaer Polytechnic Institute. 2004,12.

[17] JERZAK W. Parabolic equation for layered elastic media[D]. Troy:Rensselaer Polytechnic Institute. 2001.

[18] COLLINS M D, DACOL D K. A mapping approach for handling sloping interfaces[J]. J. Acoust. Soc. Am. 2000,107(4): 1937 – 1942.

# 水平变化波导中的简正波耦合与能量转移

莫亚枭　朴胜春　张海刚　李　丽

**摘要**　针对海底地形水平变化对声场能量传播和声场干涉结构的影响，对简正波之间的耦合和能量转移进行了研究。建立了一种二维大步长格式的耦合简正波模型和三维楔形波导耦合简正波模型，以便快速有效地分析简正波之间的耦合和能量转移。基于耦合简正波模型，阐述了前向声场能量在水平变化波导中传播时的转移过程。并根据射线简正波理论，解释了海底地形变化对声场能量分布的影响机理。水平变化波导中声场的仿真计算表明，当本征值虚部发生剧烈变化时声场存在着较强的简正波耦合和能量转移，且海底地形变化将导致声场能量的水平传播方向偏转至海水深度增加的方向。在声场能量转移和传播方向变化中，声场的能量趋于保留在波导中而不向海底泄漏。同时，声场能量分布受到类似于压缩或稀疏的作用，从而形成椭圆状的干涉结构。

**关键词**　简正波耦合；能量转移；水平变化波导

## 1　引言

水平变化波导中的声传播问题一直是水声学研究的热点问题之一，近几十年发展了众多针对水平变化波导的声场计算模型[1]。对于水平波导，简正波理论[2]以干涉的形式有效地描述了声场的能量传播形式，以及声矢量场的特性[3]；而对于非水平波导，Pierce[4]和Milder[5]通过引入简正波耦合的概念来反映海洋环境的水平变化对声场的影响。与其他模型相比，简正波和耦合简正波模型可直观地表征声场的能量分布及其变化，物理意义明确。

近几十年，国内外创造出了多种耦合简正波模型。Abawi等通过忽略高阶耦合项和反向场，将耦合简正波模型与抛物方程方法相结合推导得到了CMPE模型[6]，有效地实现了耦合微分方程的求解。针对本地本征值和本征函数的计算速度慢的问题，彭朝晖等人[7,8]将WKBZ方法与CMPE模型相结合，实现了水平变化波导中声场的快速计算。考虑耦合简正波模型中高阶微分方程化简时所引入的误差，Stotts[9]基于U－K理论，采用迭代求积分方程的方法对耦合微分方程进行直接求解。前文所描述的模型均为单向模型，而双向模型最初由Evans[10]基于阶梯近似推导得到，并由此建立了标准耦合简正波程序COUPLE。但由于不合理的归一化距离解，COUPLE模型中存在数值不稳定的现象。为此，骆文于等人[11－16]考虑了合理的声场表述形式，并引入全局矩阵方法，实现了双向耦合简正波模型的快速稳定计算。同时，以稳健的双向模型为基础，骆文于等人建立了适应于锥形海底山波导中声场计算的三维耦合简正波模型[17,18]。在耦合微分方程的推导中，通常采用垂直位移连续作为水平变化海底的边界条件，该方法将导致所计算的声场不满足能量守恒。为此，Fawcett[19]和Godin[20]等人直接采用了法向位移连续这一严格的边界条件进行推导，获得了满足能量守恒的耦合简正波模型。

随着耦合简正波模型的不断完善，以耦合简正波模型为基础的声场特性分析也逐渐开展。Godin 等人[20]根据参考波导法推导得到了由环境参数的水平变化来表示的耦合系数，直观地体现了环境参数的水平变化对声场的作用。通过介质虚像方法和光学的半波带法，王宁[21]讨论了水体环境的扰动对声场的影响机理。与理论研究相比，McDonald 等人[22]和 Ballard[23,24]则分别通过实验研究了声能量在非水平分层波导中的传播变化。

通过对现有的文献进行整理，我们可以发现，目前关于水平变化波导的研究多停留在模型的建立和修正方面。针对环境参数水平变化对于声场能量传播和能量分布影响的研究相对较少，其中海底地形对声场能量传播和声场干涉结构影响的研究更是少之又少。因此，有必要系统地分析和研究海底地形对声场能量传播和分布的影响以及相关机理。

本文将依据耦合简正波模型，从简正波耦合和能量转化的角度，给出海底地形对声传播的作用结果和相关物理机理。

## 2　理论分析

对于如图 1 所示的海洋波导，建立适当的直角坐标系，为有效快速地实现简正波耦合、能量转移和三维声场特性分析，并避免复杂不稳定的声场计算问题，假定环境参数与 $y$ 方向无关，而仅随单一的水平坐标变化。在此波导下，考虑线源和点源所激发的声场，即文中所阐述的二维和三维问题，分别建立相应的耦合简正波模型，具体推导过程如下所述。

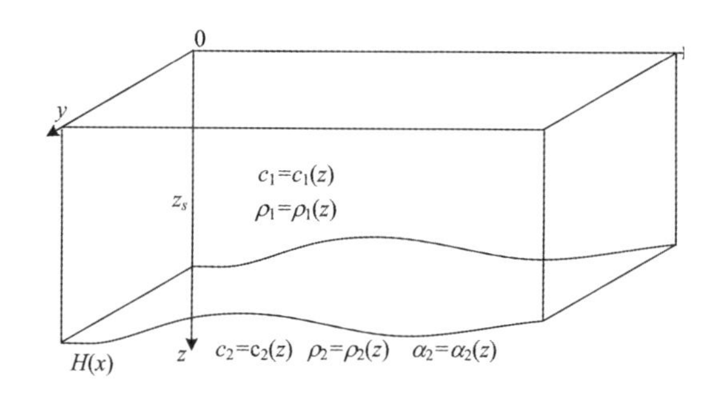


**图 1　海洋波导示意图**

### 2.1　二维线源耦合简正波模型

对于二维线源问题，取时间因子为 $\exp(-\mathrm{i}\omega t)$ 的无限长线源与 $y$ 轴平行，且考虑到环境参数与 $y$ 轴无关，则声压 $p=p(x,z)$ 所满足的亥姆霍兹方程为：

$$\frac{\partial^2 p(x,z)}{\partial x^2}+\frac{\partial^2 p(x,z)}{\partial z^2}+k_{1,2}^2(x,z)p(x,z)=0 \tag{1}$$

相应的海底边界条件为：

$$p\big|_{z=H^-}=p\big|_{z=H^+},\quad \frac{1}{\rho_1}\frac{\partial}{\partial\hat{\boldsymbol{n}}}p\big|_{z=H^-}=\frac{1}{\rho_2}\frac{\partial}{\partial\hat{\boldsymbol{n}}}p\big|_{z=H^+}$$

其中，$\hat{\boldsymbol{n}}=-\hat{\boldsymbol{z}}+H'(x)\hat{\boldsymbol{x}}$ 表示海底界面的外法向矢量。

根据简正波理论，并参照抛物方程方法[1,25]，设水平距离 $x$ 处的声压场为：

$$p(x,z)=\sum_{n=1}^{N}\varphi_n(x)\varphi_n(z;x)\exp(\mathrm{i}k_0x) \tag{2}$$

其中，$\exp(\mathrm{i}k_0x)$ 为获得较大的水平步长而引入的相位因子，$\phi_n(z;x)$ 对应于第 $n$ 阶本地本征

值 $k_n$ 的本地本征函数,其满足方程:

$$\frac{\partial^2 \phi_n}{\partial z^2} + (k_{1,2}^2 - k_n^2)\phi_n = 0 \tag{3}$$

相应本地本征函数所满足的海底边界条件和归一化条件为:

$$\phi_n\Big|_{z=H^-} = \phi_n\Big|_{z=H^+},\ \frac{1}{\rho_1}\frac{\partial}{\partial z}\phi_n\Big|_{z=H^-} = \frac{1}{\rho_2}\frac{\partial}{\partial z}\phi_n\Big|_{z=H^+},\ \int_0^\infty \frac{1}{\rho}\phi_m\phi_n \mathrm{d}z = \delta_{nm} = \begin{cases}1, & n=m\\0, & n\neq m\end{cases}$$

考虑声压 $p(x,z)$ 的表达式和海底边界条件,则有:

$$\begin{aligned}\int_0^\infty \frac{1}{\rho}\phi_m \frac{\partial^2 p}{\partial z^2}\mathrm{d}z &= \left(\frac{1}{\rho_1}-\frac{1}{\rho_2}\right)\phi_m\frac{\partial p}{\partial z}\Big|_{z=H^-}\int_0^\infty \frac{1}{\rho}\frac{\partial \varphi_m}{\partial z}\frac{\partial p}{\partial z}\mathrm{d}z\\ &= H'(x)\left(\frac{1}{\rho_1}-\frac{1}{\rho_2}\right)\phi_m\frac{\partial p}{\partial x}\Big|_{z=H} + \int_0^\infty \frac{1}{\rho}\frac{\partial^2\phi_m}{\partial z^2}p\mathrm{d}z\end{aligned} \tag{4}$$

根据方程(4)和本地本征函数的正交归一性,进行运算 $\int_0^\infty \frac{1}{\rho}\phi_m\cdot(1)\mathrm{d}z$,可得:

$$\frac{\partial^2 \phi_m}{\partial x^2} + 2\mathrm{i}k_0\frac{\partial \varphi_m}{\partial x} + (k_m^2 - k_0^2)\varphi_m + \sum_{n-1}^{N}2B_{mn}\frac{\partial \varphi_n}{\partial x} + \sum_{n=1}^{N}A_{mn}\varphi_n + 2\mathrm{i}k_0\sum_{n=1}^{N}B_{mn}\varphi_n = 0 \tag{5}$$

其中,$B_{mn}$ 和 $A_{mn}$ 为表征各阶简正波能量交换的耦合系数,其表达式为:

$$B_{mn} = \int_0^\infty \frac{1}{\rho}\phi_m\frac{\partial \varphi_n}{\partial x}\mathrm{d}z + \frac{1}{2}H'(x)\left(\frac{1}{\rho_1}-\frac{1}{\rho_2}\right)\phi_m(H)\phi_n(H) \tag{6}$$

$$A_{mn} = \int_0^\infty \frac{1}{\rho}\phi_m\frac{\partial^2 \phi_n}{\partial x^2}\mathrm{d}z + H'(x)\left(\frac{1}{\rho_1}-\frac{1}{\rho_2}\right)\phi_m(H)\frac{\partial \varphi_n(H)}{\partial x} \tag{7}$$

从耦合系数表达式(6)和(7)中,可以看出:当环境参数的水平变化程度不是十分剧烈时,耦合系数 $A_{mn}$ 为 $B_{mn}$ 的高阶小量。因此,采用矩阵形式,并忽略高阶耦合项,有:

$$\frac{\partial^2 \boldsymbol{\Psi}}{\partial x^2} + 2\mathrm{i}k_0\frac{\partial \boldsymbol{\Psi}}{\partial x} + (\boldsymbol{k}^2 - k_0^2\boldsymbol{I})\boldsymbol{\Psi} + 2\boldsymbol{B}\boldsymbol{\Psi} + 2\mathrm{i}k_0\boldsymbol{B}\boldsymbol{\Psi} = 0 \tag{8}$$

其中,$\boldsymbol{\Psi}=[\varphi_1\quad \varphi_2\quad \cdots\quad \varphi_N]^{\mathrm{T}}$,$\boldsymbol{B}$ 表示以 $B_{mn}$ 为元素的矩阵,$\boldsymbol{k}$ 表示以 $k_n$ 为主对角元素的对角矩阵。

忽略高阶耦合项 $\boldsymbol{BB}$ 的作用,取前向波,可得:

$$\frac{\partial \boldsymbol{\Psi}}{\partial x} = -\boldsymbol{B}\boldsymbol{\Psi} + \mathrm{i}(\boldsymbol{k} - k_0\boldsymbol{I})\boldsymbol{\Psi} \tag{9}$$

方程(9)具有抛物方程的形式,可按照抛物方程方法进行计算,如采用文献[7]中的 Crank-Nicolson 公式。但根据文献[6]和[25]中的讨论,由于声场方程进行了抛物方程形式的化简,为保证声场能量的守恒和声场的互易,需补充相应的互易项,令:

$$\varphi_n(x) = \frac{1}{\sqrt{k_n(x)}}u_n(x) \tag{10}$$

而 $u_n(x)$ 所满足的耦合微分方程为:

$$\frac{\partial \boldsymbol{u}}{\partial x} = -\boldsymbol{B}\boldsymbol{u} + \mathrm{i}(\boldsymbol{k} - k_0\boldsymbol{I})\boldsymbol{u} \tag{11}$$

其中,$\boldsymbol{u}(x) = [u_1\quad u_2\quad \cdots\quad u_N]^{\mathrm{T}}$。

根据方程(6),可得耦合系数矩阵为反对称矩阵,即:

$$B_{mn}+B_{nm}=\int_0^\infty \frac{1}{\rho}\phi_m\frac{\partial \varphi_n}{\partial x}\mathrm{d}z+\int_0^\infty \frac{1}{\rho}\phi_n\frac{\partial \phi_m}{\partial x}\mathrm{d}z+H'(x)\left(\frac{1}{\rho_1}-\frac{1}{\rho_2}\right)\phi_m(H)\phi_n(H)$$
$$=\frac{\partial}{\partial x}\int_0^\infty \frac{1}{\rho}\phi_m\phi_n\mathrm{d}z=\frac{\partial}{\partial x}\delta_{mn}=0 \tag{12}$$

以上耦合微分方程的推导中，通过引入相位因子，获得了一种大步长格式的二维耦合简正波模型。虽然该模型是在二维直角坐标下获得的，但很容易推广至二维柱坐标系下的点源问题。同时，由于耦合系数满足反对称性，根据文献[20]可知，该模型所计算的声场在传播过程中满足能量守恒。并且，由于所有阶简正波皆采用了统一的相位因子，便于在后文根据二维线源叠加方法计算三维楔形波导声场，且不会因方位角的不同而引入计算误差。

若不考虑引入相位因子 $\exp(\mathrm{i}k_0x)$，则根据上文的推导，可得如文献[6]所叙述的 CMPE 模型，其耦合系数也满足反对称形式，声压表达式和耦合微分方程为：

$$p(x,z)=\sum_{n=1}^{N}\frac{1}{\sqrt{k_{xn}}}u_n(x)\varphi_n(z;x) \tag{13}$$

$$\frac{\partial \boldsymbol{u}}{\partial x}=-\boldsymbol{B}\boldsymbol{u}+\mathrm{i}\boldsymbol{k}\boldsymbol{u} \tag{14}$$

根据二维直角坐标系下的绝热简正波理论[1]，无论是否引入相位因子，耦合微分方程的初始场皆取为：

$$u_n(0)=\frac{2\pi\mathrm{i}}{\sqrt{k_n(0)}}\phi_n(z;0) \tag{15}$$

## 2.2　三维楔形波导耦合简正波模型

与二维线源问题不同，针对三维非水平分层波导中的点源问题，需在水平方向上考虑海底地形变化所引起的能量传播形式和干涉结构的变化，即声场的三维效应。在图 1 所示的点源问题中，最具代表性的为楔形波导的情况，故将所建立的模型称之为三维楔形波导耦合简正波模型。考虑时间因子为 $\exp(-\mathrm{i}\omega t)$ 的点源所激发的声压场 $p(x,y,z)$，相应的亥姆霍兹方程为：

$$\frac{\partial^2 p(x,y,z)}{\partial x^2}+\frac{\partial^2 p(x,y,z)}{\partial y^2}+\frac{\partial^2 p(x,y,z)}{\partial z^2}+k_{1,2}^2(z)p(x,y,z)=0 \tag{16}$$

声压 $p(x,y,z)$ 所满足的海底边界条件为：

$$p\big|_{z=H^-}=p\big|_{z=H^+},\ \frac{1}{\rho_1}\frac{\partial}{\partial \hat{\boldsymbol{n}}}p\big|_{z=H^-}=\frac{1}{\rho_2}\frac{\partial}{\partial \hat{\boldsymbol{n}}}p\big|_{z=H^+}$$

其中，由于环境参数与坐标 $y$ 无关，海底界面的外法向矢量 $\hat{\boldsymbol{n}}$ 为：$\hat{\boldsymbol{n}}=-\hat{\boldsymbol{z}}+H'(x)\hat{\boldsymbol{x}}$。

考虑 $k_y-y$ 傅里叶变换：

$$p(x,y,z)=\frac{1}{2\pi}\int_{-\infty}^{\infty}\bar{p}(x,z;k_y)\exp(\mathrm{i}k_yy)\mathrm{d}k_y \tag{17}$$

则三维波导中的点源声场问题可转化为二维线源声场问题[26]，即：

$$\frac{\partial^2 \bar{p}(x,z;k_y)}{\partial x^2}+\frac{\partial^2 \bar{p}(x,z;k_y)}{\partial z^2}+[k_{1,2}^2(z)-k_y^2]\bar{p}(x,z;k_y)=0 \tag{18}$$

相应的海底边界条件为：

$$\bar{p}(x,z;k_y)\big|_{z=H^-}=\bar{p}(x,z;k_y)\big|_{z=H^+},\ \frac{1}{\rho_1}\frac{\partial}{\partial\hat{\boldsymbol{n}}}\bar{p}(x,z;k_y)\big|_{z=H^-}=\frac{1}{\rho_2}\frac{\partial}{\partial\hat{\boldsymbol{n}}}\bar{p}(x,z;k_y)\big|_{z=H^+}$$

当 $y$ 方向的水平波数分量为 $k_y$ 时，根据上文二维直角坐标系中的耦合简正波理论，结合抛物方程因子，并考虑声场的互易性，令：

$$\bar{p}(x,z;k_y)=\sum_{n=1}^{N}\frac{1}{\sqrt{k_{xn}}}u_n(x;k_y)\varphi_n(z;x,k_y)\exp(\mathrm{i}k_0x) \tag{19}$$

其中，$\phi_n(z;x,k_y)$ 是对应于第 $n$ 阶本地本征值 $k_n=\sqrt{k_{xn}^2+k_y^2}$ 且满足正交归一化的本地本征函数，相应的耦合微分方程和初始条件为：

$$\frac{\partial\boldsymbol{u}}{\partial x}=-\boldsymbol{B}\boldsymbol{u}+\mathrm{i}(\boldsymbol{k}_x-k_0\boldsymbol{I})\boldsymbol{u} \tag{20}$$

$$u_n(0;k_y)=\frac{2\pi\mathrm{i}}{\sqrt{k_{xn}(0)}}\phi_n(z_s;0,k_y) \tag{21}$$

对于每一离散 $k_y$，按照耦合微分方程(20)和初始条件(21)，可计算得到不同水平距离 $x$ 和深度 $z$ 处积分核函数 $\bar{p}(x,z;k_y)$ 的值。最后按照 Fourier 变换，即可得到点源在三维波导中所激发的声场。虽然这一方法需假定环境参数仅随单一的水平坐标变化，在实际使用中所受到的限制较大。但考虑到本文的研究目的，采用这一简单却行之有效的快速三维波导声场计算方法，足以分析海底地形对声场能量传播和干涉结构分布的影响，以及解释相关的物理机理。

## 3 大步长格式的耦合简正波模型验证

本文通过引入抛物方程方法中相位因子获得了一种大步长格式耦合简正波模型，为验证该模型的正确性，以倾斜角度 $\alpha=2.86°$ 的二维倾斜波导为例，环境参数和几何参数如图 2 所示。与文献[6]中不同水平步长情况下的 CMPE 理论进行比较，计算结果如图 3 所示。

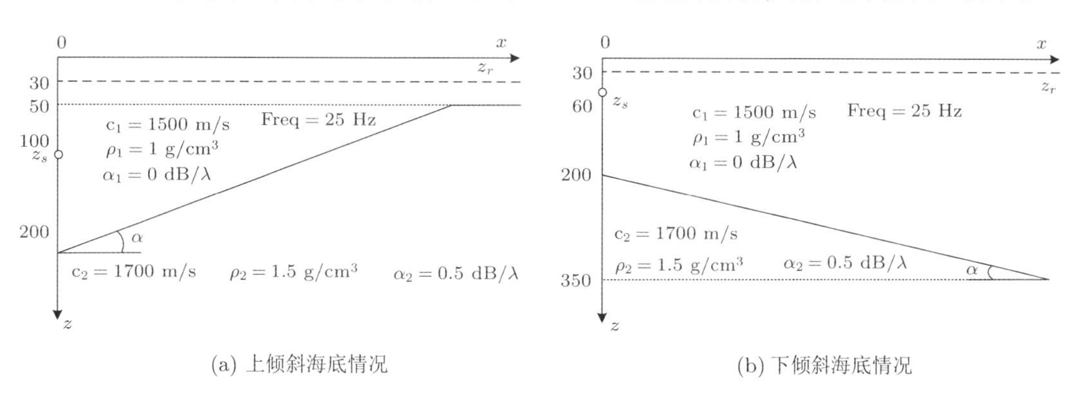


(a) 上倾斜海底情况 (b) 下倾斜海底情况

**图 2 $\alpha=2.86°$ 时具有倾斜海底的海洋波导示意图**

根据声压场传播损失的计算，本文通过引入抛物方程的相位因子 $\exp(\mathrm{i}k_0x)$ 可有效地加大数值计算中的水平步长，在保证计算精度的同时提高计算效率。通过引入相位因子，使得声压场表达式中的函数 $u_n(x)$ 仅表征波导中环境参数水平变化引起的各阶简正波幅度变化和相位变化的修正。由此，可表明水平变化波导中的声场传播能量变化情况要远比相位变化稳定。

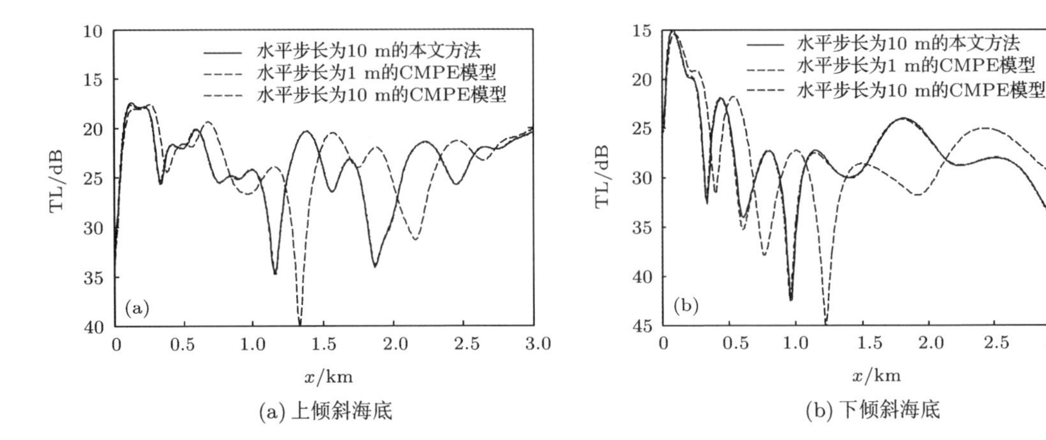


(a) 上倾斜海底　　(b) 下倾斜海底

**图3　$\alpha=2.86°$时不同步长下的声压传播损失曲线比对**

## 4　海底地形变化对声场的影响

### 4.1　简正波耦合和声场能量再分配

为分析波导中环境参数的水平变化所引起的各阶简正波之间耦合效应和声场能量再分配，令：

$$u_m(x) = C_m(x)\exp[\mathrm{i}\int_0^x (k_m - k_0)\mathrm{d}s] \tag{22}$$

根据方程(22)，声压场和耦合微分方程可化为比较直观的形式：

$$p(x,z) = \sum_{n=1}^{N} \frac{1}{\sqrt{k_n(x)}} C_n(x)\phi_n(z;x)\exp(\mathrm{i}\int_0^x k_n \mathrm{d}s) \tag{23}$$

$$\frac{\partial C_m}{\partial x} = -\sum_N B_{mn} C_n \exp[i\int_0^x (k_n - k_m)\mathrm{d}s] \tag{24}$$

在方程(23)中，环境参数的水平变化对各阶简正波的幅度和相位的影响得到分离，但由于耦合微分方程中 $e$ 指数的存在和非波导简正波的影响，所计算的声场存在着发散现象。考虑到 $|C_m| = |u_m|$，可采用方程(23)和(24)来对简正波之间耦合效应和能量转化进行理论分析，通过方程(11)来进行数值计算。在水平距离 $x$ 处，声场中任意一阶简正波可表述成：

$$p_m(x,z) = C_m(x)\phi_m(z;x)\exp[\mathrm{i}\int_0^x k_m(x)\mathrm{d}s] \tag{25}$$

根据耦合微分方程(24)和一阶有限差分，可得在 $x+\Delta x$ 处的 $p_m(x+\Delta x)$ 为：

$$p_m(x+\Delta x,z) = \phi_m(z;x+\Delta x)[C_m(x)\exp(\mathrm{i}\int_0^{x+\Delta x} k_m \mathrm{d}s) - \Delta x\exp(\mathrm{i}\int_x^{x+\Delta x} k_m \mathrm{d}s)\sum_{\substack{n=1\\ n\neq m}}^{N} B_{mn}(x)C_n(x)\exp(\mathrm{i}\int_0^x k_n \mathrm{d}s)] \tag{26}$$

在耦合方程推导中，考虑了海底地形变化所引起的海底边界条件的修正，因此，方程(26)可有效地反映环境参数的水平变化对各阶简正波的影响。由方程(26)可以看出：方程右侧第一项表示了由于环境参数的水平变化所引起的各阶简正波本身变化；而方程右侧第二项则表示了各阶简正波之间的耦合以及能量的转移。在方程右侧第二项中，耦合系数 $B_{mn}(x)$ 表征了水平距离 $x$ 的邻域内各阶简正波之间耦合强弱和能量转移能力。

由于文献[21]分析了水体不均匀性对声场的影响，因此本文着重分析海底地形变化所引起的各阶简正波的耦合。以图 2(a) 所示的上坡波导为例，当 $\alpha=2.86°$ 时，$x=20$ m 和 $x=770$ m（第 3 阶简正波转化为非波导简正波的水平距离），耦合系数 $B_{mn}(x)$ 模值的计算结果如图 4 所示。

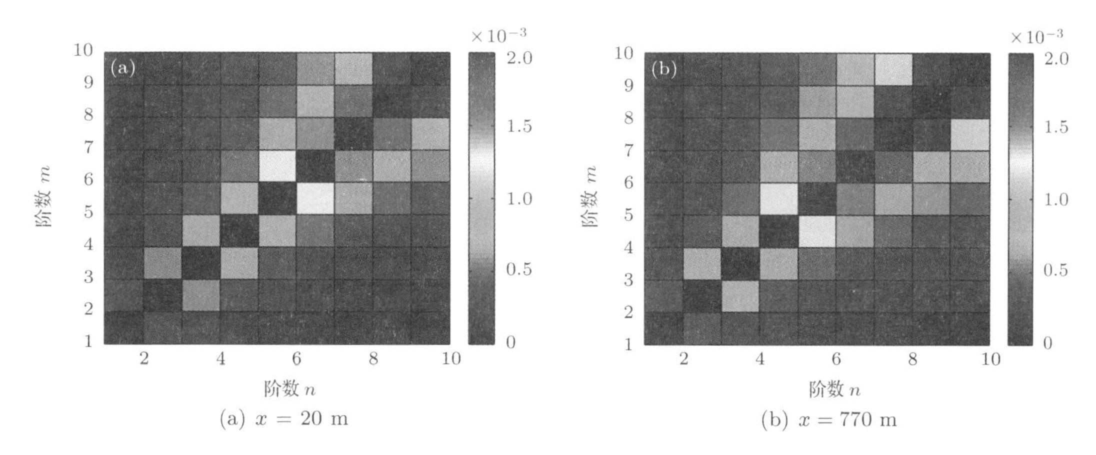


**图 4　$\alpha=2.86°$ 时上坡波导不同水平距离下耦合系数 $B_{mn}(x)$ 幅度随简正波阶数的分布**

**（每一方块对应于其左下角所表示的阶数值）**

根据图 4 所示，可得：高阶耦合简正波之间的耦合和能量转移要大于低阶耦合简正波之间的耦合和能量转移；阶数相差较小的简正波之间耦合和能量转移能力要强于阶数相差较大的情况；简正波之间的耦合满足对称性。根据方程(26)，耦合系数仅表征了简正波之间的耦合能力和能量的转移能力，若要定量分析简正波之间的耦合和能量转移，则需考虑各阶简正波的激发强度以及各阶简正波在传播过程中的衰减情况。

取倾角 $\alpha=2.86°$ 的上倾斜波导，环境参数和几何参数如图 2(a) 所示，水平间隔 $\Delta x=10$ m、水平距离点 $x=20$ m 和 $x=770$ m（第 3 阶简正波转化为非波导简正波的水平距离），则各阶简正波幅度函数 $C_n(x)$ 所引起的 $x+\Delta x$ 处 $C_m(x+\Delta x)/C_m(0)$ 模值分布如图 5 所示，相应 $x$ 距离处本地本征值的计算结果如图 6 所示。

根据图 5 所示的计算结果，可以看出：各阶简正波之间的耦合和能量转移要远小于环境参数水平变化所导致的各阶简正波自身的变化；高阶简正波之间的耦合能力和能量转移能力虽然要强于低阶简正波，但高阶简正波随着水平距离的增加而衰减，在远距离处实际的耦合效果和能量转移效果要弱于低阶简正波。

虽然各阶简正波的激发强度不同，但考虑到各阶简正波传播过程中的衰减和波导简正波与非波导简正波之间的转化，则研究环境参数的水平变化所导致的各阶简正波幅度函数变化有着较大的物理意义。在图 5(c) 中，可以看出 $x=20$ m 处的第 7 阶简正波向 $x+\Delta x$ 处第 6 阶简正波耦合较多能量；在图 5(d) 中，可以看出 $x=770$ m 处的第 3 阶简正波向 $x+\Delta x$ 处第 2 阶简正波耦合较多能量。根据图 6(a) 和图 6(b) 所示，可知：$x=20$ m 处的第 7 阶简正波为最后一阶满足 $\mathrm{Re}(k_n)>\mathrm{Im}(k_n)$ 的简正波（Re 和 Im 分别表示实部和虚部），$x=770$ m

处的第3阶简正波为最后一阶波导简正波。在接下来的传播过程中，随着海水深度的变浅，$x=20$ m处的第7阶简正波即将因虚部较大而具有较大的损耗，而$x=770$ m处的第3阶简正波转化为非波导简正波且具有较大的传播损失。因此由图6和图7所示的计算结果，可以说明：本征值虚部将大幅度增加的简正波倾向于将能量耦合至低阶能量损耗小的邻近简正波中，从而将更多的能量趋于保留至波导中。

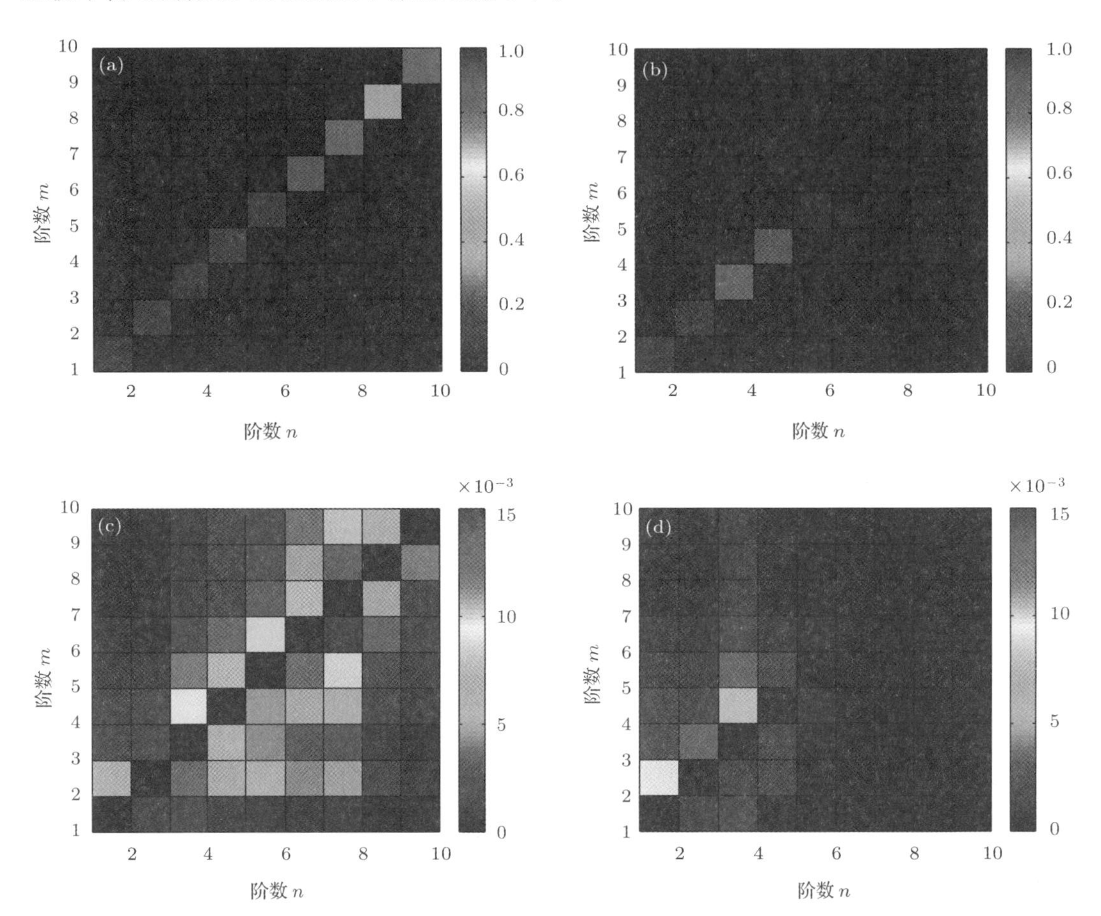


**图5　$\alpha=2.86°$时上坡波导不同水平距离下各阶简正波幅度函数$C_n(x)$所引起的$C_m(x+\Delta x)/C_m(0)$模值分布**

**(a) $x=20$ m；(b) $x=770$ m；(c) $x=20$ m去除对角元素后的结果；(d) $x=770$ m去除对角元素后的结果（每一方块对应于其左下角所表示的阶数值，即$C_n(x)$的下标和$C_m(x+\Delta x)/C_m(0)$的下标）**

当倾角$\alpha=12.86°$时，考虑如图2(a)所示的环境参数和几何参数，$x=20$ m处的耦合系数$B_{mn}(x)$幅度计算结果和$x+\Delta x$处$C_m(x+\Delta x)/C_m(0)$模值非对角元素分布如图7所示。与图4(a)和图5(c)相比，可得：对于上坡情况，简正波之间的耦合能力随着海底倾斜角度的增加而大幅度的提高。

对于下坡波导，考虑图2(b)所示的环境参数和几何参数，当倾斜角度$\alpha=2.86°$时，$x=20$ m和$x=510$ m(第4阶简正波转化为波导简正波的水平距离)，耦合系数$B_{mn}(x)$模值的计算结果如图8所示。

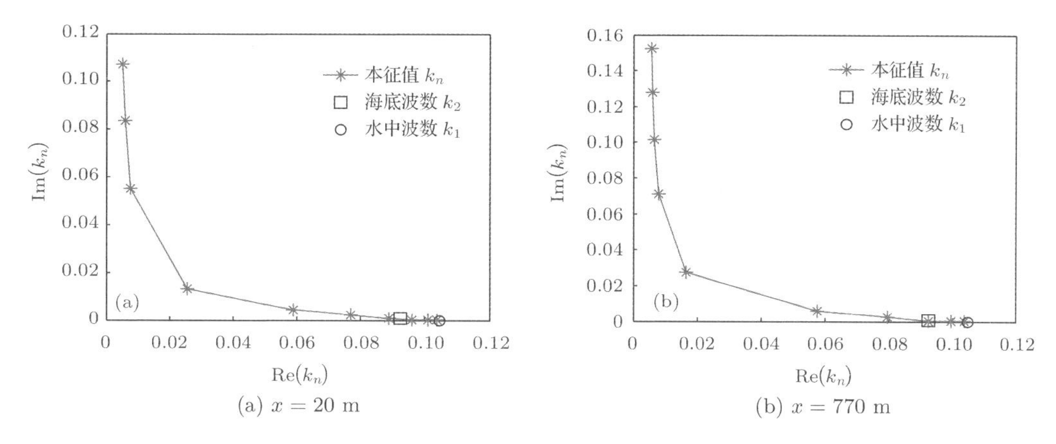


**图 6　$\alpha=2.86°$时上坡波导不同水平距离下本地本征值分布**

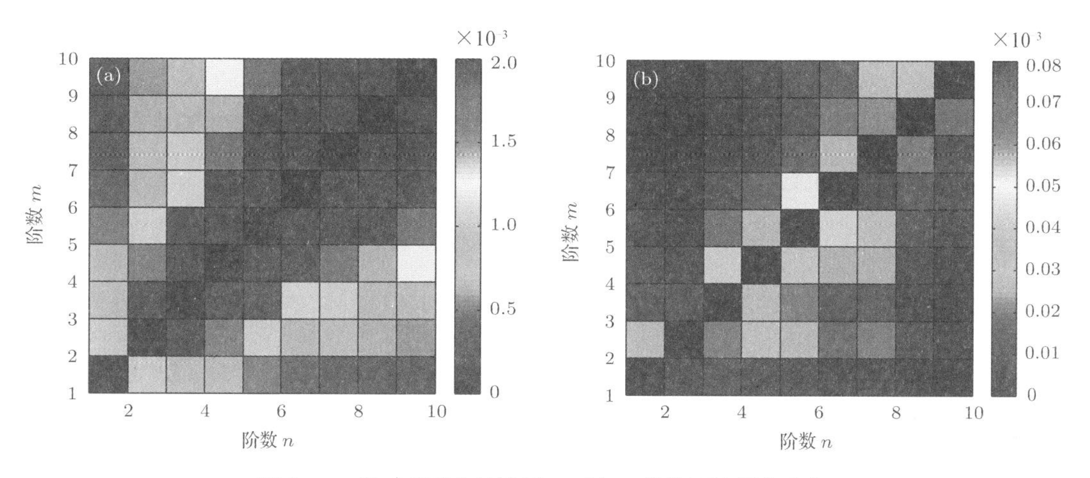


**图 7　$\alpha=12.86°$时上坡波导 $x=20$ m 的简正波耦合分布**

**(a)$B_{mn}(x)$模值;(b)非对角 $C_m(x+\Delta x)/C_m(0)$模值**

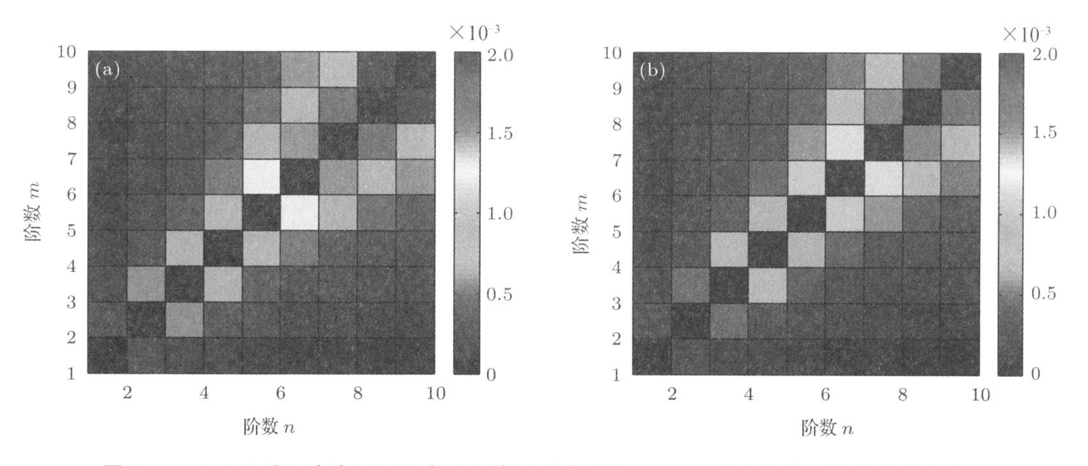


**图 8　$\alpha=2.86°$时下坡波导不同水平距离下耦合系数 $B_{mn}(x)$幅度随简正波阶数的分布**

**(a)$x=20$ m;(b)$x=510$ m(每一方块对应于其左下角所表示的阶数值)**

根据图 8 所示,可以看出:与上坡波导相同,高阶耦合简正波之间的耦合强度和能量转移能力要更强;阶数相差较小的简正波之间耦合和能量转移要强于阶数相差较大的情况;简正波之间的耦合满足对称性。考虑水平间隔 $\Delta x = 10$ m、水平距离点 $x = 20$ m 和 $x = 510$ m(第 4 阶简正波转化为波导简正波的水平距离),参照图 8 的计算参数,则下坡情况下各阶简正波幅度函数 $C_n(x)$ 所引起的 $x+\Delta x$ 处 $C_m(x+\Delta x)/C_m(0)$ 模值分布如图 9 所示。

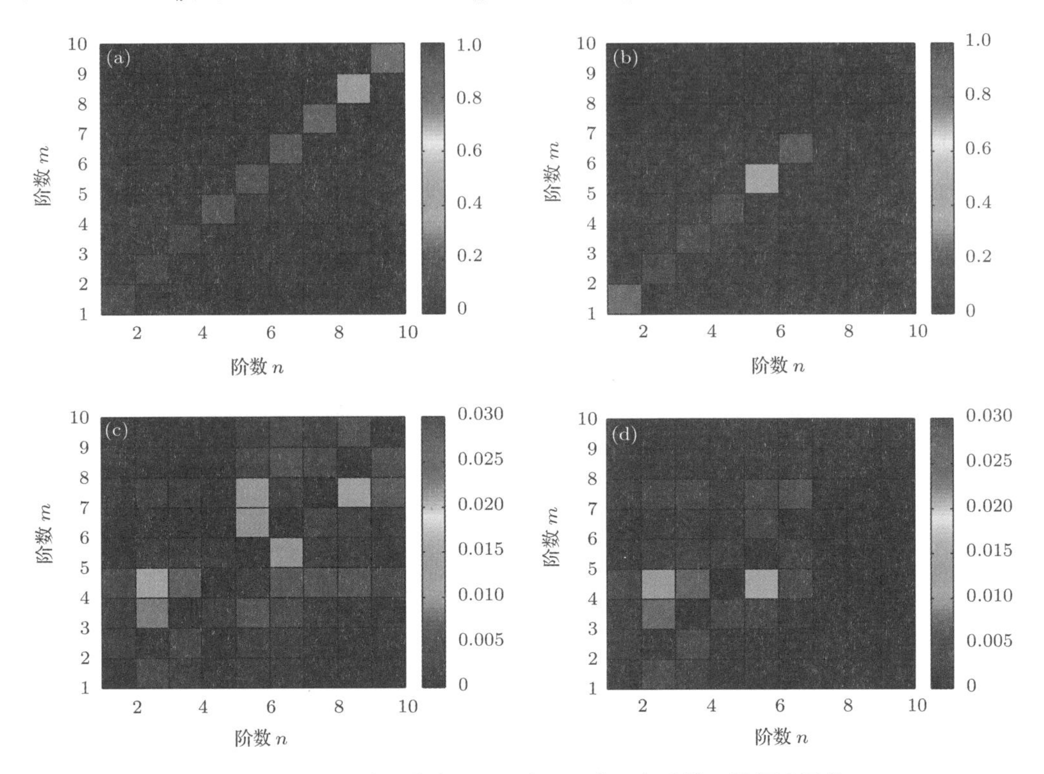


**图 9　$\alpha = 2.86°$ 时下坡波导不同水平距离下各阶简正波幅度函数 $C_n(x)$ 所引起的 $C_m(x+\Delta x)/C_m(0)$ 模值分布**

**(a) $x = 20$ m;(b) $x = 510$ m;(c) $x = 20$ m 去除对角元素后的结果;(d) $x = 510$ m 去除对角元素后的结果(每一方块对应于其左下角所表示的阶数值,即 $C_n(x)$ 的下标和 $C_m(x+\Delta x)/C_m(0)$ 的下标)**

与图 5 所示的上坡计算结果相比,从图 9 中可以看出,相同点为:各阶简正波之间的耦合和能量转移要远小于环境参数水平变化所导致的各阶简正波自身的变化;高阶简正波随着水平距离的增加而衰减,在远距离处实际的耦合和能量转移效果要弱于低阶简正波。但也存在着不同点:在图 9(c)中,$x = 20$ m 时,$x+\Delta x$ 处的第 7 阶简正波从 $x$ 处的第 6 阶和第 8 阶简正波耦合了较多能量;在图 9(d)中,$x = 510$ m 时,$x+\Delta x$ 处的第 4 阶简正波从 $x$ 处的第 3 阶和第 5 阶简正波耦合了较多能量。

根据 $x = 20$ m 和 $x = 510$ m 处的本地本征值计算,如图 10 所示,$x = 20$ m 处的第 7 阶简正波为最后一阶满足 $\mathrm{Re}(k_n) > \mathrm{Im}(k_n)$ 的简正波(Re 和 Im 分别表示实部和虚部),$x = 510$ m 处的第 4 阶简正波为第一阶非波导简正波。在接下来的传播过程中,随着海水深度的变深,$x = 20$ m 处的第 7 阶简正波的本征值虚部将大幅度的变小,而 $x = 510$ m 处的第 4 阶简正波将转化为波导简正波,具有较小的传播损耗。因此,根据图 9 和图 10 的计算,可以说明:本征值虚部将大幅度减小的简正波倾向于从邻近简正波中耦合获得较多能量,即趋于将更多的能量保留至波导中。

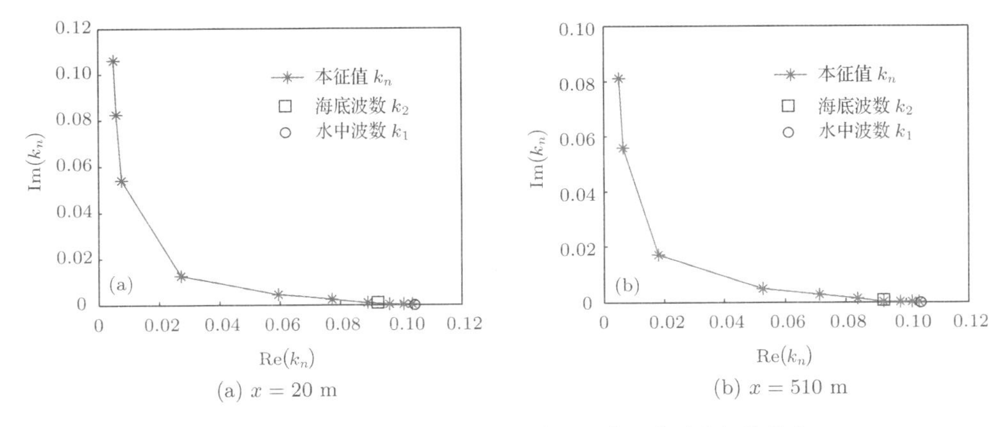


(a) $x=20$ m　(b) $x=510$ m

**图 10　$\alpha=2.86°$ 时下坡波导不同水平距离下本地本征值分布**

当倾角 $\alpha=12.86°$时,考虑如图 2(b)所示的环境参数和几何参数,$x=20$ m 处的耦合系数 $B_{mn}(x)$幅度计算结果和 $x+\Delta x$ 处 $C_m(x+\Delta x)/C_m(0)$模值非对角元素分布如图 11 所示。与图 8(a)和图 9(c)相比,可得:对于下坡波导情况,简正波之间的耦合能力随着海底倾斜角度的增加而大幅度的提高。

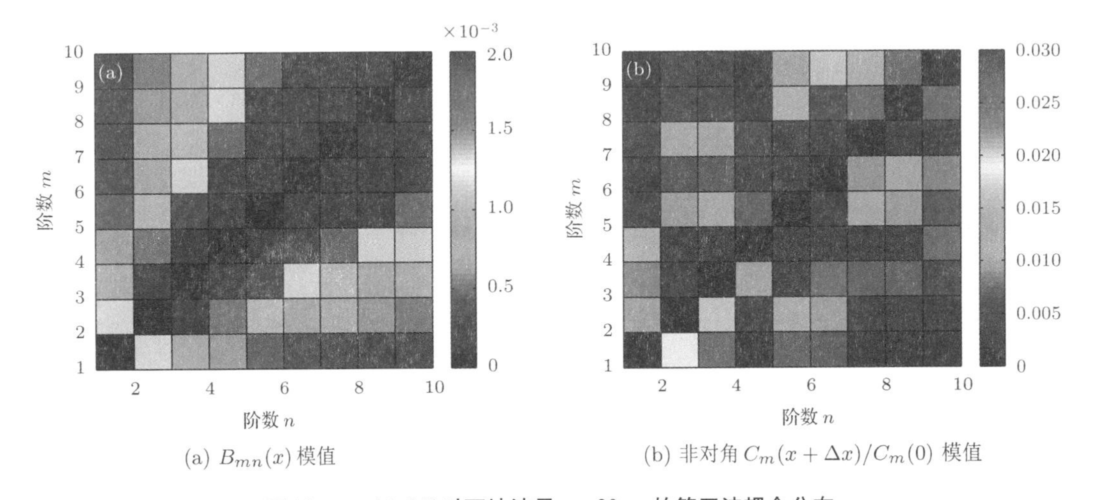


(a) $B_{mn}(x)$ 模值　(b) 非对角 $C_m(x+\Delta x)/C_m(0)$ 模值

**图 11　$\alpha=12.86°$ 时下坡波导 $x=20$ m 的简正波耦合分布**

## 4.2　三维声场干涉结构的变化

对于三维楔形波导,考虑环境参数仅随单一水平方向变化,通过 Fourier 变换将三维点源问题转化为二维线源问题,从而建立三维楔形波导耦合简正波模型。在建立该模型时,通过二维线源声场叠加的方法获得三维点源所激发的声场,其有效性在文献[26]中进行了论证。因此,若二维线源声场计算结果正确,则可保证三维楔形波导中声场计算的准确性。此处,将根据该三维楔形波导耦合简正波模型分析海底地形变化对声场能量传播和声场干涉结构的影响,并结合射线 – 简正波理论阐述相应的物理机理。

对于环境参数和几何参数如图 12 所示的上坡楔形波导，根据三维楔形耦合简正波模型，$x-y$ 平面的声场能量分布如图 13 所示。可以看出：在具有水平海底的波导中，点源激发的声场将在 $x-y$ 平面内形成以点源为圆心的同心圆形状干涉条纹；当海水深度沿 $x$ 方向减小时，则形成 $x$ 方向为短轴的椭圆圆弧形状干涉条纹。

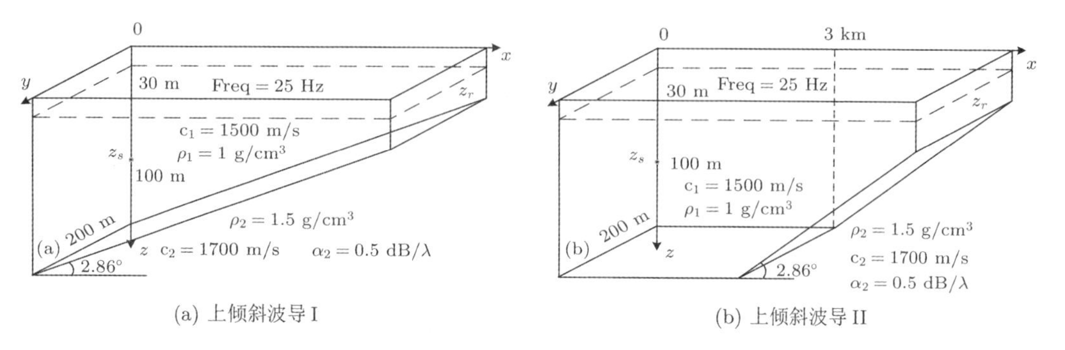


(a) 上倾斜波导 I　　(b) 上倾斜波导 II

**图 12　$\alpha=2.86°$ 时上倾斜楔形波导示意图**

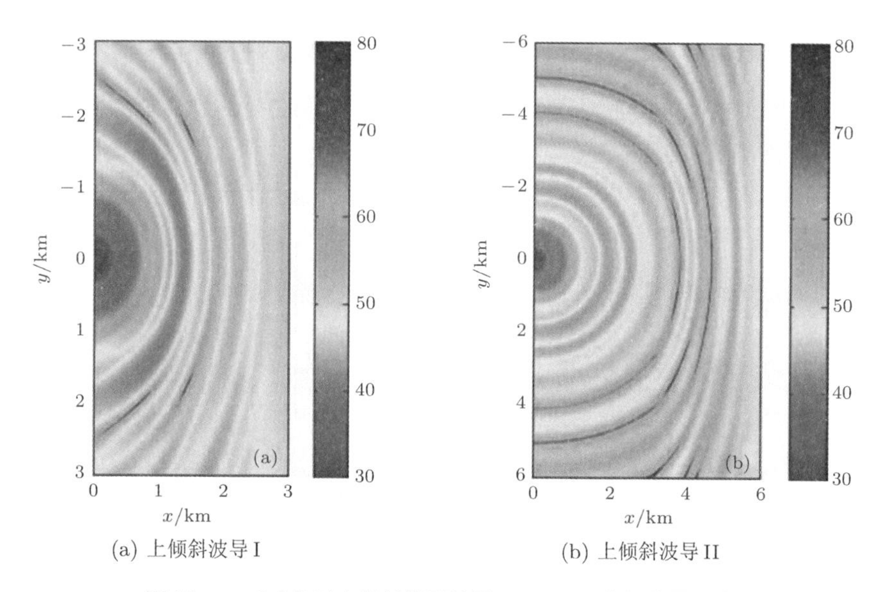


(a) 上倾斜波导 I　　(b) 上倾斜波导 II

**图 13　$\alpha=2.86°$ 时上倾斜楔形波导 $x-y$ 平面声场能量分布**

按照文献[2]和[22]中关于简正波模型和广义射线理论的叙述，在一定水平距离后每阶简正波可看作一系列广义射线相长干涉的结果，$\{\mathrm{Re}(k_{xn}),k_y\}$ 则表明该系列广义声线的水平传播方向。根据图 6 所示的上坡波导中不同水平距离处本地本征值的计算结果，可知：每阶简正波本征值 $k_n$ 的实部随着海水变浅而减小。考虑 $k_y-y$ 的 Fourier 变化方程(17)，对于每一恒定 $ky$，根据恒等式 $k_{xn}^2+k_y^2=k_n^2$ 可得 $k_{xn}$ 的实部随着 $k_n$ 实部的减小而减小。由于 $k_n$ 和 $k_{xn}$ 的实部表明了声场的传播方向，因此对于上坡楔形波导，携带着声场能量的广义射线将向 $y$ 轴偏转，即海水深度增加的方向，如图 14(a)所示。考虑到海水深度增加的方向可存在更多阶波导简正波，从而更多的声场能量趋于保留在波导中而不向海底泄漏。

同样，按照简正波和广义射线的理论，声场 $x-y$ 平面的声场能量分布形式可看作是广义射线在波导中传播时经海面和海底多次反射叠加所形成的明暗相间的干涉条纹。参照图

14(a)和图14(b),考虑投射角由 $k_n$ 实部确定且依次经过海面－海底－海面作用的广义射线。经海底作用时,由于海水深度的减小,在同一深度处,越靠近 $x$ 轴的广义射线的水平间隔将越小,类似于声场能量在传播过程中越靠近 $x$ 轴时越得到压缩,从而形成 $x$ 轴为短轴的椭圆圆弧形干涉结构。

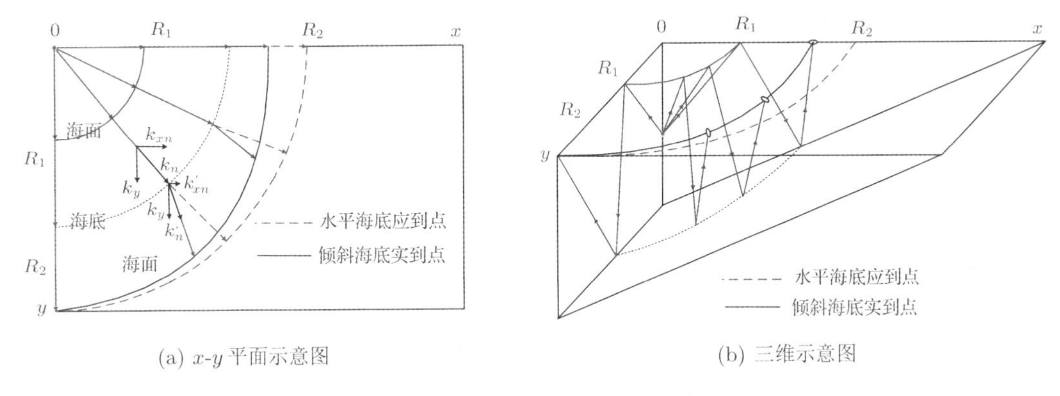


(a) $x$-$y$ 平面示意图　　(b) 三维示意图

**图14　上倾斜楔形波导声传播示意图**

对于环境参数和几何参数如图15所示下坡楔形波导,根据三维楔形耦合简正波模型,$x-y$ 平面的声场能量分布如图16所示。与图13所示的上坡计算结果相比,对于下坡的情况,当海水深度沿 $x$ 方向增加时,声场将形成 $x$ 方向为长轴的椭圆圆弧形状干涉条纹。

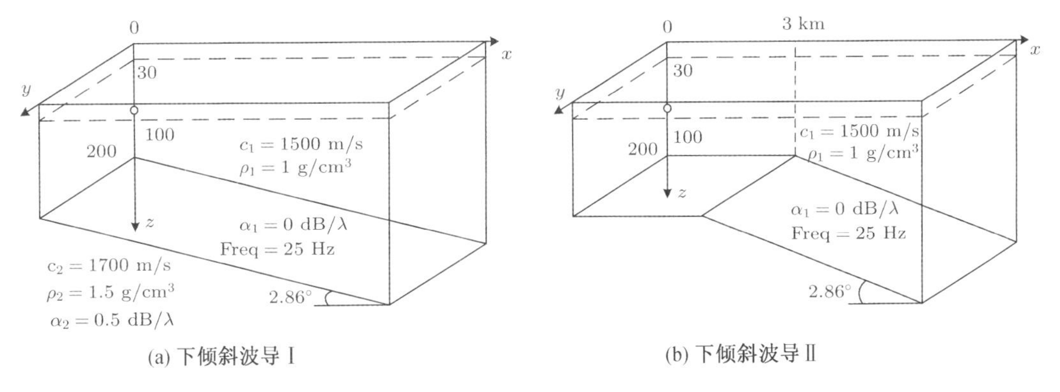


(a) 下倾斜波导Ⅰ　　(b) 下倾斜波导Ⅱ

**图15　$\alpha = 2.86°$ 时下倾斜楔形波导示意图**

根据图10所示的下坡波导中不同水平距离处本地本征值的计算结果可知,每阶简正波本征值 $k_n$ 的实部随着海水深度的增加而增大。考虑 $\{\mathrm{Re}(k_{xn}), k_y\}$ 表明每一束广义射线的水平方向且 $k_y$ 恒定,因此 $k_{xn}$ 的实部将随着海水深度的增加而增大。对于下坡楔形波导,携带着声场能量的广义射线将向 $x$ 轴偏转,即海水深度增加的方向,其偏转过程如图17(a)所示。考虑到海水深度较深的区域存在着更多阶的波导简正波,从而有更多的声场能量被保留在波导中而不向海底泄漏。

参照图17(a)和图17(b),考虑投射角由 $k_n$ 实部确定且依次经过海面－海底－海面作用的广义射线。经海底作用时,由于海水深度的增加,在同一深度处,越靠近 $x$ 轴的广义射线的水平间隔将越大,类似于声场能量在传播过程中越靠近 $x$ 轴时越得到稀疏,从而形成 $x$ 轴为长轴的椭圆圆弧形干涉结构。

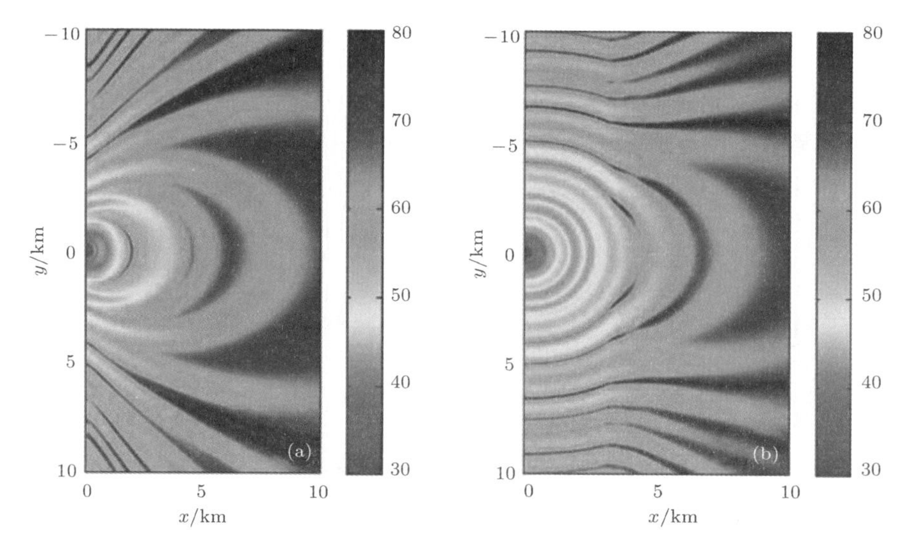


**图 16　$\alpha=2.86°$时下倾斜楔形波导 $x-y$ 平面声场能量分布**

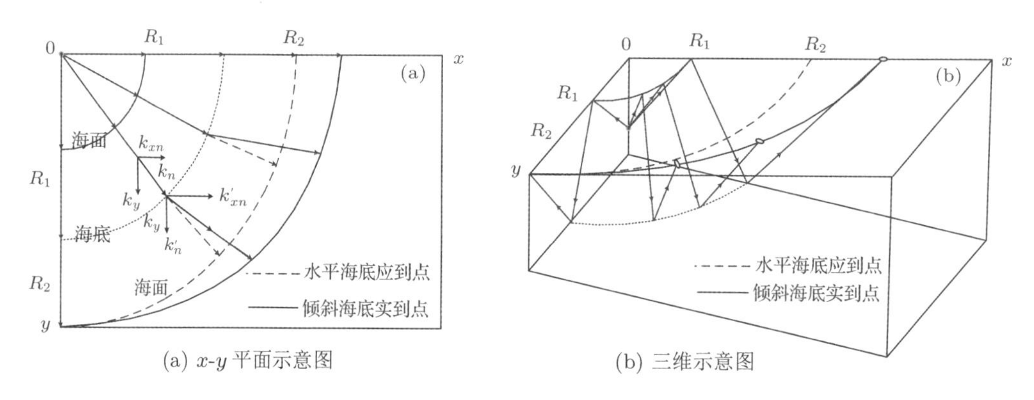


**图 17　下倾斜楔形波导声传播示意图**

## 5　结论

本文建立了一种大步长格式的二维耦合简正波模型和三维楔形波导耦合简正波模型，经仿真对比，表明本文两种模型可分别有效快速地计算二维和三维波导中的声场，并保证声场满足能量守恒。以此两种模型为基础，从理论分析和数值计算的角度，研究了海底地形水平变化所引起的各阶简正波的耦合和能量转移，分析了三维声场的干涉结构变化，解释了三维楔形波导中声场三维效应的物理机理，得到以下结论：声场通过简正波彼此之间的耦合来反映环境参数的水平变化对能量传播过程的影响，对能量的影响程度由简正波耦合系数来表征，且与环境参数的水平变化成正比；当某阶简正波本征值虚部具有较大变化时，则存在着较大的简正波耦合和能量转移现象，但声场的能量更趋于被保留在波导中，而非向波导外泄漏；对于三维情况，海底地形的变化将导致声场能量在传播过程中趋于向海水深度增加的水平方向偏转，声场能量也趋于保留至波导中，同时波导将对不同方位角度上的声场能量起到类似于压缩或稀疏的作用，在水平平面上形成椭圆状的干涉结构。以上研究为进一步探索浅海等水平变化波导中声传播规律、揭示声场特性奠定了理论基础。

## 参考文献

[1] Jensen F B, Kuperman W A, Porter M B, Schmidt H 2011 Computational Ocean Acoustics (2nd Ed.) (New York: Springer).

[2] Wang D Z, Shang E C 2013 Underwater Acoustics (2nd Ed) (Beijing: Science Press) p59 (in Chinese) [汪德昭,尚尔昌 2013 水声学(第二版)(北京:科学出版社) 第59页].

[3] Lin W S, Liang G L, Fu J, Zhang G P 2013 Acta. Phys. Sin. 62 144301 (in Chinese) [林旺生,梁国龙,付进,张光普 2013 物理学报 62 144301].

[4] Pierce A D 1965 J. Acoust. Soc. Am. 37 19.

[5] Milder D M 1969 J. Acoust. Soc. Am. 46 1259.

[6] Abawi A T, Kuperman W A, Collins M D 1997 J. Acoust. Soc. Am. 102 233.

[7] Peng Z H, Li F H 2001 Sci. Cina. Ser A 31 165 (in Chinese) [彭朝晖,李风华 2001 中国科学 A 辑 31 165].

[8] Peng Z H, Zhang R H 2005 Acta. Acustica. 30 97 (in Chinese) [彭朝晖,张仁和 2005 声学学报 30 97].

[9] Stotts S A 2008 J. Com. Acoust. 16 225.

[10] Evans R B 1983 J. Acoust. Soc. Am. 74 188.

[11] Luo W Y 2012 Sci. Cina – Phys. Mech. Astron. 55 572.

[12] Yang C M, Luo W Y 2012 Acta. Acustica. 37 465 (in Chinese) [杨春梅,骆文于 2012 声学学报 37 465].

[13] Luo W Y, Yang C M, Qin J X, Zhang R H 2013 Chin. Phys. B 22 054301.

[14] Yang C M, Luo W Y, Zhang R H, Qin J X 2013 Acta. Phys. Sin. 62 094302 (in Chinese) [杨春梅,骆文于,张仁和,秦继兴 2013 物理学报 62 094302].

[15] Luo W Y, Yang C M, Zhang R H 2012 Chin. Phys. Lett. 29 014302.

[16] Qin J X, Luo W Y, Zhang R H, Yang C M 2013 Chin. Phys. Lett. 30 074301.

[17] Luo W Y, Schmidt H 2009 J. Acoust. Soc. Am. 125 52.

[18] Luo W Y 2011 Sci. Cina-Phys. Mech. Astron. 54 1562.

[19] Fawcett JA 1992 J. Acoust. Soc. Am. 92 290.

[20] Godin O A 1998 J. Acoust. Soc. Am. 103 159.

[21] Wang N 2004 J. Ocean. Univ. China. 34 821 (in Chinese) [王宁 2004 中国海洋大学学报 34 821].

[22] McDonald B E, Collins M D, Kuperman W A, Heaney K D 1994 J. Acoust. Soc. Am. 96 2357.

[23] Ballard M S 2012 J. Acoust. Soc. Am. 131 2578.

[24] Ballard M S 2012 J. Acoust. Soc. Am. 131 1969.

[25] Collins M D 1993 J. Acoust. Soc. Am. 94 975.

[26] Lamb H 1904 Phil. Trans. R. Soc. Lond. 203 1.

# 浅海空气声入水传播特性分析

孙炳文　郭圣明　胡　兵　才振华

**摘要**　结合射线和波数谱积分方法，对空气声入水传播途径进行了分析，利用海上试验进行了比较检验，结果表明，在浅海环境中，对水下声场有主要贡献的空气声入水传播途径，主要是透射穿过海面边界的折射直达声以及后续的海底反射声途径，其中折射直达声途径的贡献主要集中在声源正下方附近区域，当距离较远时，由于声线扩展损失效应以及直达声影区两方面的限制，折射直达声传播损失显著增加，对接收声场起主要贡献的是可以到达更远水平距离上的海底反射声，包括海底海面多次反射声。

## 引言

由于海面和海水介质声阻抗不匹配形成的“阻挡”作用，空气中声源激发的声场，只有很少一部分能量能够透射进入到水下传播，即便如此，这也给在水下进行较远距离的空中目标探测提供了一种可能手段。对空气声入水传播特性的研究，有助于发展和建立有针对性的空中目标水下声探测技术，应对日益增加的空中目标威胁。

针对空气中声源激发的水下声场计算问题，已经发展出了基于射线理论[1-3]、简正波理论[4-7]、波数谱积分[8-10]等方法的算法模型，用来分析空气声入水传播特性。在试验研究方面，国外文献研究主要采用了飞机作为声源[3,11-13]，国内文献研究主要采用了扬声器或汽笛作为声源[14-16]。Buckingham 等人[11-12]的研究中，利用螺旋桨飞机作为声源，通过对水面附近和海底接收信号的分析，进行了声源参数估计和环境参数的反演，分析了空气透射入水以及海底沉积层的机理和途径。Giddens 等[13]利用水中垂直阵接收单引擎螺旋桨飞机的辐射噪声，通过测量海底反射系数随入射角的变化关系，提取得到海底边界反射临界角，进行海底声速反演，利用埋在海底的水听器测量的多普勒频移反演出海底速。吕俊军等[14]介绍了浅海海域(水深 40 m) 的空气声入水试验，给出了空气中的静态声源激发的声信号进入到水下的测量结果。王光旭等[15]综合利用脉冲压缩及波束形成方法来提高接收信号的信噪比，得到了收发距离 14 km 、频率 200 Hz ~ 1 kHz 范围内的传播损失测量值，并与波数谱积分方法的计算结果进行了比对，结果较为一致. 彭朝晖等采用汽笛声源，利用布放于 90 m 深海底的水平阵作为接收设备，进行了更低频段上的空气声入水传播特性测量与分析比对，最远距离达到 7. 5 km。

本文结合射线和波数谱积分方法，对空气声入水传播途径进行了分析，利用海上试验数据进行了比较检验。有关结果表明，在浅海环境中，对水下声场有主要贡献的空气声入水传播途径，主要是透穿过海面边界的折射直达声以及后续的海底反射声途径，其中折射直达声途径的贡献主要集中在声源正下方附近区域，当距离较远时，由于声线扩展损失效应以及直达声影区两方面的限制，折射直达声传播损失显著增加，对接收声场起主要贡献的是可以到达更远水平距离上的海底反射声，其中包括海底和海面的多次反射声。

## 1　空气声入水传播途径分析

Urick[3]指出，在实际的浅海海洋环境中，空气中声源激发的声场进入到水下传播的途径可以划分为如图 1 所示的四个部分：路径 1，折射直达声；路径 2，海底反射声；路径 3，侧面波，对应空气声在海面发生全内反射的角度范围；路径 4，海面散射声。侧面波只有在水面以下小深度范围内是接收声场的主要成分[3,17]。Barger 等的缩比试验[18]表明，在低海况和低频率（小于 1 kHz）条件下，海面散射引起的水下接收声强的变化小于 1 dB。相比较而言，折射直达声路径和海底反射声路径是最常见的传播路径，可以在水下较大的深度上、较大的水平距离范围内被接收到，其中海底反射声路径（包括多次海底反射）更是容易传播到较远的水平距离上。

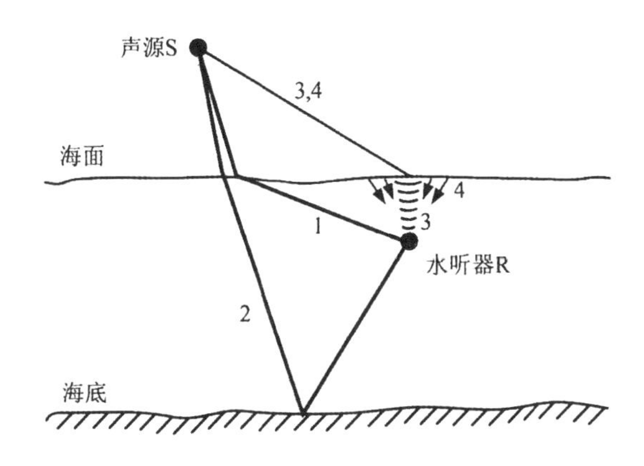


图 1　空气声入水传播途径示意图[3]

对于空气声入水传播特性的理论分析与数值计算，原则上比较适合采用波数谱积分方法，它可以自然地考虑声场的连续谱、离散谱以及非均匀波等成分的贡献，尤其是在更容易出现简正波截止效应的低频段范围。波数谱积分方法尽管可以比较准确地进行声场计算，但不如射线方法那样可以直观地给出声传播路径分析结果。鉴于此，本文采用射线方法进行传播路径分析，声场强度计算则利用波数谱积分方法进行比对。

### 1.1　声线跟踪

空气声入水传播的声线跟踪如图 2 所示。当声源高度不是很高时，可以忽略空气介质中声速梯度的影响，认为是均匀分布的，这样对于以掠射角度 $\alpha_0$ 从声源位置 $(0, -z_0)$ 出发的声线，到达海面上的 $T(r_1, 0)$ 点时有：

$$r_1 = \frac{z_0}{\tan \alpha_0},\ r_1 = \frac{1}{c_{a0}} \frac{z_0}{\sin \alpha_0} \equiv \frac{R_1}{c_{a0}} \tag{1}$$

其中 $c_{a0} \equiv c_a(z_0)$ 是空气声速，角度 $\alpha_0$ 范围为 $0 < \alpha_0 < \pi/2$ 声线行进方向朝下时掠射角为正，朝上时掠射角为负。空气声经过海面边界透射进入海水介质中之后，到达接收点的声线类型可以划分为直达声和海底反射声两大类。对于直达声线（$m = 0$），根据分层介质中的射线方程[19]，有：

$$\frac{dz}{dr} = \tan \alpha,\ \frac{\cos \alpha_0}{c_{a0}} = \frac{\cos \alpha}{c_w(z)} \equiv \xi_0 \geqslant 0 \tag{2}$$

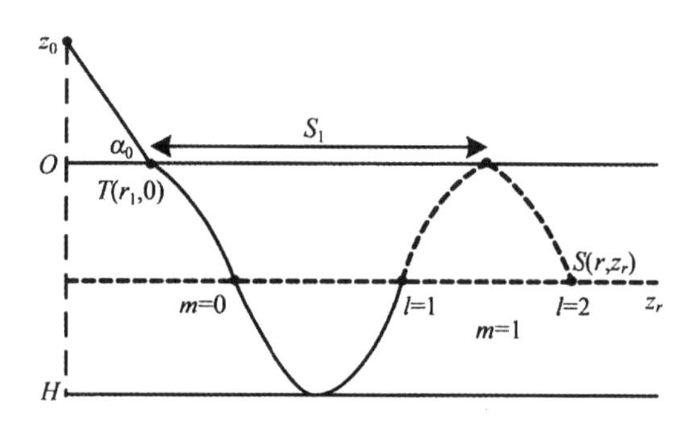


图 2　空气声入水传播声线跟踪示意图

$$r_{2,0}^{(1)}(z_r,\alpha_0) = \int_0^{z_r} \frac{\cos \alpha}{|\sin \alpha|}\mathrm{d}z = \int_0^{z_r} \frac{c_w(z)\xi_0}{\sqrt{1 - c_w^2(z)\xi_0^2}}\mathrm{d}z \tag{3}$$

$$\tau_{2,0}^{(1)}(z_r,\alpha_0) = \int_0^{z_r} \frac{\mathrm{d}s}{c_w(z)} = \int_0^{z_r} \frac{1}{c_w(z)} \frac{\mathrm{d}z}{|\sin \alpha|} = \int_0^{z_r} \frac{\mathrm{d}z}{c_w(z)\sqrt{1 - c_w^2(z)\xi_0^2}} \tag{4}$$

其中 $c_w(z)$是水层声速剖面,掠射角度 $\alpha$ 范围为 $-\pi/2<\alpha<\pi/2$,声线行进朝上为负、朝下为正。对于海底反射声($m>0$),经过 $m$ 次海底边界上的反射(或者水层中反转)的声线又可以再分为两类:$l=1,2$。$l=1$,对应从下方到达接收点,$a_0>0,\alpha<0$;$l=2$ 对应从上方到达接收点,$a_0>0,\alpha>0$,对应的声线传播距离和时延分别为:

$$\tau_{2,m}^{(1)}(z_r,\alpha_0) = mS_1 - \int_0^{z_r} \frac{c_w(z)\xi_0}{\sqrt{1 - c_w^2(z)\xi_0^2}}\mathrm{d}z \tag{5}$$

$$\tau_{2,m}^{(1)}(z_r,\alpha_0) = mT_1 - \int_0^{z_r} \frac{\mathrm{d}z}{c_w(z)\sqrt{1 - c_w^2(z)\xi_0^2}} \tag{6}$$

$$\tau_{2,m}^{(2)}(z_r,\alpha_0) = mS_1 + \int_0^{z_r} \frac{c_w(z)\xi_0}{\sqrt{1 - c_w^2(z)\xi_0^2}}\mathrm{d}z \tag{7}$$

$$\tau_{2,m}^{(2)}(z_r,\alpha_0) = mT_1 + \int_0^{z_r} \frac{\mathrm{d}z}{c_w(z)\sqrt{1 - c_w^2(z)\xi_0^2}} \tag{8}$$

式中 $S_1$表示声线从海面出发再反射(或反转) 回到面时所行进的水平距离,

$$S_1 = 2\int_0^{H} \frac{c_w(z)\xi_0}{\sqrt{1 - c_w^2(z)\xi_0^2}}\mathrm{d}z \tag{9}$$

$T_1$则是对应的行进时间,

$$T_1 = 2\int_0^{H} \frac{\mathrm{d}z}{c_w(z)\sqrt{1 - c_w^2(z)\xi_0^2}} \tag{10}$$

对于上述不同类型的声线,从空气中声源出发,声线行进的总水平距离为:

$$r_m^{(l)}(z_r,\alpha_0) = r_1(\alpha_0) + r_{2,m}^{(l)}(z_r,\alpha_0) \tag{11}$$

其中当 $m=0$ 时,$l=1$,当 $m>0$ 时,$l=1,2$。

如果水层声速剖面是均匀分布的,$c_w(z)=c_{w0}$,容易知道:

$$r_{2,0}^{(1)}(z_r,\alpha_0) = \frac{z_r}{\tan \alpha_1},\ \tau_{2,0}^{(1)}(z_r,\alpha_0) = \frac{1}{c_{w0}} \frac{z_r}{\sin \alpha_1} \equiv \frac{R_2}{c_{w0}} \tag{12}$$

$$r_{2,m}^{(1)}(z_r,\alpha_0) = \frac{2mH - z_r}{\tan \alpha_1},\ \tau_{2,m}^{(1)}(z_r,\alpha_0) = \frac{1}{c_{w0}} \frac{2mH - z_r}{\sin \alpha_1} \equiv \frac{R_{2,m}^{(1)}}{c_m c_{w0}} \tag{13}$$

$$r_{2,m}^{(2)}(z_r,\alpha_0) = \frac{2mH+z_r}{\tan\alpha_1},\ \tau_{2,m}^{(2)}(z_r,\alpha_0) = \frac{1}{c_{w0}}\frac{2mH+z_r}{\sin\alpha_1} \equiv \frac{R_{2,m}^{(2)}}{c_{w0}} \tag{14}$$

其中 $\cos\alpha_0 = (c_{a_0}/c_{w_0})\cos\alpha_1 = n_{aw}\cos\alpha_1$，记临界角分别为：

$$\alpha_c^{(0)} = \cos^{-1}\left(\frac{c_{a_0}}{c_{w_0}}\right),\ \alpha_c^{(1)} = \cos^{-1}\left(\frac{c_{a_0}}{c_b}\right) \tag{15}$$

其中 $c_b$ 是半无限均匀海底介质声速，通常有 $c_b > c_{w0}$，$\alpha_c^{(1)} > \alpha_c^{(0)}$。简单分析可以知道：在 $\alpha_c^{(1)} < \alpha_0 < \pi/2$ 范围内的出射声线，可以透射进入水层介质，但也会透射进入海底介质；在 $\alpha_c^{(0)} < \alpha_0 < \alpha_c^{(1)}$ 范围内的出射声线，可以透射进入水层介质并且还会在海底边界上全内反射，对应可以水下远距离传播的波导简正波部分；在 $0 < \alpha_0 < \alpha_c^{(0)}$ 范围内的出射声线，在海面边界上全内反射，不能透射进入海水介质层，仅仅是在海面附近的深度范围内（一般是空气中声波的几分之一波长范围 速剖面 当水层声速剖面非均匀匀分布时，折射直达声路径会出现直达声影区现象）以侧面波形式对水下声场有贡献。

当水层声速剖面非均匀分布时，例如负梯度声速剖面，折射直达声路径会出现直达声影区现象，能够到达的水平距离范围与均匀声速剖面相比会小。另外，还可能出现“双声道”效应，即原则上能透射穿过海面边界的那些声线，会在靠近海底附近的低声速区中激发出可以向远距离传播的“内部”波导简正波（反转简正波），只不过这部分简正波激发程度 般也比较弱，很容易被正常透射进入水下的那部分简正波（反射简正波）所掩盖。

### 1.2　声场强度计算

沿给定的出射声线，入射到海面上 $T(r_1,0)$ 点进入海水介质一侧时，声压为：

$$p_T = \frac{T}{R_1}e^{i\omega\tau_1} \tag{16}$$

空气到海水介质的透射系数为：

$$T = \frac{2\sqrt{1-\cos^2\alpha_0}}{\sqrt{1-\cos^2\alpha_0} + \sigma_{aw}\sqrt{n_{aw}^2 - \cos^2\alpha_0}} \tag{17}$$

对应的声线束管宽度为：

$$|\sigma_1| = \chi_1\Delta\alpha_0,\ \chi_1 = \left|\frac{\partial r_1}{\partial\alpha_0}\right|\sin\alpha_1 = \frac{z_0}{\sin^2\alpha_0}\sin\alpha_1 \tag{18}$$

其中 $c_{\alpha_0}^{-1}\cos\alpha_0 = c_{\omega0}^{-1}\cos\alpha_0$，$n_{a\omega} = c_{\alpha_0}/c_{\omega_0}$，$c_{w_0} \equiv c_w(0)$ 是靠近海面附近的海水介质声速，空气和海水介质密度比为 $\sigma_{a_\omega} = \rho_a/\rho_\omega$。当 $\alpha_0 > \alpha_c^{(0)} = \cos^{-1}(n_{a\omega})$ 时，$|T| \approx 2$，当 $\alpha_0 < \alpha_c^{(0)}$ 时，有：

$$T = \frac{2\sqrt{1-\cos^2\alpha_0}}{\sqrt{1-\cos^2\alpha_0} + i\sigma_{aw}\sqrt{\cos^2\alpha_0 - n_{aw}^2}},\ |T| < 2 \tag{19}$$

当 $\alpha_0 \to 0$ 时，$|T| \to 0$。仍然以水层均匀声速剖面情形来进行分析说明，对于直达声线部分，声压可以写成：

$$p_0^{(1)}(r_0^{(1)},z_r) = \frac{T}{R_1}Ae^{i\omega\tau_0^{(1)}},\tau_0^{(1)} = \tau_1 + \tau_{2,0}^{(1)} \tag{20}$$

其中：

$$A = \sqrt{\frac{r_1\chi_1}{r_0^{(1)}\chi_2}},\ \chi_2 = \left|\frac{\partial r_0^{(1)}}{\partial\alpha_0}\right|\sin\alpha_1 = \chi_1 + \frac{z_r}{\sin^2\alpha_1}\frac{\sin\alpha_0}{n_{aw}\sin\alpha_1}\sin\alpha_1 \tag{21}$$

对于经过 $m$ 次海底反射的声线，类似地容易知道，

$$p_m^{(1)}(r_m^{(1)},z_r)=\frac{T}{R_1}AV_b^m V_s^{m-1}\mathrm{e}^{\mathrm{i}\omega\tau_m^{(1)}},\ \tau_m^{(1)}=\tau_1+\tau_{m,0}^{(1)} \tag{22}$$

$$A=\sqrt{\frac{r_1\chi_1}{r_m^{(1)}\chi_2}},\ \chi_2=\left|\frac{\partial r_m^{(1)}}{\partial\alpha_0}\right|\sin\alpha_1=\chi_1+\frac{2mH-z_r}{\sin^2\alpha_1}\frac{\sin\alpha_0}{n_{aw}\sin\alpha_1}\sin\alpha_1 \tag{23}$$

以及

$$p_m^{(2)}(r_m^{(2)},z_r)=\frac{T}{R_1}AV_b^m V_s^m\mathrm{e}^{\mathrm{i}\omega\tau_m^{(2)}},\ \tau_m^{(2)}=\tau_1+\tau_{m,0}^{(2)} \tag{24}$$

$$A=\sqrt{\frac{r_1\chi_1}{r_m^{(2)}\chi_2}},\chi_2=\left|\frac{\partial r_m^{(2)}}{\partial\alpha_0}\right|\sin\alpha_1=\chi_1+\frac{2mH+z_r}{\sin^2\alpha_1}\frac{\sin\alpha_0}{n_{aw}\sin\alpha_1}\sin\alpha_1 \tag{25}$$

其中海水介质中的声波在海面上边界和海底下边界的反射系数分别为：

$$V_s(\alpha_0)=\frac{\rho_a\sqrt{k_{w0}^2-k_{a0}^2\cos^2\alpha_0}-\rho_w\sqrt{k_a^2-k_{a0}^2\cos^2\alpha_0}}{\rho_a\sqrt{k_{w0}^2-k_{a0}^2\cos^2\alpha_0}+\rho_w\sqrt{k_a^2-k_{a0}^2\cos^2\alpha_0}} \tag{26}$$

$$V_b(\alpha_0)=\frac{\rho_b\sqrt{k_{w0}^2-k_{a0}^2\cos^2\alpha_0}-\rho_w\sqrt{(k_b+\mathrm{i}\alpha_b)^2-k_{a0}^2\cos^2\alpha_0}}{\rho_b\sqrt{k_{w0}^2-k_{a0}^2\cos^2\alpha_0}+\rho_w\sqrt{(k_b+\mathrm{i}\alpha_b)^2-k_{a0}^2\cos^2\alpha_0}} \tag{27}$$

注意有 $k_{a0}\cos\alpha_1=k_{\omega0}\cos\alpha_1$，$k_{a0}=\omega/c_{a0}$，$k_{\omega0}=\omega/c_{\omega0}$，$k_{b0}=\omega/c_b$，$\alpha_b$是海底介质吸收系数。

叠加所有到达接收点的（本征）声线的贡献，得到总的接收声场；

$$p(r,z)=p_0^{(1)}(r,z)+\sum_{m=1}^{\infty}\{p_m^{(1)}(r,z)+p_m^{(2)}(r,z)\} \tag{28}$$

仿照上述过程，不难构置非均匀水层声速剖面情况下的声场计算公式

### 1.3　数值计算分析

在数值计算中，首先考虑空气、海水和海底三介质都是均匀介质层的情形：介质密度分别取 $\rho_a=1.29\times10^{-3}$ g/cm³，$\rho_\omega=1.03$ g/cm³ 和 $\rho_b=1.9$ g/cm³；声速分别取 $c_{a0}=340$ m/s，$c_{w0}=1\ 500$ m/s 和 $c_b=1\ 750$ m/s；海底介质吸收系数 $\alpha_b=0.1$ dB/λ；海深100 m；声源高度 10 m，接收深度 20 m，声源频率 100 Hz。

图 3 给出了包括折射直达声以及前 3 次海底反射声等在内的 7 条声线各自对应的传播损失曲线。图中 $N_b$ 和 $N_t$ 分别表示声线经海底和海面反射的次数，曲线（$N_b=0$，$N_t=0$）表示折射直达声路径的传播损失曲线，曲线（$N_b=1$，$N_t=0$）表示海底一次反射声路径的传播损失曲线。可以看出：

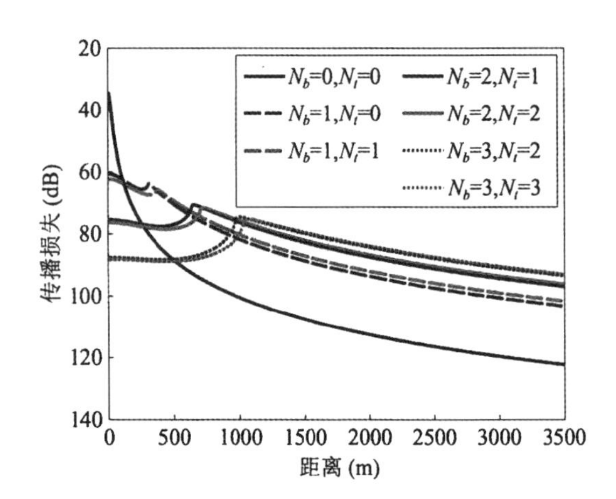

图 3　单条声线的传播损失分析

（1）折射直达声在声源正下方近距离范围内贡献比较突出，但随着水平距离的增加，折射直达声贡献快速减小；

（2）距离增加到约 130 m 时，海底一次反射的能量逐渐显著起来，超过了折射

直达声贡献；

(3)随着距离的进一步增加,海底二次反射以及更高次海底反射的贡献也逐渐加入进来,并且互相之间维持在一个彼此相当的量级上,共同为远距离上的接收声场起主要贡献。

总的来说,在浅海条件下,折射直达声的贡献主要限制在声源正下方一个有限距离范围内,对远距离声场有主要贡献的是海底反射声成分,在浅海环境中,这些声线对应反射简正波以及漏射简正波部分。需要指出的是,图中海底反射声传播曲线中凸起位置对应的水平距离为:

$$r_{cm} = \frac{z_0}{\tan \alpha_c^{(1)}} + \frac{2mH \pm z_r}{\tan(\alpha)}, m > 0, \cos \alpha = n_{aw}^{-1} \cos \alpha_c^{(1)} \tag{29}$$

它与水层中声波传播在海底边界上发生全内反射有关。简单计算可以知道,对于所计算的情况,前三次海底反射对应的这种距离值大致为 340 m、715 m、1 090 m。

图 4 给出的是不同数目声线贡献叠加的接收声场传播损失及其与波数谱积分算法模型 OAST[8] 计算的总接收声场传播损失的比较情况。图中最下方的比较光滑的曲线是折射直达声传播损失的比较,它们彼此重合,表明两种计算方法是一致的。随着参与叠加的声线数目的增加,射线方法计算的总声场传播损失越来越接近 OAST 的计算结果:在 150 m 以内的距离上,只要考虑折射直达声即可,150 ~ 500 m距离范围内,考虑折射直达声和海底一次反射声即和 OAST 的结果基本一致;随着距离的增大,需要考虑更多数目的声线路径. 在图中给出的前 3.5 km距离范围内,仅考虑折射直达声和前 9 次海底反射就足以描述接收声场强度了。总的来说,折射直达声的贡献主要集中在比较近的水平距离(图中前 150 m)范围内,在较远距离上,主要是海底反射声对接收声场有主要贡献,也正是这些传播路径支撑了在水下较远距离上探测空中目标的可能性。

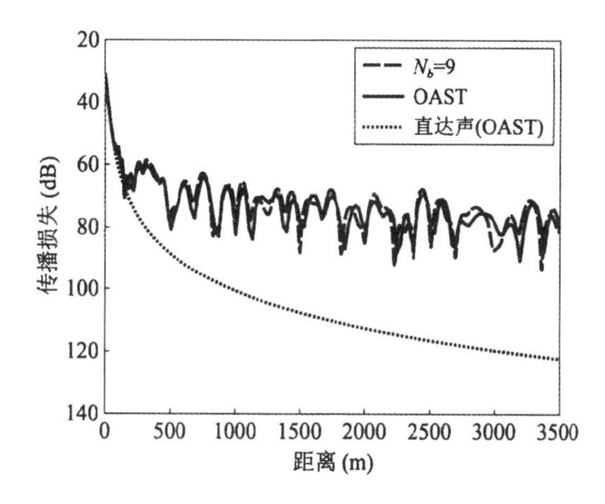


**图 4　采用不同数目声线贡献叠加计算得到的传播损失比较**

## 2　试验数据分析

试验数据来自 2013 年夏季的一次南海试验。试验采用科博电子 KI－F350B 定压式扬声器作为空气声声源,吊放高度 3 m,声压级 125 dB re 20 μPa(对应声源级 151 dB re 1 μPa);采用 32 元垂直阵潜标和单阵元矢量水听器潜标接收水下信号,其中 32 元垂直阵阵元深度从 12.55 m 到 58.58 m 均匀分布,矢量水听器深度 40.1 m;海区深度 73.5 m;悬挂扬声器的发射船在试验期间一直漂泊,航迹如图 5 所示,漂泊时间约 100 min,总共进行了 32 次信号发射,相应的与矢量水听器潜标的距离从 25 m 到 404 m 变化、与 32 元垂直阵潜标的距离从 218 m 到 697 m 变化;每一次发射的信号形式包含 200 Hz 和 240 Hz 各长 1 min 的单频脉冲信号、中心频率 240 Hz 的 9 阶 M 序列码（BPSK 调制，数据传输速率 60 bit/s）信号。试验期间测得的声速剖面如图 6 所示，图 7 给出的是在试验环境条件下计算得到的不同声线的传播损失，其中空气声速 340 m/s，密度 $1.29\times10^{-3}$ g/cm$^3$，海底声速 1 750 m/s，密度 1.9 g/cm$^3$，吸收系数 0.1 dB/λ 声源高度 3 m，接收深度 40.1 m。声源频率 200 Hz。其中，海底参数由水声传播数据反演得到。可以看到在水平距离 150 m 以远，折射直达声的贡献就显著。

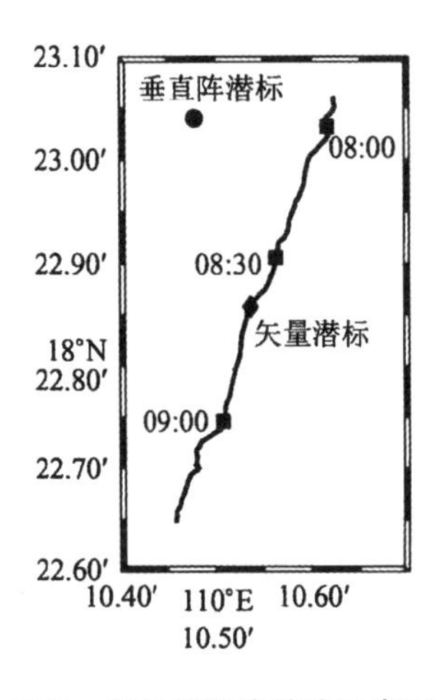


图 5　发射船漂泊航迹示意图

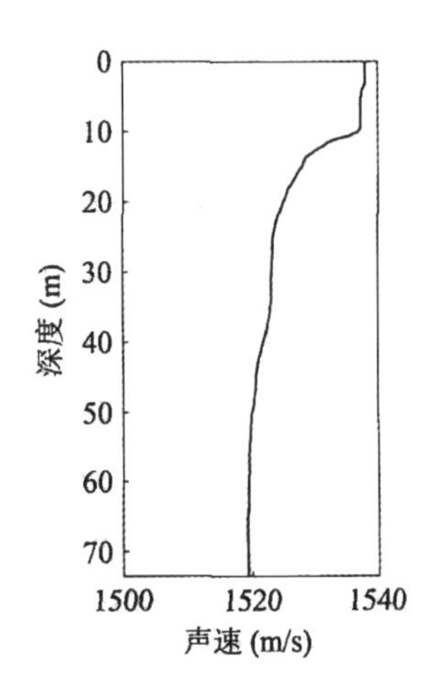


图 6　试验期间测得的声速剖面

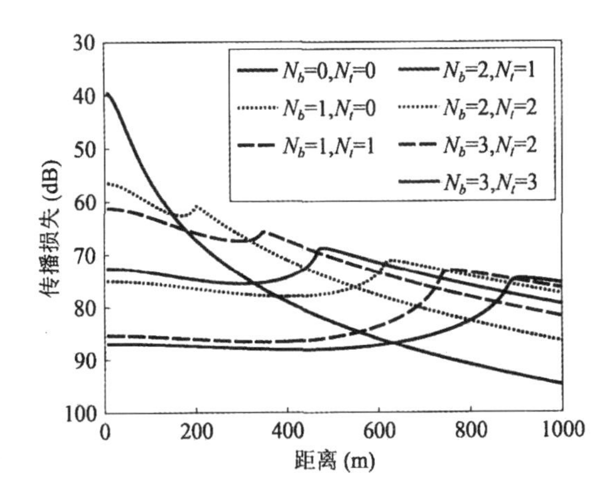


图 7　试验测量声速剖面条件下的声传播途径贡献分析

## 2.1　海底反射路径和折射直达路径的时延差分析

利用 M 序列信号良好的自相关特性，可以从接收信号中估计出多途结构以及对应的时延差。考虑到试验所采用的 M 序列信号码率只有 60 b/s，对应的多途时延估计时间分辨率为 16.67 ms。在远距离上，相关峰难以分开不同的多途，这里主要给出收发距离较近的矢量潜标接收信号分析结果。图 8 给出了其中的第 12 组接收信号（距离 116 m）的时频谱，图中用虚线标出了 M 序列信号时间段。通过数值仿真分析（水中声速取实测的海水表层声速

1 538 m/s，认为水层为等声速)，距离小于 150 m 时，折射直达声能量最强。只有在 150 m 以内的距离上，最强的两个包络峰值才分别对应于折射直达声和海底一次反射声。图 9 所示为几个近距离的 M 序列相关包络及折射直达路径和海底反射路径对应的位置。圆圈标出了直达声和海底一次反射声对应的包络峰值，虚线标出了海底一次反射声相对于直达声的时延差理论值，理论值和包络位置一致性较好。

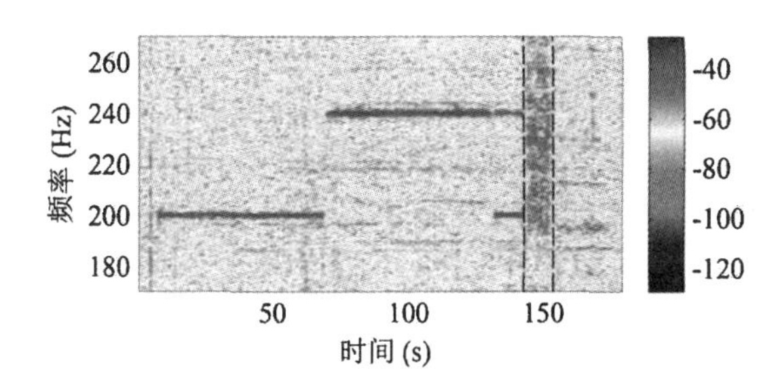


**图 8　单矢量水听器潜标接收信号时频谱(第 12 组，距离 116 m)**

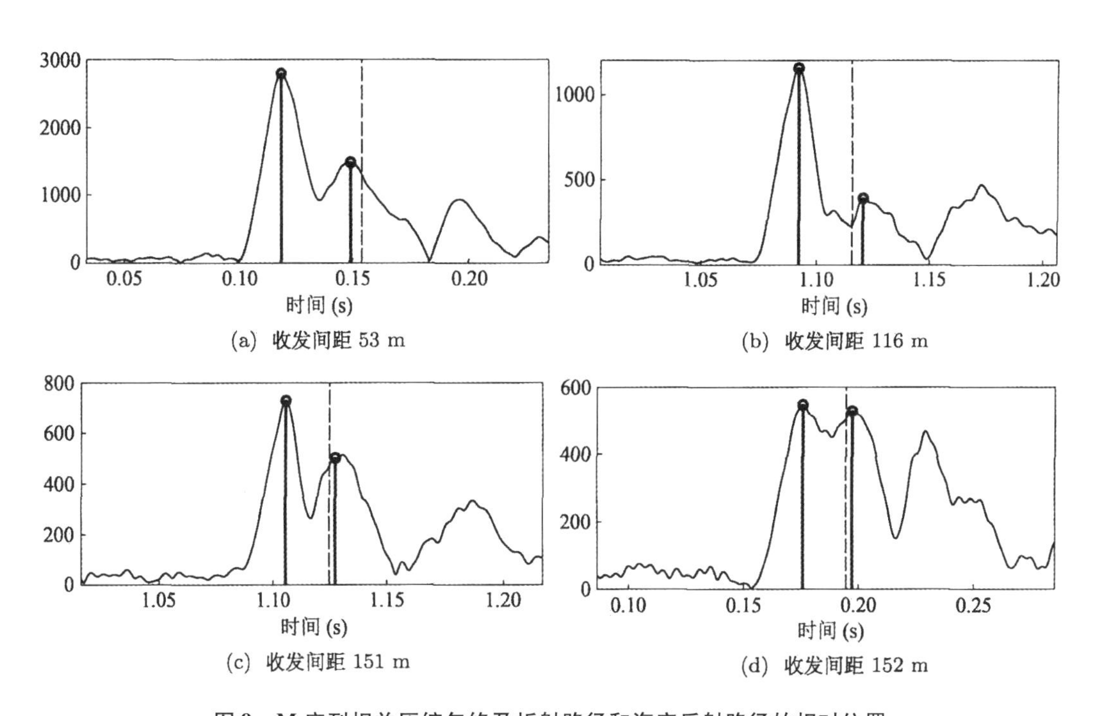


(a)　收发间距 53 m

(b)　收发间距 116 m

(c)　收发间距 151 m

(d)　收发间距 152 m

**图 9　M 序列相关压缩包络及折射路径和海底反射路径的相对位置**

## 2.2　海底反射声的贡献

在前一部分中，通过射线方法大致分析了海底反射声对接收总声场的贡献，这里针对海上试验实测的水层声速剖面分布，采用波数谱积分方法来进行计算分析。计算结果如图 10 所示，其中空气中的声速取 340 m/s，频率为 200 Hz，声源高度 3 m，分别考虑有海底反射和无海底反射的情况。可以看出：两者在近距离上(100 m 内)误差较小，在远距离上，海底反射声的存在增强了接收声强；两者的声场结构也有差别，海底反射声使得声场结构更复杂。

图 11 给出了矢量潜标声压通道接收到的 200 Hz 和 240 Hz 单频信号传播损失分析结果及其与波数谱积分方法计算结果的比较。可以看出,试验数据处理结果与数值计算结果非常一致。图中的虚线给出了只考虑折射直达声、不考虑海底反射声贡献的计算结果,可以看出,在近距离(2 倍海深)时,海底反射声的影响较小,随着距离的增大,海底反射声的贡献越来越明显,在信号接收最远距离(400 m) 处,导致两者传播损失差别达到 10 dB。

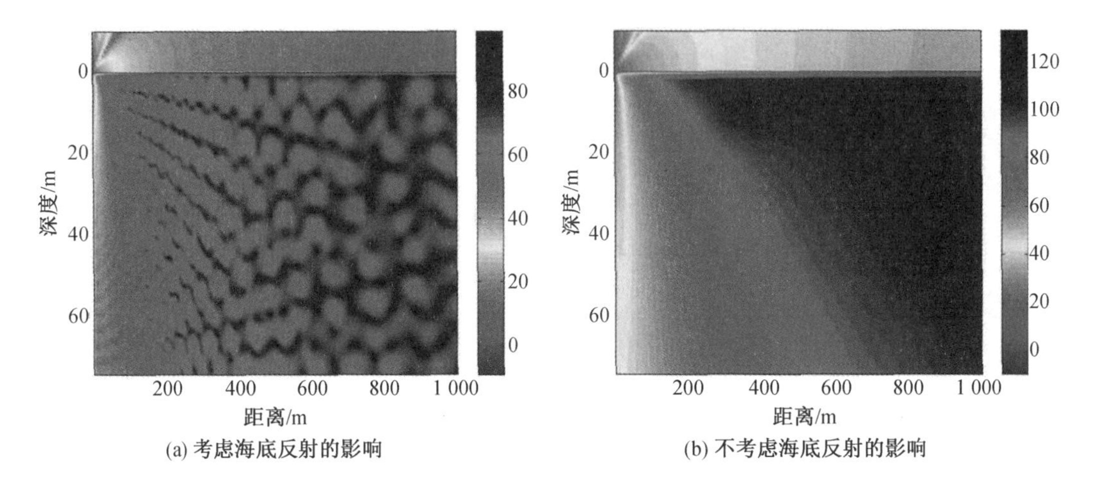


(a) 考虑海底反射的影响　　(b) 不考虑海底反射的影响

**图 10　空气中声源激发的声场分布(频率 200 Hz)**

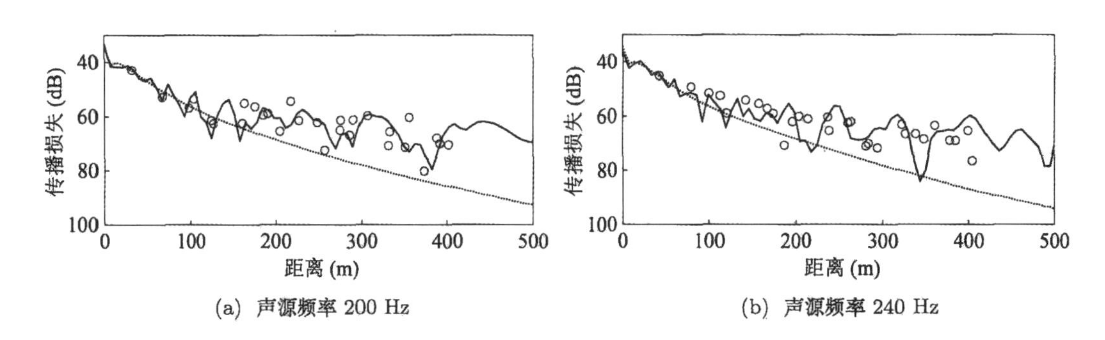


(a) 声源频率 200 Hz　　(b) 声源频率 240 Hz

**图 11　传播损失曲线(接收深度 40.1 m。圆圈:试验数据;实线:考虑海底时的 OAST 计算结果;虚线:不考虑海底时的 OAST 计算结果)**

32 元垂直阵潜标接收距离范围更远一些,由于篇幅限制,这里只给出其中第 1,19,32 号通道(深度分别为 12.5 m、39.3 m、58.6 m)的接收信号分析结果及其与波数谱积分方法计算结果的比较,如图 12 所示。可以看出,试验结果与考虑海底反射声贡献的数值计算结果相当吻合。在 800 m 距离处,海底反射声总的贡献比折射直达声路径的贡献超过约30 dB,充分说明了浅海空气声入水传播路径中,海底反射声部分有相当重要的贡献。

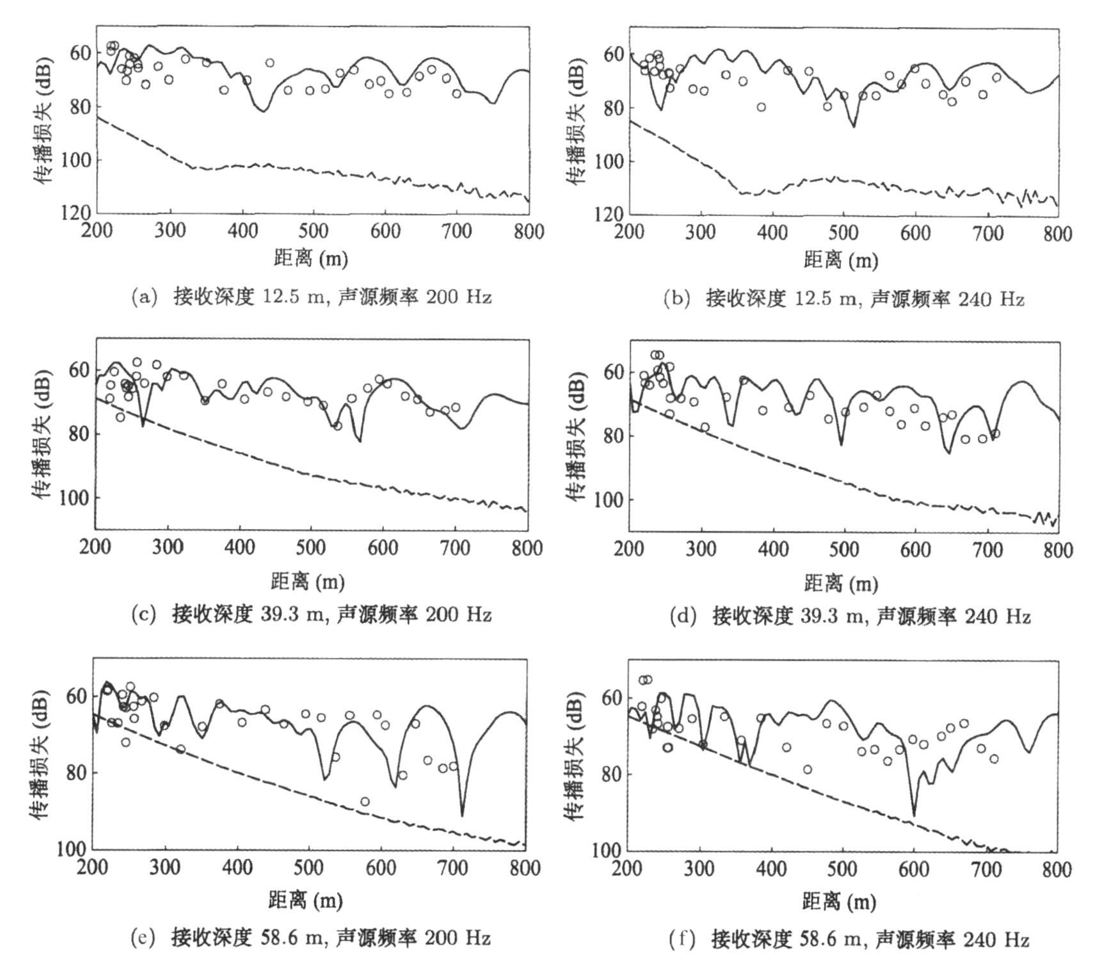


**图 12　不同深度的传播损失曲线(圆圈:试验数据;实线:考虑海底时的 OAST 计算结果;虚线:不考虑海底时的 OAST 计算结果)**

## 3　结论

空气中声源激发的浅海水下声场中,存在两个主要的路径:折射路径和海底反射路径。通过本征声线的计算分析了折射直达声和海底反射声之间的时延差,试验数据在近距离上和理论结果一致。通过射线模型的分析指出,浅海条件下折射直达声随距离很快衰减,海底反射声在远距离上是接收声场的主要成分。数值仿真和海上试验验证了这一点。海上试验数据处理结果和数值仿真得到的传播损失分布基本一致。海底反射声的贡献增加了浅海条件下在水下对空气中的声源进行探测的可能性。

## 参考文献

[1] Hudimac A A. Ray theory solution for the sound intensity in water due to a point source above it. J. Acoust. Soc. Am. ,1957;29(8):916 - 9171. Application and time-domain.

[2] Scales W W. Air - to - water transmission across a rough interface. J. Acoust Soc. Am. ,1961;33(6):840 - 840.

[3] Urick R J. Noise Signature of an aircraft in level flight over a hydrophone in the sea. J. Acoust. Soc. Am. ,1972;52(3B):993 -999.

[4] Weinstein M S, Henney A G. Wave solution for air - to - water sea. sound transmission. J. Acoust. Soc. Am. ,1965;37(5):899 -901.

[5] Chapman D F. , Ward P D. The normal - mode theory ofair - to - water sound transmission in the ocean. J. Acoust. Soc. Am. 1990;87(2):601 -618.

[6] 鄢锦, 彭朝晖. 用 BDRM 简正波方法计算空气中声源激发的浅海声场. 声学技术,2002;21:139 -140.

[7] 李辉, 彭朝晖. 空气中移动声源激发水下声场的频域简正波表示. 声学技术, 2007;26(4):564 -569.

[8] Schmidt H. OASES Version 3. 1 User Guide and Reference Manual. 2011.

[9] 张翼鹏, 马远良. 空气中快速运动声源水下声场的波数积分模型. 应用声学, 2007;26(2):74 -82.

[10] 邱宏安, 王主威, 张翼鹏, 崔腾飞. 基于改进的快速场模型的空气声源跨越空水界面辐射声场仿真. 西北工业大学学报,2012;30(6):814 -819.

[11] Buckingham M J, Giddens E M, Pompa J B, Simonet F, Hahn T R. Sound from a light aircraft for underwateracoustics experiments Acta Acustica United with Acustica, 2002;88(5):752 -755.

[12] Buckingham M J, Giddens E M. Theory of sound propagation from a moving source in a three-layer Pekeris waveguide. J. Acoust. Soc. Am. ,2006;120(4):1825 -1841.

[13] Giddens E M, Simonet F, Hahn T R, Buckingham M J. Sound from a light aircraft for underwater acoustic inversions. J. Acoust. Soc. Am. , 2002;112(5):2223 -2223.

[14] 吕俊军, 杜波, 苏建业. 空气声源入水噪声试验研究. 声学技术,2003;22(z2):134 -136.

[15] 王光旭, 彭朝晖, 张仁和. 空气中声源激发的浅海水下声场传播实验研究. 声学学报, 2011;36(06):588 -595.

[16] Peng Z, Wang G. Air - to - water sound propagation at lowfrequency in shallow water. J. Acoust. Soc. Am. ,2012;131(4):3392 -3392.

[17] Brekhovskikh L M, Godin O A. Acoustics of layered mediaII point sources and bounded beams. Berlin Heidelberg:Springer,1999:81.

[18] Barger J E, Sachs D. TVansmission of sound through thescaled ocean surface:Bolt, Beranek and Newman, Inc. ,1975, Report No. :3103a.

[19] 汪德昭,尚尔昌. 水声学(第二版). 北京:科学出版社,2013:101.

# 大深度矢量水听器用于深海声传播测量的实验研究

徐传秀 朴胜春 张海刚 杨士莪

**摘要** 矢量水听器可以同步共点地接收声场的标量和矢量信息,增加了信息的种类和数量,可以改善水声系统的性能。相比于标量声信号,矢量声信号包含更加丰富的声场信息,可应用于目标的识别和定位。为了获取深海声矢量信号,哈尔滨工程大学自行设计了大深度矢量水听器。2014 年夏季,在某深海开展了一次深水矢量水听器远距离声传播实验,实验中大深度矢量水听器被放置在 3 146 m,得到了包含多个会聚区和影区的数百公里的声标量场和声矢量场数据。本文对实验数据中的声标量场和声矢量场进行了处理,计算得出各通道传播损失曲线,RAM 计算得出的声压场和声矢量场理论预报结果进行了比较,证明二维抛物方程模型 RAM 可以有效地进行深海远距离声标量场和声矢量场的预报。

**关键词** 大深度矢量水听器;抛物方程模型;爆炸声源;水声传播;会聚区

水声传播模型建模作为水声学研究的重要内容之一,日益受到水声界的重视。近些年来,为了满足海洋装备研究和海洋资源开发的迫切需求,水声传播问题研究的热点海域由浅海陆坡转向深海大洋。国内外许多学者进行了深海声传播理论研究并相继开展了多次深海声传播试验,获取了深海声压场数据。1962 年,Pedersen[1] 基于射线声学理论,计算得出深海声压传播损失,并与实测结果进行了比较。结果表明,在近距离上理论与实验结果符合较好;在远距离上,由于时延差等引入声线折射的影响,两者差距较大。1963 年,Buck 等人[2] 在北极圈海域进行了声传播测量实验,实验中爆炸声源采用轻型飞机投放在不同距离处。通过实验测量和射线理论计算,分析了传播损失与频率、传播距离等参数的关系。1968 年,Northrop 等人[3] 最早通过在加利福尼亚海域的实验测量发现,当声源放置于浅海的斜坡上方时,深海声道轴接收的声波传播损失会减小,即"斜坡增强效应"。1974 年,Guthrie 等人[4] 在大西洋中进行了 2 800 km 的远程声传播实验,实验中发现会聚区的位置受到声波频率的影响。1978 年,Boyles 等人[5] 比较了传播损失的实测结果和 PE 模型的预报结果。Jacyna 等人[6] 研究了声源发生运动时的深海声传播问题。研究发现,移动声源和固定声源发射的信号在接收点接收到的平均声能量基本相等。1983 年,Beilis[7] 发现当声速剖面随距离缓慢变化时,会聚区的位置会发生改变。Palmer 等人[8] 和 Nghiem - Phu 等人[9] 先后经过数值建模说明了佛罗里达海峡的斜坡对声学层析的影响。1986 年,Carey[10] 在大西洋西北部进行实验测量,对声波经过斜坡从浅海到深海的传播进行了研究。1987 年,Dosso 和 Chapman[11] 通过在加拿大东海岸的实验测量,验证了斜坡增强效应的存在,实验结果与数值建模结果吻合较好。1994 年,Zhang 等人[12] 使用,精确预报了菲律宾海声传播实验中会聚区的位置和形状,传播距离达 250 km。2004 年 9 月 10 日 - 10 月 10 日,美国华盛顿大学应用物理实验室进行了为期一个月的远程声传播实验(LOAPEX)[13],研究了到达声波随传播距离的变化以及时空相关特性的距离和频率依赖性。2005 年夏末、秋初，王宁等人[14]在黄海南部进行了一次多家联合海洋声学实验，主要目的是研究浅海内波（线形、非线性）及其海洋温度峰面对远程声传播的起伏效应以及利用声学方法监测海洋的方法研究。2007 年，Širovic 等人[15]进行了以鲸鱼叫声为声源的远程声传播实验，测定了声传播损失。2011 年，张旭等人[16]根据射线理论，建立了线性声速结构条件下声跃层强度与深海会聚区关系模型，研究了声跃层结构变化对深海会聚区声传播的影响。2014 年，秦继兴等人[17]针对在西北太平洋大陆坡外海进行的一次实验中观测到接收信号能量在声道轴附近较为集中的现象，分析了存在向下斜坡时声源置于海面附近和斜坡表面两种情况下的斜坡对声传播的影响。2015 年，薛小强等人[18]研究了分层介质简正波模型对极地深海冰盖条件下的声传播特性进行的数值模拟，得出极地海域向上折射环境和较小深度声源是形成声道现象的必要条件。

然而，采用大深度矢量水听器获取深海远程声矢量信号的测量性试验却鲜有开展。众所周知，矢量水听器作为一种水下声传感器，可以同步共点地获取声场的标量和矢量信息，增加了信息种类和数量，也拓宽了后置信号处理空间，可用于改善水声系统的性能。因此，将矢量水听器应用于深海声学测量，可以获取更丰富的声场信息，为有效研究深海远程声传播问题提供更好的数据支持。在深海实验中，矢量水听器的设计更加复杂，必须在高静水压情况下正常工作，水密性等因素要加以考虑。2014 年夏季，在某深海开展了一次深海远程声传播实验，此次实验采用哈尔滨工程大学自行设计的深水矢量水听器，测量了包含多个会聚区和影区的声标量场和声矢量场数据。实验海区海水深度达到几千米，传播距离达到几百公里。本文对实验数据中的声标量场和声矢量场进行了处理，计算得出了各通道传播损失曲线，并与二维抛物方程模型 RAM[19]计算得出的声压场和声矢量场理论预报结果进行了比较，证明了二维抛物方程模型 RAM 可以有效地进行深海远程声标量场和声矢量场预报。测试了自制深水矢量水听器的性能和工作状态，为以后设备完善和技术改进指明了发展方向。

## 1　二维抛物方程声矢量场传播模型

在柱坐标系下，水下声波在传播时满足 Helmholtz 方程

$$\frac{\partial^2 \tilde{P}}{\partial r^2} + \frac{1}{r}\frac{\partial \tilde{P}}{\partial r} + \frac{1}{r^2}\frac{\partial^2 \tilde{P}}{\partial \theta^2} + \rho\frac{\partial}{\partial z}\left(\frac{1}{\rho}\frac{\partial \tilde{P}}{\partial z}\right) + k^2\tilde{P} = 0 \tag{1}$$

当海洋环境参数随水平距离的变化足够缓慢时，声波的能量传播近似为柱面波扩展形式，因此，方程中与方位角 $\theta$ 有关的量就可以忽略，得

$$\frac{\partial^2 \tilde{P}}{\partial r^2} + \frac{1}{r}\frac{\partial \tilde{P}}{\partial r} + \rho\frac{\partial}{\partial z}\frac{1}{\rho}\frac{\partial \tilde{P}}{\partial z} + k^2\tilde{P} = 0 \tag{2}$$

在固定边界的波导中，声波在中远程距离中以柱面波的形式传播，而以柱面衰减的声波其声压幅值正比于 $r^{-1/2}$。因此，做变量替换 $P = \sqrt{r}\tilde{P}$，并代入公式（2）。又由于声源的奇异性，在声源附近的声场是非常复杂的，数值计算时需要做特殊方法的处理。假设满足远场条件时，可得

$$\frac{\partial^2 P}{\partial r^2} + \rho\frac{\partial}{\partial z}\frac{1}{\rho}\frac{\partial P}{\partial z} + k^2 P = 0 \tag{3}$$

对于大多数海洋声学问题而言，反向散射的声波能量很小，因而忽略声波反向传播的成分，采用抛物方程近似，得到向外传播的抛物方程

$$\frac{\partial P}{\partial r} = \mathrm{i}k_0\sqrt{1+X}P \tag{4}$$

数值计算时,需要对根式 $\sqrt{1+X}$ 进行有理近似。采用不同近似方法进行计算,得到的结果精确度有很大差别,而且还要考虑程序运行时的稳定性和运算速度。采用分裂－步进 *Padé* 近似数值算法,得出声场递推求解公式

$$P(r+\Delta r,z) = \mathrm{e}^{\mathrm{i}k_0\Delta r}\prod_{j=1}^{n}\frac{1+\alpha_{j,n}X}{1+\beta_{j,n}X}P(r,z) \tag{5}$$

其中,系数 $\alpha_{j,n}$、$\beta_{j,n}$ 的选择要满足计算时的稳定性和收敛性以及精确度的要求,深度算子 $X$ 的离散化采用的是有限元中的 Galerkin 方法。算子离散化后得到一个较大的矩阵,然而因为它具有类似对角线布置的结构,因此可以很方便有效地进行计算。根据上述理论编写的程序 RAM 可以有效计算深水远程声传播问题,本文就采用该模型进行声压场的理论计算。

为了分析矢量水听器接收到的声矢量信号,利用尤拉公式求解质点振速

$$u = -\frac{1}{\rho}\int \nabla\tilde{P}\mathrm{d}t \tag{6}$$

在柱坐标下,忽略水平方位地形的变化,质点振速表达式为

$$\begin{aligned} u_r &= -\frac{1}{\mathrm{i}\rho\omega}\frac{\partial\tilde{P}}{\partial r} \\ u_z &= -\frac{1}{\mathrm{i}\rho\omega}\frac{\partial\tilde{P}}{\partial z} \end{aligned} \tag{7}$$

而在直角坐标系下,质点振速表达式为

$$\begin{aligned} u_x &= -\frac{1}{\mathrm{i}\rho\omega}\frac{\partial\tilde{P}}{\partial x} \\ u_y &= -\frac{1}{\mathrm{i}\rho\omega}\frac{\partial\tilde{P}}{\partial y} \\ u_z &= -\frac{1}{\mathrm{i}\rho\omega}\frac{\partial\tilde{P}}{\partial z} \end{aligned} \tag{8}$$

实际接收时,矢量水听器放置在深水中,可以认为矢量通道方位保持不变。假设在实验中爆炸声源以水听器所在垂直位置为原点,沿直线向外投放,因此可以认为在整个投弹线路上水平方位角保持不变。在上述假设情况下,可以得出质点振速传播损失之间的关系为

$$20\lg(|u_x|) = 20\lg\left(\left|-\frac{1}{\mathrm{i}\rho\omega}\frac{\partial\tilde{P}}{\partial r}\frac{\partial r}{\partial x}\right|\right) = 20\lg(|u_r|) - 20\lg(|\cos(\theta)|) \tag{9a}$$

$$20\lg(|u_y|) = 20\lg\left(\left|-\frac{1}{\mathrm{i}\rho\omega}\frac{\partial\tilde{P}}{\partial r}\frac{\partial r}{\partial y}\right|\right) = 20\lg(|u_r|) - 20\lg(|\sin(\theta)|) \tag{9b}$$

由上面的表达式可知,当爆炸声源沿着固定方位角的直线投放时,在矢量水听器各通道位置不变的前提下,直角坐标系下 $x$ 和 $y$ 矢量通道计算得出的质点振速矢量传播损失结果与柱坐标 $r$ 方向质点振速矢量传播损失结果差值为常数。因此,在比较理论结果和实验结果时,可以采用二维抛物方程模型 RAM 计算得出的 $r$ 方向振速作为实测 $x$ 和 $y$ 方向质点振速的理论解。根据差分理论,在柱坐标系下,$r$ 和 $z$ 方向质点振速可以表示成

$$
\begin{aligned}
u_r &= -\frac{1}{\mathrm{i}\rho\omega}\left(\frac{\tilde{P}(r+\Delta r)-\tilde{P}(r)}{\Delta r}\right) \\
u_z &= -\frac{1}{\mathrm{i}\rho\omega}\left(\frac{\tilde{P}(z+\Delta z)-\tilde{P}(z)}{\Delta z}\right)
\end{aligned} \tag{10}
$$

## 2　深海声场传播损失实验验证

2014 年夏季，在某深海进行了一次深海远程声传播实验，实验中采用自行设计的大深度矢量水听器接收声信号，水听器布放在 3 146 m 深度处。“实验 1 号”科考船在以矢量水听器为原点向外直线方向上投放指定深度为 200 m、爆炸当量为 1 kg TNT 的宽带爆炸声源，图 1 给出了实验中测量的一段近似水平的海底地形参数，传播方向上的距离为 450 km 左右，海底深度在 4 300 m 左右。图 2 给出了声传播实验期间采用 *XCTD* 测量的一组海水声速剖面，声道轴在 1 000 m 深度左右，1 000 m 以上为实测，1 000 m 以下采用相关海域的声速剖面数据库获得。

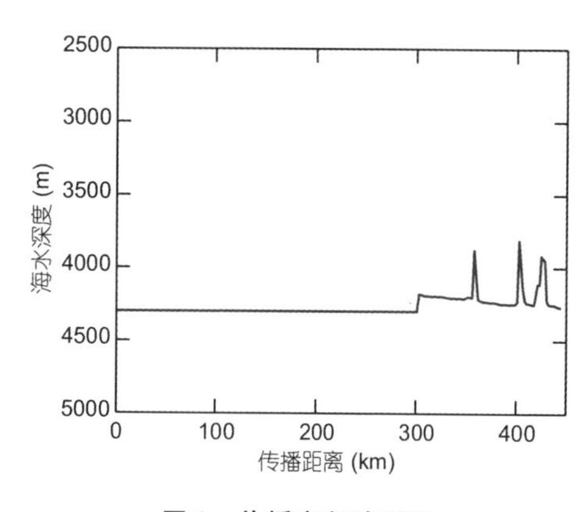


**图 1　传播方向地形图**

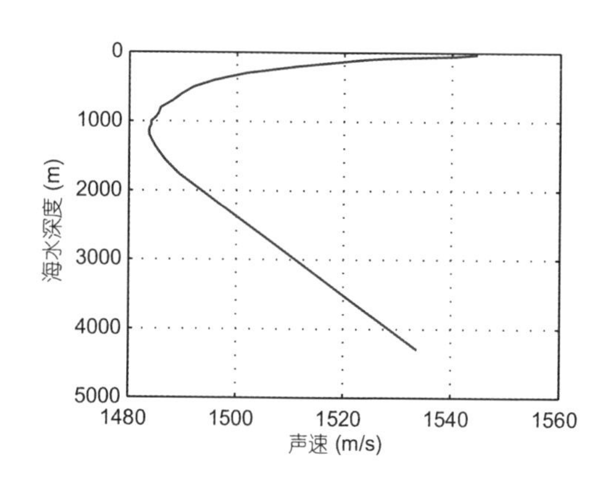


**图 2　实测海水声速剖面图**

为了对比分析实验得到的结果，采用二维抛物方程声场计算模型 RAM 进行频带声场能量平均[20,21]得出理论计算结果，即

$$
\bar{I}(f_0) = \frac{1}{2\Delta f}\int_{f_0-\Delta f}^{f_0+\Delta f} I(f)\,\mathrm{d}f \tag{11}
$$

仿真计算时，由于实测海底地形起伏较小，可以视为水平不变海底，海水深度为 4 300 m。海水声速采用图 2 所示的声速剖面，密度为 1 g/cm$^3$。声源深度为 200 m，频率为 178 ~ 224 Hz，以 1 Hz 为步长，每一个频率采用 RAM 进行声场计算，然后采用公式(11)计算平均能量。本次理论仿真采用的海底参数为：液态沉积层厚度为 20 m，声速 1 555 m/s，密度为 1.6 g/cm$^3$，声吸收系数为 0.2 dB/λ；半无限液态海底声速 1 650 m/s，密度为 1.8 g/cm$^3$，声吸收系数为 0.3 dB/λ。

爆炸声源深度为 200 m，对信号以中心频率为 200 Hz 的三分之一倍频程进行滤波。在处理矢量水听器各个通道接收声信号时，信号截取窗长的选取对于传播损失曲线会产生一定的影响。矢量水听器采样频率为 5 kHz，为了保持信号的完整性，选取 20 000 点信号，信号截取窗长为 4 s。对 20 000 点信号进行平方求和，取分贝值，然后与理论预报曲线进行平移比较，得出实测传播损失曲线。

图 3 给出了理论和实验得到的声压传播损失曲线，实验测量得到的声压传播损失曲线与理论计算得到的结果吻合得较好，证明二维抛物方程声场计算模型 RAM 可以有效地预测深海远距离声场。在仿真计算的过程中发现，对于几千米深的深海远程声传播问题，相比于海洋声速剖面的作用，海底环境参数对声场分布的影响较小。另外，海底地形的小范围变化对声压传播损失结果影响也较小，因此可以看出微变地形与水平海底地形计算结果较为一致。

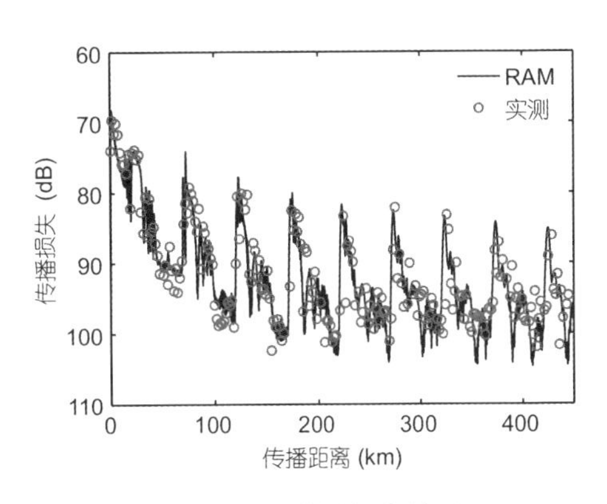


**图 3　声压传播损失结果**

矢量水听器在接收声压信号的同时，也同步共点地接收声矢量信号。本文对矢量通道接收到的质点振速信号进行了处理，采用与声压通道一致的信号处理方法，并应用二维抛物方程声场计算模型 RAM 进行频带质点振速能量平均，图 4 ~ 图 6 分别给出了矢量通道传播损失实验和理论计算结果。

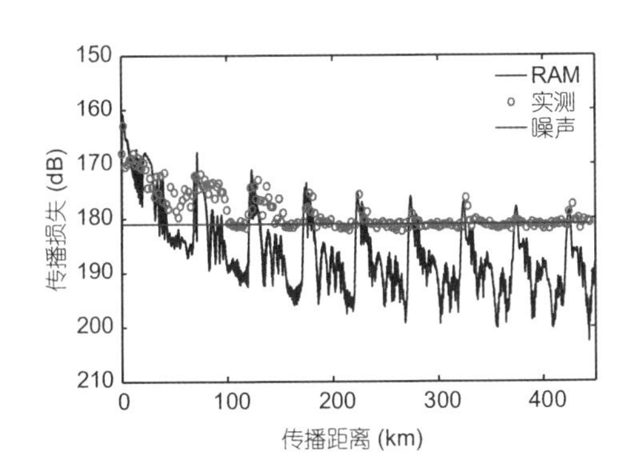


**图 4　*x* 方向质点振速传播损失结果**

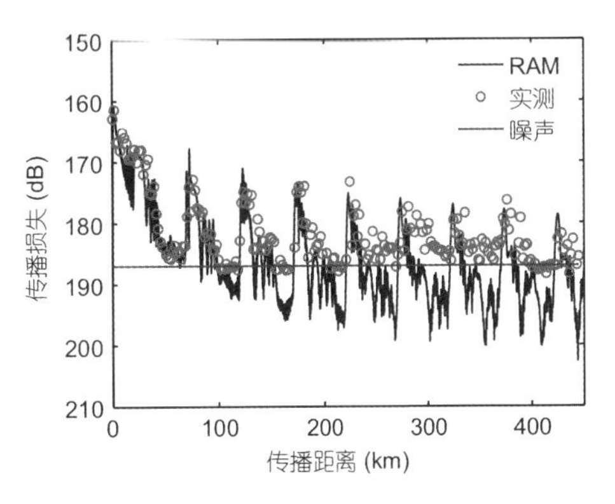


**图 5　*y* 方向质点振速传播损失结果**

从图 4 ~ 图 6 可以看出，大深度矢量水听器的 3 个矢量通道获得的声矢量信号处理结果与理论预报结果符合得较好，会聚区位置基本一致。由于矢量通道接收到的声信号相比于声压信号信噪比较低，使较远距离影区内的信号完全被噪声掩盖，尤其是 $z$ 方向垂直质点振速。相比于水平质点振速，$z$ 方向垂直质点振速信号强度更小，使得 100 km 范围外的信号几乎全部淹没在噪声中。另外，$x$ 方向振速实测传播损失在前两个会聚区与理论相比，宽度较大，需要进行进一步的分析和讨论。

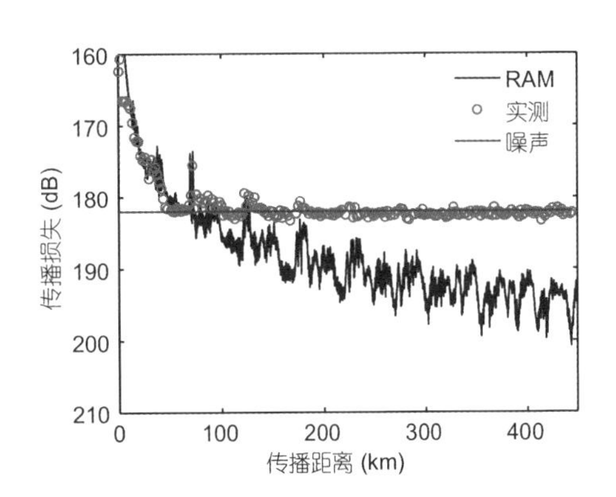


**图 6　*z* 方向质点振速传播损失结果**

## 3　结论

本文对在某深海利用自主设计的大深度矢量水听器测量得到的声标量场和声矢量场数据进行处理和分析,给出了声压和声矢量传播损失曲线实验结果,并将实验结果与二维抛物方程模型理论计算结果进行比较,大深度矢量水听器声压和3个矢量通道获得的传播损失实验结果与理论预报结果符合得较好,会聚区位置基本一致,证明了二维抛物方程模型RAM可以有效地进行深海远距离声标量场和声矢量场预报。由于矢量通道接收到的声信号相比于声压信号信噪比较低,使较远距离影区内的信号完全被噪声掩盖。实验测量结果也证明了自主设计的大深度矢量水听器可有效地进行深海远程声矢量场测量。

衷心感谢参加海上实验的全体人员以及实验设备团队的全体人员,尤其感谢中国科学院声学研究所为设备测试所提供的良好实验条件。

### 参考文献

[1] Pedersen, Melvin A. Comparison of Experimental and Theoretical Image Interference in Deep-Water Acoustics[J]. Journal of the Acoustical Society of America, 1962, 34: 1197 – 1203.

[2] Buck, Beaumont M. Arctic Deep-Water Propagation Measurements [J]. Journal of the Acoustical Society of America, 1964, 36: 1526 – 1533.

[3] Northrop J, Loughridge M S, Werner E W. Effect of near-source bottom conditions on long-range sound propagation in the ocean[J]. Journal of Geophysical Research, 1968, 73: 3905 – 3908.

[4] Guthrie A N. Long-range low-frequency CW propagation in the deep ocean: Antigua-Newfoundland[J]. The Journal of the Acoustical Society of America, 1974, 56: 58 – 69.

[5] Boyles C A. Comparison of three propagation models with detailed convergence zone transmission loss data[J]. The Journal of the Acoustical Society of America, 1978, 64: S74.

[6] Jacyna, G. M. Deep-water acoustical analysis of stationary and moving broadband sound sources[J]. Journal of the Acoustical Society of America, 1978, 63: 1353 – 1364.

[7] Beilis A. Convergence zone positions via ray-mode theory [J]. Journal of the Acoustical Society of America, 1983, 74: 171 – 180.

[8] Palmer D R, Lawson L M, Seem D A, et al. Ray path identification and acoustic tomography in the Straits of Florida[J]. Journal of Geophysical Research Oceans, 1985, 90(C3): 4977 – 4989.

[9] Nghiem-Phu L, DeFerrari H A. Numerical modeling of acoustic tomography in the Straits of Florida: Sensitirity to bathymetry. J Acoust Soc Am, 1987, 81: 1385 – 1398.

[10] Carey W M. Measurement of down-slope sound propagation from a shallow source to a deep ocean receiver, J Acoust Soc Am, year1986, 79: 49 – 59.

[11] Dosso N R. Measurement and modeling of downslope acoustic propagation loss over a continental slope. J Acoust Soc Am. 1987, 81: 258 – 268.

[12] Zhang R H, He Y, Liu H. The WKBZ mode approach to sound propagation in range-independent ocean channels. Chin J Acoust, 1994, 13: 1 – 12.

[13] Zarnetske M R. Long-Range Ocean Acoustic Propagation Experiment (LOAPEX): Preliminary Analysis of Source Motion and Tidal Signals. Washington: University of

Washington,2005.

[14] 王宁,张海青,高大治,等. 2005 年黄海声学实验 – 声传播起伏. 中国海洋大学学报,2009,39: 1029 – 1036(Wang N,Zhang H Q,Gao D Z,et al. An Overview of the YFIAE 2005: Yellow Sea Oceanic Front and Internal Waves Acoustic Experiment. PERIODICAL OF OCEAN UNIVERSITY OF CHINA,2009,39:1029 – 1036)

[15] SiIrovic,Ana,J. A. Hildebrand,and S. M. Wiggins. " Blue and fin whale call source levels and propagation range in the Southern Ocean. "? Journal of the Acoustical Society of America? 2007,122:1208 – 1215.

[16] 张旭,张永刚,董楠,等. 声跃层结构变化对深海汇聚区声传播的影响. 台湾海峡. 2011,30:114 – 121 ( Zhang X, Zhang Y G, Dong N, et al. Effects of thermocline structure variations on acoustic propagation in convergence zone. JOURNAL OF OCEANOGRAPHY IN TAIWAN STRAIT,2011,30:114 – 121).

[17] 秦继兴,张仁和,骆文于,等. 大陆坡海域二维声传播研究. 声学学报. 2014,39: 145 – 153 ( Qin J X,Zhang R H,Luo W Y,et al. Two-dimensional sound propagation over a continental slope. ACTA ACUSTICA,2014,39:145 – 153).

[18] 薛小强,高飞,潘长明,等. 极地深海冰盖条件下声传播数值试验. 海洋测绘,2015,35: 24 – 27( Xue X X,Gao F,Pan C M,Numerical Simulations of Acoustic Propagation Under Ice Canopy in the Deep Arctic. HYDROGRAPHIC SURVEYING AND CHARTING,2015, 35:24 – 27).

[19] Collins M D. Applications and time-domain solution of higher-order parabolic equations in underwater acoustics[J]. J. acoust. soc. am,1989,86:1097 – 1102.

[20] 张仁和. 水下声道中的平滑平均声场. 声学学报. 1979,3: 102 – 108 ( Zhang R H. SMOOTH-AVERAGED SOUND FIELD IN UNDERWATER SOUND CHANNEL. ACTA ACUSTICA,1979,3:102 – 108).

[21] 张仁和. 浅海中的平滑平均声场. 海洋学报. 1981,3: 535 – 545( Zhang R H. SMOOTH-AVERAGED SOUND FIELD IN SHALLOW WATER. ACTA OCEANOLOGICA SINICA, 1981,3:535 – 545).

# 利用声场频谱频率漂移监测内波的算法改进和实验验证

宋文华　胡　涛　郭圣明　李　凡

**摘要**　声场频谱的频率漂移曲线可以用来监测内波。由于简正波幅度剧烈起伏带来的干扰,目前尚无从实验数据中提取频移曲线的有效算法。提出了一种依据实测声学传播数据提取频移曲线的算法。借助于简正波过滤技术,该算法利用相关法从简正波相角之差中提取频率漂移曲线。利用该算法提取的频移曲线与内波导致的跃层起伏具有很高的相似性,这在2011年黄海实验中得到了验证。该算法的优点是可以保留简正波相位差变化导致的频移曲线信息,同时又能有效地抑制简正波幅度起伏带来的干扰,但是需要良好的接收阵阵型来保证简正波分离。

## 引言

海洋内波是海洋内部最常见的海水运动形式之一,内波会导致海水声速剖面的时空变化,引起声场的时间起伏,譬如声场的幅度、相位、传播时间以及接收频谱等的变化。引起声场的能量变化[1-2]、传播时间起伏[3-4],以及水平折射效应[5-6]等。而声场的这种时间起伏可以被用来监测、反演内波,其相关研究是当前水声学研究的重要方向。

根据简正波理论,由于简正波之间的相互干涉,宽带声场的接收信号幅度谱会出现许多极大值和极小值,而内波的时间演化会导致声场频谱极值对应的频率发生变化,在频率-时间平面内会形成具有规则结构的频率漂移曲线,这一现象被称为声场频谱的频率漂移现象(Frequency shifts ofacoustic interference pattern)[7-8]。V. M. Kuz'kin 利用微扰法讨论了频移曲线的功率谱与内波功率谱之间的等价性[8],并利用声场频谱的频率漂移曲线来获取内波功率谱[9-11]。跃层的深度起伏是内波导致声速剖面变化最明显的特点之一,而声场低号简正波主要在海底和跃层之间反转,这一特性决定了声场频谱频率漂移曲线可以用来检测跃层深度的变化[12]。广义波导不变量描述了频率-波导参数平面内的干涉条纹斜率[13],当波导参数取波导有效深度(对低号简正波来说就是跃层与海底之间的厚度)时,声场频谱的频移量与内波导致的跃层深度起伏具有线性对应关系,比例系数可以根据数值仿真结果获取,中国东海 TAVEX 实验证明了利用频谱的频率漂移曲线监测内波的可行性[7]。

利用声场频谱的频率漂移曲线来监测内波,首先需要从声场频谱的时间变化中提取频率漂移曲线。V. M. Kuz'kin 提出了相关法来提取频率漂移量[14],求取相邻两个时刻声场频谱(幅度谱)的相关函数,使相关函数取最大值的频点即为所求的频率偏移量。然而无论是广义波导不变量的概念还是微扰的方法,都没有考虑简正波幅度的起伏变化。而实际海洋波导中由于简正波耦合效应[1-2,15]、内波导致的声场激发强度变化[16]、以及流导致的声源深度变化和接收器深度变化等因素,声场简正波幅度会发生剧烈的变化,这会导致接收声场频谱差异明显,相关法并不能提取到有效地频率漂移曲线。并且,实际海洋环境下记录得到的声场频率漂移现象非常复杂,而且还与声源、水听器的深度有关。为了解释这些现象,本文将利用绝热近似条件下的简正波理论讨论声场频率漂移曲线的形成机制和决定因素,根据频移曲线的形成机制,改进了频率漂移曲线提取的相关算法,算法有效性在仿真和实验数据中得到了验证。

## 1 基本理论

### 1.1 绝热近似条件下声场频谱频率漂移的简正波解释

记无内波扰动时的背景声速剖面为 $c_0(z)$,那么时变内波环境中的声速场可以表示为:

$$c(r,z,t) = c_0(z) + \delta c(r,z,t) \tag{1}$$

其中,$t$ 代表系统时间,表示内波的时间演化,与声波的传播时间相对应。而在内波扰动 $\delta c(r,z,t)$ 较小的情况下,绝热近似成立,此时声压可以表示为[13]:

$$p(r,z,\omega;t) = \frac{\mathrm{i}}{\rho(z_s)\sqrt{8\pi}}\mathrm{e}^{\mathrm{i}\pi/4}\sum_m \varphi_m(z_s,\omega)\varphi_m(r,z,\omega)\frac{\mathrm{e}^{\mathrm{i}\int_0^r k_{rm}(r',\omega,t)\mathrm{d}r' - \alpha_m r}}{\sqrt{\int_0^r k_{rm}(r',\omega,t)\mathrm{d}r'}} \tag{2}$$

式中,$z_s$ 是声源深度,$\varphi_m(r,z,\omega)$ 是距离 $r$ 处的简正波模态函数,在内波扰动较小的情况下可以认为简正波模态函数不随距离变化。$\alpha_m$ 为简正波的衰减系数,$k_{rm}(r,\omega,t)$ 为 $m$ 号简正波的水平波数,可以写成稳态量和扰动量的和的形式:

$$k_{rm}(r,\omega,t) = k_m(\omega) + k'_{rm}(r,\omega,t) \tag{3}$$

$k'_{rm}(r,\omega,t)$ 代表内波引起水平波数时间空间上的扰动量。通常认为内波导致的扰动量是小量,即 $k'_{rm}(r,\omega,t) \ll k_m(\omega)$。而扰动量 $k'_{rm}(r,\omega,t)$ 与声速扰动的关系可以由下式给出[3]:

$$k'_{rm}(r,\omega,t) = -\int_0^D \frac{\omega^2}{c_0^3(z)}\frac{\varphi_m^2(z)}{k_m}\delta c(r,z,t)\,\mathrm{d}z \tag{4}$$

式中,$D$ 代表海水深度,$c_0(z)$ 代表背景声速剖面,$k_m$ 和 $\varphi_m(z)$ 分别代表背景剖面下第 $m$ 号简正波的水平波数和垂直模态函数,而 $\delta c(r,z,t)$ 是内波引起的声速扰动量。这样,接收距离为 $R$ 处的第 $m$ 号简正波的系数为:

$$A_m(R) = A_m(0)\mathrm{e}^{-\alpha_m R}\frac{\mathrm{e}^{\mathrm{i}\int_0^R k_{rm}(r',\omega)\mathrm{d}r'}}{\sqrt{\int_0^R k_{rm}(r',\omega)\mathrm{d}r'}} \approx A_m(0)\mathrm{e}^{-\alpha_m R}\frac{\mathrm{e}^{\mathrm{i}\int_0^R k_{rm}(r',\omega)\mathrm{d}r'}}{\sqrt{k_m(\omega)R}} \tag{5}$$

式中,$A_m(0) = (\mathrm{i}/\rho(z_s)\sqrt{8\pi})\mathrm{e}\ -\mathrm{i}\pi/4\varphi_m(z_s,\omega)$ 是第 $m$ 号简正波的激发强度。对于浅海低频远距离声场,由于海底的衰减,一般只有一、两号简正波能“存活”。因此,本文考虑最简单的情况,即只有两号简正波(记为 $m$、$n$)的声场,声强可以表示为相干成分和非相干成分之和的形式:

$$I(\omega,t;R) \propto |A_n(R)|^2 + |A_m(R)|^2 + 2\mathrm{Re}\{A_m(R)A_n^*(R)\} \tag{6}$$

将式(5)代入,得到:

$$I(\omega,t;R) \propto \frac{|A_n(0)|^2}{k_n R}\mathrm{e}^{-2\alpha_n R} + \frac{|A_m(0)|^2}{k_m R}\mathrm{e}^{-2\alpha_m R} + 2\mathrm{Re}\left\{\frac{A_m(0)A_n^*(0)}{R\sqrt{k_m k_n}}\mathrm{e}^{-\alpha_m R-\alpha_n R}\mathrm{e}^{\mathrm{i}k_m(\omega)R-\mathrm{i}k_n(\omega)R+\mathrm{i}\int_0^R k'_{rn}(r',\omega,t)\mathrm{d}r'-\mathrm{i}\int_0^R k'_{rn}(r',\omega,t)\mathrm{d}r'}\right\} \tag{7}$$

式(7)前两项代表非相干成分,第3项代表相干成分。从式(7)可看到,非相干成分$|A_n(R)|^2$和$|A_m(R)|^2$并不随时间变化。并且可以认为,沿频率漂移曲线声强值保持不变,即:

$$\frac{\partial I(\omega,t;R)}{\partial\omega}\Delta\omega+\frac{\partial I(\omega,t;R)}{\partial t}\Delta t=0 \tag{8}$$

相对于相位变化简正波幅度随频率变化缓慢,可认为在窄带内声强关于频率求偏导时仅需考虑相位变化,记第$m$号和第$n$号简正波的相位差为:

$$\Delta\theta_{mn}(\omega t)=k_m(\omega)R-k_n(\omega)R+\left\{\int_0^R k'_{rm}(r,\omega,t)\,\mathrm{d}r-\int_0^R k'_{rn}(r,\omega,t)\,\mathrm{d}r\right\} \tag{9}$$

式(9)前两项代表稳态剖面下简正波相位差,后两项代表内波扰动引起的相位差起伏,故式(8)等价于:

$$\frac{\partial\Delta\theta_{mn}(\omega,t)}{\partial\omega}\Delta\omega+\frac{\partial\Delta\theta_{mn}(\omega,t)}{\partial t}\Delta t=0 \tag{10}$$

根据式(10),声场频谱的频率漂移现象主要是由相干成分$A_m(R)A_n^*(R)$相位差的时间起伏导致的。当$m$、$n$号简正波同相或反相叠加时分别形成一条明或暗的频率漂移曲线。假设简正波波数差是频率的单调减函数,当内波环境中声速扰动引起$\Delta\theta_{mn}$发生正的(负的)改变时,简正波相位差的等相位点就会出现在更高(更低)的频点处,随着内波的推进,等相位点对应的频率点就会上下浮动,形成非常规则的频率漂移曲线。在本文中,“规则”的含义是频率漂移量与跃层深度起伏成线性关系,在$\omega-t$平面内频率漂移条纹清晰可见。

声速剖面为负跃层的波导中简正波水平波数差并非频率的单调函数,图1所示为相邻简正波的水平波数差$\Delta\bar{k}_{m,m+1}$随频率的变化曲线,自左向右简正波序号依次增大。以$\Delta\bar{k}_{3,4}=\bar{k}_3-\bar{k}_4$为例,在200~400 Hz为单调减函数,在400~600 Hz为单调增函数,在600 Hz以上时又变为单调减函数。为了保证频移量与跃层深度起伏的线性关系,必须保证所选频段内声场“存活”简正波的水平波数差单调。

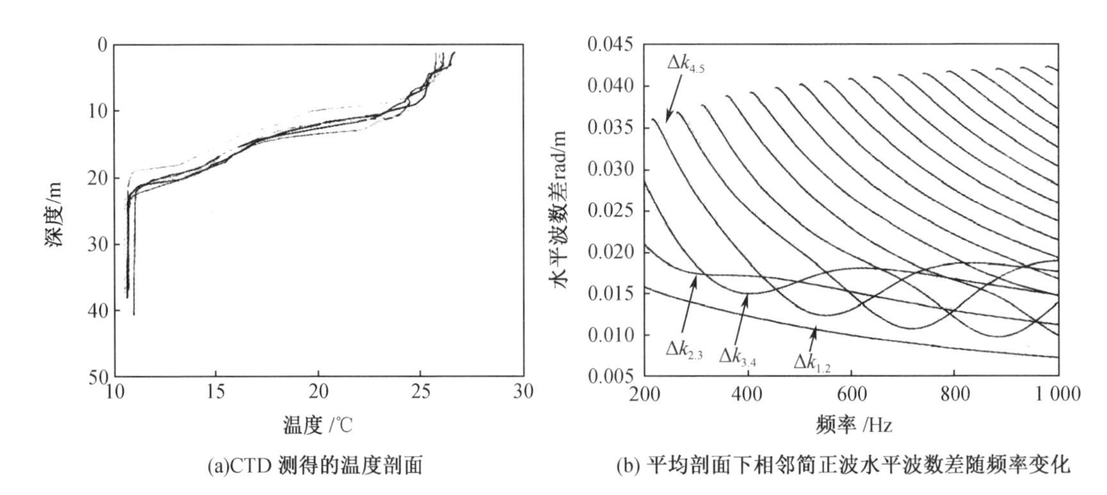


(a)CTD测得的温度剖面　　(b) 平均剖面下相邻简正波水平波数差随频率变化

**图1　2011年黄海实验结果**

根据式(10)可以确定频率漂移量和跃层深度起伏之间的比例系数。内波环境下声速剖面的扰动量可以根据经验正交函数(Empirical orthogonal func-tions)基底表示为:

$$\delta c(r,z,t)=\sum\alpha_i(r,t)V_i(z)=\frac{\partial c_0(z)}{\partial z}\eta(r,z,t) \tag{11}$$

式中，$\frac{\partial c_0(z)}{\partial z}$是背景声速剖面的梯度，$\eta(r,z,t)$是 $z$ 方向上质点在内波影响下的垂直位移，$V_i(z)$是根据样本数据得到的 EOF 基向量，也可以是根据背景剖面获得的 HNM 基向量[18]，$\alpha_i(r,t)$代表对应系数，一般来说浅海的声速扰动以第 1 阶 EOF 为主，此处为简化推导只保留第 1 阶，式(4)可表示为：

$$\int_0^R k'_{rm}(r,\omega,t)\,\mathrm{d}r = -\int_0^D \frac{\omega^2}{c_0^3(z)} \frac{\varphi_m^2(z)}{k_m} V_1(z)\,\mathrm{d}z \int_0^R \alpha_1(r,t)\,\mathrm{d}r \tag{12}$$

代入式(9)，得到：

$$\Delta\theta_{mn} = k_{mn}(\omega)R - Q_{mn}\,\overline{\alpha_1}(r,t) \tag{13}$$

式中，$\overline{\alpha_1}(r,t) = \int_0^R \alpha(r,t)\,\mathrm{d}r$ 是传播路径上的积分值，而系数为：

$$Q_{mn} = \int_0^D \frac{\omega^2}{c_0^3(z)} \frac{\varphi_m^2(z)}{k_m} V_1(z)\,\mathrm{d}z - \int_0^D \frac{\omega^2}{c_0^3(z)} \frac{\varphi_n^2(z)}{k_n} V_1(z)\,\mathrm{d}z \tag{14}$$

根据式(10)可得：

$$\Delta\omega = -\frac{\partial\Delta\theta_{mn}(\omega,t)/\partial t}{\partial\Delta\theta_{mn}\omega,t/\partial\omega}\Delta t$$

两边分别对 $\omega$ 和 $t$ 求定积分，有：

$$\Delta\omega = \frac{Q_{mn}}{(\partial k_{mn}(\omega)/\partial\omega)R}\Delta\bar{\alpha}\Big|_{t_{n-1}}^{t_n} = \frac{Q_{mn}}{\partial k_{mn}(\omega)/\partial\omega} \frac{\partial c_0/\partial z}{V_1(z)}\{\bar{\eta}(R,t_n) - \bar{\eta}(R,t_{n-1})\} \tag{15}$$

式中，$\bar{\eta}(R,t_n) = (1/R)\int_0^R \eta(r,t_n)\,\mathrm{d}r$ 代表 $t_n$时刻内波垂向位移在传播路径上的积分平均值，$R$ 代表声传播距离。$\omega(t_n)$代表 $t_n$时刻声强谱极值对应的频率，而 $\Delta\omega = \omega(t_n) - \omega(t_n - 1)$则是频率漂移量，其值与内波垂向位移存在一定的比例关系，这可以用来反演内波。特别要说明的是，声波相位中存在着一个关于传播距离的积分过程，见式(9)，这一积分过程会将频率较高的内波(空间尺寸较小)滤除，而频率较低的内潮波(即具有潮周期的内波，空间尺寸较大)得到保留，所以频移曲线反映的是往往是内潮的变化，另外，在上面的推导中，由于扰动量是小量，$\partial\Delta\theta_{mn}/(\partial\omega) \approx (\partial k_{mn}(\omega)/\partial\omega)R$ 成立。

频率漂移量与跃层深度起伏之间的比例系数可以根据稳态剖面下的简正波参数和 EOF 基函数来确定。记：

$$X_{mn} = \frac{Q_{mn}}{\partial k_{mn}(\omega)/\partial\omega}$$

$$Y(z) = \frac{\partial c_0(z)/\partial z}{V_1(z)}$$

那么 $Y(z)$在精度要求不高的情况下可以看作是深度无关的常数，见图 2，在这里取为 16。图 3 同时给出了系数 $X_{mn}\bar{Y}$ 随频率的变化，可以看到，不同简正波组成的声场其频率漂移量与跃层深度起伏曲线之间的比例系数有着明显差异，对于第 1 ~2 号简正波来说，这个比例系数是频率的线性函数，但是在 270 Hz 以下和 270 Hz 之上的斜率明显

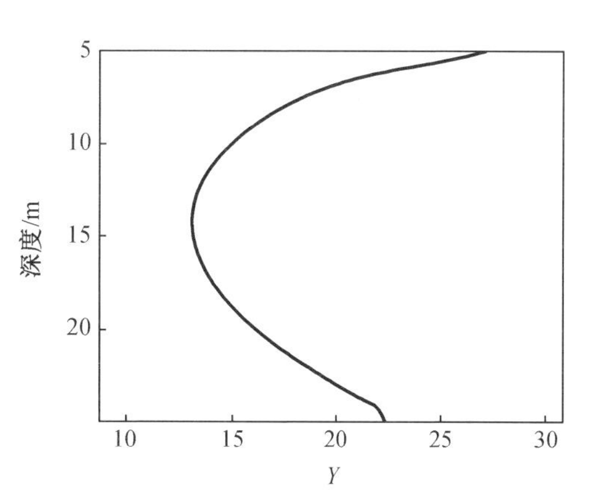


**图 2　比例系数 $Y(z)$ 随深度的变化**

不同,而对于第 2 ~3 号简正波以及第 3 ~4 号简正波来说,中间的奇点是由于该频率时群速度相等。在频率为 750 Hz 时,$X_{1,2}\bar{Y}$ 取值为 80.5 ×2π rad/m。

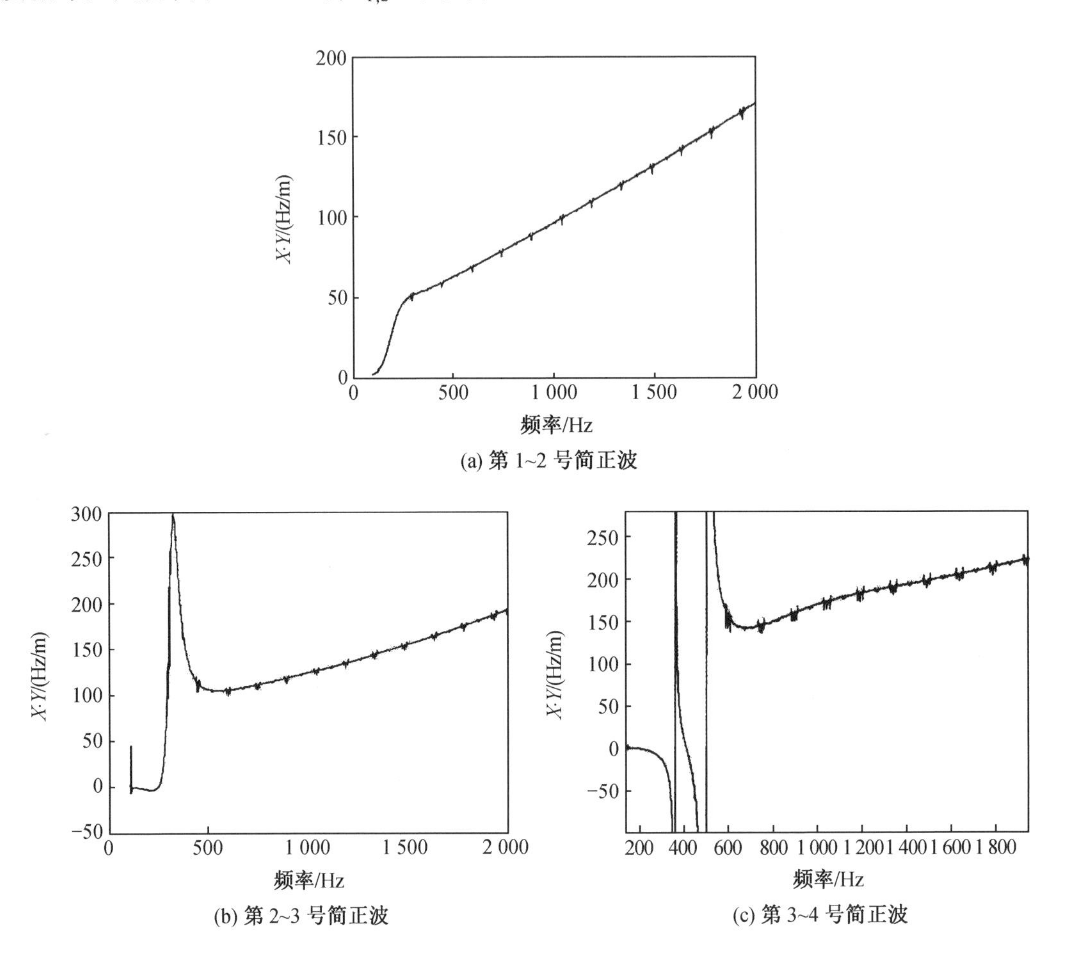


(a) 第 1~2 号简正波

(b) 第 2~3 号简正波

(c) 第 3~4 号简正波

**图 3　频率漂移量与内波垂向位移的比例系数随频率的变化**

## 1.2　简正波幅度变化对频率漂移曲线的影响

上面的讨论是在绝热近似条件下进行的,这种情况下声场简正波幅度的变化在微扰中属于二阶量,可以忽略。然而实际海洋很难满足绝热近似条件,尤其是夏季海况下的浅海区域孤子内波活动剧烈,声场简正波幅度会有很大的时间起伏。这种情况下,近似地,我们可以将简正波系数写成下面的形式:

$$A_n(\omega,t) = a_n(\omega,t)\mathrm{e}^{\mathrm{i}\int_0^R k_{rm}(r',\omega,t)\mathrm{d}r'} \tag{16}$$

式中,$a_n(\omega,t)$描述了简正波系数的时间变化。同样,根据式(8),有:

$$
\begin{aligned}
&\left(\frac{\partial |a_n|^2}{\partial \omega} + \frac{\partial |a_m|^2}{\partial \omega} + 2\mathrm{Re}\left\{\frac{\partial a_n a_m^*}{\partial \omega}\mathrm{e}^{\mathrm{i}\Delta\theta_{mn}}\right\}\right)\Delta\omega + \\
&\left(\frac{\partial |a_n|^2}{\partial t} + \frac{\partial |a_m|^2}{\partial t} + 2\mathrm{Re}\left\{\frac{\partial a_n a_m^*}{\partial t}\mathrm{e}^{\mathrm{i}\Delta\theta_{mn}}\right\}\right)\Delta t + \\
&2\mathrm{Re}\{a_n a_m^* \mathrm{e}^{\mathrm{i}\Delta\theta_{mn}}\}\frac{\partial \Delta\theta_{mn}}{\partial \omega}\Delta\omega + 2\mathrm{Re}\{a_n a_m^* \mathrm{e}^{\mathrm{i}\Delta\theta_{mn}}\}\frac{\partial \Delta\theta_{mn}}{\partial t}\Delta t = 0
\end{aligned}
\tag{17}
$$

导致声场简正波幅度时间变化的原因很多,如简正波耦合效应、声源和接收水听器深度起伏等,故 $a_n(\omega,t)$ 的时间演化非常复杂,因此本文只定性讨论。假设简正波幅度随频率变化不大,忽略式(17)第 1 项,将 $\Delta\omega$ 分为两部分:相位差起伏导致的 $\Delta\omega_{\mathrm{phase}}$ 以及幅度起伏导致的 $\Delta\omega_{\mathrm{ampl}}$,式(17)可写为:

$$
\begin{aligned}
&\left(\frac{\partial |a_n|^2}{\partial t} + \frac{\partial |a_m|^2}{\partial t} + 2\mathrm{Re}\left\{\frac{\partial a_n a_m^*}{\partial t}\mathrm{e}^{\mathrm{i}\Delta\theta_{mn}}\right\}\right)\Delta t + 2\mathrm{Re}\{a_n a_m^* \mathrm{e}^{\mathrm{i}\Delta\theta_{mn}}\}\frac{\partial \Delta\theta_{mn}}{\partial \omega}\Delta\omega_{\mathrm{ampl}} + \\
&2\mathrm{Re}\{a_n a_m^* \mathrm{e}^{\mathrm{i}\Delta\theta_{mn}}\}\frac{\partial \Delta\theta_{mn}}{\partial \omega}\Delta\omega_{\mathrm{phase}} + 2\mathrm{Re}\{a_n a_m^* \mathrm{e}^{\mathrm{i}\Delta\theta_{mn}}\}\frac{\partial \Delta\theta_{mn}}{\partial t}\Delta t = 0
\end{aligned}
\tag{18}
$$

根据式(18),相位差起伏导致的频移量与跃层深度起伏仍然成线性比例关系,而简正波幅度变化导致的频移量却不能用线性关系来描述。另外,由于海洋环境的随机性,内波、流等导致的声场简正波幅度起伏也具有很大的不确定性,所以简正波幅度导致的频率漂移更加混乱。因此可认为简正波幅度变化只能看作是对规则频率漂移结构的一种干扰,在严重情况下会将规则的频率漂移曲线结构彻底破坏,此时用相关算法并不能提取到有效的频移曲线。

为消除声场简正波幅度起伏对频率漂移曲线的干扰,可以采用简正波过滤的方法,得到各简正波的幅值,取相角做差,然后对 $\Delta\theta_{mn}$ 利用相关法求频率漂移曲线,即:

$$
\Delta\omega = \max_{\omega'}\left\{\int_{\omega_1}^{\omega_2}\Delta\theta_{mn}(\omega;t)\Delta\theta_{mn}(\omega-\omega';t+\Delta t)\mathrm{d}\omega'\right\} \tag{19}
$$

这种方法保留了相位差的频率漂移信息,同时又去掉了声场简正波幅度起伏造成的干扰,而代价就是需要良好的垂直阵数据来保证简正波分离。

## 1.3 数值仿真

本部分的仿真是为了验证上述算法有效性。内波环境的生成见附录 1。相应的波导参数设置为:海水深度为 40 m,海底密度 1.6 g/cm³,海底声速为 1 700 m/s,海底衰减系数按照下式给出:

$$
\alpha(f) = 0.4 \times \left(\frac{f}{400}\right)^{0.8} \tag{20}
$$

式中,$f$ 单位 Hz,$\alpha$ 单位 dB/λ,声源深度 26 m,接收器水听器间隔 1 m,布满整个水深(1 ~ 40 m),接收距离 11 km,声场计算频率 600 ~ 900 Hz,声场计算程序 Ram,仿真结果见图 4,其中图 4(a)为接收深度 31 m 时平面内声强频谱的时间变化,图 4(c)为根据相关算法从声强频谱变化中提取的频率漂移曲线。从图中可以看到,声强的频谱变化非常复杂,传统的相关算法并不能有效地提取频率漂移曲线。图 4(b)为声场第 1 ~ 2 号简正波相位差的时间变化,可以看到比较明显的条纹,图 4(d)为根据相关算法从简正波相位差中提取的频率漂移曲线。

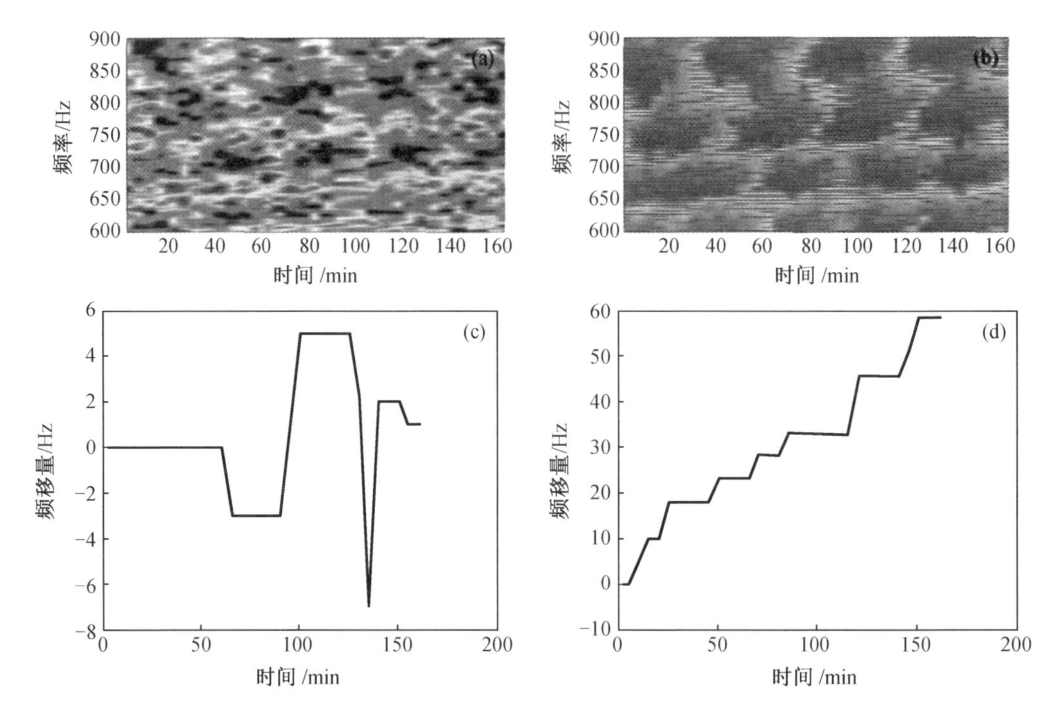


**图 4　声强频谱随时间的变化（a）以及由相关算法提取得到的频率漂移曲线（c），第 1 ~ 2 号简正波相位差随时间的变化（b）以及由相关算法提取的频率漂移曲线（d）**

图 4 声强频谱和第 1 ~ 2 号简正波相位差变化有一定的类似性，这是由于声场主要由第 1 ~ 2 号简正波组成，如图 5 所示。由于 1 ~ 2 号简正波的幅度起伏，传统的相关算法并不能从声强频谱中提取到频率漂移曲线，必须用简正波过滤的方法得到 1 ~ 2 号简正波相位差后，再利用相关法提取频移曲线。

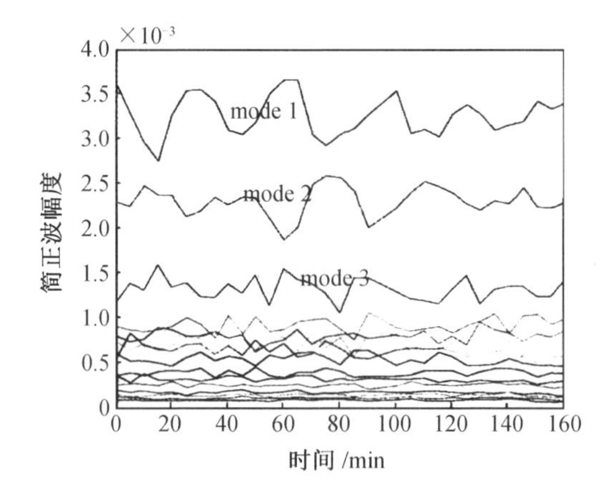


**图 5　仿真环境中接收深度 31 m 时简正波幅度随时间的变化（600 ~ 900 Hz 带宽内平均结果）**

## 2　实验分析

2011 年实验海区的布局见图 6,声传播的方向大致与内波的传播方向一致。实验采用的是单船发射加潜标接收阵的方式,发射船距离接收阵大约 10.875 km,实验海区的平均深度接近 40 m,潜标阵由 16 元水听器组成,水听器间距 1.5 m,分布在 12 ~ 35 m 之间的水层中,由于 16 元的接收水听器阵不能覆盖全海深,所以简正波过滤只能保证比较准确地分离第 1 ~2 号简正波。

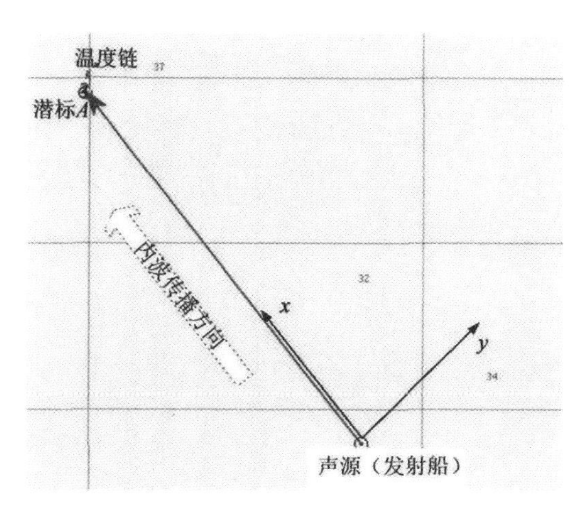


图 6　实验海区局地放大图

实验过程中进行了 5 次 CTD 测量,见图 7。实验中还放置了温度链以记录内波活动(在潜标阵附近),记录结果见图 8,由于流的影响,温度链倾斜角度非常大,导致海面到 10 m 海深之间没有记录。因此,本文根据 CTD 数据分析得到了 HNM(水动力简正波)[17-18],并根据 HNM 对温度链数据进行了修正,结果见图 9。

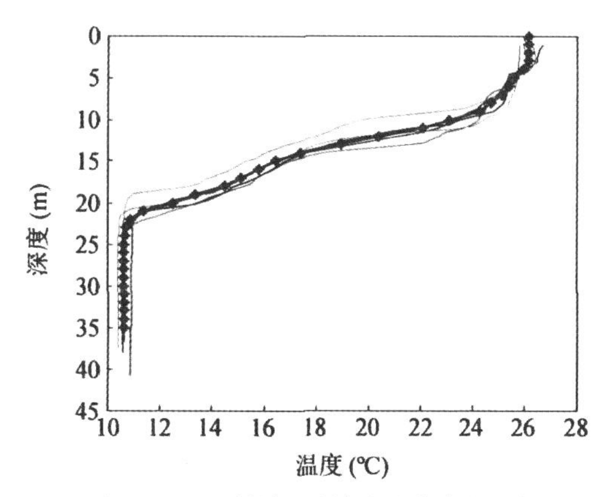


(a) 2011 年 CTD 测量数据，黑色粗实线代表平均温度剖面

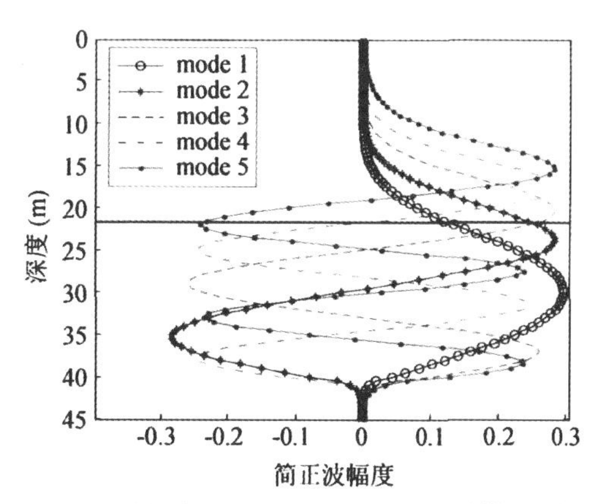


(b) 平均剖面下 750 Hz 声场的简正波模态函数

图 7

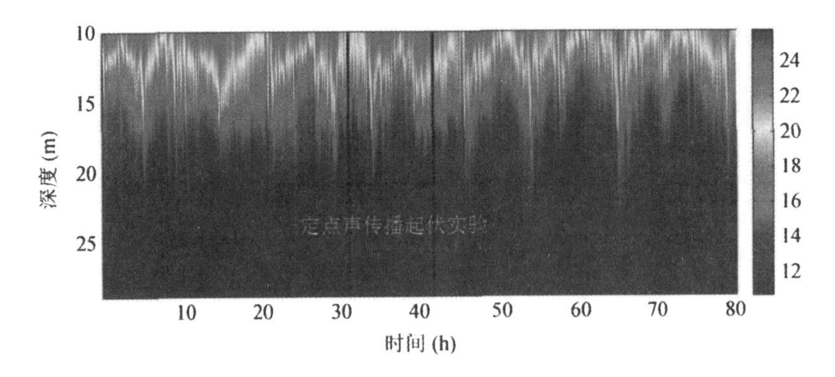


图 8　温度链记录的内波活动(起止时间:2011/7/31 06:00:00—2011/8/31 4:34:30)

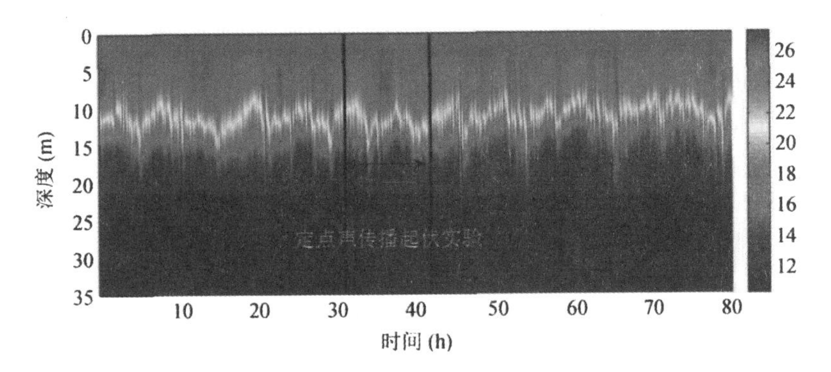


图 9　根据 HNM 方法“修正”温度剖面

自 2011 年 8 月 1 日 13:30 至 2011 年 8 月 1 日 23:30 进行了 10 h 的定点声传播起伏实验,实验期间每 45 s 发射一次 650 ~ 850 Hz 的线性扫频信号(持续时间长度 3 s)。声源深度 21 ~ 22 m。垂直接收阵第 9 通道记录的声场频谱时间变化见图 10,可以看到只有个别时段内“毛刺”干扰较小。

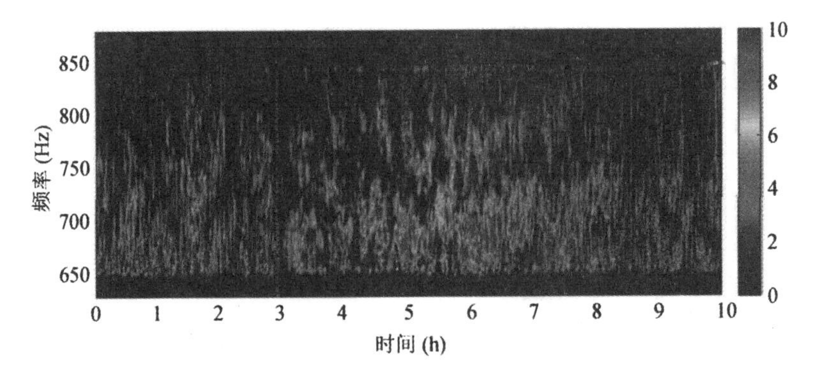


图 10　2011 年实验第 9 通道的接收信号频谱随时间的变化(接收深度约 25 m)

由于所选频段较高,图 10 中的声强伪彩图中没有清晰的频移曲线,这可能由于两方面的原因:(1)在所选频段内不同号简正波水平波数差关于频率具有不同的斜率,见图 1,故它们形成的频率漂移曲线差别较大,不同类型的频率漂移曲线之间会相互干扰;(2)对于所选频段来说，内波的简正波耦合效应不可忽略。根据图8，实验海域中有明显的孤子内波活动，而孤子内波会导致强烈的简正波幅度起伏，这也会对规则的频率漂移曲线造成“污染”，解决的办法是利用垂直阵数据进行简正波过滤。

简正波过滤前必须对垂直阵数据进行倾斜校正。实验海区海流作用明显，流导致的阵倾斜角度可以达到30°。实验海域的潮流属于回转流[19]，潮流流向在半日内旋转360°，并且实验海域的潮流椭圆是逆时针方向，如图11所示。设定潮流椭圆短轴与正北方向的夹角为$\phi_0$（逆时针方向为正），实验中垂直接收阵的水平偏移量正比于潮流流速大小，那么垂直阵的水平偏移量也呈现出相同的椭圆变化（逆时针方向，记垂直阵的偏移方向角度为$\phi$。图11给出了实验中垂直阵的水平偏移方向示意图，图12给出了根据垂直阵TD记录的深度数据分析得到的各个阵元的水平偏移量（以最靠近海底的阵元为参考）。图12中的$A\sim D$分别对应图11中的$A\sim D$，表示在不同的实验时刻阵偏移方向的变化。之后可利用下式进行倾斜校正：

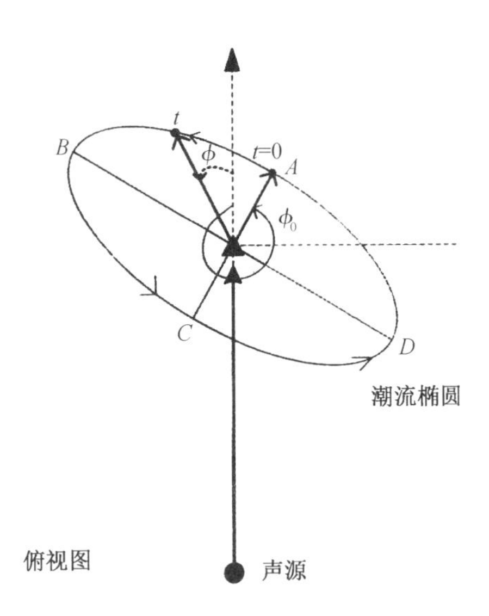


图11　实验中潮流椭圆示意图

$$p'(z_r,\omega;t_n) = p(z_r,\omega;t_n)\mathrm{e}^{-\mathrm{i}k_m\Delta x(z_r,t_n)\cos(\phi)} \tag{21}$$

式中，$z_r$代表各个水听器的深度，而$t_n=n\Delta t$，$\Delta t=45$ s代表接收信号的时间序列，$\Delta x(z_r,t_n)$代表各个阵元在$t_n$时刻的水平偏移距离，见图12，$\phi$是阵倾斜方向，定义见图11。校正完之后，就可以根据下式进行简正波过滤：

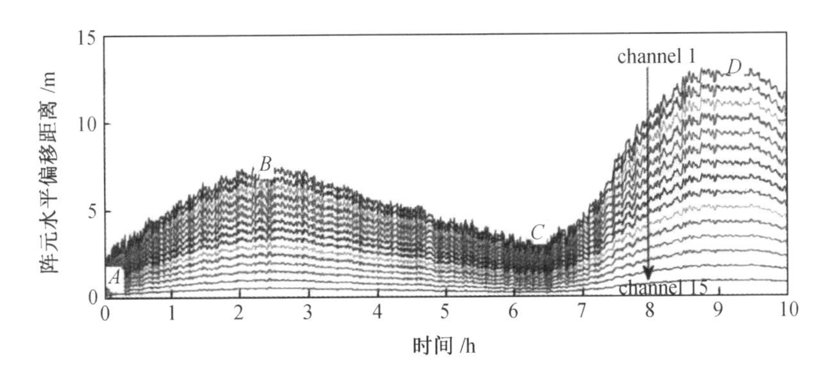


图12　根据垂直阵TD数据得到的16阵元的水平偏移量
（以最靠近海底的第16阵元为基准）

$$A'_m(\omega;t_n) = \sum_{z_r} p'(z_r,\omega;t)\varphi_m(z_r,\omega)\Delta z \tag{22}$$

式中，$p'(z_r,\omega;t)$是$t_n$时刻$z_r$深度水听器接收信号经过倾斜校正后的结果，$\varphi_m(z_r,\omega)$是在背景温度剖面下计算得到的模态函数，$\Delta z$是水听器间隔，求和符号代表关于不同深度的16个水听器求和，这样根据简正波模态函数的正交性，便可以得到简正波幅值。由于垂直阵没有覆盖全海深，所以只能保证低号简正波近似准确。本文中我们只使用第1～2号简正波，得到第1～2号简正波幅值后，取相角做差，得到的结果见图14，作为对比，未进行倾斜校正的第1～2号简正波相位差在图13中给出。可以看到，未进行倾斜校正的时候，第1～2号简正波的相位差在大部分时间都是近似随机的，这可能就是由于阵元水平偏移（尤其是周期为分钟量级的高频成分）导致的，而阵倾斜矫正后，第1～2号简正波的相位差有了明显的改善。需要说明的是，因为没有查到准确的潮流椭圆方向，实验中也无相关记录，所以 $\phi_0$ 是通过在0°～360°。范围内遍历搜索确定，结果表明 $\phi_0=339°$ 为最佳取值。

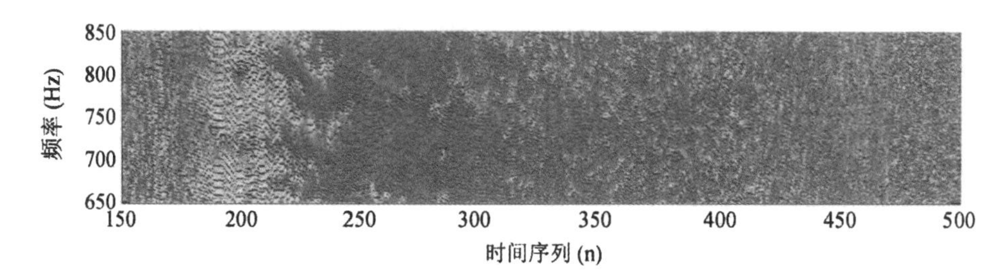


图13　第1～2号简正波的相位差（未进行任何阵倾斜矫正，$\Delta t=45$ s）

简正波过滤后，若保留第1～2号简正波的幅度，那么声场的频率漂移曲线仍然非常复杂，如图15所示，利用相关算法得到的频率漂移曲线并不准确。而相对来说，第1～2号简正波的相位差比较规则，如图14所示，可利用相关算法提取频率偏移量，最大限度地降低简正波幅度起伏对频移曲线的干扰。

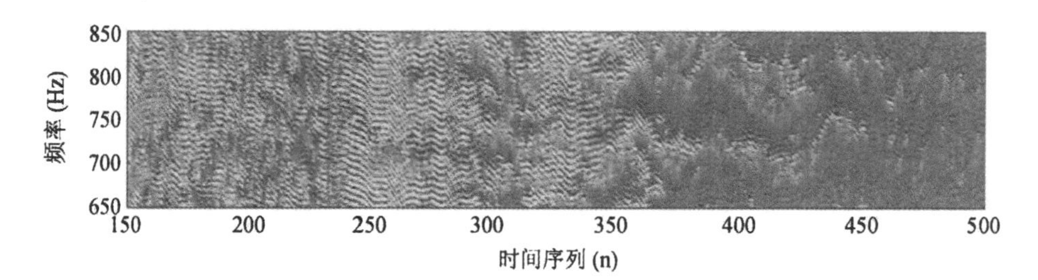


图14　第1～2号简正波的相位差（阵倾斜矫正，$\phi_0=339°$，$\Delta t=45$ s）

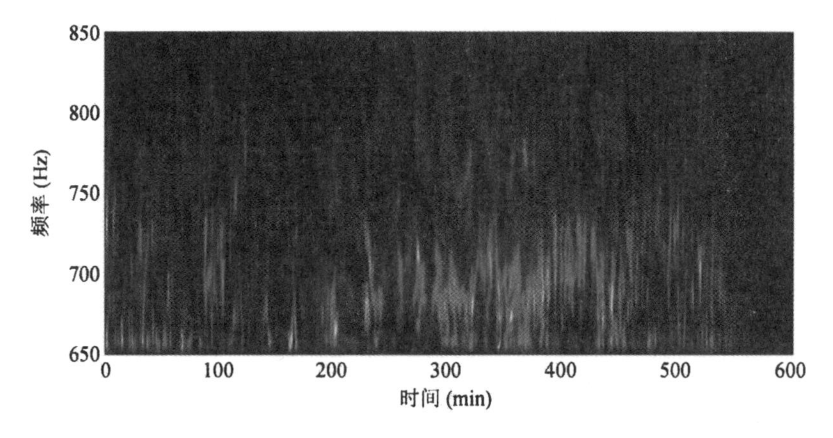


图15　阵倾斜矫正后利用简正波过滤得到的第1～2号简正波组成的声场

对第1~2号简正波相位差，利用相关算法得到的频移曲线如图16所示。根据前面的计算，对于第1~2号简正波来说，频率漂移曲线与传播路径上跃层平均深度起伏之间的比例系数在650~850 Hz内是频率的线性函数，如图3所示，精度不高的情况下频率可取值750 Hz，此时比例系数为80.5×2π rad/m，即跃层深度每变化1 m频率漂移量为80.5 Hz。据此比例关系，可根据频率漂移曲线反演跃层起伏曲线，如图17所示，频率漂移曲线与跃层深度的变化趋势非常接近。跃层深度的起伏可由温度链数据获得，具体方法见附录2。这说明，简正波过滤后对相位差进行相关算法可以更有效地提取频率漂移曲线。作为对比，图中还给出了对声强频谱（幅度谱，倾斜校正后）做相关计算得到的频率漂移曲线。

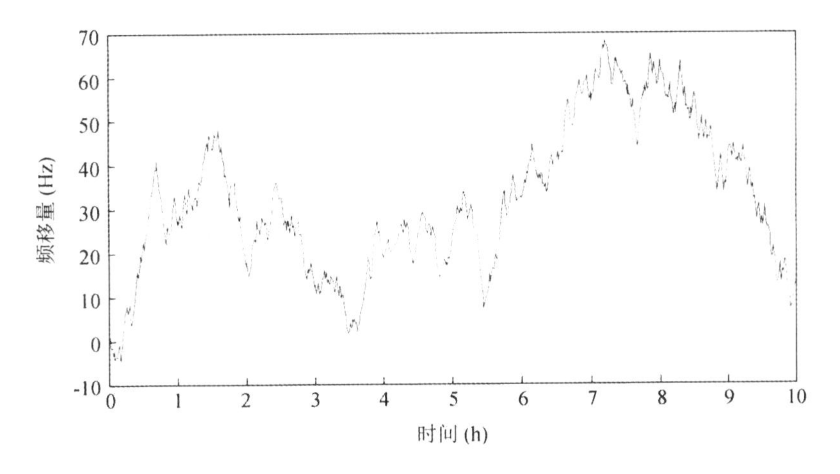


图16　利用相关法得到的频移曲线

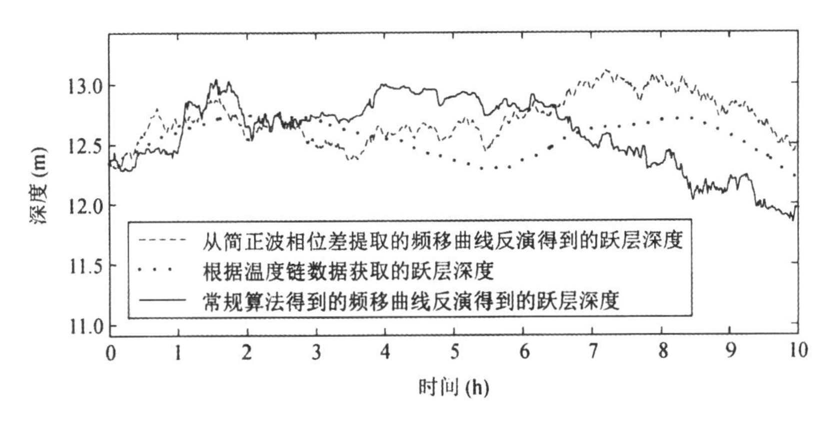


图17　温度链记录的20 ℃等温线起伏（传播路径上平均结果）与频率漂移曲线的对比（传统的频谱相关方法和本文提出的对相位差的相关方法）

## 3　总结

内波环境中的定点接收声强频谱会发生频率漂移的现象，这一现象可以用来反演内波。在时变内波环境中，简正波的幅度和相位都会发生时间上的变化，其中相位差决定的频移曲线与内波导致的跃层起伏成线性关系，但简正波幅度变化决定的频移量与跃层起伏之间很难用线性关系描述，只能看作是对相位差的频移曲线的干扰。由于这种干扰的存在，相关法并不能有效地提取频率漂移曲线。为了去掉简正波幅度起伏带来的干扰,可以利用简正波过滤的方法得到简正波幅值,然后取相角做差,这样相关法就可以从相角之差中提取得到频率漂移曲线。按照这个方法得到的频移曲线是简正波相位差起伏决定的,它与跃层深度起伏之间的比例系数可以根据背景温度/声速剖面以及该剖面下声场简正波水平波数和模态函数求取。

需要特别说明的是,传播路径上的所有类型的内波都对频移曲线的形成有贡献。然而由于声波在传播路径上的积分效应,空间尺度较小的内波(如高频线性内波、孤子内波等)其贡献将在积分过程中被滤除,而空间尺度大的内潮波(内潮波即具有潮周期的内波)其贡献将得到保留。因而,根据频率漂移曲线反演得到的一般是空间尺度较大的内潮波。另外,对于孤子内波,绝热近似一般是不成立的,其导致的简正波耦合效应可能正是导致实验中频移曲线非常复杂的原因,本文提出的频移曲线提取算法可以一定程度上消除这种影响。

虽然本文提出的频移曲线提取算法可以有效滤除干扰因素,但是需要良好的垂直阵阵型来保证简正波的分离。而在黄海,潮流具有回转流的特性并且潮流流速较大,实验中阵倾斜角度非常大,倾斜方向也随潮流椭圆变化,所以必须按照潮流椭圆进行阵的倾斜矫正。这也说明,在像黄海这样的海域布放垂直阵时,记录潮流方向也是很有必要的。

## 参考文献


[1] Duda T F,Lynch J F,Newhall A E,Wu L,Chiu C S. Fluctuation of 400 Hz sound intensity in the 2001 ASIAEX South China Sea expermient. IEEE J. Oceanic Eng. ,2004;29:1264 – 1279.

[2] Zhou Jixun,Zhang Xuezhen. Resonant interaction of sound wave with internal solitons in the coastal zone. J. Acoust. Soc. Am. ,1991;90(4):2042 – 2054.

[3] Lynch J F,Jin G,Pawlowicz R et al. Acoustic travel-time perturbations due to shallow-water internal waves and internal tides in the Barents Sea Polar Front:Theory and experiment. J. Acoust. Soc. Am. ,1996;99(2):803 – 821.

[4] Li Zhenglin,ZHANG Renhe et al. Arrival time fluctuation of higher order normal modes caused by solitary internal waves. Chinese Journal of Acoustics,2013;43(2):133 – 143.

[5] Badiey M,Mu Y,Lynch J,Apel J,Wolf S. Temporal and azimuthal dependence of sound propagation in shallow water with internal waves. IEEE Journal of Oceanic Engineering,2002;27(1) :117 – 129.

[6] Katznelson B G,Pereselkov S A. Low-frequency horizontal acoustic refraction caused by internal wave solitons in a shallow sea. Acoust. Phys. ,2000;46(6):684 – 691.

[7] Turgut A,Mignerey P C,Goldstein D J et al. Acoustic observations of internal tides and tidal currents in shallow water. J. Acoust. Soc. Am. ,2013;133(4):1981 – 1986.

[8] Kuz'kin V M,Pereselkov S A. Acoustic sweep monitoring of background internal waves. Acoust. Phys. ,2007;53(4):487 – 494.

[9] Kuz'Kin V,Pereselkov S. Reconstruction of spatial spectra of the isotropic field of background internal waves. Acoust. Phys. ,2009;55(1);92 – 99

[10] Kuz'Kin V,Pereselkov S. Reconstruction of the spatial spectrum for an anisotropic field of background internal waves. Acoust. Phys. ,2009;55(2):197 – 201.

[11] Kuz'Kin V,Lin Y T,Lunkov A et al. Frequency shifts of the sound field interference pattern

on oceanic shelf in summer conditions. Acoust. Phys. ,2011,57(3):381 - 390.

[12] 高大治,王宁,王好忠,刘进忠. 声强干涉结构监测浅海温跃 层深度起伏. 中国科学:物理学力学天文学,2012;42(2):107 - 115.

[13] Jensen F B,Kuperman W A,Porter M B,Schmidt H. Com-putional ocean acoustics,Second edition,Springer,2011.

[14] Kuz'kin V M,Pereselkov S A. Acoustic monitoring of background internal waves with the use of the correlation method for measuring the frequency shifts of interference maxima. Acoust. Phys. ,2011;57(4):511 - 517.

[15] Duda T F,Preisig J C. A modeling study of acoustic propagation through moving shallowwater solitary wave packets. IEEE J. Oceanic Eng. ,1999;24(1):16 - 32.

[16] 王宁,张海青,王好忠,高大治. 内波、潮导致的声简正波幅度 起伏及其深度分布. 声学学报,2010;35(1):38 - 44.

[17] 宋文华,胡涛,郭圣明等. 一种声速剖面展开的正交基函数获取 方法. 声学学报,2014;39(1):11 - 18.

[18] Song Wenhua,Hu Tao et al. A methodology to achieve the basis function for the expansion of sound speed profile. Chinese Journal of Acoustics,2014;33(3):299 - 311.

[19] Fang Guohong. Tide and tidal current charts for the marginal seas adjacent to China. Chin. J. Oceanol. Lim-nol. ,1986;4(1):1 - 16.

[20] Del Grosso V A. New equation for the speed of sound in natural water (with comparisons to other equations). J. Acoust. Soc. Am. ,1974;56(4):1084 - 1091.

## 附录 1 内波环境的生成方法

本文仿真中内波环境根据 2011 年温度链数据生成。将 2011 年温度链记录的温度剖面代入声速计算公式 SI,得到声速剖面,如图 9 所示,假定内波在传播过程中不发生频散,则内波传播中波形不会发生变化。可根据以下方法生成时变的内波环境:

(1)根据内波传播速度(1/3 m/s)将时间轴转化为距离;

(2)设接收距离为 $R$,将步骤(1)中得到的声速剖面“填充”$[0,R]$之间的距离,得到某一时刻声传播路径上的声速剖面分布;

(3)经过 $\Delta t$ 时间后,根据内波向前传播的距离,“更新”$[0,R]$之间的声速剖面;

(4)不断重复步骤(2)和步骤(3),可得时变的内波环境。

按照步骤(1)获得的声速剖面见图 18,图 18 同时给出了时间间隔为 $\Delta t = 3$ h 的两个时刻$[0,R]$之间的声速剖面。需要说明的是,在 2011 黄海实验中,内波传播方向大致与声传播路径平行,并且内波由发射船向接收阵方向传播,而温度链布放在接收阵附近,所以步骤(2)中“填充”声速剖面时需要对步骤(1)中的声速剖面进行“反序”操作,见图 18(a)。

## 附录 2 根据温度链数据获取跃层平均深度时间起伏的方法

假设内波传播方向与声传播方向一致,并且内波传播中不发生频散,就可以按照附录 1 的方法得到声源和接收阵之间的声速剖面分布。需要说明的是,温度链记录的开始时间为 2011 年 7 月 31 日 06:00,而声起伏实验开始的时间为 2011 年 8 月 1 日 13:30,两者相差

31. 5 h，故声起伏实验开始时，声源位于图 18 所示的 37. 800 km 处，接收阵距离声源 10. 875 km（根据 GPS 位置计算获得），即接收阵则位于 26. 925 km 处，根据实验时间，声源和接收阵向右推移，得到不同时刻声源和接收阵之间的声速剖面分布。

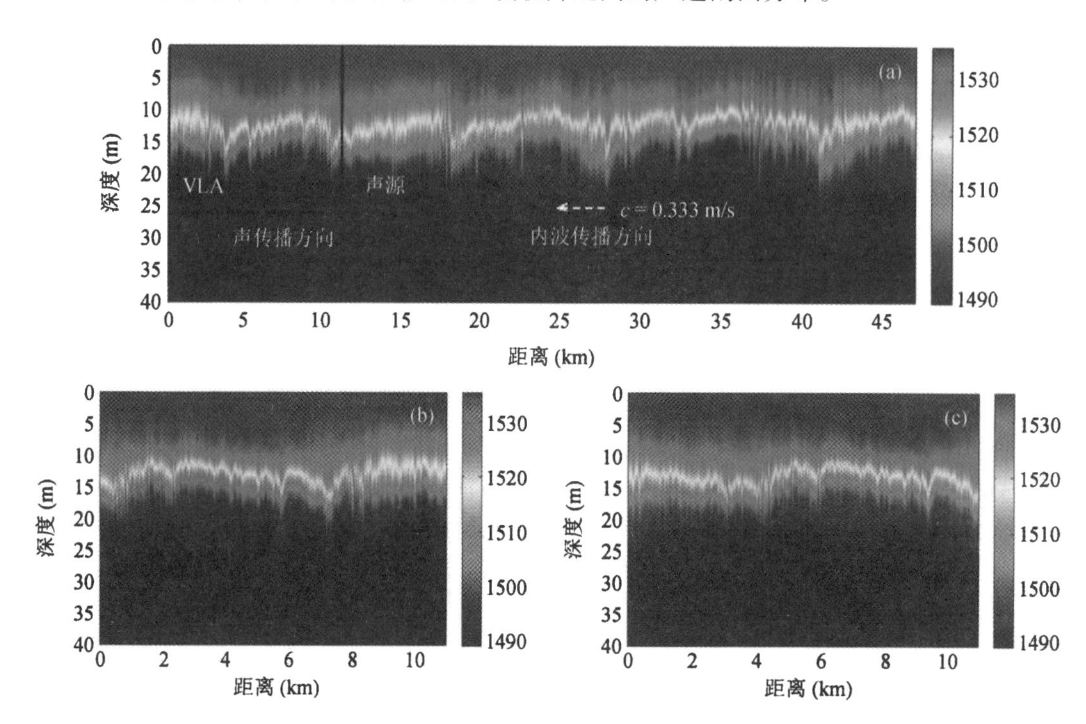


**图 18　声速剖面（a）以及间隔 3 h 的两个时刻声源和接收器间的声速剖面分布（b）和（c）（接收距离 11 km）**

对每一时刻传播路径上的声速剖面都提取 1 515 m/s（温度为 20 ℃）等声速线，之后根据下式求路径上的平均：

$$\bar{\eta}(R,t_n) = \frac{1}{R}\int_0^R \eta(r,t_n)\,\mathrm{d}r \tag{23}$$

由此可得声传播路径上（[0,R]）跃层平均深度的时间起伏。

# 北极典型冰下声信道建模及特性研究

朱广平 殷敬伟 陈文剑 胡思为 周焕玲 郭龙祥

**摘要** 将Burke-Twersky(BT)散射模型与射线理论相结合研究北极典型冰下的水声信道特性。BT模型将极地冰水界面的冰脊视为随机分布在自由表面的半椭圆柱。首先根据BT模型分别对高频和低频情况下的冰面反射系数取近似,计算不同频率的冰面反射系数。然后结合射线理论计算冰下声场并分析冰下信道特性,并与相同条件下绝对软界面的水声信道进行对比研究。结果显示,由于冰界面的存在,冰水界面与绝对软界面相比,冰面反射系数较小,使得部分声线不会传播很远,且随频率的增加衰减越发严重,因此不利于声信号远距离传播;此外在信道结构上,由于冰层反射系数较小,冰下信道多径相较于无冰的水-空气界面其多途现象不明显。研究结果对认知极地冰下水声信道特性以及开展极地水声系统性能预报具有一定意义。

## 引言

全球气候变暖为极地开发、极地航道开通提供了契机,北极战略地位更为凸显,人们对北极的认知需求也在日益增强。声波是水下探测、通信的重要手段,对于被冰覆盖的极地大部分水域内的军事、民用等冰下活动均迫切需要水声技术手段支持。我国在极地水声技术与声学特性与美、俄等国还有较大的差距[1],因此研究极地水声特性及水声技术具有重大战略意义。

极地冰下水域的声速呈正梯度分布,根据射线理论不难得出,声线向上弯曲且通过冰水界面的反射和散射向前传播。冰水界面是具有大尺度不平整界面且随着时间和空间变化,这给冰下声信号传播的研究带来了困难。1966年,J. E. Burke和V. I. Twersky将冰脊描述为半柱椭圆刚体,建立了描述冰下声场的Burke-Twersky(BT)模型[2,3]。20世纪80年代,DiNapoli和Mellen[4]利用几个表面冰层模型来计算冰下反射系数,进而计算传播损失,与实验结果相比,计算得到的传播损失较小。Polcari[5]等通过实验数据测得的传播损失得出衰减系数,进而推导反射系数。Wolf J W[6]等在BT模型的基础上,对模型进行了改进,计算了冰下传播损失并与试验结果进行了对比[7-9],在低频范围得到了较吻合的结果。自20世纪90年代开始,我国先后对北极进行了六次考察,但大都集中在海冰观测、气候变化等方面[10-11],在极地水下声场计算方面取得了一些进展,极地水声学方面尤其是冰下信道方面涉及甚少。

BELLHOP模型[12-13]是通过高斯波束跟踪方法(Porter和Bueker,1987年),计算水平非均匀环境中的声场。高斯束射线跟踪法[14]的基本思想是将高斯强度分布与每条声线联系起来,该声线为高斯声束的中心声线,这些声线能较平滑地过渡到声影区,也能较平滑地穿过焦散线,所提供的结果与全波动模型的结果更为一致,对于低频声场计算应采用其他数值方法[15-18]。本文针对北极极地典型区域的冰下声学特性,尝试结合BT模型和射线声学理论模型,从而计算典型极地冰下声场并分析其水声信道特性,为冰下探测及通信技术提供建议。

## 1　BT 冰水界面模型及声传播模型

### 1.1　冰水界面的反射

冰水界面下的冰脊的形状和大小是不规律的,典型的冰脊轮廓[6]如图 1 所示。由于冰的消融,它的上部通常比较平坦,靠近冰水界面的一端则相对尖锐。为了便于分析和研究,J. E. Burke 和 V. I. Twersky 将冰水界面的冰脊描述为随机分布的半椭圆刚体,如图 2 所示。图中 $\rho=\eta/\xi$ 变化范围是$[0,+\infty]$,冰脊垂直时 $\rho=0$,半圆形时 $\rho=1$,平面时 $\rho\to\infty$。在此模型下得到反射系数[2]:

$$R=|(1+Z)/(1-Z)|^2=1+4\mathrm{Re}\left\{\frac{Z}{|1-Z|^2}\right\} \tag{1}$$

式中:

$$Z=(n/k\cos\varphi_0)A_f \tag{2}$$

其中,$n$ 是单位长度上平均散射体的个数,$A_f$ 代表散射幅度,$\varphi_0$ 代表入射角(如图 2 所示),$k$ 代表波数。

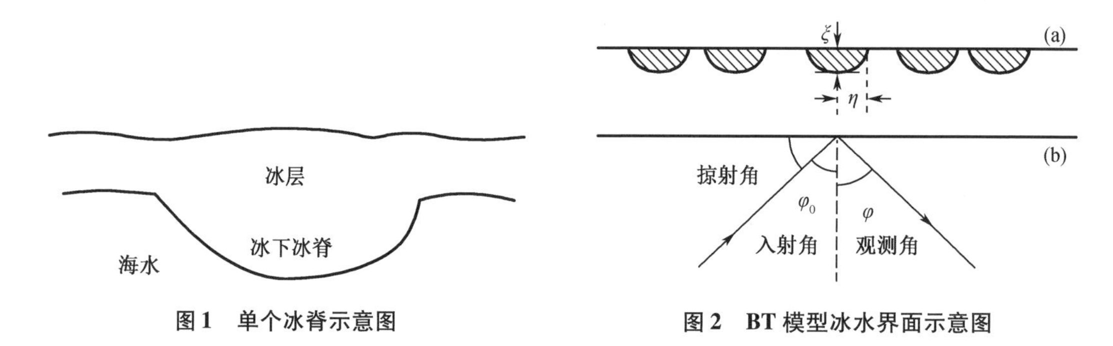


图 1　单个冰脊示意图　　图 2　BT 模型冰水界面示意图

在 BT 模型中,用 $a$ 表示图 2(a) 中半椭圆半长轴的长度,即 $a=\max(\xi,\eta)$。对于 $ka\ll1$ 情况,即$\frac{2\pi a}{\lambda}\ll1$,冰脊相对声波波长是小尺寸的情况,有 $Z$[2,3]:

$$Z=-\frac{n}{\cos\varphi_0}\left[\frac{\pi^2k^3}{16}(2\xi^2\eta^2+\xi^2(\xi+\eta)^2\sin^2\varphi_0)+\mathrm{i}\frac{\pi k}{2}(\xi\eta-\xi(\xi+\eta)\sin^2\varphi_0)\right] \tag{3}$$

对于 $ka\gg1$ 的情况,即$\frac{2\pi a}{\lambda}\gg1$,冰脊相对声波波长是大尺寸的情况,有

$$Z=-\frac{nl}{\cos\varphi_0}\left[\cos(\varphi_0-\gamma)+\frac{\tan\varphi_0\sin(2kl\sin\gamma\cos\varphi_0)}{2kl}\right]+\frac{n\eta}{2}\left(\frac{\mathrm{i}\pi}{k\xi\cos\varphi_0}\right)^{1/2}\mathrm{e}^{-\mathrm{i}2k\xi\cos\varphi_0} \tag{4}$$

式中

$$\tan\gamma=\rho^{-2}\tan\varphi_0,\ l^2=\xi^2(1+\rho^4\cot^2\varphi_0)(1+\rho^2\cot^2\varphi_0)^{-1} \tag{5}$$

详细的推导过程见参考文献[2]和[3]。将低频和高频情况下波阻抗的近似公式代入式(1),就能够得到对应条件下的反射系数。由此可见,BT 模型认为相干散射就是平面波在

冰界面上的反射,其与入射波的比值即为反射系数,其角度在数值等于入射角度。

可以看出 $R$ 与波数 $k$、掠射角、单位长度上冰脊的个数 $n$ 及冰脊的尺寸 $\rho$ 有关。对典型区域的冰脊分布及尺寸的统计特性,国外学者已做过大量的研究,通常 $\eta/\xi$ 取 1.6,但是由于冰脊在长度方向是随机分布的,Diachok[11] 用$\sqrt{2}$因子来修正 $\eta/\xi$,而到了 20 世纪 90 年代,J. W. Wolf[6] 等用 $\pi/2$ 代替$\sqrt{2}$来修正这个值,本文中 $\eta/\xi$ 取值 $1.6\pi/2$。由文献[5]中可知,两个冰脊之间的距离也是随机的,平均距离约为 100 m,即 $n=10/\mathrm{km}$;在极地中部区域 $n$ 一般取 10/km;在浅海区域高达 20/km。这些参数随着季节不同可能会有差异。本文重点研究该典型区域下的信道特性,即只讨论在冰脊分布 $n=10/\mathrm{km}$ 及尺寸统计特性 $\eta/\xi=1.6\times\pi/2$ 下的信道特性。

根据上述条件,对冰水界面反射系数进行计算。不同频率条件下的反射系数如图 3 所示。频率在几千赫兹到几十千赫兹时,反射系数变化趋势基本趋于一致,掠射角在 1°~10°范围内时反射系数的值较小,随着掠射角增大,反射系数逐步增大,最终在 0.6 附近抖动,但随着频率的升高,抖动幅度变小。整体来看,冰界面的反射系数小于 1,结合无冰情况下的海面反射系数,可以预见有冰的反射损失会比无冰时大,尤其是当小掠射角范围内入射时,这种现象更明显。

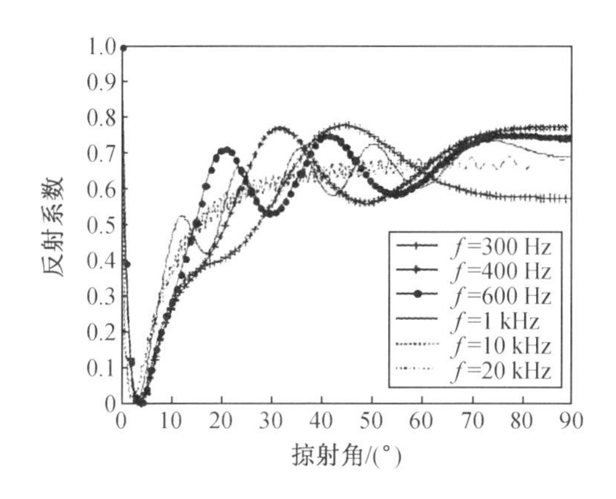


**图 3 不同频率信号反射系数**

### 1.2 声速剖面

典型极地声速如图 4 所示,此声速取自 BELLHOP 模型中极地环境文件。后续的计算均采用此声速条件。由图 4 可见,声速随着深度的增加变大,整体呈正梯度分布,且与深海相比,浅海区域的声速变化较快。在上述反射系数和此声速梯度条件下,用 BELLHOP 模型分别对有冰和无冰的边界条件下的声线轨迹、传播损失及信道冲激响应进行计算。

### 1.3 射线声学理论

冰层水下声传播采用基于射线理论的 BELLHOP 计算程序计算。BELLHOP 是基于射线声学的计算模型[12-13],可以根据给定的环境条件计算声传播特性。射线声学是波动方程在高频条件下的近似解,这里的高频可以理解为:

$$f>10\frac{c}{H} \tag{6}$$

式中,$c$ 是声速,$H$ 是海深。射线声学把声波的传播看作是一束无数条垂直于等相位面的射线的传播,每一条射线与等相位面相垂直。它能用声线表示声传播的路径,结果直观清晰。式(7)和式(8)分别是射线声学的程函方程和强度方程,它们是射线声学的两个基本方程,不仅能够计算出声线的方向,还可以导出声线的轨迹和传播时间。

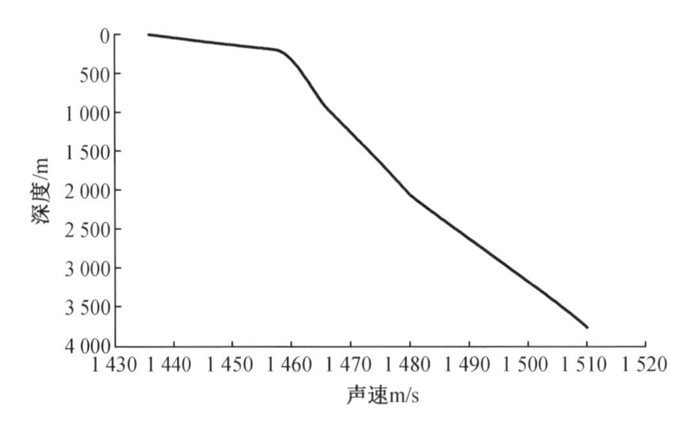


**图 4　极地声速梯度**

$$(\nabla\varphi)^2 = \left(\frac{c_0}{c}\right)^2 = m^2(x,y,z) \tag{7}$$

$$\nabla\cdot(A^2\nabla\varphi) = 0 \tag{8}$$

式中,$\varphi$ 表示程函,$c_0$ 为参考点的声速,$c$ 为空间某点的声速,$\nabla$表示梯度,$A$ 为声波幅度。

## 2　冰下声信道特性分析

### 2.1　声线轨迹

首先分析 10 kHz 声波信号的声线轨迹。其中,图 5 中的 $n=10$,$\xi=4$ m,$\eta=\pi/2\times1.6\times\xi\approx10$ m,用 $z$ 来表示声源深度。图 6(a)(c)(e)是上界面为冰界面时声源布放在不同深度时的声线轨迹,图 6(b)(d)(f)是上界面为绝对软界面(近似为无冰时的水空气界面)下的声线轨迹。从图 6 比较可以看出,无论是绝对软界面还是冰界面,由于声速整体呈正梯度分布,声线均向上弯曲,使得声源所发射的部分能量保持在正声速梯度的水层中,其边界传播损失取决于冰 - 水界面或水 - 空气界面的反射系数。值得注意的是冰水界面与绝对软界面相比,冰界面条件下的部分声线出现了传播到一定距离后消失的现象,如图 5(a)的算例中接近冰面的声线(用圆圈圈出)反射了 17 次后消失,主要原因是与空气界面相比,冰面反射系数更小造成的。

由图 4 可以看出,0 ~ 200 m 的声速梯度较大,而在 200 m 以下梯度相对小,因此,声源在不同深度时声线轨迹也将不同。根据图 5,声源位置在 200 m 以上时,声线的曲率半径较小,在海面反射的次数较多,由冰界面造成的反射损失较大,出现了部分声线传播距离较近的情况,如图 5(a)(c)所示。声源深度位于 200 m 时,声线差别不明显,但在远距离上仍有不同,下面通过分析传播损失来说明有冰与无冰界面下与频率相关的传播规律。

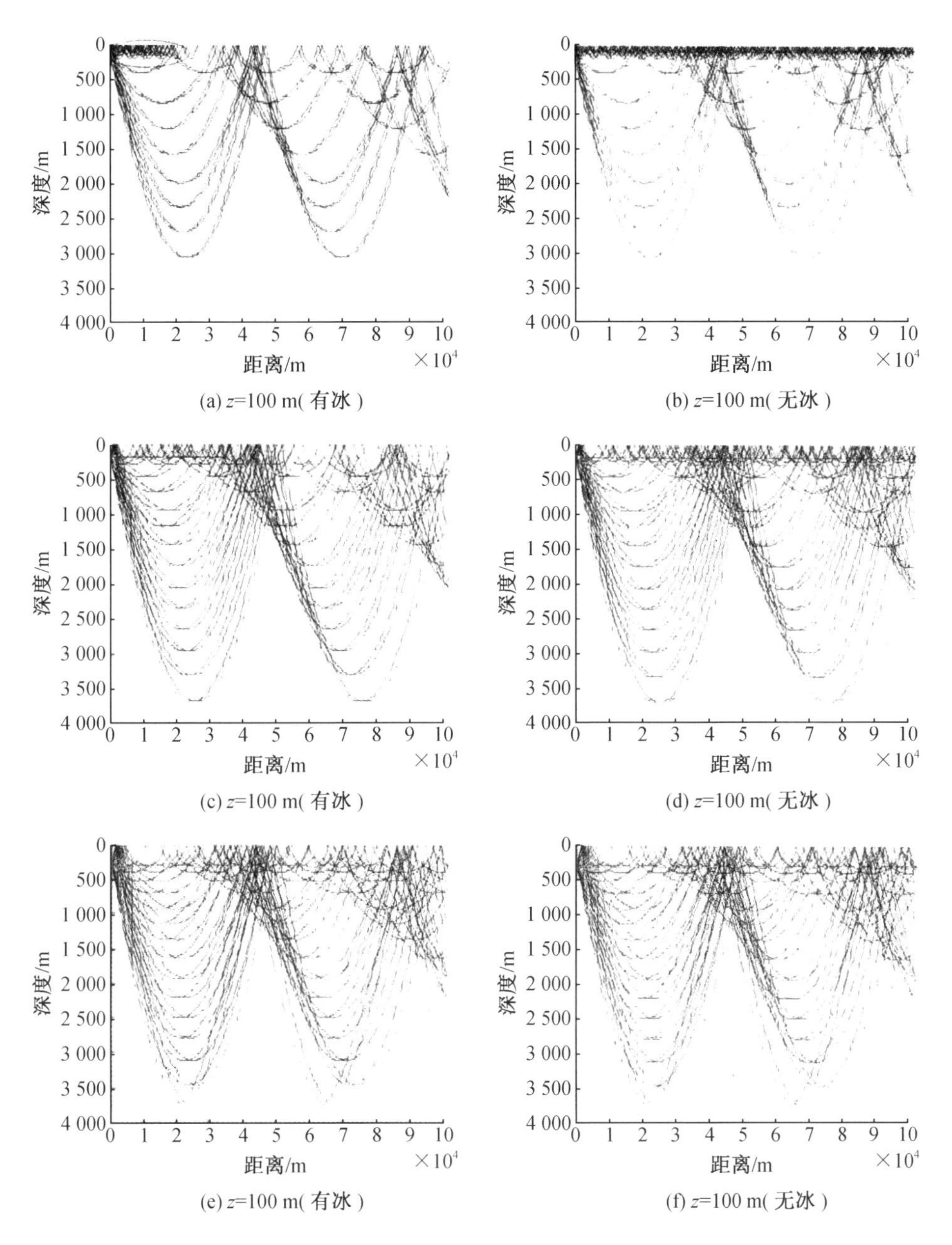


**图 5　有冰与无冰界面的声线轨迹**

## 2.2　传播损失

根据第 2.1 节的分析,为了更好地说明有冰与无冰界面时声传播情况的区别,将声源位置布放在 30 m 处,对不同频率信号的传播损失进行分析,结果如图 7 所示。对比图 6(a)与(b),对于 2 kHz 信号,绝对软界面下能量集中在靠近界面的位置,形成表面声道,声信号在表面波导能够远距离传播;而冰界面下的传播损失要比绝对软界面大许多,这主要是由冰面的反射损失引起的,由图 6(c)(d),能够得到相似的结论。由图 6(a)(c)(e),可以看出随着频率的升高,冰界面下的传播损失逐渐增大,且随着距离的增加传播损失逐渐增大。整体来看，冰水界面下，在近距离及中等距离上，正梯度声速分布形成的表面波导使传播改善；在远距离上由于冰层下表面的不断反射导致的损失增大使得远距离传播变得困难。由上分析可知，针对冰下声场传播特性，对于冰下水声通信，建议应降低载频频率（需要对传输速率因素进行折中考虑）以及增加声源级，从而提高通信距离和可靠性。

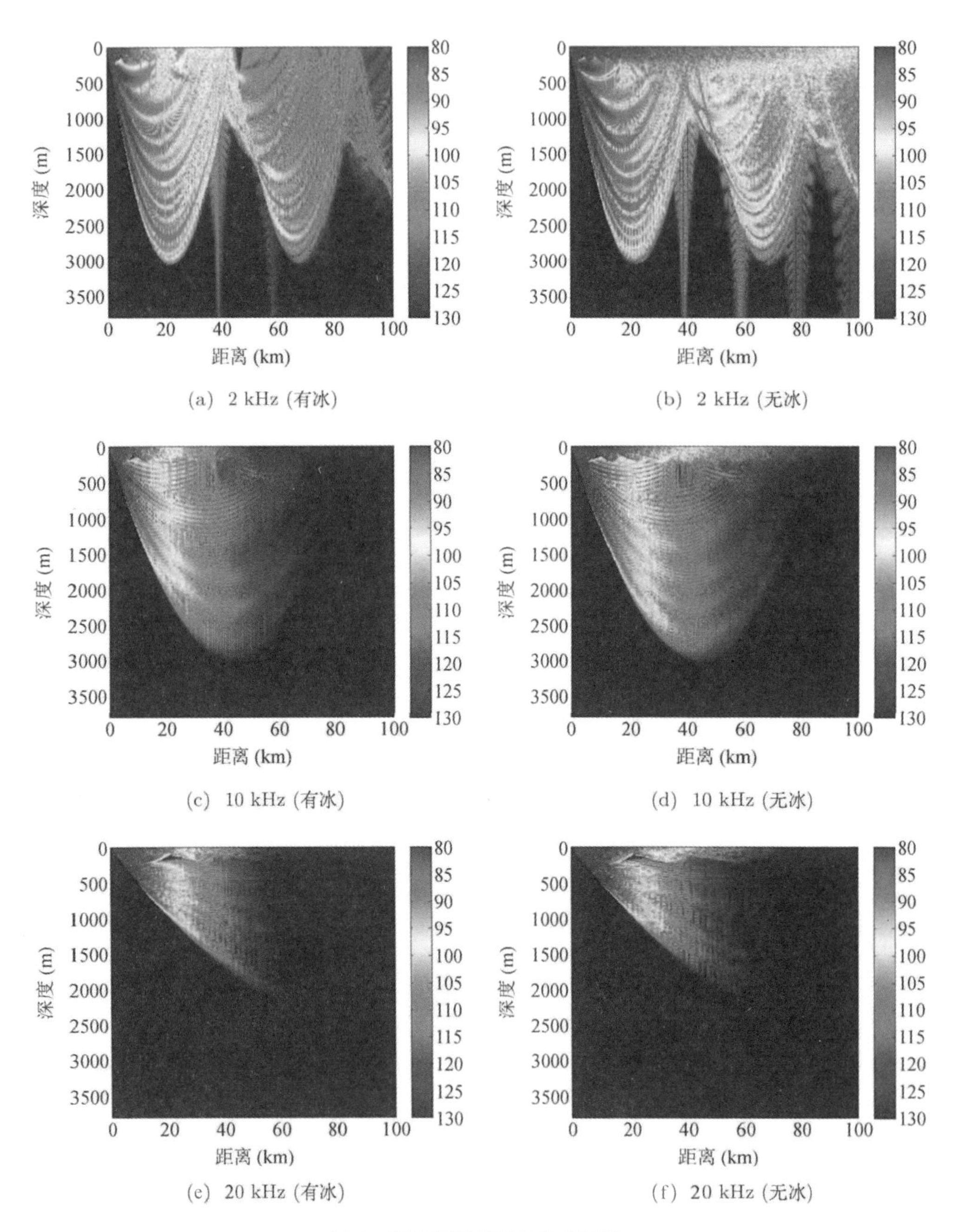


(a) 2 kHz (有冰)　(b) 2 kHz (无冰)

(c) 10 kHz (有冰)　(d) 10 kHz (无冰)

(e) 20 kHz (有冰)　(f) 20 kHz (无冰)

**图 6　不同频率信号的传播损失**

## 2.3　信道多途结构

声源布放深度 $z=50$ m，有冰与无冰边界的声线轨迹如图 5(c)(d)所示，观察对应条件下不同位置接收点与声源之间的信道多途结构，结果如图7所示。图下方的 $r$ 表示接收点与声源的水平距离，坐标 $z$ 表示深度。对比图7(a)(b)(c)(d)，可以看出相同距离上，两种界面下信道的多途的结构是具有相似性，但幅值上存在差别，绝对软界面下的幅值更大一些；而根据图7(e)(f)，绝对软条件下的幅值不仅比冰面时大，还存在较多的多途结构，这主要是由于冰面反射损失较大，导致冰面下的部分声线在近距离处终止，无法远距离传播，这与声线轨迹及传播损失的描述是一致的。因此，与绝对软界面下的多途结构相比，冰界面下水声信道多途结构出现退化现象，距离越远，这种现象将越明显。

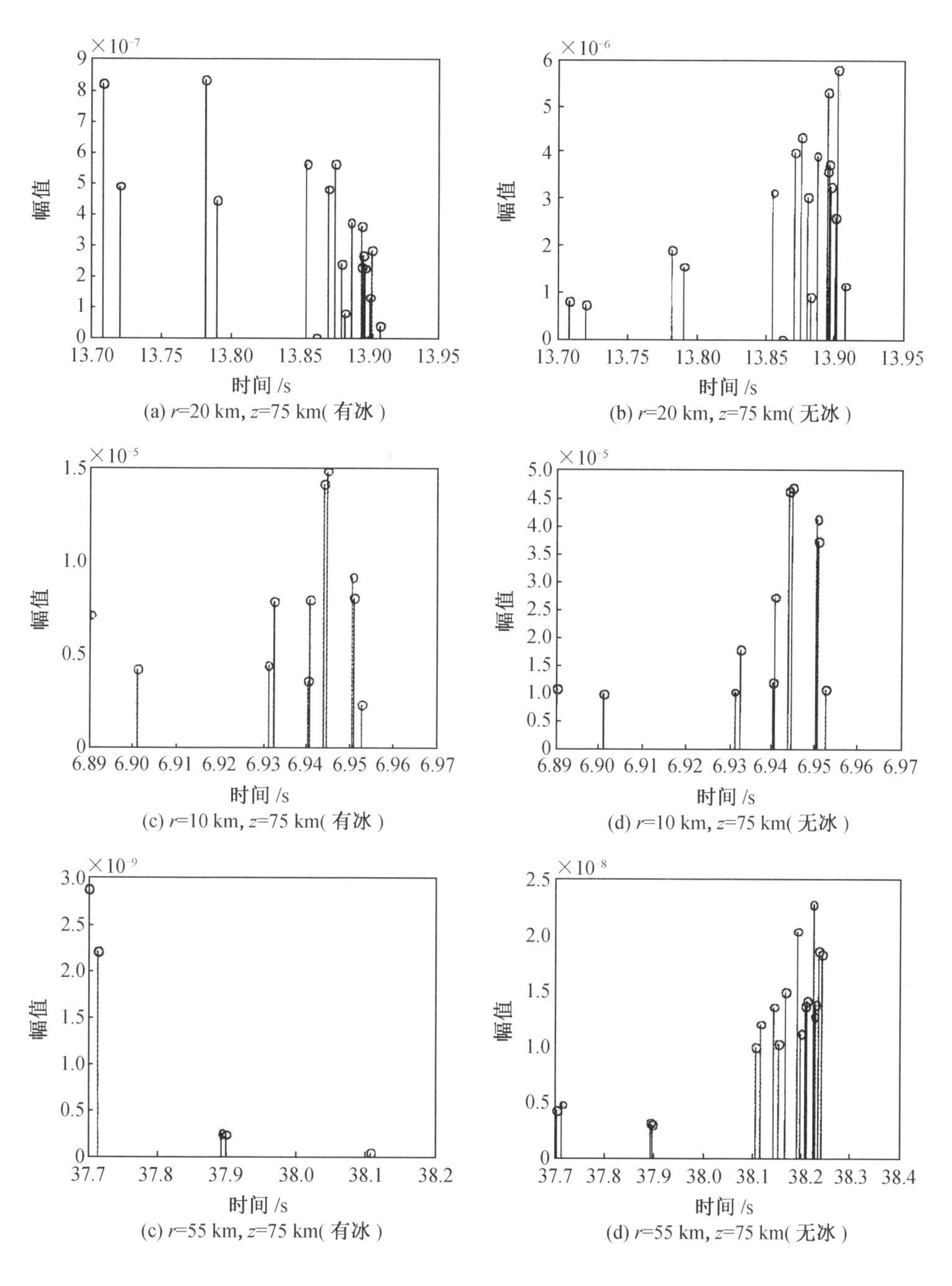


**图7 不同接收点信道多途结构**

图7(a)(b)(c)(d)(f)所示的接收点与声源之间的信道结构中,最强途径都不是最先到达的,这对水声通信来说是不利的。例如在OFDM通信中,通常通过添加循环前缀以克服多途扩展的干扰,并以最强途径到达信号作为同步时基;而当最强途径不是最先到达时,当前符号内信息会受到下一符号信息的污染,进行快速傅里叶变换的数据除了本符号数据外还包括了下一符号的循环前缀数据,从而破坏了子载波间正交性,引入了符号间干扰,导致通信性能下降。

针对最强途径不是最先到达的信道多途结构,本课题组提出了在原有OFDM数据结构中加入循环后缀的方法来保护子载波之间的正交性[19-21]。将这种方法应用于冰下水声通信,可以克服冰下水声信道特殊多途结构的影响。计算采用如图7(c)所示的信道结构进行通信,解码结果如图8所示。其中图8(a)为只加$\tau=60$ ms循环前缀的解码结果,误码率为0.013 3;图8(b)为同时加入循环前缀$\tau_1=30$ ms与循环后缀$\tau_2=30$ ms的解码结果,误码率为$5.552\ 5\times10^{-4}$,通过加纠错码可控制$10^{-4}$以下的误码率。可见,在不损失通信效率的前提下,加入循环后缀能够明显改善解码效果,提高OFDM通信系统的性能。

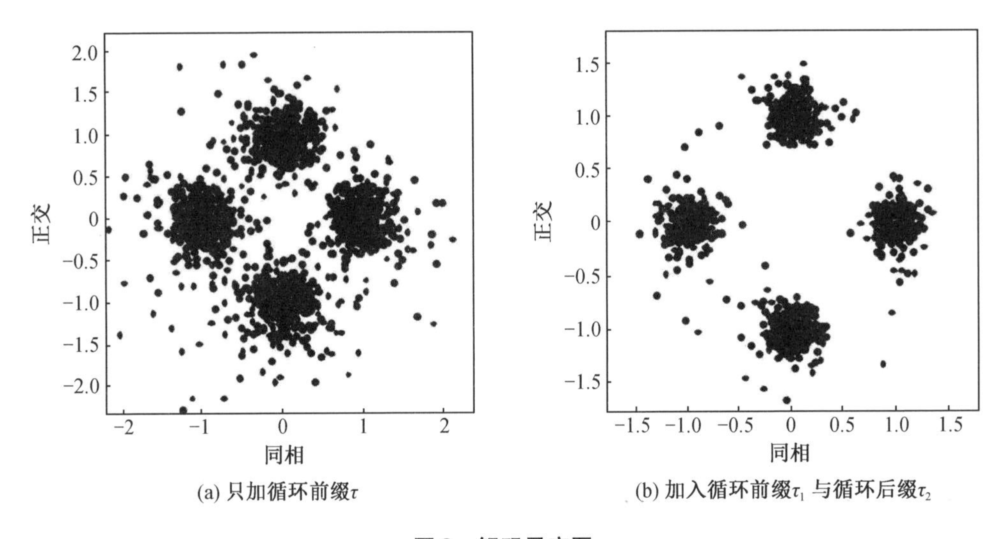

(a) 只加循环前缀$\tau$　　(b) 加入循环前缀$\tau_1$与循环后缀$\tau_2$

**图8　解码星座图**

## 3　结论

对具有典型的冰脊分布下的极地冰下的水声信道进行了建模计算,并与绝对软表面下水声信道进行了对比研究。极地的正声速梯度条件使得声线传播时向上弯曲,由于冰水界面反射系数比绝对软表面时小,使得冰面条件下的声线轨迹、传播损失和信道冲激响应与绝对软表面时有所差别,主要表现为:冰面下的表面声道内的部分声线无法远距离传播,传播损失大;在近距离及中等距离上,正声速梯度形成的表面声道的波导作用使传播改善,在远距离由于冰层下表面的不断反射产生损失使传播变差,随着频率的升高,相同距离上的传播损失变大;部分冰面下的信道多途结构与绝对软界面一致,只在多径的幅值上有差别,远距离情况下可能会出现冰面下信道的多径数目比绝对软界面少的情况,这也是由冰面反射损失较大引起的。此外,无论是冰面还是绝对软表面,正梯度声速分布下信道的多途结构都可能出现最强途径不是最先到达的现象,这种信道结构对水声通信系统会产生影响。本文对于认知极地冰下水声信道特性以及水声系统设计具有一定价值。后续将开展冰层水域试验验证相关结果的准确性。

## 参考文献


[1] Sangfelt E, Ivansson S, Karasalo I. Under-ice shallow-water sound propagation and communication in the Baltic Sea. J. Acoust. Soc. Am, 2013; 133(5): 3398 – 3406.

[2] Burke J E, Twersky V. Scattering and reflection by elliptically striated surfaces[J]. The Journal of the Acoustical Society of America, 1966, 40(4): 883 – 895.

[3] Burke J E, Twersky V. On scattering of waves by an elliptic cylinder and by a semielliptic protuberance on a ground plane[J]. JOSA, 1964, 54(6): 732 – 744.

[4] DiNapoli F R, Mellen R H. Low frequency attenuation in the Arctic Ocean[M]//Ocean Seismo-Acoustics. Springer US, 1986: 387 – 395.

[5] Polcari J J. Acoustic mode coherence in the Arctic Ocean[R]. MASSACHUSETTS INST OF TECH CAMBRIDGE, 1986.

[6] Wolf J W, Diachok O I, Yang T C, et al. Very-low-frequency under-ice reflectivity[J]. The Journal of the Acoustical Society of America, 1993, 93(3): 1329 – 1334.

[7] Lewis R S, Drogou M, King P et al. IEEE Ocean Engineering, 2012; 43(1): 56 – 63.

[8] Freitag L, Koski P et al. Oceans, 2021; 11(18): 1 – 8.

[9] Heaney K, Campbell R. Effective ice model for under-ice propagation using the fluid-fluid parabolic equation. Meetings on Acoustics. 2013: 19(5): 3400 – 3409.

[10] 魏立新,张占海. 北极海冰变化特征分析[J]. 海洋预报, 2008, 24(4): 42 – 48.

[11] 苏洁,徐栋,赵进平,等. 北极加速变暖条件下西北航道的海冰分布变化特征[J]. 极地研究, 2010, 22(2): 104 – 124.

[12] Rodriguez O C. General description of the BELLHOP ray tracing program. Oalib. hlsresearch. con/Rays/GeneralDescription. pdf[Accessed: Jan. 2012]. 2008.

[13] Porter M B. The BELLHOP manual and user's guide: PRELIMINARY DRAFT[J]. Heat, Light, and Sound Research, Inc., La Jolla, CA, USA, Tech. Rep, 2011.

[14] 陈连荣,彭朝晖,南明星. 高斯射线束方法在深海匹配场定位中的应用[J]. 声学学报, 2013(6): 715 – 723.

[15] MO Yaxiao, PIAO Shengchun. An energy-conserving two-way coupled mode model for underwater acoustic propagation. Chinese Journal of Acoustics, 2016; 35(2): 97 – 110.

[16] 秦继兴,张仁和,骆文于,等. 大陆坡海域二维声传播研究[J]. 声学学报, 2014(2): 145 – 153.

[17] 徐传秀,朴胜春,杨士莪等. 采用能量守恒和高阶 Pade 近似的三维水声抛物方程模型. 声学学报, 2016; 41(4): 477 – 484.

[18] 骆文于,于晓林,张仁和. 一种可稳定计算. Pekeris 波导中声场的波数积分方法. 声学学报, 2016; 41(3): 321 – 329.

[19] 王驰,殷敬伟,杜鹏宇,等. 循环后缀在水声时反正交频分复用系统中的应用研究[J]. 兵工学报, 2015, 36(5): 885 – 890.

[20] 雷明等. 考虑时变时滞的多移动智能体分布式编队控制. 智能系统学报, 2012; 7(6): 536 – 541.

[21] YIN Jingwei, ZHANG Xiao, ZHU Guangping et al. Parametric array differential Pattern time dealy shift coding under water acoustic communication in the under-ice environment. Chinese Journal of Acoustics, 2016: 35(4): 1 – 9.

# 小掠射角下高斯谱粗糙海面反射损失建模

姚美娟　鹿力成　郭圣明　孙炳文　马　力

**摘要**　在散射能量基本为前向散射且集中在“镜面反射”方向的情况下，粗糙海面反射损失建模是声呐信号传播建模必不可少的一部分，尤其对于中远距离下浅海或者存在表面声道的水声环境，小掠射角(10°以内)下的粗糙海面反射损失建模尤为重要。首先基于高斯谱粗糙海面模型，通过高海况下的声传播试验数据处理分析了粗糙海面边界条件下的Ramsurf声传播模型的有效性，进而以Ramsurf声传播模型为基准，在小掠射角下，比较分析了Kirchhoff近似(KA)海面反射损失模型和小斜率近似(SSA)海面反射损失模型，数值计算结果表明，在小掠射角下SSA海面反射损失模型与Ramsurf计算结果较为吻合，是比较精确的海面反射损失模型。

## 引言

声传播问题一直是水声研究中的热点[1-7]，在散射能量基本为前向散射且集中在“镜面反射”方向的情况下，粗糙海面反射损失建模是声呐传播模型必不可少的一部分[8]，对于中远距离(10~30 km)的声场预报，尤其对于浅海或者存在等温层表面声道的水声环境，小掠射角(10°以内)下的声场传播尤为重要。因此研究小掠射角下的粗糙海面反射损失问题具有重要意义，粗糙海面反射损失模型的研究在早期就已经引起了学者们的广泛关注[9-15]。

粗糙海面反射损失建模的一种方法是基于不同粗糙海面波谱下不同散射模型在镜面反射方向上的散射场的计算。目前常用的散射模型[16]有Kirch-hofF近似(Kirchhoff Approximation，KA)、微扰法(Perturbation Approximation，PA)以及近年来发展起来的小斜率近似法(Small Slope Approximation，SSA)[17-18]等，各模型有不同的适用性，其中KA模型又称为切平面近似，将粗糙曲面用局部切平面代替。KA方法适用于平缓型粗糙面，与入射波长相比，这种表面的平均尺寸较大。KA模型近似方法的优点是形式简单。PA模型是建立在Rayleigh假设基础上的，认为散射场可以用沿远离边界传播的未知振幅的平面波的叠加表示，未知振幅通过求解边界条件获得，PA方法仅适用于海表面高度起伏远小于入射波长($h$远小于$0.1\lambda$)的情况，其优点是可以求解大入射角下的散射，适用于主要由低阶简正模式贡献的远场情况。SSA模型是基于表面斜率的级数展开的一种近似方法，通过保留级数展开的不同项可以得到各阶小斜率近似，并且在一定条件下可以退化为Kirchhoff近似和微扰法的结果。SSA方法适用于均方根斜率较小的粗糙面，而对表面的高度起伏没有限制。

粗糙海面反射损失建模的另一种方法是基于不同粗糙海面波谱和一种修正的PE算法声场模型Ramsurf[19]或者Rrsfc[20]传播模型(与Ramsurf模型相近)分别计算粗糙海面和平滑海面条件下的声传播损失，并计算粗糙海面下和平滑海面下的声传播损失之差，由于平滑海面是声压释放面，海面反射损失为0 dB，而粗糙海面条件下，由粗糙海面散射引起了反射损失。因此粗糙海面下和平滑海面下的声传播损失之差即为粗糙海面引起的反射损失。这种方法考虑了不同粗糙海表剖面斜率下的影区衍射效应和不同程度的透射效应,另外,Ramsurf 模型只考虑了前向散射,不适用于强界面引起的后向散射问题。

2004 年,Williams[21] 以 Rrsfc 传播模型作为不同反射模型的检验标准研究了 Pierson-Moskowitz,PM 谱[22]粗糙海面反射系数问题;2005 年,郭立新[23]等人研究了粗糙面电磁散射的小斜率近似方法,数值结果表明小斜率近似方法与实际测量结果较为吻合;2006 年,Ji-Xun Zhou 指出了海面作用在混响或者声传播模型中的重要性,即使单次碰撞的海面作用产生较小的变化,但在长距离的混响或传播中却具有累积效果[24]。2006—2010 年,Jones[25-27] 基于 PM 谱粗糙海面比较了小掠射角下 KA 海面反射损失模型和 SSA 海面反射损失模型,并与海试数据做了比较,他还利用 Bellhop 仿真计算了平滑海面、粗糙海面不考虑气泡影响和粗糙海面考虑气泡影响时的传播曲线。

本文将高海况下的粗糙海面反射损失建模及声传播特性的研究工作更向前推进一步,基于高斯谱粗糙海面模型,利用 monte - carlo 方法生成一维粗糙海面,作为粗糙海面边界条件下的声场传播模型—— Ramsurf 声场传播模型的海面边界条件输入,并通过高海况下的声传播海试数据分析发现粗糙海面下的 Ramsurf 传播损失仿真结果与海试数据得到的传播损失计算结果较为吻合,有力地证明了 Ramsurf 声场传播模型的有效性,这对于高海况下的声场预报具有重要价值,同时也为粗糙海面反射损失模型的比较提供了有力的基准;并且进一步以 Ramsurf 声场传播模型为基准,比较分析了 KA 海面反射损失模型和 SSA 海面反射损失模型,这对于高海况下声呐探测能力预报具有应用价值。

## 1　理论介绍

### 1.1　一维高斯谱粗糙海面建模的 monte-carlo 方法[12]

粗糙表面被认为是由大量的谐波叠加而成,谐波的振幅是独立的高斯随机变量,其方差正比于特定波数的功率谱 $S(k_j)$ 可以由下式生成长度为 $L$ 的一维粗糙表面样本,即:

$$f(x_n) = \frac{1}{L}\sum_{j=-N/2+1}^{N/2} F(k_j)\mathrm{e}^{\mathrm{i}k_jx_n} \tag{1}$$

其中,$x_n = n\Delta x(n = -N/2+1,\cdots,N/2)$,表示粗糙表面上第 $n$ 个采样点,$F(k_j)$ 与 $f(x_n)$ 称为 Fourier 变换对,定义为:

$$F(k_j) = \frac{2\pi}{\sqrt{2\Delta k}}\sqrt{S(k_j)}$$

$$\begin{cases}[N(0,1) + \mathrm{i}N(0,1)], & j = -N/2+1,\cdots,-1 \\ N(0,1) & j = 0,N/2\end{cases} \tag{2}$$

其中,定义离散波数 $k_j$ 的表达式为 $k_j = 2\pi j/L$,$\Delta k$ 为谱域相邻的谐波样本的空间波数差,$S(k_j)$ 为粗糙海面的功率谱密度,代表海浪能量相对于空间波数的分布。$N(0,1)$ 表示均值为 0,方差为 1 的正态分布的随机数。当 $j>0$ 时,$F(k_j)$ 满足共轭对称关 $F(k_j) = F(k_{-j})^*$。

高斯分布随机粗糙面的功率谱密度为:

$$S(k) = \frac{h^2 l}{2\sqrt{\pi}}\exp\left(\frac{-4k^2l^2}{4}\right) \tag{3}$$

其中,$h$ 为高斯粗糙面的高度起伏均方根,它是反映粗糙面粗糙程度的一个基本量;$l$ 是表面相关长度,是描述随机粗糙面各统计量中的一个最基本量,它提供了估计表面上两点相互独立的一种基准,即如果表面上两点在水平距离上相隔距离大于 $l$,那么该两点的高度值从统计意义上说是近似独立的。将式(3)代入式(2)中,再进行逆傅里叶变换,即可得到粗糙海表剖面 $f(x)$。

## 1.2　小斜率近似理论计算海面反射损失[13]

如图1,考虑入射到粗糙海面 $z=f(x)$ 上的入射平面波为 $\exp(\mathrm{i}\boldsymbol{k}_i\cdot\boldsymbol{r})$,该表面下方的散射场 $\psi_s$ 可以用 $T$(传递)矩阵表示为:

$$\psi_s = (\boldsymbol{r},k_{ix}) = \int \mathrm{d}k_{sx}\exp[\mathrm{i}k_s\cdot\boldsymbol{r}]T(k_{sx},k_{ix}) \tag{4}$$

其中,$\boldsymbol{r}=(x,z)$,$k_i=(k_{ix},k_{iz})=(k_{ix},-k_{iz})$,并且有 $k_{iz}=[k^2-k_{ix}^2]^{1/2}>0$,$k=\omega/c$ 是辐射波数,对于一维表明 $f(x)$,仅考虑水平和竖直方向上的位移,Voronovich 提出将传递矩阵 $\boldsymbol{T}$ 表示为:

$$T(k_{sx,}k_{ix}) = A(k_{sx,}k_{ix})\int \mathrm{d}x\cdot\exp[\mathrm{i}(k_i-k_s)\cdot T]\Big|_{z=f(x)}\boldsymbol{\Phi}(k_{sx,}k_{ix},x) \tag{5}$$

其中函数 $\boldsymbol{\Phi}(k_{sx,}k_{ix},x)$ 与起伏表面 $f(x)$ 有关。

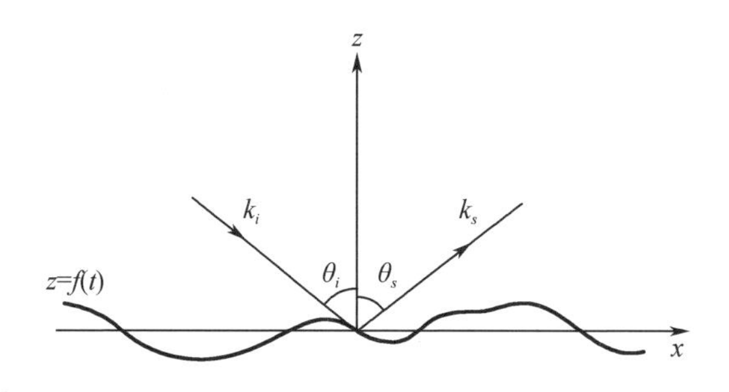


**图1　一维粗糙面散射示意图**

传递函数 $T$ 可以用小斜率序列表示:

$$T = T_0 + T_1 + T_2 + \cdots \tag{6}$$

其中 $T_0$ 可认为是一阶斜率函数,$T_1$ 是二阶斜率函数,$T_2$ 是三阶斜率函数,依此类推。等式右边的前两项可以写成:

$$T_0(k_{sx},k_{ix}) = -\frac{2k_{iz}}{v_z}\frac{1}{2\pi}\int \mathrm{d}x\cdot\exp[\mathrm{i}v\cdot r]\Big|_{z=f(x)} \tag{7}$$

$$T_1(k_{sx},k_{ix}) = -\frac{ik_{iz}}{v_z}\frac{1}{2\pi}\int \mathrm{d}x\cdot\exp[\mathrm{i}v\cdot r]\Big|_{z=f(x)}\times\int \mathrm{d}K_1\cdot\exp[\mathrm{i}K_1x]F(K_1)\times [k\beta_{1+i}+k\beta_{s-1}-v_z] \tag{8}$$

其中,$v=k_i-k_s=(v_x-v_z)$,$v_x=k_{ix}-k_{sx}$,$v_z=k_{iz}+k_{sz}$,$k\beta_{1+i}=[k^2-(K_1+k_{ix})^2]^{1/2}$,并且有 $\mathrm{Im}[\beta_{1+i}]>0$,$k\beta_{s-1}=[k^2-(k_{sx}-K_1)^2]$,并且有 $\mathrm{Im}[\beta_{s-1}]>0$,$F(k)$ 是 $f(x)$ 的傅里叶变换。则对于一维表面双基地散射截面可以写成:

$$\sigma\delta(k_{ix}-k'_{ix}) = \frac{k_{sz}^2}{k}[\langle T(k_{sx}-k_{ix})T(k_{sx}-k'_{ix})^*\rangle - \langle T(k_{sx}-k_{ix})T(k_{sx}-k'_{ix})\rangle^*] \tag{9}$$

散射截面表示成:

$$\sigma = \sigma_{00} + \sigma_{01} + \sigma_{11} + \cdots$$

其中

$$\sigma_{00}\delta(k_{ix}-k'_{ix})=\frac{k_{sz}^2}{k}[\langle T_0(k_{sx}-k_{ix})T_0(k_{sx}-k'_{ix})^*\rangle-\langle T_0(k_{sx}-k_{ix})T_0(k_{sx}-k'_{ix})\rangle^*]\tag{10}$$

$$\sigma_{01}\delta(k_{ix}-k'_{ix})=\frac{k_{sz}^2}{k}[\langle T_0(k_{sx}-k_{ix})T_1(k_{sx}-k'_{ix})^*-T_0(k_{sx}-k_{ix})T_1(k_{sx}-k'_{ix})\rangle]\tag{11}$$

$$\sigma_{11}\delta(k_{ix}-k'_{ix})=\frac{k_{sz}^2}{k}[\langle T_1(k_{sx}-k_{ix})T_1(k_{sx}-k(ix)^*\rangle-T_1(k_{sx}-k_{ix})T_1(k_{sx}-k'_{ix})^*]\tag{12}$$

其中，$\sigma_{00}$为二阶散射截面，$\sigma_{01}$、$\sigma_{11}$分别对应第三和第四阶，即：

$$\sigma^{(2)}=\sigma_{00}\tag{13}$$

$$\sigma^{(3)}=\sigma^{(2)}+\sigma_{01}\tag{14}$$

$$\sigma^{(4)}=\sigma^{(3)}+\sigma_{11}\tag{15}$$

关于式(13)～式(15)的方法与扰动理论式是一样的，并且包含了变量 $F(k)$，$f(x)$存在于指数函数 $\exp[\mathrm{i}\boldsymbol{v}\cdot\boldsymbol{r}]\big|_{z=f(x)}$中，对传递矩阵进行平均得到：

$$\langle T_0(k_{sx}-k_{ix})\rangle=-\frac{2k_{iz}}{v_z}\frac{1}{2\pi}\int \mathrm{e}^{\mathrm{i}v_x x}\times\langle \mathrm{e}^{-\mathrm{i}v_z f(x)}\rangle\mathrm{d}x=-\mathrm{e}^{-\chi^2/2}\delta(k_{sx}-k_{ix})\tag{16}$$

$$\langle T_1(k_{sx}-k_{ix})\rangle=-\frac{2k_{iz}}{v_z}\frac{1}{2\pi}\int \mathrm{e}^{\mathrm{i}v_x x}\times\int \mathrm{e}^{\mathrm{i}K_1 x}(k\beta_{1+i}+k\beta_{s-1}-v_z)\mathrm{d}K_1$$

$$\int \mathrm{e}^{-\mathrm{i}K_1x'}\langle \mathrm{e}^{-\mathrm{i}v_z f(x)}\rangle\mathrm{d}x'=k_{iz}\mathrm{e}^{-x^2/2}\delta(k_{sx}-k_{ix})\tag{17}$$

其中$\chi=v_z h$，$g(K_1)=k\beta_{i+1}+k\beta_{s-1}-v_z$，$W(K_1)$为表面粗糙度幅度谱，它是粗糙面相关函数的傅里叶变换，对于高斯起伏的表面有：

$$W(K)=\left(\frac{lh^2}{2\sqrt{\pi}}\right)\mathrm{e}^{-K^2l^2/4}\tag{18}$$

对于$\langle \boldsymbol{T}\rangle$的小斜率近似，使用前两项已相对精确：

$$\langle \boldsymbol{T}\rangle=\langle T_0\rangle+\langle T_1\rangle\tag{19}$$

$$\langle T_0\rangle=\exp\left[-\frac{v_x^2h^2}{2}\right]\delta(k_{sx}-k_{ix})\tag{20}$$

$$\langle T_1\rangle=k_{iz}\exp\left[-\frac{v_z^2h^2}{2}\right]\delta(k_{sx}-k_{ix})\int \mathrm{d}K_1 W(K_1)g(K_1)\tag{21}$$

计算反射系数的方法如下：

$$\langle T(k_{sx}-k_{ix})\rangle=R_A(k_{ix})\delta(k_{ix}-k_{sx})\tag{22}$$

因此可以得到小斜率近似下的反射系数为：

$$R_A(k_{ix})\approx\exp\left[-\frac{v_z^2h^2}{2}\right]\left[-1+k_{iz}\int \mathrm{d}K_1 W(K_1)g(K_1)\right]\tag{23}$$

其中式(23)等号右侧的第一项是KA模型的反射系数计算结果，注意KA模型只需要用到粗糙海面的波高均方根 $h$。其中，$k_{ix}\equiv k_{sx}=k\cos\theta_i$，$k_{iz}\equiv|k_{sz}|=k\sin\theta_i$，$v_z=2k\sin\theta_i$。

一次碰撞的海面反射损失定义为：

$$RL = -20\lg|R_A| \tag{24}$$

## 2　数据处理

本部分将高海况下声传播试验中的实测数据计算所得的传播损失曲线与粗糙海面边界条件下的声传播模型 Ramsurf 仿真结果进行对比。某次声传播试验过程中海况为三到四级，有效波高 1.5 ~ 2 m，接收阵放置于 $A$ 点，于 $A$ 点放置 CTD 进行声速剖面测量，试验船在走航测量过程中投掷 200 m - 1 kg 弹型的爆炸声源，由接收阵接收到的爆炸声源信号进行传播损失计算。试验海区声速剖面与海底地形分别如图 2 和图 3 所示，采样获得的海底参数为：沉积层厚度为 39 m，沉积层声速由 1 463 m/s 等梯度变化至 1 541 m/s，沉积层密度为 1.3 g/cm$^3$，海底声速为 1 566 m/s，海底密度为 1.6 g/cm$^3$。

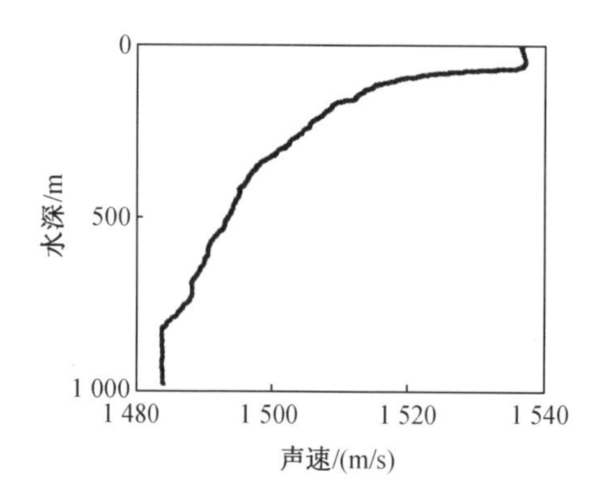


图 2　试验地区声速剖面

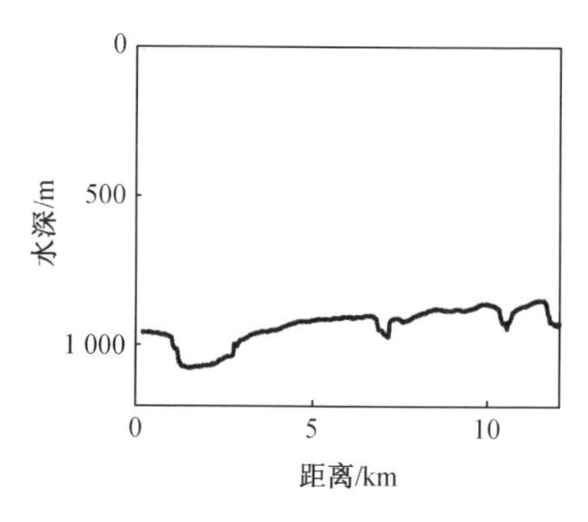


图 3　试验地区海底地形

另根据 monte-carlo 方法生成一维高斯谱粗糙海面，作为 Ramsurf 模型的海面边界输入，声速剖面、海底地形和海底底质参数均参考海试中的实测数据，可仿真得到粗糙海面下的传播损失。保持其他条件不变，将海面设置为平滑海面，可仿真得到平滑海面下的传播损失。

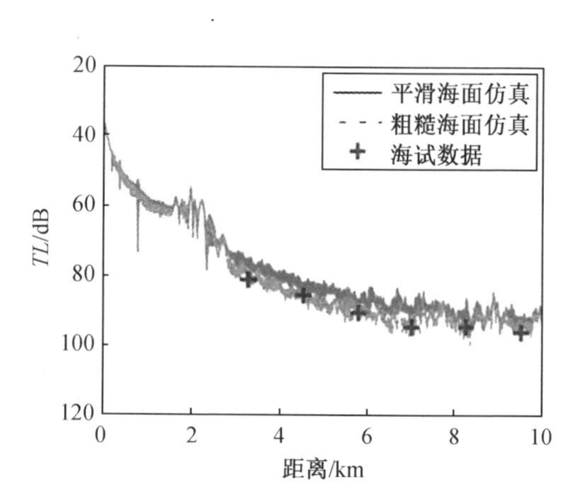


图 4　Ramsurf 传播损失仿真与海试处理结果比较图(3 kHz)

图 4 中，用 Ramsurf 分别仿真平滑海面与粗糙海面下 3 kHz 声场的传播损失曲线，由宽带非相干方法计算，其中实线为平滑海面下的仿真结果，虚线为粗糙海面下的仿真结果；试验数据处理以 1/3 倍频程的带宽计算中心频率为 3 kHz 的传播损失曲线，以符号“+”标记。由图可见，在 2.5 ~ 8.5 km 范围内，在同一距离上，粗糙海面下的 Ramsurf 传播损失计算结果比平滑海面下的 Ramsurf 传播损失计算结果大 4 ~ 6 dB，即由粗糙海面引起的反射损失为 4 ~ 6 dB，粗糙海面下的 Ranisurf 传播损失计算结果与试验数据得到的传播损失结果较为吻合，可见 Ramsurf 声传播模型是较为精确和有效的。

## 3　数值计算

根据第1节的理论介绍,在给定粗糙海面谱模型和参数下,可计算相应的海面反射系数。考虑到第1节中介绍的各模型的适用性问题,PA模型只适用于表面高度起伏远小于入射波长($h$ 远小于 $0.1\lambda$)的情况,这里只对KA模型和SSA模型进行分析比较。

图5、图6分别是基于高斯谱粗糙海面波高 $h=0.4\lambda$,相关长度 $l=2\lambda$ 的KA模型、SSA模型海面反射系数和基于高斯谱粗糙海面 $h=0.6\lambda$,相关长度 $l=2\lambda$ 的KA模型、SSA模型海面反射系数,频率为3 kHz。由图可见,在 $h=0.4\lambda$ 时,在掠射角为1°~6°之间,KA模型、SSA模型的海面反射系数均在0.8~1之间;在 $h=0.6\lambda$ 时,在掠射角为1°~6°之间,KA模型、SSA模型的海面反射系数的绝对值在0.65~1之间。可见上述两种情况下,散射能量基本为前向散射且集中在"镜面反射"方向,因此可以利用式(24)计算海面反射损失。

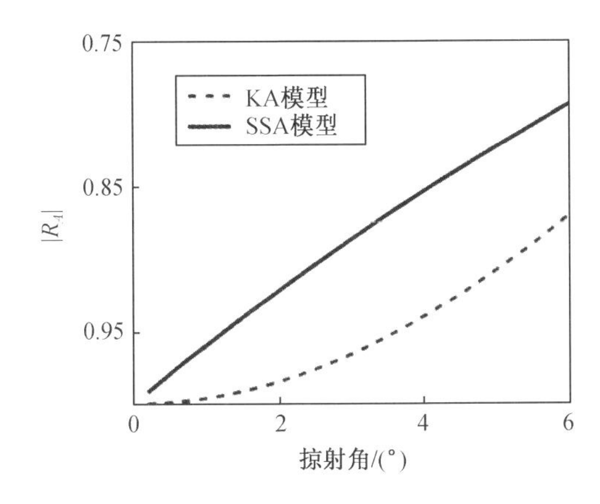


**图5　基于高斯谱粗糙海面 $h=0.4\lambda$,相关长度 $l=2\lambda$ 的KA模型、SSA模型海面反射系数(3 kHz)**

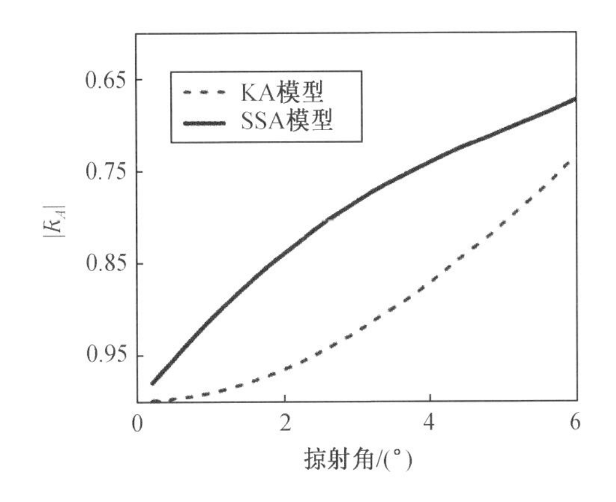


**图6　基于高斯谱粗糙海面 $h=0.6\lambda$,相关长度 $l=2\lambda$ 的KA模型、SSA模型海面反射系数(3 kHz)**

图7、图8分别是基于高斯谱粗糙海面波高 $h=0.4\lambda$,相关长度 $l=2\lambda$ 的KA模型、SSA模型海面反射损失曲线和基于高斯谱粗糙海面 $h=0.6\lambda$,相关长度 $l=2\lambda$ 的KA模型、SSA模型海面反射损失曲线,频率为3 kHz。由图可见高斯谱粗糙海面 $h=0.4\lambda$,相关长度 $l=2\lambda$ 下KA模型计算的反射损失小于SSA模型计算的海面反射损失,并且在不同的海面粗糙度参数下两者的差别不同。在图7中,掠射角为3°时,KA模型计算 $RL$ 为0.30 dB,SSA模型计算 $RL$ 为1.05 dB,SSA模型计算结果比KA模型计算结果大0.75 dB。在图8中掠射角为3°时,KA模型计算 $RL$ 为0.68 dB,SSA模型计算 $RL$ 为2.13 dB,SSA模型计算结果比KA模型计算结果大1.45 dB。在第2节中已由试验数据验证了Ramsurf声传播模型的精确性,现在以Ramsurf声传播模型为基准,来与KA模型、SSA模型分别做比较。

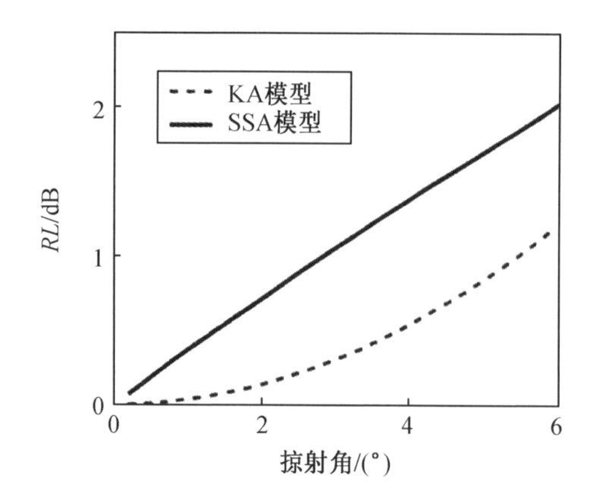


图 7　基于高斯谱粗糙海面 $h=0.4\lambda$，相关长度 $l=2\lambda$ 的 KA 模型、SSA 模型海面反射损失曲线(3 kHz)

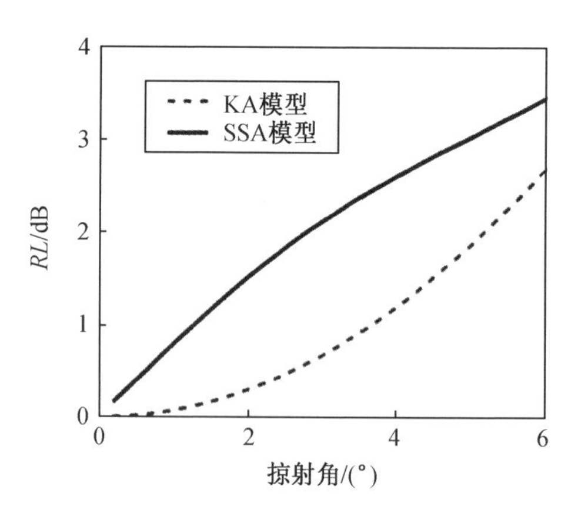


图 8　基于高斯谱粗糙海面 $h=0.6\lambda$，相关长度 $l=2\lambda$ 的 KA 模型、SSA 模型海面反射损失曲线(3 kHz)

下面将利用 Ramsurf 分别计算各小掠射角下粗糙海面和平滑海面下的传播损失，在较长的距离内声线与粗糙海面发生多次碰撞后，粗糙海面和平滑海面下的传播损失之差为 $\Delta TL(\theta)$，碰撞次数为 $NUM(\theta)$，粗糙海面下单次碰撞产生的反射损失为：

$$RL(\theta)=\frac{\Delta TL(\theta)}{NUM(\theta)} \tag{25}$$

对于选定的掠射角 $\theta$，根据射线理论选定表面声道下的典型传播条件，使得声场主要能量集中在以掠射角 $\theta$ 与海面发生碰撞的声束(声道)内。对于 $\theta=5.7°$ 时，根据射线理论计算选定的典型传播条件为：水声环境为水深 200 m，表面声道层厚度(surface duct depth)为 150 m，表面声道层内声速梯度为 0.05 $s^{-1}$，表面声道层下为等温层，声源深度为145 m，频率为3 kHz，30 km 水平距离内声线与海面碰撞5 次。图9 和图10 分别是在平滑海面条件下 Bellhop 声线图和 Ramsurf 声场图，从图 9 中观察到的表面声道的路径与 Bellhop 声线图相吻合。

利用 monte-carlo 方法产生高斯谱粗糙海面，海面参数为波高均方根 $h=0.4\lambda$ 相关长度 $l=2\lambda$，30 km 内 Ramsurf 粗糙海面采样点数为 30 000，水平计算精度为 $2\lambda$，垂直计算精度为 $0.1\lambda$。由此，可通过 Ramsurf 计算传播损失曲线(粗糙海面下是 30 次仿真的平均结果)，并进一步计算海面反射损失。

平滑海面是声压释放面，海面反射损失为 0 dB，粗糙海面反射损失是由粗糙海面散射引起的。图 11 中实线是平滑海面条件下声场传播损失曲线，虚线是高斯谱粗糙海面条件下声场传播损失曲线。由图 11 中可以看到，由于粗糙海面引起了反射损失，同距离下，声场在粗糙海面下的传播损失要大于平滑海面下的传播损失，并且随着距离的增加，两者之差越来越大，这是由于粗糙海面对声信号反射次数增加，引起散射声能量累积的结果。

图 12 是声场在粗糙海面下的传播损失与平滑海面下的传播损失之差，在 30 km 处 $\Delta TL=9$ dB，与海面发生碰撞的次数 $NUM=5$，因此粗糙海面下单次碰撞产生的反射损失为1.8 dB。

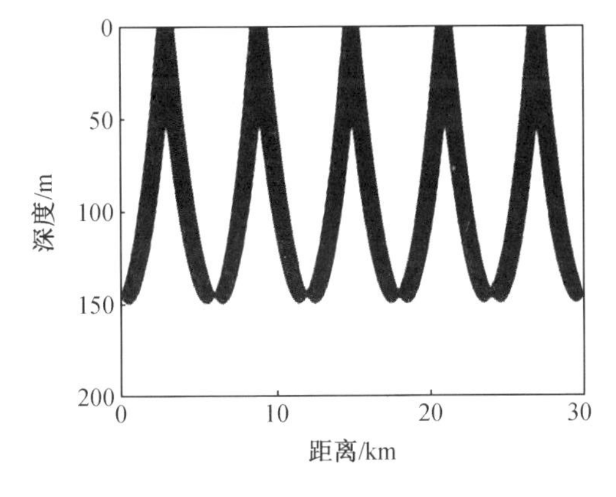


图 9　Bellhop 表面声道声线示意图

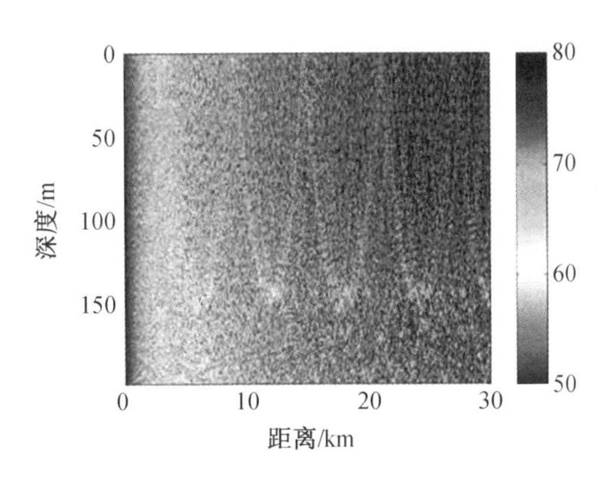


图 10　平滑海面下 Ramsurf 声场图

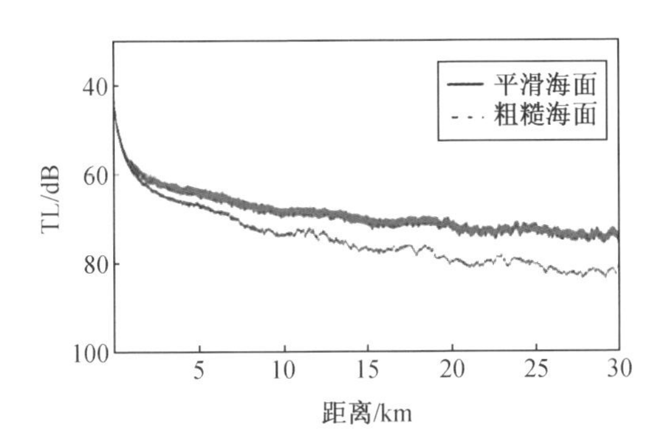


图 11　平滑海面与粗糙海面声场传播损失曲线比较图

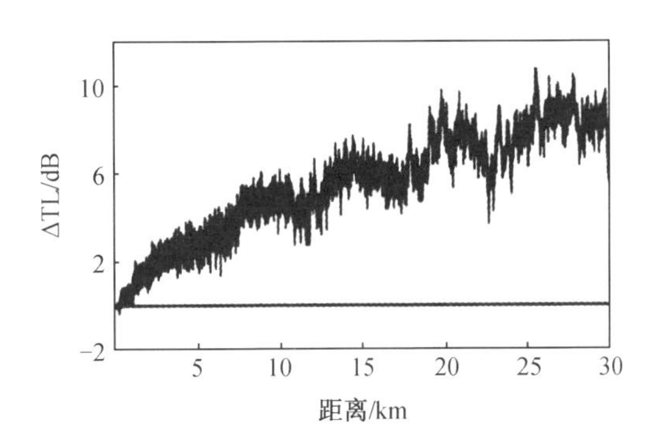


图 12　声场在粗糙海面下的传播损失与平滑海面下的传播损失之差

保持水声环境、声源等条件不变，保持相关长度 $l=2\lambda$ 不变，增加粗糙海面参数波高均方根至 $h=0.6\lambda$，利用 Ramsurf 计算海面反射损失 RL。图 13 是平滑海面与粗糙海面下声场传播损失曲线比较图，图 14 是粗糙海面与平滑海面下声场传播损失之差，在 30 km 处 ΔTL = 15 dB，与海面发生碰撞的次数 NUM = 5，因此粗糙海面下每次碰撞产生的反射损失为 RL = 3 dB。

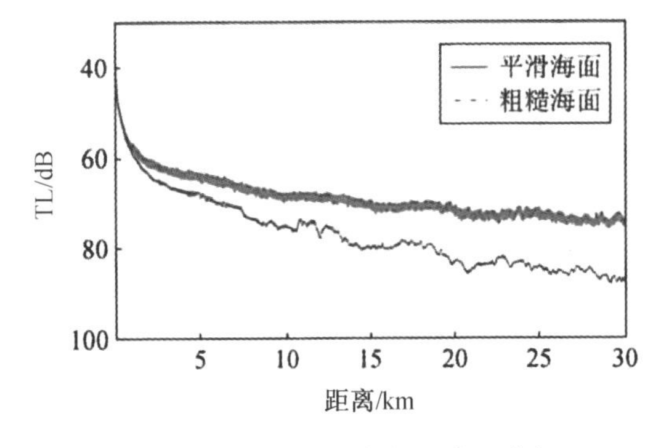


图 13　平滑海面与粗糙海面声场传播损失曲线比较图

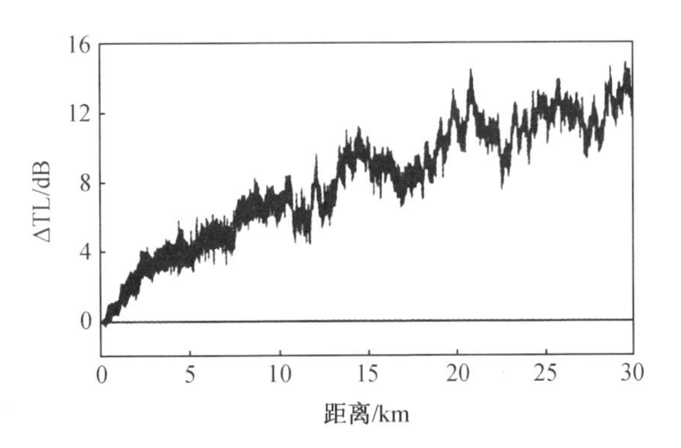


图 14　声场在粗糙海面下的传播损失与平滑海面下的传播损失之差

**表 1　波高均方根 $h=0.4\lambda$ 下 KA、SSA 和 Ramstirf 的 RL(dB)绝对值比较**

| $h=0.4\lambda$ | 2.1° | 3.1° | 3.6° | 4.7° | 5.7° |
|---|---|---|---|---|---|
| KA | 0.14 | 0.32 | 0.43 | 0.74 | 1.08 |
| SSA | 0.74 | 1.08 | 1.24 | 1.60 | 1.90 |
| Ramsurf | 1.2 | 1.0 | 1.1 | 1.7 | 1.8 |

**表 2　波高均方根 $h=0.6\lambda$ 下 KA、SSA 和 Ramsurf 的 RLRL(dB)绝对值比较**

| $h=0.6\lambda$ | 2.1° | 3.1° | 3.6° | 4.7° | 5.7° |
|---|---|---|---|---|---|
| KA | 0.33 | 0.72 | 0.97 | 1.60 | 2.40 |
| SSA | 1.58 | 2.10 | 2.4 | 2.90 | 3.30 |
| Ramsurf | 1.6 | 1.7 | 2.1 | 2.3 | 3.0 |

在表面声道的典型水声传播环境下，通过 Ram-surf 计算其他各小掠射角下的 RL，并与 KA 模型和 SSA 模型计算结果相比较：表格 1 是各个小掠射角下参数为波高均方根 $h=0.4\lambda$，相关长度 $l=2\lambda$ 的高斯谱粗糙海面下 Kirchhoff 近似海面反射损失模型和小斜率近似海面反射损失模型以及 Ramsurf 计算结果的比较，表格 2 是各个小掠射角下参数为波高均方根 $h=0.6\lambda$，相关长度 $l=2\lambda$ 的高斯谱粗糙海面下 Kirchhoff 近似海面反射损失模型和小斜率近似海面反射损失模型以及 Ramsurf 计算结果的比较，数值计算结果表明：①在相同距离上，随着海表面粗糙度的增加(即波高均方根 $h$ 增大)，传播损失之差增加。②小掠射角条件下，小斜率近似海面反射损失模型与 Ramsurf 计算结果较为吻合，是比较精确的海面反射损失模型。

## 4　结论

在散射能量基本为前向散射且集中在"镜面反射"方向情况下，粗糙海面反射损失建模是声呐信号传播建模必不可少的一部分，对于中远距离的声场预报，尤其对于浅海或者存在等温层表面声道的水声环境，小掠射角(10°以内)下的声场预报尤为重要。本文基于高斯谱粗糙海面模型，通过 Ramsurf 分别仿真了平滑海面下与粗糙海面下的声传播损失曲线，并与试验数据处理做了比较，发现在给定的环境下，在频率为 3 kHz 时，由粗糙海面引起的反射损失为 4 ~6 dB，并且粗糙海面下的 Ramsurf 传播损失计算结果与实验数据得到的传播损失计算结果较为吻合，这有力地证明了 Ramsurf 声传播模型的准确性和有效性，并进一步以 Rarnsurf 声传播模型为基准，比较分析了 KA 海面反射损失模型和 SSA 海面反射损失模型，数值计算结果表明，在小掠射角下 SSA 海面反射损失模型与 Ramsurf 模型计算结果较为吻合，是较为精确的海面反射损失模型。这对于中远程声呐，其探测的声场预报建模有重要的应用价值。另外，由于海面反射损失模型只适用于散射能量基本在前向散射且集中在"镜面反射"方向的情况，对于起伏强界面引起的存在后向散射的问题研究是下一步研究工作的方向。

## 致谢

感谢"实验 1 号"全体船员在海试过程中的大力支持。

## 参考文献


[1] QIN Jixing, LUO Wenyu, ZHANG Renhe, YANG Chunmei. Anlysis and comparsion between two coupledmode methods for acoustic propagation in rang-dependent waveguides. Chineses Journal of Acoustics, 2014; 33(1): 1 - 20.

[2] 胳文于，张仁和，Schmidt Henrik. 水平变化波导中声传播问题的高效稳定耦合简正波解. 声学学报，2011; 36(6): 568 - 578.

[3] LI Zhenglin, WANG Xiaojun, MA Li, GAO Tianfu. Effects of sediment parameters on the low frequency acoustic wave propagation in shallow water. Chineses Journal of Acoustics, 2000; 19(3): 222 - 229.

[4] MO Yaxiao, PIAO Shengchun, ZHANG Haigang, LI Li. An energy-conserving two-way coupled mode model for underwater acoustic propagation. Chineses Journal of Acoustics, 2016; 35(2): 97 - 110.

[5] ZHANG Lingshan, PENG Zhaohui, WANG Guangxu, LUO Wenyu. Experimental analysis on air-to-water sound transmission loss in shallow water. Chineses Journal of Acoustics, 2017; 36(2): 217 - 230.

[6] 秦继兴，张仁和. 略文于，吴立新，江磊，张波. 大陆坡海域二维声传播研究. 声学学报，2014; 39(2): 145 - 153.

[7] 宫在晓，林京，郭良浩. 浅海声传播相速度对测向精度的影响. 声学学报，2002; 27(6): 492 - 496.

[8] Kuperman W A. Coherent component of specular reflection and transmission at a randomly rough two-fluid interface. J. Acoust. Soc. Am., 1975; 58(2): 365 - 370.

[9] Thorsos E I. The validity of the Kirchoff approximation for rough surface scattering using a Gaussian roughness spectrum. J. Acoust. Soc. Am., 1988; 83(1): 78 - 92.

[10] Chapman D M F. An improved Kirchoff formula for reflection loss at a rough ocean surface at low grazing angles. J. Acoust. Soc. Am., 1983; 73(2): 520 - 527.

[11] Thorsos E I. The validity of the Perturbation approxima^ tion for rough surface scattering using a Gaussianroughness spectrum. J. Acoust. Soc. Am., 1989; 86(1): 261 - 277.

[12] Schneider H G. Surface loss, scattering, and reverberation with the split-step parabolic wave equation model. J. Acoust. Soc. Am., 1993; 93(2): 770 - 781.

[13] Leishman T W, Tichy J. On the significance of reflection coefficients produced by active surfaces bounding onedimensional sound fields. J. Acoust. Soc. Am., 2003; 113(3): 1475 - 1482.

[14] Kuperman W A, Ingenito F. Attenuation of the coherent component of sound propagation in shallow water with rough boundaries. J. Acotist. Soc. Am., 1997; 61(5): 1178 - 1187.

[15] Uscinski B J, Sound propagation with a linear sound speed profile over a rough surface. J. Acoust. Soc. Am., 1993; 94(1): 491 - 498.

[16] 郭立新，王彦，吴振等. 随机粗糙面散射的基本理论与方法. 北京，科学出版社，2009: 40 - 53.

[17] Thorsos E I, Broschat S L. An investigation of the small slope approximation for scattering from rough surfaces. Part I. Theory. J. Acoust. Soc. Am., 1995; 97(4): 2082 - 2093.

[18] Broschat S L,Thorsos E I. An investigation of the small slope approximation for scattering from rough surfaces. Part II. Numerical studies. J. Acoust. Soc. Am,1997;101(5):2615 -2625.

[19] Collins M D, Coury R A, Siegmann W L. Beach acoustics. J. Acoust. Soc. Am. ,1995;97(5):2767 -2770.

[20] Rosenberg A P. A new rough surface parabolic equar tion program for computing low-frequency acoustic forward scattering from the ocean surface. J. Acoust. Soc. Am. ,1999;105(1):144 -153.

[21] Williams K L,Thorsos E I,Elam W T. Examination of coherent surface reflection coefficient (CSRC) approximar tions in shallow water propagation. J. Acoust. Soc. Am. ,2004;116(4):1975 -1984.

[22] Thorsos E I. Acoustic scattering from a Pierson-Moskowita sea surface. J. Acoust. Soc. Am. ,1990;88(1):335 -349.

[23] 郭立新,陈建军,韦国晖,吴春雨. 粗糙面电磁散射的小斜率近似方法研究. 西安电子科技大学学报(自然科学版),2005;32(3):408 -413.

[24] Zhou Jixun,Zhang Xuezhen,Peng Zhaohui,Martin J S. Sea surface effect on shallow-water reverberation. J. Acoust. Soc. Am. ,2007;121(1):98 -107.

[25] Jones A D,Maggi A L,Clarke P A,Duncan A J. Analysis and simulation of an extended data set of waveforms received from small explosions in shallow oceans. Proceedings of Acoustics 2006,Christchurch,New Zealand,2006:481 -488.

[26] Jones A D,Sendt J,Duncan A J,Clarke P A,Maggi A. Modelling the acoustic reflection loss at the rough ocean surface. Proceedings of acoustics 2009,Adelaide,Australia,2009:1 -8.

[27] Jones A D,Duncan A J,Maggi A. A detailed comparison between a small-slope model of acoustical scattering from a rough sea surface and stochastic modeling of the coherent surface loss. IEEE Journal of Oceanic Engineering,2016;41(3):689 -708.

# 海洋声学中三维抛物方程非均匀网格模型

徐传秀　杨士莪　朴胜春　张海刚　唐　骏　刘佳琪

**摘要**　在海洋声学中，三维抛物方程模型可以有效考虑三维空间的声传播效应。然而，采用三维抛物方程模型分析三维空间内的声传播问题时，计算时间较长，并且需要消耗较大的计算机内存，因此给远距离声场的快速精确计算带来了很大困难。为此，将非均匀网格Galerkin离散化方法用于三维直角坐标系下的水声抛物方程模型中，深度算子和水平算子Galerkin离散方式由均匀网格变为非均匀网格。仿真结果表明，三维直角坐标系下非均匀网格离散的抛物方程模型，在保持计算精度、提高计算速度的同时，可以实现远距离声场的快速预报。另外，针对远距离局部海底地形与距离有关的三维声传播问题，给出了声场快速计算方法；在海底保持水平的区域，采用经典Kraken模型，重构抛物方程算法的初始场，随后依次递推求解地形与距离有关海底下的三维声场。采用改进模型，证明了远距离楔形波导声强增强效应。

## 引言

水声传播建模作为水声研究的重要组成部分，经过几十年的发展，百花齐放，硕果累累。常用的水声传播理论主要包括简正波、抛物方程、快速场、射线理论等[1]，这些方法各具特点，都能够有效的预报海洋中的声场分布。近些年来，许多的海洋声传播模型陆续提出[2-6]，大大提高了水声传播模型的声场预报能力和适用范围。抛物方程方法自从被Tappert引入到水声传播领域[7]，因其计算速度快的优势展现了良好的发展前景，取得了众多的成果。Collins提出的二维高阶流体[8]和弹性抛物方程[9]声场计算模型可以解决大部分的二维声传播问题。双向近似[10]、能量守恒[11]和单向近似[12-13]等技术使得抛物方程声场计算的精度得以提高，二维抛物方程模型推向了一个高峰，然而二维抛物模型难以用于计算复杂的三维声传播问题。近些年来，水声传播模型的研究焦点由二维转向三维，多种柱坐标和直角坐标系下三维流体抛物方程模型被提出[14-19]，用以解决许多三维环境下的海洋声传播问题。

2012年，Lin等人基于高阶算子分离和Padé近似[18]，提出了一种三维直角坐标系下的抛物方程水声传播模型，模型将深度算子和水平算子分离，并充分考虑了算子之间的交叉项，使得声场计算精度大大提高。然而模型仍然存在一些不足之处，限制了模型的实际应用。为了有效计算三维远距离声场，该模型必须在水平 $y$ 方向设定与水平递进方向 $x$ 计算距离相比拟的宽度，否则声场计算累计误差较大。另外，该模型在 $x$、$y$、$z$ 三维方向进行均匀网格划分，计算量大，计算时间长，并且消耗较大的计算机内存空间，不利于模型的实际应用。在二维抛物方程模型基础上，Sanders等人应用Galerkin理论[20]，提出了深度方向的非均匀网格离散化方法，有效地提高了抛物方程的计算速度。

为了快速有效地预报远距离甚至超远距离声场，本文将非均匀网格 Galerkin 离散化方法用于三维直角坐标系下抛物方程模型，分别对深度算子和水平算子进行非均匀网格 Galerkin 离散。数值仿真结果表明，采用非均匀网格离散的三维抛物方程模型可以在保持计算精度一致的同时，有效地提高计算速度，可用于研究远距离声传播问题。另外，针对远距离局部海底地形与距离有关的三维声传播问题，给出了声场快速计算方法，在水平不变海底下，采用经典 Kraken 模型，重构三维抛物方程模型的初始场，然后依次递推求解复杂海洋环境下的三维声场结果。该方法可用于分析大区域水平不变海底环境下，局部地形变化（海底山等）对声传播的影响。

## 1　三维抛物方程模型简介

### 1.1　基本理论

假设声场的时间因子为 $e^{-i\omega t}$，直角坐标系下，水下声波传播满足三维 Helmholtz 方程

$$\rho\frac{\partial}{\partial x}\left(\frac{1}{\rho}\frac{\partial p}{\partial x}\right)+\rho\frac{\partial}{\partial y}\left(\frac{1}{\rho}\frac{\partial p}{\partial y}\right)+\rho\frac{\partial}{\partial z}\left(\frac{1}{\rho}\frac{\partial p}{\partial z}\right)+k^2p=0 \tag{1}$$

其中，$p$ 为声压，$\rho$ 为介质密度，$k$ 为介质波数。采用变量替换

$$u=p\exp(-\mathrm{i}k_0x)/\alpha \tag{2}$$

其中，$\alpha=\sqrt{\rho c}$ 为能量守恒修正系数。由单向传播的抛物方程近似，可得关于正向波 $u$ 的方程：

$$\frac{\partial u}{\partial x}=\mathrm{i}k_0\left(-1+\sqrt{1+(n^2-1)+k_0^{-2}\frac{\rho}{\alpha}\frac{\partial}{\partial y}\left(\frac{1}{\rho}\frac{\partial}{\partial y}\alpha\right)+k_0^{-2}\frac{\rho}{\alpha}\frac{\partial}{\partial z}\left(\frac{1}{\rho}\frac{\partial}{\partial z}\alpha\right)}\right)u \tag{3}$$

Lin 等人采用高阶算子分离和 Padé 近似方法[18]，得出了如下的三维宽角抛物方程递推求解方法：

$$\Delta u_1=-\frac{\delta}{2}\left[\sum_{l=1}^{L_1}\frac{a_{l,L_1}Y}{1+b_{l,L_1}Y}\sum_{l=1}^{L_2}\frac{a_{l,L_2}Z}{1+b_{l,L_2}Z}+\sum_{l=1}^{L_2}\frac{a_{l,L_2}Y}{1+b_{l,L_2}Y}\sum_{l=1}^{L_1}\frac{a_{l,L_1}Z}{1+b_{l,L_1}Z}\right]u(x) \tag{4a}$$

$$\Delta u_m=-\frac{\delta}{2m}\left[\sum_{l=1}^{L_1}\frac{a_{l,L_1}Y}{1+b_{l,L_1}Y}\sum_{l=1}^{L_2}\frac{a_{l,L_2}Z}{1+b_{l,L_2}Z}+\sum_{l=1}^{L_2}\frac{a_{l,L_2}Y}{1+b_{l,L_2}Y}\sum_{l=1}^{L_1}\frac{a_{l,L_1}Z}{1+b_{l,L_1}Z}\right]\Delta u_{m-1},(m\geqslant 2) \tag{4b}$$

$$u(x+\Delta x)=\prod_{l=1}^{L_3}\frac{1+a_{l,L_3}Y}{1+b_{l,L_3}Y}\prod_{l=1}^{L_4}\frac{1+a_{l,L_4}Z}{1+b_{l,L_4}Z}\left[\sum_{m=1}^{M}\Delta u_m+u(x)\right] \tag{4c}$$

其中，$\delta=\mathrm{i}k_0\Delta x$，$L_1$、$L_2$、$L_3$、$L_4$ 为 Padé 近似的阶数，$a$、$b$ 为 Padé 近似的系数。

另外，

$$w=\frac{\Delta z}{\Delta y+\Delta z},\ Y=w(n^2-1)+k_0^{-2}\frac{\rho}{\alpha}\frac{\partial}{\partial y}\left(\frac{1}{\rho}\frac{\partial}{\partial y}\alpha\right)$$

$$Z=(1-w)(n^2-1)+k_0^{-2}\frac{\rho}{\alpha}\frac{\partial}{\partial z}\left(\frac{1}{\rho}\frac{\partial}{\partial z}\alpha\right)$$

上述递推求解方法的优点是将深度算子 $Z$ 和水平算子 $Y$ 分离，并考虑了两种算子的交叉项，近似程度更大，精度更高。采用均匀网格 Galerkin 离散 $Y$ 与 $Z$ 算子，得到矩阵方程，系数矩阵满足对三角矩阵，易于计算。

## 1.2　三维直角坐标系下抛物方程模型的局限性

三维直角坐标系下抛物方程模型在沿着正 $x$ 方向递推求解时，由于受到水平 $y$ 方向宽度的影响，当递推距离达到一定距离时，有限的 $y$ 方向宽度会引入较大的声场累计误差，使得在较远传播距离上声场计算结果产生较大偏差，上述影响也局限了三维直角坐标系下抛物方程模型在研究远距离声传播问题上的应用。

下面以水平海底和楔形海底两种沿 $y$ 方向一致地形（图 1 和图 2），来分析 $y$ 方向宽度的选取对有效递推距离的影响。

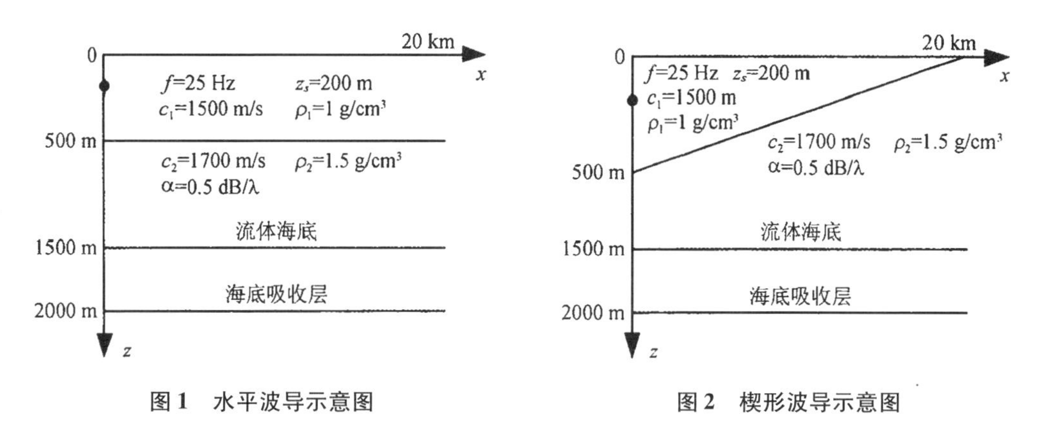


图 1　水平波导示意图　　　　图 2　楔形波导示意图

为了分析 $y$ 方向宽度对有效计算距离的影响，按照下面的几组参数进行设置：

$$
\begin{cases}
y_{\max} = 5\ \text{km}, y_{\text{attnp}} = 1\ \text{km}, (\text{参数 } A) \\
y_{\max} = 4\ \text{km}, y_{\text{attnp}} = 2\ \text{km}, (\text{参数 } B) \\
y_{\max} = 4\ \text{km}, y_{\text{attnp}} = 1\ \text{km}, (\text{参数 } C) \\
y_{\max} = 3\ \text{km}, y_{\text{attnp}} = 1\ \text{km}, (\text{参数 } D)
\end{cases}
\tag{5}
$$

其中，$y_{\max}$ 表示 $y$ 方向计算有效距离，$y_{\text{attnp}}$ 表示 $y$ 方向吸收层厚度。

根据图 3 ~ 图 6 两种波导声压传播损失计算结果从声压传播损失伪彩图可以明显看出，$y$ 方向声场计算有效宽度小的，在较远距离上出现声压场的摆动，类似于水波传播时碰到岸边引起的次一级水波扰动。也就是说，水平 $y$ 方向宽度的选取决定了三维直角坐标系下抛物方程模型可有效计算最大距离，这是由于三维抛物方程模型计算时水平 $y$ 方向无限远边界截断引入声场计算误差，当传播距离较近时边界引起的声场计算累积误差较小，可以忽略；当达到一定传播距离时，边界引起的声场计算累计误差变大，且不可忽略，此时声场计算结果受到严重影响。通过声压传播损失曲线比较图可知，可有效计算最大距离为 $y$ 方向声场计算有效宽度（不包含吸收层的宽度）的几倍。另外，仿真发现，$y$ 方向吸收层宽度对于可有效计算的最大距离基本没有影响。正是由于 $y$ 方向无限边界的截断，引入了声场计算误差，然后随着抛物方程算法递进求解，累积了这种误差，进而引起声压场计算结果的偏差。

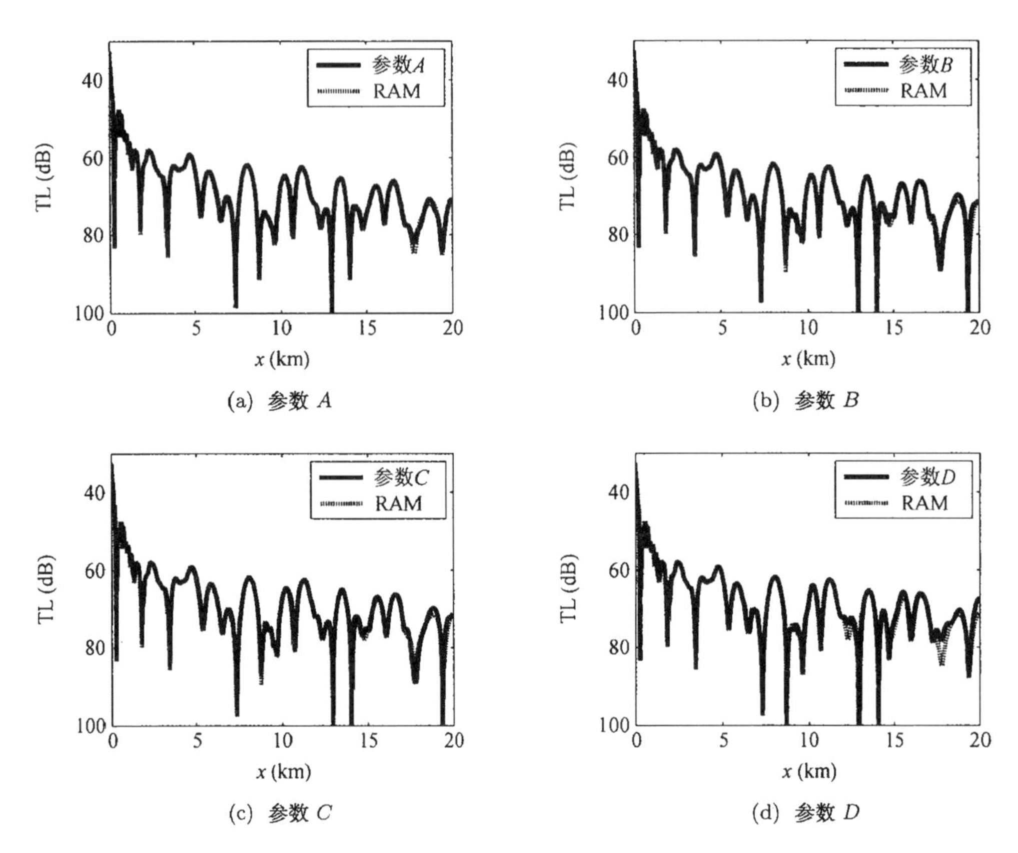


(a) 参数 $A$　(b) 参数 $B$

(c) 参数 $C$　(d) 参数 $D$

**图 3　不同参数下水平波导 $y=0$ m, $z=50$ m 处声压传播损失曲线比较**

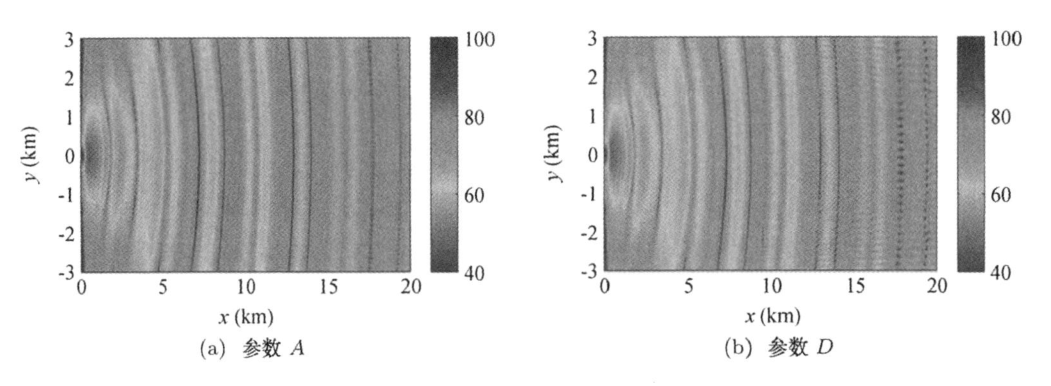


(a) 参数 $A$　(b) 参数 $D$

**图 4　不同参数下水平波导 $z=50$ m 处声压传播损失伪彩图**

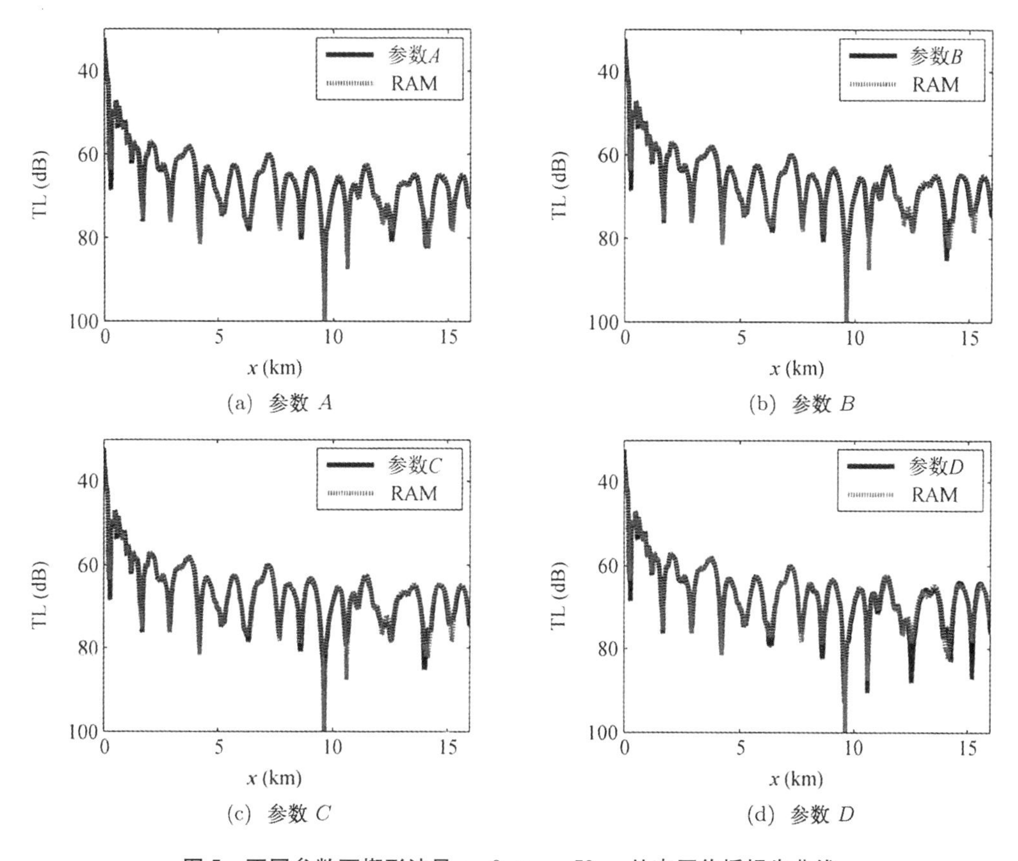

(a) 参数 $A$ (b) 参数 $B$

(c) 参数 $C$ (d) 参数 $D$

**图 5 不同参数下楔形波导 $y=0$ m, $z=50$ m 处声压传播损失曲线**

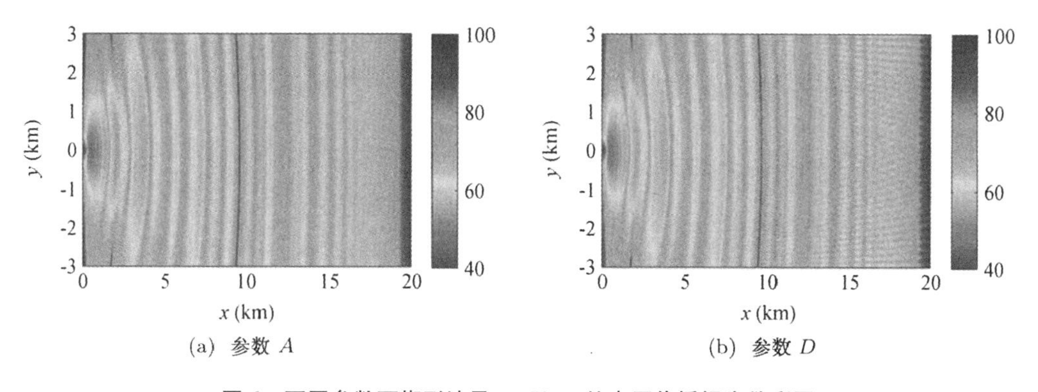

(a) 参数 $A$ (b) 参数 $D$

**图 6 不同参数下楔形波导 $z=50$ m 处声压传播损失伪彩图**

## 1.3 局部与距离有关海底三维抛物方程算法

为了消除累积误差的影响,本文采用经典 Kraken 模型在地形水平不变区域的末端重构抛物方程初始场,实现远距离水平变化波导的声传播特性研究。由 1.2 小节的分析可知,当考虑深海远距离声传播问题时,采用三维抛物方程声场计算模型预报声场时,由于需要设置较大的 $y$ 方向宽度,导致计算时间长,不利于声场快速预报。虽然海洋地形复杂多变,但在考虑低频声波在大尺度海洋环境下声传播问题时,某些情况下,大面积海域可近似为水平海底。此时，使用三维抛物方程模型消耗大量的时间计算水平海底声传播问题是没有必要的。为了减少计算时间，本文通过经典的 Kraken 模型，计算一定距离平面上的声场，作为远距离水平变化海底声场计算的初始场，然后采用三维抛物方程模型的递推方法计算声场，这种处理方式可以在保持计算精度的同时提高计算效率。

假设传播距离 $x < x_0$ 时海底地形为水平不变海底，当传播距离 $x > x_0$ 时海底地形为水平变化海底，此时可以通过 Kraken 模型计算 $x = x_0$ 处声场。假设 Kraken 模型计算得到的声压值为 $P_{\text{Kraken}}(r,z)$，此时三维抛物方程模型递推变量 $u$ 满足：

$$(x_0,y,z) = \frac{P_{\text{Kraken}}\left(\sqrt{x_0^2+y^2},z\right)}{\sqrt{\rho(x_0,y,z)c(x_0,y,z)}} \tag{6}$$

为了分析此种方法的可行性，对水平波导进行了的仿真计算。

图 7 给出了图 1 所示的水平波导声压传播损失计算结果，从声压传播损失曲线比较图可以知道，采用 Kraken 模型重构抛物方程初始声场可以有效计算远距离声场，该模型声场计算结果与 RAM 模型计算结果一致，并且声压传播损失伪彩图显示，在一定范围内边界截断引入的累计误差可以忽略。

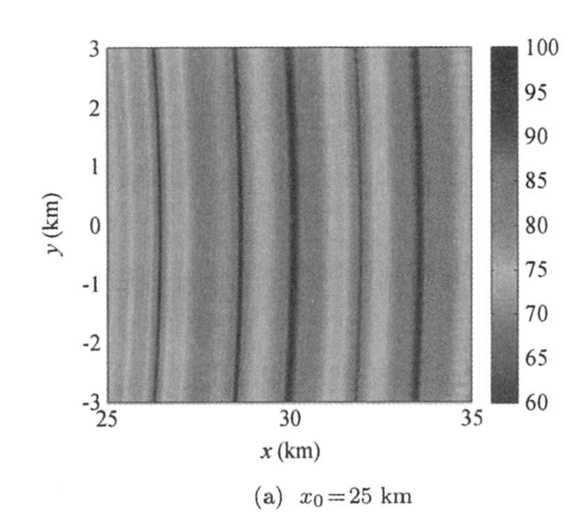


(a) $x_0 = 25$ km

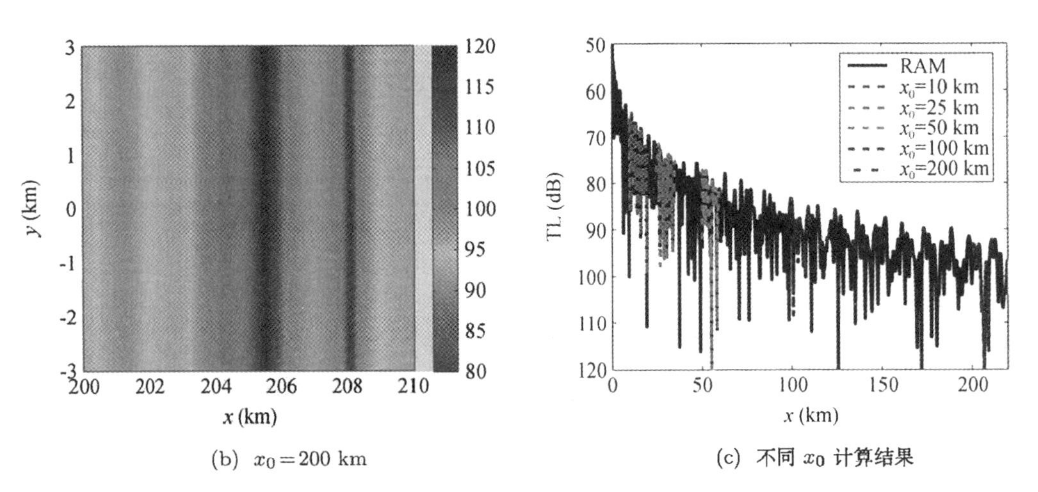


(b) $x_0 = 200$ km　　(c) 不同 $x_0$ 计算结果

**图 7　改进模型水平波导声压传播损失结果**

## 1.4　远距离楔形波导的能量增强效应

本节采用改进的模型分析了远距离楔形波导的声传播效应，研究了远距离楔形波导的能量增强效应。图8给出了远距离楔形波导结构图，并标注了海洋声学参数，此种波导与大陆架过渡海域的地形参数是一致的，下面给出三维声场计算结果。

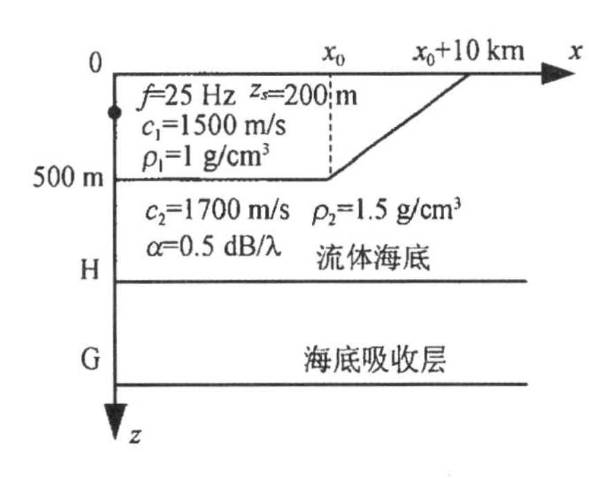


**图8　远距离楔形波导结构图**

从图9～图10远距离楔形波导声压传播损失结果可以看出，随着水平波导距离 $x_0$ 的增加，楔形波导内声强随传播距离的变化有所不同。水平段长短将影响其末端声压强弱及随距离变化快慢的不同，从而形成斜坡区声压变化的不同。从不同距离声压传播伪彩图可以明显看出，声波在远距离楔形波导中的传播具有声强增强效应。这是因为，声波在水平波导中传播时，随着传播距离的逐渐增加，波导中对声场起作用的简正波个数变少，低阶简正波所占的能量比重变大，能量较强的低阶简正波起主要作用；当传播到楔形海域时，随着海深的不断减小，高阶简正波不断截止，主要体现能量比重较大的低阶简正波的传播，因而表现出远距离楔形波导的声强增强效应。

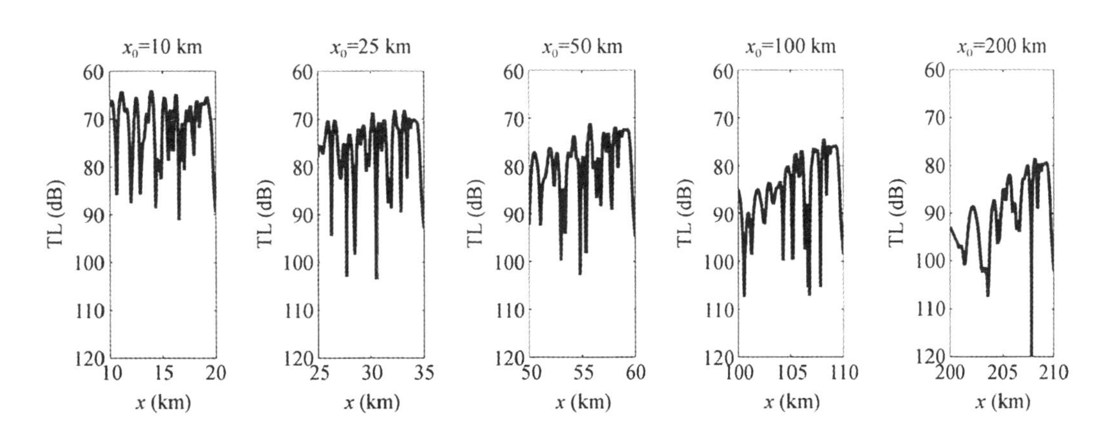


**图9　不同 $x_0$ 下改进模型远距离楔形波导在 $y=0$ m，$z=30$ m 处声压传播损失曲线**

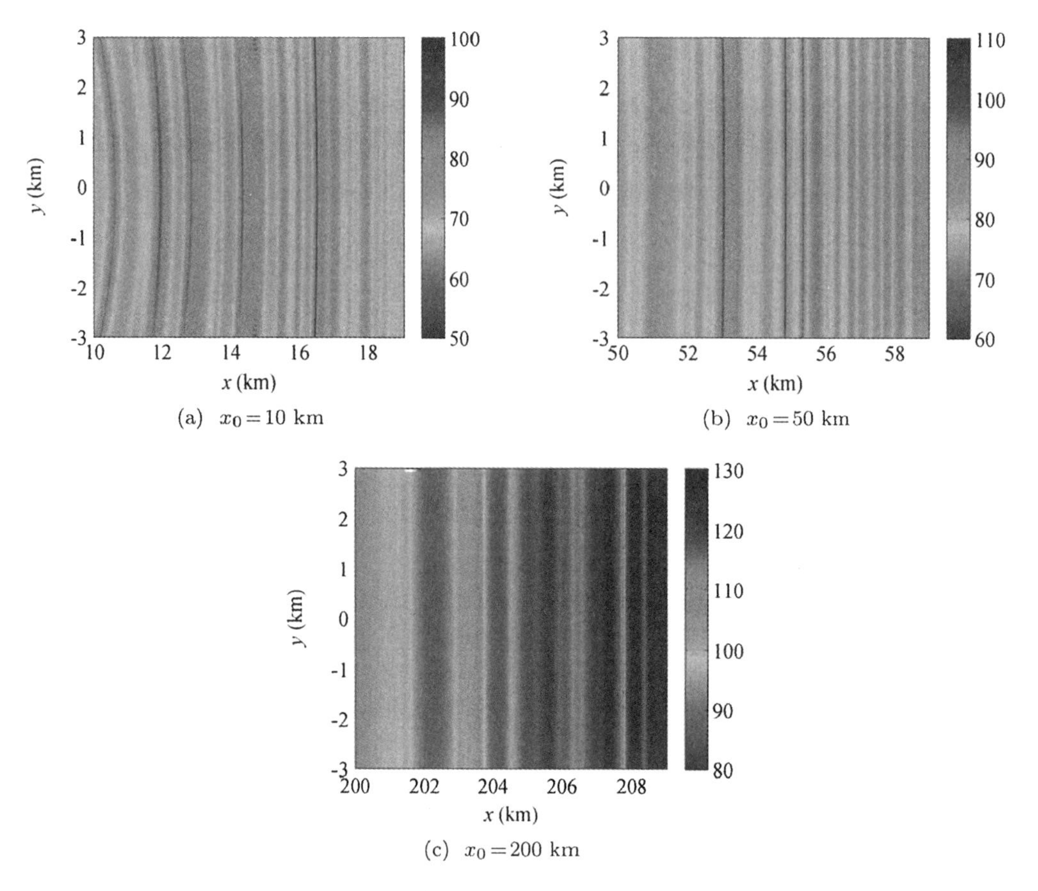


**图 10　改进模型远距离楔形波导 $z = 30$ m 处声压传播损失伪彩图**

## 2　三维非均匀网格抛物方程模型

### 2.1　非均匀网格算法简介

虽然采用 Kraken 模型改进的三维抛物方程模型,可用于分析远距离声传播特性,但只适用于特定海域,为了使任意的远距离声传播问题都适用,本文提出了三维非均匀网格抛物方程模型。抛物方程声场计算模型在深度算子 $Z$ 和水平算子 $Y$ 上采用均匀网格 Galerkin 离散。相比现在比较流行的非均匀网格以及无网格等数值方法,这种只能采用固定网格大小离散的方法无疑会显得不够灵活且低效。对于抛物方程模型来说,对计算精度的影响比较关键的区域是海水和海底边界处。这可以从有限差分理论理解,分界面处上下两个离散网格点处的声学物理参数相差较大。而利用有限差分方法进行离散的深度算子的数值逼近程度将受到网格大小的直接影响,网格选取的越大,误差(用差分来替代微分而引起)也就越大,这样带来的直接后果往往是声场计算计算结果不稳定。为了避免这一结果,常用的办法是在深度方向上采用间距 $\Delta z$ 非常小的网格进行差分近似。

在实际的海洋环境中,介质参数并非在整个深度方向上都是剧烈变化的。对于大多数缓慢变化的区域,往往采用较大的网格间距进行离散,同样可以保证差分的精度。高效率的分裂 - 步进高阶 Padé 近似算法允许大间距的网格划分,通常允许的网格划分是水平步长通常大于一倍波长,垂直步长一般是水平步长的十分之一,可以理解为,在一些介质参数变化缓慢的区域,只要深度方向上的离散网格间距 $\Delta z$ 不大于分裂-步进 Padé 算法允许的最大网格间距,就可以保证声场计算精度。这样不仅可以减少深度方向上的网格密度,在水平方向步进过程中同样可以大大地减小整个声场计算剖面的网格数量,从而提高计算效率。

为了分析非均匀网格离散化方法[20],下面以深度方向为例进行推导分析,水平方向推导过程相似。抛物方程方法的有限差分公式可以由 Galerkin 方法引入,首先假设基函数 $R_i(z)$,当 $z_{i-1} \leqslant z \leqslant z_i$ 时,$R_i(z)$ 从 0 到 1 线性增加,当 $z_i \leqslant z \leqslant z_{i+1}$ 时,$R_i(z)$ 从 1 到 0 线性递减,其他区域 $R_i(z)=0$。写成函数的形式如下:

$$R_i(z) = \begin{cases} 0 & z \leqslant z_{i-1} \\ \dfrac{z - z_{i-1}}{z_i - z_{i-1}} & z_{i-1} \leqslant z \leqslant z_i \\ \dfrac{z_{i+1} - z}{z_{i+1} - z_i} & z_i \leqslant z \leqslant z_{i+1} \\ 0 & z_{i+1} \leqslant z \end{cases} \tag{7}$$

其中,$i=1,2,3,\cdots,N$ 表示在深度方向上离散的网格点。

定义两个任意函数 $u_i - u(z_i)$ 和 $\phi_i = \phi(z_i)$,$u$ 为三维抛物方程递推变量,$\phi$ 用来表示深度方向的微分项或函数。基函数 $R_i(z)$ 可以得到下面两个近似关系:

$$u(z) \cong \sum_i u_i R_i(z) \tag{8a}$$

$$\phi(z) \cong \sum_i \varphi_i R_i(z) \tag{8b}$$

为了计算非均匀网格的有限差分公式,首先设一个间距函数 $h_i$ 用来表示第 $i$ 个网格与第 $i-1$ 个网格之间的间距:

$$h_i = z_i - z_{i-1} \tag{9}$$

设功能函数 $\gamma_i$ 满足如下形式:

$$\gamma_i = \frac{1}{2}(h_i + h_{i+1}) \tag{10}$$

根据 Galerkin 方法,深度算子、水平算子或函数 $\phi$ 作用在函数 $u$ 上时,满足以下近似关系[15]:

$$\phi u \Big|_{z=z_i} \cong \frac{\int R_i \phi u \mathrm{d}z}{\int R_i \mathrm{d}z} \tag{11}$$

采用上式的形式,对不同微分项和函数进行处理,可以得到非均匀网格 Galerkin 离散公式。

## 2.2 三维非均匀网格算法数值仿真

为了分析非均匀网格离散方法的有效性,分别对深度 $z$ 方向和水平 $y$ 方向采用不同网格划分方法,采用下面几种离散方式:

$$
\begin{cases}
dz = 5\ \text{m}(0 \leqslant z \leqslant 2\ 000\ \text{m}) & (A_z) \\
dz = 1\ \text{m}(0 \leqslant z \leqslant 2\ 000\ \text{m}) & (B_z) \\
\left.\begin{cases} dz = 5\ \text{m}(0 \leqslant z \leqslant 490\ \text{m}) \\ dz = 1\ \text{m}(490\ \text{m} \leqslant z \leqslant 510\ \text{m}) \\ dz = 4\ \text{m}(510\ \text{m} \leqslant z \leqslant 550\ \text{m}) \\ dz = 25\ \text{m}(550\ \text{m} \leqslant z \leqslant 2\ 000\ \text{m}) \end{cases}\right\} & (C_z) \\
\left.\begin{cases} dz = 5\ \text{m}(0 \leqslant z \leqslant 550\ \text{m}) \\ dz = 25\ \text{m}(550\ \text{m} \leqslant z \leqslant 2\ 000\ \text{m}) \end{cases}\right\} & (D_z)
\end{cases}
\tag{12a}
$$

$$
\begin{cases}
dy = 10\ \text{m}(|y| \leqslant 6\ \text{km}) & (A_y) \\
\left.\begin{cases} dy = 10\ \text{m}(|y| \leqslant 5\ \text{km}) \\ dy = 25\ \text{m}(5\ \text{km} \leqslant |y| \leqslant 6\ \text{km}) \end{cases}\right\} & (B_y) \\
\left.\begin{cases} dy = 10\ \text{m}(|y| \leqslant 4\ \text{km}) \\ dy = 25\ \text{m}(4\ \text{km} \leqslant |y| \leqslant 6\ \text{km}) \end{cases}\right\} & (C_y)
\end{cases}
\tag{12b}
$$

首先对于水平波导进行声场仿真，图 11 给出了不同网格划分组合下的声场计算结果。

通过不同网格划分组合声场计算结果比较图可以看出，采用非均匀网格离散方法，可以在保持声场计算精度的同时，减少网格划分个数，提高计算速度。表 1 给出了不同网格划分组合声场计算时间，可以看出，采用非均匀网格划分，在保持计算精度的同时，可以将计算速度提高 10 倍。通过对 $y$ 方向网格非均匀离散，在有效减少计算机使用内存的同时，减少了声场计算时间，并且网格划分灵活，易于实现，可实现三维远距离声场快速准确预报。图 12 给出了三维非均匀网格抛物方程模型远距离声场计算结果，传播距离为 80 km，网格划分为：

$$
\begin{cases}
\begin{cases} dy = 10\ \text{m}(|y| \leqslant 4\ \text{km}) \\ dy = 25\ \text{m}(4\ \text{km} \leqslant |y| \leqslant 30\ \text{km}) \end{cases} \\
\begin{cases} dz = 5\ \text{m}(0 \leqslant z \leqslant 490\ \text{m}) \\ dz = 1\ \text{m}(490\ \text{m} \leqslant z \leqslant 510\ \text{m}) \\ dz = 4\ \text{m}(510\ \text{m} \leqslant z \leqslant 550\ \text{m}) \\ dz = 25\ \text{m}(550\ \text{m} \leqslant z \leqslant 2\ 000\ \text{m}) \end{cases}
\end{cases}
\tag{13}
$$

**表 1　程序运行时间**

| 运行时间/s | $A_z$ | $B_z$ | $C_z$ | $D_z$ |
|---|---|---|---|---|
| $A_y$ | 8 435.96 | 42 311.9 | 4 592.73 | 4 296.75 |
| $B_y$ | — | — | 4 490.52 | — |
| $C_y$ | — | — | 4 164.07 | — |

相比于水平不变或者变化尺度小的波导，地形变化跨度大的波导，例如楔形波导（地形变化为整个深度），非均匀网格划分有所限制，但仍然可以有效提高计算速度。划分方式为海水采用细网格，海底和吸收层采用粗网格。图 13 给出了楔形波导的非均匀网格划分声场计算结果，可以满足计算精度的要求。

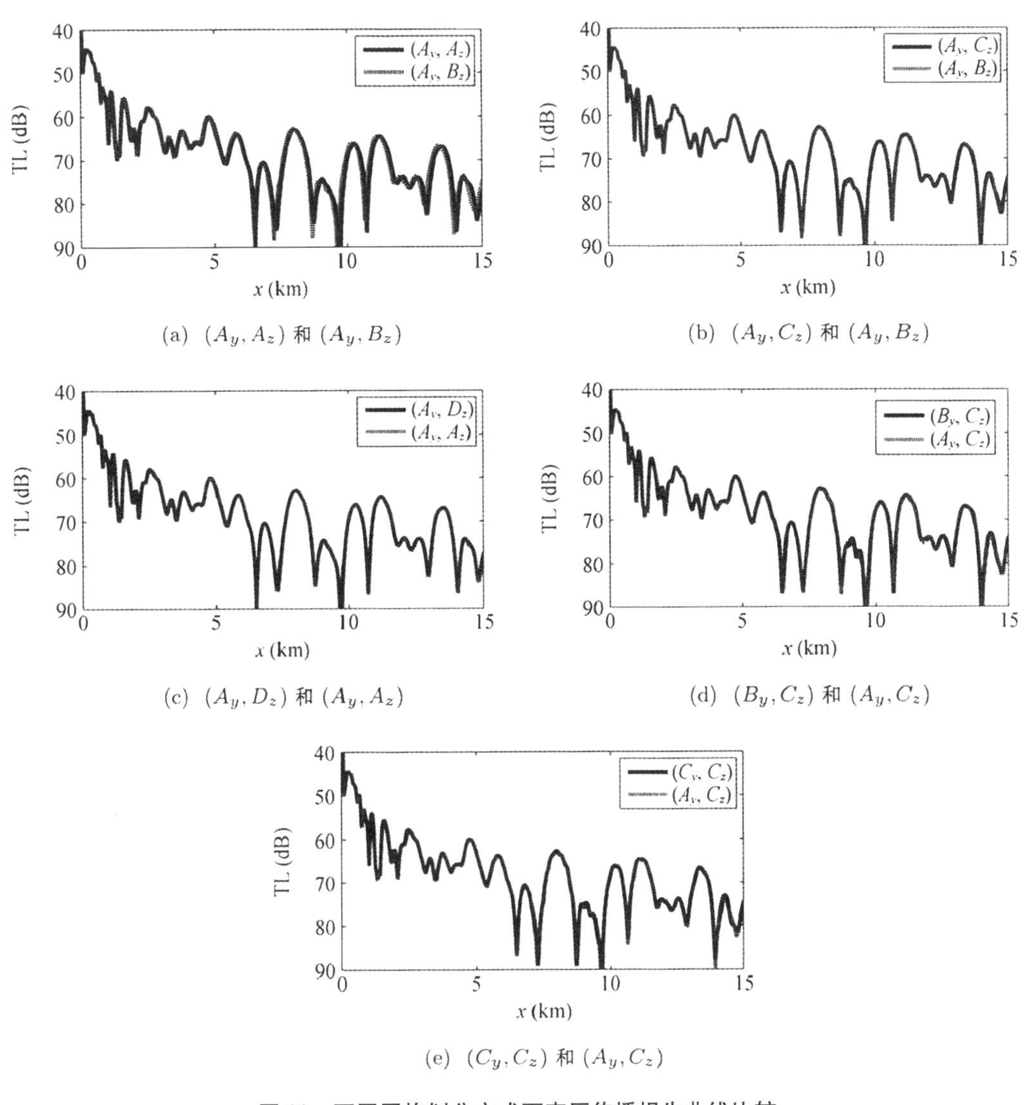


(a) $(A_y, A_z)$ 和 $(A_y, B_z)$　　(b) $(A_y, C_z)$ 和 $(A_y, B_z)$

(c) $(A_y, D_z)$ 和 $(A_y, A_z)$　　(d) $(B_y, C_z)$ 和 $(A_y, C_z)$

(e) $(C_y, C_z)$ 和 $(A_y, C_z)$

**图 11**　不同网格划分方式下声压传播损失曲线比较

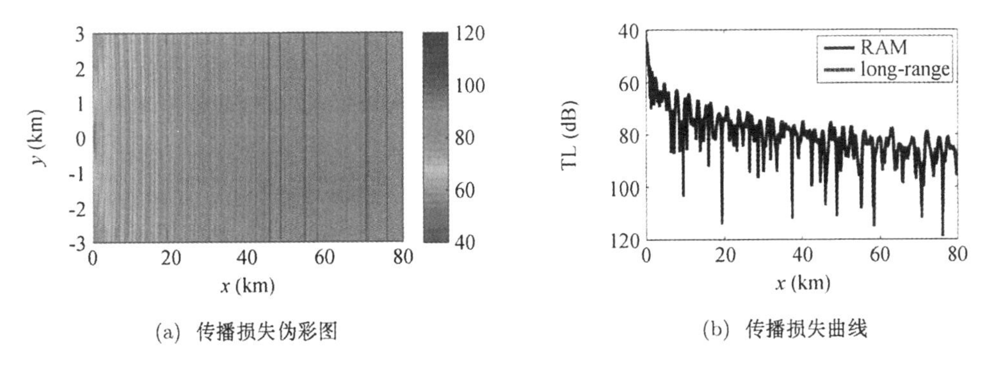


(a) 传播损失伪彩图　　(b) 传播损失曲线

**图 12**　采用非均匀网格算法计算得到的远距离水平波导声压传播损失结果

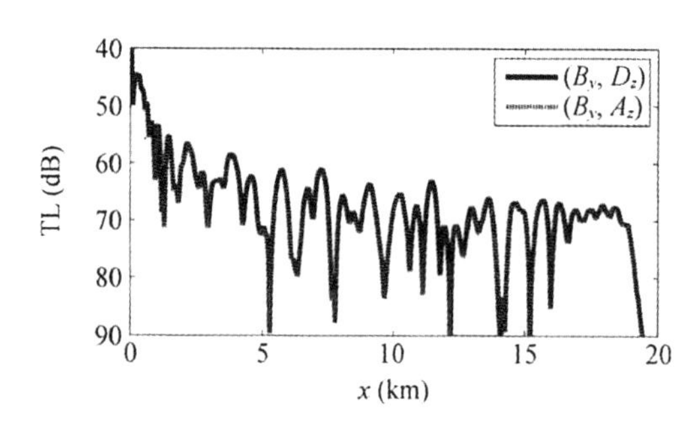


**图 13　采用非均匀网格算法得到的楔形波导 $y=0, z=30$ m 处声压传播损失曲线**

通常情况下，在三维直角坐标系下抛物方程非均匀网格算法中，深度方向细网格间隔划分的范围为 1/20 波长到 1/10 波长，粗网格间隔划分的范围为 1/5 波长到 1/3 波长；水平方向细网格间隔划分的范围为 1/15 波长到 1/5 波长，粗网格间隔划分的范围为 1/3 波长到 1/2 波长。

## 3　结论

采用三维抛物方程模型计算三维空间内的声场分布时，计算时间较长，并且需要消耗较大的计算机内存，因此给远距离声场的快速精确计算带来了很大困难。为了解决这个问题，本文采用非均匀网格离散化方法，改进了三维直角坐标系下抛物方程模型，在不损失计算精度的前提下，提高了声场计算效率，并且可以实现远距离声场的快速预报。另外，应用 Kraken 模型重构抛物方程初始声场，消除了因无限远边界截断所引入的声场累积误差，可以快速精确的计算远距离声场，实现了远距离水平变化波导中的声传播特性研究。未来可以将本文方法应用到三维弹性抛物方程模型中去[21]。

## 参 考 文 献

[1] Jensen F B, Kuperman W A, Porter M B, Schmidt H. Computational Ocean Acoustics. New York: Spinger, 2011.

[2] 彭朝晖，李风华. 基于 WKBZ 理论的耦合简正波 - 抛物方程理论. 中国科学(A 辑). 2001; 31(2): 165 - 172.

[3] 彭朝晖，李风华. 三维耦合简正波 - 抛物方程理论及算法研究. 声学学报. 2005; 20(2): 97 - 102.

[4] 杨燕明，李燕初. 耦合 Galerkin 简正波解的抛物方程方法水下声传播计算. 海洋学报. 2007; 29(6): 33 - 39.

[5] 王好忠，王宁. 一种局地简正波快速求解方法 - 耦合简正波计算. 中国海洋大学学报. 2009; 39(1): 160 - 164.

[6] 莫亚枭，朴胜春，张海刚，李丽. 水平变化波导中的简正波耦合与能量转移. 物理学报. 2014; 63(21): 214302 - 1 - 13.

[7] Tappert F D. Parabolic equation method in underwater acoustics. J. Acoust. Soc. Am. 1974; 55: S34.

[8] Collins M D. Application and time-domain solution of higher-order parabolic equation in underwater acoustics. J. Acoust. Soc. Am., 1989; 86(3): 1097 - 1102.

[9] Collins M D. A higher-order parabolic equation for wave propagation in an ocean overlying an elastic bottom. J. Acoust. Soc. Am., 1989; 86(4): 1459 - 1464.

[10] Collins M D, Evans R B. A two-way parabolic equation for acoustic backscattering in the ocean. J. Acoust. Soc. Am., 1992; 91(3): 1357 - 1368.

[11] Collins M D, Westwood E K. A higher-order energy-conserving parabolic equation for range-dependent ocean depth, sound speed, and density. J. Acoust. Soc. Am., 1991; 89(3): 1068 - 1075.

[12] Collins M D. A single-scattering correction for the seismo-acoustic parabolic equation. J. Acoust. Soc. Am., 2012; 131(4): 2638 - 2642.

[13] Küsel E T, Siegmann W L, Collins M D. A single-scattering correction for large contrasts in elastic layers. J. Acoust. Soc. Am., 2007; 121(2): 808 - 813.

[14] Lee D, Botseas G, Siegmann W. Examination of three-dimensional effects using a propagation model with azimuth-coupling capability (FOR3D). J. Acoust. Soc. Am., 1992; 91(6): 3192 - 3202.

[15] Sturm F. Numerical study of broadband sound pulse propagation in three-dimensional oceanic waveguides. J. Acoust. Soc. Am., 2005; 117(3): 1058 - 1079.

[16] Brooke G, Thomson D, Ebbeson G. PECan: A Canadian parabolic equation model for underwater sound propagation. J. Comput. Acoust., 2001; 9(1): 69 - 100.

[17] Lin Y T, Duda T F. A higher-order split-step Fourier parabolic-equation sound propagation solution scheme. J. Acoust. Soc. Am., 2012; 132(2): EL61 - EL67.

[18] Lin Y T, Collis J M, Duda T F. A three-dimensional parabolic equation model of sound propagation using higher-order operator splitting and Padé approximants. J. Acoust. Soc. Am., 2012; 132(2): EL364 - EL370.

[19] Lin Y T, Duda T F, Newhall A E. Three-dimensional sound propagation models using the parabolic-equation approximation and split-step Fourier method. J. Comput. Acoust., 2013; 21(1): 1250018.

[20] Sanders W M, Collins M D. Nonuniform depth grids in parabolic equation solutions. J. Acoust. Soc. Am., 2013; 133(4): 1953 - 1958.

# 体积噪声矢量场空间相关特性研究的一种方法

黄益旺　杨士莪　朴胜春

**摘要**　确定噪声场的相干结构对分析矢量水听器阵信噪比增益非常重要。文中建立了一个三维的、噪声源在球面上均匀分布的各向同性噪声模型,研究了噪声场中声压与质点振速3个正交分量的自相关和互相关特性,推导得到了窄带噪声场空间相关系数的解析表达式以及单矢量水听器接收噪声的协方差矩阵。基于三维噪声场的空间相关函数,讨论了矢量水听器线阵的某些应用及其输出信噪比增益。数值算例表明,该三维噪声场空间相关特性模型可方便地应用于任意形状的基阵在任意姿态下的信噪比输出的获取,与文献[5][6]中结果的对比验证了该模型的优点。

**关键词**　声矢量传感器;空间相关系数;均匀各向同性噪声;声压与质点振速;信噪比

海洋环境噪声是声呐设备的背景干扰之一,水听器基阵的性能与噪声场的相关特性密切联系,基阵的信噪比增益仍然是水声学研究的重要问题,同时也是评价声呐设备性能的重要技术指标。分析基阵信噪比增益通常有两种方法,其一是利用基阵、信号场与噪声场的指向性;其二是应用信号、噪声在基阵尺度范围内的相关性[1]。由于水听器阵的噪声均方输出要求已知噪声场的空间相关特性,这使得海洋环境噪声空间相关特性研究一直是人们关注的问题[2]。传统的水听器基阵为声压阵,人们对噪声声压的时空相关特性进行了广泛研究,提出了多种噪声模型以及噪声场相关特性的分析方法[3-4]。

随着矢量水听器的出现,其相关技术的研究也开始逐步深入。由于矢量水听器同时获取了空间共点的声压与质点振速,声压、振速联合信息处理改善了声呐设备的检测能力,这使得矢量水听器的应用范围得到不断扩大。矢量水听器阵增益分析、矢量水听器成阵技术研究、矢量水听器阵波束形成等也成为研究的重要内容。类似于声压水听器阵的信噪比增益分析,噪声场声压与质点振速的空间相关特性研究具有重要意义,目前已经有几种噪声矢量场相关特性的分析方法[5-7]。

为了研究体积噪声声压与质点振速的时空相关特性,本文提出了又一种噪声场分析方法,建立了三维球面各向同性体积噪声模型,对该模型中的声压与质点振速的自相关、互相关特性做了深入研究,得到了声压与质点振速相关系数的解析表达式和单矢量水听器接收噪声的协方差矩阵,便在此基础上简要讨论了矢量水听器阵的输出信噪比增益。

## 1　体积噪声理论模型

假设均匀各向同性噪声场中所有噪声源均匀分布在球面上,辐射单频平面波。对于球面上任意一个噪声源,将其辐射声压表示为

$$x(r,t) = \exp[-\mathrm{i}(kr-\omega t)]$$

式中:$k$ 为声波波数,$\omega$ 为声波角频率。已知间距为 $d$ 的两个矢量水听器分别位于 $R_1(r_0,\theta_0,\phi_0)$ 和 $R_2(r_0,\pi-\theta_0,\pi+\phi_0)$ 处,取其连线中点为坐标原点,建立球坐标系如图1所示。

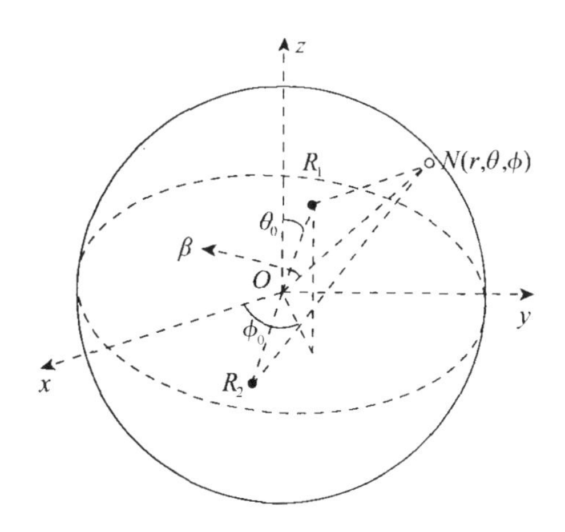


图1　体积噪声模型

$\theta_0$ 为水听器阵与 $z$ 轴的夹角，$\phi_0$ 为方位角，$r_0$ 为阵元到原点的距离。考虑球面上任意一点处的噪声源 $N(r,\theta,\phi)$。将振速中的波阻抗 $\rho c$ 项省略，该噪声源在接收点处辐射声场的声压和质点振速可表示为：

$$\begin{cases}p_1(r_1,t_1)=x(r_1,t_1)\\ v_{1x}(r_1,t_1)=x(r_1,t_1)\sin\theta\cos\phi\\ v_{1y}(r_1,t_1)=x(r_1,t_1)\sin\theta\sin\phi\\ v_{1z}(r_1,t_1)=x(r_1,t_1)\cos\theta\end{cases}\tag{1}$$

$$\begin{cases}p_2(r_2,t_2)=x(r_2,t_2)\\ v_{2x}(r_2,t_2)=x(r_2,t_2)\sin\theta\cos\phi\\ v_{2y}(r_2,t_2)=x(r_2,t_2)\sin\theta\sin\phi\\ v_{2z}(r_2,t_2)=x(r_2,t_2)\cos\theta\end{cases}\tag{2}$$

式中：$r_1$、$r_2$ 分别为噪声源 $N$ 到两个水听器的距离；$t_1$、$t_2$ 为对应的传播时间。为书写简便，引入方向向量 $\boldsymbol{u}=\{\sin\theta\cos\phi,\sin\theta\sin\phi,\cos\theta\}^{\mathrm{T}}$，则式(1)可改写为：

$$y(r_1,t_1)=x_n(r_1,t_1)\begin{bmatrix}1\\ \boldsymbol{u}\end{bmatrix}\tag{3}$$

$$y(r_2,t_2)=x_n(r_2,t_2)\begin{bmatrix}1\\ \boldsymbol{u}\end{bmatrix}\tag{4}$$

将以上两式相乘，取时间、空间平均，均匀各向同性体积噪声声压与质点振速的时空互协方差矩阵为：

$$\boldsymbol{R}(r_1,r_2,t_1,t_2)=E\{y(r_1,t_1)y^{\mathrm{H}}(r_2,t_2)\}=\frac{1}{\Omega_0T_0}\iint\limits_{\Omega_0T_0}\mathrm{e}^{\mathrm{i}k(r_2-r_1)}\cdot\mathrm{e}^{\mathrm{i}\omega(t_1-t_2)}\begin{bmatrix}1\\ \boldsymbol{u}\end{bmatrix}\begin{bmatrix}1 & \boldsymbol{u}^{\mathrm{T}}\end{bmatrix}\mathrm{d}t\mathrm{d}\Omega\tag{5}$$

式中：$[\cdot]^{\mathrm{H}}$ 表示转置共轭；$\Omega_0$、$T_0$ 分别为空间立体角和时间的归一化常数，此处 $\Omega_0=4\pi$。由于噪声源到两个水听器的距离远大于阵元间距，因此 $r_2-r_1\approx d\cos\beta$，$\beta$ 见图1所示。根据图中的几何关系得：

$$\cos\beta=\sin\theta\sin\theta_0\cos(\phi-\phi_0)+\cos\theta\cos\theta_0$$

不失一般性，假设噪声场是时间平稳的，又 $d\Omega=\sin\theta d\theta d\phi$，则式(5)可化简为：

$$\boldsymbol{R}(d,\tau)=\frac{e^{i\omega\tau}}{4\pi}\int_0^{2\pi}\int_0^{\pi}e^{ikd\cos\beta}\boldsymbol{U}\sin\theta d\theta d\phi \tag{6}$$

其中：

$$\boldsymbol{U}=\begin{bmatrix}1\\ \boldsymbol{u}\end{bmatrix}\begin{bmatrix}1 & \boldsymbol{u}^{T}\end{bmatrix}$$

上式给出了均匀各向同性体积噪声场中任意姿态矢量水听器阵接收噪声的声压与质点振速的时空互协方差，通过对上式的积分便得到声压与质点振速 3 个分量的相关系数。

## 2　声压与质点振速的相关系数

将式(6)中的指数函数展开为球贝塞尔函数和勒让德函数乘积的级数形式[9]，分别对方位角和极角进行积分，根据余弦函数和勒让德函数的正交性，求解得到声压的空间相关系数为

$$\langle p_1p_2^*\rangle=j_0(kd) \tag{7}$$

声压与质点振速分量、质点振速分量之间的空间相关系数为：

$$\langle p_1v_{2x}^*\rangle=ij_1(kd)\sin\theta_0\cos\phi_0 \tag{8}$$

$$\langle p_1v_{2y}^*\rangle=ij_1(kd)\sin\theta_0\sin\phi_0 \tag{9}$$

$$\langle p_1v_{2z}^*\rangle=ij_1(kd)\cos\theta_0 \tag{10}$$

$$\langle v_{1x}v_{2x}^*\rangle=\frac{1}{6}\{2j_0(kd)+j_2(kd)[3\cos^2\theta_0-1-3\sin^2\theta_0\cos2\phi_0]\} \tag{11}$$

$$\langle v_{1x}v_{2y}^*\rangle=-\frac{1}{2}j_2(kd)\sin^2\theta_0\sin2\phi_0 \tag{12}$$

$$\langle v_{1x}v_{2z}^*\rangle=-\frac{1}{2}j_2(kd)\sin2\theta_0\cos\phi_0 \tag{13}$$

$$\langle v_{1y}v_{2y}^*\rangle=\frac{1}{6}\{2j_0(kd)+j_2(kd)[3\cos^2\theta_0-1+3\sin^2\theta_0\cos2\phi_0]\} \tag{14}$$

$$\langle v_{1y}v_{2z}^*\rangle=-\frac{1}{2}j_2(kd)\sin2\theta_0\sin\phi_0 \tag{15}$$

$$\langle v_{1z}v_{2z}^*\rangle=\frac{1}{3}\{j_0(kd)-j_2(kd)(3\cos^2\theta_0-1)\} \tag{16}$$

式中：$j_n(z)$表示 $n$ 阶球贝塞尔函数。

式(7)表明，对于均匀各向同性体积噪声，声压的空间相关系数与空间方位无关，这是由于噪声源均匀分布在球面、且关于中心对称的结果；式(8)至(10)则说明，声压与质点振速 3 个分量的自相关和互相关与基阵的俯仰角是有关的；声压与质点振速 3 个分量的相关系数为纯虚数，而振速分量之间的相关系数为实数；声压与质点振速的互相关函数的零点不仅可以通过调整阵元间距获得，还可以通过改变基阵的姿态获得，这对矢量水听器布阵是非常重要的；水听器阵位于哪个坐标轴，声压与该轴的振速分量就有最大的相关系数，而与该轴正交的其余振速分量不相关；声压与 $z$ 轴方向振速分量的互相关及 $z$ 轴方向振速分量的自相关与基阵所处的水平方位无关。由式(7)至(10)容易得到单矢量水听器接收噪声归一化协方差矩阵为

$$\boldsymbol{R}(0,0)=\begin{bmatrix}1 & 0 & 0 & 0\\ 0 & \frac{1}{3} & 0 & 0\\ 0 & 0 & \frac{1}{3} & 0\\ 0 & 0 & 0 & \frac{1}{3}\end{bmatrix} \tag{17}$$

## 3　具体情况讨论

假设噪声源辐射声波的频率为 500 Hz。两个水听器位于 $xOy$ 平面，其连线与 $x$ 轴、$y$ 轴的夹角为 45°。$v_x$ 与 $v_y$ 的相关系数的实部为图 2 中的破折线所示；当两个水听器位于 $Oz$ 轴时，声压、水平方向振速、垂直方向振速的相关系数分别见图 2 中的粗实线、点和细实线，声压 $p$ 与 $v_z$ 的相关系数的虚部见图 2 中的虚线。

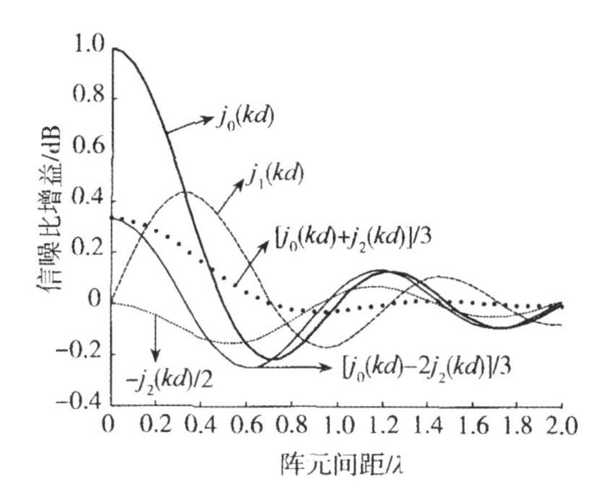


**图 2　体积噪声声压与质点振速的空间相关系数**

图 2 表明，对传统的声压水听器阵而言，选择半波长的阵元间距较好，此时噪声声压的空间相关系数较小。但对于矢量水听器阵，阵元间距为半波长时，噪声场质点振速的相关系数仍然较大，综合考虑两者的相关特性，选择全波长的阵元间距则较为合适。

## 4　矢量水听器阵信噪比增益

假设信号完全相关，矢量水听器均匀线阵阵元数为 $M$，阵元间距为 $\lambda/2$，应用式(7)可得声压信噪比增益为

$$SNR(p^2)=10\lg M \tag{18}$$

同理，应用式(11)(14)和(16)可得质点振速的最大信噪比增益为

$$SNR(v^2)=10\lg M+10\lg 3 \tag{19}$$

此时，基阵与 $z$ 轴的夹角约为 $0.3\pi$，方位角为 $\pi/4$。设阵元数为 18，基阵的方位角为 $\pi/4$，图 3 给出了基阵与 $z$ 轴在不同夹角下的质点振速信噪比增益。从图中也可明显看出，当阵元间距为 $\lambda/2$ 时，夹角为 $\pi/3$ 时的信噪比最大。以上分析表明，对于半波长阵元间距的矢量水听器线阵，可采用这种布阵方式。

分析式(8)至(10)可知，通过调整基阵的俯仰角或方位角可使声压与某一方向质点振

速的相关系数为零，此时该方向声能流的信噪比将趋于无穷大，即 $SNR(pv)\to\infty$。事实上，深海环境噪声是由各向同性噪声（非相干）和各向异性噪声（相干）的叠加，频率在 200 Hz 至 1 000 Hz 的深海典型相干噪声，单矢量水听器的声压与质点振速的相关系数小至 0.001 ~ 0.01，因此其声能流的信噪比增益高达 20 ~ 30 dB[8]。相对于单矢量水听器，矢量水听器均匀线阵声能流的信噪比增益亦为：

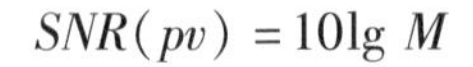

$$SNR(pv) = 10\lg M$$

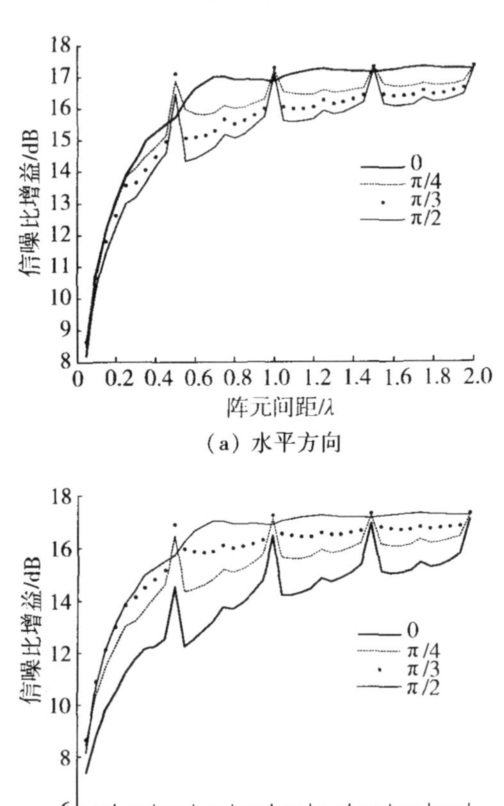


(a) 水平方向

(b) 垂直方向

**图 3　质点振速的信噪比增益**

## 5　结论

本文应用又一种方法建立了体积噪声的一般模型，在此基础上理论分析了噪声声压与质点振速 3 个正交分量间的空间相关特性，给出了解析表达式和单矢量水听器接收噪声的协方差矩阵，分析了矢量水听器阵的信噪比增益，得到了几点结论：

(1) 文中提出的噪声声压与质点振速相关特性的分析方法是简单有效的，应用该方法可实现任意姿态矢量水听器阵输出信噪比的分析。

(2) 对于均匀各向同性体积噪声，声压的空间相关系数与基阵的姿态无关，但声压与质点振速 3 个分量的自相关和互相关与基阵的俯仰角是有关的。声压与质点振速的互相关函数的零点不仅可以通过调整阵元间距获得，还可通过改变基阵的姿态获得，这对矢量水听器布阵是有意义的。

(3)在均匀各向同性体积噪声场中,当矢量水听器均匀线阵的阵元间距为半波长时,此时宜将基阵布放为倾斜阵,其方位角为 $\pi/4$,俯仰角约为 $0.2\pi$,这时质点振速具有最高的信噪比增益。

## 参 考 文 献

[1] URICK R J. 水声原理[M]. 洪申译. 哈尔滨:哈尔滨船舶工程学院,1990:27.

[2] CRON B F, SHERMAN C H. Spatial-correlation functions for various noise models[J]. J Acoust Soc Am,1962,34(11):1732 – 1736.

[3] LIGGETT W S, JACOBSON M J. Covariance of surface-generated noise in a deep ocean[J]. J Acoust Soc Am,1965,38(2):303 – 312.

[4] COX H. Spatial correlation in arbitrary noise fields with application to ambient sea noise[J]. J Acoust Soc Am,1973,54(5):1289 – 1301.

[5] 孙贵青,杨德森,时胜国. 基于矢量水听器的声压和质点振速的空间相关系数[J]. 声学学报,2003,28(6):509 – 513.

SUN Guiqing, YANG Desen, SHI Shengguo. Spatial correlation coefficients of acoustic pressure and particle velocity based on vector hydrophone[J]. Acta Acustica,2003,28(6):509 – 513.

[6] HAWKES M, NEHORAI A. Acoustic vector – sensor correlations in ambient noise[J]. IEEE J. Oceanic Eng,2001,26(3):337 – 347.

[7] 鄢锦,罗显志,侯朝焕. 海洋环境噪声场中声压和质点振速的空间相干[J]. 声学学报,2006,31(4):310 – 315.

YAN Jin, LUO Xianzhi, HOU Zhaohuan. Spatial coherences of the sound pressure and the particle velocity in underwater ambient noise[J]. Acta Acustica,2006,31(4):310 – 315.

[8] SHCHUROV V A, SHCHUROV A V. Combined sensor noise-immunity[J]. Chinese Journal of Acoustics,2002,21(2):97 – 109.

[9] 郭敦仁. 数学物理方法[M]. 北京:人民教育出版社,1965: 283,321.

# 水中混响的混沌属性分析

蔡志明　郑兆宁　杨士莪

**摘要**　用非线性动力学的理论方法分析实验水池混响、湖水混响以及海洋混响时间序列,以检验记录的混响过程是否能用低维非线性动力学建模,以及是否存在混沌属性。被分析数据采自不同的地理位置、不同的底质和水文环境,对应不同的声源,有一定的代表性。分析结果表明混响可在低至4维的动力学空间中展现不自交的动力学轨道,相近轨道按指数规律扩展或敛聚,其最大 Lyapunov 指数是正的且小于0.3。这个结果为混响的非线性动力学建模和基于混沌的非线性处理奠定基础。

## 引言

混响在水声有源探测中,尤其对近距离隐形目标和海底界曲附近目标的有源探测中,是难以克服的主要干扰。迄今为止,准确和普适的混响概率模型尚未建立,因而针对混响的各种统计信号处理效果不明显。近年来,迅速发展的非线性动力学理论和基于混沌的信号处理方法,启发人们在动力学系统状态空间(相空间)中对水声信号进行非线性分析。相应的概念与方法完全不同于传统的信号统计理论,它以动力学建模取代概率建模,以相空间处理取代时域和频域处理。

动力学建模,就是将被分析信号与某个确定性动力系统联系起来,这个系统的状态演变规则可用非线性常微分方程组描述。信号被描述为非线性确定系统在确定性机制下发生的状态变化的某个观察值。动力系统稳态解(吸引子)如果对初始条件和微小扰动极端敏感,它在时域上就会表现为貌似随机的杂乱无章和不可长期预测,在频域上表现为连续谱,但是由于系统内在的确定性本质,它在相空间中存在动力学不变特征。稳态解的这种性质就是混沌属性。具有混沌属性的稳态解称为奇异吸引子,而相应的动力系统称为混沌系统。海洋混响的不确定程度比纯粹的随机噪声低得多,其表面上的无序是否掩盖了内在的规律?为此,要分析海洋混响的混沌属性。

Haykin 提出[1]:从工程的角度看,判断一个观察数据序列是否产生于混沌系统须检验3个主要条件:①有界性,即吸引子在相空间中随时间的演化轨道是有界的。根据获得数据的有界性,容易验证这一点。②确定性,即吸引子维数必须是有限的且至少具有局部(短时)预测性。理论上随机过程只能嵌入无限维相空间。按照目前的计算能力,工程上一般以10维为界。10维以下称为低维,可采用动力系统建模,10维以上的系统太复杂以至于难以处理,只好借助随机建模。③至少存在一个正的 Lyapunov 指数。正的 Lyapunov 指数说明吸引子轨道敏感地依赖于初始值。我们的前期研究工作[2]表明:单频脉冲激励的混响可以建模为低维动力学系统,可以被短期预测。其相空间维数小于7,是目前处理能力所能承受的。限于篇幅,本文主要讨论从实际观测序列估算 Lyapunov 指数。对水池混响、湖水混响以及海洋混响的分析结果都证明其最大 Lyapunov 指数是正数,这是混沌属性的最重要表征。

## 1 由时间序列重构动力学相空间

考虑混响时间序列 $x(n), n=0,1,\cdots,N$。根据 Takens 嵌入定理[3]，只要恰当选择嵌入维 $d_e$，则用 $x(n)$ 的一组时延样本构造的矢量演变轨道

$$y(n) = \{x(n), x(n+\tau), \cdots, x(n+(d_e-1)\tau)\}, \quad n=0,1,\cdots,N-(d_e-1) \tag{1}$$

将与原吸引子轨道在微分同胚意义上等效，从而 $y(n)$ 与原吸引子轨道有相同的动力学性质。若吸引子维数是 $m$（可以是分数），则理论上嵌入的充分条件为 $d_e \geqslant 2m+1$。某些情况下，$m \leqslant d_e \leqslant 2m+1$ 仍可保持微分同胚映射关系。工程上用假最近邻点统计法估计 $d_e$。在 $d$ 维重构相空间中搜寻并计算 $y[n]$ 与其最近邻点 $y^{NN}(n)$ 之间的欧氏距离

$$R_d(n) = \sqrt{\sum_{i=1}^{d-1}[x(n+\mathrm{i}\tau) - x^{NN}(n+\mathrm{i}\tau)^2]} \tag{2}$$

将扩大一维后的相空间中这两点距离 $R_{d+1}(n)$ 与 $R_d(n)$ 及吸引子平均尺度进行比较，可以鉴别出 $y^{NN}(n)$ 是否因太小的嵌入维数而导致的假最近邻点。令 $d$ 从小到大递增，对轨道上所有的 $n$ 统计假最近邻点数的变化。使轨道不自交（一般认为假最近邻点数少于 1% 时[4]）的 $d$ 即是 $d_e$。对于非有限维确定性模型，如随机过程，无论 $d$ 多大都无法使轨道不自交。时延 $\tau$ 由两个观测 $x(n)$ 和 $x(n+\tau)$ 之间的平均互信息的第一个最小值决定[4]。平均互信息定义为：

$$I(\tau) = \sum_{x(n)} \sum_{x(n+\tau)} P(x(n), x(n+\tau)) \cdot \log \frac{P(x(n), x(n+\tau))}{P(x(n))P(x(n+\tau))} \tag{3}$$

它是两个观测的一般（线性和非线性）关联程度的度量。式中，$P(\cdot)$ 表示一维概率密度估计，$P(\cdot,\cdot)$ 表示二维概率密度估计。运用我们设计的快速算法，对在高频传播水池、吉林松花湖和浙江象山海域获取的单频脉冲混响进行动力学相空间重构分析，主要参量的估算结果基本一致。嵌入维 $d_e$ 为 4，混噪比较低时可增大到 5 或 6。嵌入时延 $\tau$ 依采样率比信号频率高出的倍数而定：倍数在 4 以下时 $\tau$ 取 1；以 4 为基数，倍数每增大 4，$\tau$ 基本上要加 1。以上是根据目前多样化数据进行分析所得到的较为一致的结果，它表明混响可以嵌入低维相空间，也预示着混响的内在确定性因素。嵌入维和时延也是估算最大 Lyapunov 指数所需的基本参量。

## 2 由时间序列估计动力学系统最大 Lyapunov 指数

考虑混沌系统相空间中的一个直径为 $\tau(0)$ 的 $d$ 维无限小球。小球中的每一点看成是某一轨道的初始点。由于混沌轨道对初值的敏感性，经过时间演化后，$d$ 维小球将演变成 $d$ 维小椭球。全局 Lyapunov 指数谱定义为：

$$\lambda_i \triangleq \lim_{t\to\infty}\left(\frac{1}{t}\lg_2\frac{r_i(t)}{r(0)}\right), \ i=1,2,\cdots,d \tag{4}$$

式中，$r_i(t)$ 是椭球的第 $i$ 主轴长度。最长主轴代表着最不稳定方向，相应的 $\lambda_i$ 称为最大 Lyapunov 指数。$0<\lambda_i<\infty$ 表示相邻轨道平均以 $2^{\lambda_i t}$ 规律分离，对应混沌运动；$\lambda_i<0$ 表示以指数规律敛聚，对应稳定点；$\lambda_i=0$ 对应稳定极限环；而 $\lambda_i=\infty$ 对应噪声运动。计算 Lyapunov 指数谱 $\lambda_i(i=1,2,\cdots,d)$ 是相当困难的，但计算 $\lambda_i$ 相对容易，而且只要 $0<\lambda_i<\infty$ 成立即能确认动力学系统是混沌的。Wolf 提出从实验数据估计 $\lambda_1$ 的轨道跟踪法[5]，是基于如下的事实：混沌系统相空间中的任何扰动矢量，经一定时间演变后将最终取与最大

Lyapunov 指数所对应特征向量相一致的方向。于是有：

$$\lambda_1 = \lim_{L\to\infty}\frac{1}{L}\lg_2\frac{\|DF^L\boldsymbol{u}_0\|}{\|\boldsymbol{u}_0\|} \cong \sum_{k=0}^{M-1}\lg_2\frac{\|DF^{L_k}\boldsymbol{u}_k\|}{\|\boldsymbol{u}_k\|}\Big/\sum_{k=0}^{M-1}L_k \tag{5}$$

式中，$\boldsymbol{u}_0$是重构相空间中任取的最小矢量，$DF^L$表示 $L$ 步演化算子。为满足定义所规定的“小椭球”条件，演化过程被分为 $M$ 段，即全局 Lyapunov 指数由 $M$ 个局部 Lyapunov 指数累计而得。每段起始矢量 $\boldsymbol{u}_k(k=1,2,\cdots,M-1)$取为与 $DF^{L_{k-1}}\boldsymbol{u}_{k-1}$方向最接近的最小矢量，如此可保证在不同段内跟踪同一椭圆轴向矢量的连续演变。每段演化步数 $L_k$取决于 $\boldsymbol{u}_k$增长速度，一般要求限制$\|DF^{L_k}\boldsymbol{u}_k\|$小于某门限，如吸引子尺度的 10%。

Wolf 算法的基本条件是假设混沌系统已经存在，因此它对源自未知系统的实验数据不总能得到信服的结果。尤其当数据受到噪声污染时，因受“小椭球”的局限，算法无法提取噪声造成的快速扩展特征，反而突出了偏小甚至是负的轨道扩展特征，从而导致错误结果。Kanze（1994）和 Rosenstein 等人（1993）提出一种通过统计重构相空间中近邻轨道的演变过程来估算相邻轨道间距的指数变化规律的新思路[6]，这种统计检验对任何未知系统都是有效 的。据此思想我们设计如下的统计平均式：

$$S(n) = \frac{1}{M}\sum_{m=1}^{M}\lg_2\left(\frac{1}{|\Psi(\boldsymbol{u}_m)|}\cdot\sum_{\boldsymbol{u}_m^{NN}\in\Psi(\boldsymbol{u}_m)}\|DF^n\boldsymbol{u}_m^{NN} - DF^n\boldsymbol{u}_m\|\right), n = 1,2,\cdots,N \tag{6}$$

这里，$\boldsymbol{u}_m$是重构相空间中的任意取点，总共设有 $M$ 个。近邻域 $\Psi(\boldsymbol{u}_m)$是 $\boldsymbol{u}_m$的近邻点集合$\{\boldsymbol{u}_m^{NN} \mid \varepsilon > \|\boldsymbol{u}_m^{NN} - \boldsymbol{u}_m\|\}$，$\varepsilon$ 为指定的最大近邻点间距。$|\Psi(\boldsymbol{u}_m)|$是近邻点集合大小的尺度，可用近邻点数作为其估计。$S(n)$表征近邻轨道间距随时间或演化步数 $n$ 的平均对数演变，因此 $S(n)-n$曲线的线性段表示轨道按指数率扩展或敛聚，线性段的斜率对应最大 Lyapunov 指数。

基于 Wolf 和 Kanze 的两种快速算法已用软件实现。用 Henon 吸引子、Lorenze 吸引子和 Rossler 吸引子等标准混沌信号以及随机噪声和非混沌有规信号对算法进行检验，其最大 Lyapunov 指数的估计结果与理论值吻合。图 1 是干净 Henon 序列及其受不同强度的噪声污染情况下的 $S(n)-n$ 曲线，图 2 是 20 dB 信噪比下以不同 $\varepsilon$ 为参量算出的 $S(n)-n$ 曲线。无噪声情况下由其起始线性段的斜率估计 $\lambda_1 = 0.600$ bits/iter，非均匀步长的轨道跟踪法估计 $\lambda_1 = 0.598$ bits/iter，而 Henon 的最大 Lyapunov 指数理论值为 0.603 bits/iter。表 1 列出各种信噪比下两种算法对 $\lambda_1$的估算结果。

分析结果形成几个结论：①没有噪声污染时两种算法对 $\lambda_1$的估计均相当接近理论值。②Kanze 算法原则上要求从尽可能小的近邻域开始统计其轨道演变，以便 $S(n)$曲线在达到饱和值前尽量展示其线性段。无噪声情况下 $\varepsilon$ 在吸引子尺度的 1% 左右的相当范围内取值对 $\lambda_1$估计不敏感，如图 1 中的圆圈线和十字线所示。有噪声情况下，若 $\varepsilon$ 选得太小以致于接近或小于噪声尺度，则噪声导致的假近邻点会使 $n=0$ 到 $n-1$ 之间的 $S(n)$曲线变陡，如图 2 所示。但随着演化步数 $n$ 的增大，距离尺度逐渐扩展，吸引子近邻轨道间演变的指数规律使 $S(n)$逼近线性段，最后趋于饱和，饱和值与吸引子中任意两点距离的统计平均值有关。因此对源自未知系统的实验数据进行分析时要选择多个 $\varepsilon$ 予以综合比较，且主要观察 $n>1$ 之后的线性区域。Wolf 轨道跟踪法将自动调整分段步长，除重构相空间的参量外不需要人为干预。③Lyapunov 指数对噪声极为敏感。当存在噪声干扰时，Kanze 算法的 $S(n)$曲线在 $n>1$之后的线性段斜率随噪声强度的提高而适当增大，线性段区间随噪声增大而缩小，使 $\lambda_1$的估计准确性受影响。而 Wolf 轨道跟踪法的估计值如所预计的那样随噪声强度的提高反而减小，如表 1 所示，这说明算法在强噪声条件下的局限性。尽管如此，只要信噪比不低于 8 dB,Wolf 方法的结果不会误判 Lyapunov 指数的正负符号。在对实验数据进行分析时,两种方法均被采用。

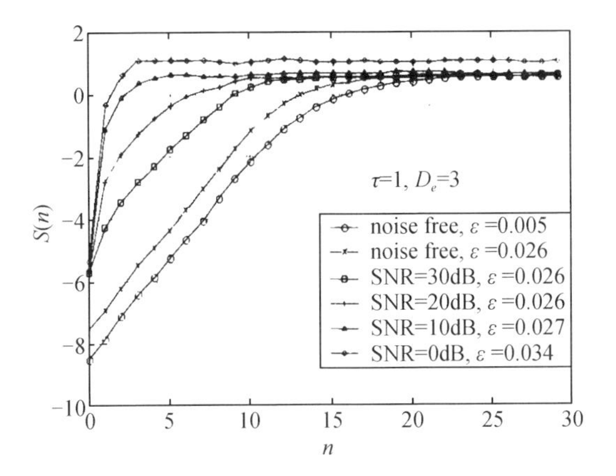


**图 1 用 Kanze 法从 Henon 序列中估计最大 Lyapunov 指数,图中虚线用于估计线性段斜率**

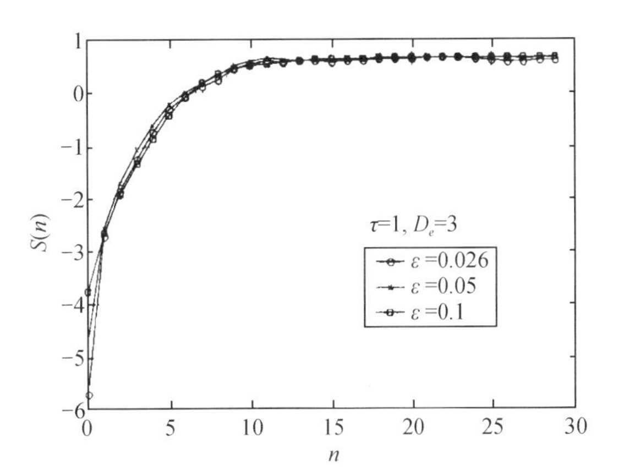


**图 2 用 Kanze 法从噪声干扰下的 Hecon 序列中估计最大 Lyapunov 指数**

**表 1 不同信噪比下对 Hecon 序列的 $\lambda_1$ 估计(bits/iter)**

| 信噪比/dB | +∞ | +30 | +20 | +10 | 0 |
|---|---|---|---|---|---|
| $\lambda_1$[Wolf] | +0.598 | +0.479 | +0.257 | +0.041 | -0.058 |
| $\lambda_1$[Kanze] | +0.600 | +0.600 | +0.800 | +1.00 | +1.20 |

## 3 混响实验数据分析结果

混响数据来源有 3 种:①高频传播水池池底混响实验。2.5 m 宽、25 m 长的水池底部铺着高密度的细沙。收发换能器束宽、俯角、脉宽等实验参数被严格控制以避免光滑池壁和水面的影响。发射频率取 600 kHz 左右,俯角和源深取多种状态。②吉林松花湖混响实验。松花湖水域开阔、安静,其底部多为泥沙夹杂石砾。3 次湖试选择不同的湖域,其地形既有平坦状又有外深内浅的斜坡状。收发换能器的水平、垂直束宽均较大,因此记录信号包含体积混响、湖底 混响以及湖面混响。发射频率在 25 ~ 50 kHz 之间,脉宽在 0.2 ~ 4 ms 之间。③浙江象山海域混响实验。实验区域为淤泥底质,三级以下海况(有较大潮流)。实验设备及参数选择与湖试情况基本相同。下面的 3 个实例分析分别对应上述三类实验数据。

实例 1:在传播水池中以 2 500 kHz 的采样率记录的池底混响。发射信号是 592.2 kHz 频率、1 ms 宽度的 CW 脉冲。水深 70 cm,源深 10 cm,俯角 37°。因前置放大器约有 100 mV 自噪声,混噪比被估计为 32 dB。经计算,嵌入空间维数 $d_e$ 确定为 4,嵌入时延 $\tau$ 为 1。混响时间序列按时延坐标嵌入相空间后再进行最大 Lyapunov 指数的分析。图 3 是由 Kanze 法得到的不同距离 $\varepsilon$ 的近邻轨道演变统计平均曲线 $S(n)$,其中 $\varepsilon=0.1$ 是取 4 维相空间中重构吸引子轨道平均尺度的 1%。图中曲线在 $n=5$ 以前的线性段是明显的,但其斜率依 $\varepsilon$ 的大小而略有变化,这是小 $\varepsilon$ 取值时噪声影响的结果。按照在 $n>1$ 之后及 $S(n)$ 达到饱和值之前判取线性段的原则,在四条曲线中拟选较为一致和较逼近线性趋势的直线段,以虚线在图中标出,其斜率即 $\lambda_1$ 被估计为 0.3 bits/iter。Wolf 轨道跟踪法估计 $\lambda_1$ 为 0.02 bits/iter。由于噪声因素，两种方法的估计值不一致。我们目前还无法准确判定 $\lambda_1$；但可以确定 $0.3 \geqslant \lambda_1 > 0$。不同信号参数与换能器状态下的混响数据均被分析与比较，其结论是一致的。

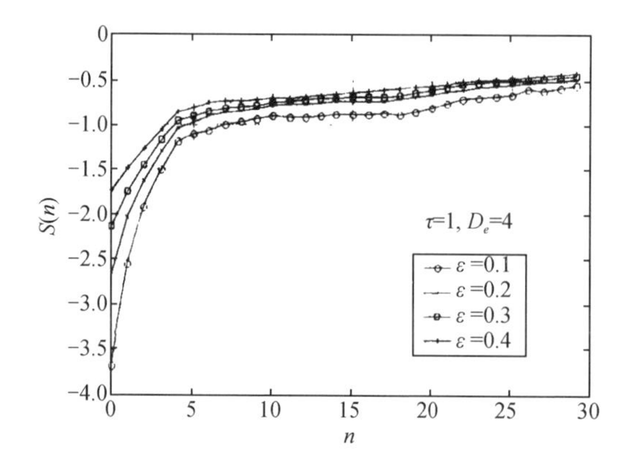


**图 3　用 Kanze 法从水池混响记录数据中估计最大 Lyapunov 指数**

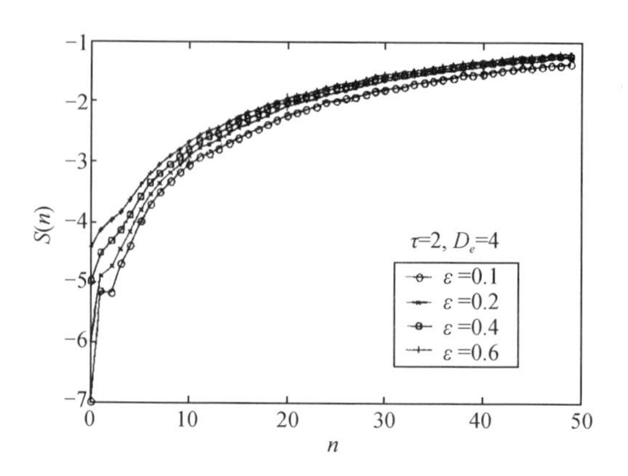


**图 4　用 Kanze 法从胡试混响记录数据中估计最大 Lyapunov 指数**

实例2：以250 kHz 的采样率记录的湖水混响。发射信号是频率28 kHz、宽度0.4 ms 的 CW 脉冲。经计算，嵌入空间维数 $d_e=4$，嵌入时延 $\tau=2$。Wolf 法估计 $\lambda_1 = 0.083$ bits/iter。图 4 是 $\varepsilon = 0.01$、0.02、0.04、0.06时的 $S(n)$ 曲线，其中 $\varepsilon=0.01$ 是取 4 维相空间中重构吸引子轨道平均尺度的 1%。数据中的噪声使 $S(n)$ 在 $n<3$ 区段产生起伏，但随后的区段还是表现出较明显的线性递增，这对应轨道的指数扩展。按与实例 1 相同的原则拟选 $S(n)$ 的线性段，以虚线标于图中，由其斜率估计 $\lambda_1 = 0.25$ bits/iter。

实例 3：以 250 kHz 的采样率记录的海洋混响。发射信号是频率 30 kHz、宽度 1 ms 的 CW 脉冲。相空间重构参数同实例 2，说明不同底质和海洋环境条件下的混响有一致的动力学空间结构。Wolf 法估计 $\lambda_1 = 0.087$ bits/iter，而 Kanze 法估计 $\lambda_1 = 0.23$ bits/iter。图 5 中密集的一束曲线是在不 同 $\varepsilon$ 取值时关于混响的 $S(n)$，最小 $\varepsilon = 0.02$ 仍取重构吸引子平均尺度的 1%，曲线随 $n$ 变化趋势及线性段拟选方法均与前例相同。作为比较，图中下部菱形标记连线是关于 30 kHz 连续波的 $S(n)$，上部菱形标记连线是关于标准高斯噪声的 $S(n)$。与噪声的结果相比可以看出，混响在相空间中的混沌动力学属性是的确存在的。

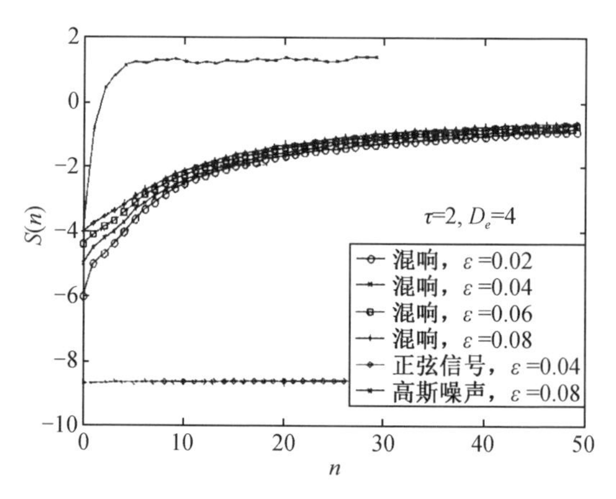


**图 5　用 Kanze 法从海试混响、高斯噪声、有规信号中估计最大 Lyapunov 指数**

图中部曲线组相对应混响，上部曲线对应高斯噪声，下部直线对应正弦波。

## 4　结论

建立在非线性动力学理论基础上的一套分析方法已经由软件实现，用于估计动力学空间维数和最大 Lyapunov 指数等重要参数，以检验实际的物理记录数据（信号）是否能用低维非线性动力学建模，以及是否存在混沌属性。本文分析计算了实验室条件下的混响以及湖上试验和海上试验的实际混响数据。这些数据采自不同的地理位置、不同的底质、不同的水文环境和不同的声源信号，有一定的代表性。分析结果表明混响可在低至 4 维的动力学空间中展现不自交的动力学轨道，相近轨道按指数规律扩展或敛聚，其最大 Lyapunov 指数 $\lambda_1$ 是正的且小于 0.3。因此至少从工程应用的角度上看，混响具有混沌属性。本文分析主要对象是海洋混响，但上述方法和软件工具适用于任何物理场数据。

## 参考文献


[1] Hay kin S, Xiao B L. Detection of signal in chaos. PIEEE, 1995; 83(1): 95 - 122.

[2] Wang X, Zhiming C, Zhaoning Z. Nonlinear dynamical system modeling and prediction on the lake-bottom rever - beration. Proceedings of the 4th Pacific Ocean Remote Sensing Conference, 1998: 749 - 752.

[3] Takens F. Detecting strange attractor in turbulence, Dy - namical Systems and Turbulence. Berlin: Warwick, Springer - Verlag, 1981: 366 - 381.

[4] Abarbanel H D I. Analysis of observed chaotic data in physical system. Reviews of Modem Physics, 1993; 65(4): 1331 - 1392.

[5] Wolf A, Swift J B, Swinney H L, Vastano J A. Determining Lyapunov exponents from a time series. Physica 16D, 1985; 16: 285 - 317.

[6] Kanze H, Schreiber T. Nonlinear time series analysis. England: Cambridge University Press, 1997: 304.

# 主动声呐方程和传播损失及混响级的定义

吴金荣　张建兰　马　力

**摘要**　A. Ainslie 发表文章[1]指出传统定义的被动声呐方程严格应用起来与实际情况存在一定的偏差,某些情况下会带来严重的错误。该偏差需通过接收水听器与声源处介质的特征阻抗比来校正。主动声呐方程中存在同样的问题,其与实际情况的偏差需要用接收水听器与声源处的介质特征阻抗比的平方来校正。本文给出主动声呐方程中传播损失和混响级的重新定义并且给出相应的两种主动声呐方程,两种方程都消除了这种不期望的特征阻抗比偏差。

**关键词**　传播损失;混响级;主动声呐方程

## 1　引言

声呐方程是将介质、目标和声呐设备的作用联结在一起的关系式,其主要目的是量化信号/噪声比,对于水声应用工程师来说,它是声呐设计和性能预报的有用工具。根据声呐主被动应用形式和数据处理技术的不同,声呐方程可以采用不同的形式[2]。对于被动声呐,信噪比定义为到达声呐接收器的信号与背景噪声的强度比;对于主动声呐,信噪比就成了信号/混响比,即到达声呐接收器的信号与背景混响的强度比。应该指出,该强度并不是声信号的真实强度,而是等效平面波的强度。

传统的声呐方程采用了文献[2]中的定义,文献[3]对[2]中的定义进行了补充。文献[4]则用声压平方代替等效平面波强度定义声呐方程。为了澄清传统声呐方程的定义或重新定义声呐方程,前后发表了许多文章[5-7],Morfey[8]的声学词典给出了一些声呐方程相关量的严格定义。文献[1]针对传统定义的被动声呐方程严格应用起来与实际情况存在一定偏差这一问题作了阐述,本文将探讨主动声呐方程中的这一问题并且通过相应的定义调整试图解决这个问题。

为了说明问题,我们采用了稳态(即单位时间进入接收设备的能量恒定)的连续点源信号,且不考虑多普勒频移,这种方法可以推广到指向性声源、水听器阵等复杂情况。下面我们依次介绍传统主动声呐方程、两种我们重新定义的传播损失、混响级和新定义的主动声呐方程,最后给出结论。为了直观起见,文中采用线性尺度,而不用对数尺度。

## 2　传统主动声呐方程

在主动声呐探测系统中,信号混响比可以写成信号强度 $I_{SS}^{eq}$ 与混响强度 $I_{R}^{eq}$ 的比:$srr \equiv I_{SS}^{eq}/I_{R}^{eq}$,其中下标 $SS$ 和 $R$ 分别代表主动探测系统接收的信号与混响,上标 $eq$ 表明这不是真正的声强度,而是一个等效平面波强度,定义为在同一介质中传播的与真实声场有相同均方根声压的平面波。这种等效平面波强度英文简写为 EPWI(Equivalent Plane Wave Intensity)。

在传统主动声呐定义中，信号等效强度与声源级 $sl$、传播损失 $pl$、混响级 $rl$ 和目标强度 $ts$ 有关。这里 $sl$ 是离声源一定距离（一般为 1 m）处的声强 $I_0$ 和参考强度 $I_{ref}$（平面波的均方根声压 $p_{ref}$ 为 1 μPa）的比

$$sl \equiv \frac{I_0}{I_{ref}} \tag{1}$$

传播损失 $pl$ 是声源强度与目标处信号的等效强度 $I_S^{eq}$ 之比

$$pl \equiv \frac{I_0}{I_S^{eq}} \tag{2}$$

目标强度 $ts$ 定义为离目标声学中心某一距离（1 m）处，回声等效强度 $I_B^{eq}$ 与入射声等效强度 $I_S^{eq}$ 的比

$$ts \equiv \frac{I_B^{eq}}{I_S^{eq}} \tag{3}$$

混响级 $rl$ 则定义为混响等效强度 $I_R^{eq}$ 和参考声强度之比

$$rl \equiv \frac{I_R^{eq}}{I_{ref}} \tag{4}$$

因此信混比可表示为

$$srr \equiv \frac{sl \cdot ts}{pl \cdot pl \cdot rl} \tag{5}$$

（5）式是主动声呐方程的线性形式。（1）~（4）式的定义已经被声呐设计人员和分析研究者使用了几十年。他们简单的形式使得工程计算非常方便，但是我们认为应予改进。

## 3　传播损失和混响级的重新定义

前节中的参考强度 $I_{ref}(r)=p_{ref}^2/Z(r)$，其中 $Z(r)$ 是在测量位置 $r$ 处的特征声阻抗，因此 $I_{ref}$ 是位置 $r$ 的函数。同样理由，其他等效强度也应是位置的函数，所以（5）式是一种近似表达式，应改写为

$$srr = \frac{sl \cdot ts}{pl \cdot pl \cdot rl}\left[\frac{Z(r)}{Z(r_0)}\right]^2 \tag{6}$$

其中 $r_0$ 是声源的位置。这似乎是一个微小的差异，因为我们认为海水在不同位置的特征阻抗差别很小。然而，密度和声速都与温度、盐度和深度有关，海水中的温、盐、深变化万千，声呐位置和目标位置不同时，介质的特征阻抗常常会发生较大变化。例如：声源处的声速 1 500 m/s，密度为 1 g/cm³；而目标处的声速 1 540 m/s，密度仍为 1 g/cm³。这样方程的综合误差就会达到 0.23 dB，当水中有气泡或其他介质特征阻抗异常变化的特殊情况时，（5）式的误差将会更大。

由此可见，（2）式的定义不是普遍适用的。当今文献中应用的 $pl$ 定义为均方声压比（MSP），即

$$pl_{\mathrm{MSP}} = p_0^2/\overline{p_S^2} \tag{7}$$

其中 $\overline{p_S^2}$ 是离目标声学中心某一距离（1 m）处测量的声压均方值，$p_0$ 是离声源某一距离（1 m）处测量的均方根声压值，它和 $I_0$ 的关系为 $p_0 \equiv \sqrt{I_0 Z(r_0)}$，这就意味着 MSP 定义的 $pl$ 和传统声呐方程定义的 $pl$ 相差一个因子 $Z(r_0)/Z(r)$，这里用 $pl_{\mathrm{EPWI}}$ 和 $pl_{\mathrm{MSP}}$ 来区别它们

$$pl_{\text{EPWI}} \equiv \frac{I_0}{I_S^{eq}} = \frac{p_0^2/Z(r_0)}{p_S^2/Z(r)} = pl_{\text{MSP}} \frac{Z(r)}{Z(r_0)} \tag{8}$$

于是,相应的 MSP 混响级为离声源某一距离(1 m)处测量的均方混响声压值

$$rl_{\text{MSP}} = \overline{pR(r_0)^2} \tag{9}$$

其他各项的定义及其单位见表 1。

**表 1　主动声呐方程中各项的定义与单位**

| 声呐 | 传统声呐方程[2] | | EPWI 声呐方程 | | MSP 声呐方程 | |
|---|---|---|---|---|---|---|
| | 定义 | 单位 | 定义 | 单位 | 定义 | 单位 |
| 声源级 $sl$ | $\frac{I_0}{I_{ref}(r_0)}$ | 无 | $\frac{W}{4\pi}$ | $\text{Wsr}^{-1}$ | $p_0^2 r_{ref}^2$ | $\mu\text{Pa}^2\cdot\text{m}^2$ |
| 传播损失 $pl$ | $\frac{I_0}{I_S^{eq}(r)}$ | 无 | $\frac{W}{4\pi I_S^{eq}(r)}$ | $\text{m}^2\text{sr}^{-1}$ | $\frac{p_0^2 r_{ref}^2}{\overline{ps(r)^2}}$ | $\text{m}^2$ |
| 混响级 $rl$ | $\frac{I_{eq\,R}(r_0)}{I_{ref}(r_0)}$ | 无 | $I_R^{eq}(r_0)$ | $\text{Wm}^{-2}$ | $\overline{p_R(r_0)^2}$ | $\mu\text{Pa}^2$ |
| 目标强度 $ts$ | $\frac{I_B^{eq}(r)}{I_S^{eq}(r)}$ | 无 | $\frac{I_B^{eq}(r)}{I_S^{eq}(r)}$ | 无 | $\frac{\overline{p_B(r)^2}}{\overline{ps(r)^2}}$ | 无 |
| 信混比 $srr$ | $\frac{I_{SS}^{eq}(r_0)}{I_R^{eq}(r_0)}$ | 无 | $\frac{I_{SS}^{eq}(r_0)}{I_R^{eq}(r_0)}$ | 无 | $\frac{\overline{p_{SS}(r_0)^2}}{\overline{p_R(r_0)^2}}$ | 无 |

注:$r_0$ 表示离声源某一参考距离的位置,$r$ 则表示离目标某一参考距离的位置。

## 4　两种新形式的主动声呐方程

传统主动声呐方程中出现的偏差和两种 $pl$ 比的平方是一样的,等于$[Z(r)/Z(r_0)]^2$。因此,如果用 $pl_{\text{MSP}}$ 来代替(5)式中的 $pl_{\text{EPWI}}$,就不再需要纠正项了。另外,传统主动声呐方程改变形式后,也可以消除其固有的偏差。下面介绍这两种声呐方程,分别用 EPWI 项和 MSP 项给出。

### 4.1　EPWI 主动声呐方程

为了清楚地给出主动声呐方程的三维物理图像,并且和物理学其他分支的有关定义相一致,这里首先采用 Hall[7] 给出的声呐方程各项定义。Hall 指出(1)式中的 EPWI 声源级和单位立体角内的声功率是相等的,即对于功率为 $W$ 的无指向性声源,声源级为 $sl_{\text{EPWI}} \equiv W/4\pi$。因此可以定义传播损失 $pl_{\text{EPWI}}$ 为 $W/(4\pi I_S^{eq})$,其中 $I_S^{eq} = \overline{p_S^2}/Z(r)$ 是离目标某一距离单位面积上接收的信号强度;定义混响级 $rl_{\text{EPWI}}$ 为 $I_R^{eq}$,其中 $I_R^{eq} = \overline{p_R^2}/Z(r_0)$ 是离声源某一距离单位面积上接收的混响信号强度;其他项的定义见表 1。因此 EPWI 主动声呐方程可以写成

$$srr_{\text{EPMI}} \equiv \frac{I_{SS}^{eq}(r_0)}{I_R^{eq}(r_0)} = \frac{sl_{\text{EPWI}} \cdot ts_{\text{EPWI}}}{pl_{\text{EPWI}} \cdot pl_{\text{EPWI}} \cdot rl_{\text{EPWI}}} \tag{10}$$

### 4.2 MSP主动声呐方程

利用MSP方法定义传播损失 $pl$ 和其他各项,可以得到主动声呐方程

$$srr_{\text{MSP}} \equiv \frac{\overline{p_{SS}(r_0)^2}}{p_R(r_0)^2} = \frac{sl_{\text{MSP}} \cdot ts_{\text{MSP}}}{pl_{\text{MSP}} \cdot pl_{\text{MSP}} \cdot rl_{\text{MSP}}} \tag{11}$$

其中 $sl_{\text{MSP}}$、$pl_{\text{MSP}}$ 和 $rl_{\text{MSP}}$ 等项的定义见表1,它们都以距离声源 $r_{ref}$ 处的均方声压 $p_0^2$ 为参考。$p_0^2$ 可以写成

$$p_0^2 \equiv Z(r_0)\frac{W}{4\pi r_{ref}^2} \tag{12}$$

与EPWI声呐方程相比,MSP声呐方程的优点是转换到传统声呐方程或从传统声呐方程转换MSP声呐方程时仅需要很少的数值调整。

## 5 结论

应用传统的主动声呐方程时会产生与实际情况的偏差,偏差值定义为 $[Z(r)/Z(r_0)]^2$。当该值等于1时表示没有产生偏差。应用传统主动声呐方程时,这个偏差值在介质的特征阻抗变化不大的海洋环境中接近1,但是在介质的特征阻抗变化很大的海洋环境中会远远偏离1而导致严重的后果。本文讨论了主动声呐方程中传播损失和混响级的重新定义,并且给出了相应的两个主动声呐方程来代替传统的主动声呐方程,消除了应用传统主动声呐方程时可能产生的偏差。

## 参考文献


[1] Micheal A A. J. Acoust. Soc. Am,2004,115(1):131 - 134.

[2] Horton J W. Fundamentals of SONAR,2nd ed. Annapolis:United States Naval Institute,1959.

[3] Urick R J. Principles of Underwater Sound,3rd ed. Los Altos:Peninsula,1983. 1 - 30.

[4] Ross D. Mechanics of Underwater Noise. New York:Pergamon,1976.

[5] Carey W M. IEEE J. Ocean. Eng,1995. 20:109 - 113.

[6] Marshall W J. IEEE J. Ocean. Eng,1996. 21:108 - 110.

[7] Hall M V. J. Acoust. Soc. Am,1995,97(6):3887 - 3889.

[8] Morfey C L. Dictionary of Acoustics San Diego:Academic,2001.

# 基于地声模型的浅海混响地声反演研究

吴金荣　马　力　郭圣明

**摘要**　利用浅海混响数据反演海底参数和海底散射常数。混响形成过程中声波多次与海底发生相互作用,因此海底参数之间以及它们与海底散射常数之间的耦合非常严重,未知参数之间的耦合使得常规地声反演方法很难获得海底参数。文中首先利用相对混响强度消除了混响数据中的海底散射常数项,然后利用 Hamilton 地声模型,分别将海底声速、密度和衰减系数表示成孔隙率的函数,采用自适应下山模拟退火混合反演算法,对单个未知数(孔隙率)进行反演,最后再分别获得海底参数和海底反向散射常数。理论分析和数值模拟表明,该方法可以快速准确获得海底参数,同时具有很好的抗噪声干扰能力。

**关键词**　浅海混响;地声反演;Hamilton 地声模型;空隙率

海洋混响是浅海主动声呐的主要干扰,同时海洋混响信号又包含了大量的环境信息,从混响信号中提取这些信息就成了非常有意义的课题,Ellis 等[1]利用混响数据反演获得了海底声速,Preston 等[2-4]在 Ellis 工作的基础上利用模拟退火方法对混响反演程序进行了改进,并且反演出了 Malta 海域的海底参数。Ainslie[5]提出利用混响数据反演能流混响模型中的未知参数,但是 Holland[6]发现由于混响模型参数之间的相互耦合,直接从混响数据中反演出的海底参数是不确定的。本文拟讨论利用单个水听器的非相干平均混响强度数据对海底反向散射常数和海底参数进行反演。为了克服混响反演中参数之间的耦合,这里采用 Hamilton 地声模型,将海底声速、密度和衰减表示成孔隙率的函数,同时借助相对混响强度消除了海底反向散射常数,将混响反演的未知数减少到一个,最后成功获得海底参数和海底反向散射常数。

## 1　浅海混响模型

在介绍反演方法之前,首先介绍混响反演需要的前向混响模型[7]。浅海混响模型所涉及的环境模型如图 1 所示,为了简单起见,这里考虑液态半无限海底的波导。海水底层的声速和密度分别为$c_0$和$\rho_0$,海底平均深度为 $H$,海水海底之间的粗糙界面认为是随机扰动量,用 $\eta$ 表示,有 $<\eta>=0$。在液态海底半空间里,海底声速和密度分别$c_b$和$\rho_b$,海底衰减系数为$\alpha$。图 1 中,$R_0$表示源点,$R$ 表示声场中任意一点,$R_1$表示散射点。

利用 Bass 微扰理论,粗糙表面的声场连续条件可以表示为平整界面上($z=H$)非均匀边界条件:

$$\frac{\partial u_1(R,R_1)}{\partial z}-\frac{\partial u_2(R,R_1)}{\partial z}=V(R_1)G^i(R_1,R_0) \tag{1}$$

$$\rho_0 u_1(R,R_1)-\rho_b u_2(R,R_1)=p(R_1)G^i(R_1,R_0) \tag{2}$$

式中

$$V(R_1)=((k_0^2-k_b^2)/\alpha)\eta(R_1)+(1-1/\alpha)\nabla_\perp\cdot(\eta\nabla_\perp) \tag{3}$$

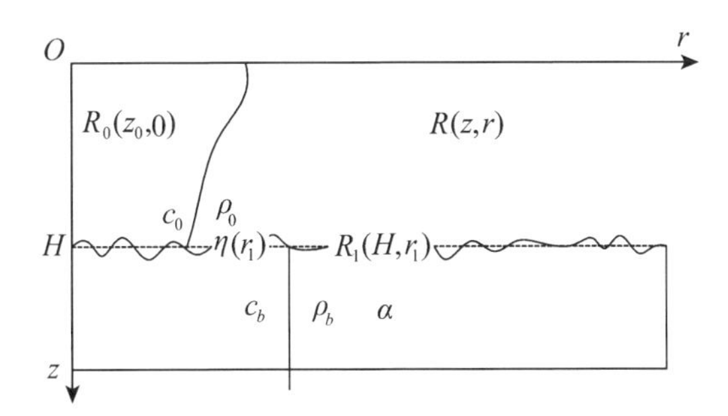


**图 1　浅海混响环境参数模型**

$$p(R_1)=(\rho_b-\rho_0)\eta(R_1)\frac{\partial}{\partial z} \tag{4}$$

式中，$k_0=\omega/c_0$，$\alpha=\rho_b/\rho_0$，$\mu_2$、$\mu_1$分别是粗糙表面上下的散射场。

在$R_0$点点源初始场($\eta=0$)$G^i(R_1,R_0)$可以写成简正波叠加的形式，这里假设海底为高声速海底($c_b>c_0$)：

$$\begin{aligned}G^i(R_0,R_1) &= \mathrm{i}\pi\sum_m^M \varphi_m(z_0)\varphi_m(H)H_0^{(1)}(K_m r_1)\\ &\approx\left(\frac{2\pi\mathrm{i}}{k_0 r_c}\right)^{1/2}\sum_m^M \varphi_m(z_0)\varphi_m(H)\exp(\mathrm{i}k_m r_1-\beta_m r_c)\end{aligned} \tag{5}$$

式中，$H_0^{(1)}$是第 1 类零阶 Hankel 函数，$\varphi_m(z)$是归一化的简正波本征函数，$K_m$是复本征值，有$K_m=k_m+\mathrm{i}\beta_m$，$r_c$是散射区域的水平距离中心，这里假设散射区域有有限尺度。

根据 Green 定理，在 Born 近似下，水层中的点源散射场可以写成

$$u_1(R_0,R)=\int \mathrm{d}R_1\left\{G(R,R_1)V(R_1)G^i(R_1,R_0)-\frac{1}{\rho_w}\frac{\partial G(R,R_1)}{\partial z}p(R_1)G^i(R_1,R_0)\right\} \tag{6}$$

将式(3)～(5)代入式(6)可得

$$u_1(R_0,R)\approx\frac{2\pi\mathrm{i}}{k_0 r_c}\sum_m^M\sum_n^M\varphi_m(z_0)\varphi_n(z)\exp[-(\beta_m+\beta_n)r_c]S_{mn}^R K^R(k_m,k_n) \tag{7}$$

其中

$$S_{mn}^R=\varphi_m(H)C_{mn}^R\varphi_n(H) \tag{8}$$

$$C_{mn}^R=[k_0^2-k_b^2/\alpha+(1-\alpha^{-1})k_m k_n+(1-\alpha)(\alpha)^{-2}\gamma_m\gamma_n] \tag{9}$$

$$\gamma_m=(k_m^2-k_b^2)^{1/2} \tag{10}$$

$$k_m=k_0\cos\theta_m \tag{11}$$

$$K^R(k_m,k_n)\equiv\int \mathrm{d}r_1\eta(r_1)\exp[\mathrm{i}(k_m+k_n)r_1] \tag{12}$$

式(7)给出的散射声场表达式是针对单频谐合点源，频谱为$s(\omega)$脉冲信号$s(t)$的散射声场可以通过 Fourier 变换来获得

$$u_1(R_0,R;t)=\int \mathrm{d}\omega[s(\omega)u_1(R_0,R;\omega)\exp(\mathrm{i}\omega t)] \tag{13}$$

将式(7)代入式(13)，并且利用窄带近似：

$$k_m(\omega)\approx k_m(\omega_0)+(\omega-\omega_0)\frac{\partial k_m(\omega_0)}{\partial\omega} \tag{14}$$

则有

$$u_1(R_0,R;t) = \frac{2\pi i}{k_0 r_c}\sum_n^M \sum_n^M s(t-t_{mn})\varphi_m(z_0)\varphi_n(z)\exp[-(\beta_m+\beta_n)r_c]S_{mn}^R K^R(k_m,k_n)$$
$$\approx \frac{2\pi i}{k_0 r_c}s(t-t_c)\varphi_m(z_0)\varphi_n(z)\exp[-(\beta_m+\beta_n)r_c]S_{mn}^R K^R(k_m,k_n) \tag{15}$$

式中

$$t_{mn} = \left[\frac{\partial k_m}{\partial\omega}+\frac{\partial k_n}{\partial\omega}\right]r_c = \left[\frac{1}{u_m}+\frac{1}{u_n}\right]r_c \approx \frac{2r_c}{c_0} = t \tag{16}$$

在式(14)中,忽略了$(\partial^2/\partial\omega^2)k_m$项引起的脉冲展宽,对于远距离宽带信号,需要考虑脉冲信号的展宽。

对非相干叠加混响信号进行统计平均$<|u_1(R_0,R;t)|_{inc}^2>$作为平均混响强度$-I_R(R_0,R;t)$,海底散射区域为圆环,$A=2\pi rc\Delta r$,$\Delta r\cong c_0\tau_0/2$,这里$\tau_0$是信号$s(t)$的脉冲长度,则平均混响强度可以写成

$$I_R(R_0,R;t) = \left(\frac{2\pi}{k_0 r_C}\right)^2 s^2(t-t_c)(2\pi r_c)\varphi_m^2(z_0)\times$$
$$\varphi_n^2(z)\exp[-2(\beta_m+\beta_n)r_c][S_{mn}^R]^2\Gamma(k_m,k_n) \tag{17}$$

其中

$$\Gamma(k_m,k_n) = \int_{r-\Delta r2}^{r+\Delta r2}\mathrm{d}r'\int_{r-\Delta r2}^{r+\Delta r2}\mathrm{d}r'' <\eta(r')\eta(r'')> \exp[i(k_m+k_n)r'-i(k_m+k_n)r''] \tag{18}$$

为了给出式(18)的详细表达式,假设$r''=r'+x$,并假设$\Delta r$远大于粗糙界面相关尺度$L$,则

$$\Gamma(k_m,k_n) \approx (\Delta r)\sigma_\eta^2\int_0^0 \mathrm{d}x\, R^\eta(x)\exp(i2k_0x) = \frac{c_0\tau_0}{2}\sigma^2 P^\eta(2k_0) \tag{19}$$

式中,$R_\eta(x)$和$\sigma_\eta^2$是粗糙界面$\eta$的相关函数和均方值,$P^\eta$是$\eta$的功率谱。这里利用广为接收的粗糙度谱——Goff - Jordan 谱:

$$P^\eta(2k_0) = \pi L[1+(2k_0L)^2]^{-3/2} \tag{20}$$

式中,参数$L$是水平相关尺度,一般来说,$L$的范围为10~20 m。

将式(19)代入式(17),有

$$I(t) = E_0\left(\frac{2\pi}{k_0 r_c}\right)^2(\pi r_c c_0)\sum_m^M\sum_n^M \varphi_m^2(z_0)\varphi_n^2(z)\exp[-2(\beta_m+\beta_n)r_c]\Theta_{mn}^R \tag{21}$$

式中,$E_0=s^2(t-t_c)\tau_0$是脉冲初始能量,反向散射矩阵定义为

$$\Theta_{mn}^R = \sigma_\eta^2 P^\eta(2k_0)[S_{mn}^R]^2 \tag{22}$$

设$\mu=\sigma_\eta^2P^\eta(2k_0)$表示反向散射能力的强弱,这里定义为反向散射常数,则式(21)可以写成

$$I(t) = E_0\left(\frac{2\pi}{k_0 r_c}\right)^2(\pi r_c c_0)\sum_m^M\sum_n^M \varphi_m^2(z_0)\varphi_n^2(z)\exp[-2(\beta_m+\beta_n)r_c]\mu[S_{mn}^R]^2 \tag{23}$$

利用式(23),可以对反向散射常数$\mu$、海底密度$\rho_b$、海底声速$c_b$和海底衰减系数$\alpha$这4个未知参数进行反演。

## 2 浅海海底参数拟合公式

关于海底参数频率关系的争论已经持续几十年了[8],Biot 地声模型认为海底衰减、海底声速和频率之间存在着非线性的关系,Hamilton 地声模型则认为海底衰减和频率之间有着简单的线性关系,其他参数和频率无关。因为缺少大量有效的测量数据,这一争论至今还没有令人满意的结果。本文重在强调有地声模型约束的地声反演方法,通过地声模型消除海底参数之间的耦合关系,进而有效地获得海底参数。Hamilton 地声模型可以认为是基于大量实测数据的经验拟合公式,相对较为简单,因此这里选用 Hamilton 地声模型。如果选用其他地声模型,本文所提出的混响反演方法同样适用,只不过反演结果随着地声模型的变化会有细微差异。

### 2.1 海底密度拟合公式

假设沉积物是只有陆源性颗粒和填充其间孔隙的海水所组成的二相均匀混合物,并设定颗粒密度$\rho_g=2\ 670\ \mathrm{kg/m^3}$,海水密度是$\rho_w=1\ 024\ \mathrm{kg/m^3}$,则密度公式[9]:

$$\rho=\rho_g(1-n)+\rho_w n \tag{24}$$

式中,$n$ 为孔隙率。表 1 给出 Hamilton 的统计数据与式(24)计算结果的比较。

**表 1 式(24)与 Hamilton 数据的对比**

| 海底类型 | 粗沙 | 细沙 | 很细沙 | 粉沙质沙 | 沙质粉沙 | 粉沙 | 沙粉沙泥 | 泥质粉沙 | 粉沙质泥 |
|---|---|---|---|---|---|---|---|---|---|
| $n$ | 0.386 | 0.445 | 0.485 | 0.542 | 0.547 | 0.562 | 0.663 | 0.716 | 0.730 |
| $\rho^H$ | 2.034 | 1.962 | 1.878 | 1.783 | 1.769 | 1.740 | 7.575 | 1.489 | 1.480 |
| $\rho^T$ | 2.034 | 1.937 | 1.871 | 1.777 | 1.769 | 1.744 | 1.578 | 1.491 | 1.468 |

注:$\rho^H$为 Hamilton 的密度统计数据,$\rho^T$为式(24)计算的结果,表中密度单位皆为 $\mathrm{g/cm^3}$。

从表 1 看到,除了第 2 类海底(细沙)相对误差为 1.25% 和第 9 类海底(粉沙质泥)相对误差为 0.8% 外,其余 7 类海底的相对误差全部在 0.3% 以内。

对于一些特殊地区,式(24)中的$\rho_g$和$\rho_w$可能要做适当修正。比如这里$\rho_w$是指甚浅的盐度等于 35‰的海水,如果在河口地区$\rho_w$相对小些。

### 2.2 纵波声速拟合公式

假设沉积物是均匀各向同性的弹性体,则其纵波声速公式为

$$c_p=\sqrt{\frac{\lambda+2\mu}{\rho}} \tag{25}$$

式中,$\lambda$ 和 $\mu$ 是拉梅系数。其中,$\lambda$ 反映纵向拉伸与应力的关系,$\lambda$ 反映了切变与应力的关系。$\lambda$ 的倒数可被称为"压缩系数"。如果假定沉积物的"压缩系数"也像密度一样具有"叠加性":

$$B=1/\lambda=B_g(1-n)+B_w n \tag{26}$$

则 $\lambda$ 可简单地通过对海底介质压缩系数$B_g$和海水压缩系数$B_w$的测量得到。对陆架沉积物有

$$B_g = 0.21 \times 10^{-10}\,(\mathrm{m}^2/\mathrm{N}),\ B_w = 4.19 \times 10^{-10}\,(\mathrm{m}^2/\mathrm{N})$$

拉梅系数$\mu$是可以写成

$$\mu = (1-n)^3/B_w = \frac{1}{4.19}(1-n)^3 \times 10^{10}\,(\mathrm{N/m}^2) \tag{27}$$

则纵波声速拟合公式[9]为

$$c_p^2 = \frac{1}{\rho B} + \frac{2\mu}{\rho} = 2\frac{c_w^2(1-n)^3}{\rho_r - (\rho_r - 1)n} + \frac{c_w^2}{[\rho_r - (\rho_r - 1)n][B_r + (1-B_r)n - 0.23\,n^3(1-n)]} \tag{28}$$

式中，$c_w = 1\,526.66$ m/s，$\rho = \rho_g/\rho_w = 2\,670/1\,024$，$B_r = B_g/B_w = 0.21/4.19$。

由式(28)计算得到的9类海底拟合结果$c_p^T$被列在表2中。

**表2　式(28)与Hamilton数据的对比**

| 海底类型 | 粗沙 | 细沙 | 很细沙 | 粉沙质沙 | 沙质粉沙 | 粉沙 | 沙粉沙泥 | 泥质粉沙 | 粉沙质泥 |
|---|---|---|---|---|---|---|---|---|---|
| $n$ | 0.386 | 0.445 | 0.485 | 0.542 | 0.547 | 0.562 | 0.663 | 0.716 | 0.730 |
| $c_p^H$ | 1.836 | 1.759 | 1.709 | 1.658 | 1.644 | 1.615 | 1.582 | 1.546 | 1.517 |
| $c_p^T$ | 1.848 | 1.758 | 1.707 | 1.645 | 1.641 | 1.627 | 1.554 | 1.529 | 1.524 |

注：$c_p^T$为Hamilton的纵波声速统计数据，$c_p^T$为公式(28)计算的结果，表中声速单位皆为m/s。

## 2.3　海底衰减拟合公式

Hamilton根据实测数据，给出了海底衰减对孔隙率的经验公式[10]：

$$K = \begin{cases} 0.274\,7 + 0.517n, & 35\% \leqslant n < 46.7\% \\ 4.903n - 1.768\,8, & 46.7\% \leqslant n < 52\% \\ 3.323\,2 - 4.89n, & 52\% \leqslant n < 65\% \\ 0.760\,2 - 1.487n + 0.78\,n^2, & 65\% \leqslant n < 90\% \end{cases} \tag{29}$$

式中，第1类沉积物($36\% \leqslant n < 46.7\%$)对应于粗、中等、细砂；第2类沉积物($46.7\% \leqslant n < 52\%$)对应于特细砂和小孔隙度的混合类型；第3类沉积物($52\% \leqslant n < 65\%$)对应于混合类型；第4类沉积物($65\% \leqslant n < 90\%$)对应于粉砂－黏土类。由式(29)可知第1、2类沉积物的衰减量随孔隙度的增加而增大；第3、4类沉积物均相反，衰减量随孔隙度增加而减少。当沉积物孔隙度约为0.52时，衰减量最大。Hamilton认为，当沉积物中砂的比例较大时，平均颗粒尺寸也较大，此时沉积物的衰减主要取决于颗粒间的摩擦。当颗粒尺寸减小(或粒度增大)时，孔隙度增大，颗粒之间的接触面积增大，因此衰减量也随之增大。表3给出了式(29)与Hamilton的统计数据的比较。

**表3　式(29)与Hamilton数据的对比**

| 海底类型 | 粗沙 | 细沙 | 很细沙 | 粉沙质沙 | 沙质粉沙 | 粉沙 | 沙粉沙泥 | 泥质粉沙 | 粉沙质泥 |
|---|---|---|---|---|---|---|---|---|---|
| $n$ | 0.386 | 0.445 | 0.485 | 0.542 | 0.547 | 0.562 | 0.663 | 0.716 | 0.730 |
| $K^H$ | 2.034 | 1.962 | 1.878 | 1.783 | 1.769 | 1.740 | 1.575 | 1.489 | 1.480 |
| $K^T$ | 2.034 | 1.937 | 1.871 | 1.777 | 1.769 | 1.744 | 1.578 | 1.491 | 1.468 |

注：$K^H$为Hamilton的衰减统计数据，$K^T$为式(29)计算的结果，表中海底衰减单位皆为dB/(m·kHz)。

由式(24)、式(28)、式(29)可知海底参数(声速、密度、衰减)可以表示成孔隙率的函数,因此式(23)中的未知参数就剩下海底反向散射常数和孔隙率。

## 3　混响反演方法

由于海底反向散射常数 $\mu$ 为常数,因此可以利用相对混响强度来消除参数 $\mu$。假定混响参考时间为$t_0$,则相对混响强度为

$$G(t,t_0)=I(t)/I(t_0) \tag{30}$$

其中仅有一个未知数——孔隙率,因此对海底参数的反演变得非常容易。这里利用测量数据和理论数据的均方差作为混响反演的目标函数:

$$E=\frac{1}{N}\sum_{i=1}^{N}(r_i-g_i)^2 \tag{31}$$

式中:$N$ 为混响数据点数,$r$ 为测量相对混响强度数据(与式(30)对应的测量值,单位(dB)),$g=10\lg G$ 为理论计算相对混响值。

对一个未知参数的反演相对比较容易,常见的方法有对分法、黄金分割法、利用一阶导数的一维搜索方法等[11],本文利用自适应下山模拟退火混合方法[12]进行孔隙率的快速反演。反演出孔隙率之后,利用式(24)、式(28)、式(29)可计算出海底的密度、声速和衰减系数,最后将海底参数带入式(23)容易获得海底反向散射常数。

这里仅考虑了一个水听器接收混响的反演问题,该方法很容易推广到垂直阵接收混响数据的反演问题上,由于垂直阵的混响信息量比单个水听器接收混响的信息量大,因此可以预测垂直阵混响反演的效果会比单个水听器反演的效果好。

## 4　数值计算结果

数值计算中,环境参数如图2所示:Pekeris 波导的水深 $H=100$ m,海水声速 $c_0=1\ 500$ m/s,海底孔隙率为60%,粗糙界面高度的均方根 $\sigma=0.1$ m,粗糙界面的空间相关长度 $L=10$ m。

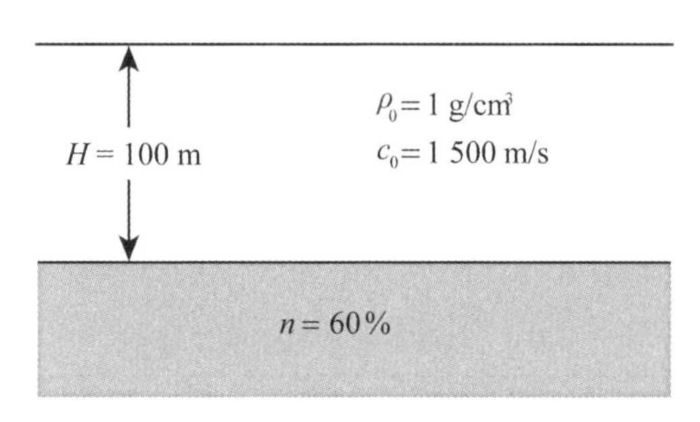


**图2　Pekeris 波导环境参数**

考虑混响信号的中心频率为 $f_c=150$ Hz,声源和接收水听器的深度皆为20 m,这里分别给出在混响噪声比为3 dB、6 dB、12 dB和无噪声时的海底参数反演情况。

假设模拟混响信号为 $I(r)$,混响信号中的噪声 $N$ 为满足高斯分布均方根为1的随机噪声,则有噪声的混响信号为

$$I_N(r)=I(r)+I(r)\times N\times \text{const} \tag{32}$$

式中,const 为反应噪声大小的常数。图3中分别是无噪声,混响噪声比为12 dB、6 dB和3 dB的混响强度曲线,这里混响噪声比(RNR)定义混响声与环境噪声的强度比,为了方便数值分析,假设不同距离上的混响噪声比相同。

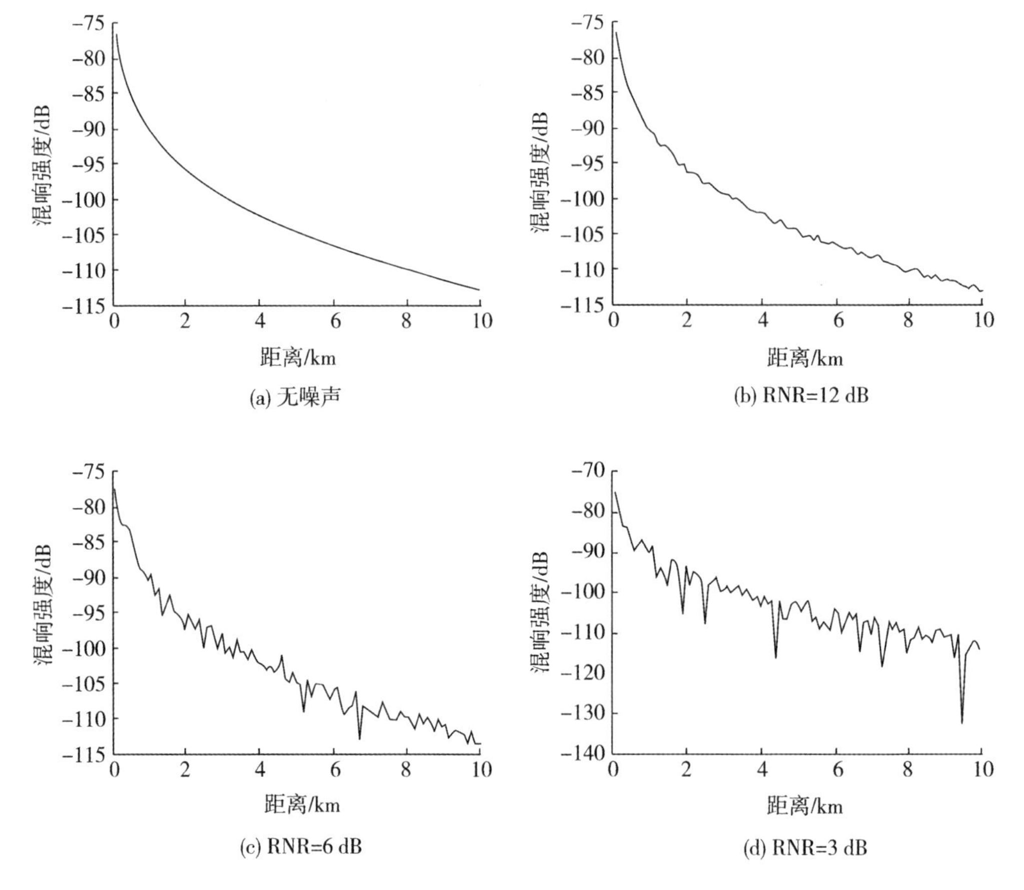


**图 3　不同混响噪声比的混响强度数值模拟数据**

从图 4 中可以发现随着混响信噪比的减小,参数搜寻过程越来越慢,但是仍然可以看出非常容易获得孔隙率。表 4 是混响信噪比不同时,反演结果(海底参数、反向散射常数)与真值的比较。图 4 和表 4 表明利用相对混响强度和 Hamilton 地声模型较少未知参数的反演方法降低了混响反演的难度,同时该方法抗噪声能力强。

**表 4　反演结果与真值的比较**

| 反演参数 | 孔隙率 | 声速/($m \cdot s^{-1}$) | 密度/($g \cdot cm^{-3}$) | 衰减/($dB \cdot km^{-1} \cdot Hz^{-1}$) | 反向散射常数/dB |
|---|---|---|---|---|---|
| 真值 | 0.6 | 1 595.366 7 | 1.652 4 | 0.389 2 | -38.046 0 |
| 无噪声反演 | 0.600 001 1 | 1 595.365 9 | 1.682 4 | 0.389 2 | -38.046 0 |
| RNR = 12 dB | 0.599 908 4 | 1 595.436 1 | 1.682 6 | 0.389 6 | -38.048 5 |
| RNR = 6 dB | 0.595 509 6 | 1 598.802 6 | 1.689 8 | 0.411 2 | -38.185 0 |
| RNR = 3 dB | 0.577 893 8 | 1 612.956 5 | 1.718 8 | 0.497 5 | -38.532 5 |

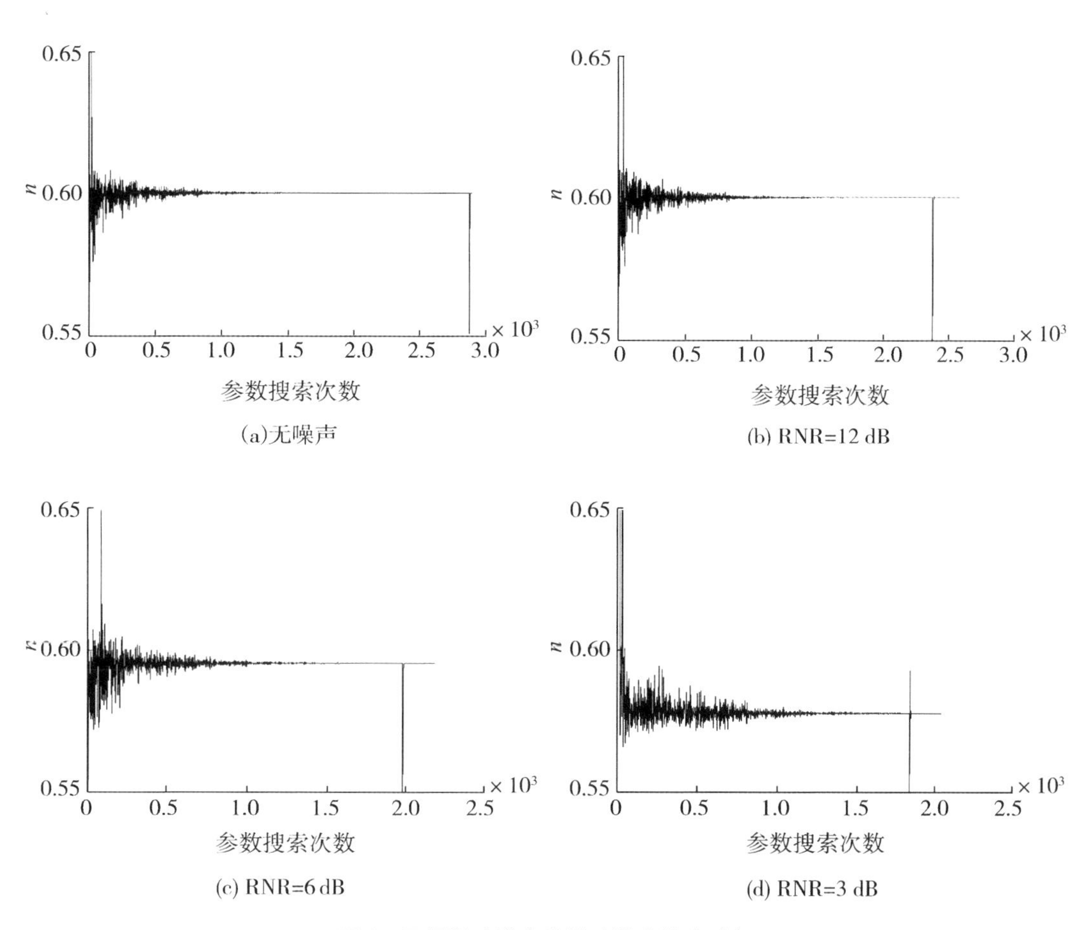


**图 4 不同混响噪声比的孔隙率搜索过程**

## 5 结束语

本文利用相对混响强度消除了海底反向散射常数,同时利用 Hamilton 地声模型将海底参数分别表示成孔隙率的函数,使混响地声反演的未知数减少到一个,利用模拟退火混合算法反演出海底孔隙率,进而成功地从混响数据中反演出海底声速、密度、衰减系数和海底反向散射常数。数值计算表明该方法有效地消除了地声反演中多参数之间的相互耦合,非常容易获得海底参数,降低了地声反演的不确定性。文中所述的混响反演方法抗噪声能力强,为混响声遥感和通过混响进行海洋环境的快速评估提供了基础,使混响数据的应用成为可能。本文还有很多后续工作需要继续开展,比如将本文提出的方法用到实际地声反演中,将地声模型推广到复杂海底的情况,如何正确评估该方法反演的结果等。

## 参考文献


[1] ELLIS D D, GERSTOFTP. Using inversion technique to extract bottom scattering strength and sound speed from shallow - water reverberation data[C]//Proceedings of 3rd EC - UA. Heraklion, Greece, 1996:552 - 562.

[2] PRESTON J R, ELLIS D D, GAUSS R C. Geoacoustic parameter extraction using reverberation

data from the 2000boundary characterization experiment on the Malta Plateau [J]. IEEE Journal of Oceanic Engineering,2005,30(4):709 – 732.

[3] PRESTONJ R. Using triplet arrays for broadband reverberation analysis and inversions[J]. IEEE Journal of OceanicEngineering,2007,32(4):879 – 896.

[4] PRESTON J R,ELLIS D D. Extracting bottom information from towedarray reverberation data Part I :measurement methodology [J]. Journal of Marine Systems,2009,78:359 – 371.

[5] AINSLIE M A. Observable parameters from multipath bottom reverberation in shallow water [J]. J Acoust Soc Am,2007,121(6):3363 – 3376.

[6] HOLLAND C L. Fitting data,but poor predictions:reverberation prediction uncertainty when seabed parameters arederived from reverberation measurements[J]. J Acoust SocAm,2008,123(5):2553 – 2562.

[7] SHANG E C,GAO T F,WU J R. A shallow – water reverberation model based on Perturbation theory[J]. IEEEJournal of Oceanic Engineering,2008,33(4):451 – 461.

[8] ZHOU J X,ZHANG X Z. Low – frequency geoacoustic model for the effective properties of sandy seabottoms [J]. J Acoust Soc Am,2009,125(5):2847 – 2866.

[9] HAMILTON E L. Geoacoustic modeling of the sea floor [J]. J Acoust Soc Am,1980,68(5):1313 – 1340.

[10] HAMILTON E L. Compressional wave attenuation in marine sediments[J]. Geophysics,1972,37:620 – 626.

[11] PRESS W H,TEUKOLSKY S A,VETTERLING W T,et al. Numerical recipes in FORTRAN [M]. Cambridge:Cambridge University Press,1992:387 – 448.

[12] DOSSO S E,WILMUTM J,LAPINSKI A L S. An adaptivehybrid algorithm for geoacoustic inversion[J]. IEEEJournal of Oceanic Engineering,2001,26(3):324 – 336.

# 浅海远程海底混响的耦合简正波模型

高　博　杨士莪　朴胜春　黄益旺

**摘要**　利用耦合简正波理论,分析由海底不平整所产生的散射形成的海底混响,由此模型得到的关于混响强度衰减及其空间相关特性的理论仿真结果与经典简正波混响模型吻合较好,并得到了海上实验结果的验证。通过理论和实验数据,重点分析了收发间距,脉冲信号带宽对混响强度及其衰减特性的影响,结果表明此模型对于收发合置、分置远程海底混响的分析均适用。

**关键词**　浅海;耦合简正波;海底混响

海底混响在浅海混响中起到了支配性的作用,浅海低频远程海底混响也一直是浅海声学研究中的一个经典命题。20 世纪 60 年代,Bucker 和 Morris 最先将简正波理论引入到远程混响的分析[1]。我国学者在 20 世纪 70 和 80 年代,利用简正波方法对浅海低频远程海底混响进行了计算,提出了浅海远程混响的射线简正波理论[2-4],平均声场角度谱模型等方法[5],并对低频小掠射角的海底散射进行了理论和实验研究,表明低频小掠射角的海底散射强度与频率是有依赖关系的[6]。随后,国外有学者在射线简正波模型的基础上引入群速度近似,获取简正模态的传播时间[7],进一步完善了此模型。上述模型通常只计算了混响的非相干分量,为了解释混响的振荡现象,近年来,张仁和,李风华等提出了简正波的相干混响理论[8-9],并研究了浅海混响的时频干涉特性[10]。针对双基地混响,国外在 20 世纪 90 年代初有文章给出基于海底表面粗糙度各向同性的 3 维海底散射函数[11],我国也有文章给出了在本地简正波混响模型的基础上改进的异地混响理论[13]。

本文仿照文献[14]将海底的界面起伏当作是混响形成的主要物理机理,认为混响是由声波与粗糙海底边界的相互耦合作用而来。依据耦合简正波方法,推导了脉冲声的混响强度,空间相关特性的表达式,并与海上试验结果进行了比较,所得的理论结果与经典的射线简正波方法一致,与实验数据吻合较好。

## 1　理论概述

从简单的 Pekeris 模型出发,在水平海底的基础上引入不规则的随机起伏。水深 $H$ 可以描述为 $H=H_0+\eta(x,y)$。其中 $H_0$ 为海底平均深度,$\eta(x,y)$ 为深度方向上的随机起伏量,且假设随机起伏量与水深 $H_0$ 相比为小量,统计平均为 0,即$[\eta(x,y)]=0$。

由耦合简正波理论可知,谐和点源在上述波导中某点处的势函数可以写为:

$$\varphi(\boldsymbol{r}) = \sum_n \psi_n(x,y) Z_n(z,\xi_n) \tag{1}$$

其中,$Z_n(z,\xi_n)$ 为局部简正波,它满足

$$Z_n(z,\zeta_n) = \begin{cases} A_n \sin\beta_{1n} z & 0 \leqslant z < H \\ A_n b \sin\beta_{2n} H e^{i\beta_{2n}(z-H)} & H < z \end{cases} \tag{2}$$

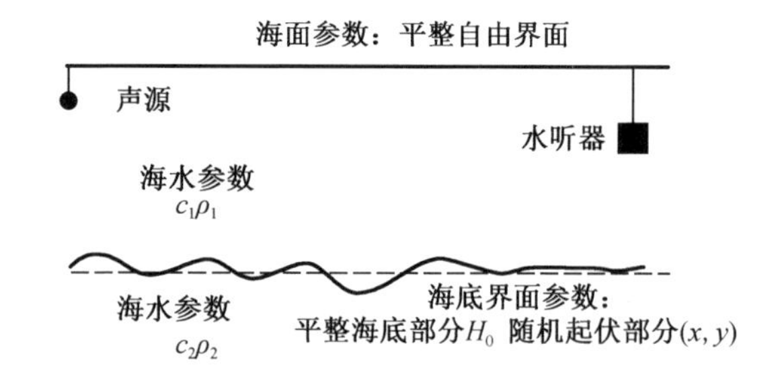


**图 1　模型参数示意图**

式中　$b$——两层液态空间密度之比；

$\xi_n$——水平波数，两层介质中的垂直波数可表示为

$$\beta_{1n} = \sqrt{k_1^2 - \xi_n^2}, \beta_{2n} = \sqrt{k_2^2 - \xi_n^2}$$

$A_n$——简正波表达式系数；

$z_s$——声源深度。

$$A_n = \frac{2\pi \mathrm{i} \sin \beta_{1n} z_s}{H + \dfrac{k_1^2 - k_2^2}{2\beta_{1n}\beta_{2n}^2} \sin 2\beta_{1n} H} = \frac{2\pi \mathrm{i} \sin \beta_{1n} z_s}{B_n}$$

根据耦合简正波理论[12]，把局部简正波本征值 $\xi_n^2(x,y)$ 和声场势函数的水平因子 $\psi_n$ 分别展开为关于海底随机起伏 $\eta$ 的幂级数，并保留一阶小量：

$$\left[\frac{\partial^2}{\partial x^2} + \frac{\partial^2}{\partial y^2} + \xi_n^2\right]\psi_n = -\frac{2\beta_{0n}^2}{B_n} H_0^{(1)}(\xi_n r)\eta + \sum_m G_{nm}\left(\frac{x}{r}\frac{\partial \eta}{\partial x} + \frac{y}{r}\frac{\partial \eta}{\partial y}\right) H_1^{(1)}(\xi_m r) \tag{3}$$

方程(3)中的 $\xi^n(x,y)$ 为各局部简正波本征值的0阶近似，$G_{nm}$ 表示各阶简正波间的耦合系数。

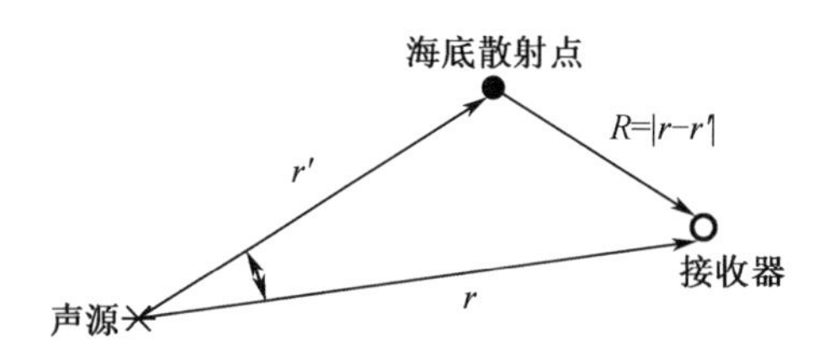


**图 2　散射过程的几何示意图**

海底混响场势函数的水平因子可通过求解偏微分方程(3)得到：

$$\psi_{rn}(\boldsymbol{r}) \approx \frac{\mathrm{i}}{4}\iint\left[-\frac{2\beta_{0n}^2}{B_n}H_0^{(1)}(\xi_n r')\eta + \sum_m G_{nm}\left(\frac{x'}{r'} + \frac{y'}{r'}\frac{\partial \eta}{\partial y'}\right)H_1^{(1)}(\xi_m r)\right] \times H_0^{(1)}(\xi_n R)\,\mathrm{d}x'\mathrm{d}y' \tag{4}$$

(4)式中 $r'$ 表示声源与海底发生散射区域的距离，$r$ 表示声源到接收点的距离，$R = |\boldsymbol{r} - \boldsymbol{r}'|$，如图2所示。$\dfrac{\partial \eta}{\partial x'}$和$\dfrac{\partial \eta}{\partial y'}$分别为随机起伏界面沿 $x$ 方向和 $y$ 方向的导数。假设有一脉冲声的信号形式及频谱函数为：

$$f(t) = \begin{cases} \mathrm{e}^{-\mathrm{i}\omega_0 t} & -\tau \leqslant t \leqslant \tau \\ 0 & |t| > \tau \end{cases}, g(\omega) = \frac{\tau}{\pi}\frac{\sin(\omega - \omega_0)\tau}{(\omega - \omega_0)\tau}$$

通过傅里叶积分,并结合汉克尔函数的远场渐进展开表达式,可得出脉冲声源的海底混响势函数的水平因子 $\Psi_{rn}(r)$ 的表达式,和等式(4)类似,$\Psi_{rn}(r)$ 也由两部分组成:

$$\Psi_{rn}(r) = I_{1n}(r) + I_{2mn}(r) \tag{5}$$

对于空间某点处的脉冲声混响强度可以表示为:

$$\begin{aligned} RL(r) = & \sum_{n} \langle I_{1n}(r) I_{1n}^{*}(r) \rangle Z_n(z) Z_n^{*}(z) + \\ & \sum_{n} \sum_{m} \langle I_{2mn}(r) I_{2mn}^{*}(r) \rangle Z_n(z) Z_n^{*}(z) \end{aligned} \tag{6}$$

(6)式中符号〈〉表示取系综平均,等式右端分别为混响的非相干分量和相干分量。本文重点研究海底混响场的平均特性,而忽略了随距离振荡变化的相干混响,所以只需计算等式右端的非相干分量即可。对于非宽带信号情况下,可近似取中心频率点为稳相点,并求得[14]:

$$I_{1n}(r) = -\frac{\beta_{0n}\tau}{\pi^2 B_n}\sqrt{\frac{2\pi\omega_0}{t}}\mathrm{e}^{-\mathrm{i}\left(\frac{c_0}{k_0}\beta_{0n}^2 t + \frac{\pi}{4}\right)} \iint_{\Omega_1} \frac{\eta(r_n')}{\sqrt{r_n' R}} \mathrm{d}x' \mathrm{d}y' \tag{7}$$

式中 $\Omega_1$ 为某时刻混响的散射区域。假设海底的随机量 $\eta$、$\frac{\partial \eta}{\partial x}$、$\frac{\partial \eta}{\partial y}$都是统计独立的,且在二维水平空间满足如下空间相关函数:

$$\langle \eta(x_1, y_1) \eta(x_2, y_2) \rangle = \eta_0^2 \exp\left\{ -\frac{\Delta x^2 + 2\gamma_0 \Delta x \Delta y + \Delta y^2}{\sigma_0^2} \right\} \tag{8}$$

其中,$\eta_0^2$ 代表随机量 $\eta$ 的二阶原点矩,$\sigma_0$ 和 $\gamma_0$ 分别为描述 $x$、$y$ 轴方向及二者合成方向随机起伏状态的随机量。

对于混响强度,当接收点和声源水平坐标重合时,即收发合置情况:

$$\langle I_{1n}(r) I_{1n}^{*}(r) \rangle = 2\frac{\tau^2}{t} \cdot \frac{\omega_0 \beta_{0n}^2}{\pi^2 B_n^2} \cdot \frac{\eta_0^2 \sigma_0^2}{\sqrt{1-\gamma_0^2}} \cdot \frac{\pi c \tau}{r} \tag{9a}$$

当二者的水平坐标分离,且相距 $r_0$,即收发分置情况:

$$\langle I_{1n}(r) I_{1n}^{*}(r) \rangle = 2\frac{\tau^2}{t} \cdot \frac{\omega_0 \beta_{0n}^2}{\pi^2 B_n^2} \cdot \frac{\eta_0^2 \sigma_0^2}{\sqrt{1-\gamma_0^2}} \frac{2\pi\tau}{\sqrt{(R_n + r_n')^2 - r_0^2}} \tag{9b}$$

对于空间任意两个接收点,且二者间距离为($\Delta x$,$\Delta y$),则接收到混响的空间相关函数,忽略强度因子后表示为:

$$\langle I_{1n}(r_1) I_{1n}^{*}(r_2) \rangle = 2\pi\left\{1 - \frac{\xi_n^2}{16}\left\{\Delta x^2\left(\frac{T_n}{\sqrt{T_n^2 - r_0^2}^3}\right) + \Delta y^2\left(1 + \frac{T_n}{\sqrt{T_n^2 - r_0^2}}\right)\frac{T_{2n} - T_n\sqrt{T_n^1 - r_0^2}}{r_0^2}\right]\right\} \tag{10}$$

$T_n = R_n + r_n'$,等式(9a)(9b)和(10)中的 $r_n'$为声源到散射体的水平距离,$R_n$ 为散射体到接收点的水平距离,上式成立的条件为($\xi_n \Delta x$,$\xi_n \Delta y$)$\ll 1$,显然,由式(10)可以得知,海底混响的空间相关系数随着时间的增加逐渐增大,而且接收器间的距离越远,相关系数越小。

## 2　理论分析与实验验证

### 2.1　混响强度衰减规律的仿真对比与实验验证

为了验证本文模型,首先与经典的简正波远程混响模型进行仿真对比,环境参数模型如

图 3 所示，信号为脉宽 10 ms 的 CW 脉冲。

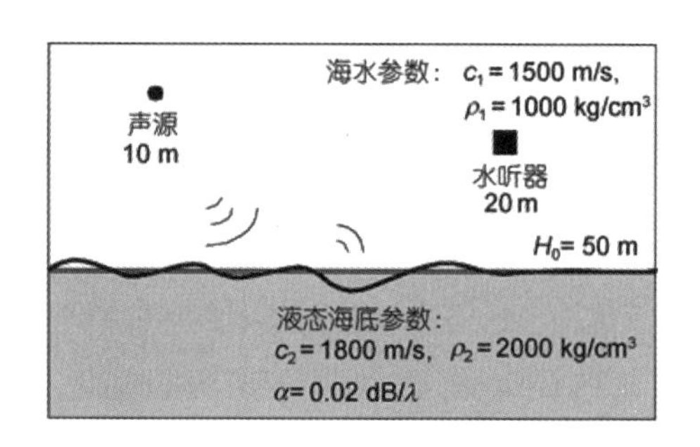


**图 3　用于仿真的浅海波导环境参数**

分别取信号频率为 1 000 Hz 和 500 Hz，图 4 和图 5 的仿真结果表明，本文所采用的耦合简正波模型与经典的射线简正波混响模型[7]得到的混响强度衰减规律吻合较好。由于本文只计算了非相干分量，所以衰减曲线光滑，采用经典简正波模型计算时，考虑了相干分量，混响强度的衰减会有起伏，但二者的总体趋势是一致的。

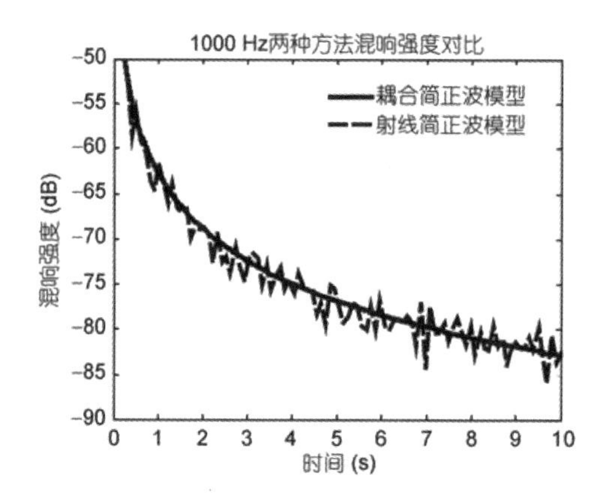


**图 4　1 000 Hz 时两种模型的计算结果对比**

2009 年在大连海域进行了混响测量，图 6 给出了混响实验时海水的声速剖面。该海域水深 25 m，声源为爆炸声源，爆炸深度为 12 m，接收深度为 7 m。根据实验海域所测的环境数据和海底参数的反演结果，取海底的声速和密度分别为：$\rho_2$ = 1 850 kg/m³，$c_2$ = 1 770 m/s³。图 7 给出了本次混响实验经过窄带滤波后较为典型的混响时域波形。

图 8(a)至图 8(d)分别给出了中心频率为 500 Hz、800 Hz、1 000 Hz 和 1 500 Hz 的窄带滤波后爆炸声混响强度衰减规律，带宽均为 40 Hz。在仿真计算时，引入了窄带假设近似，即在带宽有限的情况下，可以假设稳相点即为中心频率点。各图中，虚线为实测的混响强度衰减规律，点划线为对实测结果进行平滑平均的结果，粗实线为仿真的平滑平均结果。可以看出，由式(9)仿真计算得到的窄带脉冲声混响强度衰减规律与实测结果吻合较好。

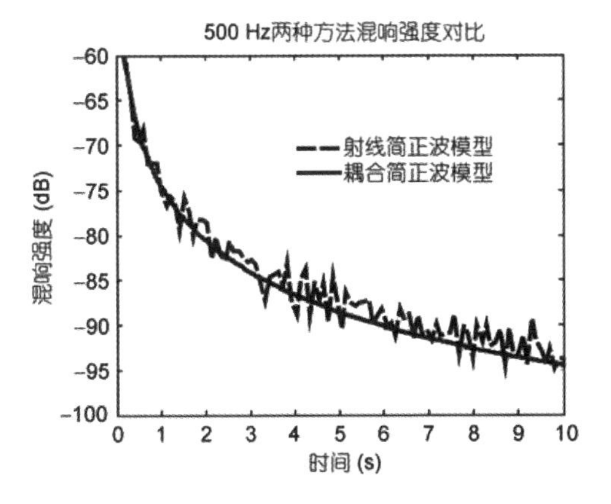


图 5　**500 Hz** 时两种模型的计算结果对比

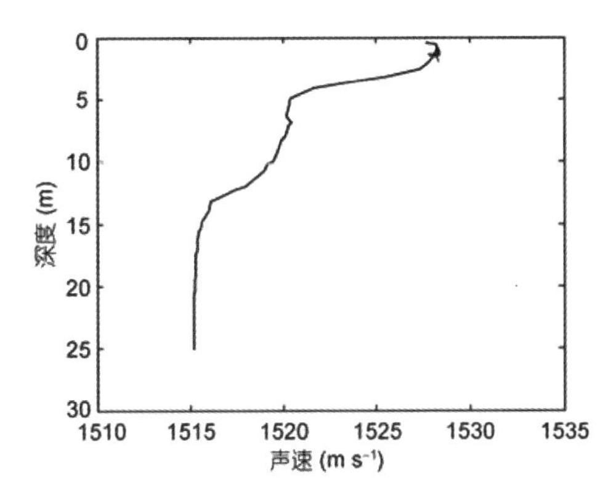


图 **6**　混响实验时的海区声速剖面

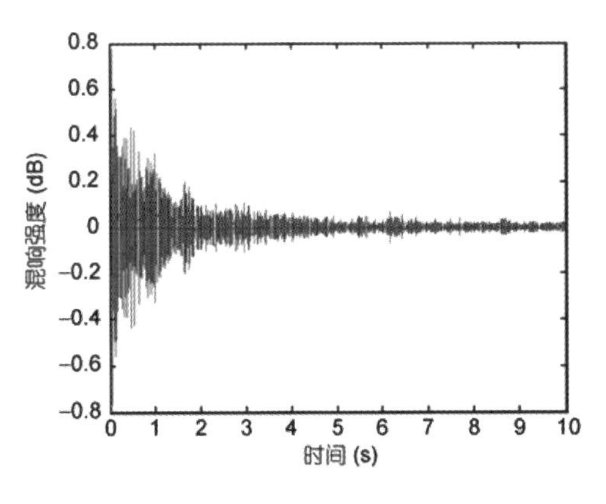


图 **7**　混响时域波形

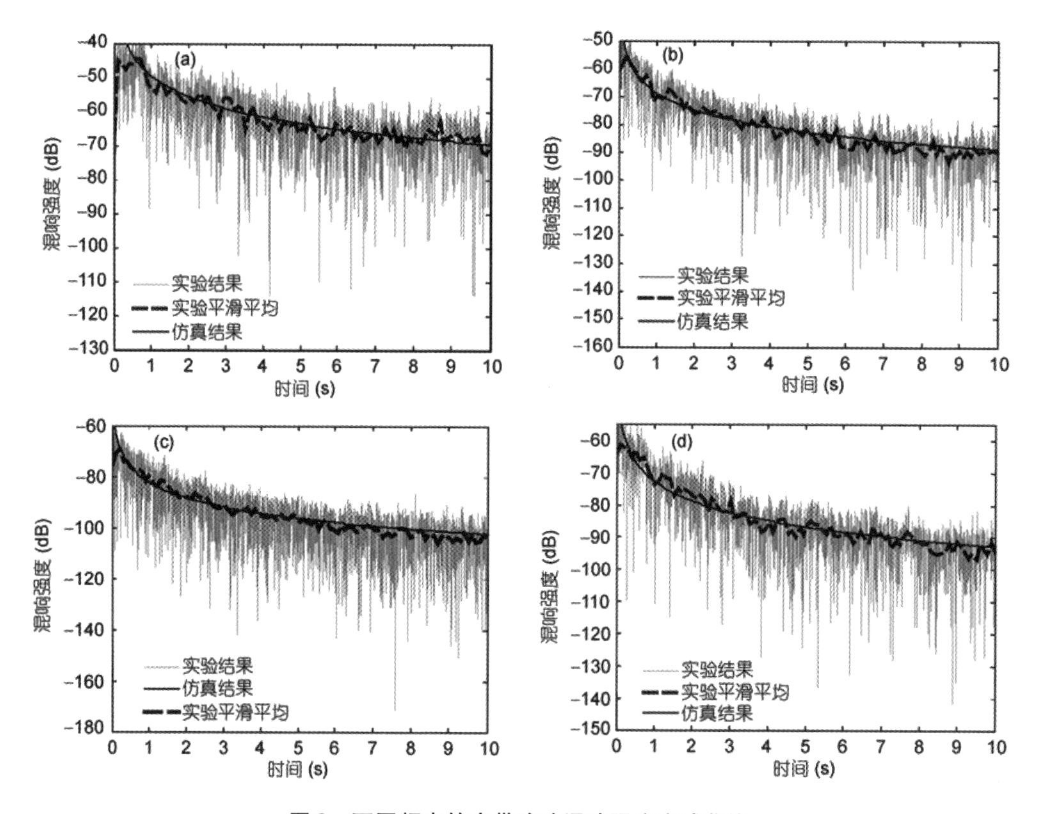


**图 8　不同频率的窄带脉冲混响强度衰减曲线**

## 2.2　收、发间的水平距离对混响强度衰减的影响

仍然采用图 3 所示环境参数,信号频率为 500 Hz。仿真结果如图 9 所示,对收发合置,分置情况,如果均以收到混响信号为起始 0 时刻,那么收发分置的混响强度小于收发合置的混响强度,而且收发间水平距离越大,混响的强度越小;随着时间的增加,分置与合置远程混响的衰减规律几乎是一致的。

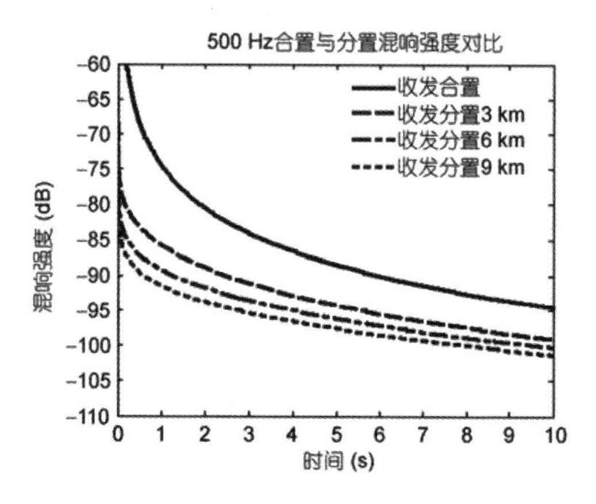


**图 9　收发间的水平距离对混响强度的影响**

从理论上分析,对比(9a)和(9b)两式不难发现,如果都是以收到混响信号作为起始0时刻,收发分置接收到的海底散射信号传播距离要大于收发合置的情形,例如,对收发合置情况,1 s处的混响信号来自内径为750 m的散射圆环,信号从发射到散射回来,传播了1.5 km,而收、发间的水平距离拉开(假设收、发间距为3公里),此时1 s处的混响信号,从发射到接收点,至少传播了4.5 km。所以,由于传播效应,分置接收到海底散射信号的强度也就会弱于合置情况。而且收、发拉开的水平距离越远,头几秒接收到的信号也就越弱。而随着时间的增加,散射区域的距离越远,分置会愈发的趋近与合置情况,这是因为,在收、发间水平距离 $r_0$ 一定的情况下,当与散射区域的距离逐渐增加,直到二者间的水平距离与之相比可以忽略时,则二者趋近于一点,散射区域也趋近与圆环带。因此随着时间的增加,二者的衰减规律也会趋于一致。

由于实验条件所限,虽然没有进行较远距离的收发分置实验,但是利用本文模型计算得到的结果与国内其他文献[13]实验结果是一致的。

## 2.3　脉冲信号的带宽对混响强度衰减的影响

对爆炸声的海底混响数据进行中心频率为1 000 Hz,带宽为400 Hz的滤波。信号的功率密度谱如图10所示。为了研究脉冲信号的带宽对混响强度的影响,图11中的黑色实线,红色虚线以及蓝色点划线分别给出了混响时间分别为第3秒、第4秒、第6秒时混响强度随脉冲频带宽度的变化,横轴为信号的带宽,纵轴为与之对应的混响强度。可以发现,从总体的趋势来讲,混响强度随带宽的增加而增强。由此可以得出结论:对于有一定带宽的脉冲声源的海底混响,在发射信号的幅度相同且脉冲时间宽度 $\tau$ 一定的前提下,即在某时刻对接收点处混响有贡献的海底散射区域的面积一定时,其混响强度随带宽的增加而增大,也就是信号有效的频率分量越多,经海底散射后形成的混响场的能量也就越强。

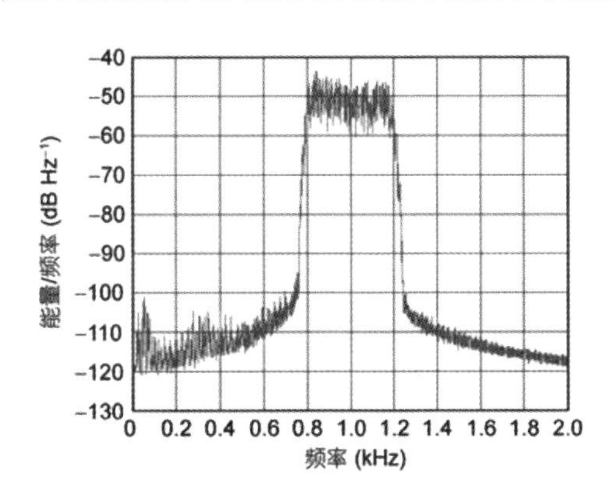


**图10　800～1 200 Hz的爆炸声源功率谱密度**

这一点,也可以理论分析得到,对于脉冲信号,其散射场为

$$P(\boldsymbol{r},z) = \int_{-\infty}^{+\infty} S(\omega) \times P(\omega,\boldsymbol{r},z)\mathrm{e}^{-\mathrm{i}\omega t}\mathrm{d}\omega$$

对于实际用到的脉冲信号,其带宽往往是有限的,即 $\omega_{\min} < \omega < \omega_{\max}$,因此信号包含的有效频率分量越多,经海底散射后,形成的混响场的能量也就越大。

另外,图12给出了中心频率分别为500 Hz、1 000 Hz的混响强度衰减曲线,图中实线为窄带信号的混响强度衰减曲线(带宽20 Hz),虚线是宽带信号的混响强度衰减曲线(带宽200 Hz)。

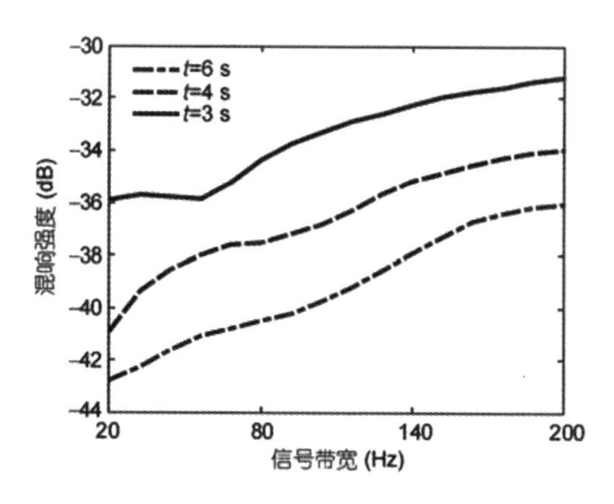


图 11　信号带宽对混响强度的影响

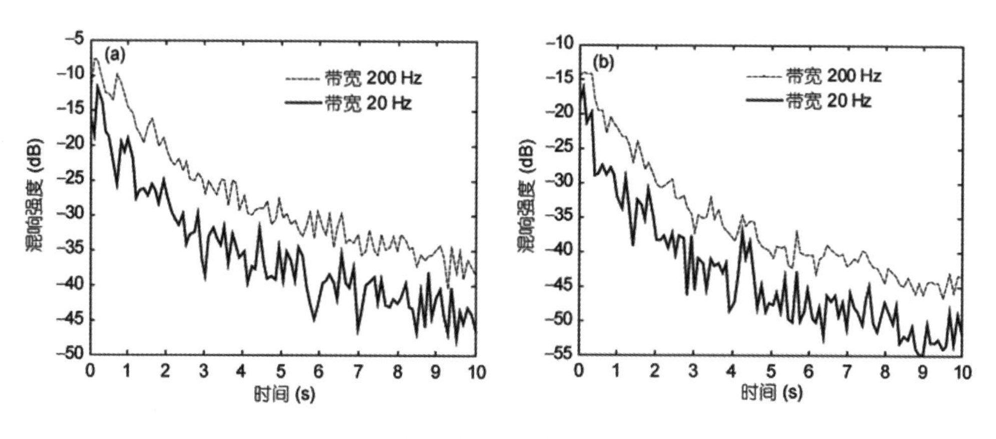


图 12　带宽对混响衰减起伏的影响

可以发现二者的衰减规律基本一致,除了宽带信号的混响强度明显大于窄带信号的混响强度外,窄带信号混响的起伏要比宽带信号混响的起伏剧烈。这是因为:宽带信号所包含的频率分量较多,不同频率分量的相互平均对干涉项所产生的平滑效应。

## 2.4　浅海远程海底混响的空间相关特性

图 13 给出了本次实验,两个水听器接收到的混响信号的空间互相关系数。

图 13 的实验数据表明,远程海底混响的互相关系数是随着混响时间(发生海底散射与接收点处的距离)的增加而逐渐增大的。

这是因为,随着时间的增加,发生散射区域的距离也越大,对两个接收器混响信号有贡献的散射区域重合面积也越多,因此,接收到的混响信号的相关系数也就逐渐增大。

同时为了进一步分析接收器间的距离对海底混响的空间相关系数的影响,以验证本文中式(10)所得结论的准确性。图 14 给出了接收器距离变化对空间相关系数的影响:图中实线为接收间距为 3 m 时的互相关系数,图中虚线是接收器间距为 8 m 时的空间互相关系数。

从图 13 和图 14 中结果可以验证本文式 10 的有关结论:即浅海低频远程混响的空间互相关系数随时间的增加而逐渐增大,随接收器间隔的增加而减小。

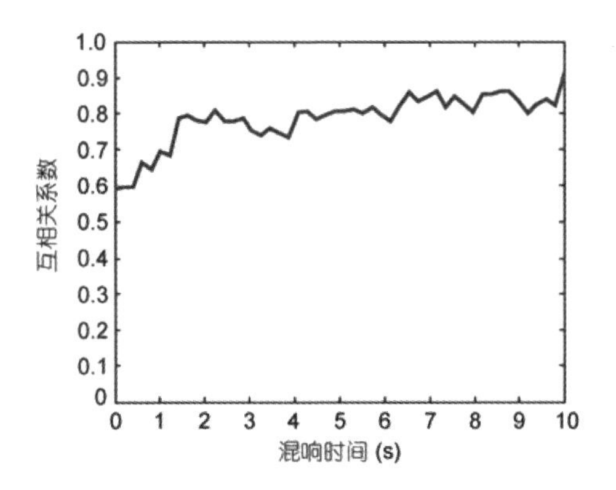


**图 13　海底混响空间相关系数随时间的变化**

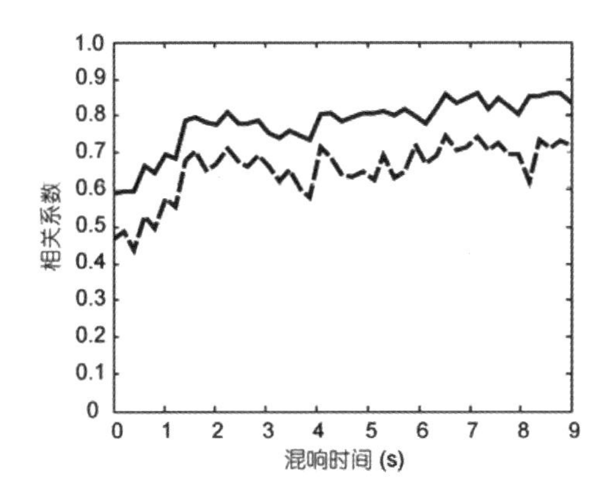


**图 14　接收器间的距离对海底混响空间相关性的影响**

## 3　结论

本文通过耦合简正波理论,给出了一种严格符合互易定理的界面混响计算方法。在文献[14]的理论基础之上,通过与其他模型的对比及实验结果,得到如下结论:

(1)在浅海环境中,对于脉冲声源,如果只考虑波导简正波,远程海底混响的衰减规律为 $t^{-2}$,但是考虑具有复数本征值的非波导简正波的影响,远程海底混响的平均衰减规律可近似为 $t^{-3}$,类似于脉冲声在浅海中的传播规律[12]。理论仿真与经典模型及实验数据比对的结果符合较好。

(2)如果都以收到散射信号为起始 0 时刻,收发分置接收到的粗糙海底散射场强度要小于收发合置的情况。随着时间的增加,分置与合置情况的衰减规律几乎一致。

(3)当脉冲声源的脉宽 $\tau$ 一定时,频带越宽,产生的海底混响强度越强。另外,由于多个频率分量间的平滑平均,宽带信号的海底混响强度起伏比窄带信号的起伏平缓。

(4)本文的理论公式和实验结果均表明:海底混响的空间相关系数随着时间的增加而逐渐增大。而接收器的间距增大,空间相关系数则会降低。

## 参考文献

[1] Bucker H P, Morris H E. Normal – mode reverberation in channels or ducts. J Acoust Soc Am, 1968, 44: 827 – 828.

[2] 尚尔昌,张仁和. 浅海远程混响理论. 物理学报。1975,24:260 – 267.

[3] 金国亮. 均匀浅海远程平均混响强度. 声学学报. 1980,4:279 – 285.

[4] Zhang R H, Jin G L. Normal – mode theory of theaverage reverberation intensity in shallow water. J Sound Vib, 1987, 119: 215 – 223.

[5] 周纪浔. 浅海平均声场角度谱分析法与回波混响比的距离、深度结构. 声学学报, 1980, 5:86 – 99.

[6] 周纪浔,关定华,尚尔昌,罗恩生. 浅海远程混响与海底散射强度. 声学学报, 1982, 7:281 – 289.

[7] Ellis D D. A shallow – water normal – mode reverberation model. J Acoust Soc Am, 1995, 97: 2804 – 2814.

[8] F. Li, G. Jin, R. Zhang, J. Liu, L. Guo. An oscillation phenomenon of reverberation in the shallow water with a thermocline. J Sound Vib, 2002, 252(3): 457 – 468.

[9] 李风华,刘建军,李整林,张仁和. 浅海低频混响的振荡现象及其物理解释. 中国科学:物理学 力学 天文学, 2005, 35(2): 140 – 148.

[10] 李风华,张燕君,张仁和,刘建军. 浅海混响时间 – 频率干涉特性研究. 中国科学:物理学 力学 天文学, 2010, 40(7): 838 – 841.

[11] Ellis D D, Crowe D. V. Bistatic reverberation calculations using a three – dimensional scattering function. J Acoust Soc Am, 1991, 89: 2207 – 2214.

[12] 杨士莪. 水声传播原理[M]. 哈尔滨:哈尔滨工程大学出版社. 1994:20 – 21.

[13] 刘建军,李风华,张仁和. 浅海异地混响理论与实验比较. 声学学报. 2006,31:173 – 178.

[14] Yang Shi – e. Distant bottom reverberation in shallow water. J Marine Sci Appl, 2010 9: 22 – 26.

# The Horizontal Correlation of Long Range Bottom Reverberation in Shallow Water with Inclined Sea Floor

Shi – e Yang Bo Gao Sheng – chun Piao

**Abstract** The performance of active sonar system is seriously influenced by bottom reverberation in shallow water waveguide. It is important to understand the horizontal correlation of bottom reverberation in shallow water for processing techniques of active towed – array. However, little work had been done for researches on horizontal correlation of distant bottom reverberation. In this paper, a coupled mode reverberation model was applied for the horizontal correlation, and it was investigated as a function of receiving position, time and frequency. Calculations show that transverse correlation is greater than the longitudinal correlation in horizontal space for distant bottom reverberation. The adiabatic mode solution is introduced to derive the mathematic mode for horizontal correlation in the range – dependent waveguide with varying depth and the numerical results indicate that the influence of sea floor inclination on horizontal correlation should be considered.

**Keywords** Sea floor inclination; Bottom reverberation; Horizontal correlation

## 1 Introduction

It is well known that the performance of active sonar system is seriously influenced by bottom reverberation in shallow water waveguide. There are many long range bottom reverberation models that focus on the reverberation intensity and vertical correlation [1-6]. While for processing techniques of active towed – array in shallow sea, it is important to understand the horizontal correlation of bottom reverberation and little work had been done for researches on this issue.

## 2 Theory

For Pekeris waveguide, which is considered with plane sea surface and irregular bottom interface, described by $H(x,y) = H_0 + \eta(x,y)$ $(\eta \ll H_0)$, where $H_0$ is the average depth of the water, and $\eta$ is a random quantity with average value 0. Let the density and sound speed of sea water and bottom medium are respectively $\rho_1$, $c_1$, $\rho_2$, $c_2$. According to the coupled mode reverberation modal[7], the reverberant field of point harmonic source could be written as:

$$P(\omega,\boldsymbol{r},z) = \sum_n [\varphi_{1n}(r) + \varphi_{2mn}(r)] Z_n(z,\xi_n) \tag{1}$$

Where $Z_n(z,\xi_n)$ are so called "local modes", and $\xi_n$ is the eigen value of n – th mode, $\varphi_{1n}(r)$, $\varphi_{2mn}(r)$ are the incoherent and coherent parts of the horizontal factors for the reverberant field. Consider only the first order perturbation factor, corresponding to bottom reverberation caused by boundary roughness, and then the horizontal factors would have following forms:

$$\varphi_{1n}(x,y) \approx \frac{\mathrm{i}}{4}\iint -\frac{2\beta_{1n}^2}{B_n}\eta\psi'_n(x,y)\psi_n(x,y)\,\mathrm{d}x'\mathrm{d}y' \tag{2}$$

$$\varphi_{2mn}(x,y) \approx \frac{\mathrm{i}}{4}\iint \sum_m G_{mn}\left(\frac{\partial\psi'_m}{\partial x}\frac{\partial\eta}{\partial x} + \frac{\partial\psi'_m}{\partial y}\frac{\partial\eta}{\partial y}\right)\psi_n(x,y)\,\mathrm{d}x'\mathrm{d}y' \tag{3}$$

Where $\xi_n$, $\psi_n(x,y)$ represent the zero order approximation respectively, $G_{nm}$ are the mode - coupling coefficients. Considering incoherent part only for simplicity and the horizontal factor of bottom reverberation for impulsive source $\Psi_{rn}(r)$ can be given by Fourier integral of $\varphi_{1n}$.

For example, in an almost layered medium like Pekeris waveguide with rough bottom surface, the zero - the order approximation of transfer function $\psi_n(x,y)$ will be $H_0^{(1)}(\xi_n r)$. In this case, the horizontal correlation of scattered field at two receiving points $(x+\Delta x, \Delta y)$、$(x-\Delta x, -\Delta y)$ can be evaluated by the horizontal factor $\Psi_{rn}(r)$:

$$\langle p(t,\boldsymbol{r}_1)p^*(t,\boldsymbol{r}_2)\rangle = \sum_n \langle \Psi_{1n}(r_1)\Psi_{1n}^*(r_2)\rangle \tag{4}$$

$$\Psi_{1n}(r) = -\frac{\beta_{0n}\tau}{\pi^2 B_n}\sqrt{\frac{2\pi\omega_0}{t}}\exp\left[-\mathrm{i}\left(\omega t + \frac{\pi}{4}\right)\right]\iint_{\Omega_1}\frac{\eta(r_n')}{\sqrt{r_n' R}}\exp\mathrm{i}\xi_n(r_n' + R_n)\,\mathrm{d}x'\mathrm{d}y' \tag{5}$$

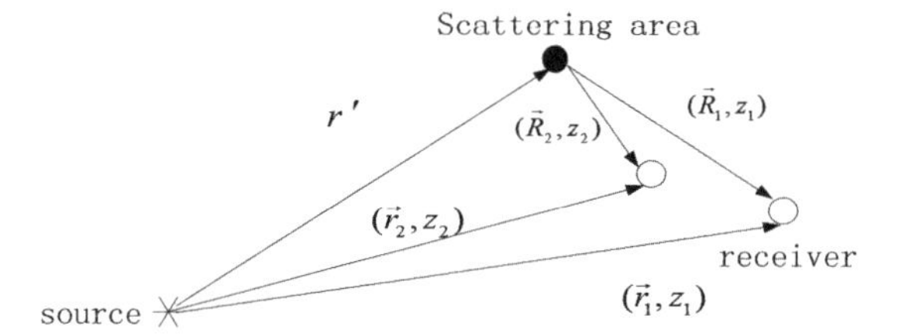


**Figure 1 The geometry of bottom scattering area**

Combining Equation (5) with Equation (4), and expand exp $\mathrm{i}\xi_n(R_1 - R_2)$ according to Taylor' s series and separate the transverse and longitudinal coordinates, finally would have longitudinal correlation coefficient $\rho_{hL}$ and transverse correlation coefficient $\rho_{hT}$:

$$\rho_{hL} \approx \sum_n 1 - \frac{k^2\sin^2\theta_n}{4}[\Delta x^2 r_n^3 (r_n^2 - r_0^2)^{-\frac{3}{2}}] \tag{6}$$

$$\rho_{hT} \approx \sum_n 1 - \frac{k^2\sin^2\theta_n}{4r_0^2}\{\Delta y^2[1 + r_n(r_n^2 - r_0^2)^{-\frac{1}{2}}][r_n^2 - r_n(r_n^2 - r_0^2)^{\frac{1}{2}}]\} \tag{7}$$

While for the range - dependent waveguide with varying depth $H(x) = H_0(1+\alpha x)(1+\eta) \approx H_0(1+\alpha x+\eta)$, the zero - the order approximation of transfer function $\psi_n(x,y)$ can not be written as $H_0^{(1)}(\xi_n r)$. For this situation, writing $\psi_n(x,y)$ as $D_n\exp(\mathrm{i}W_n)$, and it can be evaluated by adiabatic mode solution in Cartesian coordinate system.

According to the adiabatic approach, $\psi_n(x,y)$ would obey the equation:

$$\frac{\partial^2\psi_n}{\partial x^2} + \frac{\partial^2\psi_n}{\partial y^2} + \xi_n^2\psi_n = 0 \tag{8}$$

Write $\psi_n = D_n\exp(\mathrm{i}W_n)$ then:

$$\left(\frac{\partial W_n}{\partial x}\right)^2 + \left(\frac{\partial W_n}{\partial y}\right)^2 = \xi_n^2 \tag{9}$$

$$2\,\nabla D_n \cdot \nabla W_n + D_n\,\nabla^2 W_n = 0 \tag{10}$$

Then the coefficient of horizontal correlation in the waveguide with inclined seafloor will be:

$$\langle p(t,\boldsymbol{r}_1)p^*(t,\boldsymbol{r}_2)\rangle = \sum_n \langle \Psi_{1n}(r_1)\Psi_{1n}^*(r_2)\rangle \tag{11}$$

Where

$$\Psi_{1n}(r) \approx \frac{\tau^2\beta_{sn}^4 c_1^2}{2\pi f(\xi_{sn},\xi_{rn})\omega_1 t B_n^2}\iint_{\Omega_1}\eta(r_n')D'_n(r',\omega_0)D_n(R,\omega_0)\exp\mathrm{i}[W'_n(r') + W_n(R)]\,\mathrm{d}x'\mathrm{d}y' \tag{12}$$

Combining Equation (12) with Equation (11), the cross coherent coefficients for the two receiving points will be:

$$\sum_n \langle \Psi_{1n}(r_1)\Psi_{1n}^*(r_2)\rangle = I(\eta,\tau,c_0,t)\sum_n \iint_{\Omega_1}\exp\mathrm{i}[W_n(R_1) - W_n(R_2)]\,\mathrm{d}x'\mathrm{d}y' \tag{13}$$

The integral at the right hand of the Equation(13) can be evaluated by numerical solution.

## 3 Calculation results

For Pekeris model with average water depth 100 m, sound speed of sea water 1 500 m/s, and sound speed of bottom medium 1 750 m/s, density ratio between sea water and bottom medium 2.0, absorption coefficient of bottom medium 0.4 dB/λ.

In figure 2 (a) and (b), calculated correlation coefficients are illustrated versus time for different frequencies and hydrophone separations. Comparisons show that, for distant bottom reverberation, the transverse correlation is greater than the longitudinal correlation. Further more, both of them will be gradually increase with receiving time, and decay with increasing frequency and hydrophones separation.

Figure 3(a) and (b) indicate the correlation coefficients of bottom reverberation in wedged sea floor by the solid lines. The dashed lines show the reverberation longitudinal coefficients in the waveguide with flat bottom

## 4 Conclusions

The method of couple mode had been used to calculate the horizontal correlationof long - range bottom reverberation, and it was investigated as a function of receiving position, time and frequency. The emphasis was focused on the differences of longitudinal correlation caused by wedged sea floor. Calculations indicate that the horizontal correlation is affected obviously by the propagation effects of sloped sea floor.

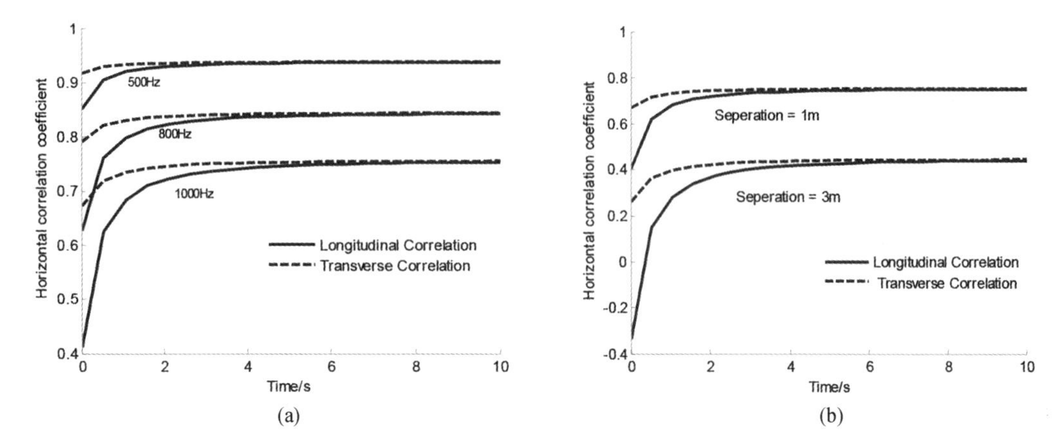


(a) Calculated bottom reverberation horizontal correlation coefficients versus time as comparisons for different frequencies

(b) Calculated bottom reverberation horizontal correlation coefficients at 1 000 Hz versus time as comparisons for different hydrophone separations

**Figure 2**

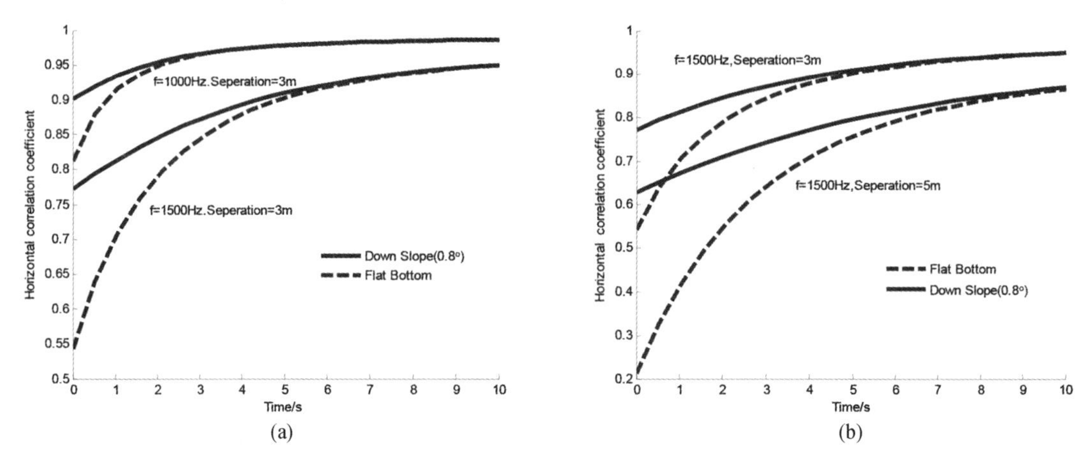


(a) Predicted bottom reverberationhorizontal correlation coefficients versus time as comparisons for different frequencies

(b) Predicted bottom reverberationhorizontal correlation coefficients at 1 000 Hz versus time as comparisons for different hydrophone separations

**Figure 3**

## References


[1] D. D. Ellis, "A shallow – water normal – mode reverberation model", J. Acoust. Soc. Am. 97, 2804 – 2814 (1995).

[2] C. W. Holland, "Constrained comparison of ocean waveguide reverberation theory and observation," J. Acoust. Soc. Am. 120, 1922 – 1931 (2006).

[3] C. H. Harrison, "Closed – form expressions for ocean reverberation and signal excess with mode stripping and Lambert's law", J. Acoust. Soc. Am. 114, 2744 – 2756 (2003).

[4] K. D. LePage, "Bottom reverberation in shallow water: Coherent propertied as a function of

bandwidth, waveguide characteristics, and scattering distributions", J. Acoust. Soc. Am. 106, 3240 - 3254(1999).

[5] W. Gao, N. Wang and H. Z. Wang, "Statistical geo - acoustic inversion from vertical correlation of shallow - water reverberation", (in Chinese). Acta. Acoust. 33, 109 - 115 (2008).

[6] J. X. Zhou, X. Z. Zhang, P. H. Rogers, J. A. Simmen, P. H. Dahl, G. L. Jin and Z. H. Peng, "Reverberation vertical coherence and sea bottom geoacoustic inversion in shallow water", IEEE J. Ocean. Eng. 29, 988 - 999(2004).

[7] B. Gao, S. E. Yang, S. C. Piao and Y. W. Huang, "Method of coupled mode for long - range bottom reverberation", Sci. China - Phy. Mech. Astrom. 53, 2216 - 2222(2010).

# 海洋混响特性研究

吴金荣　彭大勇　张建兰

**摘要**　海洋混响是海洋环境产生的回声。对于目标探测来说,混响是一种严重的干扰;对于大规模海洋生物探测及海洋环境遥感来说,海洋混响是其应用的基础。经过近一个世纪的理论和实验研究,深海混响的产生机理相对明确,基本的特性也较为清楚。浅海环境较深海环境复杂,目前浅海混响研究大多关注混响的平均特性,对其完整特性的研究将成为未来浅海混响特性研究的重点。文章对海洋混响的研究工作进行了综述,介绍了海洋混响的基本理论和应用。

**关键词**　海洋混响;干扰;机理

## 1　海洋混响的含义及其研究的重要性

海洋本身及其界面包含不同类型的介质不均匀性和界面不平整性,其尺度小至灰尘那么大的粒子,它使深海成为蓝色,大至海水中的鱼群和海底上的峰峦与海底山脉。这些不均匀性形成介质物理性质上的不连续性,会阻挡照射到它们上面的一部分声能,并把这部分声能再辐射回去。这种声的再辐射称作散射,而来自所有散射体的散射成分的总和称作混响。混响声听起来像一阵长的、慢慢变弱的、颤动的声响,如图 1 所示,它紧跟在主动式声呐系统的发射脉冲之后,在高功率和(或)指向性低的系统中特别严重[1]。

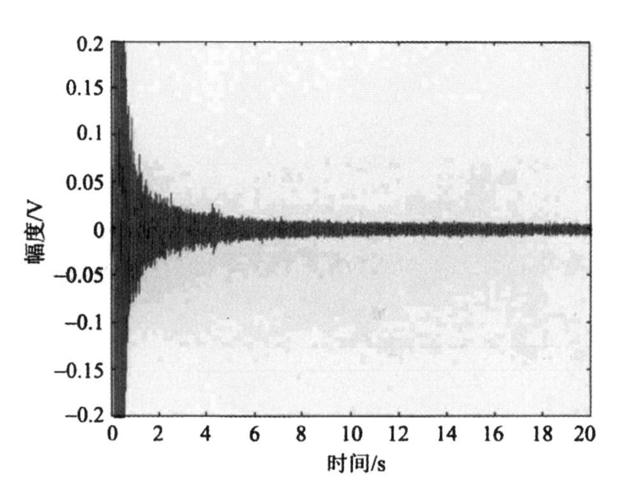


图 1　典型浅海声源爆炸信号

混响和噪声一样,都是水下主动声呐系统作业时的背景,但是混响有很多区别于噪声的特性[2]。混响是声呐自身产生的,因此混响的频谱特性和发射信号的频谱特性基本相同,混响强度随水平距离和发射信号强度的变化而变化。而噪声则不同,它是由海洋中各种噪声源产生的,和水平距离与发射信号无关。

根据产生混响的散射体的不同,可以将混响分为三类:海面、海底和海洋体积混响。产生海面和海底混响的散射体都是二维分布的,可以统称为界面混响;而产生体积混响的散射体则为海洋生物、海洋中分布的无机物和海洋自身的具有细微结构特征的物质等等,它们都是三维分布的[3]。

海洋混响是主动声呐的主要干扰之一,在水声物理研究中具有重要地位。海洋混响的研究工作可分为两类:一类是混响抑制研究,通过混响特性的研究,找出混响特性与目标回波特性的差异,进一步利用两种的差异降低混响对主动声呐的干扰;另一类则是混响信号的应用研究,通过已知混响特性与海洋环境的关系来进行海洋资源开发,鱼群探测,海洋动力过程遥测,海底地形地貌测量等。因此,海洋混响特性研究对于国民经济、国防建设和海洋科学研究等方面都具有重要意义。

## 2 体积混响特性研究

海洋中引起体积混响的主要散射体是海洋生物[4]。不同的海洋生物影响着主动声呐不同频段的探测。在 30 kHz 以上频段,主要散射体是海洋中的浮游生物;在 2 ~ 10 kHz 频段,主要散射体是带有不同气泡的各种类型的鱼。从声学的角度讲,不同大小的气泡将会与不同的频率产生共振,继而发生散射,并产生混响。

Love[5-6]建立了依赖于鱼分布数据的体积混响模型。在 1988 年和 1989 年,Love 领导的课题组分别在挪威海和北大西洋做了频率为 800 Hz ~ 5 kHz 的体积混响测量,发现体积混响主要是由带有相对较大的气泡的鱼群引起的,有鱼层的海水的平均体积散射强度 $S_L$ 可以写成

$$S_L = 10 \log_{10} \sum_{i=1}^{n} \sigma_i(f) \times 10^{-4} \tag{1}$$

其中,$n$ 是层中鱼的数目,$\sigma$ 是给定频率($f$)上单条鱼的声散射横截面($cm^2$)。

下面分别介绍三种引起体积混响的特殊散射结构。

### 2.1 深水散射层

体积散射强度的测量结果显示,体积散射强度随着深度的增加而减小,这和海洋中的生物分布刚好一致。但是,在某个深度上,体积散射强度经常有显著的增大,如图 2 所示。引起体积散射强度显著增大的水层我们称之为深水散射层。

深水散射层在深度上具有明显的迁徙特性。白天往往要比晚上深,在日出和日落时变化非常快;在中纬度地区,深水散射层往往分布在 180 ~ 900 m 的深度上;在北冰洋,深水散射层主要分布在冰下。

Greene 和 Wiebe[7]报道了用高频(420 kHz)多波束声测量海洋生物和微小浮游生物的目标强度分布。他们的测量结果和海洋声散射图一致,大部分海洋生物目标的散射强度都在 -70 ~ -62 dB 之间。

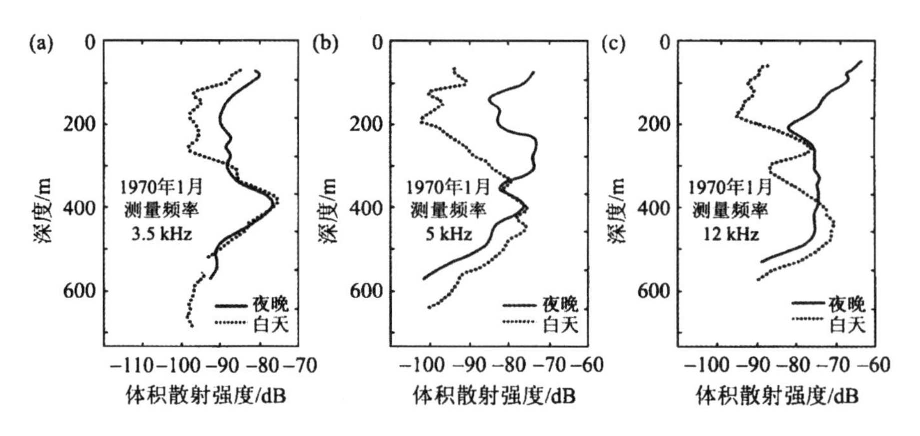


图 2　体积散射强度随深度的变化

### 2.2　水平散射层

海洋中的一些散射体,如深水散射层下的或海面下的气泡层,就是一个有厚度的水平散射层。这种水平散射层引起的层混响很容易考虑为边界混响。但是当层的厚度为无限大时,就变为一个柱体,这时的散射强度被认为是柱体散射强度。

### 2.3　垂直散射体

海洋浮游生物容易形成特定的分布规律,并形成散射层。但是在一些特定的海域,从海底泄漏的天然气或液体会形成垂直散射体,这种散射体在 10 ~ 1 000 kHz[8] 频段能被探测到。还有些海底山脉也会形成垂直散射体,夏威夷群岛的 Hancock 海山就是其中的一个例子,这个垂直体的高度达到 300 m。这些海底泄漏或垂直体同时还会吸引不同的海洋生物,从而进一步增强了其垂直方向的散射特性。

## 3　界面混响特性研究

常见的界面混响有三类:海面混响、冰下混响和海底混响。下面分别予以介绍。

### 3.1　海面混响

粗糙海面和气泡可以使海面变成一个有效而又复杂的散射体,通常考虑的海面散射不是在一个平面上,而是在一个层里。

海面散射强度典型的测量方法是:用一个能量在各方向上均匀分布的无指向性的声源(通常用爆炸声源)和接收声波的水听器组成的阵或可接收某一方向上声波的指向性声呐来完成。研究结果表明,海面散射强度和掠射角、声频率以及海面的粗糙度有关。测量结果显示,海面散射强度在低频和低掠射角时有很强的频率依赖性,在高频和大掠射角时,海面散射强度的频率依赖性则很弱。

Chapman 和 Harris[9] 进行了一系列的海面散射测量,并且分析了从 0.4 ~6.4 kHz 的海面散射强度,如图 3 所示,他们总结出一个海面散射强度的经验公式:

$$S_{\mathrm{CH}} = 3.3\beta \log_{10}\frac{\theta}{30} - 42.2\log_{10}\beta + 2.6 \tag{2}$$

$$\beta = 158\left[ v f^{\frac{1}{3}} \right]^{-0.58} \tag{3}$$

其中　$S_{CH}$——海面散射强度(dB)；

$\theta$——掠射角(°)；

$v$——风速(kn,节)；

$f$——频率(Hz)。

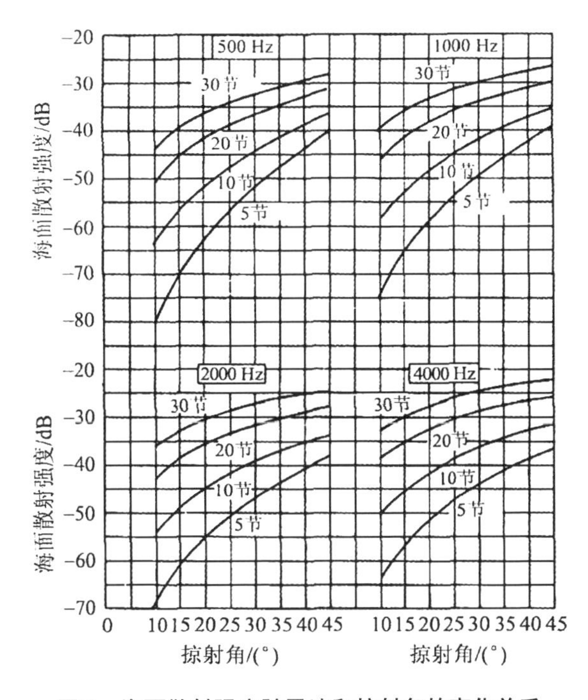


**图3　海面散射强度随风速和掠射角的变化关系**

在文献[10]中,McDaniel 回顾了收发合置条件下,频段从 200 Hz 到 60 kHz 时,海面混响物理建模的研究概况。他在文中指出,海面混响的散射声源包括粗糙界面散射、气泡的散射或气泡云的散射,其中粗糙界面散射包括大尺度粗糙界面散射和小尺度粗糙界面散射,McDaniel 还给出了复合粗糙海面的微扰散射理论。

Ogden 和 Erskine[11]将微扰散射理论和 Chapman - Harris 经验公式联合起来,提出了海面总的散射强度$S_{total}$的计算公式:

$$S_{total} = \alpha S_{CH} + (1 - \alpha) S_{pert} \tag{4}$$

$$S_{pert} = 10\log_{10}\left[ 1.61 \times 10^{-4} \tan^4\theta \exp\left( -\frac{1.01 \times 10^6}{f^2 U^4 \cos^2\theta} \right) \right] \tag{5}$$

$$\alpha = \frac{U - U_{pert}}{U_{CH} - U_{pert}} \tag{6}$$

其中　$S_{CH}$——Chapman - Harris 经验公式中的海面散射强度；

$S_{pert}$——海面扰动散射强度；

$U$——风速；

$U_{CH}$——Chapman - Harris 经验公式适用的风速下限；

$U_{pert}$——微扰散射理论适用的风速上限。

这个公式的适用范围是:掠射角 $\theta$ 小于40°,海面风速 $U$ 小于20 m/s,频率 $f$ 的范围是50 ~ 1 000 Hz。

在美国海军研究办公室(ONR)主持的海面混响测量实验中,在风速为1.5 ~13.5 m/s,掠射角从5° ~30°的范围内,研究人员做了大量的低频(70 ~950 Hz)海面反向散射特性测量[11]。这些测量结果验证了上面介绍的两种散射理论((2)式和(5)式):对于平静海面的高频散射和各种海况的低频散射,微扰散射理论[12]可以充分解释海面散射现象;当气泡云被认为是散射过程的主要散射源时,Chapman - Harris 经验公式可以描述高频海面粗糙度散射。在过渡区域,这两种散射理论((4)式)都可以描述海面散射现象,这主要决定于海面和风速特性。

### 3.2　冰下混响

主动声呐在冰下进行探测、定位和目标分类时,会被冰产生的混响所掩盖。海冰是北冰洋海域混响的主要产生源,3 kHz 信号在没有融化的冰面下产生的混响,和同样频率无冰情况下30 kn 海风引起的粗糙海面产生的混响相当。

由于冰层下界面的多变性,对散射强度随掠射角变化的测量可揭示冰层下界面的不同特性。当冰层下界面相对光滑时,散射强度随掠射角的增加而增大,和无冰海面的情况相当;当冰层下界面有很多棱角时,小掠射角声散射会和垂直入射的情况相当,甚至会出现镜反射。Brown[13]和 Milne[14]分别总结了两个不同北冰洋海域的散射强度测量实验,他们的数据显示,散射强度随频率和掠射角的增大而增加。用高指向性声源和水听器可以通过优化声线路径的方法使冰下混响减到最小。这种声线优化的方法可以给出冰下目标回声与混响的差别。

### 3.3　海底混响

海底和海面一样,是声的有效反射和散射体。海底散射不但会在声源、散射体和水听器的垂直平面发生,而且还会在垂直平面以外发生散射。海底散射强度和海底粒子的尺度有关[15]。根据海底沉积层的组成(沙、泥土、淤泥等)可以对海底进行分类。海底分类和散射强度有关,例如,淤泥海底一般很平,并且和水比起来有较低的阻抗特性,而粗沙海底则会很粗糙,和水比起来也会有很高的阻抗。即使是相同类型的海底,所测量的散射强度数据也会有很大的差别,这可能是由于海底沉积层的声折射和反射特性不同的缘故。

当掠射角小于45°时,Lambert 散射定律可以很好地描述深海海底反向散射强度和掠射角的关系。Lambert 散射定律参考了光在粗糙界面上散射后能量在角度上的分布关系,根据 Lambert 散射定律,散射强度和掠射角正弦的平方成正比 Mackenzie[16]分析了深海两个频率(530 Hz 和1 030 Hz)的混响测量数据,发现海底散射强度满足 Lambert 散射定律:

$$S_B = 10\log_{10}\mu + 10\log_{10}\sin^2\theta \tag{7}$$

其中　$S_B$——海底散射强度;

$\mu$——海底散射常数;

$\theta$——掠射角。

530 Hz 和1 030 Hz 对应的 $10\log_{10}\mu$ 值都是 -27 dB,这个值被其他大量的实验数据所证实。

美国海军研究办公室(ONR)组织了一次美国海军海洋混响特别研究项目(ARSRP),作为 ARSRP 项目的一部分,他们选择大西洋山脊以北的海域作为一个天然实验室。之所以将这个海区选为天然实验室,是因为这一海区有陡峭的岩石倾斜,海底的地质结构和沉积层结构给海底混响研究提供了各种海底特性。其采集的发射点、接收点位于同一位置的收发合置混响数据,和发射点、接收点位于不同位置的收发分置混响数据,均与数值预报的结果吻合很好[17]。

Ellis 和 Crowe[18]综合了 Lambert 散射定律和基于 Kirchhoff 近似的粗糙界面散射函数,得到适用于收发分置混响计算的三维散射函数。三维散射函数考虑了方位角关系、分离近似和半角近似等情况,这无疑是经验散射函数的一大进步。

在深海远距离声传播问题上,声波和海底的相互作用都是在临界角以下,在光滑玄武岩表面和小掠射角条件下,水中声能量的大部分都会被反射。而且散射函数与掠射角的关系很简单,可以用 Lambert 散射定律来描述。但是,如果海底是平坦玄武岩的话,观察到的散射函数和掠射角的关系将不会那么简单,散射函数在压缩波和剪切波头处可能会出现大的高峰。为了研究这种非常规的现象,Swift 和 Stephen[19]建立了包括海底介质体积不均匀性的散射模型。他们将这个模型应用到很多情况,如掠射角为 15°时的高斯波束的发射信号,在这个角度上,由玄武岩组成的真实平坦海底会产生全内反射。但是,他们发现海底模型包含了 10% 的速度扰动,这 10% 的速度扰动会产生向上的散射能量。事实上,只有声能掠射角小于临界角时,海底能量泄漏才以渐消相位的形式损失,而且这样的能量只能穿透到几个波长厚。这种能量和海底不均匀性的相互作用会激发出表面波。Swift 和 Stephen 还发现散射函数与海底压缩波、剪切波的声速梯度有关。如果海底没有声速梯度的话,海底传播能量就不会向上折射。因此,声波与声速不均匀的海底介质相互作用时会产生较强的散射。

海底的植物也会使海底散射变得特别复杂 Shenderov[20]从理论上对此复杂现象进行了研究,并将海藻的散射认为是三维的、弹性体的、随机系统的声衍射,这个方法考虑了海藻的统计特性。McCarthy 和 Sabol[21]用军用和环境监测系统描述了海底水生植物。

## 4 浅海混响特性的研究

上两节中介绍了体积混响和界面混响的基本概念、基本研究内容和最新研究进展,但是大多数的工作还是针对深海混响而言的。在过去的几十年中,中低频主动声呐又重新成为水声界的研究热点,尤其是在冷战结束之后,随着以美国为首的西方国家海军战略的转移,混响研究热点自然转移到了浅海的情况[22]。本节重点介绍国内外浅海简正波混响建模研究的概况。

早期的混响理论是针对深海混响建立的,其基础是射线理论。然而在浅海信道中,根据射线理论来研究浅海远程混响时,不能给出满意的结果。在传播建模中,简正波理论对于浅海信道十分有效,因此利用简正波理论研究浅海混响就成了浅海混响研究的一个重要方向。早在 20 世纪 60 年代,Bucker 和 Morris[23]就首先提出这种利用简正波理论进行海洋混响计算的方法;张仁和与金国亮[24]推广了这种方法,使得它可以计算声速剖面为任意形式的分层介质中的混响;Ellis[25]总结了这种混响计算方法,并且利用群速度给出了时域上的混响强度变化曲线; Lepage[26]又继续发展了这种方法,并研究了收发合置混响时域特性与声源宽度、声源—接收水听器深度和波导传播特性的关系;最近,俄罗斯的 Grigor'ev 等[27]在以往工作的基础上,给出了一个描述浅海混响场(反向散射场)统计特性和声场干涉现象的混响模型,李风华[28]提出了利用简正波相干叠加的方法可以预报浅海混响场的干涉结构。但是上述混响模型在海底散射问题的处理上都是基于经验散射函数。

早在20世纪的80年代,中国科学院声学研究所的高天赋教授率先给出了浅海粗糙界面的全波动混响模型[29]。之后相继出现了若干关于粗糙界面和海底不均匀性的全波动混响模型[30-34]。Ivakin[35]将这两种不同散射机制纳入同一个理论体系中。上述全波动混响模型都没有经过实验数据的验证。吴金荣[36]在全波动混响模型的基础上,结合周纪浔教授给出的浅海角度谱混响模型[37],提出了一种物理意义更加清晰的浅海新能流混响模型,该模型利用容易获取的海底反射系数快速预报波导中混响能量平均衰减规律,且可利用实测模型参数和混响数据进行验证。

针对浅海混响产生机理分析和混响特性建模,美国海军研究办公室资助举办了多个混响研讨会,如1999年举办了浅海混响建模研讨会[38],该会议归纳了浅海混响主要的产生机理有:海底粗糙界面、海底不均匀介质、沉积层内部的粗糙界面、大尺度海底地形特性、大尺度海底介质特性等,提出的混响信号中的杂波现象已成为近几年的浅海混响研究热点[39]。

2006年,在美国海军研究办公室召开的浅海混响建模研讨会上,确定了20个浅海混响建模标准问题,其中考虑了二维和三维海面散射、海底粗糙界面散射、海底体积介质不均匀性散射、经验散射函数、不同水文剖面、不同海底地形等情况,这些标准可用于建立混响模型研究的基准;2008年,在浅海混响建模研讨会上,讨论了2006年提出的20个问题的答案,并比较了同一问题不同混响模型的预报结果,分析了不同混响模型的优劣。

2010年,美国海军研究办公室联合欧洲主要海洋混响研究国家在英国剑桥举办了声呐性能评估研讨会,在研讨会上,混响建模者将混响模型置于主动声呐模型中,使得混响特性模型距离应用越来越近。

2011年9月,北大西洋公约组织(简称北约)水下研究中心举办了宽带主动声呐杂波的识别和抑制研讨会,并给混响研究者量身定制了一个针对主动声呐训练的项目。

从上面列举的美欧混响机理和建模研究工作中,可以看出浅海混响研究的发展趋势,即掌握浅海混响形成机理,应用混响特性,使得主动声呐尽可能地避开混响和杂波的干扰,增强探测性能。

## 5 混响特性的应用研究进展

海洋混响特性研究主要包括主动声呐、探鱼声呐、海底遥感。下面分别介绍这3个方向上的混响应用研究。

### 5.1 主动声呐应用

众所周知,海洋混响是主动声呐的主要干扰之一。有用的目标信号总是叠加在混响信号中,有时海底断层或突起也会在混响信号中产生和有用信号极其相似的包络,使得探测质量明显下降,如图4所示。

主动声呐方程中有混响背景级这一项,该方程如下式所示:

$$SL - RL - 2TL + TS + G_s + G_T = M \tag{8}$$

其中 $SL$——声源级;

$RL$——混响背景级;

$TL$——声传播损失;

$TS$——目标强度;

$GS$——空间增益;
$GT$——时间增益;
$M$——检测阈[1]。

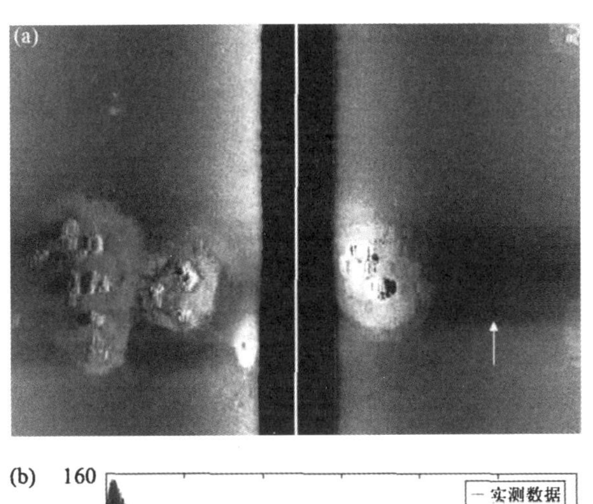


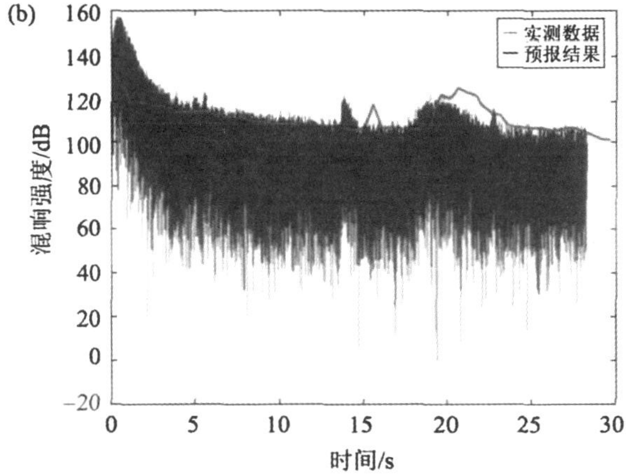


图 4 海底突起引起类似目标回波的杂波

优质因素及作用距离的估算也与混响有密切关系,所以混响场的精确预报对主动声呐的设计至关重要。

## 5.2 探鱼声呐应用

探鱼声呐是一种高频主动声呐。它利用高频声波的回声(即混响声)可以判断近处是否存在鱼群。近年来,美国 MIT 的 Makris 教授领导的课题组利用低频混响研究的成果,探测远处的鱼群[40],并进一步观察到鱼群的迁徙习性[41],如图 5 所示。

## 5.3 海洋声遥感

实际上,海洋混响信号中包含了大量的环境信息,因为浅海混响形成过程包括信号前向传播、海底散射和反向传播三个主要过程,所以海洋混响信号中包含了大范围的声信道信息以及水文参数、海底参数、海底散射强度等信息。从混响信号中提取这些信息就成了非常有意义的课题。因为一方面混响信号相对于传播信号来说容易获取,单船实验即可,从而节约了大量的人力、物力和财力；另一方面，混响信号中有用信息量大，从混响信号中可以提取出大量的有用信息，这是其他信号都不具备的内在特性。

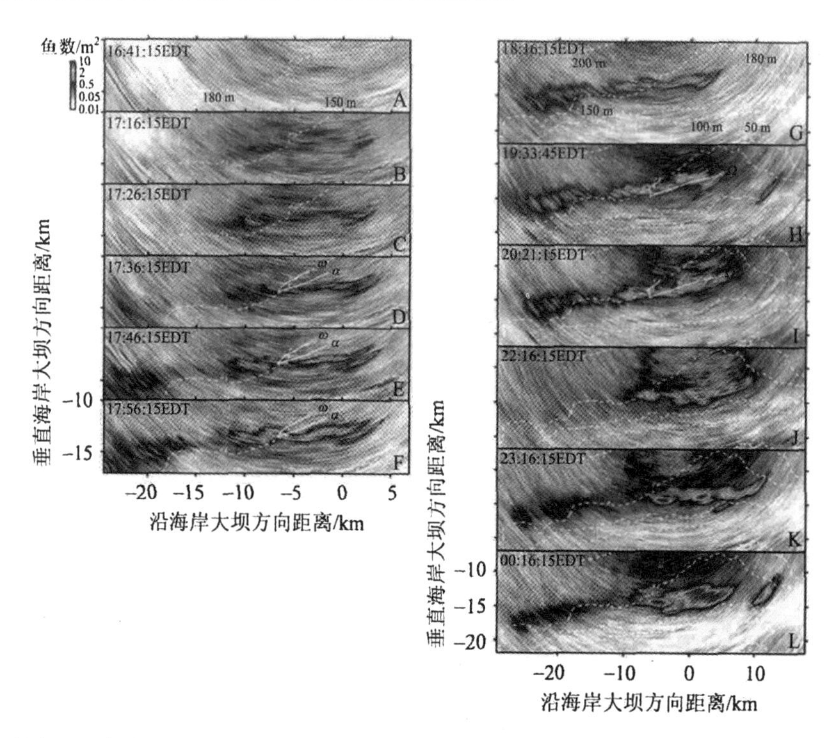


（图中 EDT 为美国东部夏季时间，A ~ L 为不同时刻同一海域鱼群的分布信息，左上角的色棒表示每平方米海域中鱼的数量，图 D、E、F 中的 $\alpha$ 和图 H、I 中的 $A$ 为传统探鱼声呐研究的起始线，$\omega$ 和 $\Omega$ 为传统探鱼声呐研究的终止线，本文未给出传统探鱼声呐的探测结果，有兴趣的读者可以参阅文献[41]）

**图 5　不同时刻低频混响信号中含有的鱼群信息**

图 6 为北约水下研究中心在地中海开展的混响实验示意图，该实验的主要目的是通过混响数据，快速反演相关环境参数，进一步预报实验海域的水声环境特性。通常称该实验为水声环境快速评估（REA）。图 7 为混响强度理论预报误差分布。

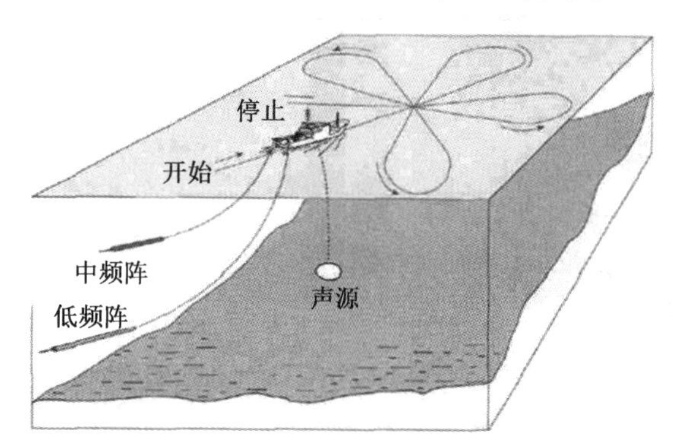


**图 6　常见海洋混响测量示意图**

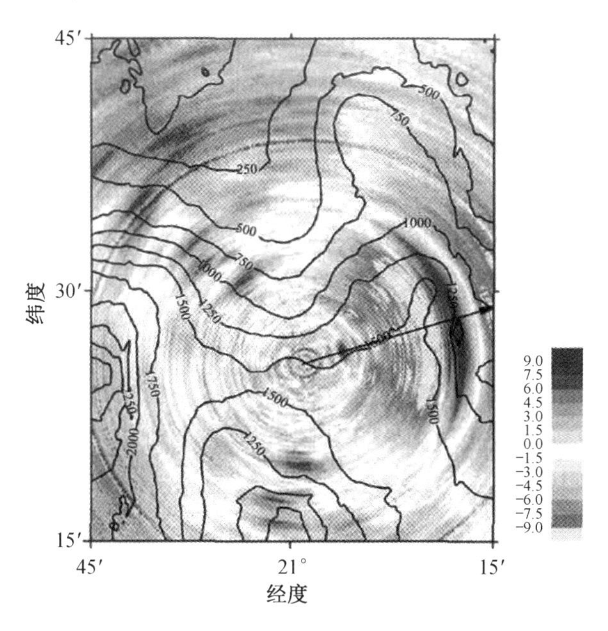


图7　混响强度理论预报误差分布

## 6　结束语

海洋混响是海洋环境产生的回声,它严重影响着主动声呐的探测性能,是水声物理研究中的热点问题。本文对海洋混响的研究工作进行了简单的综述,从海洋混响的基本概念到基本物理理论,再到海洋混响特性的综合应用,每方面工作都积累了充分的研究成果。目前深海混响特性研究已经较为成熟,浅海混响特性(尤其是低频浅海混响特性)尚有很多疑问存在,有待进一步深入研究。具体来说,主要有下列几个方面需要重点开展研究:

(1)浅海远程混响产生机理研究;

(2)近程混响和远程混响的关系研究;

(3)声传播对混响特性的影响规律研究;

(4)混响、杂波和目标回波联合研究;

(5)移动平台的混响特性研究;

(6)宽带长脉冲的混响特性研究。

## 参考文献

[1] 尤立克 R J.(著),洪申(译).水声原理.哈尔滨:哈尔滨船舶工程学院出版社,1990.

[2] Bartberger C L. Lecture Notes on Underwater Acoustics. Nav. Air Devel. Ctr, Rept NADC - WR - 6509. 1965.

[3] Paul C E. Underwater Acoustic Modeling and Simulation (Third edition). London and New York: Spon Press, 2003.

[4] Saenger R A. Volume Scattering Strength Algorithm: A First Generation Model. Nav. Underwater Syst. Ctr, Tech. Memo. 841193, 1984.

[5] Love R H. J. Acoust. Soc. Am., 1975, 57: 300.

[6] Love R H. J. Acoust. Soc. Am. ,1993,94:2255.
[7] Greene C H,Wiebe P H. Sea Technol. ,1988,29(8):27.
[8] Hovland M. EOS,Trans. Amer. Geophys. Union,1988,69:760.
[9] Chapman R P,Harris J H. J. Acoust. Soc. Am. ,1962,34:1592.
[10] McDaniel S T. J. Acoust. Soc. Am. ,1993,94:1905.
[11] Ogen P M,Erskine F T. J. Acoust. Soc. Am. ,1994,95:746.
[12] Thorsos E I. J. Acoust. Soc. Am. ,1990,88:335.
[13] Brown J R. J. Acoust. Soc. Am. ,1964,36:601.
[14] Milne A R. J. Acoust. Soc. Am. ,1964,36:1551.
[15] Hines P C. J. Acoust. Soc. Am. ,1990,87:324.
[16] Mackenzie K V. J. Acoust. Soc. Am. ,1961,33:1498.
[17] Smith K B,Tappert F D,Hodgkiss W S. J. Acoust. Soc. Am. , 1993,94:1766.
[18] Ellis D D,Crowe D V. J. Acoust. Soc. Am. ,1991,89:2207.
[19] Swift S A,Stephen R A. J. Acoust. Soc. Am. ,1994,96:991.
[20] Shenderov E L. J. Acoust. Soc. Am. ,1998,104:791.
[21] McCarthy E M,Sabol B. Acoustic Characterization of Submerged Aquatic Vegetation:Military and Environmental Monitoring Applications. Proc. MTS/ IEEE Oceans 83 Conf. ,2000,85.
[22] Ellis D D, Preston J R, Urban H G. Ocean Reverberation. DORDRECHT/BOSTON/LONDON:Kluwer Academic Publishers, 1993.
[23] Bucker H P,Morris H E. J. Acoust. Soc. Am. ,1968,44:827.
[24] Zhang R H,Jin G L. J. Sound Vib. ,1987,119(2):215.
[25] Ellis D D. J. Acoust. Soc. Am. ,1995,97(5):2804.
[26] Lepage K. J. Acoust. Soc. Am. ,1999,106:3240.
[27] Grigor'ev V A,Kuz'kin V M,Petnikov B G. Acoustical Physics, 2004,50(1):37.
[28] 李风华,刘建军,李整林等. 中国科学(G 辑),2005,35(2):140.
[29] 高天赋. 声学学报,1989,14(2):126.
[30] Ingenito F. J. Acoust. Soc. Am. ,1987,82:2051.
[31] Kuperman W A,Schmidt H. J. Acoust. Soc. Am. ,1989,86:1511.
[32] Mourad P D,Jackson D R. J. Acoust. Soc. Am. ,1993,94:344.
[33] Ivakin A N. Sov. Phys. Acoust. ,1986,32:492.
[34] Shang E C,Gao T F,Wu J R. IEEE,Journal of Oceanic Engineering,2008,33(4):451.
[35] Ivakin A N. J. Acoust. Soc. Am. ,1998,103:827.
[36] Wu J R,Shang E C,Gao T F. Journal of Computational Acoustics,2010,18(3):209.
[37] 周纪浔. 声学学报,1980,(2):86.
[38] John R P. Shallow Water Ocean Reverberation Data Extraction of Seafloor Geo – acoustic Parameters Below 4kHz. Doctor Thesis,The Pennsylvania Stata University,2002.
[39] Reeder D B. J. Acoust. Soc. Am. Express Letters,2014,135(1):EL. 1.
[40] Nicholas C M et al. ,Science,2006,311:660.
[41] Nicholas C M et al. ,Science,2009,323:1734.

# 由传播时间反演海水中的声速剖面

唐俊峰 杨士莪

**摘要** 海水中的声速剖面对声传播有比较重要的影响利用海上实验的实际数据由声信号的传播时间反演海水中的声速剖面。用经验正交函数表示声速剖面,根据选取的代价函数应用遗传算法搜索最优解。为了提高反演算法的性能,快速反演获得海水中的声速剖面,在射线声学理论下,对传播时间的计算方法进行了改进,有效降低了算法的计算量。利用海上实验的实际数据反演获得的声速剖面与实验时直接测量获得的声速剖面相比较,误差小于2‰。反演结果与实测结果基本相符。

**关键词** 声速剖面;经验正交函数;反演;传播时间

用声学方法反演海水中的声速剖面是海洋声学研究的一个重要课题[1-4]。2002 年在南海进行了一次海洋环境参数反演实验实验在约 100 km×100 km 的海域范围布放 4 个在海面自由漂浮的浮标,浮标连接一个短垂直阵,观测和接收声源发射的声信号。实验获得了大量的观测结果。海水中的声速剖面对声传播有比较大的影响。在实验过程中声信号从声源沿不同的路径和方向向外传播到达接收水听器。根据实验数据可以较为精确地得到声信号从声源到达接收点的传播时间。利用实验获得的数据研究由声信号的传播时间反演海水中的声速剖面由传播时间反演海水中的声速剖面不需要考虑幅度信息,可以减少影响反演结果的环境因素,提高反演方法的稳定性[5]。

声速剖面的反演是一个多维的优化问题,尽量减少未知参量的数目可以降低解空间的范围。用经验正交函数(EOF)可以较为精确的表示海水中的声速剖面,并且所需的未知参量较少在反演过程中应用遗传算法在解空间范围内搜索使代价函数达到全局最优值的解。针对拷贝场计算时通常存在的运算量大的问题,在射线声学理论下,采用了一些改进的方法,有效降低了反演算法的计算量。利用实验数据计算反演的结果与实际测量的声速剖面相比较表明,反演结果比较好地反映了实际的声速剖面。

## 1 实验描述

如图 1 所示,首先在实验海区分别布放 1 号、2 号、3 号和 4 号 4 个浮标。4 个浮标分别布放在实验海区的四周,它们的位置大致成一个正方形,相邻 2 个浮标的距离约为70 km。每个浮标连接一个约 50 m 长的垂直阵,垂直阵包括 5 个深度分别为 10 m、18 m、26 m、34 m 和 42 m 的接收水听器,阵的最下端悬挂了一个重锤,使基阵始终保持竖直的状态。实验海域的海深变化较大,4 号浮标位置附近海深约为 100 m,海深往南逐渐变大,2 号浮标位置附近海深大于 1 000 m。实验过程中各个浮标在海面上自由漂浮,由实验船通过无线电遥测控制。发射船在 4 个浮标之间的区域按“W”型航迹匀速航行并投放爆炸声源,4 个浮标在各自不同的方向同时观测和接收由声源向外传播的声信号。实验使用手榴弹和声弹作为声源,手榴弹的爆炸深度为 8 m,声弹的爆炸深度 100 m。声源投放后在一定的深度爆炸,发射船通过固定的水听器监测声源发射的声信号,并记录声信号的到达时刻及相应时刻发射船的位置。在实验过程中使用 CTD 等仪器设备对实验海区的水文环境进行了测量。

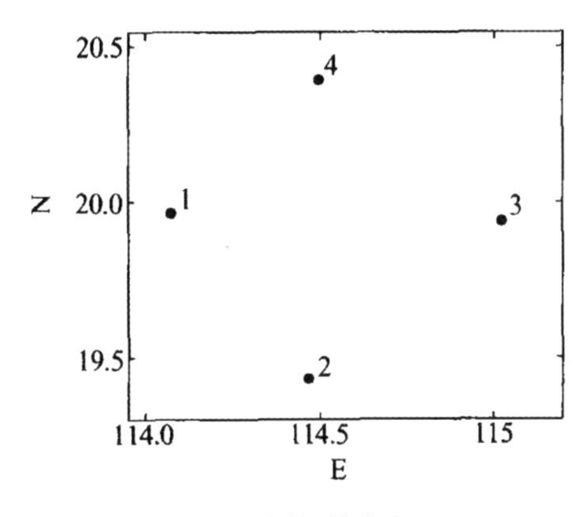


**图 1　浮标的分布**

## 2　反演方法

在反演过程中为了降低参数搜索空间的范围,希望用尽可能少的参量来描述海水中的声速剖面。用经验正交函数(EOF)表示声速剖面是一种有效的方法。EOF 函数可以看成是一组特征向量。已知海区实测的声速剖面 $c_1(z_i)$、$c_2(z_i)$……$c_n(z_i)$、$\bar{c}(z_i)$ 是声速剖面的平均值。可以得到矩阵 $\boldsymbol{R}$,其中 $\boldsymbol{R}$ 的每一个元素 $r_{ij}$ 为

$$r_{ij} = \frac{1}{n}\sum_{k=1}^{n}[c_k(z_i) - \bar{c}(z_i)]\cdot[c_k(z_j) - \bar{c}(z_j)] \tag{1}$$

EOF 函数 $f_c(z_i)$、$f_2(z_i)$、$f_3(z_i)$……是矩阵 $\boldsymbol{R}$ 的特征向量。图 2 为计算得到的第一、二、三阶 EOF 函数。选取前 3 阶 EOF 函数已经可以比较精确的表示实验海区的声速剖面,海水中的声速可以表示为

$$c(x,y,z_i) \approx \bar{c} + \sum_{k=1}^{3} a_k(x,y)f_k(z_i) \tag{2}$$

式中 $a_k(x,y)$ 为需要确定的 EOF 修正系数。

声信号从声源到达接收水听器的传播时间由声源的发射时刻和信号前沿到达接收水听器的时刻确定。选取反演代价函数为

$$U(\boldsymbol{C},\boldsymbol{T}) = \frac{1}{\sum_{ij}[t_{ij}(r_i,r_j,T_j) - \tau_{ij}]^2} \tag{3}$$

式中　$i$、$j$——接收水听器与爆炸声源的序号;

$r_i$、$r_j$——接收点与爆炸点坐标;

$T_j$——各次起爆时刻,$\boldsymbol{T}$ 为各起爆时刻的数组表示;

$\boldsymbol{C}$——描述声速空间分布的矩阵;

$t_{ij}$——各水听器接收到爆炸信号时刻的计算值;

$\tau_{ij}$——实验中得到的各个水听器接收到爆炸信号时刻的观测值。

在反演过程中应用遗传算法以代价函数值作为评价信息,在整个解空间的范围内搜索全局最优解遗传算法作为一种通用的求解优化问题的适应性搜索方法,有较强的求解全局

优化问题的能力。计算的步骤为：

(1)确定未知参量合适的变化范围。

(2)由随机方法生成初始的群体。

(3)根据群体中个体的参数值计算拷贝场声信号从声源到达接收水听器的传播时间，确定代价函数的值，得到个体的适应度。

(4)通过选择、交叉等遗传操作得到下一代群体。重复(3)和(4)的过程直到代价函数收敛，由最优解求得反演得到的声速剖面。

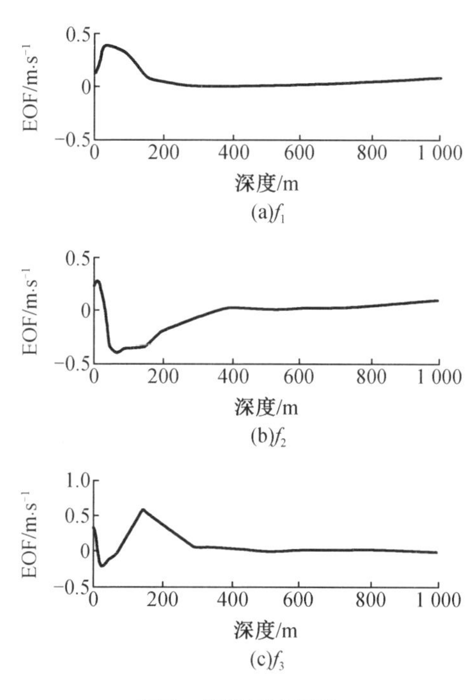


**图2　经验正交函数**

## 3　传播时间快速计算

在计算拷贝场声信号的传播时间的过程中，通常是根据设定的俯仰角搜索范围和步长逐个计算由声源到达各接收水听器的传播时间，计算量较大。为了提高计算速度，在反演过程中采用了一些改进的方法。

(1)声信号的传播时间的计算关键是要确定由声源到达接收水听器传播时间最短的本征声线。在整个解空间内声速剖面变化的范围很大，声源的深度也会发生改变，因此本征声线在声源处的俯仰角可能的范围较大。计算时可以先采用较大的步长进行试探，然后再确定合适的俯仰角搜索范围。

(2)声线的俯仰角与声速变化并不是线性关系。例如声源处声速为1 500 m/s，在声源处出射时俯仰角分别为0°和5°的2条声线，根据Snell折射定律，在声速为1 499 m/s的深度下声线的俯仰角将分别变为2.09°和5.42°，声线的俯仰角分别改变了2.09°和0.42°。因此与采用固定的步长相比，对在声源处俯仰角较小的声线采用较大的步长，对俯仰角较大的声线采用相对较小的步长应更为合理。

(3)接收水听器的位置决定了到达接收水听器本征声线的路径。而接收水听器的位置对整个声场的分布没有影响,声场的分布与声源的位置有关。因此声信号由同一个声源到达同一个浮标各个接收水听器的传播时间可以在一起同时计算。

通过采用上述改进的方法,拷贝场声信号的传播时间的计算速度平均可以提高大约一个数量级。有效降低了反演算法的计算量。

## 4　实验数据处理结果

图3是在实验过程中使用CTD测量的海区的声速剖面。可以看出声速剖面虽然在深度大于200 m时有一些起伏,但总的变化基本较小因此在反演过程中不考虑水平梯度的影响,这时式(2)中的EOF修正系数为常数。

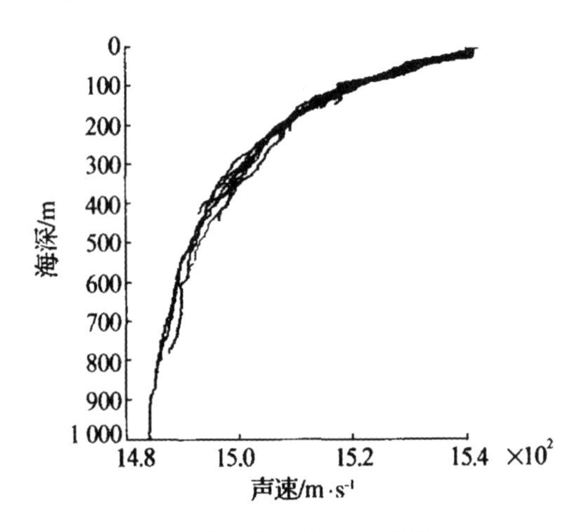


图3　实验时测量的声速剖面

实验过程中浮标在海面上自由漂浮,水听器的布放深度不大,又在基阵的最下端悬挂重锤,因此可以使水听器阵在实验过程中基本上保持垂直的状态,不需要进行阵形修正。水听器的水平位置与实验时纪录的浮标的位置相同。声源的位置和起爆时刻在实验过程中不能直接测量。根据发射船的航行速度和声信号从爆炸点到达发射船的时刻及相应的发射船位置可以比较准确地计算爆炸点的位置和爆炸时刻。

图4中$A$、$B$、$C$、$D$为实验过程中在1 h内的4个投弹点,表1和表2分别为各个浮标相对投弹点的距离和方位。发射船在$A$、$B$、$C$处投放声弹,在$D$处投放手榴弹。从发射船投放声弹时得到的3组实验数据中各选取6个水听器的观测结果,分别利用它们来反演这3个时刻实验海区的声速剖面。计算同时也利用发射船在$D$处投放手榴弹得到的实验数据。此时1号浮标第1个和第5个水听器接收到声信号的时刻分别为$\tau_1'$和$\tau_2'$,相应的拷贝场计算值分别为$t_1'$和$t_2'$,$C$是声速剖面。令

$$N(C)=(t_1'-\tau_1')^2+(t_2'-\tau_2')^2 \tag{4}$$

由于在实际的海洋中,海水的声速是时间的函数。但在较短的时间内一般不会发生剧烈的变化(根据实测结果,在实验期间海区的声速剖面也没有发生剧烈的变化)。如果声速剖面接近于所要反演的实际声速剖面,$N$应该为一个较小值。在计算中设定如果$N<0.05\ s^2$,则代价函数的值仅由声弹的数据确定。否则,代价函数的值由选取的声弹和手榴弹的数据共同确定因此,在遗传算法计算的初期代价函数将主要由声弹和手榴弹的数据共同确定,在

遗传算法计算的后期代价函数则主要仅由声弹的数据确定。遗传算法计算 400 代(3 组计算结果最优解在后 100 代均无明显变化)。图 5(a)~(f)分别是发射船在 $A$、$B$ 和 $C$ 处投弹时实验海区声速剖面的反演结果。在图 5 中给出了声速剖面的实测值 $c_0$(实线)、计算值 $c$(虚线)和计算值相对实测值的误差 $c_0-c$ 增加选取的水听器数目,计算表明反演结果的误差已没有明显的改善,而且增加了反演计算的计算量。图 5 中给出的声速剖面的实测值在 0~200 m深度是在 $A$、$B$、$C$、$D$ 处投弹前单次测量的声速,在 200 m 深度以下为实验期间用 CTD 测量的平均声速。表 3 为 3 组结果的最大误差和均方根误差。

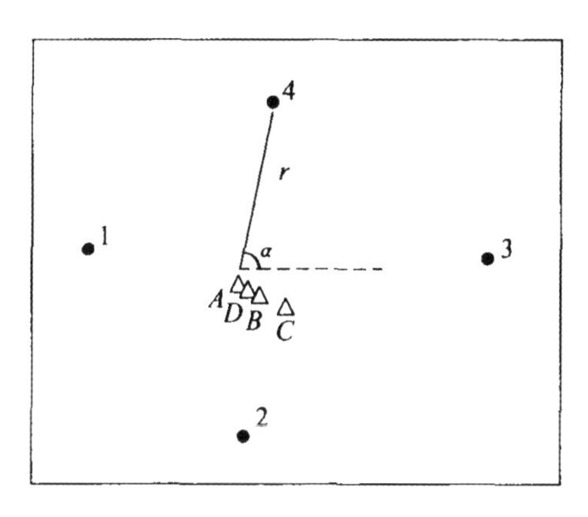


**图 4　浮标和投弹点的位置**

**表 1　浮标相对投弹点的距离(km)**

| | 1 | 2 | 3 | 4 |
|---|---|---|---|---|
| $A$ | 41.45 | 44.91 | 60.95 | 62.29 |
| $B$ | 46.55 | 42.35 | 57.28 | 65.07 |
| $C$ | 51.66 | 40.37 | 53.85 | 68.11 |
| $D$ | 43.97 | 43.57 | 59.10 | 63.63 |

**表 2　浮标相对投弹点的方位角(°)**

| | 1 | 2 | 3 | 4 |
|---|---|---|---|---|
| $A$ | 161.7 | 270.1 | 10.7 | 85.5 |
| $B$ | 160.3 | 263.9 | 14.3 | 89.5 |
| $C$ | 159.2 | 257.0 | 18.2 | 93.2 |
| $D$ | 160.9 | 267.1 | 12.4 | 87.5 |

**表 3　声速剖面相对实测值的误差**

| | 最大误差 | 均方根误差 |
|---|---|---|
| $A$ | 3.29 | 1.99 |
| $B$ | 3.25 | 2.30 |
| $C$ | 3.18 | 1.86 |

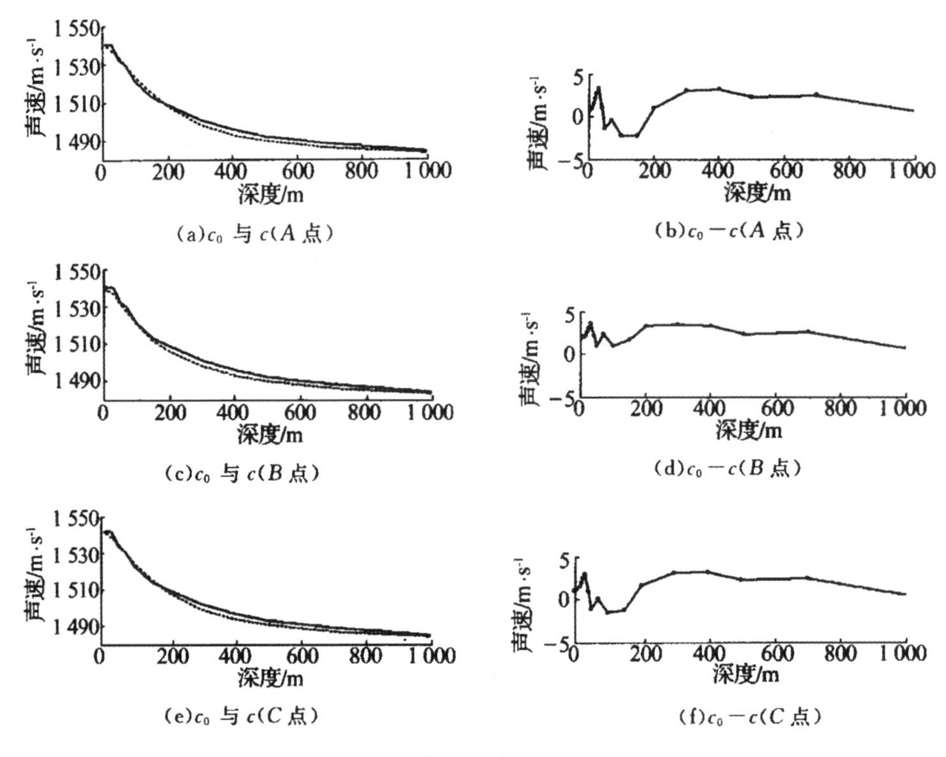


(a)$c_0$ 与 $c$($A$ 点)　(b)$c_0-c$($A$ 点)

(c)$c_0$ 与 $c$($B$ 点)　(d)$c_0-c$($B$ 点)

(e)$c_0$ 与 $c$($C$ 点)　(f)$c_0-c$($C$ 点)

**图 5　声速剖面计算值与测量值比较**

可以看出 3 组反演结果基本都较好地反映了实际的声速剖面,误差小于 2‰(3 组结果均方根误差最大为 2.30 m/s)。3 组结果计算值相对实测值的误差在深度 0 ~ 150 m 的范围虽然起伏较大,但均方根误差较小,分别为 1.49 m/s、1.71 m/s 和 1.27 m/s,可见声信号到达水听器的传播时间对靠近海面的水层中的声速变化要更为敏感一些。

## 5　结束语

利用海上实验的实际数据由声信号的传播时间反演海水中的声速剖面。将反演的结果与测量的声速剖面进行比较,可以看出反演结果与实际测量的声速剖面基本相符,声速剖面的计算值相对实测值的误差小于 2‰。为了降低算法的计算量,对拷贝场声信号的传播时间的计算方法进行了一些有益的改进,平均的计算速度可以提高大约一个数量级。由于声速通常也会有一定的水平梯度,在存在水平梯度的情况下反演方法的应用将是需要进一步研究的工作。

## 参 考 文 献

[1] MUNKW, WUNSCHC. Ocean acoustic tomography: A scheme for large scale monitoring [J]. Deep Sea Res, 1979, 26: 123 – 161.

[2] SHANGEC. Ocean acoustic tomography based on adiabatic mode theory [J]. JASA, 1989, 85(4): 1531 – 1537.

[3] TOLSTOYA, DIACHOKO, FRAZERLN. Acoustic tomography via matched field processing [J]. JA SA, 1991, 89(3): 1119 – 1127.

[4] GONCHAROVVV, VORONOVICH A G. An experiment on matched – field acoustic tomography with continuous signals in the Norway Sea [J]. JASA, 1993, 93(4): 1873 – 1881.

[5] LU I T. Robustness of a ray travel – time inversion approach [J]. JASA, 1999, 106(5): 2442 – 2453.

[6] 李敏强,寇纪淞,林丹,李书全. 遗传算法的基本理论与应用[M]. 北京:科学出版社,2002.

[7] MERCERJA, FELTONWJ, BOOKERJ R. Three dimensional Eigen rays through ocean meso scale structure [J]. JASA, 1985, 78(1): 157 – 163.

[8] GERSTOFTP. Inversion of acoustic data using a combination of genetic algorithms and the Gauss – New ton approach [J]. JASA, 1995, 97(4): 2181 – 2190.

# 混浊海水声吸收的计算与测量研究

刘永伟　李　琪　张　超　唐　锐

**摘要**　针对海水中悬浮的泥沙颗粒的形状极其复杂,使得直接、准确计算混浊海水的声吸收几乎是不可能的问题。提出一种采用悬浮泥沙颗粒的中值粒径去计算悬浮泥沙颗粒黏滞声吸收系数的方法。同时,利用纯净海水声吸收经验公式可计算混浊海水中电解质的声吸收系数。计算的混浊海水在 20 ~ 60 kHz 的声吸收系数与混响法测量的声吸收系数进行了对比。理论计算值和实验测量值之间的平均相对偏差为 23%,最大相对偏差不超过 50%。表明,若已知混浊海水中悬浮泥沙颗粒的密度、浓度、中值粒径时,则可利用纯净海水声吸收经验公式和黏滞声吸收公式来计算混浊海水的声吸收系数。

**关键词**　混浊海水;声吸收;悬浮泥沙颗粒;混响法

## 引言

浅海声探测问题无论在军事还是在民用方面正日益受到重视。我国由于水土流失严重,使得北起渤海湾,南到泠汀洋的广大近岸海域中悬浮有大量的泥沙颗粒,这样的海水也称为混浊海水 。国内海洋界曾对这种海水进行过深入研究,但多是对悬浮泥沙颗粒的沉积、输运过程等机理的研究,而对悬浮泥沙颗粒引起的声吸收和声散射特性研究相对较少。但是深入研究混浊海水的声吸收和声散射特性,可对在此类海域工作的声呐探测系统的设计、声呐探测距离的确定以及声呐工作性能的评估等提供一定的参考。

对于纯水、电解质溶液[1]、海水[2-3](未考虑泥沙)的声吸收特性研究相对成熟,获得了声吸收基本规律和一些经验公式。水中悬浮泥沙颗粒[4-6]引起的声吸收的研究才刚刚开始,对混浊海水的实验测量研究则相对较少。由于混浊海水中悬浮泥沙颗粒的存在,产生了另外两种声吸收的机理:黏滞吸收和散射吸收,导致混浊海水的声吸收系数大于纯净海水的声吸收系数。本文根据近岸混浊海水的实际情况,在实验室中配制了混浊海水,利用混响法测量了不同浓度混浊海水的声吸收系数。悬浮泥沙颗粒的分布由激光粒度仪 LISST - 100X 测定,通过纯净海水声吸收经验公式和黏滞声吸收公式计算了不同浓度混浊海水的声吸收系数。

## 1　混浊海水声吸收原理

引起声强在水中传播衰减的原因,可以归纳为 3 个方面:扩展损失、吸收损失、散射。假设当平面波传播距离 $x$ 后,由吸收而引起的声强降低为 $I(x)$,则有

$$I(x) = I_0 e^{-2\alpha x} \tag{1}$$

式中　$I_0$——常数,决定于声源强度;

$\alpha$——吸收系数[7]。

混浊海水中由于悬浮着泥沙颗粒,产生了另外两种声吸收的机理:黏滞吸收和散射吸

收。因为悬浮泥沙颗粒与水的密度不同,当声波传播时,悬浮泥沙颗粒与水质点的运动速度不同,两者间产生相对运动,即悬浮泥沙颗粒的运动与流体质点的运动相比产生相位滞后,因而在悬浮泥沙颗粒表面产生具有速度梯度的边界层。由于黏滞性的存在,这种速度梯度将导致声能转换为热能,造成声场的能量衰减,引起声吸收,称为黏滞吸收。同时,水中悬浮的泥沙颗粒会使声波向各个方向散射,这也导致能量损耗,引起声吸收,称为散射吸收[5]。

混浊海水的声吸收可认为是由三部分组成:纯净海水的声吸收加上悬浮泥沙颗粒通过黏滞和散射作用引起的声吸收[5]。用公式表示为

$$\alpha = \alpha_w + \alpha_v + \alpha_s \tag{2}$$

式中　$\alpha_w$——纯净海水的声吸收系数;

$\alpha_v$——悬浮颗粒通过黏滞引起的声吸收系数;

$\alpha_s$——悬浮颗粒通过散射引起的声吸收系数。

纯净海水的声吸收系数主要是由纯水的声吸收系数加上由于电解质的弛豫过程而引起的声吸收系数。电解质的弛豫主要是硫酸镁($MgSO_4$)和硼酸($B(OH)_3$)的弛豫过程。其他电解质的弛豫过程对声吸收的贡献很小,可以忽略。声吸收理论计算值跟实验数据符合较好的公式是 Francois 和 Garrison 的声吸收公式。公式如下:

$$\alpha_w = 10^{-3}\left[\frac{A_1 P_1 f_1 f^2}{f^2 + f_1^2} + \frac{A_2 P_2 f_2 f^2}{f^2 + f_2^2} + A_3 P_3 f^2\right] \tag{3}$$

式中　$f$——频率;

$f_i(i=1,2)$——电解质的弛豫频率;

$A_i(i=1,2,3)$——温度和盐度对声吸收的影响;

$P_i(i=1,2,3)$——压强对声吸收的影响。

脚标($i=1,2,3$)分别表示了硼酸、硫酸镁和纯水的声吸收系数。

黏滞声吸收公式如下:

$$\alpha_v = (10\lg \mathrm{e}^2)\frac{\varepsilon k(\sigma - 1)^2}{2}\left[\frac{\tau}{\tau^2 + (\sigma + \delta)^2}\right] \tag{4}$$

式中　$\delta = \frac{1}{2}\left[1 + \frac{9}{2\beta a}\right], \tau = \frac{9}{4\beta a}\left[1 + \frac{1}{\beta a}\right]$;

$\varepsilon$——颗粒的体积分数;

$k = \omega/c$——波数;

$c$——声速;

$\sigma = \rho'/\rho$——颗粒密度与液体密度之比;

$a$——颗粒的半径;

$\beta = \sqrt{\omega/2v}$表示黏滞剪切波的透入深度的倒数;

$\omega$——圆频率;

$v$——液体的动黏滞率。

散射声吸收公式如下:

$$\alpha_s = (10\lg \mathrm{e}^2)\frac{\varepsilon K_\alpha x^4}{a\left(1 + \xi x^2 + \frac{4}{3}K_\alpha x^4\right)} \tag{5}$$

$$K_\alpha = \frac{1}{6}\left(\gamma_k^2 + \frac{\gamma_\rho^2}{3}\right), x = ka$$

式中　$\xi$——一个常数($\xi \geqslant 1$)；

$\gamma_K = (k' - k)/k$——体积压缩率之比；

$\gamma_\rho = 3(\rho' - \rho)/(2\rho' + \rho)$——密度之比；

$k$——液体的体积压缩率；

$k'$——颗粒的体积压缩率；

$a$——颗粒的半径。

通过(4)(5)两式计算悬浮泥沙颗粒通过黏滞和散射引起的声吸收系数时,要求颗粒的形状为球形。但是在实际的混浊海水中悬浮的泥沙颗粒不是简单的球形,而是像扁圆状、圆球状、长扁圆状、椭球状、棱状、片状、棍状等复杂形状。因而利用(4)(5)两式几乎是不可能直接、准确计算悬浮泥沙颗粒的黏滞和散射声吸收系数的。但当对复杂形状颗粒进行粒度分析时,通常选用球体作为粒度标准物质,即把悬浮的泥沙颗粒的粒径用与球体等值的粒径来表示。如图 1 所示。

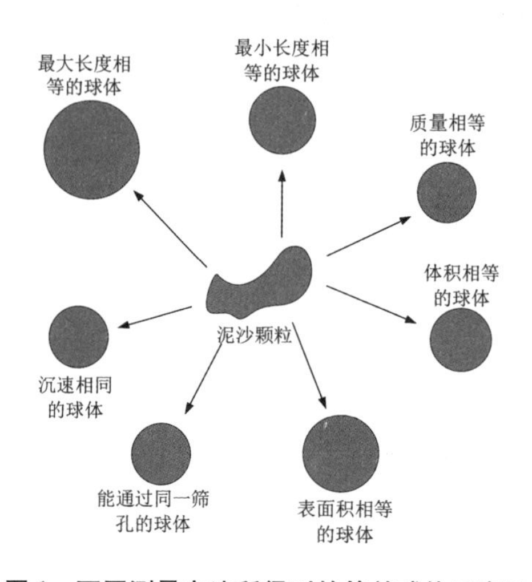


**图 1　不同测量方法所得到的等效球体示意图**

因此,如果能利用消光法、离心沉降法、激光衍射法等测定混浊海水中悬浮泥沙颗粒的粒度分布,计算得到悬浮泥沙颗粒的算术平均粒径、几何平均粒径、中值粒径等之后,则可利用式(4)(5)去计算悬浮泥沙颗粒通过黏滞和散射引起的声吸收系数[8]。

## 2　声吸收的测量原理

混响的理论是塞宾(W. C. Sabine)在 1900 年提出来的。原理如下:在扩散声场中,声源辐射能量到达稳态后,声源停止发声,残余的声能在桶内往复反射,经吸收衰减,其声能密度下降为原来值的百万分之一所需要的时间(即声压级降低 60 dB),称作混响时间,通常用符号 $T_{60}$来表示。

$$T_{60} = \frac{55.26V}{c(\bar{a}S + 8\alpha V)} \tag{6}$$

式中　$V$——混响桶的体积；

$S$——混响桶的表面积；

$c$——被测介质的声速；

$\bar{a}$——混响桶的平均吸声系数；

$\alpha$——被测介质的声吸收系数。

混响时间反映的是混响桶内声能衰减快慢的量，又间接地说明了混响桶内介质的声吸收情况。声吸收越大，声能衰减越快，混响时间越短。因此，可通过测量盛混浊海水混响桶的混响时间，来测量混浊海水的声吸收系数。

假设混响桶内充满纯水或混浊海水时，容器界面和测量系统的能量损耗是相同的。因此，可以利用纯水介质对混响桶内表面和测量系统总的能量损耗进行标定，利用(6)式便可计算出等效的混响桶内表面的平均吸声系数。分别测量纯水和混浊海水的混响时间，便可得到混浊海水的声吸收系数。计算公式如下：

$$\alpha = \left(\frac{60}{Tc} - \frac{60}{T_0 c_0}\right) + \alpha_0 \tag{7}$$

式中 $\alpha_0$——纯水的声吸收系数；

$\alpha$——混浊海水的声吸收系数；

$T_0$——纯水的混响时间；

$T$——混浊海水的混响时间；

$c_0$、$c$——纯水和混浊海水的声速。

$\alpha_0$、$c_0$ 和 $c$ 可从相关手册上查得。

这里假定混浊海水的声速等于纯水的声速[5]。

## 3 声吸收测量系统

在浅海区域测量混浊海水低频的声吸收是非常困难的。因此，在实验室中测量了混浊海水的声吸收系数。在设计声吸收实验测量系统时，要考虑混响桶自身的吸声、声辐射引起的能量损耗、以及气泡对声吸收的影响等因素。风浪所产生的气泡一般只存在于厚度约几米的表层海水中，对大多数声传播影响不大，海水中的浮游生物则不会产生声吸收，要使测量的结果有实际的意义，必须对混浊海水进行真空除气。

所用的混响桶是经过锻压铝锭车削而成的圆柱形桶，桶身无焊缝，内径 100 cm，高度 55 cm，壁厚 4 mm，桶的内表面喷涂低损耗的防腐蚀漆。此混响桶放置在一圆柱形钢桶内，并搁在四块楔形木块的斜面上。该钢桶带抽气、放气装置、观察窗、接线孔等，可使得声吸收实验在真空条件下进行。在钢桶的外面包裹了一定厚度的塑料泡沫，并在实验室内装有一空调，以此来控制被测混浊海水的温度。图 2、图 3 分别示出了实验系统的框图和实物图。

利用数据分析仪(B&K 3560E)的信号源产生白噪声信号，经过功率放大器后，送至发射换能器。此时，在混响桶内建立了一个稳定的扩散声场。然后信号源停止工作，用水听器来监视混响桶内声压级的衰减，接收的信号经过测量放大器，送至数据分析仪，进而计算混响时间。图 4 示出了声压级的衰减曲线。

## 4 测量误差校验

为了检验该系统测量的准确性与可靠性，在混响桶内测量了不同浓度硫酸镁溶液的声吸收系数(质量分数分别为 0.2%、0.37%)，实验测量值与理论计算值进行比较，从而可知此系统的测量误差。

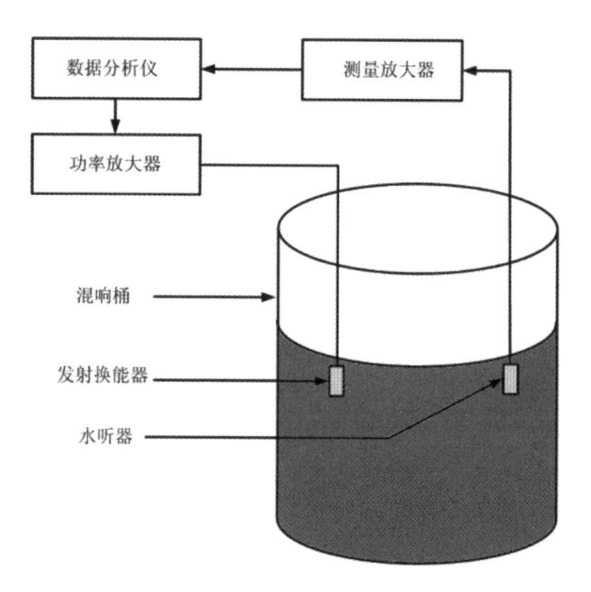


图 2　实验系统框图

图 3　实验系统实物图

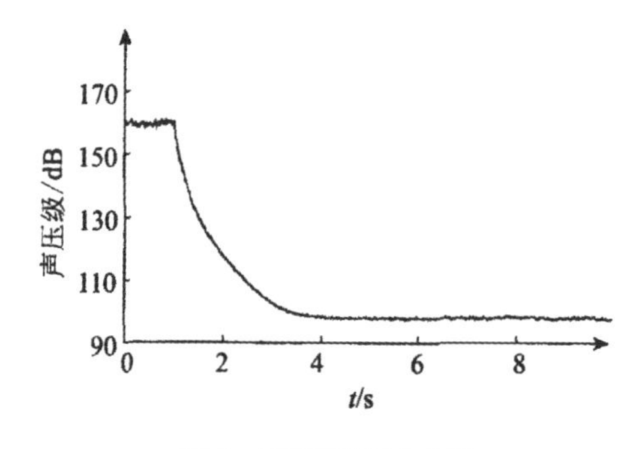


图 4　声压级衰减曲线

从图 5 中可以看出,实验测量值和计算值之间是有差别的。文献[5,9]表明此声吸收测量系统的测量误差一般为 15% ,而通过比较硫酸镁溶液声吸收系数的测量值与计算值,两者的相对偏差不超过 ±15% ,这说明所设计的声吸收测量系统是可行的。

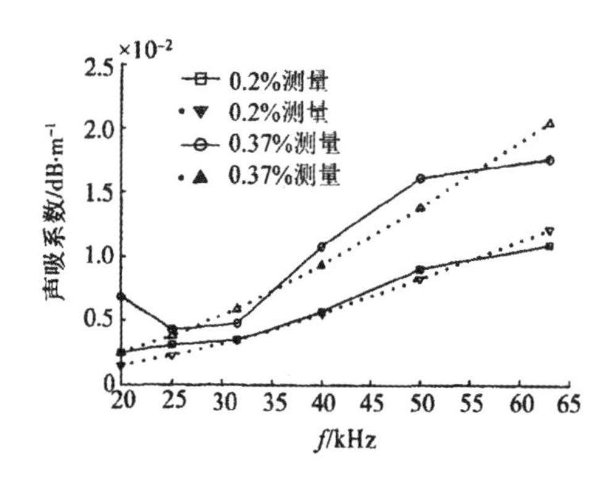


图 5　硫酸镁溶液声吸收系数的测量值与计算值比较

在 20 kHz 时，实验测量值比计算值大一些。这是因为采用混响法来测量水介质的声吸收系数时，要求混响桶内是完全扩散声场。而一个混响桶能否达到完全扩散声场可以用施罗德截止频率来衡量，它给出了建立完全扩散声场的最低频率[10]。

$$f_{Sch}=\left(\frac{c^3}{4\ln 10}\right)^{1/2}\left(\frac{T}{V}\right)^{1/2} \tag{8}$$

式中　$T$——混响时间；

$c$——被测介质的声速；

$V$——体积。

经计算发现：测量系统的 $f_{Sch}$ 在 20 ~ 23 kHz 之间，在 20 kHz 时混响桶内的声场没有达到完全扩散，使得 20 kHz 时硫酸镁溶液声吸收系数的实验测量值与理论计算值的偏差较大。

## 5　实验结果与分析

我国沿岸、河口附近水域具有高悬沙量的特点，长江口南槽表层悬沙浓度在 100 ~ 700 mg/L之间；冷汀洋西滩洪丰季落潮悬沙浓度在 200 ~ 400 mg/L 左右，枯季落潮 200 ~ 300 mg/L；东部海区分别在 100 ~ 200 mg/L 和 50 ~ 100 mg/L 之间[11]。针对上述海区的情况，配制了不同浓度的混浊海水，悬浮泥沙的浓度分别为 40 mg/L、80 mg/L、110 mg/L、140 mg/L、180 mg/L、210 mg/L、240 mg/L、260 mg/L、280 mg/L、320 mg/L。经测定，悬浮泥沙颗粒的密度在 $(1.58 \sim 1.67)\times 10^3\ \mathrm{kg/m^3}$。混浊海水的等效盐度为 35‰，溶液温度 20 ℃，混浊海水经真空除气，搅拌后进行实验测量，每个混浊海水样本进行独立的 25 次测量，进行平均得到其声吸收系数。悬浮泥沙颗粒的分布使用 LISST - 100X 激光粒度仪测定，中值粒径、平均粒径等由矩法参数计算得到，粒度分析结果见图 6、表 1。采用纯净海水声吸收的经验公式和黏滞声吸收公式计算了不同浓度混浊海水的声吸收系数。经计算发现，混浊海水中悬浮泥沙颗粒通过散射引起的声吸收系数的数量级在 $10^{-7}$ dB/m，远小于混浊海水中悬浮泥沙颗粒通过黏滞引起的声吸收系数（数量级在 $10^{-4} \sim 10^{-3}$ dB/m），悬浮泥沙颗粒引起的散射吸收可以忽略。篇幅所限，这里仅给出部分混浊海水声吸收系数的计算值与测量值的比较，如图 7 所示。混浊海水声吸收系数的计算值与测量值的相对偏差见图 8。

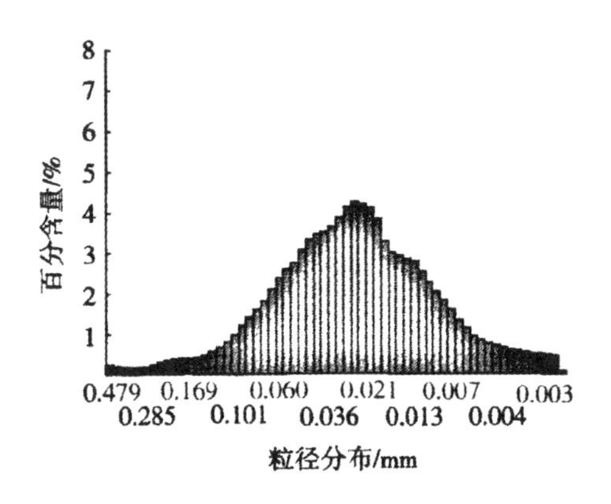


图 6　140 mg/L 混浊海水中泥沙颗粒的分配曲线

**表 1　不同浓度混浊海水的粒度分析**

| 浓度/(mg · L⁻¹) | 中值粒径/μm | 平均粒径/μm | 分选系数 | 偏态 | 峰态 |
|---|---|---|---|---|---|
| 40 | 131.73 | 125.63 | 0.81 | 0.89 | 1.32 |
| 80 | 125.34 | 115.72 | 1.03 | 1.06 | 1.55 |
| 110 | 158.58 | 139.89 | 1.15 | 1.27 | 1.78 |
| 140 | 27.65 | 27.59 | 1.35 | -0.41 | 1.81 |
| 180 | 24.44 | 24.77 | 1.72 | -0.37 | 2.16 |
| 210 | 22.25 | 26.58 | 1.99 | -1.19 | 2.41 |
| 240 | 37.24 | 40.34 | 1.68 | -0.68 | 2.07 |
| 260 | 51.75 | 50.32 | 1.72 | 0.89 | 2.15 |
| 280 | 110.87 | 93.35 | 1.76 | 1.53 | 2.26 |
| 320 | 18.13 | 20.32 | 1.55 | -1.36 | 2.13 |

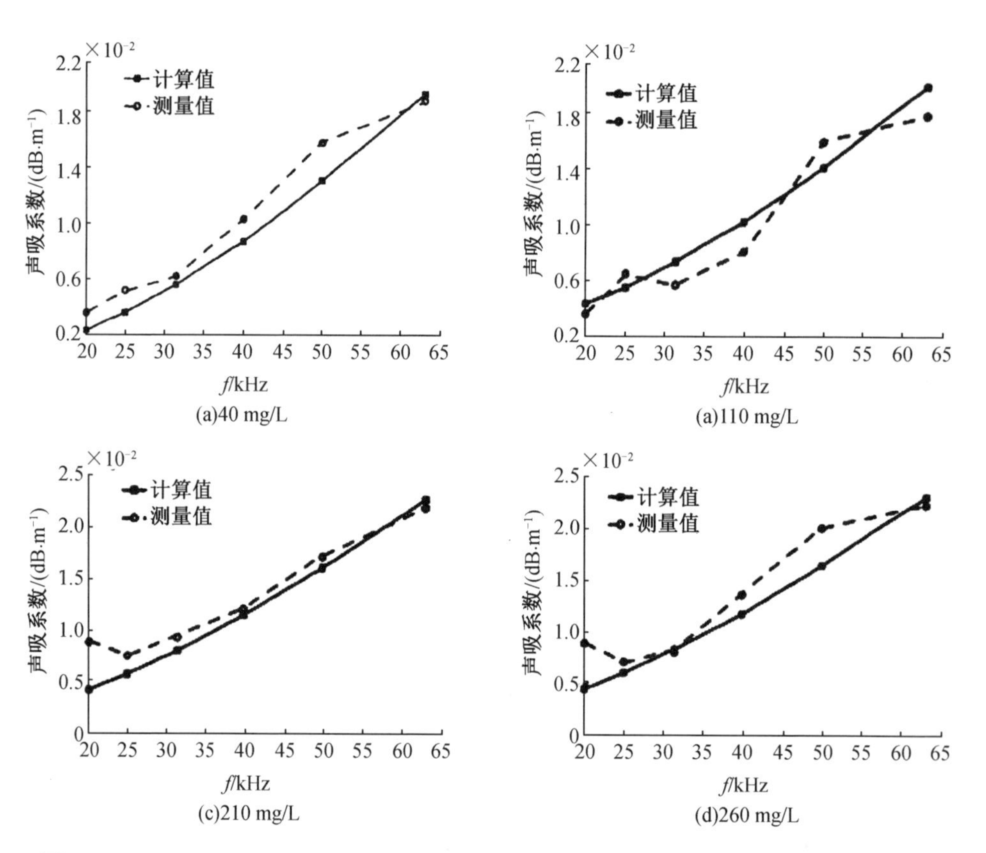


**图 7　40 mg/L、110 mg/L、210 mg/L、260 mg/L 混浊海水声吸收系数计算值与测量值比较**

从图 7 中可以看出不同浓度混浊海水的声吸收系数计算值与测量值相差较小，最大相对偏差不超过 50%。由施罗德截止频率可知，频率为 20 kHz 时，混响桶内的声场扩散不充分，系统的测量误差较大，图 8 也表明了这一点。

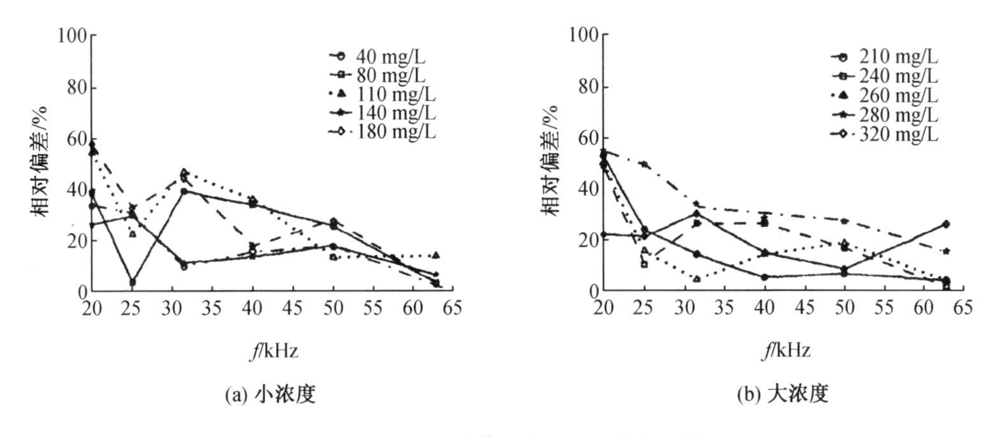


**图8　声吸收系数计算值与测量值的相对偏差**

## 6　结论

本文提出了采用悬浮泥沙颗粒的中值粒径计算悬浮泥沙颗粒黏滞声吸收系数的方法。同时利用纯净海水的声吸收经验公式计算混浊海水中电解质的弛豫声吸收系数。计算的混浊海水在20～60 kHz的声吸收系数与实验测量的声吸收系数进行了对比。发现：

(1)当已知混浊海水中悬浮泥沙颗粒的密度、浓度、中值粒径时，利用纯净海水声吸收经验公式和黏滞声吸收公式计算的声吸收系数，与实验测量的声吸收系数相差较小，平均相对偏差为23%，最大相对偏差不超过50%。因此，可利用纯净海水声吸收经验公式和黏滞声吸收公式计算混浊海水的声吸收系数。

(2)混浊海水的声吸收系数近似与悬浮泥沙颗粒的浓度成正比，与频率的平方成正比。

在进行海洋调查或实验时，获取悬浮泥沙颗粒的密度、浓度、中值粒径等信息是比较容易的[22-23]。因此本文提出的方法对计算浅海的声传播损失、声呐系统的设计等具有一定的指导意义。

## 参考文献

[1] 中国物理学会编. 水声学(第一集)[M]. 北京:科学出版社,1960:51－103.

[2] 裘辛方,蒋济良,万世敏. 海水的低频化学弛豫声吸收[J]. 声学学报,1984,9(1):21－28.

[3] 裘辛方,蒋济良,万世敏. 海水中硼酸弛豫声吸收机理的研究[J]. 声学学报,1985,10(3):137－147.

[4] 裘辛方,韩嗣康. 海水中硫酸镁弛豫声吸收的温度关系[J]. 声学学报,1987,12(2):151－154.

[5] 裘辛方,蒋济良,万世敏. 海水的低频声吸收与PH值的关系[J]. 声学学报,1989,14(3):196－201.

[6] QIUXinfang. A cylindrical resonator method for the investigation of low－frequency sound absorption in sea water[J]. J. Acoust. Soc. Am,1991,90(6):3263－3270.

[7] YAMAGUCHI T.,MATSUOKA T.,and KODA S. Theoretical study on the sound absorption of electrolytic solutions. Ⅰ Theoretical formulation[J]. J. Chem. Phys,2007,126(14):

144505/14.

[8] YAMAGUCHI T. ,MATSUOKA T. ,and KODA S. Theoretical study on the sound absorption of electrolytic solutions. Ⅱ Assignments of relaxations[J]. J. Chem. Phys,2007,127(6): 064508/9.

[9] URICKR. J. The absorption of sound in suspensions of irregular particles[J]. J. Acoust. Soc. Am,1948,20(3):283 - 189.

[10] RICHARDS Simon D. The effect of temperature,pressure,and salinity on sound attenuation in turbid seawater[J]. J. Acoust. Soc. Am,1998,103(1):205 - 211.

[11] BROWNNiven R. and LEIGHTON Timothy G. RICHARDS Simon D. HEATHERSHAW Anthony D. Measurement of viscous sound absorption at 50 - 150 kHz in a model turbid environment[J]. J. Acoust. Soc. Am,1998,104(4):2114 - 2120.

[12] RICHARDSSimon D. LEIGHTON Timothy G. and BROWN Niven R. Sound absorption by suspensions of nonspherical particles:Measurements compared with predictions using various particle sizing techniques[J]. J. Acoust. Soc. Am,2003,114(4):1841 - 1850.

[13] 彭临慧,王桂波. 悬浮颗粒物海水及其声吸收[J]. 声学技术,2008,27(2):168 - 171.

[14] 裘辛方. 海水声吸收问题[M]. 国外水声学进展. 北京:科学出版社,1966.

[15] 刘伯胜,雷家熠. 水声学原理[M]. 哈尔滨:哈尔滨工程大学出版社,1993.

[16] 钱宁,万兆惠. 泥沙运动力学[M]. 北京:科学出版社,2003.

[17] 封光寅. 河流泥沙颗粒分析原理与方法[M]. 北京:中国水利水电出版社,2008.

[18] EDMONDS P. D. and LAMB J. A method for deriving the acoustic absorption coefficient of gases from measurement of the decay - time of a resonator[J]. Proc. Phys. Soc,1958,71:17 - 32.

[19] SCHROEDERM. R. New method of measuring reverberation time[J]. J. Acou. Soc. Am, 1965;37:409 - 412.

[20] 唐兆民,唐元春,何志刚,韩玉梅. 悬浮泥沙浓度的测量[J]. 中山大学研究生学刊(自然科学、医学版),2003,24(3):46 - 52.

[21] 李嘉,周鲁,李克锋. 泥沙粒径分布函数的分形特征与吸附性能[J]. 泥沙研究,2006,3: 17 - 20.

[22] GB/T15445. 2 - 2006,海洋调查规范 第 2 部分:海洋水文观测[S]. 北京:中国标准出版社,2006.

[23] GB/T15445. 2 - 2006,Specifications for oceangraphic survey - Part 2:Marine hydrographic observation[S]. Beijing:Standards Press of China,2006.

[24] GB/T 12763. 5 - 2007,海洋调查规范 第 5 部分:海洋声、光要素调查[S]. 北京:中国标准出版社,2007.

[25] GB/T 12763. 5 - 2007,Specifications for oceangraphic survey - Part 5:Survey of acoustical and optical parameters in the sea[S]. Beijing:Standards Press of China,2007.

# 基于微扰法的快速声速剖面反演

张　维　杨士莪　黄益旺　宋　扬

**摘要**　传统的基于声传播时间的声速剖面反演需要多次搜索不同声速剖面条件下的特征声线,降低了声速剖面反演的速度。通过一个简单的近似,微扰法将实际声传播时间表示为背景声速下的声传播时间与扰动项之和,从而使得声速剖面反演由原来的非线性优化问题转化为线性方程组的求解形式。实验数据处理结果表明,与传统方法相比,虽然微扰法反演的精度下降了近 1 倍,但是计算时间由 10 h 减少到了 3 s,从而实现声速剖面海上实时监测。

**关键词**　微扰法;声速剖面反演;传播时间;特征声线

海水声速剖面不仅随着深度而变化,而且存在水平方向上的差异性。目前,获取海洋声速剖面的方法有 2 种:一种是直接测量的方法,这种方法不仅费时费力,而且只能获得测量点位置声速随深度的变化关系,难以获得某一海域空间等效意义上的现场的声速剖面;另一种方法是声速剖面反演通过声源和接收阵所组成的实验系统,用接收信号的某些特征信息反推声速剖面[1-5],从而解决了这一难点。另外,虽然海洋环境的复杂性给目标的定位跟踪带来很大的困难,但是如果能够快速预报海洋环境信息并加以充分地利用,则能够为目标快速定位和实时跟踪提供保障。因此,自 Munk 等[6]提出应用海洋声层析的方法获取海洋环境信息的概念以来,声速剖面反演得到了广泛的关注,简正波相位反演、峰值匹配反演、波束匹配反演等逐步地发展起来。由于声传播时间具有不受海底参数影响且易于获得等优势,近年来国内学者在利用声传播时间反演声速剖面上做了大量的工作,并取得较好的效果[7]。

基于声传播时间的声速剖面反演的关键在于声传播时间的计算,传统方法需要搜索各种声速剖面条件下的特征声线,计算由传播时间构成的代价函数,而代价函数最大时的声速就是反演的结果。这种方法由于需要多次搜索特征声线而占用大量的时间,对于快速预报海洋环境信息的情况难以满足需要。Snieder 等[8]在地声学中提出用微扰法计算传播时间可优化计算速度。本文基于快速反演声速剖面的目的,引入地声学中快速计算声传播时间的微扰法,并以传播时间作为代价函数反演了南海某海域声速剖面。在反演精度下降 1 倍的情况下,微扰法将反演的时间由 10 h 降低到了 3 s,满足了海上实时获取全海深声速的需求。

## 1　微扰法

在直角坐标系 $s=(x,y,z)$ 下,采用射线模型计算声线从 $s_1$ 到 $s_2$ 的传播时间可表示为

$$t=\int_{s_1}^{s_2}\frac{1}{c(s)}\mathrm{d}s \tag{1}$$

式中　$s$——声线传播路径;

$c(s)$——积分路径上 $s$ 点处的声速。

由 Fermat 原理可知，声传播时间是声速剖面扰动的一阶小量，故实际声速可表示为背景声速项 $\bar{c}(s)$ 与声速扰动项 $\Delta c(s)$ 之和的形式，

$$c(s) \ll \bar{c}(s) + \Delta c(s) \tag{2}$$

当 $\Delta c(s) \ll \bar{c}(s)$ 时，忽略高阶小量，式(1)可以近似得到

$$\begin{aligned} t &= \int_{s_1}^{s_2} \frac{1}{\bar{c}(s) + \Delta c(s)} \mathrm{d}s \\ &\approx \int_{s_1}^{s_2} \frac{\bar{c}(s) - \Delta c(s)}{\bar{c}^2(s)} \mathrm{d}s \\ &= \int_{s_1}^{s_2} \frac{1}{\bar{c}(s)} \mathrm{d}s - \int_{s_1}^{s_2} \frac{\Delta c(s)}{\bar{c}^2(s)} \mathrm{d}s \\ &= \bar{t} - \Delta t \end{aligned} \tag{3}$$

其中：第 1 项为背景声速条件下的特征声线传播时间；第 2 项为传播时间扰动项。通过近似，微扰法将实际声传播时间表示为背景声速下的声传播时间与扰动项之和的形式。在已知背景声速条件下的特征声线传播轨迹时，采用式(3)近似计算实际声速条件下的声传播时间，可避免特征声线的重复搜索。

## 2　声传播时间精度验证

建立如下声场模型，水平海底深度为 100 m，背景声速以及声速 1、声速 2 如图 1 所示。声源深度为 10 m，水听器深度分别为 5 m、45 m 和 85 m，声源与垂直阵的水平距离为 20 km。采用微扰法和数值积分法分别计算声速 1 和声速 2 条件下的最快特征声线传播时间，如表 1 所示。

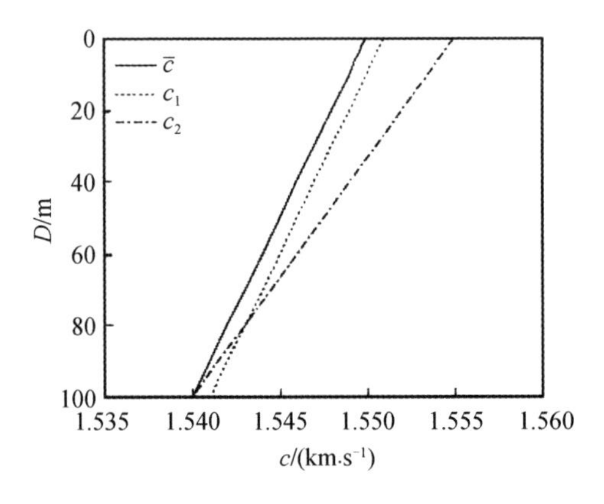


**图 1　实际声速剖面与背景声速剖面**

从表 1 可以看出，微扰法与数值积分法计算得到的声传播时间基本一致，尤其是在声速 1 条件下偏差在 0.1 ms 量级上。将 2 种声速条件下的声传播时间偏差对比可知，当声速扰动相对于背景声速越小，式(3)中的近似越容易得到满足，微扰法计算的偏差越小。

**表 1　声传播时间**

| 水听器深度 | | 5 m | 45 m | 85 m |
|---|---|---|---|---|
| 声速 1 | 微扰法/s | 12.952 9 | 12.952 2 | 12.949 1 |
| | 数值积分法/s | 12.953 4 | 12.952 6 | 12.949 7 |
| | 偏差/ms | 0.5 | 0.4 | 0.6 |
| 声速 2 | 微扰法/s | 12.934 1 | 12.934 0 | 12.930 0 |
| | 数值积分法/s | 12.945 5 | 12.946 9 | 12.949 7 |
| | 偏差/ms | 11.4 | 12.9 | 19.7 |

为了粗略估计传播时间偏差对反演精度的影响，设传播时间偏差 $\delta t$ 引起的声速平均误差为 $\delta c$，当 $\delta c \ll c(s)$ 时，

$$\begin{aligned}\delta t &= \int_{s_1}^{s_2} \frac{1}{c(s)} \mathrm{d}s - \int_{s_1}^{s_2} \frac{1}{c(s) + \delta c} \mathrm{d}s \\ &\approx \frac{\delta c}{c_0} \int_{s_1}^{s_2} \frac{1}{c(s)} \mathrm{d}s \\ &\approx \frac{\delta c}{c_0} t \end{aligned} \tag{4}$$

式中，$c_0 = \frac{1}{D} \int_0^D c(z) \mathrm{d}z$ 为全海深平均声速，则

$$\delta c \approx \frac{\delta t}{t} c_0 \tag{5}$$

由传播时间偏差所带来的声速反演平均误差如表 2 所示。从表 2 中可以看出，声速 1 的平均误差很小，基本可以忽略不计，声速 2 的平均误差最大值为 2.354 m/s。

**表 2　声速反演平均误差**

| 水听器深度 | 5 m | 45 m | 85 m |
|---|---|---|---|
| 声速 1/($\mathrm{m \cdot s^{-1}}$) | 0.060 | 0.048 | 0.072 |
| 声速 2/($\mathrm{m \cdot s^{-1}}$) | 1.362 | 1.542 | 2.354 |

声速剖面反演的一个很重要的用途是为目标声源定位提供声学参数。国内 CTD 测量温度最高精度大约为 0.05°[9]，由此所带来的声速的精度小于 0.4 m/s，反演时精度高于此值也没有实质性的意义。文献[10]中指出，当水平距离为 100 km 时，3 m/s 的声速误差引起的声源定位误差在 200 m 范围内。文献[11]中显示，鱼雷自导最大作用距离超过 2 km，最小作用距离也大于 200 m，因此，0.4 ~ 3 m/s 的声速剖面反演误差被认为在合理范围之内，利用微扰法反演声速剖面在理论上是可行的。

## 3　实验数据处理

### 3.1　实验描述

实验于 2011 年 9 月在南海进行。3 个浮标呈等边三角形布放，相邻浮标之间的距离大

约为 50 km,每个浮标下悬挂一个垂直阵。每个垂直阵上系有 3 个声压水听器和 1 个矢量水听器,声压水听器深度分别为 19 m、34 m 和 49 m,矢量水听器深度为 64 m。另外,垂直阵下端悬挂一个重物以使基阵保持垂直状态。实验时,在实验海域的不同位置测量了 24 条声速剖面作为反演时的样本声速剖面。发射船在行进过程中,每隔 10 min 投放 1 枚声弹,爆炸深度 100 m。接收船则停留在三角形的中心位置和 3 个浮标进行通信。3 个浮标和 2 个实验船上均安装有 GPS 装置,以实时获取 GPS 位置。另外,发射船上安装有监听水听器以获取爆炸声的爆炸时刻。

### 3.2　经验正交函数

求各深度上的样本声速的平均值作为平均声速剖面,24 条样本声速剖面及对应的平均声速剖面如图 2 所示。图中:红色粗实线表示平均声速剖面。根据样本声速剖面 $c_k(z_i)$ 和平均声速剖面 $\bar{c}(z_i)$ 求协方差矩阵 $R$,$R$ 的每一个元素 $r_{ij}$ 可以表示为

$$r_{ij} = \frac{1}{N}\sum_{k=1}^{N}[c_k(z_i) - \bar{c}(z_i)][c_k(z_j) - \bar{c}(z_j)] \tag{6}$$

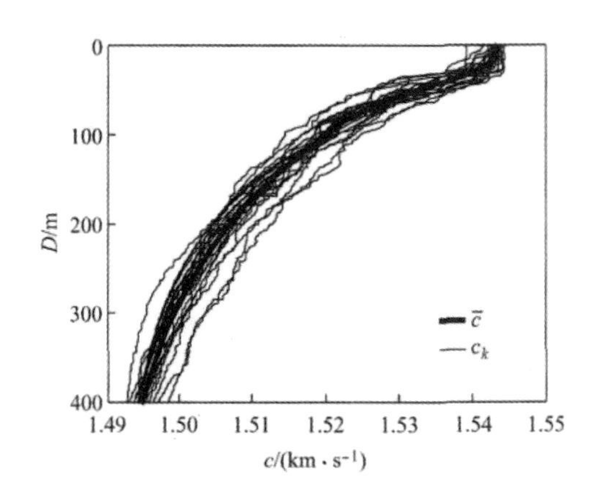


**图 2　样本声速剖面与平均声速**

将协方差矩阵进行特征分解,选取前 3 个最大的特征值所对应的特征向量作为经验正交函数(Empirical orthogonal functions,EOF)[12],如图 3 所示。

将待求解声速表示成平均声速与多阶经验正交函数之和的形式,即

$$c'(z) = \bar{c}(z) + \sum_{k=1}^{K} a_k f_k(z) \tag{7}$$

式中,$a_k$ 为经验正交函数系数;$f_k$ 为经验正交函数。平均声速 $\bar{c}(z_i)$ 和各阶经验正交函数通过多条样本声速获得,是已知量,这样就将声速剖面反演的问题转化为经验正交函数系数 $a_k$ 求解的问题。

### 3.3　声速剖面反演结果

实验时,浮标接收到很明显的爆炸声信号,其中,某时刻浮标 $A$ 上深度为 34 m 的水听器的接收信号波形及对应的时频分布如图 4 所示。从图 4 中可以明显地分辨爆炸声到达时刻。

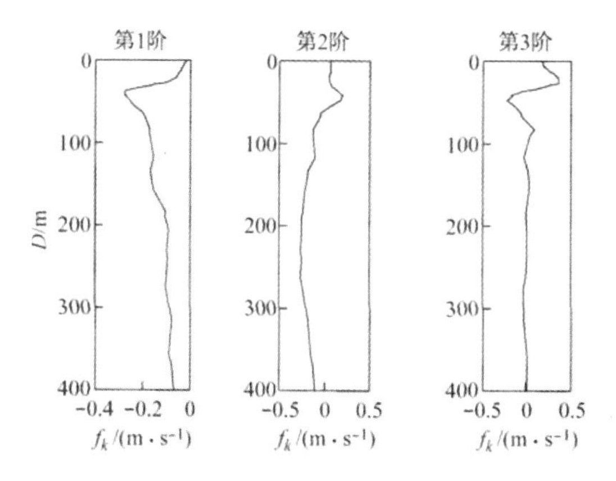


**图3　经验正交函数**

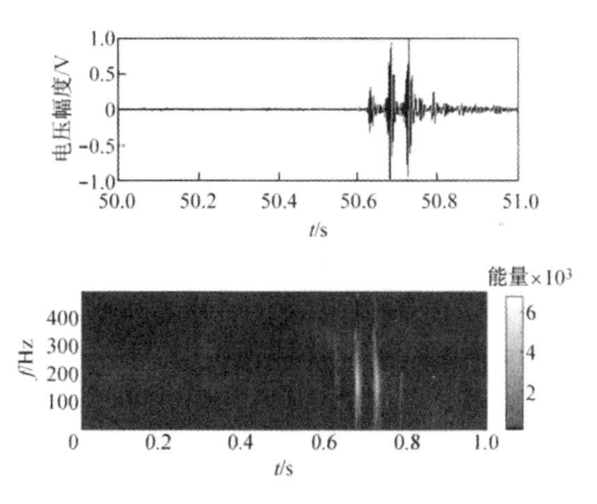


**图4　接收信号波形及对应的时频分布**

构造如下代价函数

$$E = \frac{1}{\sum_{i,j}\left[t_{ij}(r_i, r_j, T_i) - \tau_{ij}\right]^2} \tag{8}$$

式中，$r_i$ 和 $r_j$ 分别为声源和接收点的坐标；$T_i$ 为爆炸时刻；$t_{ij}$为各条声线传播时间的计算值；$\tau_{ij}$为实验中各条声线传播时间的观测值。采用全局优化效果较好且计算速度较快的量子粒子群算法[13]搜索代价函数的全局最大值，当代价函数最大时所对应的声速剖面即为反演结果。

令

$$\Delta c(z) = \sum_{k=1}^{3} a_k f_k(z) \tag{9}$$

则式(3)可以转化为

$$\begin{aligned} t &= \int_{s_1}^{s_2} \frac{1}{\bar{c}(s)} ds - \sum_{k=1}^{3} a_i \int_{s_1}^{s_2} \frac{f_k(s)}{\bar{c}^2(s)} ds \\ &= t_0 - \sum_{k=1}^{3} a_k d_k \end{aligned} \tag{10}$$

微扰法反演时,首先搜索平均声速 $\bar{c}$ 下的最快特征声线并计算其传播时间 $t_0$ 以及各项积分 $d_k$,然后将式(10)代入式(8),这样就使得声速剖面反演由原来的非线性优化问题转化为 $a_k$ 的线性方程组的求解形式,避免了不同声速下特征声线的重复搜索。而传统方法反演时则是每得到1组经验正交函数系数,就搜索一次此声速条件下的最快特征声线,并计算其传播时间,代入式(8)得到此时的代价函数。经量子粒子群算法全局寻优后,采用2种方法获得的经验正交函数系数如表3所示。反演的声速剖面以及对应的误差如图5所示。

**表3　经验正交函数系数**

| 阶数 | 1 | 2 | 3 |
|---|---|---|---|
| 微扰法 | -39.735 9 | -18.050 2 | 7.118 0 |
| 传统方法 | -19.566 4 | -9.066 5 | -0.566 4 |

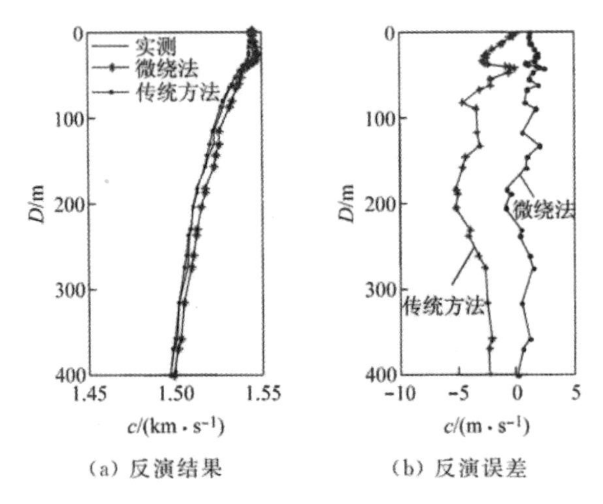


**图5　声速剖面反演结果**

定义声速剖面反演的均方根误差:

$$RMS = \sqrt{\frac{1}{N}\sum_{i=1}^{N}\left[c(z_i) - c'(z_i)\right]^2} \tag{11}$$

式中:$c(z_i)$ 和 $c'(z_i)$ 分别为第 $i$ 个深度点上的实际声速和反演声速;$N$ 为深度采样点数。微扰法反演声速的最大误差为5.168 m/s,均方根误差为2.684 m/s。传统方法反演声速的最大误差为2.538 m/s,均方根误差为1.327 m/s。

与传统方法反演的结果相比,虽然微扰法反演结果的误差偏大,但是得到的结果与实测声速基本相符,在合理的误差范围之内。在反演速度上,这2种方法不可相提并论,传统方法速度很慢,效率很低,采用MATLAB7.0编程,本算例反演一次需要花费10 h,而在相同的条件下微扰法则3 s内完成,从而实现声速剖面的实时反演。

## 4 结语

通过对南海实验数据的处理,采用微扰法反演了该海域的声速剖面。反演结果表明,虽然微扰法使得反演的精度降低了1倍,但是在反演速度上,传统方法要10 h完成1次反演,而在相同条件下微扰法则能在3 s内完成,满足声速剖面海上实时监测的要求。因此,在对精度要求不太高,需要快速获取大面积范围内的声速剖面的情况下,微扰法是一种有效的方法。

## 参考文献


[1] Li Feng - Hua, Zhang Ren - He. Inversion forsound speed profile by using a bottom mounted horizontal line array in shallow water [J]. CHIN. PHYS. LETT, 2010, 27(8): 84303 - 1 - 84303 - 4.

[2] Carriere O, Hermand J P, Candy J V. Inversion for time - evolving sound speed field in a shallow ocean by ensemble Kalman filtering [J]. IEEE J Ocean Eng, 2009, 34(4): 586 - 602.

[3] Philippe R, Ion I, Barbara N, et al. Travel - time tomography in shallow water: Experimental demonstration at an ultrasonic scale [J]. J Acoustic Soc Am, 2011, 130(3): 1232 - 1241.

[4] Yang T C, Yates T. Matched beam Processing: Applications to a horizontal line array in shallow water [J]. J Acoustic Soc Am, 1998, 104(2): 1216 - 1300.

[5] YU Yan - xin, LI Zheng - lin, HE Li. Matched - field inversion of sound speed profile in shallow water using a parallel genetic algorithm [J]. Chinese Journal of Oceanology and Limnology, 2010, 28(5): 1080 - 1085.

[6] Munk W H, Wunsch C. Ocean acoustic tomography A: scheme for large scale monitoring [J]. Deep - Sea Res, 1979, 26: 123 - 161.

[7] 唐俊峰,杨士莪.由传播时间反演海水中的声速剖面 [J].哈尔滨工程大学学报,2006,27(5):733 - 737.

[8] TANG Jun - feng, YANG Shi - e. Sound speed profile in ocean inverted by using travel time [J]. Journal of Harbin Engineering University, 2006, 27(5): 733 - 737.

[9] Snieder R, Sambridge M. Ray perturbation theory for travel times and ray paths in 3D heterogeneous media [J]. Geophys J Int, 1992, 109: 294 - 322.

[10] 郭萌,郭文生.深海剖面测量系统设计[J].计算机与数字工程,2012,40(8):60 - 61.

[11] GUO Meng GUO Wen - sheng. Design of a deep - sea profile measurement system [J]. Computer & Digital Engineering, 2012, 40(8): 60 - 61.

[12] 黄益旺.浅海远距离匹配场声源定位研究 [D].哈尔滨:哈尔滨工程大学水声工程学院,2005:84 - 87.

[13] 初磊,楼晓平,李世令,等.鱼雷声自导作用距离影响因素仿真分析 [J].弹箭与制导学报,2010,30(1):68 - 71.

[14] CHU Lei, LOU Xiao - ping, LI Shi - ling, et al. Analysis of influence parameter to acoustically guided torpedo operating distance [J]. Journal of Projectiles, Rockets, Missiles and Guidance, 2010, 30(1): 68 - 71.

[15] 何利,李整林,彭朝晖,等.南海北部海水声速剖面声学反演 [J].中国科学:物理学力

学天文学,2011,41(1):49 -57.

[16] HE Li, LI Zheng - lin, PENG Zhao - hui, et al. Inversion for sound speed profiles in the northern of South China Sea [J]. Scientia Sinica Phys, Mech&Astron,2011,41(1):49 -57.

[17] 杨传将,刘清,黄珍. 一种量子粒子群算法的改进方法 [J]. 计算技术与自动化,2009,28(1):100 -103.

[18] YANG Chuan - jiang, LIU Qing, HUANG Zhen. One method of improving guantum - behaved particle swarm optimization [J]. Computing Technology and Automation,2009,28(1):100 -103.

# 基于相平面轨迹方法的海底底质分类研究

高大治 王 宁 林俊轩

**摘要** 提出了基于相平面轨迹的海底底质分类的方法,从海底回波信号的相平面轨迹中提取两个特征量:最大距离特征量和距离分布特征量。利用这两个量的统计特征来完成对不同海底的分类,并将该方法应用于处理海上实验数据。结果表明:该方法可靠地识别出了两种相近(沙-粉沙-黏土与粉沙质黏土)但不相同的海底底质类型,说明这种方法用在海底底质分类是可行有效的。

## 引言

海底底质分类研究在军事和民事方面应用非常广泛。声学方法遥测海底底质类型,具有工作高效、经济,取得资料连续、丰富等特点,为海底沉积物分类提供了一种迅速而可靠的方法。目前声学方法海底沉积物分类主要有:①海底声学参数反演方法[1-4];②统计特征分类方法[5-7];③图像纹理特征分类方法[8,9]等。统计特征分类方法需要提取不同海底反射/散射信号的多个特征量,通过比较它们的差别对海底进行分类。提取特征量的方法主要有基于海底吸收系数不同的能谱特征法[5]、基于海底反射系数不同的反射能量法[6]、基于海底自相似性特征的分形维数法[7]等。

本文采用提取海底回波信号相平面轨迹分布特征量的方法对海底进行分类,属于统计特征分类方法。该方法从时域信号的相平面轨迹中提取两个特征量,通过求取这两个特征量的统计特征对不同海底进行分类。文中处理了2002年8月黄海海底反演实验(YSSIE)数据并对比海底地质采样,结果表明:该方法能区分试验海区的砂-粉砂-黏土和粉砂质黏土两种不同的海底。

## 1 海上实验及数据采集

实验系统由发射和接收两套装置组成。发射装置HDP-2型脉冲发射机发射宽带脉冲,电脉冲通过Boom发射头转化成声能,发射头漂浮在海面上,垂直指向海底。接收装置B&K公司8106水听器吊放在发射头的垂直下方,距离海底15~30 m,距水面30 m。每次发射的信号幅度、频谱稳定性好。图1为水听器接收到的一个原始信号。频谱分析表明,信号能量集中在两个频带:低频段0.5~1.5 kHz,高频段2~5 kHz。

实验地点选在黄海东北部某海区,此处海底类型复杂,水深45~60 m,底质类型由粉砂-沙质黏土-黏土逐渐变化。实验海区内5个不同的站点采集信号同时进行海底地质取样,对样品进行分析,结果如表1所示。样品在海上密封后到岸上分析,站点1-站点3是砂质样品,重力采样采集长度较短(20~40 cm),由于水和砂样容易分离且搬运扰动对砂样影响较大,所测的密度偏大,孔隙率偏小;站点4和站点5是黏土质样品,采样长度较长(185~

192 cm)，这类样品失真小，测得的密度、孔隙率比较可信。所有样品的颗粒度分析不受搬运影响，测量准确。样品声速测量仪器的误差为 ±40 m/s，但是由于失水的影响，站点 1－站点 3 样品的测量结果误差更大。

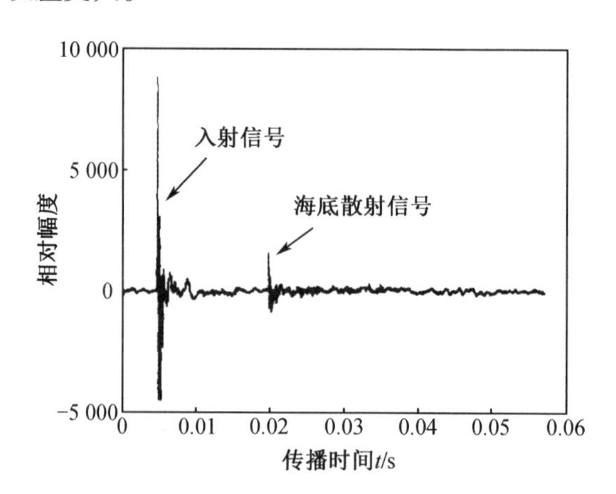


图 1　水听器接收到的原始信号

表 1　重力采样样品分析结果

| 站点号 | 颗粒组成 | | | | | 密度/(g·cm$^{-3}$) | 孔隙率/% | 声速/(m·s$^{-1}$) | 介质类型 GB/T 13909—1992 |
|---|---|---|---|---|---|---|---|---|---|
| | 砾/% | 中砂/% | 细砂/% | 粉粒/% | 黏粒/% | | | | |
| 1 | 0.8 | 15.5 | 5.1 | 21.8 | 26.4 | 1.97 | 42.7 | 1 815 | 砂—粉砂—黏土 |
| 2 | 1.1 | 2.7 | 45.6 | 33.1 | 20.2 | 1.89 | 47.5 | 1 710 | 砂—粉砂—黏土 |
| 3 | | 12.1 | 49.6 | 26.7 | 11.4 | 1.91 | 75.4 | 1 805 | 砂—粉砂—黏土 |
| 4 | | | 0.2 | 38.5 | 61.3 | 1.42 | 72.3 | 1 566 | 粉砂质黏土 |
| 5 | | | 0.2 | 35.5 | 64.3 | 1.40 | 74.2 | 1 563 | 粉砂质黏土 |

## 2　相平面轨迹分布

相平面法是用来求解低维动力学系统的一种图解法。对一个二阶微分系统，如式(1)：

$$x'' + f(x', x) = 0 \tag{1}$$

(式中 $x' \equiv \mathrm{d}x/\mathrm{d}t$)，分别以 $x$ 和 $x'$ 为横、纵坐标所构成的平面就是相平面。本文中，$x$ 和 $x'$ 分别取声压信号和声压信号的时间微分信号。

图 2 分别给出了入射信号、反射/散射信号以及噪声信号的相平面离散轨迹。

图 2 中每一个实点称作一个相，占代表每个采样时间点的信号在相平面上的分布。相平面直观地给出了每个信号的特点，噪声信号的相点分布无规律，散乱分布于相平面；入射信号和散射信号的相点向内旋转随时间聚集。比较图 2(a)、图 2(b) 和图 2(c) 的坐标还可以看出，入射信号的相点幅度最大，反射/ 散射信号次之，噪声信号的幅度最小，这是由于各时域信号振幅不同导致的相点分布幅度的不同。

不同海底类型反射/散射信号的相点分布有明显差别，如图 3 所示。从图 3(a) 和图 3

(b)可以看出,图3(a)相点分布幅度较大,说明砂质海底反射系数较大。在4.2结果分析中,将作较详细的解释。

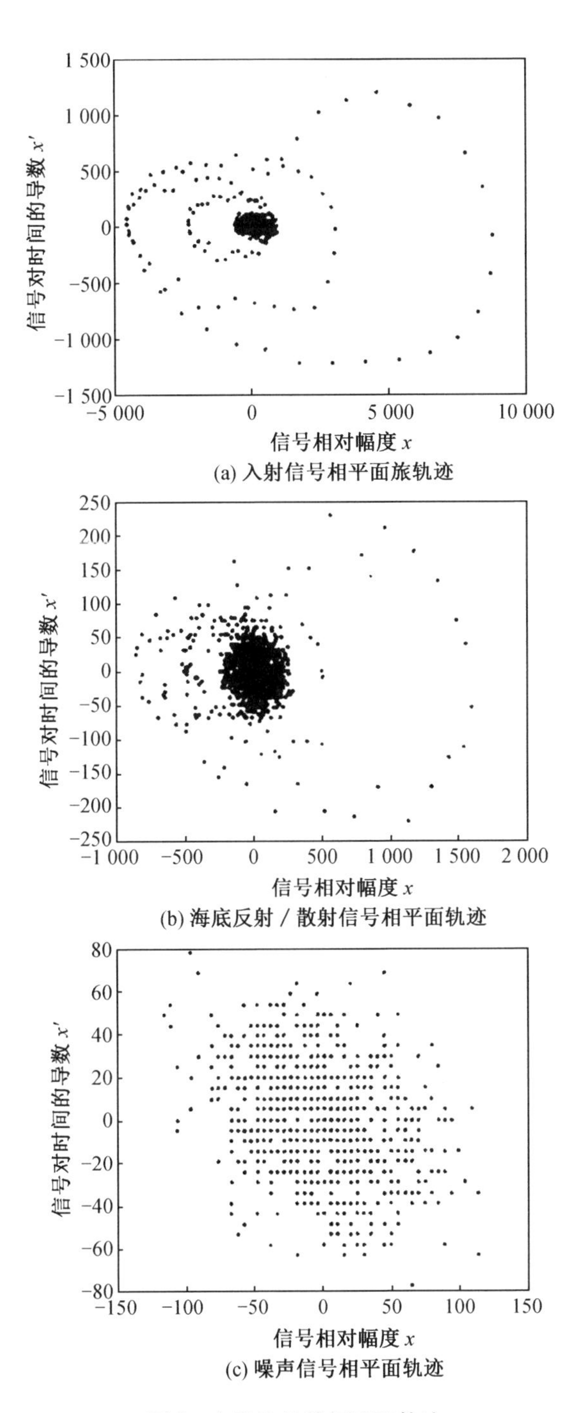


(a) 入射信号相平面旅轨迹

(b) 海底反射 / 散射信号相平面轨迹

(c) 噪声信号相平面轨迹

**图2　各种信号的相平面轨迹**

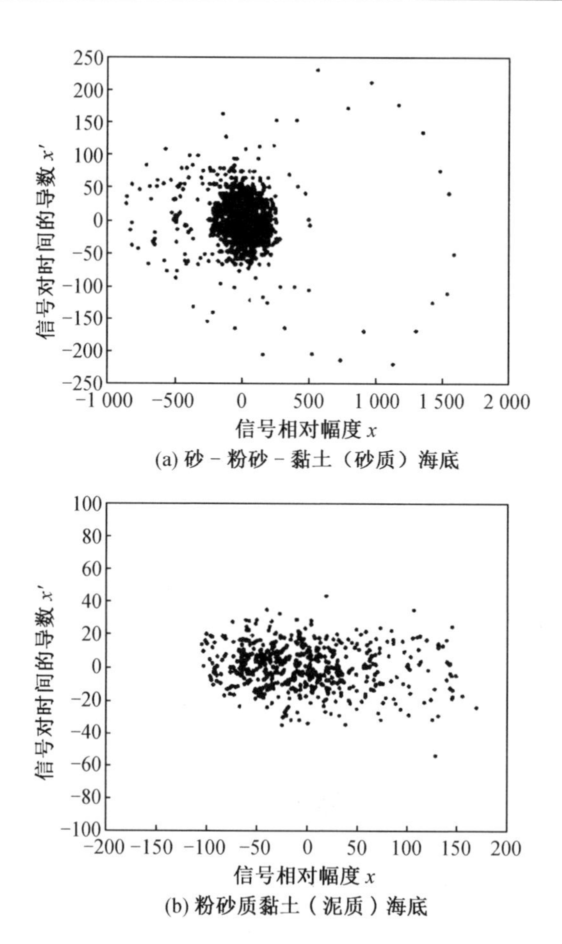


(a) 砂－粉砂－黏土（砂质）海底

(b) 粉砂质黏土（泥质）海底

**图 3　不同类型海底反射/散射信号的相点分布**

## 3　信号特征量提取

### 3.1　几何扩散校正

由于 5 个站位的水深不同，需要对回波信号作几何扩散校正。根据计算，我们的声源可近似为点源，对海底反射/散射信号作球面波扩散校正。

### 3.2　最大距离特征量

入射信号、散射信号和噪声信号相平面中的相点到中心点的距离定义为相点距离，如式(2)

$$L_\alpha(t) = \sqrt{[S_\alpha(t) - \bar{S}_\alpha]^2 + [S'_\alpha(t) - \bar{S}'_\alpha]^2} \tag{2}$$

式中 $\alpha = in、r、n$，分别表示入射信号、反射/散射信号以及噪声信号。符号"—"代表信号在所取时间段上的平均值，由此$(\bar{S},\overline{S'})$代表相平面的中心点。

对每一组信号分别求出散射信号最大距离和入射信号最大距离的比值，如式(3)：

$$P1 = \frac{\underset{t}{\mathrm{Max}}[L_r(t)]}{\underset{t}{\mathrm{Max}}[L_{in}(t)]'} \tag{3}$$

式中$\underset{t}{\mathrm{Max}}$代表时域最大值。$P1$ 作为相平面方法海底分类的第一个特征量。

### 3.3 距离分布特征量

对入射信号、散射信号和噪声信号相平面中的相点到中心点的距离做统计。分别计算散射信号和入射信号中相点点距超过噪声信号相点点距最大值部分所占自身的比例。

$$P2 = \frac{P(L_r(t)\,|L_r(t) > \underset{t}{\mathrm{Max}}[L_r(t)])}{P(L_{in}(t)\,|L_{in}(t) > \underset{t}{\mathrm{Max}}[L_{in}(t)]')} \tag{4}$$

(4)式中,$\underset{t}{\mathrm{Max}}$同样代表时域最大值,$P$ 代表计算括号内变量满足后面条件的百分率。$P2$ 作为相平面法进行海底分类的第二个特征量。

以上两个参数中 $P1$ 与海底反射系数相关,$P2$ 与信号的拖尾时间相关。较软的海底,例如泥质海底,反射系数小,对应 $P1$ 较小;平整且分层不明显的海底,海底反射信号拖尾时间短,对应 $P2$ 较小。

## 4 海上调查数据分析结果

### 4.1 数据分析

应用以上方法对 2002 年 8 月黄海反演试验数据进行分析。在 5 个站位中,每个站位取 40 个有效数据,从这些数据中分别提取特征量 $P1$ 和 $P2$。统计每个站位求出的两个参数的分布情况,结果如图 4 所示(以第 1 站位为例)。可以看出,$P1$ 和 $P2$ 近似呈正态分布。这说明,可以用提取统计特征量的方法处理数据。

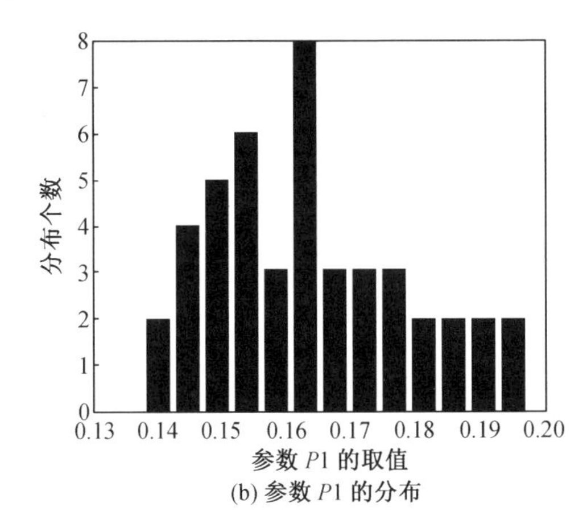

(b) 参数 $P1$ 的分布

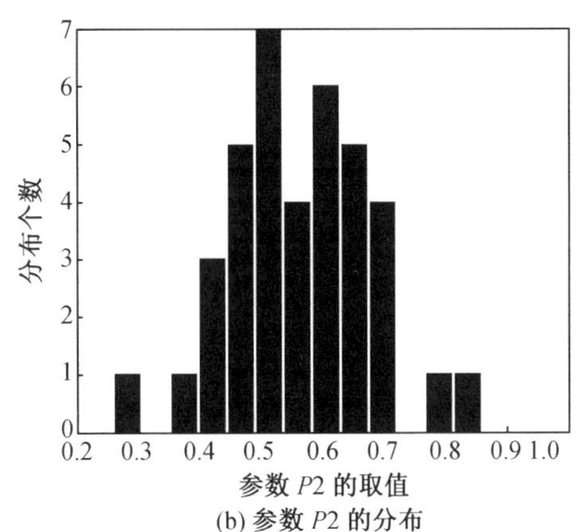

(b) 参数 $P2$ 的分布

**图 4 1 号站位 $P1$ 和 $P2$ 两参数的分布**

求出每个站位 $P1$ 和 $P2$ 的均值和方差,并分别求出 $P1$ 和 $P2$ 的互相关系数,如表 2 所示。

表 2 中 $P1$ 和 $P2$ 的互相关系数除了 1 号站位高于 0. 3 以外,其他站位互相关系数都在 0. 1 左右,说明 $P1$ 和 $P2$ 这两个参数基本是互不相关的。

**表 2　特征参量 *P*1 和 *P*2 的均值和方差及相关系数**

| 站位号 | 1 | 2 | 3 | 4 | 5 |
|---|---|---|---|---|---|
| *P*1 的均值 | 0.169 9 | 0.119 8 | 0.137 9 | 0.034 8 | 0.041 6 |
| *P*1 方差/% | 8.53 | 19.37 | 9.14 | 17.53 | 17.79 |
| *P*2 的均值 | 0.563 3 | 0.396 4 | 0.355 3 | 0.261 5 | 0.129 3 |
| *P*2 的方差/% | 19.14 | 21.56 | 24.60 | 33.06 | 34.50 |
| *P*1 和 *P*2 相关系数 | 0.377 1 | 0.063 8 | 0.077 1 | 0.041 2 | 0.102 3 |

分别以 *P*1 的值为 *x* 轴,*P*2 的值为 *y* 轴,将 5 个站位共 200 个数据的 *P*1 和 *P*2 标记在二维样本分布图上,如图 5 所示。

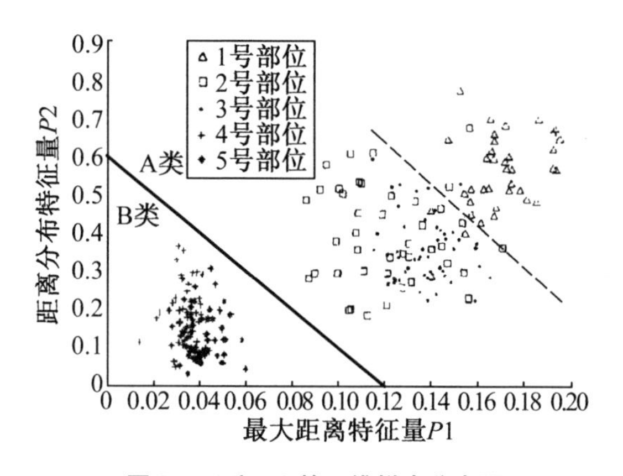


**图 5　*P*1 和 *P*2 的二维样本分布图**

图 5 中 5 种符号分别代表 5 个站位,三角"△"代表第 1 站位,方块"口"代表第 2 站位,实点"."代表第 3 站位,加号"+"代表第 4 站位,星号"*"代表第 5 站位。

## 4.2　结果分析

由图 5 的结果可以看出:

(1)二维样本图上 1 号、2 号和 3 号站位信号特征量与 4 号和 5 号站位的信号特征量明显不同。由此可以把所有 5 个站位分成两类海底,前 3 个站位为 A 类,后两个站位为 B 类,它们的分界线如图中实线所示。

(2)图 5 中 A 类海底的两个参数 *P*1 值和 *P*2 值都大于 B 类海底的值,可知 A 类海底反射系数大,信号持续时间长。反射系数大说明海底较硬,颗粒度较大;信号持续时间长可能由于海底不平整或沉积物不均匀所致。

(3)图 5 中 A 类海底的结果分布面积较大,比较分散;B 类海底相对来说比较集中。从物理上解释为 B 类海底比较平整、均匀,A 类海底起伏较大,底质类型不均匀。

以上数据分析的结果与重力采样分析的结果(表 1)对比:

(1)海底重力采样结果如表 1 所示,A 类海底属于砂－粉砂－黏土,B 类海底属于粉砂质黏土,属于两类海底。

(2)海底采样结果表明:A 类海底相对于 B 类海底颗粒度比较大,硬度比较大。

(3)由于船上没有海底照相装置,所以无法知道海底的不平整情况。但由海底沉积物方面的知识可知,砂质海底容易形成砂包或砂丘,而泥质海底一般较平整。这一分析也与数据分析结果相同。

可以看出,以上采样分析的结果与数据分析的结果一一对应吻合。

## 5 结论

本文应用相平面统计特征方法作海底底质分类研究。根据5个站位的海上实验数据得到二维样本分布图,从图中可以看出这种方法能有效地将砂-粉砂-黏土和粉砂质黏土两类海底分开,与海底采样结果吻合。

本文得到的二维样本分布图有进一步分类的可能(虚线画出),今后将深入研究,另外在相点分布的物理机理方面继续深入探讨。

## 致谢

本文中的海上试验部分得到中科院声学所声场与声信息重点实验室的大力帮助,在此深表感谢。

感谢美国朋友 Ellen Greewood 帮助修改英文摘要。

## 参考文献

[1] 林俊轩,王恕铨.由平面波垂直反射反演海底的声阻抗分布.声学学报,1989;14(3):190-195.

[2] WANG Ning, LIN Junxuan, Ueha S. Goupillaud inverse Problem with arbitrary input. J. Acoust. Soc. Am,1997;101(6):3255-3260.

[3] GUO Yonggang, WANG Ning, LIN Jun-xuan. Experimental verification of acoustic impedance inversion. China Ocean Engineering,2003;17(1):143-149.

[4] Satchi Panda, Lester R, Leblanc, Schock S G. Sediment classification based on impedance and attenuation estimation. J. Acoust. Soc. Am,1994;96(5):3022-3035.

[5] 王正根,马远良.宽带声呐湖底沉积物分类研究.声学学报,1996;21(4):517-524.

[6] Vladan M Babvoie, GoPakumar R. Seabed recognition using neural networks. D2k Technical Report—0399-1,1999.

[7] Tegowski J, Lubniewski Z. Acoustical Classification of Bottom Sediments in Southern Baltic Using Fractal Dimension. In: Manell E. Zakharia eds. The fifth EuroPean Conference on Underwater Acoustics ECUA 2000, Lasso(ESCPE) Lyon, France,2000:313-319.

[8] 张叔英,林亦俊.声学地层剖面记录的图像识别研究之一:穷举搜索策略的专家系统方法.声学学报,1996;21(1):40-48.

[9] 张叔英,曹民.声学地层剖面记录的图像识别研究之二:基于模糊集理论的专家系统方法声学学报,1996;21(2):149-155.

# 沉积物中声速和衰减系数的宽带测量方法

于盛齐　黄益旺　王　飞　郑广赢

**摘要**　海底沉积物作为海洋波导声传播的下边界普遍存在于大洋中,获知其特性对于准确的声传播和混响建模是十分必要的。为了能够快速而准确地测量沉积物中的声速和衰减系数,提出一种基于脉冲压缩技术的测量方法,对接收信号进行压缩来提取透射波,根据不同厚度样品的透射波来计算沉积物中的声速和衰减系数。该方法不仅可以克服实验过程中经常遇到的多途干扰,而且测量过程简单,可以同时获得测量频带内所有频点的声速和衰减系数,即实现了对声速和衰减系数的宽带测量。在实验室条件下,90～170 kHz 的测量频带内,测得沙样品中的声速为 1 710～1 713 m/s,衰减系数在 56～70 dB/m 之间。通过窄带和宽带测量结果的比较可以看出,声速的宽带测量结果与窄带测量结果吻合得较好,而衰减系数在频带后半部分存在较大的起伏。

## 引言

海底沉积物中声速和衰减的测量通常是针对疏松的、分选好的沙质沉积物进行的,因为此类沉积物中的固体颗粒更接近于球形,并且是非固结的,与许多沉积物中的声传播理论所假设的情况更为一致。尽管弹性体理论和孔隙弹性体理论在很大程度上对流体理论进行了完善,但在疏松的沉积物中,内部剪切作用不显著(如典型的沙质沉积物中剪切波波速通常在 100 m/s 左右),普通的压缩波仍是主要的,它的传播速度和衰减在绝大多数的地声测量实验中都是不可或缺的测量对象。此外,沉积物中的声速频散十分微弱(100 kHz 以下时每十倍频程约 2% 的变化,并且随着频率的增大声速频散变得更为微弱),在信号带宽不是很宽的情况下,群速度和相速度之间的差异也可以被忽略。因此,“声速”一般指的是沉积物中压缩波的相速度(或 Biot 理论[1-2]中所指的快波波速,而慢波的衰减特别大,只有在熔融的玻璃珠中等特殊环境下才能观测到[3-4]),并且“衰减”指的是与其对应的、以 dB/m 为单位的衰减系数。对沉积物中的声速和衰减进行测量的主要目的和意义在于:①为地声数据的反演提供参考;②预报沉积物的土工性质;③为声学勘探技术确立土工性质和声学特性之间的关系;④为反潜作战和远程声呐性能预报提供地声模型;⑤验证沉积物中声传播理论模型的精确性;⑥是高频声散射、反射或透射模型所必需的输入参数;⑦压缩波波速作为表征海底声学作用的一个重要参量,通过确定简正波的传播或截止来决定浅海环境中的声传播。依据测量手段的不同,沉积物中声速和衰减的测量方法可以分为直接和间接测量方法。直接测量方法中声速通常是根据接收器间的旅行时(或相位延迟)和距离得到的,衰减根据接收器间的能量损失或幅度减小来获得[5-7]。而间接测量方法则通常是根据声场测量数据[8-10]或测得的声学参数(如反射系数或反射损失[11-12])来反演或间接计算声速和衰减的。相比于直接测量方法,间接测量方法总体上误差会更大一些,并且多数情况下得到的是有效值或等效值。目前,虽然进行了频率范围广泛、测量方法多样的沉积物中声速和衰减的测量,但仍未得到统一的声速频散和衰减随频率的变化规律,并且测量结果与沉积物的类型密切相关。

实际海洋环境中的沉积物是多孔的,在声波的激励下液相和固相振动是不同的,并且沉积物中的声速和衰减是随频率发生变化的,也就是说沉积物还是一种频散介质。而流体或(黏)弹性体理论都是基于单相系统的,认为声速和衰减是不随频率变化的,因而不适用于沉积物中声速和衰减的理论预报。可用于沉积物中声速和衰减预报的经验关系或理论模型主要有:Hamilton 经验关系[13]、Biot 理论[1-2]、Buchingham 模型[14-17]和 Kramers - Kronig 关系[18-20]。

本文选用沙质沉积物作为测量对象,考虑单声源发射、单水听器接收的透射测量方式,并且声源和水听器均布放于水体中,而非将水听器掩埋于沉积物样品中,这样就不必考虑由介质负载差异可能引入的测量误差。本文采用的测量系统不仅易于实施,而且得到了精确可靠的沙质沉积物中声速和衰减系数的测量数据,这对沉积物中声传播模型的建立和测试是十分必要的。此外,传统的测量方法通常采用窄带 CW 脉冲作为发射信号,为了获得某一测量频带内沉积物中声速频散和衰减的频率依赖关系,需要改变发射信号的中心频率,进行多次测量。本文提出一种基于脉冲压缩技术的宽带测量方法,通过一次测量即可获得测量频带内沉积物中声速频散和衰减随频率的依赖关系,为实现声速和衰减的快速获取提供了一种新的思路。

## 1　宽带测量方法仿真研究

在实验室环境条件下进行实验测量时,除了我们希望得到的声源直达波外,往往会伴有很强的多途干扰。本文利用脉冲压缩技术,根据发射脉冲信号构造匹配滤波器实现对接收信号的压缩,继而从多途中提取并还原直达波,具体的处理流程如图 1 所示。

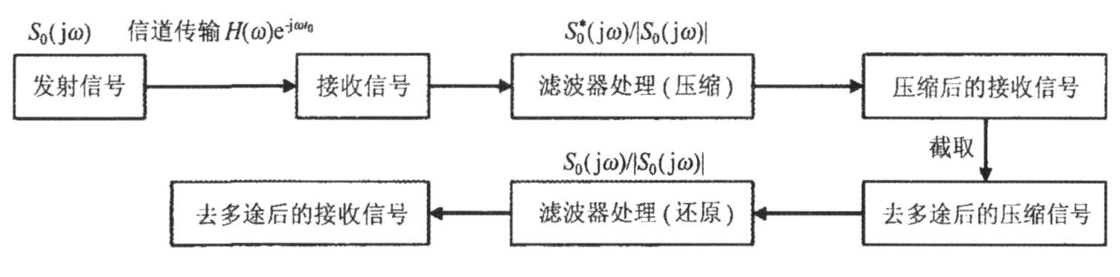


图 1　直达波提取算法流程框图

匹配滤波器的传输函数形式为

$$H(j\omega)=CS^*(\omega)e^{-j\omega t_0} \tag{1}$$

根据发射脉冲信号的频谱构造滤波器(压缩),滤波器的频率响应为发射信号归一化频谱的共轭,然后使接收信号通过该滤波器,信道传输加之构造的滤波器(压缩)恰好相当于一个匹配滤波器。因此,如果发射信号为宽带脉冲信号,则接收信号在时域上就会得到很大程度的压缩,再对压缩后的信号取包络(希尔伯特变换),就可以很容易地分辨出直达波、反射波或其他多途信号,根据压缩后的接收信号包络分离出所需要的部分并进行还原(通过频率响应为发射信号归一化频谱的滤波器),最后根据提取出的直达波谱计算沉积物中的声速和衰减系数。

为了说明利用脉冲压缩技术从多途中提取并还原直达波的过程,进行如下的数值仿真:

构造两个线性调频信号,分别用于模拟直达波及其临近的多途,两者的脉冲宽度均为 20 ms,幅度分别为 1 和 0.5,对应的声程分别为 1 m 和 1.5 m,下限频率和上限频率分别为 90 kHz 和 130 kHz。最后将它们叠加在一起(假设水体中的声速为 1 500 m/s),根据图 1 的处理流程可以得到如图 2 所示的结果。

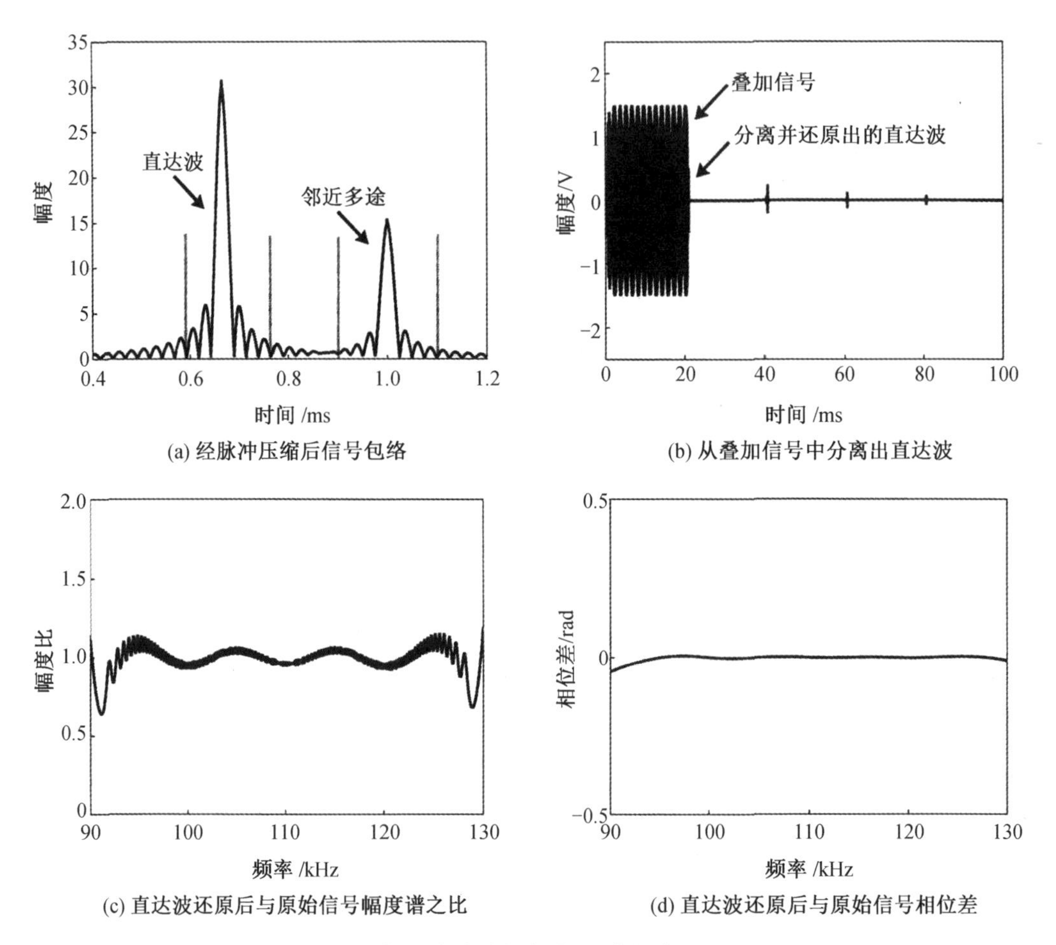


(a) 经脉冲压缩后信号包络

(b) 从叠加信号中分离出直达波

(c) 直达波还原后与原始信号幅度谱之比

(d) 直达波还原后与原始信号相位差

**图 2　提取直达波仿真结果(未加窗处理)**

从图 2(a)中可以看到,压缩后的信号包络存在一个主瓣和多个旁瓣。通常将脉冲宽度 $\tau$ 和信号带宽 $B$ 的乘积称为“时间带宽积”或脉冲压缩比(PCR),则压缩后的主瓣宽度为

$$\tau_c = \frac{\tau}{PCR} \tag{2}$$

而旁瓣宽度等于主瓣宽度的一半。由此可以看出,增大信号带宽能够获得更好的压缩效果,使主瓣和旁瓣变得更窄,而增大脉冲长度可以进一步增加发射信号的能量,提高压缩后信号的信噪比。因此,在实际测量过程中,要综合考虑发射换能器的实际工作性能和希望得到的压缩效果来对发射信号的脉冲宽度与信号带宽进行选择。在对压缩后的信号进行截取的过程中,考虑的旁瓣个数越多,则结果越准确,但还要视实际测量过程中能够分辨出的旁瓣数目而定。然而,考虑进来的旁瓣个数总是有限的,截取过程中不可避免地会使部分旁瓣中蕴含的信息丢失,导致还原后的信号无论在时域上还是频域上都存在一定的失真,如图

2(b)和图2(c)所示。具体来讲,时域信号幅度不平坦,幅度本应为零的部分存在明显的毛刺;还原后的信号与原始信号幅度谱之比不为1,相位差不为零,特别是幅度谱之比在所考虑频带边缘处存在明显的起伏,失真更大。

为了使还原后信号的失真进一步减小,可以对发射矩形脉冲进行加窗处理,达到尽量压低旁瓣的目的,不过是以增大主瓣宽度为代价的(时延分辨率降低)。考虑以下三种窗函数

$$w[k+1]=0.54-0.46\cos\left(2\pi\frac{k}{n-1}\right),k=0,\cdots,n-1 \tag{3}$$

$$w[k+1]=0.5-0.5\cos\left(2\pi\frac{k}{n-1}\right),k=0,\cdots,n-1 \tag{4}$$

$$w[k+1]=0.42-0.5\cos\left(2\pi\frac{k}{n-1}\right)+0.08\cos\left(4\pi\frac{k}{n-1}\right),k=0,\cdots,n-1 \tag{5}$$

其中,(3)式为Hamming窗,(5)式为Blackman窗,采用三种窗函数进行幅度调制后的信号波形如图3所示,加窗处理后的仿真结果如图4所示。

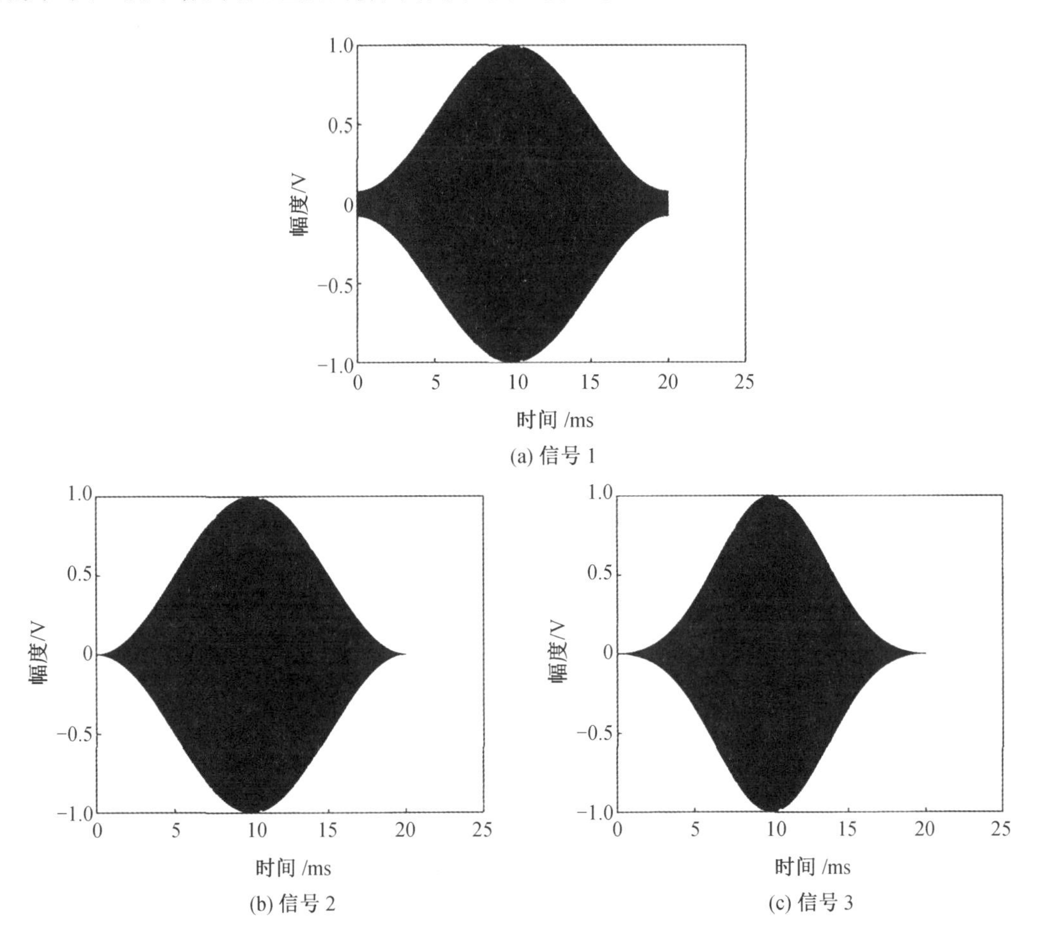


图3　加窗后的三种信号波形

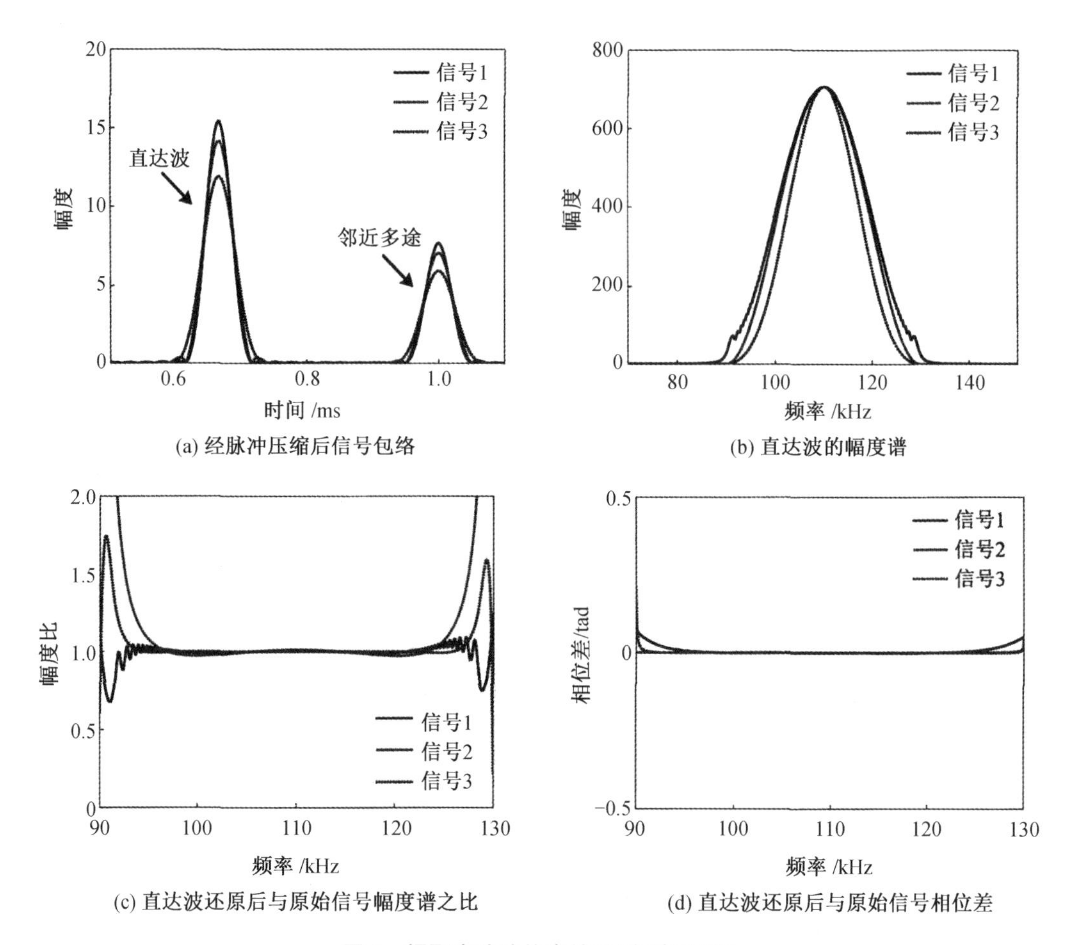


(a) 经脉冲压缩后信号包络　　(b) 直达波的幅度谱

(c) 直达波还原后与原始信号幅度谱之比　　(d) 直达波还原后与原始信号相位差

**图 4　提取直达波仿真结果(加窗处理)**

由此可以看出,利用各种窗函数对信号进行幅度调制可以显著地压低旁瓣(但主瓣宽度增大,时延分辨率降低),此时截取过程中旁瓣基本可以不予考虑,无论是幅度谱还是相位谱,还原后的信号都与原始信号十分接近,只不过在所考虑频带的边缘存在一定起伏。通过比较三种信号的处理结果可以看出,信号 3(加 Blackman 窗)更可取,具体表现为:①压缩后的信号包络基本没有旁瓣,而信号 1 和信号 2 的压缩包络仍存在较小的旁瓣,如果截取时忽略旁瓣会损失一定的信息;②信号带宽更窄,由于发射换能器的带宽有限,这样可以降低发射换能器对信号产生的畸变;③提取并还原后的直达波与原始信号相比,频带边缘处存在明显失真的范围更小。因此,选用 Blackman 窗对发射信号进行幅度调制。只要发射信号的带宽足够宽,具有足够高的时延分辨率,压缩后的信号在时域上能够分开,就可以保证在幅度和相位上对直达波进行较小失真地还原,这为声速和衰减系数的宽带测量奠定了基础。

当声波透过厚度为 $d_1 = x_2 - x_1$ 的样品时,设 $x_1$ 处的声压为 $p(x_1,\omega)$,则从频域的角度来看(忽略时间因子 $\mathrm{e}^{-\mathrm{j}\omega t}$,平面波假设),$x_2$ 处接收到的声压可以表示为

$$\begin{aligned} p(x_2,\omega) &= D_1 p(x_1,\omega)\mathrm{e}^{\mathrm{j}k(\omega)d_1} = D_1 p(x_1,\omega)\mathrm{e}^{\mathrm{j}[\beta(\omega)+\mathrm{j}\alpha(\omega)]d_1} \\ &= D_1 p(x_1,\omega)\mathrm{e}^{-\alpha(\omega)d_1}\exp(\mathrm{j}\beta(\omega)d_1) \end{aligned} \tag{6}$$

其中,$k(\omega)$ 为样品中的复波数,它的实部 $\beta(\omega) = \omega/c_p(\omega)$,虚部 $\alpha(\omega)$ 表示以 NP/m 为单位

的衰减系数，$c_p(\omega)$ 代表样品中压缩波相速度，$D_1$ 表示水－沉积物样品界面的透射系数。如果将此厚度为 $d_1$ 的样品看作一个系统，其传输函数可以表示为

$$H_{s1}(\mathrm{j}\omega)=D_1\mathrm{e}^{-\alpha(\omega)d_1}\exp(\mathrm{j}\beta(\omega)d_1) \tag{7}$$

假设声源和水听器的距离为 $l$，忽略水体中的声速频散和衰减，当水体中的声速为 $c_w$ 时，则水体中的传输函数可以表示为

$$H_{w1}(\mathrm{j}\omega)=\exp(\mathrm{j}\omega(l-d_1)/c_w) \tag{8}$$

保持声源和水听器的距离不变，更换厚度为 $d_2(d_2>d_1)$ 的样品，同理可以有

$$H_{s2}(\mathrm{j}\omega)=D_2\mathrm{e}^{-\alpha(\omega)d_2}\exp(\mathrm{j}\beta(\omega)d_2) \tag{9}$$

$$H_{w2}(\mathrm{j}\omega)=\exp(\mathrm{j}\omega(l-d_2)/c_w) \tag{10}$$

则接收信号频谱之比为

$$\begin{aligned}H_r(\mathrm{j}\omega)&=[H_{w2}(\mathrm{j}\omega)H_{s2}(\mathrm{j}\omega)]/[H_{w1}(\mathrm{j}\omega)H_{s1}(\mathrm{j}\omega)]\\&=\frac{D_2}{D_1}\mathrm{e}^{-\alpha(\omega)\Delta d}\exp\{\mathrm{j}[\beta(\omega)\Delta d-\omega\Delta d/c_w]\}\end{aligned} \tag{11}$$

其中，$\Delta d=d_2-d_1$。令 $\Delta\varphi=\beta(\omega)\Delta d-\omega\Delta d/c_w$，经过简单的代数运算后可以得到样品中的声速和衰减系数分别为

$$c_p=c_w\left(1+\frac{c_w\Delta\varphi}{\omega\Delta d}\right)^{-1} \tag{12}$$

$$\alpha_p=-\frac{20\lg\mathrm{e}}{\Delta d}\ln\left[\frac{D_1}{D_2}|H_r(\mathrm{j}\omega)|\right] \tag{13}$$

其中，$\alpha_p$ 为以 dB/m 为单位的衰减系数。这样，沉积物中的声速根据接收信号的相位差计算，衰减系数根据接收信号的幅度谱之比计算。

通过以上分析可以看出，采用单声源、单水听器的测量方式，根据透过不同厚度样品的接收信号计算沉积物中的声速和衰减系数，其优势在于：①避免利用声波在水体中的传播距离（即声源与水听器的距离），该距离很小的测量误差就会带来很大的声速计算误差；②与双水听器测量方式相比，计算衰减系数时无须考虑对水听器灵敏度差异的校准；③由于采用相对值来计算沉积物中的声速和衰减系数，这样就相当于构建了一个自校准系统，因而无须考虑声源发送电压响应和水听器灵敏度随频率的变化关系，并且可以很大程度上抵消掉几何扩展损失和水－沉积物样品界面透射损失对沉积物衰减系数测量的影响。然而，值得注意的是，测量时为了使声波在样品中能够建立起稳定的传播，通常样品的厚度至少要具有几倍于声波波长的尺度，因而无论有无样品时，接收信号的相位谱都将是“卷曲”在[$-\pi,\pi$]范围内的，此时无法从中直接读取相位信息。虽然声速和衰减系数是根据接收信号频谱之比计算的，但当样品的厚度差较大时，需要考虑对相位差进行 $2\pi$ 整数倍的修正，得到随频率单调变化的相位谱。

为了验证这一方法能够用于测量声速和衰减系数，进行如下的数值仿真：假设声波透过厚度为 $\Delta d=0.10$ m 的样品，样品中的声速与频率成弱对数关系，衰减系数与频率成线性关系

$$c_p=1\,700+30\lg[1+10(f-f_{\min})/(f_{\max}-f_{\min})],f_{\min}\leqslant f\leqslant f_{\max} \tag{14}$$

$$\alpha_p=-20\lg[0.5\cdot 10^{0.2(f_{\max}-f)/(f_{\max}-f_{\min})}]/\Delta d,f_{\min}\leqslant f\leqslant f_{\max} \tag{15}$$

其中，$f_{\min}$ 和 $f_{\max}$ 分别表示 LFM 脉冲扫描频率的下限和上限，这里取 50 kHz 和 190 kHz。如果用 $S_0(\mathrm{j}\omega)$ 表示发射信号，则接收信号可以写为

$$Y(\mathrm{j}\omega)=10^{-\alpha_p\Delta d/20}\exp(-\mathrm{i}2\pi f\Delta d/c_p)S_0(\mathrm{j}\omega) \tag{16}$$

假设水体中的声速 $c_w=1\ 500$ m/s，声源与水听器相距 1 m，邻近多途与水听器的距离为 1.2 m，根据图 1 的处理流程分别对有无样品时的直达波信号进行提取和还原，再根据(12)和(13)式进行计算，结果如图 5 所示(在不考虑透射损失的情况下，相当于透过不同厚度样品的接收信号之比)。由此可以看出，对于仿真算例，在频散不显著的情况下(压缩后的信号包络没有明显的畸变)，该方法除频带边缘存在较大偏差外，能够准确计算出样品中的声速和衰减系数。该方法的实际性能将在第 3 节中通过与传统的采用 CW 脉冲的窄带测量方法的比较来验证。

在实际测量过程中，通过比较有无沙样品(较厚)时的接收信号来获得沙质沉积物中的声速。一方面，时延估计和厚度测量的相对误差更小，使得声速测量不确定度更小；另一方面，由于测量频带内声速频散十分微弱，样品较厚时，声波在样品中的传播距离更长，声速频散能够更好地表现出来。而测量沙质沉积物的衰减系数时，通过比较透过不同厚度沙样品的接收信号，以尽可能抵消沙 - 水界面的透射损失和波阵面的扩展损失对测量结果的影响。样品厚度不太薄的情况下，衰减随频率的变化关系受厚度的影响可能不太大。下面将对声速和衰减系数的实验测量进行详细介绍。

## 2　实验描述

整套实验装置处于 1.2 m×1 m×1 m 的大玻璃水箱内，水深约 82 cm，实验设备布放情况如图 6 所示。大小相同而高度不同的两只玻璃缸(长 0.34 m，宽 0.34 m，厚 4.6 mm)固定于水平支架上，镂空部分大小约为 0.3 m×0.3 m。利用二十分度游标卡尺测得两只玻璃缸的内高分别为 9.980 cm 和 19.970 cm。沙样品充满于玻璃缸内(煮后沉积 22 天，待测得的沙样品中声速和衰减系数基本稳定后进行正式测量)，并沿玻璃缸四周将沙表面刮平，这样沙样品的厚度便已知。对沙样品厚度的选择应注意：①沙样品应具有数倍于波长的厚度，使得声波能够在样品中建立起稳定的传播，频散特性能够充分表现出来；②直接透射波(即直达波)和经沙样品上表面反射后的透射波在时域上不重叠，这样通过比较不同厚度沙样品的透射波，以抵消沙 - 水界面(而非介质层)的透射损失。声源和水听器(B&K8105)相互对正并固定于可自由滑动的框架上。声源距沙面的距离为 8cm，声源与水听器相距49.1 cm，水听器距大水箱底 30 cm，距滑动框架上表面 19.5 cm，距玻璃缸缸底 21 cm。布放时各几何参数和发射脉冲长度选取的原则是，尽可能保证直达波与多途在时域上不发生混叠。这里需重点关注的多途包括：经声源辐射面反射后的透射波、经沙样品上表面反射后的透射波、玻璃缸底反射波以及滑动架上表面反射波。实验所采用声源的 -3 dB 波束宽度约 10°，较窄的指向性可以避免声波照射到玻璃缸的侧壁，减少多途干扰。

实验测量频率范围为 90 ~ 170 kHz，发射信号采用填充 5 个周期的窄带 CW 脉冲以及脉冲长度为 20 ms、扫频范围 50 ~ 190 kHz 的宽带 LFM 脉冲两种形式，并加 Blackman 窗进行幅度调制。其中，对 CW 脉冲进行幅度调制的目的在于：①频谱集中表现为一个主瓣，基本不存在旁瓣，最终达到减小信号带宽的目的，这样当采用有限带宽的声源发射信号时，可以有效减小信号的畸变(声源实际上表现为一个带通滤波器，发出的信号相对于信号源信号会产生波形的展宽，另外还存在不可避免的、由其自身惯性产生的鸣响)，或者进行滤波时不会使信号的幅度和时延发生明显变化；②如果在时域上能够很好地将直达波和多途区分开，声速和衰减分别可以根据有无沙样品时的接收信号时间差和透过不同厚度沙样品的接收信号峰 - 峰值计算。LFM 脉冲长度的选取一方面考虑获得较高的信噪比，另一方面保证声源能够稳定发射信号。对 LFM 脉冲进行幅度调制的目的在于:①可以有效地消除吉布斯现象;②可以显著地降低压缩后信号的旁瓣,避免将旁瓣误判为多途;③减小截断误差造成信号还原时的失真。接收信号经通带为10 ~230 kHz 的带通滤波器进行滤波,在一定程度上消除测量频带外的噪声干扰,最后利用 PCI 采集卡进行数据采集并存储于 PC 机中,采样频率为 25 MHz。

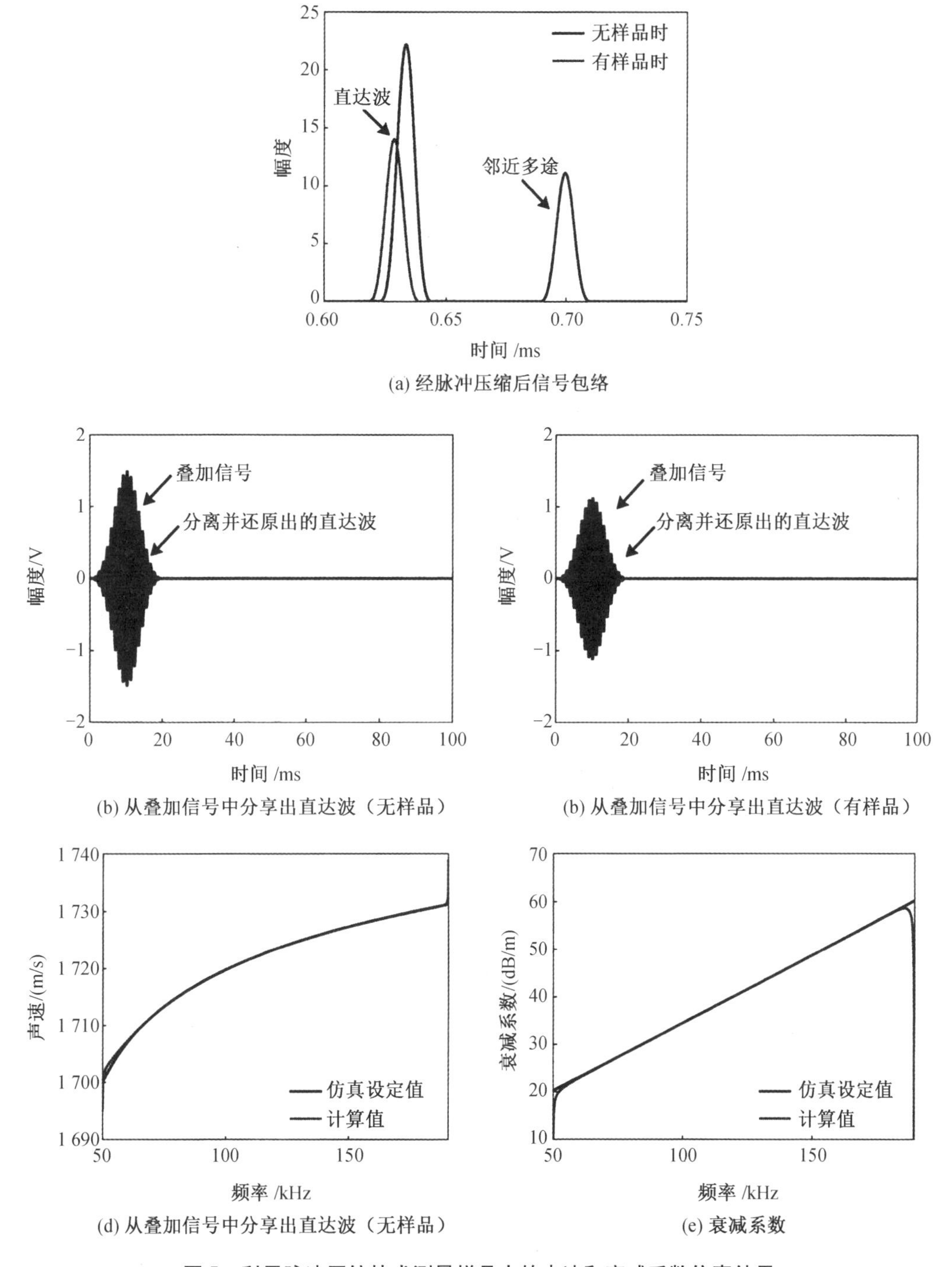


**图 5　利用脉冲压缩技术测量样品中的声速和衰减系数仿真结果**

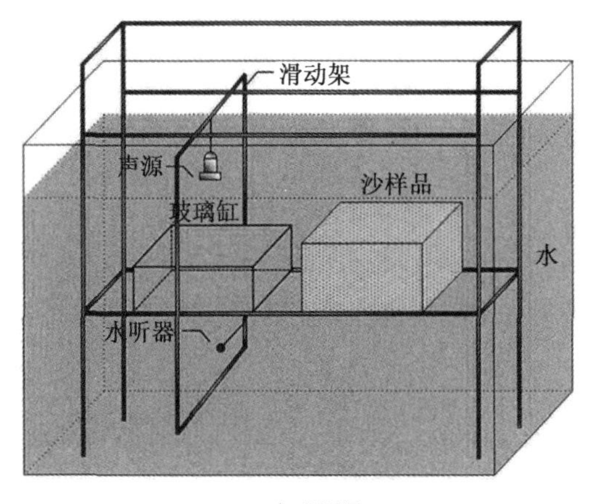


(a) 声速测量

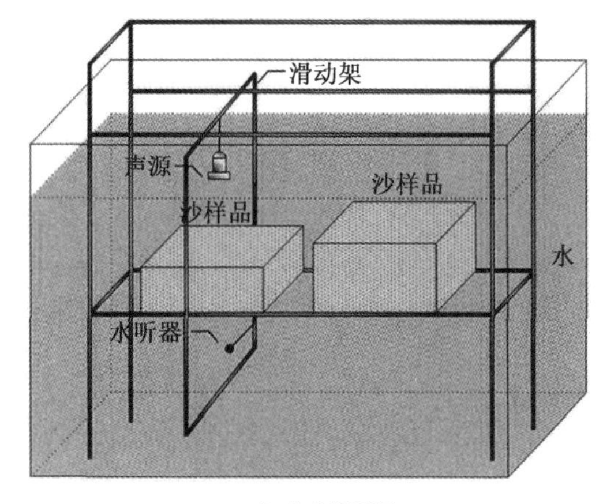


(b) 衰减系数测量

(c) 实物图

**图 6　声速和衰减系数测量实验设备布放图**

测量声速时，先记录无沙样品时声波仅透过玻璃缸的接收信号（为方便起见，实验中用一块相同材质和厚度的玻璃片代替玻璃缸），再将声源和水听器移动至较厚沙样品一侧，记录对应的接收信号。测量衰减系数时，先后记录透过两个不同厚度沙样品的接收信号。上述实验测量中，每一状态下的接收信号进行 30 次采集，以便对声速和衰减系数的测量结果进行统计分析。

## 3　实验结果与分析

分别采用窄带 CW 脉冲和宽带 LFM 脉冲对沙质沉积物中的声速和衰减系数进行测量。其中，窄带测量结果与 Biot 理论、等效密度流体近似[21]（EDFM）和 Buckingham 模型的预报结果进行比较和分析，而宽带测量结果的可靠性通过与窄带测量结果的比较来验证。

### 3.1　窄带测量与理论预报结果的比较

采用窄带 CW 脉冲时，中心频率从 90 kHz 起，以 10 kHz 为步长增加至 170 kHz，每 1 s 发射一次脉冲，并同步进行采集。无沙样品（仅透过玻璃缸）以及沙样品厚度为 19.970 cm 时，各频点的接收信号波形如图 7 所示（两种情况下发射和接收信号的放大倍数相同）。分析接收信号波形可知，直达波与其他多途在时域上基本没有叠加，沙样品中的声速比水体中的大。

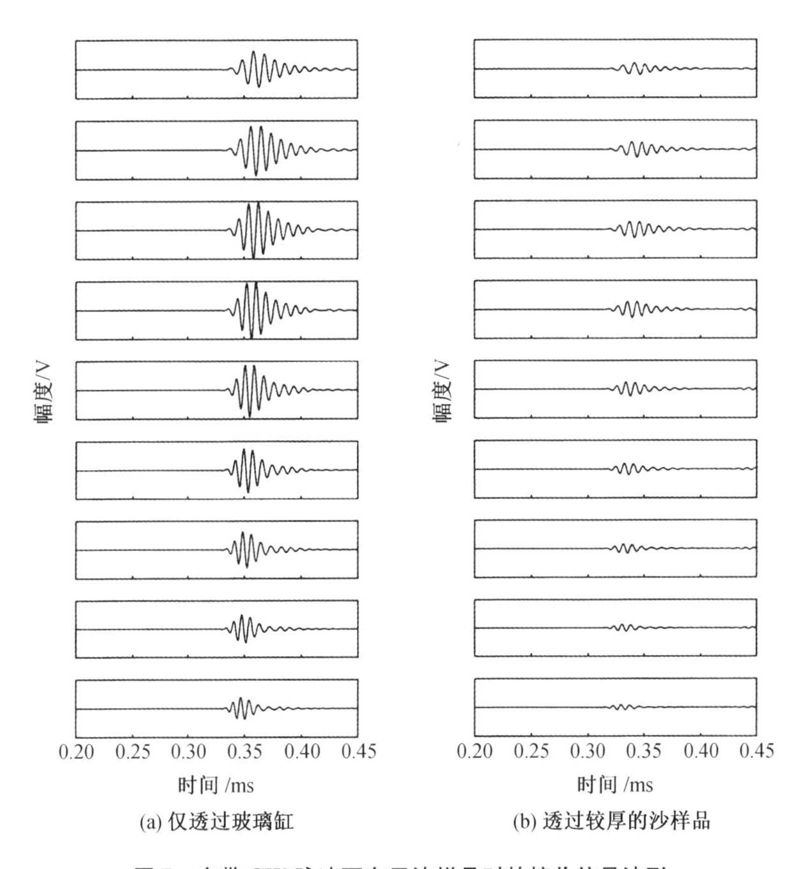

(a) 仅透过玻璃缸　(b) 透过较厚的沙样品

**图 7　窄带 CW 脉冲下有无沙样品时的接收信号波形**

如果用 $\Delta t$ 表示有无样品时接收信号的时间差，较薄样品的厚度为 $d_1$，较厚样品的厚度为 $d_2$，厚度差为 $\Delta d = d_2 - d_1$，$V_1$ 和 $V_2$ 分别用来表示透过较薄和较厚样品接收信号的幅度，则样品中的声速和衰减系数可以按下面的式子计算得到

$$c_p = \frac{c_w}{1 - c_w \Delta t / d_2} \tag{17}$$

$$\alpha_p = -\frac{20}{\Delta d} \lg\left(\frac{V_2}{V_1}\right) \tag{18}$$

其中，$c_w$ 表示水体中的声速。纯水中的声速可以由温度来确定，当温度 0 ℃ $< T <$ 95 ℃时，纯水中的声速与温度的关系为[22]

$$c_w(T) = 1\,402.388 + 5.037\,11T - 0.058\,085\,2T^2 + 3.342 \times 10^{-4} T^3 - 1.478 \times 10^{-6} T^4 + 3.15 \times 10^{-9} T^5 \tag{19}$$

由此给出的纯水中声速不确定度为 ±0.015 m/s。实验过程中水温为 23.6 ℃，对应得到的水体中的声速为 1 492.87 m/s。

由于样品的厚度较薄，沉积物频散特性带来的波形畸变不显著，因而时延可以根据拷贝相关的相关峰位置来确定，信号幅度根据接收信号的峰－峰值确定，由此计算得到的声速和衰减系数如图 8 所示。图中实心点代表测得的声速和衰减系数平均值，误差棒代表测量不确定度。在测量频带内,沙样品中的声速频散十分微弱(平均值大约在 1 710 ~ 1 713 m/s 之间),要小于测量不确定度(测量不确定度大约为 4.5 m/s),而衰减系数随频率的增大而增大(平均值大约在 56 ~ 70 dB/m 之间,测量不确定度大约为 0.4 dB/m)。这里,声速测量误差源于沙样品厚度测量误差和时延估计误差,而衰减系数测量误差主要取决于沙样品厚度的测量误差。根据不确定度的传递公式

$$\Delta N=\sqrt{\left(\frac{\partial N}{\partial A}\right)^2\cdot(\Delta A)^2+\left(\frac{\partial N}{\partial B}\right)^2\cdot(\Delta B)^2+\left(\frac{\partial N}{\partial C}\right)^2\cdot(\Delta C)^2+\cdots} \tag{20}$$

由(17)和(18)式可得声速和衰减系数的不确定度为

$$\Delta c_p=\sqrt{\frac{c_w^4}{d^2\ (1-c_w t/d)^4}(\Delta t)^2+\frac{c_w^4 t^2}{d^4\ (1-c_w t/d)^4}(\Delta d)^2} \tag{21}$$

$$\Delta\alpha_p=\sqrt{\frac{400}{d^4}(\lg F)^2\ (\Delta d)^2+\frac{400}{(\ln 10)^2 d^2 F^2}(\Delta F)^2} \tag{22}$$

其中,$d$ 表示相应的沙样品厚度,$t$ 表示有无沙样品时的时间差,$F$ 为透过较厚和较薄沙样品接收信号幅度比。这里隐含了时间差不确定度和厚度不确定度相互独立的条件。考虑刮平沙样品时的轻微挤压和沙样品自身的沉积,保守地认为沙样品的厚度不确定度为 0.5 mm;时间差不确定度包括相关时延估计不确定度 $\Delta t_1$ 和统计不确定度 $\Delta t_2$(30 次脉冲处理结果的标准差)即

$$\Delta t=\sqrt{(\Delta t_1)^2+(\Delta t_2)^2} \tag{23}$$

通过校准实验可知,在测量频率范围内相关时延估计不确定度为 0.3 μs。

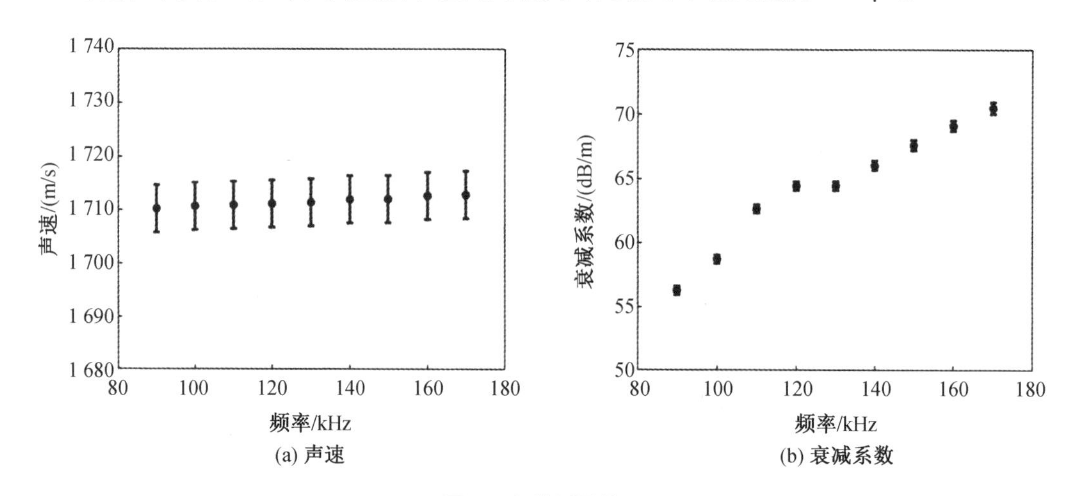

(a) 声速　　(b) 衰减系数

**图 8　窄带测量结果**

最后,将窄带测量结果与 Biot 理论、EDFM 和 Buckingham 模型的预报结果进行比较。模型中涉及的孔隙水特性参数取自文献[23]中淡水的参数,其他未知参数通过与测得的声速和衰减系数进行拟合得到,拟合结果如图 9 所示。这里声速以沉积物与水体中的声速比的形式给出,这样在不同温度情况下,可以通过测量水体中的声速来计算相应温度下沉积物中的声速。表 1 给出了各参数的搜索范围和最优拟合值,其中:Biot 理论和 EDFM 中涉及的渗透率 $\kappa$、孔隙大小参数 $a$ 和弯曲率 $\alpha$ 根据文献[24]由孔隙度 $\beta$ 和平均颗粒粒度 $\varphi$ 表示;对沙样品的孔隙度 $\beta$、平均颗粒粒度 $\varphi$、颗粒质量密度 $\rho_g$ 和容积密度 $\rho$ 进行测量,将测得的置信区

间(均值±标准差)作为搜索范围,没有进行测量的颗粒体积弹性模量 $K_g$、框架体积弹性模量 $K_f$ 和框架剪切模量 $\mu$ 参考文献[25]设以较大的搜索范围;将 Buckingham 模型中的应变硬化指数 $n$、弛豫系数 $3\gamma_p+4\gamma_t$、由 Wood 方程给出的声速 $c_0$ 和容积密度 $\rho$ 作为四个独立的参数进行搜索,除容积密度外,其他三个参数参考文献[25]设以较大的搜索范围。

**表1 对声速和衰减系数实验数据拟合得到的最优模型参数值**

(a)Biot 理论涉及的参数

| 参数名称 | 符号 | 搜索范围 | 最优值 |
|---|---|---|---|
| 孔隙度 | $\beta$ | 0.439~0.484 | 0.440 |
| 平均颗粒粒度/Phi | $\phi$ | 2.93~2.97 | 2.97 |
| 颗粒质量密度/(kg/m$^3$) | $\rho_g$ | 2 478~2 517 | 2 516 |
| 颗粒体积弹性模量/Pa | $K_g$ | $1.1\times10^{10}$~$6.7\times10^{10}$ | $4.7\times10^{10}$ |
| 框架剪切模量 | $\mu$ | $1.7\times10^{7}$~$4.3\times10^{7}$<br>$0.1\times10^{7}$~$0.3\times10^{7}$ | $(1.84-0.288i)\times10^{7}$ |
| 框架体积弹性模量 | $K_f$ | $2.0\times10^{7}$~$6.0\times10^{7}$<br>$0.1\times10^{7}$~$0.6\times10^{7}$ | $(2.15-0.577i)\times10^{7}$ |

(b)EDFM 涉及的参数

| 参数名称 | 符号 | 搜索范围 | 最优值 |
|---|---|---|---|
| 孔隙度 | $\beta$ | 0.439~0.484 | 0.439 |
| 平均颗粒粒度/Phi | $\phi$ | 2.93~2.97 | 2.97 |
| 颗粒质量密度/(kg/m$^3$) | $\rho_g$ | 2 478~2 517 | 2 517 |
| 颗粒体积弹性模量/Pa | $K_g$ | $1.1\times10^{10}$~$6.7\times10^{10}$ | $5.1\times10^{10}$ |

(c)Buckingham 模型涉及的参数

| 参数名称 | 符号 | 搜索范围 | 最优值 |
|---|---|---|---|
| 应变硬化指数 | $n$ | 0.01-0.5 | 0.051 |
| 弛豫系数/Pa | $3\gamma_p+4\gamma_t$ | $1.0\times10^{8}$~$1.0\times10^{9}$ | $8.04\times10^{8}$ |
| 由 Wood 方程给出的声速/(m/s) | $c_0$ | 1 600-1 800 | 1 626 |
| 容积密度/(kg/m$^3$) | $\rho$ | 1 777~1 828 | 1 816 |

从拟合结果来看:EDFM 是一种对完整 Biot 理论的合理简化和近似,两者的预报结果基本相同。在所选择的模型参数下,Biot 理论、EDFM 和 Buckingham 模型预报的声速与实验数据吻合得很好,但预报的衰减均小于实测衰减系数(特别是 Buckingham 模型预报的衰减相比于 Biot 理论和 EDFM 与实验数据的偏差更大),导致这一结果的可能原因包括:①模型的理论偏差;②模型参数的失配;③各理论模型中仅考虑了沉积物的固有衰减,而没有包括沉积物内部不均匀性引起的体积散射衰减(体积散射作用在大于 50 kHz 的高频率条件下较为显著[25])。此外,由图9还可以看出,在测量频带内衰减系数近似与 $f^{0.35}$ 成正比。

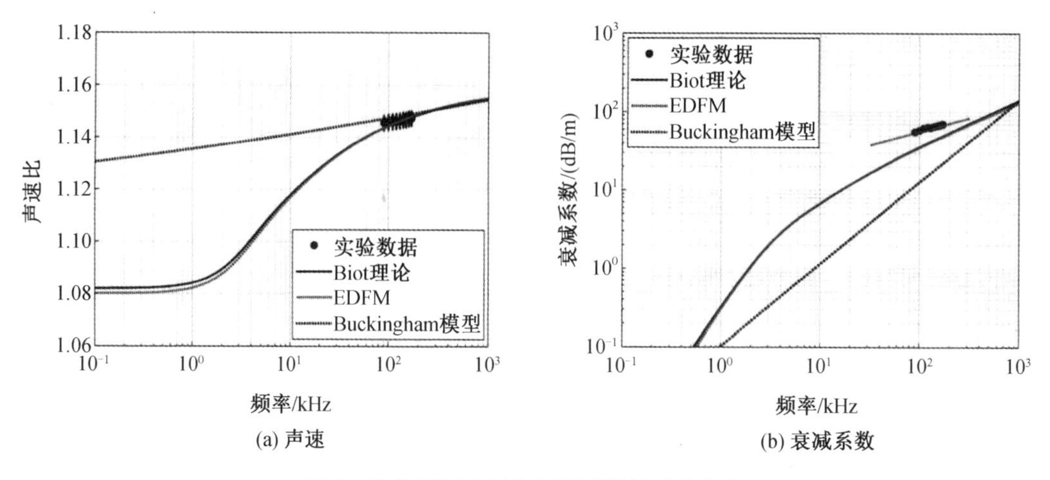


(a) 声速　　　　　　　　　　　　　　(b) 衰减系数

**图9　窄带测量结果与理论预报结果的比较**

## 3.2　窄带与宽带测量结果的比较

采用宽带 LFM 脉冲时,无玻璃缸时的接收信号波形如图 10(a)所示,根据图 1 的处理流程得到的脉冲压缩结果如图 10(b)所示,这里将信号源发出的电信号作为参考信号。虽然长 LFM 脉冲在时域上叠加严重,但经脉冲压缩后直达波及各主要多途能够较为清晰地辨别出来。然而,在实际测量过程中,声源的频率响应在测量频带内不可能是平坦的,声源发出的信号与信号源电信号相比存在畸变。因此,进行宽带测量时需要将无玻璃缸时的接收信号作为参考信号(通过脉冲压缩方法提取出的直达波,如图 10(c)所示,但由于与有沙样品时的接收信号时延差较小,进行脉冲压缩时得不到一个完整的直达波相关峰,为了得到完整的直达波相关峰需要对接收信号进行截取使参考信号的到达时间提前,而声速和衰减系数是根据比较相应的接收信号得到的,这样的处理不会对声速和衰减系数的测量结果造成影响,这里取 0.2 ms),声速根据透过玻璃缸和较厚沙样品时脉冲压缩后包络(图 11 中的实线和点划线)提取的直达波按(12)式计算,衰减系数根据透过较薄和较厚沙样品时脉冲压缩后包络(图 11 中的虚线和点划线)提取的直达波按(13)式计算。

实验过程中不可避免地会受到各种多途干扰,为了提取直达波,一般的处理方法是对接收脉冲加矩形窗进行截断,但具有一定的随意性。采用宽带 LFM 脉冲时,可以利用脉冲压缩的方法来提取和还原直达波。只要保证由宽带信号的带宽决定的时延分辨率能够分辨出直达波和邻近的多途(在压缩域中除去)就能够得到较为满意的宽带测量结果,此时测得的声速和衰减系数如图 12 中虚线所示。从测量结果来看,声速起伏较小而衰减系数起伏较大(特别是测量频带的后半部分,且与窄带测量结果的偏差较大)。这是由于声速测量结果主要取决于截取的直达波相关峰起点和终点(即直达波相关峰的位置),而衰减取决于整个直达波相关峰的能量,因而截取对声速测量结果的影响较小,而对衰减系数测量结果的影响较大。衰减系数在测量频带的后半部分与窄带测量结果的偏差较大,产生这一现象的主要原因可能为:①频带边缘接收信号较弱(加 Blackman 窗调制的电信号在频带边缘幅度较小,加之声源在远离中心频率处的响应相对较弱),容易受到各种干扰(包括多途和噪声)的影响;②(由于声源和水听器组成的系统带宽有限,加之声源鸣响造成的拖尾和沙样品的频散特性使得构造的匹配滤波器与实际接收信号不完全匹配,致使直达波相关峰宽度更宽,压缩后的接收信号时延分辨率要小于仿真情况,直达波与邻近多途(通过对接收信号波形的分析可知,对于较厚的沙样品邻近多途对应于经声源辐射面反射后的透射波,而对于较薄的沙样品邻近多途对应于经沙样品上表面反射后的透射波)有所叠加(主要在相关峰后半部分,对应于测量频带的后半部分),使得衰减系数呈现干涉起伏状。此时,声速和衰减系数的测量误差主要源于沙样品厚度测量误差和对直达波相关峰进行截取的截断误差(多次截取的统计结果),图 12 中虚线间的宽度则代表了声速和衰减系数宽带测量结果的置信区间。值得注意的是,声速置信区间上下限基本对称,表明厚度测量误差相比于截断误差是主要的误差来源;而衰减系数置信区间上下限在测量频带边缘差异较大,表明截断误差在测量频带的边缘影响更大。

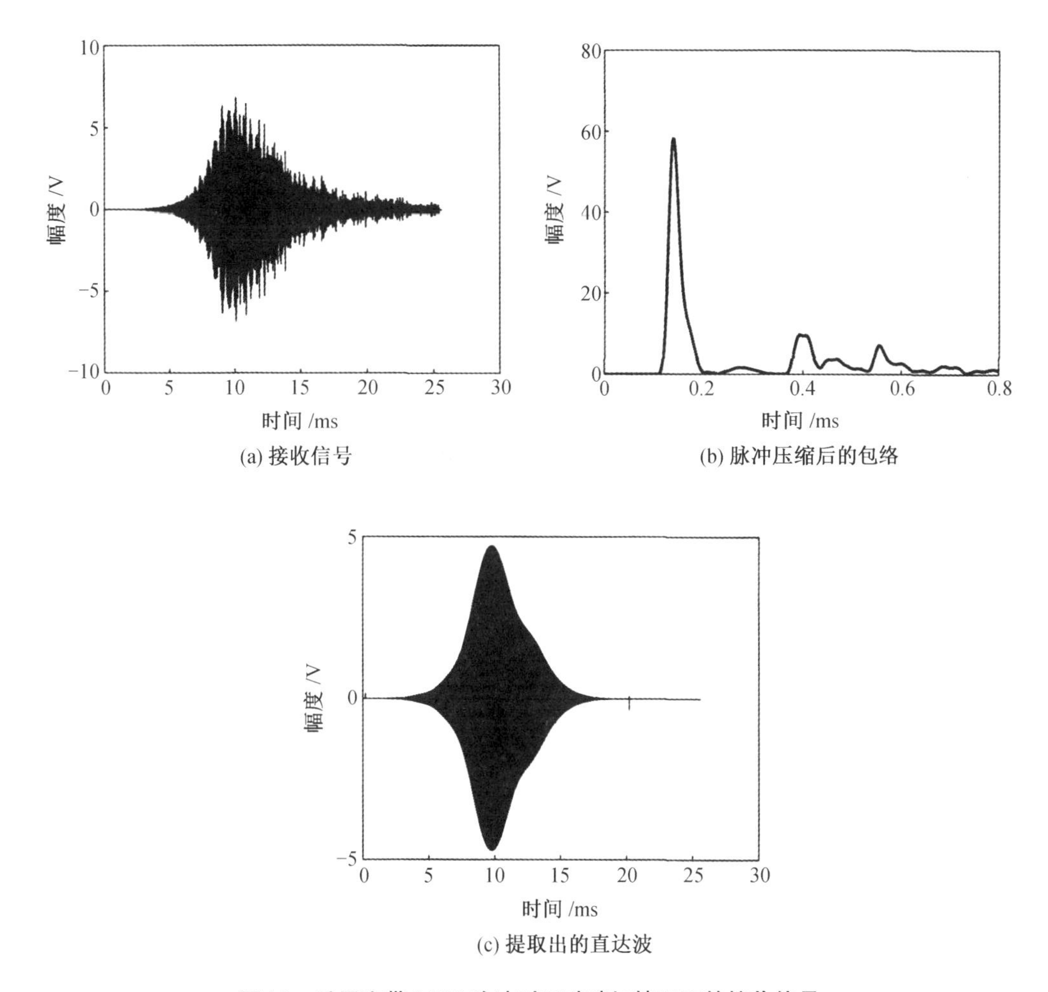


**图 10　采用宽带 LFM 脉冲时无玻璃缸情况下的接收信号**

值得一提的是,对于声速的测量,根据相位谱计算得到的为相速度,利用相关估计时延计算得到的为群速度。在频散不显著、传播距离不太大的情况下,两种处理方法得到的相速度和群速度的差别可以忽略不计。

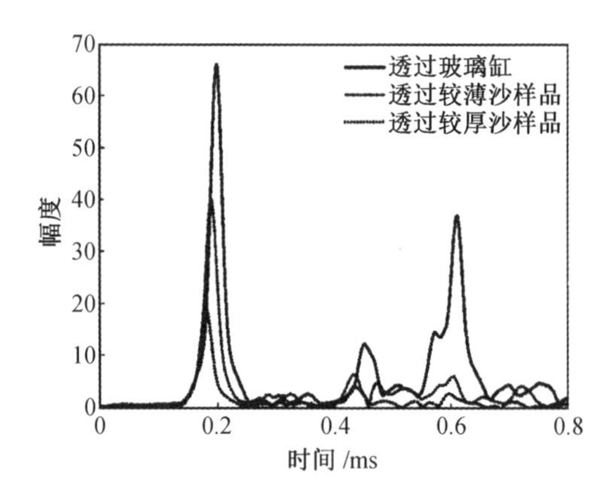


**图 11　采用宽带 LFM 脉冲时接收信号的脉冲压缩结果**

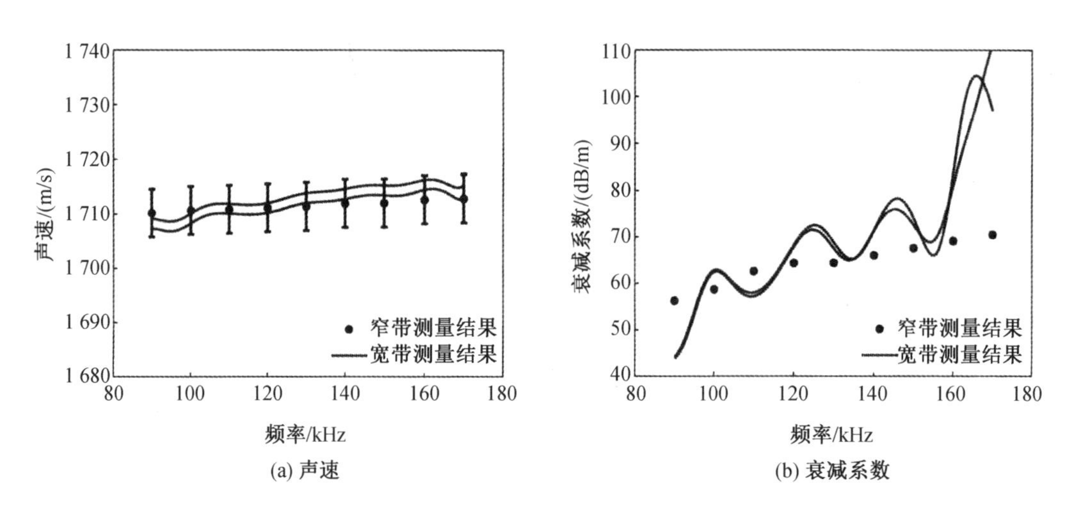


**图 12　窄带与宽带测量结果的比较**

## 4　结论

本文在实验室环境条件下,对沙质沉积物中的声速和衰减系数进行了测量。采用单声源、单水听器的透射测量方式,窄带与宽带相结合的测量方法。在 90 ~ 170 kHz 的测量频带内,窄带测量方法测得的沙样品中的声速在 1 710 ~ 1 713 m/s 之间,频散十分微弱,要小于测量不确定度,衰减系数在 56 ~ 70 dB/m 之间。模型 - 数据的拟合结果表明:声速的测量值与模型预报结果吻合得较好,但衰减系数的预报结果偏低。除模型的理论偏差和模型参数的失配外,各理论模型中没有考虑沉积物内部不均匀性引起的体积散射衰减是造成衰减预报结果偏低的重要原因。

本文所提出的声速和衰减系数宽带测量方法是基于频域分析的,一次测量即可获得样品中的声速和衰减随频率的依赖关系。通过宽带与窄带测量结果的比较可以看出,声速和衰减系数的宽带测量结果存在一定的起伏,特别是衰减系数在测量频带的后半部分与窄带测量结果的偏差较大,这一现象可能是实验中所采用的宽带信号时延分辨率偏低,直达波对应的相关峰与邻近多途有所叠加的结果。因此,为了获得频率范围更宽、精度更高的测量结果,需要尽可能地提高发射信号的带宽(但要视声源的实际性能而定),使直达波与邻近多途得以充分分离。总之,本文所提出的宽带测量方法不失为一种快速获取沉积物中声速和衰减的测量方法。

## 参考文献


[1] Biot M A. Theory of Propagation of Elastic Waves in a Fluid – Saturated Porous Solid. I. Low – Frequency Range. J. Acoust. Soc. Am. ,1956;28(2):168 – 178.

[2] Biot M A. Theory of Propagation of Elastic Waves in a Fluid – Saturated Porous Solid. II. Higher Frequency Range. J. Acoust. Soc. Am. ,1956;28(2):179 – 191.

[3] Plona T J. Observation of a second bulk compressional wave in porous media at ultrasonic frequencies. Appl. Phys. Lett. ,1980;36(4):259 – 261.

[4] Jones C D, Plona T J. Acoustic slow waves and the consolidation transition. J. Acoust. Soc. Am. ,1982;72(2):556 – 565.

[5] Wingham D J. The dispersion of sound in sediment. J. Acoust. Soc. Am. ,1985;78(5):1757 – 1760.

[6] Thorsos E I, Williams K L, Chotiros N P, et al. An Overview of SAX99: Acoustic Measurements. IEEE J. Ocean. Eng. ,2001;26(1):4 – 25.

[7] Zimmer M A, Bibee L D, Richardson M D. Measurement of the Frequency Dependence of the Sound Speed and Attenuation of Seafloor Sands From 1 to 400 kHz. IEEE J. Ocean. Eng. , 2010;35(3):538 – 557.

[8] Zhou J X, Zhang X Z. Low – frequency geoacoustic model for the effective properties of sandy seabottoms. J. Acoust. Soc. Am. ,2009;125(5):2847 – 2866.

[9] 李翠琳,Stan E Dosso,Hefeng Dong. 根据非线性贝叶斯理论的界面波频散曲线反演. 声学学报,2012;37(3):225 – 231.

[10] 张学磊,李整林,黄晓砥. 一种地声参数的联合反演方法. 声学学报,2009;34(1):54 – 59.

[11] 于盛齐,黄益旺,吴琼. 基于等效密度流体近似反射模型反演海底参数. 声学学报, 2014;39(4):417 – 427.

[12] Holland C W, Dettmer J, Dosso S E. A Technique for Measuring In – situ Compressional Wave Speed Dispersion in Marine Sediments. IEEE J. Ocean. Eng. ,2005;30(4):748 – 763P.

[13] Hamilton E L. Geoacoustic modeling of the sea floor. J. Acoust. Soc. Am. , 1980;68(5): 1313 – 1340.

[14] Buckingham M J. Theory of acoustic attenuation, dispersion, and pulse propagation in unconsolidated granular materials including marine sediments. J. Acoust. Soc. Am. , 1997; 102(5):2579 – 2596.

[15] Buckingham M J. Theory of compressional and shear waves in fluidlike marine sediments. J. Acoust. Soc. Am. ,1998;103(1):288 – 299.

[16] Buckingham M J. Wave propagation, stress relaxation, and grain – to – grain shearing in saturated, unconsolidated marine sediments. J. Acoust. Soc. Am. ,2000;108(6):2796 – 2815.

[17] Buckingham M J. Compressional and shear wave properties of marine sediments: Comparisons between theory and data. J. Acoust. Soc. Am. ,2005;117(1):137 – 152.

[18] Horton C W, Sr. Dispersion relationships in sediments and sea water. J. Acoust. Soc. Am. ,

1974;55(3):547 -549.

[19] Donnell M O, Jaynes E T, Miller J G. Kramers - Kronig relationship between ultrasonic attenuation and phase velocity. J. Acoust. Soc. Am. ,1981;69(3):696 -701.

[20] Horton C W, Sr. Comment on "Kramers - Kronig relationship between ultrasonic attenuation and phase velocity". J. Acoust. Soc. Am. ,1981;70(4):1182.

[21] Williams K L. An effective density fluid model for acoustic propagation in sediments derived from Biot theory[J]. J. Acoust. Soc. Am. ,2001;110(5):2276 -2281.

[22] Grosso V A, Mader C W. Speed of sound in pure water. J. Acoust. Soc. Am. ,1972;52(5):1442 -1446.

[23] Hefner B T, Williams K L. Sound speed and attenuation measurements in unconsolidated glass - bead sediments saturated with viscous pore fluids. J. Acoust. Soc. Am. ,2006;120(5):2538 -2549.

[24] Schock S G. A Method for Estimating the Physical and Acoustic Properties of the Sea Bed Using Chirp Sonar Data. IEEE J. Ocean. Eng. ,2004;29(4):1200 -1217.

[25] Williams K L, Jackson D R, Thorsos E I, Tang D J and Schock S G. Comparison of Sound Speed and Attenuation Measured in a Sandy Sediment to Predictions Based on the Biot Theory of Porous Media. IEEE J. Ocean. Eng. ,2002;27(3):413 -428.

# 气泡线性振动对含气泡水饱和多孔介质声传播的影响

郑广赢 黄益旺

**摘要** 为了研究孔隙水含少量气泡时多孔介质中波的传播,本文在Biot模型的基础上,将孔隙水中气泡的体积振动融合到多孔介质的孔隙流体渗流连续性方程中,从而得到了考虑气泡体积振动的孔隙流体渗流连续性方程。在此基础上,根据气泡线性振动下气泡瞬时半径和介质背景压力的关系,以及多孔介质运动方程和流体介质运动方程,导出了受气泡影响下多孔介质位移矢量波动方程,建立了非水饱和多孔介质声速频散和衰减预报模型。气泡的存在增大了孔隙水的压缩率,导致含气泡水饱和多孔介质声速的降低。当声波频率等于气泡的共振频率时,在声波激励下,介质呈现高频散,且孔隙水中的气泡产生共振,吸收截面达到最大,使得多孔介质的声衰减也达到最大。文中数值分析验证了上述结论,表明了气泡含量、大小和驱动声场频率是影响声波在含少量气泡的水饱和多孔介质中传播的主要因素。

**关键词** 气泡线性振动;声速频散;衰减;Biot理论

## 1 引言

自从Biot[1,2]理论提出以来,Biot理论被广泛应用于地球物理、石油工程、土木工程、海洋工程中,使得饱和多孔介质中波传播的研究得到了长足的发展。自然界中完全饱和多孔介质却是很少的,几乎所有的岩石或者土壤中均包含两种流体,例如气体和石油。因此国内外的大量学者对非饱和多孔介质中的传播做了大量的研究。

其中应用最广泛的是Domenico[3-5]在Gassman[6]理论基础上提出的等效流体模型,并且Domenico将其引入BGG[1,6-7]理论,建立了BGGD模型。

但上述模型仍为双相介质模型,Santos[8,9]等考虑了毛细作用力影响,采用理想试验方法,推导了孔隙中含有两种不同流体的三相多孔介质的波动方程。Santos的研究预测了Biot三相介质中存在三种压缩波和一种剪切波。Ravazzoli[10]和Carcione[11]等分别在Santos模型的基础上研究了三相多孔介质中弹性波的性质。李保忠[12]则推导了不同饱和态下非饱和多孔介质中波的传播模型,并给出了不同饱和态下声速和品质因数的变化规律。

然而对于孔隙水含少量气泡的沙质沉积物这种非饱和状态,现存的Biot三相介质理论均不适用,可以使用等效流体模型简单地描述,然而等效流体模型过于简单,不能确切地描述气泡在孔隙水中振动的过程。

对于声波在含气泡液体中的传播,国内外已有较多学者取得了大量的研究成果。Commander[13]以及Prosperetti[14]等给出了考虑气泡线性振动的声波传播模型;王勇[15,16]利用Kerry的气泡振动模型并综合考虑气泡之间的声相互作用等对线性声波在含气泡液体中的传播做了进一步的研究，并在此基础上对非线性声波在含气泡水中的传播进行了研究。Bedford 和 Stem[17] 利用变分法推导了含少量气泡的沉积层的声学模型，并给出了气泡共振频率附近声速和衰减的变化规律。Anderson 和 Hampton[18,19] 基于液体中的气泡响应，提出了预测含气泡沉积物中声速频散和衰减模型，但此模型仍相当于将沉积物考虑为两相介质，忽略了水饱和多孔介质自身的频散特性。

为了考虑孔隙水中气泡的振动对波传播的影响，在 Biot 模型的基础上，本文将气泡体积分数的时间微分引入到多孔介质的孔隙流体渗流连续性方程中，以此表示气泡的体积振动。根据 Commander 给出的气泡线性振动下气泡瞬时半径与介质背景压力的关系，以及多孔介质运动方程和流体介质运动方程，最终得到了受气泡影响的多孔介质位移矢量波动方程。由于 Kerry 给出的气泡振动模型考虑了切变黏滞以及热传导效应，因此本文得到的波动方程考虑了气泡受迫振动时引起的切变黏滞和热传导衰减，实现了气泡含量、大小以及驱动频率对含气泡水饱和多孔介质波传播的影响规律分析。

## 2 孔隙水含气泡时多孔介质声传播建模

### 2.1 Biot 运动方程

第一个 Biot 运动方程是多孔介质混合物的运动方程

$$\tau_{ij,j}=\rho\ddot{u}_i-\rho_f\ddot{v}_i \tag{1}$$

其中，$v_i=\beta(u_i-V_i)$ 表示孔隙流体相对于固体框架的相对位移矢量 $\boldsymbol{v}$ 在 $i$ 方向的分量，$\beta$ 是孔隙率。$u_i$ 和 $V_i$ 分别为骨架和孔隙流体的绝对位移矢量 $\boldsymbol{u}$、$\boldsymbol{V}$ 在 $i$ 方向的分量，$\rho$ 是多孔介质混合物的密度，$\rho_f$ 是孔隙流体密度，$\tau_{ij,j}$是多孔介质应力。

第二个 Biot 运动方程是考虑流体压力梯度的运动方程

$$-\partial_i p=\rho_f\ddot{u}_i-\frac{\alpha\rho_f}{\beta}\ddot{v}_i+\frac{\eta}{\kappa}\dot{v}_i \tag{2}$$

其中，$p$ 是孔隙流体声压，$\eta$ 是孔隙流体黏滞系数，$\alpha$ 为弯曲度，$\kappa$ 为渗透率。

### 2.2 有效应力原理

多孔介质的应力应变关系

$$\tau_{ij}=\lambda e\delta_{ij}+2\mu\varepsilon_{ij}-\gamma\delta_{ij}p \tag{3}$$

其中，$\lambda$ 和 $\mu$ 为拉梅常数，$e$ 为固体骨架的体积应变，$\varepsilon$ 为固体骨架的剪应变。

孔隙水的体积应变表示为

$$-\mathrm{d}\varepsilon_w=\frac{\mathrm{d}\rho_w}{\rho_w}=\frac{\mathrm{d}p}{K_w} \tag{4}$$

其中，$\rho_w$ 为孔隙水密度，$K_w$ 为孔隙水体积模量。

设固体骨架承受的平均有效应力(effective mean pressure)为 $p'$，则固体骨架和颗粒的体积应变分别表示为

$$-\mathrm{d}\varepsilon_v=\nabla\cdot u=\frac{\mathrm{d}\rho_d}{\rho_d}=\frac{\mathrm{d}p'}{K_b}+\frac{\mathrm{d}p}{K_s} \tag{5a}$$

$$-\mathrm{d}\varepsilon_s=\frac{\mathrm{d}\rho_s}{\rho_s}=\frac{\mathrm{d}p}{K_s}+\frac{\mathrm{d}p'}{(1-\beta)K_s} \tag{5b}$$

其中，$\rho_d=(1-\beta)\rho_s$，$d\rho_d=(1-\beta)d\rho_s-\rho_s d\beta$，$K_b$ 为固体骨架的体积模量，$K_s$ 为固体颗粒的体积模量，$\rho_s$ 为固体颗粒密度。

## 2.3　孔隙流体渗流连续性方程

不同饱和状态下，孔隙水和孔隙气体的存在形式不同，使得声波激励下孔隙水和孔隙气体的渗流方式不同。对于孔隙水中含少量气泡这种情形，假设所有的气泡具有相同的大小，并且在单位质量的混合物中有相同的气泡个数。在声波的激励下，气泡在孔隙水中振动，并随着孔隙水在孔隙中流动。本节通过将孔隙流体密度写成孔隙流体等效密度的形式，引入了气泡体积分数的微分，以此来表示气泡的体积振动，从而得到了考虑气泡体积振动时孔隙流体渗流连续性方程。

本文采用欧拉观点来描述多孔介质的渗流问题[12]。在多孔介质中任取一个控制体 $\Theta$，孔隙度为 $\beta$，被气液两相流体饱和。包围控制体 $\Theta$ 的外表面为 $\Omega$。在外表面任取一个面元 $d\Omega$，其外法线方向为 $n$。$\Delta t$ 时间内，液体通过面元的位移为 $V$。故 $\Delta t$ 时间内液体通过面元的质量为 $\beta\rho_f V\cdot n d\Omega$，故通过整个外表面 $\Omega$ 逸出的流体总质量为 $\oiint_{\Omega}\beta\rho_f V\cdot n d\Omega$。

另一方面，在控制体中任取一个体元 $d\Theta$，由于非稳态引起孔隙流体密度随时间变化。$\Delta t$ 时间内，由于密度变化引起流体的质量增量为 $d(\beta\rho_f)d\Theta$，因而整个控制体内各相质量增量为 $\iiint_{\Theta}d(\beta\rho_f)d\Theta$。

由弹性波动引起的孔隙流体流动属于非稳态无源流动，根据质量守恒定律，控制体内流体质量增量应该等于通过表面积流出的质量，即

$$\iiint_{\Theta}d(\beta\rho_f)d\Theta+\oiint_{\Omega}\beta\rho_f V\cdot n d\Omega=0 \tag{6}$$

其中，$\rho_f=(1-\beta_g)\rho_w+\beta_g\rho_g\approx(1-\beta_g)\rho_w$，$\beta_g$ 表示气体相对于孔隙流体的体积分数。

利用高斯公式，面积分可化为体积分：

$$\iiint_{\Theta}[d(\beta\rho_f)+\nabla\cdot(\beta\rho_f V)]d\Theta=0 \tag{7}$$

由于控制体是连续的，只要被积函数连续，当整个体积分等于零必然导致其被积函数为零，又考虑介质各向同性，于是得到微分形式的连续方程：

$$d\beta+\beta\frac{d\rho_f}{\rho_f}-\nabla\cdot v+\beta\nabla\cdot u=0 \tag{8}$$

考虑流体中含体积分数为 $\beta_g$ 的气体 $\rho_f=(1-\beta_g)\rho_w+\beta_g\rho_g\approx(1-\beta_g)\rho_w$，代入连续性方程(8)整理得

$$d\beta+\beta\frac{d\rho_f}{\rho_f}-\beta d\beta_g-\nabla\cdot v+\beta\nabla\cdot u=0 \tag{9}$$

式(9)中等号左端第一项 $d\beta$ 为孔隙度的时间微分，表示在声波的激励下，孔隙度发生变化，并且固体骨架和颗粒的变化通过式(5)与孔隙度变化联系在一起，可见孔隙度的变化中隐含了固体颗粒的应变以及固体骨架的应变，因此式(9)同时考虑了流体和固体在声波激励下的变化。

将式(4)(5)代入式(9)得到受气泡影响的修正的微分形式的孔隙流体渗流连续性方程

$$-\dot{p}=C\mathrm{div}\,\dot{\boldsymbol{u}}-M\mathrm{div}\,\dot{v}-M\beta\cdot\dot{\beta}_g \tag{10}$$

其中，$C$ 和 $M$ 为 Stoll[20] 给出的 Biot 弹性模量，$\dot{\beta}_g$ 表示气泡体积分数的时间导数，代表气泡体积振动的影响。

## 2.4　修正的含气泡水饱和多孔介质 Biot 方程

联立方程(1)(2)(3)(10)，得到修正的波动方程

$$\mu\nabla^2\boldsymbol{u}+[H-\mu]\nabla(\nabla\cdot\boldsymbol{u})-C\nabla(\nabla\cdot v)-\beta C\nabla\beta_g=\frac{\partial^2}{\partial t^2}(\rho\boldsymbol{u}-\rho_w\boldsymbol{v}) \tag{11}$$

$$C\nabla(\nabla\cdot\boldsymbol{u})-M\nabla(\nabla\cdot v)-\beta M\nabla\beta_g=\frac{\partial^2}{\partial t^2}\left(\rho_w\boldsymbol{u}-\frac{\alpha\rho_w}{\beta}\boldsymbol{v}\right)-\frac{\eta F}{\kappa}\frac{\partial v}{\partial t} \tag{12}$$

为处理式(11)和(12)中的气泡体积分数梯度$\nabla\beta_g$，引入水饱和沙中等效流体密度模型中的等效声压 $p_{eff}$，等效质点位移 $\boldsymbol{u}_{eff}=\boldsymbol{u}-\boldsymbol{v}$，有等效流体介质的运动方程

$$\nabla p_{eff}=\rho_{eff}\ddot{\boldsymbol{u}}_{eff}=\rho_{eff}(\ddot{\boldsymbol{u}}-\ddot{\boldsymbol{v}}) \tag{13}$$

其中等效流体密度

$$\rho_{eff}=\frac{\rho\tilde{\rho}_0-\rho_w^2}{\rho+\tilde{\rho}_0-2\rho_w} \tag{14}$$

$$\tilde{\rho}_0=\frac{\alpha\rho_w}{\beta}-\frac{iF\eta}{\kappa\omega} \tag{15}$$

在这里引入 Commander 在$(\omega R_0)/c\ll1$ 的情况下，给出的气泡线性振动时气泡瞬时半径 $R$ 和背景介质压力的关系式，且认为等效流体压力为背景压力，进一步可得到气泡体积分数 $\beta$ 和等效声压 $p_{eff}$的关系式(16)，附录中简要地介绍了式(16)的参数。

$$\nabla\beta_g=-\frac{4\pi NR_0}{\rho_w(\omega_0^2-\omega^2+2ib\omega)}\nabla p_{eff} \tag{16}$$

将式(16)代入式(11)(12)，并结合式(13)得

$$\mu\nabla^2\boldsymbol{u}+[H-\mu]\nabla(\nabla\cdot\boldsymbol{u})-C\nabla(\nabla\cdot\boldsymbol{v})=\frac{\partial^2}{\partial t^2}((\rho+\gamma\tilde{\rho})\boldsymbol{u}-(\rho_w+\gamma\tilde{\rho})v) \tag{17}$$

$$C\nabla(\nabla\cdot\boldsymbol{u})-M\nabla(\nabla\cdot\boldsymbol{v})=\frac{\partial^2}{\partial t^2}\left((\tilde{\rho}+\rho_w)\boldsymbol{u}-\left(\frac{\alpha\rho_w}{\beta}+\tilde{\rho}\right)\boldsymbol{v}\right)-\frac{\eta F}{\kappa}\frac{\partial v}{\partial t} \tag{18}$$

其中，$\tilde{\rho}=\dfrac{4\pi NR_0M\beta}{(\omega_0^2-\omega^2+2ib\omega)}\dfrac{\rho_{eff}}{\rho_w},\gamma=1-\dfrac{K_b}{K_s}$。

整理形式可得

$$\frac{\mu}{ratio_2}\nabla^2\boldsymbol{u}+\frac{[H-\mu]}{ratio_2}\nabla(\nabla\cdot\boldsymbol{u})-\frac{C}{ratio_2}\nabla(\nabla\cdot\boldsymbol{v})=\frac{\partial^2}{\partial t^2}\left(\frac{(\rho+\gamma\tilde{\rho})}{(\rho_w+\gamma\tilde{\rho})}\rho_w\boldsymbol{u}-\rho_w\boldsymbol{v}\right) \tag{19}$$

$$\frac{C}{ratio_1}\nabla(\nabla\cdot\boldsymbol{u})-\frac{M}{ratio_1}\nabla(\nabla\cdot v)=\frac{\partial^2}{\partial t^2}\left(\rho_w\boldsymbol{u}-\left(\frac{\alpha\rho_w}{\beta}+\tilde{\rho}\right)\frac{1}{ratio_1}\boldsymbol{v}\right)-\frac{\eta F}{ratio_1\kappa}\frac{\partial v}{\partial t} \tag{20}$$

选用 $ratio_1=\dfrac{\rho_w+\tilde{\rho}}{\rho_w}$、$ratio_2=\dfrac{\rho_w+\gamma\tilde{\rho}}{\rho_w}$，当气泡体积分数不为零时，其为模值大于 1 的复数。观察式(19)(20)可以发现，气泡的存在会改变多孔介质的弹性模量，即改变了多孔介质混合物的压缩性，然而气泡的存在几乎不改变多孔介质混合物的等效密度，因此气泡的存在会导致多孔介质声速显著降低。其次由于气泡振动过程中与孔隙水之间的切变黏滞和热传导

效应引起了附加的能量损耗,这部分损耗隐含在方程(17)(18)中 $\tilde{\rho}$ 的虚部。因此本文给出的孔隙水含气泡的多孔介质声波的衰减机理包括气泡与孔隙水的黏滞和热传导效应以及孔隙水和骨架相对运动的黏滞效应,后者为 Biot 提出的经典的多孔介质衰减机制。

值得注意的是,当气泡的体积分数 $\beta_g$ 为零时,单位体积气泡个数 $N$ 为零,使得 $\tilde{\rho}$ 为零,方程(17)(18)还原为水饱和多孔介质的 Biot 方程。

## 3　声速和衰减数值仿真

在气泡线性振动$(\omega R_0)/c \ll 1$ 的情况下,且频率低于气泡共振频率的情况下,分别仿真计算不同气泡体积分数情况下声速和衰减随频率的变化,以及气泡体积分数为零时,退化为 Biot 模型的情况。仿真所用到的模型参数见表 1,仿真的声速和衰减随频率的变化曲线见图 1 和图 2。可以发现,当气泡含量很高时,声速受气泡影响很大,几乎没有频散特性;驱动频率接近气泡共振频率时,气泡含量越高,衰减越大;气泡体积分数低于$10^{-6}$时,曲线与气泡含量为零时几乎一致,可以认为此时气泡对水饱和多孔介质的声速频散和衰减特性无影响。

**表 1　模型参数**

| | 模型参数 | 单位 | 值 |
|---|---|---|---|
| Biot 模型参数 | 颗粒粒径 $d$ | mm | 0.781 |
| | 颗粒密度 $\rho_s$ | $kg \cdot m^{-3}$ | 2 465 |
| | 颗粒体积弹性模量 $K_s$ | Pa | $3.6 \times 10^{10}$ |
| | 孔隙水密度 $\rho_w$ | $kg \cdot m^{-3}$ | 998.2 |
| | 孔隙水体积弹性模量 $K_w$ | Pa | $2.193 \times 10^{9}$ |
| | 孔隙水黏滞系数 $\eta$ | $Pa \cdot s$ | $1.002 \times 10^{-3}$ |
| | 孔隙度 $\beta$ | | 0.370 |
| | 渗透率 $\kappa$ | $m^2$ | $2.54 \times 10^{-10}$ |
| | 孔隙尺寸 $a_p$ | m | $1.53 \times 10^{-4}$ |
| | 弯曲度 $\alpha$ | | 1.25 |
| | 框架体积弹性模量 $K_b$ | Pa | $5.31 \times 10^{7}$ |
| | 框架剪切模量 $\mu$ | Pa | $5.58 \times 10^{6}$ |
| 气泡参数 | 气体密度 $\rho_g$ | $kg \cdot m^{-3}$ | 1.1691 |
| | 气体声速 $c_g$ | $m \cdot s^{-1}$ | 340 |
| | 多孔介质环境压强 $P_\infty$ | Pa | $1.01 \times 10^{5}$ |
| | 气体热扩散系数 $D$ | $m^2 \cdot s^{-1}$ | $2.4 \times 10^{-5}$ |
| | 表面张力 $\sigma$ | $N \cdot m^{-1}$ | $72.75 \times 10^{3}$ |
| | 比热 $\gamma_g$ | | 1.4 |
| | 平均气泡半径 $R_0$ | mm | 0.5 |

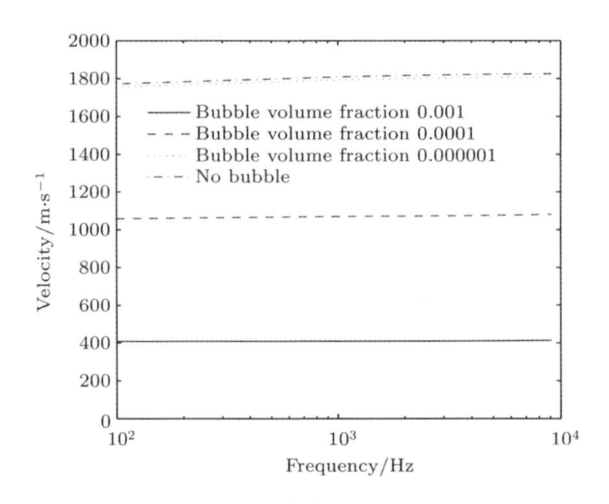


**图1　不同气泡体积分数下声速随频率的变化**

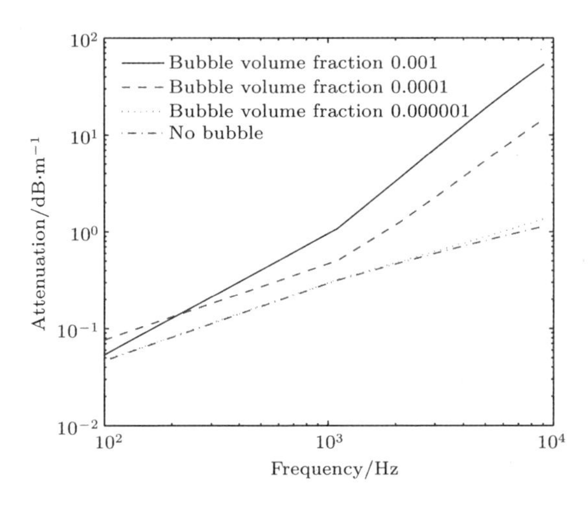


**图2　不同气泡体积分数下衰减随频率的变化**

图3和图4给出了气泡体积分数为0.001时,全频带下声速和衰减随频率的变化。根据Kerry的气泡振动模型,气泡的共振频率与声场驱动频率、气泡半径以及静压力有关,当前驱动频率下,半径0.5 mm的气泡的共振频率分布在5.5~6.5 kHz。在响应频率附近时,由于气泡的影响,介质呈现高频散,模型预测的声速可能很高,这与Anderson和Hampton模型预测的结果类似,但迄今为止还未在实验中观测到。衰减则是在共振频率附近达到极大值,是由于在声波激励下,孔隙水中的气泡产生共振,吸收截面达到最大,使得多孔介质的声衰减也达到最大。声场驱动频率高于气泡谐振频率时,气泡散射声信号,并且声响应本质上在介质周围,因此声速保持为常数与不含气泡时相同,衰减高于不含气泡的水饱和多孔介质,并随频率增加而增大。

此外通过比较不同气泡体积分数下声速和衰减的变化,发现气泡含量越高,声速频散和衰减的共振区间越大,这与含气泡水的声速和衰减的变化类似[13]。

在控制气泡的大小和驱动声场频率一定的情况下,驱动频率接近气泡共振频率,仿真计算声速频散和衰减随气泡体积分数的变化,见图5和图6。对于孔隙流体含有气泡的多孔介质,不管气泡大小如何,气泡体积分数的增加均会导致多孔介质的声传播速度显著减小,衰减显著增加。而对于图5和图6中相同体积分数的情况,气泡越大,衰减系数越大,声速越低。原因是气泡越大,气泡共振频率越低,当前声场的驱动频率越接近气泡的共振频率,会出现声速降低,衰减增大的情况。控制气泡体积分数和气泡大小不变,驱动频率越靠近气泡共振频率,衰减系数越大。并且在气泡含量低的情况下,声速也随驱动声场频率的增加而增大;然而在气泡含量较高的情况下,气泡含量成了影响声速大小的主要因素,频散特性很难体现。

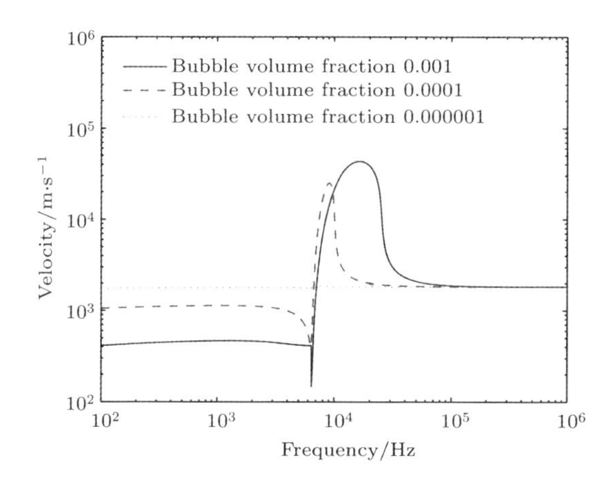


**图3　气泡共振频率附近时,声速随频率的变化**

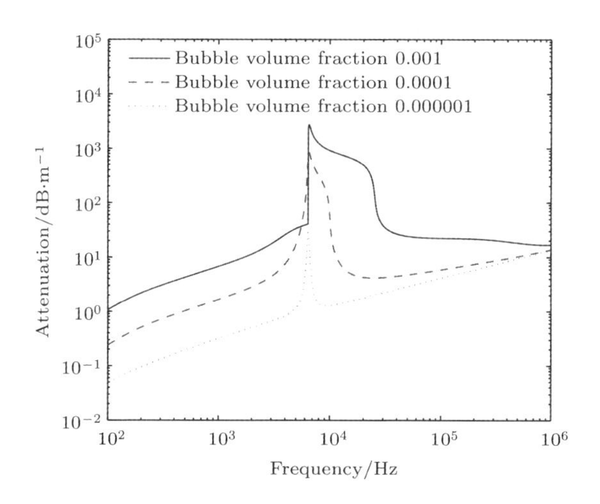


**图4　气泡共振频率附近时,衰减随频率的变化**

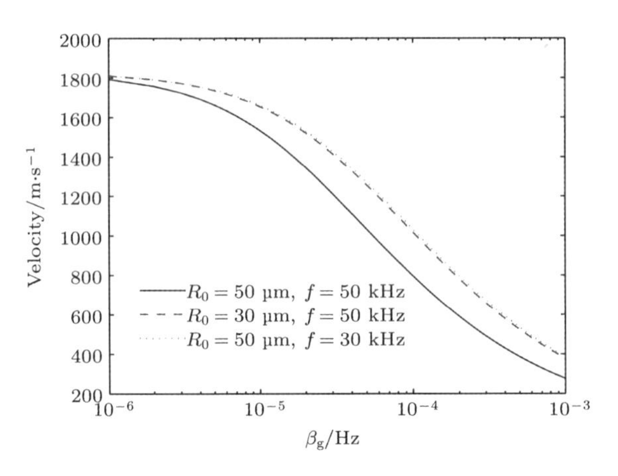


**图 5　气泡体积分数对声速的影响**

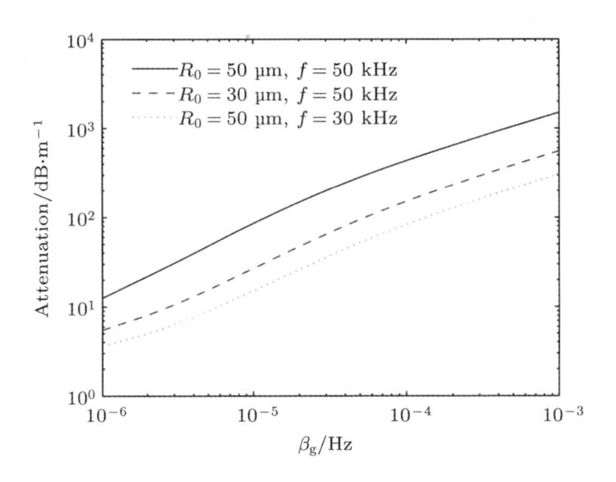


**图 6　衰减随气泡体积分数的变化**

## 4　结论

对于声波在孔隙水分布少量气泡的水饱和多孔介质中的线性传播,本文推导了考虑气泡线性振动情况下的波动方程。在满足 $\omega R_0/c \ll 1$ 的前提下,得到了多孔介质中第一纵波声速和衰减的表示。由于气泡在孔隙流体中的振动,使得修正的波动方程相比 Biot 方程,其中的等效 Biot 弹性模量减小,导致声速减小;方程右端引入的 $\tilde{\rho}$ 的虚部引入了气泡振动附加的衰减机理,即气泡与孔隙水的切变黏滞和热传导效应。通过数值计算可以验证气泡的存在使得多孔介质的声速明显减小,衰减增大。而对于相同体积分数且驱动频率在气泡共振频率附近的情况,改变气泡半径使得当前计算频率越接近气泡共振频率,衰减系数越大。驱动频率在远小于气泡共振频率的情况下,当气泡含量低时,声速和衰减均随驱动频率的增大而增大;当气泡含量高时,声速几乎不受驱动频率变化影响,衰减随驱动频率增大而增大。所以,可以认为气泡含量、大小和驱动声场频率是影响声波在孔隙水分布少量气泡的水饱和多孔介质中的线性传播的主要因素。

## 附录 A 声波在含气泡液体中的线性传播

对于单个气泡的物理模型,做以下几点假设:气泡保持球形;泡内气体是理想气体;泡内的压强空间分布均匀;忽略泡内包含的水汽;气泡的中心相对流体静止不动。考虑液体的黏滞作用和气液界面的热传导,忽略气泡的形成、破裂与合并等。在这些前提下气泡做径向的受迫振动。它的控制方程可以从气泡边界的压力连续方程中得到

$$P_{in} - P_B = \frac{2\sigma}{R} + \frac{4\mu \dot{R}}{R} \tag{A1}$$

式中的原点表示时间微分,$P_B$ 表示气液边界液体侧的压强,常数 $\mu$ 表示周围液体的动态黏滞系数,$P_\infty$ 表示液体的环境压强,常数 $\sigma$ 是气液界面的表面张力系数,$P_{in,0}$ 表示气泡内部的压强。从上式可以得到:

$$P_{in,0} = P_\infty + \frac{2\sigma}{R_0} \tag{A2}$$

用 Commander 给出的在考虑液体压缩性时气泡的振动方程来描述气泡的振动,$R$ 为气泡的瞬时半径,$c$ 为液体中声速。

$$\left(1 - \frac{\dot{R}}{c}\right) R \ddot{R} + \frac{3}{2}\left(1 - \frac{\dot{R}}{3c}\right)\dot{R}^2 = \frac{1}{\rho}\left(1 + \frac{\dot{R}}{c} + \frac{R}{c}\frac{R}{c}\frac{\mathrm{d}}{\mathrm{d}t}\right)(P_B - P) \tag{A3}$$

Commander 在$\dfrac{\omega R_0}{c} \ll 1$ 的情况下,线性化上式求解得到气泡瞬时半径和声压的关系

$$R = R_0(1 + X) \tag{A4}$$

$$X = -(\omega_0^2 - \omega^2 + 2ib\omega)^{-1}\frac{P_w}{\rho R_0^2} \tag{A5}$$

其中

$$\omega_0^2 = \frac{P_{in,0}}{\rho R_0^2}\left(Re\varphi - \frac{2\sigma}{R_0 P_{in,0}}\right) \tag{A6}$$

$$b = \frac{2\mu}{\rho R_0^2} + \frac{\omega^2 R_0}{2c} + \frac{1}{\rho R_0^2}\frac{1}{2\omega}\mathrm{Im}(P_{in,0}\varphi) \tag{A7}$$

$$\varphi = \frac{3\gamma_g}{1 - 3(\gamma_g - 1)i\chi[(i/\chi)^{1/2}\coth(i/\chi)^{1/2} - 1]} \tag{A8}$$

其中,$\chi = D/\omega R_0^2$,$D$ 为气体的热扩散系数,$\gamma_g$ 为气体的比热。

## 参考文献


[1] Biot M A 1956 J. Acoust. Soc. Am. 28 168.

[2] Biot M A 1956 J. Acoust. Soc. Am. 28 179.

[3] Domenico S N 1974 Geophysics 39 759.

[4] Domenico S N 1976 Geophysics 41 882.

[5] Domenico S N 1977 Geophysics 42 1339.

[6] Gassmann F 1951 Geophysics 16 673.

[7] Geertsma J 1961 Geophysics 26 169.

[8] Santos J E, Corbero J M, Jim D J 1989 J. Acoust. Soc. Am. 871428.

[9] Santos J E, Jim D J, Corbero J M, Lovera O M 1989 J. Acoust. Soc. Am. 871439.
[10] Ravazzoli C L, Santos J E, Carcione J M 2003 J. Acoust. Soc. Am. 1131801.
[11] Carcione J M, Cavallini F, Santos J E, et al. 2004 Wave Motion 39227.
[12] Li B Z 2007 Ph. D. Dissertation (Hangzhou: Zhejiang University) (in Chinese) [李保忠 2007 博士学位论文(杭州:浙江大学)].
[13] Commander K W, Prosperetti A 1989 J. Acoust. Soc. Am. 85 732.
[14] Prosperetti A, Crum L A, Commander K W 1988 J. Acoust. Soc. Am. 83 502.
[15] Wang Y, Lin S Y, Zhang X L 2013 Acta Phys. Sin. 62 064304 (in Chinese) [王勇,林书玉,张小丽 2013 物理学报 62 064304].
[16] Wang Y, Lin S Y, Zhang X L 2014 Acta Phys. Sin. 63 034301 (in Chinese) [王勇,林书玉,张小丽 2014 物理学报 63 034301].
[17] Bedford A, Stem M 1983 J. Acoust. Soc. Am. 73410.
[18] Anderson A L, Hampton L D 1980 J. Acoust. Soc. Am. 671865.
[19] Anderson A L, Hampton L D 1980 J. Acoust. Soc. Am. 671890.
[20] Stoll R D 1974 Acoustic waves in saturated sediments (New York: Plenum Press) pp19 – 39.

# 气泡体积分数对沙质沉积物低频声学特性的影响

王　飞　黄益旺　孙启航

**摘要**　由于有机物质分解等原因,实际的海底沉积物中存在气泡,气泡的存在会显著影响沉积物低频段的声学特性,因此研究气泡对沉积物低频段声速的影响机理具有重要意义。考虑到外场环境的不可控性,本文在室内水池中搭建了大尺度含气非饱和沙质沉积物声学特性获取平台,在有界空间中应用多水听器反演方法首次获取了含气非饱和沙质沉积物300 Hz ~ 3 kHz频段内的声速数据(79 ~ 142 m/s),并同时利用双水听器法获取了同一频段的数据(112 ~ 121 m/s)。在声波频率远低于沉积物中最大气泡的共振频率时,根据等效介质理论,将孔隙水和气泡等效为一种均匀流体,改进了水饱和等效密度流体近似模型。模型揭示了气泡对沉积物低频段声学特性的影响规律,理论上解释了沉积物中声速的降低。通过分析模型预报声速对模型参数的敏感性,根据测量得到的声速分布反演得到了沉积物不同区域的气泡体积分数,气泡体积分数从1.07%变化到2.81%。改进的模型为沉积物中气泡体积分数估计提供了一种新方法。

**关键词**　气泡体积分数;沉积物;低频;声学特性

## 1　引言

近些年来,虽然文献中报道的大量实验研究结果直接或间接地证明了沉积物中声速频散的存在[1-7],但是水饱和沉积物声学模型的验证工作仍然没有实现。现有的研究成果主要倾向于支持Biot - Stoll模型[8-10]以及该模型的一些修正模型,例如等效密度流体近似模型(effective density fluid model:EDFM)[11]、BIMGS模型[12-13]等。中高频段的实验数据(包括原位测量和实验室测量)与Biot - Stoll模型符合较好,当然不确定度依然存在,但是低频段的数据与模型偏差太大。由于海洋环境参数的不可控性,低频段原位测量数据的不确定度也较大,因此稳定可控的实验室环境可能是模型验证的最佳选择。

实际海底沉积物另一个不可控因素是气泡。由于沉积物中存在许多有机物质,沉积物中的细菌会将有机物质分解,产生气态的有机分子溶解在孔隙水中。当浓度逐渐增高后,形成气泡逃逸到上覆水中或者被束缚在沉积物中[14-15]。因此很多沉积物不是单纯的两相介质,可能是三相介质,即沉积物由固体颗粒、孔隙水和气泡组成,气泡的存在导致沉积物的声学特性发生较大变化,这也有可能是低频段原位测量数据与模型结果存在较大偏差的原因。

因此在实验室研究水饱和沉积物的声学特性时,首先需要考虑人造沉积物的除气问题。对于高频声波,由于波长短,研究所需沉积物样品的体积小,制备小样品水饱和沉积物相对容易。例如Wilson等将沙子缓慢倒入加热后的淡水中,并不停搅拌,然后冷却到室温来除气[7];Kimura通过将水沙混合物煮沸后放置在真空罐中进行除气[12],等等。但是对于低频段沉积物声学特性的研究，声波波长的增大使得研究所需沉积物样品的体积急剧增大，有效制备大样品水饱和沉积物变得较为困难，沉积物样品体积的迅速增大也带来了一系列工程上的问题。尽管一些研究人员试图采用共振的方法对小尺度水饱和沉积物进行低频段声学特性的研究[7,16]，但是数据起伏较大，仍不能校验沉积物声学模型。

对于含气非饱和沉积物，Li 等[17]指出气泡的少许增加会引起沉积物声速（文中出现的声速均代表纵波声速）的急剧降低和衰减的急剧上升，但是当气泡体积分数超过 10% 时，这种上升和降低的幅度明显减小。Tóth 等[18]通过海洋地震数据中的声速估计了海底淤泥中自由气体（气泡）的含量，某些位置的声速可以低至 200m/s 的量级，此时气泡体积含量高达 3.4%。Ecker 等[19]和 Ghosh 等[20]利用海洋地震数据同时估计了海底沉积物中自由气体和气体化合物的含量。Wilson[21]在实验室重造了含气非饱和沉积物，并利用声谐振腔技术进行了 100～400 Hz 频段内沉积物声速频散特性研究，得到的声速大约为 114 m/s，且几乎不随频率变化。

从已有研究工作可以看出，海底沉积物中即使存在少量的气泡，但对沉积物低频段的声学特性影响也非常显著。为了揭示海底沉积物低频段的声学特性与气泡大小、体积分数之间的内在联系，从而建立含气非饱和沉积物声学模型以及获取沉积物中气泡体积分数，最终测试水饱和沉积物声学模型，本文在尺寸不大的室内水池（长 22.5 m、宽 2.44 m、深 2.8 m）中搭建了大尺度含气非饱和沙质沉积物声学特性获取平台，考虑到低频声波的波长较长和水池多途干扰严重等问题，采用掩埋水听器拾取水中声源发射的信号，在有界空间中应用多水听器反演方法首次获取了含气非饱和沙质沉积物低频段的声速数据，并同时利用双水听器法获取了声速数据。然后基于等效介质理论，改进了水饱和 EDFM，揭示了气泡对沉积物低频段声学特性的影响规律，从理论上解释了沉积物中声速降低的原因。最后通过分析模型预报声速对模型参数的敏感性，根据所改进的模型和沉积物中的声速分布反演得到了沉积物不同区域的气泡体积分数，为在位获取沉积物内部气泡体积分数及分布提供了新思路。

## 2　有界空间低频段声速频散数据获取方法

当声波频率降低时，声波波长增大，有界空间低频段声速频散数据获取会受到强烈的多途干扰。考虑到含气非饱和海底沉积物对低频声波也有很强的隔声和声吸收衰减的特点，故将水听器掩埋在沉积物中拾取透射声波。水池的长度方向设为 $x$ 轴方向，位于沉积物表面，深度方向设为 $y$ 轴方向，声源位于水中，水听器在沉积物中，建立如图 1 所示的坐标系。端面辐射的宽带声源斜向沉积物表面辐射脉冲声波，满足 Snell 折射定律的声波将进入沉积物中而被水听器所接收。假设水中声速 $c_1$，沉积物中声速 $c_2$，声源声中心距离沙面的距离 $H$，第 $i(i=1,2,\cdots,8)$ 号水听器距离沙面的距离 $D_i$。当声源位于第 $j(j=1,2)$ 个位置时，第 $i$ 号水听器距离声源的水平距离为 $L_{ji}$，声波入射点距离声源的水平距离为 $x_{ji}$。根据 Snell 折射定律，忽略沉积物中声速的空间变化，特征声线的传播时间方程和 Snell 方程可表示为：

$$\frac{\sqrt{H^2+x_{ji}^2}}{c_1}+\frac{\sqrt{D_i^2+(L_{ji}-x_{ji})^2}}{c_2}-\tau_{ji}=0 \tag{1}$$

$$\frac{c_1(L_{ji}-x_{ji})}{\sqrt{D_i^2+(L_{ji}-x_{ji})^2}}-\frac{c_2 x_{ji}}{\sqrt{x_{ji}^2+H^2}}=0 \tag{2}$$

其中 $\tau_{ji}$ 表示声源位于第 $j$ 个位置时到达第 $i$ 号水听器声波的传播时间。由于(1)式与信号的到达时刻有关，(2)式与几何参数和声速有关，(1)式随反演参数的变化量远小于(2)式，因此构造目标函数时需要进行加权处理。但是由于权重的选取具有一定的任意性,为了消除加权处理带来的误差,以及消除反演参数之间的耦合,降低寻优问题的维数,这里将沉积物声速 $c_2$ 作为间接反演参数。将(2)式变形后代入(1)式得到

$$\frac{\sqrt{H^2+x_{ji}^2}}{c_1}+\frac{x_{ji}[D_i^2+(L_{ji}-x_{ji})^2]}{c_1(L_{ji}-x_{ji})\sqrt{H^2+x_{ji}^2}}-\tau_{ji}=0 \tag{3}$$

记(3)式左边为 $F_{ji}$,则构造的目标函数如下

$$F_j=\sqrt{\sum_{i=1}^{8}F_{ji}^2} \tag{4}$$

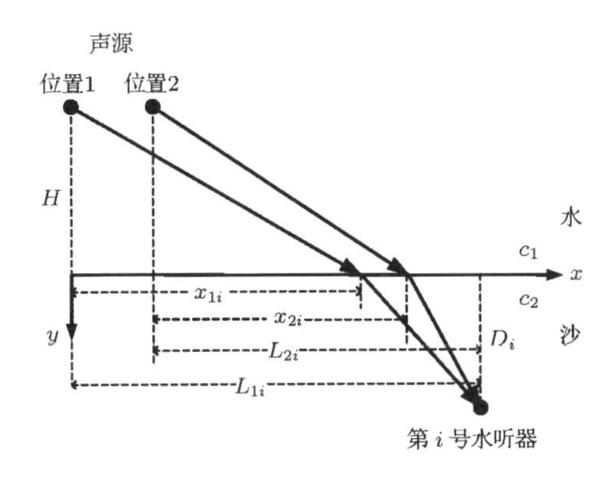


**图1　声速反演原理示意图**

事实上,方程(1)和(2)中的未知量 $x_{ji}$ 可以用沉积物声速 $c_2$ 表示,这就意味着用单个水听器接收信号的传播时间便可计算出沉积物的声速。然而由于信号带宽较窄,信号传播时间又小,为了降低数据误差引起反演结果的偏差,反演过程中仍采用多水听器接收信号的传播时间组成的方程组进行反演,同时它也可以求解沉积物内部不均匀的问题。采用差分进化算法,依据代价函数反演得到声源声中心距折射点的距离 $x_{1i}$ 和 $x_{2i}$,根据(2)式计算沉积物声速 $c_2$。

为了验证反演算法的可行性以及传播时间数据误差的影响,假设水中声速为 1 470 m/s,沉积物中声速为 120 m/s,采用单一位置声源多水听器联合反演方法,以声源处于位置 1 为例,其他参数如图 4 所示,根据几何关系计算出水听器接收信号的传播时间 $\tau_{1i}$。假设实验数据的传播时间误差服从均值为 0、标准差为 0.01 ms 的正态分布,对沉积物声速进行蒙特卡罗实验,反演得到的平均声速如图 2 所示,100 次蒙特卡罗实验得到的声速为(119.984 2 ± 0.306 4)m/s。从数值算例可以看出,当传播时间估计误差在 0.01 ms 的量级时,反演得到的声速与理论声速吻合较好,验证了此条件下反演算法的可行性。

当利用掩埋在沉积物中不同位置的多个水听器接收信号的传播时间进行反演时,如果沉积物内部充分均匀,则基于多水听器的反演可以降低单个水听器位置误差带来的声速反演偏差。如果沉积物局部不均匀,则多水听器的反演可以反映介质的不均匀性,有利于进一步研究气泡体积分数对介质声学特性的影响。

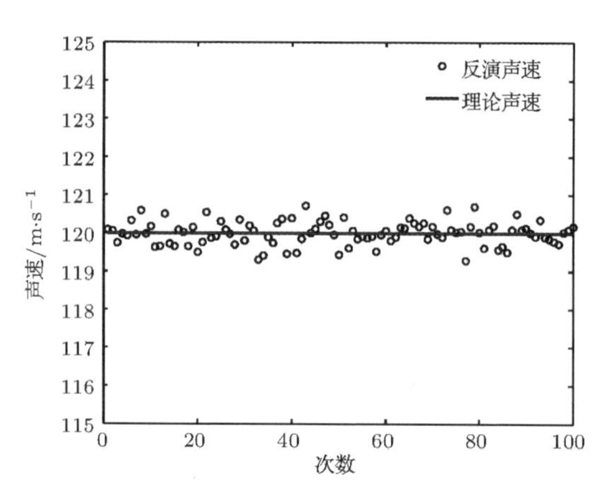


**图 2　声速反演蒙特卡罗实验**

## 3　有界空间低频段声速频散数据获取实验

### 3.1　实验平台设计

含气非饱和沙质沉积物声学特性获取平台位于长 22.5 m、宽 2.44 m、深 2.8 m 的水池中。沉积物样品填充在位于水池长度方向中间位置池底上方的长方体容器中,容器的两端由铝合金框架和有机玻璃板构成,两个侧壁为水池池壁,如图 3 所示。实验平台的大小以及水听器掩埋位置如图 4 实验平台示意图所示。实验中共掩埋 8 只水听器,其中 5 号和 8 号水听器为 TC4013,其余 6 只水听器为 B&K8103。1 号、3 号和 6 号水听器的掩埋深度为 11 cm,2 号、4 号和 7 号水听器的掩埋深度为 60 cm,5 号和 8 号水听器的掩埋深度为 90 cm,所有水听器均位于水池宽度方向的中心位置。实验所用沙样品为细沙,实验测量得到其平均颗粒粒度为 2.95 phi。在无水状态下用沙样品将水听器掩埋在不同的位置,待铺沙完成后往水池中注水浸泡沙样品。长期的实验监测表明,以这种方式形成的沙质沉积物含有大量气泡,并且气泡的体积含量非常稳定。沙样品的尺寸为长 4.1 m,宽 2.44 m,高 1.13 m。水池中水深 2.03 m,沙面上方水层厚度 0.9 m。

**图 3　沉积物样品容器**

实验所用声源为柱形端面辐射换能器,通过不锈钢连接杆刚性固定在水池上方的走架上。走架安装在水池池壁上表面的导轨上,调节走架可控制声源的水平位置及深度。实验中采用两种不同的方法获取沉积物的声速,即双水听器直接测量和多水听器反演。直接测量时,声源辐射面垂直向下,声轴对准正下方的水听器,声源辐射面距沉积物上表面的垂直距离为0.2 m;反演实验时,声源的辐射面与沉积物表面成一定夹角,声源声中心距沉积物上表面的垂直距离为0.5 m,声源位置1和位置2距1号水听器左侧的水平距离分别为0.5 m和0.25 m。

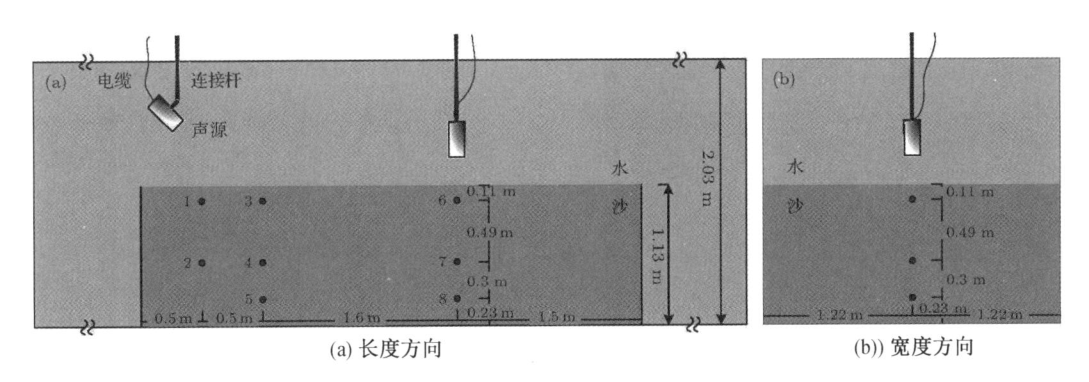


(a) 长度方向 (b)) 宽度方向

**图4 实验平台示意图**

发射信号为CW脉冲,中心频率范围为300 Hz~3 kHz,共10个频点。发射信号脉冲长度均为10 ms,这是为了保证相同的脉冲长度和信号带宽,同时为了保持较窄的信号带宽,以减小声源发送电压响应不平坦带来的发射信号波形畸变。CW脉冲的发射周期为1 s,并在接收端同步进行采集,采样率为500 kHz。

## 3.2 实验数据分析

由于用来声速反演的物理量$\tau_{ji}$为声波的绝对传播时间,因此需要已知整个测时系统本身所带来的系统时延。在水池中将B&K8103水听器布放在声源的声轴方向上,声源与水听器相距0.61 m,水中声速通过mini-SVP获得,声速为1 472.85 m/s。声源发射不同中心频率的CW脉冲信号,获取不同频率下系统的时延,从而对传播时间进行修正。

由于水池的宽度和深度都相对较窄,并且发射信号的波长远大于声源的尺寸,当发射信号的脉冲宽度不足够短时,到达接收水听器的多途信号在时域上将发生叠加。为了验证水听器接收信号的传播路径,保证获取数据的可靠性。保持声源与反演测量时状态相同,水平方向上由远及近朝水听器方向移动,在不同水平距离上发射声波(实验所用低频声源在辐射面的半空间近乎全指向性,水平距离的连续变化相当于到达某一水听器的声波入射角的连续变化)。当发射信号中心频率为1 kHz时,水听器接收的折射信号时域波形如图5所示,横坐标为传播时间,纵坐标为声源声中心距离水听器的水平距离。

图5中实线为按照Snell折射定律计算得到的特征声线传播时间,对应的声速分别为94 m/s和85 m/s。从图中可以看出,水听器接收信号第一个波峰的传播时间与理论计算得到的信号第一个波峰的传播时间完全一致,验证了获取数据的可靠性。另外,随着声源与水听器之间水平距离的减小,水听器接收信号的幅度逐渐增大。当声源声中心位于水听器正上方时,信号幅度达到最大。这也表明掩埋在沙子中的水听器拾取的最早到达的声脉冲是从声源出发经水-沙界面折射后到达水听器的,再次验证了获取数据的可靠性。

由于即使对于几百赫兹的低频声波,含气非饱和沉积物也有很强的衰减作用,导致掩埋在90 cm深度的5号、8号水听器接收信号的信噪比较低,因此在实验数据处理时只考虑其他6只标准水听器拾取的数据。应用水听器拾取的数据,采用上一节提出的反演方法开展单一位置声源多水听器联合声速反演,结果如图 6 所示,图例中 1 ~6 分别代表对应水听器所处区域沉积物声速的反演结果。反演得到的声速低至百米每秒的量级,声速从 79 m/s 变化到 142 m/s。

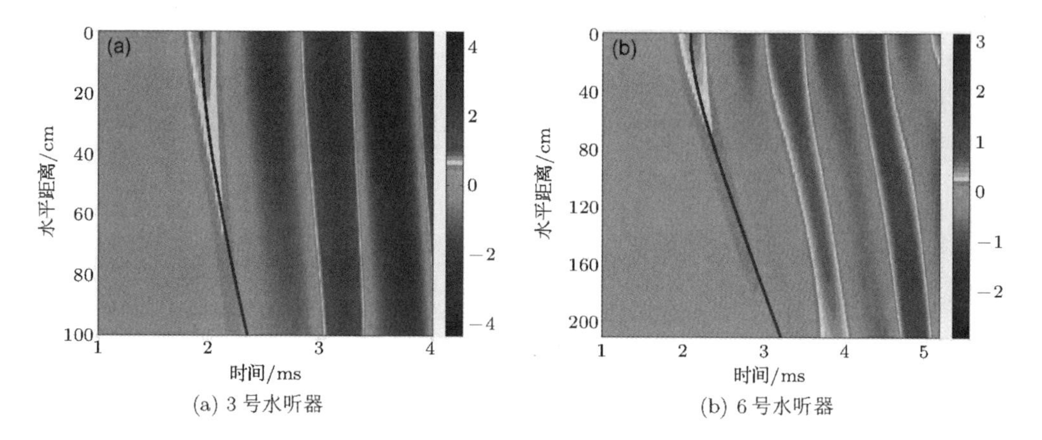


(a) 3 号水听器　　(b) 6 号水听器

**图 5　不同水平距离时水听器接收信号**

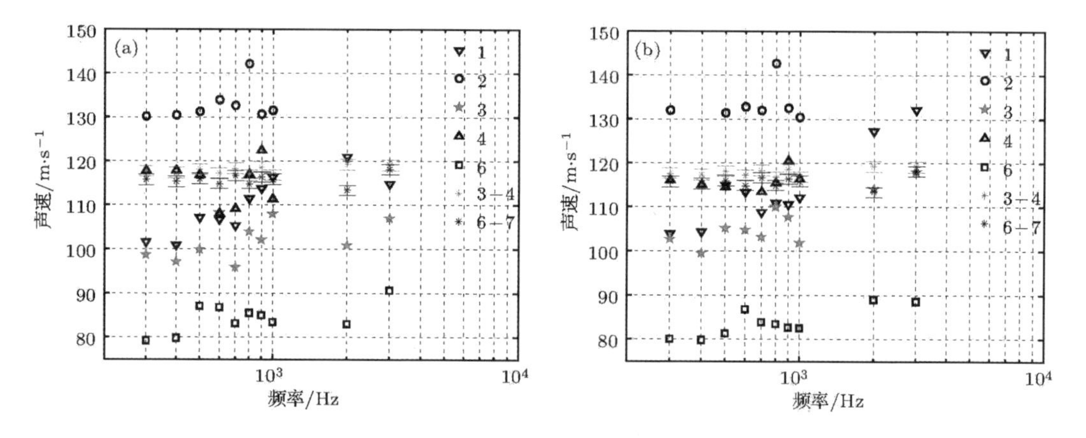


**图 6　实验获取的声速**

为了进一步分析这一问题,采用双水听器相对测量方法获取沉积物的声速。声源在一对水听器的正上方垂直向下发射声波,如图 4 所示。分别对 3 -4、6 -7 两对水听器拾取数据进行处理,采用过零检测估计信号的到达时差,时差的不确定度为 ±0.01 ms。声速数据的不确定度由距离和时差的不确定度确定,双水听器间的距离不确定度为 ±5 mm,双水听器法获取的声速如图 6 中不同颜色的星形符号所示,声速从 112 m/s 变化到 121 m/s。可以看到,双水听器法得到的数据与多水听器反演方法获得的数据在量级上一致,大小上吻合,实验频段内声速也不存在频散。两种方法获取的结果确定了实验数据的可靠性,同时从测量的声速结果可以看出,不同水听器所处区域沉积物的声速分散在较宽的范围内,声速出现明显的不均匀现象。下一节将对含气非饱和沉积物在低频段的声学特性进行建模,并且分析沉积物中声速不均匀的原因。

## 4　含气非饱和沉积物低频段声学特性建模

### 4.1　改进的 EDFM

Stoll[10]在流体饱和多孔弹性介质声传播理论的基础上,引入颗粒间接触产生框架损耗的概念,将 Biot 理论应用于海底沉积物声传播建模中,建立了 Biot - Stoll 模型。遗憾的是该模型参数多达 13 个,并且一些参数难以准确获得。出于该原因,并且考虑到沉积物框架弹性模量一般远小于颗粒和孔隙水体积弹性模量这个事实,Williams 简化了这一模型。通过忽略复框架体积模量和剪切模量,Biot - Stoll 模型参数减少了 4 个,得到了 EDFM。在 EDFM 中,沉积物等效密度表示为[11]

$$\rho_{eff}=\frac{\rho\tilde{\rho}-\rho_w^2}{\tilde{\rho}+\rho-2\rho_w}\tag{5}$$

式中

$$\tilde{\rho}=\frac{\alpha\rho_w}{\beta}+\frac{\mathrm{i}F\eta}{\kappa\omega}\tag{6}$$

采用等效密度后,孔隙弹性体波动方程退化为流体波动方程

$$\rho_{eff}\nabla\cdot\left(\frac{1}{\rho_{eff}}\nabla P_{eff}\right)+\frac{\omega^2}{c^2}P_{eff}=0\tag{7}$$

式中

$$P_{eff}=-K_{eff}\nabla\cdot\boldsymbol{u}_{eff}$$

$$K_{eff}=\left(\frac{1-\beta}{K_g}+\frac{\beta}{K_w}\right)^{-1}$$

可以得到复声速

$$c=\sqrt{\frac{K_{eff}}{\rho_{eff}}}\tag{8}$$

其中,$K_{eff}$为等效体积模量,$\rho_{eff}$为等效密度。复声速的实部和虚部分别代表声波的相速度和衰减。$u_{eff}$为等效位移,$P_{eff}$为等效声压。参数 $\rho=\beta\rho_w+(1-\beta)\rho_g$ 为沉积物容积密度,$\rho_w$ 为孔隙水质量密度,$\rho_g$ 为颗粒质量密度,$\beta$ 为孔隙度,$\alpha$ 为弯曲度,$\eta$ 为孔隙水动态黏滞度,$F$ 为孔隙水动态黏滞度修正因子,$\kappa$ 为渗透率,$\omega$ 为角频率,$K_g$ 和 $K_w$ 分别为颗粒体积弹性模量和孔隙水体积弹性模量。

Williams 给出的简化模型是用来描述水饱和沉积物的,而实际海底沉积物并非一定水饱和,对于水池中铺设的沙样品等人造沉积物,实验研究表明该沉积物内部含有大量气泡,并且在较短的时间内,气泡含量几乎不会减少。

为了获得含气非饱和沉积物的声学特性,或者分析气泡对沉积物声学特性的影响规律,有必要建立新的含气非饱和沉积物声学模型。基于等效介质理论[22],假设沉积物的各个组成成分都是各向同性、线性和弹性的。由于孔隙水和气泡体积弹性模量较低,两者混合物较软,并且当声波频率远低于最大气泡的共振频率时[15,23],可以将孔隙水和孔隙水中的气泡等效为一种流体,等效流体体积弹性模量可以采用 Reuss 平均公式得到,即

$$K_f=\left(\frac{\beta_b}{K_b}+\frac{1-\beta_b}{K_w}\right)^{-1}\tag{9}$$

等效后孔隙流体的密度由线性平均公式计算得到

$$\rho_f = \beta_b \rho_b + (1 - \beta_b) \rho_w \tag{10}$$

其中 $\beta_b$ 为孔隙流体中气泡的体积分数，$\rho_b$ 为气体的密度，$K_b$ 为气泡的体积弹性模量，$\rho_f$ 和 $K_f$ 分别是等效流体的密度和体积弹性模量。将 EDFM 中孔隙水的密度和体积弹性模量用等效孔隙流体的密度和体积弹性模量替换，得到了改进的 EDFM，实现了低频段含气非饱和沉积物声学特性建模。

图 7 所示为改进 EDFM 中沉积物等效密度实部与等效体积弹性模量随气泡体积分数的变化规律（频率 $f = 100$ Hz，其他模型参数见表 1）。可以看出，当气泡体积分数较小时（$<1\%$），气泡的少量增加就会使沉积物的等效体积弹性模量显著降低，而孔隙水的密度远大于气体的密度，少量气泡的存在几乎不改变孔隙流体的密度，也不改变沉积物的密度，因此导致含气非饱和沉积物在低频段的声速显著降低。图 8 为改进模型预报声速随气泡体积分数的变化规律。可以看出，随着气泡体积分数的增加，模型预报声速逐渐降低，并且降低的趋势逐渐变得平缓。通过以上的分析可以看出声速对气泡体积分数非常敏感，可以利用这一特性反演气泡体积分数，下面将对模型参数的敏感性进行分析，从而确定待反演参数。

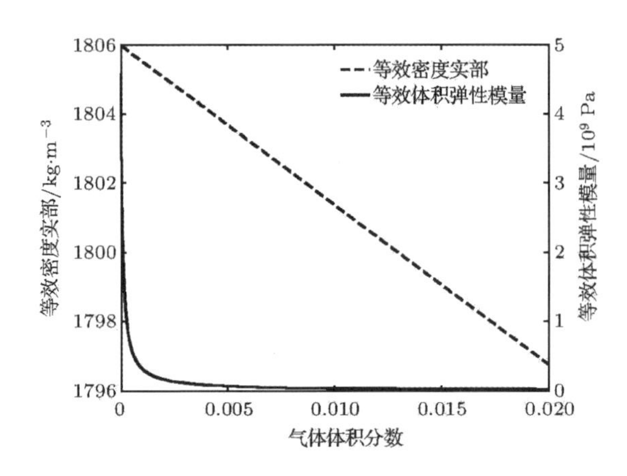


**图 7　等效密度实部与等效体积弹性模量随气泡体积分数的变化曲线**

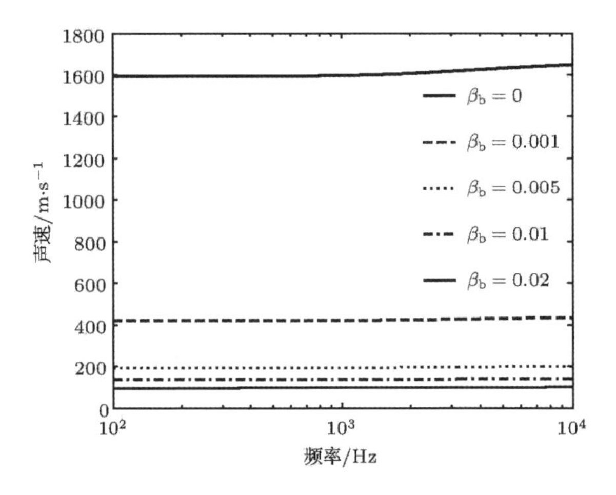


**图 8　改进模型预报声速随气泡体积分数的变化曲线**

表1　模型中参数的取值

| 模型参数 | 单位 | 参数范围 | 参数值 |
| --- | --- | --- | --- |
| 气泡体积弹性模量 $K_b$ | Pa | $(15.4455 \sim 16.2855)\times10^4$ | $15.8655\times10^4$ |
| 气泡体积分数 $\beta_b$ | 无量纲 | 0.01 ~ 0.03 | 0.02 |
| 气体密度 $\rho_b$ | $kg/m^3$ | 1.06 ~ 1.293 | 1.215 |
| 孔隙水动态黏滞度 $\eta$ | $kg/(m\cdot s^{-1})$ | — | 0.001 |
| 孔隙水质量密度 $\rho_w$ | $kg/m^3$ | — | 1 000 |
| 孔隙水体积弹性模量 $K_w$ | Pa | — | $2.25\times10^9$ |
| 颗粒质量密度 $\rho_g$ | $kg/m^3$ | $(2.4778 \sim 2.5169)\times10^3$ | $2.49735\times10^3$ |
| 颗粒体积弹性模量 $K_g$ | Pa | $(3.2 \sim 4.9)\times10^{10}$ | $4.05\times10^{10}$ |
| 孔隙度 $\beta$ | 无量纲 | 0.439 3 ~ 0.484 1 | 0.461 65 |
| 平均颗粒粒度 $\varphi$ | phi | 2.934 1 ~ 2.970 9 | 2.952 5 |

## 4.2　模型参数敏感性分析

为了研究声速对模型参数的敏感性，图9给出了模型预报声速随模型参数的变化曲线，对于模型中参数的取值范围（见表1），其中气泡体积分数 $\beta_b$ 由前期的仿真分析大致估计得到；气泡体积弹性模量 $K_b$ 由绝热压缩时气泡所处的静水压力及气体的比热容比计算得到；孔隙度 $\beta$、颗粒质量密度 $\rho_g$ 和平均颗粒粒度 $\varphi$ 通过实际测量得到，并给出了不确定度范围；气体密度为0 ~ 60 ℃的标准值，颗粒的体积弹性模量参照文献[5]给出的范围。研究模型预报声速对模型中某一参数的敏感性时，将其他参数设定为取值范围的平均值（气体密度除外，其选择17 ℃条件下的标准空气密度）。

除了以上七个参数，模型中涉及的弯曲度 $\alpha$ 以及渗透率 $\kappa$ 参考文献[24]和[25]给出的公式，通过孔隙度和平均颗粒粒度计算得到；涉及与孔隙水有关的参数，如孔隙水动态黏滞度 $\eta$、孔隙水质量密度 $\rho_w$、孔隙水体积弹性模量 $K_w$ 参考文献[13]取纯水的标准值。

由敏感度分析的结果中可以看出，可以将模型中的参数分为三类：

（1）声速对气泡体积分数 $\beta_b$ 非常敏感，参数的变化导致声速明显的不确定性；

（2）声速对气泡体积弹性模量 $K_b$、颗粒质量密度 $\rho_g$ 和孔隙度 $\beta$ 比较敏感，参数的变化导致声速较小的不确定性；

（3）声速对平均颗粒粒度 $\varphi$、气体密度 $\rho_b$ 和颗粒体积弹性模量 $K_g$ 几乎不敏感。因此气泡体积分数的不均匀性是导致了沉积物声速产生了不均匀现象的主要原因。

在进行数据与模型拟合时，由于气泡体积弹性模量 $K_b$ 在深度方向上的变化不大，在实际声波传播路径上它也是一段距离上的平均作用，并且气泡体积弹性模量的变化导致声速不确定性较小，所以将气泡体积弹性模量 $K_b$ 取作这一段深度方向上的平均值。同样方法进行取值的还有孔隙度 $\beta$ 和颗粒质量密度 $\rho_g$，由于对声速的影响较小，因此其对数据与模型拟合的影响较小。对于其他参数，由于声速对其极其不敏感，所以均取平均值。因此在进行数据与模型拟合时，只反演气泡体积分数 $\beta_b$，并对气泡体积分数对声速的影响进行分析和讨论。

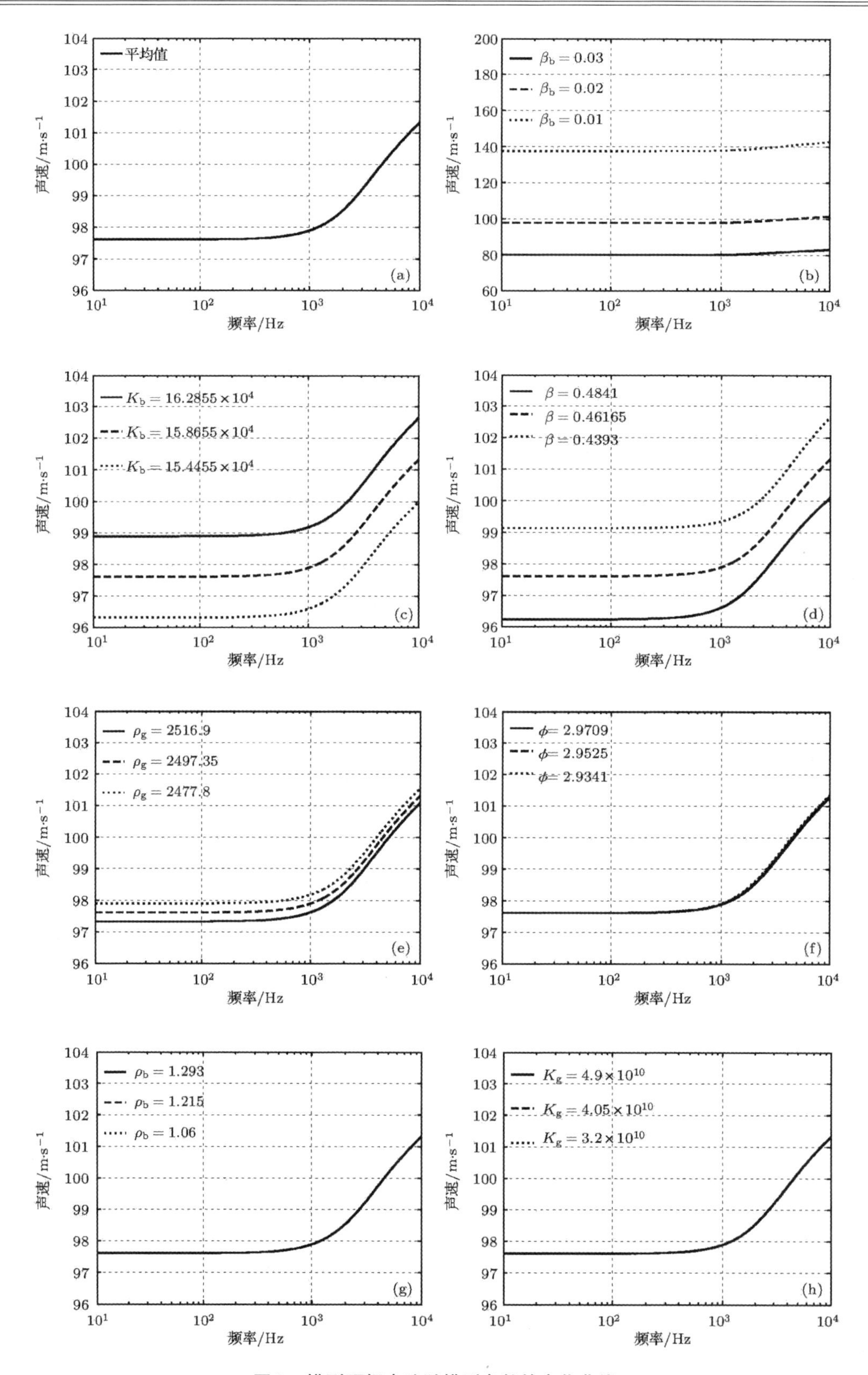


**图 9　模型预报声速随模型参数的变化曲线**

## 5　气泡体积分数反演

通过模型预报声速对模型参数的敏感性分析可知,除气泡体积分数以外,其他参数对模型预报声速的影响很小,尤其是对于反演得到的声速来说,因为反演结果的精度与双水听器直接测量结果的精度相比相对较低,数据/模型进行拟合时,准确反演不敏感的模型参数较为困难,因此数据/模型拟合时只反演模型中的气泡体积分数(参数反演范围见表1)。气泡体积分数 $\beta_b$ 反演时所用代价函数为

$$F_b = \sqrt{\sum_{m=1}^{N} \{c_m(\beta_b) - c_{2m}\}^2} \tag{11}$$

其中 $N$ 表示反演时所用实验数据的频点数;$c_m(\beta_b)$ 和 $c_{2m}$ 分别表示第 $m$ 个频点时模型预报的声速和实验测量的声速。

由于(9)式等效成立的条件为声波频率远低于最大气泡的共振频率,气泡的共振频率可以由下式计算得到[15]

$$f_0 = \frac{1}{2\pi r}\left(\frac{3\gamma P_0}{A\rho} + \frac{4G}{\rho}\right)^{1/2} \tag{12}$$

其中 $r$ 为气泡的半径;$\gamma$ 为气体的比热容比;$P_0$ 为静水压力;$G$ 为沉积物的剪切模量; $A$ 为气体的多变系数,由文献[14]中式(26)给出。参考文献[26]的讨论,取最大气泡的半径 $r = 3.62$ mm,其他参数见表2,则最大气泡的共振频率 $f_0 = 2.19$ kHz。因此在进行数据/模型拟合时,选择300 Hz~1 kHz频段内的声速数据来反演气泡体积分数。

**表2　计算气泡共振频率的参数值**

| 参数 | 单位 | 参数值 |
|---|---|---|
| 静水压力 $P_0$(水下0.9 m) | Pa | $1.10325 \times 10^5$ |
| 沉积物剪切模量 $G$ | Pa | $10^6$ |
| 沉积物容积密度 $\rho$ | kg/m$^3$ | $1.806 \times 10^3$ |
| 气体的比热容比 $\gamma$ | 无量纲 | 1.4 |
| 恒压下气体的比热 $s_p$ | J/(kg·K) | $1.012 \times 10^3$ |
| 气体的热传导率 $C_g$ | J/(s·m·K) | $2.503 \times 10^{-2}$ |

如图10所示为双水听器法测量得到的声速和模型预报声速的结果对比,图例中3-4、6-7分别表示通过3号4号水听器对、6号7号水听器对获取的声速数据,3-4拟合和6-7拟合分别表示通过对应水听器对得到的声速数据进行模型参数反演获得的模型结果,测量声速与模型预报声速吻合较好。两组数据反演得到的气泡体积分数分别为1.38%和1.42%,3-4水听器对拾取数据反演得到的气泡体积分数稍小于6-7水听器对拾取数据反演得到的结果,而声速的整体趋势正好相反,这与模型预报的趋势相同。

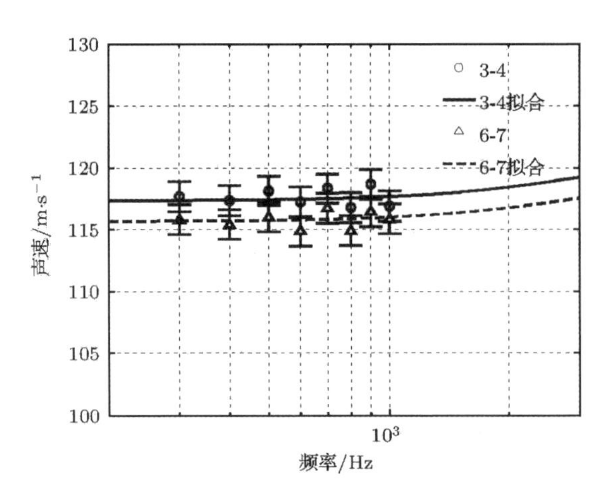


**图 10 双水听器法测量声速与模型预报声速**

图 11 为单一位置声源多水听器反演得到的声速与模型预报声速的结果对比,图例中的 1 至 6 分别表示对应水听器所处区域沉积物的实验测量声速,1－拟合至 6－拟合分别表示通过对应的声速数据进行模型参数反演获得的模型结果。水听器所处区域沉积物的声速分散在较宽的范围内,声速出现了明显的不均匀现象,2 号、4 号和 6 号水听器所处区域的声速不均匀现象最为明显。由数据和模型的拟合结果可以看出,预报得到的声速同样呈现明显的不均匀性。表 3 所示为水听器所处区域反演得到的气泡体积分数,气泡体积分数从 1.07% 变化到 2.81% ,不同区域的气泡体积分数相差较大。可以看到声速随着气泡体积分数的增加而减小,这与模型预报的结果相同。对于两个不同声源位置的反演结果,相同水听器所处区域对应的气泡体积分数相差较小,这是由于,一方面声源水平移动的距离有限,另一方面含气沉积物的声速与水中声速相差较大,声线折射点的水平位置很接近水听器所在位置,造成两次的声线路径很接近,因此反演得到的气泡体积分数很接近。

**表 3 反演得到的气泡体积分数**

| 水听器所处区域 | 气泡体积分数 | |
|---|---|---|
| | 声源位置 1 | 声源位置 2 |
| 1 | 1.64% | 1.58% |
| 2 | 1.08% | 1.07% |
| 3 | 1.85% | 1.75% |
| 4 | 1.44% | 1.42% |
| 6 | 2.73% | 2.81% |

通过以上的分析可以看出,由于不同区域的气泡体积分数不同,造成了沉积物中不同区域的声速出现不均匀的现象,这就不能用局部声速去代表沉积物中的整体声速。出现这种现象的原因可能是在含气沉积物的制备过程中,不同部位的松紧程度不一致,造成不同部位的气泡体积分数不均匀,从而导致不同区域声速的不同。

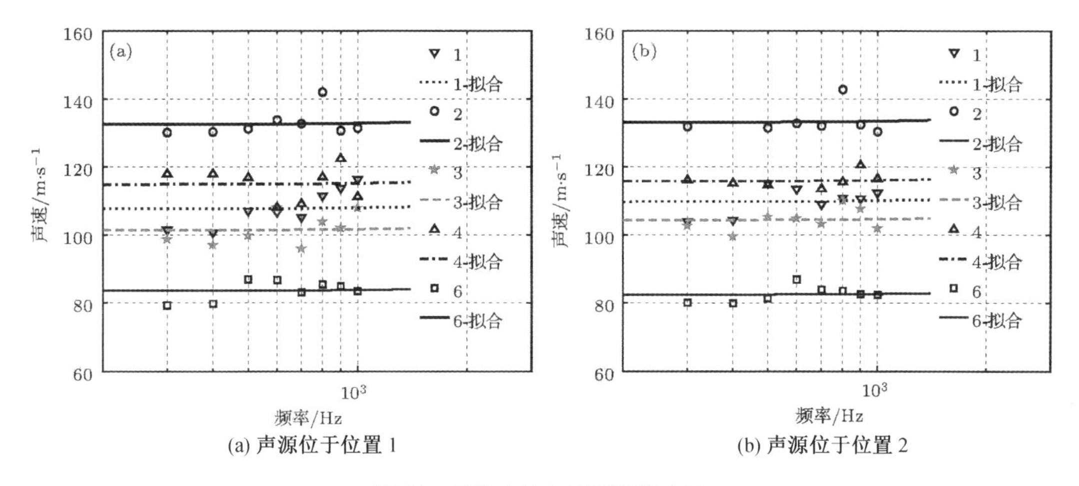


(a) 声源位于位置 1　　(b) 声源位于位置 2

**图 11　反演声速与模型预报声速**

## 6　结论

由于微生物活动或有机物腐烂等,实际海底沉积物可能含有气泡,这可能是海上低频段声学数据与水饱和沉积物声学模型不吻合的原因。为了研究含气非饱和沉积物低频段的声学特性,同时也为了发展含气非饱和沉积物声学模型,获取沉积物中气泡体积分数,以解释气泡大小、体积分数对沉积物声速的影响规律,试图解释沉积物声学目前遇到的国际性难题。本文在实验室水池中重造了含气非饱和沙质沉积物,考虑到水池尺寸太小、发射信号中心频率较低、脉冲宽度太大等因素,设计了低频段含气非饱和沙质沉积物声学特性获取平台,提出了实验室水池中获取沉积物低频段声速的多水听器联合反演方法和双水听器法,获取了 300 Hz ~ 3 kHz 频段内沙质沉积物的声速。反演得到沉积物不同区域的声速在 79 ~ 142 m/s 之间,双水听器法获取得到沉积物不同区域的声速在 112 ~ 121 m/s 之间,两者吻合较好,说明获取数据的可靠性。

考虑到当声波频率远低于沉积物中最大气泡的共振频率时,可以将孔隙水和孔隙水中的气泡等效为一种均匀流体。在此情况下,就可以应用已有的水饱和沉积物声学模型描述含气非饱和沉积物这种三相介质的声学特性。为此,基于等效介质理论,将孔隙中的气泡和水等效为一种流体,根据 Reuss 平均公式得到了等效流体的体积弹性模量、利用线性平均公式得到了等效流体的密度,分别替换 EDFM 中孔隙水的体积弹性模量和密度,得到了改进的 EDFM。基于此模型,就气泡体积分数对声速的影响规律进行仿真发现,在低频条件下,少量气泡( <1% )的存在就会显著降低等效流体的体积弹性模量,但等效流体的密度几乎不变,从而导致沉积物低频段声速的显著降低;并且随着气泡体积分数的增加,模型预报声速逐渐降低,并且降低的趋势逐渐变得平缓。

通过模型预报声速对模型参数的敏感性分析可知,模型预报声速对气泡体积分数非常敏感,而其他参数对模型预报声速的影响较小,因此气泡体积分数的不均匀性是导致沉积物中测量声速不均匀的主要原因。因此在实验选取的参数范围内进行数据/模型拟合时,可以只单独反演气泡体积分数。通过分析沉积物中最大气泡的共振频率,选取 300 Hz ~ 1 kHz 频段内的声速数据对气泡体积分数进行反演。通过选取的声速数据反演得到了不同区域的气泡体积分数,气泡体积分数从 1.07% 变化到 2.81% ,不同区域的气泡体积分数相差较大。

由结果的分析可知声速随着气泡体积分数的增加而减小,与模型预报的结果相同。改进模型为在位获取沉积物内部气泡体积分数及分布提供了新思路。

## 参考文献


[1] Turgut A,Yamamoto T 1990 J. Acoust. Soc. Am. 87 2376.

[2] Maguer A,Bovio E,Fox W L J,Schmidt H 2000 J. Acoust. Soc. Am. 108 987.

[3] Rosenfeld I,Carey W M,Cable P G,Siegmann W L 2001 IEEE J. Ocean. Eng. 26 809.

[4] Stoll R D 2002 J. Acoust. Soc. Am. 111 785.

[5] Williams K L,Jackson D R,Thorsos E I,Tang D J,Schock S G 2002 IEEE J. Ocean. Eng. 27 413.

[6] Chotiros N P,Lyons A P,Osler J,Pace N G 2002 J. Acoust. Soc. Am. 112 1831.

[7] Wilson P S,Reed A H,Wilbur J C,Roy R A 2007 J. Acoust. Soc. Am. 121 824.

[8] Biot M A 1956 J. Acoust. Soc. Am. 28 168.

[9] Biot M A 1956 J. Acoust. Soc. Am. 28 179.

[10] Stoll R D,Kan T K 1981 J. Acoust. Soc. Am. 70 149.

[11] Williams K L 2001 J. Acoust. Soc. Am. 110 2276.

[12] Kimura M 2006 J. Acoust. Soc. Am. 120 699.

[13] Kimura M 2008 J. Acoust. Soc. Am. 123 2542.

[14] Anderson A L,Hampton L D 1980 J. Acoust. Soc. Am. 67 1865.

[15] Anderson A L,Hampton L D 1980 J. Acoust. Soc. Am. 67 1890.

[16] Lee K M,Ballard M S,Muir T G 2015 J. Acoust. Soc. Am. 138 1886.

[17] Li H X,Tao C H,Lin F L,Zhou J P 2015 Acta Phys. Sin. 64 109101(in Chinese)[李红星,陶春辉,刘富林,周建平 2015 物理学报 64 109101].

[18] Tóth Z,Spiess V,Mogollón J M,Jensen J B 2014 J. Geophys. Res. Solid Earth 119 8577.

[19] Ecker C,Dvorkin J,Nur A M 2000 Geophysics 65 565.

[20] Ghosh R,Sain K,Ojha M 2010 Mar. Geophys. Res. 31 29.

[21] Wilson P S,Reed A H,Wood W T,Roy R A 2008 J. Acoust. Soc. Am. 123 EL99.

[22] Mavko G,Mukerji T,Dvorkin J 1998 The Rock Physics Handbook(New York:Cambridge University Press)pp110 – 112.

[23] Wilkens R H,Richardson M D 1998 Cont. Shelf Res. 18 1859.

[24] Schock S G 2004 IEEE J. Ocean. Eng. 29 1200.

[25] Hovem J M,Ingram G D 1979 J. Acoust. Soc. Am. 66 1807.

[26] Zheng G Y,Huang Y W,Hua J,Xu X Y,Wang F 2017 J. Acoust. Soc. Am. 141 EL32.

# 浅海海底反射系数幅值参数的反演

侯倩男　吴金荣　尚尔昌　马　力　张建兰

**摘要**　理论分析了一种通过混响强度衰减特性获取海底反射系数的幅值参数的方法。将海底反射系数的幅值参数和相位参数引入到全波动混响模型中，为海底反射系数的反演提供理论基础。理论分析和数值仿真表明，在小掠射角条件下，利用混响强度衰减特性反演海底反射系数幅值参数的可行性和准确性。该反演方法只需要输入4个变量：本地混响强度的衰减特性，反射系数的相位参数，海深以及海深处的声速，同时要求混响数据具有一定的混响噪声比(大于6 dB)才能够使反演结果准确可信。根据本地静态混响实验数据成功反演得到海底反射系数的幅值参数。

## 引言

海底地声参数是影响浅海波导环境中声传播的主要因素，尤其是对浅海混响的影响较大。2001年，在中国东海以及南海进行的亚洲海国际联合声学实验[1-2]表明，通过混响的垂直相关可以得到海底沉积层的声吸收系数[3-5]。Zhou[6-7]等根据角度谱分析方法利用混响的垂直相关性反演得到砂质海底的声衰减系数随频率的变化并非线性关系。李整林[8]等根据地声参数对不同声场物理量的敏感度不同反演海底地声参数。Preston[9]等利用拖曳线列阵的远程混响数据快速获取得到地声参数，实现了对实验海区地形的大面积快速勘测。Guillion[10]等利用虚源的Bayesian方法进行沉积层的分层结构和声速的反演。杨坤德和马远良[11]通过匹配滤波的方法，对垂直阵接收到的近距离声源信号提取多径到达信息，然后利用海底反射损失反演海底表层的声速和密度。2015年，他们对两个宽带爆炸声源利用Warping变换进行简正波分离，提出一种基于简正波模态频散的远距离宽带海底参数反演方法[12]，从而实现了单水听器的在远距离处的地声参数反演。文献[13]结合头波和多途路径的到达时间估计海底声速和厚度，提出一种新的地声参数反演的方法。近年来，部分学者还利用时频分析的方法[14-16]以及噪声垂直指向性[17]，进行地声参数的反演。

2008年的时候，Holland[18]在其文献中就提出，海底沉积层的地声参数之间存在严重的耦合现象，从而导致了反演结果的不确定性较大。Wan[19-20]等采用简正模态的频散曲线、简正模态的波形以及模态的水平纵相关联合目标函数依次获得最佳的海底声速，密度以及分层厚度。还有学者采用等效参数的方法减少未知参数的数量。2010年，吴金荣[21]等根据反向散射强度与沉积层粒径分布之间的关系[22]，从混响数据中反演得到孔隙率，再依据哈密顿经验公式得到地声参数，大大降低了反演结果的不确定性。2016年，Quijiano[23]等将海底泥质沉积层的参数随深度的变化关系用一般的Bernstern多项式表示，不需要先验知道海底地声参数随深度的变化关系，在减少未知参数的同时提高反演的准确率。

以上的反演方法均是通过地声模型得到的地声参数，其主要目的是描述海底对声场传播和散射的影响，而海底对声场的影响可以直接通过海底反射系数来描述。所以直接从数据中反演海底反射系数将会更简单容易。在20世纪80年代,尚尔昌教授提出了海底小掠射角反射系数的三参数模[24],将反射系数的幅值描述为掠射角的线性变化关系,比例系数为 $Q$。海底反射系数的相移同样描述为随海底掠射角的线性变化关系,比例系数为 $P$[25]。文献[26]和文献[27]将反射系数的幅值参数 $Q$ 和相位参数 $P$ 代替地声参数来进行浅海波导环境中的声场建模,同时分析了 $PQ$ 参数在描述声学反演,声场预报以及其不确定性分析中相对于地声参数的优势。2012年,Shang[28]等根据波导不变量反演海底反射系数的相移参数 $P$。文献[29]和文献[30]结合反射系数和全波动混响模型建立基于 $PQ$ 参数的混响强度模型,为从混响数据中提取传播特性提供理论基础。本文将根据该模型利用混响数据反演反射系数的幅值参数 $Q$。

## 1　基于反射参数的混响强度模型

浅海混响主要是海底散射引起的混响。海底混响包括海底界面起伏以及海底沉积层体积不均匀引起的混响。在如图1所示的浅海波导环境中,平均海深为 $H$,任意水平位置 $r$ 的海底界面起伏高度为 $\eta(r)$,其量值远小于海深 $H$,均值为0,方差为 $\sigma_\eta{}^2$。海底界面起伏的粗糙度谱[31]满足:

$$S^{\text{Rough}}(2k_0) = \int_{r_1}^{r_2}\int_{r_1}^{r_2}\langle\eta(r')\eta(r'')\rangle \mathrm{e}^{\mathrm{i}(k_m+k_n)r'} - \mathrm{i}(k_m + k_n)r''dr''dr' = \sigma_\eta^2 P^{\text{Rough}}(2k_0) \quad (1)$$

其中,$k_m$ 和 $k_n$ 是第 $m$、$n$ 阶模态的本征模态。$P^{\text{Rough}}(2k_0)$ 描述海底界面起伏。$r_1$ 和 $r_2$ 分别是散射面积环的内径和外径。

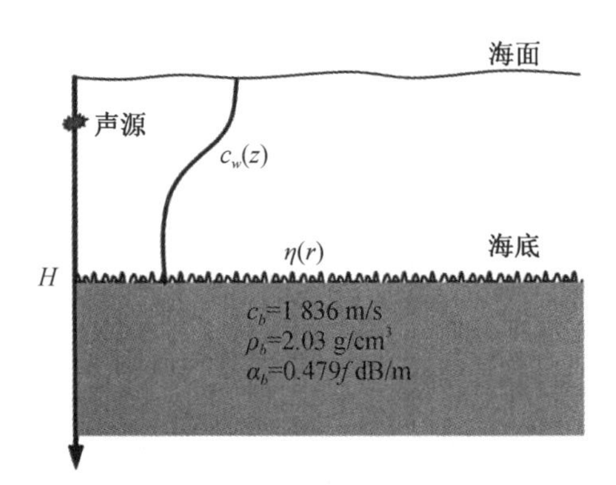


**图1　海底波导环境**

海底沉积层厚 $h$,其声速和密度相对均值 $c_b$ 和 $\rho_b$ 分别有均值为0的微小变化 $\delta_c$ 和 $\delta_\rho$。定义新的变量 $\varepsilon$ 和 $\xi$ 描述沉积层中任意点 $R(r,z)$ 处的声速和密度的变化[31]:

$$\frac{\delta c(r,z)}{c_b} = \varepsilon(R)$$
$$\frac{\delta\rho(r,z)}{\rho_b} = \xi\varepsilon(R) \quad (2)$$

根据沉积层的形成过程,将其体积不均匀性分为水平方向的不均匀性和垂直方向的不均匀性。其水平方向上的不均匀性与界面起伏的粗糙度谱一致。其垂直方向上的不均匀性满足指数衰减的形式。沉积层的体积不均匀性谱[28,30]:

$$S^{\text{Volum}}(2k_0) = \int dr' \int dr'' \langle \varepsilon(R)\varepsilon(R'') \rangle e^{i(k_m+k_n)r' - i(k_m+k_n)r''}$$

$$\int_H^{H+h} dz' \int_H^{H+h} dz'' e^{-(\gamma_m-\gamma_n)(z'-H)-(\gamma_m-\gamma_n)(z''-H)} = \sigma_\varepsilon^2 P^{\text{Volum}}(2k_0)\Gamma^{\text{Volum}}(2k_0) \quad (3)$$

其中，$\sigma_\varepsilon^2$ 是沉积层的体积不均匀性的方差，$P^{\text{Volum}}(2k_0)$ 和 $\Gamma^{\text{Volum}}(2k_0)$ 分别表示沉积层在水平方向上和垂直方向上的不均匀性。$\gamma_m = \sqrt{k_m^2 - k_1^2}$ 是简正模态在沉积层中的垂直波数。

在全波动混响理论中[31-33]单位点源的海底反向散射强度：

$$I^{\text{scatt}}(r) = \left(\frac{2\pi}{k_0 r}\right)^2 \sum_m^M \sum_n^N \varphi_m^2(z_0)\varphi_n^2(z) e^{-2(\beta_m+\beta_n)r}\Theta_{mn} \quad (4)$$

$$\Theta_{mn} = S(2k_0)[\varphi_m(H) C_{mn} \varphi_n(H)]^2 \quad (5)$$

$$C_{mn} = \begin{cases} k_0^2 - \dfrac{K_b^2}{\alpha} + \left(1 - \dfrac{1}{\alpha}\right)k_m k_n + \dfrac{1-\alpha}{\alpha^2}\gamma_m\gamma_n, & \text{界面起伏} \\ 2k_b^2 + \xi(k_b^2 + k_m k_n - \gamma_m\gamma_n), & \text{沉积层体积不均匀} \end{cases} \quad (6)$$

$$k_m = k_0 \cos\theta, \alpha = \rho_b \rho_0^{-1}, \gamma_m = \sqrt{k_m^2 - k_b^2} \quad (7)$$

其中，$k_0$ 和 $k_b$ 分别是水体和海底沉积层的波数。$\varphi_m(z)$ 是第 $m$ 阶简正模态在深度 $z$ 处的值；$k_m$ 和 $\beta_m$ 分别是第 $m$ 阶简正模态本征值的实部和虚部；$r \approx c \cdot t/2$ 是散射区域中心距声源位置的水平距离，也是单程传播的水平距离；$\Theta_{mn}$ 被称为反向散射矩阵，表征海底反向散射的强度特性和角度特性；$S(2k_0)$ 是海底界面起伏的粗糙度谱和沉积层体积不均匀性谱，如式(1)和式(3)。$C_{mn}$ 是海底界面起伏和海底沉积层体积不均匀引起的模态间的耦合关系。对于短脉冲的声源信号 $s(t)$，其脉宽 $\tau$ 远小于传播时间 $t$，声源强度可近似为 $E_0 = s^2(t)\tau$ 从而得到短脉冲信号的混响平均强度为 $2\pi r(cr/2)$ 的散射面积内反向散射强度的叠加

$$\begin{aligned} I^{\text{rev}}(r) &= s^2(t) \cdot \frac{c\tau}{2} \cdot 2\pi r \cdot \left(\frac{2\pi}{K_0 r}\right) \sum_m^M \sum_n^N \varphi_m^2(z_0)\varphi_n^2(z) e^{-2(\beta_m+\beta_n)r}\Theta_{mn} \\ &= E_0 \pi r c \cdot \left(\frac{2\pi}{K_0 r}\right) \sum_m^M \sum_n^N \varphi_m^2(z_0)\varphi_n^2(z) e^{-2(\beta_m+\beta_n)r}\Theta_{mn} \end{aligned} \quad (8)$$

在远距离的条件下，式(6)可以近似与模态无关。

$$C_{mn} \approx k_0{}^2 \cdot \zeta = \begin{cases} \left(2 - \dfrac{2}{\alpha} + \dfrac{1}{\alpha^2} - \dfrac{c_H^2}{\alpha^2 c_b^2}\right)k_0^2, & \text{界面起伏} \\ 2k_0^2(1+\xi)\dfrac{c_H^2}{c_b^2}, & \text{沉积层体积不均匀} \end{cases} \quad (9)$$

从而将模态间的耦合项从求和项中独立出来。定义新的变量：

$$M_b = S(2k_0)[k_0^2\zeta]^2 \quad (10)$$

则混响强度可以重新表示为：

$$I^{\text{rev}}(r) = E_0 \cdot \pi r c \cdot \left(\frac{2\pi}{k_0 r}\right)^2 \cdot M_b \cdot \sum_m^M \sum_n^N \varphi_m^2(z_0)\varphi_m^2(H)\varphi_n^2(H)\varphi_n^2(z) e^{-2(\beta_m+\beta_n)\tau} \quad (11)$$

图 2 分别给出海底界面混响和沉积层体积混响强度在式(8)和式(11)中的比较结果(海底为第一类海底[25]。海深为 50 m；收发深度为 25 m；透射深度为一个波长。近似结果与真值结果之间的差异很小，说明了近似结果的可靠性。

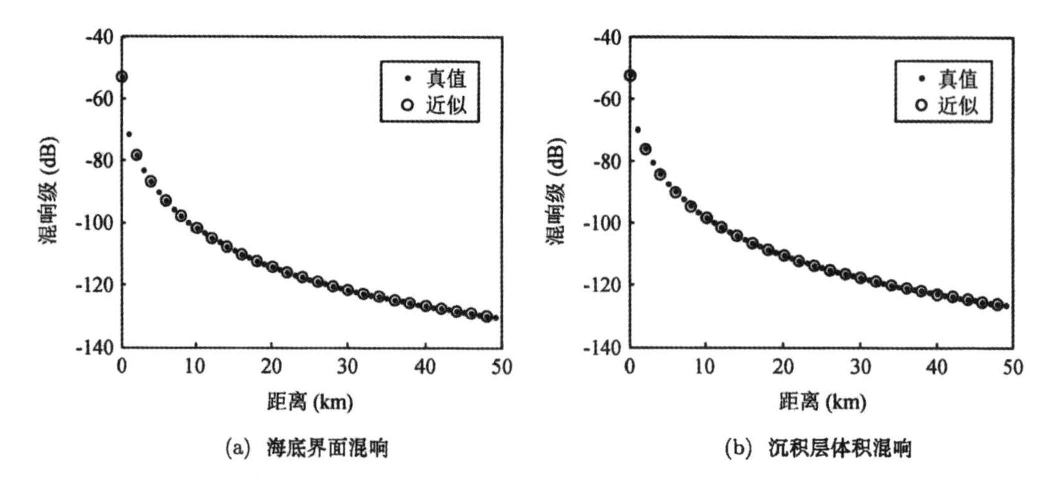


(a) 海底界面混响　　(b) 沉积层体积混响

图 2　远场近似结果比较

定义简正模态的平均能量为：

$$\varphi_m^2(z) \approx I_m = \frac{1}{H}\int_0^H \varphi_m^2(z)\mathrm{d}z \tag{12}$$

根据 WKB 近似，在远离反转点的区域，

$$\varphi_m(z) = 2\sqrt{\frac{k_m}{(D_m+\delta_m)k_{zm}(z)}}\sin\left(\int_0^z k_{zm}(z')\mathrm{d}z'\right) \tag{13}$$

其中，$k_{zm}(z) = \sqrt{k^2(z) - k_m^2}$ 是垂直波数。$D_m$是 $m$ 阶模态的水平跨度，

$$D_m = 2\int_0^H \frac{k_m(z)}{k_{zm}(z)}\mathrm{d}z \tag{14}$$

$\delta_m = \partial\varphi_b/\partial k_m$是海底反射相移如引起的位移。相对 $D_m$ 是一个小量，可以忽略不计。则式(13)退化为：

$$\varphi_m(z) = 2\sqrt{\frac{k_m}{D_m k_{zm}(z)}}\sin\left(\int_0^z k_{zm}(z')\mathrm{d}z'\right) \tag{15}$$

将上式代入式(12)中得到：

$$I_m = \frac{4k_m}{D_m H}\int_0^H\left[\frac{\sin^2\left(\int_0^z k_{zm}(z')\mathrm{d}z'\right)}{k_{zm}(z)}\right]\mathrm{d}z \tag{16}$$

对于 *Pekeris* 波导，$k_{mn}(z) = \mathrm{const}$，所以，

$$\int_0^H\left[\frac{\sin\left(\int_0^z k_{zm}(z')\mathrm{d}z'\right)}{k_{zm}(z)}\right]^2\mathrm{d}z = \frac{1}{k_{zm}}\left(\frac{H}{2} - \frac{\sin(2k_{zm}H)}{4k_{zm}}\right) \tag{17}$$

$$D_m = 2\int_0^H \frac{k_m(z)}{k_{zm}(z)}\mathrm{d}z = 2H\frac{k_m}{k_{zm}} = \frac{2H}{\tan\theta_m} \tag{18}$$

将式(17)和式(18)代入式(16)得到：

$$I_m = \frac{1}{H}\left[1 - \frac{\sin(2k_{zm}H)}{2Hk_{zm}}\right] \tag{19}$$

式中 $\sin(2k_{zm}H)/(2k_{zm}H) \ll 1$，所以

$$I_m \approx H^{-1} \tag{20}$$

所以,对式(11)进行深度平均得到:

$$\langle I^{\text{rev}}(r,z_r,z_0)\rangle = E_0 \cdot \pi rc \cdot \left(\frac{2\pi}{Hk_0 r}\right)^2 \cdot M_b \cdot \sum_m^M \sum_n^N \varphi_m^2(H)\varphi_n^2(H)\mathrm{e}^{-2(\beta_m+\beta_n)r} \tag{21}$$

地声参数对声场的影响主要体现在反射系数。尚尔昌给出了海底反射系数 $V(\theta)$ 的幅值和相移随小掠射角的变化关系:

$$-\ln|V(\theta)| = Q\theta \tag{22}$$

$$\arg[V(\theta)] = -\pi + P\theta \tag{23}$$

其中 $Q$ 描述反射系数的幅值,控制传播过程的衰减项,$Q$ 值越大,衰减越快;$P$ 描述反射系数的相位,决定简正模态在海深处的能量,$P$ 参数越大,简正模态的能量越强。幅值参数 $Q$ 和相位参数 $P$ 与地声参数之间可以相互转换[25]。根据式[22]并结合本征值的虚部 $\beta_m$ 与反射系数 $\ln|V(\theta)|$ 之间的关系[24]:

$$\beta_m = -\frac{\ln|V(\theta)|}{D_m} \tag{24}$$

得到声传播过程中的衰减项可以用 $Q$ 参数描述,

$$\mathrm{e}^{-2\beta_m r} = \mathrm{e}^{2\ln|V(\theta_m)|r/D_m} = \mathrm{e}^{-2Q\theta_m r/D_m} \tag{25}$$

其中是第 $m$ 简正模态的掠射角。在 Perkers 波导中,将式(18)代入式(25),则上式可以重新表示为:

$$\mathrm{e}^{-2\beta_m r} = \mathrm{e}^{-Q\theta_m r\cdot\tan\theta_m/H} = \mathrm{e}^{-Q\tau\theta_m{}^2/H} \tag{26}$$

根据海底反射的相位关系得到海深处的模态值

$$\varphi_m(H) = A_m\sin(\theta_m P/2) \tag{27}$$

其中

$$A_m \approx \sqrt{2H^{-1}} \tag{28}$$

将式(26)-(28)代入式(11),可得到 Pekeris 波导中的混响平均强度:

$$I^{\text{rev}}(r) = E_0\pi rc_0 \cdot M_b \cdot \left(\frac{4\pi}{k_0 rH^2}\right)^2 \sum_m^M \sum_n^N \mathrm{e}^{-Qr\cdot\theta_m^2/H}\sin^2\left(\frac{\theta_m P}{2}\right)\sin^2\left(\frac{\theta_n P}{2}\right)\mathrm{e}^{-Qr\cdot\theta_n^2/H} \tag{29}$$

根据频散方程得到:

$$\sin\theta_m \approx \theta_m = \frac{m\pi}{k_0 H} \Rightarrow \mathrm{d}m = \frac{k_0 H}{\pi}\mathrm{d}\theta_m \tag{30}$$

从而将式(29)中的求和形式转换成积分形式,建立基于 $PQ$ 参数的混响模型

$$I^{\text{rev}}(r) = E_0\frac{\pi c_0}{H^2} \cdot 16M_b \cdot \frac{1}{\tau}\int_0^{\theta_c}\int_0^{\theta_c}\mathrm{e}^{-Qr\cdot\theta_i^2/H}\sin^2\left(\frac{\theta_i P}{2}\right)\sin^2\left(\frac{\theta_0 P}{2}\right)\mathrm{e}^{-Qr\cdot\theta_0^2/H}\mathrm{d}\theta_i\mathrm{d}\theta_0 \tag{31}$$

其中 $\theta_i$——入射掠射角;

$\theta_o$——散射掠射角。

## 2 *Q* 值的反演

基于 $PQ$ 参数建立的混响模型中被积函数与 $P$ 和 $Q$ 有关。式(31)被积函数中的 $P$ 决定简正模态在海深处的能量,$P$ 值的增大能够增强混响强度;$Q$ 值控制混响强度的衰减,$Q$ 值增大会加剧混响强度的衰减。被积函数通过 $PQ$ 参数等效地描述海底对声场的作用,而其余项是与海底无关的量。令:

$$g(r)=\frac{1}{r}\int_0^{\theta_c}\int_0^{\theta_c}\mathrm{e}^{-Qr\cdot\theta_i^2/H}\sin^2\left(\frac{\theta_i P}{2}\right)\sin^2\left(\frac{\theta_0 P}{2}\right)\mathrm{e}^{-Qr\cdot\theta_0^2/H}\mathrm{d}\theta_i\mathrm{d}\theta_0 \tag{32}$$

则式(31)可简化为：

$$I^{\mathrm{rev}}(r)=E_0\frac{\pi c_0}{H^2}\cdot 16M_b\cdot g(r) \tag{33}$$

式(33)等式右边的前3项是与水平距离无关的量，这样选择某一参考位置 $r_0$，混响强度比与 $g(r)$ 函数比等价

$$\frac{I^{\mathrm{rev}}(r)}{I^{\mathrm{rev}}(r_0)}=\frac{g(r)}{g(r_0)} \tag{34}$$

对其取分贝值

$$RL(r)=10\lg[I^{\mathrm{rev}}(r)],G(r)=10\lg[g(r)]$$

得到混响强度的平移结果：

$$RL(r)-RL(r_0)=G(r)-G(r_0)=DG(r) \tag{35}$$

$DG(r)$ 函数只是 $G(r)$ 或 $RL(r)$ 函数的平移结果，其衰减特性并不会改变。式(32)表明，$DG(\tau)$ 由 $P$ 值和 $Q$ 值决定。如前所述，由于 $Q$ 和 $P$ 值之间相互耦合，$P$ 增大会增强混响强度，同时增大 $Q$ 值会加剧混响强度的衰减，可以使混响强度保持不变；$P$ 减小会减弱混响强度，但减小 $Q$ 值削弱混响强度的衰减，同样可以保证混响强度不变。所以，单从 $DG$ 曲线中同时反演 $PQ$ 参数存在有很大的不确定性，只能先通过其他方法确定 $P$ 或 $Q$ 值，再通过 $DG(\tau)$ 函数反演得到准确的 $Q$ 或 $P$ 的值。

### 2.1　$G(r)$ 函数对 $P$、$Q$ 的敏感度分析

数据对变量敏感是反演结果可靠的前提。本小节分析了 $G(r)$ 函数对 $PQ$ 的敏感度。根据真实的 $P_0$ 和 $Q_0$ 值(如图3中的白点)得到函数 $G_0(r)$。然后分别变化 $P$ 值和 $Q$ 值，得到新的 $G(r)$ 函数。根据代价函数

$$E=\frac{\sum_i|G(r_i)-G_0(r_i)|^2}{\sqrt{\sum_i G^2(r_i)\sum_i G_0^2(r_i)}} \tag{36}$$

得到与 $G_0(r)$ 匹配最佳的 $G(r)$ 函数。代价函数值越小，则 $G(r)$ 与 $G_0(r)$ 越匹配。图3分别是不同频率的 $G(r)$ 函数对 $P$ 和 $Q$ 的模糊度图。图中灰色部分为代价函数值在[0,1]范围内的 $P$、$Q$ 数对。从图中可以看出，代价函数值相同时，$P$ 相对于真值的变化，会导致 $Q$ 值发生同向变化。也就是说 $P$ 大于真值时，$Q$ 同样大于其真值，$P$ 小于真值时，$Q$ 也同样小于其真值。

这与之前的理论分析结果一致。以图3中3个频点为例，随着频率的增加，相应的灰黑色 区域在 $P$ 和 $Q$ 上展宽。$D$ 变化量为1时，$Q$ 的变 化量依次为0.035,0.050,0.080。所以 $G(r)$ 函数对 $P$ 和 $Q$ 的敏感度会随频率的增大而降低。

事实上 $g(P,Q,r)$ 不仅是距离的函数，同时也是 $P$ 和 $Q$ 的函数。所以对式(32)分别对 $P$ 和 $Q$ 求导得到函数 $g(P,Q,r)$(或者混响强度)对 $PQ$ 的敏感度。在远距离近似的条件下，式中的双重积分相互独立，因此可以表示为：

$$g(P,Q,r)=\frac{1}{r}\left[\int_0^{\theta_c}\mathrm{e}^{-Qr\cdot\theta^2/H}\sin^2\left(\frac{\theta P}{2}\right)\mathrm{d}\theta\right]^2 \tag{37}$$

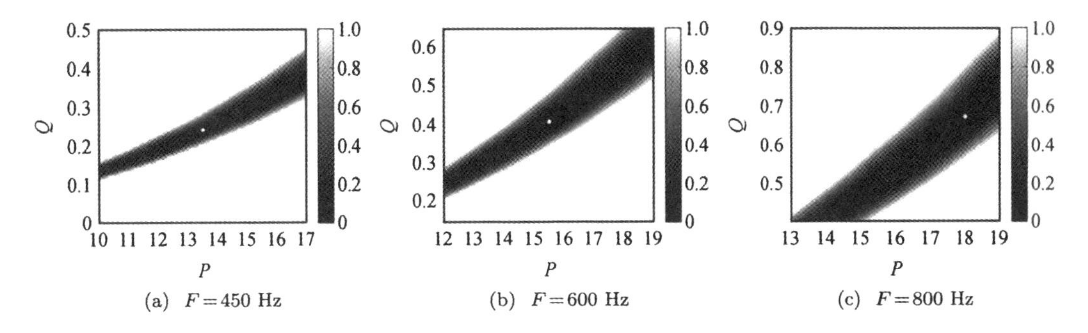

(a) $F=450$ Hz　　(b) $F=600$ Hz　　(c) $F=800$ Hz

**图3　$G(r)$对$P$和$Q$的模糊度分析图**

对式(37)分别对$P$和$Q$求导得到:

$$\frac{\partial g(P,Q,r)}{\partial P}=\frac{2}{r}\int_0^{\theta_c}\mathrm{e}^{-Qr\cdot\theta^2/H}\sin^2\left(\frac{\theta P}{2}\right)\mathrm{d}\theta\int_0^{\theta_c}\mathrm{e}^{-Qr\cdot\theta^2/H}\sin\left(\frac{\theta P}{2}\right)\cos\left(\frac{\theta P}{2}\right)\theta\mathrm{d}\theta \tag{38}$$

$$\frac{\partial g(P,Q,r)}{\partial Q}=\frac{2}{r}\int_0^{\theta_c}\mathrm{e}^{-Qr\cdot\theta^2/H}\sin^2\left(\frac{\theta P}{2}\right)\mathrm{d}\theta\int_0^{\theta_c}\mathrm{e}^{-Qr\cdot\theta^2/H}\sin^2\left(\frac{\theta P}{2}\right)\left(-\frac{r\theta^2}{H}\right)\mathrm{d}\theta \tag{39}$$

以$r=4$ km的散射距离为例比较式(38)和式(39)的结果,如图4所示。图中的横坐标是相对参数的变化,即:

$$X=\frac{P}{P_0}=\frac{Q}{Q_0} \tag{40}$$

其中$P_0$和$Q_0$是某一参考值。$P$(或$Q$)相对于$P_0$(或$Q_0$)的变化范围在[0.5,1.5]。图4中的“0”表示$g(P,Q,r)$对$Q$的导数,“+”表示$g(P,Q,r)$对$P$的导数。从图中可以看出$g(P,Q,r)$随$Q$的变化相对于$P$更明显,梯度相差一个数量级,所以说$g(P,Q,r)$函数或混响强度衰减特性对$Q$参数更敏感。

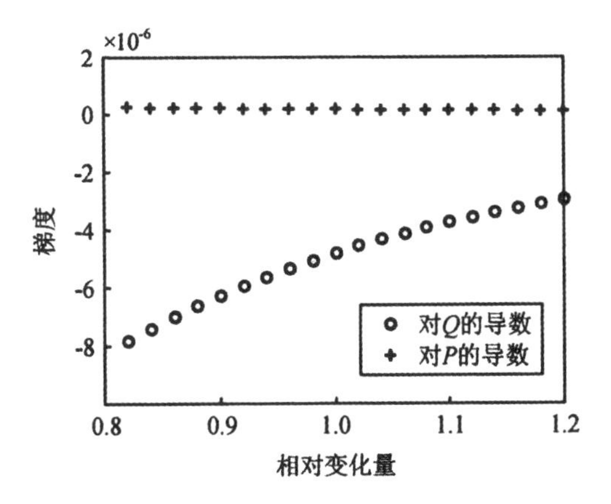


**图4　$g(P,Q,r)$函数随$P$、$Q$的变化**

由于$G(R)$对$Q$值更敏感,所以从混响数据中反演$Q$值更可靠。通过传播等方法先获取$P$值,再利用已知的$P$值和$DG(r)$函数反演得到$Q$。$P$参数基本是根据简正模态的水平波束间接获得。对接收到的声信号作自相关,再经过SVD分解得到简正模态,通过“打靶”得到简正模态[34]。或者,结合波导不变量同样可以得到$P$参数[28]。这里不再赘述。

## 2.2 噪声对 $Q$ 值反演的影响

真实的环境中存在有背景噪声。噪声对 $Q$ 值反演的影响将在这一节分析。假设混响平均强度为 $I(r)$,背景噪声 $N$ 为高斯白噪声,则包含有背景噪声的混响平均强度为:

$$I_N(r) = I(r) + I(r) \cdot \frac{N}{RNR} \tag{41}$$

$RNR$ 为混响噪声强度比。为了方便数值仿真说明,假设 $RNR$ 不随水平距离发生变化。以 450 Hz 为例,不同 $RNR$ 的 $G(r)$ 曲线如图 5 所示(为与实验数据保持一致,将横轴转换为时间变量)。

不同混响噪声比反演得到的 $Q$ 值结果由图 6 给出。反演速率和反演结果误差如图 7 所示. 背景噪声 对 $Q$ 值反演的影响主要包括以下几个方面:

(1)图 6 表明,$RNR>6$ dB 才能反演出真实的 $Q$ 值,即保证反演结果可靠;

(2)图 7(a)表明,$RNR>6$ dB,$RNR$ 的增加, 对反演速率基本没有影响;

(3)图 7(b)表明,频率越高,$RNR$ 的影响越明 显,误差越大。这与敏感度随频率增大而减小的结果一致。

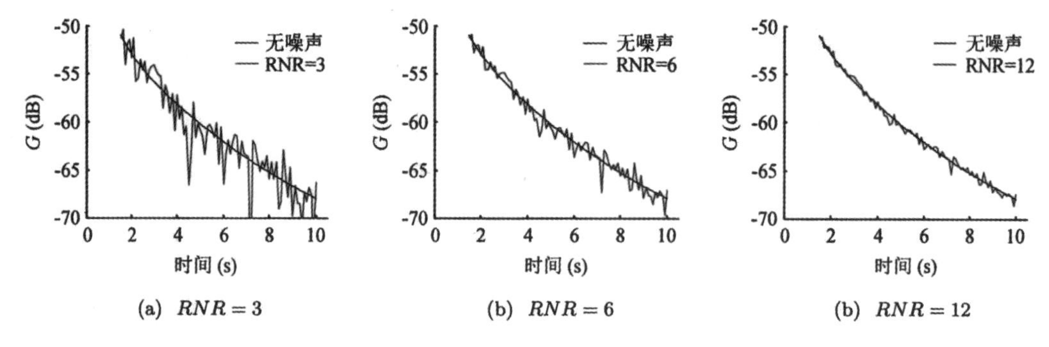


(a) $RNR=3$　　(b) $RNR=6$　　(b) $RNR=12$

图 5　不同混响噪声比的混响强度

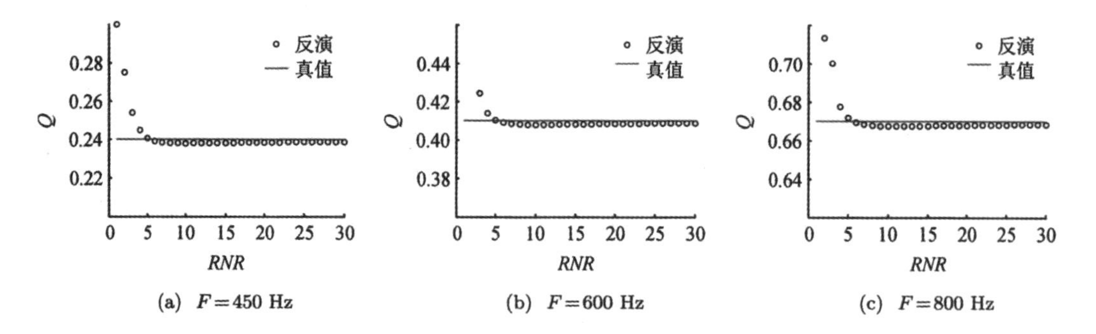


(a) $F=450$ Hz　　(b) $F=600$ Hz　　(c) $F=800$ Hz

图 6　噪声对 $Q$ 值反演的影响

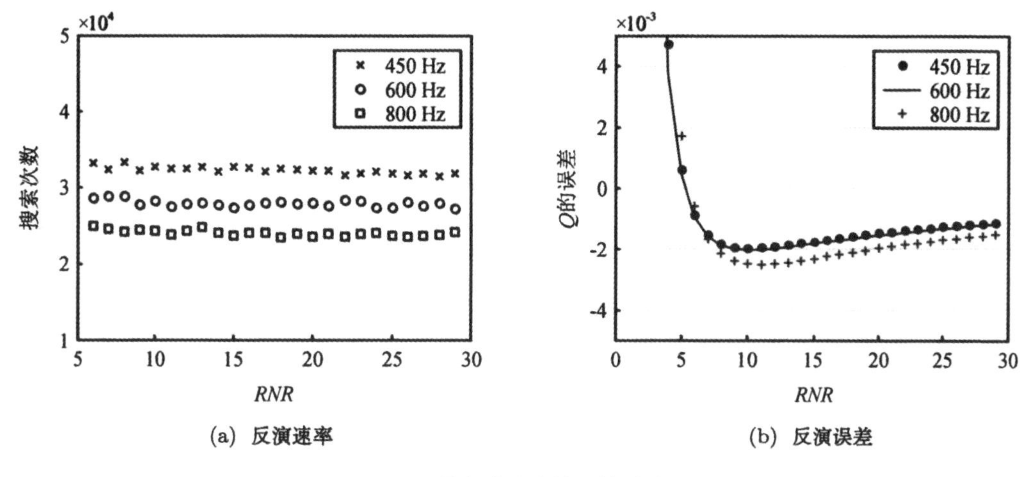

(a) 反演速率　　(b) 反演误差

图7　噪声对反演结果的影响

## 3　根据实验数据反演 $Q$ 值

通过以上的仿真分析得到，从混响强度数据中，反演 $Q$ 值是行之有效的，只是要求有足够的混响噪声比才能反演出可靠的结果。真实的实验海区为平坦海底，海深为 $H=35$ m。海底沉积层为软泥沙实验期间风力较小，海面平静，因此混响主要是海底混响。声源为 100 g 当量的声弹，爆炸深度为 25 m。接收阵为全海深布放的 37 元垂直阵。以 450 Hz 的混响数据为例说明 $Q$ 值反演的步骤如下：

(1)选取时域混响信号，如图 8(a)所示；

(2)对时域混响信号进行 1/3 倍频程滤波，以 0.5 s 为时间窗，0.1 s 为步长进行平滑平均，再经过所有阵元的能量平均，得到混响平均强度，如图 8(b)所示，选择 $t\in[1.5,10]$s 的混响数据(图中两条黑色垂直线之间)为有效数据，即混响噪声比大于 6 dB；

(3)以 1.5 s 为参考时刻得到 $DG(r)=RL(r)-RL(r_Q)$ 函数，如图 8(c)所示；

(4)根据已知的 $P$ 值(通过传播过程得到)，利用模拟退火法反演得到 $Q$ 值，如图 8(d)所示，图中蓝色实线为实测的 $DG(r)$ 曲线，红色实线是根据反演结果进行仿真的曲线(600 Hz 和 800 Hz 的反演结果如图 9 所示)。

如前所述，$P$ 和 $Q$ 之间相互耦合，而依据混响强度对 $Q$ 值的反演是建立在 $P$ 值已知的条件下，所以 $P$ 值的准确度会直接影响到 $Q$ 值反演的准确度。通过传播信号得到的 $P$ 参数与地声反演的结果比较(相应的文章并未发表)，$P$ 参数的准确度可信。另外，从图 4 中可以看出混响强度对 $P$ 的敏感度远小于对 $Q$ 的敏感度。所以 $P$ 的相对变化小于 1 时对 $Q$ 值反演来说并未有明显的影响，可以忽略不计。反演的理论依据是在全海深平均的前提下建立的；有效阵元的缺失，以及接收垂直阵的阵型都会对反演结果有一定的影响。此次实验中 37 元垂直阵全海深布放，阵元间距在 0.8 m 左右，深度数据分析得到阵型较好。同时噪声强度也是影响 $Q$ 值反演的主要因素。通过第 2 节噪声对反演结果的分析表明，噪声的存在会降低反演结果的准确率，当混响噪声比在 6 dB 以上时，反演结果比较可靠。另外，混响反演 $Q$ 值时，混响时间越长约束条件越多，使得反演结果更具可靠性。最后，混响强度的数据处理同样会对 $Q$ 值反演有影响。通常混响强度的计算是时间平滑平均的结果。时间窗的选择对混响强度的有微小的影响。这种影响包括平滑程度的影响和衰减速率的影响。其中前者的影响较大,即混响强度衰减曲线的起伏随时间窗的增大而减弱,从而增加了反演结果的准确性,适当的增加平滑时间窗对于后者的影响较小,可以忽略不计。文中的平滑时间窗采用 0.5 s,能够很好地平滑混响强度的衰减曲线,同时对于衰减速率的影响可以忽略不计,这里不再赘述,所以混响强度的数据处理也可以保证反演结果的可靠性。

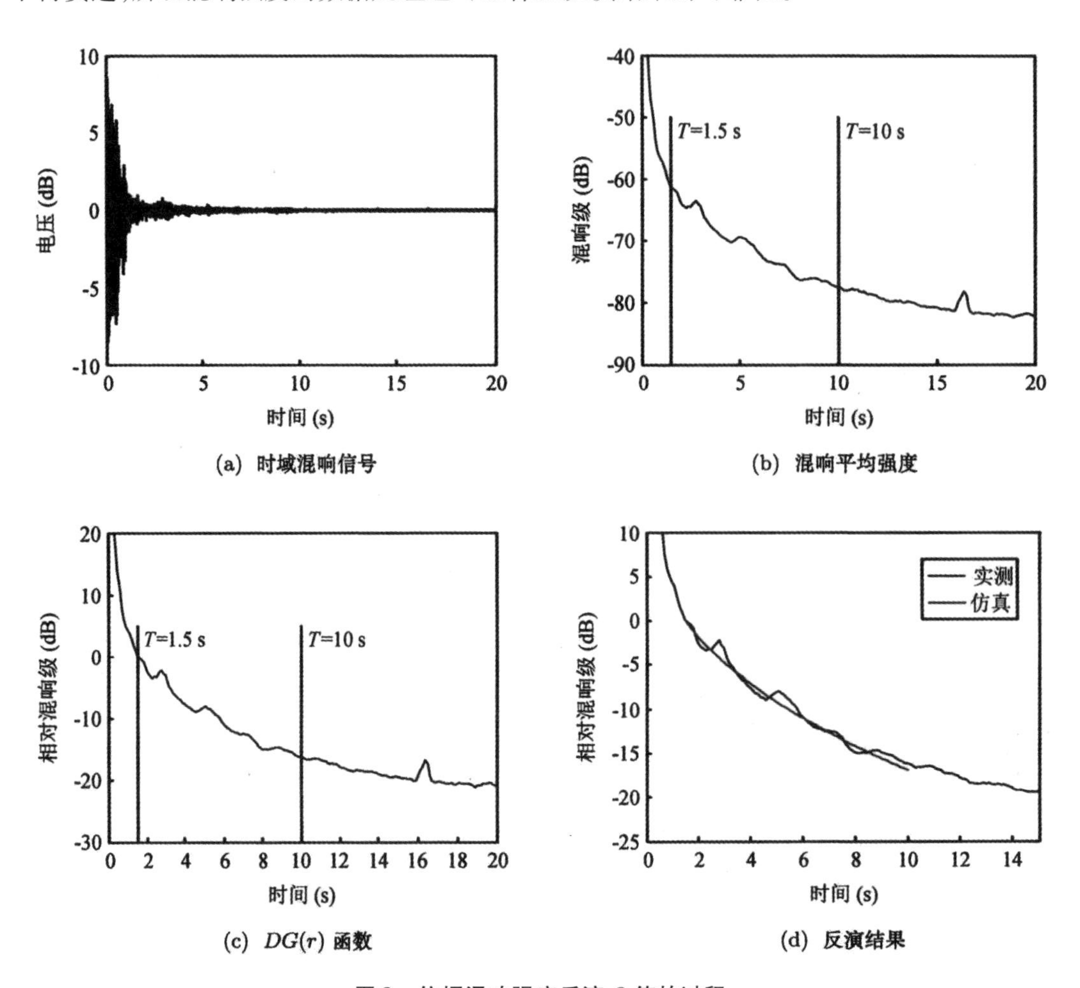


图 8　依据混响强度反演 $Q$ 值的过程

## 4　总结

全波动混响理论结合海底反射系数的三参数模型,将反射系数的幅值参数 $Q$ 和相位参数 $P$ 引入混响模型,代替地声参数等效地描述海底对声场的作用。该模型不需要考虑海底界面散射和海底沉积层体积散射难以分离的问题,同时也不需要知道任何地声参数的先验知识,避免了地声模型对反演结果的影响,也就在很大程度上降低了参数反演的不确定性。数值仿真和理论分析均表明了利用混响强度衰减特性反演反射系数幅值参数 $Q$ 的可靠性,并且实验验证了该方法的可行性和准确性。该反演只需要输入海底反射系数相位参数 $P$,混响数据,海深以及海深处的声速就可以反演得到 $Q$ 值。相位参数的相对变化量小于 1 时并不会使。$Q$ 的反演结果有明显的误差。但是噪声和频率的增加都会降低反演结果的准确率。

## 参考文献


[1] Dahl P H,Zhang R H,Miller J H etal. Overview of results from the Asian Seas international acoustics experiment in the East China Sea. IEEE. J. Ocean Eng. ,2004;29(4):920 -928.

[2] Lynch J F,Ramp S R,Chiu C S etal. Research highlights from the Asian Seas International Acoustics Experiment in the South China Sea. IEEE. J. Ocean Eng. ,2004;29(4): 1067 -1074.

[3] Zhou J X,Zhang X Z,Dahl P H,Simmen J A. Sea surface effects on reverberation vertical coherence and inverted bottom acoustic parameters. J. Acoust. Soc. Am. y 2007;121(1): 98 -107.

[4] Peng Z H,Zhou J X,Zhang R H. In - plane bistatic backward scattering from sea - bottom with random inhomogeneities sediment and rough interface. Sci. China, Ser. , G, 2004; 47 (6):702 -716.

[5] Potty G R,Miller J H,Dosso S E etal. Sediment parameter inversions in the East China Sea. J. Acoust. Soc. Am. y2017;141: 3487.

[6] Zhou J X,Zhang X Z,Rogers P H etal. Reverberation vertical coherence and sea - bottom geoacoustic inversion in shallow water. IEEE. J. Ocean Eng. ,2004;29(4):988 -999.

[7] Zhou J X,Zhang X Z,Shallow - water reverberation level: measurement technique and initial reference values. IEEE. J. Ocean Eng. ,2005;30(4):832 -842.

[8] Li Z L,Zhang R H. Sound speed and attenuation in marine mud sea - bottom. J. Acoust. Soc. Am. 2017;141:3844.

[9] Preston J R,Ellis D D,Gauss R C. Geoacoustic parameter extraction using reverberation data from the 2000 Boundary Characterization Experiment on the Malta Plateau. IEEE. J. Ocean Eng. . 2005;30(4):709 -732.

[10] Guillon L,Dosso S E,Chapman N R,Drira A. Bayesian geoacoustic inversion with the image source method. IEEE,J,Ocean. ,Eng. ,2016;41(4):1035 -1044.

[11] 杨坤德,马远良. 利用海底反射信号进行地声参数反演的方法. 物理学报,2009;58(3): 1798 -1805.

[12] 郭晓乐,杨坤德,马远良. 一种基于简正波模态频散的远距离宽带海底参数反演方法. 物理学报,2015;64(17):174302 -(1 -9).

[13] Zheng Z,Yang T C,Pan X. Sediments parameters inversion from Head wave and multipath using compressive sensing. Oceans2016 MTS/IEEE Monterey,2016.

[14] 张德明,李整林,张仁和. 基于自适应时频分析的海底参数反演. 声学学报,20. 5;30 (5):415 -419.

[15] 张学磊,李整林,黄晓砥. 一种声参数的联合反演方法,声学学报,2009;34(1):54 -59.

[16] 翁晋宝,李风华,曹永刚. 深海近距离声场频率 - 距离干涉结构反演海底声学参数. 声学学报,2015;40(2):207 -215.

[17] 江鹏飞,林建恒,马力,殷宝友,蒋国健. 一种海洋环境噪声分布反演地声参数方法. 声学学报,2016;41(1):59 -66.

[18] Holland C W. Fitting data,but poor predictions:Reverberation prediction uncertainty when seabed parameters are derived from reverberation measurements. J. Acoust. Soc. Am. ,2008; 123(5):2553 -2562.

[19] Wan L, Badiey M, Knobles D P. Geoacoustic inversion using low frequency broadband acoustic measurements from L – shaped arrays in the shallow water 2006 experiment. J. Acoust. Soc. Am. ,2016;140(4):2358 – 2373.

[20] Wan L, Badiey M, Knobles D P. Study on parameter correlations in the modal dispersion based geoacoustic inversion. J. Acoust. Soc. Am. ,2017;141:3487.

[21] 吴金荣,马力,郭圣明. 基于地声模型的浅海混响地声反演研究. 哈尔滨工程大学学报,2010;31(7):856 – 862.

[22] Goff J A, Olson H C, Duncan C S. Correlation of side – scan backscatter intensity with grain – size distribution of shelf sediments. New Jersey margin, Geo – Marine Letters,2000;20:43 – 49.

[23] Quijano J E, Dosso S E, Dettmer J, Holland C W. Geoacoustic inversion for the seabed transition layer using a Bernstein polynomial model. J. Acoust. Soc. Am^ 2016;140(6):4073 – 4084.

[24] 尚尔昌. 海底反射参数对平均场强结构的控制. 海洋学报,1979;1(1):58 – 64.

[25] 汪德昭,尚尔昌. 水声学(第二版). 北京:科学出版社,2013:158 – 164.

[26] Zhao Z D, Ma L, Shang E C, Modeling of Green function with bottom reflective parameters instead of GA parameters. J. Comput. Acoust. ,2014;22(1):1440005.

[27] 赵振东. 基于海底 PQ 描述的声场建模、参数获取及不确定性分析. 博士论文,中国科学院声学研究所,2014.

[28] Shang E C, Wu J R, Zhao Z D, Relating waveguide invariant and bottom reflection phase – shift parameterP in a Pekeris waveguide. J. Acoust. Soc. Am. ,2012;131(5):3691 – 3697.

[29] Wu J R, Shang E C, Gao T F. A new energy – flue model of waveguide reverberation based on pertubation theory. J. Comput. Acoust. ,2010;18(3):209 – 225.

[30] Wu J R, Shang E C, Gao T F. Shallow water reverberation model based on bottom reflection parameters. AIP Conf. Proc. ,2010;1272:314 – 322.

[31] Shang E C, Gao T F, Wu J R. A shallow – water reverberation model based on perturbation theory. IEEE. J. Ocean Eng, ,2008;33(4):451 – 461.

[32] 高天赋. 粗糙界面的波导散射和非波导散射之间的关系. 声学学报,1989;14(2);126 – 132.

[33] Tang D J, Sediment volume inhomogeneity and shallow water reverberation. SWAC'97,1997:323 – 328.

[34] Ge H L, Zhao H F, Gong X Y, Shang E C. Bottomreflection phase – shift estimation. IEEE. J. Ocean Eng. ,2004;29(4).

# 第三篇

# 海洋信息获取与适应性处理

# 浅海近程混响衰减

吴金荣 孙 辉 黄益旺

**摘要** 海底混响是主动声呐的重要背景干扰。研究混响的主要目的之一是得到混响干扰背景下主动声呐方程中的混响强度参数。应用射线声学理论研究了收发合置和分置两种情况下,倾斜海底的近程混响平均强度衰减特性;并且结合湖上实验数据的处理及分析,讨论了海水中声速分布、海底散射特性、海底倾斜角和海水中声速跃变层等因素对混响平均强度衰减特性的影响。数值计算以及实验结果表明:对浅海近程混响强度衰减规律影响最大的是海底散射特性;影响较小的是海底倾斜角。

**关键词** 海洋混响;平均强度;衰减规律

海底混响是影响浅海主动声呐工作性能的重要因素,它同时也包含了大量的海洋环境信息,因此,无论是对声呐性能预报,还是对环境参数反演,海洋混响的研究都很有意义。从主动声呐方程来看,混响强度是混响研究主要关心的参数之一。针对平坦海底环境的混响强度的衰减规律很早就有人进行研究[1-3],目前为止,还很少见对倾斜海底海洋环境下的混响强度的衰减规律进行研究的文章。

海洋混响主要包括声传播过程与声散射过程。深海混响相对比较简单,算法模型比较成熟,大多是基于射线理论[4]。浅海混响一般认为主要是由海底散射引起,对于比较平静的海面或负梯度声速剖面在估算混响强度时往往只需要考虑海底散射而忽略海面和体积散射的影响[5]。浅海远程混响由于复杂的多途特性,宜用简正波方法计算;计算近程混响时,由于不需考虑复杂的多途效应,用射线理论更为适用,简单有效、方便实用,易于分析发射器和接收器的指向特性对混响的作用。

本文利用混响平均强度作为描述浅海近程混响的基本物理量,结合射线理论计算手段,对倾斜海底环境下,收发合置与收发分置的混响平均强度衰减特性及其与一些浅海环境参数的依赖关系进行了数值模拟计算和分析。同时还给出了相应的湖上实验结果,并与理论计算结果进行了比较,总结出了一些有意义的研究结果和结论。

## 1 浅海近程混响强度计算

考虑如图1、图2所示的环境模型和声速分布[6],假设:①海面相对平静,反射系数为 $m$;②海底倾斜角度为 $\beta$,海底散射的角度分布函数取 $\sigma\sin^n a$(其中 $\sigma$ 为海底散射系数,$\alpha$ 为声线海底在海底界面的掠射角,$n$ 是一个反映海底散射特性的常数);③海水某一深度 $H_1+H_2$ 处存在声速跃变,声速分别为 $c_2$ 与 $c_3$,跃变层上下皆具有线性负梯度变化 $c=c_0(1+a\cdot z)$,梯度分别为 $a_1$ 和 $a_2$(如图2);④暂时考虑声源与接收水听器合置,且在跃变层上方的情况。

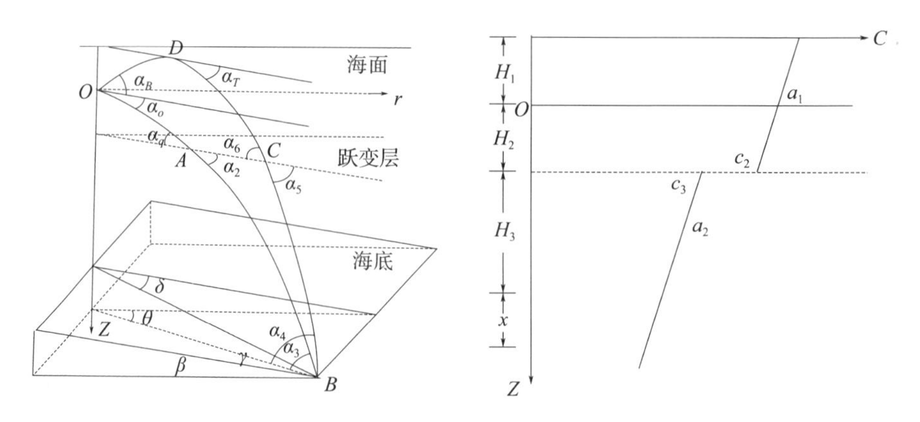


**图 1　环境模型与声线**　　**图 2　水层声速分布**

由于计算的是浅海近程混响,考虑到海底反射损失,只选取 4 类对接收混响强度贡献较大的声线:①海底一次散射;②海面反射再经海底一次散射;③海底一次散射再经海面反射;④海面反射经海底散射再经海面反射。

因为存在海底倾斜角度 $\beta$,同水平海底情况不同的是:给定某一时刻对海底混响有贡献的有效散射面形成的不是一个规则的圆环,其水平距离 $r$ 与方位角 $\theta$ 有关。从图 1 也可以看到,参考于水平平面,任一声线在海底投影的倾斜角为 $\gamma$,而方位角在海底平面上的投影角为 $\delta$,不同于海底倾斜角度 $\beta$ 和水平方位角 $\theta$。在指定的方位角上,声线从声源 $O$ 点到达海底 $B$ 点所需时间为:

$$t = \frac{1}{c_0 \cdot a_1}\int_{\alpha_0}^{\alpha_1}\frac{\mathrm{d}\alpha}{\cos\alpha} + \frac{1}{c_3 \cdot a_2}\int_{\alpha_2}^{\alpha_3}\frac{\mathrm{d}\alpha}{\cos\alpha} \tag{1}$$

式中:$c_0$ 是声源所在位置的声速,脉冲信号从发射至水听器接收到之间的时间间隔为 $2t$。

从式(1)可解得 $O$ 点到 $A$ 点的水平距离 $r_1(\theta,t)$ 和 $A$ 点到 $B$ 点的水平距离 $r_2(\theta,t)$,再由水平距离和对应的掠射角可推知该方位角上的积分面积、积分面积上的入射声强度。经运算后可得该积分面积对混响强度的贡献,再对 $\delta$ 积分即可得水听器接收到的混响强度。

(1)海底一次散射的混响强度 $I_1(t)$ 为

$$I_1 = \int \frac{I_0\cos\alpha_0\sin(\alpha_3-\gamma)}{r(\partial r/\partial\alpha_0)\sin\alpha_3}\cdot\sigma\sin^n(\alpha_3-\gamma)\cdot\frac{\cos\alpha_3}{r(\partial r/\partial\alpha_3)\sin\alpha_0}\mathrm{d}S_1 \tag{2}$$

式中:$I_0$ 为声源单位立体角的发射功率,$r=r_1+r_2$ 为 $O$ 点到 $B$ 点的水平距离,$\alpha_0$ 为声源处声线的出射角度,$\alpha_3$ 为声线 $AB$ 在海底边界的掠射角。

同理可知:

(2)海面反射再经海底一次散射的混响声强 $I_2(t)$ 为

$$I_2 = \int \frac{I_0\cos\alpha_0\sin(\alpha_3-\gamma)}{r(\partial r/\partial\alpha_0)\sin\alpha_3}\cdot\sigma\sin^n(\alpha_4-\gamma)\cdot\frac{m\cos\alpha_4}{r(\partial r/\partial\alpha_4)\sin\alpha_8}\mathrm{d}S_2 \tag{3}$$

式中:$r(t,\theta)$ 是声线从 $O$ 点到 $B$ 点的水平距离,$\alpha_4$ 为声线 $BC$ 在海底的掠射角,$\alpha_8$ 为声线 $OD$ 在声源处的出射角。

(3)海底一次散射再经海面反射的混响声强 $I_3(t)$ 为

$$I_3 = \int \frac{mI_0\cos\alpha_8\sin(\alpha_4-\gamma)}{r(\partial r/\partial\alpha_8)\sin\alpha_4}\cdot\sigma\sin^n(\alpha_3-\gamma)\cdot\frac{\cos\alpha_3}{r(\partial r/\partial\alpha_3)\sin\alpha_0}\mathrm{d}S_3 \tag{4}$$

式中:$r(t,\theta)$是声线从 $O$ 点到 $B$ 点的水平距离。

(4)海面反射经海底散射再经海面反射的混响声强 $I_4(t)$为

$$I_4 = \int \frac{mI_0 \cos \alpha_8 \sin(\alpha_4 - \gamma)}{r(\partial r/\partial \alpha_8)\sin \alpha_4} \cdot \sigma \sin^n(\alpha_4 - \gamma) \cdot \frac{m\cos \alpha_4}{r(\partial r/\partial \alpha_4)\sin \alpha_8} \mathrm{d}S_4 \tag{5}$$

式中:$r(t,\theta)$是声线从 $O$ 点到 $B$ 点的水平距离。

在式(2)~(5)中,$\mathrm{d}S_i = (1,2,3,4)$是声线对应的散射微面元,$S_i$ 是某时刻对混响信号作用的区域,常见的混响模型在海底没有倾斜角,产生混响信号的海底散射区域是一个标准圆环;而本文由于考虑了海底倾斜角,所以其区域不是标准圆环,也不是标准椭圆环,它是一个类椭圆环的区域,并且与海底倾斜角、时间、声速梯度等因素有关[7]。

综上所述,在某一时刻,水听器接收到的总混响平均声强度为

$$I(t) = \sum_k I_k(t) \approx I_1(t) + I_2(t) + I_3(t) + I_4(t) \tag{6}$$

注意上述公式仅适用于较近距离。由图 2 可看出当 $a_7 = 0$ 时声线到达距离最远:

$$R_{\max} = \left| \frac{\sin \alpha_8}{a_1} \right| + \left| \frac{\sin \alpha_6}{a_1} \right| + \left| \frac{\sin \alpha_4 - \sin \alpha_5}{a_2 \cdot \cos \alpha_5} \right| \tag{7}$$

不存在声速跃变时,认为前面假设的跃变层上下声速 $c_2 = c_3$ 即可。收发分置时,只需要在上述公式中将水听器和声源位置分开考虑就行,推导过程与收发合置时类似。

## 2 数值计算及其分析

假设声源向深水区发射,暂不考虑声速跃变。取如下计算参数:发射换能器单位立体角内的声功率为 $I_0 = 1\ 000$ W/m$^2$;声源所在位置的声速为 $c_0 = 1\ 500$ m/s、海深为 $H = 40$ m,声源深度为 $H_1 = 10$ m;海底散射系数$\sigma = 0.1$,角度分布函数中的指数 $n = 1$;海面反射系数 $m = 0.9$;发射声脉冲宽度 $\tau = 4$ ms,频率为 30 kHz。

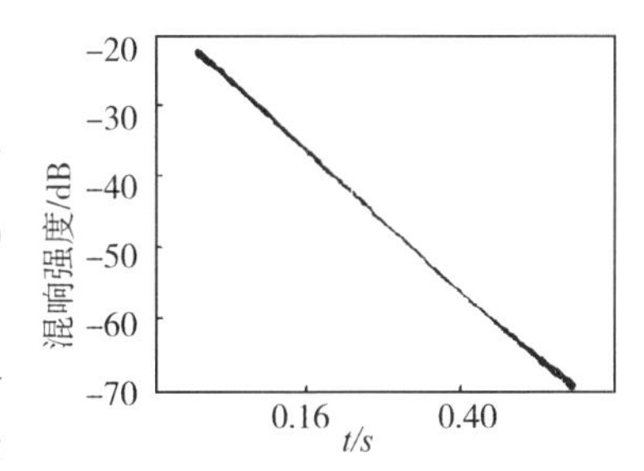


**图 3 不同海底倾斜角时的混响强度曲线**

首先考虑相对较小的声速梯度 $a = -0.000\ 1\ \mathrm{m}^{-1}$。图 3 是海底倾斜角$\beta$分别为0°、2°、5°、8°、11°、15°时计算得到的海底混响平均强度衰减曲线。从图中可以看出:海底倾斜角$\beta$越大,混响平均强度起始时越低,结束时越高,即平均斜率绝对值越小。具体的平均斜率如表 1 所示。

**表 1 不同海底倾斜角时对应的混响强度衰减曲线斜率**

| $\beta$/(°) | 斜率 $k$ |
|---|---|
| 0 | -4.92 |
| 2 | -4.89 |
| 5 | -4.86 |
| 8 | -4.84 |
| 11 | -4.82 |
| 15 | -4.79 |

由表 1 数据可看出:海底倾斜角越大,其混响平均强度衰减速度越慢,但其变化量很小,实际实中是很难验证的。所以在海底倾斜角不大的情况下,可以当作水平海底来进行计算。

图 4 给出的是取不同的海底散射指数时计算得到的海底近程混响平均衰减特性。其中最上面的一条曲线对应 $n=0$,中间的对应 $n=1$,最下面的对应 $n=2$。这些曲线各自具体的平均斜率如表 2 所给。

由图 4 与表 2 可知:海底散射指数 $n$ 越大,其海洋混响平均强度越小,对应的衰减曲线斜率绝对值越大,平均强度随时间衰减的速度越快。

**表 2　取不同散射指数时的混响强度衰减平均斜率**

| 方向性指数 $n$ | 斜率 $h$ |
|---|---|
| 0 | -3.93 |
| -4.86 | 2 |
| -5.78 | |

图 5 给出的是在不同的声速剖面梯度条件下,计算得到的海底混响平均强度衰减曲线,其中最上面的一条曲线对应 $a=-0.000\,1\ \mathrm{m}^{-1}$,中间的曲线对应 $a=-0.000\,5\ \mathrm{m}^{-1}$,最下面的曲线对应于 $a=-0.000\,1\ \mathrm{m}^{-1}$。曲线的平均斜率见下面的表 3。

由图 5 与表 3 可知:声速梯度越大,其混响平均强度曲线平均斜率绝对值越大,即混响强度随时间变化越快。

**表 3　不同声速梯度对应的强度衰减平均斜率**

| 声速梯度 $a$ | 平均斜率 |
|---|---|
| -0.001 | -4.30 |
| -0.000 5 | -4.52 |
| -0.000 1 | -4.86 |

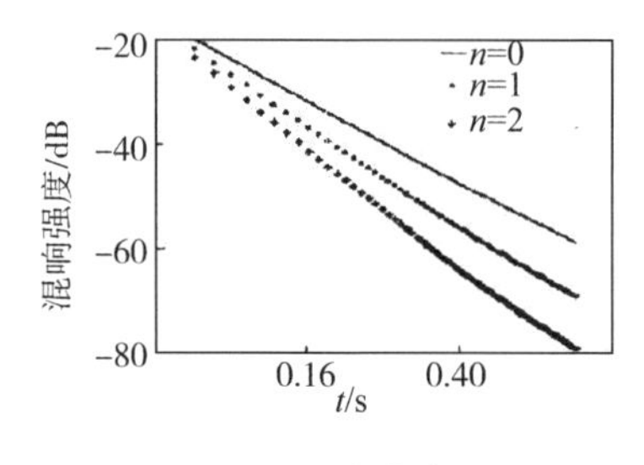

**图 4　不同散射指数时的混响强度曲线**

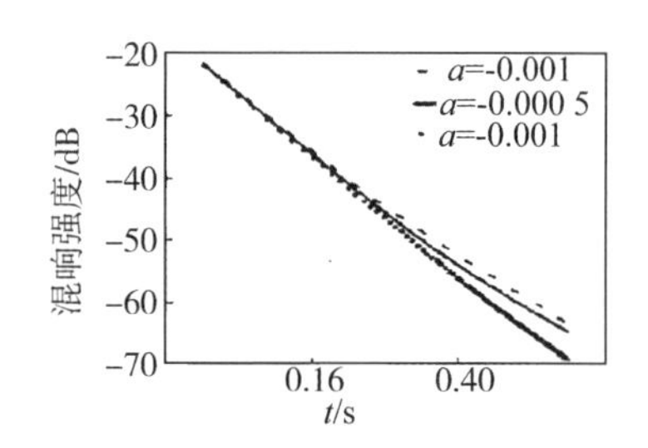

**图 5　不同声速剖面梯度时的混响衰减曲线**

图 6 是声速梯度 $a=-0.000\,5\ \mathrm{m}^{-1}$,声源与水听器在不同位置时的混响平均强度衰减曲线,图中最上面的一根曲线是发射声源与接收水听器同在跃变层上方时的混响平均强度衰减曲线,中间一根曲线是无声速跃变层时混响平均强度衰减曲线,最下面一根曲线是发射

声源与水听器同在声速跃变层下方时的混响平均强度衰减曲线。由图6可知:3根曲线的高低不同,但平均斜率几乎相等。即在同一速梯度情况下,声速跃变层的存在并不影响混响平均强度的衰减速度,但发射声源与水听器所处位置对接收到的混响强度有影响。发射声源与水听器在声速跃变层上方时,水听器接收到的混响强度比无声速梯度时接收到的混响强度大;发射声源与水听器在声速跃变层下方时,水听器接收到的混响强度比无声速梯度时接收到的混响强度小。

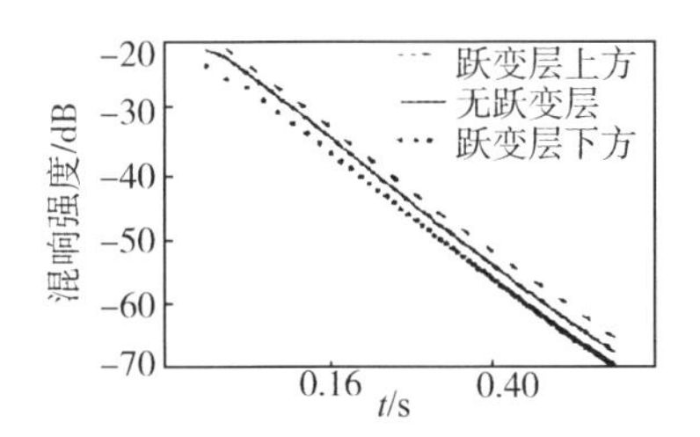


图6　声源与水听器在不同位置时的混响平均强度衰减曲线比较

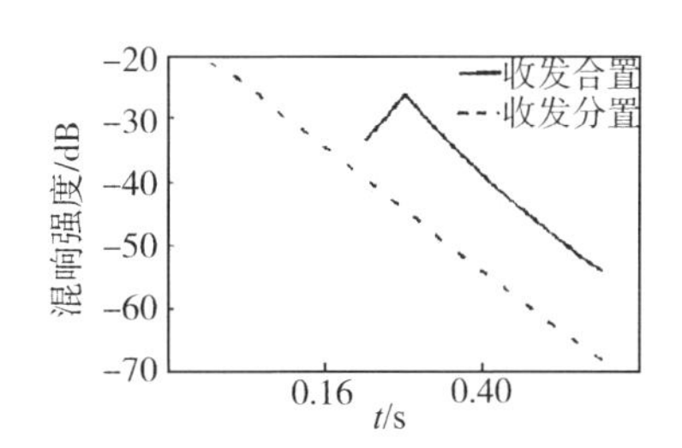


图7　收发合置与收发分置的混响平均强度衰减曲线比较图

比较图7中两条曲线可知,收发合置与收发分置混响平均强度随时间衰减规律略有区别,最大的不同就在于收发分置时,水听器所接收到的混响开始先随时间增大;增大到最大值时再随时减小;之后,其减小规律与收发合置时基本相同。

## 3　实验数据分析

实验是在吉林松花湖进行的,如图8所示。采用发射换能器阵与水听器阵收发合置,实验船停靠在湖岸边,从船舷布放的发射阵接收水听器,声源向深水方向发射,信号为CW脉冲,频率30 kHz,脉冲宽度$\tau=4\ \mu s$,其中声源所在位置距离湖底$H=15$ m,距离水面$H_1=5$ m。在比较计算中,考虑到当地的底质特性,取湖底散射系数$\sigma=0.1$,海底散射指数$n=2$以及海面反射系数$m=0.9$。

从实验测量结果可知,在实验过程中,声速剖面分布随时间变化较小,图9给出的是其中的一个典型的声速剖面,呈负梯度分布,梯度$a=-0.000\ 67$。

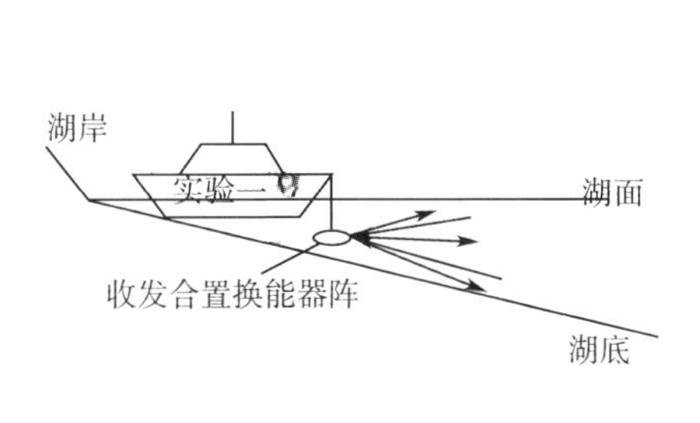


图8　实验环境示意图

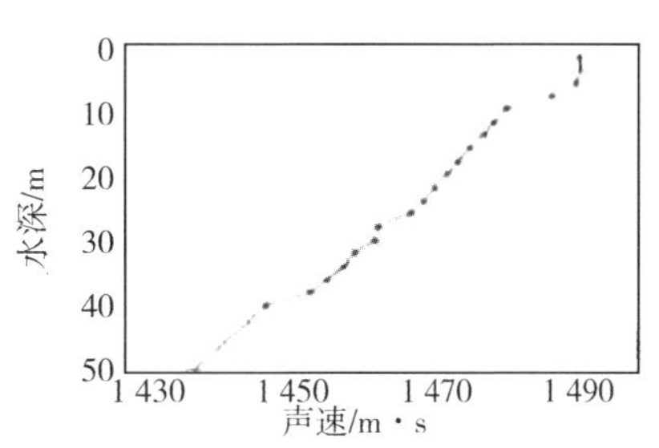


图9　实测得到的声速剖面分布

实验水域湖底地形剖面深度测量结果,如图10所示。湖底基本以同样的倾斜角度朝离岸的方向倾斜,湖底倾斜角$\beta=2.9°$。

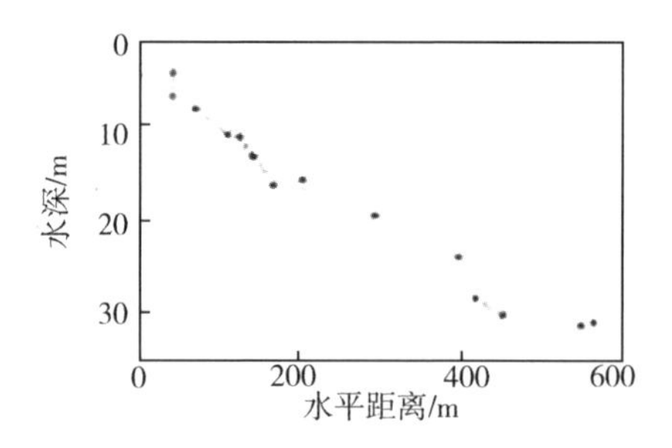


**图 10　实测得到的声速剖面分布**

图 11 是实验测量得到的收发合置混响信号的瞬时强度图,它反映了实际测量混响信号的强度随时间的变化。图 12 则是混响信号平均强度随时间变化同理论计算结果的比较,其中虚线为理论计算曲线,无规则曲线是实际测量得到的混响信号平均强度。实际测量曲线与理论计算曲线基本吻合。

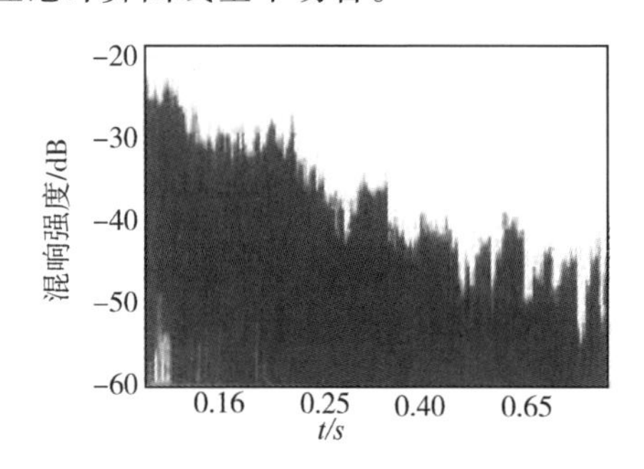


**图 11　测量得到的混响瞬时强度变化**

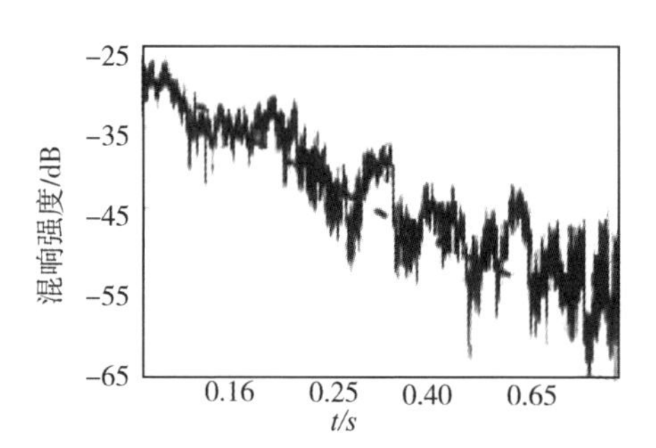


**图 12　混响平均强度与理论曲线的比较**

## 4　结论

本文从射线声学理论出发,导出分层介质条件下,倾斜海底收发合置浅海近程海洋混响平均强度的近似表达式,利用此式对不同参数情况下的海洋混响平均强度衰减规律进行了数值计算和分析。结果表明:海底散射方向性指数因子、海水声速分布梯度、海底倾斜角等对海洋混响平均强度的衰减皆有影响:①海底散射方向性指数因子对其影响最大,可见,正确选取海底散射模型是浅海近程混响建模的关键。②混响强度影响的另一因素是声速分布梯度,声速分布梯度越大,混响强度衰减越快。③海底倾斜角也会影响海洋混响的衰减,海底倾斜角越大,混响平均强度衰减越慢,但影响很小由于实验条件限制,湖上实验结果部分验证了上述结论。

## 参 考 文 献

[1] EYRING C F, CHRISTENSEN R J, RAITT R W. Reverberation in the sea. [J] J Acoust Soc Am, 1948, 20(4):462 - 475.

[2] WOLFGANG BACHMAN, BEMARD RAIGNIAC. Calculation of reverberation and average intensity of broad - band acoustic signals in the ocean by means of the RAIBAC computer model[J]. Journal of the Acoustical Society of America, 1976, 59(1):31 - 39.

[3] ELLIS D D, CRUWE V D. Bistatic reverberation calculations using a three - dimensional

scattering function[J]. J Acoust Soc Am, 1989, 89(5):2207 -2214.

[4] DALE D, ELLI S. A shallow - water normal - mode reverberation model[J]. J Acoust Soc Am, 1995, 97(5):2840 -2814.

[5] ZHANG R, JIN G. Normal - mode theory of average reverberation intensities in shallow water [J]. Journal of Sound and Vibration, 1987, 119:215 -223.

[6] STANIC S, KENNEDY E, RAY R I. Hig - frequency bistatic reverberation from a smooth ocean bottom[J]. J Acoust Soc Am, 1993, 93(5):2633 -2638.

[7] 吴金荣,孙辉,杨士莪. 浅海倾斜海底海洋混响衰减规律研究[J]. 声学技术(增刊), 2001, 20:4 -7.

# 浅海大陆架海洋环境噪声指向性计算

范　军　汤渭霖

**摘要**　本文利用射线声学推导出在 $N\times2D$ 近似条件下倾斜海底海洋环境噪声计算公式,根据两种不同声速梯度分布情况,对典型楔形大陆架海区海洋环境噪声指向性进行了计算。得到典型声速梯度分布情况以及大陆架海洋环境噪声指向性规律和特点。为进一步进行任意海底条件,声速梯度分布情况下三维海洋环境噪声预报打下基础。

**关键词**　浅海;海洋环境噪声;指向性

## 1　引言

建立海洋环境噪声的理论预报模型对于声呐性能的评估,水声对抗战术以及潜艇水下隐蔽机动方式的制定都有重要的指导意义。特别是现代声呐在低信噪比条件下进行目标检测和识别,必须将声呐与环境进行匹配。由于海洋环境的复杂多变性,工程上更需要对海洋环境噪声做出现场预报。浅海大陆架海区是海军争夺的焦点地区。大陆架海区不仅蕴藏有丰富的油气资源,而且是登陆和反登陆的必争之地。在海军的日常警戒中大陆架海区的活动最为频繁,这也就意味着大陆架海区是声呐系统最常遭遇的环境之一。因此,大陆架海区的海洋环境噪声的预报具有特别重要的实际意义。

浅海大陆架海区具有以下特点:

(1)海底呈缓慢变化的斜坡状,在某些海区也可能存在大陆架陡坡,并由此进入深海;

(2)声速分布随季节变化明显;

(3)航船活动频繁,无论是远洋还是近海航线都要经过大陆架海区。

综合上述环境特点,可见大陆架海区环境噪声的预报是相当复杂的问题。

大陆架海区与分层浅海的本质差别是海底地形随距离和方位变化,因此即使忽略声速分布的水平变化,问题也是三维的。众所周知,三维声传播的计算具有相当大的难度,特别是适合工程应用的快速算法很难实现。噪声场的预报需要计算来自整个海面分布的噪声源的贡献。因此采用三维方法是不现实的。适合于工程应用的实际可行的方法是 $N\times2D$ 近似方法。即把整个海面的360°方位分割成 $N$ 个扇形区,在每个扇形区内噪声场看作是与方位无关的,因此是二维问题。将这 $N$ 个二维($2D$)噪声场叠加在一起就构成 $N\times2D$ 的准三维噪声场。

本文在 $N\times2D$ 的近似基础上推导了用射线声学方法计算倾斜海底环境指向性的公式[1],并根据等声速和某海域实际声速两种不同声速梯度分布情况,对典型楔形大陆架海区海洋环境噪声指向性进行了计算[2]。得到典型声速梯度分布情况以及大陆架海洋环境噪声指向性规律和特点。为进一步进行任意海底条件,声速梯度分布情况下三维海洋环境噪声预报打下基础。

## 2　$N\times 2D$ 近似下海洋环境噪声场的指向性理论公式

暂时不管海底的具体形状,先导出 $N\times 2D$ 近似下环境噪声场指向性的表示式。首先采用的是三维到 $N\times 2D$ 的近似,把三维问题近似为二维问题来处理。如以接收水听器所在处为中心将海面分成 $N$ 个扇形面,每个扇面的扇形角是 $\Delta\varphi_i, i=1,2,\cdots,N$。应当指出,这 $N$ 个扇面并不是均匀分割的,它们根据海底形状的变化情况而定。要求在每个扇面内海底形状随方位角没有很大的变化。采用 $N\times 2D$ 近似后每个扇形区近似为二维情况,可以利用射线声学方法计算海面噪声源产生的噪声场。取第 $i$ 个扇形区的垂向剖面,如图 1。

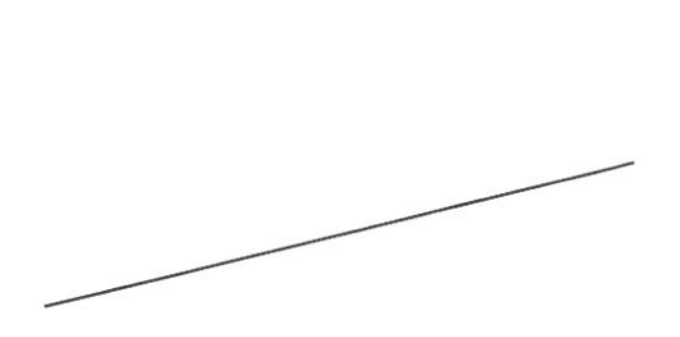

图 1　$N\times 2D$ 近似第 $i$ 个扇形区的垂向剖面

噪声指向性 $D(\Omega)=D(\theta_r,\varphi)$ 是水听器接收到的来自掠射角为 $\theta_r$、方位角为 $\varphi$ 的单位立体角内的噪声功率。经过推导可以得到以下公式:

(1)当 $\theta_r>0$ 时噪声场指向性

$$D(\theta_r,\varphi_i) = \mathrm{e}^{-\alpha S_{p0}}\sum_{n=0}^{N}\left(\prod_{j=1}^{n}R_s(\theta_{s_j})R_b(\theta_{b_j})\mathrm{e}^{-\alpha S_{C_j}}\right)\sin\theta_{s_n} \tag{1}$$

这里已令 $I_S=1$,所以 $D(\theta_r,\varphi)$ 是归一化的指向性函数另外,对 $n$ 的求从 0 到某个有限值 $N$。这是因为在倾斜海底声线在传播过程中会发生变化,$n>N$ 的声线已经达不到海面。

(2)当 $\theta_r<0$ 时噪声场指向性

$$D(\theta_r,\varphi_i) = R_b(\theta_{b_0})\mathrm{e}^{-\alpha(S_{c0}-S_{p0})}\sum_{n=0}^{N}\left(\prod_{j=1}^{n}R_s(\theta_{s_j})R_b(\theta_{b_j})\mathrm{e}^{-\alpha S_{C_j}}\right)\sin\theta_{s_n} \tag{2}$$

两式合并可以将指向性表示为

$$D(\theta_r,\varphi_i) = Q(\theta_r)S(\theta_r,\varphi_i) \tag{3}$$

其中

$$S(\theta_r,\varphi_i) = \sum_{n=0}^{N}\left(\prod_{j=1}^{n}R_s(\theta_{s_j})R_b(\theta_{b_j})\mathrm{e}^{-\alpha S_{C_j}}\right)\sin\theta_{s_n} \tag{4}$$

$$Q(\theta_r) = \begin{cases}\mathrm{e}^{-\alpha S_{p0}} & \theta_r\geqslant 0\\ R_b(\theta_{b_0})\mathrm{e}^{-\alpha(S_{C_0}-S_{P0})} & \theta_r<0\end{cases} \tag{5}$$

因此,在 $N\times 2D$ 近似下噪声场估计的主要任务是计算声线多途贡献的和。在平海底的情况下(4)式中的 $N\to\infty$,$\theta_s$、$\theta_b$、$S_c$ 各量都是与反射次数无关的定值,可以利用等比级数求和的公式简化为:

$$S(\theta_r) = \frac{\sin\theta_s}{1-R_s(\theta_s)R_b(\theta_b)\mathrm{e}^{-\alpha S_c}} \tag{6}$$

由此可见,在倾斜海底的情况下,计算的工作量要大大增加。为了正确地计算(4)式,关键问题是弄清楚在倾斜海底时来自海面的各种声线途径。

## 3　浅海大陆架环境噪声指向性计算例

设浅海大陆架海区海底是如图 2 的一个倾斜平面,它与海面的夹角为 $\delta$,通常 $\delta$ 小,因此就等于海底有斜率。不失一般性，取 $xyz$ 坐标如下：$z$ 轴垂直向下，$y$ 轴平行于两个平面的交线，$x$ 轴垂直此交线。海底深度沿 $y$ 方向不变，沿 $x$ 方向变化最快。任意方位上的斜率可以表示为：

$$\delta(\varphi) = \mathrm{tg}\,\delta\cos\varphi \tag{7}$$

它表示依赖于方位的斜率值。$0<\varphi<\pi/2$ 是上坡情况，$\pi/2<\varphi<\pi$ 是下坡情况。

采用 $N\times 2D$ 近似后，任何一个剖面的斜率可以根据 $\varphi$ 角确定。最终的问题就是在给定声速分布和海底斜率的条件下计算(4)式。本文就针对图 2 这样的大陆架海区，在不同声速分布条件下对海洋环境噪声指向性进行了理论预报。

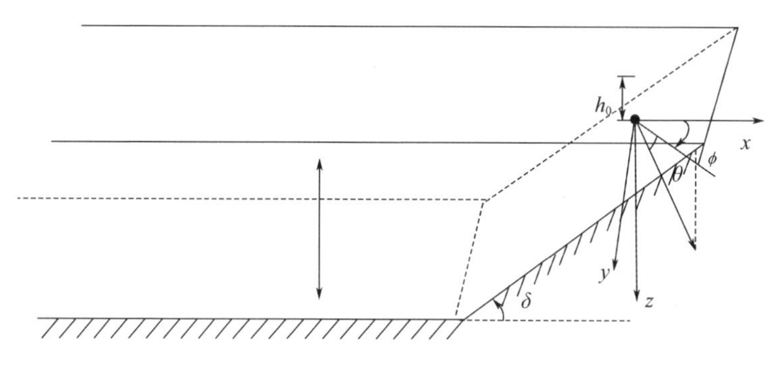


图 2　倾斜平面大陆架海区示意图

## 3.1　计算环境参数选择

在计算中采用参数取值如下：海底斜率：$\tan\delta=0.01$，海底最大深度：$h=300$ m，声源位置：$h_0=40$ m。设定介质吸收系数为 0.050 5 dB/km，不考虑海面反射损失即 $R_s=1$，海底反射损失取图 3 中所示情况，取自 Kuperman WAt 和 Schmidt 所著的计算海洋声学。

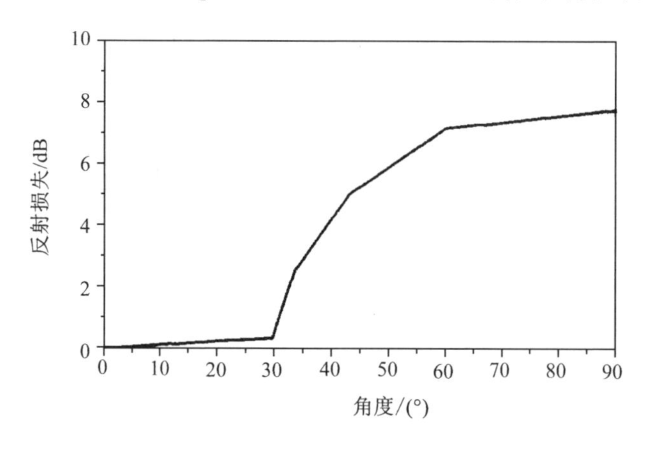


图 3　海底反射损失

## 3.2　等声速分布情况

图 4 给出等声速分布的声速剖面，图 5 给出 $\varphi=0°$时声线轨迹图。从图 5 可以看出上坡情况声线每经过一次海底反射掠射角增加 $2\delta$。因此声线越来越陡。下坡情况每经过一次海

底反射掠射角减小 $2\delta$,声线越来越平。图 6 给出归一化的随俯仰角 $\theta$ - 方位角 $\varphi$ 变化的海洋环境噪声指向性图。图 7 给出的是 $\varphi=180°$、$90°$、$0°$方向上随俯仰角变化的海洋环境噪声指向性图。

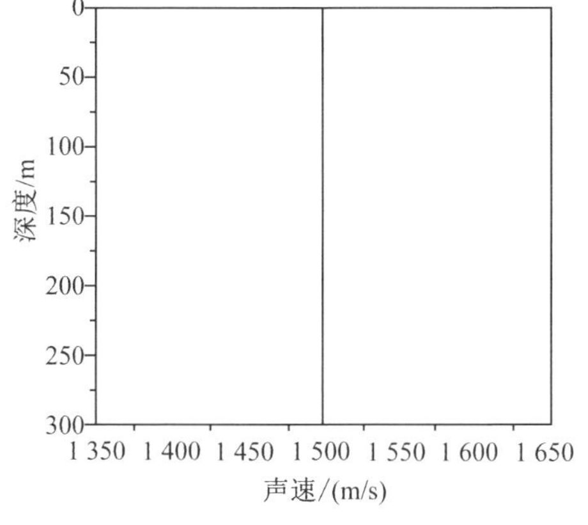


**图 4　等声速分布的声速剖面**

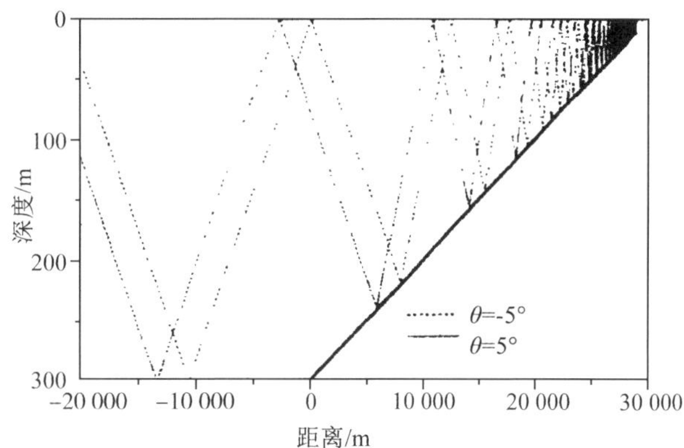


**图 5　$\varphi=0°$时(斜率 $=tg\delta$)声线轨迹**

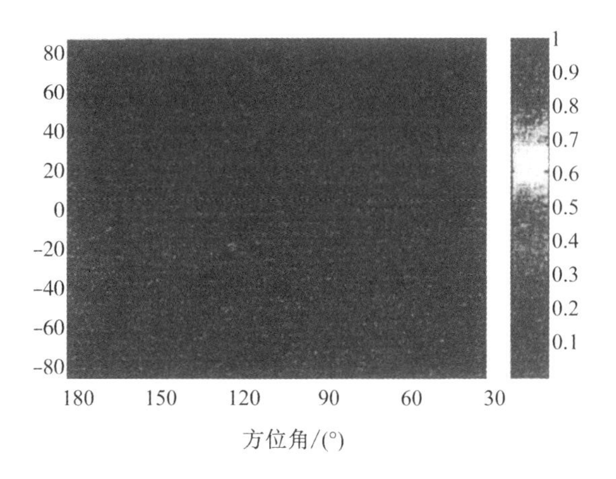


**图 6　等声速分布下归一化噪声指向性图**
**斜率 $\tan\delta=001$ 接收器水下 40 m 水深 30 m**

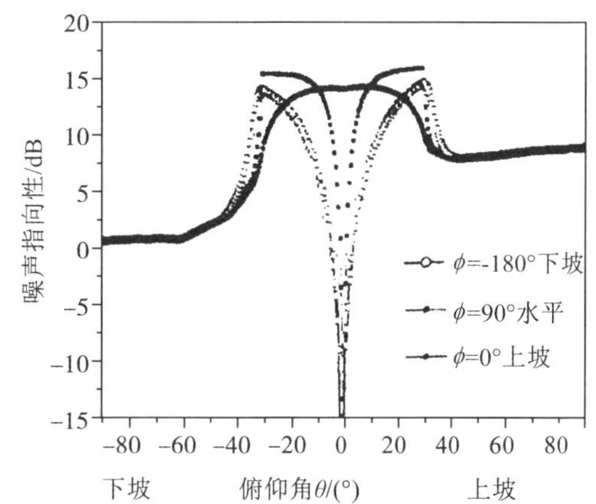


**图 7　不同方位角噪声指向性随俯仰角变化曲线**

从图 6、图 7 可以得到以下结果:

(1)大陆架海区的海洋环境噪声与海底水平情况相比更为复杂,在不同的方位它们的指向性有很大差异。

(2)各方位上在$|\theta|>30°$情况下指向性数值很小,这和我们所选的海底性质有关,我们所选的海底损失的临界角接近 30°,大于 30°能量损失主要由高反射损失海底决定,因此各方位的噪声能量损失基本相同。在$|\theta|>30°$时,噪声能量损失由低反射损失海底和介质吸收共同决定。这时声线轨迹(也就是介质吸收)作用表现出来。

(3)对于上坡情况,不同俯仰角的声线每一次翻转角度增加 $2\delta$,最后趋于 $\pi/2$,这样每一次翻转声线的声学长度差别越来越小,并且长度也越来越小,也就是介质吸收的差别也较小,特别是小俯仰角时表现更为明显,因此在小俯仰角时指向性基本是均匀的,这时海底损失也小,噪声能量也大于水平情况。当俯仰角增大,到达海底的角度也越来越大,很快就大于临界角,海底的损失也越来越大,因此表现出在上坡情况指向性数值小,也就是噪声强度小。

(4)下坡情况则相反,不同俯仰角的声线每一次翻转角度减小 $2\delta$,在这种情况下逐渐趋向第一次到达水平海底的角度。在小的俯仰角情况下,在斜坡海底上每一次翻转声线的声学长度加大,也就是介质损失相对于水平海底情况增加,这时噪声能量就比水平情况小,当俯仰角增加,海底损失表现出来,但由于每一次翻转,到达海底角度是减小的,使海底损失也减小,所以表现出噪声能量比水平情况要大。

## 4 结论

本文在 $N\times 2D$ 近似的基础上推导了用射线方法计算倾斜海底环境指向性的公式。结果表明在倾斜海底的情况下环境噪声指向性计算的工作量要大大增加。计算中的关键问题是弄清楚在倾斜海底时来自海面的各种声线途径。

针对等声速和某次海试实测声速分布两种不同声速梯度分布情况,对如图 2 所示的典型大陆架模型海区海洋环境噪声指向性进行了计算。得到典型声速梯度分布情况,大陆架海洋环境噪声指向性规律和特点。为进一步进行任意海底条件,声速梯度分布情况下三维海洋环境噪声的预报打下基础。

## 参考文献

[1] 范军,汤渭霖. 用射线方法计算浅海大陆架海洋环境噪声指向性. 中国国防科技报告. 上海交通大学,2002.

[2] 范军,汤渭霖. 浅海大陆架海洋环境噪声指向性计算中国国防科技报告. 上海交通大学,2002.

# Modal Wave Number Tomography for South China Sea Front

Lin - hui Peng　Ning Wang
Xiao - fang Qiu　Ji - wei Tian

**Abstract**　Monitoring of the South China Sea is always one of the focuses in the field of ocean engineering for its particular geographic position. The modal wave number tomography is proposed for monitoring the front and numerical simulation is performed for the front of the South China Sea. With the empirical orthonormal function(EOF)applied to reduce the parameter search space, the perturbation inversion method is used for inversing sound speed profiles. The 2 - D ocean environment used for numerical simulation is selected from the ocean area, located in 20°N, 118°E - 20°N, 125°E, near the Luzon Strait in thc South China Sca. Thc occan cnvironmcnt sound speed distribution in the ocean area under study is obtained from the assimilation of multi - source remote sensing data. The numerical simulation shows that the modal wave number tomography can inverse the average sound speed profile, therefore, it can be used to monitor ocean internal structures such as ocean fronts and eddies which affect sound speed distribution.

**Key words**　front ;wavenumber ;tomography ;monitoring

## 1　Introduction

The South China Sea lies to the southeast part of the Chinese continent. The Kuroshio flows by the east side of the Luzon Strait from south to north in winter, spring, and autumn. The Kuroshio affects near current fields and temperature fields, changing the ocean environment parameters and sound propagation. Thus, the ocean acoustic tomography technique is of potential to long - term, large scale monitoring of the ocean. The modal wave number tomography method (Ra jan et al., 1987 ;Frisk et al., 1989) is used to obtain the sound speed profile in water column of the South China Sea front, which is a range - dependent environment. The empirical orthonormal function is used to describe sound speed profiles for reduction of the parameter search space. LeBlanc and Middleton (1980) and Tolstoy et al. (1991) have demonstrated the effectiveness of EOF. The 2 - D ocean environment used for numerical simulation is selected from the ocean area, located in 20°N, 118°E - 20°N, 125°E, near the Luzon Strait. The environment sound speed distribution in the ocean area under study is obtained from the assimilation of multi - source remote sensing data. The sound speed profile for the area of 20°N,118°E in January serves as the unperturbed background of the ocean environment model and an ocean front serves as the perturbation of the sound speed profile.

In this paper, the background data and sound speed profile distribution of the ocean front area in the South China Sea are presented first. Secondly, presented is the modal wave number tomography method for inver sin g sound speed profile in water column. The method consists of estimation of local modal eigenvalues, perturbative inverse equation and sound speed profile expansion in EOF. Then the results of numerical simulations are presented and analyzed. Finally, a summary is given.

## 2 Background Data of Ocean Front Area in South China Sea

The South China Sea is a spacious deep basin, which connects the adjacent northwest Pacific Ocean through the Luzon Strait to its northeast side (Li et al., 1998). The Kuroshio enters the South China Sea across the middle and north part of the Luzon Strait. In winter, there is always the Kuroshio with high temperature flowing in the South China Sea. At the depth of 0 – 400 m the water temperature of the area is higher than that of the west area at the same latitude, causing an ocean front. The Kuroshio extends in the northwest direction. Subject to the resistance from the bottom of the Taiwan Straits, the Kuroshio water concentrates on the southwest sea area of Taiwan, whose edge seldom goes beyond 119°E. The Kuroshio water mostly concentrates in three areas : the southwest sea area of Taiwan, the area of 21° – 22°N, 119°E, and the area of 20° – 21°N, 119.5°E. The data of conductance, temperature and depth can be derived by use of assimilation of remote sen singdata. The sound speed of seawater in the South China Sea can be obtained with Eq. (1)

$$c = 1\,449.30 + \Delta_{CP} + \Delta_{CT} + \Delta_{CS} + \Delta_{CTPS} \tag{1}$$

The numerical simulation is based on the environment parameters of the area of 20° N, 118° – 20°N, 125°E adjacent to the Luzon Strait in January, 1994.

## 3 Modal Eigenvalue Inversion Method

The method has been used to extract the sound speed profile of eddy in deep ocean (Qiu et al., 2001). The main part of it is inversing the sound speed perturbation from the perturbative relation between sound speed and modal wave number with a background model as follows

$$\Delta k_m = \frac{1}{k_m^{(0)}}\int_0^{\infty} \rho_0^{-1}(z)\ |Z_m^{(0)}(z)|^2 k^{(0)2} \frac{\Delta c(z)}{c_0(z)} \mathrm{d}z \tag{2}$$

where $k_m^{(0)}$ and $Z_m^{(0)}(z)$ are the modal eigenvalue and eigenfunction of the background model respectively; $\rho_0(z)$ and $c_0(z)$ are the density and sound speed of the background model, $k^{(0)2} = \omega/c_0$; $\Delta_c$ is the difference between the perturbed model sound speed and the background model sound speed ; and $\Delta k_m = k_m - k_m^{(0)}$ is the difference between the perturbed model eigenvalue and the background model eigenvalue.

The background normal modes are calculated by the KRAKEN program (Porter, 1992) here, and the local modal eigenvalues are extracted by wave number decomposition of simulated complex pressure fields. The complex pressure field of the ocean model can be measured by hydrophone array, and here is simulated by FOR3D code (Ding and Schultz, 1995).

For the far field, the wave number spectrum can be obtained by translation of the zeroth –

order Bessel function.

$$g(k_r, z, z_0) \sim \frac{e^{i\frac{\pi}{4}}}{\sqrt{2\pi k_r}} \int_0^{\infty} p(r, z, z_0) \sqrt{r} e^{-ik_r r} dr \qquad (3)$$

The points corresponding to the spectrum peaks are the modal wave numbers.

In order to solve the integral Eq. (2), the parameter search space must be reduced. So the sound speed profile is expressed as a sum of EOFs. In the rectangular coordinate system, the sound speed $c(x, y, z_i)$ at any point $(x, y, z_i)$ in the region under study is given as

$$c(x, y, zi) = \bar{c}(z_i) + \sum_{k=1}^{K} \alpha_k(x, y) f_k(z_i) \qquad (4)$$

where, $\bar{c}(z_i)$ is the average sound speed of all the sound speed samples at depth, $z_i$, $f_k(z_i)$ is an eigenvector of the covariance matrix of the sound speed profile sample matrix, and $\alpha_k(x, y)$ is the coefficient of $f_k(zi)$. Substituting Eq. (4) into Eq. (2) and discretizing Eq. (2), we change the question for solving an integral equation into the question for solving an algebraic equation.

## 4 Numerical Simulation

The 2 – D ocean environment used for numerical simulation is selected from the ocean area, located in 20°N, 118°E ~ 20°N, 125°E, near the Luzon Strait. The sound speed profile located in 20°N, 118°E serves as the unperturbed background of the ocean environment model and an ocean front, located in 20° N, 118° E ~ 20° N, 125° E, serves as the perturbation of the background sound speed profile. The ocean model used for numerical simulation is shown in Fig. 1. By neglect of the attenuation, it is assumed that the seafloor is flat and the depth of the sea is 5 000meters. The seawater density $\rho_1 = 1.0$ g/cm$^3$, the seafloor sound speed $c_2 = 1\ 700$ m/s and the seabed density $\rho_2 = 1.5$ g/cm$^3$.

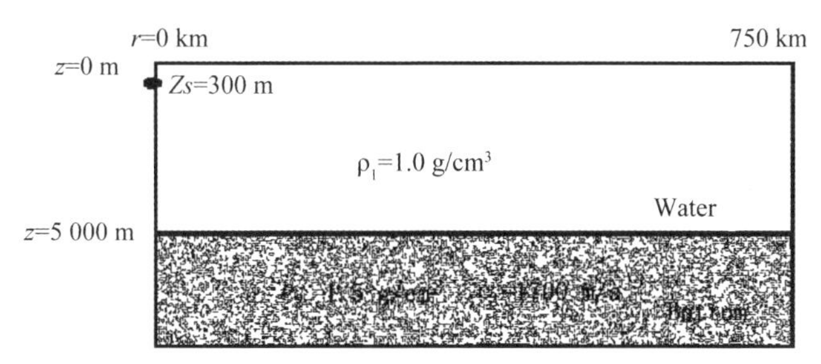


**Fig. 1　Environment model of the ocean front area**

The source frequency is 10 Hz, the source and receiver depths are both 300 m. The modal wave number decomposition is performed to pick up the modal wave numbers in each segment (see Fig. 2). Fig. 2 shows that some peaks split or cannot be clearly identified and even a few individual peaks smear. All of these facts are mainly due to the range dependence of the environment. Here only five peaks, whose amplitudes are the largest in all of the wave number spectra, are chosen as the wave numbers for inversing sound speed profile in water column. The modal eigenvalues $k_m^{(0)}$ and eigenvectors $Z_m^{(0)}(z)$ of the background profile are obtained by use of the KRAKEN program. Sound speed profile is sampled every 1/6 longitude in 750 km scale, and the totally 44 sound speed profiles, together with the background sound speed profile, compose a sound speed matrix $C$.

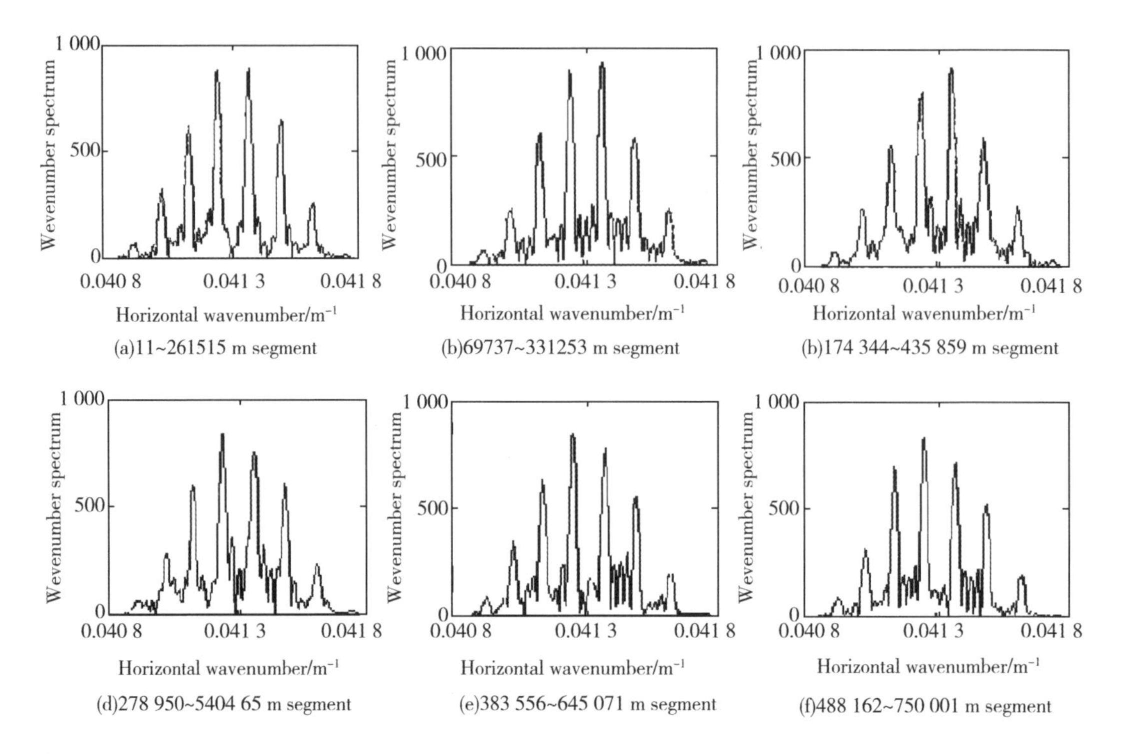


**Fig. 2　Wave number spectra for different segments**

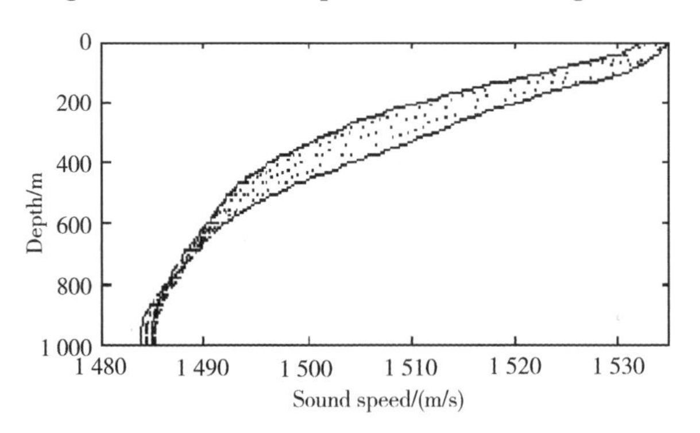


**Fig. 3　The general figure of average sound speed profiles at depth 0 to 1 000 m**

The general average sound speed profiles for the six segments at the depth of 0 m to 1 000 m are shown in Fig. 3. Each curve from left to right corresponds to segment $a$ to segment $f$ shown in Fig. 2, respectively. It is clear that the sound speed increases gradually at the depth 0 m to 600 m due to the existence of the Kuroshio front. Comparisons of the inversed sound speed profiles for each segment with the average sound speed profiles for the corresponding segments are shown in Fig. 4. On the whole the inversed sound speed profiles are coincident with the corresponding average sound speed profiles. The differences between the inversed sound speed profile and the average sound speed profile seem somewhat obvious for segment $b$ and segment $c$. However, the maximum absolute error is still smaller than 2.56 m/s. And the absolute errors for the other segments are all smaller than 1 m/s. The reason for this phenomenon is that the seawater temperature changes most violently due to the Kuroshio front in segment $b$ and segment $c$, causing the rapid change of sound speed with a maximum of 7.92 m/s. So the errors of the local modal wave numbers obtained by wave number decomposition are relatively large and the accuracy of inversion is affected. The errors of the inversed sound speed profiles for the other segments where sound speed changes relative slowly are relatively small accordingly. Especially for segment $a$ and segment $f$, the maximum absolute errors are both smaller than 0.28 m/s. The general inversed sound speed profiles for the six segments at the depth of 0 m to 1 000 m are shown in Fig. 5. In the figure, the six curves accord with the six segments shown in Fig. 2 respectively, from left to right. We can clearly find the trend of change of the sound speed profile change and then detect the front.

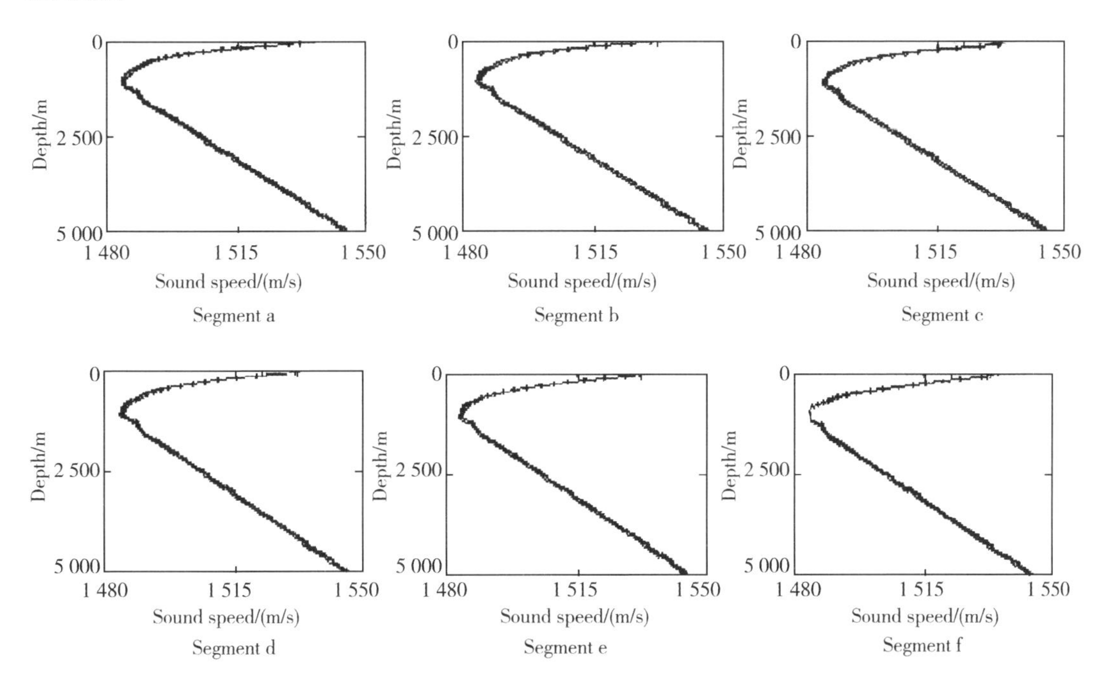


Legend:— average sound speed profiles + + inversed sound speed profiles

**Fig. 4 Comparisons of inversed sound speed profiles with average profiles**

## 5 Summary

In this paper, the method of modal wave number tomography is extended to sound speed profiles of water column in a range – dependent environment and the results of numerical simulations for the 2 – D South China Sea front have been presented. For the environment whose parameters vary with range quickly, the area can be divided into a finite number of segments whose properties are range – independent or weakly range – dependent. Then the local modal wave numbers, which serve as the fundamental input data of modal wave number tomography, can be extracted from the simulated complex pressure field. Moreover, by reduction of parameters of the sound speed profile, the sound speed profile can be expanded with EOF. Solving the integral perturbative inverse equation, the average sound speed profile for each segment can be obtained. Results of the numerical simulation show that this method can be utilized for inversing sound speed profiles of water column in a range - dependent environment and the inversed sound speed profile is coincident with the corresponding average sound speed profile, thereby demonstrating the effectiveness of the monitoring of the ocean interior structure which influences ocean environment parameters.

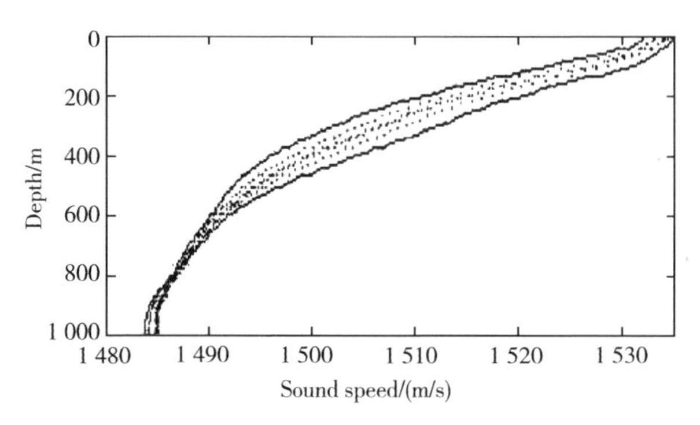


**Fig. 5　The general figure of inversed sound speed profiles at depth 0 to 1 000 m**

**Acknowledgements**— The authors wish to thank Prof. SHANG, E. C., University of Colorado(U. S. A.) for his guidance.

## References

[1] Ding Lee and Schultz, M. H., 1995. Numerical ocean acoustic propagation in three dimensions, World Scientific, singapore.

[2] Frisk, G. V., Lynch, J. F., and Rajan, S. D., 1989. Determination of compressional wave speed profiles using modal inverse techniques in a range - dependent environment in Nantucket sound, J. Acoust. Soc. Am., 86, 1928 - 1939.

[3] LeBlanc, L. R. and Middleton, F. H., 1980. An underwater acoustic sound velocity data model, J. Acoust. Soc. Am., 67, 2055 - 2062.

[4] LI Wei, LI Li and LIU Qin - yu, 1998. Water mass analysis in Luzon Strait and northern South China Sea, Taiwan Strait, 17(2):207 - 212. (in Chinese)

[5] Porter, M. B., 1992. The KRAKEN Normal Mode Program, NRL/M R/5120 - 92 - 692.

[6] QIU Xiao - fang, PENG Lin - hui, WANG Ning and ZHU Jian - xiang, 2001. Inversion method for sound velocity profile of eddy in deep ocean, China Ocean Engineering, 15(4): 589 - 596.

[7] Rajan, S. D., Lynch, J. F. and Frisk, G. V., 1987. Perturbative inversion methods for obtaining bottom geoacoustic parameters in shallow water, J. Acoust. Soc. Am., 82, 998 - 1017.

[8] Tolstoy, A., Diachok, O. and Frazer, L. N., 1991. Acoustic tomography via matched field Processing, J. Acoust. Soc. Am., 89, 1119 - 1127.

# 多级恒模阵对目标方位估计性能的实验研究

卓 颉 孙 超

**摘要** 实验分析了一种重要的盲波束形成算法——多级恒模阵对多个统计独立目标的方位估计性能,并与一些“盲”的和非“盲”的方位估计算法进行了比较。首先考虑了理想的阵列模型。然后在阵元响应中加入阵元幅相误差,通过改变误差的大小,进一步分析了算法对阵列模型误差的稳健性。最后针对不同尺寸接收阵和目标间不同角度间距分别进行了水池实验。计算机仿真实验和水池实验数据处理结果表明:当目标源间统计独立时,多级恒模阵对目标信号的捕获、分离不依赖于阵列流形,可以在盲分离信号的基础上估计出目标方位,角度分辨率不受瑞利限的限制,而且对阵列模型误差具有较好的稳健性。该结果验证了多级恒模阵可以对统计独立的多目标方位进行稳健盲估计。

## 引言

多目标方位估计(DOAs)[1-3]是基阵信号处理中的一个热点问题。众多的高分辨算法,如 MUSIC[1]算法和 ESPRIT[2]算法,都要求基阵的阵列流形信息精确已知,这在实际中是很难实现的。并且,很小的阵列流形误差也将导致这些算法性能的严重恶化[4,5]。近年来,利用信号自身特性(如高阶统计性、循环平稳性、恒模特性)来克服阵列模型误差影响的盲波束形成算法以其较大的适应性逐渐受到人们的关注,在通信、雷达和声呐等领域有着重要的应用前景风 71。盲波束形成算法可以在盲分离信号[8,9]的同时,估计出目标的波达方向[10]。在众多的盲波束形成算法中,多级恒模阵(Multistage Constant Modulus Array)[11]是一类重要的方法。它利用调频、调相等一类信号具有模值恒定的特性,在没有引导信号的情况下,“盲”地恢复目标信号。实质上,这是一种常规加权求和波束形成器,权向量依据恒模算法[12]加以调整,以获得理想的输出。多级恒模阵可以自动捕获到峭度(Kurtosis)[1]小于零的非高斯信号[13],算法具有收敛快和运算简单的优点。如果目标源个数已知,多级恒模阵的级数就等于目标源的个数,而当目标源个数未知时,在每级恒模阵的后面附加一个信号检测器,还可以在捕获信号的同时估计出目标源的个数[14]。当基阵阵形已知时,还可以估计出目标的波达方向[15]。并且,恒模阵对目标信号的捕获与分离是无须任何基阵结构先验信息的。人们对多级恒模阵进行了大量的研究,然而到目前为止,国内外的大多数文献[16,17]都仅局限于算法的理论研究,对算法的实验研究以及算法对阵列模型误差的稳健性分析却很少。

本文针对多级恒模阵缺乏实验数据分析的情况,利用大量的计算机仿真实验和水池实验,分别考虑了理想的阵列模型以及存在阵元幅相误差情况下,算法对统计独立目标的 DOA 估计性能,并与一些“盲”的和“非盲”的方位估计算法做了比较。结果表明,多级恒模阵不仅运算简单,角度分辨率不受瑞利限的限制,而且对阵列模型误差具有较好的稳健性。尤为重要的是,多级恒模阵的稳健性使得算法有望应用于实际的信号接收系统中。

## 1　基阵接收信号模型

### 1.1　理想信号模型

假设远场有 $d$ 个窄带负峭度信号,$s_1(t)$、$s_2(t)$……$s_d(t)$ 入射到具有任意形状的 $M$ 元接收阵上,信号间相互统计独立。根据窄带基阵信号处理模型,基阵的输出信号可以表示为:

$$x(t) = a(\theta_1)s_1(t) + a(\theta_2)s_2(t) + \cdots + a(\theta_d)s_d(t) + n(t) \tag{1}$$

对 $x(t)$ 进行 $N$ 次采样后,基阵的采样数据矩阵可以表示为:

$$x(k) = As(k) + n(k) \tag{2}$$

其中,$s(k) = [s_1(k), s_2(k), \cdots, s_d(k)]^{\mathrm{T}}$,上标 T 表示转置。$A = [a(\theta_1), a(\theta_2), \cdots, a(\theta_d)]$ 称为阵列流形,它的每个列向量 $a(\theta_i)$ 为基阵对第 $i$ 个目标的期望响应,称为方向向量,$\theta_i$ 为对应的信号入射方向。$n(k)$ 具有未知协方差的加性复高斯噪声。

### 1.2　非理想信号模型

理想信号模型中假设所有传感器特性完全已知或相同,这在实际中是不可能精确达到的。实际的接收阵中存在着各种误差,如通道间的幅度相位误差、换能器的安装位置误差以及阵元间的互耦效应等,这些误差最终均体现为实际方向向量与理想的方向向量之间的差别。当接收阵存在阵元增益和相位误差时,实际方向向量通常可以表示为[5]:

$$\tilde{a}(\theta) = (I + \Delta)a(\theta) \tag{3}$$

其中 $I$ 为单位矩阵,对角矩阵 $\Delta = \mathrm{diag}[\tilde{g}_1 + j\tilde{\varphi}_1, \cdots, \tilde{g}_M + j\tilde{\varphi}_M]$ 中的元素久,$\tilde{g}_k$、$\tilde{\varphi}_k$($k = 1, \cdots, M$)分别是第 $k$ 个阵元的阵元增益和相位误差。假设 $\tilde{g}_k$、$\tilde{\varphi}_k$ 是均值为零、方差分别为 $\sigma_g^2$、$\sigma_\varphi^2$ 的独立高斯随机变量,则阵元幅相误差的方差为 $\sigma_a^2 = \sigma_g^2 + \sigma_\varphi^2$。

## 2　多级恒模阵和目标方位估计

### 2.1　多级恒模阵和自适应信号对消器

假定目标源个数已知,多级恒模阵的级数就等于目标源的个数。图 1 为多级恒模阵的系统框图。恒模阵的输出,也就是恒模阵对目标信号的估计值用 $y(k)$ 表示。根据恒模算法[12],恒模阵的代价函数可以表示为:

$$J(k) = E[\,\| y(k) | - 1 |^2] \rightarrow \min \tag{4}$$

因此,依据梯度下降法的恒模阵的迭代公式为:

$$\begin{cases} y(k) = \boldsymbol{\omega}^{\mathrm{H}}(k)x(k) \\ e_c(k) = y(k)/|y(k)| - y(k) \\ \boldsymbol{\omega}(k+1) = \boldsymbol{\omega}(k) + \mu_{\mathrm{CMA}}x(k)e_c^*(k) \end{cases} \tag{5}$$

其中,上标 $H$ 表示共轴转置,上标 * 表示共轭,$k$ 为迭迭代序列号,迭代步长浅 $\mu_{\mathrm{CMA}} > 0$,控制算法的收敛速度。对比 LMS 算法,可以发现恒模阵中将 $y(k)/|y(k)|$ 视为引导信号 $d(k)$ 的,也就是说,恒模阵的约束条件可以理解为使输出信号的模为 1。

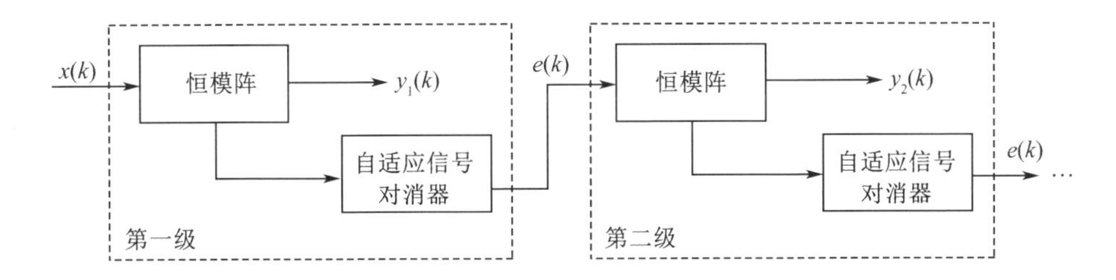


图1　多级恒模阵的系统框图

自适应信号对消器可直接采用 LMS 算法。设信号对消器的权向量为。算法的迭代公式为：

$$\begin{cases} y(k)=\omega^{H}(k)x(k) \\ e(k)=x(k)-\boldsymbol{u}(k)y(k) \\ \boldsymbol{u}(k+1)=\boldsymbol{u}(k)+2\mu_{\mathrm{LMS}}y^{*}(k)e(k) \end{cases} \tag{6}$$

其中，迭代步长线 $\mu_{\mathrm{LMS}}$ 需满足 $0<\mu_{\mathrm{LMS}}<1/\sigma_y^2$，$\sigma_y^2=E[\,|y(k)|^2]$ 为本级恒模阵输出信号的功率。

通过上面的递推公式可以看出，自适应信号对消器的权向量 $\boldsymbol{u}(k)$ 的收敛性依赖于恒模阵的权向量 $\boldsymbol{\omega}(k)$，但恒模阵的权向量 $\boldsymbol{\omega}(k)$ 的计算则独立于信号对消器的权向量 $\boldsymbol{u}(k)$。

## 2.2　估计阵列流形 A 和目标方位

在基阵校准、目标方位估计等应用中，都要用到基阵的阵列流形 $A$。盲波束形成中，由于 $W^{\mathrm{H}}X=S$，因此可以通过计算盲波束形成器加权矩阵的左伪逆矩阵，得到阵列流形 $A=(W^{\mathrm{H}})^{+}$。但是，一般求伪逆矩阵比较困难，若矩阵是病态的，还将无法计算。本文在信源盲分离基础上，直接对 $A$ 进行最小二乘估计，不仅避免了计算伪逆矩阵，而且还更利于工程上的实现。

利用多级恒模阵和自适应信号对消器，已经分离和恢复出信源 $\hat{s}$ 则 $\hat{A}$ 应满足：

$$\hat{A}=\underset{A}{\arg\min}\{(X-A\hat{S})(X-A\hat{S})^{\mathrm{H}}\}, \tag{7}$$

式(7)是一个关于 $A$ 的二次型方程，$A$ 的最优解一定存在且唯一，有：

$$\hat{A}=X\hat{S}^{\mathrm{H}}(\hat{S}\hat{S}^{\mathrm{H}})^{-1} \tag{8}$$

$\hat{A}$ 的每个列向量即为基阵对目标的方向向量 $\hat{a}(\theta_i)$，进一步估计出目标方位：

$$\theta_i=\underset{\theta}{\arg\max}\,|\hat{a}(\theta_i)^{\mathrm{H}}a(\theta)|^2,\ i=1,\cdots,d \tag{9}$$

其中 $a(\theta)$ 是扫描向量，$\theta$ 在整个扫描空间内变化。

# 3　实验研究

在本节中，我们以均匀线列阵为模型，通过大量的计算机仿真实验和水池实验数据处理，分别考虑理想的阵列模型以及存在阵元幅相误差情况下，多级恒模阵（CMA）对 DOA 的估计性能，并与基于累积量的盲波束形成算法（CUM）和基于空间方位谱的常规波束形成（CBF）、MUSIC 两种非盲方位估计算法相比较。

为了不使各级恒模阵收敛到同一信号，第 $i$ 级恒模阵权向量的初始值为 $\boldsymbol{\omega}_i(0)=\boldsymbol{i}$，这里 $i$ 为单位向量，其第 $i$ 个元素为 1，其余元素均为零，迭代步长 $\mu_{\mathrm{CMA}}=0.005$。各级自适应信号对消器的权向量初始化为 $\boldsymbol{u}(0)=0$，初始迭代步长 $\mu_{\text{LMS}}=0.02$。认为目标源的个数 $d$ 已知。

### 3.1　计算机仿真实验

仿真中，采用阵元间距为半波长的 16 元均匀线阵，接收远场两个输入信噪比为 10 dB 的独立单频信号，加性噪声是方差为 1 的高斯白噪声。在每个参数点上，进行 100 次统计独立实验，采样数据的长度为 1 024 点。首先假设接收阵不存在阵元幅相误差。信号从 10°和 20°入射时，由两级恒模阵的输出扫描得到的波束图如图 2(a)和图 2(b)所示。

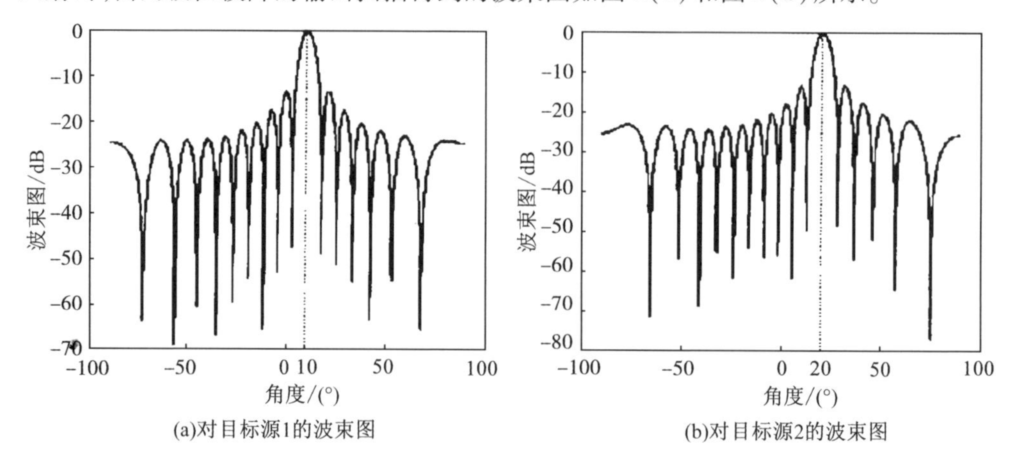


**图 2　多级恒模阵输出的波束图**

固定目标源 1，将目标源 2 与目标源 1 的角度间距从 2°变化到 20°，图 3 中给出了四种算法对目标源 2 的 DOA 估计偏差和标准离差曲线。由理论计算可以知道，16 元半波长均匀线阵的 -3 dB 束宽为 7°，CBF 算法无法分辨位于一个波束宽度范围内的两目标，而其余三种算法则不受此限制。从图 3 中可以看出，无论目标间相距多近，只要它们统计独立，盲波束形成算法就可以在盲分离信号的同时，估计出目标方位，角度分辨率不受瑞利限的限制。

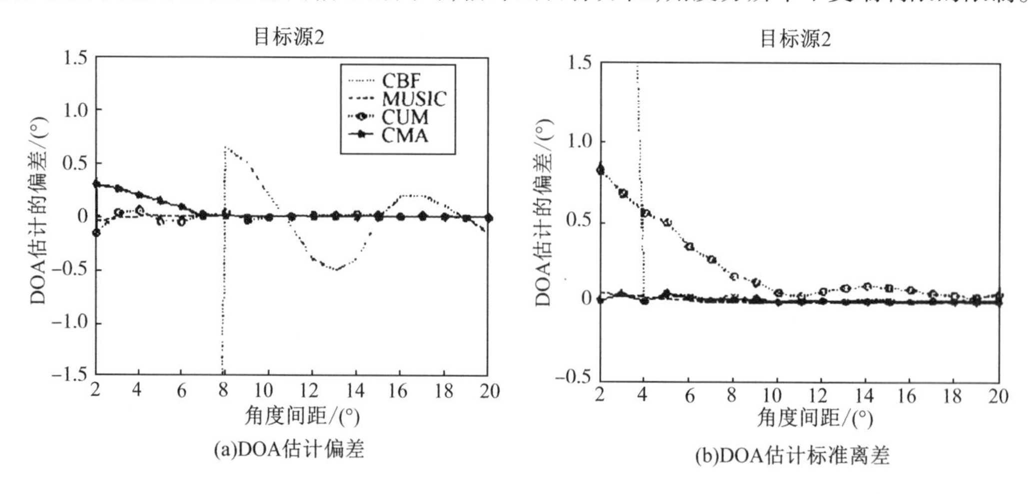


**图 3　改变两目标的角度间距，目标源 2 的 DOA 估计性能曲线**

为研究算法对系统误差的稳健性，在阵元响应中增加了随机噪声成分。设阵元幅相误

差 $\sigma_a$ 为0.1,两目标源的输入信噪比为0 dB,入射方位分别为10°和20°,利用多级恒模阵处理3 000点的采样信号。各级恒模阵扫描的波束图和捕获到的信号频谱如图4(a)和图4(b)所示。其中波束图是根据CMA算法估计出的方向向量,由100次统计独立实验得到,在每次实验中均改变误差样本。从图4(a)中发现,阵元幅相误差使得旁瓣产生扰动,但对主瓣影响较小。图(b)验证了CMA算法对目标信号的捕获、分离不依赖于阵列流形,是一种盲处理算法。由于无法得到实际的扫描向量 $\hat{a}(\theta_i)$,只能根据式(9)将估计出真实方向向量 $\{\hat{a}(\theta_i)\}_{i=1}^{d}$ 与理想的扫描向量 $a(\theta)$ 做内积。$\{\hat{a}(\theta_i)\}_{i=1}^{d}$ 与理想的阵列流形间必然存在着失配,虽然盲波束形成算法可以正确捕获、分离信号,但对目标方位的估计性能仍会受阵元幅相误差的影响。

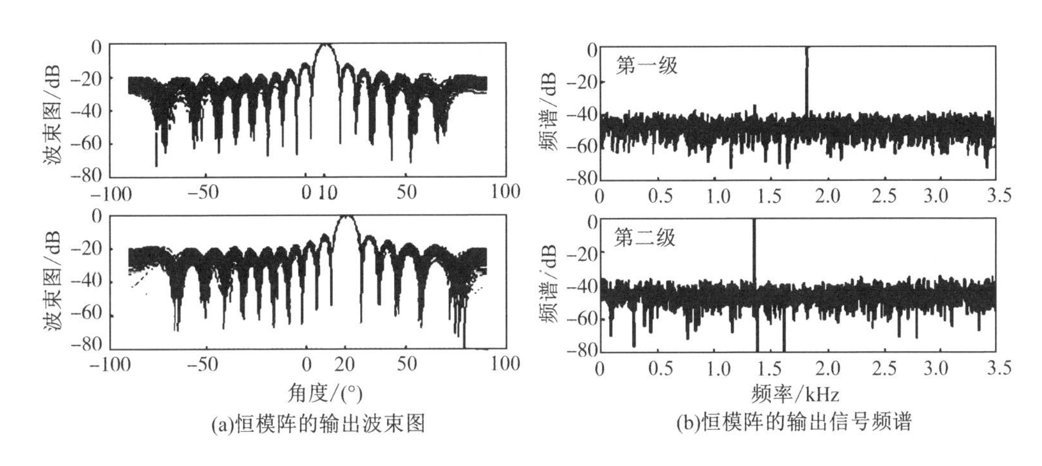


**图4　存在阵元幅相误差时多级恒模阵输出的波束图和输出信号频谱**

将阵元幅相误差 $\sigma_a$ 从0以0.01的步长增大到0.3,图5(a)和5(b)分别是各种算法对20°方向入射的目标源2的DOA估计性能曲线。随着步长的逐步增大,各种算法对DOA的估计误差也逐渐增大。CBF算法对DOA的估计偏差存在0.10的偏差。由于输入信噪比较低,CUM算法的DOA估计性能产生较大的波动,算法的稳健性下降。而对于CMA算法,DOA估计的稳健性要优于CUM算法。

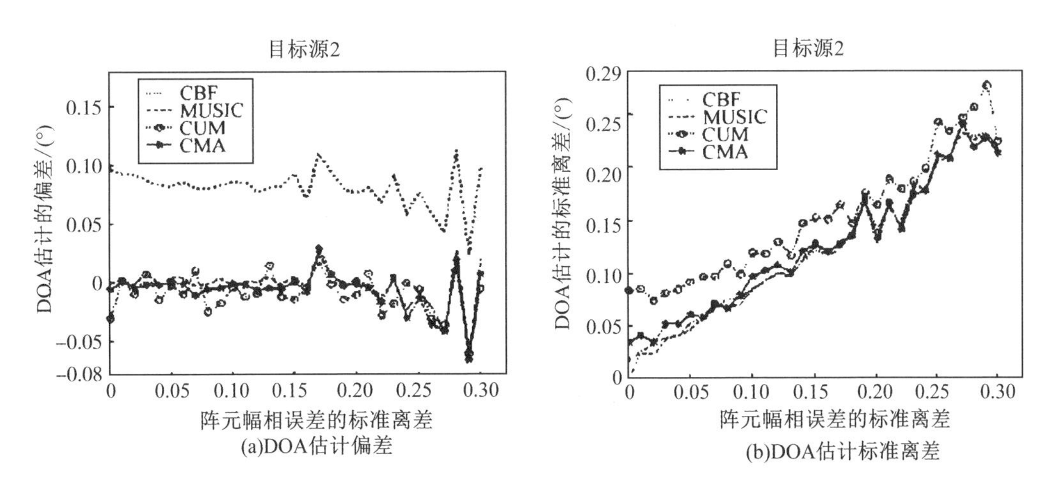


**图5　改变阵元幅相误差 $\sigma_a$,目标源2的DOA估计性能曲线,SNR=0 dB**

## 3.2　水池实验

水池实验在西北工业大学消声水池实验室进行。用阵元间距为 10 cm 的 16 元均匀线列阵接收两个频率分别为 10 kHz 和 9 kHz 的单频声源信号，采样频率为 51.2 kHz。每个信号方位上，分别在任意的时间段内截取 100 组实验数据，进行独立处理，采样数据长度为 1 024个快拍。

实验中，固定一个发射换能器（发射信号的频率为 10 kHz，1 号声源）的位置，调整另一个发射换能器（发射信号的频率为 9 kHz，2 号声源）与它的间距，以改变 2 号声源相对于接收阵的入射方位。为了调整接收阵的常规角度分辨率，分别使用了全部 16 个阵元和中间 8 个阵元上的输出数据进行分析。定义它们分别为 16 元线阵和 8 元线阵，表 1 为实验选用的三组信号入射方位在 10 kHz 频率上相对 16 元线阵和 8 元线阵 -3 dB 束宽的倍数。

**表 1　实验中目标源入射方位在 10 kHz 频率上相对于不同线阵 -3 dB 束宽的倍数**

| | -3 dB 束宽 | (-22.5°, -9.1°) | (-22.5°, -15.4°) | (-22.5°, -17.8°) |
|---|---|---|---|---|
| 16 元线阵 | 4.5° | 2.97 倍 | 1.66 倍 | 1.04 倍 |
| 8 元线阵 | 9.1° | 1.47 倍 | 0.78 倍 | 0.52 倍 |

图 6(a)给出了基阵前三个阵元的输出信号波形。以 1 号阵元为参考阵元，1 号、2 号和 3 号阵元输出信号的峰峰值分别为 1，0.823 4 和 0.601 5，可见各阵元间存在较大的幅度误差。其中 3 号阵元输出信号的频谱如图 6(b)所示。1 号声源的强度大于 2 号声源。

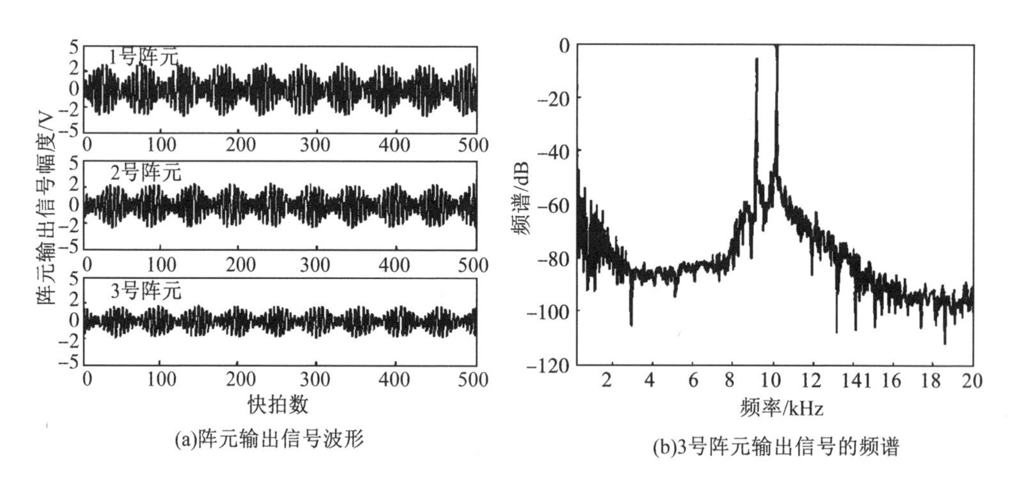


(a)阵元输出信号波形　　(b)3号阵元输出信号的频谱

**图 6　阵元输出信号的时域、频域特征曲线**

多级恒模阵对(-22.5°, -9.1°)方向入射的两统计独立的信号形成的波束图和输出信号频谱如图 7(a)和 7(b)所示。表 2 和表 3 中分别给出了各种算法对 16 元线阵和 8 元线阵输出数据处理的结果。随着阵元个数和信号源间角度间距的减小，MuSIc 算法受阵元幅相误差的影响，已无法分辨目标。cBF 算法由于受到瑞利限的限制，也无法分辨一个波束宽度内的两目标，而两种盲波束形成算法对目标方位的估计性能则远远优于 CBF 和 MUSIC 算法，可以分辨半波束宽度内的两目标。同仿真实验中分析的一样，盲波束形成算法是在信源盲分离基础上估计目标方位，所以只要能够正确的分离目标信号，就可估计出目标方位，角度分辨率不受瑞利限的限制。多级恒模阵对 DOA 的估计精度高于 CUM 算法，它对阵元的幅相误差具有较好的稳健性。

**表 2　16 元线阵，各种算法对双源方位的估计均值(°)**

| | (−22.5，−9.1) | (−22.5，−15,4) | (−22,5，−17.8) |
|---|---|---|---|
| CBF | (−22.40，−9.30) | (−22.50，−16.00) | (−22.60，−18.70) |
| MUSIC | (−22.40，−9.30) | (−22.40，−15.40) | (−22.20，−19.40) |
| CUM | (−22.50，−9.20) | (−22.50，−15.10) | (−22.60，−19.00) |
| CMA | (−22.50，−9.10) | (−22.54，−15.00) | (−22.60，−18.95) |

**表 3　8 元线阵，各种算法对双源方位的估计均值(°)**

| | (−22.5，−9.1) | (−22.5，−15.4) | (−22.5，−17.8) |
|---|---|---|---|
| CBF | (−22.50，−9.20) | (−22.00,18−00) | (−21.40,17.30) |
| MUSIC | (−22.20，−9.60) | (−21.90，−14.16) | (−21.8,17.40) |
| CUM | (−22.34，−9.70) | (−22.50，−14.20) | (−22.60，−18.40) |
| CMA | (−22.40，−9.71) | (−22.47，−14.00) | (−22.50，−17.92) |

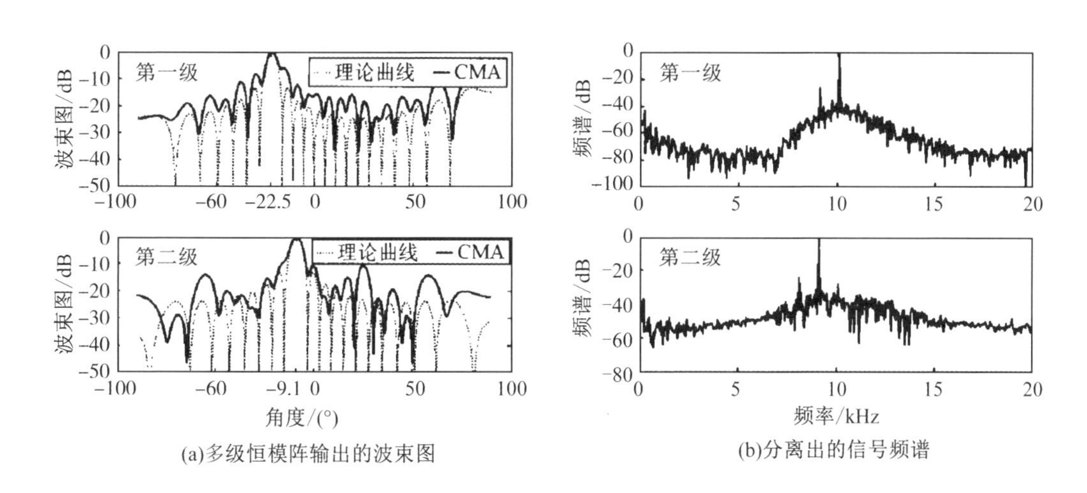


(a)多级恒模阵输出的波束图　　(b)分离出的信号频谱

**图 7　多级恒模阵盲分离(−22.5°，−9.1°)入射的两个统计独立的目标源**

## 4　讨论与结论

水声信号经波束形成后，可以提高信噪比，抑制干扰。传统的波束形成技术是在搜索空间内形成多个波束，以实现对目标信号的捕获、分离，而盲波束形成利用目标信号的一些已知特性就可直接对目标进行定位，避免了进行多波束扫描的麻烦。本文针对多级恒模阵缺乏实验数据分析的情况，利用大量的计算机仿真实验和水池实验，分别考虑了理想的阵列模型以及存在阵元幅相误差情况下，多级恒模阵对多目标方位估计的性能，并与一些“盲”的和“非盲”的方位估计算法做了比较。

仿真实验结果表明:当目标源间统计独立时,多级恒模阵对目标信号的捕获、分离不依赖于阵列流形,并且可以在“盲”分离信号的基础上,估计出目标方位,角度分辨率不受瑞利限的限制。当基阵存在阵元幅相误差时,多级恒模阵可以正确捕获、分离目标,但对目标方位的估计性能仍会受阵元幅相误差的影响。但是在相同情况下,多级恒模阵对阵元幅相误差的稳健性要优于本文提到的其他三种“盲”的和非“盲”的方位估计算法,而且角度分辨力高于基空间方位谱的高分辨 MUSIC 算法。对未做任何预处理的水池实验数据的处理结果也验证了仿真实验的结论。

## 参考文献


[1] Schmidt R. A signal subspace approach to multiple emitter location and spectral estimation. Ph. D. dissertation, S tan ford Univ. , 1981.

[2] Roy R, Kailath T. ESPRIT—Estimation of signal parameters via rotational invariance techniques. IEEE Trans. Acoust. , Speech, Signal Proces sin g, 1989; ASSP - 38(6): 984 - 995.

[3] 孙超,杨益新. 高分辨目标方位估计算法一递增阶数多参数估计的理论与实验研究. 声学学报,1999;24(2):210 - 218.

[4] Swindlehurst A L, Kailath T. A performance analysis of subspace - based methods in the presence of model errors, Part I: the MUSIC algorithm. IEEE Trans. Signal Processing, 1992;40(6):1758 - 1774.

[5] Viberg M, Swindlehurst A L. Analysis of the combined effects of finite samples and model errors on array processing performance. IEEE Trans. Signal Processing, 1994; 42(11): 3073 - 3083.

[6] 张林让,廖桂生,保铮. 基于多普勒信号的盲自适应波束形成 技术,电子学报,1999;27(6):36 - 39.

[7] 李洪升,赵浚渭,陈华伟,等. 一种水声环境 F 易于硬件实 现的盲波束形成方法研究. 声学学报,2003;28(4):339 - 344.

[8] 周毅,徐柏龄. 信号盲分离的非线性累加和算法. 声学学报, 2002;27(3):241 - 248.

[9] 倪晋平,马远良,孙超,等. 用独立成分分析算法实现水 声信号盲分离. 声学学报, 2002;27(4):321 - 326.

[10] Kayhan A S, Amin M G. Spatial evolutionary spectrum for DOA estimation and blind signal separation. IEEE Trans. Signal Processing,2000;48(3):791 - 798.

[11] Shynk J J, Gooch R P. The constant modulus array for co - channel signal copy and direction finding. IEEE Trans. Signal Processing,1996;44(3):652 - 660.

[12] Treichler J R, Agee B G, A new approach to multipath correction of constant modulus signals. IEEE Trans . Acoust . , Speech , Signal Processing , 1 9 8 3 ; ASSP - 3 1 ( 4 ) : 459 - 472.

[13] Lundell J D, Widrow B. Application of the constant modulus adaptive beamformer to constant and noncons tan t modulus signals. Proc. 21st Asilomar Conf. Signals, Sy st. , Comput. , Pacific Grove, CA, USA, 1987:432 - 436.

[14] Zhuo J, Sun C. Detection of the sources and estimation of Direction - of - Arrival in blind beamforming. Proc, of 2nd China - Japan Joint Conference on Acoustics, Nanjing, 2002: 59 - 62.

[15] Leshem A, van der Veen A J. Direction - of - Arrival estimation for constant modulus

signals. IEEE Trans. Signal Processing, 1999;47(11):3125 - 3129.

[16] Liu D, Tong L. An analysis of constant modulus algorithm for array signal processing. Signal Processing,1999;73(12):81 - 104.

[17] 郭艳,方大纲,梁昌洪,等. 一种基于恒模算法的多用户盲波束形成新方法. 电子学报, 2002;30(6):831 - 834.

# 盲源分离技术及其水声信号处理中的应用

章新华

**摘要**　本文首先阐述盲源分离的基本概念,简述了富分离技术的基本要点和目前分离算法的利弊,围绕水声信道环境的特殊性,提出了一种改进的频域盲分离算法,给出了一种解决频域次序不确定性的方法。进行了两种背景下的仿真实验,得到了比较理想的分离效果。

**关键词**　盲源分离;水声信号处理;船舶辐射噪声

## 1　引言

在实际信号观测(如语音、雷、声呐、通信系统)中,通常是用多传感器(多阵元)观测多源信号。由于缺乏信号传输通道和信号本身的先验知识,当有多目标信号源混合、环境噪声复杂时,使得对感兴趣信号的提取和分析十分困难。然而,在混杂的环境中提取感兴趣的信号很重要,如:Cocktail Party(鸡尾酒会)问题就是其中的一个典例。这就引发了在未知传输信道和信号信息情况下,用信号源分离方法提取感兴趣源信号的研究。这种技术就是盲信号处理,包括:独立源盲分离、盲解卷、盲辨识。盲源分离技术是一种对信号源知识、信道先验知识具有很好宽容性的自适应阵列信号处理方法,即使在未知任何信号源信息和信道信息的情况下,仅满足极有限的条件也能实现多源信号的分离和恢复。正因如此诱人的特点,这一技术引起了信号处理领域的广泛关注。目前,盲源分离技术已在通信信号处理,雷达信号处理、语音信号处理,生物医学工程等领域开展了广泛研究。水声领域的盲源分离研究起步较晚,难度也更大。近年来,盲源分离技术在水声信号处理领域的研究也越来越多,且取得了一定的成果。

本文首先阐述盲源分离的基本概念,对主要算法进行分析比较,在此基础上提出了适合水声领域应用的频域分离算法,并给出了目前取得的主要结果。

## 2　盲信号分离

### 2.1　问题描述

在不考虑传感器噪声的情况下,盲源分离的问题在数学上可以描述如下:

设传感器数目为 m,目标源数目为 n,$\boldsymbol{X}(k)=(x_1(k),\cdots,x_m(k))^{\mathrm{T}}$ 为 $k$ 时刻的观察向量,$\boldsymbol{S}(k)=(s_1(k),\cdots,s_n(k))^{\mathrm{T}}$ 为 $k$ 时刻的 $n$ 个独立源信号向量。盲处理的目的是在无其他信息的条件下仅根据观测序列$\{X(1),X(2),\cdots,X(m)\}$,估计$\{S(1),S(2),\cdots,S(n)\}$。也就是说对观测序列进行某种反变换,还原出各个原始的独立信号。信号混合与分离的原理如图 1 所示。

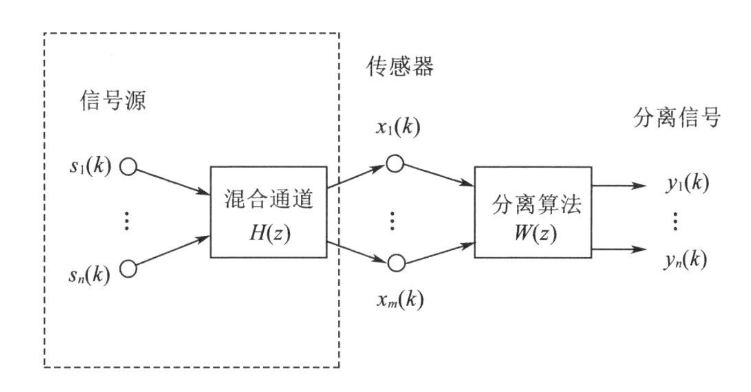


**图1　典型多传感器–多源信号分离原理图**

在不考虑传感器观测噪声情况下,传感器的观测向量

$$\boldsymbol{X}(k)=\begin{bmatrix}x_1(k)\\x_2(k)\\\vdots\\x_m(k)\end{bmatrix}=\boldsymbol{H}*\boldsymbol{S}(k)\tag{1}$$

这里,* 表示卷积,传输函数 $H$ 可能是无记忆的(当前观测与过去时刻的信号无关),也可能是有记忆的。如果是前者,则混合通道 $H$ 称为瞬时混合。如果是后者,则混合通道 $H$ 称为卷积混合,此时 $H$ 的每个元素为多项式函数。

借助于源信号的统计独立性,选择一定的准则,设计分离算法,使得

$$\boldsymbol{Y}(k)=\begin{bmatrix}y_1(k)\\y_2(k)\\\vdots\\y_n(k)\end{bmatrix}=\boldsymbol{W}*\boldsymbol{X}(k)\tag{2}$$

这样,$\boldsymbol{Y}(k)$就是$\boldsymbol{S}(k)$的一种估计,$\boldsymbol{W}$ 是解混合(滤波器)矩阵。

由于源统计特性和传输通道都未知,盲分离信号 $\boldsymbol{Y}$ 不可能唯一确定,它具有两种模糊性:一种是 $\boldsymbol{Y}$ 中各分量的次序与 $\boldsymbol{S}$ 中各分量的次序可能产生交换,从而非一一对应;二是 $\boldsymbol{Y}$ 的幅值是 $\boldsymbol{S}$ 幅值的比例变换,两者的波形相似而非相同,即所谓“波形等价”或“波形保持特性”。因此,通常两者有以下关系

$$\boldsymbol{Y}=\boldsymbol{PDS}\tag{3}$$

其中,$\boldsymbol{P}$ 为次序变换矩阵,$\boldsymbol{D}$ 为比例缩放矩阵。

虽然模糊性的存在,对进一步信号分析还不是十全十美,但一般情况下,能从混杂的观测信号中得到各种原始信号的波形估计,就可完成许多重要的信号参数估计问题。从频域分析,其振幅的变化不影响信号的频谱特性。因此,即使有模糊性存在,盲分离技术对解决实际应用中的若干难题仍具有重要意义和价值。

## 2.2　盲分离算法分析

根据(2)式,盲分离技术的关键是如何利用阵列接收数据 $X$ 求得解混合矩阵 $W$。混合方式的不同,源分离的难度也就不同。一般而言,卷积混合情况下的信号分离要难于瞬态混合情况,卷积混合的(滤波器)阶数越长,难度越大。

在未知源信号和信道先验知识情况下,从混合接收信号中分离出多源信号的唯一假设条件是各源统计独立性(随着模型研究的不断进步,这一条件正被逐步放宽,但至少要求源之间具有一定的不相关性),这是盲分离算法研究的基础。因此,盲分离准则自然从分离系统的各路输出的相关特性寻找。确定分离准则是设计盲分离算法的基础。目前,比较常见的有基于二阶统计量和高阶累积量的分离准则,二阶统计量准则包括:最小相关性准则、最大熵准则、最小互信息准则等。下面简要介绍这两者的基本处理方法。

基于二阶统计量的盲分离是通过输出序列的解相关实现源分离的一种方法。这种方法是利用了信号在时序上的相关性,且假定信号零均值、相互独立。对应于图1,设计的算法使处理器输出 $y_i$ 之间的相关性最小,即:

$$\min\left[E[y_i(k)y_j(k+l)]\right]^2, i \neq j, l = l_1, \cdots, l_2 \tag{4}$$

理论上,它与高阶统计量相比,有一定局限性。但它具有实现简单、快速收敛的特性,在实时性要求高的系统,仍具有很好的价值。

基于高阶累积量的盲分离方法。基于二阶统计量的处理方法仅在高斯假设下有效,当高斯假设不成立时,二阶统计特性不能很好地挖掘系统信息。在此情况下,高阶统计特性可以弥补其不足,从而受到研究人员的广泛重视。利用高阶统计量的优点有:

(1)由于三阶以上高斯信号的累积量都为零,因此可以简化建模;

(2)适应于非最小相位系统。

由于优点(1),也使得在使用该算法时增加了一个假设条件——源信号中只有一个服从高斯过程的独立信号。高阶统计量计算负担重,在非平稳环境中难以有效估计。特殊情况下可以进行一定的简化。对于“超”高斯信号分离问题,定义下面的性能函数

$$J(Y) = \sum_{i=1}^{m} cum^2(y_i^4) \tag{5}$$

其中,$cum(x^b)$ 表示样本 $x$ 的 $b$ 阶累积量

$$cum^2(y^4) = E(y^4) - 3E^2(y^2) \tag{6}$$

最大化 $J(Y)$,求取解混合矩阵 $\boldsymbol{W}$,可以实现源信号分离。

## 3 盲分离技术在水声信号处理中的应用

### 3.1 频域盲分离算法及其改进

根据前面的介绍,分两种情况的盲分离:一是瞬态混合形式下的信号分离,适用于窄带信号处理;二是卷积混合下的信号分离,适合于多途环境下的信号处理。多途情况下,单目标信号的盲恢复等价于盲解卷。由于水声信道的复杂性和传输速度的限制,当多途效应明显、信号源与接收阵列距离较远时,信道卷积滤波器的长度会很长,这种情况下的盲分离问题将变得十分复杂,通常所用的时域分离算法难以实现有效分离。

频域盲分离方法是解决水声信号分离的有效方法之一。这种方法首先是将时域信号变换到频域,在频域,卷积混合下的盲分离问题就分解成了各频域分量对应的瞬态混合问题,借助瞬态混合下的各种算法可以更好地实现信号分离。由前面的讨论可知,盲分离技术存在两大问题:一是次序不确定性和幅度不确定性问题,即:输入信号的顺序与分离系统的输出顺序不一致、没有对应关系可求;二是全频带展开后按每帧频率分别设计算法,将加大时间。这两个不确定性问题,对于时域的波形分离或恢复不会构成根本的影响。

但在频域,将严重影响频域分离信号的波形重构,由于每个频率分量对应一个变换到频域的瞬态分离算法,这些分离算法的输出次序对应于频率分量,次序的不确定性使得各个分离算法同一序号的输出可能对应于不同的频率分量,从而无法进行从频域到时域波形的波形重构。

根据以上问题,本文提出了一种滑窗傅里叶变换的频域多个特征频率盲分离模型。该算法只要选择几个代表频率在频域分离,就可以很好地分离独立信号源,从而大大减少了频域盲分离的计算量,也保证了主要信号的有效分离。为了解决频率点的次序不确定性和模糊性,提出了多频率点盲分离次序调整准则,保证各频点盲分离时独立信号输出次序的相对一致性。即将第一频率点输出信号次序作为基准,其他每个频率点盲分离输出信号与第一频率点输出信号进行比较,计算相似系数,调整找出与之排列次序一致的信号输出。

## 3.2　主要结果

利用改进的频域盲分离算法进行了仿真检验。

情况一:考虑两目标辐射噪声源、两阵元接收的情况,采用人工混合,混合滤波器如图2所示。图3中的 $x_1$、$x_2$ 为混合后的仿真阵列接收信号,$y_1$、$y_2$ 为经分离得到的信号,$sig_1$、$sig_2$ 为用单水听器录制的两船舶辐射噪声信号。

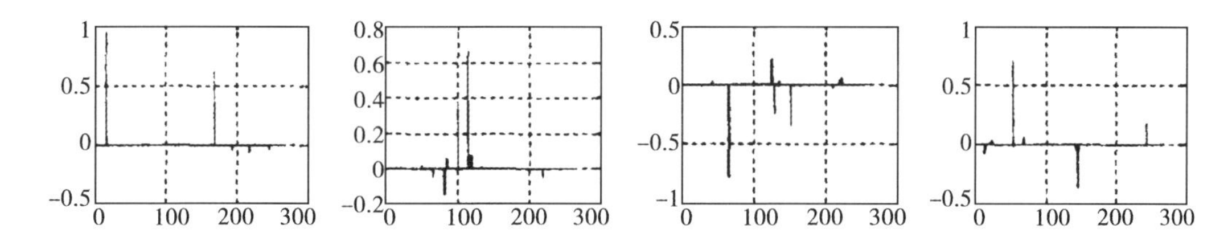

**图2　大时延(10 ms)的混合滤波器矩阵**

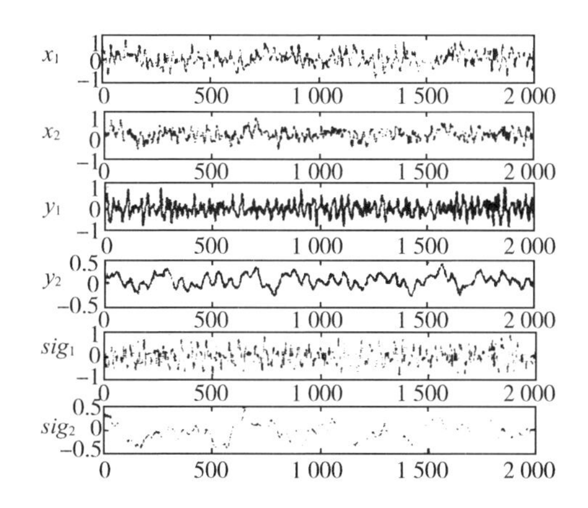


**图3　实录两舰船噪声的盲分离结果**

情况二:船舶辐射噪声与海洋环境的盲分离,如图4所示。(a)为卷积混合滤波器矩阵,(b)为分离结果,图中的符号同情况一。

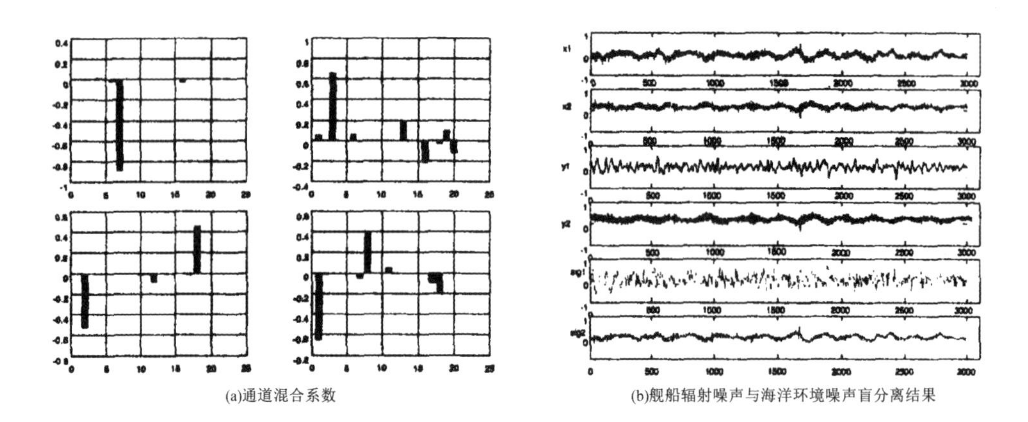


(a)通道混合系数　　(b)舰船辐射噪声与海洋环境噪声盲分离结果

**图 4　海洋环境噪声与船舶辐射噪声卷积混合下的盲分离**

## 4　结束语

本简要叙述了盲分离的基本技术及其存在的问题,围绕水声信道的特殊性进行较有针对性的模型分析与设计,提出了一种改进的方法,比较适合水声环境,进行了多种背景下仿真实验,得到了比较好的分离结果。本文的工作为水声信号的盲分离研究显现了希望,但有待于在实际背景下进一步检验。

# 四阶累积量的递推估计及其应用

张安清　章新华

**摘要**　本文推导一种复数或实数零均值平稳随机过程的高阶累积量估计的递推算法，随机信号的“峰度”递推估计公式，在递推估计公式中引入了随时间变化的“修正”项，使得该递推算法还可适合非平稳过程高阶累积量的估计计算，并且，本文大量计算了多类型、多航速、多舰船辐射噪声的“峰度”值，分析了舰船辐射噪声特性。

**关键词**　随机信号；累积量；辐射噪声；峰度

## 1　引言

高于二阶的矩或累积量，通常称为高阶统计量(HOS)，他们的多维傅里叶变换称为多谱。高阶统计量被许多统计信号处理领域所使用[3]，如 ARMA 模型参数估计，盲解卷或信道均衡等等。与二阶统计量(SOS)相比，高阶统计量(HOS)需要更多的计算，这个不利因素影响了他们在实时信号处理中应用。理论证明[1]，高阶累积量作为时间序列分析的数学工具可以完全抑制高斯有色噪声的影响，高阶矩却没有这个特点，所以高阶累积量应用较多。在实际应用中，频域计算随机过程的双谱或三谱。而时域高阶累积量的计算非常复杂，Brilinge[1]首先建立了 M－C 公式，但对于实时应用，计算累积量要随新数据的采用而不断更新，非递推累积量计算既费时又需大量存储空间，不便于实时处理。文献[2]提出了白色随机过程四阶累积量的自适应估计，其使用局限性大。本文推导了更具有一般性累积量送推估计算法，由于递推“修正量”项是随时间而变化，因而算法对非平稳随机过程的高阶累积量计算也可适用。本文应用该递推算法计算分析了多种水下、水面舰船辐射噪声特性的陡峭程度(kurtosis)，这对舰船辐射噪声处理、目标识别具有重要意义。

## 2　四阶累积量的递推估计

考虑一非高斯，复数，零均值，平稳随机过程$\{y(n)\}$，若假设过程的第 $k$ 阶($k \leqslant 8$) 累积量存在并有限，则二、三、四阶累积量定义为：

$$C_{2y}(\tau) = M_{2y}(\tau) \tag{1}$$

$$C_{3y}(\tau_1,\tau_2) = M_{3y}(\tau_1,\tau_2) \tag{2}$$

$$\begin{aligned} C_{4y}(\tau_1,\tau_2,\tau_3) = {} & M_{4y}(\tau_1,\tau_2,\tau_3) - M_{2y}(\tau_1)M_{2y}(\tau_3-\tau_2) - \\ & M_{2y,c}(\tau_2)M_{2y,d}(\tau_3-\tau_1) - M_{2y}(\tau_3)M_{2y}(\tau_1-\tau_2) \end{aligned} \tag{3}$$

其中 $M_{2y}$、$M_{3y}$、$M_{4y}$ 为随机过程的二、三、四阶矩。

一般情况，我们无从知道过程(序列) 是否为零均值。但使用线性变换可容易得到零均值序列数据，即从序列数据中减去其均值，由于队有限或少量观测数据中估计高于四阶累积量将产生较大的误差，并且计算最巨大，因而高于四阶的累积量实际应用很少，在此仅推导四阶或以下累积量送推计算公式。

设平稳序列有 $t+k$ 个采样值 $\{y(n)_{n=1,\cdots,t+k}\}$ 用有限采样值的求和运算替代 $E\{\cdot\}$ 算子，则式(3) 累积量估计为：

$$\begin{aligned}\hat{C}_{4y}(\tau_1,\tau_2,\tau_3) = &\frac{1}{t}\sum_{s=1}^{t} y^*(s)y(s+\tau_1)y^*(s+\tau_2)y(s+\tau_3) - \\ &\left(\frac{1}{t}\sum_{s=1}^{t} y^*(s)y(s+\tau_1)\right)\left(\frac{1}{t}\sum_{s=1}^{t} y^*(s+\tau_2)y(s+\tau_3)\right) - \\ &\left(\frac{1}{t}\sum_{s=1}^{t} y^*(s)y^*(s+\tau_2)\right)\left(\frac{1}{t}\sum_{s=1}^{t} y^*(s+\tau_1)y(s+\tau_3)\right) - \\ &\left(\frac{1}{t}\sum_{s=1}^{t} y^*(s)y(s+\tau_3)\right)\left(\frac{1}{t}\sum_{s=1}^{t} y^*(s+\tau_2)y(s+\tau_1)\right)\end{aligned} \tag{4}$$

上式简化如下：

$$\begin{aligned}\hat{C}_{4y}(\tau_1,\tau_2,\tau_3) = &\hat{M}_{4y}^t(\tau_1,\tau_2,\tau_3) - \hat{C}_{2y}^t(\tau_1)\hat{C}_{2y}^t(\tau_3-\tau_2) - \\ &\hat{C}_{2y,c}^t(\tau_2)\hat{C}_{2y,d}^t(\tau_3-\tau_1) - \hat{C}_{2y}^t(\tau_3)\hat{C}_{2y}^t(\tau_1-\tau_2)\end{aligned} \tag{5}$$

(4)(5) 式中假设 $0 \leqslant \tau_2 \leqslant \tau_1 \leqslant \tau_3 \leqslant k$。由于二阶、四阶累积量的对称性，$\tau_1$、$\tau_2$、$\tau_3$、$\tau_3-\tau_2$、$\tau_3-\tau_1$、$\tau_1-\tau_2$ 可以取负值。由上述定义，推导二阶、三阶和四阶累积量递推估计公式：

$$\hat{C}_{2y}^t(\tau) = \hat{C}_{2y}^{t-1}(\tau) + \frac{1}{t}\left[y^*(t)y(\tau+t) - \hat{C}_{2y}^{t-1}(\tau)\right] \tag{6}$$

$$\hat{C}_{2y,d}^t(\tau) = \hat{C}_{2y,d}^{t-1}(\tau) + \frac{1}{t}\left[y^*(t)y(\tau+t) - \hat{C}_{2y,d}^{t-1}(\tau)\right] \tag{7}$$

$$\hat{C}_{3y}^t(\tau_1,\tau_2) = \hat{C}_{3y}^{t-1}(\tau_1,\tau_2) + \frac{1}{t}\left[y^*(t)y(t+\tau_1)y(t+\tau_2) - \hat{C}_{2y}^{t-1}(t+\tau_1)\right] \tag{8}$$

式(6) ~ (8) 中右边方括弧项为递推“修正量”，它是观测值与前一时刻累积量估计值之差。对于平称过程，此“修正量” 随 $t$ 的增加逐渐趋于零：根据式(6) ~ (8)，四阶累积量估计计算公式。

$$\hat{C}_{4y}^{t-1}(\tau_1,\tau_2,\tau_3) = \hat{M}_{4y}^{t-1}(\tau_1,\tau_2,\tau_3) - A^t(\tau_1,\tau_2,\tau_3) \tag{9}$$

$$\begin{aligned}\hat{C}_{4y}^t(\tau_1,\tau_2,\tau_3) = &\hat{C}_{4y}^{t-1}(\tau_1,\tau_2,\tau_3) + \\ &\frac{1}{t}\left[D^t(\tau_1,\tau_2,\tau_3) + G^t(\tau_1,\tau_2,\tau_3) - \hat{C}_{4y}^{t-1}(\tau_1,\tau_2,\tau_3)\right] - \\ &\frac{1}{t^2}\left[D^t(\tau_1,\tau_2,\tau_3) + 3G^t(\tau_1,\tau_2,\tau_3)\right]\end{aligned} \tag{10}$$

其中：

$$\begin{aligned}D^t(\tau_1,\tau_2,\tau_3) &= A^t(\tau_1,\tau_2,\tau_3) - B^t(\tau_1,\tau_2,\tau_3) \\ &= M_{4y}^{t-1}(\tau_1,\tau_2,\tau_3) - B^t(\tau_1,\tau_2,\tau_3) - M_{4y}^{t-1}(\tau_1,\tau_2,\tau_3)\end{aligned}$$

$$G^t(\tau_1,\tau_2,\tau_3) = y^*(t)y(t+\tau_1)y^*(t+\tau_2)y(t+\tau_3)$$

$$\begin{aligned}A^t(\tau_1,\tau_2,\tau_3) = &C_{2y}^{t-1}(\tau_1)C_{2y}^{t-1}(\tau_3-\tau_2) + C_{2y,c}^{t-1}(\tau_2)C_{2y,d}^{t-1}(\tau_3-\tau_1) + \\ &C_{2y}^{t-1}(\tau_3)C_{2y}^{t-1}(\tau_1-\tau_2)\end{aligned}$$

$$\begin{aligned}B^t(\tau_1,\tau_2,\tau_3) = &\hat{C}_{2y}^{t-1}(\tau_1)y^*(t+\tau_2)y(t+\tau_3) + \hat{C}_{2y}^{t-1}(\tau_2)y(t+\tau_1)y(t+\tau_3) + \\ &\hat{C}_{2y}^{t-1}(\tau_3)y^*(t+\tau_2)y(t+\tau_1) + \hat{C}_{2y}^{t-1}(\tau_3-\tau_2)y^*(t)y(t+\tau_1) + \\ &\hat{C}_{2y,d}^{t-1}(\tau_3-\tau_1)y^*(t)y^*(t+\tau_2) + \hat{C}_{2y}^{t-1}(\tau_2-\tau_1)y^*(t)y(t+\tau_3)\end{aligned}$$

公式(10)就是估计四阶累积量精确表达式,虽然假设为平稳过程,但由于递推公式中引入了随新观测值变化的"修正量",因而公式对非平稳过程也可适用。公式(10)中有两个"修正量"项,他们的修正系数分别为 $1/t$ 和 $1/t^2$。当 $t$ 足够大时,由于 $D^t(\tau_1,\tau_2,\tau_3)$ 和 $G^t(\tau_1,\tau_2,\tau_3)$ 有限,乘以系数 $1/t^2$ 的"修正量"可以忽略。从而得到适用的近似四阶累积量估计递推公式。

$$\hat{C}_{4y}^{t}(\tau_1,\tau_2,\tau_3) = \hat{C}_{4y}^{t-1}(\tau_1,\tau_2,\tau_3) + \frac{1}{t}\left[G^t(\tau_1,\tau_2,\tau_3) + D^t(\tau_1,\tau_2,\tau_3) - \hat{C}_{4y}^{t-1}(\tau_1,\tau_2,\tau_3)\right] \tag{11}$$

## 3 "峰度"递推估计

随机过程 $\{y(n)\}$ 的峰度(kurtosis)定义是:$\hat{K}_y^t = \hat{C}_{4y}^t(0,0,0)$。根据公式(11),我们有:

$$\hat{K}_y^t = \hat{K}_{4y}^{t-1} + \frac{1}{t}\left[G_0^t + D_0^t - \hat{K}_y^{t-1}\right] \tag{12}$$

对于实数、零均值随机过程则有:

$$G_0^t = y^4(t) \tag{13}$$

$$D_0^t = 3\left[\hat{C}_{2y}^{t-1}(0)\right]^2 - 6\hat{C}_{2y}^{t-1}(0)y^2(t) \tag{14}$$

## 4　舰船辐射噪声峰度分析

水下目标识别是现代声呐系统与水声对抗的一个重要组成部分,是声呐后置数据处理的重要环节,是水声装备发展的关键技术之一,然而,如何根据声呐接收到的舰船辐射噪声对目标进行分类,也是长期困扰人们的问题。舰船辐射噪声的特性分析是恰当选择目标识别算法和官分离算法的基础。本节利用高阶累积量递推估计算法,对舰船辐射噪声的特性进行了分析。

实验中,我们大量计算了多种类型、多条舰船、多种航速情况的"峰度"值,每个值的数据采样频率为25 kHz,数据长度30 000点(即1.2 s),通推估计公式应用(12)~(14)。如图1所示,图中的点表示某类舰船、某种航速的归一化"峰度"(kaurtosis)值。通过对舰船辐射噪声的"峰度"(kurtosis)计算,结果表明舰船辐射噪声是非高斯性的,并且大都为次高斯型,此结论根据实录舰船辐射噪声信号四阶累积量的计算和分析,从另一个侧面说明了舰船辐射噪声特性。

## 5　结束语

高阶累积量具有自相关函数无法比拟的一个优点,即是前者能够辨识因果非最小相位系统[4],且具有抑制加性高斯噪声的能力,而后者则不能。它具有广泛的应用。在本文中,我们推导出时间域中实数或复数、零均值随机过程的四阶累积量的递推估计算法公式,他们适用于平稳和非平稳过程。而后大量计算了多种情况下舰船辐射噪声的"峰度"值,计算结果表明舰船辐射噪声是非高斯性的,并且大都为次高斯型。该结论对舰船辐射噪声的特性分析和建模具有一定的指导意义。

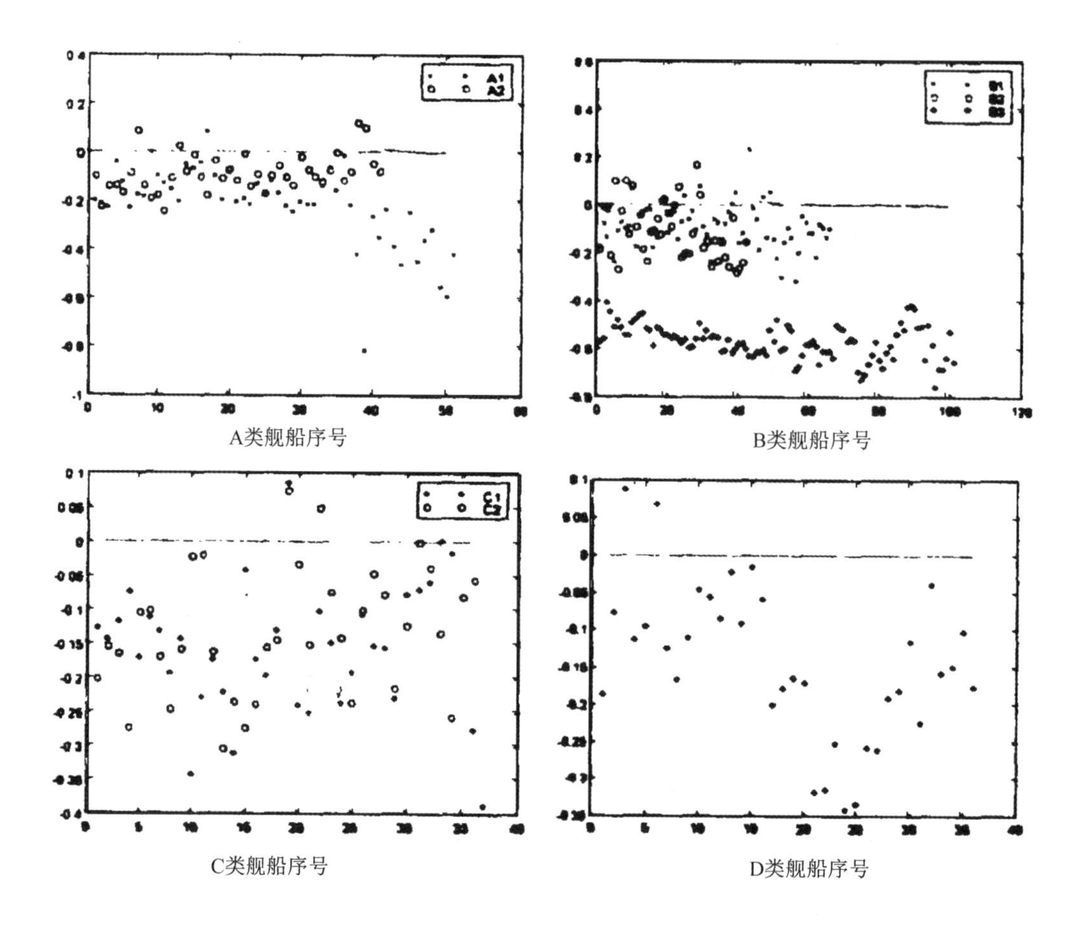


**图 1　多类型、多航速舰船峰度(kurtosis)值**

# 参 考 文 献

[1] 张贤达. 时间序列分析. 清华大学出版社. 1999.

[2] P. O. Amblard, J. M. Brossier, Adaptive estimation of the fourth - order cumulant of a white stochastic process, Signal Processing 42(1995)37 - 43.

[3] G. B. Giannakis, Cumulants:A powerful tool in signal processing, Proc. IEEE 75(9), 1987, 1333 - 1334.

[4] S. A. Alshebeili, A. N. Venetsanoppulos, A. E. cetin,Cumulant - based identification approaches for nonminimum phase FIR system, IEEE SP41(4), 1993, 1576 - 1588.

# 黄海内潮特征及对声传播的影响分析

郭圣明　胡　涛

**摘要**　针对夏季黄海内潮活动对水声信道的影响问题，提出了将表面潮流研究的最小二乘调和分析方法应用于黄海潮周期内波（内潮）的建模研究，并结合“三层介质的海洋结构模型”建立了黄海内潮满足的频散方程、群速度以及相速度表示。在此基础上数值分析了试验海区内潮对声传播影响的统计特征。研究结果表明，文中给出的内潮模型与观测数据相当吻合，并由此获得了黄海内潮的主要特征：海区潮周期内波占统治地位，$M_2$ 内潮是造成等温线波动的主要因素；实测内潮位移在深度上的分布与其一阶简正模型相吻合；测量时间内，内潮的时间相关系数大于95%。

**关键词**　黄海；内潮；三层海洋介质模型；声传播；统计特征

浅海内波包括内潮、孤子内波和线性内波等。内潮时在密度层结的海水中，天文潮流（经过剧烈变化的海底地形时）受到地形的强迫作用而产生的具有全日潮或半日潮频率的内波。已有观测结果显示，内潮通常会产生于倾斜的海底地形，如海山、海岭、海沟以及陆架边缘区域[1]。LOUIS S. T. 等[2]讨论了在刀状山脊边界、台阶边界、有限宽度边界和斜坡边界的内潮生成和传播。浅海内波（包括内潮）的活动使海水介质温度和声速分布参与动态变化，是引起海洋中声场起伏的主要因素，严重影响了声场预报的可靠性。近年来，内波与声场的相互作用研究成为水声学研究热点之一，但大多集中于非线性孤子内波对声传播的影响。研究表明，非线性孤子内波可导致声传播过程中的简正波耦合、水平折射、信号强度和到达时间起伏以及时域退/再相干等现象[3-12]。非线性孤子内波情况比较特殊，一般以半日潮的频率出现在典型的大陆架坡折海域[13]。孤子内波是空间离散分布的，主要对声传播路径上某些局部区域内的声速分布造成影响。内潮的生成比孤子内波相对容易[14]。在夏季，内潮几乎存在于所有的浅海海域，其空间连续分布特征会引起整个传播距离上的声速剖面水平非均匀性变化；因此，内潮对声传播的研究更具有普遍性的意义。本文分析了2007年夏季黄海内潮观测数据，给出了试验海区黄海内潮的主要特征，通过这些主要特征和内潮的频散方程、传播方程给出内潮影响条件下的声速剖面水平非均匀分布，分析了黄海内潮对声传播的影响。

## 1　黄海内潮特征分析

### 1.1　黄海内潮观测试验

2007年夏季在青岛附近海域进行了一次黄海内潮测量试验。测试海区深35 m，锚定于海底的温度链对海区内潮活动进行了40 h的连续测量，温度链上的2个压力传感器对阵型和温度传感器的深度进行了修正。图1为试验海区平均水文剖面和浮力频率剖面。可以看出，海区温度剖面具有典型的负跃层结构。上层、下层分别为等温层，厚度分别为10 m和

20 m;中间为负跃层,厚度约 5 m,温差达 11 ℃,且线性变化,完全符合典型的“三层海洋介质结构”模型。浮力频率曲线在 13 m 处为最大值点。

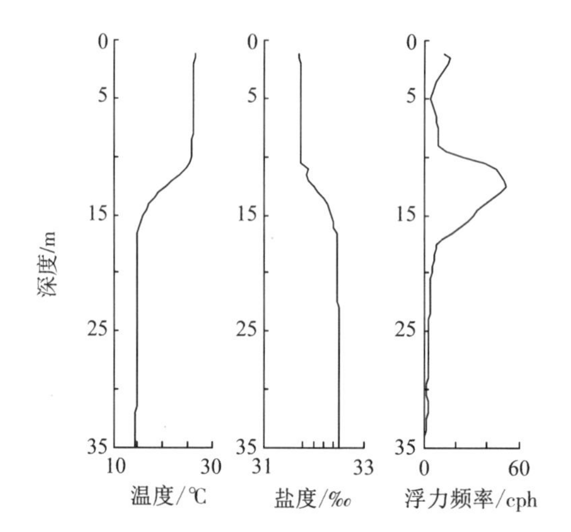


**图 1　海区平均水文剖面及浮力频率剖面**

图 2 为修正后的温度 - 时间波动彩图,图中可以明显地看到半日潮和全日潮周期的波动,且半日潮周期波动占统治地位,高频的波动幅度不大,主要叠加在潮周期的波动上。以上这些初步说明 $M_2$ 内潮是引起温度剖面波动的主要因素。

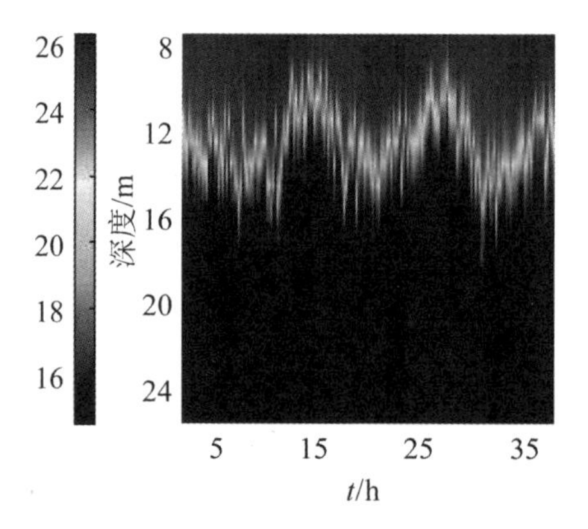


**图 2　内潮引起温度剖面的时间波动**

## 1.2　内潮特征的调和分析

本节中利用基于连续函数的最小二乘调和分析方法[15]来分析内潮引起的等温线波动,即利用天文分潮的固定频率,对等温线波动数据进行拟合分析。该方法能够将频率相隔很近的不同分潮成分完全分离,给出各个分潮成分的幅度以及其他一些特征参数。

假设已知 $\eta(t)$ 为时间段 $[T_b, T_e]$ 上的实际波动,这里 $T_b$、$T_e$ 分别是已知数据时间段的起始和终止时刻,$\eta_n(t)$ 表示在 $[T_b, T_e]$ 上用 $n$ 个分潮作调和分析的拟合波动,即

$$\eta_n(t) = x_1 + \sum_{i=1}^{n} x_{i+1}\cos(\omega_i t) + \sum_{i=1}^{n} x_{i+n+1}\sin(\omega_i t) = \xi X, t \in [-\Delta, \Delta] \tag{1}$$

式中:$\Delta = (T_e - T_b)/2, \xi = \{\xi_i(t)\}_{1\times(2n+1)}$

$$\xi_i(t) = \begin{cases} 1, & i = 1 \\ \cos(\omega_{i-1}t), & i = 2, \cdots, n+1 \\ \sin(\omega_{i-n-1}t), & i = n+2, \cdots, 2n+1 \end{cases} \tag{2}$$

$$\boldsymbol{X} = \{x_i\}_{(2n+1)\times 1} \tag{3}$$

注意时间零点已经进行了变换。建立目标函数:

$$\varphi(\boldsymbol{X}) = \int_{-\Delta}^{\Delta} [\eta(t) - \eta_n(t)]^2 \mathrm{d}t \tag{4}$$

为了使目标函数 $\varphi$ 取最小值,要求

$$\frac{\partial \varphi}{\partial x_i} = 0, i = 1, 2, \cdots, 2n+1 \tag{5}$$

从而得到关于系数 $x_i$ 的线性方程组:

$$\boldsymbol{AX} = \boldsymbol{H} \tag{6}$$

系数矩阵 $\boldsymbol{A}$ 为对称矩阵:

$$\boldsymbol{A} = \{a_{ij}\}_{(2n+1)\times(2n+1)}$$

$$a_{ij} = a_{ji} = \int_{-\Delta}^{\Delta} \xi_i(t)\xi_j(t)\mathrm{d}t \tag{7}$$

右端向量 $\boldsymbol{H}$ 为

$$\boldsymbol{H} = \{h_i\}_{(2n+1)\times 1}, h_i = \int_{-\Delta}^{\Delta} \eta(t)\xi_i(t)\mathrm{d}t \tag{8}$$

求解方程(6) 即可得到系数向量 $\boldsymbol{X}$,对应方程(1) 中各分潮成分的参数。简单的积分可以得到系数矩阵 $\boldsymbol{X}$ 的元素 $a_{ij}$。

$$a_{ij} = \begin{cases} 2\Delta, i = j = 1 \\ \int_{-\Delta}^{\Delta} \cos(\omega_{j-1}t)\mathrm{d}t, i = 1, 2 \leqslant j \leqslant (n+1) \\ \int_{-\Delta}^{\Delta} \cos^2(\omega_{i-1}t)\mathrm{d}t, i = j, 2 \leqslant j \leqslant (n+1) \\ \int_{-\Delta}^{\Delta} \cos(\omega_{i-1}t)\cos(\omega_{j-1}t)\mathrm{d}t, 2 \leqslant i < j \leqslant (n+1) \\ 0, i \leqslant (n+1), j \geqslant (n+2) \\ \int_{-\Delta}^{\Delta} \sin^2(\omega_{i-n-1}t)\mathrm{d}t, i = j, (n+2) \leqslant j \leqslant (2n+1) \\ \int_{-\Delta}^{\Delta} \sin(\omega_{i-n-1}t)\sin(\omega_{j-n-1}t)\mathrm{d}t, (n+2) \leqslant i < j \leqslant (2n+1) \end{cases} \tag{9}$$

这样系数矩阵 $\boldsymbol{A}$ 可以写成方块矩阵:

$$\boldsymbol{A} = \begin{bmatrix} \boldsymbol{B}_{(n+1)\times(n+1)} & 0 \\ 0 & \boldsymbol{C}_{n\times n} \end{bmatrix} \tag{10}$$

方程组(9) 的求解就转换成 2 个规模相当于原来 1/4 规模的方程组求解,使计算量节约一半。从式(9) 可以看出系数矩阵 $\boldsymbol{A}$ 的元素完全取决于测量数据时间段 $\Delta$,对于不同的分潮周期,只要取 $\Delta$ 足够大,保证系数矩阵 $\boldsymbol{A}$ 为严格对角占优矩阵就可以了。对于数据中有缺失或者重大误差的情况,可以采用多次调和分析或迭代调和分析的方法,目的是希望能够得到越

来越精确的调和分析结果。

图3给出了24 ℃、22 ℃、20 ℃、18 ℃、16 ℃、15.5 ℃等温线波动与最小二乘调和分析结果的比较，图中平滑粗线为调和分析结果，带毛刺的细线为实际的等温线波动，两者高度吻合，证明等温线波动由内潮引起，等温线变化具有显著的周期性。

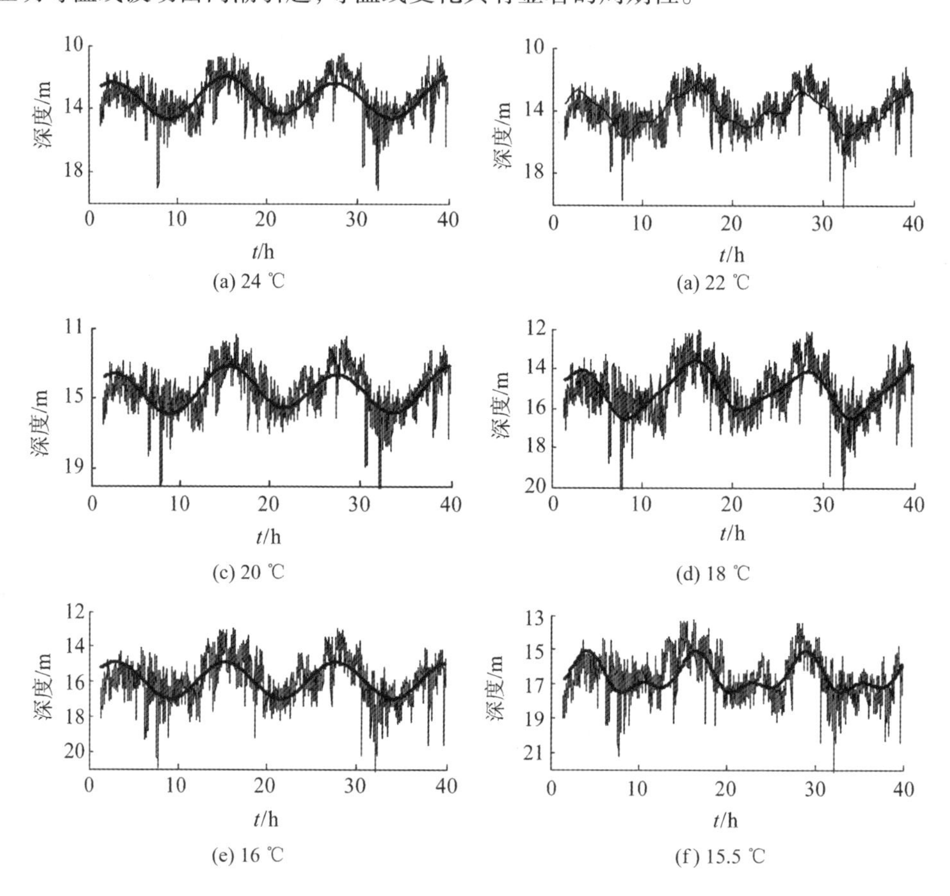


**图3　等温线波动与调和分析结果比较**

表1给出了等温线波动曲线中不同潮周期成分的振幅，从表1的调和分析结果看，等温线波动主要受$M_2$潮周期控制，$M_2$潮周期成分的最大振幅为1.2 m，$K_1$潮周期成分的最大振幅为0.3 m，整个内潮引起的等温线波动的峰－峰值超过3 m，约占海深的10%。

**表1　等温线波动的调和分析结果**

| 等温线波动/℃ | 周期/h | | | |
|---|---|---|---|---|
| | 24 | 12 | 8 | 6 |
| 24 | 0.23 | 1.16 | 0.05 | 0.22 |
| 22 | 0.28 | 1.18 | 0.04 | 0.27 |
| 20 | 0.30 | 1.15 | 0.06 | 0.27 |
| 18 | 0.31 | 1.12 | 0.07 | 0.26 |
| 16 | 0.27 | 1.03 | 0.10 | 0.3 |
| 15.5 | 0.3 | 0.94 | 0.09 | 0.57 |

图 4 给出了 6 个深度上内潮位移与其第 1 阶模式的比较。从图中可以看出，内潮波动在深度上的分布与其第 1 阶模式基本吻合，说明内潮主要由第一阶模式控制，与以往的观测结果相一致[16]，这一点也有助于后面解析分析内潮的相速度和群速度。图 5 给出了内潮活动的时间相关性曲线，在试验期间内潮的时间相关系数都在 95% 以上，说明海区内潮活动非常稳定，有很强的周期性，因此可以依据有限的测量结果确定海区内潮的活动规律。

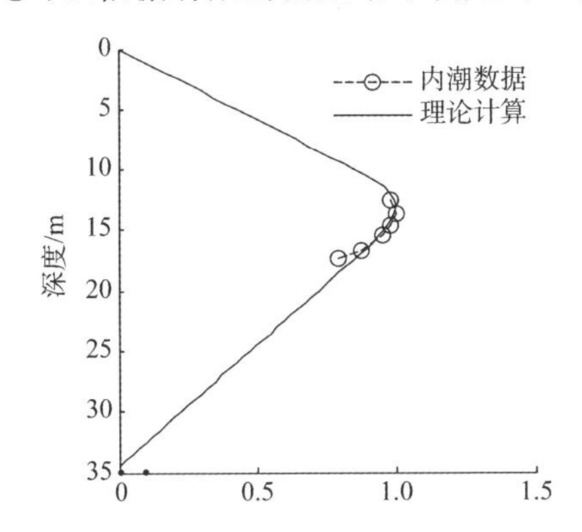


**图 4　内潮波动垂直分布与其模式 1 的比较**

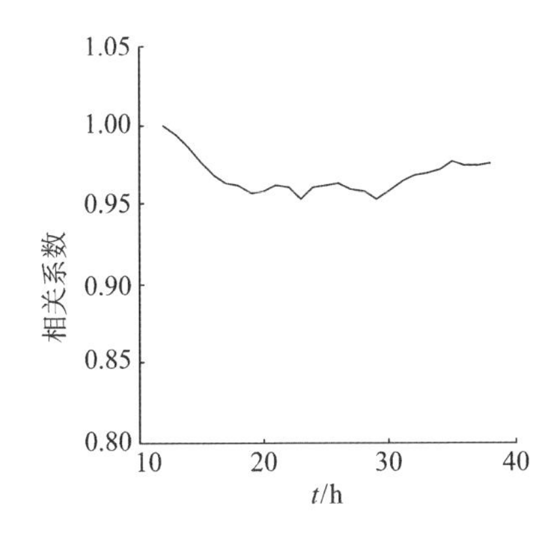


**图 5　内潮的时间相关性**

## 1.3　内潮的传播

对海区温度剖面的分析（见 2.1 节）表明，试验海区符合典型的“3 层介质跃层结构”模型，即可将海水密度分为 3 层：上层和下层为等密度层，中间为过渡层，在这样的 3 层海洋模型中，浮力频率可表示为如下的解析形式[17]：

$$N(z)=\begin{cases}0,\ -H<z\leqslant 0\\ N_0\ -(H_1+d)<z<-H_1\\ 0,\ -H<z<-(H_1+d)\end{cases}\tag{11}$$

式中：$N_0=(\rho_2-\rho_1)g/(\rho d)$，$\rho=(\rho_1+\rho_2)/2$，$\rho_1$、$\rho_1$ 分别为上层和下层等密度层的密度；$H$ 为海深，$H_1$、$d$、$H_3$ 分别为上层、中层、下层的厚度，这样内波的垂直模式方程可表示为

$$\frac{\partial^2 W}{\partial z^2} - k^2 + W = 0$$

$$\frac{\partial^2 W}{\partial z^2} - k_z{}^2 + W = 0 \tag{12}$$

$$-H_1 < z < 0,\ -H < z < (-H_1 + d)$$

$$k_z = k\sqrt{n_0^2/\omega^2 - 1},\ -(H_1 + d) < z < -H_1$$

式中:$k = \frac{\omega}{c}$,3 层介质中的内波解为

$$\begin{cases} W_1 = A\sinh(kz) \\ W_2 = B\cos[k_z(z + H_1)] + C\sin[k_z(z + H_1)] \\ W_3 = D\sinh[k(z + H)] \end{cases} \tag{13}$$

利用海底和海面的边界条件以及分界面连续性条件,可以得到频散方程:

$$k_z^2 = k_z k\cot(k_z d)[\coth(kH_1) + \coth(kH_3)] + k^2\coth(kH_1)\coth(kH_3) \tag{14}$$

或

$$\cot(k_z d) = \frac{k_z/k - (k/k_z)\coth(kH_1)\coth(kH_3)}{\coth(kH_1) + \coth(kH_3)} \tag{15}$$

频散方程(15)中余切函数是多值函数,即$\cot(k_2 d + n\pi) = \cot(k_2 d)$,于是3层模型的频散方程有多值解,其每个解对应一个模式,这就是简正模式。一般来说,频散方程(15)无解析解。但当$\omega_0^2 \ll \omega^2 \ll N_0^2$,总有$k_z^2 H_1 H_3$成立[18],因此式(15)可近似为

$$\cot(k_z d) = \frac{k_z/k}{\coth(kH_1) + \coth(kH_3)} \tag{16}$$

频散方程(16)的解可以写成:

$$k_{zn} d = (n-1)\pi + \arctan\{(k/k_{zn})[\coth(kH_1) + \coth(kH_3)]\},n = 1,2,3,\cdots \tag{17}$$

由于试验海区内潮主要由第一阶模式控制,下面对相速度和群速度的讨论将针对第一阶模式下的情况。对于一阶简正模式($n = 1$),在短波长(高频)近似下($kH_1 \gg 1, kH_3 \gg 1$),式(17)可变为

$$k_{z1}^2 d = 2k \tag{18}$$

因此相速度为

$$c_1 = \frac{N_0^2 d}{2\omega} = N_0\sqrt{\frac{d}{2k}} \tag{19}$$

群速度为

$$c_g^{(1)} = \frac{\partial\omega}{\partial k} = c_1/2 \tag{20}$$

当满足长波(低频)近似($kH_1 \ll 1, kH_3 \ll 1$),$k_z \approx (N_0/\omega)k$,式(17)可变为

$$k_{z1}^2 d = (1/H_1 + 1/H_3) \tag{21}$$

此时群速度等于相速度,即

$$c_g^{(1)} = c_1 = N_0\sqrt{\frac{dH_1H_3}{H}} \tag{22}$$

从上面的分析可以看出,对于“三层模型”下的一阶简正模式,若短波长近似成立(高频情况),不同波长的内波有不同的群速度,这意味着,高频成分内波在传播过程中将发生明显

的波形畸变;而在长波近似条件下(低频情况),只有海底地形、温跃层的变化才使内波在传播过程中发生波形畸变。

本文讨论的内潮显然数据低频内波,即满足长波近似条件。对于试验海区的化境,由式(22)得到内潮的群速度和相速度为

$$c_g^{(1)} = c_1 = 0.34 \text{ m/s} \tag{23}$$

该计算结果与一般的观测结果相接近。由此可以知道 $M_2$ 内潮的波长约为 14.7 km,这意味着当声传播方向与内潮传播方向一致时,在 50 km 的距离上,声传播将穿越 $M_2$ 内潮的 3 个波长。

由于试验海区海底平坦,在大约 50 km × 50 km 范围内的海深基本保持不变。根据上面的讨论,内潮在平坦海底地形不会发生明显的波形畸变。因此在本文的后续讨论中不考虑内潮在传播过程中的畸变。

## 2　黄海内潮对声传播的影响

### 2.1　内潮影响下的声速剖面水平非均匀分布

在平坦海底情况下,内潮可以用如下的线性方程来表示[19]:

$$\xi(x,z,t) = \sum_{n=1}^{N}\sum_{i=1}^{\infty} A(\omega_i) W_n(z,\omega_i) \times \cos(k_{n,i}x + \omega_i t + e_{n,i}) \tag{24}$$

式中:$W_{n,j}(z,\omega_i)$ 为内潮垂直模式方程的解,$k_{n,i}$ 为内潮的水平波数,可由频散方程(17)获得,$\omega_i$ 为内潮的不同频率成分,$e_{n,i}$ 为初始相位,$N$ 为简正模式数目,$A(\omega_i)$ 为内潮不同频率成分的幅度。根据前面的讨论,黄海内潮受第一阶模式控制,因此 $N = 1$。

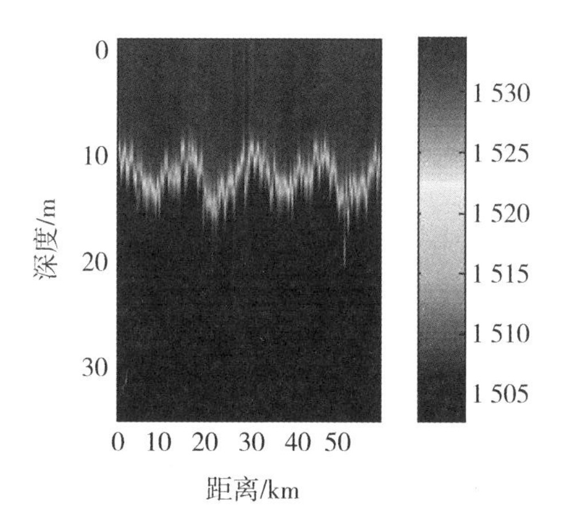


**图 6　内潮影响下的声速剖面水平非均匀分布**

根据内潮的频散方程,第一阶模式垂直分布、群速度、内潮测量结果如式(24),得到黄海内潮影响下的声速剖面水平非均匀分布,如图 6 所示,图中给出了 2 个周期的 $K_1$ 内潮引起声速剖面在水平空间的非均匀分布情况。

### 2.2　黄海内潮对声传播的影响分析

这里通过数值计算分析内潮活动对低频声传播的影响,数值计算中计算的时间周期为

24 h，为了和实际的环境相吻合，这里考虑表面潮汐活动引起海深的变化，海深变化量为 ± 1 m，平潮时海深取 35 m，海底为半无限海底，密度 $\rho_1 = 1.79\ g/cm^3$，声速 $c_1 = 1\,600\ m/s$，海底衰减系数 $\alpha = 0.4\ dB/\lambda$，无内潮时的声速剖面认为是图 1 所示的（平均）声速剖面，考虑内潮存在时声速剖面分布如图 6 所示。在不同的水平距离上具有不同的声速剖面形式。

声场计算使用 M. D. Collins 给出的 RAM - PE 抛物近似算法程序[20]，声源频率选择 400 Hz，声源深度 25 m，在计算中发现内潮并没有引起强烈的简正波耦合效应，内潮对声传播影响具有水平距离上的累积效应：随着传播距离的增加，内潮对声传播的影响逐渐明显。图 7 给出了 2 个不同接收深度上有内潮与无内潮情况时的传播损失比较，图中平滑曲线是无内潮环境的非相干传播损失，干涉结构比较强的曲线是内潮环境下的计算结果。从图中可以看出，内潮对声传播影响非常强烈，在 50 km 处，接收深度 25 m 处的传播损失相差约 4 dB，接收深度 4 m 处的传播损失相差约 10 dB 左右。

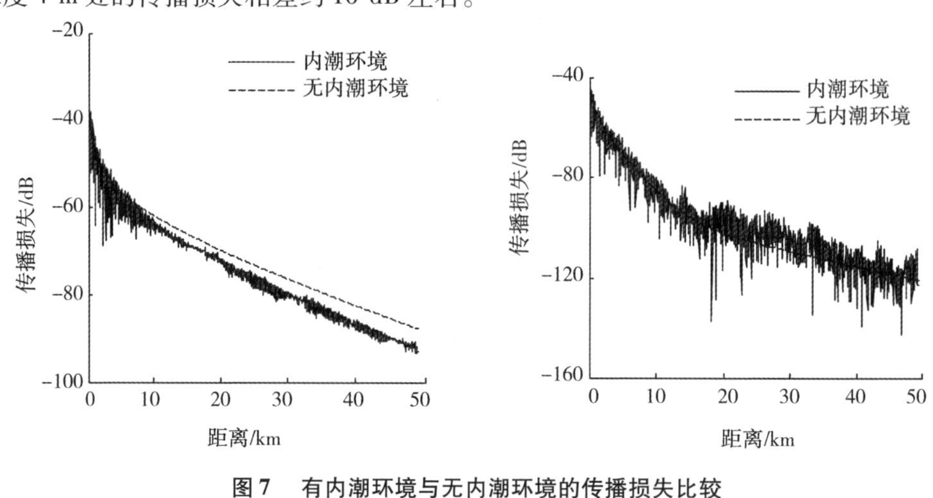


**图 7　有内潮环境与无内潮环境的传播损失比较**

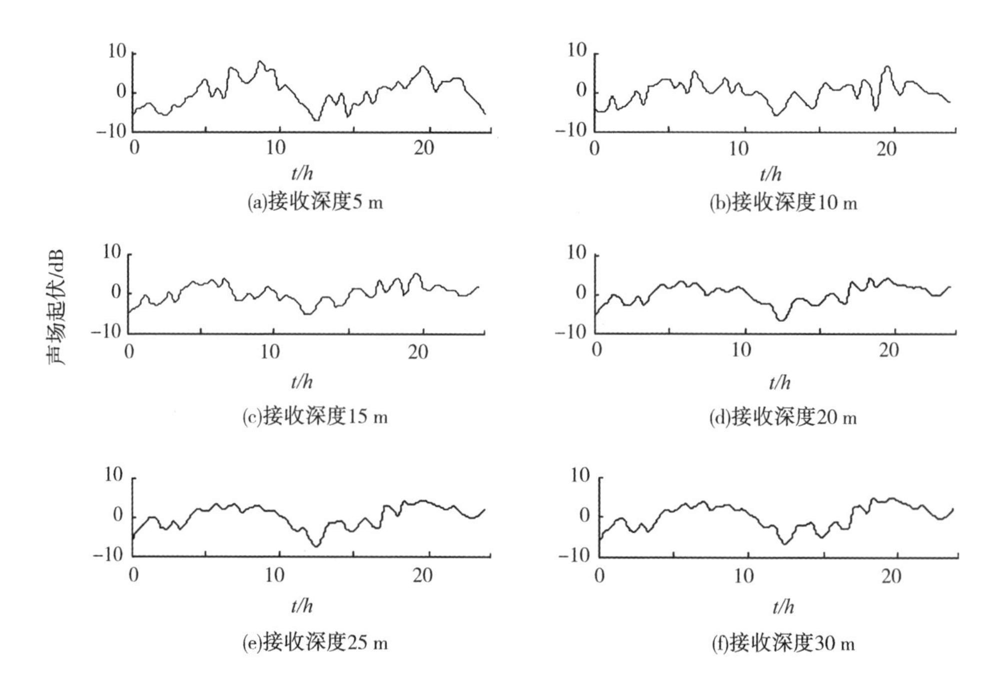


**图 8　内潮引起不同接收深度上声场强度的起伏**

内潮不仅能够引起接收声场的能量分布异常，而且能够导致接收声场的起伏效应。图8给出了当内潮以0.34 m/s的速度运动时，40 km接收位置不同深度上24 h的声场起伏强度。内潮的最大周期为24 h，因此引起声场的起伏也应具有24 h的周期，这种现象可以被用来进行内潮的声层析研究[21]。

从图8中可以看出内潮引起了整个接收声场强度强烈的起伏，在单个接收深度上起伏约为 ±8 dB，并有明显的半日潮周期。为了进一步分析内潮引起的声场起伏规律，这里给出不同接收深度声场起伏的均值和闪烁指数，闪烁指数(SI)是用来说明起伏大小的统计量，其定义为[22]

$$SI = (\langle I^2 \rangle - \langle I \rangle^2) / \langle I \rangle^2 \tag{25}$$

图9和图10分别给出了接收声场起伏的均值和闪烁指数随深度的变化。从图9可以看出，声场起伏的均值在深度上的分布与声场一阶简正波的分布一致，这是因为在40 km的接收距离上，高阶简正波都已经衰减掉了，声场只剩下一阶简正波。而声场起伏的闪烁指数随深度的变化出现两边大中间小的特点，15 m的深度附近，即在声速跃层位置，闪烁指数最小，而在其两侧闪烁指数开始逐渐变大。

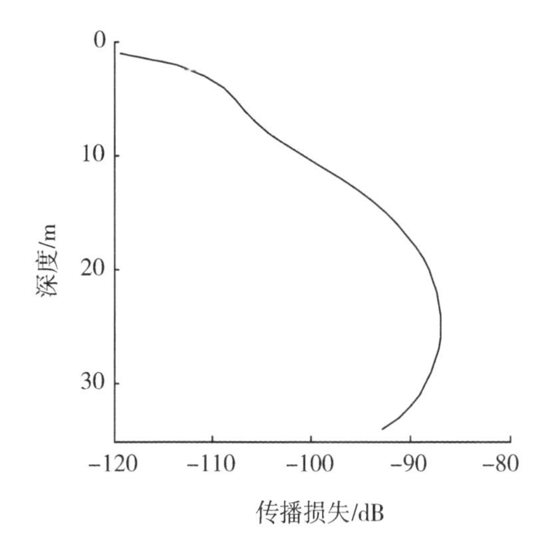


图9 接收声场起伏均值随深度的变化

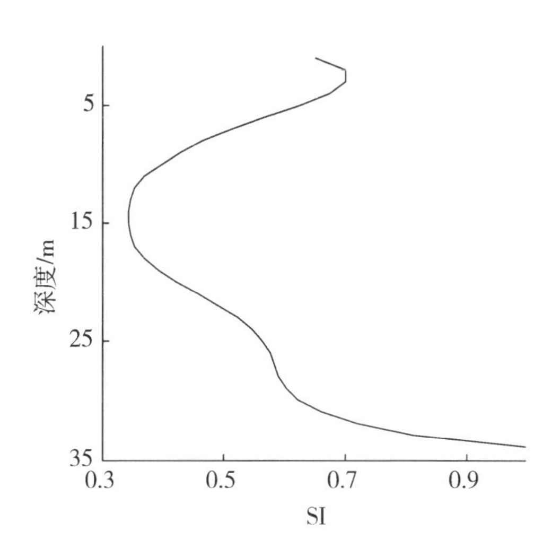


图10 声场起伏的闪烁指数随深度的变化

## 3 结论

通过分析黄海内潮的实测数据，给出了黄海内潮的主要特征和内潮引起声速剖面的水平非均匀分布，在此基础上数值分析了黄海内潮对声传播的影响。总结如下：

(1) 最小二乘调和分析表明海区潮周期内波占统治地位，$M_2$ 内潮是造成等温线波动的主要因素。

(2) 内潮位移在深度上的分布与其第一阶模式相吻合，证明黄海内潮主要受一阶模式支配，内潮的时间相关系数大于95%。

(3) 利用三层海洋模型，在理论上计算出黄海内潮的传播速度为0.34 m/s。

(4) 黄海内潮对声传播影响的数值分析表明：内潮并没有引起强烈的简正波耦合效应，内潮对声传播影响在距离上具有累积效应，随着传播距离的增加，内潮对声传播的影响逐渐明显;黄海内潮活动能够导致比较强烈的声传输起伏,在单个深度上起伏大小约 ± 8 dB,并有明显的半日潮周期,声场起伏的均值在深度上的分布与声场一阶简正波的分布相一致,声场起伏的闪烁指数随深度的变化出现两边大中间小的特点。

## 参 考 文 献

[1] BAINES P G. On internal generation models [J]. Deep - sea Research, 1982, 29(3A): 307 - 338.

[2] LOUIS S T L, STEVEN S. The generation of internal tide at abrupt topography [J]. Deep - sea Research, 2003, 50:987 - 1003.

[3] APEL J R, BADIEY M, CHIU C S, et al. An overview of the 1995 SWARM shallow water internal wave acoustic scattering experiment [J]. IEEE Journal of Oceanic Engineering, 1997, 22(3):465 - 500.

[4] FINETE S. Acoustic field variability induced by time - evolving internal wave fields [J]. Journal Acoustical Society of America, 1999, 108:975 - 972.

[5] BADIEY M. Temporal and azimuthal dependence of sound propagation in shallow water with internal waves [J]. IEEE Journal of Oceanic Engineering, 202, 27:117 - 129.

[6] RUBENSTEIN D. Observations of cnoidal internal waves and their effect on acoustic propagation in shallow water [J]. Journal Acoustical Society of America, 1997, 101:3016.

[7] DEMOULIN X, STEPHAN Y, COELHO E, et al. Intimate96: A shallow water tomography experiment devoted to the study internal tides [C]// In shallow water Acoustics, 1997: 485 - 490.

[8] SPERRY B J. Characteristics of acoustic propagation to the eastern vertical line array receiver during the summer 1996 New England shelfbreak PRIMER experiment [J]. IEEE Journal of Oceanic Engineering, 2003, 28:724 - 749.

[9] FINETTE S. Acoustic field variability induced by time evolving internal wave fields [J]. Journal Acoustical Society of America, 2000, 108(3):957 - 972.

[10] JAMES C P. DUDA T F. Coupled acoustic mode propagation through continental - shelf internal solitary waves [J]. IEEE Journal of Oceanic Engineering, 1997, 22(2): 256 - 269.

[11] DUDA T F, PREISIG J C. A modeling study of acoustic propagation through moving shallow-water solitary wave packets [J]. IEEE Journal of Oceanic Engineering, 1999, 24(1):16 - 32.

[12] ROUSELF D. Coherence of acoustic modes propagating through shallow water internal waves [J]. J A S A, 2002, 111(4):1655 - 1665.

[13] ANTONY K L. STEVEN R. A case study of internal solitary wave propagation during ASIAEX 2001 [J]. IEEE Journal of Oceanic Engineering, 2004, 29(4):1144 - 1156.

[14] KANG S K. Numerical modeling of internal tide generation along the Hawaiian ridge [J]. Journal of Physical Oceanography, 2000, 30:1083 - 1098.

[15] PAWLOWICA R, BEARDSLEY R. Classical tidal harmonic analysis including error estimates in matlab using T_TIDE [J]. Computer Geosci, 2002, 28:929 - 937.

[16] 蒋德军,高天赋. 典型浅海温跃层内波对声场起伏的影响 [J]. 声学学报,1997,22(3):198 -208.

[17] JIANG Dejun, GAO Tianfu. The fluctuation of acoustic field due to internal waves on the thermocline in typical shallow water [J]. Chinese Journal of Acoustics, 1997,22(3):198 -208.

[18] LEE O S. Fixed path acoustic transmission in the presence of internal wave [J]. J A S A, 1960, 32:1514.

[19] 胡涛. 浅海内波及其对声传播影响分析[D]. 北京:中国科学院声学研究所, 2007:18 -24.

[20] HU Tao. Shallow water internal waves and their effect on acoustic propagation [D]. Beijing:Institute of Acoustics CAS, 2007:18 -24.

[21] BAINES P G. On internal generation models [J]. Deep sea Research, 1982, 29(3A):307 -338.

[22] MICHAEL D C. Generalization of the split - step pad e solution [J]. J A S A, 1994, 96(1):382 -385.

[23] 王少强,吴立新. 2001 南中国海实验温度场与声传播起伏及内潮(波)特征反演 [J]. 自然科学进展, 2004, 14(6):635 -640.

[24] WANG Shaoqiang, WU Lixin. Temperature fields, acoustic propagation fluctuations of South China sea experiment and internal tide character inversion [J]. Progress in Natural Science, 2004, 14(6):635 -640.

[25] USCINSKI B J. Horizontal structure of acoustic intensity fluctuations in the ocean [J]. J A S A, 124(4):1963 -1973.

# 应用表面噪声矢量场空间相关特性反演海底参数

于盛齐　黄益旺　宋　扬

**摘要**　为了实现对海底快速而准确的遥测，本文提出一种根据表面噪声矢量场空间相关函数进行海底参数反演的方法。与传统的基于声传播模型的匹配场反演方法相比，可利用的信息更加丰富，而且水下系统配置简单，无须声源，隐蔽性好，具有一定的军事应用前景。参数优化过程中，采用一种基于差分进化算法和粒子群算法的两级混合优化算法。通过反演结果与仿真真值的比较可以看出，混合优化算法得到了较为满意的反演结果，特别是同时考虑不同的声压和质点振速组合方式时，而且与单一的优化算法相比，估计精度总体上得到了显著提高。

**关键词**　空间相关函数；混合优化算法；海底参数反演；表面噪声矢量场

海底作为海洋波导的下边界，其声学参数一直都是声场建模和声传播规律研究的重要参数，根据海洋中的声场来估计海底参数已成为一种进行海底遥测时相对有效的手段[1]。海底同样影响着海洋环境噪声场的空间相关特性，使得海洋环境噪声场空间相关函数中蕴含了海底的有关信息，并且它是一个相对稳定的过程，受海况的影响很小。Deane 等[2-3]测量了不同地点、不同海况下长时间的噪声场数据，证明噪声场的空间相关性是稳健的、可重复测量的。Harrison[4]则利用噪声场的标量信息实现了海底浅底层特性的反演。黄益旺等[5-7]对表面噪声矢量场空间相关特性的研究为基于声矢量场反演方法的实现奠定了理论基础。现有的海底参数反演方法的测量系统中往往需要声源并使用声压阵[8-9]。而基于表面噪声矢量场空间相关函数的海底参数反演方法测量系统更为简单，无须声源，只需要 1 ~ 2 只矢量水听器。此外，可用于海底参数反演的信息更加丰富，不仅可以利用空间域和频率域信息，而且声压和不同质点振速分量之间还可以构成不同的组合方式。基于此本文通过仿真研究了利用表面噪声矢量场空间相关性来反演海底参数的可行性和有效性。

由于海底参数反演问题的复杂性、非线性和多维性，并且可能存在多个局部最优点，特别是当正演模型十分复杂时，采用单一的启发式优化算法很难得到较为满意的反演结果。本文在对差分进化算法和粒子群算法的比较基础上，针对各自的优缺点，发现两者存在一定互补性，因而提出了一种两级混合优化算法。

## 1　表面噪声矢量场空间相关特性

海洋环境噪声场按噪声源的分布情况可以划分为 2 类，即体积噪声场和表面噪声场，本文则是考虑根据表面噪声场的空间相关性来实现海底参数反演。如图 1 所示，噪声源均匀分布在平整海面上。海水密度 $\rho_1$ 为常数，声速 $c_1$ 为深度 $z$ 的函数，海底为均匀、平整的固态半无限空间，由压缩波波速 $c_p$、剪切波波速 $c_t$、密度 $\rho_2$、压缩波衰减系数 $\alpha_p$ 和剪切波衰减系数 $\alpha_t$ 来描述。用 $(r_1, z_1)$ 和 $(r_2, z_2)$ 表示海水中空间任意 2 个接收点。

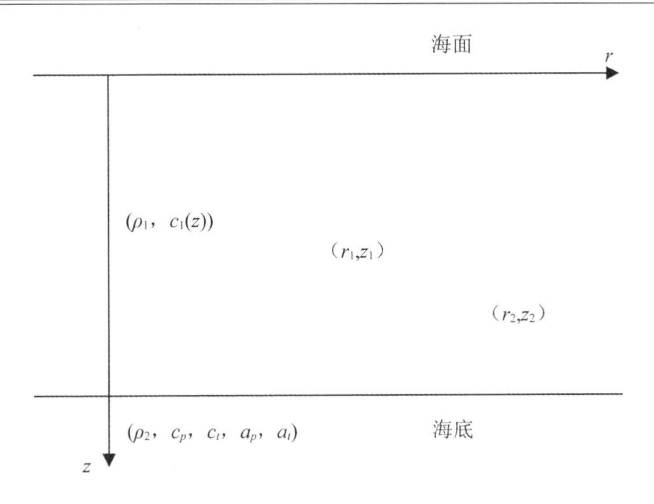


**图1　表面噪声场模型**

2 个接收点间的表面噪声场空间相关函数为互谱密度函数的归一化形式,可以表示为

$$C_{ij}(\omega) = \frac{S_{ij}(\omega)}{\sqrt{S_{ii}(\omega)S_{jj}(\omega)}} \tag{1}$$

式中:$i = 1,2,3,4$ ,$j = 1,2,3,4$ 。序号 1,2,3,4 依次代表声压 $p$ 以及质点振速的 3 个正交分量 $v_x$ 、$v_y$ 和 $v_z$ 。采用文献[7]中基于射线理论得到的结果,对于垂直布放的 2 只矢量水听器,非零且不相等的空间相关函数有:$C_{11}$ 、$C_{22}$ 、$C_{44}$ 和 $C_{14}$ 。以 $C_{14}$ 为例,其表达式为

$$\begin{aligned} C_{14} = 2\pi \int_0^{\frac{\pi}{2}} \left[1 - R_s R_b \mathrm{e}^{-\alpha s_c}\right]^{-1} \times \\ \left[\mathrm{e}^{ikd\sin\theta_r \sin\gamma}\mathrm{e}^{-\alpha s_p} - R_b \mathrm{e}^{-ikd\sin\theta_r\sin\gamma}\mathrm{e}^{-\alpha(s_c - s_p)}\right] \times \\ J_0(kd\cos\theta_r\cos\gamma)\sin\theta_s\sin\theta_r\cos\theta_r \mathrm{d}\theta_r \end{aligned} \tag{2}$$

式中:$d$ 为两接收点间的距离;$\gamma$ 为 2 个接收点连线的俯仰角;$\alpha$ 为海水中的声吸收系数;$\theta_s$ 为海面处声线掠射角;$\theta_r$ 为海底界面处声线掠射角。当海水中的声速为常数时有 $\theta_r = \theta_s$ ,并且相关函数中俯仰角的积分区间为 $[0,\pi/2]$ ;当海水中的声速非恒定时,俯仰角的积分范围视声速剖面而定。$s_c$ 表示一个跨度声线的长度,$s_p$ 表示从海面到接收点的声线长度,$R_s$ 为海面声强反射系数,本文假设为 1,$R_b$ 为海底声强反射系数,海底参数便蕴含其中,采用文献[10]给出的弹性体反射模型。当海底水平分层时,改用多层介质反射模型即可。假设海水深度 50 m,海水中声速 1 500 m/s,声吸收系数 0.01 NP/m,垂直布放的 2 只矢量水听器深度为 20 m,距离为 0.5 m。反射模型中有关海底的参数采用比的形式(无量纲),这样可以有效地缩小搜索范围,有利于参数的反演。针对近岸浅海环境中典型的沙质沉积物,仿真真值依次设为:沉积物压缩波波速/海水声速比 $v_p = 1.178$,沉积物剪切波波速/海水声速比 $v_t = 0.167$,沉积物/海水密度比 $a_\rho = 1.845$,压缩波损失参数 $\delta_p = 0.016\,2$,剪切波损失参数 $\delta_t = 0.016\,2$。其中,损失参数定义为沉积物中的复波数的虚部与实部之比,与衰减系数(dB/m)关系如下

$$\alpha_q = \frac{40\pi f\delta_q}{v_q c_w \ln(10)}, q = p,t \tag{3}$$

式中:$f$ 为声波频率,$c_w$ 为海水中的声速。采用上述仿真参数时,得到不同组合方式时的归一化相关系数 $\rho$ (相对于声压的方差)和 2 个接收点距离 $d$ 的变化关系,如图 2 所示。

从图中可以看出，噪声场空间相关函数是振荡衰减的，声压的总体上振荡得要剧烈些。从反演角度看，相关函数振荡得越剧烈对反演越有利，但从测量的角度来看是不稳定的，可能存在较大的测量误差。

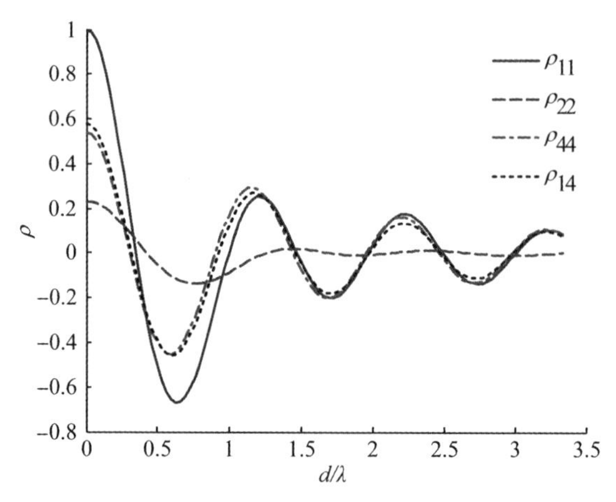


**图 2　不同组合方式时的归一化相关系数**

## 2　反演方法

### 2.1　目标函数的建立

由式(2)可以看出噪声场的空间相关函数为复数，为了充分利用相关函数中所包含的信息，建立目标函数时同时考虑其实部和虚部：

$$F1 = \frac{1}{\sqrt{N}}\left\{\frac{1}{2}\sqrt{\sum_{m=1}^{N}\left[\mathrm{Re}(D_{ij}(f_m) - C_{ij}(f_m))/2\right]^2} + \frac{1}{2}\sqrt{\sum_{m=1}^{N}\left[\mathrm{Im}(D_{ij}(f_m) - C_{ij}(f_m))/2\right]^2}\right\} \tag{4}$$

$$F2 = \left\{\frac{1}{\sqrt{N}}\left\{\frac{1}{2}\sqrt{\sum_{m=1}^{N}\left[\mathrm{Re}(D_{ij}(d_m) - C_{ij}(d_m))/2\right]^2} + \frac{1}{2}\sqrt{\sum_{m=1}^{N}\left[\mathrm{Im}(D_{ij}(d_m) - C_{ij}(d_m))/2\right]^2}\right\}\right. \tag{5}$$

式中：$D_{ij}(\cdot)$ 表示观测数据，$C_{ij}(\cdot)$ 为正演模型预报值，$N$ 表示选用的频率或空间距离点数。由于噪声的空间相关函数是 $d/\lambda$ 的函数，上述 2 种目标函数是等价的。此时的优化问题为求解目标函数的最小值问题。噪声的频率范围一般选择为 100～2 000 Hz，一方面可以保证低频成分能够透射到海底一定深度，另一方面使空间相关函数存在明显的变化，提高海底参数的反演精度。图 3 给出了根据 $C_{14}$ 构建的目标函数一维截面图，虚线表示仿真真值。从图中可以看出，目标函数对于压缩波波速和密度是敏感的，对于剪切波波速、压缩波衰减和剪切波衰减相对不敏感，特别是剪切波损失参数。目标函数对各参数的敏感程度决定了参数估计的精度。

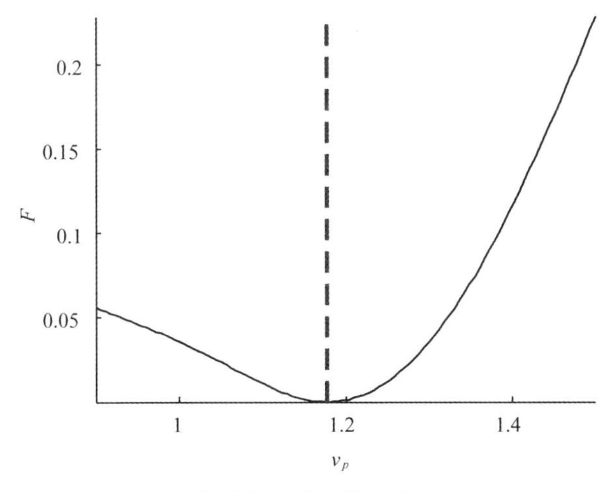


（a）压缩波波速与海水声速比

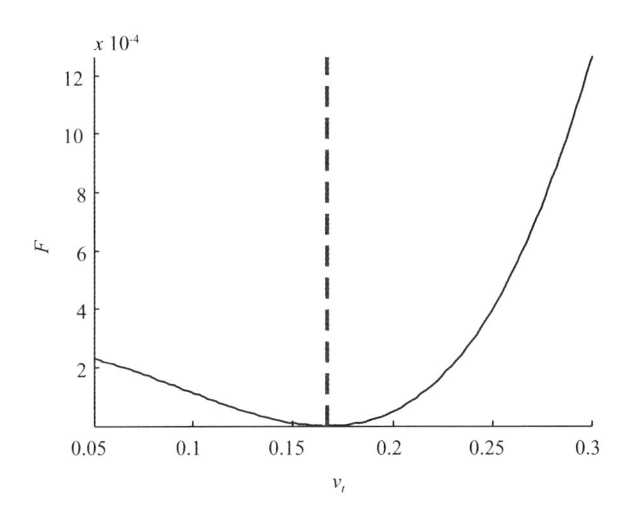


（b）剪切波波速与海水声速比

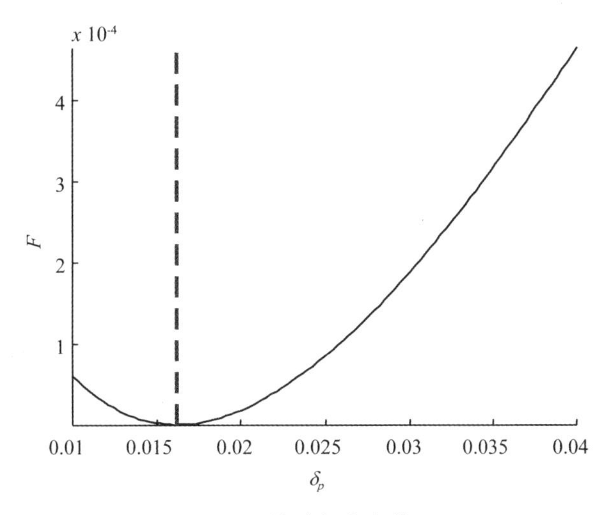


（c）压缩波损失参数

**图 3　目标函数一维截面图**

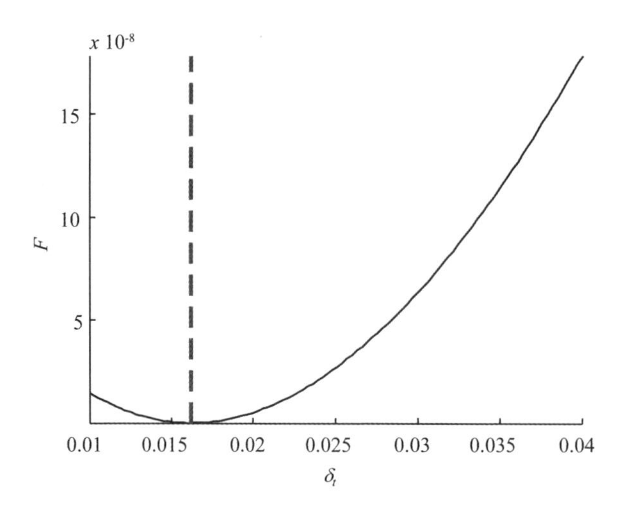


(d) 剪切波损失参数

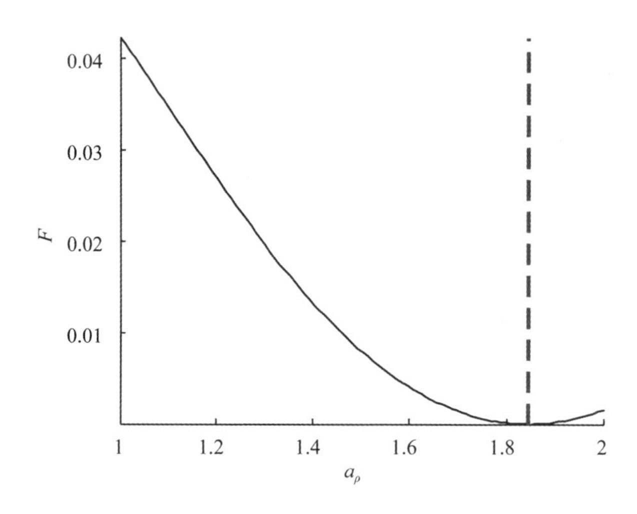


(e) 沉积物与海水密度比

**图 3(续)**

## 2.2 混合优化算法

粒子群(PSO)算法和差分进化(DE)算法是两种常用的启发式优化算法。PSO 算法具有收敛速度快的特点,迭代后群体中的粒子的收敛(或集中)程度非常高,每个粒子搜索到的最优位置在计算和显示精度内基本上处于同一点,粒子会很快地失去种群多样性,容易陷入局部最优。DE 算法具有较强的全局收敛能力和鲁棒性,可以避免遗传算法的早熟缺点。然而,DE 算法在起始阶段有较高的搜索效率,但随着迭代次数的增加优化效率逐渐降低,这是因为个体间的差异逐渐减弱,算法不能通过足够的差异信息来保持高的搜索效率,并且迭代后的个体收敛程度不如 PSO 算法,特别是对目标函数不敏感的参数,迭代后个体基本上都是发散的,这样就不能充分说明在参数空间的所有维度上算法是收敛的。

在对反演问题进行求解时,如果最后一代的群体能够保持一定的多样性,既不像 PSO 算法那样所有粒子收敛于同一位置,也不像 DE 算法那样个体基本是发散的,而是绝大多数个体趋向于同一点，这样可以进一步地根据收敛程度对最终的最优解进行取舍，即将迭代后收敛程度相对不高的情况下的最优解舍弃，此时最优解的精度往往较低。从上述的分析中可以看出，将 DE 算法和 PSO 算法结合起来使用不仅可以达到这一目的，而且两种优化算法具有一定的互补性，一种先后按 DE 算法和 PSO 算法进行搜索的两级混合优化算法（DEPSO）是可行的。

DEPSO 算法首先按照 DE 算法进行搜索，然后将 DE 算法得到的最后一代群体作为 PSO 算法群体的初始位置和每个粒子搜索到的局部最优位置的初始值，迭代后所有代中的最优个体作为 PSO 算法的所有粒子迄今为止搜到的全局最优位置的初始值。其中，DE 算法中所有代的最优个体的获取方法如同 PSO 算法对全局最优位置的更新方式一样，每迭代一次后都通过目标函数值的比较进行保留或更新。这样整个混合算法实际上是在 DE 算法搜索到的全局最优附近，采用 PSO 算法进行局部的精确搜索，并进一步提高群体的收敛程度。

## 3　反演参数数值模拟

为了验证混合优化算法的可行性和有效性，将第 1 节中给出的海洋环境模型和矢量水听器布放方式作为仿真算例，即海底是平行于海面的半无限固态空间，海水中声速为常数，采用 2 只垂直布放、相距一定距离的矢量水听器。各参数仿真真值和搜索范围见表 1，其中参数的搜索范围能够覆盖典型的泥和沙等软质沉积物的取值范围。应用 $C_{14}$ 构建目标函数时，DE、PSO、DEPSO 算法的收敛情况如图 4 所示。图 5、6 则给出了 DE 算法和 DEPSO 算法计算获得的最后一代群体的分布情况，群体中的个体数为 80。对 3 种优化算法的多次实现进行统计分析，以均值 ± 标准差的形式给出的参数估计结果见表 1，近似对应于置信度为 70% 的置信区间，仿真真值基本上都落于该区间内。

**表 1　参数的搜索范围与反演结果**

| 海底参数 | $v_p$ | $v_t$ | $\delta_p$ | $\delta_t$ | $a_p$ |
|---|---|---|---|---|---|
| 真值 1.178 | 0.167 | 0.016 2 | 0.016 2 | 1.845 | |
| 搜索下限 | 0.9 | 0.05 | 0.01 | 0.01 | 1.0 |
| 搜索上限 | 1.5 | 0.3 | 0.04 | 0.04 | 2.0 |
| DE | 1.177 2 ±0.004 9 | 0.153 8 ±0.045 6 | 0.015 87 ±0.000 77 | 0.027 22 ±0.009 20 | 1.843 6 ±0.004 8 |
| PSO | 1.174 6 ±0.004 7 | 0.159 0 ±0.041 5 | 0.015 46 ±0.000 40 | 0.026 59 ±0.007 87 | 1.842 0 ±0.005 4 |
| DEPSO | 1.177 6 ±0.000 8 | 0.166 2 ±0.011 0 | 0.016 03 ±0.000 22 | 0.021 47 ±0.006 96 | 1.845 4 ±0.000 7 |

从图 4 可以看出，DE 算法在起始阶段的收敛速度较快，但之后目标函数值呈阶梯状变化，逐渐丧失了收敛速度，大约迭代 120 次后不能再进一步地减小目标函数值。PSO 算法的收敛速度最快，而且能够得到较低的目标函数值，但在实际计算过程中容易陷入局部最优。DEPSO 算法的收敛速度虽然不如 PSO 算法快，但通过图 5、图 6 比较可以看出，绝大多数的个体收敛于全局最优，个别个体收敛于局部最优，保持了种群的多样性。这是因为，DEPSO 算法是在 DE 算法后采用 PSO 算法搜索的，即在具有一定种群多样性的全局最优附近进行精确搜索，不易陷入局部最优。

从图 4 还可以看到，DEPSO 算法的目标函数值会在两种算法交替的那一代或之后的几代发生相对剧烈的变化，这种变化是由个体更新方式发生转变引起的，而且往往跃变程度越大对应的最后一代群体收敛程度越差(此时 DE 算法的群体收敛程度不高),反演结果精度越低,但相比于单一的算法,精度还是有所提高的。因此,在实际的操作过程中选取最后一代群体收敛程度高、目标函数值跃变小并且目标函数值更接近于零的结果作为单次反演结果(这是一种保守的选取方式,可能会将较好的结果舍弃),并对这样的多次反演结果进行统计分析,作为反演参数的最终估计结果。

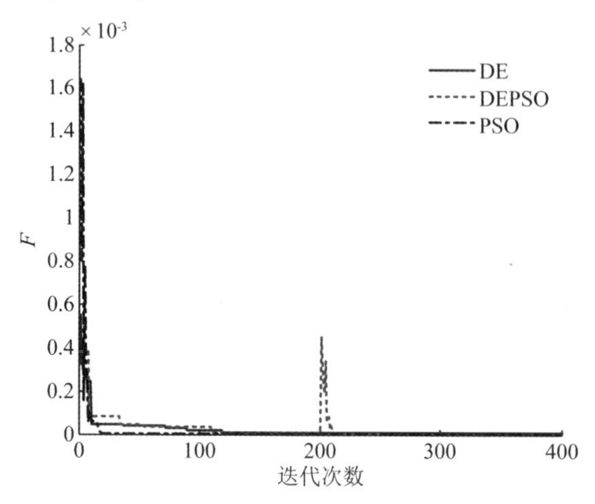


**图 4　目标函数值随迭代次数变化曲线**

目标函数对反演参数的敏感性在个体分布图中同样有所体现,如图 5 所示,对应于损失参数的二维个体分布图较为发散,表明目标函数对于损失参数不敏感,特别是剪切波损失参数。而剪切波波速相比于压缩波波速更为不敏感,致使个体在声速比的二维分布图中呈带状分布。从 3 种优化算法得到的反演结果来看,符合上述有关参数敏感性的分析,即密度、压缩波波速和剪切波波速的反演精度高,而压缩波和剪切波损失参数的反演精度相对较低。由于各参数都采用了比的形式,有效地缩小了搜索空间,反演精度相比于直接反演结果还是有所提高的。从表 1 中可以看出,DEPSO 算法与单一优化算法相比,反演结果的精度总体上得到了显著提高。即使对于目标函数不敏感、难于精确反演的海底衰减也得到了满意的结果,因而 DEPSO 算法适用于求解海底参数反演问题。

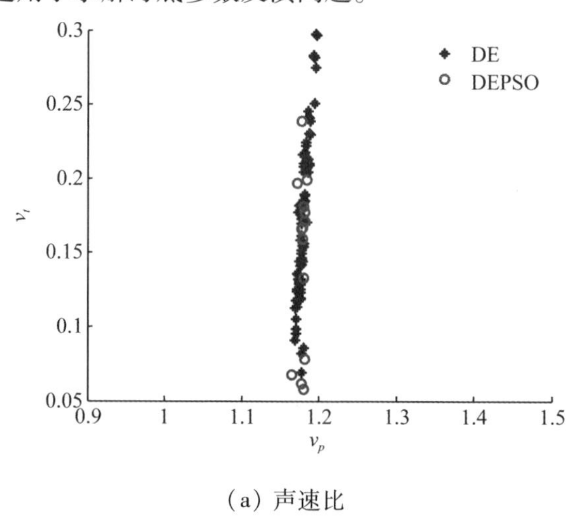


(a) 声速比

**图 5　DE 算法和 DEPSO 算法的最后一代群体分布情况**

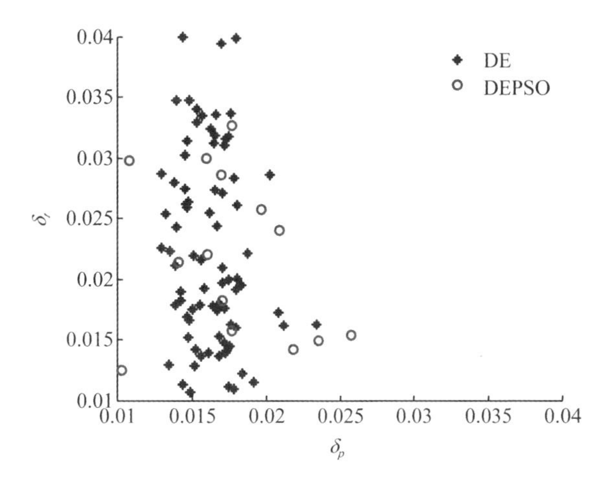


(b) 损失参数

**图 5(续)**

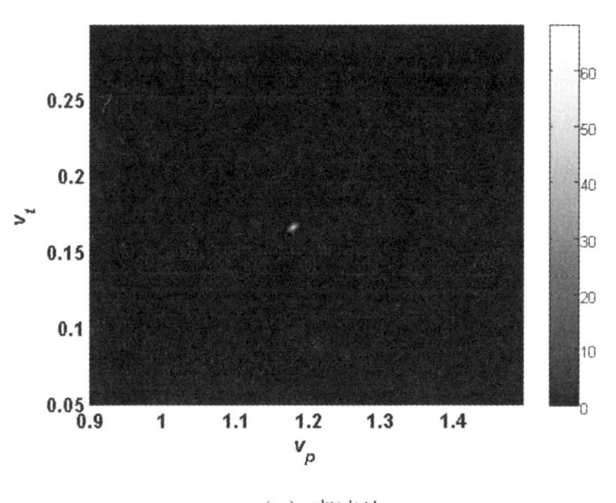


(a) 声速比

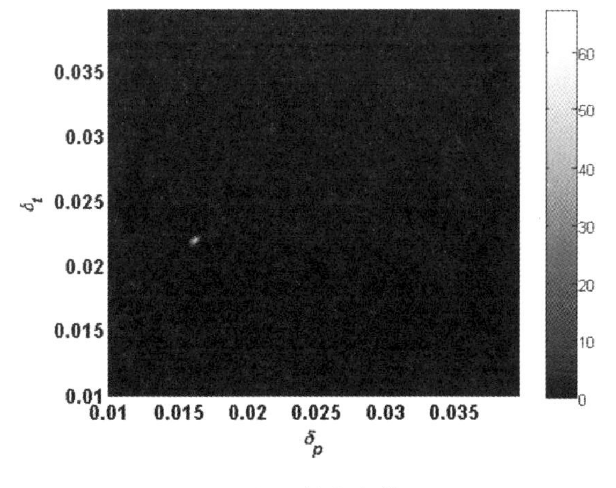


(b) 损失参数

**图 6　DEPSO 算法的最后一代群体密度图**

为了验证应用表面噪声矢量场空间相关性反演海底参数的可行性和有效性,考虑不同的组合方式构建目标函数,采用 DEPSO 算法得到的反演结果见表 2。

**表 2 采用不同组合方式时的反演结果**

| 海底参数 | $v_p$ | $v_t$ | $\delta_p$ | $\delta_t$ | $a_\rho$ |
|---|---|---|---|---|---|
| $C_{11}$ | 1.177 8 ±0.000 5 | 0.165 7 ±0.009 0 | 0.016 07 ±0.000 18 | 0.020 15 ±0.004 59 | 1.844 9 ±0.000 4 |
| $C_{22}$ | 1.177 3 ±0.000 6 | 0.156 6 ±0.011 7 | 0.016 11 ±0.000 24 | 0.023 63 ±0.005 62 | 1.840 9 ±0.005 3 |
| $C_{44}$ | 1.178 4 ±0.002 4 | 0.168 8 ±0.011 8 | 0.016 24 ±0.000 80 | 0.019 56 ±0.005 85 | 1.844 9 ±0.001 0 |
| $C_{14}$ | 1.177 6 ±0.000 8 | 0.166 2 ±0.011 0 | 0.016 03 ±0.000 22 | 0.021 47 ±0.006 96 | 1.845 4 ±0.000 7 |
| 所有组合 | 1.177 8 ±0.000 4 | 0.165 9 ±0.006 5 | 0.016 12 ±0.000 13 | 0.019 40 ±0.003 68 | 1.845 0 ±0.000 4 |

从表 2 中可以看出,同时考虑所有的组合方式时包含的信息最为丰富,反演结果也是最佳的,而每种组合方式之间的反演结果没有显著差异, $C_{11}$ 的结果略好, $C_{44}$ 的结果略差,这和图 2 给出的相关系数曲线的相对振荡程度是一致的。然而,所有情况下对于剪切波衰减的反演结果的误差相对较大,这是表面噪声矢量场空间相关性对这一参数极不敏感的必然结果。实际上,海底剪切波波速及其衰减也是大多数反演方法难于精确估计的,特别是对于软质沉积物,剪切作用不明显,理论建模或反演时通常可以忽略不计。

## 4 结论

本文根据表面噪声矢量场的空间相关函数,采用一种基于差分进化算法和粒子群算法的两级优化算法开展了海底参数反演的仿真研究,研究结果表明:

(1)应用表面噪声矢量场空间相关性的海底声学遥测方法在没有取样器数据以及上层沉积物均匀时是十分有价值的,而尽可能多地考虑不同的组合方式时可以得到更为理想的反演结果。

(2)混合优化算法是在考虑单一优化算法的优缺点基础上提出的,可以充分利用和避免单一优化算法的优缺点。仿真结果验证了混合优化算法的可行性和有效性,即使对于目标函数不敏感的海底损失参数也得到了较为满意的反演结果。

仿真过程的假设条件还比较简单,与实际的复杂海洋环境存在一定的差别,在实际应用中还需考虑各向同性体积噪声背景干扰、海水中声速剖面和海底分层等因素的影响,这些将在今后的实验研究阶段做进一步地分析。

## 参考文献

[1] 陶春辉,金翔龙,许枫,等. 海底声学底质分类技术的研究现状与前景[J]. 海洋学研究,2004,22(3):28 -33.

TAOChunhui, JIN Xianglong, XUFeng, et al. The prospect of seabed classification technology[J]. Journal of Marine Sciences, 2004, 22(3):28 -33.

[2] DEANE G B, BUCKINGHAM M J. Vertical coherence of ambient noise in shallow water overlying a fluid seabed[J]. J Acoust Soc Am, 1997, 102(6):3413 -3424.

[3] BUCKINGHAM M J, JONES S A S. A new shallow -ocean technique for determining the

critical angle of the seabed from the vertical directionality of the ambient noise in the water column[J]. J Acoust Soc Am, 1987, 81(4):938 - 946.

[4] HARRISON C H. Sub - bottom profiling using ocean ambient noise[J]. J Acoust Soc Am, 2004, 115(4):1505 - 1515.

[5] 黄益旺,杨士莪. 界面噪声声压与质点振速的时空相干特性[J]. 哈尔滨工程大学学报, 2010,31(2):137 - 143.
HUANG Yiwang, YANG Shie. Spatial - temproal coherncе of acoustic pressure and particle velociy in surface - generated noise[J]. Journal of Harbin Engineering University, 2010, 31(2):137 - 143.

[6] 黄益旺,李婷,于盛齐,等. 水平分层介质表面噪声矢量场空间相关特性[J]. 哈尔滨工程大学学报,2010,31(7):975 - 981.
HUANG Yiwang, LI Ting, YU Shengqi, et al. Spacial correlation of surface noise received by acoustic vector sensors in a horizontally stratified medium [J]. Journal of Harbin Engineering University, 2010, 31(7):975 - 981.

[7] HUANG Y W, REN Q Y, LI T. Geometrically modeling for the spatial correlation of acoustic vector field in surface - generated noise[J]. J Marine Sci Appl, 2012, 11(1) .

[8] 杨坤德,马远良. 利用海底反射信号进行地声参数反演的方法[J]. 物理学报,2009,58(3):1798 - 1805.
YANG Kunde, MA Yuanliang. A geoacoustic inversion method based on bottom reflection signals[J]. Acta Physica Sinica, 2009, 58(3):1798 - 1805.

[9] 邱海宾,杨坤德. 水平变化环境下的拖线阵海底参数反演研究[J]. 兵工学报,2011,32(3):298 - 304.
QIU Haibin, YANG Kunde. Geoacoustic inversion of towed line array in range - dependent environment[J]. Acta Armamentarii, 2011, 32(3):298 - 304.

[10] JACKSON D R, RICHARDSON M D. High - frequency seafloor acoustics[M]. New York: Springer, 2007:273 - 276.

# 典型海底条件下抛物方程声场计算方法的缩比实验验证

祝捍皓　朴胜春　张海刚　安旭东　刘　伟

**摘要**　为验证抛物方程近似方法在声场计算中的正确性,进行了模拟弹性海底的声传播测量实验。实验中利用质地均匀的聚氯乙烯(PVC)板模拟弹性海底,在消声水池中分别测量了水平和倾斜两类海底下的声传播损失。理论研究中,应用抛物方程方法及在其基础上发展的坐标映射抛物方程方法仿真计算2种实验环境下的声传播损失曲线。试验结果表明仿真计算结果与实测结果吻合较好,充分验证了所研究计算方法的正确性。

**关键词**　缩比实验;弹性海底;抛物方程;声场计算

## 引言

20世纪70年代以来,人们对海洋中的声传播问题进行了广泛的研究,已发展了很多适用于不同海洋环境的声场计算模型和声场数值预报方法。已有的声场计算方法如虚源法、简正波方法、射线法等[1]基本都能处理水平分层弹性海底的环境模型。但对于声场环境随水平距离变化模型中的声传播问题,上述几种模型在处理时均受到不同程度的制约,尤其是计算中的速度与精度很难同时保证。抛物方程方法最早由 Hardin 和 Tappert 引入水声领域[1]。采用该方法可方便解决与距离有关的海洋声学和地震学问题,且计算精度高、运算效率快,因此被广泛应用于快速声场预报中。针对具有不规则弹性海底的海洋声场环境,在传统抛物方程声场计算方法的基础上,文献[2－5]中又引申出能量守恒抛物方程、坐标映射抛物方程和坐标旋转抛物方程,大大拓宽了抛物方程方法的应用范围。可见,对于具有不规则弹性海底海洋环境中的声传播问题,基于抛物方程的声场计算是目前最有效的处理手段之一[6]。

理论模型的精确验证需要有高质量的实验数据。随着水声技术的发展,运用相似性和缩比原理[7]在水池中模拟实际海洋环境进行测量,因其具有声场特性稳定和高信噪比等优点,越来越受到各国水声研究工作者的重视[8-9]。本文在研究抛物方程声场计算方法的前提下,利用实验室条件缩比模拟了具有半无限弹性海底的海洋声场环境并进行声场测量。实验中分别测量了水平、倾斜2种典型弹性海底下的声传播损失,并将测量结果与理论仿真结果进行了对比分析。

## 1　实验概况

### 1.1　实验原理

根据缩比原理,若将实验中信号频率 $f$ 增大 $n$ 倍,测量环境中各几何参数同比例缩小 $n$ 倍,即:声源深度 $Z_S$、接收深度 $Z_R$、水深 $H$ 和传播距离 $R$ 均缩小 $n$ 倍;同时水中声速 $c_1$、密度 $\rho_1$、半无限弹性海底密度 $\rho_2$、纵波声速 $c_p$、横波声速 $c_s$ 保持不变,由上述缩放条件,易证声场中声压表达式 $p$[10]也同比例放大 $n$ 倍,因而声传播损失 TL 曲线特性保持不变。

仿真中取海水密度 $\rho_1 = 1\ \mathrm{g/cm^3}$、水中声速 $c_1 = 1\ 500\ \mathrm{m/s}$、海底密度 $\rho_2 = 1.2\ \mathrm{g/cm^3}$、海底纵波波速 $c_p = 2\ 400\ \mathrm{m/s}$、横波波速 $c_s = 1\ 200\ \mathrm{m/s}$、纵波声速系数 $\alpha_p$ 与横波声速衰减 $\alpha_s$ 均取 0.10 dB/λ。仿真参数如表 1 所示。

**表 1　仿真参数**

| 参数 | *f*/kHz | | | |
|---|---|---|---|---|
| | 0.175 | 1.75 | 17.5 | 175 |
| *Z*/(s/m) | 200 | 20 | 2 | 0.2 |
| *Z*/(k/m) | 200 | 20 | 2 | 0.2 |
| *H*/m | 500 | 20 | 2 | 0.2 |
| *R*/m | 3 000 | 300 | 30 | 3 |

图 1 所示为均匀流体层覆盖在半无限水平弹性海底情况下的声传播损失曲线。为了直观比较 4 种不同频率下的声传播结果，图中纵坐标用声传播损失 TL 表示，横坐标用声源频率 *f* 和传播距离 *R* 的乘积。*fR* 在缩比原理下保持不变。

由图 1 可见，对 175 kHz、1.75 kHz、17.5 kHz 和 0.175 kHz 按缩比原理计算得到的各条 TL 曲线趋势一致，仿真结果证明了利用缩比实验进行声传播研究的可行性，即在缩比后的测量环境下，可通过发射高频信号模拟研究海洋环境的中低频声场特性。

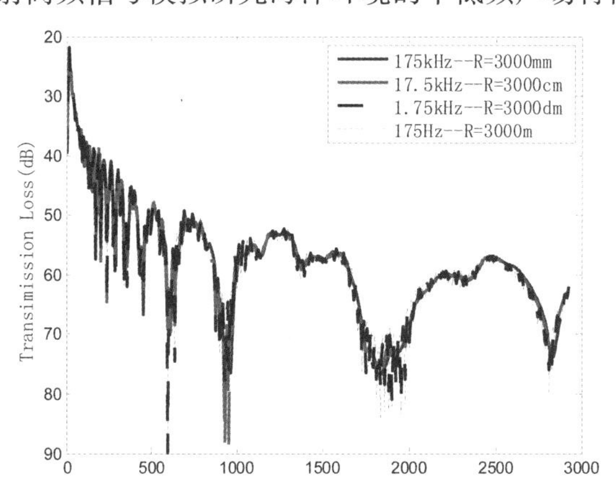


图 1　不同频率下传播损失对比图

## 1.2　实验设备布放

实验中设备布放如图 2、图 3 所示。

## 1.3　实验过程

为保证测量精度，依据实验室条件，搭建了一套声传播测量系统。具体步骤如下：

(1) 布放设备。首先按照图 2A 所示布放塑料板、发射换能器和接收水听器。

(2) 移动走架初始化。将带有光栅尺的精确走架移动到起点，设置测量中设备的基本参数，准备测量。

(3)发射信号。实验中发射信号中心频率为 175 kHz 的脉冲信号,如图 4 所示。

2A. 模拟水平海底

2B. 模拟倾斜海底

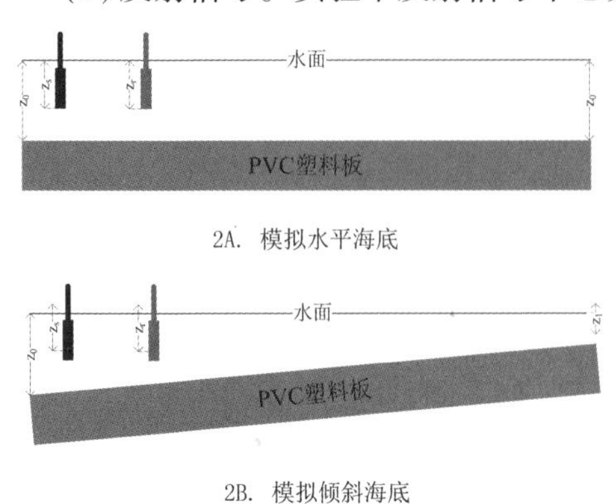

图 2　实验设备布放示意图

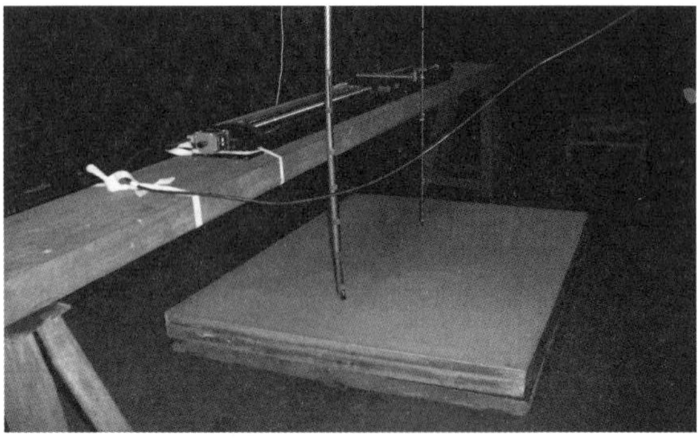

图 3　实验设备布放图

(4)接收采集。采样频率 $f_s$ = 20 MHz,每个测量点重复测量 10 次以上,并对数据结果进行平均,以消除随机波动的影响。每完成一点测量后,水听器移位。

(5)水听器移位。走架每次移动 2 mm,即接收水听器每次向远离声源方向移动 2 mm 至下一个测量点,重复测量(4)(5)步骤,直至接收水听器运动至最后测量点,走架自动回到起点。

(6)调整设备布放.完成图 2A 实验后,按照图 2B 所示重新布放塑料板、发射换能器和接收水听器。重复实验过程(2)~(5)。完成图 2 中两种实验设备布放下的声场测量后,实验结束。

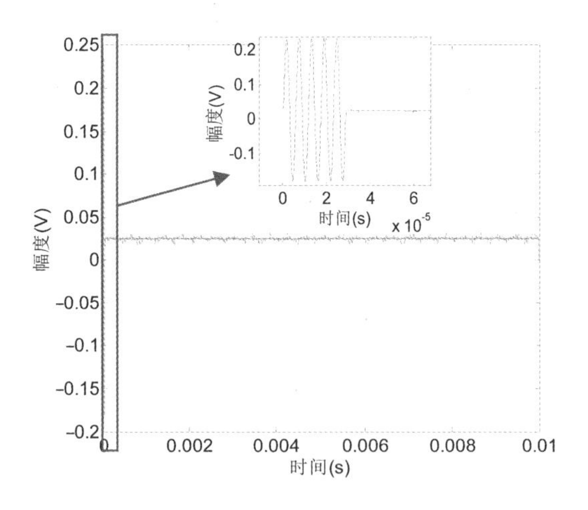

图 4　发射信号形式

2 次实验中均采集 720 个不同位置实验处数据,图 5、图 6 为 2 次缩比实验中所接收到的时域信号(考虑到 720 道接收信号数据量过大,画图时选择第 50 ~ 150 道接收信号作图)。根据实验中设备布放的几何参数计算得到的不同接收位置上直达信号、水面反射信号和水底反射信号的达到时间分别用直线段、虚线段和点线段表示。由图 5 和 6 可见,理论计算得到的信号达到时间与实际接收信号达到时间基本吻合,证明了 2 次实验中接收信号的可靠性。

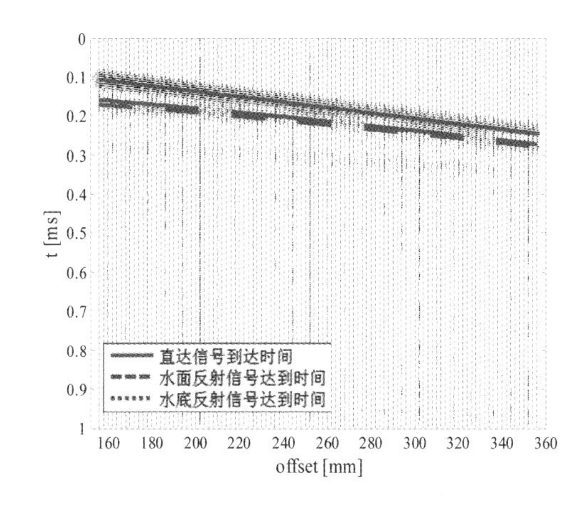


图5　实验A接收信号

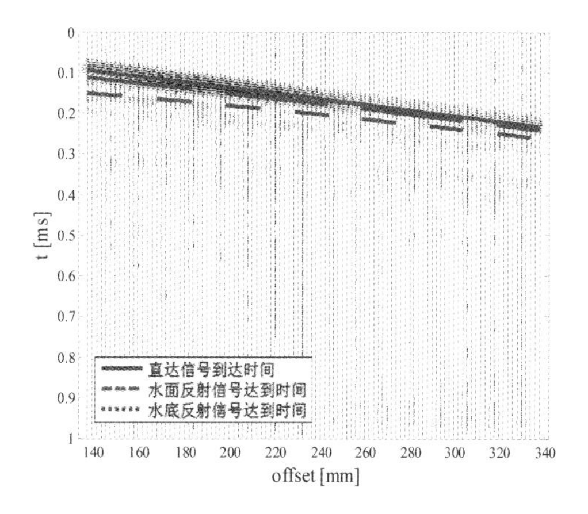


图6　实验B接收结果

## 1.4　实验数据处理

首先引入利用快速场(FFP)算法反演弹性板参数[11]，即利用实验中实测传播损失曲线与理论上应用快速场(FFP)算法得到的传播损失曲线做差建立代价函数，利用遗传算法反演实验中的所关心的模拟海底的声学参数。实验中的设备布放的几何参数均由测量得到，水中声速通过测定水中温度由经验公式计算得到，模拟弹性海底的PVC塑料板密度1.2 $g/cm^3$。反演结果如下图7所示，搜索结果如下表2所示。

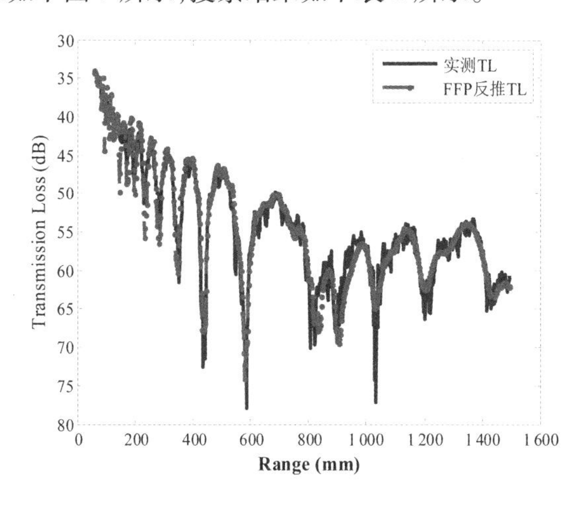


图7　反演结果

完成图2A中实验后，改变声源、水听器的布放位置以及PVC板的布放方式后进行图2B中实验。利用表2中的搜索结果和实测结果可得图2B实验中各项参数如表3所示。

通过上述对实验数据的处理，可得到声场计算中所需的各项参数，作为利用抛物方程方法进行仿真计算的依据。

**表 2　实验参数 A**

| 参数 | 数值 |
| --- | --- |
| 声源深度 $Z_S$/mm | 87(测定) |
| 接收深度 $Z_R$/mm | 84(测定) |
| 水深 $H$/mm | 182(测定) |
| 水中声速 $c_1$/(m/s) | 1 450(测定) |
| 纵波声速 $c_p$/(m/s) | 2 413.9(反演) |
| 纵波衰减/(dB/λ) | 0.233 98(反演) |
| 横波声速 $c_s$/(m/s) | 1 230.2(反演) |
| 横波衰减/(dB/λ) | 0.883 23(反演) |
| 塑料板密度/(g/cm³) | 1.2(已知) |

**表 3　实验参数 B**

| 参数 | 数值 |
| --- | --- |
| 声源深度 $Z_S$/mm | 44(测定) |
| 接收深度 $Z_R$/mm | 45(测定) |
| 水深 $H_0$/mm | 127(测定) |
| 水深 $H_1$/mm | 76(测定) |
| 水中声速 $c_1$/(m/s) | 1 450(测定) |
| 纵波声速 $c_p$/(m/s) | 2 413.9(已知) |
| 纵波衰减/(dB/λ) | 0.233 98(已知) |
| 横波声速 $c_s$/(m/s) | 1 230.2(已知) |
| 横波衰减/(dB/λ) | 0.883 23(已知) |
| 塑料板密度/(g/cm³) | 1.2(已知) |

## 2　算法研究

### 2.1　水平弹性海底的抛物方程计算方法研究

假定声源为谐和单频点声源，满足远场条件 $kr \gg 1$，在柱坐标系下，考虑方位角对称，则三维环境中的声传播问题简化为二维声传播问题，弹性体中的运动方程表示为[7-9,15]：

$$\rho\omega^2 u + (\lambda + 2\mu)\frac{\partial^2 u}{\partial r^2} + \mu\frac{\partial^2 u}{\partial z^2} + (\lambda + \mu)\frac{\partial^2 w}{\partial r\partial z} + \frac{\partial\mu}{\partial z}\frac{\partial u}{\partial z} + \frac{\partial\mu}{\partial z}\frac{\partial w}{\partial r} = 0 \tag{1}$$

$$\rho\omega^2 w + (\lambda + 2\mu)\frac{\partial^2 w}{\partial z^2} + \mu\frac{\partial^2 w}{\partial r^2} + (\lambda + \mu)\frac{\partial^2 u}{\partial r\partial z} + \frac{\partial\lambda}{\partial z}\frac{\partial u}{\partial r} + \left(\frac{\partial\lambda}{\partial z} + 2\frac{\partial\mu}{\partial z}\right)\frac{\partial w}{\partial z} = 0 \tag{2}$$

其中 $u$ 为弹性体中的水平位移，$w$ 为弹性体中的垂直位移，$\rho$ 为介质密度，$\omega$ 为角频率，

$\lambda$、$\mu$ 为拉梅常数，$\lambda=\rho(c_p{}^2-2c_s{}^2)$，$\mu=\rho c_s{}^2$，$c_p$ 为弹性体中压缩波声速，$c_s$ 为剪切波声速。

将式(1)对 $r$ 作偏导、(2)对 $z$ 作偏导并相加，再与(2)联立可得：

$$\frac{\partial^2}{\partial r^2}\begin{pmatrix}u_r\\w\end{pmatrix}+L^{-1}M\begin{pmatrix}u_r\\w\end{pmatrix}=0 \tag{3}$$

其中，算子 $L$ 和 $M$ 见参考文献[12]。(3)式可以分解为向内和向外传播的形式，略去向内传播部分，可得弹性体中抛物方程的近似表达式为：

$$\begin{pmatrix}u_r\\w\end{pmatrix}_{r+\Delta r}=\mathrm{e}^{\mathrm{i}k_0\Delta r\sqrt{1+X}}\begin{pmatrix}u_r\\w\end{pmatrix}_r \tag{4}$$

其中算子 $X=k_0^{-2}(L^{-1}M-k_0^2\boldsymbol{I})$，$\boldsymbol{I}$ 为单位矩阵。

## 2.2　倾斜弹性海底的抛物方程计算方法研究

本文在计算中采用坐标映射法对倾斜海底进行处理。坐标映射方法将不规则变化的海底看作由分段的折线组合而成，在每个折线段内将倾斜的海底界面近似成水平的，相应的水面便与水平方向有了一定的倾斜角度。映射前后各个变量之间的关系可以用下式来表示：

$$\begin{pmatrix}\tilde{r}\\\tilde{z}\end{pmatrix}=\begin{pmatrix}r\\z-d(r)\end{pmatrix} \tag{5}$$

其中，$\tilde{r}$ 为映射后坐标系下的变量、$d(r)$ 为深度的改变量，是关于 $r$ 的函数。

将(5)式代入(1)(2)中并重新整理，可得坐标映射后抛物方程的近似形式：

$$\frac{\partial}{\partial\tilde{r}}\begin{pmatrix}u_r\\v\end{pmatrix}=\mathrm{i}k_0\sqrt{1+\tilde{X}}\begin{pmatrix}u_r\\v\end{pmatrix} \tag{6}$$

## 2.3　仿真验证

为验证所研究抛物方程方法的正确性，本文选取 2 个算例代表不同弹性海底特征的海洋环境参数进行声传播损失的仿真计算。

算例 1：在水平弹性海底环境下，取 $f=50$ Hz，$Z_S=30$ m，$Z_R=50$ m，$H=100$ m；$c_1=1\ 500$ m/s；$\rho_1=1\ 000$ kg/m$^3$，$c_p=2.4$ km/s，$c_s=1.2$ m/s，$\alpha_p=0.2$ dB/λ；$\alpha_s=0.2$ dB/λ；$\rho_2=1\ 500$ kg/m$^3$。为验证所研究算法的正确性，在仿真计算中引入其他声场计算方法进行比较，下图 8 为利用 PE（抛物方程方法）、FFP（快速场方法）、KRAKENC（简正波方法）计算结果的对比图。

从图 8 中的曲线的对比可以看到：在相同水平弹性海底的仿真条件下，利用 FFP、KRAKENC 和 PE 三种方法计算的传播损失曲线吻合的很好，传播损失曲线在大于 120 km 处相差不超过 1 dB。

算例 2：对倾斜弹性海底，取 $f=25$ Hz，$Z_S=180$ m，$Z_R=30$ m，在距离声源 $R=0\sim4$ km 的海域中，水深 $H$ 从 200 m 线性减少到 0 m；$c_p=1.7$ km/s；$c_s=700$ m/s；$\alpha_p=0.5$ dB/λ；$\alpha_s=0.5$ dB/λ；$c_1$、$\rho_1$、$\rho_2$ 与算例 1 相同。图 9 和 10 为利用能量守恒方法和坐标映射方计算得到的传播损失与虚源法的对比图。

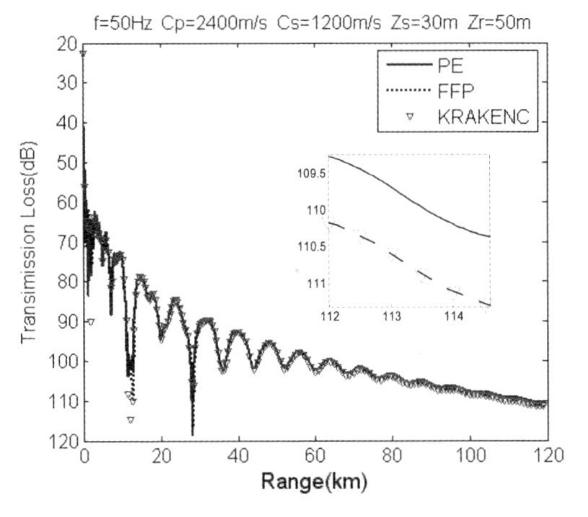


**图 8 FFP、KRAKENC 和抛物方程方法计算结果的对比图**

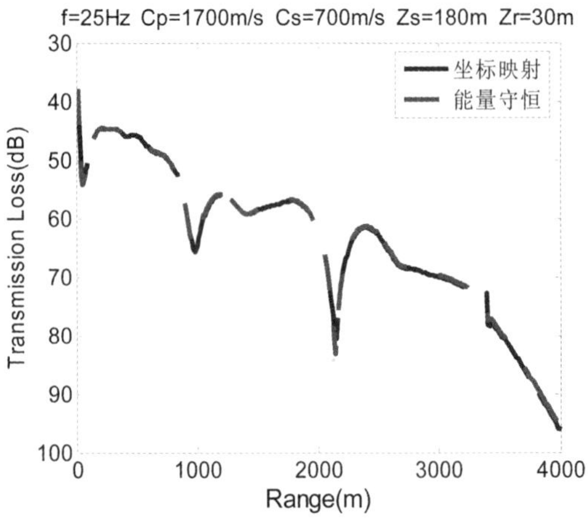

**图 9 能量守恒方法计算结果和坐标映射方法计算结果的对比图**

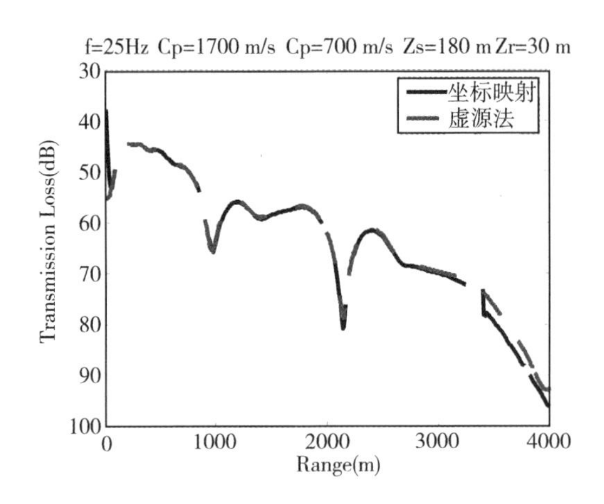


**图 10 虚源法方法计算结果和坐标映射方法计算结果的对比图**

图 10 虚源法方法计算结果和坐标映射方法计算结果的对比图。从图 9、图 10 中可以看出,利用坐标映射的方法、能量守恒方法和虚源法计算得到的传播损失曲线三者均吻合良好。利用虚源法计算得到的传播损失曲线与利用坐标映射抛物方程方法计算结果相比,从距离声源 3.4 m 处开始,吻合较差,这是由于虚源法不能计算下层空间中的声传播损失。通过坐标映射的方法与能量守恒方法和虚源法的对比,证明了利用坐标映射抛物方程方法计算具有倾斜弹性海底的声传播损失的准确性。

## 3 实验数据验证

利用 2.1 和 2.2 中所研究的抛物方程声场计算方法结合表 2 和 3 中的环境参数可计算得到实验中声信号的传播损失曲线。图 11 表示图 2A 实验中实测传播损失曲线与利用抛物方程计算得到结果的对比图,图 12 表示图 2B 实验中实测结果与计算结果对比图。

从图 11 和图 12 的对比中可以看到,无论模拟水平或是倾斜海底,实验中实测传播损失曲线与利用抛物方程根据环境参数得到的理论计算结果均基本吻合。在图 11 中,实测 TL

曲线和 PE 计算 TL 结果在趋势上完全一致;在图 12 中,在近距离处 2 条 TL 基本重合,只在远距离处两者出现稍许偏差。由于对模拟倾斜海底的布放存在一定困难,故对实验中声源、接收器、倾斜角度的测量存在一定偏差,这些误差应是造成图 12 误差的主要原因。

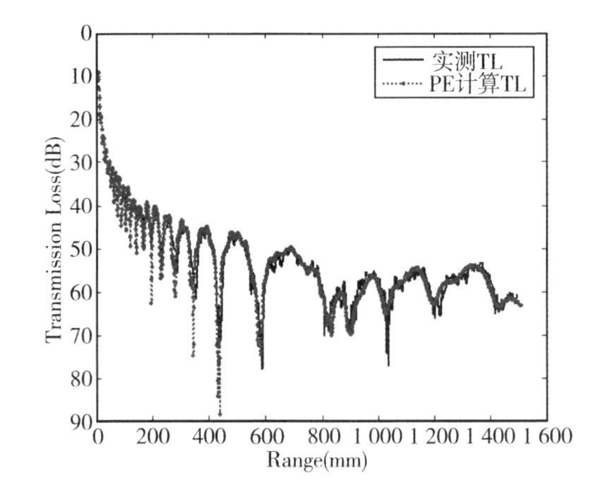


图 11　水平海底声压传播损失对比图

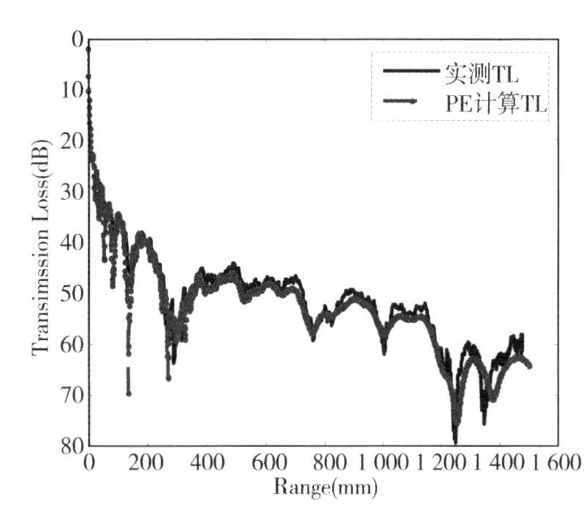


图 12　倾斜海底声压传播损失对比图

上述结果均证明了本文所研究的抛物方程方法在处理 2 种弹性海底问题中的正确性以及利用缩比实验研究声传播问题的可行性。

## 4　结论

(1)本文研究了不同弹性海底条件下基于抛物方程近似的声场计算模型,对于不规则海底在声场计算中引入坐标映射方法进行处理。在理论研究中,选取相同仿真条件,通过与不同声场计算方法、已有文献资料进行比较,证明了本文所推导的声场算法可以进行具有不规则弹性海底的低频声场计算,且具有较高精度。

(2)为进一步准确验证理论模型的正确性,在水池内进行了声传播缩比实验,与海上声传播实验相比,缩比实验具有成本低、实验条件易控、环境参数易测等优点。通过对比实测声压传播损失和理论计算值,进一步验证了抛物方程算法的正确性。所开发的实验平台还可应用于后续多种声场测量实验,为后续工作打下了良好的研究基础。

## 参考文献


[1] Paul C. Etter. 水声建模与仿真(第三版)[M]. 蔡志明等. 北京:电子工业出版社,2005.

[2] Kusel E T. New parabolic equation solutions for high frequency and elastic media problems [D]. Troy. NY. Rensselaer Polytechnic Institute,2005.

[3] Collins M D, Simpson H J, Soukup R J, etc. Parabolic equation techniques for range – dependent seismo – acoustic[C]. The 2nd Conference on Mathematical of Wave Phenimena, Sweden:American institute of physics. 2006:130 – 138.

[4] Collis J M, Siegmann W L. Parabolic equation solution of seismo – acoustics problems involving variations in bathymetry and sediment thickness. J. Acoustic. Soc. Am. 2008, 123(1):51 – 55.

[5] Collins M D, Siegmann W L. A single – scattering correction for large contrastsin elastic

layers. J. Acoustic. Soc. Am. 2007, 121(2):808 - 813.

[6] 张海刚, 朴胜春, 杨士莪, 安旭东. 楔形弹性海底声矢量场分布规律研究[J]. 声学学报. 2011, 36(4):389 - 395.

[7] 陶猛,程钊,范军. 缩比模型试验中弹性散射波的相似性分析[J]. 上海交通大学学报, 2009,43(8):1317 - 1324.

[8] Collis J M. New capabilities for parabolic equations in elastic media[D]. Troy. NY, Rensselaer Polytechnic Institute, 2006.

[9] Collis J M, Siegmann W L. Siegmann, Collins M D, *et al.* Comparison of simulations and data from a seismoacoustic tank experiment[J]. Acoustical Society of America. 2007,122(4):1987 - 1993.

[10] 杨士莪. 水声传播原理[M]. 哈尔滨:哈尔滨工程大学出版社,1994.

[11] 祝捍皓,朴胜春,张海刚,等. 快速场(FFP)算法反演海底参数研究[J]. 哈尔滨工程大学学报,2012,33(5):648 - 652.

[12] 张海刚. 浅海甚低频声传播建模与规律研究[D]. 哈尔滨: 哈尔滨工程大学, 2010.

# 基于声传播时间的三维浅海声速剖面反演

张　维　杨士莪　黄益旺　雷亚辉

**摘要**　不平整海底的反射导致声线在水平方向上产生偏转,给特征声线的搜索和声传播时间的计算带来了困难。因此,提出了一种三维空间特征声线搜索方法并用最快特征声线传播时间作为代价函数反演了三维浅海声速剖面。为达到在大面积海域长时间监测海洋环境的目的,研制了一套具有全球差分定位、短波通信功能的声呐浮标并在南中国海某海域开展了实验。实验结果表明,该声呐浮标在较高的海况下具有良好的可靠性与水面稳定性;考虑声线的水平偏转能有效提高声速剖面反演的精度。另外,仿真结果表明该反演算法对海底深度失配不敏感。

**关键词**　声速剖面反演;传播时间;水平偏转;浅海;声呐浮标

自 1979 年 Munk 首次提出了海洋声层析的概念[1],从理论和技术上分析了用声学方法反演海洋声速剖面的可行性之后,各国学者对此表示出极大的兴趣,并投入大量的人力和物力进行相关的实验研究。与此同时,基于声传播时间[2-3]、模态匹配[4-6]、简正波水平折射[7]、峰值匹配[8]以及波束匹配[9-10]的声速剖面反演等多种理论模型逐渐发展起来。与其他模型相比,用声传播时间反演声速剖面具有以下优势:①受海底声速、密度等参数影响小;②相比于其他特征量,例如模态相位等,最快特征声线的传播时间易于获得;③射线方法能进行三维声场的计算,进而反演具有复杂海底的海洋环境下的声速剖面;④射线方法速度快,精度也较高。在已有的用特征声线传播时间反演浅海声速剖面的文献中,都假设声线在同一垂直剖面内传播,没有考虑不平整海底反射所带来的声线的水平偏转,给反演的结果带来了不必要的误差。因此,提出了一种在三维空间中快速搜索特征声线的方法并基于最快特征声线的传播时间反演了南中国海某海域的声速剖面,结果表明考虑声线的水平偏转能有效提高反演的精度。另外,仿真计算的结果表明,3 阶经验正交函数能够使得声速剖面反演达到较高的精度,继续提高阶数,反演的精度能有所提高但是效果不明显;较小的海底深度失配对反演精度不会产生很大的影响。

为了在大面积海域进行水声参数考察时降低背景噪声,获得高质量的实验数据,一套具有高可靠性和水面稳定性、可遥控且有高精度时间同步和大地坐标定位的浮标系统是必需的设备[11]。现有的各类专业浮标,功能相对单一,在大面积海洋布阵能力、高精度定位和时间同步方面有很大的不足[12]。基于此目的,开发了一套带有全球差分定位(DGPS)、短波无线电遥控和数据传输功能的声呐浮标,实验证明该浮标在四级的海况下具有良好的可靠性和水面稳定性。

## 1　声传播时间计算模型

作为代价函数,声传播时间的计算是影响声速剖面反演结果的最敏感因素。因此,建立合理的声传播时间计算模型对于声速剖面反演精度具有重要意义。

设声源和接收点的位置分别为$(x_0,y_0,z_0)$和$(x_r,y_r,z_r)$。声线在传播过程中满足 Snel 定理和射线方程，分别如式(1)和(2)所示

$$\frac{c(z_0)}{c(z)}=\frac{\cos\theta_0}{\cos\theta}=n(z) \tag{1}$$

$$\begin{cases} x_{j+1}-x_j-\displaystyle\int_{z_j}^{z_{j+1}}\frac{\mu_j\mathrm{d}z}{\sqrt{n^2-\mu_j^2-\nu_j^2}}=0 \\ y_{j+1}-y_j-\displaystyle\int_{z_j}^{z_{j+1}}\frac{\nu_j\mathrm{d}z}{\sqrt{n^2-\mu_j^2-\nu_j^2}}=0 \end{cases} \tag{2}$$

式中，$\theta$ 和 $\theta_0$ 分别是深度 $z$ 和 $z_0$ 处的掠射角，$(x_j,y_j,z_j)$和$(x_{j+1},y_{j+1},z_{j+1})$是第 $j$ 段声线的起始点和终止点，$u_j$、$v_j$、$s_j$ 分别是折射率 $n$ 在 $x$、$y$ 和 $z$ 方向上的分量。若方位角为 $\alpha$，则 $u_j$、$v_j$、$s_j$ 满足

$$\begin{cases} u_j=n\cos\theta\cos\alpha \\ v_j=n\cos\theta\sin\alpha \\ s_j=n\sin\theta \end{cases} \tag{3}$$

设海底深度 $h$ 是 $x$、$y$ 的函数，满足$\frac{\partial h(x,y)}{\partial x}=b_1$，$\frac{\partial h(x,y)}{\partial y}=b_2$。令 $F=(1+b_1^2+b_2^2)$，则海底法向量可以表示为 $\vec{N}=\frac{1}{F}(b_1,b_2,-1)$。设入射向量为 $\vec{I}=\frac{1}{n}(\mu_j,\nu_j,s_j)$，反射向量为 $\vec{R}=\frac{1}{n}(\mu_{j+1},\nu_{j+1},s_{j+1})$，令 $W=s_j-b_1\mu_j-b_2\nu_j$，根据反射定理 $\vec{I}=(\vec{N}\cdot\vec{I})\vec{N}-\vec{N}\times(\vec{N}\times\vec{I})$ 和 $\vec{R}=-(\vec{N}\cdot\vec{I})\vec{N}-\vec{N}\times(\vec{N}\times\vec{I})$，可以得到

$$\begin{cases} \mu_{j+1}=\{b_1W-b_2(b_1\nu_j-b_2\mu_j)+(\mu_j+b_1s_j)\}/F \\ \nu_{j+1}=\{b_2W+(\nu_j+b_2s_j)+b_1(b_1\nu_j-b_2\mu_j)\}/F \\ s_{j+1}=\{-W+b_2(\nu_j+b_2s_j)+b_1(\mu_j+b_1s_j)\}/F \end{cases} \tag{4}$$

当海底深度梯度不为 0，反射向量与入射向量在水平方向上的分量不相等，声线发生水平偏转[13]。

在三维空间搜索特征声线时必须同时考虑声线的方位角和俯仰角[14]。首先假设初始出射方位角 $\alpha$ 为声源与接收点的连线方向，出射掠射角在设定范围内按一定步长分为 $N$ 等份，按照式(1)(2)(3)和(4)进行第 $n$ 根声线跟踪直到声线终点$(x'_{rn},y'_{rn},z'_{rn})$满足 $x'_{rn}=x_r$，然后利用

$$\alpha=\alpha\pm\arctan((y'_{rn}-y_r)/(x_{rn}-x_0)) \tag{5}$$

对方位角进行补偿直到$|y'_{rn}-y_r|<\varepsilon$，式(5)中正负号分别对应于分母小于 0 和大于 0 的情况。若相邻出射掠射角的声线是同类声线(具有完全相同的反射和反转次数和顺序)，且 $z_r$ 位于两声线 $z$ 轴坐标 $z'_{rn}$和 $z'_{r(n+1)}$之间，定义这样的声线为特征声线的相邻声线。对特征声线的相邻声线进行掠射角线性迭代插值直到$|z'_{rn}-z_r|<\delta$，从而确定特征声线。$\varepsilon$ 和 $\delta$ 都是预先设定的误差上限。

某段声线从深度 $z_1$ 传播到深度 $z_2$ 所需要的时间为

$$t=\int_{z_1}^{z_2}\frac{1}{c(z)\sin\theta(z)}\mathrm{d}z \tag{6}$$

在反转点附近由于 $\sin\theta\approx0$，为了减小数值计算的误差，假定该点附近的声速梯度是恒定的，式(6)可以简化为[15]

$$t=\left|\frac{1}{g}\ln\left[\frac{\tan\left(\frac{\pi}{4}+\frac{\theta_0}{2}\right)}{\tan\left(\frac{\pi}{4}+\frac{\theta'}{2}\right)}\right]\right| \tag{7}$$

$\theta_0$ 和 $\theta'$ 分别为声线起始点与结束点处的掠射角，$g$ 是恒定的声速梯度。

算例1：设海深 $h=25+3\times10^{-3}x+3\times10^{-3}y$ m，声速随深度的变化关系为 $c(z)=1\ 550-0.1z$ m/s，声源和接收点分别位于(0,0,10)m 和(8 806.8,0,10)m。采用本文介绍的三维空间特征声线搜索方法搜索特征声线，如图1所示。从图1可以看到，由于不平整海底的反射导致声线产生水平方向上的偏转。在计算海底反射时，分别令 $b_1$ 和 $b_2$ 等于0或者真实值，声线将在二维或者三维空间传播。二维空间与三维空间中同类特征声线的传播时间对比如表1所示。从表1可以看到在传播时间量级为秒的情况下，在海底较为平缓的声场环境中，同类声线传播时间的偏差在毫秒的量级上。

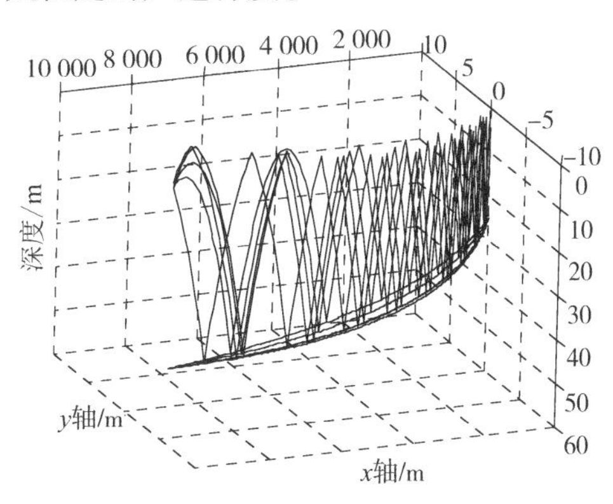


**图1　三维空间特征声线传播轨迹**

**表1　二维空间与三维空间中同类声线传播时间对比**

| 声线序号 | 2D/s | 3D/s | 偏差/ms |
|---|---|---|---|
| 1 | 5.733 5 | 5.731 1 | 2.4 |
| 2 | 5.709 5 | 5.708 1 | 1.4 |
| 3 | 5.698 3 | 5.697 1 | 1.2 |
| 4 | 5.715 7 | 5.714 2 | 1.5 |
| 5 | 5.726 7 | 5.724 5 | 2.2 |

## 2　性能仿真

### 2.1　经验正交函数阶数(EOF)对反演精度的影响

24条样本声速剖面如图2所示，根据样本声速剖面 $c_1(z_i)$、$c_2(z_i)$……$c_N(z_i)$ 和平均声速剖面 $\bar{c}(z_i)$ 求协方差矩阵 $\boldsymbol{R}$，$\boldsymbol{R}$ 的每一个元素 $r_{ij}$ 可以表示为[16]

$$r_{ij}=\frac{1}{N}\sum_{k=1}^{N}[c_k(z_i)-\bar{c}(z_i)][c_k(z_j)-\bar{c}(z_j)] \tag{8}$$

将协方差矩阵进行特征分解，选取前 $K$ 个最大的特征值所对应的特征向量作为经验正交函数(EOF)，前5阶EOF如图3所示。

将待求解声速表示成平均声速与 $K$ 阶 EOF 之和的形式

$$c'(z) = \bar{c}(z) + \sum_{k=1}^{K} a_k f_k(z) \tag{9}$$

式中，$a_k$ 是 EOF 系数，$f_k$ 是 EOF。平均声速 $\bar{c}(z_i)$ 和各阶 EOF 通过多条样本声速获得，是已知量，这样就将声速剖面反演的问题转化为经验正交函数系数 $a_k$ 求解的问题。

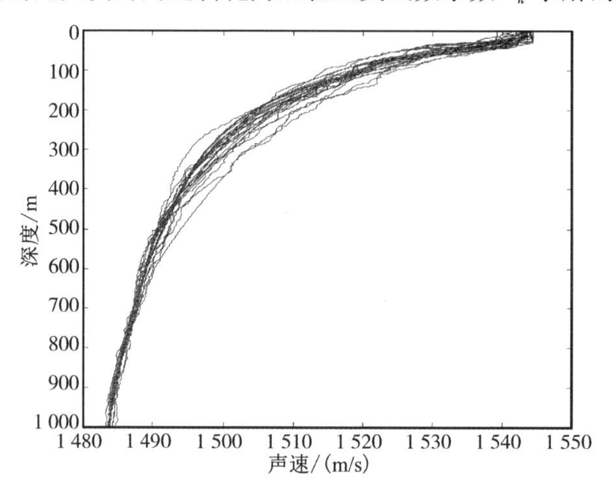


**图 2　样本声速剖面**

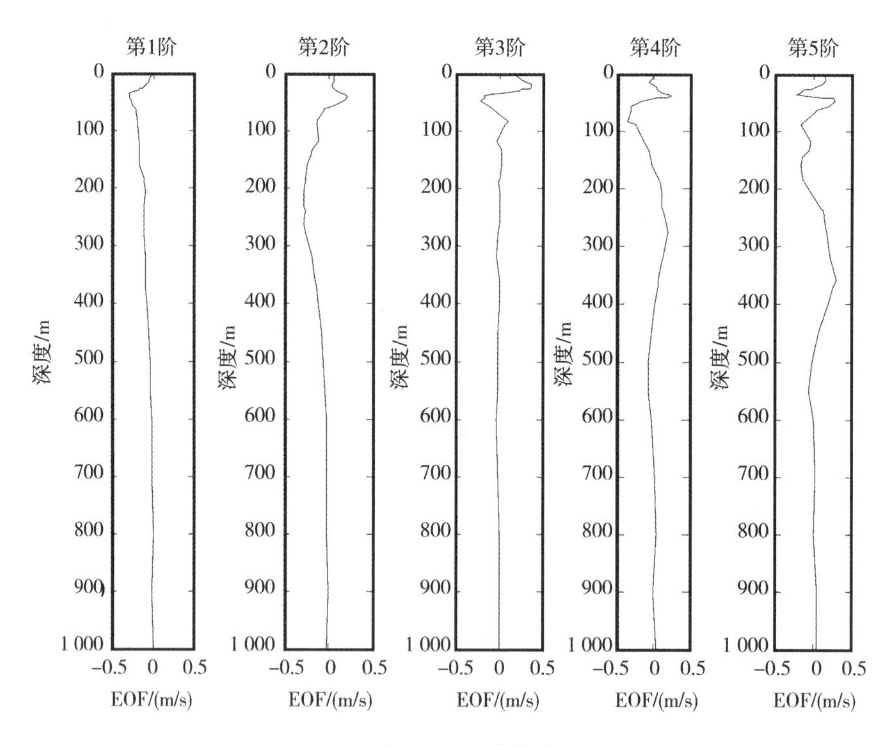


**图 3　经验正交函数**

算例 2：水平海底深度 100 m，声源与接收阵之间的水平距离 10 km，声源深度 10 m，6 元接收阵上各个阵元深度分别为 15 m、30 m、45 m、60 m、75 m、90 m。以图 2 中的其中的一条声速剖面作为实际声速，计算各水听器最快特征声线的传播时间并作为观测时间 $\tau_{ij}$。构造如下代价函数

$$E = \frac{1}{\sum_{i,j} [t_{ij}(r_i, r_j) - \tau_{ij}]^2} \tag{10}$$

其中，$r_i$、$r_j$ 分别为声源和接收点的坐标，$t_{ij}$是拷贝时间。采用全局优化效果较好且计算速度较快的量子粒子群算法[17]搜索代价函数的全局最大值，当代价函数最大时所对应的声速剖面即为反演结果。

定义

$$RMS = \sqrt{\frac{1}{N}\sum_{i=1}^{N} [c(z_i) - c'(z_i)]^2} \tag{11}$$

为声速剖面反演的均方根误差。仿真计算不同 EOF 阶数时声速剖面反演的精度，如表 2 所示。

**表 2　EOF 阶数对反演精度的影响**　（单位：m/s）

| | 最大误差 | 均方根误差 |
|---|---|---|
| 3 阶 | 1.310 | 0.650 |
| 4 阶 | 1.008 | 0.628 |
| 5 阶 | 1.026 | 0.615 |

从表 2 可以看出，采用 3 阶以上 EOF，声速剖面反演的精度都比较高，增加 EOF 的阶数能够提高反演的精度，但是效果不是很明显，而且增加了反演的难度。因此，本文采用 3 阶 EOF 进行声速剖面反演。

## 2.2　海底深度失配对反演精度的影响

海底深度随着潮汐的变化而变化，给声传播时间的计算带来了误差，有必要研究海底深度失配对反演结果的影响。为了分析问题的简化，仅考虑水平海底的情况。如图 4 所示，当海底深度发生失配时，特征声线轨迹也由 $L_1$ 变成 $L_2$。设海底深度为 $D$，水平传播距离为 $r$，传播时间为 $T$，则有

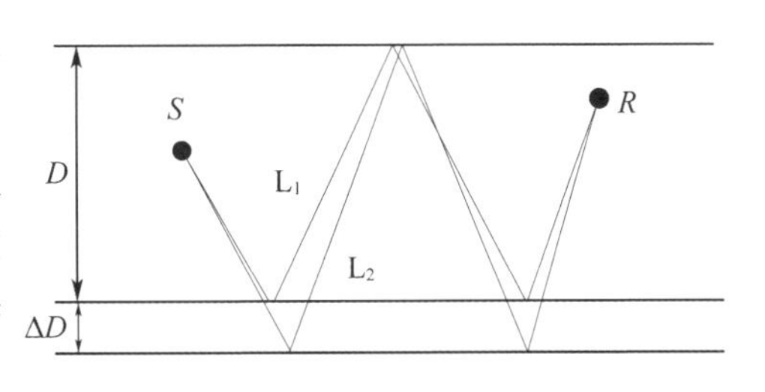


**图 4　海底深度失配示意图**

$$r = \int_{z_s}^{D} \frac{pc(z)}{\sqrt{1 - p^2c^2(z)}} dz + 2N\int_0^D \frac{pc(z)}{c(z)\sqrt{1 - p^2c^2(z)}} dz + \int_{z_r}^{D} \frac{pc(z)}{c(z)\sqrt{1 - p^2c^2(z)}} dz \tag{12}$$

$$T = \int_{z_s}^{D} \frac{1}{c(z)\sqrt{1 - p^2c^2(z)}} dz + 2N\int_0^D \frac{1}{c(z)\sqrt{1 - p^2c^2(z)}} dz + \int_{z_r}^{D} \frac{1}{c(z)\sqrt{1 - p^2c^2(z)}} dz \tag{13}$$

其中,$N$ 为声线的跨度个数,$z_s$ 和 $z_r$ 分别为声源深度和接收点深度,$\theta_0$ 和 $c_0$ 分别是声源处的掠射角和声速,$p$ 是声线不变量,满足

$$p = \frac{\cos\theta(z)}{c(z)} = \frac{\cos\theta_0}{c_0} \tag{14}$$

当海底深度变化 $\Delta D$ 很小时,由海底深度变化所带来的传播时间误差可以表示为

$$\Delta T = \frac{\mathrm{d}T}{\mathrm{d}D}\Delta D \tag{15}$$

由于水平传播距离 $r$ 并未随海底深度的变化而变化,因此

$$\frac{\mathrm{d}r}{\mathrm{d}D} = \frac{\partial r}{\partial D} + \frac{\partial r}{\partial p}\frac{\partial p}{\partial D} = 0$$

即

$$\begin{aligned}&\frac{(2N+2)pc(D)}{\sqrt{1-p^2c^2(D)}} + \int_{z_s}^{D}\frac{c(z)}{(1-p^2c^2(z))^{3/2}}\mathrm{d}z + \\ &2N\int_0^D\frac{c(z)}{(1-p^2c^2(z))^{3/2}}\mathrm{d}z + \int_{z_r}^{D}\left(\frac{c(z)}{(1-p^2c^2(z))^{3/2}}\mathrm{d}z\right)\frac{\partial p}{\partial D} = 0\end{aligned} \tag{16}$$

另外,

$$\begin{aligned}\frac{\mathrm{d}T}{\mathrm{d}D} &= \frac{\partial T}{\partial D} + \frac{\partial T}{\partial p}\frac{\partial p}{\partial D} \\ &= \frac{2N+2}{c(D)\sqrt{1-p^2c^2(D)}} + \left(\int_{z_s}^{D}\frac{pc(z)}{(1-p^2c^2(z))^{3/2}}\mathrm{d}z + \right. \\ &\left. 2N\int_0^D\frac{pc(z)}{(1-p^2c^2(z))^{3/2}}\mathrm{d}z + \int_{z_r}^{D}\frac{pc(z)}{(1-p^2c^2(z))^{3/2}}\mathrm{d}z\right)\frac{\partial p}{\partial D}\end{aligned} \tag{17}$$

将式(16)与式(17)代入式(15)得到

$$\Delta T = (2N+2)\frac{\sqrt{1-p^2c^2(D)}}{c(D)}\Delta D \tag{18}$$

当声速变为 $c(z)+\Delta c$ 时,传播时间变化量为 $\Delta T$,根据式(6)得到

$$\begin{aligned}\Delta T &= \int_{z_1}^{z_2}\frac{1}{(c(z)+\Delta c)\sin\theta(z)} - \frac{1}{c(z)\sin\theta(z)}\mathrm{d}z \\ &\approx \int_{z_1}^{z_2}\frac{-\Delta c}{c^2(z)\sin\theta(z)}\mathrm{d}z\end{aligned}$$

令 $\bar{c} = \frac{1}{D}\int_0^D c(z)\,\mathrm{d}z$ 为全海深的平均声速,则上式可以表示为

$$\Delta T \approx -\frac{\Delta c}{T} \tag{19}$$

由式(18)和式(19)得到

$$\Delta c \approx -(2N+2)\frac{\bar{c}\sqrt{1-p^2c^2(D)}}{Tc(D)}\Delta D \tag{20}$$

算例3:环境参数如同算例2,$\Delta D$ 为正表示海底深度增加,仿真计算海底深度失配时声速剖面反演的误差,并将采用式(20)计算的误差的绝对值称为理论预测平均误差,误差随失配深度的变化曲线如图5所示。

从图5可以看出,仿真计算的均方根误差与理论预测平均误差的变化趋势基本一致,两

者之间近似相差一个常数,即计算固有误差。海深为 100 m 的情况下,在海底深度变化相对较小时,海底深度失配所带来的反演误差并不是很明显,尤其是在 2 m 以内。

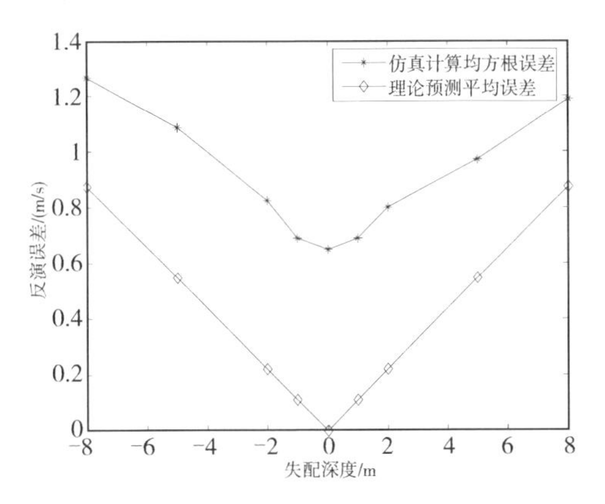


**图 5　反演误差与海底失配深度之间的变化关系**

## 3　实验介绍

### 3.1　浮标的结构与功能

浮标的可靠性与水面稳定性、短波通信性能以及时间同步和定位的精度对于大面积水声考察的任务来说都是至关重要的指标,因此必须予以考虑。

在整体结构上,本浮标吸取了 Spar 型结构[18]的"集中浮力、集中重量、中间杆连接、减小迎风面积"等基本思想,通过改进,采用浮球代替浮力舱与浮力管,使得浮标在损失部分抗涌浪能力的情况下有效地减小了长度和重量。浮标全长约 9 m,重 383.7 kg,与 2002 年我国参加南海实验考察的浮标相比,长度和重量上都有了较大程度的改进。浮标的主体是浮体部分和电子舱,两者之间用一根长 2 m 的钢管相连,成"不倒翁式"的基本结构,如图 6 所示。容易计算出悬挂上垂直阵后整个浮标的重心位于距离电子电池舱上方 1.4 m 的连接杆上,浮心位于重心正上方 1 m 的浮体上,由力学知识可知该浮标在大角度倾斜后具有较强的自恢复能力。实验结果表明,在四级海况下,浮标的摇摆角度小于 10°,具有较好的稳定性。

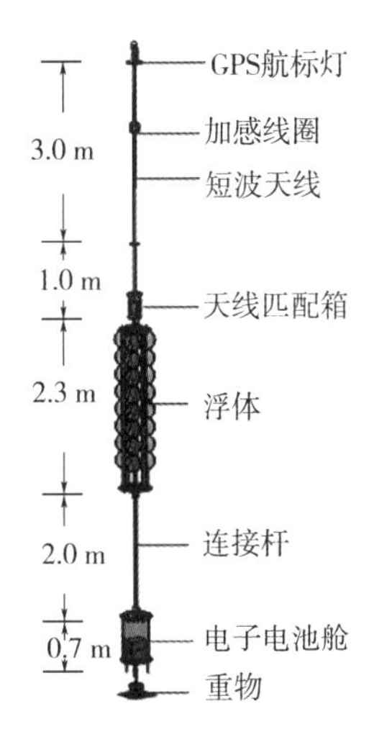


**图 6　浮标整体结构图**

作为浮标的关键设备之一,短波天线的主要功能是在指挥船和浮标之间传输浮标工作状态、指令以及实验数据。常规的鞭状天线在抗风浪能力和长度上均不适合小型浮标的装配。因此,对短波天线做了如下专门的设计:①采用紫铜管外部裹敷玻璃钢结构,在有效地提高辐射电阻和展宽频带的同时也提高了结构强度;②通过加感处理,使得天线长度仅 3 m,相当于常规天线长度的 1/2;③在天线根部设置了匹配箱,对 13 MHz 和 6 MHz 两个频点进行了良好匹配,在海上通信距离能达到 100 km 以上。

差分 DGPS 在浮标系统中有着至关重要的作用,它除了确定水声信号接收点的大地坐标位置,同时还担负着全系统时间统一的重任,数据采集程序、每一组数据的时间起点等重要时序控制均取自 GPS 的 UTC 时间。由于 DGPS 的使用,在整个海岸线外 300 km 的带状区域,每一枚浮标的定位精度可小于 5 m,多枚浮标之间也具有了精确同步的时间基准。

### 3.2 实验过程描述

实验于 2011 年 9 月在南海进行。三枚浮标呈等边三角形布放,相邻浮标之间的距离大约为 50 km,每枚浮标下悬挂一个垂直阵,设备布放示意图如图 7 所示。垂直阵上 3 个声压水听器深度分别为 19 m、34 m 和 49 m,矢量水听器深度为 64 m。实验过程中,发射船首先沿直线运动到 $CA$ 连线的中点,再沿直线运动到 $AB$ 连线的中点,最后沿直线运动到浮标 $B$ 的位置,如图 7 中箭头方向所示。发射船在行进过程中,每隔十分钟投放一枚声弹,爆炸深度 100 m。接收船则停留在三角形的中心位置和三个浮标进行通信。

实验时,声弹爆炸时刻和爆炸位置都是未知的,只有通过其他的信息估算得到。GPS 每秒记录一次发射船的位置。设投弹时刻为 $T_1$,此时 GPS 位置为$(x_1, y_1)$;监听水听器监记录到爆炸声信号的时刻为 $T_2$,此时 GPS 位置为$(x_2, y_2)$;投弹点与 GPS 之间的距离为 $d_1$,与监听水听器之间的距离为 $d_2$,如图 8 所示。声弹爆炸深度为 $h$,从海表面到 $h$ 深度的平均声速为 $c_0$。估算声爆炸时刻 $T$ 和爆炸点的水平位置$(x, y)$的方法如下:发射船航向(与 $x$ 轴之间的夹角)$a = a\tan\left(\frac{y_2 - y_1}{x_2 - x_1}\right)$,则爆炸点水平位置$(x, y)$可以表示为 $x = x_1 - d_1\cos\alpha$,$y = y_1 - d_1\sin\alpha$。从投弹到监听到爆炸声信号,发射船行进的距离为 $l = \sqrt{(x_2 - x_1)^2 + (y_2 - y_1)^2}$,从爆炸点到监听水听器的声传播时间为 $t = \sqrt{(l + d_2)^2 + h^2}/c_0$,那么爆炸时刻 $T = T_2 - t$。

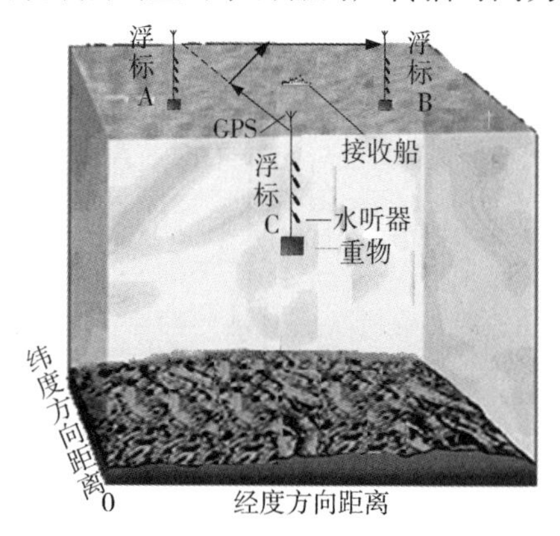


图 7 实验设备布放示意图

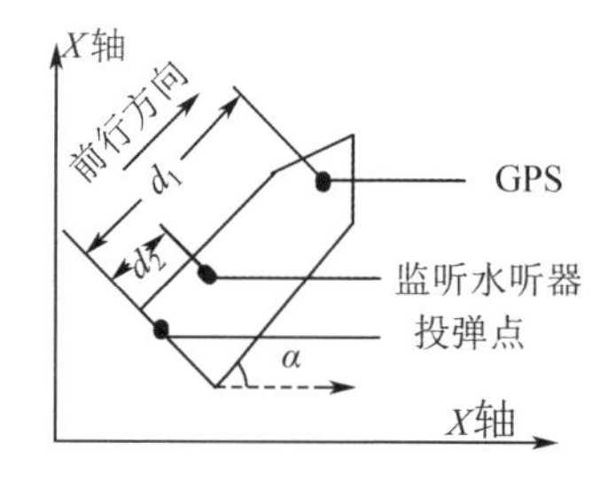


图 8 爆炸点位置与爆炸时刻估计示意图

## 4 实验数据处理结果

实验时,各水听器接收到很明显的爆炸声信号,其中,某时刻浮标 $A$ 上深度为 64 m 的声压水听器的接收信号波形及对应的时频分布如图 9 所示。

发射船上监听的声弹爆炸的时域信号如图 10 所示。对接收信号和监听信号采用互相关进行时延估计以获取该声信号到达时刻,如图 11 所示。图 11 中第一个峰值对应的时间即为信号到达时刻。将信号到达时刻与爆炸时刻之差作为声传播时间,该时刻浮标 $A$ 上 4 个水听器接收信号的声传播时间如表 3 所示。由于采样率为 10 K,因此传播时间可以精确到0.1 ms的量级上。传播时间测量误差主要来源是爆炸时刻估计时采用了从海表面到爆炸深度的平均声速,最大误差不超过3 ms,由式(19)可知,传播时间所带来的声速剖面反演误差将小于0.22 m/s。

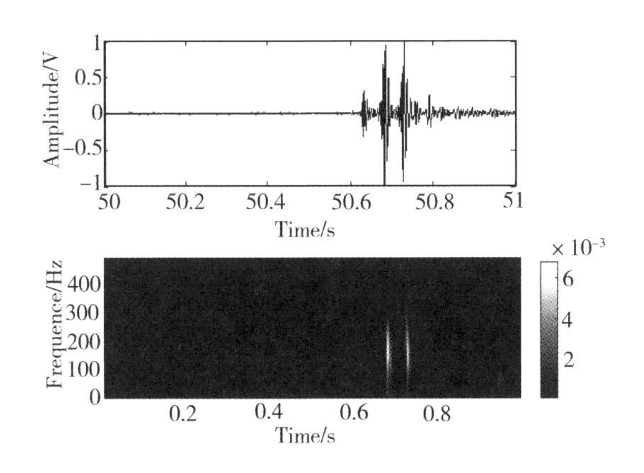


图9　接收信号波形及对应的时频分布

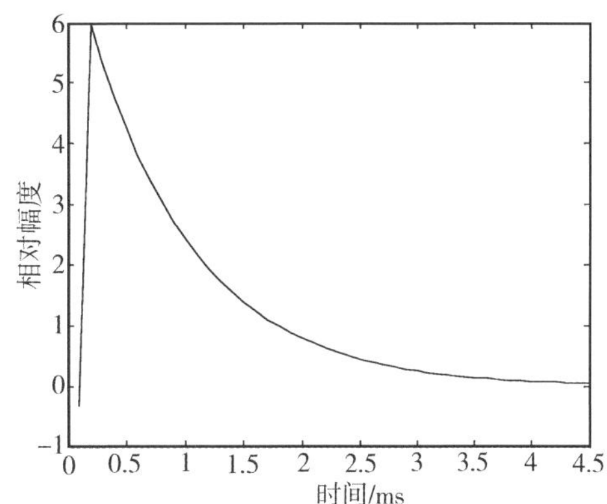


图10　监听爆炸声信号

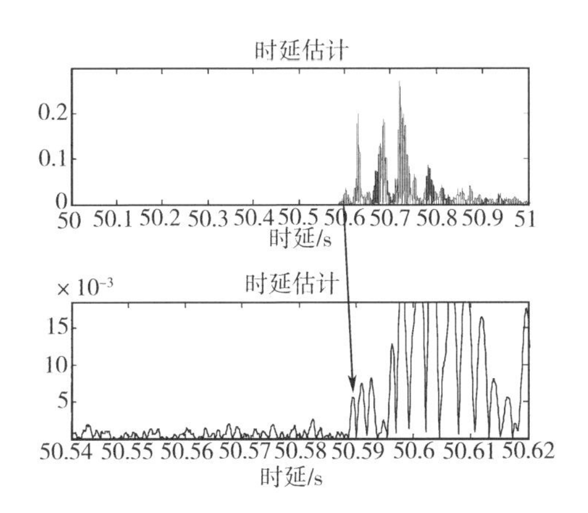


图11　时延估计

表3　声传播时间

| 深度/m | 19 | 34 | 49 | 64 |
|---|---|---|---|---|
| 时间/s | 20.248 1 | 20.247 0 | 20.221 3 | 20.212 3 |

实验海域的海底深度分布如图12所示,色棒的单位是km,$A$、$B$、$C$分别表示三个浮标的位置,海底深度由最浅的250 m($A$点)变化到最深的820 m($C$点),变化较剧烈。在实验阶段,该海域最大潮高为2 m,由仿真计算结果可知海底深度失配对反演精度不会有很大的影响,因此不予考虑。

实验数据处理时,假设声速剖面在实验阶段随水平距离和时间不变,EOF选取图3中的前3阶。在二维空间和三维空间分别搜索特征声线,用每组信号的最快特征声线的传播时间作为代价函数反演声速剖面,并对多组信号的反演结果取平均,反演结果与误差如图13所示,为方便对比,图中深度只截止到150 m。

在三维空间中搜索如图 13 中所示的三条声速剖面条件下的声源与浮标 $A$ 上 19 m 水听器之间的最快特征声线，如图 14 所示。从图 14 可以看出，考虑了水平偏转时的反演声速所对应的最快特征声线轨迹更接近于实测情况。在二维空间中搜索特征声线时声速剖面反演的最大误差为 4. 227 m/s，均方根误差为 2. 308 m/s，而在三维空间中，对应的误差分别为 2. 538 m/s和 1. 327 m/s。以上结果都充分说明考虑了不平整海底反射所带来的水平偏转能减小声传播时间计算的误差，进而提高声速剖面反演的精度。

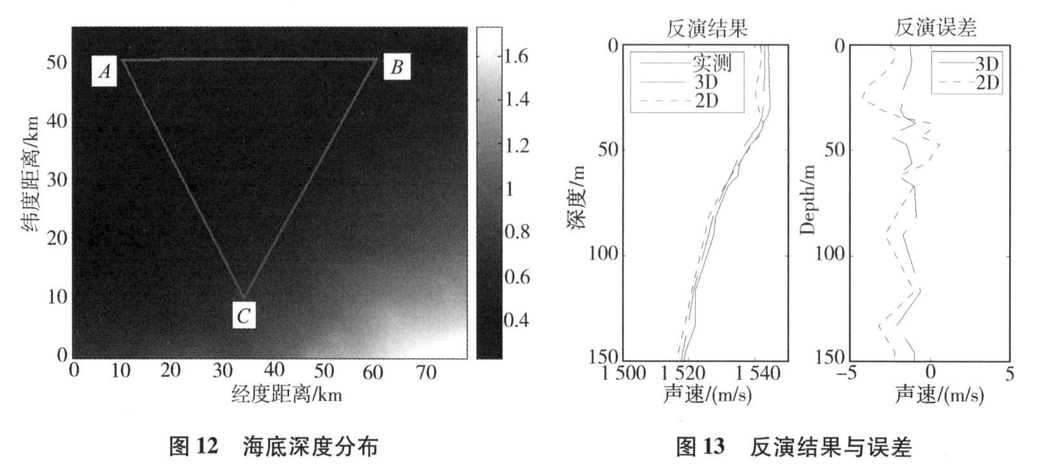


**图 12　海底深度分布**　　　　**图 13　反演结果与误差**

## 5　结论

本文首先介绍了一种三维浅海环境下基于声传播时间的声速剖面反演方法，仿真计算了反演算法的性能，并通过实验数据的处理反演了南中国海某海域的声速剖面；同时，根据实验的需求，研制了一套能用于海洋环境考察的声呐浮标，可以得出以下结论：

(1)改进的 Spar 型浮标结构在四级海况下具有较好的稳定性，能为声速剖面反演提供实时的、可靠的实验数据。

(2)3 阶 EOF 能使得声速剖面反演达到较高的精度，继续增加阶数能提高精度，但是效果不明显；较小的海底深度失配对反演结果影响很小。

(3)考虑不平整海底反射所带来的声线的水平偏转能使基于声传播时间的声速剖面反演的精度得到有效地提高。

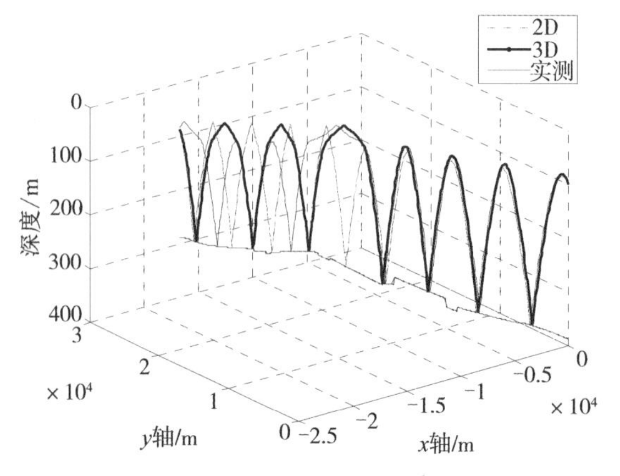


**图 14　最快特征声线轨迹**

## 参考文献

[1] Munk W H, Wunsch C. Ocean acoustic tomography A: scheme for large scale monitoring. Deep - Sea Res, 1979, 26:123 - 161.

[2] 唐俊峰,杨士莪. 由传播时间反演海水中的声速剖面. 哈尔滨工程大学学报, 2006, 27(5):733 - 737.

[3] Philippe R, Ion I, Barbara N, et al. Travel - time tomography in shallow water: Experimental demonstration at an ultrasonic scale [J]. J. Acoustic. Soc. Am., 2011, 130(3): 1232 - 1241.

[4] Shang E C. Ocean acoustic tomography based on adiabatic mode theory. J Acoust Soc Am, 1989, 85(4):1531 - 1537.

[5] Li F H, Zhang R H. Inversion for Sound Speed Profile by U sin g a Bottom Mounted Horizontal Line Array in Shallow Water. CHIN. PHYS. LETT, 2010, 27(8):84303 - 1 ~ 84303 - 4.

[6] 何利,李整林,彭朝晖,等. 南海北部海水声速剖面声学反演 [J]. 中国科学:物理学 力学 天文学, 2011, 41(1):49 - 57.

[7] Voronovich A G, SHANG E C. Numerical simulations with horizontal - refraction modal tomography. Part 1 · Adiabatic propagation. J Acoust Soc Am, 1997, 101(5): 2636 - 2643.

[8] Skarsoulis E K, Athanassoulis G A. Ocean acoustic tomography based on peak arrivals. J Acoust Soc Am, 1996, 100(2):797 - 813.

[9] Yang TC and Yates T. Matched beam Proces sin g: Applications to a horizontal line array in show water. J Acoust Soc Am. 1998, 104(2):1216 - 1300.

[10] 张忠兵,马远良,杨坤德等. 浅海声速剖面的匹配波束反演方法. 声学学报, 2005, 30(2):103 - 107.

[11] Koterayama W, Nakamura M, Yamaguchi S. Underwatervehicles and buoy systems developed for ocean observations in the Research Institute for Applied Mechanics. Proceedings of the Fifth 2002 ISOPE Pacific/Asia Offshore Mechanics Symposium, 2002, 11:13 - 20.

[12] 朱光文. 海洋剖面探测浮标技术发展. 气象水文海洋仪器, 2004, 6(2):1 - 6.

[13] 张维,杨士莪,汤云峰等. 不平整海底环境下的浅海本征声线求解方法. 哈尔滨工程大学学报, 2011,32(12):1544 - 1548.

[14] 王恕铨. 求解三维本征声线的一种新方法. 声学学报,1992, 17(2):155 - 157.

[15] 刘伯胜,雷家煜. 水声学原理. 哈尔滨工程大学出版社,2006:112.

[16] 沈远海,马远良,屠庆平等. 浅海声速剖面的反演方法与实验验证. 西北工业大学学报, 2000,18(2):212 - 215.

[17] 杨传将,刘清,黄珍. 一种量子粒子群算法的改进方法. 计算技术与自动化,2009,28(1):100 - 103.

[18] Faltinsen O M, etc. Next generation ocean observing buoy. Sea Technology, 1999, 40(5): 37 - 43.

# 一种声速剖面展开的正交基函数获取方法

宋文华　胡　涛　郭圣明　马　力　鹿力成

**摘要**　为了评估经验正交函数(Empirical Orthogonal Functions)在声速剖面的声学反演应用中的可靠性和适用性,降低声速剖面基函数的获取对样本数据的依赖性,提出了一种声速剖面展开的正交基函数的获取方法。该方法通过分析引起声速剖面变化的海洋动力学过程,利用动力学方程求解得到的水动力简正波(Hydrodynamic Normal Modes)来给出声速剖面展开的基函数。HNMs方法获得的声速剖面正交基函数与EOFs方法的结果非常吻合,且对样本数据的依赖性小。HNMs方法物理意义清晰,能够给出决定声速剖面正交基函数的物理参数,使评估经验正交函数的准确性和适用性成为可能。

## 引言

声速剖面是影响水下声场最重要的环境参数之一[1],不同类型的声速剖面下声场具有不同的传播散射特性[22-23]。实际海洋中,海水的声速剖面具有显著的时变性,其时变性主要由季节的变化和中尺度海洋现象的活动引起。季节的变化对海洋背景稳态声速剖面产生决定性的影响,如从等声速变到具有跃层的剖面,声速跃层的深度和厚度的变化等。中尺度海洋现象的活动会在一定时间和空间尺度上引起声速剖面的变化,但其变化不会影响背景稳态声速剖面的性质[2]。

声速剖面可以表示为深度和距离(或时间)的矩阵数组形式,但这需要大量的参数,为此人们提出了经验正交函数(Empirical Orthogonal Functions)的表示方法。由于利用经验正交基函数方法表示声速剖面可以大大降低所需要的参数,EOFs广泛应用在声速剖面的反演[4-9]、海洋声层析[10-15]、地声反演海底参数[16-18]中,从数学上讲,经验正交函数是一种降维技术,能减少反演需要的参数,提高反演算法的稳健性和反演效率,成为声速剖面快速获取的重要手段,而正交基函数的准确性和适用性就成为声速剖面声学反演成败的关键。

现有研究中,都是通过基于历史测量数据的经验正交函数分析方法来得到声速剖面的正交基函数展开形式。一般认为,数据样本越多,得到的经验正交函数(EOFs)越准确、适用范围越广。但事实往往更加复杂,不同季节,声速剖面的性质差异显著,将不同类型的声速剖面数据笼统的进行处理,往往不能得到比较满意的经验正交函数。在利用经验正交函数对未知剖面进行反演或是重构时,尤其是对样本数据之外的剖面外插处理,必须考虑已有的经验正交函数的适用范围。经验正交函数的获取受到数据完备性和数据测量时间的制约,不同季节、不同数量获得的经验正交函数可能会差异很大,因此在使用经验正交函数时就要考虑经验正交函数的准确性和适用性。

## 1　基于水动力方程的声速剖面展开正交基函数

中尺度海洋活动会在一定时间和尺度上引起声速剖面的变化,其变化过程满足流体力学的控制方程。在海洋中,海水质点受到海面和海底两个边界的制约,其在深度上的运动也具有简正模式。从这一点出发,在一定的背景声速剖面下,通过对水动力方程的求解得到对应的水动力简正波函数,并以此求得声速剖面展开所需要的正交基函数。

考虑线性内波等海洋动力学活动引起声速的扰动的情况,水质点的振速为 $U$,三个分量为$(u,v,w)$,$u$ 是沿着纬度向东的分量,$v$ 是沿着经度向北的分量,$w$ 是垂直海面向上的分量。根据牛顿第二定律和质量守恒定律可以得到[20]:

$$\rho \frac{DU}{Dt} = -\rho \cdot 2\Omega \times U - \rho g k - \nabla p + F \tag{1}$$

$$\frac{D\rho}{Dt} + \rho \nabla \cdot U = 0 \tag{2}$$

其中,$D/Dt = \partial/\partial t + U \cdot \nabla$,当质点运动速度比波传播速度小得多时,可以忽略后面一项。式(1)右边第 1 项是科氏力,第 2 项是重力,第 3 项是压力梯度,最后一项是作用于单位体积的外力和。

经过一系列推导[20],可以得到垂直速度分量 $w$ 满足的波动方程:

$$\left(\frac{\partial^2}{\partial t^2} + w_i^2\right)\frac{\partial^2 w}{\partial z^2} + \left(N^2 + \frac{\partial^2}{\partial t^2}\right)\left(\frac{\partial^2}{\partial x^2} + \frac{\partial^2}{\partial y^2}\right)w = \frac{N^2}{g}\left(\frac{\partial^2}{\partial t^2} + w_i^2\right)\frac{\partial w}{\partial z} \tag{3}$$

考虑线性内波波动情况,将 $w$ 写作:

$$w = W e^{i(k_x x + k_y y - \omega t)} \tag{4}$$

$k = \sqrt{(k_x{}^2 + k_y{}^2)}$ 是内波水平波数,将式(4)代入式(3)得到线性内波满足的垂直模式方程:

$$\frac{\partial^2 w}{\partial z^2} + \frac{N^2 - w^2}{w^2 - w_i^2}k^2 w = 0 \tag{5}$$

其中 $N$ 为海区的浮力频率剖面,直接制约着海区内波等中尺度动力学过程的活动,$N$ 的定义如下[20]:

$$N^2 = -\frac{g}{\rho_0}\frac{\partial \rho_0}{\partial z} \approx \alpha g \frac{\partial T}{\partial z} \tag{6}$$

其中 $\alpha$ 为热力学压缩系数。

垂直速度分量 $w$ 必须满足海面和海底的边界条件:

$$当\ z = 0\ 时, w = 0 \tag{7.1}$$

$$当\ z = z_H\ 时, w = 0 \tag{7.2}$$

由式(5)和边界条件(7),可以得到线性内波的本征函数 $\psi_i$,在这里假设 $\psi_i$ 也随频率的变化可以忽略。因而式(4)可以表示为:

$$w = \sum_j W_j \Psi_j \exp[i(k_x^j x + k_y^j y - \omega t)] \tag{8}$$

根据热力学公式[21]:

$$\frac{D}{Dt}(\rho c_v T) = \nabla(k_T \nabla T) + Q_T \tag{9}$$

式中,$c_v$ 是等体积比热容,$k_T$ 是热导率,$Q_T$ 代表所有的热源。在内波运动过程中,可以近似认为 $k_T$ 和 $Q_T$ 都为零,即没有热源的绝热过程。因此式(9)可以进一步近似为:

$$\frac{\partial T}{\partial t} + U \cdot \nabla T = 0 \tag{10}$$

由于对于一般的线性内波等海洋过程，其引起的温度变化$\partial T/\partial x$、$\partial T/\partial y$ 相比$\partial T/\partial z$ 要小很多，因此式(10)可进一步简化为：

$$\frac{\partial T}{\partial t} + w\frac{\partial T}{\partial z} = 0 \tag{11}$$

将式(4)代入式(11)，可得：

$$\frac{\partial T}{\partial t} = -w\frac{\partial T}{\partial z} = \frac{\partial T}{\partial z}\sum_j W_j \Psi_j \exp[\mathrm{i}(k_x^j x + k_y^j y - \omega t)] \tag{12}$$

定义 $T = T_0 + T'$，$T_0$ 是稳态的背景温度剖面，$T'$是扰动量，有 $\mathrm{d}T_0/\mathrm{d}z \gg \mathrm{d}T'/\mathrm{d}z$，则$\partial T/\partial z \approx \mathrm{d}T_0/\mathrm{d}z$，对式(12)两边进行积分得：

$$T(z,t) - T_0(z) = \frac{\mathrm{d}T_0}{\mathrm{d}z}\sum_j A_j \Psi_j \exp[\mathrm{i}(k_x^j x + k_y^j y - \omega t)] \tag{13}$$

其中，$A_j = W_j/\mathrm{i}w$。令 $B_j = A_j\exp[\mathrm{i}(k_x^j x + k_y^j y - \omega t)]$，$\Phi_j = \dfrac{\mathrm{d}T_0}{\mathrm{d}z}\psi_j$，并取前 $n$ 阶简正模式，式(13)可以改写为：

$$T = T_0 + [B_1 \quad B_2 \quad \cdots \quad B_n]\begin{bmatrix}\Phi_1 \\ \Phi_2 \\ \vdots \\ \Phi_n\end{bmatrix} \tag{14}$$

这就是说，温度剖面可以用基函数 $\Phi_j = (\mathrm{d}T_0/\mathrm{d}z)/\psi_j$ 的形式来展开。浅海环境下，海水声速与温度具有强相关性，因而声速剖面也可以用这组基进行展开。

根据传统经验正交函数的方法，声速剖面可展开为如下正交基函数形式：

$$C_t = \bar{C} + [\eta_1 \quad \eta_2 \quad \vdots \quad \eta_n]\begin{bmatrix}\alpha_1 \\ \alpha_2 \\ \vdots \\ \alpha_n\end{bmatrix} \tag{15}$$

式中，$\eta_n$ 是正交基函数。HNM 基函数是根据内波简正模式推算出来的，是“物理”的模态，而 EOF 基函数反映的是样本中的主要成分和次要成分，是“数据”的模态，所以在内波主导的环境下，两种基函数势必具有一定的等价性。

从上面的推导可知，背景稳态温度剖面直接决定浮力频率剖面 $N(z)$，浮力频率剖面决定了本征方程(5)的解，从本征方程的解 $\psi_j$ 就可以得到正交基函数 $\phi_j$ 由此可知，声速剖面展开的正交基函数主要由背景稳态声速剖面的性质决定。对于不同性质的背景稳态声速剖面，会得到不同的本征模式 $\psi_i$ 和 $\mathrm{d}T_0/\mathrm{d}z$，由此得获得的正交基函数 $\Phi_j$ 形式将不同，甚至差别很大。

海水的背景声速剖面有着明显的季节性变化，因而在不同季节，声速剖面具有不同的基函数展开形式。可以设想，将具有不同正交基函数展开形式的声速剖面数据混在一起，来提取统一的经验正交函数，是很难得到准确性高和适用范围广的正交基函数的。其获得的正交基函数对声速剖面拟合的效率也将大大降低，往往需要更多阶的正交基函数来完成声速剖面的重构，甚至对声速剖面的重构误差都非常大。因此，通过 EOFs 方法来对声速剖面进行数据压缩处理时，最好的办法是对数据样本进行分类，将具有不同背景声速剖面的数据分别处理，获取不同时期的经验正交函数。

此外,利用 EOFs 方法进行未知剖面反演或重构时,不仅需要考虑经验正交函数的时变性,还需要考虑样本数据的完备性,只有当样本数据覆盖一个完整的海洋动力学周期,这样得到的经验正交函数才比较可靠,下面的数值分析将说明这一点。

## 2　数值仿真

为了验证 HNMs 方法与 EOFs 方法的等价性,下面首先给出了相应的数据仿真分析。

首先仿真内波活动引起声速剖面变化的环境,为了简化分析,仿真时采用不同频率的三角函数叠加来模拟内波引起的声速剖面的变化,海水深度是 100 m,稳态的温度剖面和声速剖面见图 1。海水表面的温度是 25 ℃。声速是 1 530 m/s。跃层集中在 10 m 至 50 m。接近海底的部分(60 m 至 100 m)是等温层,温度是 7.7 ℃,声速是 1 478 m/s。

声速场的扰动部分则使用 8 个不同频率的三角函数来模拟。内波引起等声速线随时间波动可表示为:

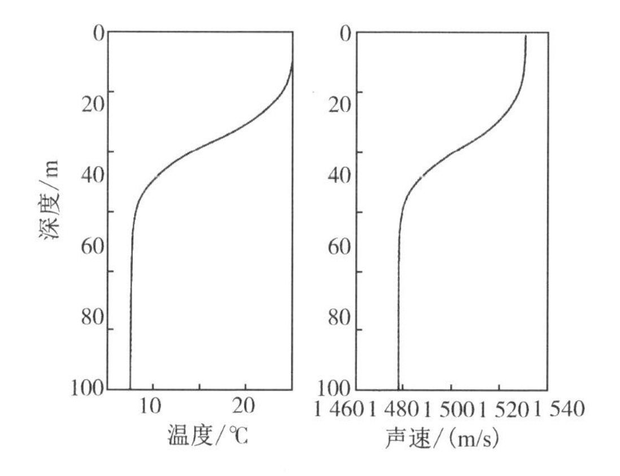


**图 1　仿真用的背景温度剖面及声速剖面**

$$h = \begin{cases} [4\sin(\omega_1 t) + 3\cos(\omega_2 t) + 4\cos(\omega_3 t) + 5\cos(\omega_4 t) + 5\cos(\omega_5 t) + \cdots + \\ 8\cos(\omega_6 t) + 15\sin(\omega_7 t) + 20\cos(\omega_8 t)]\sin[\pi(z-10)/40]/8 & 10 \leqslant z \leqslant 50 \\ 0 & z < 10 \text{ or } z > 50 \end{cases} \tag{16}$$

其中,8 个频率对应的周期分别是 15 min、30 min、1 h、2 h、4 h、8 h、10 h、12 h。在10 m 和 50 m 间按 sin 函数加权,图 2 给出了 40 h 声速剖面随时间的变化,相邻两条声速剖面的时间同隔是 30 s。

为分析 HNMs 方法与 EOFs 方法重构声速剖面的准确性,定义声速剖面重构的均方根误差:

$$MSE = \sqrt{\frac{1}{N}\sum_{i=1}^{N}(c_i - c_i')^2} \tag{17}$$

而 $c_i$ 和 $c_i'$表示某个深度的测量声速剖面和重构声速,$N$ 是深度上的采样点的个数。

仿真中,利用 HNMs 方法获得的声速剖面正交基函数记为 HNM,其中 HNM 计算需要的背景稳态声速剖面见图 1,实际应用中,可以采用平均声速剖面来近似代替背景声速剖面,或者用平潮时测量的声速剖面来代替,在后面的实验数据分析中会给出例子。

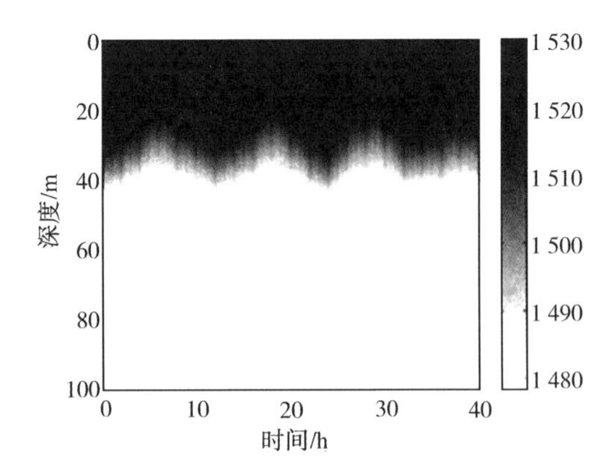


**图 2　数值仿声速剖面随时间波动**

利用 EOFs 方法提取的经验正交函数记为 EOF12。EOF12 是利用图 2 所示的前 12 h 的声速剖面数据，该数据覆盖了声速变化的一个周期。图 3(左)给出了两种正交基函数的比较。从图中可以看到这两种方法得到的基函数非常一致，尤其是第 1 阶和 2 阶基函数基本吻合，而第 3 阶基函数出现了一点差异，这并不影响对声速剖面的重构，因为第 3 阶基函数在重构时的权系数相比 1 阶和 2 阶要小很多。

利用前三阶正交基函数(所占比重 98%)来重构图 2 给出的声速剖面数据，重构结果的误差分析见表 1。从表 1 中可以看出，利用基函数 HNM 和 EOF12 重构声速剖面的误差相当，均方误差基本上小于 0.5。

为了说明样本数据的完备性(样本数据是否覆盖了一个完整的声速变化周期)，对经验正交函数提取和声速剖面重构的影响，图 3(右)给出了利用前 3 个小时的声速剖面数据得到的经验正交函数 EOF3 与 HNM 的比较，两者的差异非常显著，也就是说 3h 数据提取的经验正交函数与 12 h 数据提取的经验正交函数显著不同。图 4 给出了分别利用 HNM、EOF12 和 EOF3 来对 3 h 外的一条声速剖面的重构，从图中可以发现 EOF3 的重构结果与实际声速剖面差异显著。

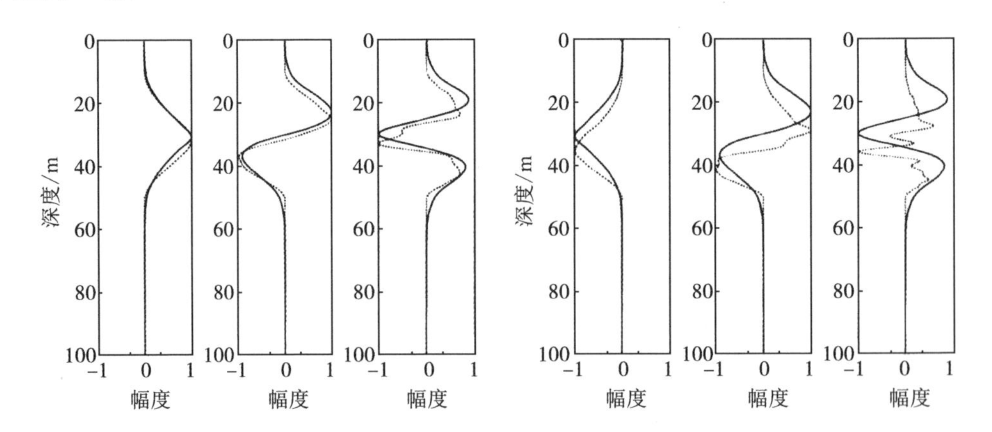


**图 3　不同方法得到的正交函数的比较(实线:HNM;点线:左 EOF12,右 EOF3)**

**表1　声速剖面用不同基表示的误差分析**

| | 均方误差/(m/s) | | | | |
|---|---|---|---|---|---|
| | 取值位于各个区间的百分比 | | | 期望 | 方差 |
| | < =0.5 | [0.5,1] | >1 | | |
| EOF12 | 100% | 0 | 0 | 0.03 | 0.01 |
| HNM | 99.48% | 0.52% | 0 | 0.32 | 0.05 |

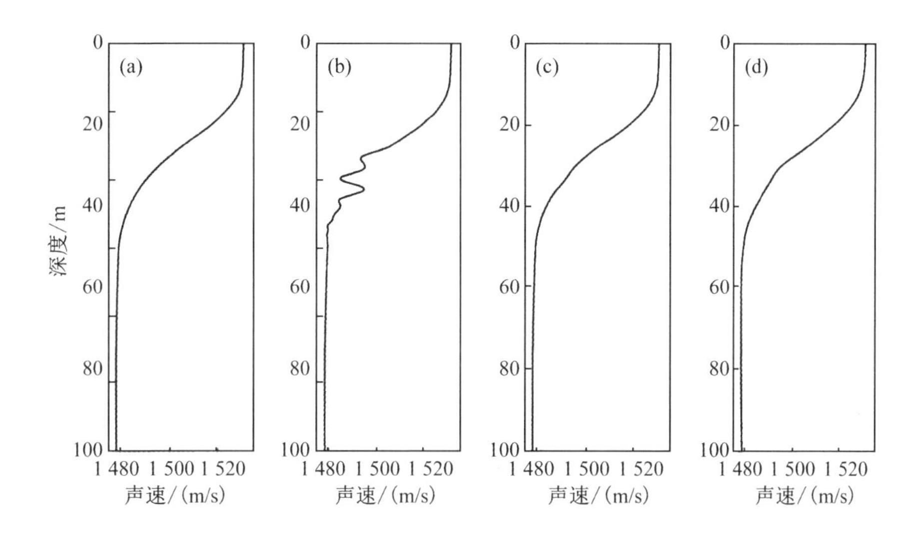


**图4　利用 HNM(d)、EOF12(c)和 EOF3(b)来对声速剖面(a)的重构**

从仿真中可以看到,当利用从已有数据中获得的经验正交函数来重构声速剖面时,样本数据完备性是非常重要的。只有当样本数据完备(覆盖一个完整的海洋动力学周期,在本次仿真中是 12 h)时,经验正交基函数才能与水动力方程的基函数相吻合。如果样本数据没有包含一个完整的声速变化周期,其得到的经验正交函数的准确性将受到影响。此时虽然利用经验正交函数的重构样本区间内的声速剖面的误差很小,但对与样本区间范围外的声速剖面重构将可能会产生非常大的误差,即样本数据不完备时,经验正交函数会呈现出内插准确,外推不准确的缺点。

## 3　实验数据分析

声速剖面数据来源于 2007 年 7 月初和 2009 年 8 月底分别在某同一海域观测的声速剖面数据,图 5 分别给出了 2007 年和 2009 年持续长时间的声速剖面变化情况,其中声速剖面的间隔为 30 s。从图中可知,声速剖面起伏的周期大约为 12 h,近似为一个完整的半日潮周期。2007 年和 2009 年观测数据最大的不同是背景声速跃层的位置发生了显著的变化。图 6 给出了利用测量数据平均的声速剖面,可以看到在 2007 年 7 月初的平均声速剖面的跃层位置在 10 ~ 15 m,而 2009 年 8 月底的平均声速剖面的跃层位置在 15 ~ 20 m,下降了 5 m,当地的海深只有 36 m 左右,可见不同时期背景声速剖面的差异显著。

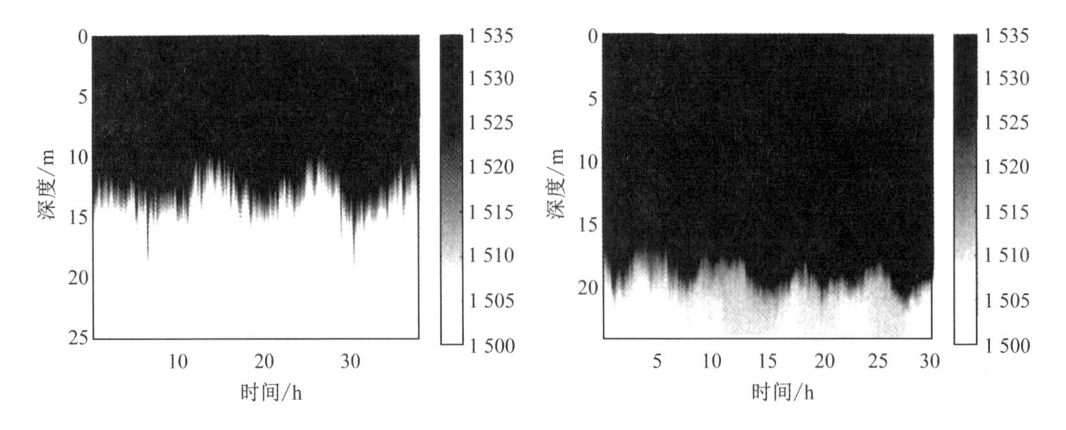


图 5　实测声速剖面随时间的变化(左:2007 年,右:2009 年)

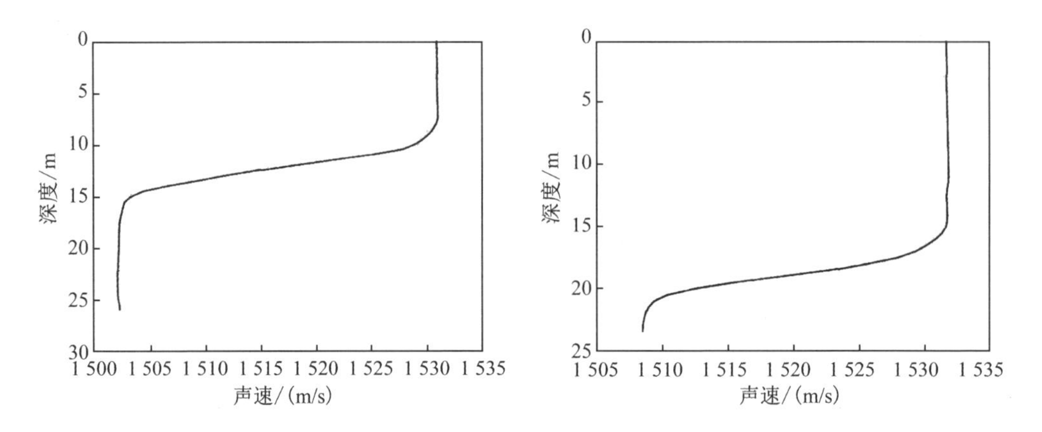


图 6　平均声速剖面(左:2007 年;右:2009 年)

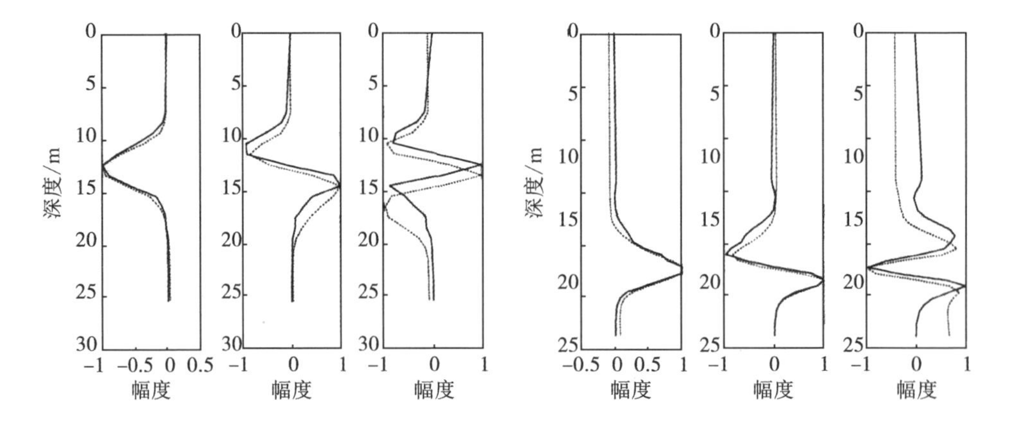


图 7　基函数的比较(左:2007 年;右:2009 年),实线代表经验 HNM 基函数,点线代表 EOF 基函数

## 3.1　2007 年实验数据处理

首先处理 2007 年的实验数据，利用 HNMs 方法来计算正交基函数时，利用平均声速剖面作为背景稳态声速剖面，得到的基函数记为 HMN07。取所有数据作为样本，利用 EOFs 方法得到的基函数为 EOF07。图 7(左)给出了前三阶 HMN07 和 EOF07 的比较。可以发现，两者的前两阶基函数具有较高的相似性，而第三阶基函数有些差异。

对数据的分析表明，前三阶基函数占整个声速剖面变化的比重达到了 97%，见表 2，因此三阶基函数就可以非常好的表达声速剖面。为了比较利用前三阶 HMN07 和 EOF07 来重构 40 h 声速剖面的误差大小，表 3 给出了重构结果与实测结果相比的均方根误差。从结果来看，EOF07 和 HMN07 的均方根误差非常相近，与仿真的结果一致，这充分说明 HNMs 方法与 EOFs 方法具有等效性。

**表 2　各阶基函数所占声速剖面变化的比重(2007 年和 2009 年)**

| 各阶基函数的比重 | 1 阶基函数 | 2 阶基函数 | 3 阶基函数 | 3 阶以上 |
|---|---|---|---|---|
| 2007 年声速剖面 | 78% | 14% | 5% | 3% |
| 2009 年声速剖面 | 78% | 11% | 5% | 5% |

**表 3　不同正交基函数拟合声速剖面的误差分析(2007 年和 2009 年)**

<table>
<tr><th colspan="6">2007 年均方误差/(m/s)</th><th colspan="6">2009 年均方误差/(m/s)</th></tr>
<tr><th rowspan="2"></th><th colspan="3">取值位于各个区间的百分比</th><th rowspan="2">期望</th><th rowspan="2">方差</th><th rowspan="2"></th><th colspan="3">取值位于各个区间的百分比</th><th rowspan="2">期望</th><th rowspan="2">方差</th></tr>
<tr><th><0.7</th><th>[0.7,1.5]</th><th>>1.5</th><th><0.7</th><th>[0.7,1.5]</th><th>>1.5</th></tr>
<tr><td>EOF07</td><td>61.8%</td><td>34.5%</td><td>3.7%</td><td>0.70</td><td>0.44</td><td>EOF09</td><td>60.5%</td><td>38.2%</td><td>1.3%</td><td>0.68</td><td>0.34</td></tr>
<tr><td>HNM07</td><td>68.5%</td><td>28.8%</td><td>2.7%</td><td>0.68</td><td>0.68</td><td>HNM09</td><td>31.2%</td><td>58.5%</td><td>10.3%</td><td>0.93</td><td>0.38</td></tr>
</table>

## 3.2　2009 年实验数据处理

下面是 2009 年实验数据的处理，2009 年的数据是 8 月底测量的，声速跃层深度相比 2007 年要大很多，图 7(右)给出了利用 HNMs 方法获取的声速剖面正交基函数 HNM09 和 EOFs 方法得到的正交基函数 EOF09。前两阶基函数比较吻合，而同样是第三阶出现了差异。表 2 给出了各阶基函数占声速剖面变化的百分比。表 3 同样给出了对两种基函数重构声速剖面(三阶)的误差分析，结果表明 HNMs 方法与 EOFs 方法的效果也比较接近。

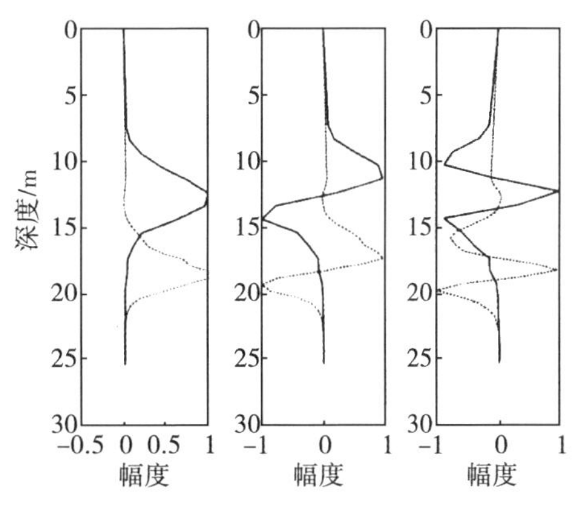


**图 8　正文基函数 HNM09(点线)和 HNM07(实线)的比较**

为了说明正交函数的时效性，这里利用 2007 年数据得到的正交函数来重构 2009 年的声速剖面，通过比较重构结果与实测结果，重构结果的均方误差达到了 7.2 m/s，这在科研工作中是不能接受的。这用 HNMs 方法可以很好地解释：两次实验数据的月份不同，导致背景稳态声速剖面差别非常大，从而引起 7 月和 8 月的声速剖面的正交基函数的差异，见图 8，因此用 7 月份的基函数来重构 2009 年 8 月的声速剖面误差自然很大，HNMs 的方法需要的样本数据少，能方便地更新声速剖面展开的基函数，这在声速剖面的实时预报方面是非常实用的。

### 3.3　背景稳态声速剖面的提取

背景声速剖面对 HNMs 方法具有非常重要的影响，但是背景声速剖面是不可知的，只能用平均声速剖面去逼近。为了使平均声速剖面能接近背景声速剖面，需要一定时间的样本。可以采用一定的技巧来减少对样本数据量的需求，即用平潮时段的样本数据。

以 07 年实验数据为例，选用图 6 所示的平均声速剖面作为背景剖面，得到的基函数为 HNM07，这里选取当海区平潮时段 1 h 内（第 16.5 h 到 17.5 h）的几个声速剖面作平均代替背景声速剖面，从而得到的基函数记为 HNM07 - 1，两者的比较见图 9 左。两者具有高度的一致性，这说明了该方法的可行性。如果用这 1 h 的数据作为样本，用 EOF 方法得到的基函数记为 EOF07 - 1；用所有数据做样本，得到的 EOF 基函数记为 EOF07，这两者的比较见图 9 右。EOF07 和 EOF07 - 1 存在明显的差别，主要是极值点的深度不一致。比较图 9 左右两图，可以说明 HNM 方法只需要少量的样本就能获得非常好的基函数，效果要好于 EOF 方法。

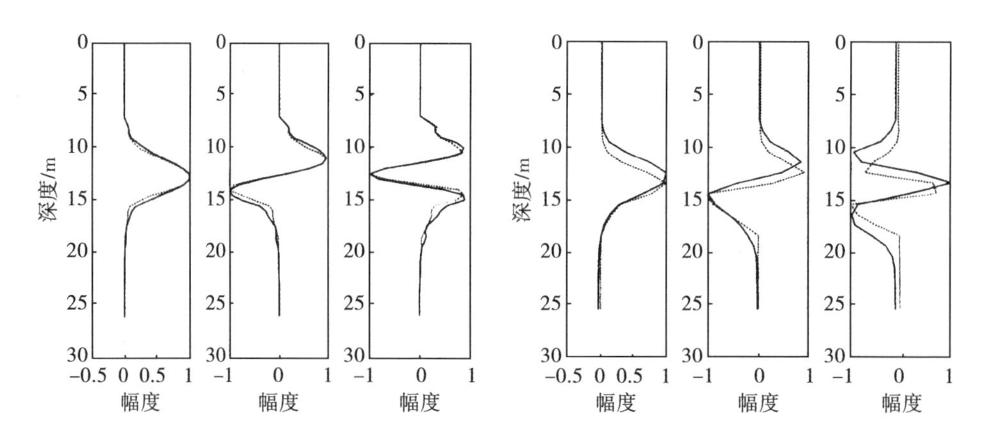


**图 9　左：基函数 HNM07 和 HNM07 - 1 的比较（实线：HNM07，点线：HNM07 - 1）**
**右：基函数 EOF07 和 EOF07 - 1 的比较（实线：EOF07，点线：EOF07 - 1）**

## 4　结论

本文从水动力学方程出发，提出了一种声速剖面展开的正交基函数获取方法（HNMs 方法），该方法基于引起声速剖面变化的海洋动力学原理，适用于在内波等物理海洋活动下、且海面和海底附近声速起伏很小情况下的声速剖面展开。利用 HNMs 方法，从引起声速剖面变化的物理机理上讨论了传统 EOFs 方法在获取经验正交函数时需要注意的各种问题。传统 EOFs 方法对样本的充足性要求较高，而 HNMs 方法在样本有限的情况下，能够获得比较精确的正交基函数，特别适用于声速剖面变化比较剧烈情况下的正交基函数获取。

## 参考文献

[1] 弗拉泰 S M,达谢 R,蒙克 W H,沃森 K M,托卡赖亚森 F. 起伏海洋中的声传播. 北京:海洋出版社.

[2] Jensen F B, KupermanW A, Potter M B, Schmidt H. Computational ocean acoustics. A1P press.

[3] 沈远海,马远良,屠庆平等. 浅水声速剖面用经验正交函数(EOF)表示的可行性研究. 应用声学,1999;18(2):21 -25.

[4] 唐俊峰,杨士莪,由传播时间反演海水中的声速剖面. 哈尔滨工程大学学报,2006;27(5):733 -736.

[5] 张忠兵,马远良,杨坤德,鄢社锋. 浅海声速剖面的匹配波束反演方法. 声学学报,2005;30(2):103 -107.

[6] 张维,杨士莪等. 基于爆炸声传播时间的声速剖面反演. 振动与冲击,2012;31(23):6 -11.

[7] 何利,李整林,彭朝晖等. 南海北部海水声速剖面声学反演. 中国科学:物理学力学天文学,2011;41:49 57.

[8] 李建龙,徐文,金丽玲,郭圣明. 浅海环境下数据同化声层析方法研究. 声学学报,2012;37(1):10 -17.

[9] Carriere O, Hermand J P, Meyer M, Candy J V. Dynamic estimation of the sound - speed profile from broadband acoustic measurements. IEEE, 2007.

[10] Goncharov V V, Voronovich A G. An experiment on matched - field acoustic tomography with continuous wave signals in the Norway Sea. J. A const. Soc. Am. ,1993;93(4):1873 -1881.

[11] Tolstooy A, Dtachok O. Acoustic tomography via matched field processing. J. Acoust. Soc. Am. ,1991;89(3):1119 -1127.

[12] Wen Xu, Henrik Schmidt. System - Orthogonal Functions for Sound Speed Profile Perturbation. IEEE Journal of Oceanic Engineering,2006;31(1):156 -169.

[13] Munk W, Wunsch C. Ocean acoustic tomography: A scheme for large scale monitoring. Deep. sea. Res. ,1979;26:123 -161.

[14] Tolstoy A. Volumetric (tomographic) three - dimensional geoacoustic inversion in shallow water. J. Acoust. Soc. Am. ,2008;124(5):2793 -2804.

[15] Elisseeff P, Schmidt H, Johnson M, Herold D, Chapman N R, McDonald M M. Acoustic tomography of a cos tal front in Haro Strait, British Columbia. J. Acoust. Soc. Am. ,1999;106:169 -184.

[16] Chen Fenhuang, Gerstoft P, Hodgkiss W S. Effect of ocean sound speed uncertainty on match - field geoacoustic inversion. J. Acoust. Soc. Am. ,2008;123(6):162 -168.

[17] Jiang Yongniin, Chapman N R. The impact of ocean sound speed variability on the uncertainty of geoacoustic parameter estimates. J. Acoust. Soc. Am. ,2009;125(5):2881 -2895.

[18] Jiang Yongmin, Chapman N R. Bayesian geoacoustic inversion in a dynamic shallow water

environment. J. Acoust. Soc. Am.. 2008;123(6):155 - 161.

[19] Casagrande G, Stephan Y, Alex Cet al. A novel empirical orthogonal funotion(EOF) - based methodology to study the internal wave effects on acoustic propagation. IEEE Journal of Ocean Engineering,2011;36(4):745 - 759.

[20] 徐肇廷. 海洋内波动力学,北京:科学出版社,1999:14.

[21] Apel. J R. Principles of ocean physics. London:Academic Press, International Geophysics Series, 1987;38.

[22] 张仁和,李文华,裘辛方,金国亮. 浅海中的混响衰减. 声学学报,1995;20(6):417 - 424.

[23] 范威,范军,陈燕. 浅海波导中目标散射的边界元方法. 声学学报,2012;37(2):132 - 142.

# 嵌入环境不确实性的宽容波束形成贝叶斯方法

赵航芳　宫先仪

**摘要**　针对不确实海洋环境使声呐探测性能下降和宽容性差的问题,提出了环境参量和信号参量不确实性两嵌入的宽容波束形成贝叶斯方法。不确实环境参量的先验概率密度函数(Probability density function,PDF)通过多项式混沌展开与传播模型相结合嵌入到接收信号的概率建模中,导出信号参量的先验PDF;接收信号参量先验PDF通过贝叶斯波束形成嵌入到处理中,转化为后验PDF。导出的后验概率最大贝叶斯波束形成具有估计器和相关器相结合的GLRT结构。仿真和实验数据分析结果表明:不确实环境参量导致接收声场发生秩扩展,由秩1扩展为秩2或秩3,贝叶斯波束形成体现了相干匹配与非相干积累的结合,实现了浅海环境中目标的正确定位,增加了宽容性。

**关键词**　环境不确实性;概率建模;宽容波束形成;贝叶斯方法;估计器-相关器

## 引言

主动或被动声呐探测是一种广义似然比检验(generalized likelihood ratio test,GLRT),后者可概括表示为波束形成问题,这一问题的解用于目标检测、定位和回波或辐射波波形恢复。波束形成的基本运算是传播信号拷贝向量与阵接收数据的相关操作,拷贝向量与信道中传播信号的空—时结构信息有关。由于波导的水平对称性,波导中的水平阵拷贝向量仅与目标到达角(direction of arrival,DOA)有关,通过平面波波束形成可实现测向。而波导的垂直维具有高度不对称性,因而波导中垂直阵拷贝向量不仅与DOA有关,也与目标的距离和深度有关,还与环境参量有关。对平面波波束形成加以推广,得到波导波束形成(或称匹配场波束形成),提供了方向($\theta$)、距离($r$)和深度($z$)的三维定位能力。

海洋介质的动态变化性和不均匀介质的散射特性导致DOA不确实,从而导致平面波波束形成的拷贝向量不确实,进一步导致平面波波束形成性能下降。Bell[5]开发了贝叶斯平面波波束形成,其基本原理是将表征DOA不确实性的先验概率密度函数(Probability density function,PDF)与观察数据相结合转化为后验概率密度,后验概率密度权以候选DOA的拷贝向量得到贝叶斯驾驶向量。贝叶斯平面波波束形成将DOA不确实知识嵌入到了处理中进而提高了宽容性。将贝叶斯平面波波束形成加以发展,也可以导出波导中垂直阵接收信号(拷贝向量)不确实时的贝叶斯波导波束形成,将拷贝向量不确实性的先验PDF嵌入到贝叶斯波束形成中,用以提高波导波束形成的性能和宽容性。导致波导中垂直阵拷贝向量不确实的源头是环境参量不确实,由环境参量不确实的先验PDF到拷贝向量不确实的PDF需要做第2个嵌入——将环境参量不确实性嵌入接收信号概率建模中。该嵌入通过概率框架下的多项式混沌展开和传播模型相结合实现。

## 1 提供嵌入先验知识的贝叶斯数据模型

信号处理应当适应信道变换。不确实海洋环境中信道引入空间(角度)移、时延(移)、Doppler频移的扩展和扩展的变化,对应这种信道变换的信号处理数据模型是Bayesian线性模型[1]:

$$\boldsymbol{x} = \boldsymbol{H\theta} + \boldsymbol{n} \tag{1}$$

式中:$\boldsymbol{x}$ 是一个 $N\times1$ 的数据向量,$\boldsymbol{H}$ 是一个已知的 $N\times p$ 模矩阵,$\boldsymbol{\theta}$ 是 $p\times1(p>1)$ 维随机向量,其先验PDF为均值 $\mu_{\boldsymbol{\theta}}$、协方差矩阵 $C_{\boldsymbol{\theta}}$ 的高斯分布 $N[\mu_{\boldsymbol{\theta}},C_{\boldsymbol{\theta}}]$;$\boldsymbol{n}$ 是 $N\times1$ 的噪声向量,PDF为 $N[0,R_n]$,且与 $\boldsymbol{\theta}$ 无关。如果 $\boldsymbol{x}$ 和 $\boldsymbol{\theta}$ 是联合高斯的,可以推导出参量 $\boldsymbol{\theta}$ 的后验PDF也是高斯的,$f(\boldsymbol{\theta}|\boldsymbol{x}):N[E(\boldsymbol{\theta}|\boldsymbol{x}),C_{(\boldsymbol{\theta}|\boldsymbol{x})}]$,其中均值:

$$E(\boldsymbol{\theta}\mid \boldsymbol{x}) = \mu_{\boldsymbol{\theta}} + C_{\boldsymbol{\theta}}\boldsymbol{H}^{\mathrm{T}}(HCC_{\boldsymbol{\theta}}\boldsymbol{H}^{\mathrm{T}} + R_n)^{-1}(\boldsymbol{x} - \boldsymbol{H}\mu_{\boldsymbol{\theta}}) \tag{2}$$

协方差:

$$C_{(\boldsymbol{\theta}|\boldsymbol{x})} = C_{\boldsymbol{\theta}}\boldsymbol{H}^{\mathrm{T}}(\boldsymbol{H}C_{\boldsymbol{\theta}}\boldsymbol{H}^{\mathrm{T}} + R_n)^{-1}\boldsymbol{H}C_{\boldsymbol{\theta}} \tag{3}$$

贝叶斯线性模型提供了这样一种机制,不确实参量知识通过先验PDF引入到模型中,通过参量的先验(无数据知识),到似然(数据知识),再到后验的知识积累过程,提供了参量PDF知识的改进(方差减小),使检测与估计的性能得以提高。

## 2 嵌入环境不确实性的信号概率建模

### 2.1 环境参量的不确实性

影响声传播特性的因素有以下几类:海深、沉积层特性、声速场以及声源接收特性。前3类因素可以统称为环境参量,它们是影响声传播特性的主要因素,但又不是需要估计的参量,是Nuisance参量。声源接收特性主要是指声源位置参量和接收阵阵元位置参量,前者是需要估计的参量,后者一般称为系统参量。为了描述方便,把前3类因素和第4类因素中的不确实性部分统一,由一个 $d$ 维参量向量 $\boldsymbol{\Psi}$ 描述。声源或目标几何位置均值由向量($\boldsymbol{\zeta}=(r,z)$)表示。不确实性参量(包括声速场)可以表示为 $\boldsymbol{\Psi}=\Psi_0+\delta\boldsymbol{\Psi}$,其中确定量 $\Psi_0$ 表示关于环境参量的平均知识,由测量或物理模型计算得到,如海深 $D_0$、水层声速梯度(sound speed profile,SSP)$c_0(z)$、沉积层SSP$c_{0_s}(z)$和声源深度 $z$,而扰动量 $\delta\boldsymbol{\Psi}$ 表征在平均知识上的变化和不确知,是一个随机量,其分布知识由掌握的先验知识给出。例如扰动量服从beta分布,且各参量相互独立,则 $\boldsymbol{\Psi}$ 中第 $i$ 个元素的扰动部分 $\delta\psi_i$ 可表示为

$$\delta\psi_i = \kappa\sigma_i\xi \tag{4}$$

式中:$\kappa$ 为常量,由beta分布的2个参量 $a$ 和 $\beta$ 确定,$\sigma_i$ 为标准离差,$\xi$ 是服从均值为0,方差为1的beta分布的随机变量。容易得到 $\psi_i$ 的PDF是均值 $\psi_{0i}$,方差 $\sigma_i$ 的beta分布。$\boldsymbol{\Psi}$ 的PDF为各个单参量或场的PDF的乘积。各个参量或场的不确实性如图1所示。图中实线所示为确定量,虚线所示为不确实性范围。

若声速场的扰动与距离有关,则需要由多个随机量线性加权组合得到

$$\delta c(r,z) = \sum_{i=1}^{l}\sqrt{\lambda_i}\boldsymbol{\varphi}_i(r,z)\xi_i \tag{5}$$

式中,$\{\lambda_i\}l\ i=1$ 和 $\{\varphi_i\}l\ i=1$ 分别为对先验已知的声速场协方差矩阵作Karhunen – Loeve(K – L)展开得到的特征值系数和相对应的特征向量。

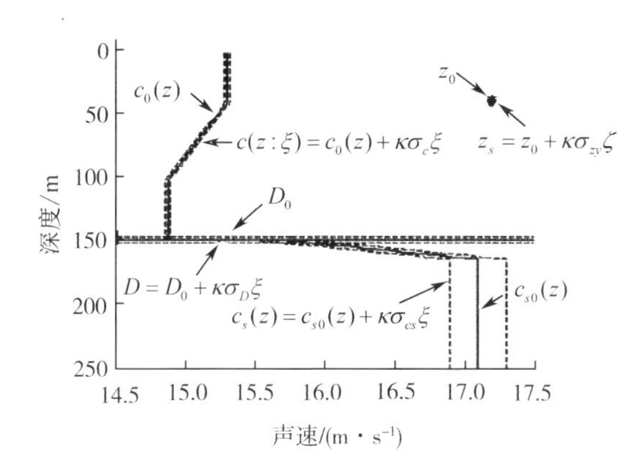


图 1 不确实海洋环境示意图

## 2.2 环境参量不确实性的嵌入

环境参量不确实性嵌入由概率框架下的多项式混沌展开与传播模型相结合而实现。由不确实环境参量驱动传播模型产生的不确实拷贝向量是一个随机拷贝场,它可作多项式混沌展开描述:

$$p(\boldsymbol{\zeta},\boldsymbol{\Psi}) = \sum_{q=0}^{\infty}\gamma_q(\boldsymbol{\zeta})\Lambda_q(\boldsymbol{\Psi}) \tag{6}$$

式中:$\gamma_q(\boldsymbol{\zeta})$为确定性展开系数;$\Lambda_q(\boldsymbol{\Psi})$为混沌基函数,是$\boldsymbol{\Psi}$的多变量多项式函数,其函数关系由$\boldsymbol{\Psi}$的 PDF 确定,并且任意 2 个不同混沌基函数满足正交关系。随机声场是位置向量$\boldsymbol{\zeta}$和不确实环境向量$\boldsymbol{\Psi}$的函数,某一个位置$\boldsymbol{\zeta}$上的一组可能的声场可看作为一个随机响应表面(stochastic response surface,SRS)。SRS 方法[3]利用一个广义多项式$\Lambda_q(\boldsymbol{\Psi})$拟合声传播数值模型产生的以不确实环境向量$\boldsymbol{\Psi}$为自变量的随机声场$p(\boldsymbol{\zeta},\boldsymbol{\Psi})$。拟合得到的随机响应表面可以用来代替或代理传播数值模型。典型的拟合方法为最小二乘方法。拟合过程需要对式(6)中无穷多阶作有限截取,如果截取的阶数为$Q$随机向量的维数为$D$,则式(6)的求和项数减为$T=(Q+D)!/Q!D!$。图 2 概括描述了利用多项式混沌展开嵌入环境不确实性产生随机拷贝场的过程。

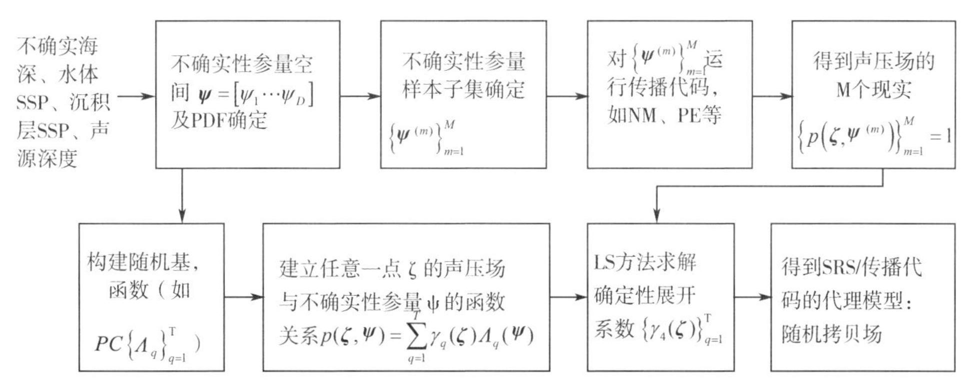


图 2 嵌入环境参量不确实性产生随机拷贝场框图

### 2.3 拷贝向量不确实性的先验 PDF

由不确实环境参量的先验分布 $f(\boldsymbol{\Psi})$ 和随机拷贝场得到传播信号协方差矩阵 $\boldsymbol{R}_s$：

$$\boldsymbol{R}_s = E\{\boldsymbol{p}(\boldsymbol{\zeta},\boldsymbol{\Psi})\boldsymbol{p}^{\mathrm{T}}(\boldsymbol{\zeta},\boldsymbol{\Psi})\} = \sum_{i=1}^{M} f(\boldsymbol{\Psi}_i)\boldsymbol{p}(\boldsymbol{\zeta},\boldsymbol{\Psi}_i)\boldsymbol{p}^{\mathrm{T}}(\boldsymbol{\zeta},\boldsymbol{\Psi}_i) \tag{7}$$

对协方差矩阵 $\boldsymbol{R}_s$ 作特征值－特征向量分解：

$$\boldsymbol{R}_s = \sum_{n=1}^{N} \lambda_n u_n \boldsymbol{u}_n^{\mathrm{T}} = \boldsymbol{U\Lambda U}^{\mathrm{T}} \tag{8}$$

式中：$\lambda_1 \geqslant \lambda_2 \geqslant \cdots \geqslant \lambda_n$ 为特征值，$U_n$ 为对应第 $n$ 个特征值的特征向量。由于协方差矩阵的正定对称特性，特征值系数 $\{\lambda_n\}_{n=1}^{N}$ 是统计独立的。又由于构成 $\boldsymbol{R}_s$ 的随机声场是由多种不确实性因素的综合贡献结果，根据大数定理，特征值系数服从高斯分布。特征向量 $\{U_n\}_{n=1}^{N}$ 是两两正交的。声信号在不确实海洋中传播，时延、频率和角度的扩展仍然占主导地位，而扩展的变化性是一个小量，因而有效的特征值数目一般小于阵元数，由 $N_{\mathrm{DOF}}$ 表示[4]：

$$N_{\mathrm{DOF}} = \left(\sum_{i=1}^{N} \lambda_i\right)^2 \Big/ \sum_{n=1}^{N} \lambda_i^2 \tag{9}$$

而不确实海洋环境中传播的声信号可以描述为

$$s = \sum_{i=1}^{N_{\mathrm{DOF}}} \sqrt{\lambda_i}\,\xi_i u_i = \boldsymbol{H}\theta \tag{10}$$

式中：$\boldsymbol{H} = [u_1 u_2 \cdots u_{\mathrm{NDF}}]$ 包括了信号在信道中传播的结构性知识，因而也包含了目标几何位置的信息，通过目标位置搜索由传播模型获得，为已知量；$\boldsymbol{\theta} = [\sqrt{\lambda_1}\xi_1 \cdots \sqrt{\lambda_{N_{\mathrm{DOF}}}}\xi_{N_{\mathrm{DOF}}}]^{\mathrm{T}}$，是随机量，服从高斯分布 $f(\boldsymbol{\theta})$：$N[0,\boldsymbol{\Lambda}]$。$N_{\mathrm{DOF}} \leqslant N$，$N_{\mathrm{DOF}}$ 是一个小值，意味着特征谱 $\Lambda$ 有“红”结构，不确实性可以被建设性地利用来恢复部分性能。$N_{\mathrm{DOF}} = 1$，等效于确知的海洋环境，声信号在海洋中以单个空间相干路径传播，上述模型兑化为经典的波导波束形成的模型。而如果扩展的变化性很大，则特征谱接近于“白”谱（$N_{\mathrm{DOF}} \approx N$），性能下降到只能作能量检测，而不能进行位置参量的估计。

## 3 嵌入信号不确实性的贝叶斯波束形成

贝叶斯检测和估计分别是使贝叶斯风险最小的检测和估计，贝叶斯风险是风险在 $\theta$ 的先验分布 $f(\boldsymbol{\theta})$ 上的平均。如果选取损失函数为参量估计误差的平方，则对应的贝叶斯风险 $B$ 为均方误差（MSE）：

$$B_{\mathrm{MSE}}(\hat{\theta}) = \iint \left(\left(\boldsymbol{\theta} - \hat{\theta}\right)^2 f(\boldsymbol{x} \mid \boldsymbol{\theta})\,\mathrm{d}\boldsymbol{x}\right) f(\boldsymbol{\theta})\,\mathrm{d}\boldsymbol{\theta} \tag{11}$$

式中：$f(\boldsymbol{x} \mid \boldsymbol{\theta})$ 是数据的似然分布。使贝叶斯风险最小的估计为最小均方误差（MMSE）估计，$\hat{\theta} = E(\boldsymbol{\theta} \mid \boldsymbol{x}) = \int (\boldsymbol{\theta} \mid \boldsymbol{x})\,\mathrm{d}\boldsymbol{\theta}$ 它是后验概率密度函数 $f(x \mid \theta)$ 的均值。

### 3.1 贝叶斯波束形成 GLRT 结构

#### 3.1.1 GLRT 结构

不确实海洋环境下，信号检测问题可以表示为二元假设检验问题：

$$\begin{aligned} H_0 &: x = n \\ H_1 &: x = s + n = \boldsymbol{H\theta} + n \end{aligned} \tag{12}$$

假设检验的充分检验统计量是似然比,有

$$\lambda(\boldsymbol{x}) = \frac{f(\boldsymbol{\theta x} \mid H_1)}{f(\boldsymbol{x} \mid H_0)} \tag{13}$$

在 $H_1$ 假设中,参量 $\boldsymbol{\theta}$ 是随机量,首先要对它估计,然后用估计值 $\hat{\theta}$ 代替似然比中的随机参量 $\boldsymbol{\theta}$ 本身,得到广义似然比,具有估计器($E$)— 相关器($C$) 结构[1,7]。

3.1.2　参量 $\boldsymbol{\theta}$ 的贝叶斯估计

在检测与估计中,估计是核心。信号概率建模提供了 $\boldsymbol{\theta}$ 的先验分布知识,要充分利用。先验分布 $f(\boldsymbol{\theta})$ 表示的是在无任何数据可用前参量 $\boldsymbol{\theta}$ 的知识,由模型提供,与数据无关。测量数据 $x$ 携带着关于参量 $\boldsymbol{\theta}$ 的信息,$f(\boldsymbol{x} \mid \boldsymbol{\theta})$ 提供了反映参量 $\boldsymbol{\theta}$ 值的数据似然分布。由贝叶斯定理,通过先验分布 $f(\boldsymbol{\theta})$ 和似然分布 $f(\boldsymbol{x} \mid \boldsymbol{\theta})$,可以获得后验分布 $f(\boldsymbol{\theta} \mid \boldsymbol{x})$:

$$f(\boldsymbol{\theta} \mid \boldsymbol{x}) = \frac{f(\boldsymbol{x} \mid \boldsymbol{\theta})f(\boldsymbol{\theta})}{\int f(\boldsymbol{x} \mid \boldsymbol{\theta})f(\boldsymbol{\theta})\,\mathrm{d}\boldsymbol{\theta}} \tag{14}$$

显然后验分布具有将模型(先验)嵌入,并将数据和模型结合起来的机制。经过观察数据的作用,参量 $\boldsymbol{\theta}$ 的当前知识发生变化,由无数据知识可用前的先验分布变化到先验分布和数据似然分布共同作用后的后验分布,协方差/方差随之下降。后验分布又为下一次的检测与估计提供先验知识。通过后验知识的积累,参量 $\boldsymbol{\theta}$ 的 PDF 越紧致地围绕在期望值附近,知识性越好[6]。若 $\boldsymbol{x}$、$\boldsymbol{\theta}$ 的联合分布是高斯分布,则 $\boldsymbol{\theta}$ 的最大后验估计 $\hat{\theta}_{\mathrm{MAP}}$ 等同于 *MMSE* 估计。将 $\hat{\theta}$ 的最大后验估计 $\hat{\theta}_{\mathrm{MAP}}$ 代入式(13),得到贝叶斯 GLRT。

## 3.2　宽容波束形成贝叶斯方法

波束形成作为空间滤波共有 2 个作用:波束形成空间功率谱估计;波束形成波形估计(Bell 文侧重波形估计)。本文仅讨论波束形成的空间功率谱估计。假设 $N$ 元垂直线阵接收的数据向量的噪声部分服从高斯分布 $n:N[0,\sigma_n^2]$,同时假设不确实信号有有限个样本 $\theta_m$,$m=1,2,\cdots,M$。则利用式(13)得到的不确实环境参量的后验概率为

$$f(\theta_i \mid \boldsymbol{x\zeta}) = cf(\theta_i)A_1^{-1}(\theta_i)\exp[A_2(\theta_i)(\boldsymbol{H}\theta_i)^{\mathrm{T}}\boldsymbol{R}_x(\boldsymbol{H}\theta_i)] \tag{15}$$

式中:$\boldsymbol{R}_x$ 为数据协方差矩阵,在 $H_0$ 假设下,$\boldsymbol{R}_x=\sigma_n^2$;$I$ 在 $H_1$ 假设下,$\boldsymbol{R}_x=\boldsymbol{H}^{\mathrm{T}}\boldsymbol{\Lambda H}+\sigma_n^2$,$IA_1(\theta_i)=SNR(\theta_i)+1$,$A_2(\theta_i)=SNR(\theta_i)/(\sigma_n^2A_1(\theta_i))$ 分别为与信噪比有关的 2 个标量,其中信噪比 $SNR(\theta_i)=||H\theta_i||/\sigma_n^2$,求解式(14),得到 $\theta$ 的最大后验估计 $\hat{\theta}_{\mathrm{MAP}}$,

$$\hat{\theta} = \boldsymbol{\Lambda H}^{\mathrm{T}}(\boldsymbol{H\Lambda H}^{\mathrm{T}}+\sigma_n^2I)^{-1}\boldsymbol{x} \tag{16}$$

将式(16)代入式(13)得到构成似然比基本运算的波束形成

$$BF(\boldsymbol{\zeta}) = \boldsymbol{x}^{\mathrm{T}}\hat{s} = \boldsymbol{x}^{\mathrm{T}}\boldsymbol{H}\hat{\theta} = \boldsymbol{x}^{\mathrm{T}}\boldsymbol{H\Lambda H}^{\mathrm{T}}(\boldsymbol{H\Lambda H}^{\mathrm{T}}+\sigma_n^2I)^{-1}\boldsymbol{x} \tag{17}$$

具有估计器 - 相关器。搜索空间位 置 $\boldsymbol{\zeta}$ 获得各位置对应的模矩阵 $\boldsymbol{H}$ 和对角矩阵 $\boldsymbol{\Lambda}$,与数据结合得到信号的估计 $\hat{s}$,然后与数据做相关 $\boldsymbol{X}^{\mathrm{T}}\hat{s}$,进而得到空间功率谱 $P_B(\boldsymbol{\zeta}) = |BF(\boldsymbol{\zeta})|^2$。最大空间功率谱对应的位置即为目标几何位置的估计。这一过程同时完成了检测和位置估计。推广到非白噪声 $n:N[0,R_n]$,$\boldsymbol{\theta}$ 的最大后验估计 $\hat{\theta}_{\mathrm{MAP}}$ 和波束形成输出分别为

$$\hat{\theta}_{\mathrm{MAP}} = \boldsymbol{\Lambda H}^{\mathrm{T}}(\boldsymbol{H\Lambda H}^{\mathrm{T}}+\boldsymbol{R}_n)^{-1}\boldsymbol{x} \tag{18}$$

$$BF(\boldsymbol{\zeta}) = \boldsymbol{x}^{\mathrm{T}}\boldsymbol{R}_n^{-1}\hat{s} = \boldsymbol{x}^{\mathrm{T}}\boldsymbol{R}_n^{-1}\boldsymbol{H}\hat{\theta} = \boldsymbol{x}^{\mathrm{T}}R_n^{-1}\boldsymbol{H\Lambda H}^{\mathrm{T}}(\boldsymbol{H\Lambda H}^{\mathrm{T}}+\boldsymbol{R}_n)^{-1}\boldsymbol{x} \tag{19}$$

式(18)(19)是白化估计器—相关器。推广到更一般情况,$\boldsymbol{\theta}$ 的先验 PDF 为 $N[\boldsymbol{\mu_\theta},\boldsymbol{\Lambda}]$,波束

形成为

$$BF(\boldsymbol{\zeta}) = 2\boldsymbol{x}^{\mathrm{T}}(\boldsymbol{H\Lambda H}^{\mathrm{T}} + \boldsymbol{R}_n{}^{-1})\boldsymbol{H}\mu_{\boldsymbol{\theta}} + \boldsymbol{x}^{\mathrm{T}}\boldsymbol{R}_n^{-1}\boldsymbol{H\Lambda H}^{\mathrm{T}}(\boldsymbol{H\Lambda H}^{\mathrm{T}} + \boldsymbol{R}_n)^{-1}\boldsymbol{x} \tag{20}$$

是白化匹配滤波器(式(20)第 1 项)和白化估计器 - 相关器(式(20)第 2 项)之和。

## 4 仿真和实验示例

本节给出上述两点相结合的仿真和实验数据分析,例证该方法可以在不确实性环境提高声呐估计性能和宽容性。

### 4.1 仿真实验

#### 4.1.1 仿真环境及不确实环境参量

仿真实验的不确实环境如图 1 所示。沉积层厚 300 m 不确实参量 $\boldsymbol{\Psi}$ 包括水中 SSP、海深、沉积层 SSP 和声源位置。4 种不确实性因素如下:

(1)冰中 SSP 不确实 $c(z;\boldsymbol{\xi}) = c_0(z) + \kappa\sigma_c\boldsymbol{\xi}$,均值:$c_0(z)$,典型负梯度,不确实(起伏)分量:$\kappa\sigma_c\boldsymbol{\xi}$ 其中 $\sigma_c = 2$ m/s,水中声速起伏分不随距离变化和随距离变化 2 种情况。

(2)海深不确实 $\boldsymbol{H} = H_0 + \kappa\sigma_H\boldsymbol{\xi}$,均值 $H_0 = 150$ m,不确实分量 $\kappa\sigma_H\boldsymbol{\xi}$,其中 $\sigma_{cs} = 20$ m/s,海底地形不随距离变化。

(3)沉积层 SSP 不确实 $c_s(z) = c_{s0}(z) + \kappa\sigma_{cs}\boldsymbol{\xi}$,均值为 $c_{s0}(z)$,不确实分量 $\kappa\sigma_{cs}\boldsymbol{\xi}$,其中 $\sigma_{cs} = 20$ m/s,沉积层声速起伏不随距离变化。

(4)声源深度不确实 $\delta z_s = \kappa\sigma_{zs}\boldsymbol{\xi}$,其中 $\sigma_{zs} = 20$ m/s(注:声源深度均值 $z_0$ 和距离 $r$ 一起构成位置向量 $\boldsymbol{\zeta}$)。

随机向量 $\boldsymbol{\Psi} = [\psi_1\psi_2\cdots\psi_D]$ 服从 beta 分布,其中的参量 $\alpha = 8, \beta = 8$。并设 $\psi_1$、$\psi_2$……$\psi_D$ 之间是相互独立的。

#### 4.1.2 不确实性空间维数和多项式混沌阶数

仿真中多项式混沌采用 Gaussian - Hermite 多项式[8]。对应上述 4 种不确实性因素,①当声速起伏与距离无关时,不确实性空间维数 $d = 4$,多项式混沌阶数 $Q = 14$,导致的多项式混沌项数为 $T = 3\ 060$,运行传播模型的仿真次数为 3 200;②当声速起伏随距离变化,不确实性维数 $d = 25$ 多项式混沌阶数 $Q = 3$ 导致的多项式混沌项数为 $T = 3\ 276$,运行传播模型的仿真次数为 3 400。

#### 4.1.3 不确实环境中传播信号自由度数目

在上述仿真环境中,在参考距离位置布放 15 元垂直阵,阵元间距为 10 m。发射信号频率 100 Hz 声源位于距离 5 km,平均深度 40 m。通过嵌入环境不确实性得到不确实信号协方差矩阵,并作特征值—特征向量分解后可计算得到自由度数目。图 3 给出了声速起伏与距离无关和声速起伏与距离有关 2 种情况下不确实环境中声传播信号的特征值扩展情况。对于 2 种仿真环境,计算得到的自由度数目分别为 1.863 和 2.107(阵元数为 15)。可见,尽管存在多种环境参量不确实性,得到的拷贝声场知识性是占主导地位的,反映的是信道的多途结构引起的扩展,而扩展变化性是一个相对小量。这说明特征谱 $\boldsymbol{\Lambda}$ 有“红”结构,不确实性能够被利用来恢复部分性能。

#### 4.1.4 贝叶斯匹配场波束形成声源定位

对距离无关和距离有关 2 种环境应用式(17)(信号参量四舍五入为二维)得到的贝叶斯匹配场处理模糊度表面如图 4 所示。其中阵元的平均输入信噪比为 $SNR = 10$ dB,在 2 种环境下，贝叶斯匹配场波束形成的估计位置都为 $\hat{r}_s=5\ \text{km},\hat{z}_s=40\ \text{m}$。可见，考虑了环境和信号参量不确实性嵌入的贝叶斯匹配场波束形成都能对声源正确定位。

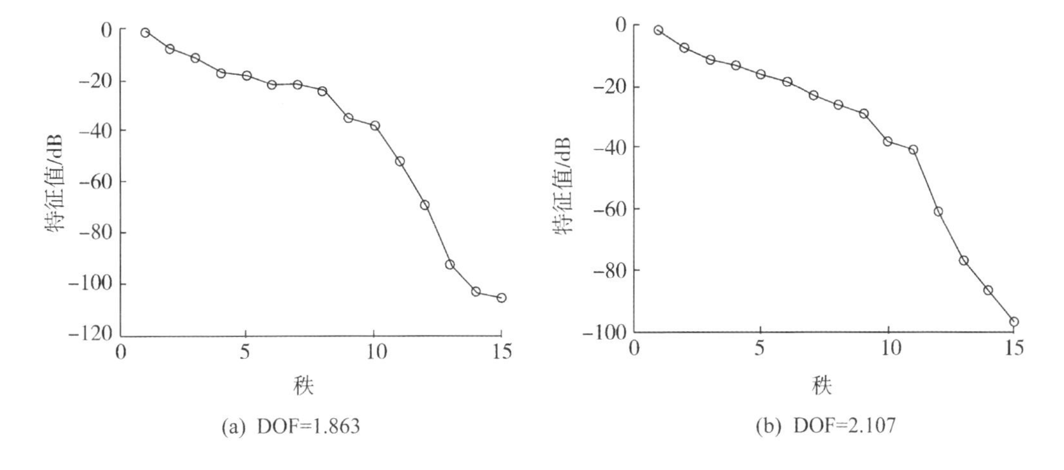


(a) DOF=1.863　　(b) DOF=2.107

**图 3　4 维和 25 维不确实空间传播信号特征值扩展**

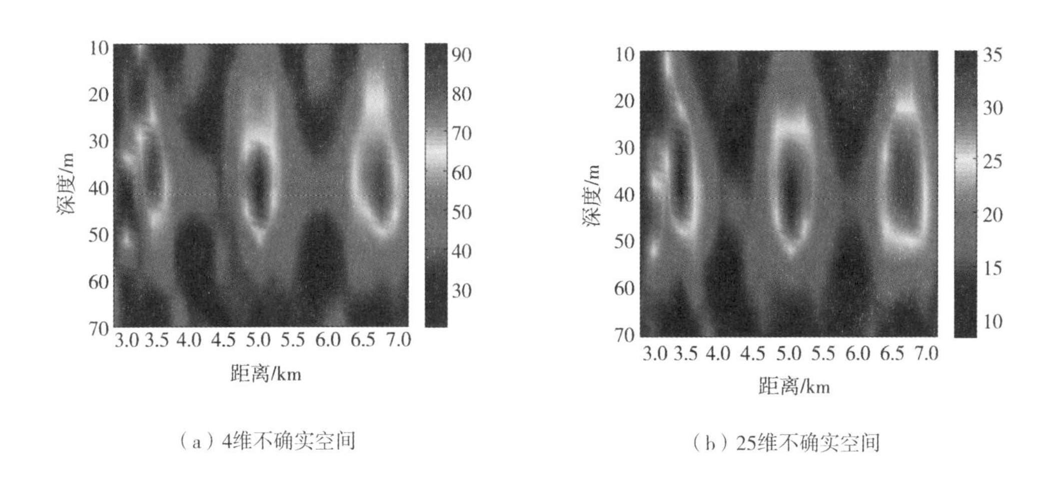


(a) 4维不确实空间　　(b) 25维不确实空间

**图 4　4 维和 25 维不确实空间匹配场波束形成模糊度表面**

## 4.2　海上实验

### 4.2.1　实验环境

垂直阵匹配场实验于 1993 年 7 月在北海进行。在实验进行的 5 h 分别在上午和下午采集了 2 组声速梯度，2 组梯度之间有较大的变化，声速梯度存在不确实性。以声速梯度的 2 组测量值的平均作为均值，以 2 组测量值形成的协方差矩阵的特征值作为方差，由 K—L 随机基展开得到的不确实声速梯度现实如图 5(a)所示，沉积层特性建模如图 5(b)所示。实验区域海深 62 ~66 m。在数据分析中取海深 62 m，存在不确实性，标准离差为 0.5 m 声速梯度和海深的不确实性为 beta 分布。

### 4.2.2　贝叶斯匹配场波束形成声源定位

声场数据由 32 元 46 m 垂直阵采集。实验期间由于海流作用，垂直阵发生倾斜，实验人员对倾斜角也做了同步记录。声源距垂直阵 5 km,深度为水下 10 m。声源发射 500 Hz 单频信号,信噪比高(超过 20 dB)。由于声速梯度和海深存在不确实性,直接采用两组声速梯度和 62 m 海深作为环境参量产生的拷贝向量与数据作拷贝相关,无法正确定位目标。根据声速梯度和海深的不确实性,通过概率信号建模,产生随机拷贝声场,计算得到的自由度 DOF =2. 8(近似为 3)。图 6(a)为其中一组数据的贝叶斯匹配场波束形成定位结果,阵倾斜 1. 8°。贝叶斯匹配场定位结果为:距离 5. 1 km,深度 12 m,与标称值:距离 5 km,深度 10 m 相近。图 6(b)为另一组数据的贝叶斯匹配场定位结果,当时阵倾斜 5. 1°。贝叶斯匹配场波束形成定位结果为:距离 4. 5 km,深度 29 m 与标称值:距离 5 km,深度 30 m 相近。

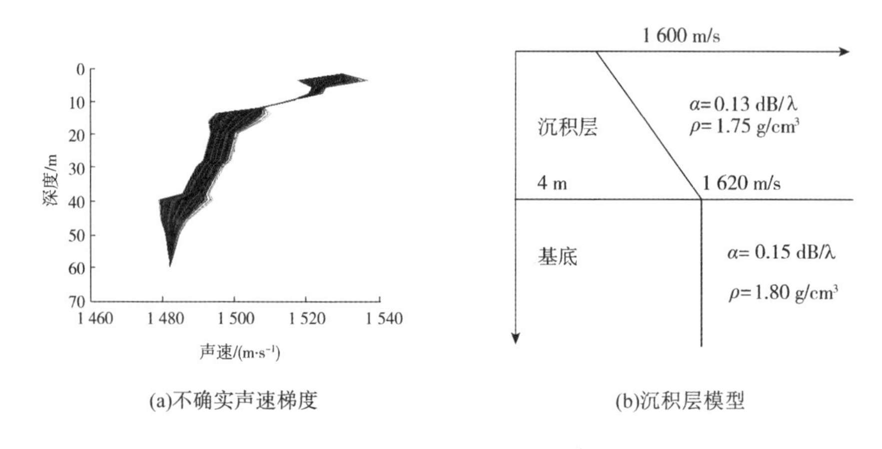


(a)不确实声速梯度 (b)沉积层模型

**图 5 垂直阵匹配场实验环境**

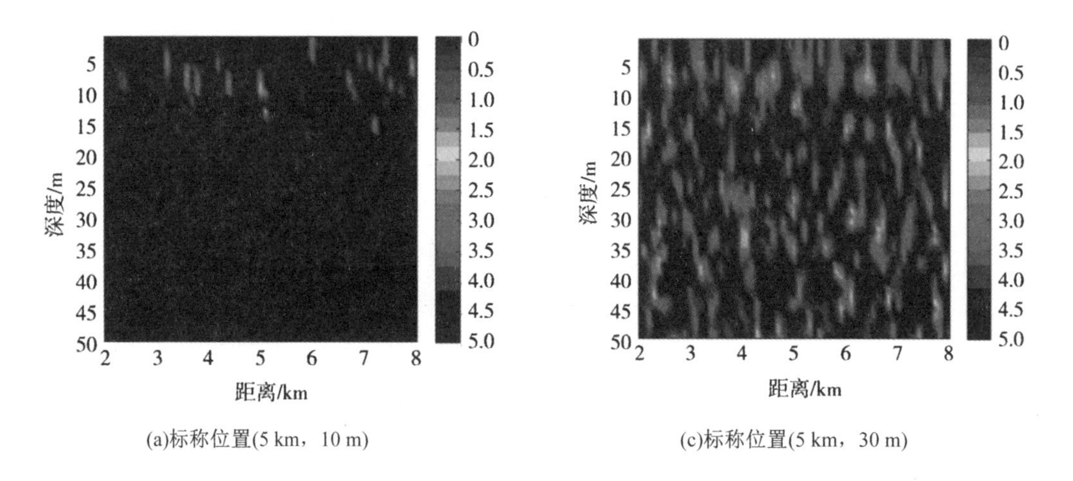


(a)标称位置(5 km, 10 m) (c)标称位置(5 km, 30 m)

**图 6 不确实声速梯度和海深 2 维不确实空间贝叶斯匹配场波束形成模糊度表面**

## 5 结束语

本文提出了 2 个重要的发展观点:

(1)对影响声传播的海洋环境总是处在知而不确实性的状态,为了获得信号完备性和保真性的先验描述,必须将导致拷贝向量不确实的源头——环境参量不确实性的先验入接收信号概率建模中,导出随机拷贝信号参量的先验 PDF。

(2)与这样一种概率建模相匹配地,发展作为信号处理中心环节——波束形成的嵌入随机拷贝信号参量先验 PDF 并通过数据转化为后验 PDF 的贝叶斯 GLRT 结构,以获得宽容且灵敏的声呐探测性能。

贝叶斯检测与估计是假定的环境参量先验 PDF 情况下的最佳检测与估计。然而,在实际情况中,只拥有环境参量的部分或不完备的信息。如何从上述部分和不完备信息推断参量分布是一个典型的数理统计问题。熵是不确实性的一种有效度量手段,商优化原理[9]告诉人们如何基于“充分利用已知的信息,而对未知的信息不做任何假设”原则推断环境参量的先验 PDF 这是下一步的研究重点。可见,为实现上述 2 个发展,还需加强信号处理工程、传播物理和数理统计科学的结合。

## 参考文献


[1] KAY SM. Fundamentals of statistical signal processing :estimation theory [M]. New York : prentice Hall, 1993:309 -332,379 -391.

[2] SCHARF L L. Statistical signal proces sin g detection estimation and time series analysis [M]. Englewood Cliffs:Addison - Wesley,1991:179 -205,277 -307.

[3] FINETTE S. A stochastic response surface formulation of acoustic propagation through an uncertain ocean waveguide environmental [J]. JASA, 2009, 126(5):2567 -2579.

[4] BAGGEROER A B, DALY PM. Stochastic matched field array processing for detection and nulling in uncertain ocean environments [C] // Signals, Systems and Computer, 2000, Conference record of the thirty - fourth Asilormar Conference. [S. 1]. 2000:662 -667.

[5] BELL K L, EPHRAM Y, Van TREE H L, A Bayesian approach to robust adaptive bean forming[J]. IEEE Trans on Signal processing, 2000,48(2):386 -398.

[6] CUEVER R L, CAMIN H J Sonar signal processingusing probabilistic signal and ocean environmental models[J]. JASA,2008,124(6):3619 -3631.

[7] KAILATH T, POOR H V, Detection of stochastic processes[J]. IEEE Trans on Intimation Theory, 1998,44(6):2230 -2259.

[8] XIUD KARNIADAKLSG E. The Wiener - Askey Polynomial chaos for stochastic differential equations[J]. SIAM J SciComput,2002,24:619 -644.

[9] KAPUR J N, KESAVAN H K. Entropy optimization principles with applications [M], Boston:Academic Press, Inc,1992:23 -70.

# 不确实海洋中最小方差匹配场波束形成对环境参量失配的灵敏性分析

赵航芳　李建龙　宫先仪

**摘要**　浅海环境背景下由于空－时采样不充分、介质的空时变化性，海洋环境参量通常是不确知的，由此驱动数值传播模型得到的拷贝声场也是不确实的，从而导致基于拷贝声场和测量声场做拷贝相关处理的最小方差匹配场波束形成性能下降。针对上述问题，利用 NRL Workshop'93 提供的典型浅海不确实海洋环境，以不确实情况下定位偏置、不确实时与确知时模糊度表面主瓣峰值比、主瓣背景比 3 个量为性能度量，量化分析了宽带最小方差匹配场波束形成的性能对水体声速、海深等 8 个环境参量不确实性的灵敏性。经对环境参量失配的全面量化分析，结果表明：海深、水体声速是最敏感参量，沉积层声速次之，其他参量的灵敏性最弱。

**关键词**　最小方差；匹配场处理；不确实海洋；灵敏性

充分利用海洋环境信息的波导声呐是目前声呐发展的一个方向。波导声呐的典型处理方法是匹配场波束形成（matched－field beam forming，MFBF），它首先利用全场声传播预测模型在海洋环境参量驱动下计算不同距离、深度和到达角的拷贝声场，然后将拷贝声场和阵接收声场做相关，得到 Bartlett 匹配场波束形成器（B－MFBF）。对应 Bartlett 波束形成器模糊度表面最大值位置即为目标的位置估计值。若接收信号中存在着除噪声以外的干扰，并且噪声与干扰的统计特性已知，那么最佳处理器是最小方差不失真响应匹配场波束形成器（MV－MFBF）。在海洋波导环境中，声源检测与定位利用跨阵的确定性或随机性的幅度和相位信息。MFBF 除了与声速、声源位置及阵元位置有关外，还与海水声速梯度、海深、海底及沉积层的地声特性等海洋环境参量有关。当上述参量存在不确实性时，拷贝声场也将存在着不确实性，Bartlett 或 MV 匹配场波束形成器的性能受到影响[1-7]。对于浅海波导，由于海洋环境信息的空－时采集不充分、环境表征的不完备性、海洋环境空－时变化等引起的随机扰动都会引起海洋环境参量不能精确测量，或随机变化，存在不确实性。一般环境参量的不确实部分相对于环境参量的真值是一个小量。然而由于声传播的非线性特性，即使利用精确的声场预测模型，对于有些环境参量，小的扰动仍然会引起拷贝声场与实际的声场相比有较大的变化，从而导致以拷贝声场与接收声场做拷贝相关的一类处理器性能下降。本文以 MV－MFBF 为例，研究典型浅海环境[8]下 MV－MFBF 性能对各种环境参量失配的灵敏性，用典型不确实浅海环境的仿真分析来验证理论分析结果，给出 MV－MFBF 对多种海洋环境参量失配的敏感程度。为进一步减弱、消除不确实性对处理的影响[9-10]和利用不确实性提高处理性能奠定基础。

## 1　MV－MFBF 处理器及对环境参量失配灵敏性分析

### 1.1　MV－MFBF 处理器基本理论

匹配场波束形成器（MFBF）是平面波波束形成器的推广，提供关于距离、深度和方位函数的空间功率谱和信号本身的估计,其中的复拷贝向量是由环境参量驱动下波动方程的解。对于分层海洋介质,利用 N 元垂直线阵接收声场数据,声场数据与方位无关,只是距离和深度的函数。利用简正波模型,复拷贝向量 $a$ 的各元素可以近似为[11]

$$a(r_s,z_s;z_n) \approx \frac{\mathrm{i}}{\rho(z_s)\sqrt{8\pi r_s}}\mathrm{e}^{-\mathrm{i}\pi/4} \sum_{m=1}^{M}\frac{\varphi_m(z_s)\varphi_m(z_n)}{\sqrt{k_{rm}}}\mathrm{e}^{\mathrm{i}(k_{rm}r_s-\mathrm{i}\alpha_s r_s)};n=1,2,\cdots,N \tag{1}$$

式中:$a(r_s,z_s,z_n)$为声源位于距离$r_s$、深度$z_s$处的发射的声波由位于深度为$z_n$处的水听器接收的拷贝声压场,$\rho$ 为密度,$k_{rm}$和$\varphi_m(z)$分别为第 $m$ 阶简正模的水平波数和模深度函数,$M$ 为激发的总简正模数目,$\alpha_m$为第 $m$ 阶模的衰减系数。MFBF 的输出为

$$y=\boldsymbol{w}^{\mathrm{H}}\boldsymbol{x} \tag{2}$$

式中:y 为 *MFBF* 输出,上标 H 表示复共轭转置,$\boldsymbol{w}$ 为权向量,$\boldsymbol{w}=\boldsymbol{a}$,$\boldsymbol{x}$ 为垂直阵接收的声场数据向量。与时间匹配滤波得到的功率谱估计一样,MFBF 得到的空间功率谱估计也存在方差大的问题,而与数据有关的 MVDR 处理则有效地降低了谱估计的方差,提供了最小方差(MV)的谱估计。MV - MFBF 是使信号全通,干扰加噪声输出功率最小的约束优化问题:

$$\min_{\boldsymbol{w}} \boldsymbol{w}^{\mathrm{H}}\boldsymbol{R}\boldsymbol{w} \text{ subject to } \boldsymbol{w}^{\mathrm{H}}\boldsymbol{a}=1 \tag{3}$$

式中 $\boldsymbol{R}$ 为噪声和干扰协方差矩阵。解式(3),得到的权向量为

$$\boldsymbol{w}=\frac{\boldsymbol{R}^{-1}\boldsymbol{a}}{\boldsymbol{a}^{\mathrm{H}}\boldsymbol{R}^{-1}\boldsymbol{a}} \tag{4}$$

MV - MFBF 的输出同式(2),其空间功率谱为

$$P_{MV}=|y|^2=|\boldsymbol{w}^{\mathrm{H}}\boldsymbol{x}|^2=\boldsymbol{w}^{\mathrm{H}}\boldsymbol{x}\boldsymbol{x}^{\mathrm{H}}\boldsymbol{w}=\boldsymbol{w}^{\mathrm{H}}\boldsymbol{R}\boldsymbol{w}=\frac{1}{\boldsymbol{a}^{\mathrm{H}}\boldsymbol{R}^{-1}\boldsymbol{a}} \tag{5}$$

式(5)为窄带 MV - MFBF 处理器输出的空间功率谱。在实际处理中,信号通常具有一定的带宽,宽带 MV - MFBF 为频带内各窄带处理结果的非相干叠加。声源的距离和深度的估计$(\hat{r}_s,\hat{z}_s)$通过估计 MV - MFBF 模糊度表面的最大值对应的位置得到

$$(\hat{r}_s,\hat{z}_s)=\arg\max_{(r_s,z_s)} P_{MV} \tag{6}$$

在 $\boldsymbol{a}$ 和 $\boldsymbol{R}$ 确知时,MVDR 结构的处理器被证明是最佳处理器,也是许多其他先进处理器的基本模块。这也是选 MV - MFBF 作为环境参量失配灵敏度评估的处理器的原因。然而在实际情况中,$\boldsymbol{a}$ 和 $\boldsymbol{R}$ 往往存在不确实性,MV - MFBF 的处理器性能将受到严重的影响,如模糊度表面峰值下降(等效于聚焦能量减小,阵增益下降),估计位置发生偏差,旁瓣增大等,严重时甚至出现定位错误。一方面,噪声和干扰协方差矩阵 $\boldsymbol{R}$ 通常是未知的,需要从数据 $x$ 中估计得到。受采样数和数据中存在信号的影响,噪声和干扰协方差矩阵 $\boldsymbol{R}$ 的估计往往存在不确实性,影响 MV - MFBF 的性能。此外,由于环境参量不确实性也会导致信号协方差矩阵 $\boldsymbol{R}$ 发生秩扩展,然而,相对于矩阵维数,秩扩展是一个小量,因而论文没有将 $\boldsymbol{R}$ 的不确实性作为研究的重点,本文假设由数据估计得到 $\boldsymbol{R}$ 是实际协方差矩阵的最大似然估计。另一方面,水体、内波、潮、锋、涡、流及其动力特性引起的海水声速梯度变化,以及表面波,海底粗糙度、地形变化、海底构成等不确实性引起的边界条件不确实性都将导致拷贝声场 $\boldsymbol{a}$ 的不确实性,同样也导致 MV - MFBF 的性能下降。

## 1.2　环境参量失配灵敏性分析

### 1.2.1　灵敏性度量

针对环境参量失配引起模糊度表面峰值下降、估计位置发生偏差、旁瓣增大,定义 3 个参量来衡量 MV－MFBF 性能下降问题:声源位置估计偏差、不确实环境参量得到的模糊度表面的峰值与环境参量确知时峰值的比、峰值与背景比(PBR)。其中声源位置估计偏差定义为

$$\Delta r = \hat{r}_s - r_s, \Delta z = \hat{z}_s - z_s \tag{7}$$

若声源位置估计正确,则估计偏差应为 0。模糊度表面的峰值记为 $P$,环境参量确知时模糊度表面的峰值为$P_0$。则存在不确实性与确知时的峰值比为

$$\gamma = \frac{P}{P_0} \tag{8}$$

$\gamma = 1$ 为最理想状态,不存在增益损失。记模糊度表面的背景为 $\mu$,则 PBR 表示为

$$PBR = 10\lg\left(\frac{P - \mu}{\mu}\right) \tag{9}$$

PBR 越大,表明空间功率谱估计的泄漏越小、分辨力越高,估计器的性能越好。

### 1.2.2　灵敏性解析分析

由式(1)可知,海洋环境参量与声场是通过模深度函数与水平波数相联系的。模深度函数与水平波数是海洋环境参量的非线性函数,往往不存在解析解。因而,本文只给出位置估计偏差对环境参量失配灵敏性的解析分析。为寻求位置估计偏差对环境参量失配的灵敏性的解析分析,对浅海环境做简化,假设为等声速分布的 Pekeris 波导环境。设水中声速为$c_w$,沉积层声速为$c_s$,海深为 $D$,则式(1)可改写为

$$\begin{aligned} a(r_s, z_s; z_n) \approx & \frac{\mathrm{i}}{\rho(z_s)\sqrt{8\pi r_s}} \mathrm{e}^{-\mathrm{i}\pi/4} \\ & \sum_{m=1}^{M} \frac{\sin(k_{zm} z_s)\sin(k_{zm} z_n)}{\sqrt{k_{rm}}} \mathrm{e}^{\mathrm{i}(k_{rm} r_s - \mathrm{i}\alpha_m r_s)} \end{aligned} \tag{10}$$

式中:$k_{zm}$为模垂直波数。在 Pekeris 波导环境中传播的声场可由利用等效海深近似的上、下都为压力释放界面的简正模解近似[2,12]。在这种近似表示下,模垂直波数和模水平波数分别为

$$k_{zm} = \frac{m\pi}{\tilde{D}}, k_{rm} = \sqrt{\frac{\omega^2}{c_w^2} - k_{zm}^2} \tag{11}$$

式中,$\tilde{D}$为等效海深:

$$\tilde{D} = D + \Delta D = D + \frac{c_w \rho_s}{\omega \rho_w \sqrt{1 - (c_w / c_s)^2}} \tag{12}$$

其中,$\rho_w$、$\rho_s$分别为水体与沉积层密度。利用深度估计主要取决于模深度函数,距离估计主要取决于模色散[2]这一关系,可以推导出深度估计与距离估计和环境参量失配的关系:

$$\frac{\Delta z_s}{z_s} \sim \frac{\Delta \tilde{D}}{\tilde{D}}, \frac{\Delta r_s}{r_s} \sim 2\frac{\Delta \tilde{D}}{\tilde{D}} \tag{13}$$

由式(13)可知,深度估计的相对偏差近似等于等效海深的相对偏差,而距离估计的相对偏差是等效海深相对偏差的 2 倍左右。式(12)与(13)给出了 MV－MFBF 位置估计与海深

$D$、水中声速$c_w$、水层密度$\rho_w$、沉积层声速$c_s$、沉积层密度$\rho_s$等环境参量失配的关系。对于典型的海洋环境,对于100~1 000 Hz的频率,式(12)中$\Delta D$的量级在1~10 m之间。因此,可以预测波导深度失配引起的位置估计偏差基本满足式(13),水体声速、沉积层声速的影响次之,沉积层密度与水体密度由于本身的取值范围小而影响也最小。

## 2　MV-MFBF对环境参量失配的灵敏性仿真分析

针对下面给出的不确实海洋环境,利用1.2.1节定义的3个性能度量参量,8种环境参量失配对MV-MFBF性能的影响进行仿真分析,并将仿真分析结果与1.2.2节的解析分析结果进行比对。

### 2.1　不确实海洋环境

利用NRL Workshop'93[8]提供的Benchmark不确实海洋环境作为MV-MFBF性能对环境参量失配灵敏性分析的海洋环境,如图1所示。

海深102.5 m,水中声速为线性负梯度声速,沉积层中200 m以内为正梯度线性声速,200 m以外为恒定声速,即基底声速。各海洋环境参量的不确实性情况如下:海面声速和海底声速均在各自均值附近的+2.5 m/s范围内扰动(相应水体声速线性变化,图中虚线所示),波导深度在均值附近的±2.5 m范围内扰动,上述2个参量的扰动值相对真值来说是小量;沉积层声速在均值附近的±50 m/s范围内扰动,基底声速在均值附近的±100 m/s范围内扰动,沉积层密度在均值附近的±0.25范围内扰动,衰减的扰动范围为±0.25 dB/λ,沉积层厚度在均值200 m附近的±50 m范围内扰动,这5个地声参量的扰动值相对较大。

尽管Benchmark环境不是Pekeris波导环境,得到的位置偏差与环境参量失配的关系仍然是满足的,Spain等人[13]在浅海实验中已证实了上述理论预测值。

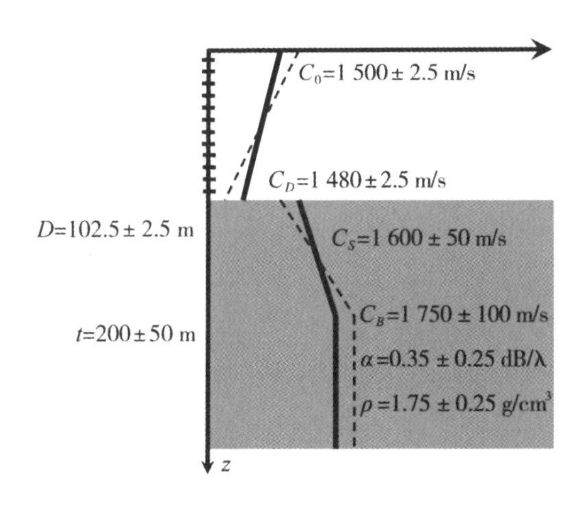


**图1　NRL Workshop'93提供的Benchmark不确实浅海环境**

### 2.2　匹配情况MV-MFBF性能

在上述NRL Workshop'93提供的浅海环境布设全场垂直阵(阵元间隔1 m,100元,位于水下1~100 m),利用垂直阵接收的声场与传播模型产生的拷贝声场做相关处理,处理器为

MV－MFBF。声源位置标称值为(8.1 km, 50 m)，频率范围选取200～400 Hz(取41个频率点)，信噪比为10 dB，并假设噪声为空间白噪声，处理器在距离[6 678,9 522]m，深度[1,100]m形成的范围内划分了(201×100)个网格，距离和深度的搜索步长分别为14.22 m和1 m。下面分别分析海面声速、海底界面处声速、海深、沉积层声速、基底声速、沉积层密度、沉积层衰减、沉积层厚度等8种环境参量扰动(或称失配)对MV－MFBF的处理性能的影响。作为比较，首先给出环境参量确实情况下宽带非相干MV－MFBF的模糊度表面，如图2所示。在环境参量确知情况下，宽带处理得到非常好的性能：正确定位，模糊度表面的峰值高达46.13 dB(没有对频带作归一化)，PBR值高达42.88 dB。

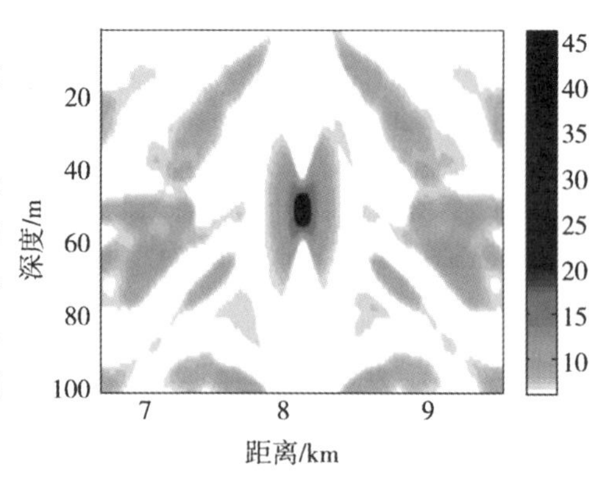


**图2　环境参量确实情况下宽带MV－MFBF模糊度表面**

## 2.3　失配情况MV－MFBF灵敏性分析

### 2.3.1　声速梯度失配灵敏性

(1)海面声速失配灵敏性

图3为仅海面声速不确实时(其他环境参量确知)宽带MV－MFBF的模糊度表面。其中(a)～(f)为海面声速扰动分别为－2.5 m/s、－1.5 m/s、－0.5 m/s、0.5 m/s、1.5 m/s、2.5 m/s时的MV－MFBF处理的模糊度表面。

当海面声速出现小的扰动如±2.0 m/s时，MV－MFBF仍能较准确估计声源位置，但主瓣下降，旁瓣明显增大。根据Shang等[2]的理论分析，水中声速梯度的扰动会导致距离估计发生偏移，并且偏移量是与声波激发的各号简正模有关的。当声速扰动小时，MV－MFBF模糊度表面的峰值会下降，峰值的宽度会稍微增大，但不会引起旁瓣的模糊，如图3中(b)～(e)。但当声速扰动大时，例如在宽带情况超出±2.0 m/s时，由于旁瓣显著增大，真实目标位置对应的峰值会淹没在旁瓣中，甚至可能定位到旁瓣上，距离和深度的估计都会出现大的偏差，如图3中(a)(f)。

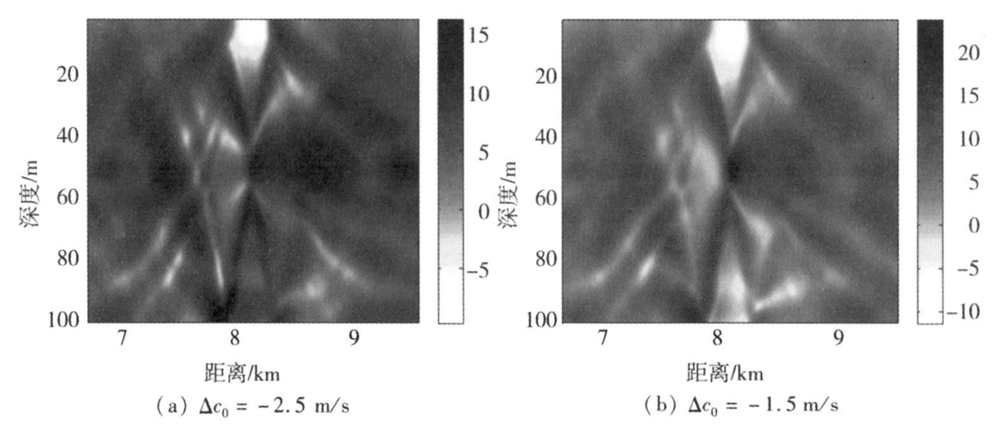


(a) $\Delta c_0 = -2.5$ m/s　　(b) $\Delta c_0 = -1.5$ m/s

**图3　海面声速不确实时的宽带MV－MFBF模糊度表面**

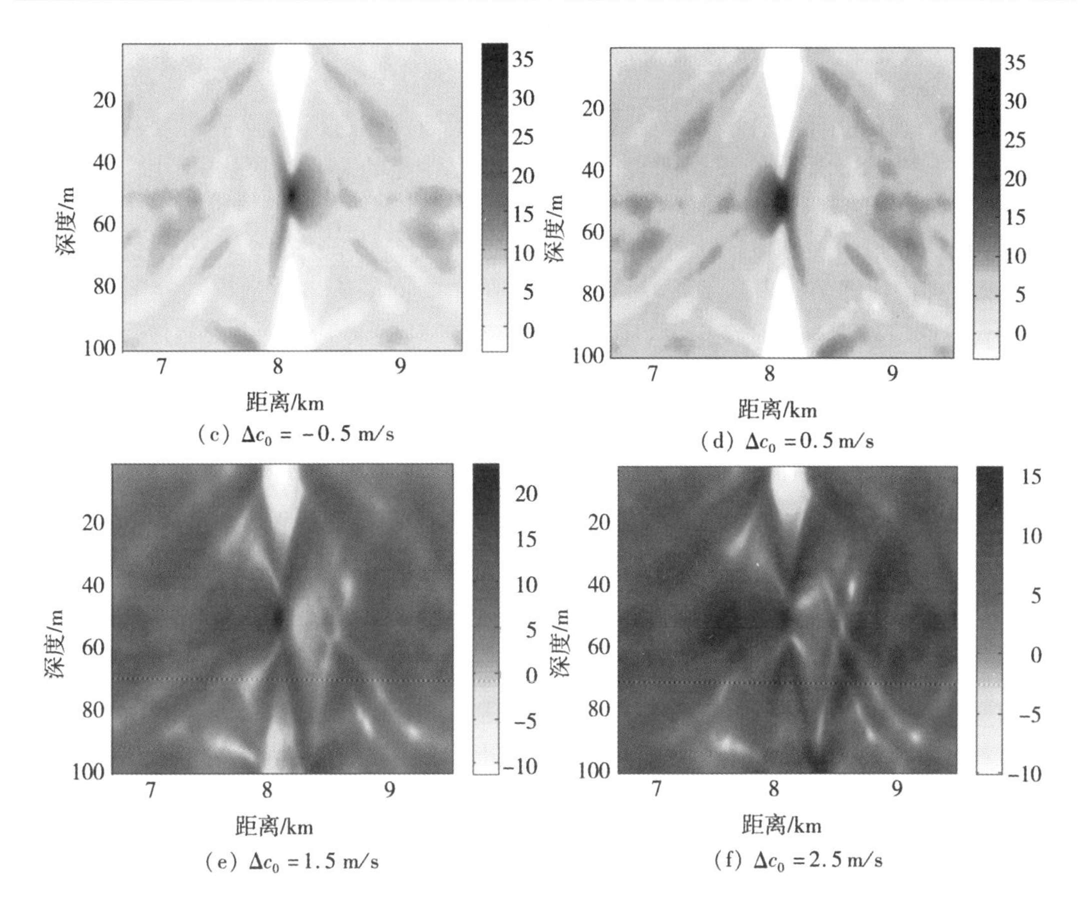


（c）$\Delta c_0 = -0.5$ m/s （d）$\Delta c_0 = 0.5$ m/s

（e）$\Delta c_0 = 1.5$ m/s （f）$\Delta c_0 = 2.5$ m/s

图 3(续)

**表 1 海面声速不确实时的 MV - MFBF 处理的性能损失**

| $C_0$失配值/（m·s$^{-1}$） | $\Delta r$/km | | $\Delta z$/m | | $\gamma$ | $PBR$/dB |
|---|---|---|---|---|---|---|
| | 理论 | 实验 | 理论 | 实验 | | |
| -2.50 | 0.006 | -0.27 | 0.02 | 48 | 0.001 | 8.97 |
| -2.00 | 0.005 | 0.03 | 0.02 | -1 | 0.002 | 13.06 |
| -1.50 | 0.004 | 0.03 | 0.01 | -1 | 0.005 | 17.99 |
| -1.00 | 0.003 | 0.01 | 0.01 | 0 | 0.021 | 24.94 |
| -0.50 | 0.001 | 0.01 | 0.00 | 0 | 0.116 | 33.14 |
| 0 | 0 | 0 | 0 | 0 | 1.0 | 42.88 |
| 0.50 | -0.001 | -0.01 | 0.00 | 0 | 0.117 | 33.25 |
| 1.00 | -0.003 | -0.01 | 0.01 | 0 | 0.021 | 24.94 |
| 1.50 | -0.004 | -0.03 | 0.01 | 0 | 0.005 | 17.86 |
| 2.00 | -0.005 | -0.03 | 0.02 | 0 | 0.002 | 12.55 |
| 2.50 | -0.007 | 0.24 | 0.02 | 49 | 0.001 | 9.22 |

对应不同海面声速扰动时的估计位置偏差、峰值比和峰值旁瓣比如表 1 所示。MV－MFBF 容易受海面声速扰动的影响。海面声速扰动导致 MV－MFBF 定位性能变差的根本原因是海面声速的扰动导致水中声速梯度的变化，进而声穿透沉积层程度也发生显著变化，导致 MV－MFBF 处理的模糊度表面和声源定位性能的恶化。根据式(12)，在频率 200～400 Hz 范围标称环境参量引入的等效海深大约为 2.71～5.42 m(水中声速取 1 480 m/s)。对应海面声速扰动引起的等效海深变化大约为－0.035～0.037 m 范围，根据式(13)，理论计算的 $\Delta r$ 和 $\Delta z$ 见表 1 所示。理论计算的 $\Delta z$ 与仿真结果一致，而 $\Delta r$ 的值较仿真实验的值要小一个量级。主要原因是声速失配导致水平波数失配，对距离定位的影响更大，而声速失配对各号简正模的影响是不一致的，然而利用等效海深来分析，它的影响对各号简正模是一致的，另外在宽带情况声速失配对匹配场波束形成的影响是很复杂的[2]。以 Pekeris 波导为基础推导的式(12)不能精确反映出复杂的浅海环境中声速梯度失配对宽带匹配场波束形成的影响。虽然数值上有差别，但是式(12)仍然反映了不同环境参量失配的灵敏性的趋势。

(2)海底界面处水中声速失配灵敏性

图 4 为水中海底界面处声速不确实时(其他环境参量确知)宽带 MV－MFBF 处理模糊度表面。各子图的含义同图 3。表 2 为取不同海底界面处声速不确实时的 MV－MFBF 处理的性能损失情况。比较海底声速不确实和海面声速不确实时的 MV－MFBF 处理结果，可以发现两者对 MV－MFBF 处理的影响是相似的，但距离估计的偏移趋势正好相反：当海面声速发生负扰动时，距离估计值偏大；当海面声速发生正扰动时，距离估计值偏小；然而当海底声速发生负扰动时，距离估计值却偏小，当海底界面处声速发生正扰动时，距离估计值偏大。由于我们仿真的环境为线性负梯度声速环境，当海面声速发生负扰动或海底界面处声速发生正扰动时对应着声速负梯度变小的情况，向 0 梯度(即恒定声速)靠近，因而导致估计距离较标称值偏大。反之则对应着声速负梯度变大的情况，因而估计的距离偏小。不同于海面声速的扰动，事实上海底界面处水中声速的不确实主要改变临界角的值，使穿透沉积层的声总量发生变化，同样导致聚焦损失，即模糊度表面的峰值下降。然而，MV 匹配场波束形成的定位精度受影响较小，这主要反映在峰值旁瓣比。

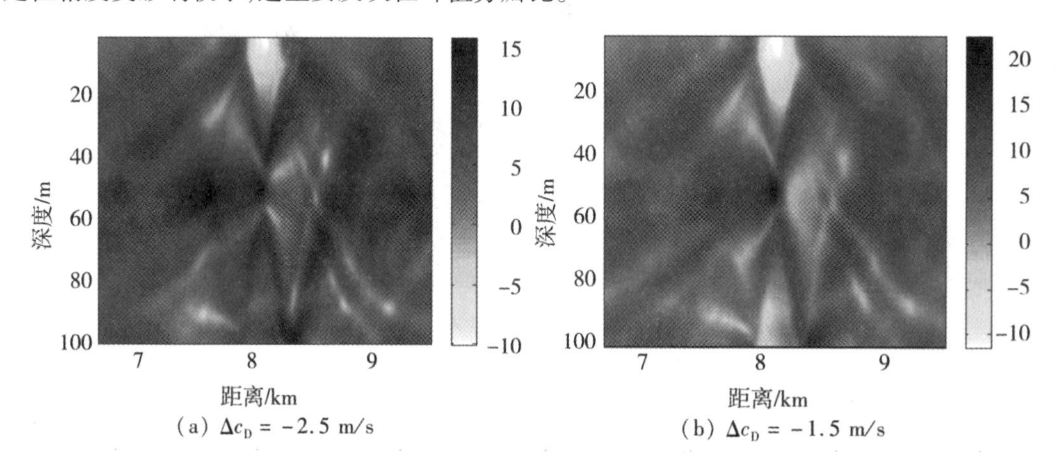

(a) $\Delta c_D = -2.5$ m/s　　(b) $\Delta c_D = -1.5$ m/s

**图 4　海底声速不确实时的宽带 MV－MFBF 处理结果**

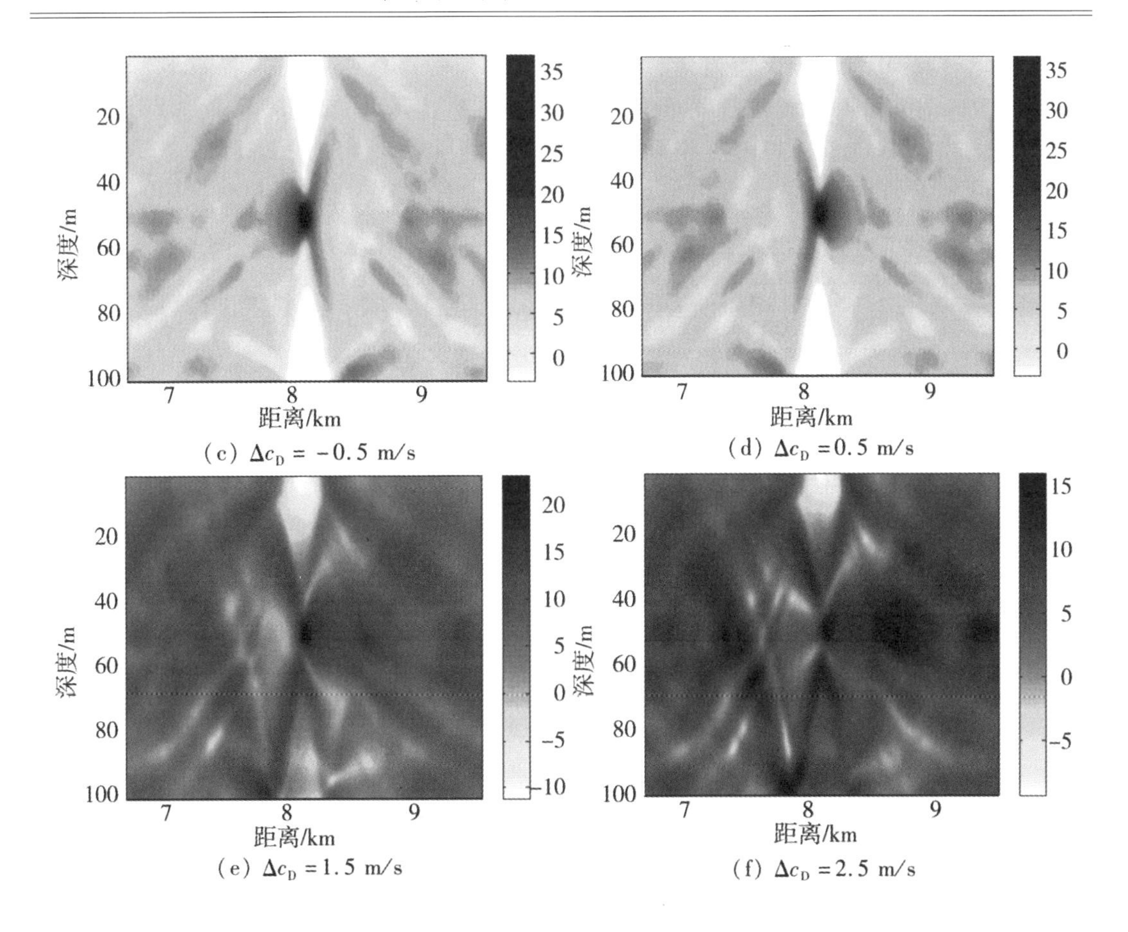


(c) $\Delta c_D = -0.5$ m/s　(d) $\Delta c_D = 0.5$ m/s

(e) $\Delta c_D = 1.5$ m/s　(f) $\Delta c_D = 2.5$ m/s

**图4(续)**

**表2　海底声速不确实时的 MV – MFBF 处理的性能损失**

| $C_0$失配值/(m·s$^{-1}$) | $\Delta r$/km | | $\Delta z$/m | | $\gamma$ | $PBR$/dB |
|---|---|---|---|---|---|---|
| | 理论 | 实验 | 理论 | 实验 | | |
| −2.50 | 0.008 | 0.26 | −0.03 | 49 | 0.001 | 9.06 |
| −2.00 | 0.007 | −0.03 | −0.02 | 0 | 0.002 | 11.69 |
| −1.50 | 0.005 | −0.01 | −0.02 | 0 | 0.004 | 17.28 |
| −1.00 | 0.003 | −0.01 | −0.01 | 0 | 0.019 | 24.39 |
| −0.50 | 0.002 | 0 | −0.01 | 0 | 0.110 | 32.93 |
| 0 | 0 | 0 | 0 | 0 | 1.0 | 42.89 |
| 0.50 | −0.002 | 0 | 0.01 | 0 | 0.109 | 32.83 |
| 1.00 | −0.003 | 0.01 | 0.01 | 0 | 0.019 | 24.43 |
| 1.50 | −0.005 | 0.01 | 0.02 | −1 | 0.005 | 17.53 |
| 2.00 | −0.007 | 0.03 | 0.02 | −1 | 0.002 | 12.36 |
| 2.50 | −0.009 | −0.27 | 0.03 | 48 | 0.001 | 8.64 |

2.3.2　海深不确实情况

图 5 为海深(或称波导深度)不确实时(其他环境参量确知)的宽带 MV - MFBF 处理的模糊度表面。表 3 为取不同海深不确实时的 MV - MFBF 处理的性能损失。海深扰动对 MV - MFBF 处理性能的影响非常大。首先是声源的距离和深度估计发生有规律的偏移,对于 Benchmark 浅海波导环境,当海深发生负扰动时,目标的距离和深度的估计值都偏小;反之,目标的距离和深度估计值都偏大,如式(13)所示。其次峰值比和主瓣背景比也会受到影响,但影响程度与距离和深度的偏移相比相对较小。总的说来,小的海深扰动导致的是模糊度表面峰值(聚焦点)的偏移,而峰值的数值以及峰值旁瓣比变化不大。此外,根据文献[2],沉积层的影响也可通过引入的等效海深修正量来分析,对于我们设定的海洋环境,可得 $\Delta D = 4$ m,根据式(13)计算得到的距离偏移量和深度偏移量的理论预测值如表 4 所示。除去搜索步长的影响,理论和仿真实验的结果是一致的。我们在文献[14]中曾指出海深失配引起的距离和深度的偏移是与模号数无关的,也不是频率的函数,因此宽带处理可以得到明显的好处。

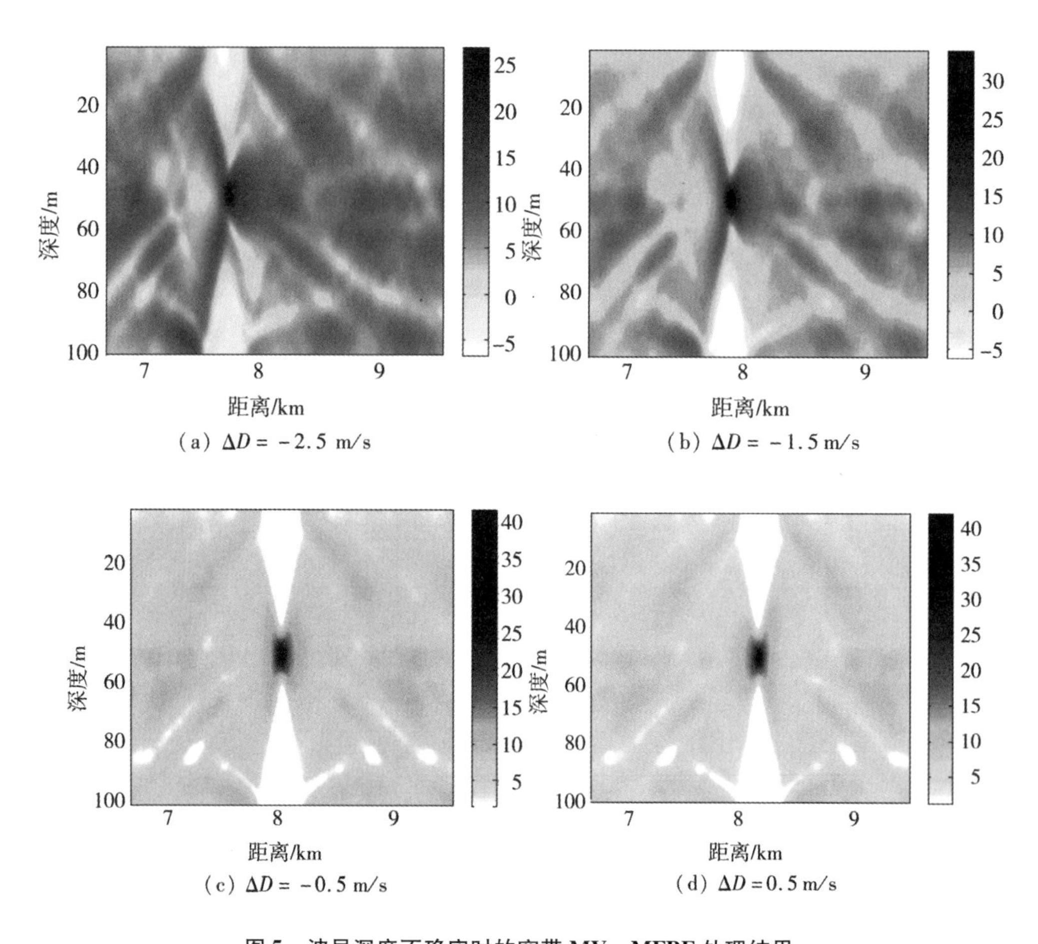


**图 5　波导深度不确实时的宽带 MV - MFBF 处理结果**

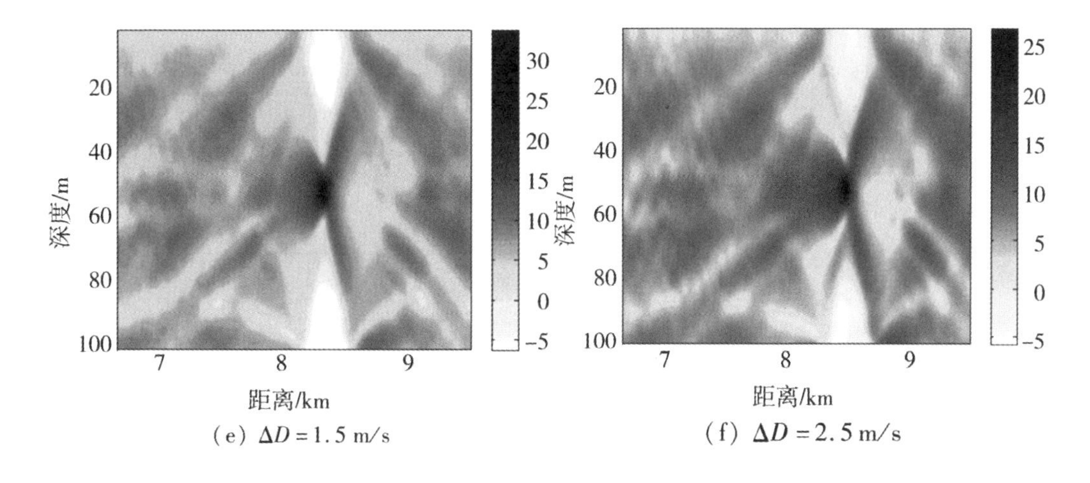


(e) $\Delta D = 1.5$ m/s　　(f) $\Delta D = 2.5$ m/s

图5(续)

**表3　波导深度不确实时的 MV－MFBF 处理的性能损失**

| $C_0$失配值/(m·s$^{-1}$) | $\Delta r$/km | | $\Delta z$/m | | $\gamma$ | $PBR$/dB |
|---|---|---|---|---|---|---|
| | 理论 | 实验 | 理论 | 实验 | | |
| −2.50 | −0.38 | −0.37 | −1.17 | −1 | 0.011 | 22.27 |
| −2.00 | −0.30 | −0.30 | −0.94 | −1 | 0.025 | 26.00 |
| −1.50 | −0.23 | −0.23 | −0.70 | −1 | 0.058 | 29.99 |
| −1.00 | −0.15 | −0.16 | −0.47 | −1 | 0.124 | 33.51 |
| −0.50 | −0.08 | −0.07 | −0.23 | 0 | 0.355 | 38.29 |
| 0 | 0 | 0 | 0 | 0 | 1.0 | 42.88 |
| 0.50 | 0.08 | 0.07 | 0.23 | 0 | 0.344 | 38.24 |
| 1.00 | 0.15 | 0.15 | 0.47 | 1 | 0.130 | 33.84 |
| 1.50 | 0.23 | 0.23 | 0.70 | 1 | 0.057 | 30.03 |
| 2.00 | 0.30 | 0.31 | 0.94 | 1 | 0.022 | 25.66 |
| 2.50 | 0.38 | 0.38 | 1.17 | 1 | 0.011 | 22.52 |

### 2.3.3　海底地声特性失配灵敏性

水体中声源发射的声波透射进入海底沉积层的能量是有限的，因而可以预见海底地声特性失配（与水体声速梯度和海深失配的量级相同时）对 MV－MFBF 的影响较水体声速梯度和海深的影响小。下面通过定量化的数据来说明沉积层声速、沉积层密度、沉积层衰减、沉积层厚度以及基底声速等5个参量失配对 MV－MFBF 的性能影响。但随着频率的下降、水体声速负梯度的程度增大，声波透射进入沉积层的能量增大，海底地声特性的不确实性的影响也会随之增大。

(1)沉积层声速失配灵敏性

根据我们设定的参量，取中心频率为300 Hz。沉积层声速为1 600 m/s，对应的等效海深为 104.0 m。对应不确实沉积层声速的等效海深偏移及距离和深度估计偏移的理论预测值如表 4 所示，仿真实验的结果也列于表 4 中。比较理论预测值与仿真结果，两者基本是一致的。由于沉积层声速不确实引起的等效海深偏移符号相反，因而由此导致的距离偏移与海深不确实呈相反的趋势，其偏移量要较水体情况小。仿真结果验证了理论的预测。

**表 4　沉积层声速不确实时的 MV－MFBF 处理的性能损失**

| $C_0$失配值/(m·s$^{-1}$) | $\Delta \tilde{D}$/m | $\Delta r$/km | | $\Delta z$/m | | $\gamma$ | $PBR$/dB |
|---|---|---|---|---|---|---|---|
| | | 理论 | 实验 | 理论 | 实验 | | |
| －50 | 1.53 | 0.23 | 0.09 | 0.72 | 0 | 0.027 | 26.06 |
| －40 | 1.07 | 0.16 | 0.07 | 0.50 | 0 | 0.053 | 29.37 |
| －30 | 0.71 | 0.11 | 0.04 | 0.33 | 0 | 0.118 | 33.06 |
| －20 | 0.43 | 0.07 | 0.03 | 0.20 | 0 | 0.284 | 37.12 |
| －10 | 0.20 | 0.03 | 0.01 | 0.09 | 0 | 0.659 | 40.96 |
| 0 | 0 | 0 | 0 | 0 | 0 | 1.0 | 42.94 |
| 10 | －0.17 | －0.03 | －0.01 | －0.08 | 0 | 0.659 | 41.28 |
| 20 | －0.31 | －0.05 | －0.03 | －0.15 | 0 | 0.295 | 37.93 |
| 30 | －0.44 | －0.08 | －0.03 | －0.21 | 0 | 0.152 | 35.20 |
| 40 | －0.56 | －0.08 | －0.04 | －0.26 | 0 | 0.099 | 33.45 |
| 50 | －0.66 | －0.10 | －0.06 | －0.31 | 0 | 0.057 | 31.20 |

(2)其他参量失配灵敏性

沉积层密度、沉积层衰减、沉积层厚度以及基底声速在图 1 给出的不确实性范围都能正确定位，估计距离偏差和估计深度偏差都为 0。峰值比和主瓣背景比影响程度也不大，例如当沉积层密度不确实值达 ±0.25 g/cm$^3$时，主瓣峰值比只下降了约 0.7，主瓣背景比下降约 5.4 dB；当沉积层衰减不确实值达 ±0.25 dB/λ 时，主瓣峰值比下降了约 0.88，主瓣背景比下降了约 7.9 dB；当沉积层厚度不确实值达 ±50 m 时，主瓣峰值比下降约 0.35，主瓣背景比只下降了约 1.7 dB；当基底声速扰动达 ±100 m/s 时，主瓣峰值比只下降了 0.23 左右，主瓣背景比下降仅 1 B 左右。正如前面所预测的一样，海底地声特性失配对 MV－MFBF 处理的性能影响相对要小。

## 3　结束语

针对 NRL Workshop'93 提供的 Benchmark 不确实海洋环境，通过定义不确实情况下定位偏置、不确实时与确知时模糊度表面主瓣峰值比、主瓣背景比 3 个匹配场处理性能度量量化指标，本文全面地分析了各声学环境参量的不确实性对匹配场估计性能的影响。结果显示，对声场具有严重影响的参量有：水中声速梯度、海深；有较严重影响的参量有：沉积层声速；影响不严重的参量有：沉积层衰减、沉积层密度、沉积层厚度、基底声速等。对于不同的海洋环境，上述各参量不确实性对估计性能的影响不完全一致，个别参量需要有所调整（如强负梯度和低频环境，沉积层声速与衰减不确实可能会产生较严重的影响），但总的分类是基本一致的。本文在其他研究基础上增加了水深、沉积层厚度等参数，并对水体及沉积层声速剖面进行了更细致的分析，并科学地利用了所定义的 3 个量化指标进行失配性能度量，是对典型不确实浅海环境参量的更全面的失配灵敏性量化分析，对实际应用具有更好的指导意义。

## 参考文献


[1] DELBALZO C F, ROWE M. Effects of water - depth mismatch on matched - field localization in shallow water [J]. JASA, 1988, 83(5):218022185.

[2] SHANG E C, WANG Y Y. Environmental mismatching effects on source localization processing in mode space[J]. JASA, 1991, 89(5):2285 -2290.

[3] TOLSTOY A. Sensitivity of matched field processing to sound speed profile mismatch for vertical arrays in a deep water Pacific environment [J]. JASA, 1989, 85(6):2394 -2404.

[4] FEUILLADE C, DELBALZO D R, ROWE M. Environmental mismatch in shallow - water matched - field processing: geoacoustic parameter variability [J]. JASA, 1989, 85(6): 2354 -2364.

[5] GINGRAS D F. Methods for predicting the sensitivity of matched - field processors to mismatch[J]. JASA, 1989, 86(5):194021949.

[6] HAMSON R M, HEITMEYER R M. Environmental and system effects on source localization in shallow water by the matched -field processing of a vertical array [J]. JASA, 1989, 86 (5):1950 -1959.

[7] KROLIK J L. Matched - field minimum variance beamforming in a random ocean channel [J]. JASA, 1992, 92(3):1408 -1419.

[8] PORTER M B, TOLSTOY A. The matched - field processing benchmark problem [J]. J Comput Acoust, 1994, 2(3):161 -185.

[9] 李建龙,潘翔. 不确实海洋环境下的贝叶斯匹配场处理 [J]. 声学学报,2008,33(3): 205 -211. LI Jianlong, PAN Xiang. A Bayesian approach to matched field processing in uncertain ocean environments[J]. Chinese Journal of Acoustics,2008,33(3):205 -211.

[10] 杨坤德,马远良,张忠兵,等. 不确定环境下的稳健自适应匹配场处理研究[J]. 声学学报,2006;31(3):255 -262. YANG Kunde, MA Yuanliang, ZHANG Zhongbing, et al. Robust adaptive matched field processing with environmental uncertainty [J]. Chinese Journal of Acoustics, 2006, 31(3):255 -262.

[11] JENSEN F B, KUPERMAN W A, PORTER M B, et al. Computational ocean acoustics [M]. [s. l. ]. American Institute of Physics, 1994:257 -323.

[12] DOSSO S E, MORLEY M G, GILES P M, et al. Spatial field shift in ocean acoustic environmental sensitivity analysis[J]. JASA, 2007, 122(5):2560 -2570.

[13] SPAIN G L D, MURRAY J J, HODGKISS W S. Mirages in shallow water matched field processing [ J ]. JASA, 1999, 105(6):3245 -3265.

[14] ZHAO H F, GONG X Y, GE H L, et al. Environmental parameters effects on time reversal processing in shallow water waveguide[C]//Proceedings of the 7th International Conference of Theoretical and Computational Acoustics. Hangzhou, China, 2005:271 -285.

# 总体最小二乘算法模波束形成方法研究

易　锋　孙　超

**摘要**　研究了模波束形成处理算法,并在此基础上提出了一种总体最小二乘算法模波束形成技术,该方法利用总体最小二乘算法修正了从垂直接收基阵数据中提取出的简正波模态函数信息,准确估计出各阶简正波模态系数,提高了对目标检测和定位的性能,针对典型的浅海波导环境,进行了计算机仿真实验,结果表明:在低频远程目标条件下,该方法与常规最小二乘算法模波束形成相比,估计出的简正波模态系数更精确,具有旁瓣低,分辨率高,定位性能好的优点。

## 引言

由于海洋环境(特别是浅海波导环境)的多途效应,远程目标辐射信号会在阵列接收端发生畸变,严重影响了声呐设备在远程目标探测中的性能发挥。如何减小或消除这些水声信道对信号传输的影响是水声学中一个重要的研究课题。

为了实现浅海远程目标的准确探测和定位,必须建立符合水下声传播特点的阵列信号模型,并且研究该模型下的目标检测和定位问题。近年来,一些科研工作者在新模型的建立[1-2]和定位方法[3-5]方面做了大量的研究,其中结合了声传播模型和实测数据的匹配场处理方法能够实现浅海环境条件下目标定位[6],但是这些方法要求具有许多先验环境信息,并且将基阵上的测量场与源在所有可能的位置产生的拷贝向量场相匹配来进行声源位置定位,会带来具有巨大的计算量,难于在工程实际中广泛应用。

针对在浅海环境中,匹配场处理计算量大以及需要海洋环境等大量先验信息的缺点,Tindlel[7]等提出了将各阶简正波模态分离的思想,估计出了各阶简正波模态系数,T. C. Yang[8]提出了模波束形成技术,分析了其利用垂直线列阵实现远程目标检测和定位的可行性和有效性,研究表明,该方法较匹配场处理减小了计算量,而且可以选择模态进行波束形成,可以去除畸变的模态和噪声模态。模波束形成的思想是:利用基阵接收数据,经一定的模态滤波估计出模幅度系数,当估计的模幅度系数与理论计算的模幅度系数匹配时,模波束形成的响应达到最大,从而实现信号检测和定位的目的。模波束形成技术实现的关键,是从基阵接收数据中通过模态滤波估计出各阶简正波模态系数,J. R. Buck[9]等利用奇异值分解,提出了 MAP 模态滤波器(Maximum aposteriori mode filters). J. C. Pappl[10]的方法,提出了PCML 模态滤波器(Plysically co - strained maximum likehood mode filters)。

上述这些模态滤波方法中,均需要获得准确的波导环境中传播的简正波模态函数,然而在实际应用中模态函数往往是未知的,为此,T. C. Yang[11]采用了模态提取技术,在没有环境等先验信息条件下,利用基阵接收数据来提取波号导中传播的简正波模态函数信息,为改善和提高没有环境信息条件下模波束形成技术性能提供了解决方法,然而模态提取技术提取的模态函数不够准确(与真实模态函数之间存在较大差异),估计出的模态系数不够精确,严重影响了模波束形成的性能,甚至使之失效。

针对模波束形成技术对模态系数误差敏感的问题,本文提出了一种总体最小二乘算法模波束形成方法,减小了估计简正波模态系数误差,提高了模波束形成的稳健性。首先,利用简正波模态提取方法,从垂直阵列接收数据中提取出各阶模态函数信息;然后,利用总体最小二乘算法估计出各阶简正波模态系数;最后,通过距离和深度二维搜索,对声源目标进行了检测和定位,针对典型的浅海波导环境,通过计算机仿真实验验证了该方法的有效性。

## 1　模波束形成原理

根据简正波理论,声波在海洋中按一定的模态传播,每一个模态的能量和相位分别以各自的传播速度传播,接收到的声场是所有到达模态的叠加。

在简正波模型下,浅海声场可表示为[12]:

$$
\begin{aligned}
P(r,z_r) &= \sum_{m=1}^{M} P_m(r,z_r) = \frac{\mathrm{j}}{\rho(z_8)\sqrt{8\pi r}}\mathrm{e}^{-\mathrm{j}(\pi/4)} \\
\sum_{m=1}^{M}\frac{1}{\sqrt{k_m}}\varphi_m(z_s)\varphi(z_r)\mathrm{e}^{\mathrm{j}k_m r-\alpha_m r} &= \sum_{m=1}^{M} d_m(r,z_s)\varphi_m(z_r)
\end{aligned} \tag{1}
$$

其中,

$$
\varphi_m(z_s) = \frac{\mathrm{j}}{\rho(z_8)\sqrt{8\pi k_m r}}\varphi_m(z_s)\mathrm{e}^{\mathrm{j}k_m r-\mathrm{j}(\pi/4)-\alpha_m r} \tag{2}
$$

表示第 m 号简正波模态系数;$P(r,z_r)$ 为接收点接收到的第 m 号简正波声压;M 为波导中有效传播的简正波模态数;$k_m$ 为第 m 号简正波的水平波数;$\varphi_m(z)$ 为第 m 号简正波的模态函数;r 表示接收点到发射声源的水平距离;$z_s$ 和 $z_r$ 分别为声源和接收点的深度;$\alpha_m$ 表示第 m 号简正波吸收系数;式(1)将接收点的声压由各阶模态声压之和表示为各阶模态函数的加权求和。

假设采用一个 N 元垂直线列阵接收远场声源辐射的声场,为便于表示,略去表示距离的变量,可得各阵元接收声压场的矩阵形式可表示为:

$$
\boldsymbol{P} \equiv \begin{bmatrix} P(z_1) \\ \vdots \\ P(z_N) \end{bmatrix} = \begin{bmatrix} \varphi_1(z_1) & \cdots & \varphi_M(z_1) \\ \vdots & \ddots & \vdots \\ \varphi_1(z_N) & \cdots & \varphi_M(z_N) \end{bmatrix}\begin{bmatrix} d_1 \\ \vdots \\ d_M \end{bmatrix} + \begin{bmatrix} n(z_1) \\ \vdots \\ n(z_N) \end{bmatrix} = \boldsymbol{\Phi d} + \boldsymbol{n} \tag{3}
$$

其中,$\boldsymbol{P}$ 为信号模型中的声压场,$\boldsymbol{\Phi}$ 为 $N\cdot M$ 维各简正波的抽样模态函数矩阵,$\boldsymbol{d}$ 为 $M\cdot 1$ 维模态系数向量,$\boldsymbol{n}$ 为 $N\cdot 1$ 维阵列接收的噪声向量,$\boldsymbol{n}(z)$ 表示阵元在深度 $z$ 上接收的噪声,本文假设噪声均为各向同性的高斯白噪声。图 1 给出了模波束形成处理结构框图[13]。模波束形成处理是在模空间进行的,首先需要将阵元域的接收数据进行模态滤波转化到模空间,即模态滤波处理,这是实现模波束形成技术的关键,再通过声场计算软件计算拷贝场,对搜索空间进行波束形成,对声源位置进行定位。

模态滤波问题就是已知接收信号声压场 $\boldsymbol{P}$ 以及模态函数矩阵 $\boldsymbol{\Phi}$,求解各阶模态系数 $\boldsymbol{d}$ 的问题。当 $\boldsymbol{\Phi}$ 精确已知,并且 $N\geqslant M$(即阵元数大于等于波导环境中有效传播的简正波阶数,浅海垂直接收阵列一般能满足这个假设)时,式(3)的最小二乘解为:

$$
\hat{d} = (\boldsymbol{\Phi}^{\mathrm{H}}\boldsymbol{\Phi})^{-1}\boldsymbol{\Phi}^{\mathrm{H}}\boldsymbol{P} \tag{4}
$$

其中，$\hat{d}$ 表示模态系数估计值，由最小二乘方法可知，$\hat{d}$ 为模态系数的最小方差线性无偏估计，实际应用中，由于无法实时获取海洋环境的全部信息，简正波模态函数 $\boldsymbol{\Phi}$ 往往未知，需要通过接收数据声压场来获取简正波模态函数信息，目前，利用垂直阵测量得到的声场数据提取模态函数信息的方法主要通过（Cross Spectral Density Matrix：CSDM）的特征分解来实现的。

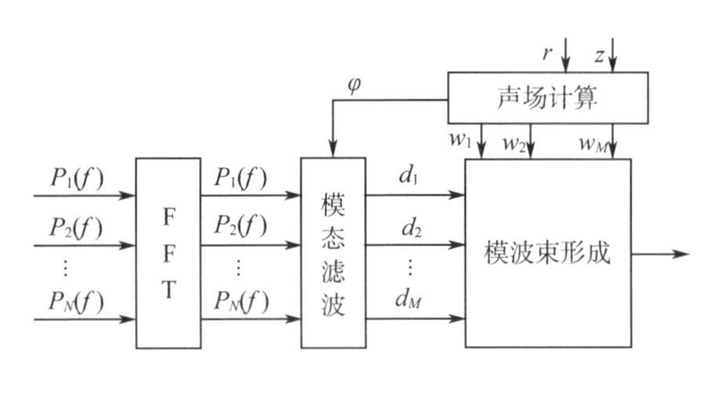


**图1　模波束形成结构框图**

在一定带宽条件下，由于简正波模态函数 $\boldsymbol{\Phi}$ 随着频率近似不变，CSDM 可以写成[14]：

$$\boldsymbol{C}=\langle\boldsymbol{P}(r,z,z_s,\omega_j)\boldsymbol{P}^{\mathrm{H}}(r,z,z_s,\omega_j)\rangle=\boldsymbol{\Phi}\boldsymbol{T}\boldsymbol{\Phi}^{\mathrm{H}}\tag{5}$$

其中，$\langle\cdot\rangle$ 表示频率平均处理，$\boldsymbol{T}$ 为近似对角阵，具体可以参考文献[15]和文献[16]。在没有噪声的理想情况下，对 $\boldsymbol{C}$ 进行特征分解可以得到：

$$\boldsymbol{C}=\boldsymbol{USU}^{\mathrm{H}}\tag{6}$$

其中，$\boldsymbol{U}=[u_1,u_2,\cdots,u_M,u_{M+1},\cdots,u_N]$，$S=\mathrm{diag}[s_1,s_2,\cdots,s_M,0,\cdots,0]$，进一步可以将 $\boldsymbol{U}$ 进行拆分写成 $\boldsymbol{U}=[\boldsymbol{U}_1,\boldsymbol{U}_2]$，其中 $\boldsymbol{U}_1=[u_1,u_2,\cdots,u_M]$，$\boldsymbol{U}_2=[u_{M+1},\cdots,u_N]$。可知，特征分解得到的特征向量矩阵 $\boldsymbol{U}$，与简正波模态函数更相对应，实际应用中，用 $\boldsymbol{U}_1$ 替代真实模态函数重，但是由于接收声压场总是存在噪声的（高斯白噪声），CSDM 特征分解得到的特征向量矩阵 $\boldsymbol{U}_1$ 与简正波模态函数 $\boldsymbol{\Phi}$ 之间存在误差，影响了简正波模态系数的估计。

垂直阵列接收数据进行模态逃波后，估计出各阶简正波模态系数，在模态空间上进行波束形成。

由式(1)可知，模态系数是距离 $r$ 和深度 $z$ 的函数，在模空间中将声源距离和模态深度函数组成加权搜索向量，在二维空间搜索进行模态波束形成，当搜索向量与基阵接收的实际声场相匹配时，波束形成器输出最大，从而实现目标的定位。在模波束形成中，第 $i$ 个加权分量为：

$$w_{\mathrm{MBF}}^{i}=A_i\varphi_i(z)\mathrm{e}^{-\mathrm{j}k_ir-\alpha_ir},i=1,2,\cdots,M\tag{7}$$

其中，$A_i=\sqrt{2\pi/k_ir}$。则模波束形成器的输出为：

$$P_{\mathrm{MBF}}=\left|\sum_{i=1}^{M}w_{\mathrm{MBF}}^{i*}d_i\right|^2\tag{8}$$

为了消除柱面扩展系数 $A_i$。对不同距离输出响应的影响，需要对加权向量进行修正，令 $A'_i=\sqrt{r}A_i=\sqrt{2\pi/k_i}$ 并替代式(7)中的 $A_i$，由于各阶简正波水平波数 $k_i$ 相近，舍去修正后的柱面扩展系数 $A'_i$，同时也忽略与距离 $r$ 有关的衰减项 $\mathrm{e}^{-\alpha r}$ 对模波束形成的相对输出影响较小，此时由式(7)和式(8)可得模波束形成器输出为：

$$P_{\mathrm{MBF}}(r,z)=\left|\sum_{i=1}^{M}\varphi_i^{\cdot}(z)\mathrm{e}^{\mathrm{j}k_ir}d_i\right|^2=\left|\sum_{i=1}^{M}w_{\mathrm{MMBF}}^{i*}d_i\right|^2\tag{9}$$

其中 $\boldsymbol{\omega}_{\mathrm{MMBF}}^{i}=\varphi_i(z)\mathrm{e}^{-\mathrm{j}k_ir}$，表示修正后模态加权系数，从式(9)可以看出，模态波束形成器表示在模态空间中的延时求和处理，并且每一个模态系数 $d_i$，用相应的模态深度函数 $\varphi_i(z)$ 进行加权，写成矩阵形式为：

$$\boldsymbol{P}_{\mathrm{MBF}}(r,z)=\boldsymbol{w}_{\mathrm{MMBF}}^{\mathrm{H}}\boldsymbol{Q}\boldsymbol{w}_{\mathrm{MMBF}}\tag{10}$$

其中，$\boldsymbol{\omega}_{\mathrm{MMBF}}=[\omega_{\mathrm{MMBF}}^{1}\quad\omega_{\mathrm{MMBF}}^{2}\quad\cdots\quad\omega_{\mathrm{MMBF}}^{M}]^{\mathrm{T}}$，$\boldsymbol{Q}$ 为模态系数协方差矩阵，定义为 $\boldsymbol{Q}=E[\boldsymbol{d}\cdot\boldsymbol{d}^{\mathrm{H}}]$。

输出产生一个模糊表面(模糊函数),该模糊表面上峰值位置即被认为是声源的位置估计。

## 2　总体最小二乘算法模波束形成

分析表明,仅当简正波模态函数 $\boldsymbol{\Phi}$ 精确已知时,用最小二乘方法估计出的模态系数才能保证误差的平方和最小,由于在模态谜波过程中,利用垂直阵列数据估计出的模态函数 $\boldsymbol{U}_1$ 与真实模态函数 $\boldsymbol{\Phi}$ 存在误差,因此估计出来的模态系数从统计观点看就不再是最优的,而且将是有偏的,偏差的协方差将由 $\boldsymbol{\Phi}^{\mathrm{H}}\boldsymbol{\Phi}$ 的噪声误差的作用而增加。

当系数矩阵更和观测向量 $\boldsymbol{P}$ 都存在误差时,采用总体最小二乘算法得到的模态系数比常规最小二乘算法更精确、更稳健[17],其基本思想可以归纳为:不仅用扰动向量 $\boldsymbol{e}$ 去干扰声压场向量 $\boldsymbol{P}$,而且用干扰矩阵 $\Delta\boldsymbol{\Phi}$ 更同时干扰模态函数矩阵 $\boldsymbol{\Phi}_i$,以便校正在 $\boldsymbol{P}$ 和 $\boldsymbol{\Phi}$ 二者内存在的扰动和误差,在总体最小二乘中,考虑的是矩阵方程

$$(\boldsymbol{\Phi} + \Delta\boldsymbol{\Phi})\boldsymbol{d} = \boldsymbol{P} + \boldsymbol{e} \tag{11}$$

的求解。显然上式可以改写为:

$$(\boldsymbol{B} + \boldsymbol{D})\boldsymbol{x} = \boldsymbol{0} \tag{12}$$

其中,增广矩阵 $\boldsymbol{B} = [-p, \varphi]$ 和扰动矩阵 $\boldsymbol{D} = [-e, \Delta\varphi]$ 均为 $N\times(M+1)$ 维矩阵,而 $\boldsymbol{x} = [1, \boldsymbol{d}]^{\mathrm{T}}$ 为 $(M+1)\times 1$ 维向量,求解式(11)的总体最小二乘方法可以表示为最优化问题,可用下式表达:

$$\min_{Dx} = \|\boldsymbol{D}\|_F^2 \text{sub to} (\boldsymbol{P} + e) \in \text{Range}(\boldsymbol{\Phi} + \Delta\boldsymbol{\Phi}) \tag{13}$$

其中 $\|\ \|_F$ 表示 Frobenius 范数,约束条件含义为:$(\boldsymbol{P} + e) \in C^{N\times 1}$,则一定可以找到一个向量 $\boldsymbol{d} \in C^{N\times 1}$ 使得 $(\boldsymbol{\Phi} + \Delta\boldsymbol{\Phi})\boldsymbol{d} = \boldsymbol{P} + e$。

结合式(12)和式(13)可以将总体最小二乘等价写成一个带约束的标准最小二乘问题:

$$\min |\boldsymbol{Bx}|_2^2 \text{sub to} \boldsymbol{x}^{\mathrm{H}}\boldsymbol{x} = 2 \tag{14}$$

式(14)带约束的最小二乘问题可以用 Lagrange 乘数法求解,令 $\boldsymbol{B}$ 的奇异值分解为。

$$\boldsymbol{B} = \boldsymbol{U} \sum \boldsymbol{V}^{\mathrm{H}} \tag{15}$$

并且其奇异值按照大小顺序 $\sigma_1 \geqslant \sigma_2 \cdots \geqslant \sigma_{M+1}$ 排列,与这些奇异值对应的右奇异向域分别为 $\boldsymbol{v}_1, \boldsymbol{v}_2, \cdots, \boldsymbol{v}_{M+1}$,则总体最小二乘解为[18]:

$$\boldsymbol{d}_{\mathrm{TLS}} = \frac{1}{v_{M+1}(1)} \begin{bmatrix} v_{M+1}(2) \\ \vdots \\ v_{M+1}(M+1) \end{bmatrix} \tag{16}$$

其中 $v_{M+1}(i)$ 表示 $v_{M+1}$ 的第 $i$ 个元素。

最后利用估计出的模态系数进行波束形成,对目标进行检测和定位。

## 3　仿真实例

### 3.1　仿真条件

考虑典型浅海波导环境,对本文提出的总体最小二乘算法模波束形成进行计算机仿真实验研究。仿真环境采用典型的浅海分层波导,具体环境参数如图 2 所示,接收阵列为布满整个水层的均匀垂直线列阵,阵元数为 120,阵元间距为 1 m,首阵元位于距水面 1 m 处,发射声源位于距垂直接收阵 4 km 处,深度为 60 m,发射信号为 LFM 信号,带宽为 350 ~

450 Hz,脉冲宽度为 0.2 s。声场计算采用简正波 KRAKEN 程序模型[19],通过计算,波导中共激发了 22 阶简正波。为了验证总体最小二乘算法模波束形成器的性能,对不同的信噪比情况进行了仿真(由于垂直阵列各阵元上接收信号功率不一样,这里信噪比中信号功率为各阵元接收信号功率的平均值),分别取信噪比为 20 dB 和 0 dB。

## 3.2　模态分解和模态滤波

图 3 给出了发射信号的时域波形及其频谱,图 4 给出了仿真得到深度分别位于 20 m、50 m、80 m 和 110 m 处阵元的接收信号波形,其中图 4(a)中接收信噪比为 20 dB,图 4(b)中接收信噪比为 0 dB。从图中可知,不同深度上接收信号波形发生了畸变,多途效应明显。

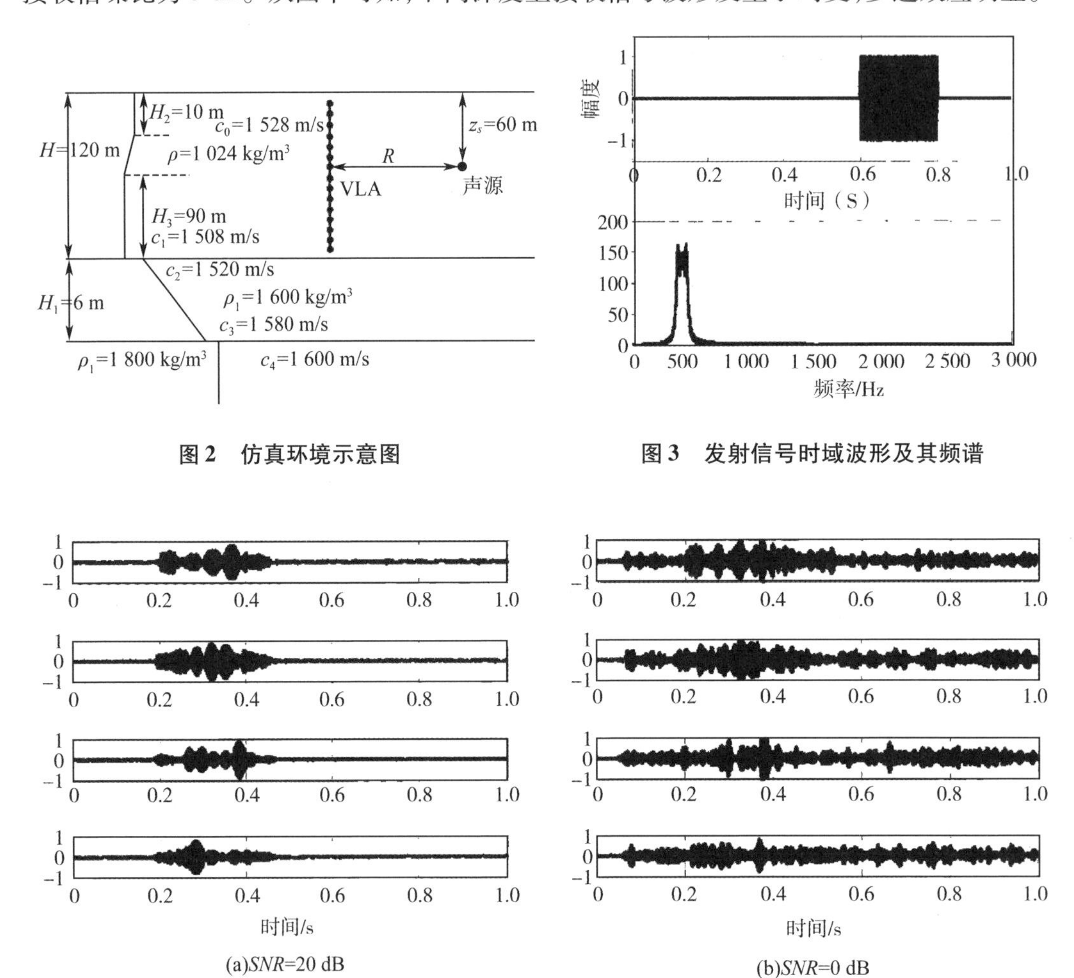


**图 2　仿真环境示意图**

**图 3　发射信号时域波形及其频谱**

**图 4　不同信噪比条件下深度分别位于 20 m、50 m、80 m 和 110 m 处阵元接收信号波形**

图 5 为利用垂直阵列接收信号提取的模态函数,图中给出了不同信噪比情况下提取的前 10 阶模态函数信息,其中实线表示理论模态函数,虚线表示通过模态提取估计的模态函数,从图中可知,模态分解方法能够有效提取出波导中的模态函数信息,信噪比越高,提取模态函数越精确,但是有些模态函数估计不精确,例如图 5(a)中的第 5 阶模态。

图6为总体最小二乘算法以及常规最小二乘算法估计出的模态系数与理论值的比较图,图6(a)和图6(b)分别对应信噪比为20 dB和0 dB的情况。从图中可知,当模态函数精确已知时,利用最小二乘方法能够准确估计各阶简正波模态的幅度系数,与理论值基本完全相同;若采用模态提取方法得到模态函数信息时,常规最小二乘算法性能急剧下降,只能准确估计出某个阶模态系数,与理论计算值误差较大;采用总体最小二乘算法时,由于对模态提取模态函数进行了修正,能够准确估计每阶模态系数,与理论计算值基本一致,性能较常规二乘算法高,对比图6(a)和图6(b)可知,信噪比越高,总体最小二乘和常规最小二乘算法估计的简正波模态系数精度越高。

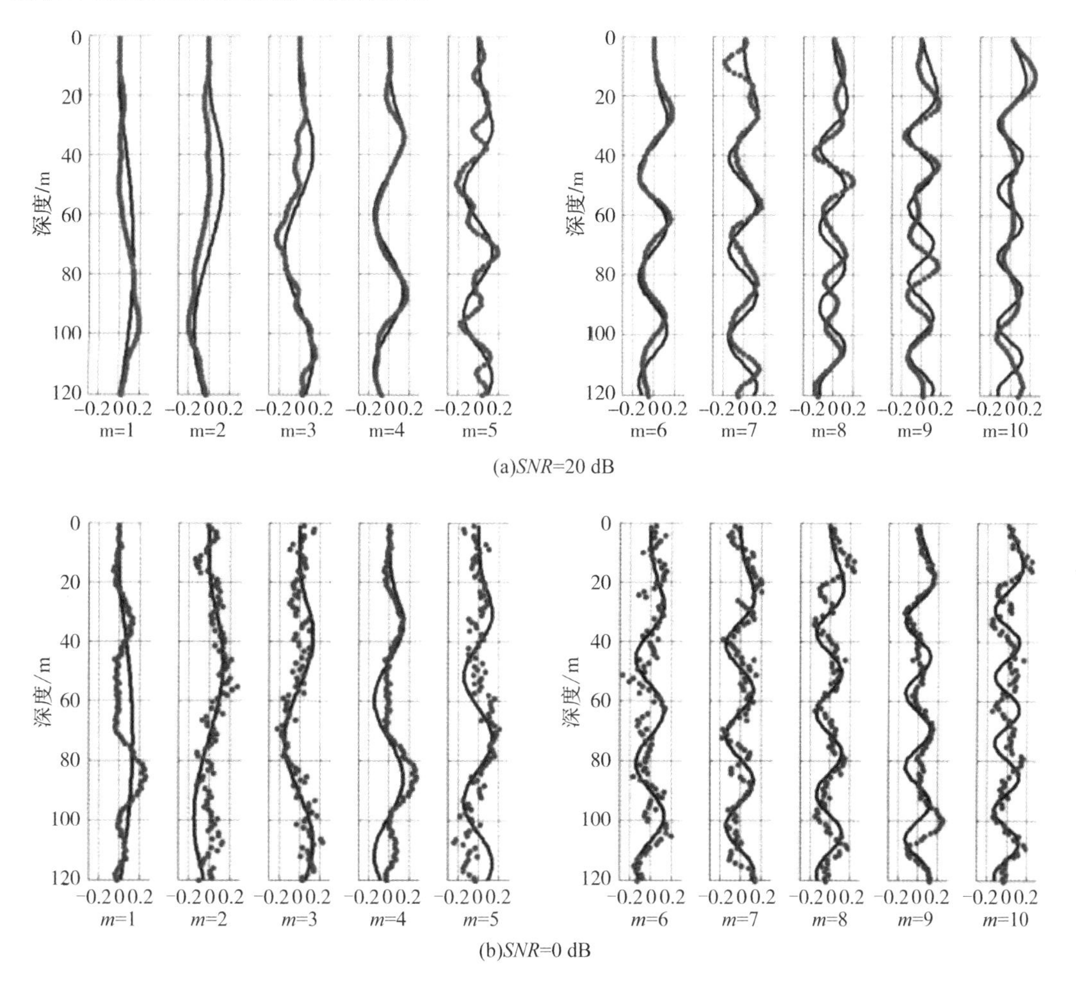


**图5　不同信噪比条件下模态分解得到的前10阶模态函数**

## 3.3　模波束形成

图7给出了不同信噪比情况下采用模态提取常规最小二乘算法模波束形成图;图8给出了不同信噪比情况下模态提取总体最小二乘算法模波束形成图。搜索区域为水平距离2~6 km、深度0~120 m,划分为10 m×1 m的矩形网格,对比图7(a)和图8(a)可知,当信噪比较高时(*SNR*=20 dB)。常规最小二乘算法模波束形成和总体最小二乘算法模波束形成技术都能对声源目标进行定位;但是常规最小二乘算法模波束形成旁瓣较高,并且出现了伪

峰,影响了对目标位置等真实参数的估计,定位精度差;而总体最小二乘算法模波束形成旁瓣较低,具有高的分辨能力,定位精度高,对比图 7(b)和图 8(b)可知,当信噪比较低时($SNR$=0 dB)时,常规最小二乘模波束形成不能对声源进行定位;而总体最小二乘算法模波束形成能够对声源进行准确的定位。对比图 8(a)和图 8(b)可知,信噪比越高,总体最小二乘模波束形成定位精度越高,旁瓣越低,具有更高的分辨率。

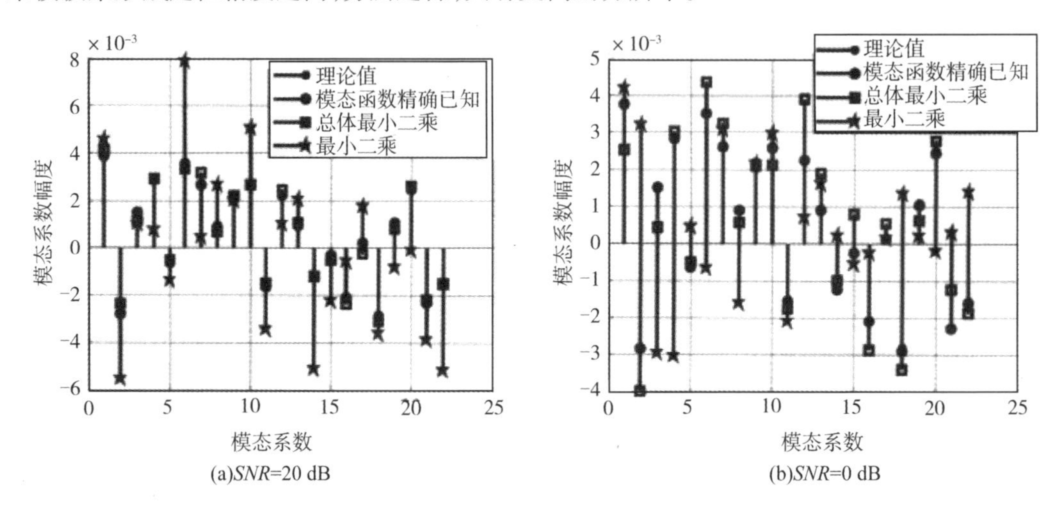


图 6　不同信噪比条件下不同方法估计模态系统比较图

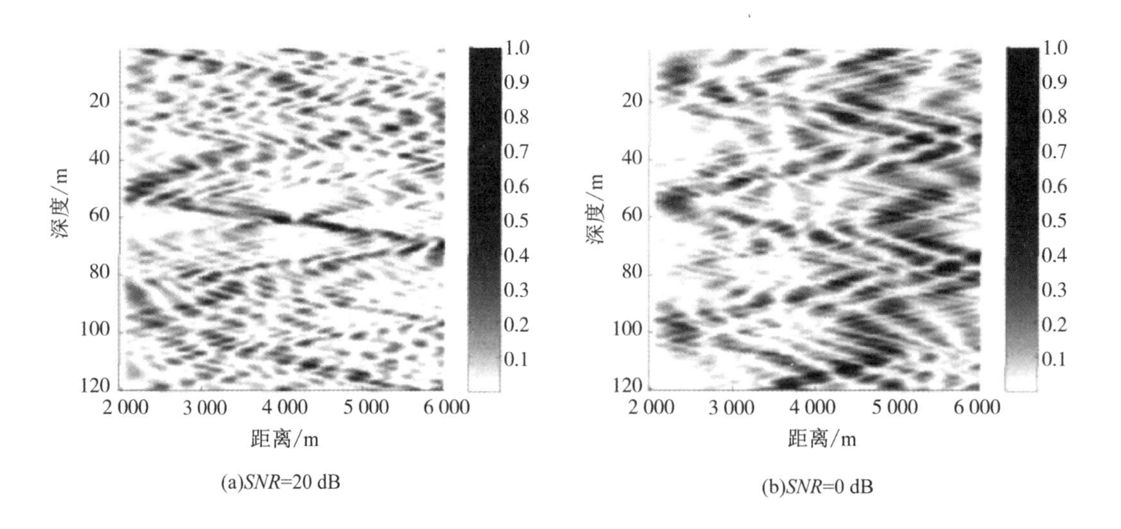


图 7　不同信噪比情况下模态提取常规最小二乘模波束形成

## 4　结论

针对模波束形成对模态系数误差敏感的问题,本文提出了一种总体最小二乘模波束形成处理方法,推导了该波束形成器权向量的表达式,开展了计算机仿真研究。此方法能够利用复杂而含信息量多的声场结构,提取出声场信息,抑制扰动和误差,使声呐信号处理和实际声场良好匹配,改善了二维搜索条件下的目标检测和定位性能。

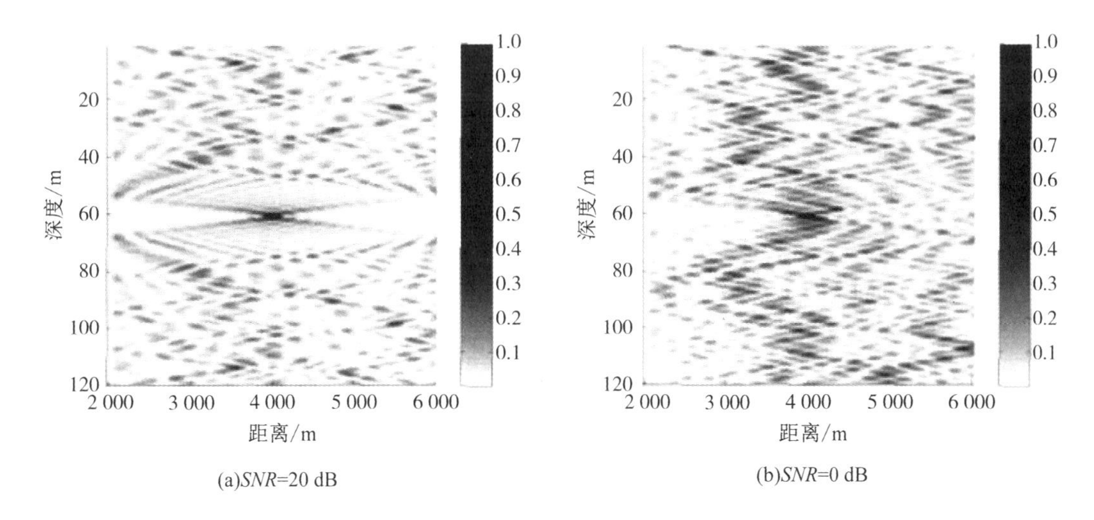


(a)*SNR*=20 dB　　(b)*SNR*=0 dB

**图8　不同信噪比情况下模态提取总体最小二乘模波束形成**

针对典型浅海波导环境，通过计算机仿真实验验证了该方法的有效性和优越性，结果表明：

（1）总体最小二乘算法利用了模态提取技术，能够从垂直接收阵列数据中提取出模态函数信息，充分利用了声场信息，为在没有环境等先验信息条件下提高模波束形成性能提供了解决方案，展示了广阔的应用前景。

（2）总体最小二乘算法模波束形成处理能够修正模态提取技术提取的模态函数信息，减小了由于估计模态函数的误差而导致模态滤波的误差，比其他方法更精确地估计了各阶简正波模态系数，为模波束形成技术对目标检测和定位奠定了基础。

（3）总体最小二乘算法模波束形成比常规最小二乘算法模波束形成具有低旁瓣和定位精度高的性能。

## 参考文献


[1] Etter P C. Underwater acoustic modeling: principle, tech - nique and application, Elsevier Applied Science, London and New York, 1991.

[2] Zhang R H. The normal mode sound field in a shallow water surface sound channel. Acta Phys. sin., 1975;24(3):271 - 279.

[3] Mansour A, Barros A K, Ohnishi N. Blind separation of sources: methods, assumptions and applications. IEICE Trans. Fundam, 2000;83(8):1498 - 1512.

[4] Candy J V, Sullivan E J. Ocean acoustic signal processing: A model - based approach. J. Acoust. Soc. Am., 1992;92(6):3185 - 3201 .

[5] Baggeroer A B, Kuperman W A, Mikhalevshy P N. An overview of matched field methods in ocean acoustics. IEEE J. Ocean. Eng. 1993%;18:401 - 424.

[6] Knobles D P, Mitchell S K. Broadband localication by matched fields in shallow water. J. Acous. Soc. Am., 1994;96:1813 - 1820 .

[7] Tindle C T, Hobaek H, Muir T G. Normal mode filtering for downslope propagation in a shallow water wedge. J. Acoust. Soc. Am., 1987;81(2):287 - 294.

[8] Yang T C. A method of range and depth estimation by modal decomposition. J. Acoust. Soc. Am. , 1987;82(5):1736 - 1745.

[9] Buck J R, Preisig J C, Wage K E. A unified framework for mode filtering and the maximum a posteriori mode filter. J. Acoust. Soc. Am. , 1998;103(4):1813 - 1824.

[10] Papp J C, Preisig J C, Morozov A K. Physically constrained maximum likehood mode filtering. J. Acoust. Soc. Am. , 2010;127(4):2385 - 2391.

[11] Yang T C. Effectiveness of mode filtering: A comparison of matched - field and matched - mode processing. J. Acoust. Soc. Am. , 1990;87(5):2072 - 2084.

[12] Jensen F B, Kuperman W A, Porter M B et al. Computational ocean acoustics. New York: AIP, 2002:257 - 295.

[13] Wilson G R, Koch R A, Vidmar P J. Matched mode localization. J. Acoust. Soc. Am. , 1988;84(1):310 - 320.

[14] Walker S C, Kuperman W A. Data - based mode extraction with a partial water column spanning arra J. Acoust Soc. Am. , 2005;118(3):1518 - 1525.

[15] Worf S N, Cooper D K, Orchard B J. Environmentally adaptive signal processing in shallow water. IEEE, Ocans'93, Eng. In Harmony with Ocean Proceedings, 1993:99 - 104.

[16] Neilsen T B, Westwood E K. Extraction of acoustic normal mode depth fuctions using vertical line array data. J. Acoust. Soc. Am. , 2002;111(2):748 - 756.

[17] Golub G H, Vanloan C F. An analysis of the total least squares problem. SIAM J. Numerical Analysis, 1980;17(6):883 - 893.

[18] 张贤达. 矩阵分析与应用. 北京:清华大学出版社,2004:408 - 450.

[19] Porter M B. The KRAKEN noamal mode programs. SACLANTCEN Memo SM - 245, 1991.

# 第四篇

# 水中目标特性

# 目标瞬态回波极点提取研究

刘伯胜

**摘要** 本文首先简要介绍了“奇异点展开理论”,然后在此理论的基础上应用 Prony 方法从模拟的目标瞬态回波中提取了极点,并将在不同采样频率、不同样本数,不同预设极点数和不同信噪比条件下得到的极点与极点预设值进行了比较,得到了极点的准确提取与这些参数间的依赖关系。本文的结果可供在实际声呐波回波中提取极点,进而实现目标识别时参考。

**关键词** 水声信号;目标识别;回波

## 0 引言

随着科学技术的不断发展,水声技术也相应地得到了很大的进展。目前,用于检测和定位的主动声呐已发展得相当完善,在军、民用方面得到了广泛的应用,但声呐目标识别问题,即判别探测到的水下目标的性质,并确定它的某些物理参数等,却仍是一个尚未得到满意解决的问题,在许多场合,仍主要依靠人的听觉器官来辨认,有时还需要借助于其他辅助设备,如水下电视、声全息等来做进一步的判别。虽然这些辅助手段各有长处,在某些场合也能发挥一定的作用,但它们的作用距离一般都很短,远不能满足实际工作的需要。

声呐目标识别问题和声呐目标回波特性研究有着密切的关系。有关声呐目标回波特性和目标反向散射机理的研究,人们已经做了大量的工作[1-4],并取得了不少成果。但是,有关的工作无论是理论研究还是实验研究,其讨论的对象大都限于规则几何形状物体,对于实际工作中遇到的非规则形状物体,由于数学处理上的困难,有关的工作做得还很少。基于这种原因,上述各项研究工作的成果还不能用来解决实际的声呐目标识别问题。近年来,人们发展了一种“逆散射理论”[5-6],希望能用来解决目标识别问题,但这方面的工作也还没有取得突破性进展。

近年来,在雷达目标识别的研究中,提出并发展了一种很有希望的方法:奇异点展开法(Singularity Expansion Method)[7-8],推动了瞬态电磁现象的研究,也推动了目标识别的研究。在声呐目标识别研究中,P. Chestnut 等人于 1979 年应用以上理论进行了目标识别的实验研究,“确认了通过对目标回波的频谱分析实现声呐目标自动识别的可能性”[9]。这一结论,对声呐目标识别研究,无疑是一个鼓舞,它预示了目标识别工作有可能从这里取得某种进展。

作为一种基础性的工作,本文应用奇异点展开理论,在 HP-1000 计算机上利用 PRONY 方法对模拟的目标瞬态回波提取了极点,并将预设的极点值和在不同采样率、不同的样本数、不同的极点数、不同的信噪比条件下得到的极点值进行了比较,希望能从中得到某些有用规律。

## 1 声呐目标识别问题

所谓目标识别,就是对所检测到的目标的类型及属性做出客观的判断。在水声技术中,人们不能像在日常生活中那样利用肉眼观察物体，直接获得物体的形状、属性等方面的信息，并由此而做出判断；对于声呐目标识别，通常是利用由目标返回的声波所携带的目标信息，辅以某些先验知识或某些确知的规律，做出目标性质的判断。所谓目标信息乃是声呐信号往返于声呐和目标的过程中被“调制”在声呐信号上的，这种“调制”不同于通常通信系统的调制，其实质是声信号投射到目标上，两者相互作用而形成目标回波信号。在声波和目标相互作用过程中产生的某些物理效应和结果作为目标信息被目标回波携带而返回声呐设备，人们利用这些目标信息做出有无目标和关于目标某些属性的判决。但是根据声波散射理论可知，声呐信号被目标“调制”的过程是一个十分复杂的过程，受到多种因素的影响，如声波的频率、波形、脉宽，目标的组成材料及几何形状，目标与入射声信号的相对位置，海水介质及其界面的状态等都会对“调制”过程产生影响，并最终影响回波信号所携带的目标信息。由此可见，这种“调制”过程比较复杂，一般不易人为控制，对于它所遵循的规律，人们目前了解也还不多，这就是目标识别问题至今未获满意解决的主要原因。

## 2　奇异点展开法基本理论

由以上的讨论可以看出，实现声呐目标识别的关键在于了解目标信息与目标属性之间的依赖关系，而且可以想见，在这些依赖关系中，只有那些不受（或很少受）环境因素影响的关系，才是对识别目标真正有用的。本节介绍的奇异点展开法，就是从目标的瞬态回波中寻找出对识别有用的不变量：极点。

考虑到声呐技术和雷达技术间的诸多相似性，我们借用雷达技术中的概念，将水下目标视为一个线性网络，该网络的冲击响应函数设为 $h(t)$ ，相应地，入射声波和目标回波就是此网络的输入和输出，记为 $u(t)$ 和 $v(t)$ 。如果目标是固定不动的，则相应的网络就是非时变的。对于非时变线性网络，应有关系：

$$v(t)=\int_{-\infty}^{\infty}u(t-\tau)h(\tau)\mathrm{d}\tau \tag{1}$$

对于物理上可实现的网络和信号，$u$ 、$v$ 、$h$ 均应是实的，而且当 $t<0$ 时，$h(t)=0$ ，所以式（1）变为：

$$v(t)=\int_{0}^{\infty}u(t-\tau)h(\tau)\mathrm{d}\tau \tag{2}$$

式（2）中，$u$ 是入射声波，为已知量；$v$ 是回波信号。求解积分方程（2）就可得到反应网络传输特性的冲击响应函数 $h(t)$ 。我们应用拉氏变换来求解积分方程（2），并假定 $t<0$ 时有 $u(t)=0$ 、$v(t)=0$ ，对（2）两端取拉氏变换可得：

$$V(s)=U(s)\cdot H(s) \tag{3}$$

式中

$$V(s)=\int_{0}^{\infty}v(t)\mathrm{e}^{-st}\mathrm{d}t \tag{4}$$

$$U(s)=\int_{0}^{\infty}u(t)\mathrm{e}^{-st}\mathrm{d}t \tag{5}$$

$$H(s)=\int_{0}^{\infty}h(t)\mathrm{e}^{-st}\mathrm{d}t \tag{6}$$

式（6）所示的 $H(s)$ 即为目标的传递函数。由（3）可得：

$$H(s)=V(s)/U(s) \tag{7}$$

它与 $h(t)$ 之间满足逆拉氏变换关系：

$$h(t) = \frac{1}{2\pi j}\int_{\sigma-j\infty}^{\sigma+j\infty} H(s)\,e^{st}\,ds \tag{8}$$

可见，只要知道该网络的输入、输出函数，就不难得到网络的冲击响应 $h(t)$ 或传递函数 $H(s)$ 。由电路理论可知，$h(t)$ 函数或 $H(s)$ 函数反映了该网络的传输特性。当将水下目标看成一个线性网络时，则该网络的响应函数（或传递函数）就反映了目标的某些固有特性。所以只要能确立目标属性与 $h(t)$ 或 $H(s)$ 函数之间的依赖关系，就能够利用这种关系确定未知目标的某些特性。

由线性网络理论可知，一个集中参数线性非时变系统的状态可以用一个 $N$ 阶常系数线性微分方程来描述：

$$\sum_{n=0}^{N} a_n \frac{d^n v}{dv^n} = \sum_{m=0}^{M} b_m \frac{d^m u}{du^m} \tag{9}$$

式中的 $a_n$ 、$b_m$ 是与时间 $t$ 无关的常数，系统的性状就由这些常数和初始条件决定。我们利用拉氏变换求解微分方程(9)，并设为零初始条件，则有：

$$V(s)\sum_{n=0}^{N} a_n S^n = U(s)\sum_{m=0}^{M} b_m S^m \tag{10}$$

式中 $V(s)$ 、$U(s)$ 为(4)(5)所定义。由(10)可得系统传递函数为：

$$H(s) = \sum_{m=0}^{M} b_m s^m \Big/ \sum_{n=0}^{N} a_n s^n \tag{11}$$

整理后有：

$$H(s) = K\prod_{m=0}^{M}(s - z_m)\Big/\prod_{n=0}^{N}(s - p_n) \tag{12}$$

式中 $K = b_m/a_n$ 。由复变函数理论可知，$z_m$ 和 $p_n$ 分别是 $H(s)$ 在 $S$ 平面上的零点和极点，它们在 $S$ 平面上的位置决定了系统的属性。考虑 $M < N$ ，并假设系统没有高阶极点，则式(12)可改写为：

$$H(s) = \sum_{n=1}^{N} \frac{r_n}{s - P_n} \tag{13}$$

它的逆拉氏变换给出系统的冲击响应

$$h(t) = \sum_{n=1}^{N} r_n e^{p_n t} \tag{14}$$

以上两式中的 $r_n$ 是极点 $P_n$ 上的留数，其值由常数 $K$ 及全部零点、极点确定。

式(14)表明：系统的冲击响应，可以表示为有限个指数项的加权和，对于一个物理上可实现的系统，$h(t)$ 必是实的，相应地，极点与留数或者是实的，或者呈共轭对出现，因此式(14)所示的冲击响应实际上代表了一系列大小不等的阻尼振荡之和，其中每个振荡的振荡频率由极点 $P_n$ 的虚部 $\mathrm{Im}P_n$ 确定，振荡的衰减快慢由极点 $P_n$ 的实部 $\mathrm{Re}P_n$ 确定。另外，式(14)还表明，一个稳定的系统，应有 $\mathrm{Re}P_n < 0, n = 1,2,\cdots,N$ ，而且 $|\mathrm{Re}P_n|$ 较小的极点又是决定中、长时间响应的主要因素。以上提到的两点，在由目标瞬态回波提取极点和留数时，将是很有用的。

考察式(14)的物理意义，对于一个声呐目标而言，它具有一系列固有振动模式，在入射声波作用下，其中的某一些模式将被激发，目标因此而产生振动，并向周围介质辐射声波—目标回波的组成部分。因此，目标回波至少应带有这方面的信息。由弹性振动理论可知，物体的每一个固有振动模式，都有确定的振动频率，这些固有频率由物体的组成材料、几何形状、结构及所处状态确定，与入射声波的强弱、入射声波与目标的相互位置等因素无关。固有频率的这一性质，目标识别具有重要意义，至于每个振动的振幅及其衰减速度，除受物体本身性状的影响外，还和人射声波的强弱、入射声波与目标的相对位置等因素有关。极点虚部确定的目标固有振动频率是一个不变量，可用于目标识别。另外，还因为它仅由本身的性状所决定，不受其他因素的影响，所以由响应函数提取极点和留数时，有关这部分的数值应有稳定的结果，而反映振幅及其衰减快慢的 $r_n$ 和 $\mathrm{Re}P_n$，其结果将是易变的。

在以上的讨论中，将目标看作为一个集中参数系统，但从原则来说，它应是分布参数型的。那么上面的讨论是否还能适用呢？事实上，人们在处理许多瞬态电磁现象时，如天线面上的诱导电流、雷达目标的散射场等，也总是用一些衰减的正弦振荡之和来逼近。从理论上用积分方程方法求解瞬态电磁问题时，也可发现同样的现象。这种情况在声学中也是类似的。这就启发了人们：不仅是传递函数和冲击响应这样一些概念，而且还有零点、极点和留数等量也可移植到瞬态现象的研究中，只要所研究的对象能用(14)式来描述。

## 3　从目标瞬态回波提取极点

一般情况下，有限尺寸目标的瞬态散射场可用下式表示[11]：

$$h(t) = \sum_{n=1}^{N} r_n e^{p_n t}$$

它的一组 $M$ 个等间距时间采样值为

$$h(t_0 + m\Delta t) = \sum_{n=1}^{N} r_n e^{p_n(t_0+m\Delta t)} \qquad m = 0,1,\cdots,M-1 \tag{15}$$

式中 $\Delta t$ 为采样间隔，$t_0$ 为选定的初始时刻，可不失一般地令 $t_0 = 0$，并记 $\mu_n = e^{p_n\Delta t}$，$h_m = h(m\Delta t)$，这样(15)式就成为：

$$h_m = \sum_{n=1}^{N} r_n\mu_n^m \qquad m = 0,1,\cdots,M-1 \tag{16}$$

由(16)可以看出，要直接从该式同时求解 $r_n$ 和 $P_n$ 是困难的，本文应用的PRONY方法[9]在求解形如(16)所示的方程组时，是先求得 $P_n$，然后再求解 $r_n$，其实质是将非线性方程组的求解问题转化为一个高次方程的求解和两个线性方程组的求解问题。设 $\mu_n$ 满足如下 $N$ 次代数方程：

$$\mu^N - \sum_{K=1}^{N} a_K\mu^{N-K} = 0 \tag{17}$$

系数 $a_K$ 可如下求解：在(16)式两端乘以 $a_{N-m}$，并取和 $\sum\limits_{m=0}^{N-1}$，即：

$$\sum_{m=0}^{N-1} a_{N-m}h_m = \sum_{m=0}^{N-1} a_{N-m}\left(\sum_{n=1}^{N} r_n\mu_n^m\right) \qquad m = 0,1,\cdots,M-1 \tag{18}$$

改变上式求和次序，并注意到 $\mu^N - \sum\limits_{K=1}^{N} a_K\mu^{N-K} = 0$，$n = 1,2,\cdots,M-1$，式(18)就变为：

$$\sum_{m=0}^{N-1} a_{N-m}h_m = \sum_{n=1}^{N} r_n\mu_n^m - h_N$$

由此可得系数 $a_n$ 所满足的方程：

$$h_{N+K} = \sum_{n=1}^{N} a_n h_{N+K-n} \qquad K = 0,1,\cdots,M-N-1 \tag{19}$$

这是一个线性方程组,当 $M = 2N$ 时,它是正则的,可用通常的求解方法求得其解;当 $M > 2N$ 时,它是矛盾方程组,可求得最小二乘意义上的解。在求得系数 $a_n$ 后,可由方程(17)得到 $\mu_n, n = 1,2,\cdots,N$ ,并由 $\mu_n = e^{P_n \Delta t}$ 求出 $P_n$ 值,最后由方程组(16)解得留数 $r_n$ 。

从目标回波提取极点和留数,除应用 PRONY 方法外,还可应用相关分析方法[10]。

## 4 模拟计算结果

采用以上理论,在不同的采样间隔 $\Delta t$ ,对原始信号迭加以不同的噪声、不同的假设极点数,应用不同方法求解方程组(19),对模拟的目标瞬态回波提取了极点和留数,并与预设值进行了比较。考虑到窄脉冲入射时,目标瞬态回波是一串在时间上分开、幅度、指数衰减、波形基本上与入射脉冲相同的脉冲信号这一性质[2],模拟目标回波取为:

$$f(t) = e^{at}\left[\frac{a_0}{2} + \sum_{m=1}^{\infty}(a_m\cos m\omega_1 t + b_m\sin m\omega_1 t)\right] \tag{20}$$

式中:

$$a_0 = \frac{2}{T}\alpha\frac{e^{a\tau} - 1}{a^2 + \omega_0^2} \tag{21}$$

$$a_m = \frac{1}{T}\left\{\frac{e^{\alpha\tau}[\alpha\cos X_m + X_+\sin X_m] - \alpha}{\alpha^2 + X_+^2} + \frac{e^{\alpha\tau}[\alpha\cos X_m + X_-\sin X_m] - \alpha}{\alpha^2 + X_-^2}\right\} \tag{22}$$

$$b_m = \frac{1}{T}\left\{\frac{e^{\alpha\tau}[\alpha\sin X_m - X_+\cos X_m] + X_+}{\alpha^2 + X_+^2} + \frac{e^{\alpha\tau}[\alpha\sin X_m - X_-\cos X_m] + X_-}{\alpha^2 + X_-^2}\right\} \tag{23}$$

$X_+ = m\omega_1 + \omega_0$ , $X_- = m\omega_1 - \omega_0$ , $X_m = m\omega_1\tau$ , $\tau = 0.2$ ms , $\alpha = -450$ , $T = 0.8$ ms , $\omega_1 = \frac{2\pi}{T}$ , $\omega_0 = 2\pi f_0$ , $f_0 = 10\ 000$ Hz , $m$ 取 20 时,(20)式所示的信号波形示于图 1 中。

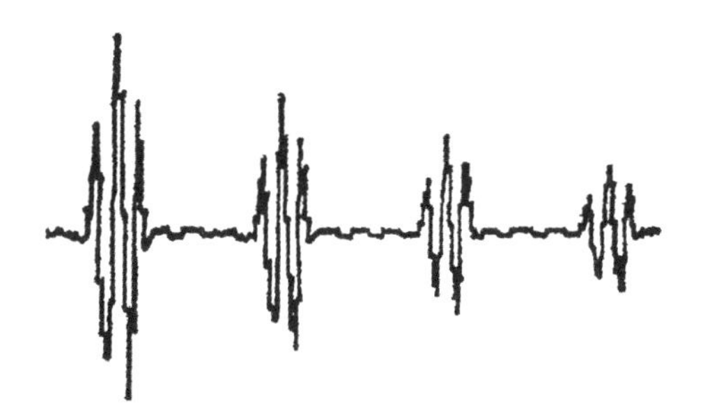

**图 1 模拟回波信号波形( $m = 20$ )**

对式(20)取拉氏变换可得:

$$\int_0^{\infty}\frac{a_0}{2}e^{\alpha t}\cdot e^{-pt}dt = \frac{a_0}{2}\frac{1}{p - a}$$

$$\int_0^{\infty}e^{-pt}\cdot e^{\alpha t}\cdot a_m\cdot\cos m\omega_1 t dt = \frac{a_m}{2}\left[\frac{1}{p - \alpha + jm\omega_1} + \frac{1}{p - \alpha - jm\omega_1}\right]$$

$$\int_0^{\infty}e^{-pt}\cdot e^{\alpha t}\cdot b_m\cdot\sin m\omega_1 t dt = \frac{b_m}{2j}\left[\frac{1}{p - \alpha + jm\omega_1} - \frac{1}{p - \alpha + jm\omega_1}\right]$$

相应的极点和留数是:

$$p_0 = \alpha, \qquad r_0 = \frac{a_0}{2}$$

$$\left.\begin{aligned} p_m &= a - \mathrm{j}m\omega_1, \qquad r_m = \frac{a_m}{2} + \mathrm{j}\frac{b_m}{2} \\ p'_m &= a + \mathrm{j}m\omega_1, \qquad r'_m = \frac{a_m}{2} - \mathrm{j}\frac{b_m}{2} \end{aligned}\right\} \tag{24}$$

可见极点和留数确是实数或呈共轭对出现。

以下给出不同条件下的计算结果，为叙述的方便，记：

d$t$：采样间隔，单位 μs；

$N$：应用 PRONY 法提取极点时，事先假设的极点数；

$M$：求方程（19）的最小二乘解时，应用的采样数；

dB：用分贝表示的信噪比。所附加的噪声是均值为零的高斯噪声。因信号是随时间衰减的，计算信噪比时采用了信号最大幅值。附加噪声后的信号波形示于图 2 ~ 图 5。因比例不同，所以各图所示波形的幅度也不同。

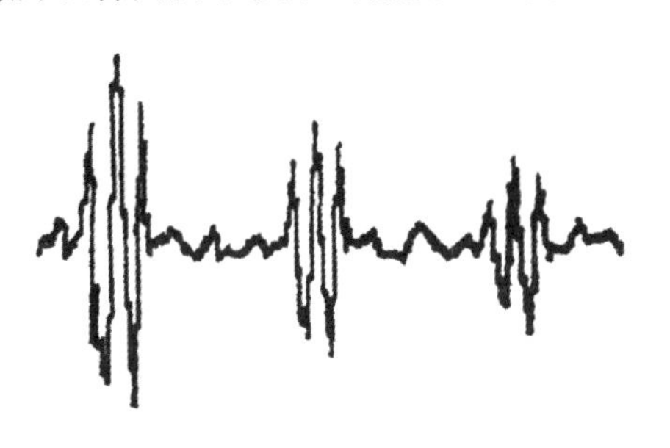

**图 2　信噪比 30 dB 时的波形**

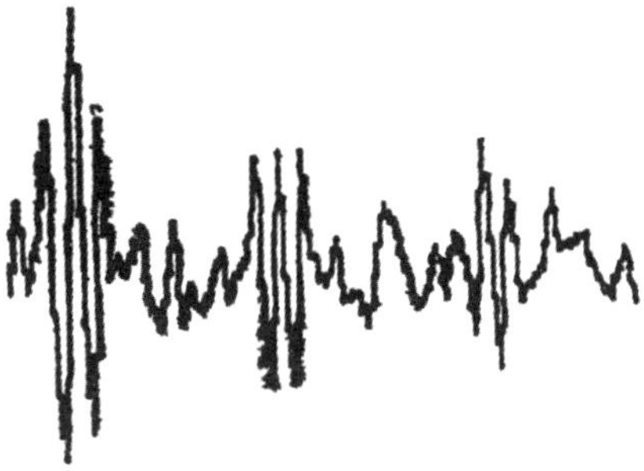

**图 3　信噪比 20 dB 时的波形**

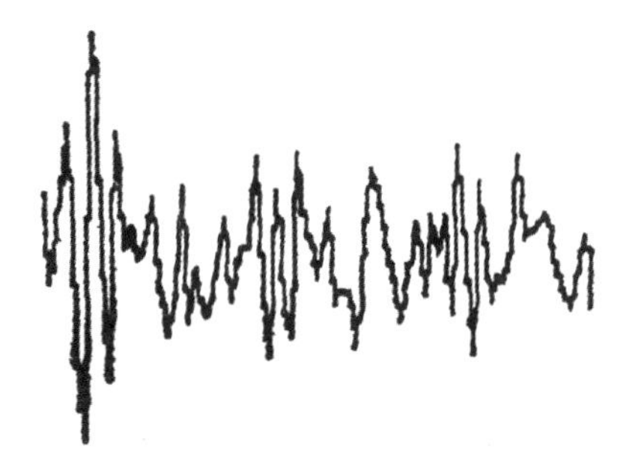

**图 4　信噪比 15 dB 时的波形**

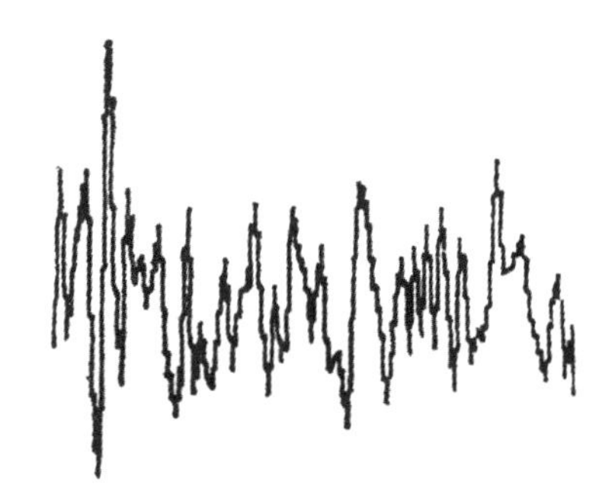

**图 5　信噪比 10 dB 时的波形**

考虑到计算机内存容量，由（20）式表示的求和仅取前六项，其相应的极点和常数 $a_m$、$b_m$ 示于表 1 和表 2。

**表 1　预设的极点**

| $p_m$ \ $m$ | 0 | 2 | 3 | 4 | 5 |
|---|---|---|---|---|---|
| Re$P_m$ | -450 | -450 | -450 | -450 | -450 |
| Im$P_m/\omega_1$ | 0 | 2 | 3 | 4 | 5 |

**表 2　系数 $a_m$、$b_m$ 值**

| $m$ | 0 | 1 | 2 | 3 | 4 | 5 |
|---|---|---|---|---|---|---|
| $a_m$ | 0. 000 024 5 | -0. 004 32 | 0. 000 66 | 0. 016 30 | 0. 000 05 | -0. 036 21 |
| $b_m$ | | -0. 005 32 | -0. 020 30 | 0. 016 96 | -0. 002 28 | -0. 041 76 |

## 4.1　$M = 2N$，方程(19)为正则方程时的计算结果

A. 极点值与采样周期 d$t$ 的关系

| $m$ / $P_m$ | 0 | 1 | 2 | 3 | 4 | 5 | 计算条件 | | | |
|---|---|---|---|---|---|---|---|---|---|---|
| | | | | | | | d$t$ | $N$ | $M$ | dB |
| Re $P_m$ | -5 250. 070 | -1 147. 865 | -653. 22 | -108. 865 | -660. 54 | -451. 087 | 16 | 25 | 50 | |
| Im $P_m/\omega_1$ | 0. 000 | 0. 865 | 2. 093 | 2. 970 | 4. 121 | 5. 000 | | | | |
| Re $P_m$ | -448. 586 | -450. 001 | -449. 998 | -449. 997 | -449. 945 | -450. 000 | 32 | 25 | 50 | |
| Im $P_m/\omega_1$ | 0. 000 | 1. 000 | 2. 000 | 3. 000 | 4. 000 | 5. 000 | | | | |
| Re $P_m$ | -449. 998 | -450. 001 | -450. 003 | -450. 000 | -449. 989 | | 40 | 25 | 50 | |
| Im $P_m/\omega_1$ | 0. 000 | 1. 000 | 2. 000 | 3. 000 | 4. 000 | | | | | |
| Re $P_m$ | -440. 386 | -450. 021 | -450. 019 | -449. 996 | | | 53 | 25 | 50 | |
| Im $P_m/\omega_1$ | 0. 000 | 1. 000 | 2. 000 | 3. 000 | | | | | | |
| Re $P_m$ | -450. 003 | -449. 993 | -450. 000 | | | | 80 | 25 | 50 | 50 |
| Im $P_m/\omega_1$ | 0. 000 | 1. 000 | 2. 000 | | | | | | | |

B. 附加不同噪声时的极点值

| $m$ / $P_m$ | 0 | 1 | 2 | 3 | 4 | 5 | 计算条件 | | | |
|---|---|---|---|---|---|---|---|---|---|---|
| | | | | | | | d$t$ | $N$ | $M$ | dB |
| Re $P_m$ | -448. 586 | -450. 001 | -449. 998 | -449. 997 | -449. 945 | -450. 000 | 32 | 25 | 50 | |
| Im $P_m/\omega_1$ | 0. 000 | 1. 000 | 2. 000 | 3. 000 | 4. 000 | 5. 000 | | | | |
| Re $P_m$ | -985. 157 | -567. 846 | -511. 182 | -564. 642 | -435. 919 | -447. 594 | 32 | 25 | 50 | 30 |
| Im $P_m/\omega_1$ | 0. 000 | 0. 632 | 2. 013 | 3. 006 | 4. 279 | 5. 000 | | | | |
| Re $P_m$ | -1 895. 917 | -492. 047 | -850. 856 | -894. 439 | -614. 026 | -435. 058 | 32 | 25 | 50 | 20 |
| Im $P_m/\omega_1$ | 0. 000 | 0. 626 | 1. 922 | 2. 984 | 4. 237 | 5. 001 | | | | |
| Re $P_m$ | | -392. 456 | -923. 452 | -761. 907 | -521. 617 | -411. 053 | 32 | 25 | 50 | 10 |
| Im $P_m/\omega_1$ | | 0. 614 | 1. 915 | 3. 077 | 4. 129 | 5. 037 | | | | |
| Re $P_m$ | | -418. 782 | -898. 597 | -483. 818 | -717. 394 | -720. 610 | 32 | 25 | 50 | 15 |
| Im $P_m/\omega_1$ | | 0. 616 | 1. 914 | 3. 046 | 4. 086 | 4. 990 | | | | |

C. 极点值随假设极点数 N 的变化

| $m$ / $P_m$ | 0 | 1 | 2 | 3 | 4 | 5 | 计算条件 | | | |
|---|---|---|---|---|---|---|---|---|---|---|
| | | | | | | | d$t$ | $N$ | $M$ | dB |
| Re $P_m$ | −448.586 | −450.001 | −449.998 | −449.997 | −449.945 | −450.000 | 32 | 25 | 50 | |
| Im $P_m/\omega_1$ | 0.000 | 1.000 | 2.000 | 3.000 | 4.000 | 5.000 | | | | |
| Re $P_m$ | −3 131.821 | −457.590 | −449.484 | −449.553 | −450.763 | −450.019 | 32 | 20 | 40 | |
| Im $P_m/\omega_1$ | 0.000 | 1.000 | 2.000 | 3.000 | 4.000 | 5.000 | | | | |
| Re $P_m$ | | −316.715 | −523.551 | −422.475 | −616.517 | −449.769 | 32 | 15 | 30 | |
| Im $P_m/\omega_1$ | | 1.005 | 1.992 | 3.006 | 4.001 | 5.000 | | | | |
| Re $P_m$ | −36 799.032 | | | | | −451.460 | 32 | 10 | 20 | |
| Im $P_m/\omega_1$ | 0.000 | | | | | 5.002 | | | | |
| Re $P_m$ | −10 889.894 | | | | | −382.266 | 32 | 5 | 10 | |
| Im $P_m/\omega_1$ | 0.000 | | | | | 5.008 | | | | |

## 4.2　$M > 2XN$ 条件下的极值点

A. 随采样周期 d$t$ (μs)的变化

| $m$ / $P_m$ | 0 | 1 | 2 | 3 | 4 | 5 | 计算条件 | | | |
|---|---|---|---|---|---|---|---|---|---|---|
| | | | | | | | d$t$ | $N$ | $M$ | dB |
| Re $P_m$ | | −451.360 | −451.873 | −449.964 | −460.681 | −449.971 | 16 | 25 | 100 | |
| Im $P_m/\omega_1$ | | 1.000 | 2.000 | 3.000 | 4.000 | 5.000 | | | | |
| Re $P_m$ | −451.874 | −450.000 | −449.999 | −449.999 | −449.974 | −449.999 | 32 | 25 | 100 | |
| Im $P_m/\omega_1$ | 0.000 | 1.000 | 2.000 | 3.000 | 4.000 | 5.000 | | | | |
| Re $P_m$ | −450.000 | −450.030 | −450.001 | −450.000 | −449.997 | −751.533 | 40 | 25 | 100 | |
| Im $P_m/\omega_1$ | 0.000 | 1.000 | 2.000 | 3.000 | 4.000 | 4.224 | | | | |
| Re $P_m$ | −459.021 | −450.000 | −450.000 | −449.999 | −449.997 | | 58 | 25 | 100 | |
| Im $P_m/\omega_1$ | 0.000 | 1.000 | 2.000 | 3.000 | 3.547 | | | | | |
| Re $P_m$ | −450.004 | −450.024 | −449.997 | −415.816 | | | 80 | 25 | 100 | |
| Im $P_m/\omega_1$ | 0.000 | 1.000 | 2.000 | 2.457 | | | | | | |

B. 极点值随不同量级附加噪声的变化

| $m$ / $P_m$ | 0 | 1 | 2 | 3 | 4 | 5 | 计算条件 | | | |
|---|---|---|---|---|---|---|---|---|---|---|
| | | | | | | | d$t$ | $N$ | $M$ | dB |
| Re $P_m$ | −451.874 | −450.000 | −449.999 | −449.999 | −449.999 | −449.999 | 32 | 25 | 100 | |
| Im $P_m/\omega_1$ | 0.000 | 1.000 | 2.000 | 3.000 | 4.000 | 5.000 | | | | |

续表

| $m$ / $P_m$ | 0 | 1 | 2 | 3 | 4 | 5 | 计算条件 | | | |
|---|---|---|---|---|---|---|---|---|---|---|
| | | | | | | | d$t$ | $N$ | $M$ | dB |
| Re $P_m$ | -1 069.479 | -880.350 | -524.903 | -501.020 | -754.799 | -478.980 | 32 | 25 | 100 | 30 |
| Im $P_m/\omega_1$ | 0.000 | 1.059 | 2.002 | 2.998 | 4.0469 | 4.999 | | | | |
| Re $P_m$ | -1 165.412 | -4 107.090 | -847.038 | -659.907 | -1568.368 | -553.993 | 32 | 25 | 100 | 20 |
| Im $P_m/\omega_1$ | 0.000 | 1.234 | 1.986 | 2.987 | 3.889 | 5.000 | | | | |
| Re $P_m$ | | | -1 299.910 | -1 899.138 | -1 333.217 | -2 326.681 | 32 | 25 | 100 | 10 |
| Im $P_m/\omega_1$ | | | 1.913 | 2.884 | 3.889 | 5.010 | | | | |
| Re $P_m$ | -1 804.996 | | -928.482 | -907.119 | -1 340.834 | -661.458 | 32 | 24 | 100 | 15 |
| Im $P_m/\omega_1$ | 0.000 | | 1.936 | 2.968 | 3.894 | 5.003 | | | | |

C. 极点值随假设极点数的变化

| $m$ / $P_m$ | 0 | 1 | 2 | 3 | 4 | 5 | 计算条件 | | | |
|---|---|---|---|---|---|---|---|---|---|---|
| | | | | | | | d$t$ | $N$ | $M$ | dB |
| Re $P_m$ | -451.874 | -450.000 | -449.999 | -449.999 | -449.974 | -449.999 | 32 | 25 | 100 | |
| Im $P_m/\omega_1$ | 0.000 | 1.000 | 2.000 | 3.000 | 4.000 | 5.000 | | | | |
| Re $P_m$ | -1 981.632 | -447.740 | -449.766 | -450.186 | -450.903 | -450.008 | 32 | 20 | 80 | |
| Im $P_m/\omega_1$ | 0.000 | 0.999 | 2.000 | 3.000 | 4.000 | 5.000 | | | | |
| Re $P_m$ | -1 103.872 | -435.711 | -447.048 | -450.178 | -406.549 | -449.957 | 32 | 15 | 60 | |
| Im $P_m/\omega_1$ | 0.000 | 0.998 | 2.000 | 2.999 | 3.995 | 5.000 | | | | |
| Re $P_m$ | -4 408.386 | | -1 215.097 | -817.497 | | -448.352 | 32 | 10 | 40 | |
| Im $P_m/\omega_1$ | 0.000 | | 1.831 | 2.991 | | 5.000 | | | | |
| Re $P_m$ | | | | -3 335.913 | | -484.706 | 32 | 5 | 20 | |
| Im $P_m/\omega_1$ | | | | 2.6586 | | 5.004 | | | | |

D. 极点值随所用采样数 $M$ 的变化

| $m$ / $P_m$ | 0 | 1 | 2 | 3 | 4 | 5 | 计算条件 | | | |
|---|---|---|---|---|---|---|---|---|---|---|
| | | | | | | | d$t$ | $N$ | $M$ | dB |
| Re $P_m$ | -435.351 | -449.995 | -449.998 | -449.998 | -449.940 | -449.999 | 32 | 25 | 50 | |
| Im $P_m/\omega_1$ | 0.000 | 1.000 | 2.000 | 3.000 | 4.000 | 5.000 | | | | |
| Re $P_m$ | -463.854 | -450.001 | -450.001 | -450.001 | -449.988 | -450.001 | 32 | 25 | 75 | |
| Im $P_m/\omega_1$ | 0.000 | 1.000 | 2.000 | 3.000 | 4.000 | 5.000 | | | | |
| Re $P_m$ | -451.874 | -450.000 | -449.999 | -449.999 | -449.974 | -449.999 | 32 | 25 | 100 | |
| Im $P_m/\omega_1$ | 0.000 | 1.000 | 2.000 | 3.000 | 4.000 | 5.000 | | | | |
| Re $P_m$ | -452.954 | -449.999 | -449.999 | -449.999 | -449.977 | -449.999 | 32 | 25 | 125 | |
| Im $P_m/\omega_1$ | 0.000 | 1.000 | 2.000 | 3.000 | 4.000 | 5.000 | | | | |

### 4.3　关于留数的计算

由(24)式可知,本例中的留数应为 $\frac{a_0}{2}$ 和 $r_m = \frac{a_m}{2} \pm \mathrm{i}\frac{b_m}{2}, m = 1,2,\cdots,5$ , $a_m$ 、$b_m$ 值见表2。本文利用方程(16),在上述各种条件下计算了留数,所得结果很不理想,主要表现为:结果精度太差,很少有和预设值相符合的结果;结果和计算条件关系密切,后者的稍许改变,可能导致前者的甚大变化,以下两组数据就是这方面的例子。

A. $N = 15$ , $M = 30$ , d$t$ =32 μs,未加噪声条件下所得的留数

| $m$ | 0 | 1 | 2 | 3 | 4 | 5 |
|---|---|---|---|---|---|---|
| Re $r_m$ | 0.000 0 | 0.041 5 | -0.001 7 | 0.013 1 | 0.000 7 | -0.018 1 |
| Im $r_m$ | | -0.237 3 | 0.000 2 | 0.005 4 | -0.000 1 | 0.020 9 |

B. $N = 20$ , $M = 40$ , d$t$ =32 μs,未加噪声条件下所得的留数

| $m$ | 0 | 1 | 2 | 3 | 4 | 5 |
|---|---|---|---|---|---|---|
| Re $r_m$ | 0.106 1 | 0.702 2 | -0.053 8 | -0.035 4 | -0.004 4 | -0.018 6 |
| Im $r_m$ | | -1.469 8 | 0.451 0 | -0.066 3 | -0.006 3 | 0.020 5 |

## 5　结语

由以上模拟计算结果可以看出:

(1)根据奇异点展开理论,从目标瞬态回波提取反应目标频率特性的信息一极点是可行的。我们从这里可以得到启示:如果发射一个宽带声呐信号,则它将激发起目标的多种谐振模式,这些被激发起来的谐振频率反映了目标的频率特性,当从回波中作为极点将它们提取出来后,利用数据库中预存的各类目标的相应信息,再赋予某些先验知识,就有可能实现水下目标识别。至于留数,虽然它有明确的物理意义,但影响它的因素较多,一般不易确切求得其值。

(2)为保证计算结果的可靠性及精度,对回波信号进行采样时,采样频率以取最高频率分量频率的4~5倍为宜。本例中, $f_1 = 1.25$ kHz , $f_5 = 6.25$ kHz ,相应周期为160 μs。由计算结果看,以采样周期为40 μs、32 μs为最好。

(3)在提取极点时,假设的极点数应远多于实际的极点数,这样才能将真实的极点提取出来。自然这也就引进了大量的假极点,但是只要假设两个极点数,进行两次类似的计算,则在两次计算结果中,真实极点会重复出现,而那些假极点,一般是不会重复出现(见表3和表4)所以可通过两次计算值的比较,来识别和剔除假极点。另外,从计算结果来看,假设的极点数应3倍或更多于实际的极点数,才能得到好的结果。

**表3　d$t$ =32 μs,假设极点数 $N = 25$ ,未加噪声,方程(21)正则时的极点值**

| Re $P_m$ | 79.815 | 79.815 | -48.586 | 2 116.407 | 2 116.407 | -449.945 | -449.945 | -414.122 | -414.122 |
|---|---|---|---|---|---|---|---|---|---|
| Im $P_m/\omega_1$ | -5.381 | 5.381 | 0.000 | -4.521 | 4.521 | 4.000 | -4.000 | -2.333 | 2.333 |

续表

| Re $P_m$ | 79.815 | 79.815 | -48.586 | 2 116.407 | 2 116.407 | -449.945 | -449.945 | -414.122 | -414.122 |
|---|---|---|---|---|---|---|---|---|---|
| | -449.998 | -449.998 | -4 826.414 | -450.000 | -450.000 | -5 628.880 | -1 442.945 | -1 442.965 | -449.997 |
| | 2.000 | -2.000 | 0.000 | 5.000 | -5.000 | 0.000 | 6.075 | -6.075 | 3.000 |
| | -449.997 | -1299.289 | -1 299.289 | -450.001 | -450.001 | -2 343.356 | -2 343.356 | | |
| | -3.000 | -3.400 | 3.400 | 1.000 | -1.000 | 1.161 | -1.161 | | |

**表 4　d$t$ =32 μs,假设极点数 $N$ = 20 ,未加噪声,方程(21)正则时的极点值**

| Re $P_m$ | 48 983.280 | 1 107.453 | 1 107.453 | -449.553 | -449.553 | 1 295.716 | 1 295.716 | -450.019 | -450.019 |
|---|---|---|---|---|---|---|---|---|---|
| Im $P_m/\omega_1$ | 0.000 | -5.320 | 5.320 | -3.000 | 3.000 | -2.009 | 2.009 | 5.000 | -5.000 |
| | -505.982 | -505.982 | -457.590 | -457.590 | -281.081 | -281.081 | -450.763 | -450.763 | -449.484 |
| | -3.364 | 3.364 | 1.000 | -1.000 | -0.936 | 0.963 | -4.000 | 4.000 | 2.000 |
| | -449.484 | -3 131.821 | | | | | | | |
| | -2.000 | 0.000 | | | | | | | |

(4)计算结果表明,用两种不同的方法求解方程组(19),所得结果基本相同,但相比之下可以看出,$M > 2N$ 时的结果略优于 $M = 2N$ 的结果。

(5)关于附加噪声的量级,为保证结果的可靠性及精度,信噪比应高于20 dB。

杨士莪教授审阅了本文,并提出了宝贵意见;鲍筱玲副教授对本文也有有益的指教,作者向他们表示衷心的感谢!

## 参考文献

[1] Faran J J,JASA,1951,23(4):405.
[2] Hickling R,JASA,1962,34(10):1582.
[3] Uberall H,et al. JASA,1968,43(1):1.
[4] Varadan V,et al. JASA,1980,68(2):686.
[5] Ksienski A A, et al. Inverse Scattering as a Target Identification Problem in Acoustic Electromagnetic and Elastic Wave Scattering - Focus on the T - Matrix Approacha, New York:1980.
[6] Rose J H, et al. Inversion of Ultrasonic Scattering Data. in Acoustic Electromagnetic and Elastic Wave Seattebing - Focus on the T - Matrix Approach, New York:1980.
[7] Felsen L B ed. The Singularity Expansion Method in Transient Electromagnetics Fields,1976.
[8] CHuang C W,et al. IEEE Trans,on AES,1976,12(5),583.
[9] Hildebrand F B. Introduction to Numerical Analysis. New York,MCGraw - Hill,1956.
[10] 柯有安. 雷达目标识别. 国外电子技术,1978,4(5):22.
[11] Pearson L W,et al. A New Method for Radar Target Recognition Based on the Singularity Expansion for Target. IEEE 国际雷达会议,1975,452 -457.

# 声呐目标回波的亮点模型

汤渭霖

**摘要**　本文为声呐工程提供一个实用的目标模型,基于大多数声呐系统采用高频限带信号的事实,用传递函数描述目标的回波特性比较适宜。在高频情况下,构成回波的各种成分,如镜反射波、棱角波和各种弹性散射波都可以等效成某个散射中心即亮点的回波。整个目标等效成一组空间分布亮点。本文给出亮点传递函数的普遍形式,它由幅度因子、时延和相位跳变三个参量描述。一个完整的目标模型就是给定这三个参量组。利用本文给出的亮点模型可以实现窄带回波波形的模拟。

## 1　引言

在水下探测和识别中,当目标是声学上的无源体或安静型目标时,回波方式是唯一有效的工作方式。目标回波是目标在入射声波激励下产生的一种物理过程,回波中携带有目标的特征信息。这些信息是主动声呐实现探测和识别的基础。

现代声呐技术(包括鱼雷声自导系统)的一个重要发展方向是目标的分类和识别,它要求对目标的回波特性有更深入细致的了解,以便使声呐处理机能够通过对回波的分析处理提取特征量并进行分类识别。因此,一个实用的目标模型是主动声呐技术迫切需要的,它主要被用于:

(1)主动声呐的系统设计,尤其是系统的波形设计。检测和识别的方案制定及相应的处理机结构等方面。

(2)目标回波的仿真和模拟,根据工作条件又可分为电信号模拟和声场仿真。前者主要用于主动声呐的实验室调机,后者则可用于①主动声呐海上校验,②水声对抗系统中假目标回波模拟,③鉴定鱼雷性能的固定式或自航式声靶中模拟舰艇回波等。

在不同的使用场合,目标模型中所反映的信息重点有所不同。总的说来,目标信息包括:

(1)几何(尺度、形状)信息。

(2)运动信息。如相对方位角、运动多普勒、尾流、摇摆引起的信号起伏(闪烁)等。

(3)材料信息。如密度,纵波和横波速度等。

文献[1]从信息论和信道的观点对目标模型进行了全面的理论总结。本文将以回波的产生机理为基础具体讨论一个实用的目标模型,即亮点模型。首先,以线性系统的观点定义目标的传递函数,并给出它与目标强度、散射截面及形态函数的简单关系。然后着重讨论亮点及其回波的物理意义及特点。根据镜反射波、棱角波及弹性散射波的已知解总结出传递函数的普遍形式。它可以用幅度因子、时延及相位跳变三个参数完全确定。最后用亮点传递函数讨论了回波波形的模拟,表明这样一个目标模型具有实际应用价值。

## 2 线性目标模型

已经指出,回波是目标在入射声波激励下产生的一种物理过程,它既与目标(含周围介质负荷)的固有振动或波动特性有关,又与入射声波特性有关。在绝大多数情况下,作为激励源的入射声波是小振幅波,回波的形成服从线性声学规律,且与初始时间无关。因此,从工程应用的角度可以撇开回波的产生机理,将目标看作是一个线性时不变系统,回波就是目标对入射声波的响应。

为简单起见,只讨论单站(收-发合置)和远场的情况。我们来定义这种情况下的目标传递函数。设频率为 $\omega$ 的单色波沿 $\vec{R}$ 方向入射到目标上,目标所在点的入射波声压是 $P_i(\omega)$ 。在这个波的激励下,目标产生反向远场回波 $P_b(\vec{R},\omega)$ 。目标的传递函数 $H(\vec{R},\omega)$ 由下式定义

$$P_b(\vec{R},\omega) = \frac{e^{ikr}}{r}H(\vec{R},\omega)P_i(\omega) \tag{1}$$

或

$$H(\vec{R},\omega) = re^{-ikr}\frac{P_b(\vec{R},\omega)}{P_i(\omega)} \tag{1'}$$

(1)式右边的因子 $\exp(ikr)/r$ 用来修正信道传输的影响。因为无论目标多么复杂,在远场中散射波都以 $\exp(ikr)/r$ 的规律扩展。排除这一与距离有关的因子相当于将回波幅度折算到目标单位距离处,同时将传播声程的起始点取在等效声中心上。如果把 $H(\vec{R},\omega)$ 看作是一个黑匣子或网络的传递函数,那么当输入信号为 $P_i(\omega)$ 时输出信号是目标单位距离上的回波但其传播声程取为零。这里定义的目标传递函数与其他文献[1-2]中的定义基本相同。由于排除了信道传输的影响,使得它可以直接和声呐方程中的目标强度联系。根据目标强度的定义得到

$$TS = 10\lg |H(\vec{R},\omega)|^2 \tag{2}$$

这样,传递函数和物理上的散射截面有以下的简单关系

$$\sigma = 4\pi |H(\vec{R},\omega)|^2 \tag{3}$$

对于球形目标,传递函数和散射问题中的无因次形态函数(form fucntion)[3-5]也有简单关系

$$H(\vec{R},\omega) = \frac{a}{2}f_\infty(\pi,x) \tag{4}$$

其中 $x = \omega a/c$ 是无因次频率变量,$a$ 是半径。

(2)式的定义没有考虑目标与源相对运动产生的多普勒效应。在水声情况中,运动的马赫数很小,可以认为运动目标的传递函数与静止的相同,运动只是引起回波的频率变化,这时 $P_b$ 中的 $\omega$ 应换成以 $\omega' = \omega/(1-2v_r/C)$ ,$v_r$ 是在声波传播方向上的相对运动速度。

众所周知,一个实际目标的传递函数一般都比较复杂。即使像刚性球这样最简单的目标,其传递函数与频率(或 $ka$ 值)的关系也无法用简单的函数来描述。因为分离变量法导致 Rayleigh 级数解,对于弹性球或球壳,级数的形式更加复杂,并且在响应中出现与弹性体的共振模式相对应的谷值[2-3,5]。至于形状不规则的实际目标,其传递函数的严格数学表示式几乎是不可能得到的

另一方面,作为一个线性系统,目标的回波响应也可以用脉冲响应函数 $h(\vec{R},t)$ 来描述,

它与传递函数构成 Fourier 变换对

$$h(\vec{R},t) = \frac{1}{2\pi}\int_{-\infty}^{\infty} H(\vec{R},\omega)\mathrm{e}^{-\mathrm{j}\omega t}\mathrm{d}\omega \tag{5}$$

并有

$$p_b(\vec{R},t) = \int_{-\infty}^{\infty} p_i(\tau)h(\vec{R},t-\tau)\mathrm{d}\tau \tag{6}$$

显然，$h(\vec{R},t)$ 是当 $\delta$ 脉冲沿 $\vec{R}$ 方向入射到目标上时所产生的单位距离上的回波。原则上，用脉冲响应函数描述目标的瞬态响应比较适宜。但是，脉冲响应函数通常比传递函数更难得到。

从实际应用的角度，无论是主动声呐的系统设计或是目标模拟，要求给出全空间各个方位上的传递函数或脉冲响应函数。但是无论是用实验方法还是理论分析方法，要想得到完整的传递函数或脉冲响应函数都是很困难的。这主要是受到系统频带的限制。我们既不可能对目标进行全频带内的扫描也不可能产生一个理想的 $\delta$ 脉冲去激励目标。

## 3　亮点目标模型

幸好，大多数实际的声呐系统采用窄带信号。即其带宽与中心频率之比远小于1。这时传递函数只需取中心频率附近的值，问题得到很大的简化。本节根据声散射的研究成果详细讨论亮点目标模型，给出传递函数的具体数学形式。

亮点（highlight）的概念最初用来描述凸光滑表面的反射波主要取决于第 1 个菲涅耳区这一事实[6]。在光学情况下我们确实可以观察到这样的亮点。本文将赋予亮点以更广泛的含义。事实上，理论分析和实验研究都证明，在高频（大 $ka$）情况下，任何一个复杂目标的回波都是由若干个子回波迭加而成的，每个子回波可以看作是从某个散射点发出的波，这个散射点就是亮点。它可以是真实的亮点，也可以是某个等效的亮点。这样，任何一个复杂目标都可以等效成若干个散射亮点的组合，每个散射亮点产生一个亮点回波，总的回波是这些亮点回波相干迭加的结果。

亮点及其回波具有以下特点：

（1）根据形成机理可以把亮点分成两类：

①几何类亮点。它主要由目标的几何形状决定。最重要的是凸光滑表面上的镜反射亮点。当表面曲率半径较大时，它的贡献往往是第一位的。其次是边缘或棱角的反射亮点，有时候它们也不能被忽略。这类亮点回波可以用物理声学或几何声学方法找出，它们的声中心与几何中心一致。

②弹性类亮点。它们是在特定条件下出现的表面绕行波或弹性散射波对应的亮点。这类亮点必须用波动或几何绕射理论分析，它并不存在真实的几何亮点，而是根据波传播的声程确定的等效亮点。例如，弹性球或球壳的回波是一个脉冲串，其中第一个是镜反射波，亮点就是球的顶点，后续的波都是弹性类散射波，并无真实的几何亮点存在，但是我们可以根据这些波相对于镜反射波的时延值确定等效亮点位置。

（2）不同亮点在声轴上相互错开形成沿距离（或空间）分布特征。因此，若用短脉冲激励目标，回波中可以明显分离出各个亮点回波。这一特征提供了分析亮点的基本途径。例如，参考文献[8]详细给出了有限长平头柱在倾斜方向上的亮点分布及相应的窄脉冲回波图。值得指出的是，当入射 - 反射方位变化时，亮点之间的相对距离和声程随之变化。因此，亮点的距离分布特征与方位角有密切的关系。而这一点正是造成回波的各种时空特性的根源，例如回波包络的变化，回波的拖长，目标强度的“蝴蝶形”图等。

(3)根据有关目标散射的基础性研究结果，我们归纳出单个亮点的传递函数是

$$H(\vec{R},\omega) = A(\vec{R},\omega)\mathrm{e}^{\mathrm{j}\omega\tau}\mathrm{e}^{\mathrm{j}\varphi} \tag{7}$$

其中，$A(\vec{R},\omega)$ 是幅度反射因子，通常是频率的函数，对窄带信号可以取中心频率处的值；$\tau$ 是时延，由等效散射中心相对于某个参考点的声程 $\xi$ 决定，$\tau = 2\xi/C$，且是方位角 $\theta$ 的函数；$\varphi$ 是回波形成时产生的相位跳变，下面将会看到，它与目标的形状及亮点的性质有关。(7)式模型用幅度因子、时延和相位跳变三个参数确定亮点的特性。这三个参数需要通过典型问题的解算并结合相应的实验来确定。下面是一些例子。

①凸光滑曲面的镜反射波。物理声学方法加稳相法积分给出[7]

$$P_b = \frac{1}{2}\frac{\sqrt{|R_1||R_2|}}{\sqrt{\left(1+\frac{|R_1|}{r}\right)\left(1+\frac{|R_2|}{r}\right)}}\frac{\mathrm{e}^{ikr}}{r}\cdot P_i \tag{8}$$

这里，$R_1$ 和 $R_2$ 分别是镜反射点处的两个主曲率半径，参考点就取在镜反射点也就是回波的亮点，得到

$$A = \frac{1}{2}\frac{\sqrt{|R_1||R_2|}}{\sqrt{\left(1+\frac{|R_1|}{r}\right)\left(1+\frac{|R_2|}{r}\right)}}, \tau = 0, \varphi = 0 \tag{9}$$

在十分远处，

$$A \to \sqrt{|R_1||R_2|}/2$$

②有限长柱的棱角波，物理声学方法给出[8]

$$\left.\begin{aligned}
A_1 &= \frac{a}{4\pi}\sqrt{\frac{\pi}{ka}}\frac{1}{\sin^{3/2}\theta\cos\theta}, & \tau_1 &= 0, \varphi_1 = \pi/4 \\
A_2 &= \frac{a}{4\pi}\sqrt{\frac{\pi}{ka}}\frac{\cos\theta}{\sin^{3/2}\theta}, & \tau_2 &= 4a\sin\theta/c, \varphi_2 = 3\pi/4 \\
A_3 &= \frac{a}{4\pi}\sqrt{\frac{\pi}{ka}}\frac{\sin^{1/2}\theta}{\cos\theta}, & \tau_3 &= 2L\cos\theta/c, \varphi_3 = 5\pi/4
\end{aligned}\right\} \tag{10}$$

有关参数见文献[8]。这里以棱角 1 为参考点，所以 $\tau_1 = 0$。对于棱角波，幅度和时延因子是无因次尺寸 $ka$、$kL$ 及倾角 $\theta$ 的函数，而相位跳变则是一个常数。用物理声学方法还可以导出其他形状棱角的回波。

③无限长弹性柱的回波。根据 Sommerfeld - Watson 变换分析和实验结果，回波主要由镜反射波和各型表面环绕波组成，它可以表示成

$$P_s \approx P_{sp} + \sum_l P_l \tag{11}$$

其中镜反射波是

$$P_{sp} = \left(\frac{a}{2r}\right)^{1/2}\cdot R\cdot \mathrm{e}^{ikr} \tag{12}$$

这里，参考点取在镜反射点上，$R$ 是镜反射系数，当 $ka$ 大时可以用平面波正入射到弹性介质

的反射系数近似。对于 $l$ 型环绕波,设波速为 $c_l$,(角度)衰减系数为 $\beta$,它们都是 $ka$ 的函数。分析给出[4,9]

$$P_l = -G_l\left(\frac{a}{2r}\right)^{1/2} e^{ikr} \sum_{m=1}^{\infty} e^{i\omega[\tau_1^l + (m-1)\tau_0^l]} \cdot e^{-[2(\pi-\theta_l)+2\pi(m-1)]\beta_l} \tag{13}$$

其中

$$\left.\begin{aligned} \tau_1^l &= 2a(1-\cos\theta_l)/C + 2(\pi-\theta_l)a/c_l \\ \tau_0^l &= 2\pi a/c_l \end{aligned}\right\} \tag{14}$$

分别是第 1 次环绕波相对于柱的顶点的时延和环绕波每绕行一周的时延,$\theta_l = \arcsin(c/c_l)$ ,$G_l$是 $l$ 型环绕波的耦合因子,理论分析给出[9]

$$G_l = 8\pi\beta_l(\pi ka)^{-1/2}\exp(i\pi/4) \tag{15}$$

从以上结果归纳出弹性柱的回波亮点模型:

$$A_{sp} = (a/2)^{1/2} \cdot R, \quad \tau_{sp} = 0, \varphi_{sp} = 0 \tag{16}$$

$$\left.\begin{aligned} A_{l,m} &= |G_l|\left(\frac{a}{2}\right)^{1/2} e^{-[2(\pi-\theta_l)+2\pi(m-1)]\beta_l} \\ \tau_{l,m} &= \tau_1^l + (m-1)\tau_0^l, \varphi_{l,m} = 5\pi/4 \end{aligned}\right\} \tag{17}$$

类似地,也可以导出弹性球或球壳的亮点模型。

上述例子说明,无论那一类亮点,它的传递函数都可以表示成(7)式的形式,只要我们对回波有足够清晰的了解。

既然任何一个复杂目标都可以分解成一些简单几何形状的目标,每一个简单目标又可能包含几个亮点,因此,一般说来,目标可以模型化为多个亮点的迭加。按照线性迭加原理,总的传递函数可以表示成

$$H(\vec{R},\omega) = \sum_{m=1}^{N} A_m(\vec{R},\omega) e^{i\omega\tau_m} e^{i\varphi_m} \tag{18}$$

因此,一个目标模型就是提供一组不同方位上的 $A_m$ 、$\tau_m$ 、$\varphi_m$ $(m=1,2,\cdots,N)$ 的值。

## 4　回波模拟

现在我们以亮点模型为基础讨论回波的形成。首先,假定在窄带情况下模型中的三个参数都可以看作常数,因此单个亮点回波的波形是入射波形的拷贝。当目标由若干个空间分布亮点表征时,回波不仅与参数组 $A_m$ 、$\tau_m$ 、$\varphi_m$ 有关而且还与入射脉冲的宽度和形状有关。若脉冲很窄,使得各亮点回波完全分离,形成一个回波串,这种情况称为瞬态响应。若脉冲宽度远大于亮点之间的最大时延,回波的大部分区间由所有亮点参与干涉迭加而成,这种情况称为稳态响应。

设入射信号是由下式表示的限带信号

$$p_i(t) = p_0(t)\exp(-i\omega_c t) \tag{19}$$

这里 $\omega_c$ 是载频,$p_0(t)$ 是包络,它只在脉冲持续时间内有值。设 $p_0(t)$ 的谱是 $P_0(\omega)$ ,则 $p_i(t)$ 的频谱是 $P_0(\omega-\omega_c)$ 。利用目标传递函数的定义(1)和亮点模型(18),得到回波谱

$$P_b(\omega) = \frac{e^{ikr}}{r}\sum_{m=1}^{N} A_m e^{i\omega\tau_m} e^{i\varphi_m} P_0(\omega-\omega_c) \tag{20}$$

反变换得到回波脉冲

$$p_b(t) = \frac{e^{ikr}}{r}\sum_{m=1}^{N}A_m p_0(t-\tau_m)e^{i\omega_c(t-\tau_m)}e^{i\varphi_m} \tag{21}$$

或将它表示成

$$p_b(t) = p_{b,0}(t)e^{-i\omega_c t}\cdot\frac{e^{ikr}}{r} \tag{22}$$

回波的复包络是

$$p_{b,0}(t) = \sum_{m=1}^{N}A_m e^{i\Phi_m}p_0(t-\tau_m) \tag{23}$$

其中

$$\Phi_m = \omega_c\tau_m + \Phi_m \tag{24}$$

进一步令

$$p_{b,0}(t) = |p_{b,0}(t)|\exp(i\Theta) \tag{25}$$

得到

$$|p_{b,0}(t)| = \left\{\left[\sum_{m=1}^{N}A_m\cos\Phi_m p_0(t-\tau_m)\right]^2 + \left[\sum_{m=1}^{N}A_m\sin\Phi_m p_0(t-\tau_m)\right]^2\right\}^{1/2} \tag{26}$$

$$\Theta = \mathrm{tg}^{-1}\frac{\sum_{m=1}^{N}A_m\sin\Phi_m p_0(t-\tau_m)}{\sum_{m=1}^{N}A_m\cos\Phi_m p_0(t-\tau_m)} \tag{27}$$

应用式(22)-(27)可以实现回波的各种模拟。

(1)稳态特性模拟。以能量检测为基础的声呐系统只需了解目标的稳态特性。这时假设脉冲无限宽,令 $p_0(t-\tau_m)$ 全等于1,复包络的模是与时间无关的常数。如果已知参数组与方位角的关系就可以模拟出响应的方位特性,如果已知参数组的频率关系则可模拟出频率特性。

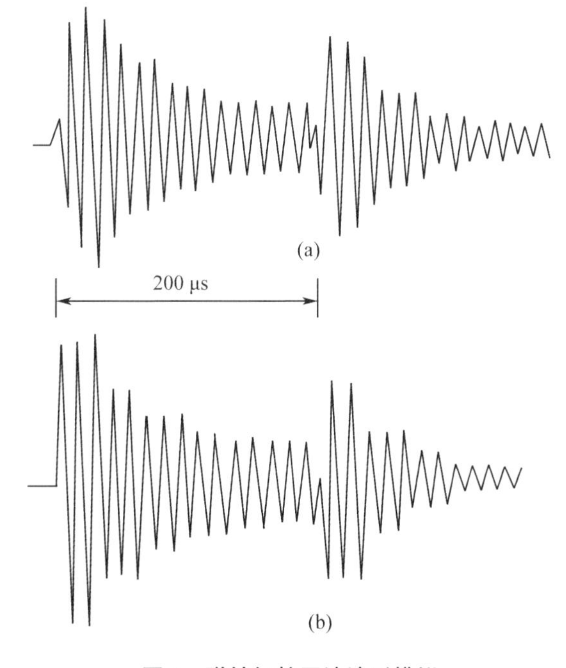


**图1　弹性钢柱回波波形模拟**

(2)波形模拟。取 $p_0(t-\tau_m)$ 在不同时刻的值,即可由(22)~(27)式模拟出回波波形。图 1 给出弹性圆柱正入射时回波模拟结果,图 1(a)是实验测得的 $\Phi_m$ 为 58 mm 实心钢柱的回波波形,频率 66.5 kHz($ka\approx 8.2$),脉宽 200 μs。图 1(b)是数值模拟的回波波形。计算中只取镜反射亮点和前 4 次 Rayleigh 型环绕波亮点。$A_m$、$\tau_m$ 取实验值,$\Phi_m$ 取理论值 $5\pi/4$。由图可见模拟的结果是令人满意的。

在某些实际应用场合,只关心回波的包络信息而忽略相位信息,回波可近似为

$$p_b(t)\approx |p_{b,0}(t)|\mathrm{e}^{-\mathrm{i}\omega_c t}(\mathrm{e}^{\mathrm{i}kr}/r) \tag{28}$$

这时回波的相位是处处连续的。图 2 是一种实现回波模拟的原理框图。回波模拟器接收到入射波后一方面由检波器检出包络 $p_0(t)$,另一方面测出入射波的载频供转发时用。入射波的包络分别经过 $2N$ 条延迟线(模拟 $N$ 个亮点)并乘以相应的系数,产生出(26)式的 $N$ 个实部和虚部,然后相加取模给出叠加后的包络。用它去调制加有多普勒频移的载频信号就得到由(28)式描述的回波信号。图 2 中已令 $A_1=1$, $\Phi_1=0$,故第 1 通道比较简单。

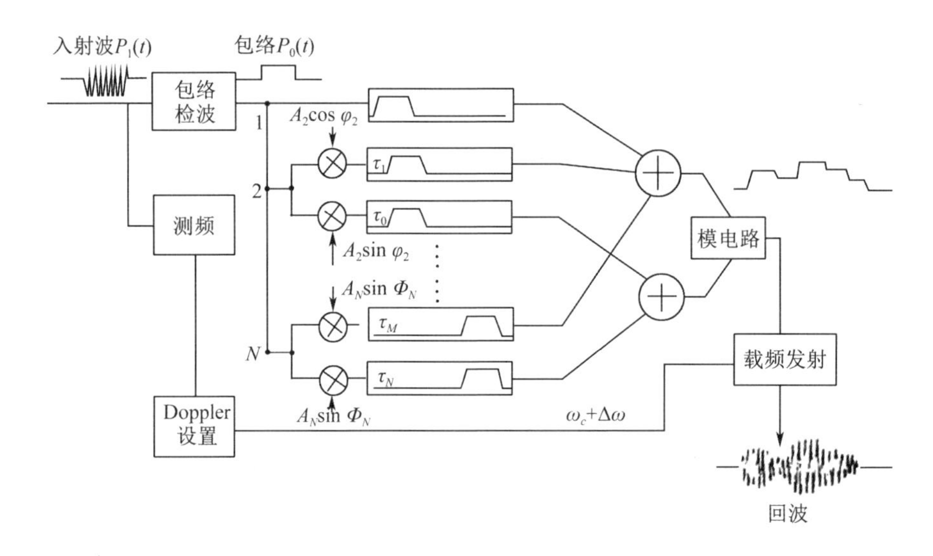


**图 2　一种实现回波波形模拟的原理框图**

## 5　小结

基于绝大多数声波散射问题都服从线性声学规律,可以将目标看作线性时不变系统。回波就是系统对入射波的响应。用(1)式定义的传递函数描述目标的回波特性比较方便,因为这样定义的传递函数与水声工程中的目标强度及散射理论中的散射截面和形态函数等量有十分简单的关系。但是,一个实际目标的传递函数一般都比较复杂,难以用简单的函数描述。

大多数实际的声呐系统采用高频限带信号,因此传递函数只要取中心频率附近的值。在这种高频窄带情况下,任何一个复杂目标都可以等效成若干个散射"亮点"的组合,每个散射亮点产生一个亮点回波。不同亮点沿声轴相互错开形成距离(或空间)分布特征,总的回波是所有亮点回波相干叠加的结果。产生亮点回波的物理原因包括镜反射波,边缘和棱角波,弹性体内和表面上的各种弹性散射波等。归纳 Sommerfeld - Watson 变换,物理声学和几何声学方法对一些典型问题的分析结果,亮点的传递函数可以表示成(7)式的形式,它包含

幅度因子、时延和相位跳变三个参量。因此一个完整的目标模型就是给出一组不同条件下的 $A_m$ 、$\tau_m$ 、$\varphi_m$ ($m=1,2,\cdots,N$)值。

利用本文给出的亮点目标模型可以实现回波的模拟,包括稳态特性及波形的模拟。本文导出了根据亮点参数计算回波的表示式,回波波形除了与亮点参数有关外,还与入射脉冲的形状和宽度有关。文中还给出了一种实现回波模拟的原理框图。

当然,本文的讨论仅限于理想情况。在实际情况下,目标模型中还应加上混响背景,目标闪烁及尾流掩蔽等因素的作用。

## 参考文献


[1] 朱埜. 主动声呐检测信息原理,海洋出版社,1990.

[2] D. Brill, G. Gaunaurd, H. Strifors and W. Wertman, "Bekseattering of sound pulses by elastic bodies underwater", Applied Acoustic, 33(1991)87 - 107.

[3] G. C. Gaunaurd and H. Uberall, "RST analysis of monostatic and bistatic acoustic echoes from an elastic sphere", J. Acoust. Soc. Am, 73(1983), 1 - 12.

[4] P. L. Marston, "GTD for backscattering from elastic spheres and cylinders in water and the coupling of surface elastic waves with the acoustic field", J. Acoust. Soc. Am, 83 (1988), 25 - 37.

[5] 汤渭霖. 奇异点展开法(SEM)与共振散射理论(RST)之间的联系,声学学报, 16 (1991), 199 - 208.

[6] P. G. 柏格曼等著. 水声学物理基础. 科学出版社, 1958.

[7] E. Л. 沈杰罗夫. 水声学波动问题. 何祚镛,赵晋英译. 国防工业出版社, 1983.

[8] 汤渭霖,陈德智. 水中有限弹性柱的回波结构,声学学报, 13(1988), 29 - 37.

[9] N. H. Sun and P. L. Marston, "Ray synthesis of leaky lamb wave contributions to backscattering from thick cylindrical shells", J. Acoust. Soc. Am, 91(1992), 1398 - 1402.

# 声呐目标回声特性预报的板块元方法

范　军　汤渭霖　卓琳凯

**摘要**　将计算雷达散射截面的板块元方法引入到声呐目标强度计算中。在应用Kirchhoff近似计算水中目标散射声场时,用一组平面板块元近似复杂形状目标曲面,所有板块元的散射声场的和就是总散射声场的近似值。通过将单个板块元的积分化为代数和避免了面积分运算,使得板块元法比通常的面元积分法计算速度提高许多倍。针对声呐的情况将此方法推广到目标近场和非刚性表面回声特性预报。用这种方法解决了多种声呐目标的回声计算并开发了专用软件,能够快速计算各种形状声呐目标的目标强度。

**关键词**　声呐;回声特性;板块元方法

## 1　引言

声呐工程中对于水中复杂形状目标回声特性的预报目前主要采用两种方法。一是基于亮点模型的部件法[1-2],这种方法将复杂形状的目标分解为一组简单形状的子目标,每个子目标的回声用解析形式表示,计算简单且物理概念清晰。但由于子目标的限制,对实际目标形状的逼近误差较大;二是数值积分方法[3],这种方法虽然能较精确地逼近复杂形状的目标,但由于要划分的面元数量巨大(数万至数百万个),计算面积分的速度慢,且物理概念不清晰。

随着声呐技术和水下武器系统的发展,要求目标回声特性预报的精度更高、速度更快。特别是,由于水声对抗和反对抗的发展,对于目标回声特性预报提出了一些新的需求:①随着隐身技术的发展,声呐目标表面敷设吸声覆盖层,因此需要预报非刚性目标的回声;②随着水中精确制导技术的发展,需要预报近距离目标的回声特性,而且要求给出二维和三维回声图像,计算的工作量大大增加,迫切要求提高计算速度。

根据这些需求,本文发展了水下声呐目标远场、近场回声特性预报的一种数值计算方法－板块元方法。这种方法在应用物理声学方法求解水中目标散射声场时,用一组平面板块元近似目标曲面,将所有板块元的散射声场叠加得到总散射声场的近似值。由于板块元方法把散射声场的积分运算转化成代数运算,使这种方法的计算速度大大提高。并把这种方法推广到目标近场回声特性预报和敷设吸声材料的非刚性表面的声呐目标回波特性预报中。

采用板块元方法计算的关键是目标几何建模,即目标表面板块的划分和获取。建模的精度直接影响到计算结果的精度。用于目标外形建模的方法很多,一是直接利用目标的型值点采用数值曲面拟合方法得到目标曲面,二是利用现成图形软件如3DS MAX、ANSYS、AutoCAD和I－DEAS等进行几何建模。本文对这两种几何建模方法也进行了讨论。

## 2　远场板块元方法

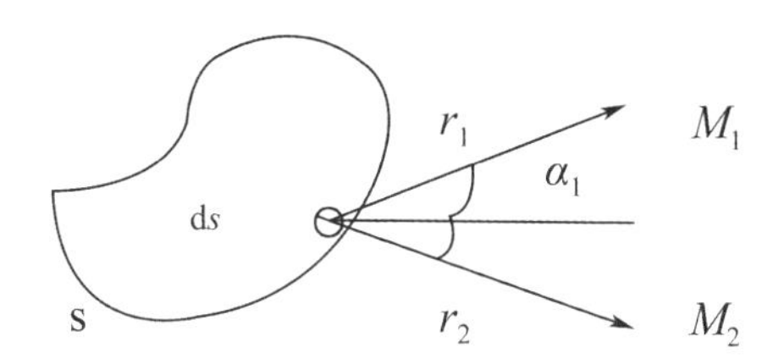


**图1　积分区域**

首先归纳物理声学或 Kirchhoff 近似方法。从散射问题的 Kirchhoff 公式出发，如图1所示目标的散射声场可以表示为：

$$\varphi_s = \frac{1}{4\pi}\iint_s\left[\varphi_s\frac{\partial}{\partial n}\left(\frac{e^{ik_0r_2}}{r_2}\right) - \frac{\partial\varphi_s}{\partial n}\frac{e^{ik_0r_2}}{r_2}\right]ds \tag{1}$$

其中 $s$ 是散射体表面，$n$ 是外法线，$r_2$ 是散射点矢径。

为了避免解积分方程，对于高频情况假设：

A. 忽略几何影区对声场的贡献：实际积分面积是从 $M_1$、$M_2$ 看去均处于亮区的那部分表面 $S_0$。

B. 物体表面满足局部平面波边界条件[2]：

$$\begin{cases}\varphi_s = V(\alpha_1)\varphi_i \\ \dfrac{i\omega\rho(\varphi_s+\varphi_i)}{\partial(\varphi_s+\varphi_i)/\partial n} = -Z_n\end{cases} \tag{2}$$

其中 $\varphi_i$ 是入射波势函数（忽略 $e^{i\omega t}$），$\varphi_i = (A/r_1)e^{ik_0r_1}$，$V(\alpha)$ 是表面发射系数，$Z_n$ 是表面声阻抗，由表明边界条件可以得到：

$$\varphi_s = \frac{-A}{4\pi}\int_{s_0}e^{ik_0(r_1+r_2)}V(\alpha_1)\left[\frac{ik_0r_2-1}{r_1r_2^2}\cos\alpha_1 + \frac{ik_0r_1-1}{r_2r_1^2}\cos\alpha_2\right]ds \tag{3}$$

对于收发合置的情况，有

$$\varphi_s = \frac{-A}{2\pi}\int_{s_0}e^{ik_02r}V(\alpha)\left(\frac{ik_0r-1}{r^3}\cos\alpha\right)ds \tag{4}$$

这就是计算散射声场的 Kirchhoff 近似公式。与文献[2]不同，(3)(4)两式适用于任意距离，不管是近场还是远场。

首先在远场情况下建立板块元方法。由(4)式取 $k_0r\gg1$ 得到远场条件下的声呐目标强度：

$$TS = 10\log\left|-\frac{ik_0}{2\pi}I\right| \tag{5}$$

其中：

$$I = \int_{s_0}e^{2ik_0\vec{\rho}\cdot\vec{R}_0}(\vec{n}_0\cdot\vec{R}_0)V(\alpha)ds \tag{6}$$

$\vec{\rho}$ 是面元所在点到参考点的矢量，$\vec{n}_0$ 是面元的单位法向矢量，$\vec{R}_0$ 是接收点到参考点的单位矢量。远场目标强度的计算可以归结为面积分 $I$ 的计算。对于这样的面积分计算一般采用两种方法：①近似方法——稳相法，结果导致亮点模型方法；②直接数值积分方法。当目标较大，波长较小时，划分网格数目很大，计算速度很慢。板块元方法就是专门用来快速计算积分 I 的一种方法。此方法已经在雷达散射截面(RCS)的计算中得到应用[4-5]。

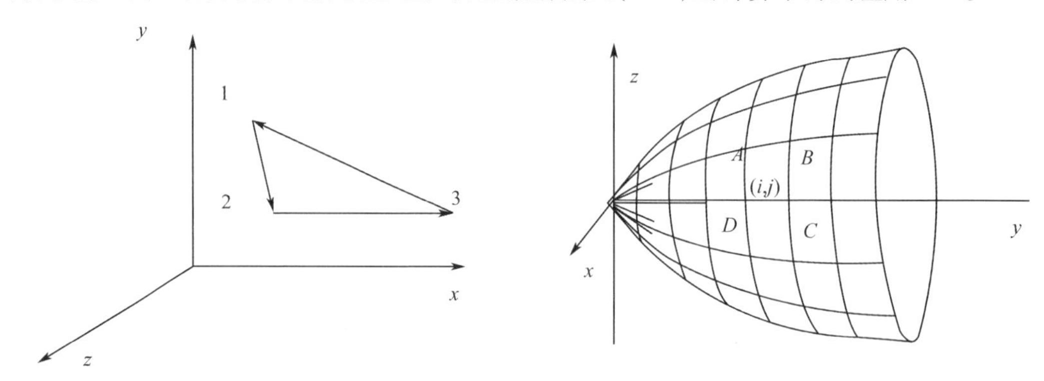


图 2　平面多边形　　　　图 3　目标表面网格

首先研究 $xOy$ 平面内的一个平面多边形板块的散射。如图 2 所示。平面的法线为 $n_0 = k, r_0 = ui + vj + wk, \rho = xi + yj, n_0 \cdot r_0 = \cos\alpha = w$。假设在一个板块内 $V(\alpha)$ 是常数。一个板块元的积分是：

$$I_{\Delta s} = \int_{\Delta s} \mathrm{e}^{2ik_o(ux+vy)} V(\alpha)\mathrm{d}x\mathrm{d}y = V(\alpha) w \sum_{n=1}^{K} \frac{\mathrm{e}^{2ik_0(x,u+y,v)}(p_{n-1} - p_n)}{(2k_0 u + 2k_0 p_{n-1} v)(2k_0 u + 2k_0 p_n v)} \tag{7}$$

其中 $K$ 是多边形顶点数，$(x_n, y_n)$ 是多边形顶点坐标。$p_n = \dfrac{y_{n+1} - y_n}{x_{n+1} - x_n}$，并令 $p_0 = \dfrac{y_1 - y_K}{x_1 - x_K}$，积分由代数求和给出，仅仅和多边形的顶点坐标、散射方向和表面反射系数有关。

复杂声呐目标的目标强度可以按下面的板块元方法计算。先把目标表面划分为如图 3 的许多小板块网格。对亮区内所有板块元的散射声场求和就得到目标散射声场的近似值。假如目标表面划分为 N × M 个网格，则可以得到一系列板块元 $S_{i,j}$。则(6)式可以表示成：

$$I = \sum_{i=1}^{N} \sum_{j=1}^{M} \int_{S_{i,j}} \mathrm{e}^{2ik_0\Delta r} \cos\alpha_{ij} V(\alpha_{ij})\mathrm{d}S \tag{8}$$

其中，$\alpha_{ij}$ 是第 $(i,j)$ 个板块元的法向与入射和反射方向的夹角。由于直接构造的每个板块元的取向不同，它们不可能在同一平面中。因此在应用(7)式计算板块元的积分前先要将不同取向的板块元通过坐标变换统一变换到某个确定的平面上。再由(7)式得到：

$$I = \sum_{i=1}^{N} \sum_{j=1}^{M} \left[ V(\alpha'_{ij}) w' \sum_{n=1}^{K} \frac{\mathrm{e}^{2ik_0(x'_n u'_{ij} + y'_n v'_{ij})}(p_{n-1} - p_n)}{(u'_{ij} + p_{n-1} v'_{ij})(u'_{ij} + p_n v'_{ij})} \right] \Bigg|_{S_{ij}} \tag{9}$$

其中 $x_n'$、$y_n'$ 是变换到二维平面后第 $(i,j)$ 个板块的顶点坐标，$V(\alpha_{ij}')$ 是第 $(i,j)$ 个板块的局部表面反射系数，$\alpha_{ij}'$ 是第 $(i,j)$ 个板块的法线和入射声线夹角。在后面的具体计算中，取三角形板块元，$K = 3$。

## 3　近场板块元方法

对于近场问题，公式(3)(4)中被积函数的距离因子不能直接提到积分号外，相位因子也不能按平行声线计算。因为在近场中散射表面的不同部位到发射或接收点的距离之差可能与波长相比拟，声线不能看作平行的。这就使得(3)(4)式的计算较复杂。这里采用如下的方法解决，虽然对于目标整体而言，接收换能器处在近场，但若把目标划分为足够小的小板块，则相对于每一个小板块，接收换能器处在远场。总的散射声场仍然可以表示成这些小板块散射声场的和。这样就要求每个小板块的尺寸满足条件：$R_{\min} > D^2/\lambda$。其中 $R_{\min}$ 是需要计算的最小距离，$D$ 是小板块的最大尺寸，$\lambda$ 是入射波波长。这样(3)(4)式可以进一步简化。

考虑如图 4 所示的第 $(i,j)$ 个板块，$O$ 点是坐标原点，一般取为目标中心。$C$ 是在板块上选取参考点，矢径为 $\vec{r}_c$，一般取为板块的几何中心处。$Q$ 点是板块上任意点，$Q$ 点的矢径为 $\vec{r}$，发射换能器的矢径为 $\vec{r}_T$，接收换能器的矢径 $\vec{r}_R$。令：

$r_1 = r - r_T$，单位矢量 $r_{10} = (\vec{r} - \vec{r}_T)/r_1$；

$r_2 = r - r_R$，单位矢量 $r_{20} = (\vec{r} - \vec{r}_T)/r_2$；

$R_1 = r_C - r_T$，单位矢量 $R_{10} = (\vec{r}_C - \vec{r}_T)/R_1$；

$R_2 = r_C - r_R$，单位矢量 $R_{20} = (\vec{r}_C - \vec{r}_R)/R_2$；

由于板块较小，可以忽略因发射指向性造成的入射声场在板块上的不均匀性。设发射指向性为 $D_T(\vec{R}_{10})$，接收指向性为 $D_R(\vec{R}_{20})$，接收到的散射声波是：

$$(\varphi_s)_{i,j} = \frac{-A}{4\pi}D_T(\vec{R}_{10})D_R(\vec{R}_{20})\int_{S_{i,j}} e^{ik_0(r_1+r_2)}V(\alpha_1)\left[\frac{ik_0r_2-1}{r_1r_2}\vec{n}_0\cdot\vec{R}_{20}+\frac{ik_0r_1-1}{r_2r_1^2}\vec{n}_0\cdot\vec{R}_{10}\right]dS \tag{10}$$

其中，$\vec{n}_0$ 是板块的单位法向量。对于小板块来说可以认为入射声波是平面波，因此再做如下近似：

对于振幅项：$r_1 \approx R_1 = |\vec{r}_C - \vec{r}_T|, \vec{R}_{10} \approx \vec{R}_{10}, r_2 \approx R_2 = |\vec{R}_C - \vec{R}_R|, \vec{R}_{20} \approx \vec{R}_{20}$

对于相位项：$r_1 = R_1 + R_{10}\cdot\xi_{rc}, r_2 = R_2 + R_{20}\cdot\xi_{rc}$

其中 $\vec{\xi}_{rc} = \vec{r} - \vec{r}_C$。利用这些近似得到：

$$(\varphi_s)_{i,j} = \frac{-A}{4\pi}D_T(\vec{R}_{10})D_R(\vec{R}_{20})\frac{e^{ik_0(R_1+R_2)}}{R_1R_2}\int_{S_{ij}}V(\alpha_1)\left[\frac{ik_0R_1-1}{R_1}\vec{n}_0\cdot\vec{R}_{10}+\frac{ik_0R_2-1}{R_2}\vec{n}_0\cdot\vec{R}_{20}\right]\times e^{ik_0(\vec{R}_{10}+\vec{R}_{20})\cdot\dot{\xi}_n}dS \tag{11}$$

对于收发合置情况则有：

$$(\varphi_s)_{i,j} = \frac{-A}{2\pi}D_T^2(\vec{R}_{10})e^{i2k_0R_1}\frac{ik_0R_1-1}{R_1^3}\int_{S_{ij}}e^{2ik_0\vec{R}_{10}\cdot\vec{\xi}_r}(\vec{n}\cdot\vec{R}_{10})V(\alpha_1)dS \tag{12}$$

其中的积分项与远场板块元方法中的积分项(6)是一样的，也可以将它转化为平面内关于多边形各顶点坐标的和。

对于一个复杂形状的目标，首先要对目标的几何形状建模，将它划分为许多小板块。然后计算每个板块的散射声场。与远场计算不同的是，在近场问题中要对不同的板块取不同的 $R_1$、$\vec{R}_{10}$、$\xi_{rc}$。得到各个板块元的声场后就可以合成整个目标的散射场：

$$\varphi_s = \sum_{i=1}^{N}\sum_{j=1}^{M}(\varphi_s)_{i,j} \tag{13}$$

其中 $P$ 是目标上能够被入射波照射到的板块数，它们满足

$$\vec{n} \cdot \vec{R}_{10} \geqslant 0 \tag{14}$$

从上面的推导过程可以看到,远场板块元方法之所以能够推广到近场是因为这时虽然对整个目标来说测量点是近场,但对于每个小板块元却是远场,因此可以应用远场近似,即入射声线可以近似为平行声线,板块元积分中分母上的 $r_1$、$r_2$ 可以用参考距离 $R_1$、$R_2$ 近似并移出积分号,最终的积分与远场的一样,可以利用积分化为代数和的独特优点。

## 4　几何建模

不论是板块元计算,还是小板块的构造,都需要知道目标表面的空间坐标,这就要对目标表面几何进行数值建模。目标表面几何建模的精度直接关系到板块元方法预报目标回声特性的准确性,因此是板块元方法的关键所在。用于目标外形建模的方法很多,一是直接利用目标的型值点采用数值曲面拟合方法得到目标曲面。在计算机辅助几何外形设计(CAGD)中,适用于曲面造型的主要曲面有[6]:参数样条曲面、Bezier 曲面和 B 样条曲面等,但都存在求曲面控制点和多曲面过渡拼接的问题。使这种方法较为复杂和麻烦,可操作性差,二是利用现成图形软件进行几何建模。随着计算机图形技术的发展,出现了许多现成的几何建模软件,如 3DS MAX、ANSYS、AutoCAD 和 I - DEAS 等。利用现有软件直接进行几何建模,可以使建模工作大大简化。特别是目前在水下目标,如潜艇、鱼雷等的设计阶段大多采用了一些图形软件,这样可以直接利用设计结果对目标的回声特性进行理论设计和预报,可以大大节省设计费用,提高设计效率。这种方法非常适合在实际工程中应用。

## 5　方法验证的数值举例

### 5.1　远场板块元方法的验证

为考核板块元方法的计算精度和速度,采用解析方法、数值积分方法和远场板块元方法分别计算如图 5 的椭圆锥台随方位角 $\varphi$ 变化的目标强度。计算参数如下:$a = 0.1$ m,$b = 0.02$ m,$\beta = 10°$,$L - L_1 = h = 0.12$ m,入射平面波频率 $f = 1$ MHz,入射角 $\theta = 90°$。椭圆锥台目标强度解析表达式见附录 1。直接数值积分方法和板块元方法在划分不同网格数情况下计算所需时间如表 1 所示,计算结果如图 6 和图 7 所示。

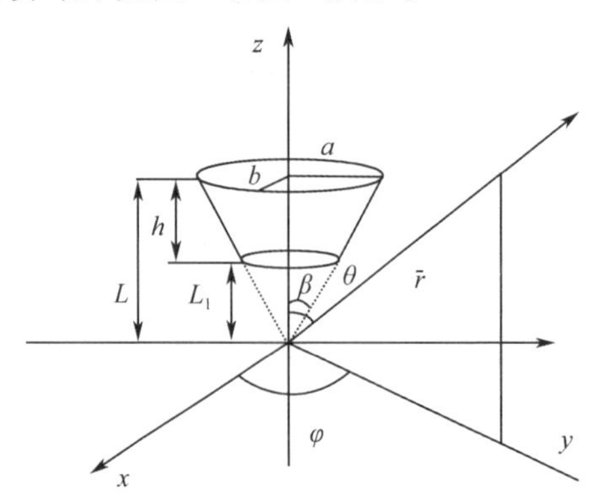


图 5　椭圆锥台

表1　计算所需时间

| 方法<br>网格数 | 板块元法<br>200×300 | 板块元法<br>50×100 | 数值积分法<br>200×300 | 数值积分法<br>50×100 |
|---|---|---|---|---|
| 所需时间/mm | 7 200 | 400 | 4 200 | 300 |

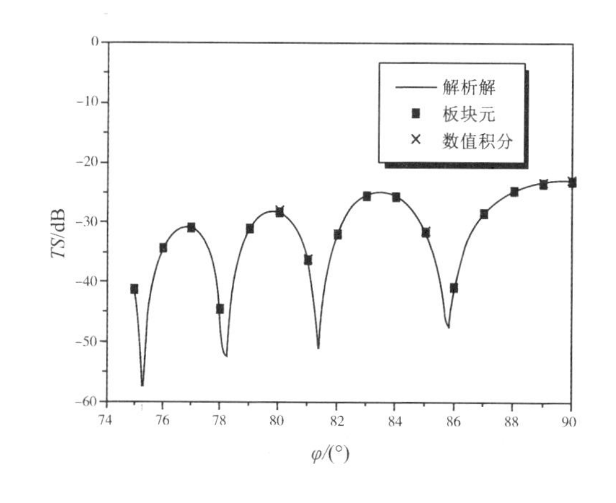


图6　椭圆锥台的目标强度,网格:200×300

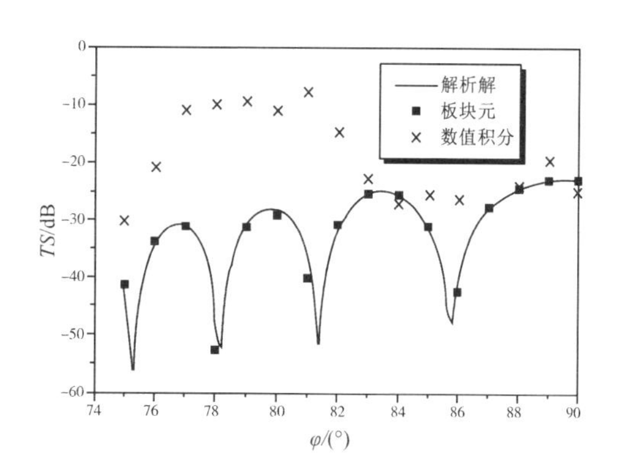


图7　椭圆锥台的目标强度,网格:500×100

从计算结果来看可以得到以下结论:

(1)当划分的网格数200×300时,两种方法计算结果和解析解比较都较满意,数值积分的计算速度大于板块元方法。当划分的网格数50×100时,数值积分的计算速度大于板块元方法,板块元方法得到的结果精度较好,但直接数值积分的结果精度很差。

(2)虽然网格划分数相同,计算目标强度时直接积分的速度大于板块元方法,但是板块元方法可以用较少的网格划分得到较满意的结果,这样所用的计算时间减少,相当于提高了速度,大约提高了10倍。

## 5.2　近场板块元方法的验证

为了检验近场板块元算法的准确性,用典型问题半径 $a=1$ m 的刚性球散射声场的计算结果来考核。由于目标强度 $TS$ 是一个远场声呐参数,对于近场问题不适用,我们用回声强度ES(Echo Strength)来描述目标近场特性:

$$ES = 20\lg\left|\frac{p_s}{p_i}\cdot r_0\right| \tag{15}$$

其中 $p_i$ 是入射波在目标中心点的声压,$p_s$ 是接收点的声压,$r_0$ 是从中心点到接收点的距离。分别采用严格的Rayleigh简正级数解、Kirchhoff近似解析解和近场板块元方法对刚性球的近场回声强度进行计算和对比。其中严格的Rayleigh简正级数解、Kirchhoff近似解析解见附录B和C。计算得到回声强度 $ES$ 随频率的变化曲线,如图8所示。从图中可以看出:

(1)Kirchhoff近似解析方法得到的结果和用近场板块元方法得到的结果完全吻合。说明,近场板块元方法作为Kirchhoff近似的数值方法有足够高的精度。

(2)Kirchhoff近似解析解、近场板块元方法得到的结果同Rayleigh简正级数解的计算结果相比,随频率的升高三者逐渐趋于一致。当 $f>2$ kHz时,三者的差在1 dB以内起伏。

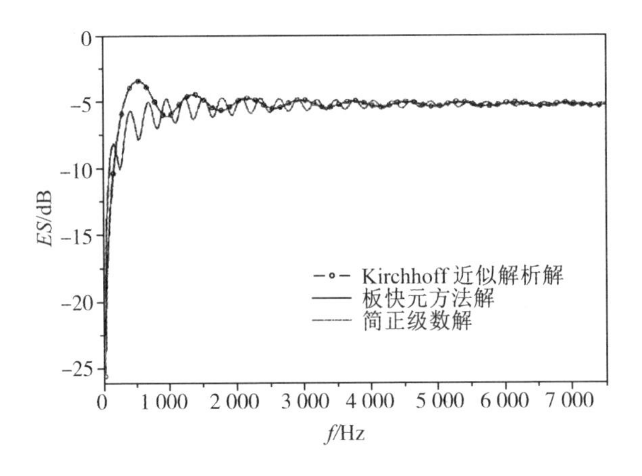


图 8　近场球回声强度($ES$)$r=10$ m,$a=1$ m

## 6　板块元方法在水下目标回声特性预报中的应用

### 6.1　沉底水雷目标回波特性预报[7]

利用界面附近目标回波计算的 Kirchhoff 近似采用 3DS MAX 对水雷目标进行建模。目标由半球和圆柱合成。球半径0. 266 m柱半径0. 266 m,柱长1. 599 m,该目标下方有一水平淤泥界面。计算频率为5 000 Hz,入射角为 $\theta$,建模后共有2 702个顶点和5 325个板块。建模结果如图 9 所示,有界面和无界面情况目标强度见图 10。

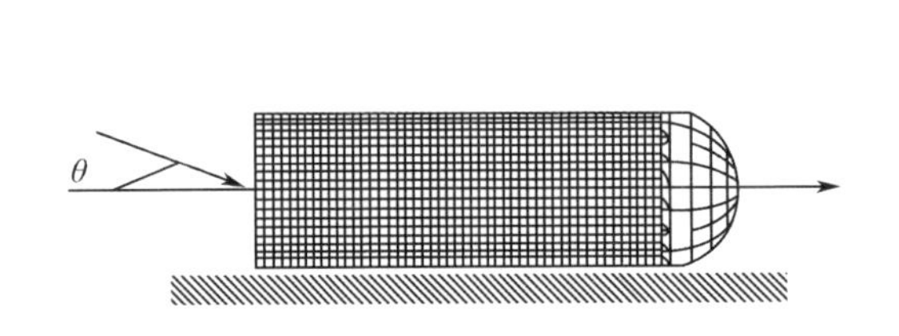


图 9　近似沉底水雷型目标

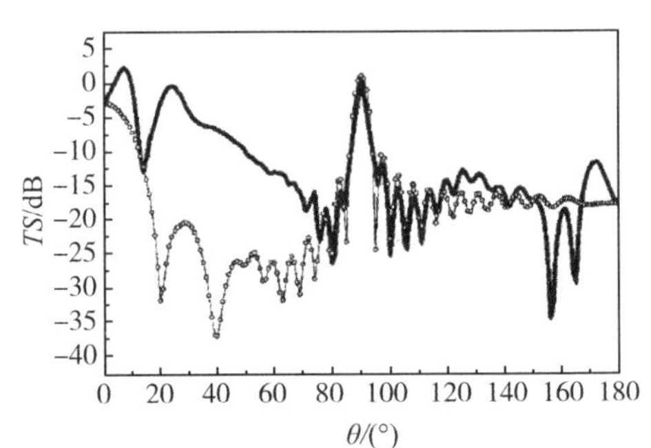


图 10　水雷目标在无界面和淤泥界面情况下目标强度

—淤泥海底情况　　-◦-无海底情况

### 6.2　非刚性目标回波特性预报[8]

板块元方法不仅可以预报刚性目标回波,而且也可以预报非刚性目标,如单层或双层壳体目标的回波。如果已知敷瓦壳体的整体反射系数,也可以预报敷瓦目标的回波。作为例子,分别用修正亮点模型和远场板块元方法计算了如图 5 所示椭圆锥台壳体裸露情况和敷设消声瓦时的目标强度,如图 11 所示。由图中可见两者计算结果吻合很好。

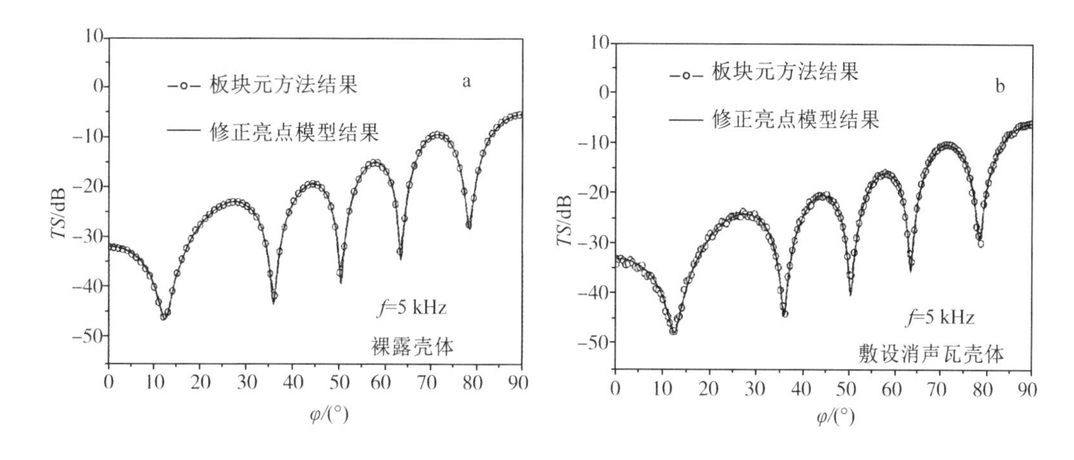


**图 11　椭圆锥台壳体目标强度(*TS*)修正几何亮点模型和板块元方法计算结果**

## 6.3　水下目标近场回波特性研究[9]

利用近场板块元方法初步研究了简单目标近场回波特性。椭圆柱体的回声强度 ES 随距离 $r$ 的变化规律如图 12 所示。椭圆的长半轴为4 m,短半轴为1.5 m椭圆柱的高度为4 m。计算的频率为5 kHz、10 kHz。声波垂直于椭圆柱轴线沿短半轴方向入射。从计算结果可以看出椭圆柱的 ES 随距离变化特征与经典活塞面散射声场的特征[10]相似,存在明显的近场区即费涅尔(Fresnel)干涉区和远场区即弗郎霍夫尔(Fraunhofer)区,越靠近椭圆柱表面,干涉现象越明显;随着距离的增加,干涉峰值间隔增大;当距椭圆柱几何中心一定的距离时,不再出现干涉现象,ES 值表现为单调,声场逐渐由近场区进入远场区,这与物理概念是符合的。

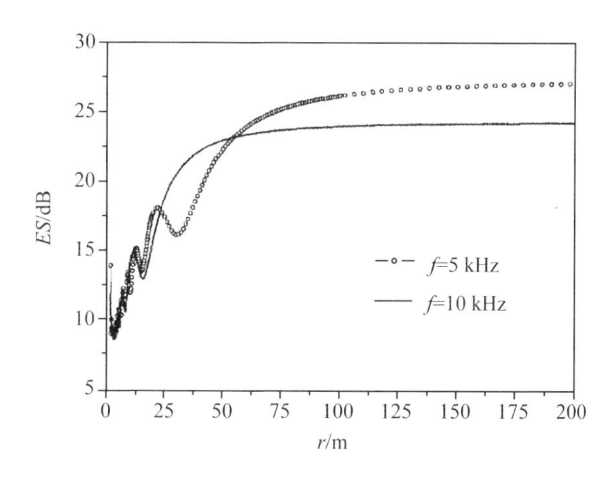


**图 12　椭圆柱回声强度(*ES*)椭距离变化**

## 7　结论

本文建立了水下目标远场、近场回声特性预报的一种数值计算方法——板块元方法。这种方法在应用物理声学方法计算水中目标散射声场时,用一组平面板块元近似目标曲面,求出板块元的散射声场矢量和作为散射声场的近似值,得到目标的回声特性。板块元方法可以计算刚性、表面敷设黏弹性材料的目标远场和近场的目标回声特性。与直接数值积分相比,这种方法具有运算速度快,精度高的特点。在水下目标回波特性预报的许多方面具有广阔的应用前景。

## 参考文献


[1] 汤渭霖. 声呐目标回波的亮点模型[J]. 声学学报,1994,19(2):92-100.

[2] 汤渭霖. 用物理声学方法计算非硬表面的声散射[J]. 声学学报,1993,18(1):45-53.

[3] 范军. 复杂目标回波特性研究[D]. 上海:上海交通大学,2002.

[4] 周建江,舒永泽. 用板块法近似计算任意复杂形体目标的雷达散射截面[J]. 电子科学学刊,1992,14(1):71-75.

[5] 苏东林,王宝法,张采来. 复杂目标外形拟合及散射截面计算[J]. 系统工程与电子技术,1990(12):18-24.

[6] 李振格. AUTO CAD 用户参考手册[M]. 北京:海洋出版社,1991.

[7] 万琳,范军,汤渭霖. 沉底水雷目标强度与回声信混比[J]. 声学学报,2003,28(5):429-433.

[8] 范军,汤渭霖. 非刚性表面声呐目标回波的修正几何亮点模型[J]. 声学学报,2001,26(6):545-550.

[9] 李建鲁,范军,汤渭霖. 水下简单形状目标回声的近、远场过渡特性[J]. 上海交通大学学报,2001,35(12):1846-1850.

[10] 何祚镛. 声学理论基础[M]. 北京:国防工业出版社,1981.


## 附录 A　椭圆锥台解析表达式

$$TS = 10\log\left|\sum_{m=1}^{2} H_2(\vec{r},\omega)\right|^2 \tag{A.1}$$

$$H(\vec{r},\omega) = H_1(\vec{r},\omega) + H_2(\vec{r},\omega) \tag{A.2}$$

$$H_1 = A_1 e^{i\omega\tau_1} e^{i\varphi_1} \tag{A.3}$$

$$H_2 = A_2 e^{i\omega\tau_2} e^{i\varphi_2} \tag{A.4}$$

$$A_1 = \frac{1}{4}\sqrt{\frac{L}{\pi k}}\frac{\eta^{3/2}\,tg^{1/2}\beta}{\sin^{1/2}\theta\,(\sin^2\varphi+\eta^2\cos^2\varphi)^{1/4}}\frac{\sin\theta\,(\sin^2\varphi+\eta^2\cos\varphi)^{-1/2}-\dfrac{1}{\eta}\mathrm{tg}\,\beta\cos\theta}{\sin\theta\mathrm{tg}\,\beta\,(\sin^2\varphi+\eta^2\cos\varphi)^{1/2}+\eta\cos\theta}$$

$$A_2 = \frac{1}{4}\sqrt{\frac{L_1}{\pi k}}\frac{\eta^{3/2}\mathrm{tg}^{1/2}\beta}{\sin^{1/2}\theta\,(\sin^2\varphi+\eta^2\cos^2\varphi)^{1/4}}\frac{\sin\theta\,(\sin^2\varphi+\eta^2\cos\varphi)^{-1/2}-\dfrac{1}{\eta}\mathrm{tg}\,\beta\cos\theta}{\sin\theta\mathrm{tg}\,\beta\,(\sin^2\varphi+\eta^2\cos\varphi)^{1/2}+\eta\cos\theta}$$

$$\tau_1 = 2L\left(\sin\theta\mathrm{tg}\,\beta\left(\cos^2\varphi+\frac{1}{\eta^2}\sin^2\varphi\right)^{1/2}+\cos\theta\right)/c \tag{A.5}$$

$$\tau_2 = 2L_1\left(\sin\theta\mathrm{tg}\,\beta\left(\cos^2\varphi+\frac{1}{\eta^2}\sin^2\varphi\right)^{1/2}+\cos\theta\right)/c$$

$$\varphi_1 = -\frac{5\pi}{4}\quad \varphi_2 = -\frac{\pi}{4}\quad \eta = \frac{a}{b}$$

## 附录 B　近场刚性球体严格 Rayleigh 简正级数解

设入射球面波是：$\varphi_i = \mathrm{e}^{\mathrm{i}k_0\vec{R}}/\vec{R}$。选取如图 B.1 的坐标系，球面波从球的散射与方位角 $\varphi$ 无关，具有对称性。利用展开式：

$$\varphi_i = \frac{\mathrm{e}_n^{\mathrm{i}k_0\vec{R}}}{\vec{R}} = \mathrm{i}k\sum_{n=0}^{\infty}(2n+1)(-1)^n h_n^{(1)}(k_0r_0)j_n(k_0r)P_n(\cos\theta) \tag{B.1}$$

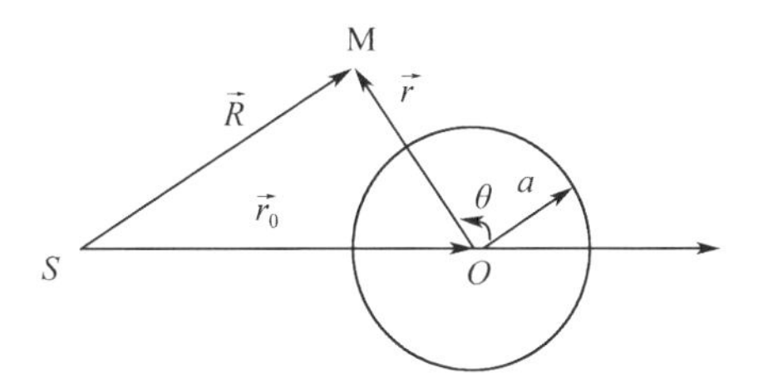


**图 B.1　刚性球近场散射**

球的散射波势函数可以设为

$$\varphi_s = \mathrm{i}\sum_{n=0}^{\infty}A_n(2n+1)(-1)^n h_n^{(1)}(k_0r)P_n(\cos\theta) \tag{B.2}$$

利用刚性边界条件：

$$\left.\frac{\partial(\varphi_i+\varphi_s)}{\partial r}\right|_{r=a} = 0 \tag{B.3}$$

得到：

$$A_n = -k\frac{h_n^{(1)}(k_0r_0)j'_n(k_0a)}{h_n^{(1)}(k_0a)} \tag{B.4}$$

收发合置情况下，$r=r_0$，$\theta=\pi$ 有：

$$\varphi_s = -\mathrm{i}k_0\sum_{n=0}^{\infty}(2n+1)\frac{j'_n(k_0a)}{h_n^{(1)}(k_0a)}\left[h_n^{(1)}(k_0r_0)\right]^2 \tag{B.5}$$

按定义

$$ES = 20\log\left|r_0^2\sum_{n=0}^{\infty}(2n+1)\frac{j'_n(k_0a)}{h_n^{(1)}(k_0a)}\left[h_n^{(1)}(k_0r_0)\right]^2\right| \tag{B.6}$$

## 附录 C　近场刚性球体 Kirchhoff 近似解

取坐标系如图 C.1，设观察点 $M$ 与球心的距离是 $r_0$，面元与观察点的距离是 $r$。球坐标系的极角是 $\theta$，球面上面元的法线与入射声线的夹角是 $\Theta$。由三角关系式得到：

$$r^2 = r_0^2 + a^2 - 2ar_0\cos\theta$$
$$r_0^2 = r^2 + a^2 + 2ar\cos\Theta$$

从中解出，

$$\cos\Theta = \frac{r_0\cos\theta - a}{\sqrt{r_0^2 + a^2 - 2ar_0\cos\theta}} \tag{C.1}$$

将以上结果代入(4)式得到：

$$\varphi_s = -A\int_0^{\theta_m} \mathrm{e}^{\mathrm{i}k_2 2r}\left(\frac{\mathrm{i}k_0 r - 1}{r^3}\right)\cos\Theta a^2 \sin\theta \mathrm{d}\theta \tag{C.2}$$

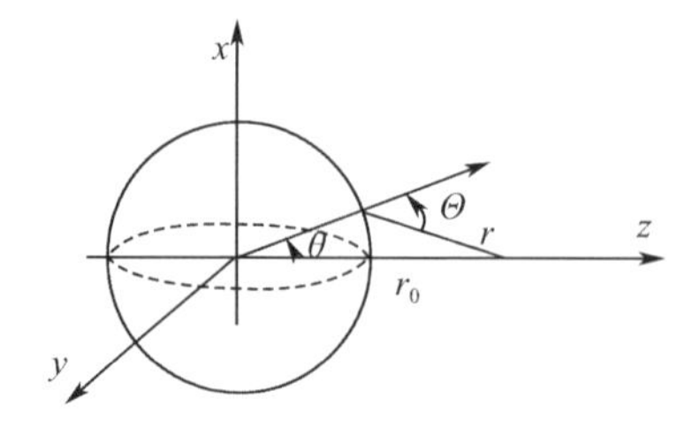


**图 C.1　刚性球的近场散射**

面积分变成了对 $\theta$ 的一维积分,积分限为 $0 \sim \theta_m$ , $\theta_m = \cos^{-1}(a/r_0)$ 。此式难以导出解析形式。这里讨论一种有实际意义的近似,设目标处在不十分近的近场中,也就是目标上任何一个面元到观察点的距离 $r$ 满足 $k_0 r \gg 1$ 。在算例中,球的半径 $a = 1$ m,声波频率大于 1 kHz,只要 $r_0 > 3.5$ m就有 $k_0 r > 10$ 。在这种情况下(C.2)式可简化成

$$\varphi_s = -\mathrm{i}k_0 A\int_0^{\theta_m} \frac{\mathrm{e}^{\mathrm{i}k_0 2r}}{r^2}\cos\Theta a^2 \sin\theta \mathrm{d}\theta \tag{C.3}$$

将(C.1)式代入并令 $\xi = r_0/a$ 为无因次的距离变量,得到:

$$\varphi_s = -\mathrm{i}k_0 A\int_0^{\theta_m} \frac{\mathrm{e}^{\mathrm{i}2k_a a(\xi^2+1-2\xi\cos\theta)^{1/2}}}{(\xi^2+1-2\xi\cos\theta)^{3/2}}(\xi\cos\theta - 1)\sin\theta \mathrm{d}\theta \tag{C.4}$$

再令 $x = \xi\cos\theta, c = \mathrm{i}2k_0 a, \alpha = \xi^2+1, \beta = -2, Z^2 = \alpha+\beta x, x = \dfrac{Z^2-\alpha}{\beta}$ 则可以得到:

$$\varphi_s = -\mathrm{i}k_0\left\{\frac{\mathrm{e}^{cZ}}{c\xi\beta}\bigg|_{Z_1}^{Z_2} + \left(\frac{\alpha}{2}-1\right)\frac{1}{\xi}\left[-\frac{\mathrm{e}^{cZ}}{Z}\bigg|_{Z_1}^{Z_2} + c\mathrm{Ei}(cZ)\big|_{Z_1}^{Z_2}\right]\right\} \tag{C.5}$$

其中 $Z_1 = \xi - 1, Z_2 = \sqrt{\xi^2 - 1}$ ,Ei 为指数积分函数, $\mathrm{Ei}(cZ) = \int \frac{\mathrm{e}^{cZ}}{Z}\mathrm{d}Z$ 。

按照定义:

$$ES = 20\log|r_0^2\varphi_s| \tag{C.6}$$

# 水中目标回波亮点统计特征研究

陈云飞　李桂娟　王振山　张明伟　贾　兵

**摘要**　礁石和海洋动物引起的混响是主动声呐最严重的干扰,如何区分礁石、中目标一直是制约主动声呐识别技术的难点问题。针对礁石与目标回波难以区分的问题,从特征识别的应用角度,研究水中复杂目标全方位回波亮点特征的有效表征和应用方式,基于目标回波亮点模型,提出拷贝相关器输出的目标散射函数估计方法,给出对目标回波亮点相对关系进行定量分析的目标回波特征统计表征方式,并基于湖上实验提取了物理机理明确的目标回波亮点统计特征,使得目标时间－角度谱中所蕴含的目标特征信息能够很直接地转化为主动声呐易于应用的目标特征。

**关键词**　水中目标;回波亮点;统计特征

## 1　引言

目标回波是主动声呐对水中目标探测,识别的主要信息源,而目标回波亮点特征则是目标特征信息的体现形式之一,对目标回波亮点所表征的目标信息的利用程度影响主动声呐对水中目标的识别性能。主动声呐工作过程中,礁石和海洋动物引起的混响是最严重的干扰。礁石和海洋动物的回波不仅信号的频率与目标回波频率相同,而且也存在亮点特性。因此,如何区分礁石、鱼群和水中目标一直是制约主动声呐识别技术的难点问题。从声呐目标识别的角度来说,希望能够利用稳健性好、区分度明显的特征实现对水中目标、礁石和鱼群目标的区分。理论和实测研究已经表明,水中复杂目标是一个多亮点目标,并且复杂目标的亮点特征是随方位角变化的,同时礁石和鱼群也具有亮点特性这导致在实际的声呐目标识别中难以获取一个稳定的用于不同种类目标区分的特征。

目前对于水中复杂目标回声亮点特性的研究主要分为三个大的方面:水中目标回声亮点特性理论和预报研究[1-4],从机理上揭示目标回波亮点特性与目标物理属性之间的关系;缩比模型和实尺度目标的测试研究[5-8],一方面对理论研究结果进行验证,另一方面也通过实测分析,发现了理论研究尚未能预报的现象;基于理论和实验研究的结果研究目标回波亮点特性的模拟和特征利用[9-12]综合目前已有的研究,理论和实测研究已经能够获取复杂目标随方位角变化的回波亮点特征,并且相关研究也表明海豚能够利用回波亮点的幅度和位置关系进行不同目标定位[13-14],但由于水中复杂目标回波亮点特征的舷角变化特性,目标回波亮点特征(目标回波亮点的数量、目标回波亮点的强度分布、目标回波亮点的间隔)难以直接被主动声呐识别所利用,导致特征研究与实际应用转化之间的困难。

本文主要从主动声呐识别的应用角度,研究水中目标(主要针对 Benchmark 潜艇模型)的回波亮点特征的定量表征方式,提取了标准潜艇目标亮点统计特征,并与礁石目标进行对比。

## 2 目标回波亮点统计特征理论模型

通常用亮点个数、亮点空间分布、亮点的强度分布来表征水中复杂目标的回波亮点特征，由于水中复杂目标回波亮点特征是目标舷角的函数，因此单纯使用上述三个参量很难满足识别的要求。本文基于水中复杂目标回波亮点模型，提出并研究了一种目标亮点统计特征的分析方法，并对国际上广泛研究的标准潜艇目标回波亮点特征进行统计分析，定量提取随方位变化的亮点统计特征，为主动声呐目标识别提供易于应用的水中复杂目标回波特征集。图1为本文定义的复杂目标回波亮点统计特征提取的信号处理流程。图中 $\theta$ 为目标的舷角，$n$ 为亮点个数，$r$ 为亮点间的位置关系系数，$v$ 为亮点间的强度系数，$l$ 为亮点集中度。由目标全方位回波特性和目标回波亮点模型，重点讨论不同舷角情况下的目标回波亮点定量个数、亮点间的定量位置关系、亮点间的定量强度分布特性，通过定量的方式进行目标回波亮点的特征描述，并通过对标准潜艇模型实测数据的分析处理，建立标准潜艇定量回波亮点统计特征模型。

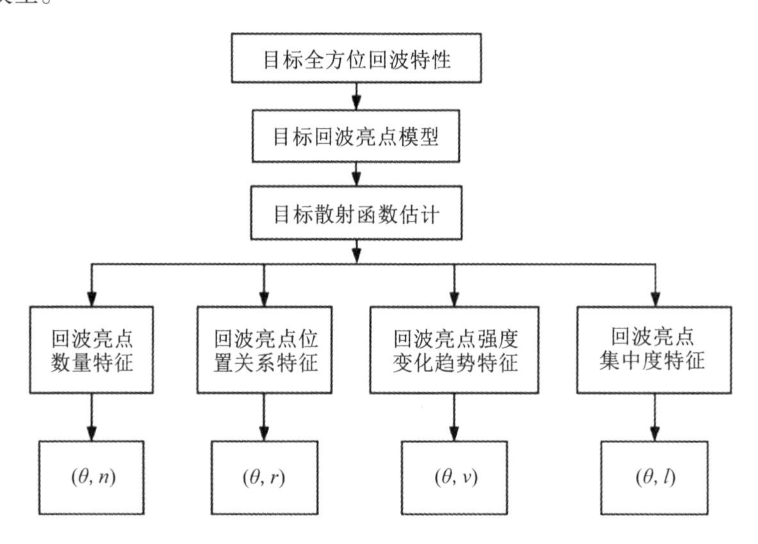


**图1 水中目标亮点统计特征分析框架**

### 2.1 基于亮点模型的目标散射函数估计

图2为复杂体目标的回波亮点示意图。

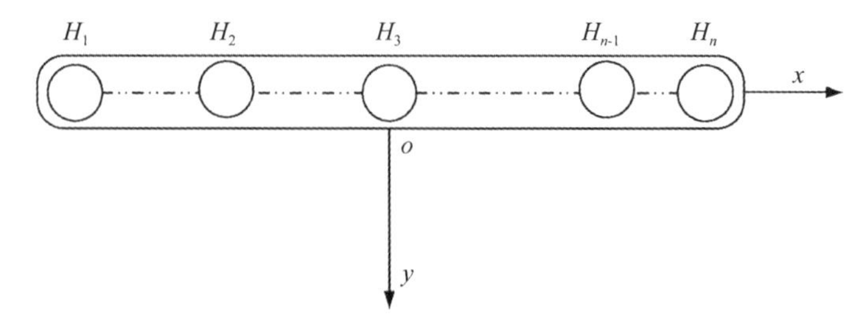


**图2 复杂体目标回波亮点示意图**

以目标几何中心点为坐标原点，以目标艏艉方向作为 $x$ 轴，以目标垂直方向作为 $y$ 轴。

目标的多亮点模型[1,5]可表示为反向回波的冲击响应函数(或称为目标散射函数)与入射声波的卷积,其中目标的冲击响应函数 $h(\tau,\theta)$ 为

$$h(\tau,\theta) = \sum_{i=1}^{N} a_i(\theta,\tau_i)\delta(t-\tau_i) \tag{1}$$

其中 $\delta(x)$ 为 Dirac 函数, $a_i(\theta,\tau_i)$ 是亮点强度, $\theta$ 为入射舷角,正横入射时 $\theta=90°$,艏方向入射时 $\theta=0°$, $\tau_i$ 为亮点时间间隔, $N$ 为亮点总数。

由(1)式,接收阵接收到的目标回波信号 $y_0(t,\theta)$ 可表示为

$$y_0(t,\theta) = \sum_{i}^{N} a_i(\theta,\tau_i)x(t-\tau_i) + x_b(t) + n(t) \tag{2}$$

其中 $x(t)$ 为发射信号,上式右边第一项为多亮点回波, $x_b(t)$ 为回波亮点背景, $n(t)$ 为干扰噪声背景。(2)式为水中复杂目标的回波亮点模型,对于海中的其他尺度目标,上式也是成立的。因此,海洋中的礁石和大型海洋动物的回波也将表现出亮点特性,这也是主动声呐很难区分水中人造目标和其他目标的原因。目标散射函数包含了目标的特征属性,不同目标的散射函数具体参数表征了目标的固有特征。

一个实际目标的散射函数包括多亮点冲击响应函数和散射背景,散射背景由目标的棱、角、排水孔和肋板等细碎亮点集构成。由此,(1)式改写为目标的散射函数 $B$。具体为

$$B = \sum_{i=1}^{N} a_i(\theta,\tau_i)\delta(\tau_i) + b(\theta,\tau) \tag{3}$$

其中 $\tau_i$ 为离散的时延序列, $\tau$ 为时延差, $b(\theta,\tau)$ 为散射背景项。若入射信号为 $s(t)$ ,则不含干扰的目标回波 $y_1(t,\theta)$ 为

$$y_1(t,\theta) = s(t) * B(\theta,\tau) \tag{4}$$

其中 $*$ 表示卷积运算。而对于接收阵接收到的目标回波信号的拷贝相关器输出 $w(t)$ 为

$$\begin{aligned} w(t) &= y_0(t,\theta) * s^*(t) \\ &= y_1(t,\theta) * s^*(t) + n(t) * s^*(t) \end{aligned} \tag{5}$$

若 $s(t)$ 为宽带信号,则 $\overline{s(t)s*(t)} \approx \delta(t)$ ,代入(5)式有;

$$\begin{aligned} w(t) &= y_1(t,\theta) * s^*(t) + n(t) * s^*(t) \\ &= s(t) * s^*(t) * B(\theta,\tau) + n(t) * s^*(t) \\ &\approx B(\theta,\tau) * \delta(\tau) + n(t) * s^*(t) \\ &= B(\theta,\tau) + n(t) * s^*(t) \\ &= \sum_{i=1}^{N} a_i(\theta,\tau_i) + b(\theta,\tau) + n(t) * s^*(t) \end{aligned} \tag{6}$$

上式中 $n(t) * s^*(t)$ 为拷贝相关器输出的干扰噪声背景,主动声呐的干扰主要由混响干扰和环境噪声干扰两部分组成,其中在近距离主要是混响干扰起主要影响,在中远距离环境噪声的影响显著增强,在本文主要考虑环境噪声的影响。因此若干扰噪声 $n(t)$ 与信号 $s(t)$ 互相关独立,则该项较小,通常可以忽略。(6)式则可表示为

$$w(t) \approx B(\theta,\tau) = \sum_{i=1}^{N} a_i(\theta,\tau_i) + b(\theta,\tau) \tag{7}$$

(7)式表明可以通过对目标回波的拷贝相关器输出对目标散射函数进行估计。

### 2.2　目标散射函数统计特征

从(7)式可以看出,确定目标散射函数主要有三个参数,分别为亮点个数 $N$ ,亮点幅度系数 $a_i(\theta)$ 和亮点间距 $\tau_i$ ,基于目标散射函数的估计,本文定义了水中复杂目标回波亮点统计特征;

(1)亮点个数 $n(\theta)$ ;

(2)亮点间的位置关系系数

$$r(\theta) = \frac{\tau_n(\theta)}{\tau_{\text{last}} - \tau_{\text{first}}}$$

(3)亮点间的强度系数

$$v(\theta) = \frac{a_n(\theta)}{a_{\max}(\theta)}$$

(4)亮点集中度

$$l(\theta) = -10\log_{10}\left(\sum_{i=1}^{n} B(\theta,\tau)(\tau - \tau_i)^2\right)$$

通过对复杂目标全方位(0° - 180°)下目标散射函数的四个主要特征参数进行统计分析,建立不同方位角条件下的复杂目标回波亮点特征样本集水中复杂体目标与礁石回波特性的最大区别就在于目标亮点统计特征值的不同,即通过多维的定量特征对水中目标和礁石等目标进行区分。按照上述定义,基于模型实验对标准潜艇模型目标回波亮点统计特征进行提取。

## 3　实验测试

Benchmark 模型[15]与礁石的回波特性测试试验在中船重工 726 研究所德清县对河口水库实验站完成,实验区水域开阔水深24 m左右,实验区如图 3 所示。

图 4 为 Benchmark 潜艇模型照片。该模型长3 m,按照 1∶20 的缩比尺度制作,材料为不锈钢。测试实验的发射信号为 40 ~ 80 kHz宽带线性调频信号,脉冲宽度为2 ms。被测目标模型从艇艏开始旋转 180°,数据采集采用连续记录的方式。实验布放如图 5 所示,模型通过两根直径为7 mm的软绳吊挂在模型转台上,通过转台的转动改变潜艇模型的舷角,收发合置换能器布放在距目标10.5 m位置,二者布放深度为3 m,满足远场要求,发射波束中心对准模型位置固定不动。图 6 为发射换能器的发送电压响应,可以看出换能器在工作频段范围内,频响曲线相对平坦,适合于发射宽带线性调频信号。发射换能器的水平指向性开角和垂直指向性开角分别为 20°和 10°,能够较好地抑制混响的干扰。

**图 3　实验水域**

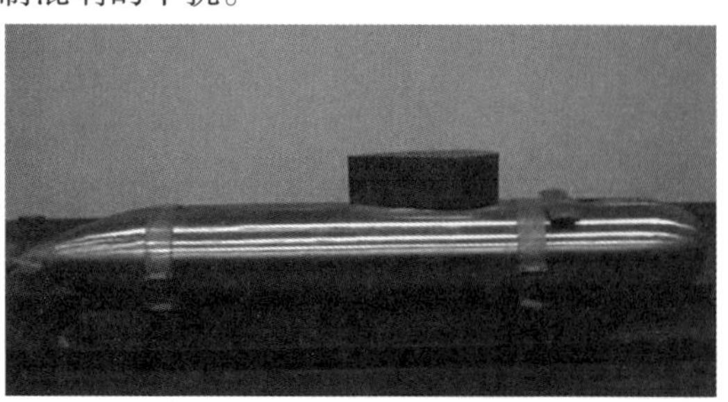

**图 4　标准潜艇缩比模型照片**

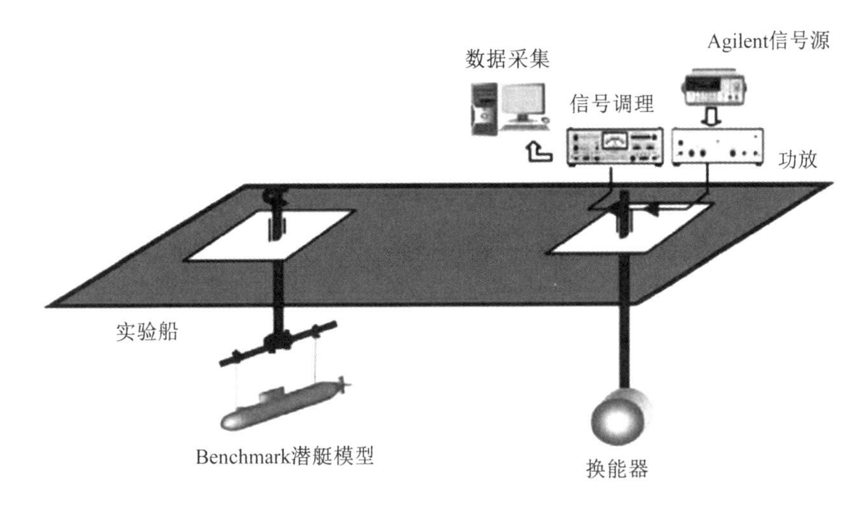


图5 实验设备布置示意图

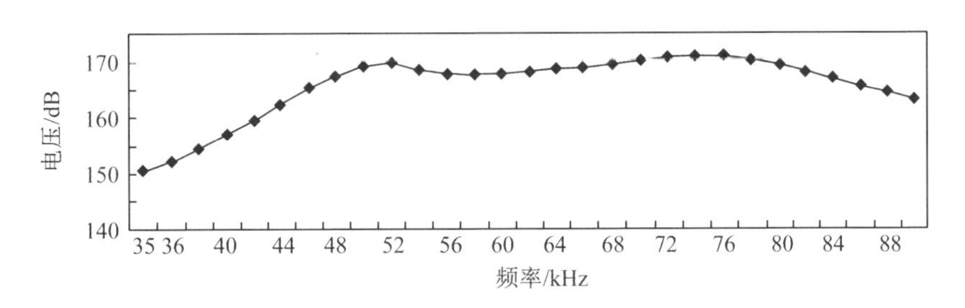


图6 发射换能器的发送电压响应

## 4 标准潜艇缩比模型亮点统计特征提取

基于本文研究的目标亮点统计特征理论模型，对 Benchmark 模型的实测数据进行分析处理。由于被测目标为连续旋转，数据采集采用连续记录的方式，为了能够将目标舷角与相应测试数据对应，在数据处理中实际数据的选取是根据旋转角度与采集数据的时间长度的对应关系进行截取。图 7 为目标亮点统计特征提取信号处理流程，具体为：

(1) 截取目标各舷角对应的回波数据，对回波数据进行拷贝相关处理，输出相应舷角的目标散射函数估计；

(2) 对输出的散射函数估计进行归一化和低通滤波；

(3) 结合亮点阈值分析进行目标回波亮点判别；

(4) 根据实验的声场配置情况和目标二维散射函数图，对由外部干扰信号造成的伪亮点进行去除；

(5) 对亮点个数、位置关系和强度分布特征进行提取。

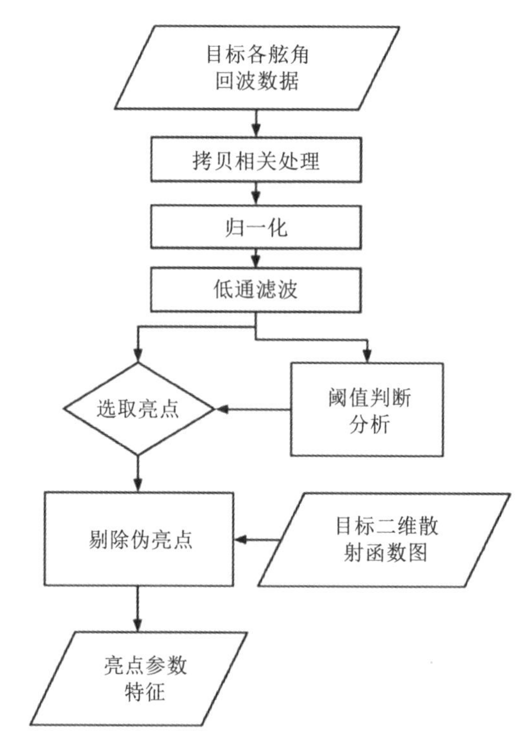


**图 7　亮点统计特征提取流程图**

## 4.1　目标二维散射函数图

对所有舷角的回波数据进行拷贝相关处理,可得到如图 8 所示的标准潜艇模型目标二维散射函数图,其中图 8(a)为试验测得的标准潜艇模型二维散射函数图,图 8(b)为理论计算的标准潜艇模型二维散射函数图。理论计算与实验结果符合较好,图中艏艉方向细碎亮点背景及离散亮点散布的尺度大,正横方向上的亮点强度大,亮点数少,亮点背景弱。

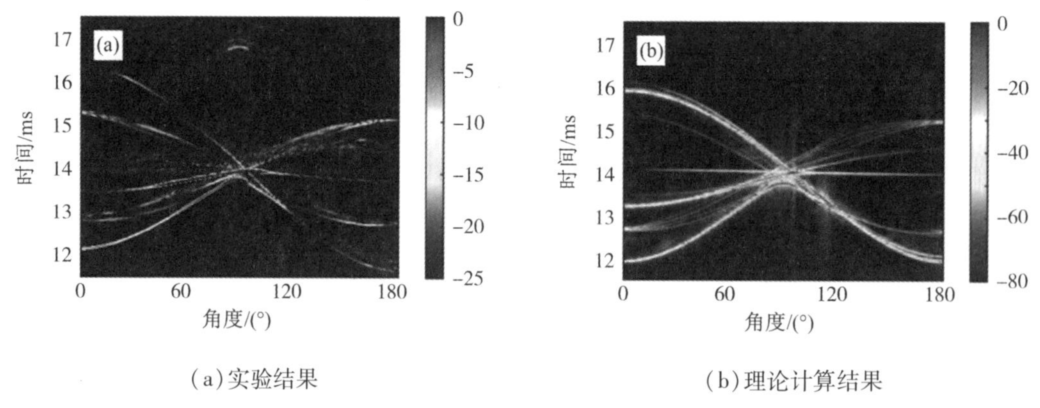


(a)实验结果　　(b)理论计算结果

**图 8　单层壳体 Benchmark 潜艇时域回波结构**

从图 8 可以看出,随着舷角的变化,目标回波亮点的个数和强弱显著变化,单一角度下的目标回波特征难以表征目标回波的全面特征。由潜艇目标回波亮点形成机理可以知道潜艇目标回波亮点分为固定亮点和移动亮点两种,由艇艏、艇艉和指挥台反射区构成的固定亮点,对应艇体上的固定位置;艇体表面的镜反射区构成的移动亮点,移动亮点和固定亮点强度均随舷角变化,从而体现了定量的数值变化。在稳态情况下,目标亮点统计特征是固定的,体现了潜艇复杂体目标的固有属性,因此可以通过实测的方法定量的确定目标亮点的统计特征。

## 4.2　目标散射函数 $B(\theta,\tau)$ 的估计

图 9－15 为不同舷角的回波进行相关处理和低通滤波后得到的标准潜艇缩比模型目标散射函数估计。通过对比,可以看出不同舷角情况下的目标散射函数显著不同,按照目标回波亮点的统计特征模型对不同舷角情况下的亮点参数进行统计分析。

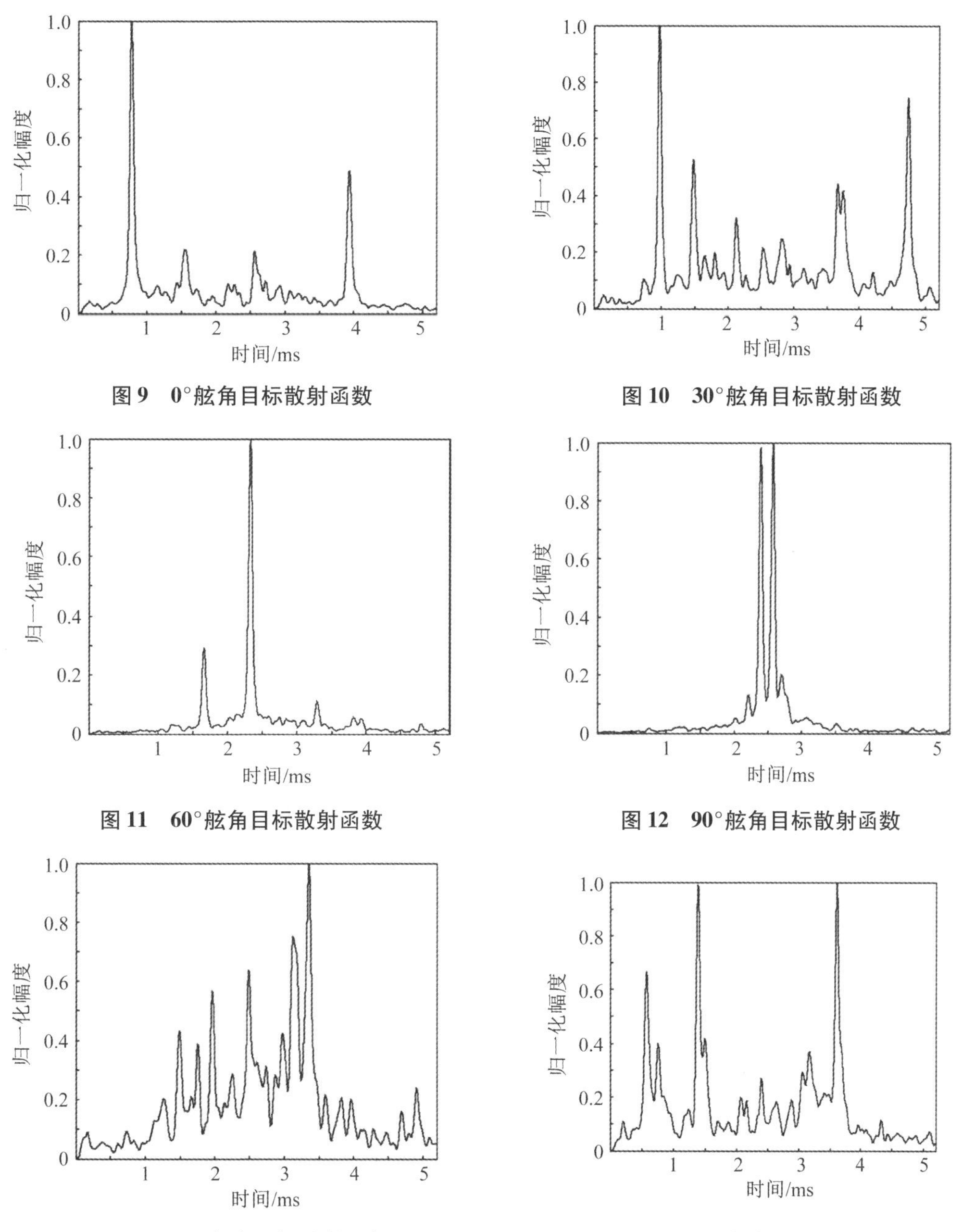


图 9　0°舷角目标散射函数

图 10　30°舷角目标散射函数

图 11　60°舷角目标散射函数

图 12　90°舷角目标散射函数

图 13　120°舷角目标散射函数

图 14　150°舷角目标散射函数

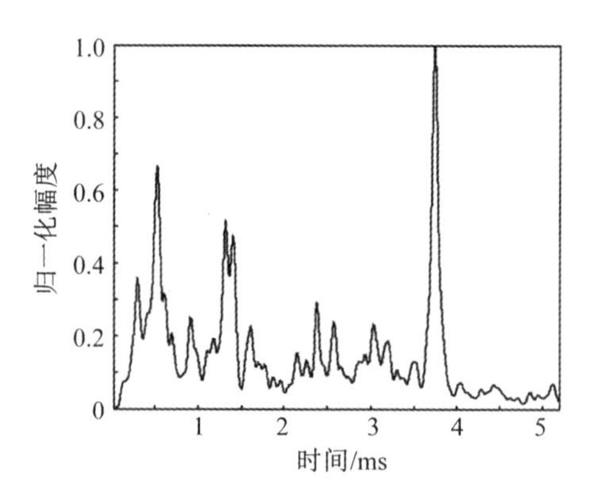


**图 15　180°舷角目标散射函数**

### 4.3　回波亮点个数 $n(\theta)$

从(7)式中可以看出,目标散射函数中除了亮点特征项之外也包含了散射背景项,因此在进行亮点参数提取时,首先需要确定亮点与散射背景之间的比例关系,即亮点判别的阈值。这里采用一种以类间方差和类内方差为判断准则的阈值确定方法[16]。对于给定的阈值 k,可以将回波数据分为亮点数据与非亮点数据两类,亮点类数据个数为 $W_1(k)$ ,平均值为 $M_1(k)$ ,方差为 $\sigma_1^2(k)$ ;非亮点类数据个数为 $W_2(k)$ ,平均值为 $M_2(k)$ ,方差为 $\sigma_2^2(k)$ ,整个数平均值为 $M_r(k)$ ,则类内方差计算公式为

$$\sigma_{\mathrm{w}}^2(k) = W_1(k)\sigma_1^2(k) + W_2(k)\sigma_2^2(k) \tag{8}$$

类间方差计算公式为

$$\sigma_{\mathrm{b}}^2(k) = W_1(k)\left(M_{\mathrm{r}}(k) - M_1(k)\right)^2 + W_2(k)\left(M_{\mathrm{r}}(k) - M_2(k)\right)^2 \tag{9}$$

当 $\sigma_b^2(k)/\sigma_w^2(k)$ 最大时,表示在该段数据上,两类数值被最明显的区分出来,所以满足 $\sigma_b^2(k)/\sigma_w^2(k)$ 最大时的阈值 $k$,可认为是针对该数据的最优阈值。对各角度回波数据进行阈值扫描得到各阈值均在 0.2 左右浮动,故设定亮点阈值为 0.2。需要说明的是,阈值的选取与实际信号的信混比或信噪比相关,阈值增大会导致实际统计的亮点数减少,因此对于目标亮点统计特征集的建立应该保证实际信号具有一定的信混比或信噪比。

依照选定的阈值对不同舷角的下的散射函数进行回波亮点个数统计,并将作为目标分类的重要特征参量。表 1 为实际提取的不同舷角亮点个数图 16 为亮点个数随方位变化分布图,其中每个舷角参与统计分析的回波个数为 5 个。通过对不同舷角下的回波亮点个数的对比分析可以看出,在正横方位,目标体上各部位的反射回波几乎同时到达接收阵,只表现出两个亮点,随着角度偏离正横位置,各部位反射回波到达接收阵的时间差逐渐增大,表现为亮点个数的增加,亮点个数的变化体现了水中复杂体目标的方位信息,可作为目标识别的特征之一。

表1　不同舷角回波亮点个数

| 舷角 | 亮点个数 | 标准差 | 舷角 | 亮点个数 | 标准差 |
|---|---|---|---|---|---|
| 0° | 4 | 0.55 | 100° | 1 | 0 |
| 10° | 3 | 0.45 | 110° | 4 | 0.71 |
| 20° | 3 | 0.45 | 120° | 16 | 2.00 |
| 30° | 8 | 0 | 130° | 14 | 0.84 |
| 40° | 9 | 1.10 | 140° | 14 | 1.52 |
| 50° | 5 | 0 | 150° | 9 | 1.64 |
| 60° | 2 | 0 | 160° | 9 | 0.84 |
| 70° | 2 | 0 | 170° | 13 | 1.22 |
| 80° | 3 | 0.55 | 180° | 10 | 0.55 |
| 90° | 2 | 0.45 | — | — | — |

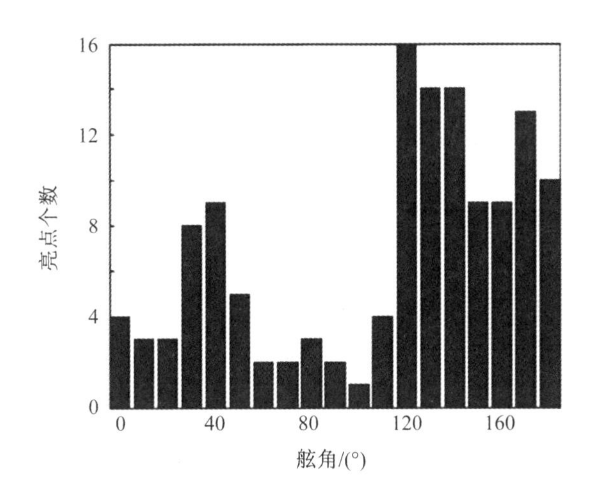


图16　亮点个数随舷角分布

## 4.4　亮点间的位置关系特征 $r(\theta)$

亮点在散射函数中的位置及时序是决定目标散射函数的另一个重要参数,亮点的绝对时序间隔随目标的尺度而变化,因此亮点的绝对位置信息不具有普遍意义,但是对于形状相同目标,亮点间的相对位置关系是一个固定的比例关系,表征了目标的形状信息,因此其可以作为目标识别的重要参数之一。

基于已经得到的不同舷角的散射函数估计,将高于阈值的第一个亮点作为基准亮点,高于阈值的最后一个亮点作为结束亮点,各亮点位置进行归一化处理得到表2所示的不同舷角亮点之间的位置关系。可以看出,舷角不同,亮点分布各不相同,亮点间的定量位置关系是目标形状的特征体现。

表 2　不同舷角回波亮点位置关系

| 舷角 | 亮点位置关系 |
|---|---|
| 0° | 0,0.25,0.57,1.00 |
| 30° | 0,0.14,0.31,0.41,0.49,0.71,0.74,1.00 |
| 60° | 0,1.00 |
| 90° | 0,1.00 |
| 120° | 0,0.06,0.11,0.13,0.19,0.27,0.34,0.40,0.47,0.47,0.51,0.57,0.64,0.70,0.74,1.00 |
| 150° | 0,0.06,0.27,0.31,0.60,0.82,0.86,0.94,1.00 |
| 180° | 0,0.07,0.18,0.30,0.32,0.38,0.61,0.66,0.79,1.00 |

## 4.5　亮点间的强度系数特征 $v(\theta)$

亮点强度是决定目标散射函数的另一个重要参数,体现了目标几何散射和弹性散射的综合影响将高于阈值的亮点强度进行归一化处理,得到如表 3 所示的不同舷角亮点间的相对强弱关系。通过对比可以看出,不同舷角的亮点强度分布各不相同,回波亮点强度变化关系是表征目标形状、材质和内部结构的重要特征,该特征对于水中复杂体目标回波与礁石和海洋动物回波的识别具有重要意义。

表 3　不同舷角回波亮点强度变化关系

| | |
|---|---|
| 0° | 0.48,0.96,1.00,0.62,0.43 |
| 30° | 0.58,0.48,0.49,0.41,1.00 |
| 60° | 1.00,0.49,0.44 |
| 90° | 0.42,1.00 |
| 120° | 0.48,0.60,0.55,0.72,0.73,0.77,0.94,0.68,1.00 |
| 150° | 0.54,0.32,0.64,0.39,0.59,1.00 |
| 180° | 0.75,1.00,0.73,0.66,0.79 |

## 4.6　亮点集中度特征 $l(\theta)$

基于散射函数估计,对不同舷角下的亮点集中度进行计算,图 17 为不同舷角下的亮点集中度分布图,可以看出,对潜艇类目标随着舷角偏离正横位置,回波亮点的集中度逐渐降低。

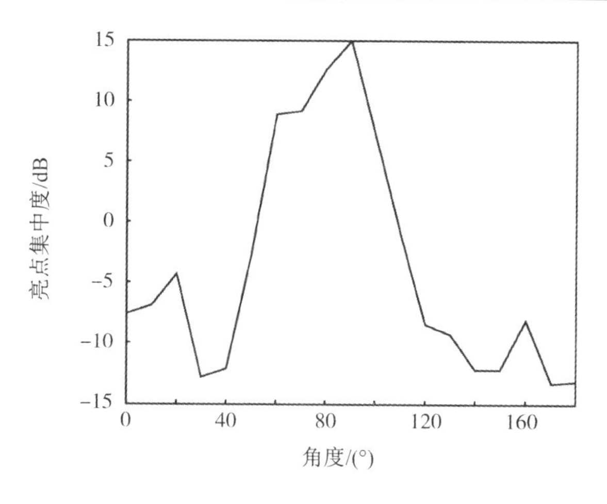


**图 17　标准潜艇模型回波亮点集中度随舷角分布**

## 5　海边礁石亮点统计特征

为了对比人造目标和礁石目标亮点分布特征，本文同时也测试分析了如图 18 所示的海边礁石的亮点统计特征，试验测量所用礁石的最大尺度为60 cm。由于礁石目标形状不规则，没有潜艇目标舷角的概念，因此选定礁石某方位为起始角度，旋转 180°测量回波数据，具体测量方法与标准潜艇缩比模型散射特性测量方法相同。测试实验的发射信号为 40 ~ 80 kHz宽带线性调频信号，脉冲宽度为2 ms。

### 5.1　目标二维散射函数图

图 19 为海边礁石目标的二维散射函数图，与人造目标不同，礁石目标不存在规则的几何形状礁石目标亮点细碎，与人造目标亮点特征差异明显。

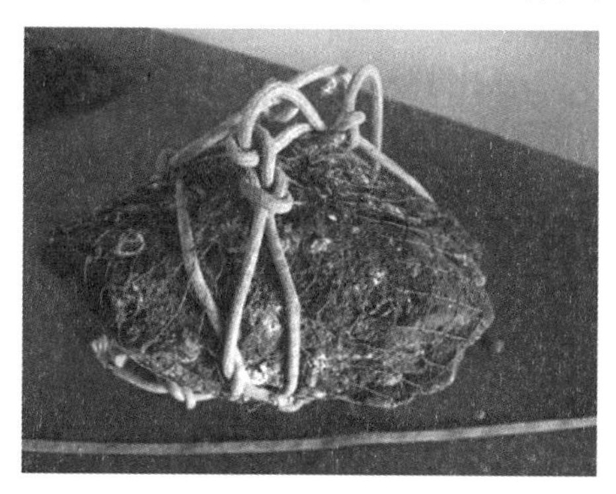

**图 18　试验测试的海边礁石照片**

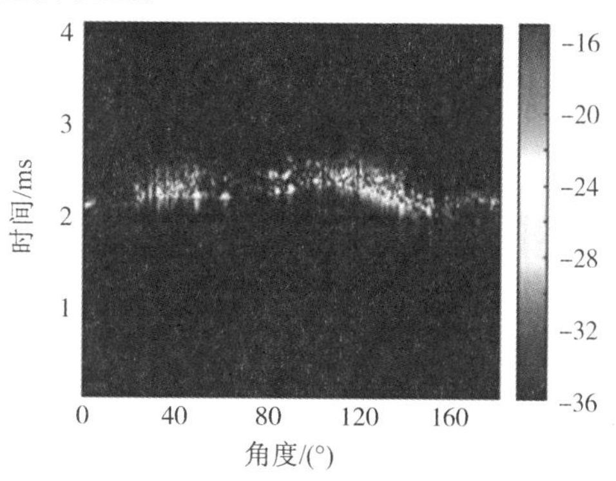


**图 19　礁石目标二维散射函数图**

### 5.2　目标散射函数 $B(\theta,\tau)$ 的估计

图 20 - 23 分别为礁石目标四个不同角度下的目标散射函数估计。通过对比，可以看出礁石目标亮点细碎，亮点间隔小，且不同方位角情况下，礁石目标散射函数与人造目标散射函数相比，变化不明显，这是由于礁石目标没有人造目标的规则外形和复杂内部结构，目标的细碎亮点主要是由目标的不规则外形散射引起的。

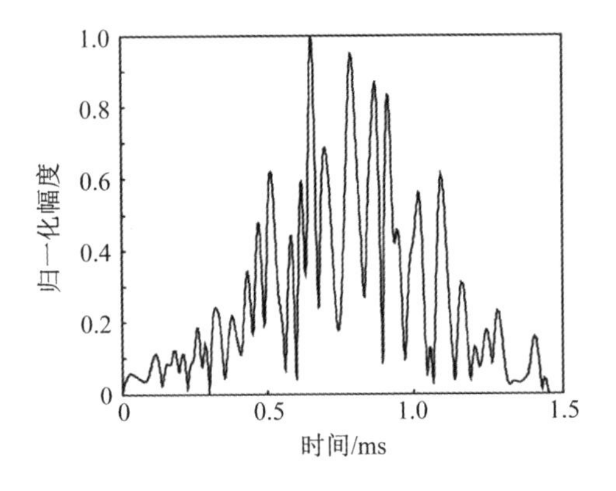


图 20　0°方位角礁石目标散射函数

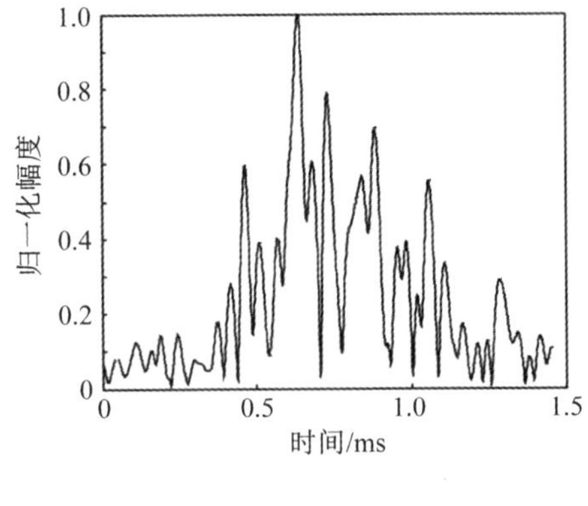


图 21　60°方位角礁石目标散射函数

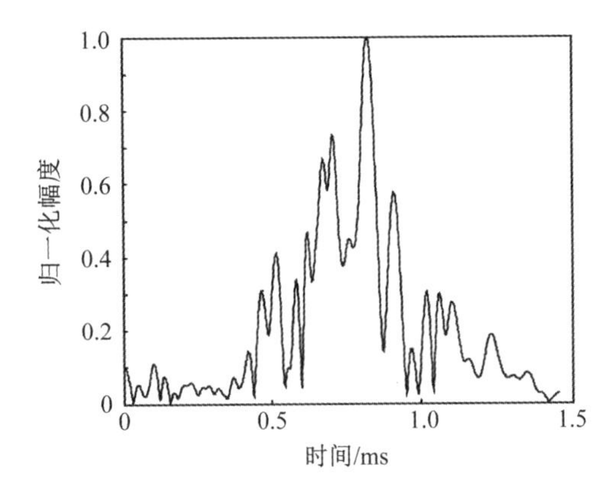


图 22　120°方位角礁石目标散射函数

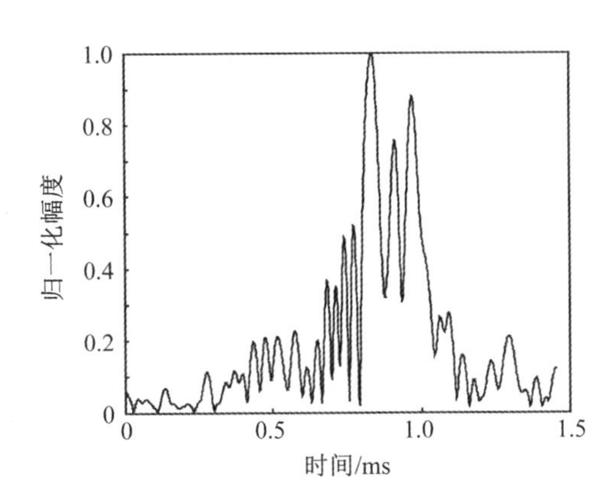


图 23　180°方位角礁石目标散射函数

## 5.3　亮点集中度特征 $l(\theta)$

基于散射函数估计,对礁石目标不同方位下的亮点集中度进行计算。图 24 为不同方位角下的礁石目标亮点集中度分布图,可以看出,对于礁石类目标,其回波主要表现为细碎亮点,并且亮点分布无明显的方位变化特性。因此礁石类目标的亮点集中度随方位变化相对较小,与之相对应,潜艇目标的亮点集中度具有显著的方位变化特征,这也是人造目标与礁石区分的重要特征。

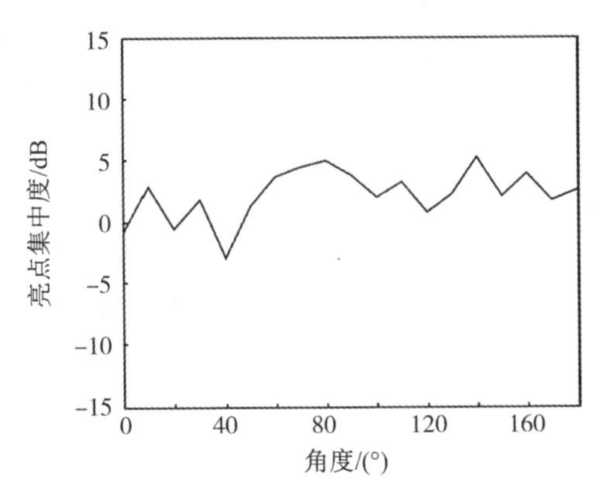


图 24　礁石目标亮点集中度随角度分布

## 6　结论

本文从水中目标分类识别的应用角度出发,研究了水中目标不同舷角下的回波亮点统计特征,通过分析可以得出如下结论:

(1)目标回波亮点是水中复杂体目标回波的重要特征,基于目标散射函数的目标回波亮点统计特征是对目标回波的细致描述和表征,体现了水中复杂体目标回波亮点更为精细的特征;

(2)通过对不同舷角的目标回波进行散射函数估计,并基于目标散射函数估计进行目标回波亮点参数统计分析,可以获得目标回波亮点特征的定量描述和表征;

(3)通过不同舷角的目标回波亮点统计特征,可以建立目标回波特征样本库,使得目前广为研究的目标时间 - 角度谱图中所蕴含的目标特征信息能够很直接地转化为主动声呐易于应用的目标特征;

(4)本文提出的基于亮点模型的水中复杂目标散射函数估计方法中重点考虑了目标的艏艉方向回波亮点的统计特征,尚未考虑目标的横向(径向)尺度对回波亮点的影响,因此,进一步的工作需要综合考虑复杂目标的横向和纵向尺度对回波亮点特征的影响。

感谢哈尔滨工程大学水声工程学院惠俊英教授的讨论。

### 参考文献

[1] Tang W L 1994 Acta Acustica 19 92(in Chinese)[汤渭霖 1994 声学学报 1992].

[2] Fan J 2001 Ph. D. Dissertation (Shanghai:Shanghai Jiaotong University)(in Chinese)[范军 2001 博士学位论文(上海:上海交通大学)].

[3] Fan J,Zhuo L K 2006 Acta Acustica 31 511(in Chinese)[范军,卓琳凯 2006 声学学报 31 511].

[4] Pan A,Fan J,Zhou L K 2012 Acta Phys. Sin. 61 214301(in Chinese)[潘安,范军,卓琳凯 2012 物理学报 61 214301].

[5] Jiang Y M,Feng H H,Hao X Y 1997 Acta Acustica 22 21(in Chinese)[姜永珉,冯海泓,郝新亚 1997 声学学报 22 21].

[6] Jiang Y M 2002 Ship Science and Technology 24 30(in Chinese)[姜永珉 2002 舰船科学技术 24 30].

[7] Zhang B,An T S 2009 Acoustic Technology 28 24(in Chinese)[张波,安天思 2009 声学技术 28 24].

[8] Zhang B,An T S,Han J,Ma Z C,Zhu L G 2010 J. Harbin Eng. Univ. 31 872(in Chinese)[张波,安天思,韩静,马忠成,祝令国 2010 哈尔滨工程大学学报 31 872].

[9] He X Y,Jiang X Z,Lin J Y 2001 Torpedo Technology 9 15(in Chinese)[何心怡,蒋兴舟,林建域 2001 鱼雷技术 9 15].

[10] Liu C H,Ma G Q,Zhou M 2005 J. Dalian Navy Academy 28 60(inChinese)[刘朝晖,马国强,周明 2005 海军大连舰艇学院学报 2860].

[11] Liu C H,Li Z S,Ma G Q 2004 Ship Engineering 26 68(in Chinese)[刘朝晖,李志舜,马国强 2004 船舶工程 2668].

[12] YanW,Huang J G,Wang X X,Hu F 2005 Computer Simulation 22 23(in Chinese)[闫伟,

黄建国,王新晓,胡方 2005 计算机仿真 2223].

[13] Mark W M,Whitlow W L,Paul E N,John S A 2007 J. Acoustic. Soc. Am. 1222255.

[14] Lois A D,David A H,Pattrick W M,Justine M Z 2002 J. Acoustic. Soc. Am. 1121702.

[15] Nell W,Gilroy L E 2003 DRDC Atlantic Technical Repor. CanadaTR2003 – 199 p10.

[16] Gao M 2009 M. Eng. Dissertation (Harbin;Harbin Engineering University) (in Chinese) [高苗 2009 硕士学位论文(哈尔滨;哈尔滨工程大学)].

# 水下目标回波与混响时频形态特征域盲分离

李秀坤　杨　阳　孟祥夏

**摘要**　水下沉底或掩埋目标识别受海底混响干扰严重,并且目标回波与混响在时－频域上均存在混叠,增大了对目标回波与混响的分离难度。根据目标回波与混响的产生机理差异,将图像形态学与时频分析相结合的盲分离算法用于目标回波与混响的分离。推导了目标几何声散射成分与混响在 Wigner－Ville 时频面的形态特征表达式,利用图像形态学滤波去除 Wigner－Ville 时频面中的混响及刚性亮点之间交叉项,在时频形态特征域获取解混矩阵,实现了目标回波和混响的分离。仿真与实验数据处理结果表明,结合图像形态学的时频域盲分离算法提高了目标回波信号的信混比。

## 0　引言

目标的声散射特征是水下目标探测和识别的重要依据。水下目标回波主要包括几何散射和弹性散射[1－2]两种,分别反映目标的几何外形和材质结构等信息。目标的几何散射波由目标光滑面的镜反射以及不连续棱角的反射形成,与目标外形有关,反映目标的姿态、尺度等信息,其幅值相对较大,且存在于多个入射角度下,因而成为区分具有不同几何形状目标的而主要依据。在深入了解目标回波的产生机理和散射特性[3－6]基础上,运用与之匹配的信号处理手段可以进行目标回波的各个声散射成分分离[7－8],进而实现有效的散射特征提取。但实际有源声呐探测系统中,混响是主要背景干扰,为声波经水下各种散射体散射叠加形成。特别是对沉底或掩埋目标探测来说[9],海底混响与目标回波混叠在一起,严重影响探测性能。如何有效地去除目标所处环境对回波特性的影响是目标识别中的关键问题。

盲源分离技术是一种在缺少信源与信道先验知识的情况下,仅根据观测信号分离或恢复出源信号的处理算法[10－11]。大多盲分离算法要求各个源是独立同分布的平稳随机信号。而实际有源声呐接收的数据是由非平稳源混合而成,常采用时频域盲分离算法处理这类信号[12－13]。但阵列接收数据的空间时频分布矩阵不再是一个对角阵,受混响噪声干扰,且刚性亮点间存在时频交叉项,严重影响算法的分离性能[14]。Kamran 等通过将时频谱与预设阈值比对来选择合适的时频点,但混响背景下的阈值设定较为困难[15]。Belouchrani 和 Holobar 等通过对空间时频分布矩阵的迹和特征值进行约束,选择最大能量谱对应的点作为目标亮点的自项时频点,但时频域范围较大时计算量大[16]。

对有源声呐接收信号进行时频域盲分离处理以提高目标回波信号的信混比,为目标特征提取及识别提供基础。针对时频域盲分离算法的分离效果受混响及目标刚性亮点交叉项影响。采用一种结合图像形态学[17－18]的时频盲分离算法,简记为 IMTFBSS。以 Wigner－Ville 变换为基础,推导了目标回波亮点与混响的时频形态特征分布。当有源声呐发射线性调频脉冲时,入射声波经目标表面散射,从接收端观测到目标的几何亮点分量在时频面呈规则分布[19]。混响受界面粗糙度及沉积层不均匀性影响,其各回波分量的时延、幅度与相位呈现随机性。交叉项因为包含指数项成分,在时频面呈现出等间距的间断谱线分布。根据目标回波亮点与混响及交叉项的形态特征差异,利用形态学滤波去除混响及交叉项干扰,突出目标自项时频谱线。仿真与数据处理结果表明,结合图像形态学的时频域盲分离算法能够有效抑制混响及交叉项,提高时频域盲分离算法的分离性能。

## 1　有源声呐接收的回波信号模型

水下目标探测中,有源声呐接收的回波信号由目标回波、混响和环境噪声线性混合而成。目标散射回波是由入射声波与目标的相互作用产生的,因而携带有关目标的信息。对于形状规则的物体来说,其散射声场可用严格理论解描述,形式上由刚性散射(即几何声散射)与弹性散射组成。对于复杂形状的目标来说,其散射仍由几何散射和弹性散射组成,但由于边界条件较为复杂,难以解出严格的理论解。目前,在工程应用中比较实用的是汤渭霖教授提出的亮点模型[20],将光学中亮点的概念引入到声学领域,把散射回波的产生点视为亮点。目标回波形成亮点是要满足一定条件的:如目标为光滑凸面,$kL > 2\pi$,$k$ 为波数,$L$ 为目标的尺度。对于复杂目标来说,其亮点可能有多个,所有亮点产生的散射回波的线性叠加形成总的目标回波。亮点也可分为几何亮点和弹性亮点,分别对应于几何散射回波和弹性散射回波。其中几何亮点是实际存在的,而弹性亮点由于形成机理复杂,常为等效获得。

亮点模型将亮点回波的产生视为线性系统,利用包含幅度、相位、时延的传递函数进行描述。对于如图 1 所示的半球头圆柱模型,仅考虑几何亮点,主要包括端面、圆柱侧面以及球头的镜反射,和棱角 1,2,3,4 产生的棱角反射。在不同的入射角度下,亮点的数量不同,呈动态变化特性。总的传递函数可表示为:

$$H(\omega) = \sum_{i=1}^{I} A_i e^{j\omega\tau_i} e^{j\varphi_i} \tag{1}$$

其中,$A_i$ 、$\tau_i$ 、$\varphi_i$ 分别是幅度因子、时延因子与相位因子,与入射角度及具体亮点的类型有关。$I$ 是目标亮点数目,用 $s(t)$ 代表发射信号,目标回波信号可以表述为[20]:

$$x(t) = \sum_{i=1}^{I} x_i(t) = \sum_{i=1}^{I} A_i s(t - \tau_i) e^{j\varphi_i} \tag{2}$$

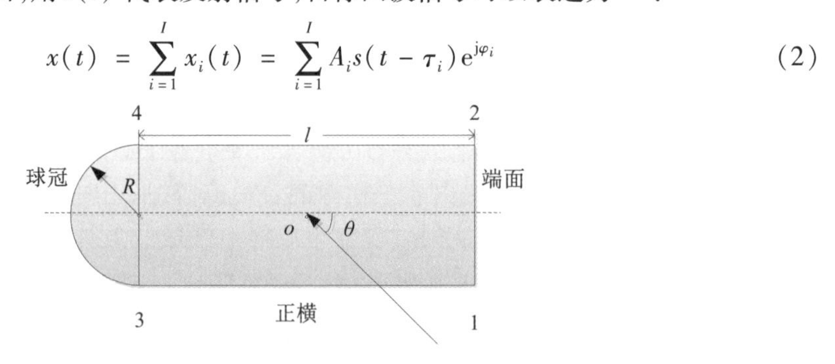


**图 1　目标模型结构**

混响是由小尺度、相互独立的随机散射体受激励产生的散射波线性叠加形成的。散射体在形状、尺度、密度上的不连续性,使得混响的时域波形表现出明显的随机性。假设海洋声场环境缓慢时变,且忽略散射过程的时变特性,混响传递函数可表示为[21]:

$$H(w) = \sum_{m} \sum_{i} \sum_{j} b_T(w,\alpha) H_{mi}(s_m, w) S_{mij} H_{mj}(s_m, w) b_R(w,\beta) \tag{3}$$

式(3)中,$b_T$、$b_R$ 代表发收换能器的指向性,$\alpha$ 和 $\beta$ 是发射换能器的指向性开角,$H_{mi}$、$H_{mj}$

分别代表入射声波传递函数和散射声波传递函数。$s_m$ 代表海底散射系数，其理论计算比较复杂，在对模型精度不做严格要求的情况下，可用简化的海底散射模型替代。混响时域形式可通过发射信号频谱与式(2)相乘再做 IFFT 得到，也可用点散射模型来描述混响的形成机理，混响本质上是水下众多散射体对入射声波散射的线性叠加[22]：

$$R(t) = \sum_{i=1}^{N(t)} K(t) \cdot s(t-\tau_i)\mathrm{e}^{\mathrm{j}\varphi_i} \tag{4}$$

其中，$K(t)$ 代表信道传输损失、界面散射及收发设备指向性对混响幅度产生影响的因子，在目标时间尺度内，不会产生明显变化，近似是常数。$N(t)$ 是 $t$ 时刻对混响有贡献的散射体数目，$\varphi_i$ 为随机相位，由信号的传输和散射过程决定。

## 2　水下目标回波与混响的时频形态特征分布

对观测信号进行时频域盲分离处理，在众多分析非平稳信号的时频方法中，Wigner - Ville 分布(WVD)具有最好的能量聚集性，但该时频分布是双线性的，对多分量信号而言，WVD 存在严重的交叉项干扰，且目标回波受海底混响干扰，这都影响时频域盲分离算法的分离有效性。因而讨论目标回波亮点分量与混响及交叉项在时频域的图像形态特征分布，有助于选择有效的方法将干扰去除。有源声呐发射线性调频信号，即 $s(t) = A \cdot \exp(\mathrm{j}2\pi(f_0 t + mt^2/2))$ ，$m = (f_1 - f_0)/T$ ，$t = [-T/2, T/2]$ 。根据有源声呐接收的目标回波信号表达式(2)，其 WVD 分布如下：

$$W_x(t,f) = \left| \int_{-\infty}^{\infty} x\left(t+\frac{\tau}{2}\right)x^*\left(t+\frac{\tau}{2}\right)\mathrm{e}^{-\mathrm{j}2\pi f\tau}\mathrm{d}\tau \right| = \sum_{i=1}^{I} W_{x_i}(t,f) + \sum_{i,j=1(i\neq j)}^{J} W_{x_{ij}}(t,f) \tag{5}$$

$W_{x_i}, i = 1,2,\cdots,I$ 是 WVD 分布中目标回波亮点的自项，$W_{x_{ij}}(i \neq j$ 且 $j = 1,2,\cdots,J)$ 是目标回波亮点的互项。单个亮点分量的自项时频分布表达式：

$$\begin{aligned} W_{x_i}(t,f) &= A^2(T-2|t|) \\ &\mathrm{sinc}[2\pi(f_0 + mt - f)(T-2|t|)] \end{aligned} \tag{6}$$

两个相对延迟 $\tau$ 的亮点分量，其互时频分布表达式：

$$W_{x_{ij}}(t,f) = A_i A_j \exp(\mathrm{j}2\pi f\tau) W_{x_i}\left(t-\frac{\tau}{2},f\right) \tag{7}$$

由式(6)可知，单个亮点分量的 WVD 由 一系列 sinc 函数组成，在时频平面上的图像形态表现 为一条连续的斜线，斜率与发射信号相同。观察式(7)，亮点回波间的交叉项分布在自项成分之间，并且包含 $\exp(\mathrm{j}2\pi f\tau)$ 项，使得交叉项线谱产生周期性的震荡[16]不再是一条连续的斜线 。

受海底散射体的不均匀性和粗糙度影响，任一时刻混响由大量幅度、时移与相位均随机 的散射波线性叠加而成。根据混响信号的表达式(4)，第 $i$ 个散射点的自项时频分布表达式为：

$$W_R(t,w) = K^2(t)\sum_{i=1}^{N} WVD(t-\tau_i, w) \tag{8}$$

第 $m$ 个散射点和第 $n$ 个散射点之间的互时频分布表达式为

$$W_{R_{mn}}(t,w) = K^2(t)\sum_{m=1}^{N}\sum_{n=1(m\neq n)}^{N} \exp(\mathrm{j}w(\tau_m + \tau_n)) \cdot WVD\left(t-\frac{\tau_m+\tau_n}{2}, w\right) \tag{9}$$

由式(8)和式(9)可知，各散射体散射波的 WVD 自项为幅度与时移随机的 $W_{x_i}(t,f)$ ，而散射体间的 WVD 互项为幅度、时移与相位均随机的 $W_{x_i}(t,f)$ 。因而由大量散射波线性混合而成的混响信号在时频域的图像是随机的点或面状区域，不具有线状特征。此外，混响与目标回波亮点分量共同作用也会产生交叉项，结合式(9)分析结果，目标回波亮点分量与海底散射体间的 WVD 互项也是幅度、时移与相位均随机的间断线谱。

通过上述分析，目标回波亮点自项与混响及交叉项在时频面表现出不同的图像形态分布特征。根据目标回波与混响的产生机理，目标回波亮点时频线谱分布在发射信号脉宽及其尺度展宽持续时间内，而混响随机的分布在整个回波信号持续时间内 。

## 3 结合图像形态学的时频域盲分离

根据第 2 节分析，考虑利用图像形态学中的腐蚀与膨胀操作去除混及交叉项，进而提取目标回波亮点自项时频点，提高盲分离算法的准确性。通过选择合适的结构元，腐蚀图像中小于结构元尺寸的任意图形。由于目标回波亮点自项是倾斜的连续线谱，这里采用倾斜直线作为结构元，结构元长度为信号自项长度的一半，以去除随机点或面状区域分布的混响和周期性间断分布的交叉项，同时保留连续的目标亮点自项谱线，但腐蚀操作会使信号自项的轮廓变细，损失目标信息，所以要利用膨胀操作还原物体的图像形态。有源声呐接收的回波信号包含目标回波、混响和环境噪声。收发合置声呐接收的回波信号数学模型为：

$$
\begin{aligned}
x_k(t) &= h_k(t) * s(t) + n(t) \\
&= \sum_{i=1}^{I} h_{ki}(t-\tau_i)s(t) + \sum_{j=1}^{J} h_{kj}(t-\tau_j)s(t) + n(t)
\end{aligned}
\tag{10}
$$

式(10)中，$h_{ki}(t)$ 代表目标上的第 $i$ 个散射源信号到第 $k$ 个传感器之间的冲激响应，$h_{kj}(t)$ 代表浅海界面或水体的第 $m\times 1$ 个散射源信号到第 $k$ 个传感器之间的冲激响应。式(10)用矩阵形式描述为：

$$
\boldsymbol{x}(t) = \boldsymbol{A}\boldsymbol{s}(t) + n(t) \tag{11}
$$

式(11)也是盲分离的瞬时线性混合模型。其中，$\boldsymbol{x}(t)$ 为 $m\times 1$ 的观测信号向量，$\boldsymbol{x}(t) = [x_1(t), x_2(t), \cdots, x_m(t)]$，$\boldsymbol{s}(t)$ 是 $n\times 1$ 的源信号向量，$\boldsymbol{s}(t) = [s_1(t), s_2(t), \cdots, s_n(t)]$。$\boldsymbol{A}$ 是 $m$ 行 $n$ 列的混合矩阵，由未知的复杂水下环境确定。盲分离的目的就是通过观测向量 $\boldsymbol{x}(t)$ 求解源信号的最佳估计 $\hat{\boldsymbol{s}}(t)$ 。结合图像形态学的时频域盲源分离算法具体步骤如下：

(1) 对 $\boldsymbol{x}(t)$ 进行预白化处理，使得变换后的混合随机向量 $\boldsymbol{z}(t)$ 的自相关矩阵满足 $\boldsymbol{R}_z = E[\boldsymbol{z}\boldsymbol{z}^{\mathrm{H}}] = \boldsymbol{I}$：

$$
\boldsymbol{z}(t) = \boldsymbol{Q}\boldsymbol{x}(t) \tag{12}
$$

白化矩阵 $\boldsymbol{Q}$ 可通过对自相关矩阵 $\boldsymbol{R}_z$ 进行特征值分解得到，$\boldsymbol{Q} = (\Sigma - \sigma^2 I)^{-1}\boldsymbol{V}^{\mathrm{T}}$，$\Sigma$ 是特征值组成的对角阵，$\boldsymbol{V}$ 是特征值对应的特征向量，将特征值按降序排列有 $\lambda_1 \geqslant \lambda_2 \cdots > \lambda_m = \cdots = \lambda_1 \approx \sigma^2$，$\sigma^2$ 是对环境噪声的估计。白化处理可去除背景噪声和部分混响干扰。

(2) 对白化后的混合信号 $\boldsymbol{z}(t)$ 进行 WVD 时频变换，

$$
\boldsymbol{D}_z(t,f) = \boldsymbol{Q}\boldsymbol{D}_x(t,f)\boldsymbol{Q}^{\mathrm{H}} = \boldsymbol{U}\boldsymbol{D}_a(t,f)\boldsymbol{U}^{\mathrm{H}} = \begin{bmatrix} d_{11}(t,f) & \cdots & d_{1n}(t,f) \\ \vdots & \cdots & \vdots \\ d_{n1}(t,f) & \cdots & d_{nn}(t,f) \end{bmatrix} \tag{13}
$$

式中，$\boldsymbol{U} = \boldsymbol{Q}\boldsymbol{A}$ 为酉矩阵，$\boldsymbol{D}_a$ 为源信号的 WVD 时频分布矩阵，$\boldsymbol{D}_z$ 的对角线元素为各源信号的时频分布函数，非对角线上的元素为源信号之间的互时频分布函数，每一项的表达式为：

$$d_{ij}(t,f)=\int_{-\infty}^{\infty}x_i\left(t+\frac{\tau}{2}\right)x_j\left(t-\frac{\tau}{2}\right)\mathrm{e}^{-\mathrm{j}2\pi f\tau}\mathrm{d}\tau \tag{14}$$

其中，$i,j=1,2,\cdots,n$，$d_{ij}(t,f)$ 是二维分布的时频矩阵，因此，式(13)表示的混合信号WVD时频矩阵将会是一个四维矩阵。进行源信号的自项时频点提取时，只取 $\boldsymbol{D}_z$ 自项时频函数分析，不但可以简化运算，还可以提高信混比。自项时频赚的求取可通过对式(13)求迹运算实现，

$$\boldsymbol{J}=Tr(\boldsymbol{D}_z(t,f))=Tr(\boldsymbol{U}\boldsymbol{D}_s(t,f)\boldsymbol{U}^{\mathrm{H}}) \tag{15}$$

(3)形态学运算只能处理二值化图像，故将式(15)的时频图二值化，即用0和1表示时频谱能量。选定某一时频谱能量值作为阈值，将大于该阈值的能量值置1，小于该阈值的能量值置0。为了不损失弱目标信号信息，文中阈值取信号时频谱能量的最小值。利用线状结构元对二值化结果进行形 态学运算。设回波所在区域记为集合 $A$ 交叉项及混响集合记为 $C$，线状结构元集合为 $O$。由于混响在整个时频平面上随机分布，必然在某些时频点上与目标亮点时频线谱重叠，此时目标回波的形态特征受信混比影响，若重叠时频谱形态接近目标亮点线谱特征经腐蚀运算会被保留，相反，会被当混响腐蚀掉，算法失效。分别对 $A$ 和 $C$ 进行腐蚀与膨胀操作，有：

$$\begin{cases}A\Theta O=\{z\mid(O)_z,\subseteq A\}=A'\\ C\Theta O=\{z\mid(O)_z,\subseteq C\}=\varnothing\end{cases} \tag{16}$$

(4)提取(3)中图像值大于 $\varepsilon$ 的时频点，建立时频点集 $(t,f)\in\Omega_s$，$\varepsilon$ 取时频形态特征域的最小值。信混比小于0 dB时，为了去除与目标回波时频点重叠的混响成分，将 $\Omega_s$ 中每一点对应的能量与 $\Omega_s$ 中各点能量和的均值对比，小于该值的时频点作为目标亮点的时频点，即 $(t,f)\in\Omega'_s$。

(5)根据(4)得到的时频点集 $(t,f)\in\Omega'_s$，重构空间时频分布矩阵 $\boldsymbol{D}_z(t,f)$，由于源信号时频分布函数矩阵 $\boldsymbol{D}_s$ 为对角阵，根据式(13)可得到以下关系：

$$\boldsymbol{U}^{\mathrm{H}}\boldsymbol{D}_z(t,f)\boldsymbol{U}=\boldsymbol{D}_s(t,f)=\mathrm{diag}(d_{11}(t,f),\cdots,d_{nn}(t,f)) \tag{17}$$

通过矩阵 $\boldsymbol{D}_s$ 对角化求解酉矩阵 $\boldsymbol{U}$，考虑到数值计算误差与背景干扰的影响，$\boldsymbol{D}_s$ 的完全对角化无法实现，只能进行联合近似对角化处理，即使酉变换后矩阵的非对角线元素相对对角线元素尽可能小：

$$\boldsymbol{C}(\boldsymbol{U})=\sum_{i=1}^{N}\mathrm{off}(\boldsymbol{U}^{\mathrm{H}}\boldsymbol{D}_z(t_i,f_i)\boldsymbol{U}) \tag{18}$$

其中，$(t,f)\in\Omega'_s$ 是参加联合近似对角化的时频点数。采用Givens旋转法来求解酉矩阵 $\boldsymbol{U}$，那么得到的解混矩阵为 $W=\boldsymbol{U}^{\#}\boldsymbol{Q}$，#表示伪逆，进而获得分离信号：

$$\hat{\boldsymbol{s}}(t)=\boldsymbol{U}^{\#}\boldsymbol{Q}\boldsymbol{x}(t)=\boldsymbol{W}\boldsymbol{x}(t) \tag{19}$$

## 4　盲分离性能评价

算法的分离性能可用输出信混比(SRR)增益来衡量，发射信号为宽带线性调频信号时，分数阶域上的信混比定义如下：

对观测信号做最优阶数为 $p$ 的分数阶Fourier变换，目标回波表现为冲击函数，而混响在任何分数阶Fourier变换域上均不会出现能铖聚集，故回波信号成分位于幅度谱的峰值点处。可在分数阶域上定义信混比：

$$SRR = 20\lg\left(\frac{P_{\text{signal}}}{P_{\text{reverberation}}}\right) \tag{20}$$

其中，$P_{\text{signal}}$ 为幅度谱的峰值，$P_{\text{reverberation}}$ 为幅度谱中去除峰值后的平均值。输出信混比增益为：

$$G = SRR_{\text{out}} - SRR_{\text{in}} \tag{21}$$

输出的信混比增益 $G$ 越大，算法的分离性能越好。当输出信混比增益接近零时算法无增益，此时的输入信混比即为该算法失效的信混比下限 。

## 5　仿真分析

仿真1：目标回波亮点幅值相差较大时的算法分离性能讨论。实测半球头圆柱模型，不同入射角度下接收端观测到的目标亮点个数及幅值大小不同。有源声呐发射线性调频脉冲信号，归一化调频范围 $f_1 = 0.05$，$f_2 = 0.1$，脉冲宽度1 000个采样点。观测信号由归一化幅值分别为1和0.2的两个亮点混合而成。

无混响情况下，经图像形态学滤波去除交叉项得到两亮点线谱如图2，幅值较小的谱线能量谱很弱。图3是分离信号与发射信号的相似系数，其值均为1。当观测信号中加入 $SRR = -5$ dB的混响干扰时，经图像形态学运算得到的亮点线谱如图4，混响被有效去除，但仅观测到能量较强的谱线，能量弱的线谱因受强混响干扰，被当作背景噪声腐蚀掉。图5是分离信号与发射信号的相似系数，只恢复出能量较强的亮点成分。

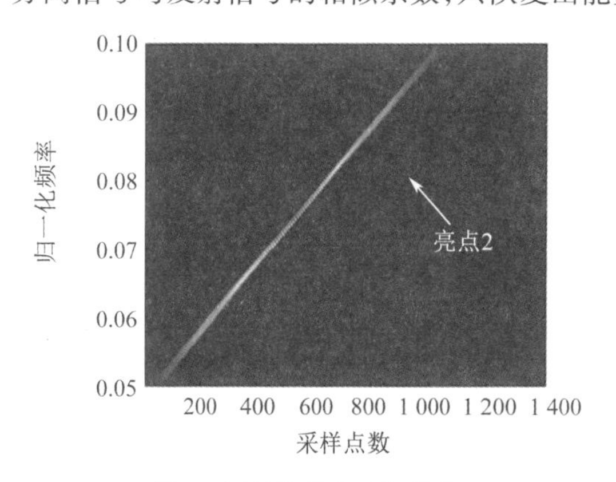


图2　原始信号的时频分布

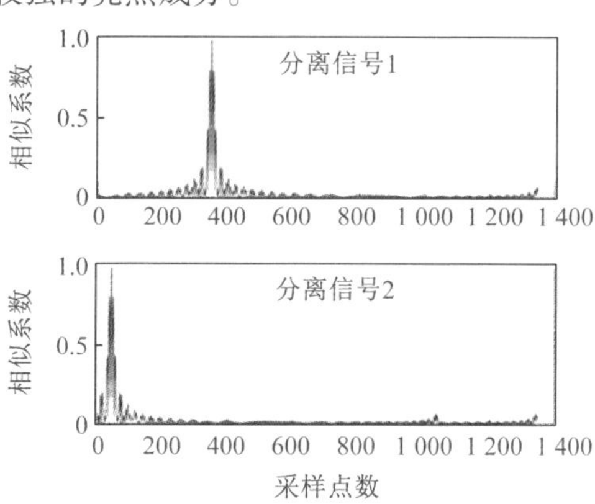


图3　盲分离后信号的相似系数

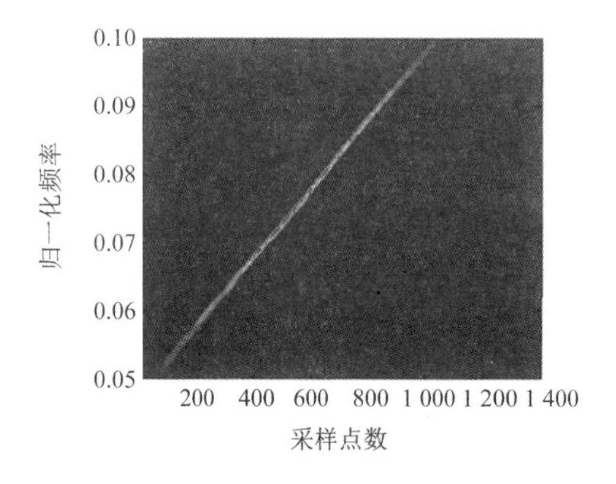


图4　原始信号的时频分布

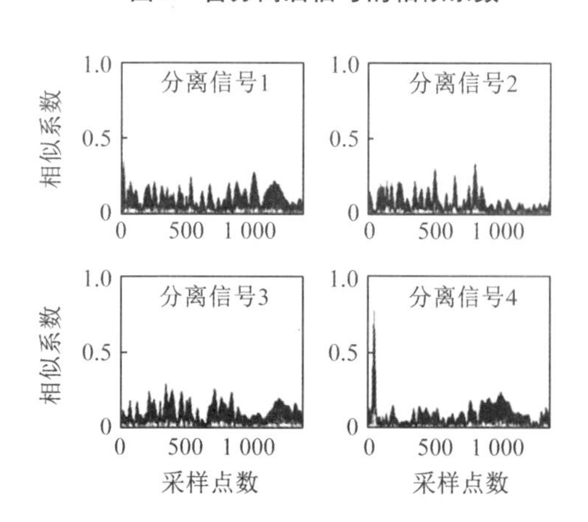


图5　盲分离后信号的相似系数

由此可见,结合图像形态学的时频盲分离算法可以抑制与回波图像形态特征不同的干扰成分,分离出目标亮点分量,但分离性能受信混比大小影响 。

仿真 2:混响背景下对多亮点目标回波分离性能的讨论。发射信号参数同仿真 1,目标回波包含 3 个亮点,混合矩阵由 0 ~ 1 内均匀分布的 4 × 3 矩阵随机给出。SRR = 0 dB。将目标各亮点与混响分别看成一个源,构造四路基元数据作为观测信号,对应的分离信号也有四路。并对比时域二阶统计盲分离(SOBI)和经典时频域盲分离(TFBSS)算法的分离性能。

图 6(a)为观测信号的时频分布图,受混响和交叉项的影响,从中难以观测亮点的个数及回波的时序结构。从图 6(b)看出在采样点数 20,23,370 附近有三个亮点信号,但在其他位置也存在一定数量的峰值,这些峰值是由混响产生的,影响对实际目标回波亮点成分的判断。为了得到目标回波亮点成分的自项时频点,提高盲分离的准确性,需要进一步去除混响及交叉项干扰。图 7 是亮点的时频点集,即经形态滤波处理后得到的目标亮点时频结构分布,在时频面上目标与混响的非重叠区域,混响及交叉项干扰被完全抑制。但每根线谱的始末端均有能量被腐蚀,亮点谱线在信号的时频带宽内分布不完整。并且由于混响在时频面的能量大小及位置分布是随机的,与目标亮点重叠的混响不能完全被抑制。因此讨论参加联合近似对角化的时频点数对盲分离性能的影响。不同信混比下 的目标时频点数对分离性能影响如图 8 所示,目标回波时频分布总点数为 $N$,在 1 到 $N$ 之间以近似等比数列划分横轴。从图中看出,无混响时算法的分离性能不受参加联合近似对角化的时频点数影响。加入混响干扰时,随着信混比减小,算法的分离性能下降。在某一信混比下,当参加联合近似对角化的点数超过 $2N/10$时,分离信号与发射信号的相似系数达到最大且分离性能趋于平稳。

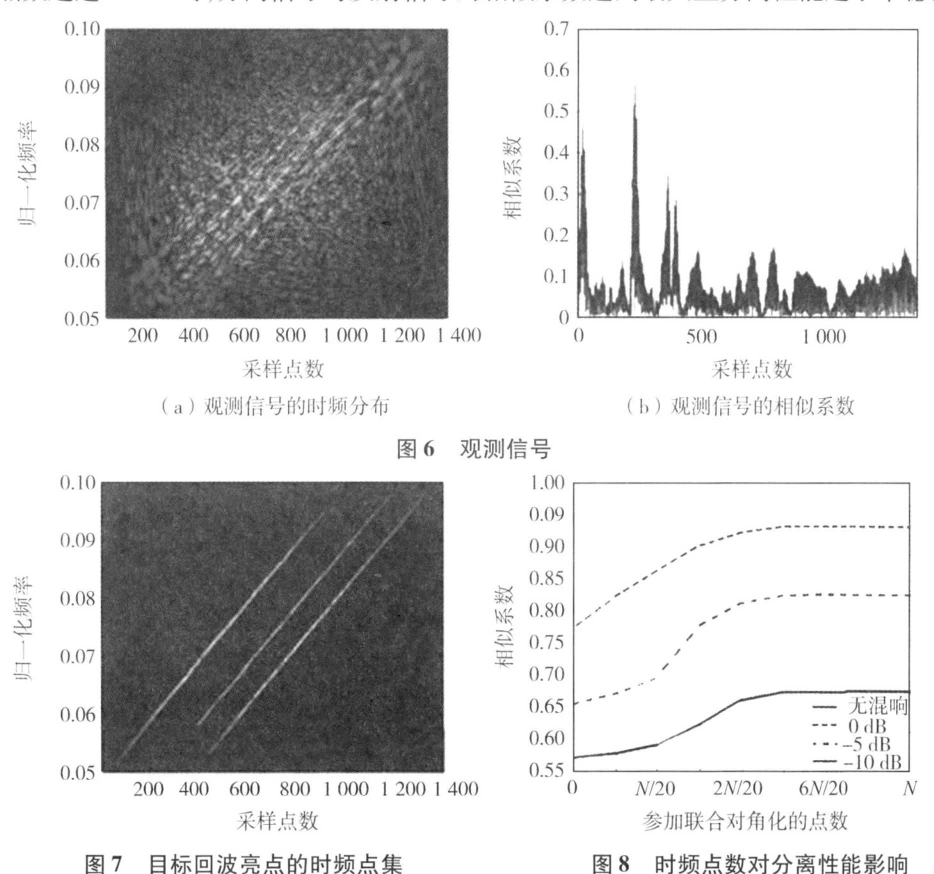


(a) 观测信号的时频分布　　(b) 观测信号的相似系数

**图 6　观测信号**

**图 7　目标回波亮点的时频点集**　　**图 8　时频点数对分离性能影响**

对观测信号进行 IMTFBSS 分离,得到分离信号的 WVD 时频分布如图 9(a), 在分离得到的四路信号中,其中一路具有明显的线状特征,可以判断其为目标回波,与观测信号的时频分布比较,混响被明显抑制。但因 WVD 的固有缺陷,存在交叉项干扰很难判断目标亮点分量的个数,而其他三路信号的时频分布为面状区域,不含有明显的目标回波信号。从图 9(b)中右下 图分离出的目标回波信 号与发射信号相似系数可以判断,目标由 3 个几何亮点构成,与仿真条件一致, 混响干扰被有效去除。

图 10 是 3 种算法的性能比较,信混比从 -10 dB到0 dB变化时,相比于 SOBI 与 TFBSS 算法,IMTFBSS 算法获得了更高的输出信混比增益。随着输入信混比减小,SOBI 与 TFBSS 算法的输出信混比增益下降快,而 IMTFBSS 算法的输出增益 下降相对较慢。当输入信混比接近 -10 dB时,SOBI 与 TFBSS 算法的输出增益接近零,即无增益,而 IMTFBSS 算法的增益约为 6 dB。分析 SOBI 与 TFBSS 算法的分离原理, SOBI 利用各源信号具有不同的功率谱来进行信号分离,TFBSS 根据各源信号在时频分布上的能量差异选择目标亮点的自项时频点构造空时矩阵实现源信号分离。二者均是采用联合对角化方法对二阶特征量进行处理,因而输出信混比增益比较接近。混响背景下的多亮点目标回波提取,目标回波与混响的频谱成分相近且混响能量谱大小的随机性导致 SOBI 和 TFBSS 的分离性能下降。

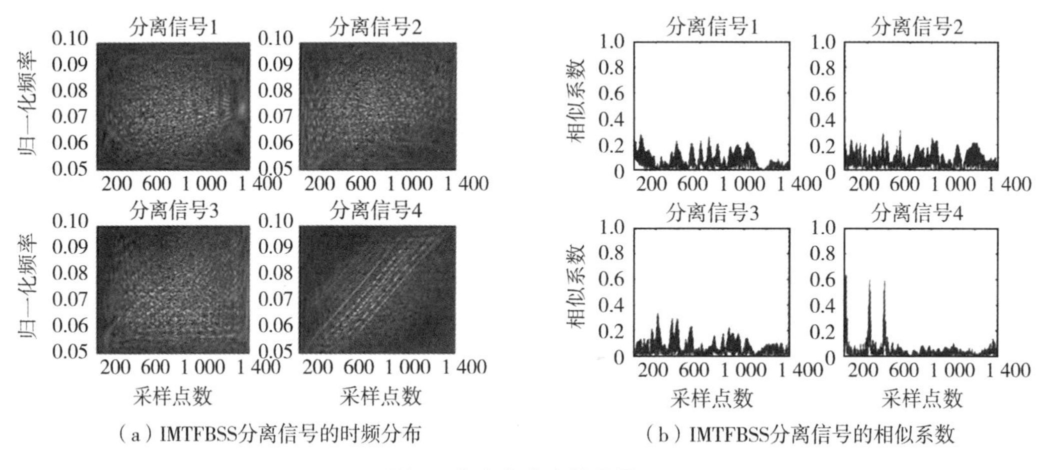

(a) IMTFBSS分离信号的时频分布　　(b) IMTFBSS分离信号的相似系数

**图 9　多亮点分离效果图**

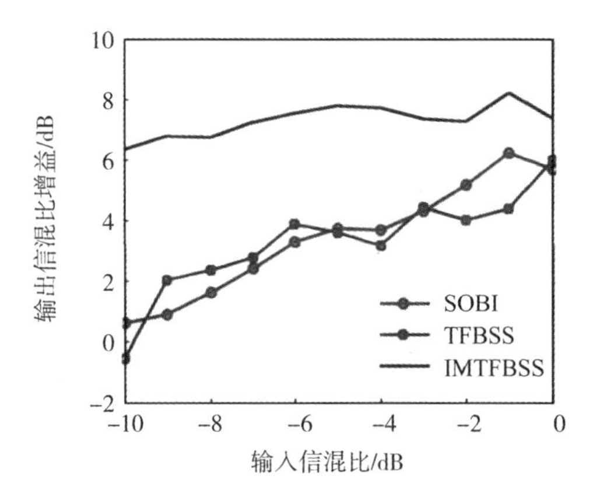


**图 10　算法性能比较**

## 6　实验数据处理与分析

亮点模型是理想化的理论解析解，对湖试数据处理进一步检验算法的分离性能，半球头圆柱模型放置于湖底斜坡上。换能器采用收发合置形式，发射线性调频脉冲信号，归一化调频范围0.05～0.1，脉冲宽度1 000个采样点。均匀线列阵接收，选取相邻的四路基元数据作为观测信号，对应的分离信号也有四路。

观测信号的WVD时频分布如图11所示，目标回波淹没在混响背景中。采用形态学滤波提取目标信号的时频分布如图12，仅观察到一条比较明显的线谱，其他亮点成分因幅度太小被混响掩盖难以观察到。观察还发现亮点谱线在信号的时频带宽内分布不完整，因为目标亮点信号的WVD是一系列由幅度因子为$A^2(T-2|t|)$的sinc函数组成，在目标亮点的始末端幅度因子小能量弱，受干扰严重被当作背景噪声腐蚀掉。

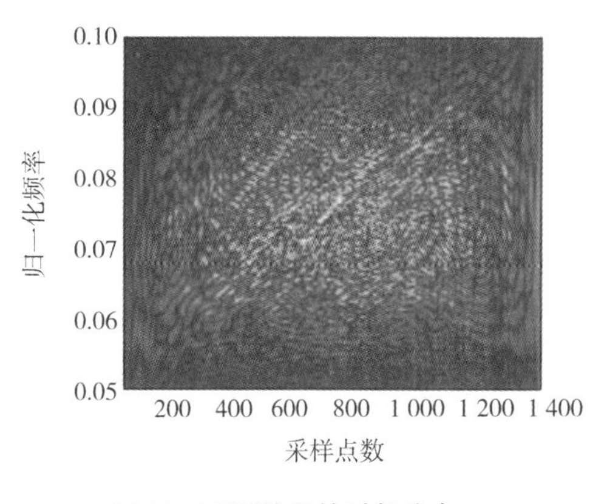


图11　观测信号的时频分布

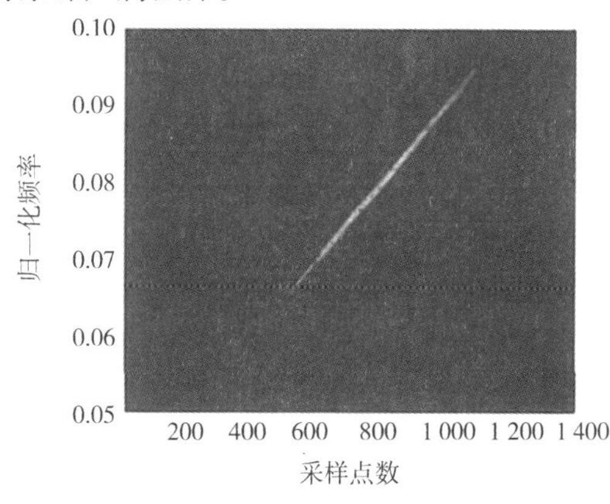


图12　亮点的时频点集

为获得更加清晰的亮点回波线谱，对观测信号进行IMTFBSS处理，处理如图13所示。可以看出，分离信号4中具有清晰的亮点谱线，为目标回波的主要成分。与之对比，图14给出了采用SOBI和经典TFBSS分离得到的回波亮点谱线，可以看出，IMTFBSS算法得出的结果更加清晰。但与图12相比，IMTFBSS算法分离的目标回波时频谱中仍存在一定的混响干扰，这是因为无法完全去除与目标回波时频分布重叠的混响，导致分离出的目标回波信号中仍有混响成分。通过形态学滤波仅能获得目标的时频结构，而IMTFBSS算法可以获得相对纯净的目标回波时域信号，为后续特征提取提供基础。

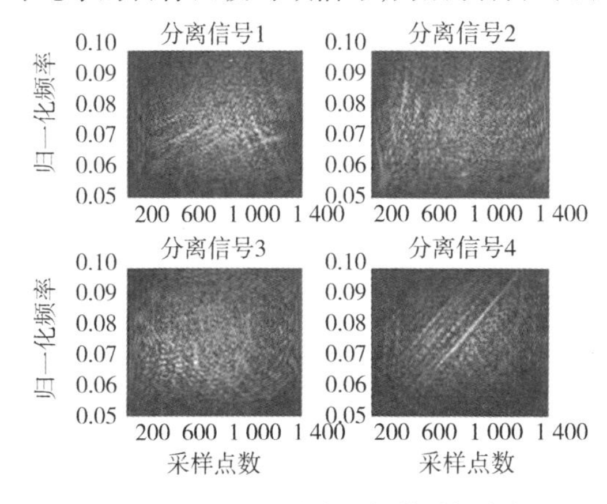


图13　IMTFBSS分离目标的时频分布

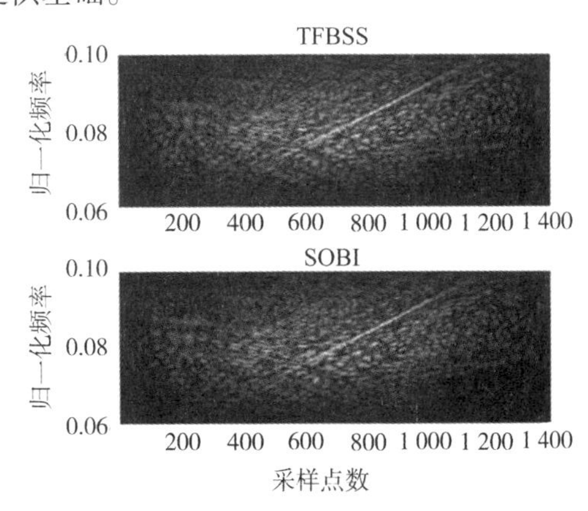


图14　对比算法分离信号的时频分布

图 15 是观测信号的时域波形，图 16 是 IMTFBSS 算法分离出的目标信号回波波形，与发射信号的相似系数如图 17 和图 18 所示。从图 17 中看出，目标回波中包含的 较强回波亮点在采样点 200 处，但受海底混响干扰，在其他位置也存在一定数量的峰值，难以判断这些峰值是否为实际目标回波亮点的组成成分。从图 18 中右下 图分离信号 4 可以看出目标回波中包含一个较强的几何亮点，其他峰值被明显抑制，混响干扰被有效去除。对所选湖试数据处理，根据式(21)计算，IMFTBSS 算法分离出的目标回波信号信混比提高了约4 dB。

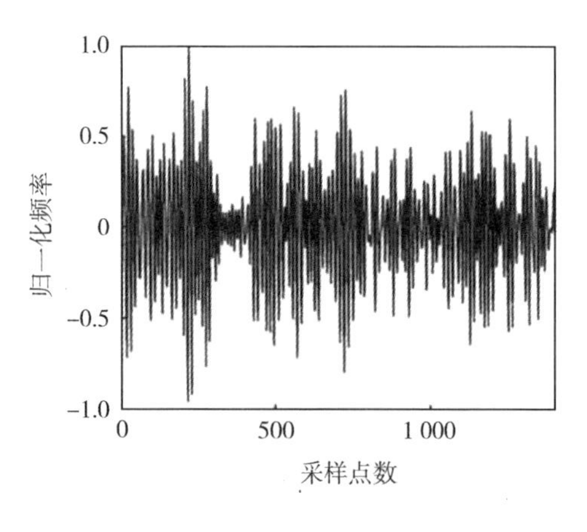


图 15　观测信号波形

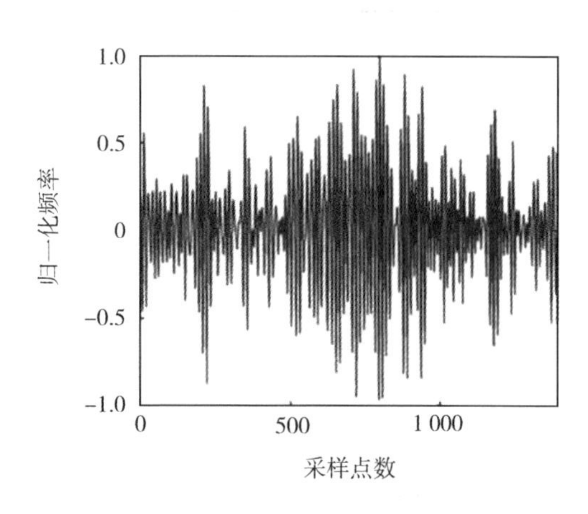


图 16　目标回波时域波形

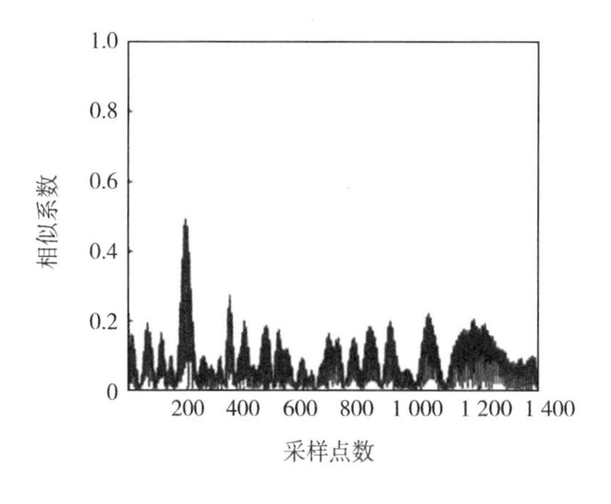


图 17　观测信号的相似系数

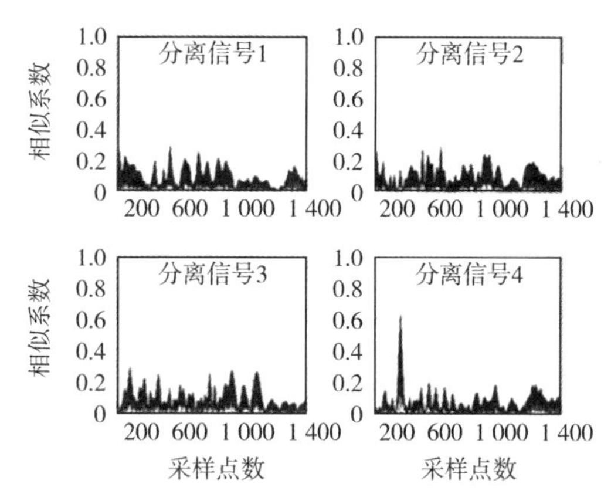


图 18　IMTFBSS 分离信号的相似系数

## 7　结论

海底混响是水下沉底或掩埋目标探测的主要干扰，IMTFBSS 算法根据目标回波与混响的时频形态特征差异，采用形态学运算抑制源信号的混响及交叉项，通过合理地选择目标信源自项时频点提高时频域盲分离算法的分离性能。仿真分析及实验数据处理主要得到以下结果：IMTFBSS 算法可以滤除与回波图像形态特征不同的干扰成分，分离出目标回波亮点分量，但分离性能受信混比大小的影响；相比 SOBI 和 TFBSS 算法，IMTFBSS 算法可以提高分离目标回波信号的信混比；随着观测信号信混比降低，SOBI 和 TFBSS 算法的分离性能下降快，而 IMTFBSS 算法的分离性能下降相对较慢；当 SOBI 和 TFBSS 算法输出增益接近零时，

IMTFBSS 算法仍有约 6 dB 的输出增益;湖试数据处理结果进一步验证了结合图像形态学的时频域盲分离算法在混响背景下分离目标回波信号的可行性和有效性。本文研究内容提供了一种混响背景下的目标回波信号分离方法,可用于水下小目标探测技术在港口、航道、舰艇编队防护,以及水下资源勘探等应用领域。

## 参考文献


[1] An P, Jun F, Bin W. Acoustic scattering from a double periodically bulkheaded and ribbed finite cylindrical shell. J. Acoustical Society of America. 2013, 134(5): 3452-3463.

[2] La Follett J. R., Williams K. L., Marston P. L. Boundary effects on backscattering by a solid aluminum cylinder: Experiment and finite element model comparisons. J. Acoustical Soc. Am. 2011, 43(30): 669-672.

[3] 范威,郑国垠,范军．充水圆柱壳声散射的环绕波分析．声学学报,2010,35(4),420-426.

[4] 范军,卓琳凯．水下目标回波特性计算的图形声学算法．声学学报,2007,31(6):511-516.

[5] Plotnick S, Marston P L, Williams K L, et al. High frequency backscattering by a solid cylinder with axis tilted relative to a nearby horizontal surface. J. Acoustical Soc. Am., 2015, 137(1): 470.

[6] Sabra K G, Anderson S D. Subspace array processing using spatial time-frequency distributions: applications for denoising structural echoes of elastic targets. J. Acoustical Soc. Am., 2014, 135(5): 2821-2835.

[7] 李秀坤,孟祥夏,夏峙．水下目标几何声散射回波在分数阶傅里叶变换域中的特性．物理学报. 2015, 64(6): 064302-1-064302-11.

[8] 夏峙,李秀坤．水下目标弹性声散射信号分离．物理学报. 2015, 64(9): 094302-1-094302-8.

[9] Zhang J, Papandreou-Suppappola A, Gottin B, Ioana C. Time-frequency characterization and receiver waveform design for shallow water environments. IEEE Trans. on Signal Processing, 2009, 57(8): 2973-2985.

[10] Ratnam R, Jones D L, Wheeler B C., et al. Blind estimation of reverberation time. J. Acoustical Society of America. 2003, 114(5): 2877-2892.

[11] Li X, Xia Z. Research of underwater bottom object and reverberation in feature space. Journal of Marine Science and Application, 2013; 12(2): 235-239.

[12] Li F H, Zhang Y J, Zhang R H, etal. Interference structure of shallow water reverberation in time-frequency distribution. Science China Physics, Mechanics and Astronomy, 2010, 53(8): 1408-1411.

[13] Zhu N, Wu S. Extraction of acoustic signals using blind source separation method. J. Acoust. Soc. Am., 2009; 126(4): 2254-2254.

[14] Thomas M, Lethakumary B, Jacob R. Performance comparison of multi-component signals using WVD and Cohen's class variants. 2012 International Conference on Computing, Electronics and Electrical Technologies (ICCEET), 2012: 717-722.

[15] Kamran Z M, Leyman A R, Merain K. Techniques for blind source separation using higher – order statistics. Proceedings of the Tenth IEEE Work shop on Statistical Signal and Array Processing. 2000:334 – 338.

[16] Holobar A, Fevotte C Doncarli C, etal. Single autoterms selection for blind source separation in time – frequency plane. Acoustical Society of America. EUSIPCO2002 – 11th. 2002, 325 – 328.

[17] Bouaynaya N, Charif – Chefchaouni M, Schonfeld D. Theoretical foundations of spatially variant mathematical morphology part I: Binary Images. IEEE Trans. on Pattern Analysis and Machine Intellgence. 2008, 30(5):823 – 836.

[18] Gonzalez R C, Woods R E. Digital Image Processing Third Edition. Prentice Hall. 2007:1 – 8.

[19] 邹红星,戴琼海,李衍达. 不含交叉项干扰且具有 WVD 聚集性的时频分布之不存在性. 中国科学. 2001, 31(4):348 – 354.

[20] 汤渭霖. 声呐目标回波的亮点模型. 声学学报. 1994, 19(2):92 – 99.

[21] Ren J, Vaughan R G. Modeling bottom reverberation for sonar sensor motion. IEEE J. Ocean. Eng., 2010; 35(4):877 – 886.

[22] Abraham D A, Lyons A P. Novel physical interpretations of K – distributed reverberation. IEEE J. Ocean. Eng., 2002; 27(4):800 – 813.

# 水下目标回波的盲分离性能的瞬时频率评价方法

李秀坤　夏　峙

**摘要**　在水下主动声呐目标回波与混响盲分离中,针对分离结果顺序不确定性以及缺乏分离有效性手段的问题,提出了以信号瞬时频率特征为指标的盲分离性能评价方法。推导了目标回波与混响的时频分布特性,理论表明目标回波在瞬时频率序列的中心偏离程度以及整体随机程度上低于混响,据此提取信号的瞬时频率方差与瞬时频率熵两种信号特征,并将二者作为从盲分离结果中识别目标回波的依据.海试数据结果表明,在盲分离得到的所有分离信号中,目标回波具有最小的瞬时频率特征值,并且该特征值越小,目标回波与混响的盲分离程度就越高。

## 引言

混响是水下有源声呐目标探测的主要背景干扰。对于水下运动目标,可以利用多普勒效应从混响中识别目标回波[1-2]。但对于水下静止目标,目标回波与混响在时域、频域及空域上均混叠,常规信号处理方法无法有效分辨目标回波。因此,混响抑制成为提高水下目标有源声呐探测与识别性能的关键技术。目前,混响抑制的主要研究方向有两类,一类是针对混响的非高斯、非平稳特性进行处理,使其 满足高斯白噪声抑制方法的应用条件,如预白化技术[3-6]。另一类是基于目标回波与混响的相关性差异,以特征分解为基础,利用子空间分解理论从声呐接收到的信号中分离出混响[7-11],从而提高目标回波的信混比。

盲分离方法与子空间分解方法类似,也是利用信号与背景干扰的不相关性进行分离,不同的是盲分离方法不需要知道背景干扰子空间的先验信息。目前在水声信号处理中,关于盲分离的研究多数集中在被动声呐信号处理方面,以二阶统计特性为准则分离目标辐射信号与背景环境噪声,从而提高接收信号的信噪比[12-13]。盲分离在有源声呐信号处理上的应用研究目前处于起步阶段,已有的研究主要关注目标回波与混响的可分离性问题,文献14与文献15分别讨论了在时域与空域上目标回波与混响的可分离性,文献16讨论了目标回波与混响在信号特征空间中分布的聚类性与可分离性。研究结果表明,可以在多种信号处理域上设计分离准则,实现目标回波与混响的盲分离,而这就需要一个评价标准,来衡量在哪种信号处理域中目标回波与混响的分离效果是最好的。影响盲分离方法在实际探测中应用的另一个问题是分离结果顺序不确定性,这个问题是盲分离算法原理引起的固有问题,目前解决该问题只能通过对信源的性质的了解,通过信号特征识别出分离结果中的各个信源。

针对以上两个问题,本文提出了以信号瞬时频率特征为指标的盲分离性能评价方法。目标回波具有几何声散射信号特征,在声呐的接收端可以观察到目标几何亮点[17-18],当有源声呐发射线性调频脉冲时,目标回波具有规则的时频分布。混响受水底沉积层尺度与密度不均匀性的影响,其幅度与相位呈现随机生大尺度下混响的时频分布目前已有一定研究成果[19-21],但与目标回波同尺度下的混响的时频分布特性目前还没有明确结论。本文以

Wigner Ville 分布为时频分析方法，推导了目标回波与混响的时频分布特性，提出了提取瞬时频率特征作为目标回波与混响盲分离结果的识别依据以及二者分离程度的评价指标。理论分析与实验数据处理结果表明，与相关系数及信混比等常规方法相比，瞬时频率特征可以准确识别出分离信号中的目标回波，并且可以作为一种有效的标准，衡量不同算法下目标回波与混响的盲分离程度。

## 1　水下目标回波的盲分离模型与不确定性问题

在进行水下目标有源声呐探测时，声呐接收到的信号可以近似看作是由目标回波、混响和环境噪声的线性混合信号。目标回波与混响的盲分离基本模型可以用下图描述。

图 1 中，目标声散射 $T$ 、沉积层散射 $R$ 与环境噪声 $N$ 经过信道传输后在接收端形成观测信号 $\boldsymbol{X} = [x_1(t), x_2(t), \cdots, x_n(t)]^{\mathrm{T}}$ ，用矩阵描述该过程为

$$\boldsymbol{X} = A[T,\quad R,\quad N,]^{\mathrm{T}} = \boldsymbol{AS} \tag{1}$$

其中，$\boldsymbol{S}$ 为信源矩阵，$\boldsymbol{S} = [T,R,N]^{\mathrm{T}}$ 。$\boldsymbol{A}$ 为混合矩阵，与传输信道、介质及散射体散射特性有关。盲分离的目的就是在 $\boldsymbol{S}$ 与 $\boldsymbol{A}$ 未知的条件下，求解一个解混矩阵 $\boldsymbol{W}$ ，使得 $\boldsymbol{W}$ 与 $\boldsymbol{X}$ 作用后可以从 $\boldsymbol{X}$ 中恢复出信源矩阵 $\boldsymbol{S}$ ，并且盲分离的理想结果是 $n$ 个分离信号对应 $n$ 个不同的信源，即

$$\boldsymbol{Y} = \boldsymbol{WX} = \boldsymbol{WAS} = \boldsymbol{PDS} \tag{2}$$

其中，$\boldsymbol{D}$ 为一个对角阵，$\boldsymbol{P}$ 为一个置换矩阵。$\boldsymbol{P}$ 与 $\boldsymbol{D}$ 分别反映了分离信号顺序与幅度的不确定性，分离结果不确定性是盲分离方法的固有问题，各信源在分离信号中的顺序取决于混合矩阵的形式与求解算法，因此在实际应用中，需要结合工程背景与先验知识以及其他信号处理方法确定各信号源。

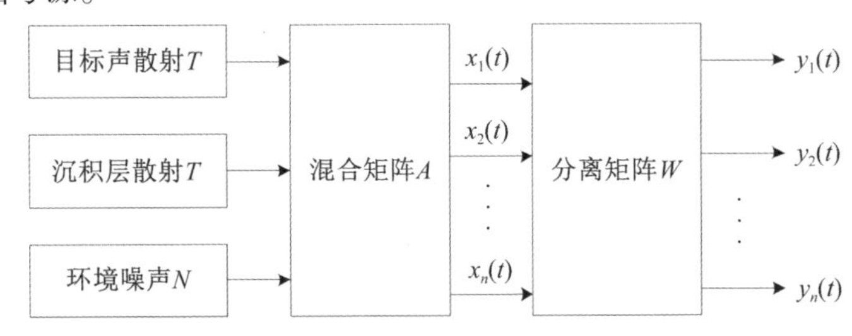


**图 1　水下掩埋目标回波盲分离的基本模型**

## 2　水下目标回波的瞬时频率分布特性

### 2.1　目标几何亮点的瞬时频率分布特性

采用收发合置声呐探测水下目标时，目标外表面的棱角、平面、柱面与球面等结构的反向几何散射在声呐接收端叠加形成多个几何亮点。图 2 是本文所研究的典型水下目标模型示意图，该模型半球端的半径为 $R$ ，模型的总长度为 $R + L$ ，入射声波的方位角记为 $\theta$ ，该模型可以产生的几何亮点如图 2 所示。其中，1，2，3 与 4 号亮点是棱角散射产生的，5 号亮点是半球头球面散射产生的，6 号亮点是圆柱体表面的柱面散射，7 号亮点是尾部的镜面反射。各个几何亮点之间的声程差可以通过几何关系进行计算。

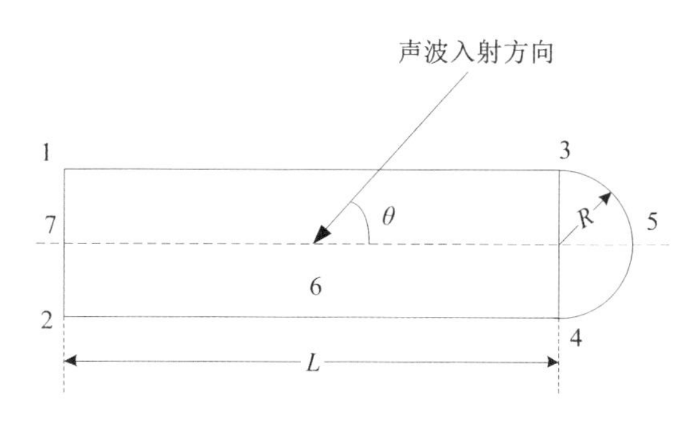


**图2　典型水下掩埋目标模型**

根据目标回波亮点模型,目标几何声散射的等效声学亮点可以表达为入射声波与目标几何声散射场传递函数的卷积。单个目标几何声散射的冲激响应与传递函数分别如式(3)与式(4)所示。

$$h(\tau,\theta) = a(\tau,\theta)\delta(t-\tau) \tag{3}$$

$$H(\omega,\theta) = A(\omega,\theta)\exp[\mathrm{j}(\omega\tau+\varphi)] \tag{4}$$

上式中,$\tau$ 是目标产生几何亮点的时延,$a(\tau,\theta)$ 是目标几何散射强度,$A(\omega,\theta)$ 是目标几何散射幅频响应,$\varphi$ 为相位跳变。设有源声呐发射信号为 $s(t)$ ,则单个目标几何亮点的时域与频域形式为

$$x(t) = s(t)h(\tau,\theta) = a(\tau,\theta)[s(t)\delta(t-\tau)] \tag{5}$$

$$X(\omega,\theta) = S(\omega)H(\omega,\theta) = A(\omega,\theta)S(\omega)\exp[\mathrm{j}(\omega\tau+\varphi)] \tag{6}$$

从式(5)与式(6)可知,目标几何亮点在时域上可以近似认为是发射信号的延时拷贝,在频域上是发射信号的频谱乘以一个幅频响应函数,并且存在相位变化。从以上两式可知,目标几何亮点传递函数 对被卷积的发射信号的时频分布没有影响,因此声呐接收端观察到的目标几何亮点具有与发射信号基本一致的时频分布特性。有源声呐发射线性调频信号时,目标几何亮点也具有线性调频特性。

为了提取目标回波的瞬时频率序列,需要使用 时频分析方法. Wigner – Ville 分布(WVD)在时频分布方法中具有最好的能量聚集性,本文采用这种方法来提取目标几何亮点的瞬时频率序列。设单个目标几何亮点信号形式为

$$x(t) = A\exp\left[\mathrm{j}2\pi\left(f_0 t + \frac{1}{2}mt^2\right)\right] \quad , \quad t \in \left[-\frac{T}{2}, \quad \frac{T}{2}\right] \tag{7}$$

其中,$f_0$ 为发射信号的起始频率,$m$ 为调频斜率, $T$ 为脉冲宽度, $A$ 为信号幅度。则其 WVD 为

$$\begin{aligned} \mathrm{WVD}_x(t,f) &= \left|\int_{-\infty}^{\infty} x\left(t+\frac{\tau}{2}\right)x^*\left(t-\frac{\tau}{2}\right)\mathrm{e}^{-\mathrm{j}\omega\tau}\mathrm{d}\tau\right| \\ &= \left|A^2\mathrm{e}^{2\mathrm{j}\pi(f_0+mt-f)T}(T-2|t|)\mathrm{sinc}[2\pi(f_0+mt-f)(T-2|t|)]\right| \\ &= A^2(T-2|t|)\mathrm{sinc}[2\pi(f_0+mt-f)(T-2|t|)] \end{aligned} \tag{8}$$

由式(8)可知,单个目标几何亮点的 WVD 是由一系列 sinc 函数组成的,sinc 函数峰值位置对应信号的瞬时频率,随时间以斜率 $m$ 线性变化。

目标回波中一般具有多个几何亮点,相当于多分量信号,其 WVD 在任意两个不同分量的对称中心处存在交叉项。将式(7)改写为

$$x(t) = h(t)\mathrm{e}^{\mathrm{j}2\pi(f_0 t + mt^2/2)} ,$$

两个不同时延分量分别记为

$$z_1(t) = h(t - t_1)\mathrm{e}^{\mathrm{j}2\pi[f_0(t-t_1)+m(t-t_1)^2/2]} \tag{9}$$

$$z_2(t) = h(t - t_2)\mathrm{e}^{\mathrm{j}2\pi[f_0(t-t_2)+m(t-t_2)^2/2]} \tag{10}$$

其互项的 WVD 分别为

$$\mathrm{WVD}_{R_{12}}(t,f) = \mathrm{e}^{\mathrm{j}2\pi f(t_2-t_1)}\ \mathrm{WVD}_x\left(t - \frac{t_2+t_1}{2},f\right) \tag{11}$$

$$\mathrm{WVD}_{R_{21}}(t,f) = \mathrm{e}^{\mathrm{j}2\pi f(t_1-t_2)}\ \mathrm{WVD}_x\left(t - \frac{t_2+t_1}{2},f\right) \tag{12}$$

则交叉项 $\mathrm{WVD}_{\mathrm{cross}}$ 为

$$\begin{aligned}\mathrm{WVD}_{\mathrm{cross}}(t,f) &= \mathrm{WVD}_{R_{12}}(t,f) + \mathrm{WVD}_{R_{21}}(t,f)\\ &= [\mathrm{e}^{\mathrm{j}2\pi f(t_2-t_1)} + \mathrm{e}^{\mathrm{j}2\pi f(t_1-t_2)}]\mathrm{WVD}_x\left(t - \frac{t_2+t_1}{2},f\right)\\ &= 2\cos[2\pi f(t_2-t_1)]\mathrm{WVD}_x\left(t - \frac{t_2+t_1}{2},f\right)\end{aligned} \tag{13}$$

从式(13)可知,交叉项 $\mathrm{WVD}_{\mathrm{cross}}$ 为 $x(t)$ 的自项 $\mathrm{WVD}_x$ 的时移,幅度为 $\mathrm{WVD}_x$ 的 2 倍,并且谱峰随频率变化具有余弦震荡的特征,其在时频平面上的投影会出现等间距的间断。因此,当目标回波中具有多个几何亮点时,目标回波 WVD 中几何亮点自项与交叉项具有不同的瞬时频率分布,主要区别在于,几何亮点自项的瞬时频率分布是连续的,而交叉项的瞬时频率分布是间断的,这为从瞬时频率分布特征上区分目标几何亮点自项与交叉项提供了理论基础。

## 2.2　混响的瞬时频率分布特性

混响是一种复杂的随机过程,其时频分布特性一直没有明确的研究结论。混响本质上是水底众多散射体对入射声波散射的叠加,点散射模型可以较明确的描述混响过程的机理。忽略散射体之间的二次散射,并忽略较短传播距离内声线弯曲的影响,假设混响的形成只取决于有源声呐声波照射面积内散射体的数目与散射强度,则混响的点散射模型可表达为:

$$Revb(t) = \sum_{i}^{N(t)} S_i P^2(r_i) B_{TR}(r_i) x(t - \tau_i)\mathrm{e}^{\mathrm{j}\varphi_i} \tag{14}$$

其中,$x(t)$ 为声呐发射信号,$Revb(t)$ 为 $t$ 时刻接收到的混响信号,$N(t)$ 为 $t$ 时刻起作用的散射体数目,$S_i$ 为散射因子,$r_i$ 为第 $i$ 个散射体距声呐的距离,$P(r_i)$ 为传播因子,$B_{TR}(r_i)$ 为波束形成因子,$\tau_i$ 为第 $i$ 个散射体的双程传播时延,$\varphi_i$ 为在$[0,2\pi]$内均匀分布的随机相位跳变。将式(14)改写为

$$Revb(t) = \sum_{i}^{N(t)} I_i x(t - \tau_i)\mathrm{e}^{\mathrm{j}\varphi_i} \tag{15}$$

其中,$I_i$ 决定了接收到的第 $i$ 个散射体的声散射强度,$I_i = S_i P^2(r_i) B_{TR}(r_i)$ 。$I_i$ 的瞬时值服从高斯分布,在目标回波的时间尺度内,混响的强度不会产生明显变化,因此本文仅将 $I_i$ 作为一个高斯随机变量进行处理。

根据式(15),第 $m$ 个散射体的声散射 WVD 自项为

$$\mathrm{WVD}_m(t,\omega) = I_m^2\ \mathrm{WVD}_x(t - \tau_i,\omega) \tag{16}$$

其中，$I_m^2$ 服从 $\chi$ 分布。第 $m$ 个散射体与第 $n$ 个散射体的声散射 WVD 互项为

$$\mathrm{WVD}_{mn}(t,\omega) = I_m I_n \mathrm{e}^{\mathrm{j}(\varphi_m+\varphi_n)} \mathrm{WVD}_x\left(t - \frac{\tau_m + \tau_n}{2},\omega\right) \tag{17}$$

其中，$I_m$ 与 $I_n$ 独立同分布，所以 $I_m I_n$ 也服从 $\chi$ 分布。综合式(16)与式(17)可知，由于散射体在水底的分布是随机的，因此散射体到声呐的传播时延 $\tau_i$ 也是随机的，各散射体声散射的 WVD 自项为随机幅度与时移的 $\mathrm{WVD}_x(t,\omega)$，而各散射体声散射之间的 WVD 互项为幅度、时移与相位均随机的 $\mathrm{WVD}_x(t,\omega)$。因此，以上各成分在时频平面叠加后，导致混响具有随机的时频分布与瞬时频率序列。

## 3　目标几何亮点的瞬时频率特征

本文根据目标回波信号瞬时频率序列的中心偏离程度与整体随机程度，提取两种目标几何亮点瞬时频率特征，分别如下：

(1)瞬时频率方差

瞬时频率方差描述信号瞬时频率分布偏离某一固定值的程度。时变信号的瞬时频率方差定义为

$$\sigma_{f,N}^2 = \frac{1}{N}\sum_{n=1}^{N}(f_n - f_n')^2 \tag{18}$$

其中，$f_n$ 为时变信号的瞬时频率序列，$n = 1,\cdots,N$，$f_n'$ 的取值根据实际情况与应用背景设定。在本文中，$f_n'$ 取观测窗的中心位置，衡量瞬时频率序列的中心偏离程度，对于目标几何亮点理论上 $\sigma_{f,N}^2 = 0$，而对于混响 $\sigma_{f,N}^2 > 0$。

(2)瞬时频率熵

作为瞬时频率方差的补充，瞬时频率熵可以衡量瞬时频率序列的整体随机性。瞬时频率熵定义为

$$E_{f,N} = -\sum p(f_n)\log[p(f_n)] \quad , \quad n = 1,\cdots,N \tag{19}$$

其中，$p(f_n)$ 为在时刻 $n$ 的 $f_n$ 的概率。在式(19)定义下，$E_{f,N} \geq 0$，仅当 $p(f_n) = 1$ 时，$E_{f,N} = 0$，信号的瞬时频率序列随机程度越强，其瞬时频率熵就越大。根据前面的分析，理论上对于目标几何亮点 $E_{f,N} = 0$，而对于混响 $E_{f,N} > 0$。

在实际信号处理过程中，受计算精度与累积误差的影响，目标几何亮点所处的一系列时频分辨单元之间的位置并不是理想的线性关系，按照理论斜率计算时频分辨单元的位置将无法提取目标几何亮点的准确瞬时频率序列。为了解决这个问题，本文提出通过旋转信号时频分布矩阵的方式将信号的时频分布重新排列，使其符合线谱的时频分布特征，具体处理方法可以通过以下仿真实例说明。

仿真单分量线性调频信号，脉冲宽度1 000个采样点，归一化频率范围 0.03 ~ 0.06，仿真信号的时频分布如图 3(a)所示。对该时频分布矩阵进行旋转变换的计算公式如下所示：

$$\begin{bmatrix} x' \\ y' \end{bmatrix} = \begin{bmatrix} \cos\theta & \sin\theta \\ -\sin\theta & \cos\theta \end{bmatrix}\begin{bmatrix} x \\ y \end{bmatrix} \tag{20}$$

其中，$x$ 与 $y$ 分别是时频分辨单元在原时频分布矩阵的横纵坐标，$x'$ 与 $y'$ 是该时频分辨单元经过矩阵旋转后在新时频分布矩阵中的坐标。对于调频范围 $f_L \sim f_H$，脉宽为 $t$ 的调频信号，其对应时频分布矩阵旋转角度为 $\theta = \mathrm{atan}[(f_H - f_L)N_{\mathrm{wvd}}/t]$，其中 $N_{\mathrm{wvd}}$ 为 WVD 的频率分辨率。在此映射关系下，旋转后的时频分布矩阵如图 3(b)所示。

对图 3(b)所示的时频分布,根据式(20)与式(21),固定 $f_n{}'$ 为观测窗的中心位置,采用滑动窗平移的方式计算瞬时频率方差与瞬时频率熵,得到的结果如图 4 所示。

从图 4 中可以看出,该信号瞬时频率方差与瞬时频率熵均在约 $x' = 150$ 处达到了最小,与图 3(b)的结果是一致的。

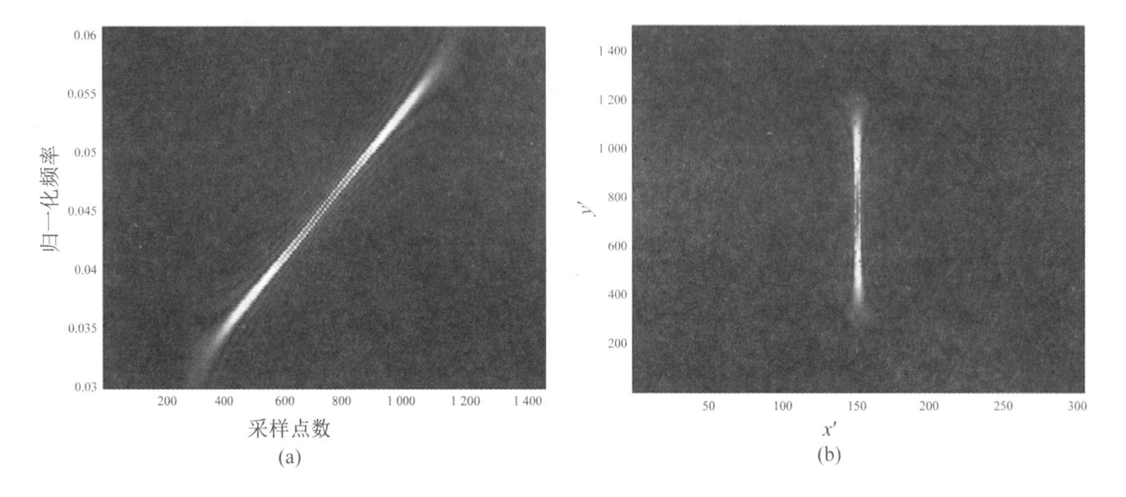


**图 3　单分量 LFM 信号的时频分布(a)及其旋转后的结果(b)**

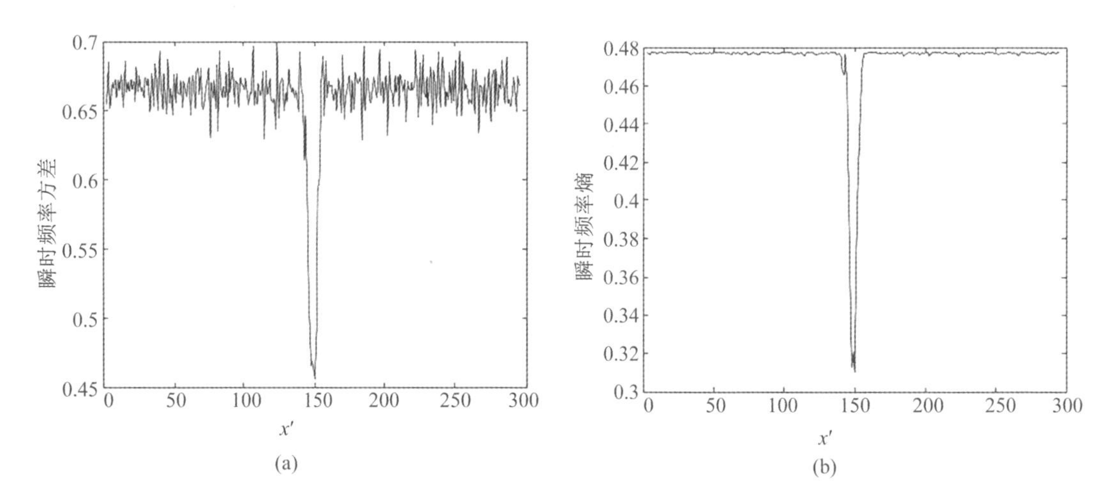


**图 4　单分量 LFM 信号的瞬时频率方差(a)与瞬时频率熵(b)**

对于多分量信号的 WVD,由于交叉项的存在,计算瞬时频率方差时需要考虑 $x'$ 的观测宽度,应使其小于两个相邻自项间的距离。图 5(a)是仿真双 LFM 分量信号的时频分布,两个分量之间时延 400 个采样点,对该时频分布矩阵进行旋转,并计算瞬时频率特征,得到的结果如图 5(b)~图 5(d)所示,从图中可以看出,自项的瞬时频率方差与瞬时频率熵依然是最小的,交叉项的瞬时频率特征略大,背景的瞬时频率特征最大。

实测混响的时频分布与瞬时频率特征如图 6(a)~图 6(d)所示。

从图 6 可知,混响虽然也有一定的线性调频趋势,但其瞬时频率分布总体是随机的,这与前面的理论分析一致,混响的瞬时频率方差与瞬时频率熵明显大于目标几何亮点,并且不具有规律性。

综上所述,瞬时频率特征的提取过程可以归纳为以下框图(见图7)。

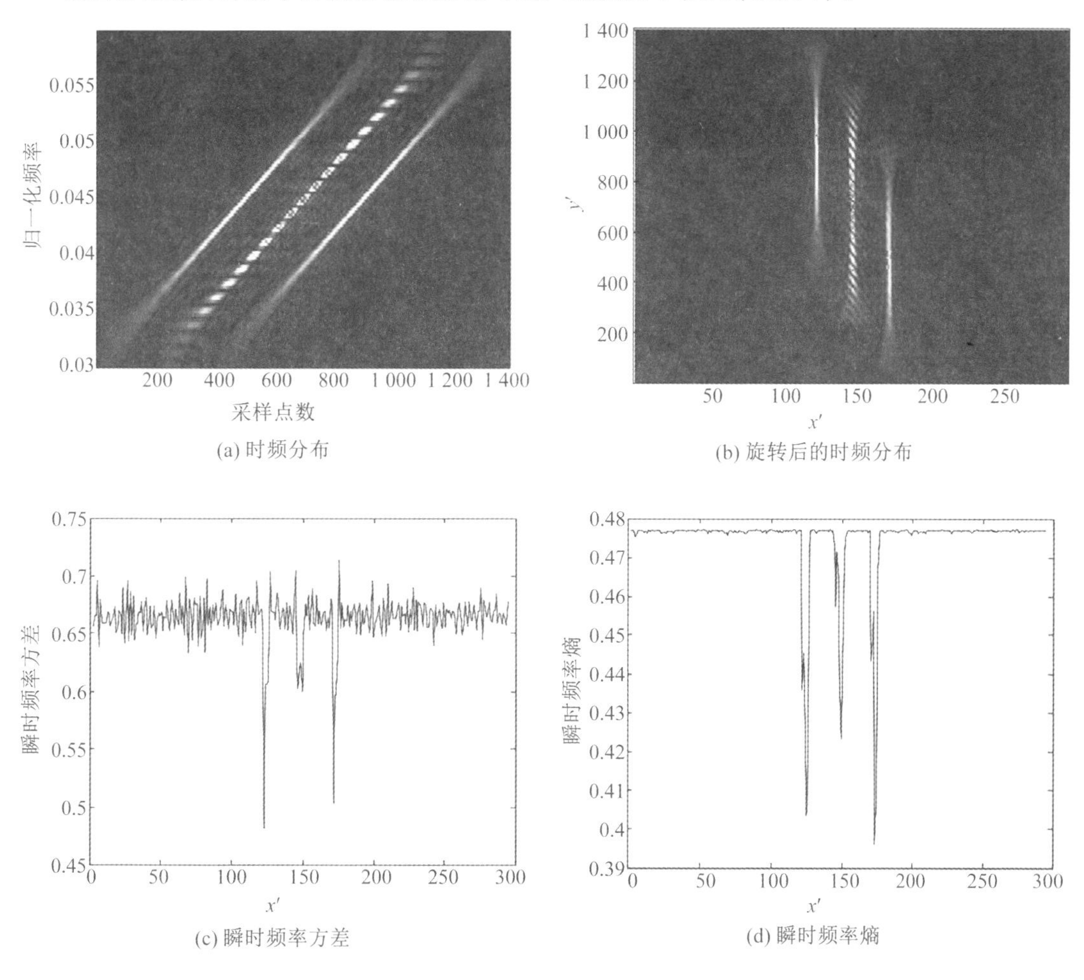


(a) 时频分布　　(b) 旋转后的时频分布

(c) 瞬时频率方差　　(d) 瞬时频率熵

**图5　双分量LFM信号的时频分布与瞬时频率特征**

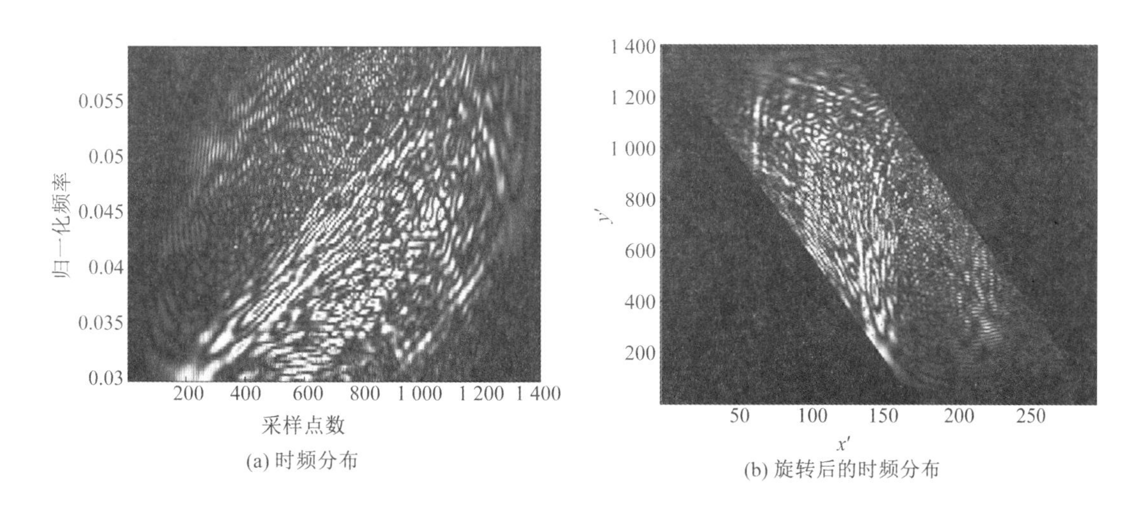


(a) 时频分布　　(b) 旋转后的时频分布

**图6　混响的时频分布与瞬时频率特征**

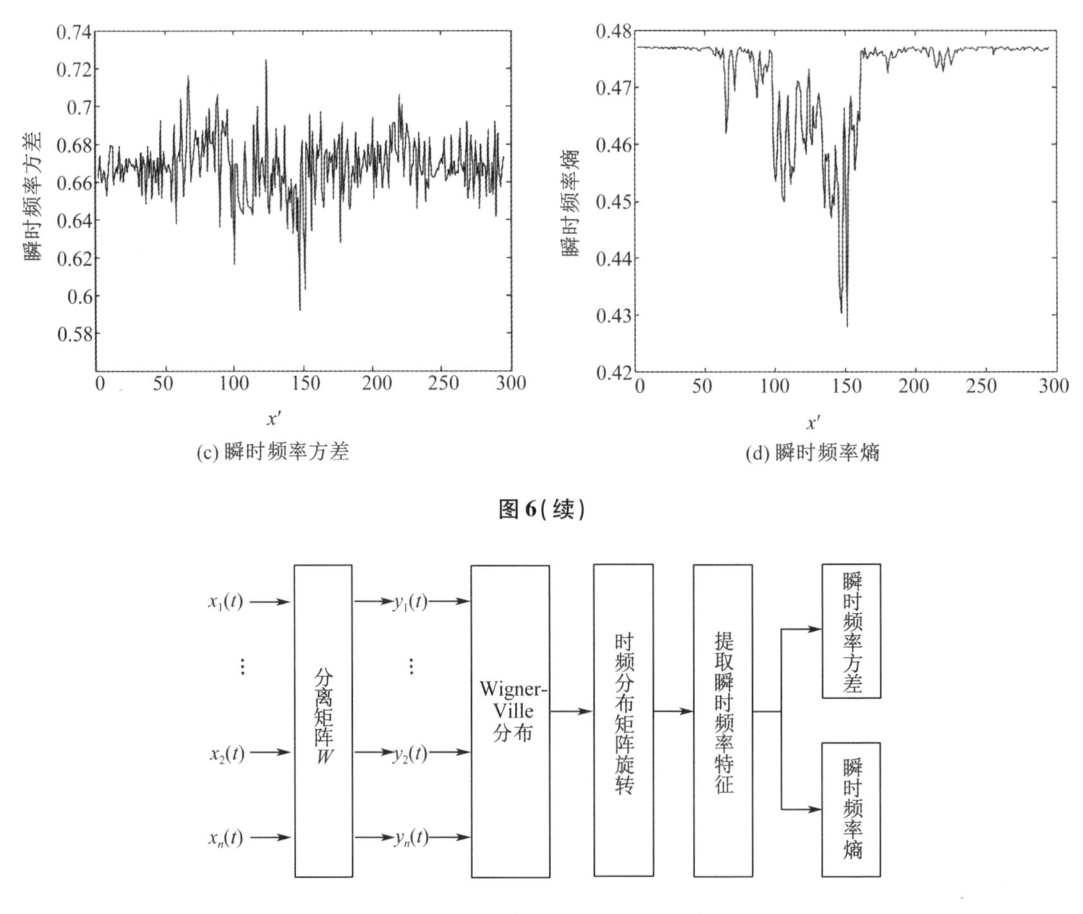


(c) 瞬时频率方差　　(d) 瞬时频率熵

**图6(续)**

**图7　本文所提出方法的处理流程框图**

根据图7,本文对盲分离得到的各分离信号提取瞬时频率特征,所有分离信号中瞬时频率方差与瞬时频率熵最小的为目标回波。对于不同盲分离算法,哪种方法得到的目标回波瞬时频率特征值最小,该方法就具有对目标回波与混响最好的分离效果。

## 4　实验数据分析

为了验证本文所提方法的有效性,对实测的海底掩埋目标探测实验数据采用三种目前常用的盲分离方法进行处理,采用瞬时频率特征识别各分离成分,并对比各方法的分离性能。三种盲分离方法以及各自分离的物理信息分别为:

(1)时域二阶统计盲分离(SOBI),可分离信息为目标回波与混响在时域上的相关性;

(2)时频域盲分离(TFBSS),可分离信息为目标回波与混响在时频域上的相关性;

(3)时域波形盲分离,可分离信息为目标回波与混响的波形随机程度。

实验采用走航方式进行,目标模型掩埋在海底固定位置,航船携带收发合置声呐在目标上方往返经过,航速保证相邻两次声呐照射区域不存在间断,在后期数据处理过程中挑选出包含目标回波的采集数据。采用的发射信号为LFM脉冲,归一化调频范围0.03～0.06,脉冲宽度1 000个采样点,采用均匀线阵接收目标回波信号。接收到的目标回波的时频分布及相关系数分别如8(a)与8(b)所示,从图中可知,该目标回波中可以观察到一个比较明显的几何亮点。

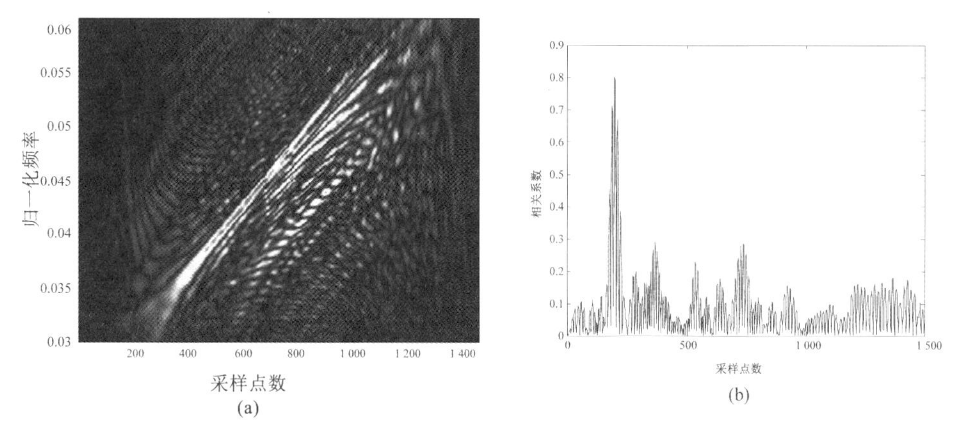


**图 8　观测信号的时频分布(a)及相关系数(b)**

采用前面提到的 SOBI、TFBSS 与时域波形盲分离三种方法对观测信号进行处理,从接收阵中选择相邻的 4 个基元的数据作为观测信号,对应的分离信号也有 4 个。分离信号的时频分布如图 9(a)~图 11(a)所示。计算各分离信号的瞬时频率特征,并计算信混比、与发射信号的相关系数,作为常规方法与瞬时频率特征进行对比,其结果如图 9(b)~图 11(b)所示。

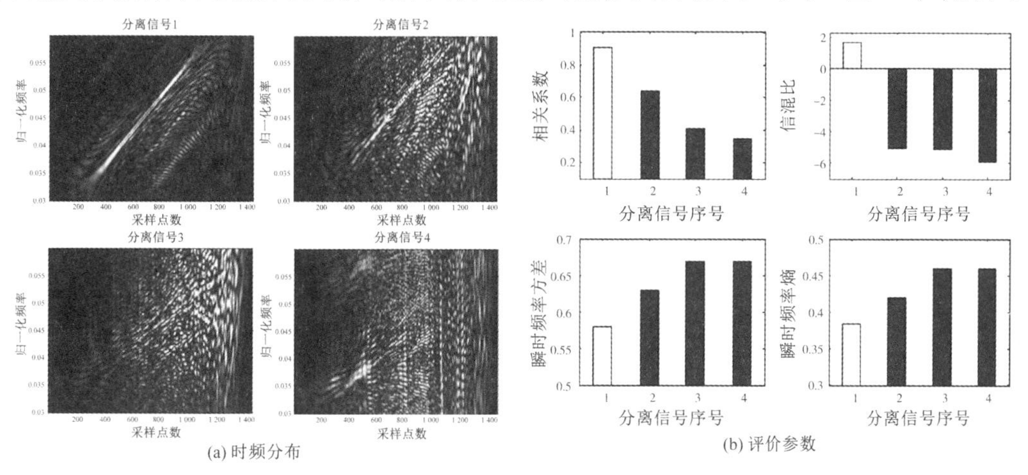


**图 9　SOBI 分离信号的时频分布(a)及评价参数(b)**

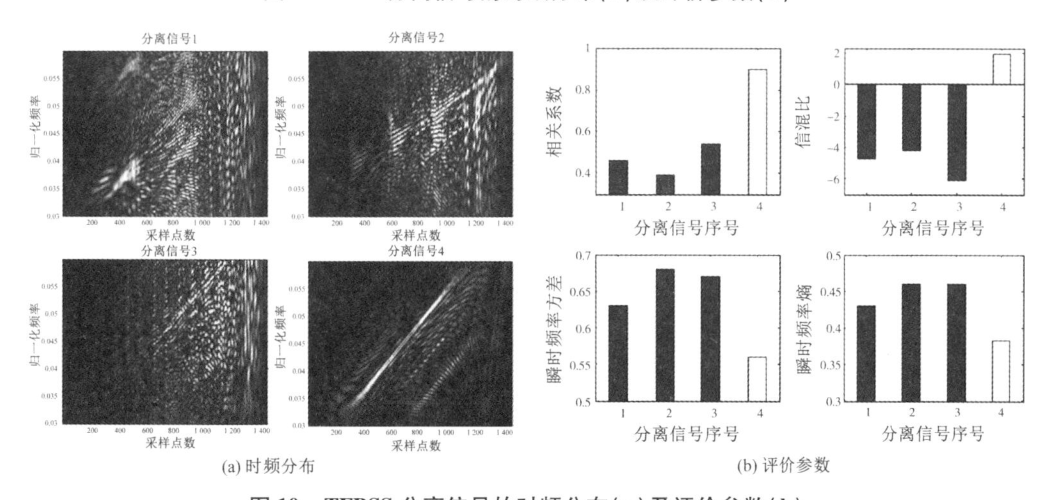


**图 10　TFBSS 分离信号的时频分布(a)及评价参数(b)**

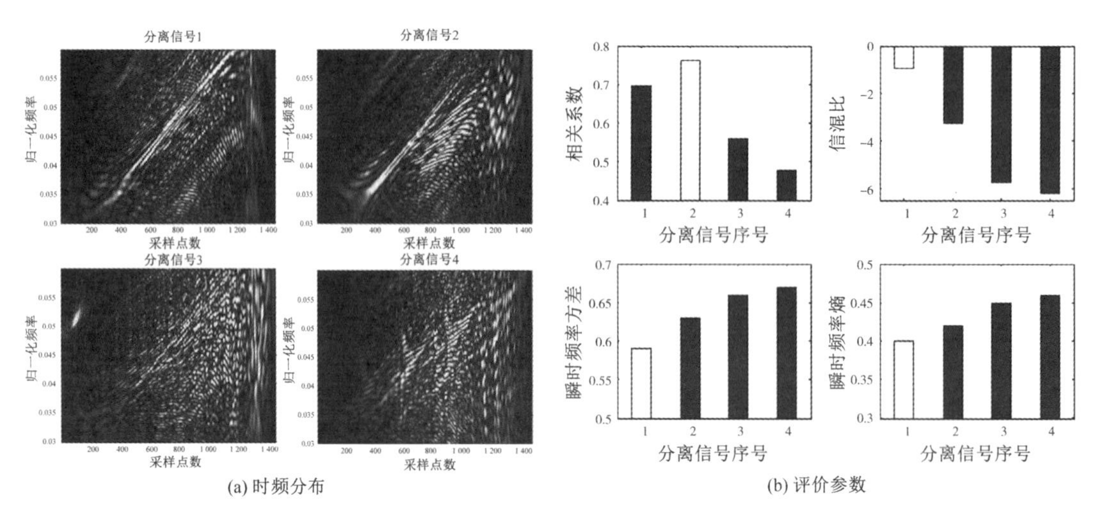

(a) 时频分布　　(b) 评价参数

**图 11　时域波形盲分离信号的时频分布(a)及评价参数(b)**

图 9 与图 10 分别为 SOBI 与 TFBSS 的分离结果,通过分离结果的信号特征判断,SOBI 得到的第一个分离信号为目标回波,TFBSS 得到的第四个分离信号为目标回波。与图 8(a)相比,经过这两种盲分离方法处理,明显抑制了对目标回波中的混响干扰。图 11 为时域波形盲分离的分离结果,瞬时频率特征检测结果表明第 1 个分离信号为目标回波,常规方法中信混比与相关系数检测给出了不一致的检测结果,其中相关系数检测认为第 2 个分离信号为目标回波,而信混比检测认为第 1 个分离信号为目标回波。相关系数衡量的是观测窗内的信号完整度,而信混比衡量的是观测窗内的目标回波与混响的能量比,结合时频分布结果来看,第 1 个与第 2 个分离信号的相关系数差别不大,并且第 1 个分离信号的信混比要明显高于第 2 个分离信号,因此应该判断第 1 个分离信号为目标回波。该结果也说明了,瞬时频率特征可以提供比常规方法更准确地分离信号识别结果。

通过瞬时频率特征对比三种盲分离方法对目标回波与混响的分离性能,得到的结果如图 12 所示。

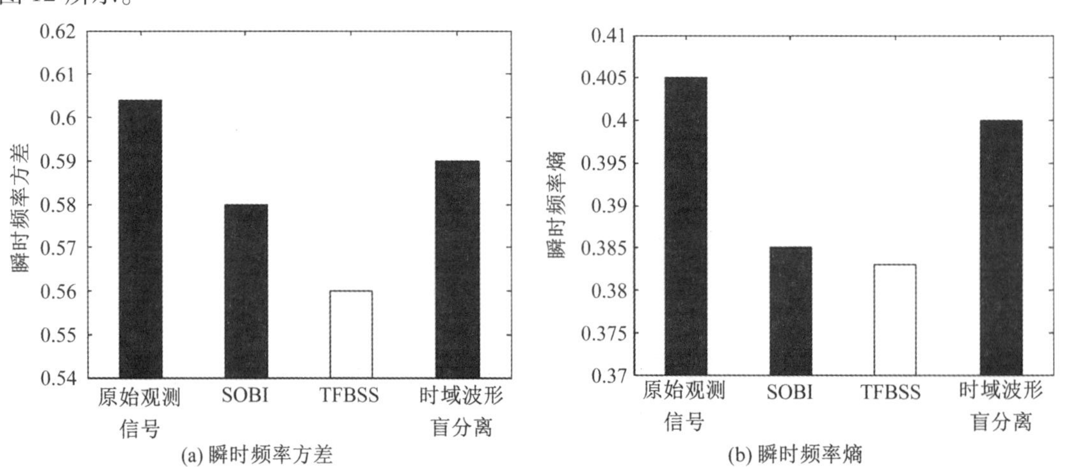

(a) 瞬时频率方差　　(b) 瞬时频率熵

**图 12　三种盲分离方法性能对比**

从图 12 可知,在三种盲分离方法中,通过 TFBSS 分离出的目标回波的瞬时频率方差与瞬时频率熵是最小的,说明该方法对目标回波与混响的分离性能是最好的,其次是 SOBI,时域波形盲分离对目标回波与混响的分离性能是最差的。该结果与目标回波的信号特性相符,目标回波与混响的信号特性差异主要体现在二者的统计特性与时频分布特性不同,对应 SOBI 与 TFBSS 可以利用较多的目标回波与混响的可分离信息。时域波形盲分离需要信源具有稳定的波形,而目标回波与混响都属于高频时变信号,波形起伏变化强烈,因此二者通过时域波形盲分离得不到理想的分离效果。

## 5　结论

在水下有源声呐目标回波与混响盲分离中,针对分离结果顺序不确定性以及缺乏分离有效性衡量手段的问题,本文推导了目标回波与混响的时频分布形式,提出了基于信号瞬时频率分布特性的目标 回波盲分离性能评价方法。理论表明目标回波在瞬 时频率序列的中心偏离程度以及整体随机程度上低于混响,据此提取信号的瞬时频率方差与瞬时频率熵两种信号特征,并将二者作为从盲分离结果中识别目标回波的依据。对海试掩埋目标回波数据,采用 SOBI、TFBSS 与时域波形盲分离等三种盲分离方法进行处理,并对分离结果提取瞬时频率特征, 处理结果表明,在盲分离得到的所有分离信号中,目标回波具有最小的瞬时频率特征值,并且该特征值越小,目标回波与混响的盲分离程度就越高。本文的研究内容与结论不仅局限于掩埋目标探测,也为蛙人、运载器、潜艇等其他有源声呐探测问题提供了一种目标回波信号处理性能评价方法。

## 参 考 文 献

[1] Yang TC, Schindall J, Huang CF et al. Clutter reduction using Doppler sonar in a harbor environment. The Journal of the Acoustical Society of America, 2012; 132(5):3053 - 3067.

[2] 幸高翔,蔡志明,张卫. 直接数据域局域联合混响抑制方法研究 . 声学学报,2013; 38(4):459466.

[3] Kay S, Salisbury J. Improved active sonar detection using autoregressive prewhiteners. The Journal of the Acoustical Society of America, 1990; 87(4):16031611.

[4] Li W, Ma X, Zhu Y et al. Detection in reverberation using space time adaptive prewhiteners. The Journal of the Acoustical Society of America, 2008; 124(4):EL236 - EL242.

[5] Wang R, Huang J, Ma T et al. Improved space time prewhitener for linear frequency modulation reverberation using fractional Fourier transform. The Journal of the Acoustical Society of America, 2010; 128(6):EL361 - EL365.

[6] 李维,马晓川,侯朝焕等. 用于混响中信号检测的空时预白化处理器声学学报,2010;35(1):53 - 58.

[7] Ginolhac G, Jourdain G. "Principal Component Inverse" algorithm for detection in the presence of reverberation. IEEE Journal of Oceanic Engineering, 2002; 27(2):310 - 321.

[8] Lee H S, Lee K K. Linear frequency modulation reverber - ation suppression using difference of singular values. The Journal of the Acoustical Society of America, 2008; 124(5):EL328EL333.

[9] 王晓宇,杨益新,卓颉. 浅海波导中水平接收阵被动时反混响抑制方法研究声学学报,2013;38(1):21 - 28.

[10] 郭国强,杨益新,孙超. 前后混响零点约束下基于时反算子分解的信混比增强方法研究声学学报,2008; 33(2):116 - 123.

[11] Li W,Zhang Q Y,Ma X et al. Active sonar detection in reverberation via signal subspace extraction algorithm. EURASIP Journal on Wireless Communications and Net - working, 2010; 4(2):11 - 21.

[12] 倪晋平,马远良,孙超,童立. 用独立成分分析算法实现水声信号盲分离声学学报, 2002;27(4):321 - 326.

[13] Berke GM, Christopher N. A source separation approach to enhancing marine mammal vocalizations. The Journal of the Acoustical Society of America, 2009; 126 (6): 3062 - 3070.

[14] 许策,赵相霞,章新华等. 混响背景下主动声呐接收信号的可分离性探讨. 声学技术, 2010; 29(3):327 - 330.

[15] Li X K, Wang Q Y. Blind separability of reverberation and target echo based on spatial correlation. Applied Mechan - ics and Materials,2012; 128:538 - 543.

[16] Li X, Xia Z. Research of underwater bottom object and reverberation in feature space. Journal of Marine Science and Application,2013; 12(2):235 - 239.

[17] 范军, 卓琳凯. 水下目标回波特性计算的图形声学方法声学学报,2007;31(6): 511 - 516.

[18] 陈云飞,李桂娟,王振山等水中目标回波亮点统计特征研究. 物理学报,2013; 62(8): 84302 - 084302.

[19] Li F H,Zhang Y J,Zhang RH et al. Interference structure of shallow water reverberation in time - frequency distribution. Science China Physics, Mechanics and Astronomy,2010; 53 (8):1408 - 1411.

[20] Goldhahn R, Hickman G, Krolik J. Waveguide invariant broadband target detection d reverber. a. tion estimation. The Journal of the Aco 四 tical Society of America,2008; 124 (5):2841 - 2851.

[21] 李风华,刘建军,李整林等浅海低频混响的振荡现象及其物理解释. 中国科学:G 辑, 2005;35(2):140 - 148.

# 计算水下凹面目标散射声场的声束弹跳法

陈文剑　孙　辉

**摘要**　为了解决含有多次散射时水下目标声散射场的计算问题,提出了一种声束弹跳方法。把入射声波划分为若干声束,根据几何声学方法计算每条声束在目标表面的反射方向和能量损失,利用物理声学方法计算最后一次反射的声束所对应的面元的散射场,通过计算所有声束产生的散射场的叠加得到整个目标的散射场。计算了直角凹面圆锥体的散射声场,并对具体模型进行了水池测量实验,理论计算和实验测量结果一致。表明该方法作为一种高频近似的数值计算方法,可以计算存在多次散射时水下目标的散射声场。

## 1　引言

水下目标回波包括镜反射波、棱角波和弹性再辐射波,当目标存在凹面时,还可能存在多次散射波,如潜艇的指挥台与艇体之间、“十”字型结构的艉升降舵与方向舵之间等情况下都会发生多次散射。国内外学者对目标声散射场计算问题做了大量研究,提出了多种计算水下目标散射声场的计算方法[1-7]。积分方程法是一种准确解方法,是以 Helmholtz 和 Kirchhoff 对 Huygens 原理的数学解释为基础,通过对积分公式的求解可以得到物体的散射场;特征函数展开法是先将散射波表示成某坐标系下已知波动方程的完备正交函数系的级数,同时将入射波也用相应的正交函数展开,再根据边界条件求得散射波的各阶简正波的系数,从而得到散射声场。以上两种理论解法都只能对一些简单形状的物体进行计算,对于实际中的复杂目标,可以采用以理论解法为基础的数值解法,如物理声学方法、T 矩阵法、数值积分法、板块元法、图形声学法等。以上求解目标散射场的方法,虽然各有其适用条件和优缺点,但是相同之处都是只能对“凸”形物体散射场进行求解,不能求解含有多次反射时的“凹”形物体散射场。

板块元方法是一种以物理声学为基础的表面积分计算空间数值离散化的方法[7],其思想就是把目标表面划分为若干小的面元,然后用平面面元即板块元代替,计算所有板块散射声场在接收点的叠加来近似作为目标的散射声场。本文在板块元方法的基础上,同时借鉴射线弹跳法(Shooting and bouncing rays)中电磁波射线在目标上多次反射的思想[8],提出了一种几何声学和物理声学相结合的声束弹跳方法。该方法是一种高频近似的数值计算方法,可以解决存在多次散射时目标散射声场的计算问题,文中给出了具体模型的计算和水池实验结果。

## 2　板块元方法

计算散射问题的 Helmholtz 公式为[4]:

$$\phi_s = \frac{1}{4\pi}\iint_s \left[ \phi_s \frac{\partial}{\partial n}\left(\frac{e^{jkr_2}}{r_2}\right) - \frac{e^{jkr_2}}{r_2}\left(\frac{\partial \phi_s}{\partial n}\right)\right] ds \tag{1}$$

其中,$s$ 是散射体表面,$n$ 是表面外法线,$r_2$ 是散射点矢径。

在物体表面满足刚性边界条件时,可以得到远场散射势函数:

$$\phi_s = -\frac{\mathrm{i}k}{4\pi}\iint_{s_0}\frac{\mathrm{e}^{\mathrm{j}k(r_1+r_2)}}{r_1 r_2}[\cos\theta_1 + \cos\theta_2]\mathrm{d}s \tag{2}$$

其中,$s_0$ 为散射体几何亮区部分表面。

收发合置时变为:

$$\phi_s = -\frac{\mathrm{i}k}{2\pi}\iint_{s_0}\frac{\mathrm{e}^{\mathrm{j}k2r}}{r^2}\cos\theta_1\mathrm{d}s \tag{3}$$

板块元方法是以物理声学方法为基础的高频近似计算方法。对于实际的积分曲面,可以将其看作由一定数目的曲面面元叠加而成,对于每个曲面面元,可以构造一个平面多边形(即板块元)去近似,则该面元的积分值可以用该平面多边形的积分值去近似,而整个曲面的积分值则可以用各平面多边形积分值的累加之和近似。因此有:

$$\phi_s \approx (\phi_s)_M = \sum_{m=1}^{M}(\phi_s)_m \tag{4}$$

其中,$M$ 表示总的板块元数,$(\phi_s)_m$ 是第 $m$ 个板块元的声散射势函数。

如果声源 $Q$ 的坐标矢量为 $\bar{r}_q$,观察点 $M$ 的坐标矢量为 $\bar{r}_m$,则可得声源 $Q$ 和观察点 $M$ 的坐标矢量的基矢为:

$$\bar{r}_{q0} = \frac{\bar{r}_q}{r_q} = u_{q0}\bar{\mathrm{e}}_1 + v_{q0}\bar{\mathrm{e}}_2 + w_{q0}\bar{\mathrm{e}}_3,\ \bar{r}_{m0} = \frac{\bar{r}_m}{r_m} = u_{m0}\bar{\mathrm{e}}_1 + v_{m0}\bar{\mathrm{e}}_2 + w_{m0}\bar{\mathrm{e}}_3 \tag{5}$$

若板块元尺寸足够小时,在远场近似的条件下,得到第 $m$ 个板块元的散射速度势:

$$(\phi_s)_m = -\frac{\mathrm{j}kQ}{4\pi}\frac{\mathrm{e}^{\mathrm{j}k(r_q+r_m)}}{r_q r_m}\left[\frac{\mathrm{j}kr_q - 1}{\mathrm{j}kr_q}w_{q0} + \frac{\mathrm{j}kr_m - 1}{\mathrm{j}kr_m}w_{m0}\right]\iint_{\sigma_n}\mathrm{e}^{-\mathrm{j}k[x(u_{q0}+u_{m0})+y(v_{q0}+v_{m0})]}\mathrm{d}\sigma \tag{6}$$

设 $u = k(u_{q0} + u_{m0})$,$v = k(v_{q0} + v_{m0})$,$w = \left[\frac{\mathrm{j}kr_q - 1}{\mathrm{j}kr_q}w_{q0} + \frac{\mathrm{j}kr_m - 1}{\mathrm{j}kr_m}w_{m0}\right]$,$S_m(u,v) = \iint_{\sigma_m}\mathrm{e}^{-\mathrm{j}k[ux+vy]}d\sigma$,可以得到:

$$(\phi_s)_m = -\frac{\mathrm{j}kQw}{4\pi r_q r_m}\mathrm{e}^{\mathrm{j}k(r_q+r_m)}S_m(u,v) \tag{7}$$

因此问题的关键是求公式(7)中的积分式 $S_m(u,v)$,此积分是平面多边形的二维空间 Fourier 变换,文献[9]对其进行了推导,并在电磁散射和声散射问题中得到应用,文献[10]对其进行了重新推导和修正。平面多边形的二维空间 Fourier 变换推导过程复杂。Gordon 利用格林定理将面积分化为了线积分,计算了有限大平面的电磁散射问题[11],其数学推导过程简单,这里将其应用到板块元的声散射计算问题中,得到:

$$(\phi_s)_m = -\frac{1}{4\pi}\frac{\mathrm{e}^{\mathrm{j}k(r_q+r_m)}}{r_q r_m}\left[\frac{\mathrm{j}kr_q - 1}{\mathrm{j}kr_q}w_{q0} + \frac{\mathrm{j}kr_m - 1}{\mathrm{j}kr_m}w_{m0}\right]$$
$$\left[-\frac{\mathrm{j}}{k\sqrt{t_x^2 + t_y^2}}\sum_{n=1}^{N}(\bar{P}\cdot\Delta b_n)\mathrm{e}^{-\mathrm{j}k\bar{T}\cdot\frac{b_{n+1}+b_n}{2}}\frac{\sin\left(-\frac{1}{2}k\bar{T}\cdot\Delta b_n\right)}{-\frac{1}{2}k\bar{T}\cdot\Delta b_n}\right] \tag{8}$$

其中,$N$ 为板块元的边的数目,$b_n$ 为第 $n$ 个顶点的位置矢量,且 $b_{N+1} = b_1$,$\Delta b_n = b_{n+1} - b_n$,

$\bar{T} = \overline{r_{q0}} + \overline{r_{m0}} = t_x\bar{i} + t_y\bar{j}$，$\bar{P} = \dfrac{t_y\bar{i} - t_x\bar{j}}{\sqrt{t_x^2 + t_y^2}}$。

## 3　声束弹跳法

当目标形状存在凹面，声波在目标上产生多次反射时，不能简单利用板块元方法计算散射场。这里在板块元方法的基础上，借鉴电磁学中的射线弹跳法，提出一种几何声学和物理声学相结合的声束弹跳法。把入射声波划分为若干声束，根据几何声学理论计算每条声束在目标表面的反射方向和能量损失，经过 $N$ 次反射后，当第 $N$ 次反射的声束不与目标表面相交，然后再根据物理声学理论计算产生第 $N$ 次反射声束的目标表面的散射场，所有声束经过以上计算后的散射场的叠加近似作为整个目标的散射场。

这里以图1为例具体说明。$Q(M)$ 点为声源和接收点位置（收发合置），声束 $Q-ABC$ 是入射声波中的一条声束，由 $QA$、$QB$、$QC$ 三条声线组成，分别与Ⅰ面相交于 $A$、$B$、$C$、$O$ 为面元 $ABC$ 的中心点，经面Ⅰ的反射，与面Ⅱ相交于点 $A'$、$B'$、$C'$，声束 $ABC-A'B'C'$ 即为声束 $Q-ABC$ 的反射声束。然后用同样的方法计算声束 $ABC-A'B'C'$ 在面Ⅱ上的二次反射声束，如果二次反射声束仍然与面Ⅰ相交，再次计算三次反射声束，依次类推直至声束不与反射面相交为止。这里假设声束 $ABC-A'B'C'$ 在面Ⅱ上的二次反射声束与反射面不相交，此时利用物理声学方法计算 $A'B'C'$ 所构造的板块元在接收点的散射场。如果声束 $ABC-A'B'C'$（即一次反射声束）与反射面不相交，则直接利用物理声学方法计算面元 $ABC$ 在接收点的散射场。

声束弹跳法首先是把入射声波划分为若干声束，但是为了计算上的方便，我们也可以首先对目标模型进行板块元划分，根据划分的板块元确定声束。例如图1中 $ABC$ 为已知板块元，声束 $Q-ABC$ 可由板块元的三个顶点确定。

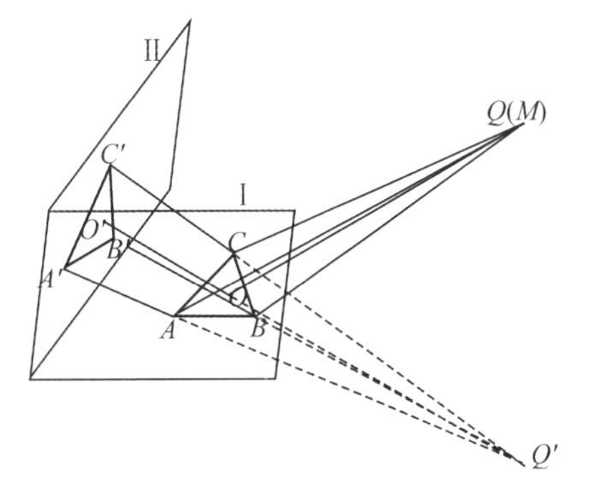


**图1　声束反射示意图**

声束弹跳法在具体实施过程中，还需要解决以下几点问题：

（1）反射声线矢量

如果我们划分目标模型的面元为三角面元，则声束由三条声线组成，三条声线在目标表面的反射声线又构成了反射声束，因此声束的反射也就是声线的反射。

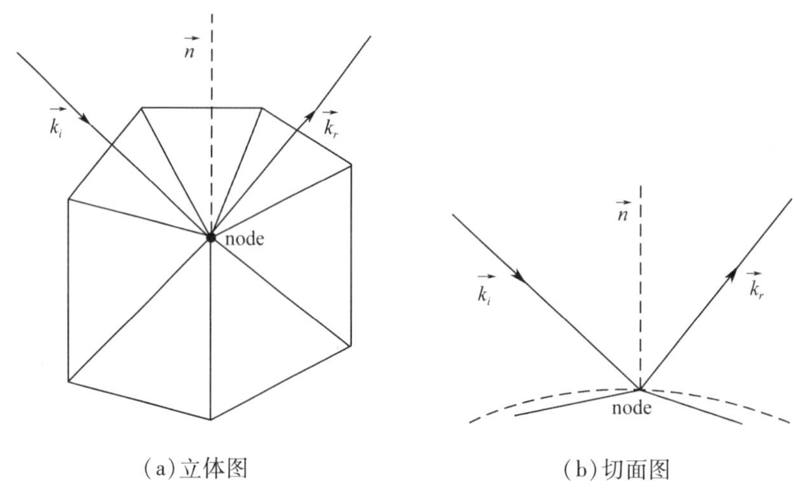


(a)立体图　　(b)切面图

**图 2　声线在目标表面反射**

如图 2 所示,图 2(a)是节点处声线反射立体图,图 2(b)是切面图,图 2(b)中虚线是真实的散射体表面。$\boldsymbol{k}_i$ 是入射声线矢量,$\boldsymbol{k}_r$ 是反射声线矢量,$\boldsymbol{n}$ 是节点处的法向矢量。由 Snell 定律可得反射声线矢量为:

$$\boldsymbol{k}_r = \boldsymbol{k}_i - 2\boldsymbol{n}(\boldsymbol{k}_i \cdot \boldsymbol{n}) \tag{9}$$

其中节点处的法向矢量可以通过两种方法得到,一种是当目标表面方程已知时,由目标表面方程 $F(x,y,z) = 0$ 计算得到,即

$$\boldsymbol{n} = (F_x(x_0,y_0,z_0), F_y(x_0,y_0,z_0), F_z(x_0,y_0,z_0)) \tag{10}$$

其中 $(x_0,y_0,z_0)$ 是节点坐标。另一种方法是不能直接计算节点法向矢量时,通过节点周围板块元法向量取平均值近似计算得到,即

$$\boldsymbol{n} \approx \frac{1}{N}\sum_{i=1}^{N} \boldsymbol{n}_i \tag{11}$$

其中 $N$ 表示节点周围板块元的个数,$\boldsymbol{n}_i$ 表示第 $i$ 个板块元的法向量。

(2)虚拟声源法计算“反射板块元”的散射场

如图 1 所示,在利用物理声学计算“反射板块元”$A'B'C'$在接收点的散射场时,板块元 $A'B'C'$的入射声波相当于从 $Q'$发射的声波,$Q'$即为板块元 $A'B'C'$的虚拟声源。“反射板块元”的散射场的计算为收发分置情况。虚拟声源位置由下式得到

$$\boldsymbol{Q}' = \boldsymbol{O} - |\boldsymbol{Q}|k_r \tag{12}$$

其中 $\boldsymbol{Q}'$ 为虚拟声源位置坐标矢量,$\boldsymbol{O}$ 为面元中心点坐标矢量。

(3)面元反射系数

当表面为非刚性表面时,反射声束声波幅度需要乘以反射系数。由于面元足够小,声束足够细,可以认为整个面元的反射系数相等,反射系数的值近似等于面元所有顶点处反射系数的均值,或近似等于面元中心位置处的反射系数。

(4)传播损失

由于散射体表面曲率的影响,声束在传播过程中波阵面会发生扩展,在介质的声吸收可以忽略的条件下,应根据能量守恒计算声束的声波强度。

## 4　直角凹面圆锥体声散射的计算实例

为了检验方法的准确性,以直角圆锥凹面作为散射体进行了计算,如图 3 所示。散射体表面为刚性表面,圆锥底面半径为 6 cm。

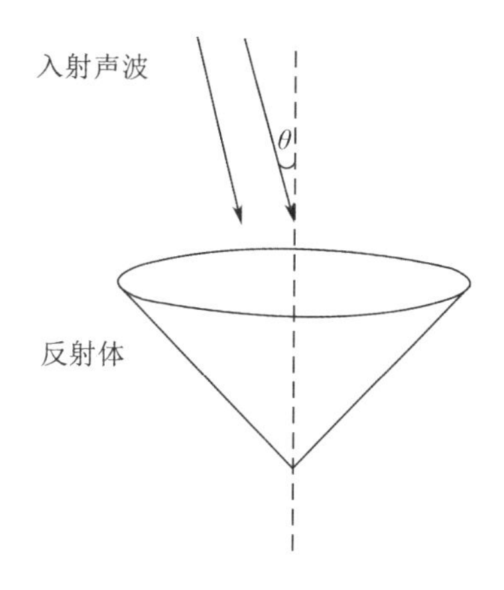


**图 3　直角圆锥凹面散射体**

在计算过程中,我们首先把目标用若干个小的三角形板块近似,如图 4(a)所示,图中为了显示的更清晰,取板块边长为 5 mm,在实际的散射场计算时板块边长取波长的十分之一。然后根据每个板块的三个顶点把入射波划分为若干个声束,再利用声束弹跳法计算每条声束产生的散射场。图 5 给出计算一条声束在目标上散射时的程序流程图。

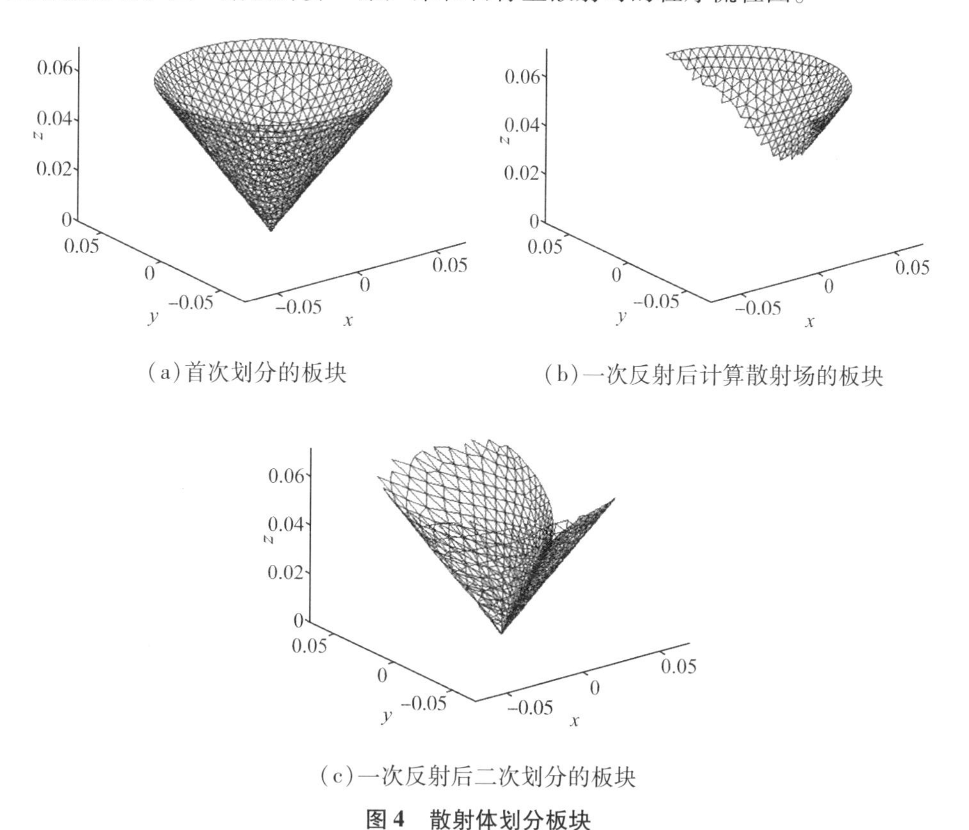


(a)首次划分的板块

(b)一次反射后计算散射场的板块

(c)一次反射后二次划分的板块

**图 4　散射体划分板块**

当取入射声波角度 $\theta$ 为 20°,图 4(b)为一次反射声束与散射体不相交所对应的板块元,这些板块元可利用物理声学方法计算接收点的散射声场。我们称图 4(a)中的板块元为初次划分板块元,则图 4(c)中经过一次反射后与散射体相交形成的就称为“一次反射二次划分板块元”,如果这些板块元所对应的二次反射声束与散射体不相交,可利用物理声学方法计算在接收点的散射声场,需要注意的是此时变为声源在虚拟声源位置处的收发分置情况;如果二次反射声束再次与散射体相交,则会形成“二次反射三次划分板块元”,依次类推。

这里需要说明的是,当计算的目标非常复杂,很难拟合其曲面方程时,可只进行一次板块的划分,在多次反射时声束照射的曲面面积用此面积内已划分的板块近似来代替;但当已知目标曲面方程或较易拟合得到曲面方程时,可采用多次划分板块的方法,这样可以提高计算精度和计算效率。

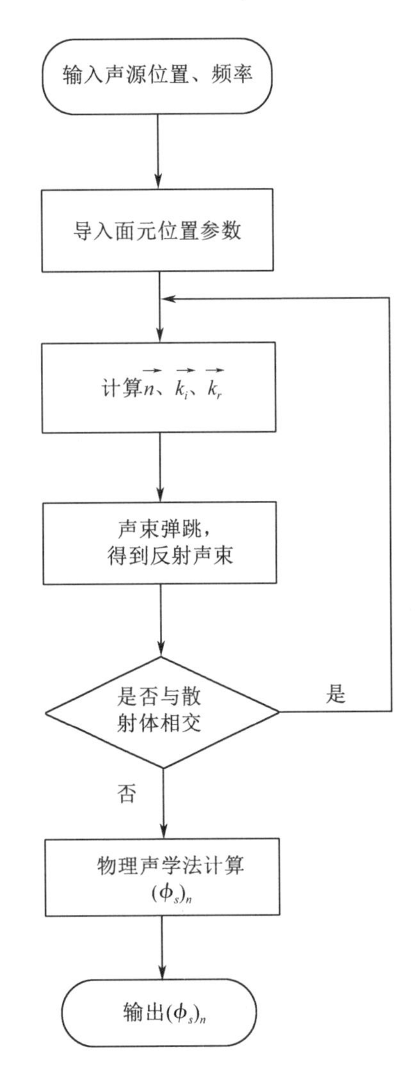


**图 5　程序流程图**

下面给出声波频率为 800 kHz 时,直角圆锥凹面体在不同声波入射角时的目标强度,如图 6(a)所示。

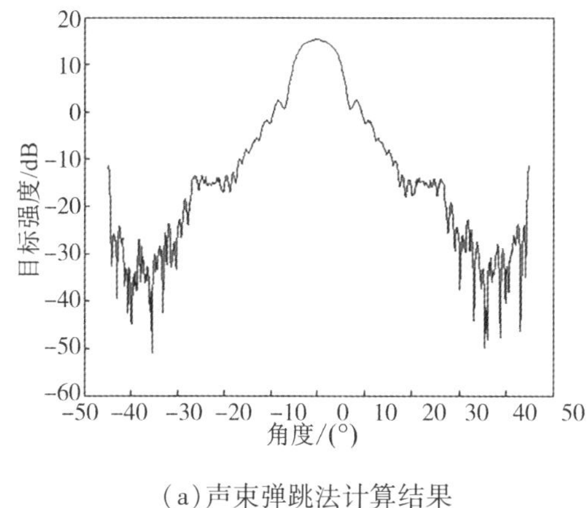


(a)声束弹跳法计算结果

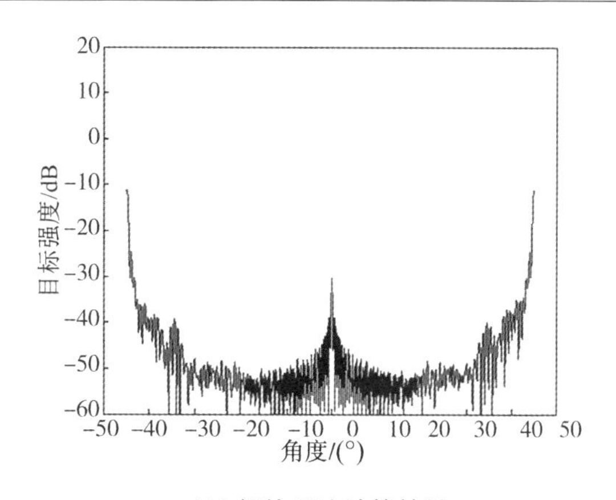


(b)板块元法计算结果

**图6　计算结果**

从图6(a)中可以看出,由于存在声波的多次散射,目标强度在0°左右的一定角度范围内都具有较大值,在入射角为0°时目标强度达到最大,这是由于在0°时入射到直角圆锥凹面的所有声波都按原方向返回;在45°和-45°时的较强回波是由于圆锥凹面的一次镜反射得到。图6(b)为直接板块元方法的计算结果,由于板块元方法没有考虑多次散射,所以只有在45°和-45°时与声束弹跳法的计算结果一致,但在其他角度时误差很大。在图6(a)中,直角圆锥凹面体在0°左右一定角度范围内都有较强的回波信号,我们下面通过具体的测量实验对这一计算结果进行验证。

## 5　水池测量实验

为了进一步对图6(a)中的计算结果进行验证,加工了如图7所示的模型,并进行了水池测量实验,图7(a)为模型示意图,7(b)为模型实物照片。模型为铁壳体,厚度2 mm,壳体内充空气。测量时水平吊放圆柱体(即让凹面圆锥的平面垂直声波入射方向)于旋转装置,每隔1°发射、接收一次信号,信号为频率800 kHz的CW脉冲信号,脉冲长度0.037 5 ms。令圆锥面正对收发合置换能器方向为0°,测量结果如下图8所示。由于这里只是对图6(a)中0°左右较强回波的角度范围进行验证,因此图8中给出的是目标强度随方位角的变化规律。

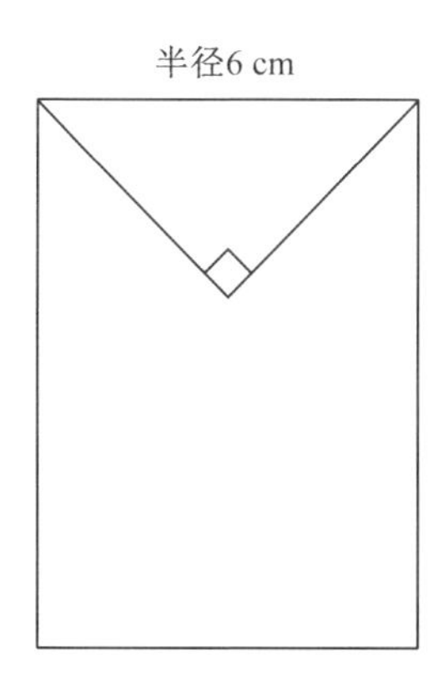


(a)模型外形示意图

(b)模型实物照片

**图7　散射体模型**

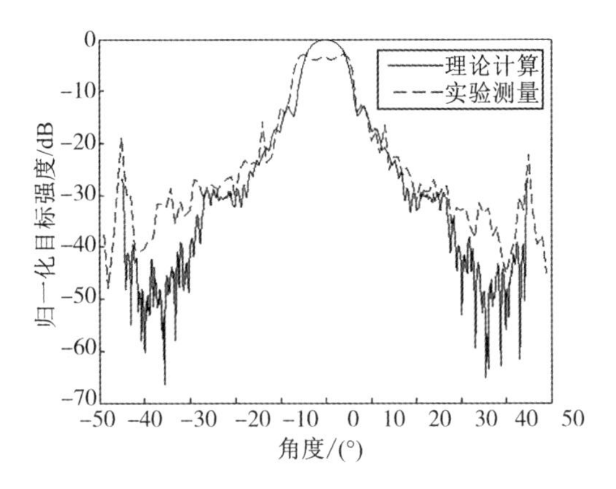


**图 8　实验测量结果**

从测量结果可以看出,由于声波在凹面上的多次散射作用,在 0°左右具有较强回波信号,且强回波的角度范围与声束弹跳法的理论计算结果基本一致,结合图 6 中的计算结果,证明了声束弹跳方法的正确性。

图 8 中,在偏离 0°方位,实验测量和理论结果存在一定误差。由理论计算可以看出,在 0°附近目标强度值随角度变化比较敏感,而在实验操作时很难保证圆柱体完全水平放置,也很难保证目标与换能器完全在同一水平位置,因此引起了偏离 0°方位时的误差。另外模型凹面在加工过程中存在的加工误差、和模型并非完全刚性条件等也可能是引起误差的原因。

## 6　结论

针对存在多次散射时水下凹面目标散射声场的计算问题,提出了一种声束弹跳方法。以圆锥凹面散射体为例进行计算,通过与板块元方法的计算结果进行对比,以及实际模型的水池测量实验,验证了声束弹跳方法可以解决含多次散射时水下目标散射声场的计算问题。

本文只是以形状较为简单的圆锥凹面为例进行了计算,当实际目标形状非常复杂时,可能还会遇到问题,例如声束经过无限多次反射无法返回介质中,造成计算的不收敛;声束多次反射后受散射体表面曲率的影响会变得非常宽,影响计算精度等问题,因此在具体使用时,本文所提方法还需针对具体问题进行改进和完善。

## 参 考 文 献

[1] Pillai T A K, Varadan V V and Varadan V K. Sound scattering by rigid and elastic infinite elliptical cylinders in water. J. Acoust. Soc. Am. ,1982,72(3):1032 – 1037.

[2] Varadan V V, Lakhtakia A, Varadan V K. Comments on recent criticism of the T – matrix method. J. Acoust. Soc. Am. ,1988,84(6):2280 – 2284.

[3] 徐海亭,涂哲民．积分方程法与求解谐振频率的声散射．声学学报,1995,20(1):26 – 32.

[4] 汤渭霖．用物理声学方法计算非硬表面的声散射．声学学报,1993,18(1):45 – 53.

[5] 范军,卓琳凯．水下目标回波特性计算的图形声学方法．声学学报,2006,31(6):511 – 516.

[6] 董寻虎,汤渭霖．用时域积分方程法计算不规则形状目标的瞬态声散射．声学学报,

1999,24(3):314 -320.

[7] 范军,汤渭霖. 声呐目标强度(TS)计算的板块元方法. 声学技术,1999,18(增刊):31 -32.

[8] Ling H, Chou R. C, Lee S. W. Shooting and bouncing rays: calculating the RCS of an arbitrarily shaped cavity. IEEE Trans. Antennas and Propagation. 1989;37:194 -205.

[9] Houshmand B. , Chew W C, Lee S W. Fourier Transform of a Linear Distribution with Triangular Support and Its Applications in Electromagnetics. IEEE Trans. on AP, 1991, 39(2):252 -255.

[10] 龚家元,孙辉. 板块元方法中积分化为代数运算的公式的讨论.2008 年浙黑鲁声学技术学术会议论文集,2008.

[11] Gordon W. B. Far field approximations of the Kirchhoff - Helmholtz representations of scattered fields. IEEETrans. on A P,1975;23(5):590 -592.

# 局部固体填充的水中复杂目标声散射计算与实验

张培珍　李秀坤　范　军　王　斌

**摘要**　利用二维有限元方法研究水中局部填充的带球冠柱体目标声散射特性，所采用的数值方法可高效地实现精细化、宽带、复杂轴对称模型散射声场计算。根据数值结果解释壳体、填充物以及入射方位对目标散射远场的影响，确定复杂目标散射研究中所必须考虑的重要物理和几何构成。完成水中悬浮目标自由场声散射实验，收发合置条件下将目标旋转360°接收并测量不同传播路径回波到达时刻得到距离－角度伪彩色图像。以表面环绕波和“回廊波”产生理论为基础，解释内真空和局部填充模型正横入射时目标散射信号中几何回波和各种弹性波成分产生的机理。由于固体填充与弹性壳的耦合作用，频率－角度谱的正横方向两侧呈现外八字“碗”形共振曲线。通过对比，理论计算和实验得到的散射函数关键频谱峰值特性符合较好。

**关键词**　二维有限元；局部填充的带球冠柱壳；距离－角度时域回波；频率－角度谱

## 1　引言

研究目标为局部填充带球冠弹性柱体模型，该模型为高仿真度水雷，具有显而易见的工程实用价值。其中柱体部分是由钢性薄壳构成，内部填充了沙，球冠部分为真空，内部填充与壳体的耦合作用以及复杂的端部结构对其回声特性产生重要影响。目前，为数不多的几何形状目标如球体、无限长或有限长弹性柱体的声散射问题的研究成果已经完备[1]。共振散射理论是在分析弹性柱体和球体目标基础上得出相应形态函数公式，在理论上指出了共振现象的存在，这种方法被广泛地用于弹性目标的识别与探测。较多的研究针对水中弹性圆柱体声散射实验研究，从时域和频域上论证了共振峰值以及频散现象[2]。基于解析表达式求解的前后散射形态函数、谐振模态以及声场分布在含有覆盖层目标消声机理的研究中得到有效验证[3-4]。有效的实验检测和识别方案[5]逐步提出，借助于散射频谱的共振特征采用单频信号映射和形态学方法可进一步实现水下目标弹性声散射信号分离[6]。为有效模拟水下航行器的舱室结构，将柱体目标研究拓展至充水圆柱薄壳、双层圆柱壳、加肋与周期加肋柱壳[7-9]，以薄壳理论为基础，从理论和实验上严格解析由于物理结构不同所带来的频率－角度谱的特殊性。带球冠圆柱是一种广泛用于水雷目标的结构体，这类目标的研究主要集中在简化的刚性模型，高华和徐海亭[10]利用单一矩方法对浅海声波导内的刚性球冠圆柱散射问题进行研究讨论，得到目标在浅海波导内散射与目标深度的相关性，关于目标的复杂结构、复杂材料对散射影响分析并没有涉及。

有限元法突破目标材质和形状的限制，可实现意形状目标散射声场的求解[11-13]。Raja－bi等[14]利用三维有限元法完成分层的复合材质的柱壳散射远场的数值计算，给出远场指向分布的高精度结果，但是运算效率不高。本文基于变分原理建立二维有限元(2D－FE)轴对称模型[15-16]，通过数值计算和实验深入探讨入射方向、目标几何结构及局部填充与声散射特性的相关性。但是一直以来,局部固体填充与弹性壳体的耦合在目标回声中的作用缺乏严格的理论计算和实验验证。为正确解析和验证,水下自由场实验分两次完成,采用的模型分别为局部固体填充带球冠柱壳和真空带球冠柱壳,利用关于时域回波特性的时间－距离伪彩图像和频率－角度谱解释目标散射机理。本文的研究成果可以拓展至水下更为复杂目标的建模和声散射特性快速高精度预报。

## 2　散射远场计算与分析

### 2.1　基于 2D－FE 模型的远场积分公式

目标为轴对称而入射波为非轴对称激励条件下,在柱坐标系中,入射声波按照 Fourier 级数形式展开,同时将声压、表面法向位移均按照 $m$ 阶展开,将格林函数及其导数代入 Helmholtz－Kirchhoff 积分方程,可得到散射远场积分公式[17]为

$$p(r) = \frac{e^{-ik|r|}}{4\pi|r|}I_{1\infty} \tag{1}$$

其中,

$$\begin{aligned} I_{1\infty} = \sum_m \int_l r_0 \exp\left[ik\left(\frac{z_1 z_0}{|r|}\right)\right] \times \Big[ik\frac{p_m(r_0)}{|r|}(r_1 n_r C_m(\zeta) + z_1 n_z E_m(\zeta)) \\ - \rho_f \omega^2 E_m(\zeta)(u_m(r_0)n_r + \omega_m(r_0)n_z)\Big]\mathrm{d}l \end{aligned} \tag{2}$$

式中,$\rho_f$ 为流体介质密度;$k_0$ 为入射声波波数;符号 $\zeta$ 等于 $krr_0/|r|$;$p_m$ 为二维轴对称目标表面声压周向分解形式;$u_m$、$\omega_m$ 为表面法向位移的周向分解形式;单位法向量 $\boldsymbol{n}(r) = n_r e_r + n_z e_z$,且有:

$$E_m(\zeta) = \mathrm{Im}^e(\zeta)e^{im\theta_i}$$
$$C_m(\zeta) = \mathrm{Im}^{ec}(\zeta)e^{im\theta_i}$$

其中,$\theta_i$ 为入射角,$\mathrm{Im}^e$ 和 $\mathrm{Im}^{ec}$ 为如下积分表达:

$$\begin{aligned} \mathrm{Im}^e &= \int_0^{2\pi} e^{i(\zeta\cos\psi + m\psi)}\mathrm{d}\psi \\ &= 2\pi i^m J_m(\zeta) \end{aligned}$$

$$\begin{aligned} \mathrm{Im}^{ec} &= \int_0^{2\pi} e^{i(\zeta\cos\psi + m\psi)}\cos\psi\mathrm{d}\psi \\ &= -2\pi i^{m+1}J'_m(\zeta) \end{aligned}$$

$J_m(\zeta)$ 和 $J'_m(\zeta)$ 分别为 $m$ 阶 Bessel 函数及其导数。

### 2.2　目标建模与声学参数

为了详细解析不同物理结构对散射特性的影响,采用无填充和局部填充两种仿真模型,二维轴对称模型如图 1 所示,相应的几何与声学参数见表 1 所示。

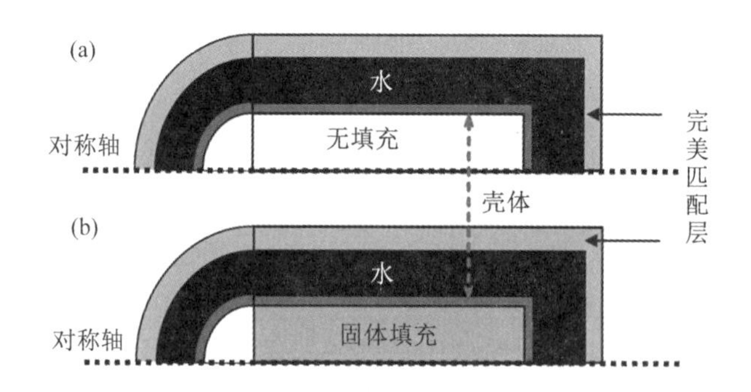


**图1　2D 轴对称模型**

(a)无填充真空模型;(b)局部填充模型

**表1　目标几何与声学参数**

| 目标 | 半径/m | 壳厚/m | 总长/m |
|---|---|---|---|
| 模型几何尺寸 | 0.25 | 0.008 | 2 |
| 材料 | Longitudinal wave $c_p$/(m · s$^{-1}$) | Shear wave $c_s$/(m · s$^{-1}$) | Density $\rho$/(kg · m$^{-3}$) |
| 水 | 1 500 | 0 | 1 000 |
| 钢壳 | 5 940 | 3 100 | 7 800 |
| 填充 | 2 500 | 1 200 | 2 000 |

## 2.3　数值计算与分析

若采用收发合置方式计算散射远场,利用 2D - FE 方法计算两种模型散射频谱函数。频率增量 50 Hz。数值计算得到的频率 - 角度谱如图 2,其中 $\theta=0°$(球冠方向照射),90°(正横方向),180°(平顶端入射)。在 0° ~ 180°改变入射波方向,入射声波频率 50 Hz ~ 10 kHz,频率增量 50 Hz。伪彩色图像的亮度表示目标散射强度,单位为 dB。

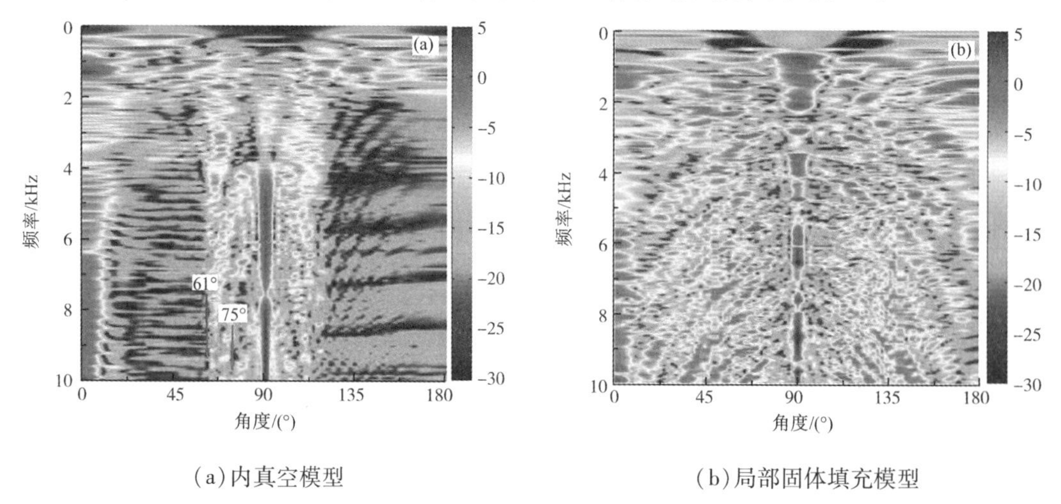


(a)内真空模型　　(b)局部固体填充模型

**图2　频率 - 角度谱**

在图2所示的频率－角度谱中，可以明显看到以下特性。①内真空模型目标：壳体纵波和剪切波所引起的共振频率存在截止角度，理论计算值分别为75.4°和61°。由于仿真雷两个端面物理结构不同，受棱角散射的影响在截止角度以外内真空模型出现明显的非对称性。②正横方向散射回波为壳体和填充物共同作用的结果；声波斜入射时，填充物的回波为主要贡献。因此，固体填充模型的频率－角度谱出现“碗”型共振曲线，并且正横两侧不对称性减弱。

文中所涉及目标模型中填充物的密度高于水，图2(b)出现的“碗形”共振曲线与文献[7]中所描述的充水圆柱薄壳散射很类似，但是由于填充物的弹性特性，使得碗形共振更为复杂。当入射角在0°—360°大范围变化时，局部填充且球冠处为真空的模型散射特性与典型有限长柱体壳相比具有特殊性。为进一步说明散射机理，图3选取了三个特殊方向 $\theta=0°$（球冠方向），90°（正横方向），180°（平顶方向）的频谱函数加以说明，计算频率50 Hz～20 kHz，频率增量为50 Hz。

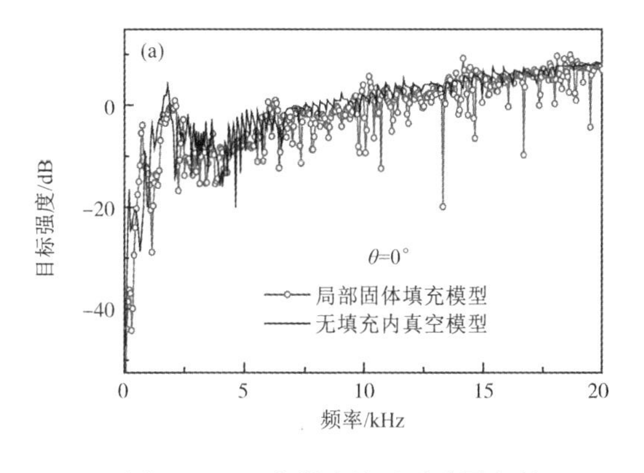


(a) $\theta=0°$，入射声波正对球冠入射

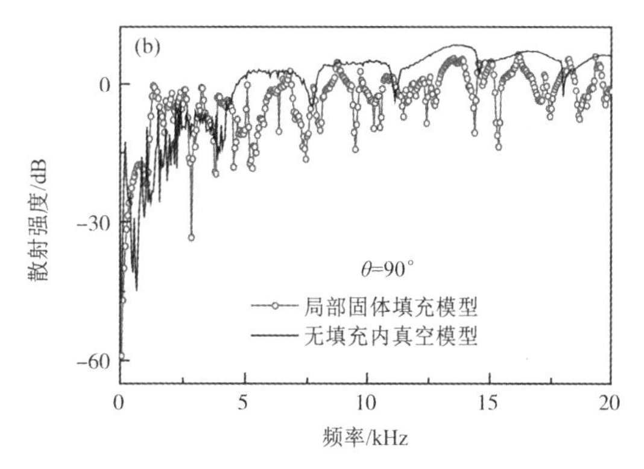


(b) $\theta=90°$，入射声波正横方向入射

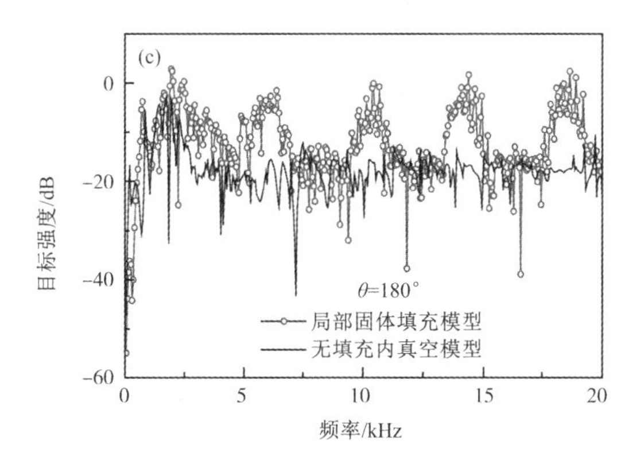


(c) $\theta=180°$，入射声波正对平顶端入射

**图3　频谱函数对比**

分析图3可得出以下结论：①当 $\theta=0°$ 和 $\theta=180°$ 时，声波分别正对球冠和平顶端入射。无填充模型壳体的弹性波是散射的惟一成分，因此在两个方向的散射波因壳体形状的不同而存在显著差异。②对局部填充模型来说，壳体和填充物均为散射回波的因素，其特殊性在于球冠部分为真空，所以 $\theta=0°$ 时贡献较大的是壳体，散射函数的总体趋势与空壳模型

类似，同时因填充材料的影响频响振荡加大。而平顶端( $\theta = 180°$ )，填充物的存在一定程度上抑制了壳体的弹性波共振，在总散射场中起主要作用。因为壳材料比水的刚度要远远大于填充物比水的刚度，要激励壳材料的弹性振动较固体填充物要难。而固体填充物的材料属性与水相差并不大，因此水中弹性振动相对剧烈，散射函数在较宽频带内近似出现等幅振荡。这类目标散射现象在文献[18]中有相关描述。③当 $\theta = 90°$ 时，目标几何回波为正横方向散射的主要贡献，所以两种模型散射函数都是在刚性背景的不同频率处增添了谐振峰。无填充模型共振峰和弹性壳体相关，而有填充模型因填充物的存在共振峰特性更为复杂。

## 3　声散射实验与解释

### 3.1　实验布局

自由场声散射实验在哈尔滨工程大学消声水池完成，分别测量了带球冠空心柱壳模型以及局部填沙模型的回波。消声水池空间尺寸为 25 m × 15 m × 10 m，发射阵中心距水面 4.5 m，收发合置阵距目标中心 6.6 m。实验布局满足自由空间条件，采用收发合置方式在 0° ~ 360°范围内旋转目标，完成回波测量。探测实验通过控制吊放深度使目标模型与收发合置换能器在同一水平面上，保持换能器位置固定不动，目标模型悬挂在可匀速旋转的装置上，设换能器正对目标模型平顶端时为入射角 $\theta = 0°$ 和 360°，通过旋转目标模型获得 0° ~ 360°全角度目标声散射信号。发射信号为 10 ~ 40 kHz的线性调频信号，脉冲宽度 0.5 ms。图 4 给出自由场回波测试实验布局示意图。

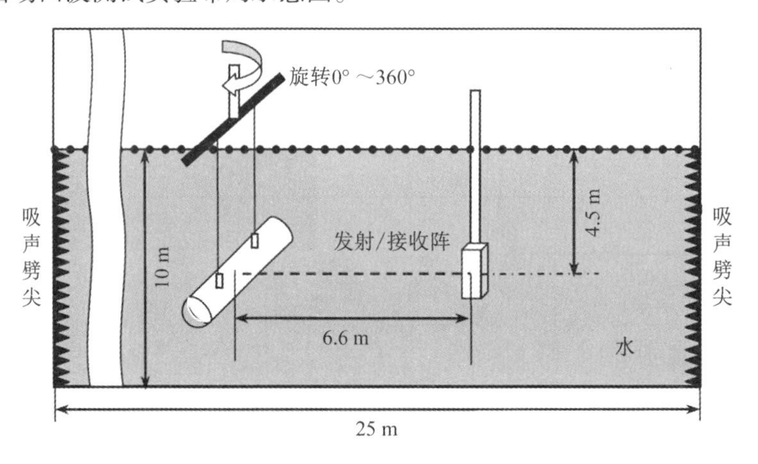


**图 4　自由场声散射实验布置**

### 3.2　实验解释

图 5(a)和图 5(b)所示的伪彩色图像描述了两种目标的距离 – 角度时域回波幅度，它们傅里叶变换后的频谱如图 6(a)和图 6(b)所示。其中 0°和 360°为目标的平顶端面对准发射接收基阵，90°和 270°为圆柱壳体正横对准发射接收基阵，180°为目标球冠对准发射接收基阵。

分析图 5 和图 6 的实验结果可以看出：①回波中可以清晰地看到几类回波，其中白色椭圆内所标注的是弹性波，红色箭头所标注的是吊环及其吊绳回波，最先到达的是目标自身的几何回波；②当发射声波斜入射时，弹性波的运动从圆周环绕波变成螺旋环绕波，这时回波在时域结构中将出现图 5(a)中白色椭圆内所呈现的弧形轨迹，这种结构已经从有限长充水圆柱声散射理论和试验中得到验证，环绕表面波和“回音廊”式波两种理论很好地解释了柱体目标的散射机理，目标几何回波的二次散射也在实验中测试得到，用白色矩形框标注出；③频域上由于内部填充物引起弹性波，所以入射波正对平顶方向强度减弱，并在较大角度范围出现“外八字”并且分簇干涉条纹，如图 6 红色椭圆所示区域，这一现象在空壳模型的频域－角度谱中并不存在。

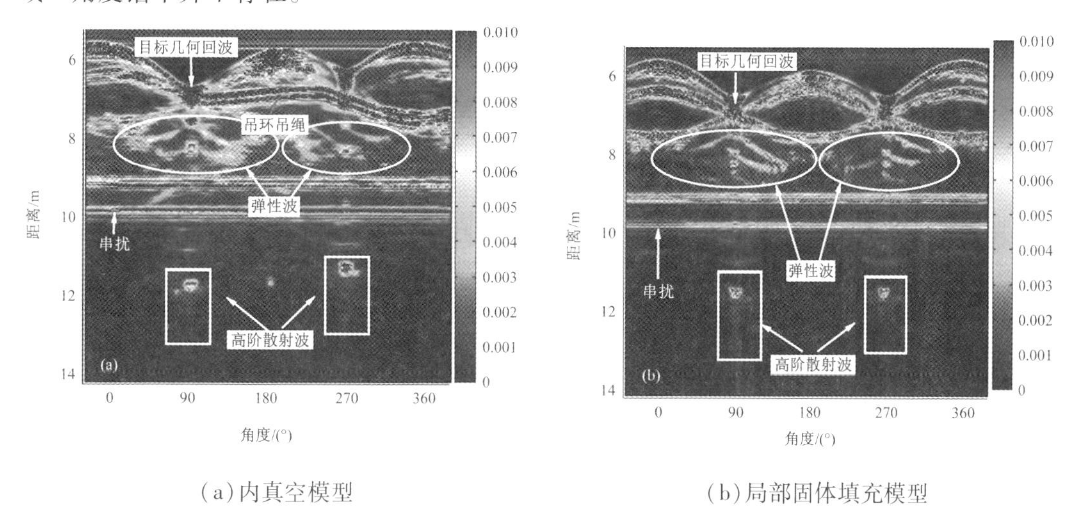


(a)内真空模型　　(b)局部固体填充模型

**图 5　距离－角度时域回波**

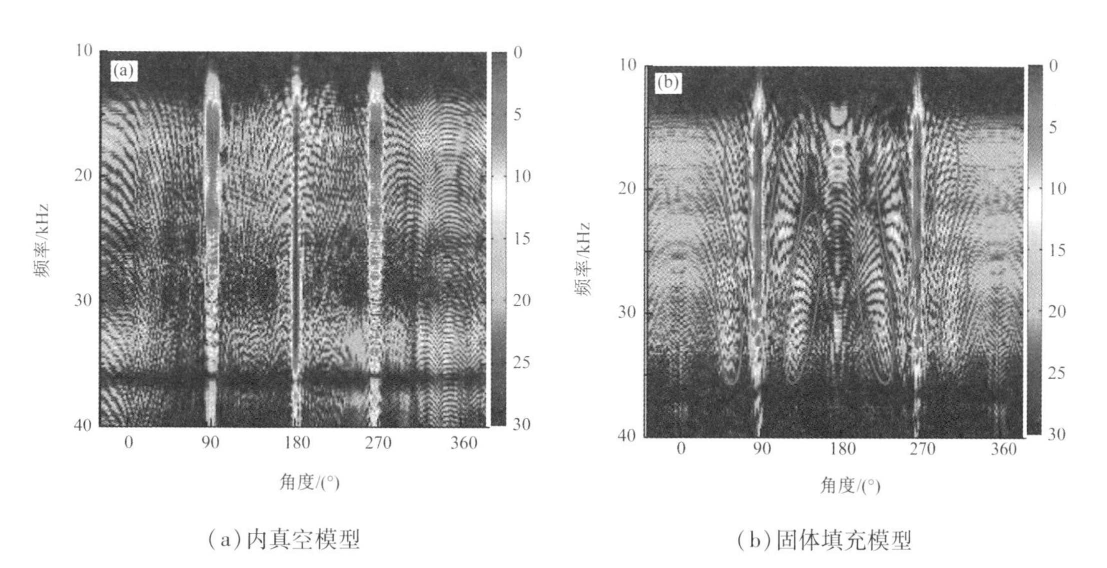


(a)内真空模型　　(b)固体填充模型

**图 6　频域－角度谱**

下面对于回波最强的正横附近回波数据进行深入分析，图 7(a)给出无填充模型正横方向时域回波波形，为清楚地描述各种回波，图 7(b)给出维纳滤波处理后信号波形。

分析图 7 中不同回波成分产生的机理，其中 a1 为目标几何回波，出现距离为 6.6 m，这是实际发射/接收阵到达目标正横方向的距离。b1 为吊环回波，吊环距离镜反射点约

0.25 m,其回波出现距离约为 6.85 m,与 6.84 m处出现这个回波符合,b2 为吊环附近吊绳所产生的干扰波。c1 为沿着壳体表面传播而后再辐射到接收换能器的弹性波,其传播速度按照水中声速进行估算,则沿圆柱壳体传播距离为 $2\pi r = 3.14 \times 0.5 = 1.57$,折算单程为 0.785 m,即相对于目标几何回波距离为0.785 m,回波相对于水听器出现距离为 0.785 + 6.6 = 7.385 m,在试验中获得距离为 7.4 m,误差仅为 0.015 m,两者非常接近。可以再次预测第二阶弹性波,也就是再沿壳体按红色箭头继续传播一周再辐射,出现距离为 8.17 m,在图 7(b) 中表示为回波 c2,其距离为 8.05 m,误差为 0.12 m。具体回波描述见表 2,正横方向回波产生机理见图 8。

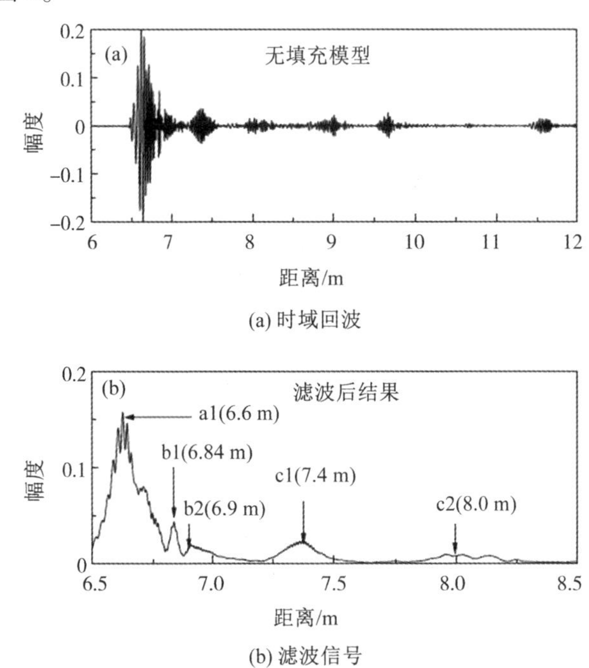


**图 7　无填充目标正横方向时域回波和滤波结果**

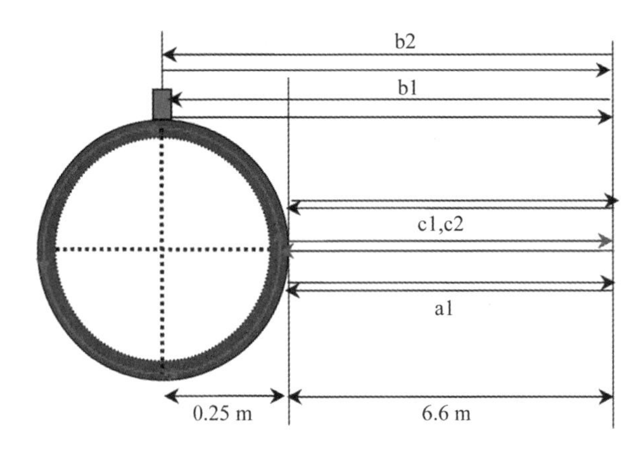


**图 8　正横方向内真空模型回波机理**

表 2　内真空目标正横方向时域回波

| 序号 | 回波来源 | 实验测试距离/m | 计算距离/m |
|---|---|---|---|
| a1 | 目标几何回波 | 6.6 | 6.6 |
| b1 | 吊环回波 | 6.84 | 6.85 |
| b2 | 吊绳回波 | 6.9 | 靠近吊环 |
| c1 | 弹性波 | 7.4 | 7.385 |
| c2 | 二阶弹性波 | 8.05 | 8.17 |

图 9 和图 10 对正横方向固体填充模型回波机理进行解释，其中与无填充目标回波出现在相同位置的 a1、b1、b2 分别为目标几何回波、吊环与吊绳回波。它们出现的位置分别在 6.6 m、6.84 m、6.9 m。内部有填充的情况下弹性波的产生机理相对复杂，声波可以透过壳体，在目标内部沿着不同路径反射和透射后再次辐射到水听器。图 9(b) 中第一个红色框内所表示的 c1，对应图 10 中红色线所描述路径传播的回波，为进入壳体后由于内部填充物的存在，沿着径向传播到壳体的另一侧，然后由壳壁反射后再辐射到接收换能器的弹性波，其传播速度接近并略大于水中声速，若按照水中声速进行估算，沿圆柱壳体径向传播距离为 $2R = 0.5 \times 2 = 1$ m，折算单程为 0.5 m，也就是相对于目标几何回波距离为 0.5 m，回波相对于水听器出现距离为 7.1 m，在实验中获得距离为 7.04 m，误差为 0.06 m，两者非常接近。有填充目标正横方向时域回波描述见表 3。

填充物内部“回音廊式”传播路径一般为正多边形，若 $N$ 为边的个数，则正横入射条件下，在目标内部沿不同多边形传播距离为

$$L_i = 2r(N - i)\sin(\pi/N), N \geqslant 4; i = 1,2,\cdots \tag{3}$$

值得注意的是，c4 为多路径的“回音廊波”，比壳体二阶弹性波略滞后到达，它的出现对弹性波起到了抑制作用。

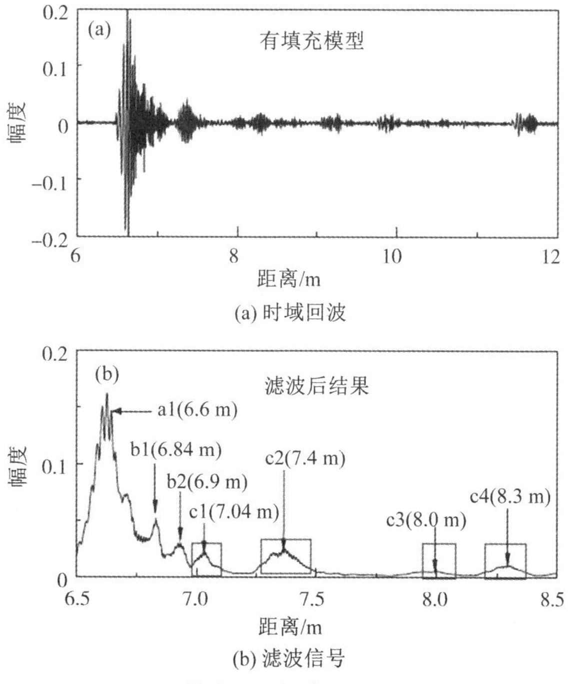


(a) 时域回波

(b) 滤波信号

图 9　正横方向局部填充模型回波机理

**表 3　有填充目标正横方向时域回波**

| 序号 | 回波来源 | 实验测试距离/m | 计算距离/m |
|---|---|---|---|
| a1 | 目标几何回波 | 6.6 | 6.6 |
| b1 | 吊环回波 | 6.84 | 6.85 |
| b2 | 吊绳回波 | 6.9 | 6.9 |
| c1 | 填充物弹性波 | 7.04 | 7.1 |
| c2 | 柱壳弹性波 | 7.4 | 7.385 |
| c3 | 柱壳二阶环绕弹性波 | 8.00 | 8.17 |
| c4 | 填充物回音廊波 | 8.3 | 8.1 ~ 8.4 |

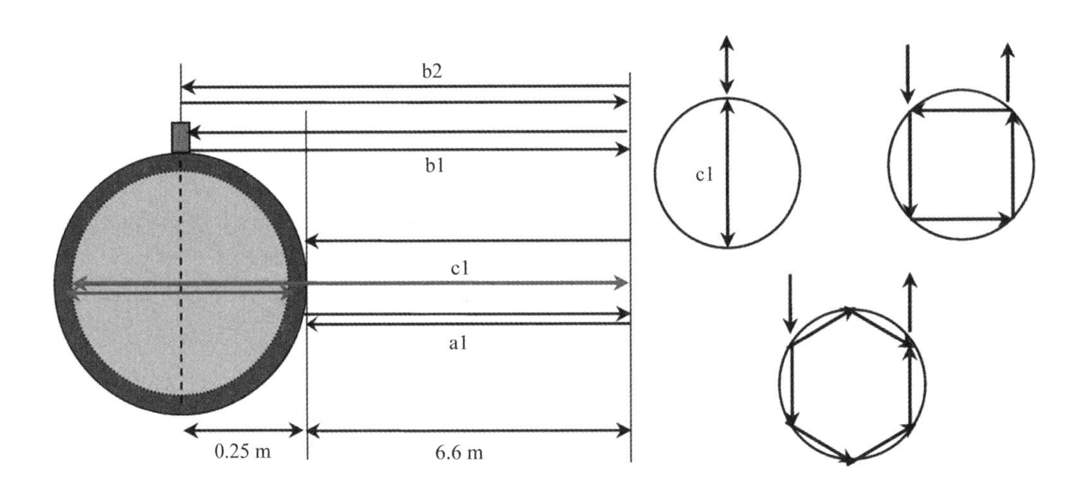


**图 10　正横方向（$\theta = 90°$）固体填充模型内部声波传播形式与机理**

## 3.3　结果比较

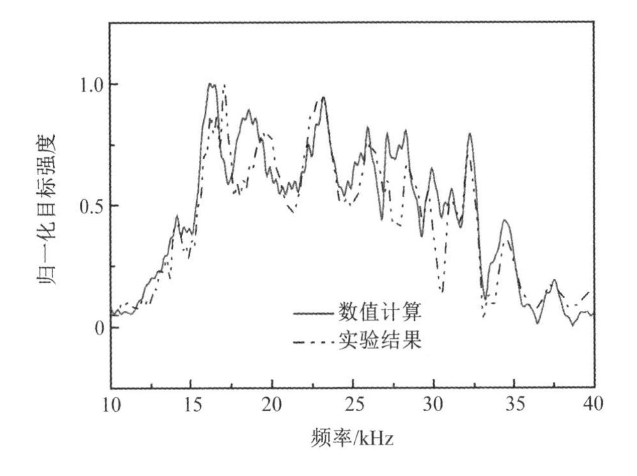


**图 11　固体填充目标正横方向回波频域特征**

图 11 给出了固体填充目标正横方向收发分置回波信号的傅里叶变换频谱分析结果，其中红色曲线表示数值计算结果，为了减少系统传输特性的影响，利用发射 LFM 调频信号对

其进行了权值调整。在不同方向上散射回波频率响应中存在多个峰值起伏,这些峰值对应几何回波和弹性回波频率特征,是水中目标识别和分类的关键,经比较验证,数值计算与实验结果关键峰值出现的位置基本符合。

观察图 11 也可以明显看到理论和实际测量结果之间存在误差,产生误差的主要原因有三个,一是吊绳的强干扰覆盖了几乎所有角度范围,使得测试结果幅度上存在误差。二是目标内部填充物的声学参数是经验选取的,和实际实验所选用的有差距,另外,计算频率响应特性时忽略了高阶散射项,使得频率峰值出现的位置与理论计算相比略有偏差。三是受实验系统传输特性影响,所以与理论计算结果相比共振峰位置理论计算和实际测量幅度不可避免存在误差。

## 4　结论

通过理论和实验研究了局部固体填充的圆柱壳收发合置散射特性,以内真空的同形状壳体作为对比,详细解释目标不同成分时域回波产生的机理,利用频谱函数的关键共振峰作为理论和测试结果符合的评价。后向散射的距离 - 角度时域回波和频率 - 角度谱反映出各种成分在目标散射场分析中所发挥的作用,内部填充和壳体是构成仿真水雷散射的主要因素,其中正横方向刚性散射为主要贡献,有无填充壳体目标仅在刚性背景中增添了不同的共振峰;球冠后向散射和壳体以及内部填充弹性特性密切相关,虽然两种模型的球冠部分均为真空壳,有填充模型的散射仍然受填充物的影响,只不过壳体散射为主要贡献。而平顶端入射条件下,有填充模型的散射特征中填充物承担主要贡献,主要共振峰的位置与填充材料相一致。

## 参 考 文 献


[1] Flax L, Dragonette L R, Uberall H 1978 J. Acoust. Soc. Am. 63 723.

[2] Hua D C, Peng L H, Yu X T 2010 Periodical of Ocean University of China 40 141 (in Chinese) [华大成,彭临慧,于小涛 2010 中国海洋大学学报 40 141].

[3] Shun Y, An J Y, Xu H T 2013 Acta Acoustic 38 699 (in Chinese) [孙阳,安俊英,徐海亭 2013 声学学报 38 699].

[4] Jin G L, Yin J F, Wen J H, Wen X S 2016 Acta Phys. Sin. 65 014305 (in Chinese) [金国梁,尹剑飞,温激鸿,温熙森 2016 物理学报 65 014305].

[5] Aubrey L E, Kevin L W, Daniel S P, Philip L M 2014 J. Acoust. Soc. Am. 136 109.

[6] Li X K, Liu M Y, Jiang S 2015 Marine Sci. Appl. 14 208.

[7] Pan A, Fan J, Zhuo L K 2012 Acta Phys. Sin. 61 214301 (in Chinese) [潘安,范军,卓琳凯 2012 物理学报 61 214301].

[8] Pan A, Fan J, Wang B 2013 J. Acoust. Soc. Am. 134 3452.

[9] Zheng G Y, Fan J, Tang W L 2009 Acta Acoustic 34 490 (in Chinese) [郑国垠,范军,汤渭霖 2009 声学学报 34 490].

[10] Gao H, Xu H T 2006 The Acoustic Academic Conference Xiamen, China, October 18 – 22, 2006 p105 (in Chinese) [高华,徐海亭 2006 全国声学学术会议论文集,厦门,10 月 18—22 日,2006 第 105 页].

[11] Thompson L L 2006 J. Acoust. Soc. Am. 20 1315.

[12] Ihlenburg F 1998 Finite Element Analysis of Acastc Scattering (Applied Mathmatical Science) (New York: Springer – Verlag) pp189 – 210.

[13] Chai Y B, Li W, Gong Z, Li T Y 2016 Ocean Eng. 116 129.

[14] Rajabi M, Ahmadian M T, Jamali J 2015 Compos. Struct. 128 395.

[15] Zampolli M, Tesei A, Finn B J 2007 J. Acoust. Soc. Am. 122 1472.

[16] Zampolli M, Alessandra T, Canepa G 2008 J. Acoust. Soc. Am. 123 4051.

[17] Hu Z, Fan J, Zhang P Z, Wu Y S 2016 Acta Phys. Sin. 65 064301 (in Chinese) [胡珍，范军，张培珍，吴玉双 2016 物理学报 65 064301].

[18] Zhang P Z, Wang S Z, Wang R T, Chen Y F, Wang L X 2013 Acta Acoustic 39 331 (in Chinese) [张培珍，王朔中，王润田，陈云飞，王露贤 2013 声学学报 39 331].

# 水下掩埋目标的散射声场计算与实验

胡　珍　范　军　张培珍　吴玉双

**摘要**　水下掩埋目标声散射问题是识别和探测掩埋目标的理论基础,是声散射研究领域的热点问题。本文基于射线声学推导了掩埋情况下目标声散射计算的格林函数近似式,并在此基础上进一步给出了相应的远场积分公式。在有限元方法的基础上,将推导得到的公式写入有限元仿真软件,对软件功能进行拓展,构建二维轴对称目标的声散射模型,并计算掩埋情况下弹性实心球在不同条件下的目标强度,获得了其散射声场随频率、掩埋深度、沙层吸收系数等参数的变化规律。开展实心球的自由空间和浅掩埋条件下水池声散射实验,利用共振隔离技术处理实验数据,提取目标声散射的纯弹性共振特征进行分析,结果表明可将其用于掩埋目标识别和探测。最后利用总散射声场与理论计算结果进行对比,验证了理论仿真的正确性。

**关键词**　掩埋目标声散射;格林函数近似式;散射声场计算

## 1　引言

水下目标声散射问题是指当水下目标受到入射声波作用时产生的与入射波传播方向和波型不同的散射波,对该问题进行理论和实验研究是水下目标探测和识别的基础。国内汤渭霖和范军[1]推导了双层弹性球壳散射声场的 Rayleigh 简正级数解并由此分析得到了该目标的回声特性;卓琳凯等[2]在此基础上考虑了环境流体对声波的吸收作用,重点研究了有吸收流体介质中弹性球壳的共振散射特征;潘安等[3]则对双层周期性加肋有限长圆柱壳在水中的声散射特性开展了理论与实验研究,从而发现了其不同于单层圆柱壳声散射的最重要的散射精细特征,即流体附加波。

随着计算机技术的快速发展,针对水下目标散射声场进行数值计算的有限元方法得到了广泛应用。国外 Zampolli 等借助有限元方法计算了入射波为低频段时弹性目标在自由空间和界面附近的远场目标强度[4],并利用最速下降法从波数积分的角度进行推导,得到了用于掩埋情况下目标声散射计算的格林函数的精确形式,并在此基础上计算了弹性球壳在掩埋和半掩埋情况下的散射声场[5]。在弹性目标的声散射实验研究方面,Maze 等[6]对圆柱壳浸没于水中和掩埋于较厚的沙水混合物中的散射声场特征进行研究,利用傅里叶变换获得了目标回波的共振谱,分析了圆柱壳回波的组成成分与两种主要环绕波的特性,通过研究发现利用共振隔离技术可以有效地进行目标的探测和识别。夏峙和李秀坤[7]以目标回波亮点模型为基础给出了水下目标弹性声散射信号分离的有效方法。

本文从射线声学出发,较为简单地推导得到了掩埋情况下目标声散射计算的格林函数近似式,并进一步导出相应的远场积分公式。在此基础上利用有限元软件 COMSOL Multiphysics 建立二维轴对称目标的声散射模型,计算弹性实心球在不同条件下的目标散射声场,研究其随相关参数变化的规律。由于圆柱壳和实心球所产生的散射波成分不同,本文开展了弹性实心球的自由空间和掩埋情况下的声散射实验。利用共振隔离技术(MIIR)[6,8]分离目标回波的镜反射回波和弹性回波,对回波成分进行了分析,提取弹性回波获取目标的纯弹性共振特征,由此识别目标并利用总散射声场验证了理论仿真结果的正确性。

## 2 水下目标声散射的数值计算方法

利用 COMSOL 软件建立自由空间弹性实心球二维轴对称声散射模型[9],计算收发合置的后向散射声场。假定目标是自由场中半径为 0.079 m的实心球,材料为不锈钢。入射声波频率在 10 Hz ~ 120 kHz,目标外部的介质为水,介质球最外部包覆一层完美匹配层(PML)。周围水体以及不锈钢的材料属性和声学参数见表 1。以轴对称球体目标为例,建立二维有限元模型如图 1 所示。

**表 1 目标材料和声学参数**

| 材料类型 | 纵波波速 $cp/(m \cdot s^{-1})$ | 剪切波波速 $cs/(m \cdot s^{-1})$ | 密度 $\rho/(kg \cdot m^{-3})$ |
|---|---|---|---|
| 水 | 1 500 | 0 | 1 000 |
| 沙层 | 1 600 | 0 | 1 800 |
| 不锈钢 | 5 940 | 3 100 | 7 900 |

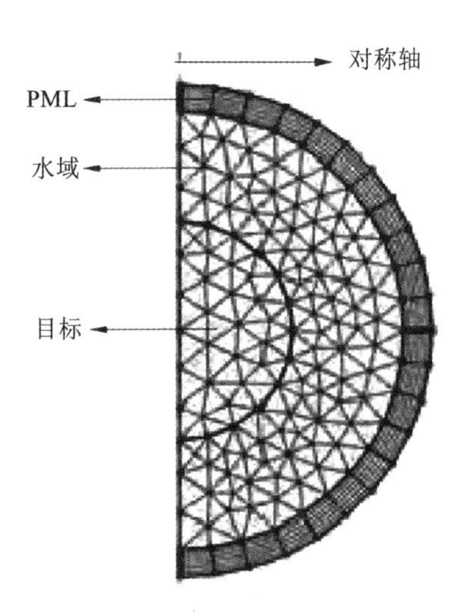


**图 1 三维球体二维轴对称声场模型**

远场计算一般采用 Helmholtz - Kirchhoff 积分公式:

$$p(r) = \iint_S \left[ p(r_0) \frac{\partial G(r,r_0)}{\partial N} - G(r,r_0) \frac{\partial p(r_0)}{\partial N} \right] \mathrm{d}S \tag{1}$$

(1)式中目标表面的声压和位移可通过 COMSOL 软件的数值计算获得。自由场 Green 函数为

$$G(r,r_0) = \frac{\mathrm{e}^{-ik|r-r_0|}}{4\pi|r-r_0|} \tag{2}$$

利用(1)和(2)式通过 COMSOL 软件计算弹性实心球的散射声场,并将其与 Rayleigh 简正级数解计算结果进行对比,如图 2 所示,两者符合得很好,证明了该方法的有效性。

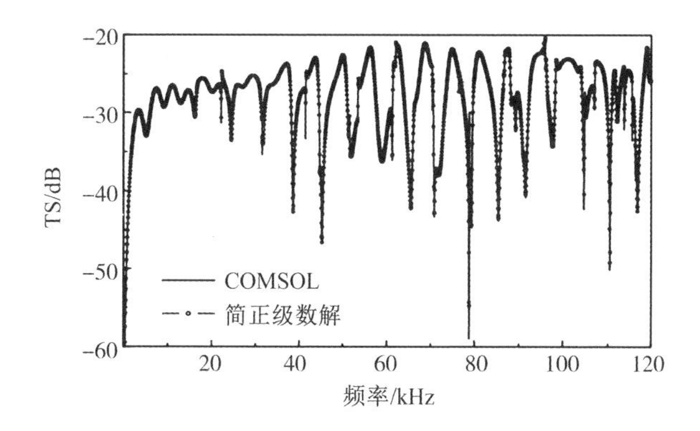


**图 2　自由空间弹性球散射声场的计算结果(频段:10 Hz ~ 120 kHz)**

## 3　掩埋条件下 Green 函数近似式推导

掩埋情况下,两种介质的材料不同,分界面将对散射声波产生影响,导致远场积分的 Green 函数形式与自由场条件下有所不同。本节借助射线声学方法推导掩埋条件下目标散射声场计算的 Green 函数,进而推导出相应的 Helmholtz – Kirchhoff 积分公式,并根据整个推导过程给出该公式的适用范围。

### 3.1　分层介质中的 Green 函数

为了叙述方便,将占据 $z > 0$ 半空间的介质称为"上介质",该介质的密度和声速分别为 $\rho_0$ 、$c_0$ ; $z < 0$ 半空间的介质称为"下介质",密度和声速分别为 $\rho_1$ 、$c_1$ 。声波入射角 $\varphi_0$ ,折射角为 $\varphi_1$ ,在几何近似的条件下,利用折射定律和射线管内能流守恒,根据图 3 可推导出由上介质入射到下介质的折射波声势[10]:

$$\psi = \frac{2m\sqrt{\sin\varphi_0}}{m\cos\varphi_0 + n\cos\varphi_1} \times \sqrt{\frac{1}{l_{01}\left(\dfrac{l_0}{\cos^2\varphi_0} + \dfrac{l_1}{n\cos^2\varphi_1}\right)}} \times e^{ik_0 l_0 + ik_1 l_1} \tag{3}$$

其中 $n$ 为折射率, $m$ 为两种介质的密度比, $V(\theta_0)$ 为反射系数:

$$\begin{cases} \sin\varphi_0/\sin\varphi_1 = c_0/c_1 = n \\ m = \rho_1/\rho_0 \\ V(\varphi_0) = \dfrac{m\cos\varphi_0 - n\cos\varphi_1}{m\cos\varphi_0 + n\cos\varphi_1} \end{cases}$$

当散射声波由下介质入射到上介质时,散射声波路径为折线 TAB,如图 3 所示, $r_0 = (x_0, y_0, z_0)$ 为目标表面任一点, $r = (x, y, z)$ 为散射场远场任一点, $r_1 = (x_1, y_1, z_1)$ 为声线由下介质入射到上介质时与介质分界面的交点,即折射点。假设所建直角坐标系的 Y 轴与声源、折射点和接收点确定的平面垂直,则有 $y_0 = y = y_1$ , $z_1 = z - z_0$ , $x_1 = x - x_0$ 。根据(3)式推得散射声波的 Green 函数:

$$G(r,r_0)=\frac{2\frac{1}{m}\sqrt{\cos\varphi_1}}{\frac{1}{m}\sin\varphi_1+\frac{1}{n}\sin\varphi_0}\times\sqrt{\frac{1}{R_{01}\left(\frac{nR_0}{\sin^2\varphi_0}+\frac{R_1}{\sin^2\varphi_1}\right)}}\times e^{ik_1R_1+ik_0R_0}\tag{4}$$

其中，$R_0=|r-r_1|$；$R_1=|r_1-r_0|$；$R_{01}=|R_0\cos\varphi_0-R_1\cos\varphi_1|$。以上的推导基于入射波的入射角小于全内反射角这一前提，忽略了侧面波带来的影响项，因此(4)式适用于掠射角大于临界掠射角的情况。

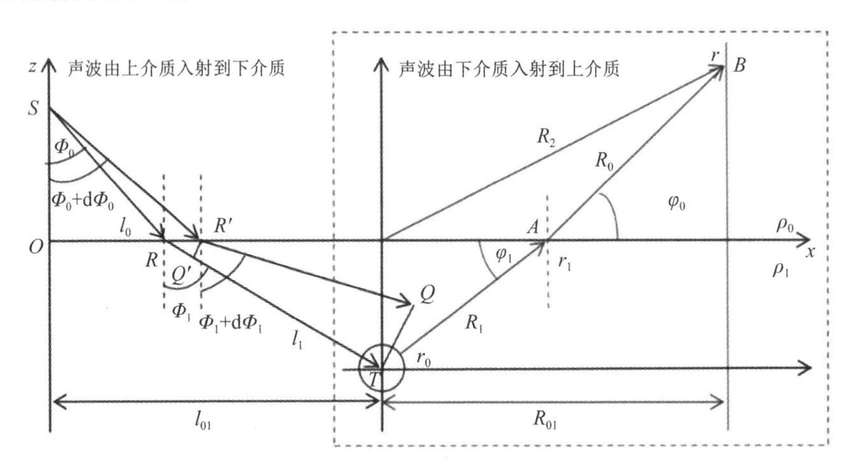


**图3　声波在分层介质传播示意图**

(4)式所给出的掩埋情况下的 Green 函数难以直接运用于仿真计算，因此将继续推导 Green 函数近似式。首先推导 Green 函数对目标表面外法线方向的偏导数，在这个过程中即可获得 $G(r,r_0)$ 的近似式。对 $G(r,r_0)$ 求导为

$$\frac{\partial G(r,r_0)}{\partial N}=\frac{\partial G(r,r_0)}{\partial R_0}\frac{\partial R_0}{\partial R_1}\frac{\partial R_1}{\partial N}+\frac{\partial G(r,r_0)}{\partial R_1}\frac{\partial R_1}{\partial N}\tag{5}$$

由于接收点所在位置一般为散射场的远场，而 $x_1\ll R_2$，因此可以认为 $R_0\approx R_2$，此时 $R_0$ 与 $R_1$ 无关，即 $\frac{\partial R_0}{\partial R_1}\approx 0$。而且由于接收点在远场，$R_0$ 很大，求导其二阶小项可以忽略，因此推得 Green 函数近似式为

$$G(r,r_0)=T(\varphi_1)\frac{\sin\varphi_0}{\sin\varphi_1}\frac{1}{n}\frac{e^{ik_0R_0}}{R_0}e^{ik_1R_1}\tag{6}$$

$$\frac{\partial G(r,r_0)}{\partial N}=T(\varphi_1)\frac{1}{n}\left[\frac{ik_1\sin\varphi_0}{R_0\sin\varphi_1}\right]\times e^{ik_1R_1+ik_0R_0}\frac{\partial R_1}{\partial N}\tag{7}$$

其中，

$$T(\varphi_1)=\frac{2\frac{1}{m}\sin\varphi_1}{\frac{1}{m}\sin\varphi_1+\frac{1}{n}\sin\varphi_0}$$

(6)式具有明确的物理含义：$T(\varphi_1)$ 为散射声波从下介质入射到上介质时的透射系数；$\sin\varphi_0/(n\sin\varphi_1)$ 可以看作两种介质分界面的影响；$e^{ik_0R_0}/R_0$ 为自由场 Green 函数；$e^{ik_1R_1}$ 可以看作从折射点到目标所经历的沙层衰减。

### 3.2　掩埋远场积分公式

由于发射和接收点距离目标的远场，即 $R_0 \approx R_2$，且入射角 $\varphi_0 \approx \varphi_2$，折射角为：$\varphi_1 = \arcsin(c_1 \sin\varphi_0 / c_0) \approx \arcsin(c_1 \sin\varphi_2 / c_0)$。在柱坐标系内，折射点坐标 $r_1 = (r_1, \theta, z_1)$，$r_1 = \sqrt{x_1^2 + y_1^2}$；目标表面任一点的坐标为 $r_0 = (r_0, \theta_0, z_0)$，$r_0 = \sqrt{x_0^2 + y_0^2}$，单位法线矢量为 $n = (n_r, \theta_0, n_z)$。则(1)式可以写为

$$p(r) = \int_S \left[ \frac{\partial G(r, r_0)}{\partial n(r_0)} p(r_0) - \rho_f w^2 G(r, r_0) u_n(r_0) \right] \mathrm{d}S \tag{8}$$

由于

$$R_1 \approx |r_1| - \frac{r_0\, r_1}{|r_1|}$$

因此有

$$G(r, r_0) \approx \frac{1}{4\pi} T(\varphi_1) \frac{\sin\varphi_0}{\sin\varphi_1} \frac{1}{n} \frac{\mathrm{e}^{-\mathrm{i}k_0 R_2}}{R_2} \times \mathrm{e}^{-k_1 |r_1|} \mathrm{e}^{-k_1 \frac{r_0 \cdot r_1}{|r_1|}}$$

$$\frac{\partial G(r, r_0)}{\partial N} = \frac{1}{4\pi} \mathrm{i}k_1 T(\varphi_1) \frac{\sin\varphi_0}{\sin\varphi_1} \frac{1}{n} \frac{\mathrm{e}^{-\mathrm{i}k_0 R_2}}{R_2} \times \mathrm{e}^{-k_1 |r_1|} \mathrm{e}^{-k_1 \frac{r_0 \cdot r_1}{|r_1|}} \frac{\langle r_1, n \rangle}{|r_1|}$$

令：

$$I_\infty = \int_S \mathrm{e}^{\mathrm{i}k_1 \frac{r_0 \cdot r_1}{|r_1|}} \left[ \mathrm{i}k_1 p(r_0) \frac{\langle r_1, n \rangle}{|r_1|} - \rho_f w^2 \langle u(r_0), n(r_0) \rangle \right] \mathrm{d}S$$

对 $p(r_0)$、$u_r(r_0)$、$w_z(r_0)$ 进行周向分解[11]，如下：

$$\begin{cases} p(r_0) = \sum\limits_m p_m(r_0) \mathrm{e}^{\mathrm{i}m\theta_0} \\ u_r(r_0) = \sum\limits_m u_m(r_0) \mathrm{e}^{\mathrm{i}m\theta_0} \\ w_z(r_0) = \sum\limits_m w_m(r_0) \mathrm{e}^{\mathrm{i}m\theta_0} \end{cases}$$

则由以上可得：

$$I_\infty = \int_l r_0 \mathrm{e}^{\mathrm{i}k_1 \frac{Z_0 Z_1}{|r_1|}} \left\{ \mathrm{i}k_1 \frac{p_m(r_0)}{|r_1|} (n_r r_1 C_m(\zeta) + n_z z_1 E_m(\zeta)) - p_f w^2 E_m(\zeta)(u_m(r_0) n_r + w_m(r_0) u_z) \right\} \mathrm{d}l$$

其中，

$$\begin{cases} \psi = \theta_0 - \theta \\ \zeta = k_1 \dfrac{r_0 \cdot r_1}{|r_1|} \\ C_m(\zeta) = \displaystyle\int_0^{2\pi} \mathrm{e}^{\mathrm{i}m\theta} \mathrm{e}^{\mathrm{i}(\zeta \cos\psi + m\psi)} \cos\psi \, \mathrm{d}\psi \\ E_m(\zeta) = \displaystyle\int_0^{2\pi} \mathrm{e}^{\mathrm{i}m\theta} \mathrm{e}^{\mathrm{i}(\zeta \cos\psi + m\psi)} \mathrm{d}\psi \end{cases}$$

所以有

$$p(r) = \frac{1}{4\pi} T(\varphi_1) \frac{\sin\varphi_0}{\sin\varphi_1} \frac{1}{n} \frac{\mathrm{e}^{-\mathrm{i}k_0 R_2}}{R_2} \mathrm{e}^{-\mathrm{i}k_1 |r_1|} I_\infty \tag{9}$$

(9)式是用于掩埋条件下基于 COMSOL 仿真计算的 Helmholtz - Kirchhoff 积分公式的最

终形式。综合分析推导过程可知,正确运用(9)式需要满足几个条件:①海底介质为半无限空间均匀有损耗的液态介质;②入射声波的掠射角大于临界掠射角;③高频;④接收点位于声源的远场。

## 4　水下掩埋目标散射声场计算

### 4.1　弹性实心球的掩埋散射声场

如图 4 所示,目标位于下层介质,接收点位于上层介质,发射和接收采用收发合置的类型。上层介质为水,海底沉积物为沙层,沙层吸收系数为 0.5 dB/λ,假设上下两种介质都为均匀介质。不锈钢实心球半径 0.079 m,掩埋深度 2 cm,材料参数见表 1。接收水听器位于距离目标球心在介质分界面上的投影点 50 m处,计算频率范围为 60 ~ 120 kHz,入射波从目标的正上方垂直入射,即掠射角为 90°,将计算结果与自由场条件下实心球的散射声场进行对比,如图 5 所示。结果表明,与自由场条件下同一目标的散射声场对比,由于掩埋情况下的沙层吸收作用,掩埋后弹性球的目标强度下降,高频衰减更大,但是各个共振峰基本保留,形状也无太大变化。

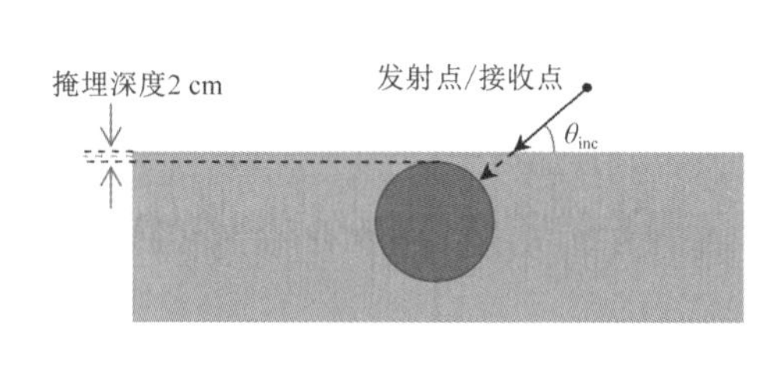


图 4　掩埋目标散射声场的计算示意图

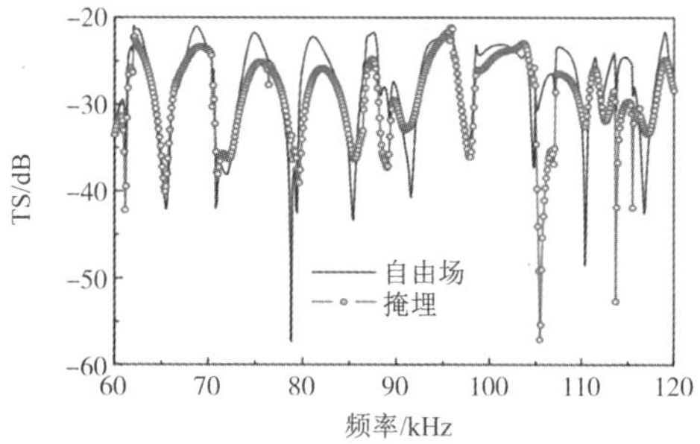

图 5　掩埋弹性球散射声场

### 4.2　不同深度、衰减条件下的弹性球掩埋散射声场

前面的研究为浅掩埋状态条件,实际目标掩埋不仅限于这种深度,因此接下来计算了掩埋深度分别为 20 cm、50 cm的弹性实心球的散射声场,并与浅掩埋时目标散射声场进行了对比,见图 6(a)。当其他参数均不变,而沙层吸收系数由 0.5 dB/λ 分别变为 1 dB/λ、2 dB/λ时,目标的散射声场特征见图 6(b)。由图 6(a)可见,实心球的目标强度随着掩埋深度的增大而下降,低频和高频下降规律不同,频率越高,掩埋深度带来的目标强度的衰减越严重。图 6(b)说明当沙层吸收系数增大时,实心球的目标强度下降,但共振峰个数和形状基本不变。

### 4.3　不同掠射角的弹性球的掩埋散射声场

针对半径为 0.079 m 的弹性实心球,研究其在掠射角变化时散射声场的变化规律,计算了 25° ~ 90°范围内共 7 个掠射角下的目标强度曲线,如图 7 所示。由图 7 可以看出:当掠射角比较大时,弹性实心球的目标强度随掠射角减小略有降低,但下降幅度并不明显;当掠射角不断降低、入射波掠射角比较小时,目标强度随之下降的幅度不断增大,高频衰减比低频严重的特点开始有所表现,但主要共振峰仍然保留。结合理论计算公式分析可以知道目标强度的这种变化源于掠射角不同时透射系数的变化。

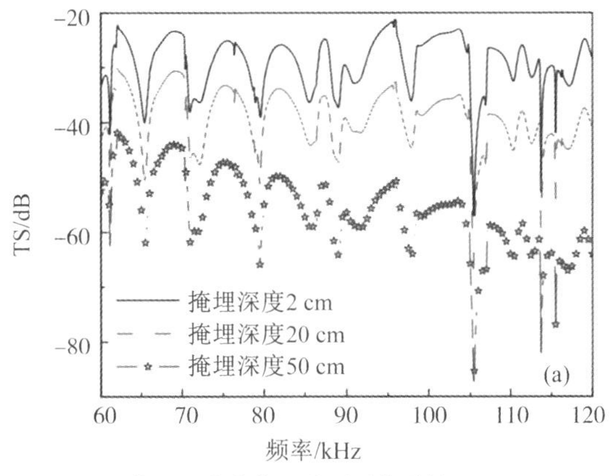


(a)掩埋深度变化，沙层吸收系数0.5 dB/λ

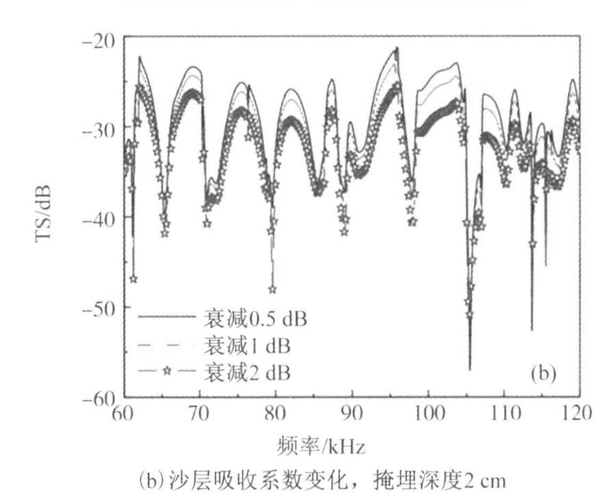


(b)沙层吸收系数变化，掩埋深度2 cm

**图6　参数变化时的目标强度**

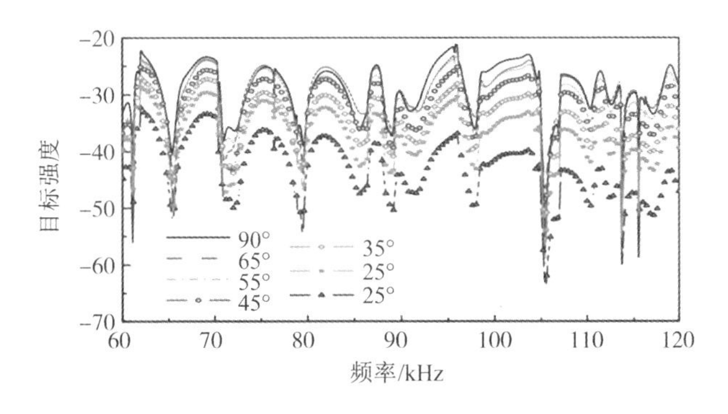


**图7　掠射角变化时的散射声场(频段:60~120 kHz)**

## 5　水下掩埋目标水池实验研究

### 5.1　自由场弹性球声散射实验

实验采用理论计算中的不锈钢球作为目标,实验时将其吊放在5 m×5 m×5 m的水池中。发射信号为脉宽0.01 ms的60~120 kHz宽带线性调频信号,短脉冲信号可以有效实现弹性回波的分离。实验采取收发合置类型进行发射换能器和水听器的摆放，目标、发射换能器和水听器处在同一深度，水平方向为一条线。在实验时将发射换能器和接收水听器沿实验工作平台进行匀速移动，模拟海上水雷探测的“走航式”探测方式。

由于对实验时所选用的沙层的材料及声学参数不完全了解，因此仅对目标的弹性共振的频率特征进行理论与实验对比。数据处理时采取 MIIR 技术，将回波信号里的镜反射回波隔离掉，并将发射换能器的发送响应与处理后的回波信号加权，获得目标散射声场的纯弹性共振的归一化频率响应，实验结果如图 8，从图中观察分析可知，理论仿真的计算结果与实验结果基本符合，在实心球散射声场中主要存在两种类型的弹性波，一是共振峰宽度较大的 Rayleigh 波，如图中黑色箭头所示；另外则是共振峰较窄的 whispering gallery 波(回音廊式波)，如图中红色箭头所示。实验中很好地获取了 Rayleigh 波共振峰，最为主要的是 63.66 kHz、71.95 kHz、79.04 kHz、84.39 kHz、88.53 kHz等，但是回音廊式波共振并不明显。

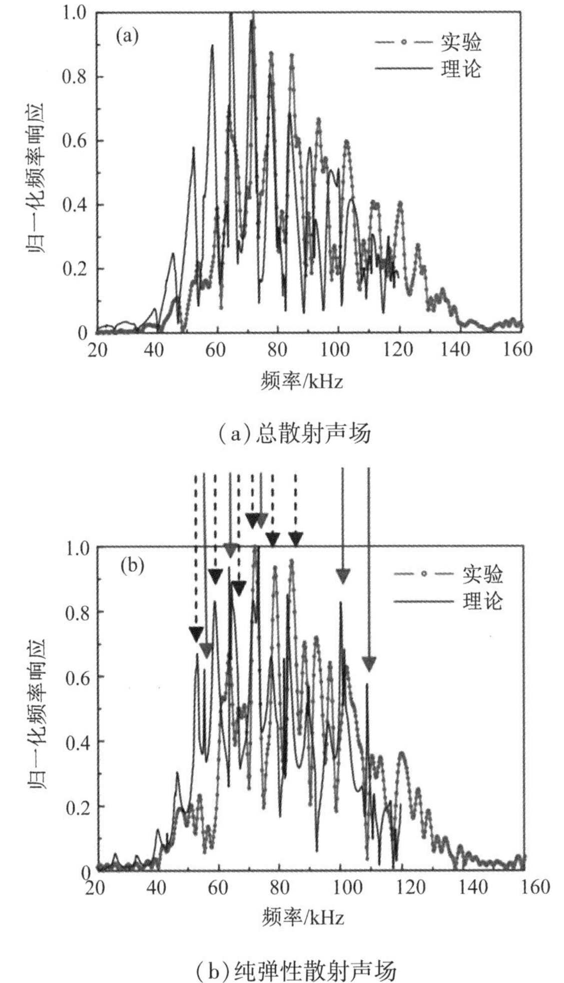


(a)总散射声场

(b)纯弹性散射声场

**图 8　自由空间目标散射声场的归一化频率响应**

## 5.2　浅掩埋声散射实验

将不锈钢球掩埋于沙层以下 2 cm，其他实验条件与自由空间相同。不锈钢球在不同掠射角下散射回波的时域结构如图 9 所示。图中横坐标为每次实验时所采集的数据文件的序号,由于实验时接收水听器匀速移动,所以该数据代表了水平位置;纵向为每个数据文件的数据序列,代表了回波到达时间。从时域结构图来看,由于沙层散射和混响带来的干扰,虽然已知目标位于水平位置200左右,但是很难从时域结构图中分辨掩埋目标,随着掠射角减小,这种识别更为困难。

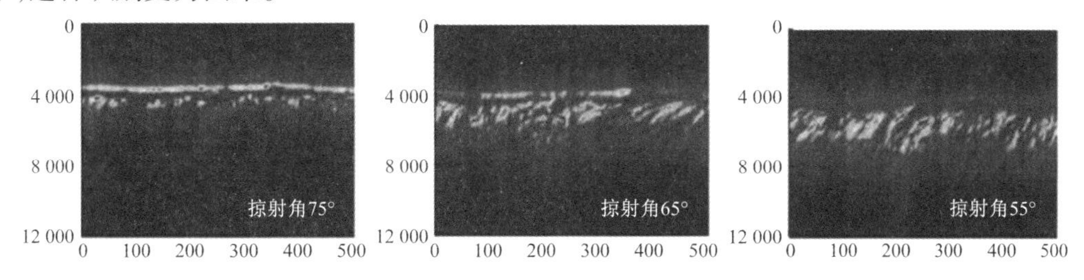


图9　不同掠射角下目标回波的时域结构

根据目标回声特性理论,以及到达时间的不同,利用MIIR技术分离沙层反射和混响以及目标镜反射回波,直接对存在纯弹性共振的回波区域进行快速傅里叶变换,获得其频谱特性,结果如图10所示。图中横坐标为频率,单位均为kHz,纵坐标为数据文件序号,即水平距离。从图10可以发现,在目标存在的位置纯弹性散射声场存在明显共振峰,而其他区域没有出现类似的共振峰特征;在大掠射角情况下,沙层反射较强,共振隔离效果有限,共振峰特征表现相对不明显,随着掠射角减小,沙层反射减弱,隔离效果越来越好,共振峰特征也更加明显。

由于COMSOL软件无法实现共振隔离,因此采用总散射回波进行理论与实验的结果对比,如图11所示。由于理论计算只是选用了一般研究中常使用到的材料参数,与实际的沙层参数不完全一样,这导致了图11中实验与理论仿真结果有所差别,但从图中仍然可以看到主要共振峰位置基本相同,随频率变化的规律也基本一致,因此实验处理结果基本验证了理论仿真的正确性。

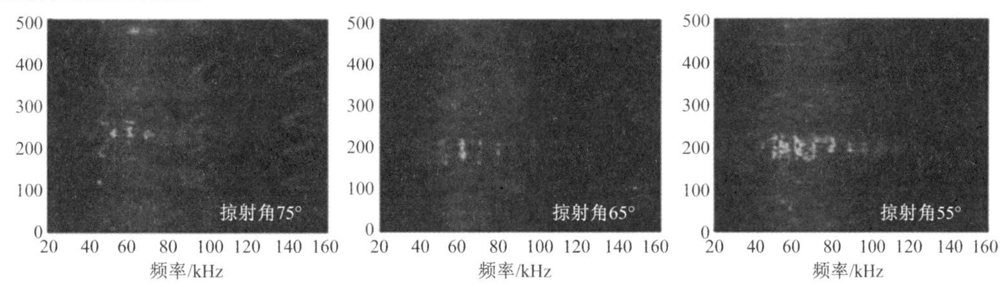


图10　不同掠射角下目标回波纯弹性共振归一化频率响应

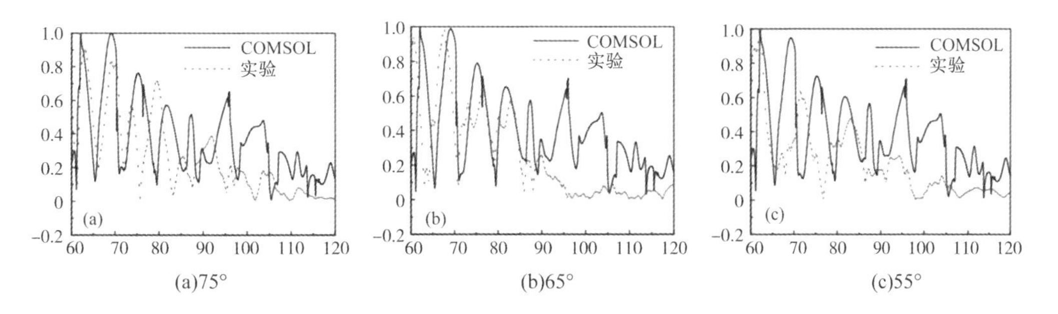


(a)75°　(b)65°　(c)55°

图11　不同掠射角下散射声场归一化频率响应理论与实验对比

## 6　结论

本文推导了掩埋情况下弹性目标声散射计算的近似 Green 函数，建立基于有限元方法的弹性目标声散射计算方法，并给出了该方法的适用范围。结合 COMSOL Multiphysics 有限元软件，仿真分析了掩埋深度、掠射角、沙层介质吸收等对于掩埋目标声散射的影响。最后开展了水池声散射实验，通过自由空间和浅掩埋弹性实心球的水池实验，验证了数值计算方法的正确性，有效提取了目标散射声场的弹性共振特征，理论和实验两者符合得比较好，经过研究可以发现弹性共振特性可以应用于掩埋目标的探测和识别。这对于实际掩埋目标的识别和探测具有十分重要的指导意义。

## 参考文献

[1] Tang W L, Fan J 1999 Acta Acustca 24 174 (in Chinese) [汤渭霖，范军 1999 声学学报 24 174].

[2] Zhuo L K, Fan J, Tang W L 2007 Acta Acustca 32 411 (in Chinese) [卓琳凯，范军，汤渭霖 2007 声学学报 32 411].

[3] Pan A, Fan J, Wang B, Chen Z G, Zheng G Y 2014 Acta Phys. Sin. 63 214301 (in Chinese) [潘安，范军，王斌，陈志刚，郑国垠 2014 物理学报 63 214301].

[4] Zampolli M, Jensen F B, Tesei A 2009 J. Acoust. Soc. Am 125 89.

[5] Zampolli M, Tesei A, Canepa G, Godin O A 2008 J. Acoust. Soc. Am 123 4051.

[6] Décultot D, Liétard R, Maze G 2010 J. Acoust. Soc. Am 127 1328.

[7] Xia Z, Li X K 2015 Acta Phys. Sin. 64 94302 (in Chinese) [夏峙，李秀坤 2015 物理学报 64 94302].

[8] Maze G 1991 J. Acoust. Soc. Am. 89 2559.

[9] Lu D 2014 M. S. Dissertation (Harbin: Harbin Engineering University) (in Chinese) [卢笛 2014 硕士学位论文(哈尔滨:哈尔滨工程大学)].

[10] Brekhovskikh L M (translated by Yang X R) 1960 Acoustics of Layered Media (Beijing: Science Press) pp230 - 236 (in Chinese) [布列霍夫斯基著(杨训仁译) 1960 分层介质中的波(北京:科学出版社)第 230 - 236 页].

[11] Zampolli M, Tesei A, Jensen F B, Malm N, Blottman III J B 2007 J. Acoust. Soc. Am. 122 1472.

# 偏相干方法分析及其工程应用

马忠成

本文分析了偏相干函数对多输入系统源识别问题的局限性,提出偏相干输出百分比函数是解决上述问题的有效工具,并将该方法用于某实艇噪声源的识别。

## 1　前言

多输入系统源之间的相互作用是其分析和识别的主要困难,声学测量中测试传感器之间的测量干涉效应也可归属为类似问题。近年来随着信号处理技术的发展和微计算机的普及,人们将偏相干方法用于机电设备噪声源识别,取得了一定成果[1-3]。经分析和实际应用,我们发现,偏相干函数仍存在某些缺陷,为此本文定义了偏相干输出百分比函数,该函数对解决多输入系统源识别问题效果理想。

## 2　方法分析

设多输入单输出系统的输入为 $x_1,x_2,\cdots,x_n$,输出为 $y$,将其化为针对第 $n$ 个输入的单输入输出条件分析模型(图1)。图中 $X_{m\cdot(m-1)!}=X_{n\cdot(n-1)!}(f,T)$ 表示记录长度为 $T$,输入 $X_n$ 的有限傅里叶变换,下标 $\cdot(n-1)!$ 表示 $x_1,x_2,\cdots,x_n$ 的线性影响已经去掉。$W=Y_{y\cdot n!}$ 是条件为 $x_1,x_2,\cdots,x_n$,输出 $y$ 的有限傅里叶变换,它既包含了真实的输出噪声,也含有所有输入的非线性影响。与通常的单输入输出系统一样,可以写出其相干公式:

$$R^2_{ny\cdot(n-1)!}=\frac{|G_{ny\cdot(n-1)!}|^2}{G_{yy\cdot(n-1)!}G_{nn\cdot(n-1)!}} \tag{1}$$

$$\begin{aligned}G_{yy\cdot(n-1)!}&=G_{vv}+G_{ww}\\&=R^2_{ny\cdot(n-1)!}G_{yy\cdot(n-1)!}+G_{ww}\end{aligned} \tag{2}$$

$R_{ny\cdot(n-1)!}$ 称为输入 $X_n$ 的偏相干函数,$G_{yy\cdot(n-1)!}$ 为系统的条件自谱,$G_{vv}$ 则称为 $X_n$ 的偏相干输出谱。由于去除了前 $n-1$ 个输入线性影响和系统的输出噪声,因而 $G_{vv}$ 是输入 $X_n$ 在输出中独立的贡献,定义:

$$R_n=G_{vv}/G_{yy} \tag{3}$$

为输入 $X_n$ 的偏相干输出百分比函数。显然,其物理意义为:在输出中输入 $X_n$ 独立贡献的比重。

(1)(3)式也可用重相干函数表达:

$$R^2_{ny\cdot(n-1)!}=\frac{R^2_{yn!}-R^2_{y(n-1)!}}{1-R^2_{y\cdot(n-1)!}} \tag{4}$$

$$R_n=R^2_{yn!}-R^2_{y(n-1)!} \tag{5}$$

其中 $R^2_{yn!}$ 为前 $n$ 个输入即所有输入之间的重相干函数,而 $R^2_{y(n-1)!}$ 为前 $n-1$ 个输入之间的重相干函数,称其为偏重相干函数。重相干函数是衡量所建立模型可靠性的依据,其数值应足够大,如大于0.6。否则说明输入是不完备的或非线性影响较大。

了解偏相干输出百分比、偏相干函数值的大小对识别源是极为重要的。

当第 $n$ 个输入与所有其他输入不相关时，偏相干输出百分比函数等于其相干函数，而偏相干函数则大于常相干函数。此时有：[4]

$$G_{nn\cdot(n-1)!} = G_{nn}$$

$$G_{ny\cdot(n-1)!} = T \cdot E[X_{n\cdot(n-1)!}Y] = T \cdot E[X_n \cdot Y] = G_{ny}$$

$$G_{yy\cdot(n-1)!} < G_{yy}$$

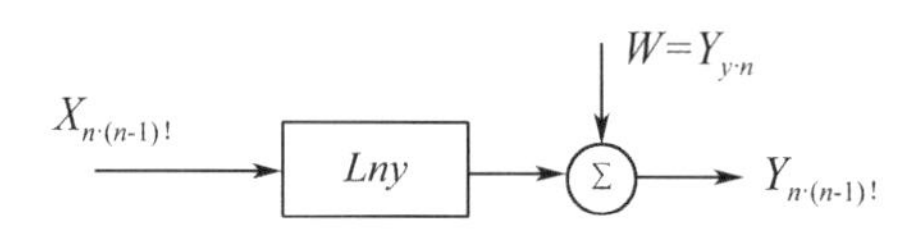


**图 1　多输入系统的条件分析模型**

由式(1)(3)得：

$$R_n = R_{ny}^2 \tag{6}$$

$$R_{ny\cdot(n-1)!}^2 > R_{ny}^2 \tag{7}$$

当存在一定的相关性时，由于偏相干分析中将相关部分的贡献归结为前面的输入，计算得到的独立贡献变小，即：

$$G_{vv} < R_{ny}^2 \cdot G_{yy} \tag{8}$$

依据偏相干输出百分比和常相干函数的定义和物理意义，有：

$$R_m < R_{ny}^2 \tag{9}$$

式(8)可从数学上证明。对偏相干函数而言，其数值大小取决于系统信噪比。以图 2 所示的两输入一输出模型为例。$U_1$、$U_2$ 为两个统计独立的源，传输函数和源的强度为：

$$H_{11} = H_{22} = 1.00 \qquad H_{1y} = H_{2y} = 0.50$$

$$H_{12} = H_{21} = 0.50 \qquad G_{n_1m_2} = 10.00$$

$$G_{m_1n_2} = 20.00$$

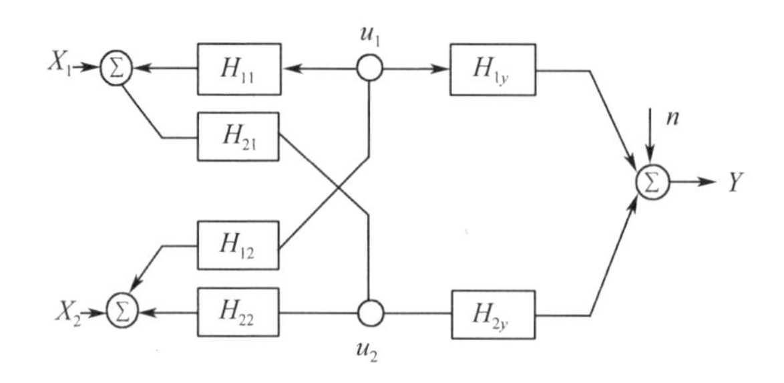


**图 2　两输入一输出系统测量干涉模型**

图 3 是在不同输出噪声情形下计算得到的偏相干函数和系统的重相干函数，信噪比以下式计算：

$$(S/N)_1 = (G_{yy} - G_{ww})/G_{ww}$$

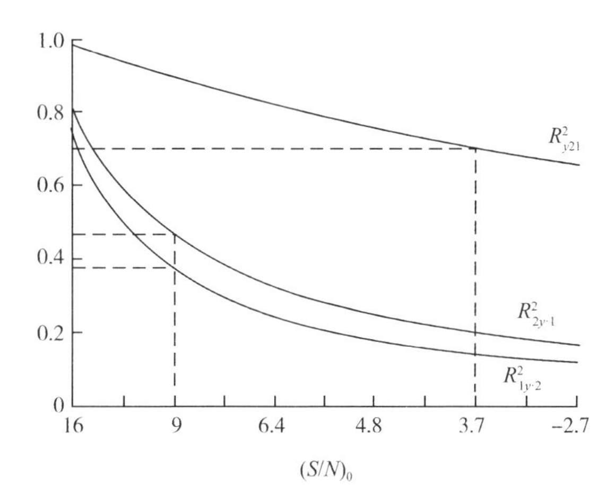


**图3 两输入系统在不同信噪比下的偏相干函数**

为同习惯作法一致，取上式对数表记在坐标轴上：

$$(S/N)_0 = 10 \cdot \lg[(G_{yy} - G_{ww})/G_{ww}]$$

当$(S/N)_0 > 19.8$ dB 时

$$R^2_{1y\cdot2} > R^2_{1y} \qquad R^2_{2y\cdot1} > R^2_{2y}$$

而随信噪比的降低，偏相干函数值迅速减小。可见，即使在系统重相干函数大于0.7的范围内，各源的偏相干函数值仍有很大变化。在宽带噪声源的识别中，不同频段系统的信噪比或输出噪声不同，以偏相干函数值大小辨识源可能会造成混乱。

总结以上分析，我们看到偏相于输出百分比函数的优点：

(1)更加突出强度不同的源。在干涉相似的情况下，源越强，偏相干函数和条件谱就越强。若分别以 $i$、$j$ 作为 $x$ 的两个源，设 $i$ 源更强一些。则：

$$R^2_{iy\cdot(m-1)1} > R^2_{jy\cdot(n-1)!}$$
$$G_{igy\cdot(o-1)!} > G_{jy\cdot(m-1)!}$$

由式(2)(3)得：

$$\frac{R_i}{R_j} > \frac{R^2_{jy\cdot(n-1)!}}{R^2_{jy\cdot(m-1)!}}$$

因而以源的偏相干输出百分比函数为依据更有利于辨识源。

当系统输出噪声或信噪比有所变化时，偏相干输出百分比变动很小。由图1可知，$x_n$的偏相干输出 $G_{vv}$只取决于源的强度和网络的传输特性以及各输入之间的线性相关程度，与输出噪声无关。由式(3)，得：

$$R_n = \frac{G_{vv}}{G_{yy}} = \frac{G_{vv}}{G_{yy}R^2_{ny!}}R^2_{ny!}$$

而 $G_{yy}R^2_{yn!} = G_{yy} - G_{ww}$ 只取决于系统各个输入的强度和传递特性，也与输出噪声无关，由于：

$$G_{vv}/(G_{yy}R^2_{yn!}) \leqslant 1$$

因此，随着输出噪声的变化，系统的重相干函数有所变动，存在：

$$\Delta R_n \leqslant \Delta R^2_{yn!} \tag{10}$$

当所研究的源与其他源不线性相关时，偏相干输出百分比等于其常相干函数。

## 3　工程应用

应用上述理论对某潜艇在某工况下的测量数据进行了分析,选择了 $x_1$、$x_2$、$x_3$、$x_4$、$x_5$、$x_6$ 部位的水听器或振动传感器信号作为输入,以感兴趣的 $y$ 部位的噪声信号作为输出,建立六输入一输出模型。在该工况下,$x_1$ 与 $x_2$ 的耦合作用很强(图 4),传感器的测量干涉也很明显(图 5),对这种相干频段和非相干频段交叉存在,对外界噪声难以控制的情形,运用偏相干输出百分比函数分析是十分适宜的。

由于是六输入系统宽带噪声源的识别,数据量庞大,计算复杂,因而采用式(4)(5)作近似计算(详见[1])。以微机控制 B&K2034 双通道信号分析仪和多通道磁带录音机,同时采集七个通道的数据。若未进行通道间相位修正,结果表明,当样本长度为 0.5 s时,由于相位不一致引起的误差很小。

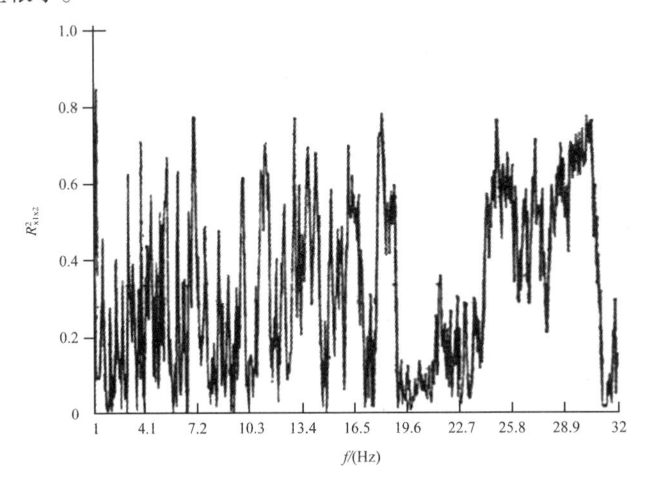


**图 4　$x_1$ 与 $x_2$ 的常相干函数 $R^2_{x1x2}$**

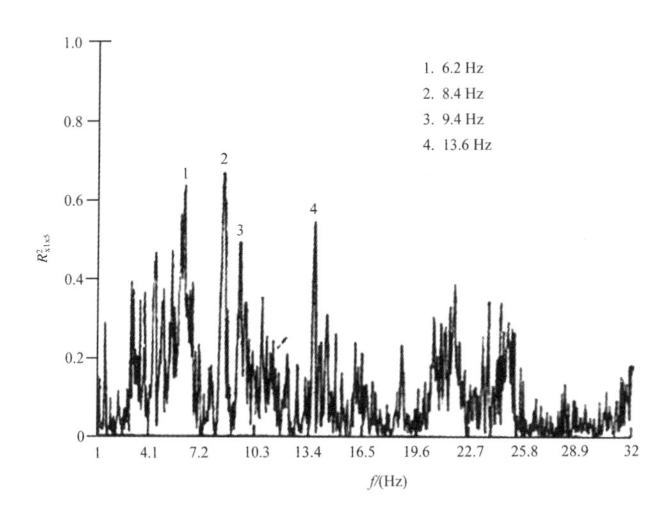


**图 5　$x_1$ 与 $x_5$ 的常相干函数 $R^2_{x1x5}$**

图 6 为系统的重相干函数。在 7 Hz 以上的频段,其数值基本大于 0.6,说明所选输入是完备的。在小于7 Hz的频段,还有所不足。$x_4$ 部位的机械振动是独立的源,计算得到的偏相

干输出百分比函数与常相干函数相同，该部位机械的特征线谱是 22.32 Hz(图 7)。而偏相干函数除显示该线谱外，还在重相干函数值较大的频率处出现线谱(图 5)。这一结果表明，前面的理论分析是正确的。

$x_1$和 $x_5$都是较强的噪声源，因而测量部位传感器间的测量干涉效应是不可避免的。采用偏相干方法能够明显地区分出源的强弱。表 1 是在测量干涉效应较强的四个频率处对常相干函数、偏相干函数和偏相干输出百分比的计算结果，可见偏相干输出百分比对不同强度源的突出作用，它十分明显地表示在 6.2 Hz、13.6 Hz处，$x_5$是主噪声源，在 8.4 Hz处 $x_1$的作用是主要的，在 9.4 Hz处，二者作用基本相同。

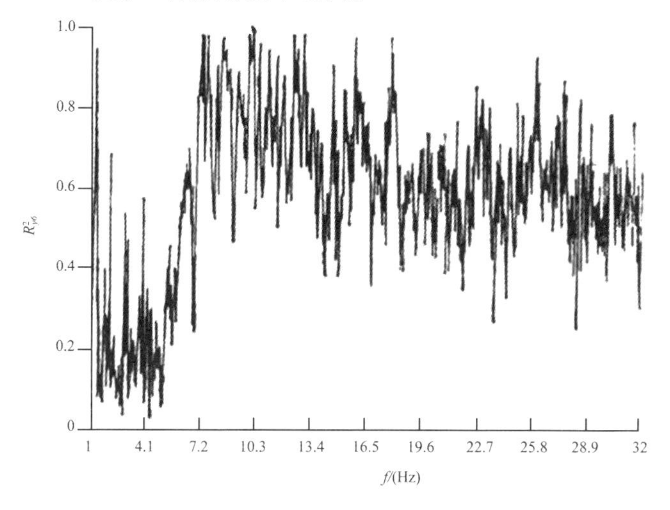


**图 6　六输入系统的相干函数 $R^2_{y6}$**

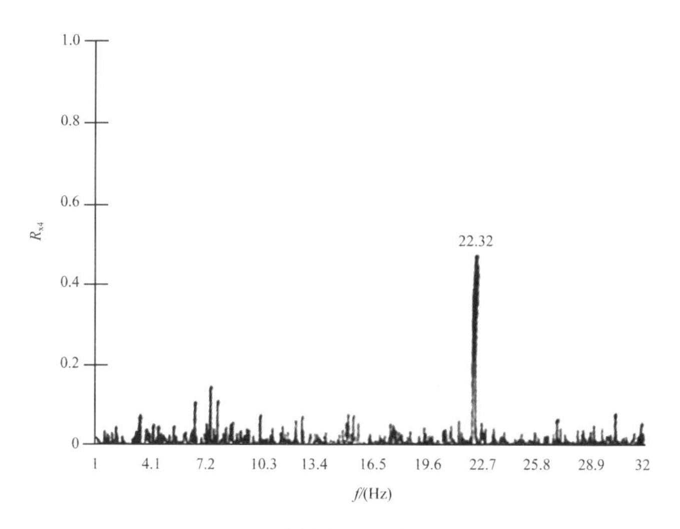


**图 7　$x_4$的偏相干输出百分比 $R_{x4}$**

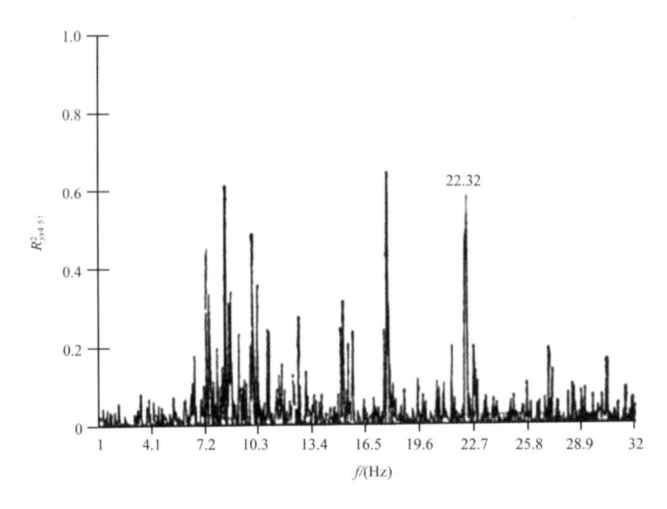


**图 8　$x_4$ 的偏相干函数 $R^2_{yx4\cdot5!}$**

**表 1　存在测量干涉效应时计算结果**

| 频率/Hz | | 6.2 | 8.4 | 9.4 | 13.6 |
|---|---|---|---|---|---|
| 常相干函数 | $x_5$ | 0.58 | 0.8 | 0.65 | 0.4 |
| | $x_1$ | 0.5 | 0.9 | 0.63 | 0.35 |
| 偏相干函数 | $x_5$ | 0.3 | 0.3 | 0.5 | 0.6 |
| | $x_1$ | 0 | 0.75 | 0.4 | 0.3 |
| 偏相干输出百分比 | $x_5$ | 0.2 | 0.03 | 0.2 | 0.4 |
| | $x_1$ | 0 | 0.2 | 0.17 | 0.1 |

可以说明问题的分析结果还有很多,限于篇幅关系,在此不做叙述。

## 4　结论

偏相干输出百分比函数综合了偏相干函数和条件谱的优点,物理意义明确,分析简便易行。在工程应用中,环境条件难以控制,测量系统相位差异不易补偿,采用偏相干输出百分比函数是十分适宜的。

偏相干输出百分比函数是偏相干输出的归一化计算,因而其本身数值并不高,但不同强度源之间的数值差别很大。应用中,在模型可靠的情况下,依次将每个源作为最后一个输入求得其偏相干输出百分比,数值相对高的即为起主要作用的源。

## 参考文献

[1] 韦乐平,声学学报,16-5(1991)338-343.
[2] 周敬宣,噪声与振动控制,No6(1990)3-6.
[3] 徐世荣等,噪声与振动控制,No2(1988)45-52.
[4] Bendat J. S. & Piersol A. G. 相关分析和谱的工程应用,国防工业出版社,1983,200-201,219-223.

# 水筒噪声测量方法的改进

李 琪 杨士莪

**提要** 水筒是研究水动力噪声的主要设备之一,但由于测量方法的不完善,大大限制了水动力噪声测量结果的可信度。本文比较了现在常用的几种水筒噪声测量方法,分析了其存在的缺点,提出了水筒噪声测量的改进方法——混响箱法,即将水筒的实验段包围在一个较大的水箱内,测出箱内均方声压的空间平均值,经箱内声场的严格校准,计算出被测噪声源的辐射声功率或噪声源自由场中等效无指向声源级。

## 1 引言

在水筒中进行噪声测量的主要目的是为了获取被测模型(如机翼、螺旋桨等)在自由场(即无反射边界存在)条件下的噪声特性,如声源级和频谱等。但实际水筒的实验测量段,均为边界条件比较复杂的有限空间。边界的反射作用,使得被测噪声源所产生的声场形成了复杂的空间分布,因而声场中一点的声压值便不能真实地反映出噪声源的自由场特性。若连模型噪声的真实特性都测不准,则更谈不上对实型噪声特性的预报。

所谓水筒噪声测量方法,主要涉及水听器的安装方法及如何修正边界反射所引起的声场畸变。目前水筒噪声测量中水听器的安装方法主要有以下几种:①加导流罩固定于筒内模型附近的流场中;②嵌于筒壁上,接收面与筒内壁取齐;③悬挂于模型附近筒壁上的小贮水腔内,腔与筒内流体之间用透声材料隔开。以上三种方法是用于封闭式水筒的噪声测量。第四种安装方法是将水听器固定于开口式水筒实验段内的静水中[1]。不管那种水听器安装方法,由于实验段结构及边界条件的复杂性,从理论上将声场中某点的声压测量值修正到相应自由场结果是非常困难的。因此,一般都采用实验校准的办法,即将一标准声源放于模型所在位置,测出声源和水听器之间的声场传递函数 $H(\omega)$,其定义为

$$H(\omega)=P_{m}(\omega)/P_{f}(\omega) \tag{1}$$

其中 $P_{f}(\omega)$ 为标准声源在自由场中离源 1 m的声压值,$P_{m}(\omega)$ 为在水筒内实际测得的声压值,并使声源在两种情况下有相同的发射条件。若放置模型后实测流噪声声压值为 $P_{\tau}(\omega)$,则自由场中离声源等效声中心 1 m处的平均声值为

$$P_{\tau f}(\omega)=P_{r}(\omega)/H(\omega) \tag{2}$$

在早期的水筒噪声测量中,不同水筒中所采用的方法具有一定的任意性,因而在不同水筒中所测得的噪声数据也无法相互比较。为了使不同水筒中的噪声测量结果有一定的可比性,国际空泡委员会在第 15 届国际拖曳水池会议[2]上,向各会员单位推荐了一种将水听器悬挂于模型附近筒壁上的贮水腔内,用实验校准声场的办法对测量结果进行必要修正的水筒噪声检测程序,要求在各自水筒中采用此方法来做同一模型螺旋桨空化噪声的对比实验。在第16 届国际拖曳水池会议[3]上,国际空泡委员会比较了当时西德汉堡船模水池(HSVA)、瑞典卡尔斯坦斯力学工作站(KAMEWA)和苏联克雷洛夫船模制造研究院(KRYLOFF)等三

家研究机构水筒中的测量结果，中国船舶科学研究中心（CSSRC）也做了同样的对比实验[4]，图 1 为在四家水筒中所测得的同一模型螺旋桨在同一工况下的空化噪声谱。

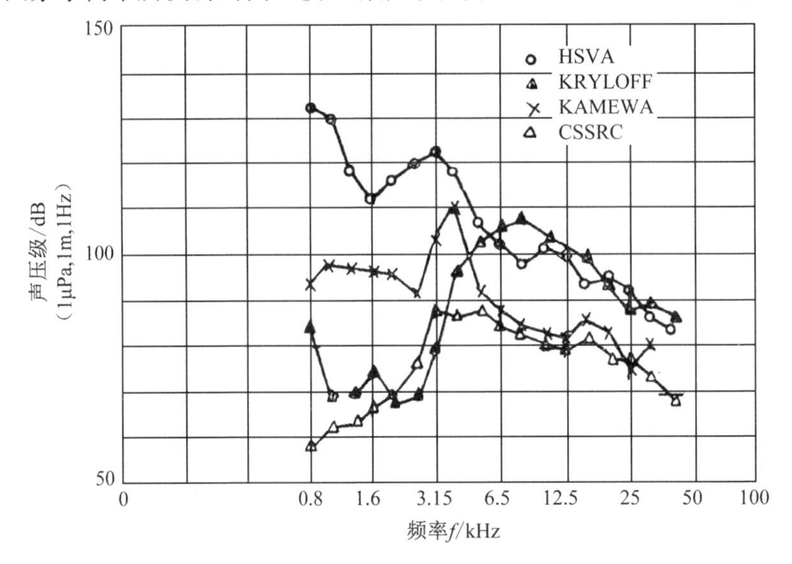


**图 1　螺旋桨空化噪声谱（吸力面空化）**

由图 1 可见，不同水筒中所测得的空化噪声特性相差非常大，在 8 kHz以上变化趋势还比较接近，但谱级最大相差也有 20 多分贝。在 0.8 kHz结果相差更大，谱级间最大差值超过 60 dB。造成如此巨大差别的原因，除各测试单位在测量过程中有许多不可比因素外，主要是测量方法本身的缺陷。

如何在实际水筒复杂的边界条件下测准噪声源的声学特性，自 1978 年第 15 届国际拖曳水池会议以来受到了国际水动力噪声界的极大关注。在以后的每届国际拖曳水池会议上，空泡委员会对此问题都要进行专门的讨论。但直至第 19 届国际拖曳水池会议，国际空泡委员会仍认为，在一个闭式的又有高度混响场中测量，并把测量结果换算到自由场需要相当多的修正，因此难以推荐标准的检测程序。

本文从声学的角度研究分析了现有水筒噪声测量方法中所涉及的三种典型声场，在此基础上提出了混响箱法。这种方法不但改善了水筒噪声测量的环境，且能较准确地测出噪声源的辐射声功率和谱特性。

## 2　水筒噪声测量中所遇到的典型声场分析

在水筒中进行噪声测量，对于不同的水听器安装方法，被测噪声源所形成的声场特性也各不相同。将水听器加导流罩固定于封闭实验段流场中及齐平嵌于筒壁上，实验段筒壁对声场的作用是主要的，而水听器悬挂于筒壁上的储水腔中，腔中的声场不仅受到实验段筒壁的影响，同时也受到腔壁的影响。对于开口式实验段或包围封闭式实验段的大水箱来说，由于上下管道的截面远小于水箱的内表面积，被测噪声源所产生的声场为有限封闭空间内的声场。下面分别对三种典型声场特性给以简单的分析。

（1）水筒实验段内的声场特性

水筒是一复杂的波导系统，截面是非均匀的，边界条件也很复杂。因此，实际水筒实验段内声场特性的严格解算非常困难。在大多数情况下，水筒的实验段为一均匀截面的直管，实验段前后各有一段收缩段和扩张段且截面的变化比较缓慢。因此,实验段可用一无限长均匀薄壁直管来近似以获得其内部声场的基本特性。文献[5]中采用液态壁近似,从简正波理论分析了无限长充水液态壁管中噪声的传播特性,并在充水聚氯乙烯塑料管中做了相应的实验验证。

对于轴对称活塞式辐射器在管中所产生的声场,根据简正波理论,声压功率谱函数可表示为[5]

$$S(\vec{R},\omega) = \sum_{n=1}^{\infty}\sum_{l=1}^{\infty} A_n A_l \frac{\psi_n(r)\,\psi_l^*(r)}{N_n^2 N_l^2} e^{i(h_n - h_l^*)z} \tag{3}$$

$\vec{R}$ 为观察点的空间坐标,$r$ 和 $z$ 分别为径向和轴向坐标分量,$\psi_n(r)$ 为简正函数,$N_n^2$ 为简正函数的正交归一因子,$h_n$为简正波的传播波数,$A_n$为由辐射条件所确定的系数。图 2 为(3)式所算得的液态管壁充水管中活塞辐射器在离源2. 3 m管中处所产生声场的声压功率谱曲线,图 3 为在聚氯乙烯充水塑料管中相应点处测得的活塞辐射器发白噪声时的声压功率谱曲线。

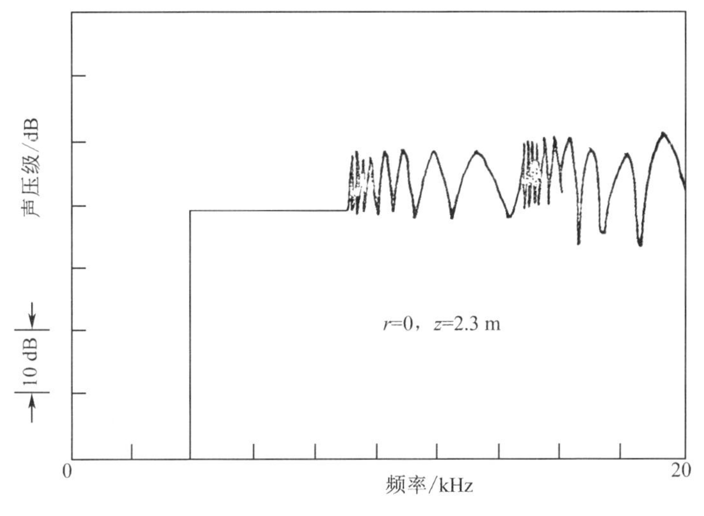


图 2　管中声压功率谱曲线(理论值)

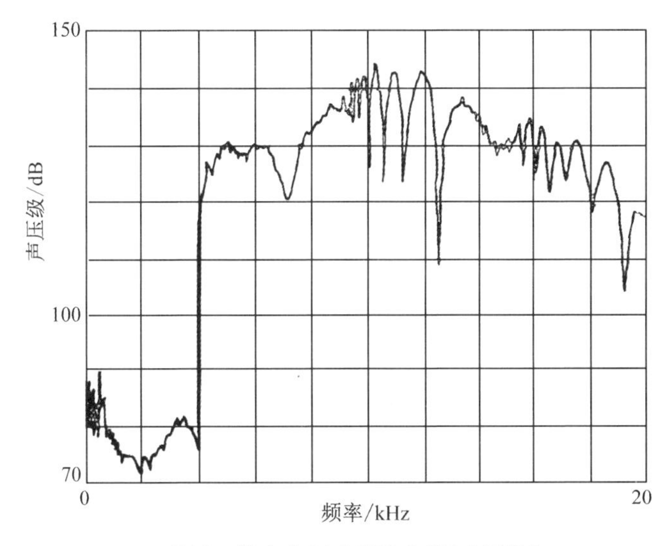


图 3　管中声压功率谱曲线(实测值)

比较图 2 和图 3 我们可以看到,液态壁模型的计算结果和塑料管中的实验结果基本是一致的,管中声场的主要特点是声波以简正波的形式在管中传播,当有两个以上简正波同时传播时,由于简正波间的相互干涉,管中的声场形成了复杂的空间分布。因此,当管中声源的空间分布是未知时,由管中某点处的声压值不能反推出声源的特性。由此可见,将水听器放于管中及贴于管壁上来测量管中噪声源的特性,仅从声场畸变的角度看也不足取,更何况导流罩及管壁表面的湍流附面层压力起伏会给噪声测量带来严重的干扰。

(2)筒壁上贮水腔内的声场特性

水筒噪声测中常用的贮水腔一般用有机玻璃制成,腔壁都比较薄。我们实验中所用的贮水腔为圆柱形,直径为 165 mm,腔长 190 mm,壁厚 3 mm,所嵌大管的直径为 250 mm,所用材料均为聚氯乙烯塑料。由于腔口声场的边界条件无法给出严格的解析表达式,位于管中的声源在腔中产生的声场很难进行定量的计算。从物理上分析,当腔的截面积与所贴管的截面积相比小很多时,腔口对面管壁反射的影响较小,可用半波导模型来近似分析贮水腔内的声场。腔内声场与管内声场类似,也可以写成各阶简正波的叠加,但由于腔底的反射,各阶简正波以驻波初形式出现,一种为沿腔轴正反两个方向传播的正常简正波合成的驻波,在腔内形成波腹和波节,可称之为正常驻波;另一种为沿正反两个方向传播的非均匀简正波合成的波,其幅度沿腔轴单调衰减,可称之为非正常驻波。腔底的良射和简正波间的干涉使得腔内的声场形成了复杂的空间分布。图 4 为管中球形声源发射白噪声时腔内轴线上两点($z=1$ cm和 $z=9$ cm)处测得的声压功率谱,图 5 为发射换能器自由场发射频响。

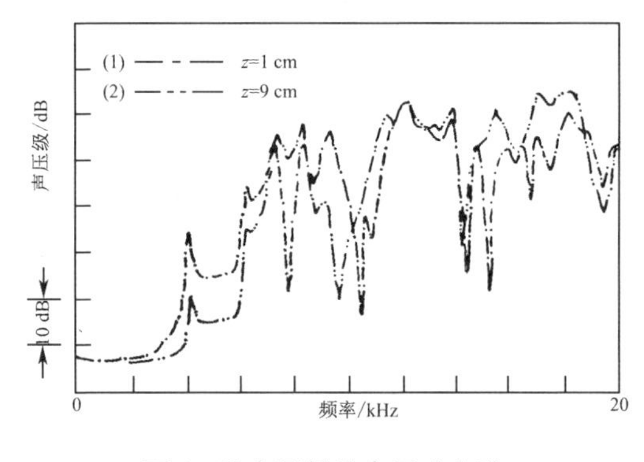

图 4　腔内测得的声压功率谱

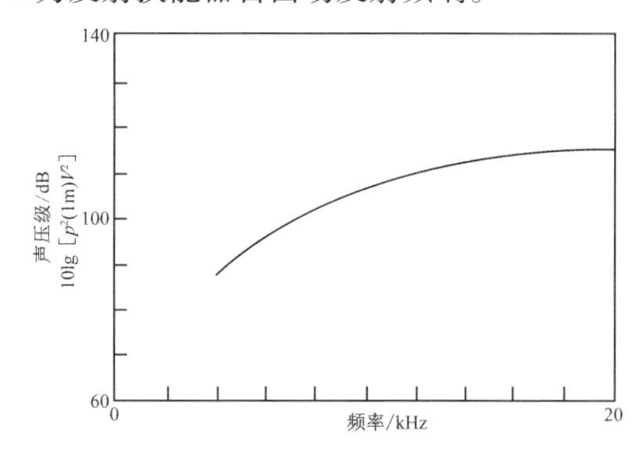

图 5　小球形声源自由场发射频响

比较图 4 和图 5 可见,腔中测得的声压功率谱与声源自由场发射频响的差异较大,一是 7 kHz以下频带内腔中只有非均匀波,腔中声场处于截止状态,离腔越远,所测得的谱级越伸,谱(2)比谱(1)约低 0 ~ 15 dB;二是在7 kHz以频段内,声波的频率高于(0,1)阶简正波的释止频率,腔中可以形成正常驻波,所测得的声压功率谱中表现为较大的起伏。峰谷最相差约有 40 dB。形成峰谷的主要原因是驻波的波腹和波节。利用驻波的波节方程所算得的波节所对应的频率与图 4 中谱谷所对应的频率基本一致[5]。

图 6 中曲线 1 为中国船舶科学研究中心在其水筒中利用贮水腔测得的螺旋桨空化噪声 1/3 倍频程谱密度级[4],所用腔的尺寸为 330 mm × 330 mm × 505 mm,由矩形波导截止频率公式和所给腔的尺寸可算出腔的截止频率为 2. 7 kHz,正好落在 3. 15 kHz频带内。曲线 2 为截止频率以下腔中心处频谱的理论衰减曲线,曲线 3 为实测频谱加上理论衰减量后得到的低频修正曲线。修正后的低频谱特性和实测的截止频率以上频谱的变化规律基本一致,

与空泡噪声谱的实验资料也比较吻合。

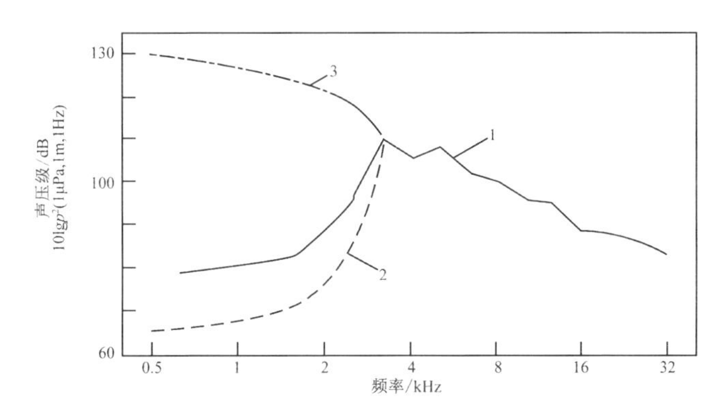


**图 6　实测螺旋桨空化噪声谱(曲线 1)、腔中心处频谱衰减特性(曲线 2)及修正后的螺旋桨低频空化噪声谱(曲线 3)**

从以上分析和与实验结果的比较我们可以看到,筒内噪声源在筒壁上贮水腔内所产生的声场是比较复杂的,腔中某点处测得的噪声功率谱不能完全反映出噪声源的自由场特性。腔内声场的低频截止和高频的驻波特性会给测量带来较大的误差。

(3)混响箱内的声场特性

在水筒噪声测量中首先利用混响箱方法的是美国海军研究与发展中心(原泰勒水池)的 W. K. Blake[1] 在开口式水筒中测量机翼空化噪声时引入的。他只测量了箱内一个位置上的声压值。我们水筒实验段周围也包了一个水箱,尺寸为 1.3 m×1.3 m×1.5 m,箱底为水泥基座,箱的四个侧面为角钢骨架内衬 6 mm厚聚氯乙烯塑料板,内表面又用玻璃钢糊贴。箱的上口为自由界面。

设箱内 $\vec{r}_0$ 处放一点声源,箱内任一点 $\vec{r}$ 处的声压平方值可表示为

$$|P(\vec{r},\vec{r}_0)|^2 = (4\pi\rho\omega Q)^2\left\{\sum_n \frac{|\varphi_n(\vec{r})|^2|\varphi_n(\vec{r}_0)|^2}{K_n^2 V^2 \Lambda_n^2} + \sum_n \sum_{\substack{m \\ n\neq m}} \frac{\varphi_n(\vec{r})\varphi_n(\vec{r}_0)\varphi_m^*(\vec{r})\varphi_m^*(\vec{r}_0)}{K_n K_m V^2 \Lambda_n \Lambda_m} e^{i(\theta_n-\theta_m)}\right\} \tag{4}$$

其中,$\rho$ 为水的密度,$V$ 为水箱的体积,$Q$ 为声源的容积速度,$\varphi_n(\vec{r})$ 为箱内声场的本征函数,$\Lambda_n$ 为本征函数的正交归一因子,$K_n=|k-k_n|$,$\theta_n=\arg(k-k_n)$,$k$ 为波数,$k_n$ 为实际给定边界条件下波动方程的本征值。$k_n$ 与边界无吸收时波动方程的本征值 $\eta_n$ 之间的关系为[6]

$$k_n^2 = \eta_n^2 - \frac{k}{4V}[g_n(\omega) + i\,a_n(\omega)] \tag{5}$$

$g_n(\omega)$ 和 $a_n(\omega)$ 由边界的阻抗特性确定。由(4)式可见,箱内任一点处的声压均方值由两部分组成,一部分为声源激起的各阶简正波的独立相加,另一部分则为各阶简正波间相互干涉对声压均方值的贡献。干涉项的大小取决于观察点的位置及声波的频率。干涉项的存在使得箱内的声场产生了空间不均匀性,即在箱内不同点处会测到完全不同的结果。图 7 为箱内球形声源加白噪声激励时,在箱内某点处测得的声压功率谱曲线。箱内不同点处所测得的声压功率谱其大致形状有些相似,但频谱起伏的细节各不相同,与图 5 发射换能器自由场发射频响相比,频谱起伏大约有 20 分贝。由此可见,箱内某点处所测得的声压功率谱并

不能真正反映出声源的谱特性。

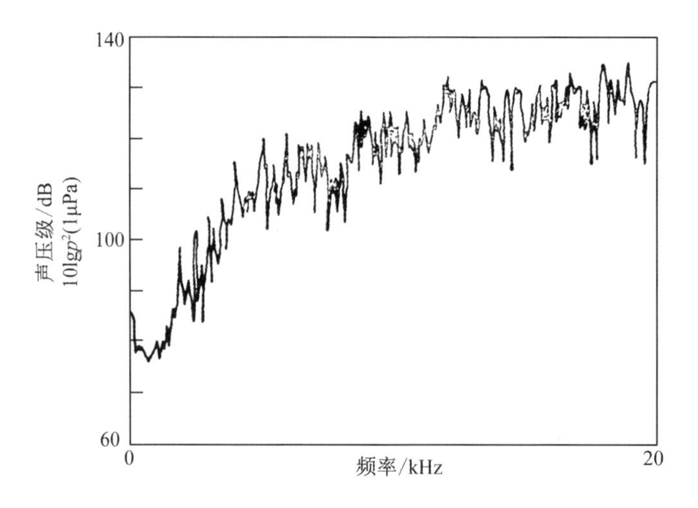


**图 7　箱内实测声压功率谱**

将(4)式取空间平均,并利用本征函数的正交性可得:

$$\overline{P_R^2} \equiv \frac{1}{V}\iiint_V |P(\vec{r},\vec{r}_0)|^2 \mathrm{d}V = [4\pi\rho\omega Q]^2 \sum_n \frac{|\varphi_n(\vec{r}_0)|^2}{K_n^2 V^2 \Lambda_n} \tag{6}$$

即箱内声压平方的空间平均可消除简正波间相互干涉对测量结果的影响,声压平方的空间平均值仅取决于声源对声场的激发程度。当声波的频率较高,即在一定带宽内有足够多的简正波被激发,$|\varphi_n(\vec{r}_0)|^2$ 用其平均值代替而不会产生较大误差时,(6)式中的求和可用积分代替,并忽略 $\eta$ 和 $k$ 间的差别,则可以得到下式[7]:

$$\overline{P_R^2} = \frac{16\pi[\rho\omega Q]^2}{\langle a\rangle} \tag{7}$$

其中,$\langle a\rangle = S\bar{\alpha}$,S 为水箱的内表面积,$\bar{\alpha}$ 为箱边界的平均吸声系数。将声源的容积速度用辐射声功率表示出,则(7)式可写成:

$$\overline{P_R^2} = \frac{4\rho CW}{S\bar{\alpha}} \tag{8}$$

$W$ 为声源的辐射声功率,$C$ 为水中声速。即箱内声压平方的空间平均值与声源的辐射声功率成正比,与箱内的声吸收成反比,而与声源的位置无关。吸声系数可根据 Sabine 公式[8]由混响时间来确定。

图 8 为箱内实测的空间平均声压功率谱。空间平均的方法是采用水听器在箱内作缓慢的空间扫描,谱分析仪同时作采样分析,平均 200 次。与图 5 相比,空间平均声压功率谱与声源的自由场发射频响完全相似。

若将(7)式中声源的容积速度用自由场中离源1 m处的声压值 $P_f$ 表示,则可得到:

$$\frac{\overline{P_R^2}}{P_f^2} = \frac{16\pi}{S\bar{a}} \equiv R \tag{9}$$

$R$ 为箱内声压平方的空间平均值与声源自由场中离源 1 m 处声压的平方值(声源有指向性时为等效无指向性平均声压的平方值)之比。仅与混响箱的物理参数有关,而与声源的特性无关,可称之为混响箱常数,可以用标准声源测也可由箱内声场的混响时间确定。当 $R$ 已知

时，若测得箱内空间平均声压功率级为 $\overline{SPL}$；则被测噪声源自由场等效无指向声源级为

$$SL = \overline{SPL} - 10\lg R \tag{10}$$

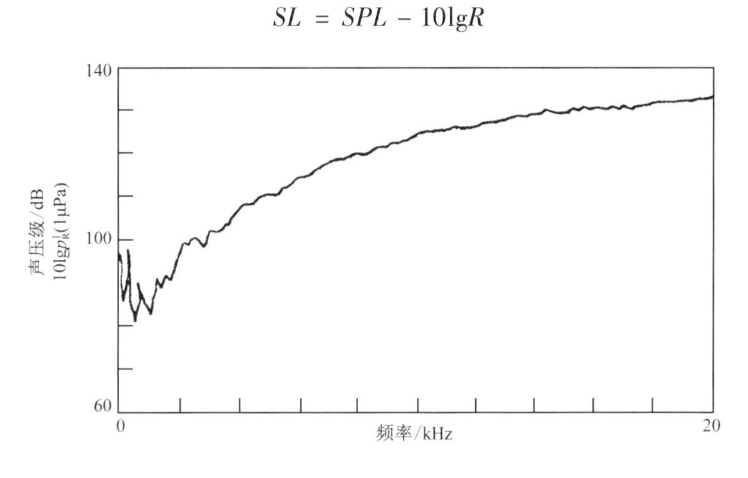


**图 8　箱内空间平均声压功率谱**

比较图 5 和图 8，可得到用标准声源所测的声源级修正量 10lgR 为 19.5 dB，而用混响时间算得的修正量约 20 dB，实测混响时间为 0.2～0.22 s。实验中也证实了只有声不太靠近箱壁，将声源放在不同位置上所测得的空间平均声压功率谱几乎完全一样，差别一般不超过 0.5 dB。

## 3　水筒噪声测量中所遇到的典型声场分析

所谓的混响箱法即将水筒的实验段包围于较大的水箱中，利用箱内空间平均声压功率谱与声源的位置及空向分布无关这一特点来测出噪声源的辐射声功率或自由场等效无指向声源级。在水筒中利用混响箱法来测量模型的水动力噪声，可以弥补现有测量方法的不足，具有以下优点：

（1）水听器位于箱内静水中，离筒内流体较远，可减小湍流附面层压力起伏的影响，获得较高的测量信噪比。

（2）箱内空间平均声压功率谱仅与噪声源的辐射声功率谱和箱的物理参数有关，对声源的空间位置及空间分布没有特别严格的要求，通过实验校准的办法可以较准确地测得筒内噪声源的辐射声功率谱及自由场等效无指向声源级。由于在测量中不需在频域内取平均，因此可以获得噪声源的窄带或线谱特性。

（3）水筒和水箱之间没有液体交换，箱内的测量环境受实验工况的影响不大，避免了开口式水筒中残留空化气泡给测量带来的误差。

（4）由于此方法测得的是噪声源的辐射声功率而非声场中某点的声压值。因此，用此方法在不同水筒中所测得的结果会取得很好的一致性。从而可进一步开展水动力噪声相似律的研究，为修正模型研究中的尺度效应奠定基础。在水筒中用混响箱法来测量模型的水动力噪声时，还应注意以下几个方面的问题：

①为了获得较高的测量信噪比，实验段的管道应选用透声性能较好的材料。

②水箱的各边长之比应适当选取，以避免简正频率的简并。

③箱内混响场条件的下限频率决定于水箱的体积、形状及吸声系数的大小。

④水筒的实论段从水箱中穿过时,应尽量避免对称性,以激发起更多的简正模式。

⑤箱内平均声压功率谱的获取最好采用具有平均功能的实时谱分析仪,配合水听器在箱内作缓慢的空间扫描进行空间采样处理。

## 参考文献

[1] Blake WK, Wolpert M J and Geib F E. Cavitation noise inception as influenced by boundary layers development on a hydrofoil. J. Fluid Meeh, 1977, 80:617 - 680.

[2] Proceedings of 15th ITTC, 1978.

[3] Proceedings of 16th lTTC, 1981.

[4] 钱德兴. Sydney Express 桨在 CSSRC 水筒噪声测 S 及对比分析. 第三届水下噪声学术讨论去论文集, 1989.

[5] 李琪. 水筒噪声测 Q 方法研究. 哈尔滨船舶工程学院博士论文, 1990.

[6] Morse P M and Uno K - Ingard. Theoretical Acoustics. McGraw - Hill Inc, 1968.

[7] Maling G C. Calculation of acoustic power radiated by a monople in a reverberation chamber. J. Acoustic Soc. 1967, Am. 42, 859(a).

[8] Heinrich kuttruff. Room Acoutics. Applied Science Publishers Ltd. 1973.

# 中高频段下的黏弹性材料声学参数测量

宋 扬 杨士莪 黄益旺

**摘要** 为了实现黏弹性材料在中高频段上的声学参数测量,提出一种自由场测量方法,通过测量目标的水下散射声场指向性,计算目标散射场声压的前几阶勒让德系数,建立以目标的材料声学参数为变量的数学模型,并运用遗传算法进行参数反演。仿真结果表明以铝球的杨氏模量(E)为例,不存在声场误差的情况下反演精度可达0.001 4%,铝球散射场的实验数据也提供了较高的参数反演精度。将此方法应用于中高频段上某种成分的黏弹性材料参数测量,成功地获取了其在此频段上的声学参数。提高目标散射场的测量精度有利于目标材料反演精度的提高。此方法避免了对声压相位的测量,减少了影响精度的因素。

**关键词** 散射场;黏弹性材料;声学参数;遗传算法;反演

## 0 引言

黏弹性材料被广泛用来制造水下吸声设备。黏弹性材料的声学参数包括密度、纵波速度及其衰减系数、横波速度及其衰减系数,它们是评价材料声学性能的重要指标,且不同频率范围内的声学参数是不同的。目前测量材料声学参数的方法主要有两类,一类是声学测量法,其中较为成熟的技术如[1]脉冲管法、驻波管法、双水听器传递函数法等。另一类是振动测量法,如负载法[2]、振动梁法[3-5]、动态粘弹谱仪法等几种。但由于样品大小、测量设备的精度或测量手段对测量频域的限制等因素,导致传统方法对中高频段上黏弹性材料声学参数的测量有较大难度。

对于黏弹性材料,其杨氏模量和剪切模量的虚部不可忽略,在已提出的一些自由场测量方法中[6-7],均需要给出散射场声压的相位值,但实际的实验条件和设备难以获得较高的相位测量精度,而本文所提出的方法无须测量散射声压的相位,根据自由场黏弹性材料目标散射场声压幅值与其声学参数的关系,通过优化算法同时反演出材料的各项声学参数。

## 1 材料参数测量原理

如图1所示,静水中在 $xoy$ 平面上,点声源 $S$ 照射到无限空间中一个半径为 $a$ ,密度为 $\rho_1$ 的球形黏弹性体目标上,无限空间介质密度为 $\rho_3$,声源到球心距离为 $r_0$,声源 $S$ 到达接收点 $R$ 的距离为 $d$,球心到达接收点 $R$ 的距离为 $r$,$p_i$代表直达波声压,$p_s$代表散射波声压。声源沿 $y$ 轴发射球面波,照射到目标上后形成一系列散射波,接收装置以目标球心为圆心,$r$ 为半径的 $xOy$ 平面上环绕接收不同 $\theta$ 处的散射波和直达波。散射场满足远场条件且声波在弹性球体界面处的边界条件为:在球与水的

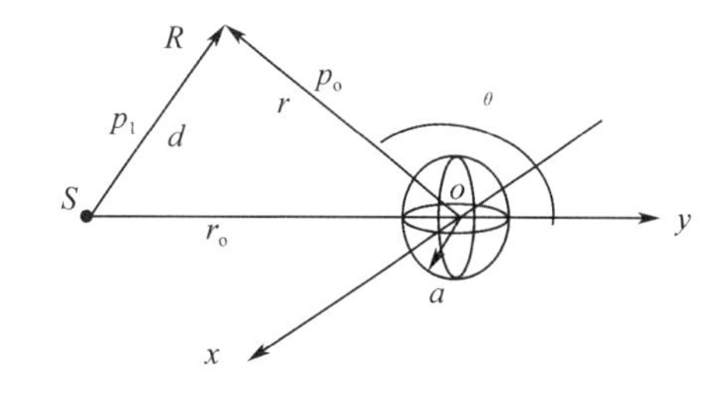


图1 黏弹性球散射场模型

界面处液体中的声压等于固体中应力的垂直分量；界面处液体的位移垂直分量等于固体位移的垂直分量；固体表面剪切力的切向分量为零。设[8]

$$p_i = -\mathrm{j}k_3P_0\sum_{n=0}^{\infty}(2n+1)(-1)^n j_n(k_3r)h_n^{(2)}\cdot(k_3r_0)P_n(\cos\theta)$$

$$p_s = \sum_{n=0}^{\infty}C_nh_n^{(2)}(k_3r)P_n(\cos\theta) \tag{1}$$

这样通过模型中散射场边界条件推导出的散射场声压系数 $C_n$ 中含有材料参数信息：$\rho$、$c_1$、$c_2$、$\alpha_1$、$\alpha_2$，其中，$\rho$ 为密度，$c_1$ 为纵波声速，$c_2$ 为横波声速，$\alpha_1$ 为纵波衰减系数，$\alpha_2$ 为横波衰减系数，$k_3=\omega/c_3$ 为无限空间介质的波数，$\omega$ 为角速度。$j_n$ 为第 $n$ 阶球贝塞尔函数，$h_n^{(2)}$ 为第 $n$ 阶球汉克尔函数。$P_n$ 为第 $n$ 阶勒让德多项式，材料密度可以直接测量出来。令 $\vec{X}=c_1,c_2,\alpha_1,\alpha_2$，散射场的声压模函数 $|p_s(\theta)|$ 的勒让德展开系数可写为

$$\begin{aligned} D_n(\vec{X}) &= \frac{2n+1}{2}\int_{-\infty}^{1}|p_s(\theta)|P_n(\cos\theta)\mathrm{d}(\cos\theta) \\ &= \frac{2n+1}{2}\int_{-\infty}^{1}\sum_{k=0}^{\infty}C_kh_k^{(2)}(k_3r)P_k(\cos\theta)\cdot P_n(\cos\theta)\mathrm{d}(\cos\theta) \end{aligned} \tag{2}$$

这里的 $D_n(\vec{X})$ 是理论推导的结果，从而 $D_n$ 中也含有材料声学参数信息 $c_1$、$c_2$、$\alpha_1$、$\alpha_2$。

设 $p'_s(\theta)$ 是通过实验测得的散射场声压，其模函数的勒让德展开式为

$$|p'_s(\theta)| = \sum_{n=0}^{\infty}D'_nP_n(\cos\theta)$$

其中

$$D'_n = \frac{2n+1}{2}\int_{-1}^{1}|p'_s(\theta)|P_n(\cos\theta)\mathrm{d}(\cos\theta) \tag{3}$$

应有

$$|D_n(\vec{X}) - D'_n| = 0 \tag{4}$$

故在 $n=0,1,2,3,4,5,\cdots$ 时可获得式(4)构成的方程组，其待求变量为 $X$。由于所解的方程组是形式复杂的非线性方程组，因而本文采用优化算法中的遗传算法来解此方程组。且将代价函数定义为

$$F = \sum_{n=0}^{n=5}|D_n(\vec{X}) - D'_n| \tag{5}$$

当搜索的 $X$ 值越接近目标球的真实参数值时，$D_n$ 就越接近 $D'_n$，$F$ 也就越趋近于 0。本文选取多次运算结果的统计平均值作为最终解，并给出最终结果标准偏差。

## 2　仿真计算

以半径 $a=0.080$ m 的 LF6 型铝球为例进行仿真计算，取：$\rho_1=2.64\times10^3\ \mathrm{kg/m^3}$，$\rho_3=1.0\times10^3\ \mathrm{kg/m^3}$，$c_3=1\ 500$ m/s，$r_0=1.77$ m，$\sigma=0.33$，$E_0=70$ GPa，$p_0=1$ Pa，$r=0.95$ m，频率分别取 $f=15$ kHz 和 $f=30$ kHz，代入式(1)和式(2)计算各个方位角 $\theta$ 处的散射波声压幅值及其勒让德展开系数。如图 1 所示，由于球体的对称性，目标散射场指向性具有轴对称，所以可以只研究 0°~180°的指向性。将仿真得到的散射场的声压幅值看作是在无误差状况下的“测量结果”$|p'_s(\theta)|$，带入式(3)求出其勒让德系数 $D'_n$。利用遗传算法搜索最优解 $X_{\mathrm{opt}}$

使$|D_n(\vec{X}_{opt}) - D'_n| \to 0$,参考数值$\vec{X}_{ref} = [6\ 267.9 \quad 3\ 157.2 \quad 0 \quad 0]$。由于忽略了铝球的损耗因子,将铝球的衰减系数认为是$\alpha_1 = 0, \alpha_2 = 0$,所以将声速作为主要变量。散射场指向性的仿真结果如图 2 所示,利用声场的仿真结果进行参数反演,10 次反演的统计结果见表 1。

**表 1　$f = 15$ kHz 和 $f = 30$ kHz 下 $a = 0.080$ m 的铝球声学参数反演结果比较**

| 频率 | 反演参数 | 精度 |
| --- | --- | --- |
| 15 kHz | $c_1 = 6\ 267.92 \pm 0.39$(m/s)<br>$c_2 = 3\ 157.18 \pm 0.06$(m/s)<br>$E = 69.999 \pm 0.003$(GPa) | $P_{c1} < 0.000\ 3\%$<br>$P_{c2} < 0.000\ 6\%$<br>$P_E < 0.001\ 4\%$ |
| 30 kHz | $c_1 = 6\ 267.83 \pm 0.63$(m/s)<br>$c_2 = 3\ 157.19 \pm 0.07$(m/s)<br>$E = 69.998 \pm 0.004$(GPa) | $P_{c1} < 0.001\ 3\%$<br>$P_{c2} < 0.000\ 32\%$<br>$P_E < 0.002\ 9\%$ |

从表 1 反演结果可知,当不存在声场的测量误差时,参数反演结果的平均值十分接近铝球材料的参考值,所产生的反演误差完全来自算法的计算误差,且所求参数的统计结果的误差分布范围小于平均值的万分之一,算法的收敛性较好。此时,频率不同对反演结果的影响并不明显。

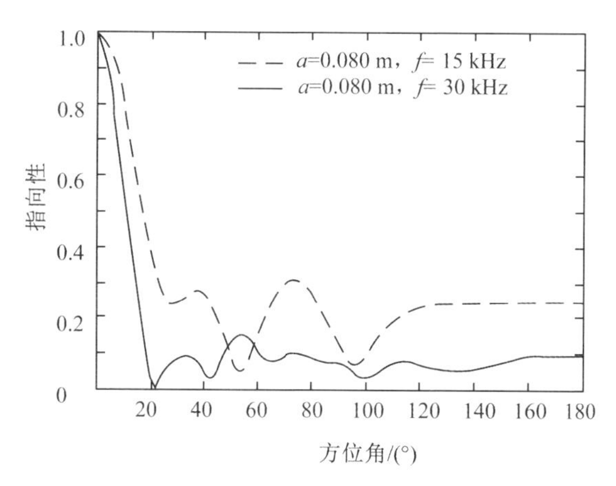


**图 2　频率 $f = 15$ kHz 和 $f = 30$ kHz 的散射场指向性图**

## 3　实验

以半径 $a = 0.080$ m 的 LF6 型防锈铝球为研究对象,由于散射波信号相比直达波信号微弱的多,为了尽量减小多途及噪声信号对提取散射信号的影响,实验在消声水池进行,水池布置见图 3。实验中,采用 CW 脉冲信号,发射换能器和接收水听器都采用的是无指向性的。实验测量以理论模型中 $\theta = 0°$的位置为起始位置,发射换能器固定不动发射球面波,接收水听器围绕目标球沿圆形轨道转动接收一定步长角度处的声场信号。

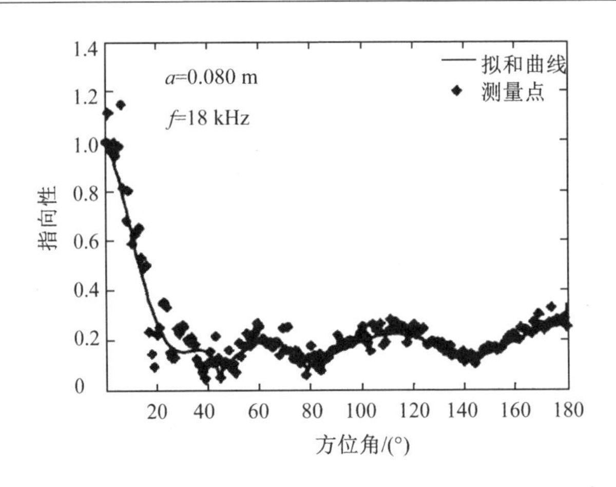


**图 3　水池布置图**

以 LF6 型铝球在 $f=18$ kHz 为例，测量其散射声场的声压，测量结果见图 4。选定某种成分的半径 $a=0.10$ m橡胶球，测量在频率 $f=14.1$ kHz时的散射声场。测量结果如图 5 所示，利用散射声场的测量结果及本文设计的优化算法，进行材料参数反演，反演结果见表 2。

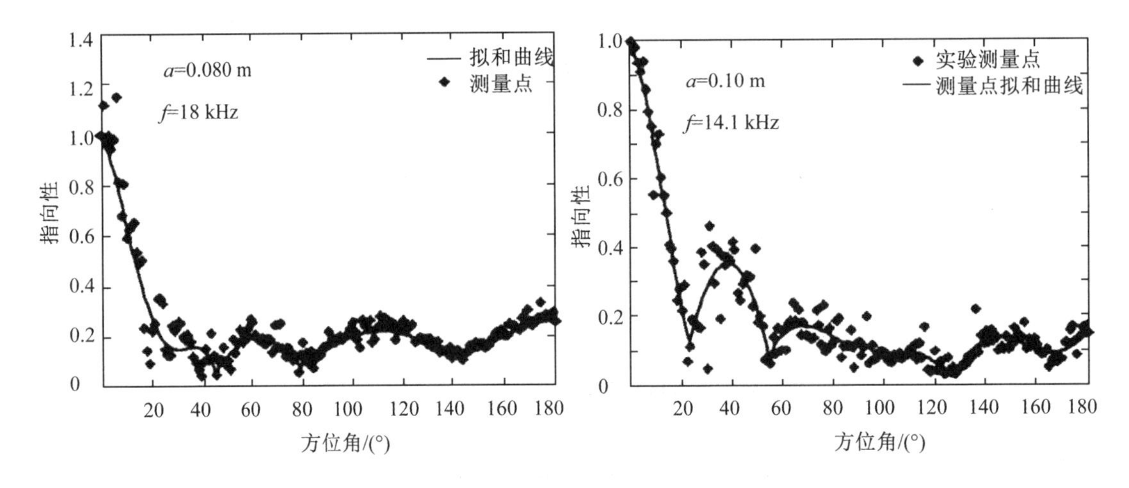


**图 4　铝球攻射场指向性的测量结果**　　**图 5　橡胶球散射场指向性的测量结果**

**表 2　材料参数测量的实验结果**

| 材料 | 测量值 | |
|---|---|---|
| $a=0.080$ m<br>铝球 | $f=18$ kHz | $c_1=6\ 313.9\pm28.6$(m/s)<br>$c_2=3\ 191.7\pm0.1$(m/s)<br>$E=71.4\pm0.1$(GPa) |
| $a=0.10$ m<br>橡胶球 | $f=14.1$ kHz | $c_1=967.8\pm2.4$(m/s)<br>$c_2=286.9\pm18.7$(m/s)<br>$a_1=0.56\pm0.097$(Np/m)<br>$a_2=15\pm0.91$(Np/m)<br>$E=0.26\pm0.033$(GPa) |

## 5　结论

(1)此研究中的理论模型是在理想状况下建立的,认为声场为远场,声场声压可以表示成无穷项勒让德级数展开的形式,即

$$p_s = \sum_{n=0}^{\infty} C_n h_n^{(2)}(k_3 r) P_n(\cos\theta) \tag{6}$$

但实际计算时,无法实现无穷项求和,反过来用式(2)计算其勒让德系数 $D_n$ 与理论模型中的系数有一定的误差,但在一定精度要求下此种误差可忽略不计。

(2)在进行散射场计算时需要知道声源与目标的距离,水听器与目标的距离,其水面测量的结果有时会与水下的实际距离存在一定的偏差。根据散射场的理论模型要求目标、发射换能器、接收水听器在一个水平面上,在实验中三者所系吊绳材质弹性不同,且三者的重量差异较大,浮力不同,在测量三者水下吊绳长度时容易产生一定的偏差,导致三者不在同一水平面上,与物理模型不符。对于实验结果与参考结果相差较大的情况,可以在考虑距离误差存在下修正理论模型。

(3)由于实验中散射场数据提取是通过将水下有球和无球两种情况下的接收信号相减获得散射信号,那么两种情形下信号的同步程度对信号提取也有一定的影响。当实验测量点中出现个别较大偏离点时,可以考虑对两组采集信号做相关处理找齐来提取准确的散射场信号。

## 参考文献

[1] 袁文俊. 声学计量[M]. 北京:原子能出版社,2002.

[2] NIELSEN L F, WISMER N J, GAD E S. Improved method for complex modulus estimation [J]. Sound Vib,2000,34:20 - 24.

[3] MADIGOSKY W M, LEE G F. Automated dynamic Young ' s modulus and loss factor measurements [J]. J Acoust Soc Am,1979,66:345 - 349.

[4] MADIGOSKY W M, LEE G F. Improved resonance - technique for material characterization [J]. J Acousti Soc Am,1983,73:1374 - 13775.

[5] GARRETT S L. Resonant acoustic determination o f elastic moduli[J]. J Acoust Soc Am, 1990,88:210 - 221.

[6] PIQUETTE J. Determination of the complex dynamicbulk modulus of elastomers by inverse scattering[J]. J Acoust Soc Am,1985,77:1665 - 1673.

[7] PIQUETTE Jean C, ANTHONY E Paolero. Phase change measurement and speed of sound and attenuation determination, from underwater acoustic panel tests[J]. J A coust Soc Am, 2003,113(3):1518 - 1525.

[8] FARAN JR Jame s J. Sound Scattering by Solid Cylinders and Spheres[J]. J Acoust Soc Am, 1951,23(4):405 - 418.

# 利用优化算法分析分层结构障板的声学性能

曹　宇　杨士莪

**摘要**　根据水平分层介质的物理模型,分别以追求单一频率条件和给定频段条件下反射系数最小为目标,利用遗传算法对不同组合方式的水平分层介质的参数进行了优化。利用遗传算法的随机搜索特性,得到多组不同的物理参数。利用这些参数,对反射系数与结构及材料参数的依赖关系进行了分析。计算了分层结构中每一层的吸收贡献率,提出了阻抗比系数的概念。通过对比,分析了在不同频率条件下,不同水平分层结构对垂直入射平面波的吸收机理。对利用水平分层复合结构材料制作吸声障板可能达到的指标做了进一步的分析。结果表明,为得到较大的吸收系数,不同层间的阻抗比系数必须保持一定关系。

**关键词**　水平分层;复合障板;物理参数;声学性能

## 1　引言

水平分层结构复合障板作为常用的声学元件,可以有效提高吸声效果,增加吸声带宽。设计良好的多层水平分层复合结构可以充分利用各层介质的不同特性,满足装备对反射、吸收、隔声、强度、重量等各方面的性能要求。以往的文献或是集中在水平分层复合结构对声学性能整体上的影响[1-6],或是讨论单一材料对声学性能的影响[7-8]。

对于水平分层复合结构,由于材料的物理参数(密度,波速,衰减因子等)与反射系数和吸收系数存在非线性的关系,而且这种关系随着水平分层介质层数的增加而越发复杂,因此,本文采用遗传算法,利用遗传算法本身的随机搜索特性和运算的封闭性,计算出在给定目标函数下的多组最优个体,从中发现多层水平分层介质的物理参数与反射系数和吸收系数之间的关系。

## 2　物理模型

### 2.1　传递矩阵模型

假设一垂直方向为有限厚度,水平方向为无限大的水平分层复合结构,如图 1 所示,水平分层复合结构由 $N$ 种材料构成,每层材料厚度为 $d_i(i=1,2,\cdots,N)$,第 $N+1$ 层为复合结构的下半空间介质,第 0 层为复合结构的上半空间介质,声波由此射入水平分层复合结构。

材料为黏弹性材料,平面波垂直入射。则依据传递矩阵法[9],得到传递矩阵:

$$\begin{bmatrix} p_{i-1} \\ v_{i-1} \end{bmatrix} = \begin{bmatrix} a_{11}^{(i)} & a_{12}^{(i)} \\ a_{21}^{(i)} & a_{22}^{(i)} \end{bmatrix} \begin{bmatrix} p_i \\ v_i \end{bmatrix} \tag{1}$$

其中,$pi-1$、$vi-1$、$pi$、$vi$ 分别为第 $i$ 层上界面和下界面的声压和振速。

$$a_{11}^{(i)} = \cos k_i d_i$$
$$a_{12}^{(i)} = -j Z_i \sin k_i d_i$$
$$a_{21}^{(i)} = -j \frac{\sin k_i d_i}{Z_i}$$
$$a_{22}^{(i)} = \cos k_i d_i$$

则复合结构的反射系数为[9]

$$R = \frac{(A_{11} Z_0 + A_{12}) - Z_{N+1}(Z_0 A_{21} + A_{22})}{(A_{11} Z_0 + A_{12}) + Z_{N+1}(Z_0 A_{21} + A_{22})} \tag{2}$$

利用不同界面处,声压和振速的连续关系,还可以得到另一个传递矩阵,即声压振幅的传递矩阵

$$\begin{bmatrix} B_i - A_i \\ B_i + A_i \end{bmatrix} = \begin{bmatrix} b_{11}^{(i)} & b_{12}^{(i)} \\ b_{21}^{(i)} & b_{22}^{(i)} \end{bmatrix} \begin{bmatrix} B_{i-1} - A_{i-1} \\ B_{i-1} + A_{i-1} \end{bmatrix} \tag{3}$$

其中,$p_i = A_i e^{-jk_i z} + B_i e^{jk_i z}$,$A_i$ 为下行波(入射波),$B_i$ 为上行波(反射波),$B_i = R_i A_i$

$$b_{11}^{(i)} = \frac{Z_i}{Z_{i-1}} \cos k_i d_i$$
$$b_{12}^{(i)} = -j \sin k_i d_i$$
$$b_{21}^{(i)} = -j \frac{Z_i}{Z_{i-1}} \sin k_i d_i$$
$$b_{22}^{(i)} = \cos k_i d_i$$

若复合结构的反射系数 $R_i$ 已知,则可得到不同介质层的反射系数。利用不同介质层中的反射系数 $R_i$,可以得到第 $i$ 层到第 $N$ 层组成的水平分层结构的吸收系数:

$$\alpha_i = 1 - |R_{i-1}|^2$$

利用吸收系数,可以计算出不同层的吸收贡献率。对于第一层,吸收贡献率为

$$Ab s_1 = \alpha_1 (1 - \alpha_2)$$

对于第二层,吸收贡献率为

$$Ab s_2 = \alpha_1 \alpha_2 (1 - \alpha_3)$$

以此类推,得到第 $n$ 层的吸收贡献率:

$$Ab s_n = \left(\prod_{i=1}^{n} \alpha_i\right)(1 - \alpha_{n+1}) \tag{4}$$

其中,$Ab s_n$ 为第 $n$ 层介质对整个结构的吸收系数的贡献率,$\alpha n + 1$ 为第 $n+1$ 层到第 $N$ 层组成的水平分层结构的吸收系数,并且有

$$\alpha_1 = \sum_{i=1}^{N} Ab s_i \tag{5}$$

其中,$\alpha_1$ 为整个 $N$ 层复合结构的吸收系数。

## 2.2　阻抗迭代

文献[9]给出了声波垂直入射时,利用不同介质层的特性阻抗相互迭代,得到复合结构的输入阻抗。

$$Z_{i\_in} = Z_i \frac{Z_{i+1\_in} - Z_i \tan(k_i d_i)}{Z_i - Z_{i+1\_iin} \tan(k_i d_i)} \tag{6}$$

其中，$Z_{i\_n}$ 为第 $i$ 层的输入阻抗，$Z_i$ 为第 $i$ 层的特性阻抗，$Z_{i+1\_in}$ 为第 $i+1$ 层的输入阻抗。

## 3　遗传算法

遗传算法[10-12]是从代表问题可能潜在解集的一个种群开始的，而一个种群则由经过基因编码的一定数目的个体组成。每个个体实际上是染色体带有特征的实体。染色体作为遗传物质的主要载体，即多个基因的组合，其内部表现（基因型）是某种基因的组合，它决定了个体的形状的外部表现。初代种群产生后，按照适者生存和优胜劣汰的原理，逐代演化产生出越来越好的近似解。在每一代，根据问题域中的个体适应度大小挑选个体，并借助于自然遗传学的遗传算子进行组合交叉和变异，产生出代表新的解集的种群。这个过程将导致种群像自然进化一样的后生代种群比前代更加适应于环境，末代种群中的最优个体经过解码，可以作为问题近似最优解。

对于 $N$ 层水平分层复合结构，影响反射系数 R 的参数有介质层密 $\rho_i$、声速 $c_i$、衰减因子 $\eta_i$ 和厚度 $d_i$，$i=1,2\cdots,N$。由前述内容可知，反射系数与介质的物理参数之间没有简单的线性关系，而且，随着介质材料层数的增多（$N$ 增大），反射系数与材料物理参数的关系将越来越复杂，因此，本文采用遗传算法，来获得满足一定性能要求时，分层复合结构材料的物理参数。

### 3.1　编码

材料的反声特性取决于材料本身的物理特性，因此将表征材料物理特性的参数作为个体的基因，假设障板的总厚度 $d$ 一定，则对于任一层 $i$，其基本参数包括：

密度 $\rho_i$

纵波声速 $c_i$

体积纵波模量耗损因子 $was\ E_i$

层的厚度 $d_i$

这样，$N$ 层平面复合板的个体的基因以实编码的形式可以写为：

$$(\rho_1, c_1, was\ E_1, P\ d_1, \cdots, \rho_i, c_i, was\ E_i, P\ d_i, \cdots, \rho_N, c_N, wasE_N)$$

其中，$P\ d_i$，$i=1,2,\cdots,N$，为第 $i$ 层介质所占总厚度的百分比。

### 3.2　初始种群的产生

种群的产生是在潜在解的搜索空间内随机产生。搜索空间是根据各种橡胶材料的物理参数所在的范围内产生的。

### 3.3　适应度函数的确定

遗传算法在搜索中基本不利用外部信息，仅以适应度函数为依据，一般而言，适应度函数是由目标函数变换而成的，适应度函数的设计要满足以下条件：单值、连续、非负、最大化。文献[10]给出了几种常用的，将目标函数转换为适应度函数的方式。

对于本课题，当考察单一频率下的声学性能时，由于目标函数是障板的反声系数 $|R|$，所以可以将适应度函数写为：

$$fit = 1\,000 - 1\,000\,|R| \tag{7}$$

其中,$0 \leqslant |R| \leqslant 1$,适应度函数 $fit$ 随 $|R|$ 的减小而增大,且 $0 \leqslant fit \leqslant 1\ 000$。当考察一定频段范围内的声学性能时,由于要求当入射波频率发生变化时反声系数最小且随频率变化较小,则目标函数包括 $|R|$ 的均值 $E(|R|)$ 及其均方差 $\sigma(|R|)$。这是一个多目标优化问题,采用权重和方法[12]将目标函数写为

$$f_{obj} = 600E(|R|) + 400\sigma(|R|)$$

将其改写为适应度函数

$$fit = 1\ 000 - [600E(|R|) + 400\sigma(|R|)] \tag{8}$$

显然,当适应度函数最大时,得到最优结果。

### 3.4　选择、交叉和变异

本文对个体的选择采取遍历抽样选择法[10],交叉(重组)算子采用中间重组[10],变异算子采用单重均匀变异算子[11]。

## 4　仿真分析

取 $N$ 层水平分层复合结构上半空间为水,下半空间为空气(可认为边界条件为绝对软),对于复合结构本身,可以假设 4 种情况:

(1)单层结构;

(2)双层结构;

(3)四层结构;

(4)均匀厚度四层结构。

针对入射波可以假设两种情况:

(1)单一频率条件;

(2)给定频带宽度条件。

### 4.1　单一频率下分层复合结构的仿真分析

设入射波频率为 20 kHz,以反射系数最小为目的,则采用遗传算法得到的优化结果见表 1。

**表 1　单一频率下不同结构优化结果**

| 结构 | | 单层 | 双层 | 四层 | 匀厚四层 |
|---|---|---|---|---|---|
| $\|R\|$ | | 0.102 4 | 0.000 96 | 0.006 4 | 0.006 4 |
| 第一层 | $\rho$ | 800 | 1 597 | 880 | 836 |
| | $c$ | 1 044 | 1 446 | 837 | 842 |
| | $\eta$ | 0.2 | 0.045 | 0.089 | 0.05 |
| | $d$ | 0.04 | 0.005 9 | 0.012 2 | 0.01 |
| 第二层 | $\rho$ | — | 1 134 | 1 468 | 1 531 |
| | $c$ | — | 860 | 1 372 | 1 665 |
| | $\eta$ | — | 0.187 | 0.052 | 0.042 |
| | $d$ | — | 0.034 1 | 0.012 7 | 0.01 |

续表

| 结构 | | 单层 | 双层 | 四层 | 匀厚四层 |
|---|---|---|---|---|---|
| 第三层 | $\rho$ | — | — | 1 090 | 1 150 |
| | $c$ | — | — | 1 330 | 1 222 |
| | $\eta$ | — | — | 0.056 | 0.081 |
| | $d$ | — | — | 0.004 6 | 0.01 |
| 第四层 | $\rho$ | — | — | 1 065 | 1 275 |
| | $c$ | — | — | 912 | 1 191 |
| | $\eta$ | — | — | 0.088 | 0.098 |
| | $d$ | — | — | 0.010 5 | 0.01 |

从表 1 中的仿真结果可以看出，单层结构虽然有较大的衰减因子，但是反射系数却是 4 种结构中最高的；采用一薄层、小衰减因子和一厚层大衰减因子构成的双层结构拥有最小的反射系数，四层结构和均匀厚度四层结构的反射系数虽然没有上述的双层结构小，但是也是很好的结果，而且四层结构是采用小衰减因子材料构成的。

为了分析水平分层结构在声吸收的过程中，不同层的材料在其中所起到的作用，对各层的吸收贡献率进行了计算。表 2 列出了利用遗传算法分别对 4 种结构进行优化后得到的最优结果，从中可以看出，对于双层结构，显然对于吸收起重要作用的是拥有较大衰减因子的材料，这和以往的结论是一致的，对于四层结构，对声吸收有较大贡献的材料并不是选择材料中拥有较大衰减因子的材料，这说明，当声波在水平分层介质中传播时对声波的吸收并不单纯依赖衰减因子的大小。

**表 2　不同结构对声波的吸收**

| 结构 | | 单层 | 双层 | 四层 | 匀厚四层 |
|---|---|---|---|---|---|
| 吸收系数 | 总 | 0.989 | 1 | 1 | 1 |
| | 第一层 | 0.989 | 0.047 | 0.158 | 0.148 |
| | 第二层 | — | 0.953 | 0.489 | 0.553 |
| | 第三层 | — | — | 0.246 | 0.249 |
| | 第四层 | — | — | 0.107 | 0.050 |

图 2 是利用遗传算法进行 100 次计算得到的 100 个优化个体的吸收贡献率。

从图中可以看出，多层结构由于材料性质不同，在吸收时，会有不同的特点：①一些材料吸收时，是各层均参与了吸收，各层的吸收贡献比较平均；②一些材料吸收时，只有一层材料对吸收其主要贡献，其他层对吸收贡献很小。

为了分析水平分层结构中阻抗对反射（吸收）的影响，提出了逆向输入阻抗概念，即对于水平分层结构来说，考察第 $i$ 层介质，沿声波入射方向，第 $i$ 层介质到下半空间整体形成的阻抗为输入阻抗，逆声波入射方向，第 $i-1$ 层介质到上半空间整体形成的阻抗为第 $i$ 层的逆向输入阻抗，在图 1 所示的坐标系下，逆向输入阻抗为

$$Z_{i\_in} = Z_i \frac{Z_{i-1\_in} + Z_i \tan(k_i d_i)}{Z_i + Z_{i-1\_in} \tan(k_i d_i)} \tag{9}$$

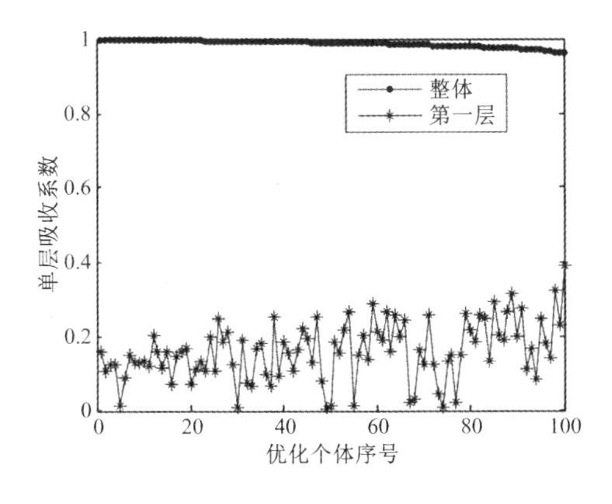


(a)四层结构中第一层材料的吸收贡献率

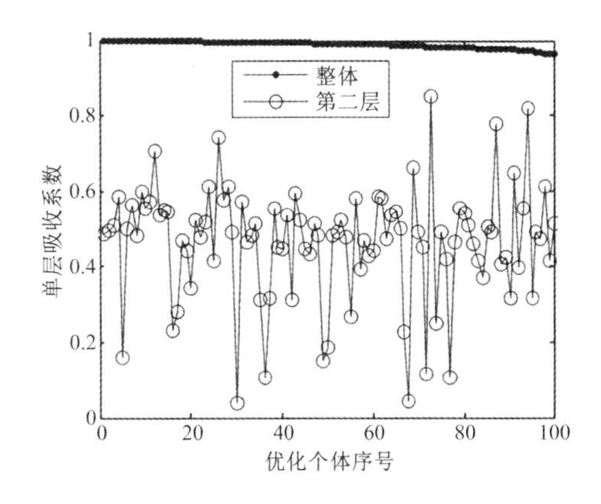


(b)四层结构中第二层材料的吸收贡献率

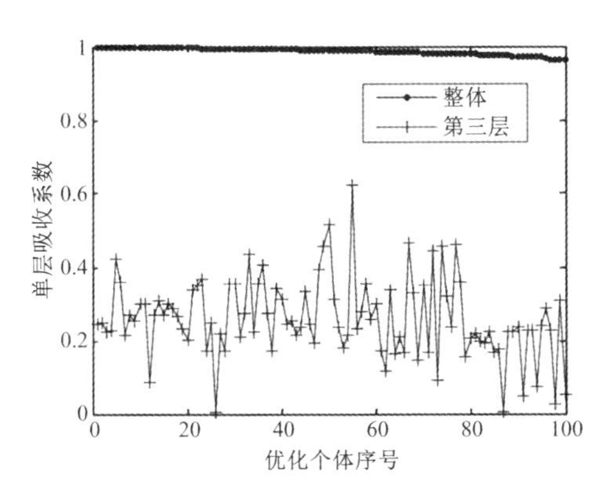


(c)四层结构中第三层材料的吸收贡献率

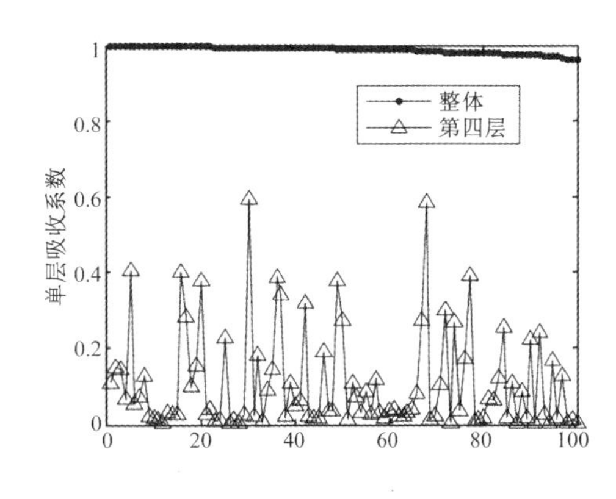


(d)四层结构中第四层材料的吸收贡献率

**图 2**

显然,对整个分层结构来说,它的逆向输入阻抗就是上半空间介质的特性阻抗。表 3 列出了 4 种结构最优结果的特性阻抗,输入阻抗和逆向输入阻抗。可以看出,对相邻两层,沿声波入射方向,上一层的特性阻抗于下一层的特性阻抗是失配的,除第一层外,其余层的特性阻抗与输入阻抗也是失配的,但是对于所有层,逆向输入阻抗与输入阻抗是匹配的。

图 3 是多个优化个体的不同层的阻抗比系数,阻抗比系数被定义为第 $i$ 层介质的逆向输入阻抗与输入阻抗的比值的模。图 3 中从左到右,个体的吸收系数依次降低。从图中可以看出,除去个别个体,随着吸收系数逐渐增大,各层的阻抗比系数逐渐趋近于 1。对于图中存在的个别个体,存在着第四层的阻抗比系数非常大的现象,这说明,对于第四层来说,阻抗是失配的。这一结果的得到,是由于遗传算法本身造成的。因为遗传算法归根结底是一种概率搜索算法,因此,当搜索到一个体,而此个体,反映到分层结构的参数时产生这样一种情况:前三层的参数已经能够使分层结构获得一个比较好的反射系数(或吸收系数),即对遗传算法来说得到一个次优解,而这个个体在算法中形成的种群又取得了支配地位,遗传算法便有可能收敛到这个次优解,而不继续进行搜索。但这不影响利用遗传算法得到分层结构声学性能的一些统计规律。

表 3　特性阻抗与输入阻抗对比

| 结构 | | 单层 | 双层 | 四层 | 匀厚四层 |
| --- | --- | --- | --- | --- | --- |
| 第一层 | 逆向输入阻抗 | 1 500 000 | 1 500 000 | 1 500 000 | 1 500 000 |
| | 特性阻抗 | 835 200 (1 -0.10i) | 2 309 300 (1 -0.02i) | 736 560 (1 -0.045i) | 703910 (1 -0.03i) |
| | 输入阻抗 | 1 806 500 (1 +0.08i) | 1 502 800 (1 +0.00i) | 1 483 200 (1 +0.01i) | 1 485 400 (1 +0.01i) |
| 第二层 | 逆向输入阻抗 | — | 1 767 500 (1 +0.38i) | 333 140 (1 +0.38i) | 309 880 (1 -0.20i) |
| | 特性阻抗 | — | 975 240 (1 -0.09i) | 2 014 100 (1 -0.03i) | 2 549 100 (1 -0.02i) |
| | 输入阻抗 | — | 1 770 500 (1 +0.37i) | 336 730 (1 +0.36i) | 313 290 (1 -0.20i) |
| 第三层 | 逆向输入阻抗 | — | — | 2 285 300 (1 +2.14i) | 533 540 (1 +4.19i) |
| | 特性阻抗 | — | — | 1 449 700 (1 -0.03i) | 1 405 300 (1 -0.04i) |
| | 输入阻抗 | — | — | 2 287 200 (1 +2.12i) | 538 570 (1 +4.14i) |
| 第四层 | 逆向输入阻抗 | — | — | 2 870 400 (1 -2.20i) | 180 470 (1 -14.71i) |
| | 特性阻抗 | — | — | 971 280 (1 -0.04i) | 1 518 500 (1 -0.05i) |
| | 输入阻抗 | — | — | 2 938 000 (1 -2.14i) | 189 610 (1 -14.02i) |

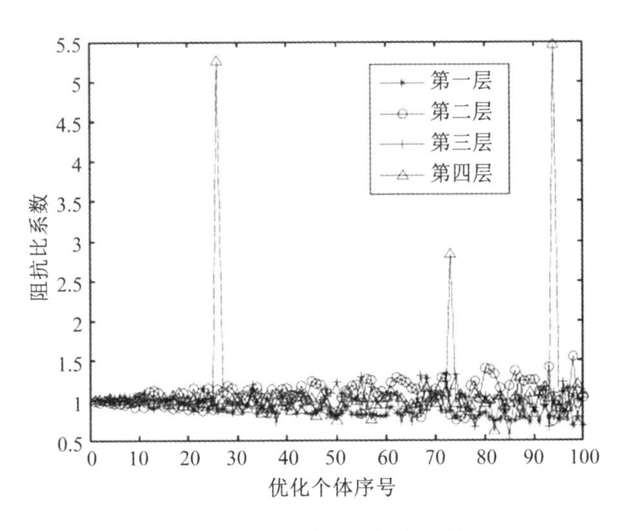


图 3　多层结构的阻抗比系数

## 4.2　给定频段宽度下的仿真分析

对分层复合结构的假设不变,设入射平面波频率范围为 15 kHz 至 25 kHz。材料参数的优化范围不变,得到的优化结果见表 4,得到的反射系数曲线如图 4 所示。从仿真结果可以看出,当要求在一定频段内针对各个频率均要有较低的反射系数,且当频率变化时,反射系数没有较大起伏的条件下,对降低反射系数起较大作用的还是材料对声波的衰减。从图表中可以看出,含有较大衰减因子的分层结构(单层、双层)比只含有较小衰减因子的多层结构更好地满足要求。即便是在较小的衰减因子范围内优化,对比单一频率时的优化结果,其对衰减因子的搜索也显示了明显的增大的趋势。

表 4　不同结构优化结果

(衰减因子搜索范围取 0 ~ 0.2)

| 结构 | | 单层 | 双层 | 四层 | 匀厚四层 |
|---|---|---|---|---|---|
| 第一层 | $\rho$ | 1 695 | 1 182 | 1 606 | 1 621 |
| | $c$ | 811 | 1 506 | 883 | 964 |
| | $\eta$ | 0.2 | 0.059 | 0.1 | 0.082 |
| | $d$ | 0.04 | 0.001 4 | 0.032 | 0.01 |
| 第二层 | $\rho$ | — | 1 698 | 802 | 1 336 |
| | $c$ | — | 803 | 861 | 1 487 |
| | $\eta$ | — | 0.197 | 0.091 | 0.085 |
| | $d$ | — | 0.038 6 | 0.004 7 | 0.01 |
| 第三层 | $\rho$ | — | — | 1 570 | 1 316 |
| | $c$ | — | — | 1 282 | 1 307 |
| | $\eta$ | — | — | 0.046 | 0.097 |
| | $d$ | — | — | 0.001 4 | 0.001 |

续表

| 结构 | | 单层 | 双层 | 四层 | 匀厚四层 |
|---|---|---|---|---|---|
| 第四层 | $\rho$ | — | — | 1 342 | 801 |
| | $c$ | — | — | 1 273 | 823 |
| | $\eta$ | — | — | 0.095 | 0.098 |
| | $d$ | — | — | 0.001 9 | 0.01 |

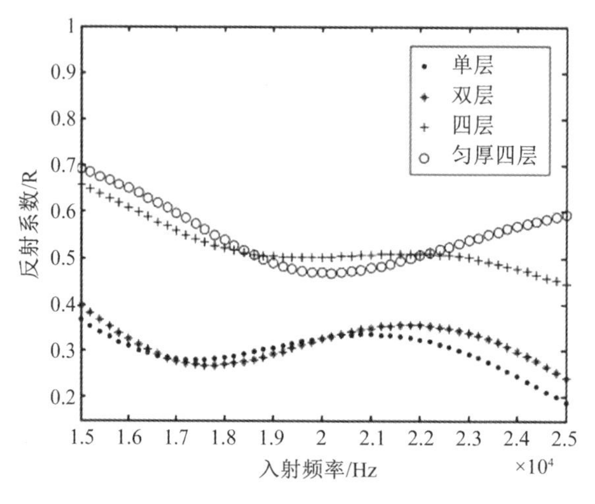


**图 4　不同结构不同频率下的反射系数**

(衰减因子搜索范围取 0 ~ 0.2)

将衰减因子的上限值增大到 0.5,利用遗传算法得到表 5 所示的结果。反射系数随频率变化曲线如图 5 所示,显然,虽然衰减因子的优化范围扩大到 0.5,但是对于单层结构,它的优化结果依然没有多层结构好,反射系数比其他结构高很多,而且起伏的范围很大。对于双层结构,由于第二层采用了大阻尼结构,产生了明显的吸声效果。对于均采用大阻尼材料的四层复合结构和均匀厚度四层结构,也同样得到了预期的效果,与双层结构相比,四层结构虽然在局部的频段内有较大的起伏(15 ~ 16 kHz与 23 ~ 25 kHz),但是在相当宽度的频段范围内(16 ~ 23 kHz),四层结构的反射系数的平均值和随频率变化的起伏比双层结构更小。

**表 5　不同结构优化结果**

(衰减因子搜索范围取 0 ~ 0.5)

| 结构 | | 单层 | 双层 | 四层 | 匀厚四层 |
|---|---|---|---|---|---|
| 第一层 | $\rho$ | 1 699 | 960 | 1 408 | 1 208 |
| | $c$ | 847 | 841 | 1 249 | 1 356 |
| | $\eta$ | 0.5 | 0.193 | 0.418 | 0.49 |
| | $d$ | 0.04 | 0.001 4 | 0.008 1 | 0.01 |
| 第二层 | $\rho$ | — | 1 700 | 1 240 | 1 665 |
| | $c$ | — | 847 | 1 124 | 1 408 |
| | $\eta$ | — | 0.495 | 0.391 | 0.385 |
| | $d$ | — | 0.038 6 | 0.003 1 | 0.01 |

续表

| 结构 | | 单层 | 双层 | 四层 | 匀厚四层 |
|---|---|---|---|---|---|
| 第三层 | $\rho$ | — | — | 1 475 | 1 656 |
| | $c$ | — | — | 1 652 | 1 053 |
| | $\eta$ | — | — | 0.473 | 0.492 |
| | $d$ | — | — | 0.015 4 | 0.01 |
| 第四层 | $\rho$ | — | — | 1 001 | 806 |
| | $c$ | — | — | 933 | 876 |
| | $\eta$ | — | — | 0.491 | 0.404 |
| | $d$ | — | — | 0.013 4 | 0.01 |

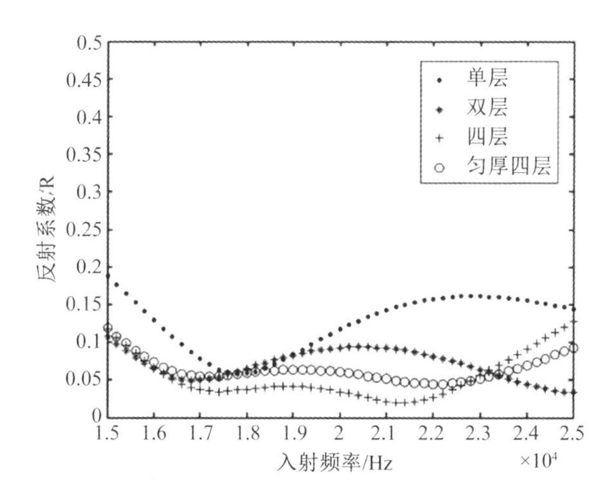


**图5　不同结构不同频率下的反射系数**

（衰减因子搜索范围取0～0.5）

图6、图7、图8分别是不同结构中，不同材料（表5中的数据）对吸声性能的影响。很明显，对于双层材料来说，其主要吸声作用的就是大阻尼材料；对于四层结构来说，虽然材料的衰减因子都比较大，但是并不是所有阻尼材料都对声进行了较大的吸收，只有一层材料对吸收做了较大贡献，其他层的作用主要是对主吸收层的阻抗进行匹配，使之发挥最大作用，由于要求是在一定频率范围内对水平分层复合材料提出了性能的要求，因此当在某些频段上，当主吸收层不能满足要求时，其他吸收层会起到补充的作用，类似于根据频率交替吸收的作用。

图9和图10分别是四层结构与匀厚四层结构的阻抗比系数曲线，除了各比值取得是各频率点的均值外，其余与单频时的假设相同。尽管由于遗传算法本身的限制和假设条件的不同，可是从两图中可以看出，为了得到更小的反射系数（更大的吸收系数），各层的阻抗比系数仍然要趋近于1。

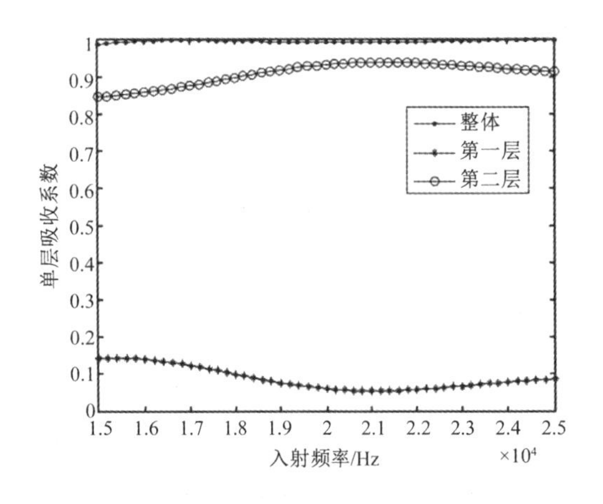


图 6　双层结构中,不同材料的吸收作用

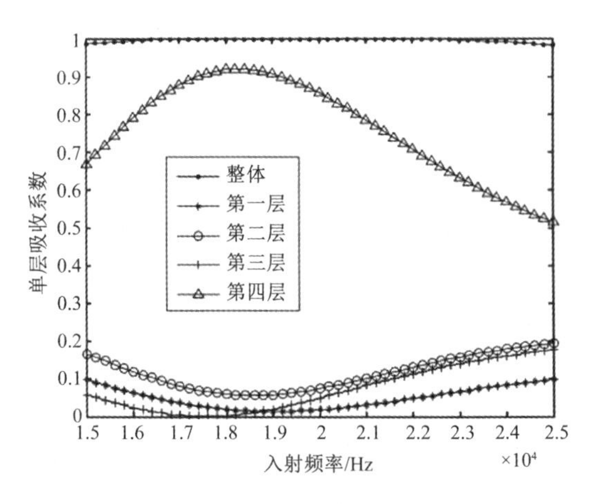


图 7　四层结构中,不同材料的吸收作用

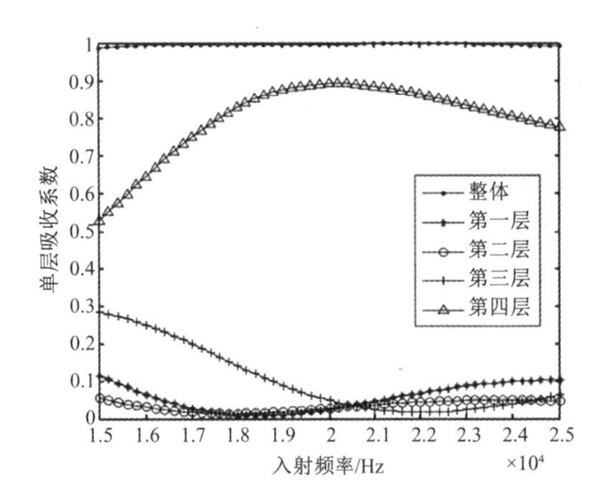


图 8　均匀厚度四层结构中,不同材料的吸收作用

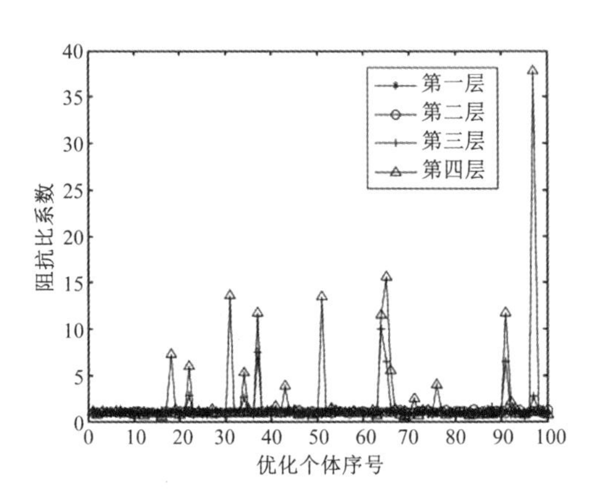


图 9　阻抗比系数曲线(四层结构)

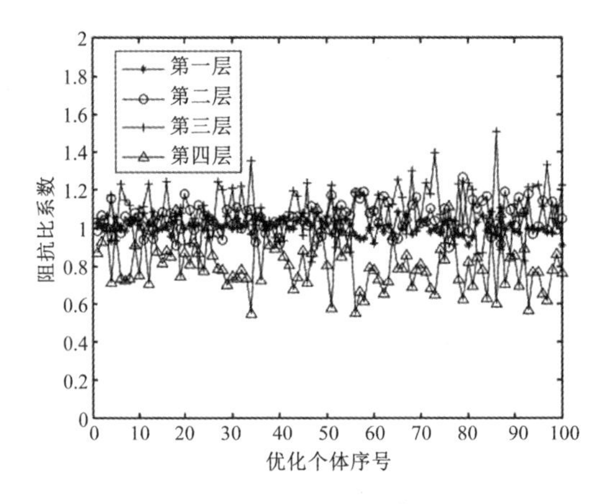


图 10　阻抗比系数曲线(匀厚四层结构)

## 5　结论

通过合理的模型和依赖于遗传算法的仿真计算,对分层复合结构的吸声机理和特性有

了进一步的认识,得到了以下结论:

(1)在单频情况下,假定结构总厚度一定,采用薄层小阻尼层加厚层大阻尼层可以得到很小的反射系数(或较大的吸收系数),如果没有大阻尼材料,选取一组合适的小阻尼材料组成多层结构同样可以得到很好的效果,而是用单一的大阻尼材料的效果远没有上述两种复合结构理想;

(2)在一定频段范围条件下,为了保证平面复合结构在整个频段范围内均有较低的反射系数(较高的吸收系数),必须采用较大阻尼的材料,采用多种大阻尼材料组成的平面复合材料可以得到更低的反射系数,且当频率变化时反射系数的起伏较小;

(3)在材料的选取上,为保证得到较低的反射系数,要保证不同层间的阻抗比系数趋近于1。

## 参考文献

[1] Hans C. Strifors. Selective Reflectivity of ViscoelasticallyCoated Plates in Water. J. Acoust. Soc. Am. ,1990,88(2):901 –910.

[2] 程言章,朱蓓丽. 固态多层介质隔声性能研究. 噪声与振动控制,1998,(6):2 –5.

[3] 王宏伟,赵德有. 含流体夹层阻尼复合板隔声性能研究. 大连理工大学学报,2000,40(4):395 –398.

[4] 缪旭洪,王仁乾,顾磊,等. 去耦隔声层性能数值分析. 船舶力学,2005,9(5):125 –131.

[5] 刘志宏,盛美萍. 声波斜入射下各向同性均匀板的吸声特性. 噪声振动与控制,2006,(2):58 –61.

[6] 杨雪,王源升,余宏伟. 多层高分子复合结构斜入射声波吸声性能. 复合材料学报,2006,23(6):21 –28.

[7] 石勇,朱锡,李永清,等. 水中加层复合材料表面声反射的研究. 哈尔滨工程大学学报,2006,27(2),180 –183.

[8] 王仁乾,马黎黎. 吸声材料的物理参数对消声瓦吸声性能的影响. 哈尔滨工程大学学报,2004,25(3):288 –294.

[9] 布列霍夫斯基赫 L. M. 分层介质中的波. 北京:科学出版社,1960.

[10] 王小平,曹立明. 遗传算法——理论、应用与软件实现. 西安:西安交通大学出版社,2002.

[11] 李敏强,寇纪松,林丹,等. 遗传算法的基本理论与应用. 北京:科学出版社,2002.

[12] 玄光男,任程伟. 遗传算法与工程优化. 北京:清华大学出版社,2004.

# 水下翼型结构流噪声实验研究

尚大晶　李　琪　商德江　林　翰

**摘要**　为测量流激水下翼型结构的流噪声，提出了一种混响箱测量方法。在重力式水洞中搭建了一套实验测量系统，利用混响箱法测量了水下翼型结构模型的辐射声功率。在此基础上研究了流速及结构参数（厚度、肋、声学覆盖层）对其辐射声功率的影响。结果表明：当流速小于 5 m/s时，辐射声功率随流速的 6 次方增长，符合偶极子的辐射规律；当流速大于 5 m/s时，辐射声功率随流速的 10 ±1 次方规律增长，不再按偶极子的规律辐射；若对水下翼型结构模型加厚、加环肋及外部敷设黏弹性材料，均可在一定程度上抑制流噪声。此研究方法可对水下复杂结构的辐射声功率测量及结构优化设计提供一定的参考。

**关键词**　流噪声；辐射声功率；水下翼型结构；混响箱

## 0　引言

当水下航行体的航速较高时，会导致水下翼型结构产生流噪声。一般来说，流噪声作为水下航行体的三种主要噪声源之一，其强度随航速增加而迅速增加，辐射声功率正比于航速的 5 ~7 次方[1]。而且，随着机械噪声和螺旋桨噪声的有效控制，流噪声的作用就更加突出。

由于飞机、火箭应用的需要，空气中流激翼型结构产生的流噪声已有大量实验测量结果。实验研究和理论研究相辅相成，极大地推进了空气中流激翼型结构流噪声机理和预报方法的研究。流激水下翼型结构的实验研究较少，虽有一些实验测量结果，但基本上是将水听器加导流罩固定于水洞内流场中或将水听器悬挂于水洞壁外的储水盒内测量辐射噪声[2-3]，由于水听器受声场畸变影响，以上测量措施无法准确反映流激水下翼型结构的功率谱特征及流噪声特性。

混响室是空气声学研究中经常使用的实验测量标准装置，其理论发展较成熟[4-10]，广泛应用于不规则复杂结构的辐射声功率测量。在混响室中，Maidanik[11]通过测量加肋板的辐射声功率而研究加肋对板辐射声功率的影响，Ludwig[12]测量了薄钢板在湍流激励下的辐射声功率，G. M. Diehl 及 G. Hubner[13-15]研究了具体工业环境下大型机器辐射声功率测量的混响法解决方案；在混响水池中，俞孟萨[16]等测量了加肋圆柱壳模型的辐射声功率，王春旭[17]等测量了水下射流的辐射声功率。目前未发现采用混响法测量水下翼型结构的辐射声功率，文献[18]表明，可利用混响法测量单个声源的辐射声功率，这同时也表明，可利用混响法测量水下翼型结构的辐射声功率。

水下翼型结构的流噪声实际上包括两部分，一部分是结构周围流场本身产生的噪声，另一部分是流激结构振动产生的噪声。前面一部分中包括湍流边界层压力起伏、涡发放等产生的噪声。虽然湍流脉动压力的直接声辐射是四极子型的，对辐射噪声贡献不大，但是界面的存在增加了辐射噪声，此时的声辐射是偶极子型的，辐射声功率随流速的 6 次方增加。Blake[19]通过测量水下翼型结构尾端有脱出涡时的振动响应发现：当脱出涡的频率等于结构的共振频率时，水下翼型结构出现唱音，此时的结构振动响应比湍流边界层激励的响应大于50 dB，因此需进行噪声测量从而深入研究水下翼型结构的流噪声特性。本文采用混响法在水洞混响箱中测量流激水下翼型结构模型的辐射声功率，进而分析其流噪声特性—即研究流速、结构厚度、是否加环肋及内外敷设黏弹性材料等对水下翼型结构流噪声的影响。

## 1　水下翼型结构辐射声功率测量原理

流激水下翼型结构产生的流噪声属于水下复杂声源，可以看作是具有指向性的多个声源的叠加。

### 1.1　混响箱中多个声源的辐射声功率测量原理

若混响箱中单个声源的辐射声功率为 $W_1$，当混响声场达到稳态时，混响声场内所测空间平均均方声压 $P_1^2$（有效值）与声源的辐射声功率 $W_1$ 间的关系为[20]：

$$\frac{P_1^2}{\rho_0 C_0} = \frac{W_1}{4\pi r_1^2} + \frac{4W_1(1-\bar{\alpha})}{S\bar{\alpha}} \tag{1}$$

式中：$r_1$ 为水听器离声源的径向距离，$\rho_0$ 为水的密度，$C_0$ 为声波在水中的传播速度，$S$ 为水池壁面面积，$\bar{\alpha}$ 为壁面的平均声吸收系数。

混响箱壁面为钢质壁面（$\bar{\alpha} \ll 1$），因此 $1-\bar{\alpha} \approx 1$，则式(1)也可表示为：

$$\frac{P_1^2}{\rho_0 C_0} = \frac{W_1}{4\pi r_1^2} + \frac{4W_1}{S\bar{\alpha}} \tag{2}$$

混响时间 $T_{60}$ 可表示为[21]：

$$T_{60} = \frac{55.2V}{C_0(S\bar{\alpha} + 4mV)} \tag{3}$$

式中：$V$ 为混响箱的体积，$m$ 为水介质的声强吸收系数。

忽略水介质的吸收，把式(3)代入式(1)，可得：

$$\frac{P_1^2}{\rho_0 C_0} = W_1\left(\frac{1}{4\pi r_1^2} + \frac{T_{60}C_0}{13.8V}\right) \tag{4}$$

上式也可表示为：

$$L_{P1} = L_{W1} + 10\log\left(\frac{1}{4\pi r_1^2} + \frac{T_{60}C_0}{13.8V}\right) \tag{5}$$

式中：$L_{P1}$（dB re 1 μPa）表示混响声场内所测空间平均声压级，$L_{W1}$（dB re $0.67 \times 10^{-18}$ W）表示声源的声功率级。

若在混响声场的混响控制区测量，$r_1 \gg r_h$（$r_h$ 为混响半径[18]），混响声起主要作用，直达声的作用可忽略。因此，式(5)可简化为：

$$L_{P1} \approx L_{W1} + 10\log\left(\frac{T_{60}C_0}{13.8V}\right) \tag{6}$$

式中的 $10\log\left(\frac{T_{60}C_0}{13.8V}\right)$ 为校准量，表示的是在混响箱中混响控制区测量的单个声源的空间平均声压级与其声功率级间的差值。该量只与混响箱特性有关而与声源无关，可通过在混响箱中利用标准声源校准得到。

若混响箱中有 $n$ 个集中在一个有限区域内的声源,该区域远小于混响箱的体积,其辐射声功率分别为 $W_1, W_2, W_3, \cdots, W_n$,则 $n$ 个声源的辐射总功率为: $W = W_1 + W_2 + W_3 + \cdots + W_n$。因此,混响声场的总平均稳态混响声能密度为:

$$\bar{\varepsilon}_R = \sum_{i=1}^{n} \frac{4W_i}{RC_0} = \frac{4W}{RC_0} \tag{7}$$

式中: $R$ 为混响箱常数, $R = S\bar{\alpha} + 4mV/1 - \bar{\alpha}$。混响箱壁面为钢质壁面( $\bar{\alpha} \ll 1$ ),因此 $R \approx S\bar{\alpha} + 4mV$,由式(3),可得:

$$R = \frac{55.2V}{T_{60}C_0} \tag{8}$$

混响箱中的声场可看作是直达声与混响声的叠加。直达声的平均声能密度可表示成:

$$\bar{\varepsilon}_D = \sum_{i=1}^{n} \frac{W_i}{4\pi r_i^2 C_0} \tag{9}$$

式中: $r_i$ 为水听器离第 $i$ 个声源的径向距离。

混响箱的总能量密度 $\bar{\varepsilon}$ 应等于:

$$\bar{\varepsilon} = \bar{\varepsilon}_D + \bar{\varepsilon}_R \tag{10}$$

若混响声场达到稳态时测量的空间平均声压为 $P$ (有效值),则混响声场中的总平均声能密度还可以表示为:

$$\bar{\varepsilon} = \frac{P^2}{\rho_0 C_0^2} \tag{11}$$

式中: $\rho_0$ 为水的密度

把式(7)、式(9)、式(11)代入式(10),可得:

$$\frac{P^2}{\rho_0 C_0} = \frac{4W}{R} + \sum_{i=1}^{n} \frac{W_i}{4\pi r_i^2} = \frac{WT_{60}C_0}{13.8V} + \sum_{i=1}^{n} \frac{W_i}{4\pi r_i^2} \tag{12}$$

式中,前一项表示的是混响声场的作用,后一项表示直达声的作用。

当测量点在混响声场的混响控制区( $r_i \gg r_h$ ),由于 $n$ 个源集中在一个有限区域内,该区域远小于混响箱的体积,所以直达声可忽略。因此:

$$\frac{P^2}{\rho_0 C_0} = \frac{WT_{60}C_0}{13.8V} \tag{13}$$

上式也可写成:

$$L_P \approx L_W + 10\log\left(\frac{T_{60}C_0}{13.8V}\right) \tag{14}$$

式中: $L_P$ 为混响场中多个声源时的空间平均声压级(dBre1μPa)。$L_W$ 为多个声源的总声功率级(dB re $0.67 \times 10^{-18}$ W)。

比较式(14)与式(6)可知:多个声源与单个声源的校准常数(混响声场中所测空间平均声压级与声源声功率级的差值)都为 $10\log(T_{60}C_0/13.8V)$ 。因此,当声场内有 $n$ 个集中在一个有限区域内的声源,该区域远小于混响箱的体积时,可以通过校准单个声源的方式来校准多个声源。即使用标准声源测出混响时间,再按校准常数 $10\log(T_{60}C_0/13.8V)$ 校准多个声源。因此, 只 要 测 出 多 个 声 源 存 在 时 的 空 间 平 均 声 压 级, 再 加 上 校 准 常 数

$10\log(T_{60}C_0/13.8V)$ 就可得到多个声源的总辐射声功率。

### 1.2　声源指向性对辐射声功率的影响分析

对于指向性声源来说，若以 $Q$ 表示指向性因素，$Q$ 的定义为：离声源中心某一位置上（一般常指远场）的声压平方与同样功率的无指向性声源在同一位置产生的声压的平方的比值。则指向性声源的空间平均声压（有效值）的平方为：

$$P^2 = \frac{QW}{4\pi r^2}\rho_0 C_0 \tag{15}$$

因此，若考虑指向性影响，式（5）可修正为：

$$L_P = L_W + 10\log\left(\frac{Q}{4\pi r^2} + \frac{T_{60}C_0}{13.8V}\right) \tag{16}$$

此时的混响半径为：

$$r_h = \frac{1}{4}\left(\frac{QS\bar{\alpha}}{\pi}\right)^{1/2} = 0.05\left(\frac{QV}{\pi T_{60}}\right)^{1/2} \tag{17}$$

由式（16）及式（17）可知：指向性对直达声有影响，使混响半径发生变化（$Q > 1$ 时，混响半径 $r_n$ 变大）；如果指向性不是太尖锐，混响场内还存在一定范围的混响控制区（$r \gg r_h$），若在此区域测量时，指向性的影响可忽略，式（14）$L_P \approx L_W + 10\log(T_{60}C_0/13.8V)$ 仍成立。

## 2　流激水下翼型结构模型辐射声功率测量

### 2.1　水下翼型结构模型流噪声测量系统

哈尔滨工程大学水声技术重点实验室的重力式水洞由上水箱、下水池、管道系统、工作段（包括混响箱）及各种控制流速的阀门构成。利用重力式水洞现有条件，搭建流激水下翼型结构模型流噪声测量系统如图 1 所示。加工几个不同参数的翼型结构模型见表 1，模型的几何结构及加肋方式如图 2 所示。测量模型辐射声功率用的矩形混响箱尺寸为 1.7 m × 1.8 m × 2.3 m，由 6 mm厚的钢板焊成，内涂环氧沥青漆。水洞中水的流速是通过专门的控制台来控制，通过不同的按钮组合而产生不同的流速，流速控制范围为 1 m/s至 14 m/s。

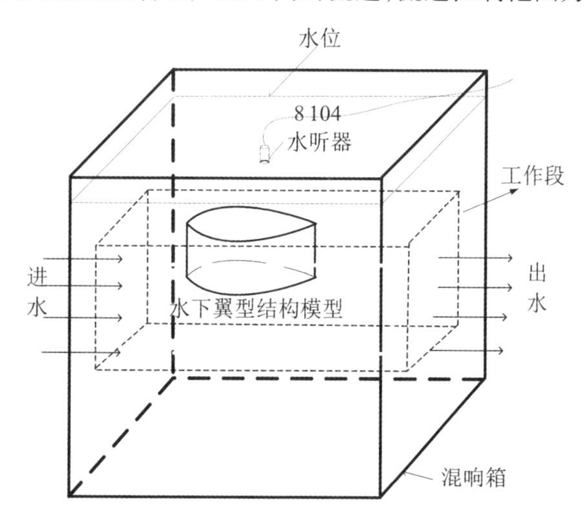


**图 1　水下翼型结构模型流噪声测量系统**

**表 1　水下翼型结构模型参数**

| 序号 | 模型厚度(mm) | 加肋情况 | 外部敷设黏弹性材料情况 | 备注 |
| --- | --- | --- | --- | --- |
| I | 1 | 未加肋 | 未敷设 | 采用黄铜材料,下同 |
| II | 1.5 | 未加肋 | 未敷设 | |
| III | 2 | 未加肋 | 未敷设 | |
| IV | 1 | 加三条环肋 | 未敷设 | 加肋方式见图 2(b),加肋位置位于翼展的上、中、下位置,肋间距为 35 mm,肋高及肋宽分别为 3 mm 及 8 mm。 |
| V | 1 | 未加肋 | 外部敷设橡胶材料 | 橡胶材料为丁基橡胶,采用胶粘贴于模型外部,厚度为 5 mm。 |

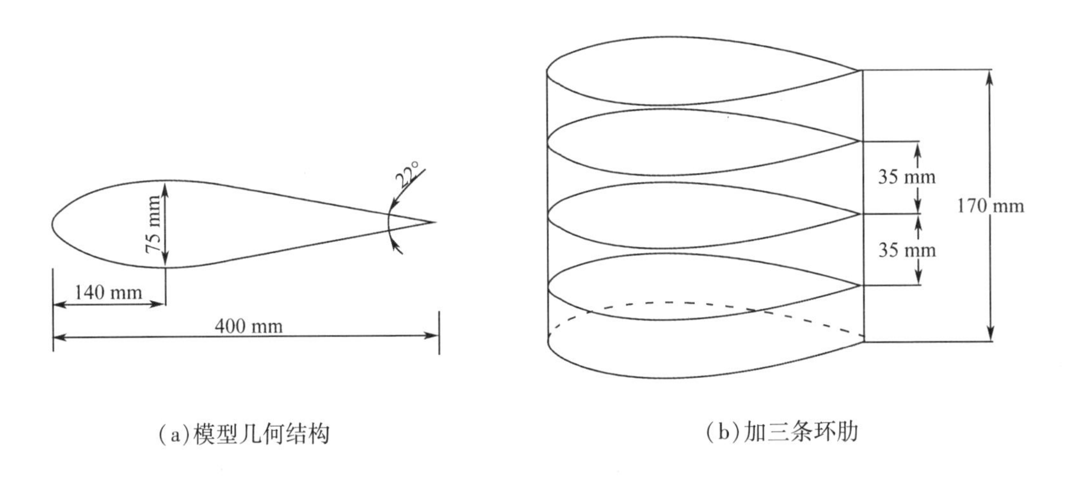


(a)模型几何结构　　(b)加三条环肋

**图 2　模型的几何结构及两种加环肋方式**

## 2.2　水洞混响箱的混响场特性

水洞中的混响场建立是通过混响箱壁面对声波的反射实现,混响场中的声源来自工作段中流激水下翼型结构产生的流噪声。由于水洞工作段壁面由有机玻璃材料构成,其阻抗与水比较接近,入射至工作段壁面的声波几乎全部透射至混响箱中,反射的声波很少,因此工作段中的波导效应不明显。水洞工作段两端的管道不封闭,会造成声能泄露,增加声能的损失,但考虑混响箱装水至 2 m 时的总截面积$S=17.06\ \mathrm{m}^2$(不包括上表面),工作段两端管道的总截面积为$\Delta S=0.32\ \mathrm{m}^2$,管道截面占混响箱总截面的比例不足 2%,因此管道泄漏的声能只占混响箱中总声能的很小比例,而且通过在工作段中对标准声源的校准可以对此进行修正。

由于混响室壁面与水的阻抗比远小于混响室壁面与空气的阻抗比,所以同样壁面同样体积的水下混响室壁面对声波的吸收比空气中的混响室大,导致水下混响室中声能衰减快。因此水下混响室中测量的混响时间小,混响半径大,空间平均所使用的混响控制区变小,混响声场条件不如空气中的混响室。水洞混响箱通过以下措施改善其混响场条件:混响箱的上边界为自由边界，对声波几乎没有吸收；混响箱的壁面由薄钢板构成，外面是空气，接近自由边界，所以混响箱壁面对声波的吸收也很小；混响箱底部为砖混结构，对声能有一定吸收，但由于其只占混响箱总截面的1/6，不会对混响箱的混响场有太大影响。

混响箱一般装水至2 m高，可计算出混响箱的体积为$V=6.12\ \mathrm{m}^3$。混响箱测量的下限频率与混响箱的尺度有关，参考文献[22]，可求得本实验所用混响箱的下限频率约为2 004 Hz。根据流体动力噪声的相似关系[23]，在混响法有效测量频段进行的水下翼型结构模型的辐射声功率测量对总结实际水下翼型结构的流噪声特性仍具有重要意义。

## 2.3　混响时间的测量

混响时间的测量系统如图3所示，由PULSE动态信号分析仪中信号源产生的白噪声信号经过功率放大器放大后加到发射换能器，稳定后断开信号源，系统采用自动触发方式，被测信号下降5 dB时系统自动开始记录，然后根据采集的数据计算出混响时间。

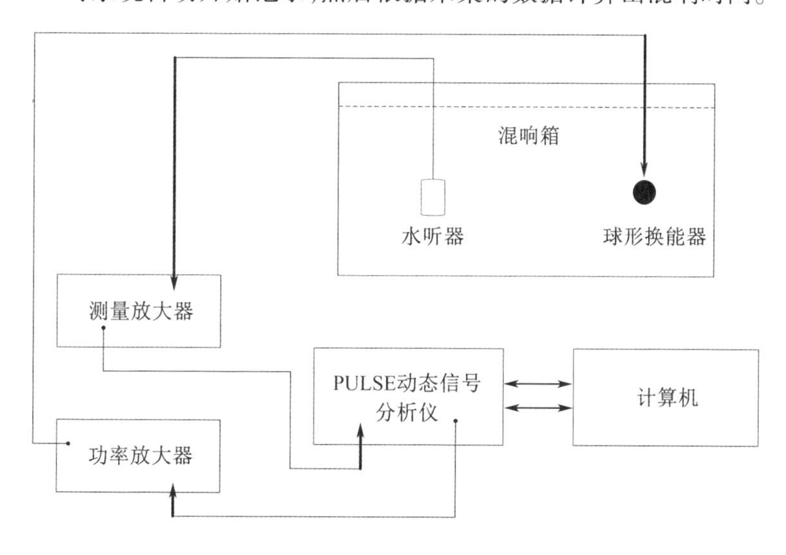


**图3　混响时间测量系统图**

## 2.4　标准声源的混响法与自由场测量结果的比较

水洞工作段中不放测量模型，把标准球型声源放到水洞工作段中模型安装位置，测量系统仍如图3所示。由PULSE动态信号分析仪中信号源产生的白噪声信号经过功率放大器放大后加到该球型声源，在混响箱中通过测量空间平均声压级并按式(6)得到该球型声源的辐射声功率。在消声水池中测量该球型声源的辐射声功率(同样的信号源、同样的放大倍数)。通过比较以上两种测量结果验证混响法的有效性。

## 2.5　流激水下翼型结构模型辐射声功率测量

将水下翼型结构模型安装于水洞的工作段中。通过控制台控制水的流速，使水洞产生不同的流速冲击模型，当水流稳定时，开始进行辐射噪声测量。按式(14)，水下翼型结构的辐射声功率通过测量空间平均声压级得到，空间平均声压级通过对水听器的空间扫描移动，同时PULSE分析仪作上百次谱平均获得到[18]。水听器测量点的位置处于尽量接近混响箱壁的混响控制区，使水听器与声源间的距离远大于混响半径，以便获得稳定的测量结果。分别测量不同参数模型的辐射噪声并比较其区别。

## 3　测量结果及分析

### 3.1　混响时间的测量结果

按 2.3 测量的混响箱的混响时间如表 2 所示。据此可求出混响箱的校准常数 $10\log(T_{60}C_0/13.8V)$ 如图 4 所示。由图 4 可以看出：校准常数 $10\log(T_{60}C_0/13.8V)$ 随频率变化不明显，基本上是一常数。因此，式(14)可近似为：$L_P \approx L_W + 56.6$ 。

根据表 2 中的混响时间，参考文献[18]，可计算出混响半径 $r_h \approx 0.16$ m。水下翼型结构的流噪声主要为偶极子和四极子源，指向性不是太尖锐，测量水下翼型结构模型的流噪声可以在离声源距离 $r > 1$ m的混响控制区进行。

表 2　混响时间测量结果

| $f$/kHz | ≤4 | 5 | 6.3 | 8 |
|---|---|---|---|---|
| $T_{60}$/s | 0.213 | 0.211 | 0.210 | 0.209 |
| $f$/kHz | 10 | 12.5 | 16 | 20 |
| $T_{60}$/s | 0.208 | 0.208 | 0.208 | 0.208 |

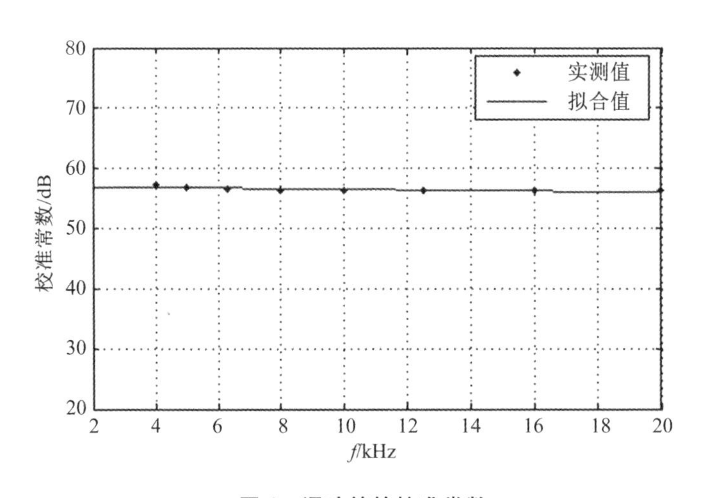


图 4　混响箱的校准常数

### 3.2　标准声源辐射声功率的混响法与自由场测量结果比较

按 2.3 在混响箱中的混响控制区测量出标准声源的空间平均声压级，并根据 3.1 测量的混响时间，按式(6)可得到该球型声源的辐射声功率。使信号源及放大倍数不变，在消声水池中采用自由场法测量该声源的辐射声功率。两种方法的测量结果比较见图 5。由图 5 可以看出：两种方法测量结果相差不大，由此可以证明：在水洞混响箱中采用混响法测量声源的辐射声功率是有效的。

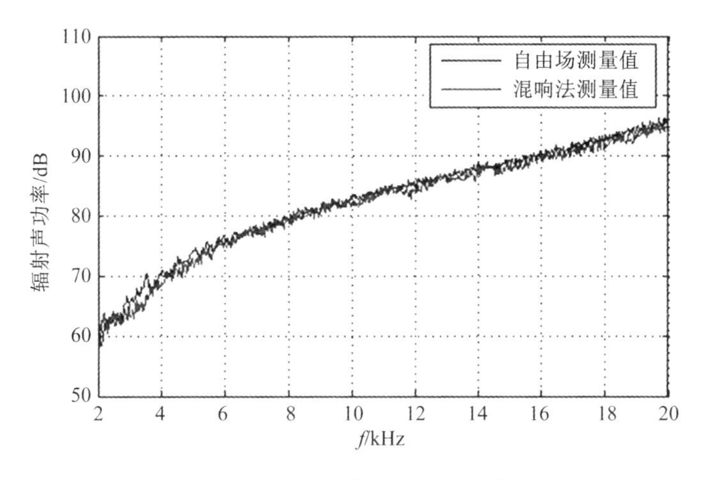


**图 5 混响法与自由场法测量的标准声源辐射声功率对比**

## 3.3 水下翼型结构模型辐射声功率测量结果

在进行流激水下翼型结构辐射声功率测量之前,测试了水洞静态下及不装模型不同流速下的背景噪声,9 m/s流速下的背景噪声与实测噪声对比如图 6 所示,可见:在频率小于 5 kHz时,实测噪声比静态背景噪声高 45 dB以上,比不装模型 9 m/s流速下的动态背景噪声高 12 ~20 dB。因此,可忽略背景噪声的影响。

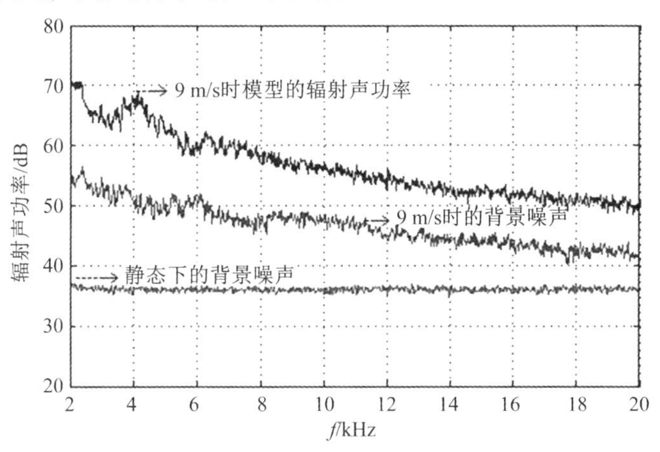


**图 6 水洞的背景噪声与实测噪声对比**

采用图 2(a)的薄翼型结构,由于尾端的夹角大于 15°,所以尾端会有脱出涡产生。另外,此次试验的最大流速为 $U = 9$ m/s,在此流速以下,不会产生空化,其原因如下:试验所采用的翼型结构可近似为 NACA 翼型,厚度与弦长之比为 $h/c = 0.1875$,参考文献[19],可知:临界空泡数 $K_i < 1$,水洞的水箱的高度 $H = 18$ m,实验流速 $U = 10$ m/s时,模型表面压力

$$P_\infty = \rho g H - \frac{1}{2}\rho U^2 \approx 1.26 \times 10^5 (\text{kg/m}^2)$$

故实际空泡数

$$K = \frac{P_\infty - P_v}{\left(\frac{1}{2}\rho U^2\right)} \approx \frac{P_\infty}{\left(\frac{1}{2}\rho U^2\right)} \approx 2.52$$

式中 $P_v$ 为蒸汽压力。因为 $K > K_i$，所以 $U = 10$ m/s流速时不会空化。我们实验的流速范围（$U_\infty$ 在1 ~9 m/s之间）不会产生空化，实验观察也证实了这一点。

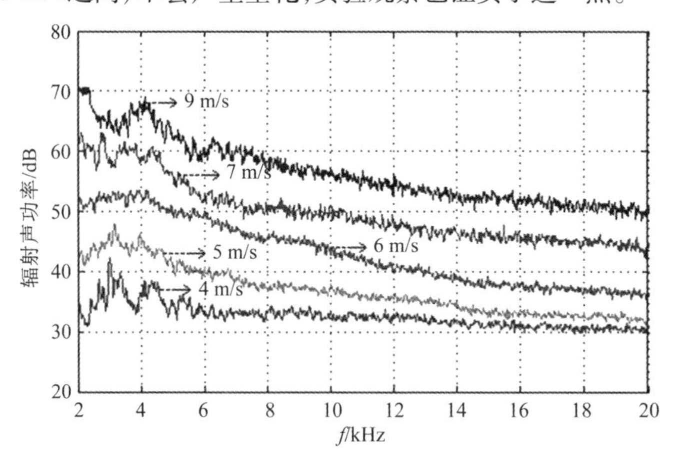


**图 7　不同流速下测量的辐射声功率**

在混响箱中测量的典型流速下的流激水下翼型结构模型的辐射声功率如图 7 所示。由图 7 可知：水下翼型结构模型的辐射声功率谱是在宽带连续谱基础上叠加部分低频线谱，且随着流速的增大，水下翼型结构模型的辐射声功率也增大。

对不同流速的辐射声功率求和，可得到不同流速的总辐射声功率。建立总辐射声功率与流速的关系如图 8 所示。从图 8 可知：当流速小于 5m/s（雷诺数 $\Re c < 2 \times 10^6$）时，流噪声与流速的 6 次方成正比，符合偶极子的辐射规律；当流速大于 5m/s（$\Re c > 2 \times 10^6$）时，翼型结构周围为完全湍流流场，此时水下翼型结构尾边脱出涡的作用比较明显，在湍流脉动压力及尾边脱出涡的共同作用下，流噪声不再按流速的 6 次方规律变化，而是按与流速的 10 ± 1 次方的规律增长。

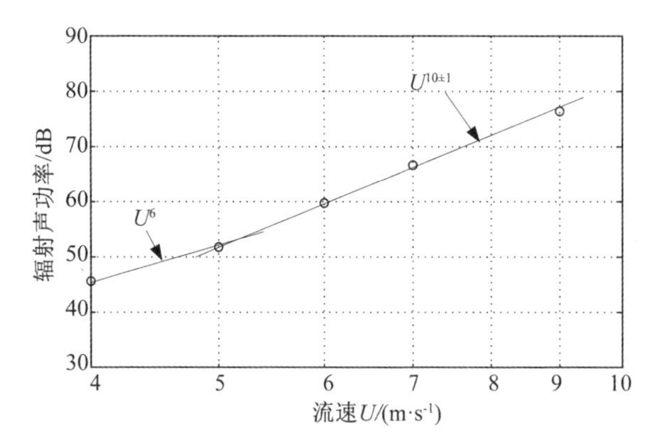


**图 8　不同流速下的总辐射声功率**

图 9 为流速为 9 m/s 时，不同厚度的水下翼型结构辐射声功率比较，从该图可以看出，随着厚度的增加，水下翼型结构的辐射声功率越小。这是因为：水下翼型结构越厚，结构的机械阻抗越大，在同样激励力作用的情况下，结构的振速越小；同时水下翼型结构越厚，结构的模态频率越高，使结构的中、低频段（6 kHz以下）模态数减少，湍流脉动压力及尾边脱出涡激励力激起的共振模态也减少，导致中、低频段的总体振动和声辐射降低。由于水下翼型结

构的流噪声主要取决于中、低频段的贡献,所以水下翼型结构越厚,辐射声功率越小。

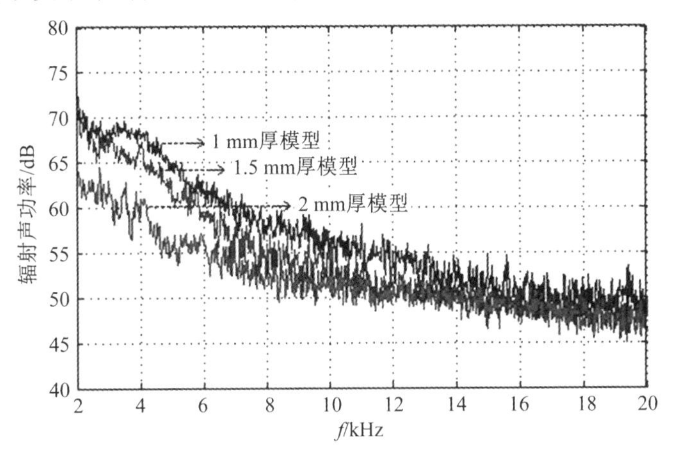


**图 9　不同厚度模型的辐射声功率对比**

对水下翼型结构加肋,最好结合其激励力特性和振动特性有针对性地进行。由于湍流脉动压力及尾边脱出涡激励力都垂直于翼展面,所以水下翼型结构的上下翼展面振动最强烈。图 10 为水下翼型结构翼展面加环肋前后的辐射声功率对比。由图 10 可以看出:加环肋对声辐射的抑制作用与频率有关,个别频率处加环肋不但对声辐射没有起到抑制作用,反而使声辐射增加,但加环肋后总声辐射得到了降低。其原因如下:壳体翼展面加环肋后,会使经过每个肋的中、低频段(6 kHz以下)振动波出现传递损失,使结构的振动得到衰减;同时加环肋和壳体加厚一样,使结构的模态频率向高频移动,虽然模态频率的变化会导致在某些频率处结构的振动和声辐射增加,但中、低频段(6 kHz 以下)的模态数减少,导致中、低频段的总体振动和声辐射降低。由于水下翼型结构的流噪声主要取决于中、低频段的贡献,所以加肋后结构的总流噪声是降低的。加环肋模型与未加环肋模型对比,总辐射声功率降低了 3. 1 dB,因此加环肋对流噪声的抑制作用是很明显的。

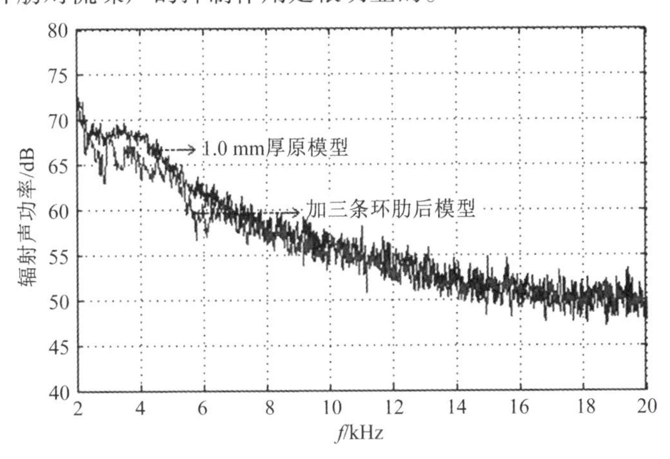


**图 10　模型翼展面是否加环肋的辐射声功率对比**

图 11 为水下翼型结构外部敷设丁基橡胶材料前后的辐射声功率测量结果对比,从测量结果可以看出,外部敷设橡胶材料后,壳体的辐射噪声减少。其原因如下:首先,黏弹性材料可以增加结构的阻尼,增大耗散因子,从而起到减振的作用;其次,黏弹性材料又具有隔声作

用,它能削弱部分的结构声辐射。

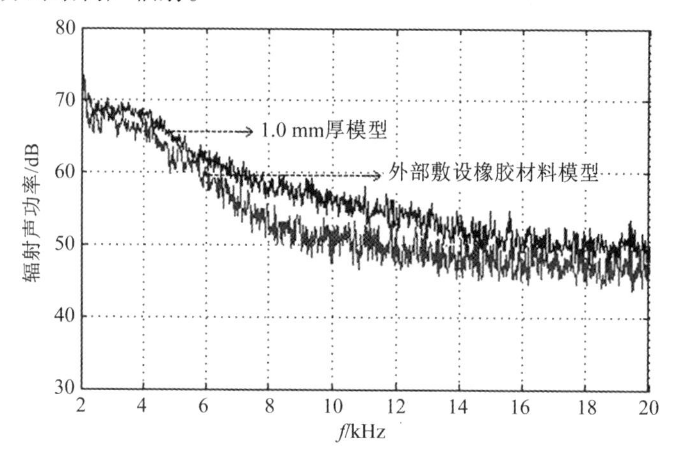


**图 11　模型外部是否敷设橡胶材料的辐射声功率对比**

## 4　结论

通过在水洞中搭建相应的流激水下翼型结构辐射声功率测量系统,在此基础上采用混响箱法测量了流激水下翼型结构的辐射噪声表明:

(1)在水洞中采用混响箱法测量流激水下翼型结构的辐射声功率,由于在测量中水听器离运动流体较远,可以避免湍流边界层压力起伏及尾边脱出涡对测量形成的干扰,而且通过声场的校准,可以较准确地得到流激水下翼型结构的辐射声功率,并进而反映其流噪声特性。

(2)当流速小于 5 m/s 时,流噪声与流速的 6 次方成正比,符合偶极子的辐射规律;当流速大于 5 m/s时,水下翼型结构尾边脱出涡的作用比较明显,在湍流脉动压力及尾边脱出涡的共同作用下,流噪声按与流速的 10 ± 1 次方的规律增长。

(3)水下翼型结构适当加厚,结构的机械阻抗变大,在同样激励力作用的情况下,结构的振速越小;同时水下翼型结构越厚,结构的模态频率越高,使结构的中、低频段模态数减少,导致中、低频段的总体振动和声辐射降低。由于水下翼型结构的流噪声主要取决于中、低频段的贡献,所以水下翼型结构越厚,辐射声功率越小。

(4)对水下翼型结构的翼展面加环肋后,会使经过每个环肋的中、低频段振动波出现传递损失,使结构的振动得到衰减;同时加环肋和壳体加厚一样,使结构的模态频率向高频移动,从而降低结构的流噪声。加三条环肋模型与未加环肋模型对比,总辐射声功率降低了 3. 1 dB,因此加环肋对流噪声的抑制作用是明显的。

(5)黏弹性材料不但可以增加结构的阻尼,增大耗散因子,起到结构减振的作用;而且黏弹性材料还具有隔声作用,能削弱部分的结构声辐射。所以,水下翼型结构外部敷设黏弹性材料可以在一定程度上抑制其流噪声。

此测量方法可应用于水下复杂结构的辐射声功率测量,若条件允许也可用于水下航行器(如潜艇)的辐射声功率测量;同时所总结的流噪声机理对水下结构的设计具有一定的指导意义。

## 参 考 文 献

[1] 俞孟萨,吴有生,庞业珍. 国外舰船水动力噪声研究进展概述. 船舶力学,2007;11(1):

152 - 158.
[2] 俞孟萨,胡拥军,陈克勤. 突体剖面线型的流噪声机理分析和试验研究. 应用声学,1998;17(5):44 - 48.
[3] 朱习剑,何祚镛. 水洞中突出矩形腔的流激驻波振荡研究. 哈尔滨船舶工程学院学报,1993;14(4):41 - 52.
[4] P. M. Morse and K. Uno Ingard, Theoretical Acoustics, Princeton University Press, Princeton, NJ, 1986.
[5] 马大猷. 论室内声场. 声学学报,2003;28(2):97 - 101.
[6] 马大猷. 室内声场公式. 声学学报,1989;14(5):383 - 385.
[7] 马大猷. 室内稳态声场. 声学学报,1994;19(1):13 - 21.
[8] 马大猷. 复议室内稳态声场. 声学学报,2002;27(5):385 - 388.
[9] 钟祥璋,陈炎. 提高混响室声功率测定精度的研究. 同济大学学报,1989;17(3):415 - 420.
[10] 于渤. 噪声源声功率级测量的进展. 计量学报,1985;6(3):234 - 240.
[11] Maidanik, G. Response of ribbed panels to reverberant acoustic fields. JASA, 1962, 34(6): 809 - 826.
[12] Ludwig, G. R. An experimental investigation of the sound generated by thin steel panels excited by turbulent flow(boundary layer noise). UTTA, Report 87, Univ. of Toronto.
[13] G. M. Diehl, Sound power measurement on large machinery installed indoor, JASA, 61, 2 (1977), 449 - 455.
[14] Hübner G. Analysis of errors in measuring machine noise under free field conditions, JASA, 54, 4(1973), 965 - 975.
[15] Hübner G. Qualification procedure for free field condition of sound power determination of sound source and method for the determination of appropriate environmental correction, J. Acoust. Sot. Am, 1977;61(2):456 - 464.
[16] 俞孟萨,吕世金,吴永兴. 半混响法环境下水下结构辐射声功率测量. 应用声学,2001;20(6):23 - 27.
[17] 王春旭,邹建,张涛,侯国祥. 水下湍射流流噪声试验研究. 船舶力学,2010;14(1 - 2):172 - 180.
[18] 尚大晶,李琪,商德江,侯本龙. 水下声源辐射声功率测量实验研究. 哈尔滨工程大学学报,2010;31(7):938 - 944.
[19] BlakeW K. Mechanics of Flow - Induced Sound and Vibration. London: Academic Press, 1986:427 - 451.
[20] 马大猷. 现代声学理论基础[M]. 北京:科学出版社. 2004:192 - 195.
[21] 刘永伟,商德江,李琪,陈梦英. 含悬浮泥砂颗粒水介质的声吸收实验研究. 兵工学报,2010;31(3):309 - 315.
[22] Kuttruff H. Room acoustics 3rd ed. New York: Applied Science. 1991:75 - 77.
[23] 周心一,吴有生. 流体动力性噪声的相似关系研究. 声学学报,2002;27(4):373 - 376.

# 大体积模型对非消声水池声模态影响研究

张义明　李　琪　唐　锐

**摘要**　非消声水池是一种常用的声学测量设施,通过混响法和比较法等测量方法可以对声源的辐射声功率进行准确的测量。当声源的体积相对非消声水池体积不可忽略时,需要考虑声源体积对测量结果的影响。非消声水池中的声模态是在非消声水池中开展声学测量时需要考虑的重要指标,本文研究了大体积模型对水池声模态的影响。利用仿真计算软件数值计算了声源和水池不同体积比下声场的声模态。通过数值计算发现当声源和水池的体积比小于1:10时,模型体积对声场的模态频率的影响可以忽略。

**关键词**　大体积模型;非消声水池;声模态

## 0　引言

非消声水池在水下声源低频辐射声功率测量中扮演着重要角色。相对外场、消声水池测量条件,非消声水池声学测量方法具有背景声场低、测量条件容易满足、测量重复性好、应用方便高效等优势。目前混响法[1-2]、比较法[3]和近场声能流分离[4]等声源低频辐射声功率地测量方法已经应用在实际工程测量中。

为了更准确地评价设备的减振降噪效果,对大型舱段模型进行声学测量的需求日益加大。对工程上主要关心的模型低频辐射噪声测量上,消声水池由于低频声吸收性能的限制,无法在其中开展模型的低频辐射噪声测量。外场测量试验周期长,依靠外场测量来评价各种设备的声学性能会导致设备的改进、设计周期大幅增长。利用非消声水池对大模型进行低频辐射声功率测量能够弥补消声水池的低频限制,同时能大幅提升设备的设计和改良周期。

由于池壁的反射,非消声水池中会存在干涉现象,非消声水池中的声模态是在非消声水池中进行辐射声功率测量时需要考虑的重要指标。声模态密度是选择测量方法的重要依据。非消声水池的声模态和水池的尺寸有关,当模型的尺度相对非消声水池的体积不可忽略时,模型也会变成一个边界存在于水池中。本文研究了不同体积比条件下模型对声场声模态的影响,可以为非消声水池中开展大模型辐射声功率测量时选取合适的测量方法提供依据。

## 1　非消声水池中的声模态

考虑矩形非消声水池长 $L_x$,宽 $L_y$,深 $L_z$如图 1 所示。水池池壁用刚性边界近似,水面用自由边界近似。速度势函数满足

$$\frac{\partial^2 \varphi}{\partial x^2} + \frac{\partial^2 \varphi}{\partial y^2} + \frac{\partial^2 \varphi}{\partial z^2} + k^2 \varphi = 0 \tag{1}$$

池壁处为刚性边界振速为0,水面处为自由边界声压为零,边界条件可写为

$$\begin{cases}\left.\dfrac{\partial\varphi}{\partial x}\right|_{x=0,L_x}=0\\ \left.\dfrac{\partial\varphi}{\partial y}\right|_{y=0,L_y}=0\\ \left.\dfrac{\partial\varphi}{\partial z}\right|_{z=0}=0\\ \varphi|_{z=L_z}=0\end{cases}\qquad(2)$$

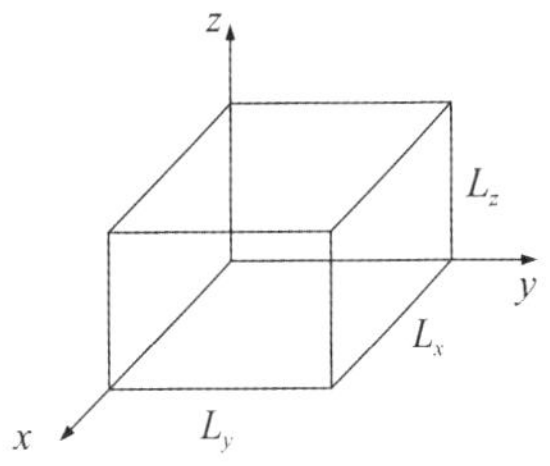

图1 非消声水池示意图

用分离变数法求解,得到上述问题的解为

$$\varphi_{n_x,n_y,n_z}(x,y,z)=\cos\left(\frac{n_x\pi}{L_x}x\right)\cdot\cos\left(\frac{n_y\pi}{L_y}y\right)\cdot\cos\left(\frac{(2n_z+1)\pi}{2L_z}z\right)\qquad(3)$$

$$k_{n_x,n_y,n_z}{}^2=\left(\frac{n_x\pi}{L_x}\right)^2+\left(\frac{n_y\pi}{L_y}\right)^2+\left(\frac{(2n_z+1)\pi}{2L_z}\right)^2\qquad(4)$$

其中 $n_x$、$n_y$、$n_z=0,1,2,3,\cdots$。由此可以求出非消声水池中分各阶声模态频率

$$f_{n_x,n_y,n_z}=\frac{ck_{n_x,n_y,n}}{2\pi}\qquad(5)$$

其中 $c$ 为声速。

利用房间声学中波数空间的概念可以计算 0 Hz 到 $f$ Hz 范围内的模态数量,计算公式为

$$N_f=\frac{4}{3}\pi V\left(\frac{f}{c}\right)^3+\frac{\pi}{4}S\left(\frac{f}{c}\right)^2+\frac{L_zf}{2c}\qquad(6)$$

其中 $N_f$为 0 ~$f$ Hz 频率范围内的模态数量,$V$ 为水池体积,$S$ 为水池池壁总面积。进一步可以求得模态频率的平均密度,既单位赫兹带宽内的模态频率数为

$$\frac{\mathrm{d}N_f}{\mathrm{d}f}=4\pi V\frac{f^2}{c^3}+\frac{\pi}{2}S\left(\frac{f}{c^2}\right)+\frac{L_z}{2c}\qquad(7)$$

## 2 非消声水池中放置大尺度圆柱壳模型时非消声水池声场的仿真计算

当声源的体积不可忽略时,声源会以边界的形式存在于声场中。选取水池尺寸为长 70 m,宽 30 m,深 20 m,用一长径比为 5∶1的圆柱来模拟大尺度模型。通过声学仿真软件 Actran 计算了声源和水池体积比 1∶5、1∶10、1∶30 和 1∶50 时声场的简正频率。体积比 1∶10 的计算模型如图 2 所示,其中流体域为一立方体中间挖空一圆柱体,在水面设置绝对软边界条件,在其余五个面设置绝对硬边界条件,流体域的内表面既挖空的圆柱处也设置为绝对硬边界,放置一点声源激发声场。体积比 1∶5、1∶30 和 1∶50 时的计算模型与图二相同,只是改变了圆柱的尺寸。通过计算水池声场的均方声压可以看出水池的模态频率,均方声压的极大值处频率即为水池的模态频率。

以体积比 1∶10 时的声场为例来说明水池中声模态的计算方法。图 3 给出了0 Hz到 100 Hz范围内体积比 1∶10 时水池内的均方声压。从图 3 中可以看出,均方声压有很多峰值,其中每一个峰值频率既对应的模态频率。

为了更加直观的比较不同体积比下水池中的声模态频率,以打点的形式将不同工况下的模态频率记录在图 4 中。每个标记的位置即为声场的模态频率。同时计算了水池中没有模型时水池的声模态频率。从图 4 可以看出,当模型和水池的体积比小于 1∶10 时,水池的声模态频率与模态密度与空场情况下一致,模型的体积对水池的声模态影响可以忽略。当体积比为1∶5时,20～40 Hz范围内的声模态数量较空场情况下减少了两个。由此推测当模型的体积进一步加大时,声源的体积相对水池会变得不可忽略,模型体积将影响水池的模态频率。

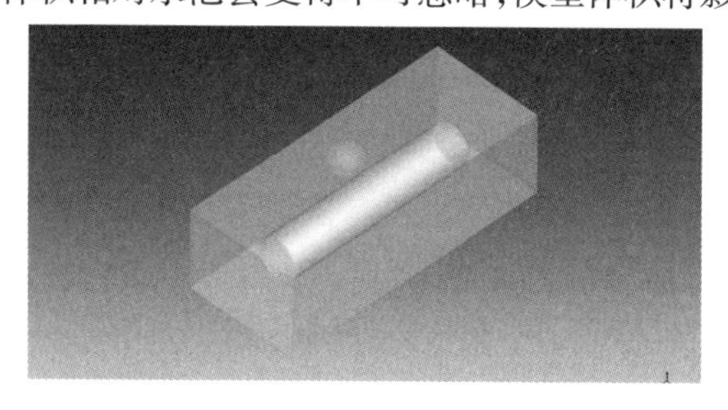

**图2　仿真计算模型**

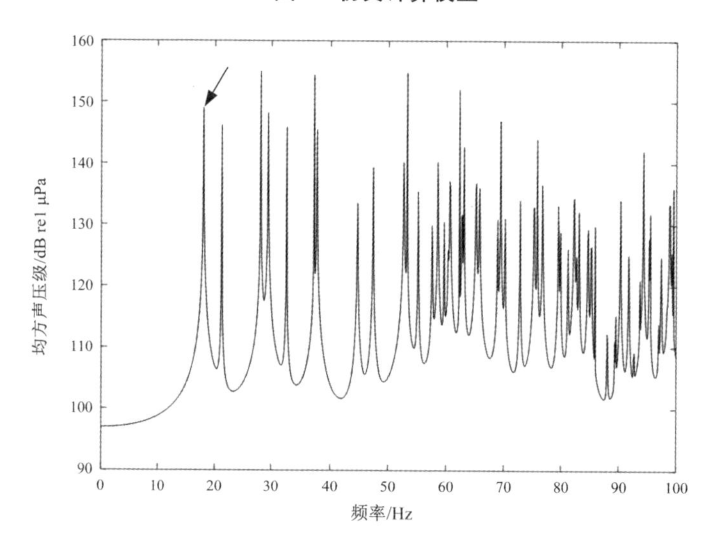


**图3　体积比1∶10时声场均方声压级**

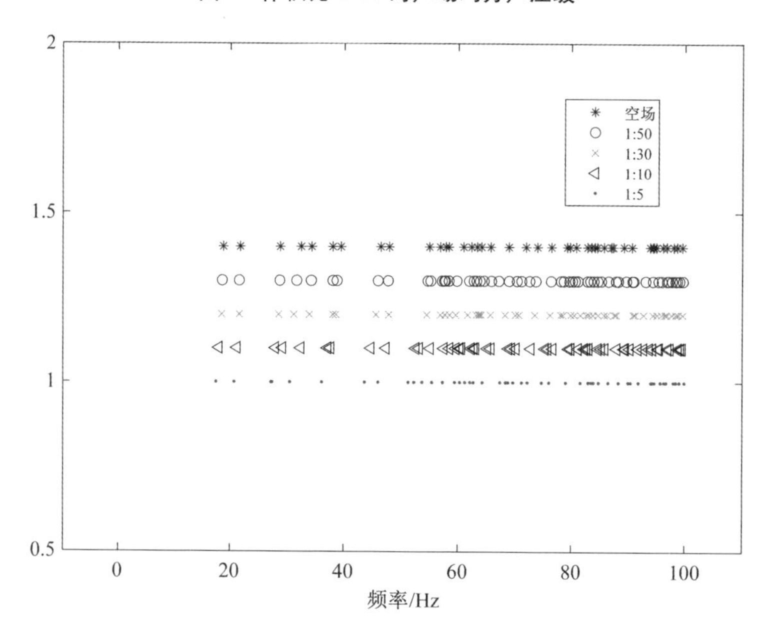


**图4　不同体积比下水池的模态频率**

## 3　结论

本文针对大尺度模型的体积对非消声水池声模态的影响进行了仿真分析。通过仿真分析发现，当模型体积与非消声水池的体积比小于 1∶10 时，模型体积对水池声模态的影响可忽略，当模型体积与水池体积比大于 1∶10 时，模型体积相对非消声水池体积不可忽略。

## 参考文献

[1] 李琪．水筒噪声测量方法研究[D]．哈尔滨：哈尔滨船舶工程学院，1990.

[2] 尚大晶．水下复杂声源辐射声功率的混响法测量技术研究[D]．哈尔滨：哈尔滨工程大学，2012.

[3] Zhang Y M, Tang R, Li Qi, et al. The low－frequency sound power measuring technique for an underwater source in a non－anechoic tank[J]. Measurement Science and Technology, 2018, 29(3): 035101.

[4] 徐宏哲．封闭空间中水下声源低频辐射声功率测量方法研究[D]．哈尔滨：哈尔滨工程大学，2018.

# 船舶近场声辐射特性初探

孟春霞　杨士莪　李桂娟

**摘要**　为了修正目前国内所普遍采用的船舶辐射噪声测量方法，建立了一个具有一定空间分布的船舶辐射噪声源模型。利用波数积分方法仿真计算了该模型在自由场条件下的近程声场，并分析了近场辐射噪声的基本规律。仿真结果与国外文献提供的船舶水下辐射噪声近场特性吻合，验证了所建模型的正确性。

**关键词**　船舶；近场；辐射噪声

船舶水下辐射噪声的声源种类繁多，大致可归纳为推进器辐射噪声、主副机振动的辐射噪声以及流体动力噪声。可以认为，舰船水下辐射噪声是自船首至船尾并包括部分尾流的空间范围内分布噪声源的噪声辐射，再加上船体本身和尾流的声屏蔽效应的总效果[1]。实际上噪声具有复杂的空间方向特性，且在近距离处噪声强度随空间距离的变化也不规则，这使得船舶水下辐射噪声的准确测量极大地复杂化。图 1 给出一艘商船水下辐射噪声等强度线的分布图，从该图所描述的情况可认识到，若采用单个水听器，利用通过法测量船舶辐射噪声，再根据球面衰减规律归算到 1 m处声源强度，则很难反映船舶水下辐射噪声的真实强度[2]。因此必须采用适当的手段对现有的噪声测量方法进行修正。

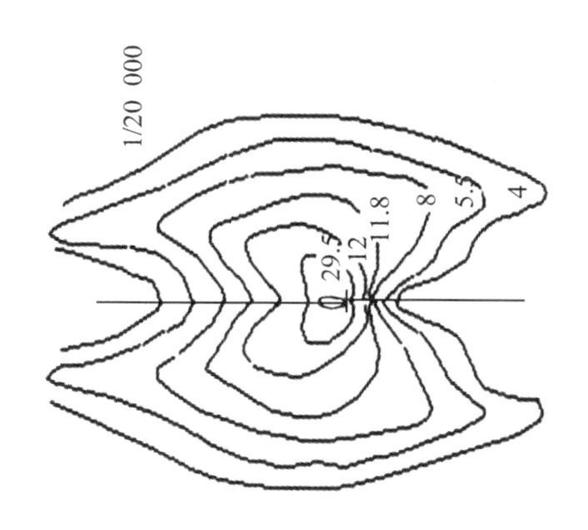


**图 1　商船水下噪声等声强线分布图**

## 1　组合声源模型

为了研究潜艇等水下目标的辐射噪声的空间分布特性，文中提出了用若干个不同位置、不同强度的多极子声源来代替舰船的辐射噪声源。

建立如图 2 所示的直角坐标系，$x$ 轴方向为舰船的艏艉线方向，$y$ 轴的方向为垂直于艏艉线的方向。$S_1$为舰船头部的水动力噪声，$S_2$为舰船中后部的主副机噪声，$S_3$为舰船尾部的推进器辐射噪声。$a_{i1}$ 为单极子声源的强度，$a_{i2}$ 为偶极子声源的强度，$a_{i3}$ 为四极子声源的强度。$a_{i4}$ 为八极子声源的强度，$i=1,2,3$。$\theta_1$ 、$\theta_2$ 和 $\theta_3$ 为接收点与 3 个声源位置连线与 $x$ 轴的夹角，$r$ 是接收点到坐标原点之间的距离，$\theta$ 是接收点的方位角，$\theta_2 = \theta$ ，$r_2 = r$。

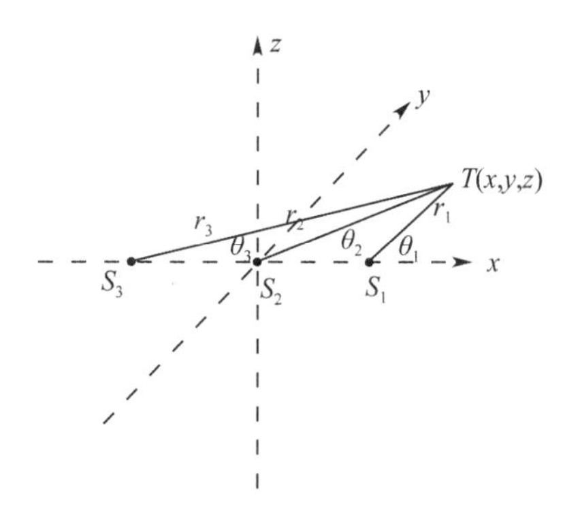


**图 2　声源位置关系图**

我国的海域大部分是浅海，水深在 50 m 左右[3]。因此,只有研究在浅海波导条件下,也就是考虑海底、海面的边界的影响,以及海洋环境的影响的情况下的组合声源的近程声场分布才具有实际意义[4]。但不失一般性,文中首先给出自由场条件下,声场的声压表达式。从舰船头部到舰船尾部3个声源位置在空间某一个接收点产生的声压分别是:

$$p_1 = \frac{a_{11}}{r_1} + \sin\theta_1 \frac{a_{12}}{r_1} + \sin 2\theta_1 \frac{a_{13}}{r_1} + \sin 4\theta_1 \frac{a_{14}}{r_1} \tag{1}$$

$$p_2 = \frac{a_{21}}{r_2} + \sin\theta_2 \frac{a_{22}}{r_2} + \sin 2\theta_2 \frac{a_{23}}{r_2} + \sin 4\theta_2 \frac{a_{24}}{r_2} \tag{2}$$

$$p_3 = \frac{a_{31}}{r_3} + \sin\theta_3 \frac{a_{32}}{r_3} + \cos\left(2\theta_3 + \frac{\pi}{2}\right)\frac{a_{33}}{r_3} + \cos\left(4\theta_3 + \frac{\pi}{2}\right)\frac{a_{34}}{r_3} \tag{3}$$

接收点 $T(x,y,z)$ 处的总声压[5-6]为

$$p(x,y,z) = \sqrt{|p_1(x,y,z)|^2 + |p_2(x,y,z)|^2 + |p_3(x,y,z)|^2} \tag{4}$$

## 2　仿真计算

为了验证文中提出的方法,作者进行了一系列的仿真计算,下面给出其中的一部分结果。

例1:多极子声源的系数以及3个声源的 $x$ 轴坐标如表1所示。图3给出自由场条件下,多极子组合声源在400 m×400 m的范围内,在垂直于 $z$ 轴的声源所在水平面内的等声强线分布图。

**表1　例1中多极子的系数和坐标**

| $a_1 1$ | $a_1 2$ | $a_1 3$ | $a_1 4$ | $x_1$ |
|---|---|---|---|---|
| 0 | 1.6 | 1.2 | 0 | 70 |
| $a_2 1$ | $a_2 2$ | $a_2 3$ | $a_2 4$ | $x_2$ |
| 1.5 | 1.5 | 0 | 0 | 0 |
| $a_3 1$ | $a_3 2$ | $a_3 3$ | $a_3 4$ | $x_3$ |
| 0 | 1 | 1.7 | 0 | -50 |

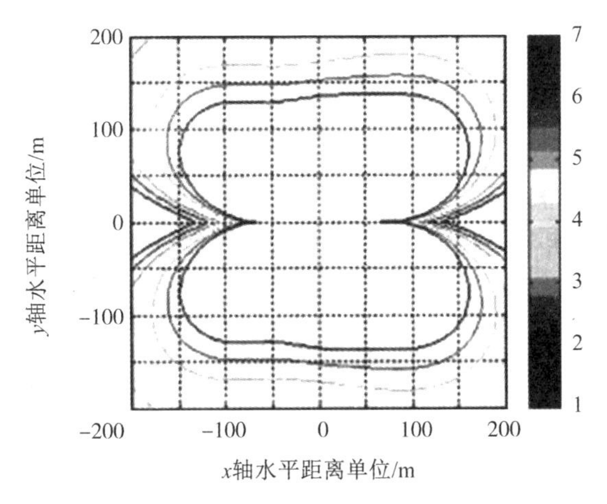


**图3　例1的等声强线分布图**

例 2:多极子声源的系数以及 3 个声源的 $x$ 轴坐标如表 2 所示。图 4 给出了自由场条件下多极子组合声源在 400 m × 400 m 的范围内在垂直于 $z$ 轴的声源所在水平面内的等声强线分布图。

**表 2　例 2 中多极子的系数和坐标**

| $a_1 1$ | $a_1 2$ | $a_1 3$ | $a_1 4$ | $x_1$ |
|---|---|---|---|---|
| 0 | 1.1 | 1 | 0.5 | 60 |
| $a_2 1$ | $a_2 2$ | $a_2 3$ | $a_2 4$ | $x_2$ |
| 0.8 | 1 | 0 | 0 | 0 |
| $a_3 1$ | $a_3 2$ | $a_3 3$ | $a_3 4$ | $x_3$ |
| 0 | 1 | 1.5 | 0.5 | -40 |

图 3 和图 4 的等声强线图表明了组合声源的近场具有复杂的空间分布。在组合声源的近场已经不具有球面波的衰减规律。

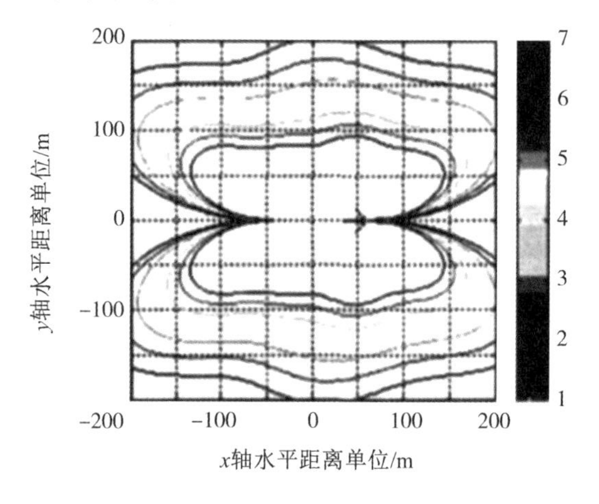


**图 4　例 2 的等声强线分布图**

## 3　结论

通过大量的仿真计算可以得出结论:

(1)舰船的辐射噪声源可以看作沿舰船的艏艉线方向分布的多极子声源的组合。

(2)在多极子声源强度系数相同的情况下,头部与尾部多极子声源之间的距离越大,仿真计算得到的等声强轮廓线的横纵比也越大。

(3)组合声源中多极子声源的极数越多,仿真计算的结果也就越接近真实的值。但考虑到进行水池、水库等模拟试验的可行性,多极子声源的极数又不能太多。

大量的海上试验已经证明,每一艘舰船的辐射噪声源是不同的,即使是同一艘舰船在不同的工况下,辐射噪声场的空间分布也不相同。在文中提出的方法中,则表现在组合声源中的多极子声源的强度系数及位置坐标的变化。文中的结果为深入研究舰船辐射噪声的远场空间指向性奠定了基础。

## 参考文献


[1] 杨士莪. 船舶水下辐射噪声的机动检测[J]. 中国造船,1998(增刊):63 - 67.

[2] GUIEYSSE L. SABATHEP. Acoustique Sous - marine[M]. 2nd Ed. Parus:DUNOD,1964.

[3] ZHOU S H,LIU M K,CH EN Z Q. Effect of sound waveguide on near - field in shallow water [J]. Chinese Journal of Acoustics,1999,18(3):241 - 246.

[4] 张毅鹏. 水下直升机的建模与分析[D]. 西安:西北工业大学,2004.

[5] JENSEN F B,KUPERM AN W A,PORTER M B,et al. Computational Ocean Acoustic [M]. New York:American Institute of Physics,1993.

[6] DINAPOLI F R,DEAVEPORT R L. Theoretical and numerical Green's function solution in a plane layered medium.

# 一种用于水下低辐射噪声目标的矢量测量阵

方尔正　杨德森

## 1　引言

随着减振降噪技术的发展,水下目标的辐射噪声强度也随之大幅度降低,采用传统测量方法无法或很难获得被测目标的辐射噪声信息。近年来矢量水听器的研制成功和在工程中广泛的应用为这一问题的解决提供了新的思路。

## 2　矢量阵列噪声测量原理

采用线列阵测量水下目标辐射噪声需满足如下三个条件:条件一:基阵的主波束必须完全覆盖被测目标;条件二:基阵在测量频段上必须有恒定的频率响应和与频率无关的指向性;条件三:必须有足够的信噪比[1]。设水下目标尺度为 $L$,测量距离为 $d$,基阵主波束的 $-3$ dB束宽为 $\theta$,则要满足此条件必有

$$\frac{\theta_{-3\ \mathrm{dB}}}{2} = \tan^{-1}(L/2d) \tag{1}$$

线列阵的指向性是频率的函数,不变间距阵元形成的指向性会随着频率的升高而变窄[2],因此需要采用矢量宽带波束形成技术。实践表明,高于 6 dB的信噪比可以保证测量结果的有效性,因此阵增益也是设计参数之一。

根据乘积定理,在采用矢量水听器为基阵阵元时,整个基阵的指向性可以分为无指向性的线列阵指向性和单个矢量水听器的指向性的乘积。即测量阵指向性

$$B = B_1 \times B_2 \tag{2}$$

其中 $B$ 为测量阵指向性,$B_1$ 为无指向性线列阵指向性,$B_2$ 为矢量水听器指向性;由无指向性的阵元构成的线列阵其指向性可以表示为:

$$B_1(\theta) = \frac{\sin[n\pi d/\lambda(\sin\theta)]}{n\sin[\pi d/\lambda(\sin\theta)]} \tag{3}$$

其中 $n$ 为阵元数,$d$ 为阵间距,$\lambda$ 为入射信号波长,$\theta$ 为入射波与基阵法线方向的夹角。

对声压 $p$ 和经过引导的振速 $v_c$ 组合可以得到不同的指向性。当采用 $(p+v_c)\cdot v_c$ 的组合方式有:

$$\begin{aligned}\frac{1}{2}(p+v_c)\cdot v_c &= \frac{1}{2}x^2(t)\cdot[1+\cos(\theta-\varphi)]\cdot\cos(\theta-\varphi)\\ &= x^2(t)\left[\frac{1+\cos(\theta-\varphi)}{2}\cos(\theta-\varphi)\right]\end{aligned} \tag{4}$$

因此其指向性函数为:

$$B_2 = \frac{1+\cos\theta}{2}\cos\theta \tag{5}$$

通过上述结果可进一步计算得到恒定束宽阵列,不失一般性的考虑两个连续的线阵,阵

1 和阵 2，长度分别为 $L_1$ 和 $L_2$，其中 $L_2 = 2L_1$。如果在一个倍频程内有恒定的指向性，即在 $f_1 \sim f_2$ 之间内有恒定的束宽。那么必有[3-4]：

$$D(f,\varphi) = D(f,\varphi_{3dB}) = D(f,0)/\sqrt{2} \tag{6}$$

从而，对矢量阵的主波束宽度要求可以写成如下形式：

$$\left|\frac{\sin[L\pi f/c(\sin\varphi_{-3dB})}{n\sin[\pi df/c(\sin\varphi_{-3dB})]}\left(\frac{1+\cos(\varphi_{-3dB})}{2}\cos(\varphi_{-3dB})\right)\right|^2 = 0.707 \tag{7}$$

其中 $c$ 为水中声速，$L$ 为子阵长度，$f$ 为阵中心频率，$n$ 为阵元数。

通过计算机符号计算软件可以得到矢量阵的波束宽度为：

$$\varphi = 2\left[90 - \arcsin(\varphi_{-3dB})\frac{180}{\pi}\right] \tag{8}$$

图 1 给出了一个倍频程内的矢量阵数据处理结构框图。带通滤波器的输出即为本倍频程内的被测目标辐射噪声能量。通过多个此类处理过程的组合可获得符合测量频带要求的结果。

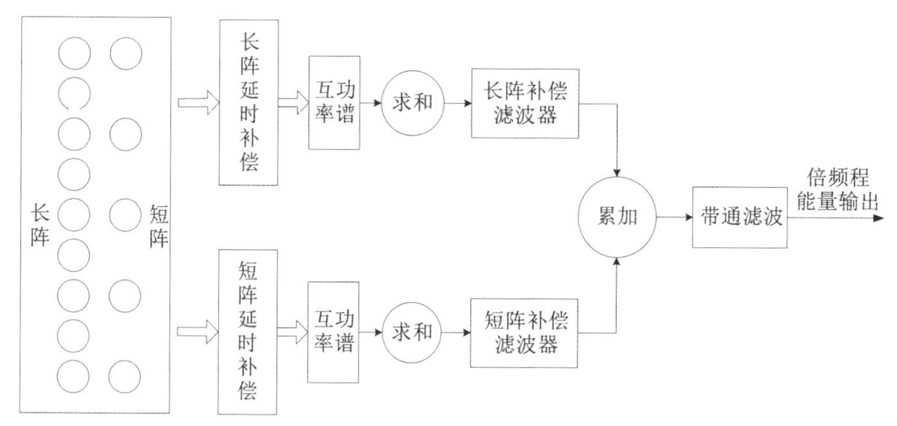


**图 1　一个倍频程内的矢量阵测量数据处理结构框图**

由图 1 可以看出，进过互谱运算获取声强后，通过图中的补偿滤波器可将二子阵的输出信号组在一倍频程上具有恒定束宽的特性。

## 3　仿真和湖上试验结果

图 5 和图 6 分别给出了 9 个阵元的常规声压阵和矢量水听器阵的仿真指向性图。矢量阵处理采用 $(p + v_c) \cdot v_c$ 的组合方式，子阵的波束形成采用道夫 - 切比雪夫加权。从图中可以看出，由相同数目阵元构成的测量阵，矢量阵的旁瓣更低，主瓣略窄，且无左右舷模糊现象。

2008 年在某水域进行了矢量阵与标量阵处理效果比较试验。试验条件：5 元矢量垂直线阵，阵元间距 1 m，矢量阵中心距水面约为 18 m，发射信号为频率 630 Hz的单频信号。矢量阵处理采用 $(p + v_c) \cdot v_c$ 的组合方式，子阵的波束形成采用道夫 - 切比雪夫加权。可以看出，矢量阵比声压阵旁瓣更低、主波束宽度更，并且没有左右舷模糊现象。

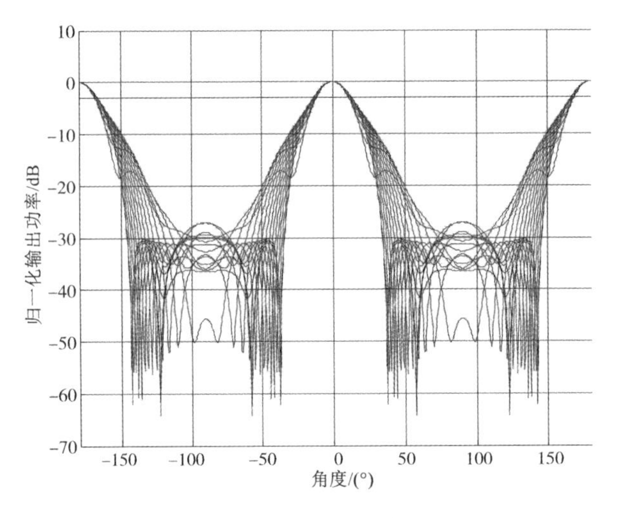


图 2　常规宽带波束形成图

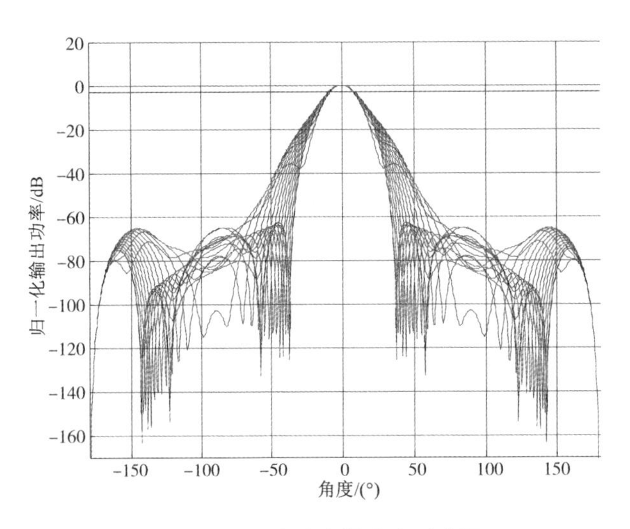


图 3　矢量阵宽带波束形成图

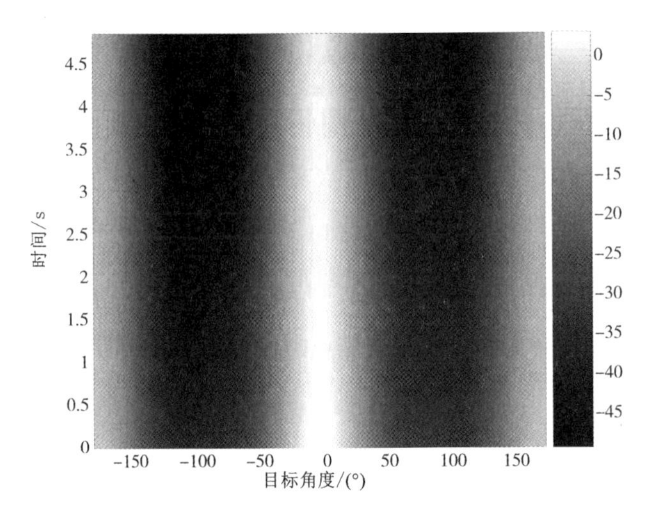


图 4　常规阵时间方位历程图

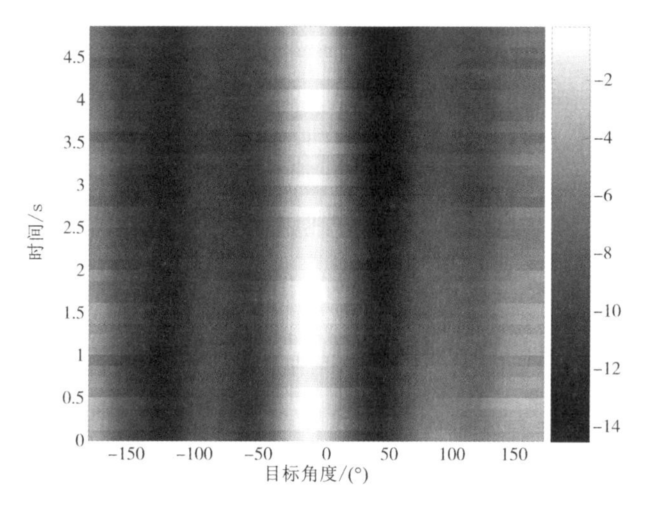


**图 5 矢量阵时间方位历程图**

## 4 结论

本文讨论了将矢量水听器阵列用于水下目标辐射噪声测量的可行性,进行了理论计算、仿真分析和湖上试验验证。结果表明,矢量测量阵可以屏蔽来自目标对向的干扰,灵敏度较高,较声压阵有更低的旁瓣、更窄的主波束宽度且无左右舷模糊现象,可以用于低辐射的水下目标辐射噪声测量。

## 参考文献

[1] Hawkes M,Nehorai A. Acoustic vector – sensor beamforming and capon direction estimation [J]. IEEE Transactions on Signal Processing,1998,46(9):2291 – 2304.

[2] Knight W C, Pridham R G, Kay S M. Digital signal processing for sonar[J]. Proc IEEE, 1981,69(11):1451 – 1506.

[3] Hawkes M, Nehorai A, Acoustic vector – sensor correlations in ambient noise[J]. IEEE Journal of Oceanic Engineering,2001,26(3):337 – 347.

[4] Cray B A,Nuttall A H,Directivity factors for linear arrays of velocity sensors[J]. Journal of Acoustic Society of America,2001,110(1):324 – 331.

# 基于波形结构特征和支持向量机的水面目标识别

孟庆昕　杨士莪　于盛齐

**摘要**　借鉴语音声学的研究成果,音色可作为区分不同目标的依据。由于舰船辐射噪声的音色信息包含在其信号的波形结构特征中,可以通过提取舰船辐射噪声的波形结构特征判断目标类型。该文对水面目标信号时域波形结构特征提取进行了研究,构建了基于信号统计特性的特征矢量,包括过零点波长、峰峰幅度、过零点波长差分以及波列面积等。应用支持向量机(Support Vector Machine,SVM)作为分类器识别两类水面目标信号,核函数为径向基函数(RBF)。提出了差分进化和粒子群算法的混合算法,优化了惩罚因子和径向基函数参数的选取,两类目标的识别率较常规的网格搜索法有显著提高。

**关键词**　信号处理;水面目标识别;波形结构特征;支持向量机;优化算法

## 1　引言

通常情况下,舰船辐射噪声主要由机械噪声和螺旋桨噪声组成。哪一种作为决定因素取决于目标船的工况。不同类别的目标从动力系统到机械结构,再到工作状态都存在显著区别。同一类的目标辐射信号总是表现一定程度的相似性,而不同类别目标信号则表现差异性,这为识别不同类别的水声信号奠定了基础[1]。借鉴语音声学的研究成果,音色可作为区分不同目标的依据。由于时域波形结构特征隐含了音色信息[2],所以可用来区分不同类别的水面目标信号。

近年来,机器学习算法是数据分析领域的一个研究热点,而支持向量机(SVM)效果颇丰。文献[3]应用SVM对稀疏表示的水声目标特征集进行识别,大幅度提高目标识别速度;文献[4]将水平集获取的特征矢量输入SVM识别图像声呐信号;文献[5]提出一种基于核层面信息融合的雷达辐射源个体识别框架;文献[6]建立多维分形和SVM的模型,提高了智能地雷对地面装甲目标的识别准确率。在生物医学工程领域,SVM用于肢体肌电信号的特征提取与分类[7]。构建SVM分类器,参数优化选取是关键。常用参数寻优算法包括:网格搜索法,遗传算法(Genetic Algorithm,GA)[8],以及粒子群算法(Particle Swarm Optimization,PSO)[9-10]等。网格搜索法原理简单,通过遍历网格搜索全局最优解,但可操作性差。GA和PSO算法不必遍历搜索参数,即可获得全局最优解,但容易陷入局部最优解,因此需要在常规的方法基础上加以改进。

## 2　原理和方法

### 2.1　波形结构

波形结构特征提取应用了搜寻极值、过零点以及统计分布等方法,极大地压缩了数据,反映了模式的本质特征。

波形结构主要包含 4 个方面特征：过零点波长，峰峰幅度，过零点波长差分以及波列面积。统计样本序列的过零点波长数，用 $S(\alpha_i)$ 表示过零点波长为 $\alpha_i$ 的个数。则过零点波长为 $\alpha_i$ 的概率分布函数为

$$P_r(\alpha_i) = S(\alpha_i)/\sum S(\alpha_i) \tag{1}$$

$H = \max(A_k)$ 代表样本序列的最大峰峰幅度。所有的峰峰幅度值被 $H$ 归一化，并在取值范围内的 20 个均分区间统计分布。用 $\beta_i(i = 1,2,\cdots,20)$ 表示任意区间，$S(\beta_i)$ 代表落在区间 $\beta_i$ 的峰峰幅度值的个数，则峰峰幅度的概率分布函数为

$$P_r(\beta_i) = S(\beta_i)/\sum S(\beta_i) \tag{2}$$

$\theta_i$ 表示任意相邻两个波长差，$S(\theta_i)$ 计算过零点波长点差为 $\theta_i$ 的数目，则过零点波长差的概率分布函数为

$$P_r(\theta_i) = S(\theta_i)/\sum S(\theta_i) \tag{3}$$

波列面积是由水平轴和时域波形围成的图形面积，可以用一系列长方形来近似表示。设波列面积的最大值为 $S = \max(R_k)$，将归一化之后的波列面积区间均分为 20 等份，$\xi_i(i =1,2,\cdots,20)$ 表示任意区间。设落在 $\xi_i$ 区间的波列面积数目为 $S(\xi_i)$，则波列面积的概率分布函数为

$$P_r(\xi_i) = S(\xi_i)/\sum S(\xi_i) \tag{4}$$

根据以上时域波形结构的 4 种统计特性，构建一个 9 维的波形特征矢量，包含如下：

(1)平均过零点波长的概率密度；

(2)过零点波长分布概率最大值；

(3)过零点波长分布概率最大值对应的波长值；

(4)过零点波长差分分布概率最大值对应的差分值；

(5)归一化波列面积为 0 到 $p_1$ 的概率和；

(6)峰峰幅度概率值在 0 到 $q_1$ 的所有值的概率和；

(7)峰峰幅度概率值在 $q_1$ 到 $q_2$ 的所有值的概率和；

(8)峰峰幅度概率值在 $q_2$ 到 $q_3$ 的所有值的概率和；

(9)归一化峰峰幅度值在 0 到 $p_1$ 范围内的所有值的概率和。

其中 $0 < p_1 < 1, 0 < q_1 < q_2 < q_3 < 1$。

过零点波长分布反映信号的频率高低，峰峰幅度分布反映信号幅度的起伏程度，过零点波长差的分布反映信号的频率变化快慢，波列面积分布综合反映信号频率和幅度起伏信息。音色是声信号时频变化的综合体现。波形结构特征描述了隐含的音色信息，符合人耳感知的听觉特征。

## 2.2　支持向量机

支持向量机(SVM)是参数识别和分类领域一种很有效的研究方法。其基本观点为将信号从样本空间转化到特征空间，确定优化超平面(边界)函数，使得两类目标信号之间距离最大化[11]。如图 1 所示，分类间隔是超平面到两类目标数据最近点的距离，该点即支持向量的距离[12]。也就是说，SVM 分类器的目标是在高维特征空间获得最优分离超平面[13]。

SVM 分类器的核函数有很多种，包括线性函数，多项式核函数，sigmoid 核函数以及径向

基函数(RBF)等。本文设置的核函数为 RBF 核函数( $K(x,y) = e^{-\gamma \| x-y \|^2}, \gamma > 0$ )。RBF 核将样本信号以非线性方式转换到高维特征空间。经证实,RBF 核函数和其他的线性核函数表现出类似的性能,同时 RBF 核的参数较多项式核函数更少,从而降低了模型的复杂度。

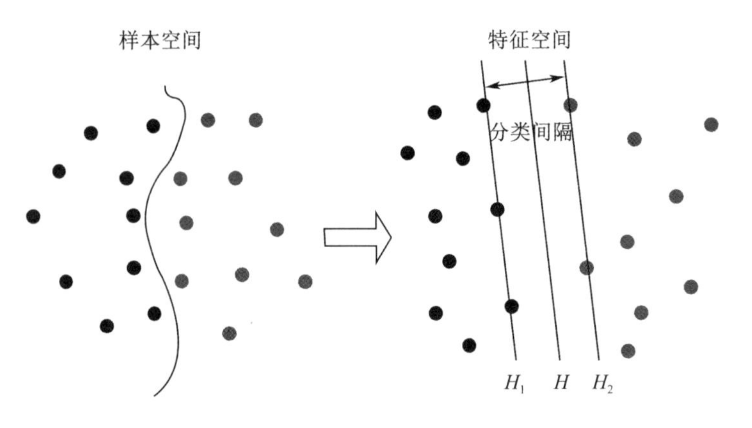


**图 1　SVM 的基本原理图**

## 2.3　交叉验证法

SVM 模型的泛化能力通常用经典的交叉验证法评价。$k$ 折交叉验证法的原理是将数据分成 $k$ 个子集。每次用其中的一个子集作为测试集,而其 $k-1$ 个子集作为训练集。先用训练集中的数据训练分类器模型,再用得到的 SVM 分类器对测试集的数据进行测试。每个数据点都会出现在测试集 1 次,出现在训练集 $k-1$ 次。随着 $k$ 的增加,结果估计的均方值会随之减小。将 $k$ 次交叉验证的预测准确率平均值作为衡量模型推广能力的标准。交叉验证法避免了过学习和欠学习的问题。

## 2.4　参数选取方法

### 2.4.1　网络搜索法

基于 RBF 核的 SVM 的性能主要受惩罚因子 $C$ 和核参数 $\gamma$ 的影响。核函数主要反映样本数据在高维空间的复杂程度,即维数[13]。而惩罚因子通过调节特征空间中置信范围和经验风险的比例,使 SVM 的泛化能力达到最好。SVM 的性能优化转化为参数对 $(C,\gamma)$ 的优化选择问题。

对于参数搜索,目前尚未有公认的最有效方法。网格搜索法由于原理简单,是搜索 SVM 一种常用方法。该方法的过程如下:首先,根据经验,确定参数 $\gamma$ 和 $C$ 的搜索范围;其次,恰当选取搜索步长,得到一系列的参数对 $(C,\gamma)$;然后,每一组参数对被用来训练 SVM 模型;最后,挑选使训练序列的预测精度达到最大的 SVM 参数对 $(C,\gamma)$,即得到泛化能力强的 SVM 分类器。换言之,网格搜索方法是应用海量搜索获得最优解的。比如,若 $\gamma$ 和 $C$ 参数的候选值分别为 $m$ 和 $n$,则对 $(C,\gamma)$ 的 2 维参数空间被划分为 $m \times n$ 个网格。该种方法理论上,在参数搜索范围足够大、搜索步长足够小的情况下是可以得到全局最优解的。但是搜索时间较长,且由于采取逐步逼近的方法,花费在非最优解区域的时间过长,是不可忽视的。

### 2.4.2　优化算法

在对参数对 $(C,\gamma)$ 进行选择时,优化算法是必不可少的。常用的优化算法包括遗传算法、差分进化算法(Differential Evolution,DE)以及粒子群优化(PSO)算法等。DE 算法具有较强的全局收敛能力和鲁棒性,可以避免遗传算法的早熟缺点。然而,DE 算法随着迭代次数的增加,优化效率逐渐降低,迭代后的个体收敛程度差,可能出现发散的结果[14]。粒子群算法具有收敛速度快的特点,迭代后群体中的粒子收敛(或集中)程度非常高,每个粒子搜索到的最优位置在计算和显示精度内基本上处于同一点,粒子会很快地失去种群多样性,容易陷入局部最优[15]。

本文采用一种基于 DE 算法和 PSO 算法的混合优化算法 DEPSO。该算法使群体能够保持一定的多样性,既不像 PSO 算法那样所有粒子很快收敛于同一位置,也不像 DE 算法那么发散,而是所有个体逐渐趋向于同一点,并保有多样性的潜能。同时还可以进一步根据收敛程度对最终的最优解进行取舍,即将迭代后收敛程度相对不高情况下的最优解舍弃。

在对群体进行初始化时,每个个体根据搜索范围随机产生:

$$z_{id}^{0} = X_{d\min} + r(X_{d\max} - X_{d\min}) \tag{5}$$

其中 $Z_i^0 = (z_{i1}^0, z_{i2}^0, \cdots, z_{iD}^0)$ 表示群体的初始值,$X_{\min} = (X_{1\min}, X_{2\min}, \cdots, X_{D\min})$ 和 $X_{\max} = (X_{1\max}, X_{2\max}, \cdots, X_{D\max})$ 分别表示各参数的搜索下限和上限,$r$ 为 $[0,1]$ 之间的随机数。这样,通过初始化操作将个体“牵引”到搜索空间内。

DEPSO 算法首先按照 DE 算法进行搜索,然后将 DE 算法得到的最后一代群体作为 PSO 算法粒子的初始位置和每个粒子搜索到的局部最优位置的初始值,迭代后所有代中的最优个体作为 PSO 算法所有粒子迄今为止搜索到的全局最优位置的初始值。其中,DE 算法中所有代的最优个体的获取方法如同 PSO 算法对全局最优位置的更新方式一样,每迭代一次后都通过目标函数值的比较进行保留或更新。PSO 算法中粒子的初始速度同样根据搜索范围随机产生,根据 Clerc 的速度更新公式[16],可表示为

$$v_{id}^{0} = rX_{d\max} \tag{6}$$

其中 $v_{id}^0$ 表示粒子的初始速度。为了减小粒子“溢出”搜索空间的可能性,每次迭代后需要对粒子的速度进行限制,当 $v_{id}^k > X_{d\max} - X_{d\min}$ 时,

$$v_{id}^{k} = X_{d\max} - X_{d\min} \tag{7}$$

当 $v_{id}^k < -(X_{d\max} - X_{d\min})$ 时,

$$v_{id}^{k} = -(X_{d\max} - X_{d\min}) \tag{8}$$

并且,在搜索过程中对于移动到搜索空间外的个体,对其位置进行随机分配,当 $z_{id}^k > X_{d\max}$ 时,

$$z_{id}^{k} = X_{d\min} + r(X_{d\max} - X_{d\min}) \tag{9}$$

当 $z_{id}^k < X_{d\max}$ 时,

$$z_{id}^{k} = X_{d\min} + r(X_{d\max} - X_{d\min}) \tag{10}$$

这样整个 DEPSO 算法实际上是在 DE 算法搜索到的全局最优附近,采用 PSO 算法进行局部的精确搜索,并进一步提高群体的收敛程度。

## 3　实验与分析

### 3.1　波形结构

对比分析两类水面目标信号结构特征参数。分别提取两类目标信号的过零点波长、峰峰幅度、过零点波长差分以及波列面积,统计其结果,绘制概率密度函数曲线。目标辐射噪

声的数据十分宝贵,尤其是水下目标信号。但由于条件所限,目前尚缺少多目标,不同工况下的目标辐射噪声数据。

如图 2 至图 5 所示,两类目标信号从过零点波长特征、归一化的峰峰幅度特征、过零点波长差分以及归一化的波列面积等特征进行对比,发现针对同一特征两类目标信号特征值的取值范围和极值大小均存在明显差异。根据图 2 至 5 的 4 个特征,提取 9 维特征值,构成特征矢量,输入到 SVM 分类器。为了简便,以下分别以目标 1 和目标 2 代指商船和水面运输机。

### 3.2　支持向量机

对目标信号截取的每一时域波形提取 9 维波形结构特征。则输入 SVM 分类器的样本共有 240 组,其中 120 组来自目标 1,其他的 120 组来自目标 2。输入的 240 组样本被分割为两部分,其中一部分作为训练样本,训练分类器获得最优 SVM 参数,另一部分作为测试样本,作为估算分类精度的依据。测试样本和训练样本各自所占的比例影响了分类精度,在下一节作详细的讨论。

### 3.3　分类结果

应用 SVM 分类器对目标 1 和目标 2 进行分类实验,核函数为 RBF。核宽度参数 $\gamma$ 和惩罚因子 $C$ 需适当选取,才能获得最佳的分类性能。本文分别应用常用的网格搜索方法和 DEPSO 法搜索参数对($C,\gamma$)。调用 MATLAB 工具箱 LIBSVM 验证了最优参数下的 SVM 分类器的性能。

从 4 个方面提取数据的时域波形结构特征,构建 9 维特征矢量,240 组特征矢量作为 SVM 分类器的输入量。每一组时域波形的长度为 0.5 s,采样频率为 10 kHz。惩罚因子 $C$ 的搜索范围为 $[2^{-5},2^{10}]$,核宽度参数 g 的搜索范围为 $[2^{-10},2^{6}]$。$C$ 和 $\gamma$ 的搜索步长均为 0.5。应用 5 - 折交叉验证法验证 SVM 分类器的性能,则分类结果如图 6 所示。

网格搜索最优参数结果如图 6 所示。横轴代表惩罚因子,纵轴代表核函数宽度,均以对数坐标表示。图中所给出的是平均识别准确率的等高线图。如图 6 所示,参数 $C$ 和参数 $\gamma$ 只覆盖了图中网格的部分区域,这说明参数只在特定区域取值。同时,最优参数对不能直接从图上选取最大识别率对应点读出,因为过大的惩罚因子可能会造成训练样本的过学习现象。也就是说,在分类准确率同为最高的条件下,惩罚因子 $C$ 更小的参数对是优化解。

DEPSO 法搜索最优参数的结果如图 7 所示。$x$ 轴代表惩罚因子,$y$ 轴代表核函数宽度,均以对数坐标表示。$z$ 轴代表目标函数,即测试数据的分类识别精度。根据优化算法 DEPSO 的特点,由收敛程度对最终的最优解进行取舍,即将迭代后收敛程度相对不高情况下的最优解舍弃,此时最优解的精度往往较低。反复进行 50 次参数搜索实验,选取其中散点个数较少、一致收敛的结果作为全局最优解。由图 6 和图 7 的对比可知,由于优化算法实际是在全局最优解附近搜索,故目标函数值(除极少的散点)都维持在较高的取值,避免了网格搜索法在不关心区域的盲目搜索问题。

根据表 1 中的分类结果,SVM 分类器的性能受测试数据比例的影响。当训练序列数目较小时(占输入数据的 50.0%,第 3 行),两类目标的分类平均准确率(测试数据)为 67.5%。当训练序列数目增加到输入数据的 75.0% 时,平均识别精度增加到 88.3%。当训练序列数目增加到 87.5% 时,平均识别精度仅增加到 90%。结果表明提高训练样本数目可以帮助得到更高的分类精度,这从统计意义上很好理解。但是过大的训练样本数却是不符合实际情况的。

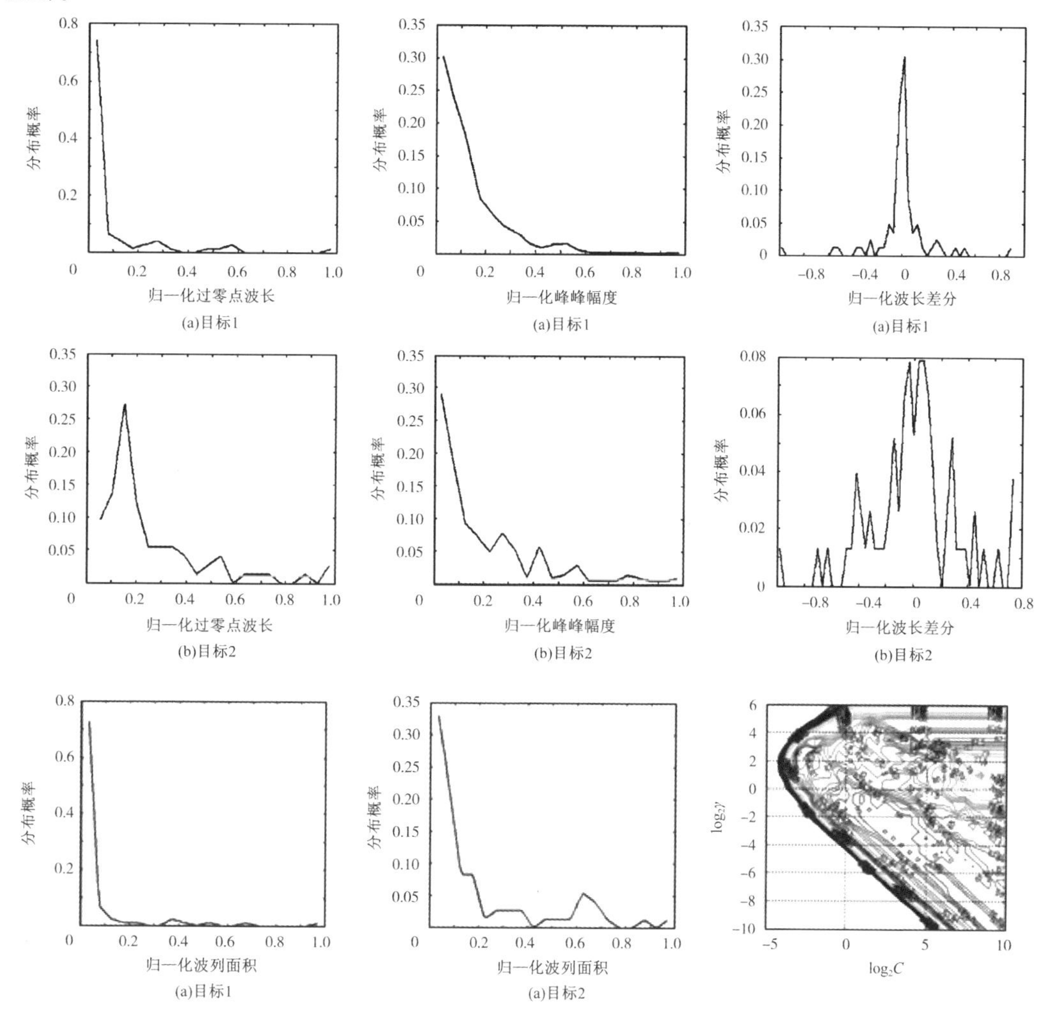


**图5　归一化波列面积分布曲线**　　**图6　网格法搜索最优参数**

在某些情况下,需要两次搜索获得最优参数对。由于缺少先验知识,首先在较大的区间范围,以较大的步长,获得一个全局最优参数。然后在获得的最优参数对附近,以更小的步长,第2次搜索最优参数对。表2和表3是一个二次搜索获取二分类实验最优参数对的算例。训练样本占实验数据总数75%。第1次搜索,搜索步长为0.5,得到一组全局最优参数对($C_1,\gamma_1$)。第2次搜索,仅在区间$[C_1/4,4C_1]$和$[\gamma_1/4,4\gamma_1]$组成的网格搜索最优参数,搜索步长为0.1。结果表明,第1次搜索的初始区间对最终的分类结果有很大的影响,这带有一定的经验成分。第2次搜索在第1次寻得的最优参数附近,减小了搜索步长,获得了更精细的结果。理论上,搜索范围足够大、搜索步长足够小的情况下,该方法可以获得全局最优参数,但可操作性差。

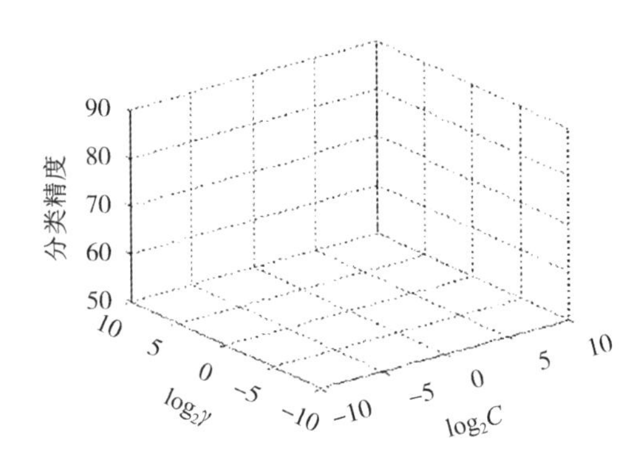


**图 7　DEPSO 法搜索最优参数**

**表 1　网格搜索法分类结果**

| 编号 | 训练样本数比例/% | 搜索范围 | | 平均准确率/% | | 最优参数 |
|---|---|---|---|---|---|---|
| | | $C$ | $\gamma$ | 训练 | 测试 | $(C,\gamma)$ |
| 1 | 87.5 | $[2^{-6},2^{6}]$ | $[2^{-8},2^{6}]$ | 88.095 2 | 90.000 0 | (19.698 3,0.707 1) |
| 2 | 75.0 | $[2^{-5},2^{6}]$ | $[2^{-10},2^{6}]$ | 87.222 2 | 88.333 3 | (64,0.016 8) |
| 3 | 50.0 | $[2^{-3},2^{6}]$ | $[2^{-10},2^{6}]$ | 90.000 0 | 67.500 0 | (0.933 0,5.656 9) |

**表 2　第 1 次搜索结果**

| 编号 | 初搜范围 | | 最优参数 | | 准确率/% |
|---|---|---|---|---|---|
| | $C$ | $\gamma$ | $C_1$ | $\gamma_1$ | |
| 1 | $[2^{-10},2^{-3}]$ | $[2^{-10},2^{10}]$ | 0.125 | 2.828 4 | 76.666 7 |
| 2 | $[2^{-3},2^{4}]$ | $[2^{-10},2^{10}]$ | 2.000 | 0.707 1 | 85.555 6 |
| 3 | $[2^{4},2^{10}]$ | $[2^{-10},2^{10}]$ | 16.000 | 0.062 5 | 85.555 6 |
| 4 | $[2^{-10},2^{10}]$ | $[2^{10},2^{-3}]$ | 8.000 | 0.125 0 | 85.555 6 |
| 5 | $[2^{-10},2^{10}]$ | $[2^{-3},2^{4}]$ | 2.000 | 0.707 1 | 85.555 6 |
| 6 | $[2^{-10},2^{10}]$ | $[2^{4},2^{10}]$ | 1.414 | 16.000 0 | 82.777 8 |

**表 3　第 2 次搜索结果**

| 编号 | 二次搜索范围 | | 最优参数 | | 准确率/% |
|---|---|---|---|---|---|
| | $C$ | $\gamma$ | $C_2$ | $\gamma_2$ | |
| 1 | [0.031 25,0.5] | [0.707 1,11.313 6] | 0.406 1 | 0.707 1 | 85.555 6 |
| 2 | [0.5,8] | [0.176 8,2.828 4] | 1.515 7 | 0.615 6 | 86.666 7 |
| 3 | [4,64] | [0.015 63,0.25] | 64.000 0 | 0.016 7 | 87.222 2 |
| 4 | [2,32] | [0.031 25,0.5] | 2.000 0 | 0.435 3 | 86.666 7 |
| 5 | [0.5,8] | [0.176 8,2.828 4] | 1.515 7 | 0.615 6 | 86.666 7 |
| 6 | [0.353 5,5.656] | [4,64] | 2.639 0 | 6.062 9 | 83.888 9 |

如表 4 所示,应用优化算法 DEPSO 寻得最优参数对($C,\gamma$)构建 SVM 分类器,对测试数据进行分类识别实验。与表 1 中实验相同的输入数据,在训练样本占实验数据总数分别为 87.5%、75.0%、66.7% 和 50.0% 的情况下,应用优化算法后得到的分类精度依次为 100%,88.33%,86.25% 和 72.5%,比网格搜索方法整体有了较显著的提高。同时,由于 DEPSO 避免了遍历搜索,搜索范围的设置对结果的影响大大降低。DEPSO 方法更加切实有效,其优势是十分明显的。值得一提的是,两次搜索法涵盖了$[2^{-10},2^{10}]$和$[2^{-10},2^{10}]$组成的网格。由于在 $C<2^{-6}$,$\gamma>2^{7}$ 的情况下无法寻得有效结果,在本部分讨论中将该部分网格舍弃。故表 2、表 3 和表 4 的结果具有可比性。

## 4 结束语

本文对水面目标时域波形结构特征提取方法进行了研究。在 4 种信号统计特性(过零点波长特征,峰峰幅度特征,过零点波长差分以及波列面积特征)的基础上,构建了 9 维的特征矢量。将特征矢量输入 SVM 分类器对水面目标信号进行分类识别。该特征提取方法符合人的主观感受,具有实际意义。提出了差分进化粒子群混合算(DEPSO),通过对惩罚因子和核函数宽度参数的优化选取,达到了优化系统 SVM 模型的目的,并将结果与网格搜索法进行比较。改进优化方法 DEPSO 搜索参数融合 DE 算法和 PSO 算法的优点,避免了网格搜索法的盲目搜索,更切实有效,具有寻优速度快、精度高、收敛效果好等特点。在缺少先验知识的情况下,获得了更高的识别率。

海试数据验证了以上分类识别方法的有效性。值得一提的是,表中所列的结果是两个目标多组信号的统计平均结果,具有典型意义。目标辐射噪声的数据十分宝贵,尤其是水下目标信号。但由于条件所限,目前尚缺少多目标、不同工况下的目标辐射噪声数据。故仅在此作为一种可试行的水面和水下目标识别方法探究,拟于今后进一步丰富实验检验。

**表 4 DEPSO 法分类结果**

| 编号 | 训练样本数比例/% | 搜索范围 | | 平均准确率/% | 平均均方误差 |
|---|---|---|---|---|---|
| | | $C$ | $\gamma$ | 测试 | |
| 1 | 87.50 | $[2^{-6},2^{10}]$ | $[2^{-10},2^{7}]$ | 100.000 0 | 0.736 6 |
| 2 | 75.00 | $[2^{-6},2^{10}]$ | $[2^{-10},2^{7}]$ | 88.333 3 | 0.516 2 |
| 3 | 67.70 | $[2^{-6},2^{10}]$ | $[2^{-10},2^{7}]$ | 86.250 0 | 0.704 5 |
| 4 | 50.00 | $[2^{-6},2^{10}]$ | $[2^{-10},2^{7}]$ | 72.500 0 | 0.906 7 |

## 参考文献

[1] 王志伟. 水下目标被动识别技术方法研究[D]. [硕士论文],哈尔滨工程大学,2002.

[2] 蔡悦斌,张明之,史习智,等. 舰船噪声波形结构特征提取及分类研究[J]. 电子学报,1999,27(6):129-130.

[3] 廖明熙,张小蓟,张歆. 基于稀疏表示的水声信号分类识别[J]. 探测与控制学报,2014,36(4):67-70.

[4] 许文海,续元君,董丽丽,等. 基于水平集和支持向量机的图像声呐目标识别[J]. 仪器

仪表学报,2012,33(1):49 - 55.

[5] 史亚,姬红兵,朱明哲,等. 多核融合框架下的雷达辐射源个体识别[J]. 电子与信息学报,2014,36(10):2484 - 2490.

[6] 丁凯,方向,张卫平,等. 基于声信号多重分形和支持向量机的目标识别研究[J]. 兵工学报,2012,33(12):1521 - 1526.

[7] 张启忠,席旭刚,罗志增. 基于非线性特征的表面肌电信号模式识别方法[J]. 电子与信息学报,2013,35(9):2054 - 2058.

[8] Chen Ping - wei,Wang Yung - ying,and Lee Ming - hahn. Model selection of SVMs using GA approach[C]. Proceedings of 2004 IEEE International Joint Conference on Neural Networks, Pscataway,NJ,2004:2035 - 2040.

[9] 周绍磊,廖剑,史贤俊. RBF - SVM 的核参数选择方法及其在故障诊断中的应用[J]. 电子测量与仪器学报,2014,28(3):240 - 246.

[10] 郑适,张安学,岳思橙,等. 基于改进粒子群优化的探地雷达波形反演算法[J]. 电子与信息学报,2014,36(11):2717 - 2722.

[11] Fernandez P J A, Baeten V, Renier A M, et al.. Combination of support vector machines (SVM) and near - infrared(NIR) imaging spectroscopy for the detection of meat and bone meal(MBM) in compound feeds[J]. Journal of Chemometrics,2004(18):341 - 349.

[12] Cristianini N and Taylor J S. An Introduction to Support Vector Machines and Other Kernel - based Learning Methods[M]. Cambridge:The Press Syndicate of the University of Cambridge,2001:93 - 94.

[13] 廖晓晰. 动力系统的稳定性理论和应用[M]. 北京:国防工业出版社,2000:169 - 199.

[14] 杨坤德. 水声阵列信号的匹配场处理[M]. 西安:西北工业大学出版社,2008:32 - 39.

[15] 纪震,廖惠连,吴青华. 粒子群算法及应用[M]. 北京:科学出版社,2009:169 - 199.

[16] Clerc M. The swarm and the queen: towards a deterministic and adaptive particle swarm optimization[C]. Proceedings of the Congress of Evolutionary Computation. Washington, USA,1999:1951 - 1957.

# 基于MVDR算法的声矢量阵辐射噪声源近场定位方法研究

杨德森　陈　欢　时胜国

**摘要**　针对声压阵辐射噪声源最小方差无畸变响应(MVDR)聚焦波束形成近场定位方法的不足,文中介绍了基于MVDR算法的声矢量阵辐射噪声源近场定位方法。该方法利用声矢量阵可以获得更多的声场信息,通过声压振速联合处理有效抑制噪声,提高基阵增益,降低可处理信噪比门限,进一步提高空间分辨力,去除虚假声源(左右模糊),准确找到噪声源相对于基阵的空间位置,从而采取有针对性的减振降噪措施。通过计算机仿真说明了本文算法即使在相对较远的测量距离、利用小孔径基阵处理低信噪比低频信号也能得到比较理想的空间分辨力,并通过湖试实验验证了本文算法的有效性,具有较广阔的工程应用前景。

**关键词**　声矢量阵;辐射噪声源;近场定位;MVDR算法;聚焦波束形成

矢量水听器由传统的无指向性声压水听器和具有频率无关的偶极子自然指向性的质点振速水听器复合而成,矢量水听器可同时测量声场中的声压和质点振速矢量。文献[1]通过湖试实验确认了矢量水听器声能流处理的增益可达10~20 dB这一重要结论,与传统的声压水听器阵相比,相同阵元数的矢量水听器阵可获得的信息量更多,空间增益更大[2],因此矢量水听器阵成为研究的热点,已发表的主要成果如文献[3-7],上述文献均是将矢量阵应用于远场方位估计中。

在噪声源识别过程中,必须要解决的问题之一是噪声源定位问题。常规聚焦波束形成定位方法根据声源到达各个阵元曲率半径不同,补偿球面波规律下的时延差,根据基阵与声源的位置重建测量平面,谱峰值对应的位置即为声源位置。常规聚焦波束形成技术受阵元位置误差(在工程布放阵元允许误差范围内)影响很小[8],因此其优良的宽容性和易操作性得到了国内外专家学者的广泛研究与应用[9-10]。常规聚焦波束形成其空间分辨力受到基阵孔径的限制,因此为了获得比较理想的空间分辨力,需要的阵元个数比较多。阵元间距固定,处理信号的频率超过基阵上限频率时,利用常规聚焦波束形成对辐射噪声源定位时会出现空间混叠,从而难以找到声源的真实位置。

MVDR[11]算法是在保持期望信号幅值不发生畸变的条件下,使整个系统输出的能量最小,因此可以将系统所受干扰和噪声的影响降至最小。MVDR算法在远场方位估计中的应用有较深入研究[12-15]。基于声压阵的MVDR聚焦波束形成辐射噪声源近场定位方法,获得较常规聚焦波束形成更高的空间分辨力,且可以有效抑制信号频率超过基阵上限频率所引起的空间混叠[16]。但基于声压阵的MVDR聚焦波束形成辐射噪声源近场定位方法的分辨力受基阵孔径、信噪比、信号频率及测量距离的影响较大,在一些条件下其定位性能严重下降,无法实现声源的高分辨定位。目前,MVDR算法在声矢量阵辐射噪声源近场定位中的应用还鲜有报道。

本文介绍了基于 MVDR 算法的声矢量阵辐射噪声源近场定位方法，并与基于声压阵的 MVDR 聚焦波束形成辐射噪声源近场定位方法做了对比分析，说明了本文算法即使在相对较远测量距离、利用小孔径基阵处理较低频率信号时也能得到比较理想的分辨力，而此时基于声压阵的 MVDR 聚焦波束形成算法其性能已严重下降。最后通过湖试实验数据处理结果验证了本文算法的有效性。

## 1　声矢量阵近场定位模型

图 1 为矢量阵辐射噪声源近场定位模型，考虑由 $M$ 元矢量水听器构成的均匀水平线阵放置于原点处，阵元间距为 $d$，基阵与声源所在平面的距离为 $y_0$，接收 $I$ 个点声源辐射的窄带信号，信号中心频率为 $f_i$，信源 $i$ 的位置参数为 $\{x_i, y_0, z_i\}$，且 $1 \leqslant i \leqslant I$，背景噪声为高斯白噪声。则第 $m$ 个声矢量水听器接收到的信号可表示为：

$$p_m(t) = \sum_{i=1}^{I} s_i(t)\exp(-\mathrm{j}k_i r_{mi})/r_{mi} + n_m(t) \tag{1}$$

$$v_{xm}(t) = \sum_{i=1}^{I} z_{mi}s_i(t)\exp(-\mathrm{j}k_i r_{mi})/r_{mi}u_{xmi} + n_{vxm}(t) \tag{2}$$

$$v_{ym}(t) = \sum_{i=1}^{I} z_{mi}s_i(t)\exp(-\mathrm{j}k_i r_{mi})/r_{mi}u_{ymi} + n_{vym}(t) \tag{3}$$

$$v_{zm}(t) = \sum_{i=1}^{I} z_{mi}s_i(t)\exp(-\mathrm{j}k_i r_{mi})/r_{mi}u_{zmi} + n_{vzm}(t) \tag{4}$$

其中，$r_{mi} = \sqrt{(x_i - (m-1)d)^2 + y_0^2 + z_i^2}$ 为第 $i$ 个声源与阵元 $m$ 之间的距离，第 $i$ 个声源的波数为 $k_i = 2\pi f/c$，$z_{mi} = (1 + \mathrm{j}k_i r_{mi})/\mathrm{j}k_i r_{mi}$ 为复阻抗，第 $i$ 个声源与阵元 $m$ 所成的方位角及俯仰角分别为 $\theta_{mi}$、$\varphi_{mi}$，且 $\theta_{mi} = a\sin \dfrac{x_i - (m-1)d}{\sqrt{(x_i-(m-1)d)^2 + z_i^2}}$，$\varphi_{mi} = a\cos \dfrac{y_0}{r_{mi}}$，$u_{xmi} = \sin\theta_{mi}\sin\varphi_{mi}$，$u_{ymi} = \cos\theta_{mi}\sin\varphi_{mi}$，$u_{zmi} = \cos\varphi_{mi}$。

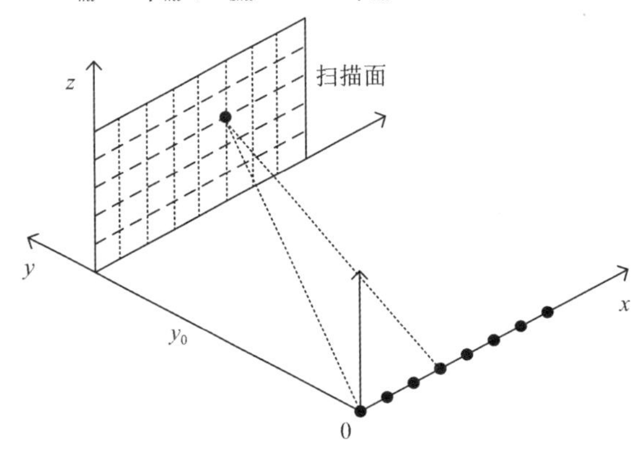


**图 1　矢量阵辐射噪声源近场定位模型**

## 2　MVDR 聚焦波束形成近场定位方法

### 2.1　声压阵 MVDR 近场聚焦波束形成

$p_m(t)$ 表示第 $m$ 个矢量水听器接收的声压信号，$w_m$ 表示对应的加权值，则波束形成器的输出可表示为以下的加权形式：

$$Y_{CBF} = \boldsymbol{w}^{\mathrm{H}}\boldsymbol{p}(t) \tag{5}$$

其中，$\boldsymbol{w} = [w_1, w_2, \cdots, w_M]^{\mathrm{H}}$ 为加权矢量，声压矢量为 $\boldsymbol{p}(t) = [p_1(t), p_2(t), \cdots, p_M(t)]^{\mathrm{H}}$，基阵输入信号的协方差矩阵为 $\boldsymbol{R} = E[\boldsymbol{p}(t)\boldsymbol{p}(t)^{\mathrm{H}}]$，

$$\begin{cases} \min\limits_{w} \boldsymbol{w}^{\mathrm{H}}\boldsymbol{R}\boldsymbol{w} \\ \boldsymbol{w}^{\mathrm{H}}\boldsymbol{b}(r,\theta) = 1 \end{cases} \tag{6}$$

其中，相位补偿向量 $\boldsymbol{b}(r,\theta)$ 表示扫描点到参考阵元的距离和方位角的二维函数，利用拉格朗日常数法可以很方便地得到式(6)的最优权：

$$\boldsymbol{w} = \mu\boldsymbol{R}^{-1}\boldsymbol{b}(x,z) \tag{7}$$

其中，常数 $\mu = 1/\boldsymbol{b}^{\mathrm{H}}(r,\theta)\boldsymbol{R}^{-1}\boldsymbol{b}(r,\theta)$，最后得到声压阵 MVDR 算法的聚焦波束形成的空间谱形式为：

$$P_{MVDR}(r,\theta) = \frac{1}{\boldsymbol{b}(r,\theta)\boldsymbol{R}^{-1}\boldsymbol{b}(r,\theta)^{\mathrm{H}}} \tag{8}$$

### 2.2　声矢量阵 MVDR 近场聚焦波束形成

声矢量传感器可空间共点同步拾取声场中一点处的声压 $p(t)$ 和质点振速 $v(t)$ 的 3 个正交分量，因此可以获得的信息量更大，利用声压振速联合处理可以有效抑制噪声，提高阵增益，去除左右舷模糊，降低可处理信号的信噪比门限，提高定位精度，从而准确地找到辐射噪声源的位置，有针对性地采取减振降噪措施。

令 $\boldsymbol{x}(t) = [p(t) \quad v_x(t) \quad v_y(t) \quad v_z(t)]^{\mathrm{T}}$，$w_m$ 表示对应的加权值，则矢量阵波束形成器的输出可表示为以下的加权形式：

$$\boldsymbol{Y}_{CBF} = \boldsymbol{w}^{\mathrm{H}}\boldsymbol{x}(t) \tag{9}$$

其中，$\boldsymbol{w} = [w_1, w_2, \cdots, w_M]^{\mathrm{H}}$ 为加权矢量，基阵输入信号的协方差矩阵为 $\boldsymbol{R} = E[\boldsymbol{x}(t)\boldsymbol{x}(t)^{\mathrm{H}}]$。

其中，相位补偿向量 $\boldsymbol{c}(r,\theta)$ 表示扫描点到参考阵元的距离和方位角的二维函数，其形式为：

$$\boldsymbol{c}(r,\theta) = [1 \quad u_x \quad u_y \quad u_z]\boldsymbol{b}(r,\theta) \tag{10}$$

利用拉格朗日常数法可以很方便地得到式(9)的最优权：

$$\boldsymbol{w} = \mu\boldsymbol{R}^{-1}\boldsymbol{c}(x,z) \tag{11}$$

其中，常数 $\mu = 1/\boldsymbol{c}^{\mathrm{H}}(r,\theta)\boldsymbol{R}^{-1}\boldsymbol{c}(r,\theta)$，最后得到声矢量阵 MVDR 算法的聚焦波束形成的空间谱形式为：

$$\boldsymbol{P}_{MVDR}(r,\theta) = \frac{1}{\boldsymbol{c}(r,\theta)\boldsymbol{R}^{-1}\boldsymbol{c}(r,\theta)^{\mathrm{H}}} \tag{12}$$

## 3　计算机仿真

6 元声矢量水听器构成的均匀水平阵，阵元间距为 1 m，预设单声源位置为(2,5)处发射频率为 400 Hz的单频信号，信噪比为 5 dB，测量距离 $y_0 = 5$ m，背景噪声为高斯白噪声，仿真结果如下图所示。

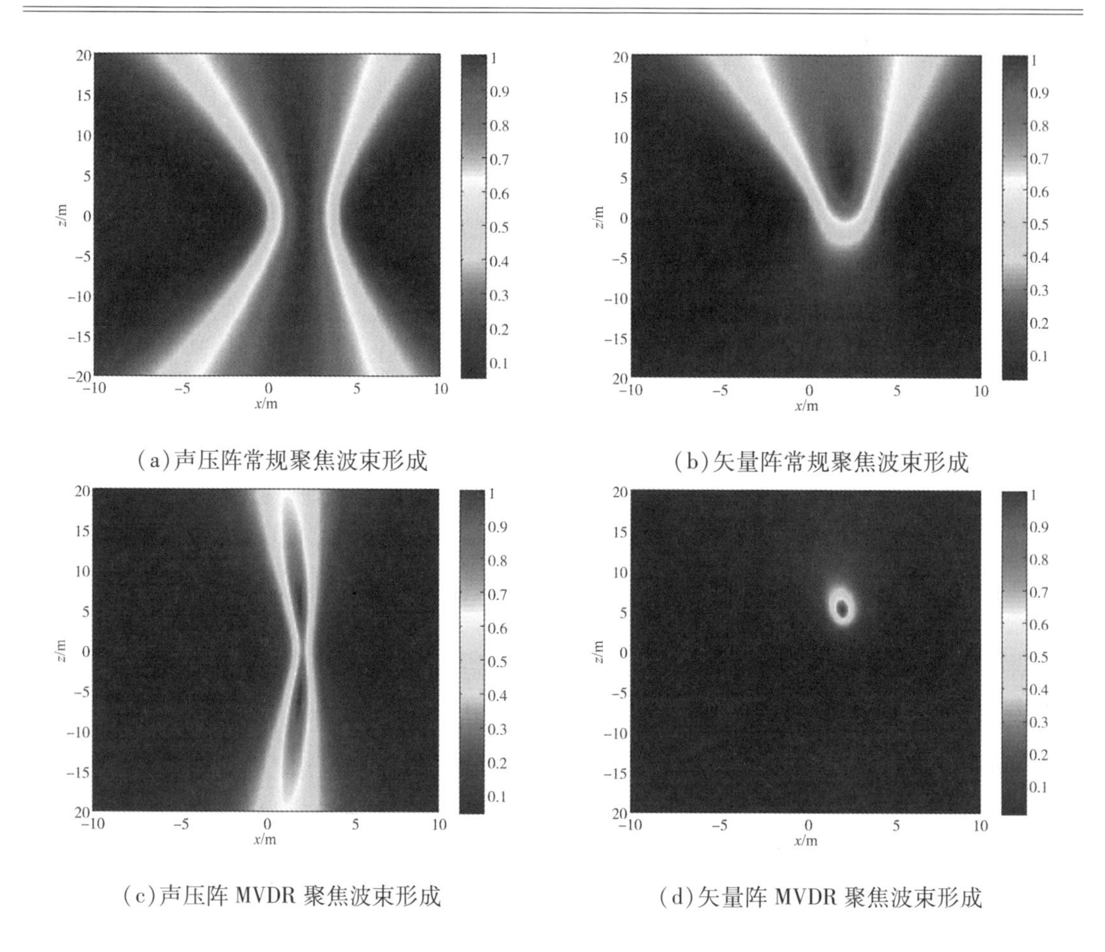


(a)声压阵常规聚焦波束形成

(b)矢量阵常规聚焦波束形成

(c)声压阵 MVDR 聚焦波束形成

(d)矢量阵 MVDR 聚焦波束形成

**图 2　近场定位仿真结果**

通过图 2 的对比可以说明：

基于声压阵的常规聚焦波束形成及 MVDR 聚焦波束形成辐射噪声源近场定位方法在基阵孔径较小及处理信号频率较低、测量距离相对较远时其空间分辨力较差，使得其定位性能严重下降，无法实现噪声源的精确定位。

但基于矢量阵的常规聚焦波束形成及 MVDR 聚焦波束形成辐射噪声源近场定位方法，利用声压振速联合处理可降低信噪比门限，提高空间分辨力，实现声源的高精度定位，且可以去除虚假声源（左右模糊）。

MVDR 算法的声矢量阵辐射噪声源近场定位方法性能分析：

8 元声矢量水听器构成的均匀水平阵，阵元间距 0.75 m，预设声源位置为（2，3）处发射频率为 750 Hz的单频信号，信噪比为 5 dB，测量距离 $y_0$ 变化范围 1～12 m，做 200 次 Monte－Carlo 实验，结果如图 4 所示。

图 4 说明了基于声压阵的常规聚焦波束形成及 MVDR 聚焦波束形成随测量距离其性能变化显著，而基于声矢量阵近场定位方法其空间分辨力随测量距离变化其性能比较稳定。尤其是声矢量阵 MVDR 聚焦波束形成，测量距离对其定位性能几乎没有影响。

测量距离 $y_0=4$ m，信噪比在 －10～10 dB 之间变化，做 200 次 Monte－Carlo 实验，其他条件同上，结果如图 5 所示。

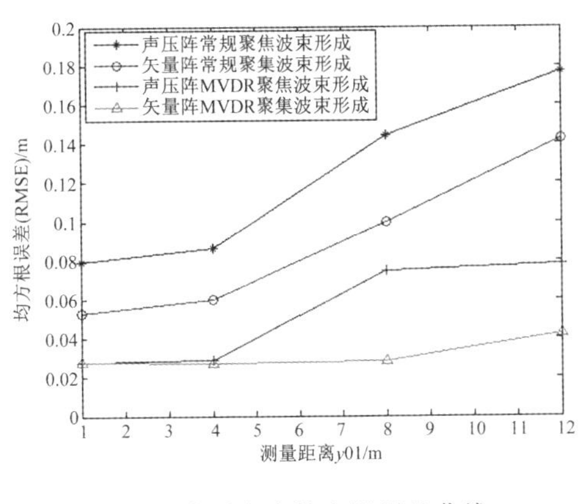


(a)水平方向均方根误差曲线

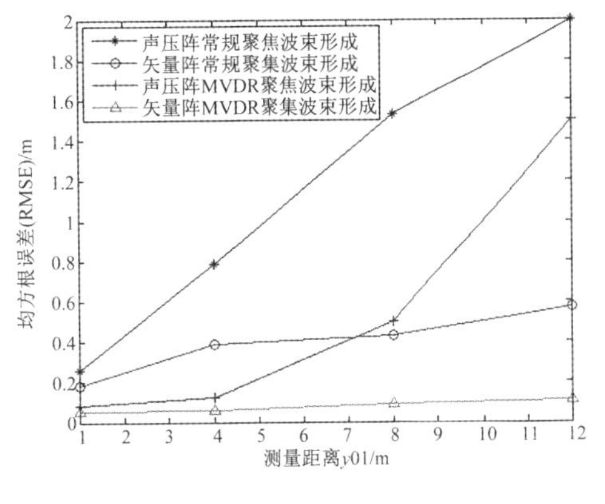


(b)垂直方向均方根误差曲线

**图4　均方根误差随测量距离 $y_0$ 变化曲线**

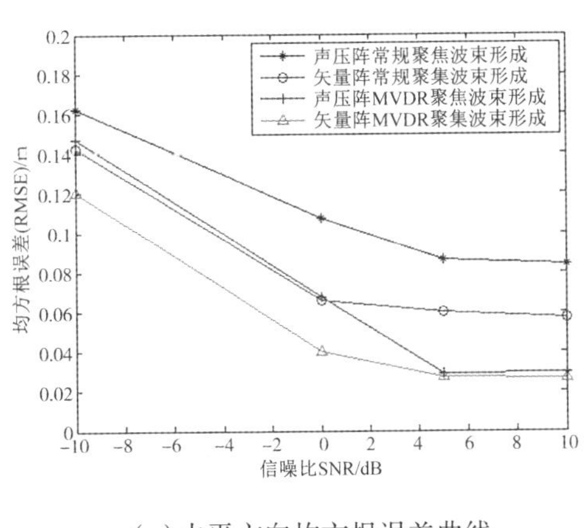

(a)水平方向均方根误差曲线

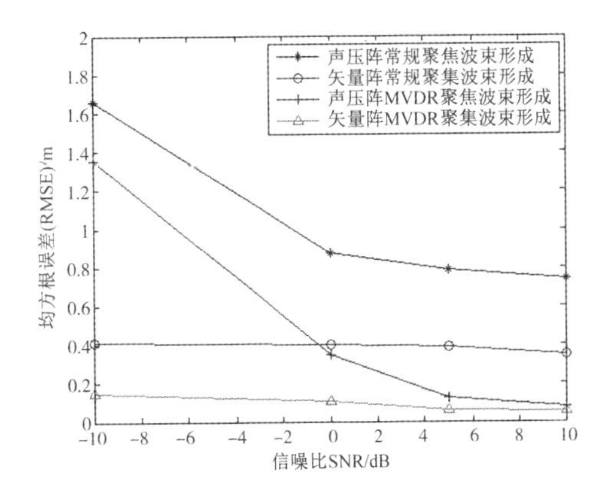


(b)垂直方向均方根误差曲线

**图5　均方根误差随信噪比 SNR 变化曲线**

由图5可以得到:基于声矢量阵的近场定位算法利用声压振速联合处理,可降低处理信号的信噪比门限,使得定位性能对信噪比的依赖程度明显降低。本文算法即使在低信噪比条件下,也能获得比较理想的空间分辨力,从而实现声源近场高分辨定位,精确地找到声源位置。

测量距离 $y_0=4$ m,信噪比 SNR =5 dB,发射频率为 200 ~ 1 000 Hz的单频信号,做 200次 Monte - Carlo 实验,其他条件同上,结果如图6所示。

由图6可以得到:基于声压阵的常规聚焦波束形成及 MVDR 聚焦波束形成近场定位方法在处理较低频信号时其水平方向、垂直方向的空间分辨力较差,从而无法实现精确定位。但基于声矢量阵的近场定位方法在较低频率时也能获得比较好水平方向分辨力及垂直方向分辨力。

测量距离 $y_0=4$ m,SNR =5 dB,发射频率为750 Hz的单频信号,阵元个数为 4 ~ 12,做200次 Monte - Carlo 实验,结果如图7所示。

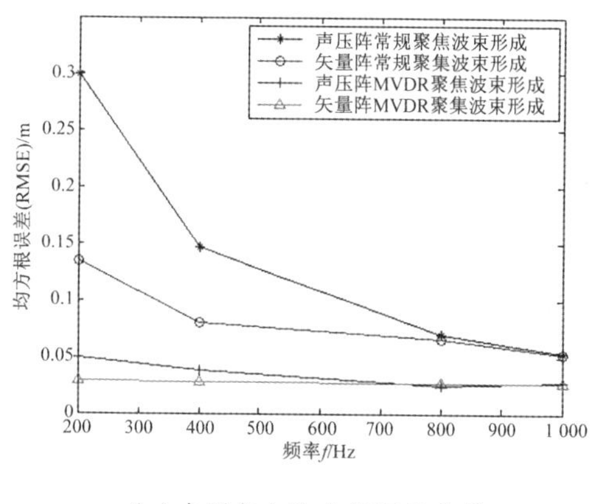


(a)水平方向均方根误差曲线

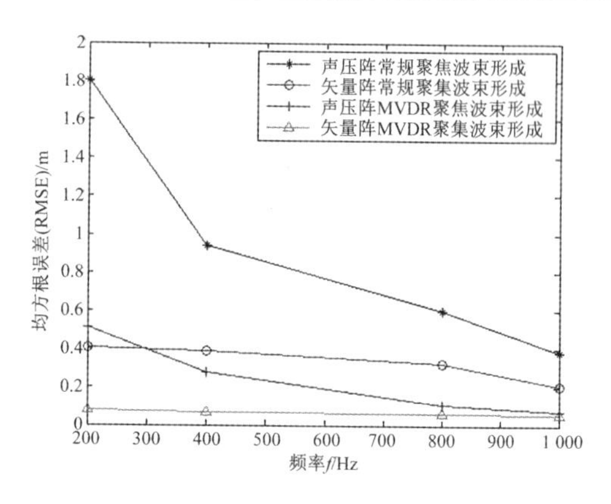


(b)垂直方向均方根误差曲线

**图6　均方根误差随频率变化曲线**

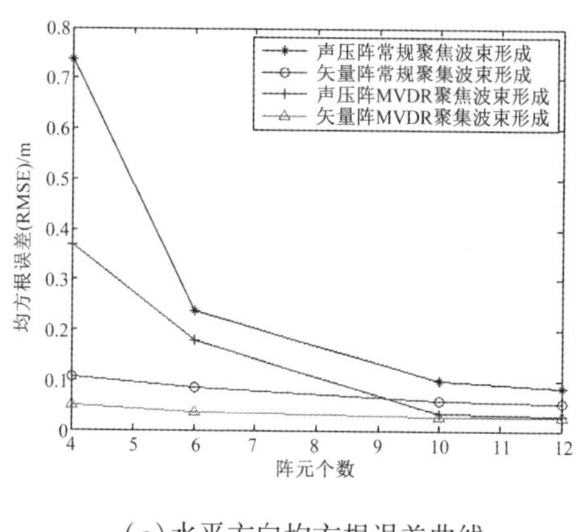


(a)水平方向均方根误差曲线

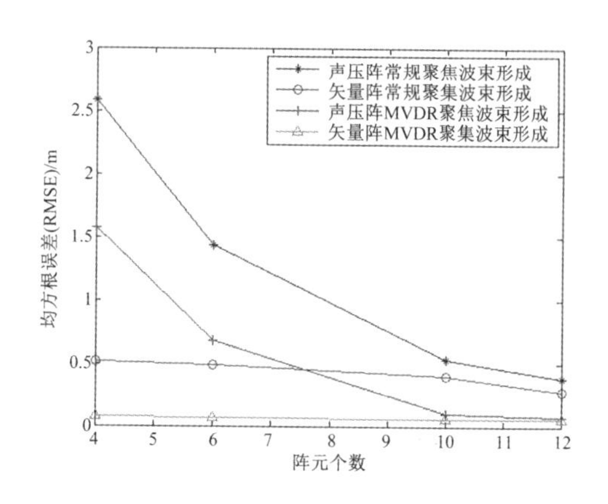


(b)垂直方向均方根误差曲线

**图7　均方根误差随阵元个数变化曲线**

由图7可得:基于声压阵的常规聚焦波束形成及MVDR聚焦波束形成辐射噪声源近场定位方法在大孔径基阵条件下,其定位性能优良,尤其是MVDR聚焦波束形成能实现噪声源的高分辨定位。但基于声压阵的定位方法在基阵孔径较小时其定位性能严重下降,已无法实现声源的精确定位。但基于矢量阵MVDR聚焦波束形成定位方法仅利用小孔径基阵就可实现声源的高分辨定位。

综上在测量距离较近、信噪比较高的条件下,声矢量阵定位性能相对于声压阵的优势已不明显,但其空间分辨率还是略高于声压阵,且利用声压振速联合处理可以去除虚假声源(左右模糊)。在实际应用中,基阵阵元个数及基阵孔径一直是人们比较关心的问题,利用基于声矢量阵MVDR聚焦波束形成近场定位方法仅利用小孔径基阵、相对较远的测量距离、处理信噪比较低的低频信号也能得到比较理想的空间分辨力,且MVDR算法可以有效抑制处理信号频率超过基阵上限频率所引起的空间混叠,同时处理高频信号性能更优。可见,将声矢量阵应用于辐射噪声源近场定位中,并与MVDR算法有效结合能够实现辐射噪声源近场高精度定位,准确找到主要噪声源位置。

## 4　湖试实验数据分析

本文所用到的实验数据于2008年10月在吉林省松花湖实验站采集,实验目的是验证基于声矢量阵的辐射噪声源近场定位算法的有效性,实验中基阵与声源布放的相对位置如图1所示。

实验概况:7元声矢量水听器构成的均匀水平阵,阵元间距为0.75 m,预设单声源发射频率为500 Hz的单频信号,测量距离 $y_0=0.85$ m,扫描平面为 $-10\sim10\ m^2$,处理结果如下图所示。

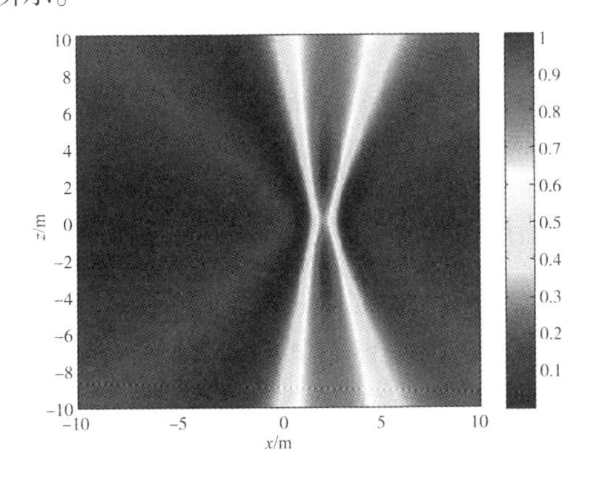


(a)常规聚焦波束形成　　(b)MVDR 聚焦波束形成

**图8　声压阵近场定位实验结果**

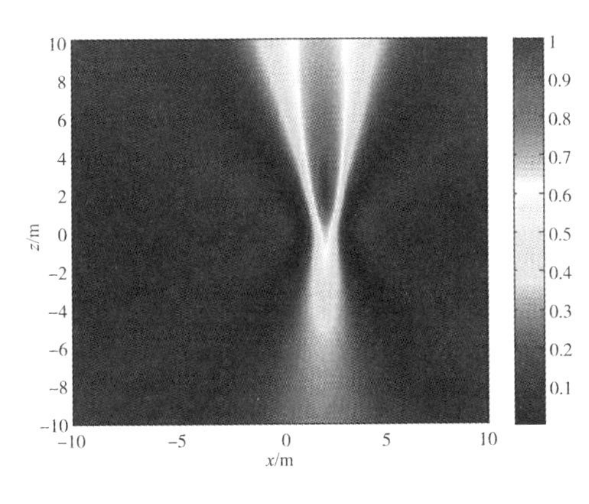


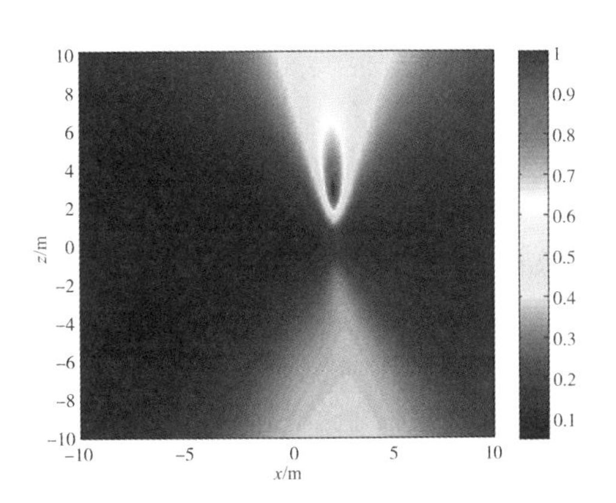

(a)常规聚焦波束形成　　(b)MVDR 聚焦波束形成

**图9　声矢量阵近场定位实验结果**

由图8、9的对比可以说明,通过湖试实验验证了常规聚焦波束形成及MVDR聚焦波束形成可以实现辐射噪声源近场定位,且MVDR聚焦波束形成具有更高的空间分辨力。利用声矢量阵声压振速联合处理可以有效去除定位中的虚假声源(左右模糊)。

由于实验条件的限制,测量距离比较近且信噪比不是很低,使得声矢量阵相对于声压阵的优势不是非常明显。但上述的计算机仿真及湖试结果均说明,即使测量距离比较近,基于声矢量阵的MVDR聚焦波束形成及常规聚焦波束形成近场定位方法相比声压阵还是可以进一步的提高基阵的空间分辨力，实现声源的高精度定位，具有一定的工程应用价值。

## 5 结论

本文方法有效降低了基阵孔径、测量距离及信噪比、处理信号频率对定位方法性能的影响，使得仅利用小孔径基阵就可以实现辐射噪声源近场高分辨定位。在同等条件下，可以获得比声压阵更高的空间分辨力、基阵增益及声源定位精度，准确找到声源位置，且可以有效去除虚假声源（左右模糊）。

## 参考文献


[1] 孙贵青．矢量水听器检测技术研究[D]．哈尔滨：哈尔滨工程大学，2001.

[2] 李启虎．声呐信号处理引论[M]．北京：海洋出版社，2000.

[3] CHEN H W, ZHAO J W. Wideband MVDR beamforming for acorstic vector sensor linear array [J]. IEE Proc Radar Sonar Navig, 2004, 151(3): 158 – 162.

[4] CHEN H W, ZHAO J W. Coherent singnal – subspace processing of acoustic vector sensor array for DOA estimation of wideband sources [J]. Signal Processing, 2005, 85 (1): 837 – 847.

[5] 张揽月，杨德森．基于 MUSIC 算法的矢量水听器阵源方位估计[J]．哈尔滨工程大学学报，2004，25(1)：30 – 33.

[6] HAWKES M. Acoustic vector – sensor beamforming and capon direction estimation [J]. IEEE Trans Signal Processing, 1998, 46(9): 2291 – 2303.

[7] HAWKES M NEHORAI A Axoustic vector – sensor corre – Lations in ambient noise [J]. IEEE J Oceanice Eng, 2001, 26(3): 337 – 347.

[8] 翟春平，刘雨东．聚焦波束形成声图法误差分析[J]．声学技术．2008，27(1)：18 – 24.

[9] KOOK H, MOEBS G B, DAVIES P, et al. An efficient procedure for visualizing the sound field radiated by vehicles during standardized passby tests[J]. Journal of Sound and Vibration, 2000, 233(1): 137 – 156.

[10] 雷凌，单颖春，刘献栋．行驶车辆噪声源辐射研究进展及展望[J]．噪声与振动控制，2006(8)：1 – 5.

[11] Wax M, Anu Y. IEEE Trans. on Signal Processing 1996, 44(4): 928 – 937.

[12] 田坦，齐娜，孙大军．矢量水听器波束域 MVDR 方法研究[J]．哈尔滨工程大学学报，2004，25(3)：259 – 263.

[13] 赵辉，王昌明，焦君圣，何云峰．基于舷侧阵的 MVDR 波束形成算法研究[J]．船舶工程，2006，28(6)：41 – 43.

[14] 刘宏清，廖桂生，张杰．稳健的 Capon 波束形成[J]．系统工程与电子技术，2005，27(10)：1669 – 1673.

[15] Dspain G L, Hodgkiss W S. Initial analysis of the data from the vertical DIFAR array [A]. IEEE Oceans 92 Conf[C]. NewPort, 1992.

[16] 时洁，刘伯胜，宋海岩．基于 MVDR 聚焦波束形成辐射噪声源近场定位方法[J]．大连海事学报，2008，34(3)：55 – 58.